Kinematic Chain Symbolic Calculus and Autonomous Behavior Control

自主行为机器人学丛书

- 国家出版基金资助项目
- 国家自然科学基金资助项目
- 中国航天科技集团有限公司航天科技创新基金资助项目

运动链符号演算与自主行为控制论

居鹤华 石宝钱 贾阳 王燕波 王富林 著

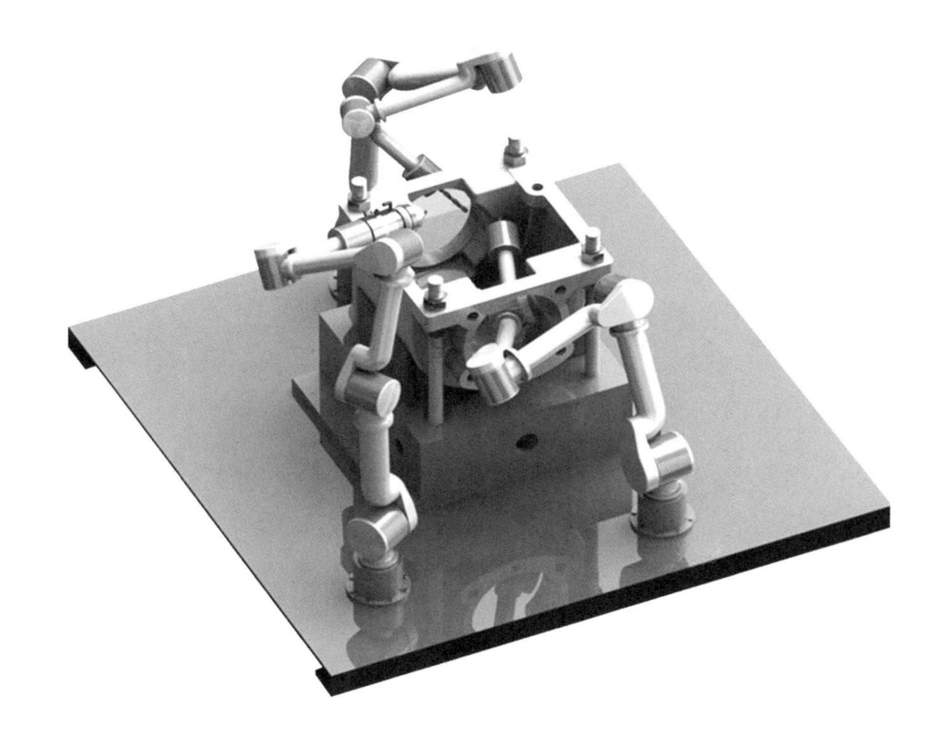

華中科技大學出版社
http://www.hustp.com
中国·武汉

内 容 简 介

本书探讨自主行为机器人学的一个重要分支——运动链符号演算与自主行为控制的公理化系统。首先，针对树链及闭链多轴刚体系统，以运动轴及轴不变量为单位，建立了具有运动链指标系统的三维空间操作代数。以之为基础，提出居-吉布斯分析四元数，建立了基于轴不变量的通用六轴机械臂高精度实时逆解原理。本书所创立的基于轴不变量的多轴系统建模与控制理论，实现了多轴刚体系统的“拓扑、坐标系、极性、结构参量及动力学参量”的完全参数化自动建模、自动求解及自动控制，具有精确、实时、可靠及通用的特点，已成功应用于六轴精密机械臂、嫦娥三号月面巡视器及火星巡视器。

本书为精密机器人的研制及行星探测机器人技术的发展奠定了理论基础，可进一步指导开展融合数学、力学、计算机及控制的多轴系统跨学科理论及工程技术研究。

图书在版编目(CIP)数据

运动链符号演算与自主行为控制论/居鹤华等著.—武汉:华中科技大学出版社，2021.6
ISBN 978-7-5680-6926-7

Ⅰ.①运… Ⅱ.①居… Ⅲ.①太空机器人-研究 Ⅳ.①TP242.3

中国版本图书馆 CIP 数据核字(2021)第 094324 号

运动链符号演算与自主行为控制论
Yundonglian Fuhao Yansuan yu Zizhu Xingwei Kongzhilun

居鹤华 石宝钱 贾 阳 王燕波 王富林 著

策划编辑：俞道凯 姜新祺
责任编辑：戢凤平
封面设计：刘 卉
责任监印：周治超
出版发行：华中科技大学出版社(中国·武汉) 电话：(027)81321913
武汉市东湖新技术开发区华工科技园 邮编：430223
录 排：武汉三月禾文化传播有限公司
印 刷：湖北新华印务有限公司
开 本：787mm×1092mm 1/16
印 张：31.5 插页：2
字 数：805 千字
版 次：2021 年 6 月第 1 版第 1 次印刷
定 价：168.00 元

序

本书以现代集合论的链理论及张量理论为基础，建立了具有运动链指标系统的三维空间操作代数；以之为基础，创立了基于轴不变量的多轴系统建模与控制理论。

首先，提出了以不变性、对偶性、参数化、程式化及公理化为特征的同构方法论，指导开展融合数学、力学、计算机及控制的多轴系统跨学科理论及工程技术研究。

接着，基于同构方法论，提出树链、拓扑及度量三大公理，创建了以自然坐标系及轴不变量为基础的三维矢量空间操作代数，从而建立了基于轴不变量的多轴系统正运动学原理。

继之，提出居-吉布斯分析四元数，证明其相关性质，进而提出多元矢量多项式系统，并证明其线性计算复杂度及求解原理；建立了基于轴不变量的 RBR、BBR、半通用及通用机械臂逆解原理，它们具有精确性及实时性，不存在计算奇异性，从而建立了基于轴不变量的多轴系统逆运动学原理。

最后，基于三维空间操作代数及拉格朗日分析力学原理，证明了树链及闭链刚体系统的居-凯恩动力学定理，能够简洁地表征任一轴的显式动力学方程，实现了完全参数化的动力学建模与控制，从而建立了基于轴不变量的多轴系统动力学与控制原理。

上述正逆运动学与动力学原理，既是以空间操作为核心的运动链语言系统，又是包含算法结构的迭代式伪代码系统，保证了多轴系统建模与控制软件的准确性、可靠性及实时性。

该理论解决了嫦娥三号月面巡视器的移动系统、机械臂、桅杆、太阳翼的正逆运动学、正逆动力学及行为控制问题，指导研制了嫦娥三号月面巡视器任务规划系统、机械臂就位探测规划系统及动力学解算系统。通过工程应用，证明了相关理论的正确性。

本书构建的是一个严谨的、完备的公理化理论体系，公式准确，层次清晰，数据可靠，行文简洁，是一部自主行为机器人学的专业论著。

本书作者均是具有长期从事空间飞行器研制工作经验的工程技术人员及嫦娥三号月面巡视器的主要设计师，各章内容是他们近年来月球探测工程经验的总结和技术提炼，是真正的自主知识。从工程角度看，本书可以为今后月球探测及行星探测机器人技术的发展提供实在的支撑；从专业著作角度看，本书既可以作为航天工程科研人员的参考书，又可以作为高等院校相关专业研究生的教材。相信这本书将对促进我国空间自主行为机器人理论与技术的进一步研究与发展做出贡献。

叶培建

2016 年 10 月 22 日

中国空间技术研究院月球楼

前　　言

嫦娥三号(CE3)月面巡视器是一个典型的多轴系统。本书以之为研究对象,探讨自主行为机器人学的一个重要分支——运动链符号演算与自主行为控制,旨在推动自主行为机器人学的研究。

目前,现代航天器及机器人多轴系统的研制面临着诸多挑战:

(1)CE3 月面巡视器的任务规划系统涉及力学、天文、机械、控制、计算机、航天器、机器人、热力学等多个学科,要实现自主控制就必须遵从系统自身及外在环境的规律。然而,不同学科及不同研究机构采用的符号系统各不相同。要开展跨学科研究,就需要建立统一的符号系统;否则,不仅不便于交流,而且难以保证现代航天器及机器人研制的质量。

(2)建立适应现代计算机技术特点的多轴系统建模及控制理论是自主机器人学的关键。尽管存在以 D-H 法为代表的分析逆解原理和拉格朗日法及凯恩法的分析动力学建模原理,但是前者对于 RBR 机械臂、半通用及通用六轴机械臂不适用,后者对于高自由度的多轴系统动力学建模都不适用。这些原理本身及应用过程不具有通用性,需要用户推导相应的模型进而求解。一方面,只有解决这两大问题,机械臂理论才能得到完善;另一方面,工业及空间机械臂的性能远远不能满足工程需要,难以实现高精度及高动态的实时控制要求。

(3)现代机器智能是以软件为核心的计算智能,多轴系统运动学及动力学建模是自主行为控制的基础,多轴系统建模只有实现系统拓扑、坐标系、结构参量及质量与惯量(质惯量)的完全参数化,才能保证系统实现的准确性、可靠性及实时性。完全参数化的运动学及动力学模型是机器智能的重要特征,也是系统适应性及继承性的基础。

无论是复杂的天体系统,还是航天器系统,它们均具有以树链为基础的拓扑结构。通过树链,将力学、天文学及计算机理论进行整合,不仅可以统一复杂系统的符号表示及演算,而且可以产生诸多创新性的理论及工程技术成果。一方面,以方向余弦矩阵、欧拉四元数等表征的转动具有冗余的维度,不适用于高自由度的多轴系统的逆运动学分析,需要建立以三维矢量表征的转动。另一方面,需要将抽象的数学函数转化为动作或操作,实现以操作表征运动过程的运动链语言系统与以伪代码表征的算法语言系统的统一。同时,建模原理及求解过程需要完全参数化以保证通用性,提升自主建模与控制的智能化程度。

本书遵从包含拓扑不变性、度量不变性、关系的对偶性、建模的程式化与证明的公理化的同构方法论,在提出运动链符号演算系统的基础上,建立了基于轴不变量的多轴系统建模与控制理论。以之为基础,才能开展多轴系统自主行为控制研究。由计算机自主地完成多轴系统的正逆运动学及正逆动力学的建模与解算,才能间接地感知多轴系统与环境的作用状态,才能提高系统的绝对定位精度及动态响应速度,实现机器人的轻量化,从而提高多轴系统的行为能力。

现代集合论的链理论是偏序的集合理论,不仅适用于运动链,也适用于动作链。张量理论是关于连续介质粒子及场论研究的经典数学工具。本书借鉴了链理论及张量理论,在提出运动链符号演算系统的基础上,建立了基于轴不变量的三维(3D)空间操作代数,进而建立了基于轴不变量的多轴系统建模与控制理论。该理论有以下特点：

(1)建立了以树链、拓扑及度量三大公理为基础的、公理化的多轴系统建模与控制理论。

(2)具有以"链序"为核心的运动链符号演算系统。一方面，具有"链指标"符号规范，准确地表达运动学与动力学的属性内涵；另一方面，简洁地表达了运动学与动力学的链序不变性及度量不变性。

(3)具有链指标的3D矢量空间操作代数系统。操作代数与传统的算子代数的不同之处在于：操作代数既包含数值计算的矩阵操作，又包含树链拓扑操作，通过平动、转动、投影、对齐及螺旋矩等动作描述机器人的动作过程。这使得多轴系统具有变拓扑结构的适应性、空间运算的紧凑性及操作的可理解性，避免了6D空间算子代数依赖系统拓扑的整体性、空间运算及分解的复杂性，以及空间算子的抽象性。该操作代数系统建立了基于轴不变量的迭代式运动学方程，它具有简洁、准确、优雅的链指标系统和伪代码的功能，清晰地反映了运动链的拓扑关系及链序关系，从而降低了高自由度多轴系统建模及解算的复杂度，保证了多轴系统运动学建模与解算的准确性、可靠性与实时性。

(4)具有固定轴不变量的结构参数及自然坐标系统。既解决了多轴系统结构参数精测的问题，又解决了基于固定轴不变量自动确定D-H系与D-H参数的问题；同时，在提出居-吉布斯四元数的基础上，建立了基于轴不变量的RBR、BBR、半通用及通用机械臂逆解原理。

(5)多轴系统的运动学及动力学方程具有不变量的迭代式。基于轴不变量的多轴系统建模与控制理论通过轴不变量统一了3D空间的定轴转动，4D空间的Rodrigues四元数(参数)、欧拉四元数及对偶四元数，6D空间的双矢量姿态、运动旋量及力旋量；建立了基于轴不变量的位移、速度、加速度、偏速度的迭代式；针对有根树链及闭链、动基座树链与闭链，证明了基于轴不变量的居-凯恩动力学定理，建立了拓扑、坐标系、极性、结构参量及质惯量完全参数化的动力学模型。该模型具有简洁准确的链指标、轴不变量的迭代式及伪代码的功能，保证了多轴系统建模与控制的准确性、可靠性及实时性，解决了多轴系统显式动力学建模的难题。

应该说，运动链符号演算与自主行为控制理论只是开启了自主行为机器人学研究的一扇大门。该理论以提出的3D矢量空间操作代数为基础，建立了基于轴不变量的多轴系统建模及控制理论，为动作链符号演算与自学习的行为规划的进一步研究奠定了基础。与学院派的行为机器人及智能机器人理论体系不同，本书内容是以工程应用为目标的公理化理论体系。

在本书撰写过程中我们得到了中国空间技术研究院叶培建院士的指导，中国航天科技集团有限公司第五研究院502所陈建新对本书提出了诸多建议，在此表示衷心的感谢。

由于本书涉及的内容广泛，公式较多，难免会出现疏漏，敬请读者批评指正。

居鹤华

深空星表探测机构技术工业和信息化部重点实验室

南京航空航天大学航天进入减速与着陆技术实验室

2019年12月12日

摘　要

本书以嫦娥三号月面巡视器为研究对象，针对多轴刚体系统精确建模与控制问题，建立了运动链符号演算及自主行为控制理论。

第 1 章：绪论。分析了自主行为机器人的基本特征及研究范式，提出了自主行为机器人导航与控制系统结构，并提出了以不变性、对偶性、参数化、程式化及公理化为特征的同构方法论，用来指导开展融合数学、力学、计算机及控制的多轴系统跨学科理论及工程技术研究。

第 2 章：运动链符号演算系统。针对树形运动链，基于同构方法论，提出了轴链公理、拓扑公理及度量公理，建立了运动链符号演算系统及 3D 空间操作代数。首先，分析树链的构成要素及基本属性，阐明轴是树链拓扑系统的基元、自然参考轴是树链度量系统的基元。根据树链三大事实，提出轴链公理、轴链有向 Span 树及自然轴链（简称轴链）。一方面，应用拓扑同构方法论，借鉴现代集合论的链理论，建立了运动链的拓扑符号系统，提出了轴链拓扑公理。另一方面，应用度量同构方法论，提出了以自然坐标系及基于轴不变量为基础的 3D 螺旋，建立了运动链符号演算系统；以轴链拓扑公理为基础，借鉴张量理论，提出了轴链度量公理。进而，以轴链拓扑公理及度量公理为基础，建立了以操作为特征的 3D 空间操作代数。

第 3 章：基于轴不变量的多轴系统正运动学。以 3D 矢量空间操作代数为基础，建立了基于轴不变量的多轴系统正运动学理论。首先，在分析轴不变量的幂零特性、基于轴不变量的投影变换、镜像变换、定轴转动、Cayley 变换及其逆变换的基础上，建立了基于轴不变量的 3D 矢量空间操作代数，从而建立矢量多项式表征的位姿方程。进而，通过轴不变量表征了 Rodrigues 四元数、欧拉四元数、对偶四元数、6D 运动旋量与螺旋，建立了基于轴不变量的欧拉四元数及对偶四元数的迭代式方程。接着，以 3D 矢量空间操作代数为基础，以绝对导数、轴矢量及迹为核心，建立了基于轴不变量的 3D 矢量空间微分操作代数，证明轴不变量对时间的微分具有不变性。最后，提出多轴系统固定轴不变量结构参数的测量原理，提出并证明树链偏速度计算方法，建立基于轴不变量的迭代式运动学方程，它具有简洁、优雅的链指标系统和伪代码的功能，从而降低了高自由度多轴系统建模及解算的复杂度，保证了多轴系统运动学建模的准确性、可靠性与实时性。

第 4 章：基于轴不变量的多轴系统逆运动学。提出了居-吉布斯分析四元数，证明其相关性质，进而提出多元矢量多项式系统，并证明其线性计算复杂度及求解原理；提出了基于固定轴不变量的 D-H 系及 D-H 参数确定原理；证明了经典的一轴/二轴/三轴姿态分析逆解原理；证明了 D-H 法的 RBR 机械臂位置分析逆解原理。最后，建立了基于轴不变量的 RBR、BBR、半通用及通用机械臂逆解原理，它们具有精确性及实时性，不存在计算奇异性。

第 5 章：基于轴不变量的巡视器运动学与行为控制。首先，应用基于轴不变量的多轴系统运动学分析了 CE3 月面巡视器移动系统运动学特性，包含巡视器驱动控制运动学及导航运动学。接着，根据移动系统运动学分析结果，提出了基于速度协调的巡视器牵引控制方法，以及基于太阳敏感器、惯性单元及里程计的位姿确定原理；继之，研制了微小型激光雷达，提出了基于标准可加模糊系统的自主行为控制方法，实现了巡视器移动过程的自主行为控制功能。最后，分别通过 BH2 原理样机实验及 CE3 月面巡视器动力学解算系统的在回路闭环测试验证了所提出方法的有效性。通过上述应用，验证了基于轴不变量的多轴系统运动学的正确性。

第 6 章：牛顿-欧拉动力学符号演算系统。建立了基于运动链符号演算的牛顿-欧拉刚体动力学系统，为后续章节奠定了理论基础。首先，基于链符号系统，建立了包含质点转动动量、质点转动惯量、质点欧拉方程等的质点动力学公理化系统；以此为基础，针对变质量、变质心、变惯量的理想体，建立了理想体的牛顿-欧拉动力学方程。其次，分析了基于轴不变量的约束轴控制方程，从而建立了基于牛顿-欧拉动力学方程的理想体动力学系统。约束轴的位置与方向可以根据实际需要设置；约束方程不需要借助关联矩阵，约束轴次序不受体系坐标轴次序制约，提升了牛顿-欧拉刚体动力学系统应用的方便性。同时，在分析及证明最速 LP 求解方法的基础上，提高了基于牛顿-欧拉刚体动力学系统的 LCP 求解的效率，使建立的牛顿-欧拉动力学符号演算系统具有简洁、优雅的链指标，物理内涵清晰，具有严谨的证明过程，从而降低了牛顿-欧拉动力学系统工程实现的复杂性。接着，针对轮式多轴系统的牵引控制需求，在 Bekker 轮土力学的基础上，建立了轮土作用力的矢量模型，并提出了轮式系统移动维度的判别准则。最后，通过研制的 CE3 月面巡视器动力学仿真分析系统，证明了基于运动链符号演算的牛顿-欧拉动力学系统及轮土作用力矢量模型的正确性。

第 7 章：基于轴不变量的多轴系统动力学与控制。首先，基于牛顿-欧拉动力学符号演算系统，推导了多轴系统的拉格朗日方程与凯恩方程，通过实例阐述了它们各自的特点。以此为基础，提出并证明了多轴系统的居-凯恩(Ju-Kane)动力学预备定理，并通过实例验证了该定理的正确性。接着，在预备定理、基于轴不变量的偏速度方程及力反向迭代的分析与证明的基础上，提出并证明了树链刚体系统的 Ju-Kane 动力学定理，并通过实例阐述了该定理的正确性及应用优势。进而，提出并证明了运动链的规范型运动学方程及闭子树的规范型运动学方程，从而完成了树链刚体系统的 Ju-Kane 动力学方程的规范化，并表述为树链刚体系统的 Ju-Kane 动力学定理，通过实例验证了该定理的正确性及技术优势。至此，建立了树链刚体系统的“拓扑、坐标系、极性、结构参数、质惯量、轴驱动力及外部作用力”完全参数化的、迭代式的、通用的显式动力学模型。该模型具有优雅的链符号和伪代码的功能。分析表明该建模过程及动力学正逆解均具有对数计算复杂度，在并行计算时具有线性计算复杂度。同时，提出并证明了闭链刚体系统的 Ju-Kane 动力学定理、闭链刚体非理想约束系统的 Ju-Kane 动力学定理，以及动基座刚体系统的 Ju-Kane 动力学定理，从而建立了基于轴不变量的多轴系统动力学理论。最后，提出并证明了基于逆模补偿器的多轴系统力位控制原理，整理并证明了基于线性化补偿器的多轴系统跟踪控制原理及基于模糊变结构的多轴系统力位控制原理。

研究表明：轴及轴不变量是多轴系统的基本单位，基于轴不变量的正逆运动学与正逆动力学具有精确、实时、可靠及通用的特点，实现了完全参数化的建模与控制。

关键词：多轴系统；运动链；3D 空间操作代数；居-吉布斯；居-凯恩；自主行为

目　　录

第1章 绪 论

1.1 机 器 人

机器人源于捷克斯洛伐克科幻小说作家卡雷尔·恰佩克创立的词汇“Robota”，意即由人类制造的、为人类完成多种作业的工人。机器人的价值在于忠实地为人类提供劳动。

1940 年控制论创始人 Norbert Wiener 就提出“计算控制论”，它是关于生物系统与人工机电系统的比较性研究理论，是综合电子学、机械学、生物学的系统控制论，为机器人学的产生和发展奠定了基础。1987 年国际标准化组织对工业机器人进行了定义：“工业机器人是一种具有自动操作功能及移动功能，完成预定作业的可编程操作机。”

机械臂是机器人学研究的基本对象，是现代机械电子系统的杰出代表，已广泛应用于工业生产、医疗及科学探测等领域。它可以帮助人们深入了解机器人研究与开发的基本原理。以机械臂的研究成果为基础，轮式机器人研究也日趋成熟，以火星巡视器、嫦娥三号月面巡视器为代表的空间机器人已研制成功。

1.1.1 工业机械臂

目前，工业机器人公司研制的工业机械臂主要用于焊接、装配、搬运、注塑、冲压、喷涂等作业。相关公司主要有以安川、OTC、松下、FANUC、川崎等公司为代表的日系公司和以德国 KUKA、德国 CLOOS、瑞典 ABB、意大利 COMAU 及奥地利 IGM 为代表的欧系公司。工业机械臂是柔性制造系统（FMS）、工厂自动化（FA）生产线、计算机集成制造系统（CIMS）的重要组成部分，不仅可以降低废品率，而且可以降低产品成本。同时，应用工业机械臂可以提高机床的利用率，降低人工误操作带来的残次零件风险等。

图 1-1 所示的是安川首钢机器人有限公司的三工位弧焊机器人，它可以回环曲绕，随时保证最佳焊接姿态，避免与工件和夹具之间的机械干涉，可以进行大型工件外部及内部的焊接。弧焊机器人通常是一个典型的六自由度（6DOF）机械臂，能够夹取、搬运 5～50 kg 的工件，关节控制精度可达 0.01°，控制工件按期望的位姿（位置与姿态）序列运动。

在不改变机械臂结构的情况下，只需装配焊接、喷涂等不同作业类型的工具，就可以完成不同的作业。使用工具是机械臂的基本技能之一。

焊接机器人系统通常由机械臂、安装于机械臂末端的焊接工具、检测设备、固定焊接工件的夹具及控制计算机等组成。同时，工件夹持可以通过另一台工业机器人完成。机器人系统可以接收 Pro/Engineer、SolidWorks 图样文件，完成直线、弧线、样条曲线形态的焊接。焊接机器人是一个典型的可编程操作机，可通过编程完成不同工件的运动控制及焊接。机械图样理解技能、工件识别技能、工件拾取及夹持技能、焊缝识别技能等也是焊接机器人的基本技能。

图 1-1　安川首钢三工位弧焊机器人

显然，技能是机器人内在的、已具备的基本能力，而行为是机器人应用基本技能完成特定作业过程的外在表现。

工业机器人的通用性（versatility）是指具有多个自由度的平台配置所需的工具，完成不同种类的作业任务。通用性首先取决于机器人本体的自由度。任意一个自由刚体具有六维（6D）位形空间，其中包含三个独立方向的平移及三个独立方向的转动。串链的六轴机器人具有 6D 空间运动的适应性，以及应用工具完成不同作业的通用性。

六轴机器人的工作空间不仅受到机器人本体自由度的限制，而且受其结构及工作环境的制约。增加机器人自由度可以提高对管道、发动机腔体等作业空间的适应性。目前，七轴及八轴机械臂已得到了广泛关注。

机械臂之所以被称为机器人，主要是因为它具有人类手臂的局部功能，即具有使用工具的通用性与适应不同作业的灵活性。机械臂是经典的机器进化为现代机器人的第一个里程碑，也是机器人学研究的基本对象。对于焊接机器人，还需要解决包含焊接工艺、焊件及焊缝等的检测及图样理解在内的人机交互等诸多问题。

1.1.2　加拿大臂

国际空间站移动维修系统（MSS）是连接在国际空间站上的一个机器人系统。其中，广为人知的是图 1-2 所示的加拿大臂 2，它在空间站装配和维护方面扮演着重要的角色，主要负责空间站设备的搬运与补给，帮助宇航员在太空中工作，安装舱外设备与载荷等。该系统由机械臂、移动平台和专用灵巧机械手三部分组成。

图 1-2　加拿大 STS114 任务中机械臂协助航天员的舱外活动

七轴加拿大臂展开时的臂展达 17.6 m，总质量为 1800 kg，可搬运 116000 kg 大型有效载荷。该系统还能沿着国际空间站桁架移动，因此可以到达国际空间站的任何地方。由于有 7 个关节，因此该系统部分关节可以旋转 540°，远远超过人类手臂的旋转能力。移动平台是一个能沿着国际空间站长轴轨道移动的工作平台，体积为 5.7 m×4.5 m× 2.9 m，质量为 1450 kg，能移动和处理 20900 kg 的有效载荷。专用灵巧机械手由 2 只小臂、照明灯、电视摄像机、工具盒和 4 个工具夹具组成。

尽管像加拿大臂 2 这样的诸多空间机械臂已得到了应用，但机械臂原理仍有待完善。在机器人教材中，通常仅提供六轴解耦机械臂的基本原理，或仅介绍 PUMA 机械臂的逆解原理，相关的理论与技术通常是机械、电子或控制理论中常见的内容。通用六轴机械臂逆解这一国际性难题仍未得到有效解决，这也导致现有的机械臂过于笨重，结构优化程度不够，绝对定位精度远不及重复定位精度。

1.1.3　火星探测机器人

图 1-3 所示的 MER 火星探测机器人的主要科学使命是对火星表面进行考察，以寻找火星上曾经存在水与生命的迹象。该机器人质量为 180 kg，包含驱动轮、摇臂悬挂机构在内的移动系统约 34.5 kg，高 1.5 m，宽 2.3 m，长 1.6 m，每火星日移动约 40 m。

MER 结构上采用六轮独立驱动的摇臂悬挂系统，每个车轮及四个角轮可以独立驱动，能实现原地 360° 转向。MER 可以在 45° 坡面上安全停放，在不超过 30° 坡面上安全移动。MER 通过惯性单元、编码器以及太阳敏感器进行导航，具有自主识别与决策的能力。当地面指挥系统发送期望位置指令后，它可自主进行环境感知、路径规划与避障控制，逐步到达预定的目标。MER 的最大行进速度为 50 mm/s，自主避障速度约 10 mm/s。由于火星与地球的通信时延长达 30 min 甚至达 1 h，MER 需要具备“一个火星日自主作业”的能力。由于火星磁场较弱，具有强对流的火星飓风及粉尘环境，MER 只能通过太阳敏感器检测太阳的方位，根据太阳及火星的星历确定机器人航向。天体识别及星历计算是该机器人的基本技能。

图 1-3　MER 火星探测机器人

MER 共使用了 33 组驱动电动机，其中 19 组应用了谐波减速器。MER 配有低增益天线（LGA）、超高频天线（UHF）以及高增益天线（HGA）。当 MER 的方向未知时，LGA 适合低数据率（low data rate）通信。全向 UHF 可以实现高数据率通信，但只有火星轨道器经过 MER 的天顶时才可以使用。HGA 的直径为 0.28 m，数据传输速率为 1850 b/s，设计了包含正交双轴驱动的高增益天线万向节（HGAG），可以精确地指向地球。全向 LGA 向深空网发射无线电波。MER 在火星着陆以后，大约一半的通信数据传递需要靠 HGA 来完成。通信技能是地面应用的基本保证。

MER 采用太阳翼和蓄电池供电，太阳翼可产生大约 140 W 的功率。夜间，MER 利用同位素材料衰变释放的热量给电池加热，使电子保温箱保持正常温度。MER 的计算机具有极好的防辐射能力和纠错能力，每秒能执行约 2000 万条指令。DRAM（动态随机存取存储器）大小为 128 MB，EEPROM（带电可擦可编程只读存储器）大小为 3 MB，总线采用 VME 并行总线。健康维护技能是 MER 生存的基本保证。

在车体的前后部各装有一对用于避障的黑白 CCD 相机。1.4 m 高的桅杆上装有一对黑白导航 CCD 相机和一对用于科学考察的全色摄像机。一个装在前部机械臂上的单色科学摄像机用于靠近岩石和土壤时获取它们的图像。立体视觉障碍识别技能是 MER 自主导航的基础。

MER 配备的有效载荷包括：用于科学考察的全色摄像机、用于分析沉积岩石颗粒大小及形状的显微成像仪、用于确定矿物类型和丰度的微型热辐射光谱仪、专门用于研究含铁矿物的 Mossbauer 光谱仪、用于确定岩石和土壤元素化学性质的α质子及X射线分光计，以及用于判别岩石内部和外部差别的岩石研磨工具。科学仪器的应用技能是 MER 完成火星科学探测的基础。

MER 后续型号不仅需要具备在火星表面的移动能力及对环境信息的搜集能力，也要集成天文及地质分析、材料分析的技能，成为移动的火星考察实验室。

由火星探测机器人的配置与功能可知：机器人是一个以现代光电子为重要特征的机械

电子系统。移动性及自主性增强了机器人的空间环境适应性，扩大了机器人的应用范围。

1.1.4　CE3 月面巡视器

如图 1-4 所示，2013 年 12 月 14 日 21 时 11 分，嫦娥三号（CE3）探测器成功着陆于月球西经 19.5° 及北纬 44.1° 的虹湾以东区域。12 月 15 日 4 时 35 分，CE3 着陆器与 CE3 月面巡视器（又称玉兔号月球车）分离，巡视器顺利到达月球表面。

图 1-4　CE3 月面巡视器

该巡视器质量约为 140 kg，移动系统采用六轮独立驱动的摇臂式结构，四个角轮配有方向电动机。其最小转弯半径为 0.667 m，可原地转向。CE3 月面巡视器可以适应 25° 的月面地形，平均移动速度约 3 cm/s。

如图 1-5 所示，该巡视器的左太阳翼（−Y 翼）由火工装置一次性展开，右太阳翼（+Y 翼）的角度可以调节。当太阳高度角大于 33° 时，通过右太阳翼的正立及巡视器航向的调整，可以避免太阳直射，从而保证温控需求。该巡视器上部装有 2DOF 桅杆，其上固连高增益天线。桅杆顶端有 1DOF 云台，用于控制远景视觉系统及全景视觉系统的俯仰角。该巡视器前侧装有一对广角避障立体视觉系统，其上配有激光点阵的主动光源，以适应月面强光照、强阴影及贫纹理的环境特点。避障立体视觉系统可以检测半径 10 m 及视场 120° 范围内的障碍。CE3 月面巡视器后侧装有测控全向天线及与着陆器通信的 UHF，同时，前侧装有由 3DOF 机械臂控制的 X 光谱仪，后侧装有可展开的透地雷达天线，以执行相应的科学探测任务。

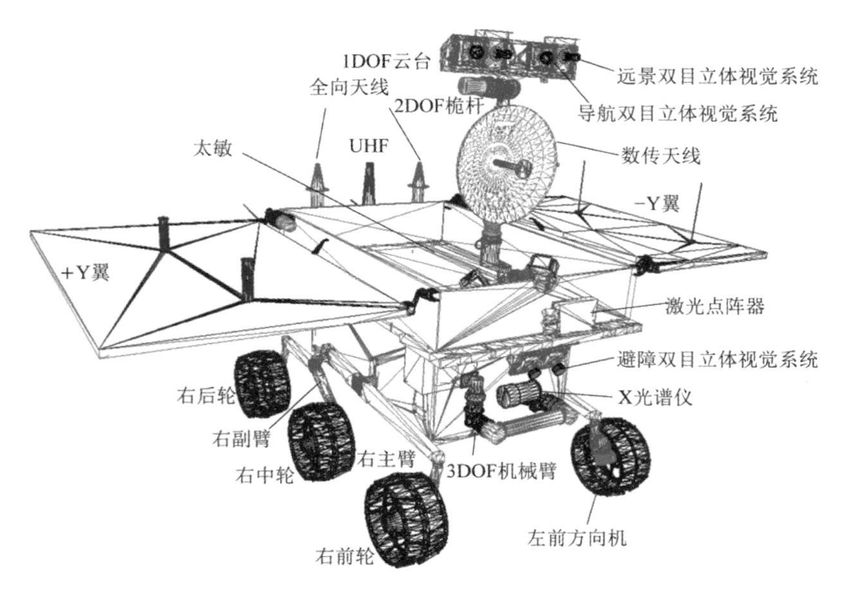

图 1-5　CE3 月面巡视器的组成

该巡视器通过太阳敏感器（简称“太敏”）及惯性单元确定姿态，并与车轮编码器一起完成巡视器的航位推算。地面测控确定巡视器的位置精度约 200 m。在遥操作系统中，根据下传的视觉图像完成环境重构，并通过与月面地形图的匹配精确确定巡视器位置。地面控制中心的任务规划系统应用月球卫星获得的数字地形图（DTM）及巡视器立体视觉系统获得的局部数字高程图（DEM）完成巡视器的任务规划，确定 CE3 月面巡视器在什么时间到达什么位置、以何种工作模式工作，以及如何执行该模式的动作序列。地面控制中心的机械臂规划软件完成巡视器就位探测的位置及航向确定，机械臂展开、投放及收拢过程的规划。巡视器在获得任务规划的行为序列后，可以自主地进行局部路径规划、运动规划及运动控制。

1.1.5　机器人分类

机器人按应用环境可分为空间机器人、地面移动机器人及水下机器人等，按应用目的可分为工业机器人、探测机器人、服务机器人及娱乐机器人等。根据模仿对象的不同，机器人又可划分为类人机器人（anthropomorphic robot）和人工生命（artificial life）。通常，机器人也泛指模拟人与动物部分功能的系统，包含机械臂及灵巧手等。

只有机器人具备了良好的运动技能、识别及规划的智能，才能更好地为人类提供劳动与服务。机器人可以用于：客流与物流交通，产品加工与装配，农业生产，矿藏开发，包含海洋、极地、空间在内的环境科学探测，信息/情报搜集、管理、处理及决策，作战与救护，警卫与反恐，助残与陪护，外骨骼增强（powered exoskeleton），教育与娱乐等领域。

机器人是机械电子系统的前沿领域，现代机械电子系统也正朝着机器人方向不断演化。

1.2　空间环境与机器人的关系

空间环境适应性是机器人研制的基本要求。目前，星表探测机器人主要应用于月球及火星表面探测，将来也期望应用于金星、小行星及彗星探测。对太阳系中的目标天体轨道及姿态的精确计算是进行空间探测的首要前提，对目标天体的环境认知程度决定着星表机器人的研制水平。空间环境的复杂性、机器人高自由度及高维问题决定了机器人分析与求解的复杂性。

1.2.1　天文环境与空间机器人的关系

太阳系由太阳、大行星及其卫星、小行星、矮行星及彗星构成。从广义上来说，太阳系包括太阳、4 颗像地球的内行星、由许多小岩石组成的小行星带、4 颗充满气体的巨大外行星，以及由冰冻岩石组成的柯伊伯带的第二个小天体区。在柯伊伯带之外，还有黄道离散盘面、太阳圈及奥尔特云。

太阳质量占太阳系已知质量的 99.86%。木星和土星是太阳系内最大的两颗行星，其质量又占了太阳系剩余质量的 90%以上。按至太阳的距离，行星依次包含水星、金星、地球、火星、木星、土星、天王星及海王星，8 颗行星中的 6 颗有天然的卫星环绕。在外侧的行星都由尘埃和许多小颗粒构成的行星环环绕。例如，在木星轨道附近有希尔达星群、特洛伊小行星及希腊群星群。

太阳系内主要天体的轨道，都在地球绕太阳公转的轨道平面即黄道的附近。行星几乎都靠近黄道，而彗星和柯伊伯带天体的轨道通常都有比较明显的倾斜角度。由天北极看太阳系，所有的行星和绝大部分的其他天体，都以逆时针（右旋）方向绕着太阳公转。只有少数天体例外，如哈雷彗星。环绕着太阳运动的天体都遵守开普勒行星运动定律，轨道都是一个以太阳为焦点的椭圆，并且越靠近太阳时速度越快。行星的轨道接近圆形，但许多彗星、小行星和柯伊伯带天体的轨道则是大椭圆形的。

遵循太阳系天体运行规律是空间机器人的基本约束条件。太阳系的星历计算是空间机器人研究的基础。

首先，星历计算是空间机器人构型设计的基础。例如：在数传机构的设计过程中，只有确定对地通信方向，才能进行数传机构的对地指向覆盖性分析；在太阳翼发电功率的计算中，只有确定“器日”方向，才能优化太阳翼的结构参数；在温控系统设计时，只有确定太阳的辐照热量，才能优化温控系统的性能。

其次，星历计算是空间机器人导航、制导与控制（GNC）的基础。空间机器人通常需要通过太阳敏感器、星敏感器及惯性单元的测量，并结合星历计算，才能确定机器人的位姿。在 GNC 系统测试、机器人原理样机或正样测试时，通过星历计算为光学敏感器提供激励。同时，在对地数传时，通过星历计算才能确定地面测控站的位置与方向。

最后，星历计算是空间机器人任务规划的基础。任务规划需要确定测控与数传窗口、计算太阳翼的控制角度和对地通信数传机构的控制角度、计算太阳翼获取的太阳能量、计算太阳辐射的热流、进行光学敏感器的观测可见性分析及规避大面积的地形阴影等。星历约束是空间机器人的基本约束，也增大了空间机器人的空间维度。

月面巡视器与地面测控站的通信时延一般达 3.5 s 乃至几分钟；而火星巡视器通信时延可达数十分钟。这就要求巡视器运动控制系统具有适应大时延的控制能力。尽管大时延控制在空间机器人及基于互联网通信的地面机器人当中得到了广泛研究，但是，在目前技术状态下，具有大时延的遥操作控制很难突破 5～10 s 时延的应用需求。

除了上述约束之外，空间机器人还必须满足空间探测器“结构小、质量轻及功耗低”的常规约束，需要适应发射平台的机电接口、振动控制与电源供应的要求，以及适应航天测控系统的频段、编码与解码机制等。

空间机器人的环境特殊性、工程应用对可靠性及自主性的需求推动着机器人前沿理论与技术的变革。

1.2.2 环境与机器智能的关系

除了天文环境外，一般空间环境还包含引力及介质环境、辐射环境、高低温环境等。

引力及介质环境决定了空间机器人运动系统的功能需求。空间飞行的机器人需要像航天器一样，采用推进器、反作用飞轮、电推进、太阳帆等运动执行器；在月球等弱重力环境下进行探测的机器人，需要采用轮式、腿式等运动控制系统；在金星稠密大气环境下，需要采用旋翼、喷气、飞艇动力等动力系统。引力环境及空间介质决定了空间机器人传感器及执行器的基本配置。

辐射环境主要指太阳风对空间机器人的影响。为了防止辐照引起数字信息翻转，要求空间机器人综合电分系统具有抗辐射能力，要求计算机具有读写内存的校验功能。真空的空间辐照环境容易造成一些有机材料的失气效应及导电材料的电晕效应。因此，综合电分系统及密封装置应采用特殊材料与工艺。

高低温环境是空间机器人最突出的环境特征。高温可达＋300 ℃，特殊的高温环境可达上千摄氏度；一般低温环境可达－270 ℃，几乎接近绝对零度。温控系统是空间机器人健康保障系统必不可少的一部分。高低温环境易使材料产生应力集中与形变、力学性能退化以及较高的热电势等。低温也容易致使光洁材料间发生“冷焊”（因低温引起的光洁表面的黏结现象）。

空间探测机器人对环境的适应性研究是空间机器人研制的首要前提。星表环境对空间机器人有许多特定的要求。不同星表环境差异很大，需进行细致的分析。对于月面巡视器，它需要适应月球重力环境、月面地形环境、月壤力学环境及月面粉尘环境等。

月球重力加速度是地球的 1/6，对于月面巡视器，需要研究弱重力给其运动控制性能带来的影响。同时，月面“重力瘤”/局部重力异常也是后续月面巡视器导航需要关注的问题。目前，在工程上还不能很好地模拟失重或弱重力的环境，需要研制失重或弱重力环境下的超实时或实时动力学仿真系统，以便分析或测试空间机器人的失稳条件、驱动电动机的负载特性及综合电分系统的空间环境适应性等。

月壤一般呈现淡褐、暗灰色，纹理特征单一，并且中高纬度地区阴影严重，要求机器视觉适应月面强光照、强阴影及贫纹理的特点。

月尘主要由小于 1 mm 的具有黏聚性的月壤细颗粒组成，直径为 40~130 μm，平均尺寸为 70 μm。为了适应月尘环境，要求月面巡视器能够解决运动系统的密封与润滑问题；同时，月尘具有强静电吸附能力，易沾污太阳敏感器、视觉系统镜头及太阳翼，会对巡视器寿命产生严重影响。

月壤力学特性（包括颗粒大小、孔隙度、凝聚力、内摩擦角、容积密度参数值、月壤的可压缩性及剪切强度等）对月面巡视器运动影响很大，，是月面巡视器移动系统及运动控制系统设计的重要依据。基于“刚轮-软土”的弹塑性轮土动力学是巡视器动力学计算及运动控制测试的基础。

月表温度变化主要由纬度和月球昼夜周期决定，在＋150 ℃到－180 ℃之间。月表太阳辐射能只有不到10%被反射到太空。月表温度由太阳辐射及其内部的组分决定。月球热惯性很小，月球赤道在满月时温度为390 K，新月前温度降到大约110 K。月面巡视器在月球上过夜，需要采用放射性同位素之类的特殊能源。

环境是机器人系统不可分割的一部分，机器智能与行为能力只有在一定的环境下才能表现出来。环境不应被视为机器人系统的扰动因素，它与机器人是并列的、对等的关系，是相互依赖、相互作用的矛盾统一体。

环境包括一切的自然环境与人工环境，不仅是机器人生存及作业的约束，而且是机器智能表现的物质基础，离开环境就谈不上机器智能。环境适应性不仅要求机器人的结构与功能满足环境基本约束，而且要求根据环境的特点设计与提高机器智能。

开放系统是一般系统论的基本观点。开放系统的特点是系统与外界环境之间有物质、能量或信息的交换。封闭系统则与此相反，它与外界环境之间不存在物质、能量或信息的交换。用系统思想来观察现实世界，几乎一切系统都是开放系统。物理学中的所谓孤立系统（即封闭系统）可看作开放系统的一种特例。机器人与环境具有物质、能量与信息的交换，机器人不仅参与了机器人的演化，也参与了环境的演化。机器人与环境构成的系统需要应用开放系统的观点加以研究：开放世界（open world）的机器人动作规划理论就是以开放系统论为基础的，它也是自主行为机器人学的重要特征。

婴儿具有吮吸反射、怀抱反射、拥抱反射、抓握反射、踏步反射及游泳反射等先天性技能，这些技能是婴儿适应母体外部环境的基础。同样，机器人的技能需要由精通多学科的设计团队赋予，并由机器人在开放的环境中通过自我学习来提高，这样机器人才能适应变化的环境。

1.2.3 空间环境的适应性验证

我国航天系统具有较完善的空间环境适应性验证设备与手段。空间环境适应性验证包括高低温测试、空间辐射测试、材料失气效应测试、材料疲劳测试以及振动测试等，在此不加赘述。下面就我国月面巡视器综合电子测试做一些说明。

我国月面巡视器综合电分系统除常规的空间环境适应性测试系统、月面巡视器内外场测试系统之外，还有包含“月面环境模拟与动力学解算”分系统在内的半实物仿真测试系统。该系统通过模拟环境弥补了月面弱重力环境、月面光照环境、日地月关系等环境测试的不足。应用该系统可以实现巡视器所有传感器、执行器及计算机系统的在回路测试，同时该系统对于验证巡视器导航、制导与控制系统的时序及功能，CAN 通信及 RS485 通信的时序与功能，基于立体视觉的感知功能，基于惯性单元、太阳敏感器及里程计的位姿确定功能，以及牵引控制的有效性等具有重要作用。空间环境特别是引力环境的计算机模拟及机器人的动力学计算是空间机器人研究的重要基础。其他环境还包括电磁环境、高低温环境及月壤力学环境等。

月面强光照、强阴影及贫纹理的特点，对月面巡视器的视觉系统及机构提出了特殊的要求。例如：巡视器应用机械臂进行探测时，首先需要获取场景的图像，然后才能进行环境重构。当巡视器拍照时，场景可能位于巡视器自身或石块的阴影当中，从而导致图像失效。同时，巡视器及着陆器具有光洁的表面，在“两器”互拍时，可能遭受反射的强光，导致视觉致盲。

空间环境适应性验证只能覆盖机器人系统的特定方面，只是在局部上保证机器人行为的可靠性。机器人既是机械电子系统，又是机器人学的符号演算系统及软件计算系统。只有保证符号系统的演算规律及软件系统的计算原理真实地反映机器人及其环境的作用规律，才能保证机器人行为的可靠性，才能产生所需的机器智能。因此，开放的环境是机器人系统不可缺少的一部分，也是机器智能不可缺失的一部分。

1.3 机器智能研究的范式

机器自主性及机器智能的研究应遵循什么样的研究思路是首先需要解决的问题。

1.3.1 机器智能的发展

微积分思想最早可以追溯到古希腊的阿基米德等人提出的计算面积和体积的方法。1665 年牛顿创立了微积分，莱布尼兹在 1673 到 1676 年间也发表了微积分思想的论著。莱布尼兹认识到好的数学符号能节省思维劳动，运用符号的技巧是数学成功的关键之一。他发明了一套适用的符号系统，如引入 dx 表示 x 的微分，用 $\int$ 表示积分等。这些符号进一步促进了微积分学的发展。1713 年，莱布尼兹发表了《微积分的历史和起源》一文，从几何问题出发，运用分析学方法引进微积分概念，得出严密而系统的微积分运算法则。显然，合理的数学符号抽象是科学进步的基石。同样，作为跨学科研究的自主行为机器人理论，需要合理地引入新的数学符号，如本书第 2 章的拓扑运动符、投影符等，构建简洁的符号系统，以揭示机器人系统的内在规律。

微积分及牛顿-欧拉矢量力学的应用极大地改变了人类的生产与生活，为人类社会的机器大工业的发展奠定了理论基础。牛顿力学的局限性也在于它是一个以几何学为基础的理论体系。而后来的拉格朗日法及凯恩法以代数学为基础来分析动力学，为力学的理论分析提供了强大动力。以代数学为基础，爱因斯坦的张量理论及相对论将理论研究推向了极致，建立了力场、电磁场分析的公理化体系。以公理化的“建模—分析—综合”为基础，人们建立了近代科学与技术体系，至第二次世界大战初期，人类进入机械化时代。

1913—1924 年 Watson 发表的行为主义心理学文献，即《行为：比较心理学导论》《行为主义》及《行为主义的心理学》表明：动物的行为是对外界刺激的反应，思想是整个身体的机能。1948 年，维纳在著名的《控制论》中指出：控制论是在自动控制理论、统计信息理论和生物学的基础上发展起来的，机器的自适应、自组织、自修复和学习功能是由系统的输入输出或状态的行为过程决定的。因而维纳将心理学的某些成果引入到控制理论当中。行为控制正是从行为层次上对生物行为的模拟。随着古典控制论的不断完善，至 1970 年左右，美国及苏联已对月球进行多次探测，火炮、雷达等自动化武器已得到大规模的应用。1973 年德国库卡机器人集团研发了第一台机电驱动的六轴机械臂。随着驱动与控制技术的不断进步，工业机械臂也从单点加工发展到多点加工与搬运；机械臂对生产线的自动化产生了重大影响。以代数符号系统及电子技术为核心的控制理论推动了自动化时代的到来。

符号演算与推理是符号主义学派的研究内容。1949 年可以存储程序的计算机被发明。1955 年，香农等人开发了一种采用树形结构的 Logic Theorist 程序，在知识树中搜索问题的解，它是谓词逻辑语言的雏形。1956 年麦卡希发表了 *Recursive Functions of Symbolic Expressions and Their Computation by Machine*，并于 1958 创立了 Lisp 语言，该语言几乎成了那个时代的人工智能的代名词。1957 年诞生了用于模型数值计算的第一种高级语言 Fortran。Shakey 机器人由斯坦福人工智能中心于 1966 年至 1972 年开发，用于自然语言理解、机器视觉及轮式机器人控制的研究。斯坦福人工智能中心用 Lisp 语言开发了著名的 STRIPS 规划器。Peter Hart、Nils Nilsson 和 Bertram Raphael 于 1968 以 Dijkstra 算法为基础发表了著名的启发式算法 A^*。以现代计算机及软件为核心的符号演算及数值计算推动了信息化的发展。

1953 年，Grey Waiter 运用基于传感器与执行器的紧环（tight-loop）连接及应激性（reactive）行为研制了著名的瓦特龟。其基本研究思路是：通过光电传感器感知光线，直接控制驱动电动机，使机器人产生类似生物的趋光性行为及避光性行为。受当时技术条件的限制，仅能使用直流电动机、感知光源的传感器及简单的电子管等完成机器人的控制。以瓦特龟开展的一系列的生物模拟实验表明：许多生物复杂的行为智能未必涉及复杂的信息处理过程与运动控制。通过行为控制实现的行为智能是当时应用经典 PID（比例积分微分）控制难以实现的，因此机器人研究者开始探索一些新的研究方向。1965 年美国普渡大学的傅京孙教授提出了基于推理规则的学习控制。1966 年门德尔（J. M. Mendel）在飞行器学习控制中提出“人工智能控制”概念。1968 年美国加州大学自动控制专家扎德（L. A. Zadeh）教授提出模糊集理论。1969 年 Arthur Earl Bryson 和 Yu-Chi Ho 提出 BP（反向传播）学习算法。随着机器臂工业应用的发展，机器智能已作为专门的学科得到了广泛研究。建立于当时机器工业基础上的人工智能学科的兴起标志着机器智能的诞生。现代机器智能是以现代数字计算机为核心的符号演算与数值计算系统，高容量存储空间及高速的信息处理能力极大增强了高维度问题空间的求解能力。现代机器智能本质上是计算智能。现代计算机的数据结构及处理流程既依赖于信息的拓扑结构，又依赖于串行或并行的空间存储及序列化的操作过程。

这一时期的机器智能在理论上主要奠基于经典的几何学与代数理论、谓词逻辑理论，它们在学科上各自存在着独立性。随着现代计算机硬件与软件水平的提高，机器的信息化速度得到了极大提升。

然而，尽管现代机器智能已有一定程度的应用，是现代科学技术的有益补充；但是，在某种程度上，其发展仍缺乏严谨的理论基础，缺少内在的结构化过程。

1.3.2　机器智能的三大学派

由于 20 世纪 60 至 70 年代中等规模的集成电路已出现，数值计算速度得到了较大提高，应用 STRIPS 规划器实现的象棋机器智能获得了智能界的认可。这也使得许多行为学派、神经学派的研究者放弃了研究理想，纷纷倒向符号主义的行列。最重要的例证是在 1969 年由 Arthur Earl Bryson 及 Yu-Chi Ho 提出的 BP 学习算法，直到 20 世纪 80 年代才得到关注。1984 年 Braitenberg 研制了具有代表性的 Braitenberg vehicle I/Braitenberg vehicle Ⅱ，为后来的行为控制（behavior control）奠定了基础。

1.符号主义学派

1983 年，David H. D. Warren 设计了 Warren 抽象机（Warren abstract machine，WAM）。目前，WAM 已成为 Prolog 编译器的事实标准，而“现代计算逻辑学”成为计算机学科的基础课程，一阶谓词逻辑推理语言 Lisp、Prolog 及 Clisp 成为人工智能领域的重要语言和构建专家系统的基本工具。Lisp、Prolog 等谓词逻辑推理系统是根据事实对建立的规则库进行搜索、匹配与回溯（backtracking）操作，实现对问题的求解。谓词逻辑推理过程是证明问题是否成立的过程：通过对事实与规则库进行匹配，将原问题分解成子问题，再对子问题进行相关的事实与规则库的匹配。如此往复，直至所有子问题被证明成立，从而可证原问题也成立。

符号主义学派求解问题的思路是从上至下的，即将原问题分解为子问题。同时，因为规则匹配与搜索过程是串行执行的，所以系统缺乏实时性。在这样的串行系统中，只要一个上下文环境出现错误，整个系统的功能就会失效。同时，符号求解的正确性也依赖于对象模型的准确性，而对象模型特别是非结构化的环境模型常常难以获得。

1997 年 IBM 深蓝计算机成功击败国际象棋冠军 Garry Kasparov。在现实生活中，存在许多与深蓝计算机系统相似的专家系统服务于我们的日常生活，例如课程表专家系统、医疗服务专家系统、票务专家系统等。基于符号演算的系统在现代生活中发挥了强大的作用。

当规则库较大时，计算过程复杂，对问题树的搜索过程自然减慢，因此问题求解过程常常应用启发式方法，以提高问题求解效率。

A^*算法是应用问题的域知识进行邻域搜索及代价比较的启发式规划方法，在一定的条件下保证问题求解的可达性及最优性。该算法在机器人路径规划中得到了广泛使用。A^*算法本质上是值规划（value planning）算法，通过“值”评价或代价指标确定问题状态的演化路线。符号主义学派通过符号的逻辑推理实现机器智能。从泛函分析的角度，值应该被理解为空间度量的范数，是与空间参考无关的不变量，耗时、能耗等都是不变量，均可以通过值的大小来表征，适用于任何复杂的大系统。

传统的专家系统解决了科学领域中相当一部分的问题，它适用的前提是：问题空间中的模型是已知的，其基本关系也是已知的，且问题空间是封闭的；否则，不能证明待求问题或定理是否成立。经典的一阶谓词逻辑系统已扩展为二阶谓词逻辑系统，如 Golog 可以进行开放世界的情景演算，为在自然环境中应用的机器人提供了一个重要的分析与技术实现的工具。

符号主义学派侧重于应用问题域（problem domain）的知识求解问题，符号系统本质上是领域专家系统。符号主义的研究成果使机器人可以集成人类已掌握的机器人自身的知识及其环境的知识，它是机器智能的重要源泉。

2.行为主义学派

1985 年，美国开始执行火星探测计划，期望开发火星机器人，完成火星探测任务。将在实验室开发的机器人应用于自然环境难以取得期望的性能。1989 年美国麻省理工学院（MIT）的 R. A. Brooks 提出了行为控制的包容式结构（subsumption architecture），并成功研制了以 Genghis 为代表的三个著名机器人，在学术界开展了第一轮的人工智能的哲学争论，开创了机器智能的行为主义学派。

Brooks 认为：首先要弄清楚生命系统在复杂自然环境中所具有的反应能力的智能本质，然后才有可能进一步探究人类高级的智能。他认为：许多生物的复杂行为可以通过基本行为综合产生，控制理论的研究过程是模仿自然、模仿生物功能的仿生过程。

行为控制在机器人特别是火星探测机器人中得到了广泛的应用。许多学者建议将行为控制作为机器人控制的一种基础理论加以研究。行为控制具有如下基本特点：

（1）行为控制系统结构遵循行为分解、行为并行执行的原则。与传统的按功能分解、功能串行执行的结构不同。

行为控制系统体系结构按行为进行分解，各行为并行执行。按行为分解是指按控制系统完成复杂功能所需的基本行为进行分解，各行为是独立的，它们分别完成一定的功能。按行为分解是由下至上的分解方式，分解过程与机器人由简单到复杂的建造过程相一致。而按功能分解是指按控制系统的信号流程的逻辑关系进行分解，是由上至下的分解方式。在分布式的体系结构中，信号流程通常为感知信息—系统模型—规划—任务执行—运动控制，这一流程依赖于系统模型即大系统知识的决策过程；在行为控制中，信号流程通常为信息感知—行为控制—行为协调—运动控制，这一流程不依赖于系统的模型，即不需要应用大系统的知识。

（2）行为具有应激性，即采用快速的反馈取代精确的计算，而不使用复杂的模型描述。因为行为控制理论认为：智能是智能主体与环境相互作用的结果，没有环境就没有智能，即环境决定了智能的表现形式。例如：候鸟不需借助相互的通信，只需每只鸟遵循一定的行为规则便能实现编队飞行；冰花是具有简单行为的冰粒共同作用所呈现的宏观现象。Cell 自动机仿真表明在没有系统整体模型时仅应用 Cell 个体的行为规则也能实现复杂功能的模拟。显然，行为的应激过程自身蕴含着系统的整体模型。

（3）通过基本行为突现出复杂行为。通过没有环境模型描述的基本行为综合出符合设计目标所需的高级行为。例如，要实现机器人沿墙行走行为，传统控制方法的实现过程是：先确定机器人要行走的平行于墙的行走路线，然后使机器人按该行走路线进行伺服控制。该过程实现困难，其中首先要回答以下问题：平行线概念属高级智能范畴，老鼠之类的动物知道平行线等诸如此类的概念吗？即使知道什么是平行线，又该如何描述该平行线呢？而这些低等动物却能轻松实现平行于障碍边缘行走的功能。用符号描述任意形状的平行线是一个复杂的问题，而用行为控制的观点实现这样的功能是非常容易的：机器人以一定速度行走；如果机器人远离墙，则机器人向墙内侧转动，否则向墙外侧转动。注意，这里用“向墙内侧移动”行为与“向墙外侧移动”行为突现了沿墙走的高级行为，称之为突现行为（emergence behavior）。并且，机器人不需要对墙这样的非结构化环境建立分析模型，也不需要知道被跟踪行走的对象是墙还是桌子等高级的认知概念。

（4）最大限度地利用机器人和环境特征，并尽可能使系统自身状态减到最少。这样使机器人行为与环境特征一一对应，构成了行为状态机系统或情形自动机，从而有利于复杂机器人系统的开发。

（5）环境也是构成智能的重要组成部分。系统设计目的不是要消除环境的不确定性，相反，要利用环境的不确定性，使环境不确定性在行为过程中发挥积极的作用。在使机器人沿墙行走时，不是消除墙的不确定性，而是利用墙的不确定性确定机器人的行走行为。

在控制系统体系结构方面，主要有行为控制系统体系结构、分布式体系结构、智能体体系结构、黑板（blackboard）体系结构、基于行为的黑板式体系结构及嵌套（nested）行为控制系统的体系结构等。分布式体系结构在硬件上具有并行的功能，在系统规划与决策上仍然是串行的，且系统实现完全依赖于环境描述，这对难以用模型描述的自然环境很难适用。行为控制系统体系结构主要以 Brooks 于 1985—1989 年间提出的包容体系结构为代表，后来经 Dorigo、Maes、Mataric 及 Wilson 等人进行了不同程度的改进，但是该结构由于不主张使用基于符号的人工智能而受到非议。行为控制系统具有优良的实时性能，但因其不使用基于符号的智能而缺少自主性与目的性，对机器人的运动规划没有预测能力。复杂控制系统特别是自主车辆系统采用了具有高层规划功能的行为控制系统体系结构，因为行为控制在系统低层决策上起着关键性的作用。而智能体体系结构属于高层的任务管理结构，对复杂系统的管理具有重要意义，但它对低层实时控制性能的改善是无能为力的。

尽管行为主义学派在理论上的成果较少，但给机器人研究提供了许多新的思路：

（1）行为协调（behavior-based coordination） 通过设计机器人的基本行为，再通过行为融合（behavior fusion）产生新的适应环境的行为。从函数空间来理解行为控制：系统的基本行为相当于独立的函数基，通过基本行为的融合生成适应复杂空间环境的具有复杂函数过程的行为。行为学习过程可以通过行为优化过程来完成，从而可以通过行为协调由少数的基本行为突现高级的复杂行为。

（2）行为突现（behavior emergence） 行为是机器人与环境作用的外在体现，环境是机器智能的一部分，不应该消除环境给系统带来的不确定性，而应该利用环境不确定性实现机器人行为的控制。突现的本质在于由少数适应简单环境的基本行为，通过协调产生适应复杂环境的高级行为；由复杂空间信息及控制性能指标实时地协调简单空间的行为参数。

（3）数据驱动（data driven） 机器人行为控制经常被应用于计算机行为动画的研究，通过数据驱动实现机器人或动画角色的行为控制。事实上，机器人行为控制与行为动画有相似的一面：虚拟空间可以是真实空间的同构；通过虚拟现实及计算几何学的工具，可以完成机器人及环境的空间数据库的建模；机器人与环境、机器结构之间的几何关系可以通过计算几何学的工具完成；根据立体视觉的点云数据，利用计算几何的 Delaunay 或 Voronoi 三角面集表征机器人感知的环境。数据驱动的控制也是控制领域的一个重要分支，例如神经逆控制、自适应控制、自适应逆控制等，它们在线或离线建立被控制对象的模型，并根据对象的变化而更新，避免了名义模型与真实模型的差异。

在行为主义研究过程中，人们开展了机器人与环境关系的讨论，为情景演算的出现奠定了基础，同时，也产生了智能体等新的概念。目前，智能体与情景演算均已建立了相应的逻辑演算系统，这些系统具有公理化的理论基础，都是处理开放世界的逻辑符号演算系统。借助于这些系统，可以扩展经典 Lisp 及 Prolog 系统，进行开放世界下的机器智能体设计及情景演算的行为规划。

行为主义学派侧重于行为设计、行为协调与学习。行为主义的理论研究成果很少，但不能以此否认行为主义学派的贡献，基于行为的野外机器人展现的机器智能是其他学派研制的机器智能难以比拟的。大量的研究事实说明，行为主义的理论研究是必要的，需要进一步探究行为控制的内在机理。

我国著名科学家钱学森指出：对于复杂的生命或社会系统应坚持由定性到定量分析研究的原则。行为控制理论是在无模型及非模型的前提下，就“如何提高机器人环境适应性”这一挑战而提出的。机器人是一个复杂的大系统，应该应用大系统的理论与哲学方法，研究机器人结构设计与优化方法、机器人运动学与动力学原理、机器智能分析与综合方法、计算机原理及软件开发技术等。

3.连接主义学派

连接主义学派即神经网络学派。神经网络算法通过抽象由神经解剖学获得的神经元及神经网络的基本原理，建立人工神经网络，实现认知、记忆与学习的信息处理功能；神经网络用于完成对认知对象或被控制对象样本的记忆，从而完成认知对象及被控制对象模型或逆模型的学习。也可以利用动力学神经网络完成一些函数的优化。神经网络可以理解为以连接权重为参数，以神经元激励函数为函数基的复杂函数。神经网络的学习过程本质上是优化过程，学习过程以梯度下降法为基础；在神经网络训练过程中，不可避免地要应用基于概率的方法，以保证神经网络不会陷入局部极小值。

神经网络的学习方法在理论上缺乏严格的分析与证明，这就限制了神经网络在高可靠性机器人当中的应用。但是，神经网络是生物进化的结果，神经网络的学习具有通用性，不需要学习对象的先验知识即可学习对象的模型。神经网络学习本质上是连接权重的学习，它适用于非结构化的模型学习。

与神经网络一样，遗传算法、免疫算法、群蚁算法、自动机等都是基于大量的基本单元而构建的，通过统计评价的反馈，实现无模型系统的建模与优化。

系统辨识、自适应控制、自适应逆控制、模糊自适应控制主要是基于系统结构的知识，学习系统的参数。

学习是机器智能的重要特征。机器通过学习可以识别语音、文字、图形等，也可以识别被控对象的模型，从而提高人机交互能力及机器人对复杂环境的适应能力。

从目前的机器智能研究成果看，机器智能在某种程度上被“神化”了。脱离机器人的运动学与动力学、计算几何学、热力学及天文学等学科的知识，寄托于单一的深度学习，难以解决机器智能这一宏大理论与技术难题。只有建立起统一的包含多个学科的理论体系，才能使机器学习成为严谨的科学理论。目前的机器学习本质上是通过样本的训练，记忆及泛化被学习系统的模型，目的是建立通用的模型，进一步解决识别、规划与控制的部分问题。其中的关键问题在于如何构建计算复杂度最小的完全参数化且具有高可靠性的模型。这不是机器学习所能解决的问题。

1.3.3　机器智能的物质基础

由于个人计算机及嵌入式计算机的飞速发展，互联网已极大地改变了人类的生产与生活，人类由自动化时代过渡到了信息化时代。分布式的传感器与执行器应运而生，综合电分系统实现了小型化，性能也得到了极大的提高。综合电分系统由感知分系统、运动控制分系统及计算机分系统组成。

1.感知分系统

感知分系统用于完成机器人内部运动状态感知及环境信息感知，对应可划分为内传感器分系统与外传感器分系统。

内传感器通常有测量机构转动的光学编码器/旋转变压器、测量机构或机构间内力/力矩的传感器、测量机构或机构间位移的光栅尺及感知机构间作用力的力传感器等。

外传感器通常有进行环境重构的激光雷达及单目/双目/多目立体视觉系统等，测量机器人与环境距离的红外测距传感器、激光测距仪、超声波测距传感器，感知机构与环境作用力的力传感器，测量本体或机构倾角的倾角仪，测量本体的运动加速度及转动角速度的惯性单元，测量本体航向的磁罗盘，测量机器人位姿的 GPS 等。在月球探测或火星探测机器人中，常配有根据天文观测进行位姿确定的太阳敏感器或星敏感器。

低成本的单目/双目/多目视觉系统的三维测量精度及可靠性也有了较大提升。近距离激光雷达测量精度可达毫米级，范围达数十米；远距离激光雷达测量精度可达厘米级，范围达数千米，可以精确地完成三维测绘。

双目立体视觉适用于纹理特征明显、光照适度的环境。在左右图像对中，提取点或区域特征，通过视差进行深度计算。由于月表强光照、强阴影及贫纹理的环境，利用双目立体视觉进行环境重建十分困难。双目立体视觉系统采用激光及红外光源等结构光源，这样有助于增强环境的特征，提高特征匹配的可靠性。立体视觉系统总线有 Cameralink 及 1394 等。

激光雷达进行三维重建具有准确性高、计算量小等优点，已得到了广泛应用。在空间探测中，需要提高机器人对空间辐照及高低温的环境适应性，也需要减轻质量，降低功耗。雷达总线有 USB、ISA/PCI 等。

现代微机电系统（简称 MEMS）、多功能结构（简称 MFS）技术得到大幅度提升，包括光电编码器、旋转变压器、光栅尺及力觉传感器等内传感器，以及微机械/光纤/激光惯性单元及 GPS 等外传感器。光电编码器、旋转变压器精度可达 0.01°，光栅尺测量精度可达微米级，惯性单元加速度可达 $10^{-7}g$、角速度检测精度可达 0.001(°)/s。

现代多功能结构实现了热传导结构、计算机芯片、传感器、驱动器、电缆等电子器件与结构的集成，有效地降低了体积、重量和成本，减少或消除了电缆连接，从而提高了电分系统的鲁棒性和可靠性。质量以克计、几乎接近硬币大小的芯片接收机、变波束雷达、射频微机电系统及微型 GPS 的出现，大幅度提高了机器人传感器系统的集成度。

微机械/光纤/激光惯性单元可以测量相对其体系的三轴加速度及三轴角速度。其在移动机器人中与在其他空间产品中应用的重要区别在于：移动机器人属于低速移动系统，其他空间产品多数属于高速移动系统。这决定了惯性单元应用于不同产品时在位姿确定方面的重要区别。以惯性单元测量为基础可以开发捷联式垂直陀螺系统，该系统不仅可以输出三轴加速度及三轴角速度，还可以输出利用加速度动态修正的俯仰角与横滚角。惯性单元测量常用 RS232/485 及 CAN 总线。惯性单元的弱点在于存在因机械摩擦、温度变化等而产生的角速率陀螺的漂移/游走，这些属于有色噪声。通过卡尔曼/增广卡尔曼/粒子滤波器的设计，可以提高姿态确定的精度。

旋转编码器是机器人普遍应用的传感器，分为绝对型与相对型；从原理上又可分为光学编码器、磁编码器及旋转变压器等。目前，光学绝对编码器的质量及体积较大，旋转变压器适中。磁绝对编码器的质量、功耗、体积都很小，但易受磁环境影响。数据格式有格雷码、正弦波等。

对于一个机器人系统，一旦确定了位姿传感器，本质上也就确定了导航参考系。通常以“东—北—天”或“北—东—地”作为导航系，“北”因选用的传感器不同而不同，包含“地磁北”“自转北”及“恒星北”。其中，以北极星确定的“恒星北”与地球的“自转北”存在近 2° 的偏差。

精确的位姿确定可以应用“差分 GPS/GLONASS/北斗+惯性单元+里程计”组合导航原理，能够同时测量机器人的位姿、速度及加速度。

传感器系统的质量受机器人导航与控制系统的质量及功能性能指标约束，应根据机器人应用环境及其功能需求进行综合评估。对月面巡视器而言，因月球内部不存在活动的熔岩，不存在磁场，自然不能使用磁罗盘进行月球机器人的航向确定；同样，因月球无大气，也不能应用超声波测距传感器进行障碍检测；因月表光照强、地表纹理单一，且存在强阴影，利用双目立体视觉需要突破相应的技术难题；因月球重力场存在重力瘤，利用重力进行导航时也需要校准。在地球上，因地球磁场与周围环境相关，可能存在磁场畸变，甚至存在磁极对调的情况，利用磁敏感器时应考虑特定区域的特殊性。

CE3 月面巡视器位姿确定应用了“太阳敏感器+惯性单元+里程计”的方案，其中，里程计由车轮编程器实现。在后续的巡视探测中，可以应用视觉里程计，以提高巡视器的相对定位精度。

机器人位姿确定通常需要采用多传感器数据融合技术。传感器信息融合包括：传感器数据融合、表征传感器数据不变性的特征融合、由传感器数据或特征抽象的概念融合。因此，机器人传感器系统设计要考虑传感器的环境适应性、测量精度及检测量的物理属性、质量、体积、功耗、接口形式、安装方式、校准方式、温控方式及电磁防护等。在传感器使用上，要考虑检测量属性、参考系及极性、机械零点、编码方式及噪声影响等因素。

无论何种传感器，其测量结果都是一个系统相对另一个系统的属性量的表示，都具有一定的噪声。在非结构化环境中，同样的机器人状态及环境状态的测量量不完全相同。

工程中所关心的是传感器的测量精度、速率与一致性。由于非结构化的环境模型通常是不准确的，因此需要通过实时的测量反馈调整机器人的行为。基于数据驱动的行为控制是机器人控制的基本形式。由于检测量是相对的表示，是检测系统自身的属性，该属性的表示不应该因参考系的不同而变更。例如：若将传感器检测的相对其自身体系 k 的属性量 p 记为 ${}^{k}p$，如果该属性以另一参考系 i 为参考，则不应该记为 ${}^{i}p$，因为 ${}^{i}p$ 丢失了传感器的原始参考 k；属性量 ${}^{k}p$ 相对参考系 i 的表示应为 ${}^{i|k}p$，其中“|”表示投影，即参考。

2. 运动控制分系统

现代计算机（尤其是嵌入式计算机）、实时操作系统、实时通信协议为分布式机器人控制系统的实现提供了技术基础。分布式多轴控制器、有刷/无刷直流电动机、高效率高精度谐波减速器、微型/小型液压/气动系统大大降低了机器人运动系统的质量，降低了其功率消耗，为研制高自由度的机器人奠定了基础。

驱动分系统常包括有刷/无刷直流电动机、交流电动机、液压缸、气缸及空间推进器等。无刷直流电动机已在深空机器人中得到广泛应用。比如，我国月面巡视器车轮驱动分系统或驱动总成由制动器、电动机、离合器、减速箱、旋转变压器、驱动执行单元组成。常用的有刷/无刷直流电动机控制器常设有力矩模式、速度模式、位置模式，控制器内部 PID 参数一般可以根据应用需求进行调整。电驱动的分系统在结构上存在如下规律：制动器/抱闸安装于电动机的输入轴，减速箱安装于电动机的输出轴，角编码器安装于减速箱的输出轴。是否需要抱闸应根据应用场合做出合理选择，例如，减速器/蜗轮蜗杆变比很大时，在负载不足以拖动电动机旋转的情况下，抱闸可以省略。具有空轴结构的机器人关节（包含谐波减速器、绝对编码器及抱闸）在高精度机械臂及空间机器人中的广泛应用，不仅有利于减小系统的质量，同样有利于线缆布设，提高系统的可靠性。

驱动分系统的设计要考虑系统的质量、功率、输出力/力矩、位移/速度/角度/角速度量程、控制输入的参考系/极性、控制精度等，以及是否需要抱闸、是否需要防尘及温控等。

目前机器人驱动分系统的驱动方式几乎以电驱动为主，但电驱动的弱点在于输出力/力矩较小，所以在搬运、救援机器人中常使用液/气驱动分系统。生物系统主要是液力系统，具有极高的功率质量比。研制适应机器人应用需求的微小型液力驱动系统是未来发展的重要方向，国外少数的微小型液压系统公司已在该方面取得重要进步，相信在不久的将来微型液力系统在机器人中将得到广泛应用。

因为只有力的作用才能改变机器人的状态，所以机器人的运动行为本质上都是由执行器施加的作用力决定的。力的作用总是相对的，也是相互的。几何上的力矢量具有三要素：大小、方向及作用点。然而，该三要素仅适用于系统的外力。对于一般的力，常用代数形式将其描述为坐标矢量，因此除了上述三要素之外，一般的力还应包括施力点及参考系两个要素。

3. 计算机分系统

现代计算机是机器智能的物质基础。目前的计算机系统结构主要分为以 Intel 公司的 X86、Pentium 及 AMD 公司的 AMD Athlon 系列为代表的复杂指令集（CISC）结构和以 ARM 及 Sparc 为代表的精简指令集结构两大类。在机器人系统中，具有精简指令集结构的计算机由于功耗低得到了大规模的应用。对于航天级的计算机，因为需要对抗辐照引起的单粒子翻转，所以读写内存时需要有校验功能，这类计算机的主频已达到 400 MHz 左右。而普通工业级计算机的主频可以达到 2.0 GHz 左右。同时，AMD 多核计算机已成为市场的主流。为满足大规模的图像与 3D 计算等并行计算的需求，图形处理器（GPU）也得到了广泛应用。

机器人需要实时操作系统，目前常用的操作系统主要有 VxWorks 及 RTLinux 等。主流的编程语言主要有标准 C 或 C++。

现代计算机为自主行为机器人的符号处理及数值计算提供了物质基础。一方面，机器智能是计算机硬件及软件共同作用的产物，这就要求机器人理论必须适应当代计算机的技术特点；另一方面，计算机硬件及软件也直接影响着机器人体系结构的设计。例如，以硬件为基础的包容式行为体系结构可以由嵌入式软件实现。

CE3 月面巡视器由结构分系统、能源分系统、测控与通信分系统、导航与控制分系统、科学探测分系统、地面遥操作分系统等组成。导航与控制分系统由视觉、位姿确定、任务规划、运动规划、运动控制等部分组成。地面遥操作分系统通过与地面测控站、数据接收站及巡视器的交互，完成巡视器的任务控制。

4.符号系统

多数机器人系统都是复杂的大系统，涉及的学科领域非常多；计算机需完成的与符号计算和数值计算相关的属性量及属性量间的操作的数量极其庞大。

无论何种架构的计算机，其内存储器及外存储器都可以通过数组表示，其中一维数组及二维数组是最基本的形式。机器人学是指导机器人工程的理论，机器人学中的符号表示应该考虑计算机数据存储的特点，需要解决由理论系统到软件实现的问题，否则不得不额外完成大量的由理论系统到计算机伪代码的翻译工作。

无论何种架构的计算机，其对信息的处理或操作过程总是包含输入量、输出量或状态量，对应于数学中的函数或状态方程。无论是理论系统还是计算机系统，都需要具有最小的属性符及操作符的集合，才能保证系统构成的紧凑性、信息处理的高效性及实现的可靠性。例如，角度θ的导数即角速度记为$\dot{\theta}$，而在物理及力学中应用ω表示角速度。在简单系统中，这种冗余的符号表示并不会带来理解上的障碍。但在复杂的系统下，由于引入大量的冗余属性量符号，表征属性量的英文字母及希腊字母常常不够用，且这样易破坏属性量的映射关系，大大削弱技术文档的可读性。在数理系统中，符号的设计也没有统一的规范，常常导致技术交流障碍。因此，机器人学与数理科学不同，它是面向工程的理论，不仅需要制定技术符号规范，而且需要针对现代计算机的技术特点，考虑计算机符号推理及数值计算过程的诸多问题。再如，数学中“$\times$”运算符用来表示代数乘、叉乘、复数乘等，在计算机中这是非常混乱的表示方式。减少冗余的运算符既可以减少不必要的运算符号，又可以避免符号计算带来的歧义，同时有助于提升系统的计算效率。

更糟糕的是，传统的数学与物理之间存在脱节。矢量数学中的矢量与物理中的矢量存在差异。在矢量数学中不区分自由矢量与固定矢量；应用矢量数学不能全面、准确地反映物理过程的基本矢量运算关系。数学中的求导为相对求导，而力学中既存在相对求导，又存在绝对求导。

机器人拓扑决定了机器人系统的功能与性能。但是，在目前的力学及机械学理论中缺乏拓扑符号系统，拓扑符号从不参与机器人运动学及动力学显式建模。一方面，众多学者坚定地认为基础力学理论已得到充分发展；另一方面，现有的基础力学理论又难以应付高自由度机器人动力学建模的问题，在现有文献中几乎难以见到准确的高于三自由度的刚体动力学的显式模型。在控制理论中，可测性、可控性及可观测性是基本的概念，然而在力学及机器人学中人们对之视而不见。

物理参考系统是客观的，人们习惯地应用三轴正交且共点的笛卡儿直角坐标系。例如，惯性传感器输出的三轴平动加速度及三轴转动角速度，它们各自有自己的参考轴。通常惯性传感器供应商在惯性传感器外壳上标注有其参考系。然而，笛卡儿直角坐标系的三轴正交且共点在工程中几乎不存在，理想的笛卡儿直角坐标系是以忽略机电系统的加工及装配误差为代价的。数理语言需要区分原属性量及等价属性量，否则易造成机电接口的不匹配。以数学语言为基础建立机器人工程语言是自主机器人学研究的一项重要内容。

钱学森一直强调空间飞行器的系统控制论，对于复杂的机器人系统也是如此。机器人学需要有规范的、统一的数理工程语言，否则就无法对系统进行统一的建模与控制，不同专业的人员也难以交流。这一数理工程语言，不仅需要简洁地表征属性量的基本构成及物理参考系统，而且需要简洁地表征属性量之间的关系。脱离系统的拓扑来建立多轴系统运动学及动力学模型，通常会导致系统方程冗长，对应的软件系统过于庞大。这样不仅会使系统的计算效率降低，也会造成系统的可靠性变差。

自主行为机器人是建立于传感器、执行器及数值计算机技术基础上的理论体系：一方面，机器人运动学及动力学建模需要以传感器及执行器的自然轴为基础，反映传感器及执行器的物理属性；另一方面，自主行为机器人理论系统是一个符号演算及矩阵计算系统，需要适应数值计算机的技术特点。

1.3.4 智能体

由于互联网的普及和多任务实时操作系统的出现，自 1990 年以来，以智能体为代表的心理主义机器智能得到了迅猛发展。

智能体的弱定义：智能体是一个基于软件或硬件的计算机系统，它具有自治性、社会能力和能动性。

智能体的强定义：智能体在弱定义特性基础上，还包括情感等人类的特性，诸如友善性、真诚性等，而且这些特性都不是一成不变的，可以随着情况的变化而不断地进行能动的自我更新。

总之，智能体是在一定环境中完成某类劳动或服务的具有自主行为能力的实体。人们普遍认为智能体具有以下拟人的智能特性：

（1）具有感知能力（sensing ability），能够正确地感知系统内部及外部状态。

（2）具有自主性（autonomy），在没有外界干预的情况下能够自主完成用户交付的任务。

（3）具有通信能力（communication ability），能够与其他智能体进行信息传递与交互。

（4）具有协作能力（cooperation ability），能与其他智能体通信，协作完成用户交付的任务。

（5）具有推理能力（capacity for reasoning），根据系统状态，应用知识求解问题，实现任务目标。具备推理能力是智能体区别于其他软件的关键所在。

（6）具有适应性行为（adaptive behavior），能够评估外部环境及自身的状态，做出合理的行为选择。

（7）具有可信赖性（trust-worthiness），能够准确地代表用户的意图，忠实地完成用户交付的任务。

其中，特性（3）与（4）合起来就是智能体特有的社会性。智能体的社会性使它能与其他智能体进行必要的交互，以便协作解决有关问题。因此，智能体是开放的系统。具有可信赖性是智能体服务于人类的根本要求，智能体必须忠实地为人类提供劳动与服务。

智能体的智能通常采用 Gao 和 Georgeff 的 BDI 模型的信念 B(belief)、愿望 D(desire)和意图 I（intention）模型。智能体的信念 B 是对世界的认识，由其相信为真的事实组成，描述了智能体对环境的认识，表示可能发生的状态。愿望 D 直接来源于信念，它是根据信念及情景树立的一段时期内需要完成的任务目标。通常情况下，智能体只能集中有限的资源完成重要的任务。这些被选中的任务就是意图 I。意图来自愿望，以智能体能力、资源及信念约束为基础。实现用户利益的最大化，协调智能体的行为，是智能体任务目标的一部分。因此，智能体具有感知与决策能力。

1987 年布拉特曼从哲学上研究行为意图，认为只有保持信念、愿望和意图的理性平衡才能有效地实现问题求解。同时，他认为 BDI 智能体还应具备下列三个属性：

（1）具有类似人的内部思维状态，包括信念、愿望、规划意图和能力等。

（2）预动性和反应性，前者表现为技能，后者表现为在一定时空下呈现的行为及动作。

（3）具有思考能力，即分析、推理与综合能力。

智能体间的相互协调是一个关键的研究内容。除了较简单的协调规则与模型外，对于多个智能体的管理与协调的方式，应用最为成功的是黑板系统，其主要特点有：

（1）由知识源、黑板数据结构、控制推理、通信机制等组成。

（2）通过共享当前各个智能体的工作状态和全局性的知识和数据，达到智能体协作的实时性。

（3）可以完成各个智能体之间信息的相互交换。

（4）存在对一个黑板系统中的各智能体进行总体协调的智能体，使各智能体的行为得到有序的控制，完成各智能体的任务分配、冲突消解及动态协调。

多智能体对问题求解主要有以下几种方法：拍卖、协商及竞争。虽然这些方法缺乏严谨的理论基础，但许多思想值得借鉴。因为系统越复杂，问题求解的空间变得越大，不可能采用传统的规划原理。

智能体仅是计算机软件设计的一种结构，它适应了现代多任务的计算机操作系统的技术特点，这无疑具有重要的理论及工程应用价值。对于实体机器人，脱离机器人运动学与动力学等基本规律建立抽象智能体是毫无意义的，尽管智能在概念上是抽象的、模糊的，但机器人学本身是精确的、有严密理论证明与工程验证的科学。

1.3.5　机器人系统的建模与控制

综合前文所述，可知通常机器人具有以下特点：

（1）机器人是一个复杂的大系统。因为机器人系统是以树结构为基础的拓扑系统，所以机器人学是以树形运动链及动作链为基础的理论，一方面要求能够精确地表征机器人系统的结构参量、运动参量、行为参量，并且具有统一的数理规范与工程规范；另一方面要求能够适应计算机自动建模与求解的需求。

（2）检测量与控制量具有自然的表示（数或数的序列），它们以对应的测量轴或运动轴（量或量的序列）为参考，因此，需要以属性量（数与量的积）的自然坐标为基础建立机器人运动学与动力学理论。数量具有客观性，在符号演算及数值计算过程中需要保证数量的不变性，否则将导致建模及控制的歧义与错误。

（3）机器智能依赖于现代计算机，必须研究计算机符号推理与数值计算过程中存在的问题，即符号演算与数值计算的问题。

机器人系统的技术特点决定了机器人学理论有如下的研究方向：

（1）建立统一的数理符号系统。

卡内基 • 梅隆大学、MIT 等近几年的机器人运动学及动力学课件采用的数学语言各不相同。例如：旋转变换矩阵常表示为Q_{AB}或Q^{AB}，被理解为由B坐标系到A坐标系的变换，这一表述不能反映旋转变换矩阵的本质；而在工程中应理解为B坐标系相对A坐标系的姿态，或者理解为A坐标系转动至B坐标系的姿态。再如：记体1的角速度为ω_1，这样的表示是模糊不清的，因为角速度是相对的表示，ω_1既不能表明相对哪个坐标系的角速度，也不能明确表示是哪个体相对哪个体的运动属性。注释性的数学语言是不精确的，既不能适应复杂机器人系统的运动学及动力学分析需求，也极易导致理解错误。

（2）针对高自由度的机器人，需要建立适应现代计算机建模与分析的理论体系。

尽管牛顿-欧拉多体动力学系统在理论上非常成熟，但能够实际应用的系统并不多见；国内教材对凯恩动力学建模方法的介绍仅寥寥几行。可见，复杂机器人动力学建模存在着严重障碍。在国内外机器人书籍、机械工程及力学书籍中，关于转动矢量等重要概念的论述并不多见，以之为基础的成果也很少。然而，转动矢量具有极其重要的作用。机器人拓扑决定了机器人的运动学及动力学行为；在现有的运动学及动力学理论中，拓扑符号从不参与运动学及动力学方程的表达与计算过程；缺少拓扑符号演算，如同计算机语言缺少for及while语句一样，将不能建立简洁的结构化的运动学及动力学模型。

（3）需要界定机器人学的研究范围。

从拓扑结构的角度，可将机器人划分为单链、树链及并链机器人等；从应用领域的角度，可将机器人划分为空间、水下及工业机器人等；从体系结构的角度，可将机器人划分为行为控制、神经控制及分布式机器人等。这些划分对机器人学的研究并未产生显著的作用。需要从数理模型上对机器人学进行界定，以确定不同机器人学分支的内涵。毕竟，机器人学是一门科学，揭示的是机器人系统的规律，与应用领域并无本质的关联。

（4）需要通过动作表征机器人的行为。

在理论上，人们习惯用函数表征机器人的行为过程；而在计算机领域，更习惯通过动作表征程序的功能。机器人的行为过程通过动作序列描述，一方面，行为过程需要通过程序实现；另一方面，动作易于理解，表达简洁，能够反映机器人的行为本质。机器人原理只有通过计算机软件来实现才能物化为机器人，因此需要注重机器人学与计算机软件工程学的融合。

（5）需要考虑机加工及装配的误差，提升机器人行为的准确性。

以理想的笛卡儿直角坐标系为参考的高自由度运动学及动力学理论既不能保证机器人行为的高精度，又不能保证计算过程的实时性。因为三轴正交且共点的笛卡儿直角坐标系在工程上难以满足需求，需要以3D欧拉轴为基元，建立全新的运动学与动力学理论。

（6）需要解决通用六轴机械臂实时逆运动学及实时动力学两大国际难题。

目前，ABB及KUKA机械臂绝对定位精度比重复定位精度低一个数量级。由于通用六轴机械臂实时逆运动学尚未突破，几乎所有的工业及空间机械臂不得不屈从于解耦约束，导致结构不够优化，绝对定位精度差。由于实时动力学研究未有突破，基于力传感器的5 kg负载力控机械臂价格高达55万元人民币，难以推广应用。

机器人系统及其分系统、环境模型客观上总是存在的。根据能否建立模型将系统划分为基于模型（model-based）的系统、非模型（non-model）系统、无模型（model-free）系统。

（1）基于模型的系统。

基于模型的系统包括常微分方程（ODE）及偏微分方程（PDE）系统。常微分方程系统包括线性系统及仿射性系统。仿射性系统又可划分为无漂仿射性（driftless affine）和有漂仿射性系统两类。当然，线性系统有其等价的形式，如传递函数等。记时间为 t，系统状态为 $x=\left[x_1,x_2,\cdots,x_n\right]$，系统控制输入为 $u=\left[u_1,u_2,\cdots,u_l\right]$，系统输出为 $y=\left[y_1,y_2,\cdots,y_n\right]$。

线性系统方程表示为 $\dot{x}=Ax+Bu,y=Cx+D$。线性系统既有解析解又有数值解。

常微分方程系统方程表示为 $\dot{x}=f(x,u,t),y=C(x,t)$。常微分方程系统一般无解析解，但有数值解。当常微分方程系统不显含时间 t 时，有 $\dot{x}=f(x,u),y=C(x)$，称其为自治（autonomy）系统。自治系统是不同应用领域机器人的一个最主要的特征，将自主机器人限定于自治系统，不仅符合在数理上对于模型的定义，也有助于针对机器人学开展研究。机器人的运动学及动力学建模和运动控制是自主机器人研究的首要问题。脱离机器人运动学及动力学的机器智能是无意义的。

仿射性系统方程表示为 $\dot{x}=f(x)+B(x)u$，$y=C(x,t)$。仿射性系统一般无解析解，但有数值解。若 $B^{-1}(x)$ 存在，则存在逆解。将 $\dot{x}=B(x)u$ 称为无漂仿射系统。

线性系统控制理论已非常成熟。仿射性系统控制方法包括变结构控制、退步控制、鲁棒控制及最优控制等。仿射性系统是机器人动力学过程的最主要形式。而对于逆解存在的非线性系统，通常先应用逆模（inverse model）原理构造全局线性化系统，再采用线性控制或鲁棒控制原理实现反馈控制。

机器人与环境的作用规律是机器人学研究的重要问题。自然环境是开放的非模型或无模型的系统。

（2）非模型系统。

非模型系统即非标准模型系统，例如由模糊语言、谓词逻辑语言、地图等表达的系统。

（3）无模型系统。

无模型系统即没有模型仅有测量样本的系统。当不能获得系统的局部或整体的模型时，需要通过机器人与环境作用的输入与输出数据即样本，学习机器人自身或环境的规律，从而有效地控制机器人的行为。例如：在线或离线辨识系统，可以通过自适应逆控制及神经逆控制等方法控制；基于数据驱动的控制，通过对行为结果的评价来调整控制策略，可以通过强化学习、行为控制等方法实现。

1.4　自主行为机器人

将能忠实地提供劳动与服务的，具有行为的确定性、可控性及可靠性的自主机器人称为自主行为机器人。它以符号演算与数值计算为基础，是既具有机器人专家赋予的行为技能，又具有自主行为学习能力的自动机系统。

针对自主行为机器人的研究，目前需要开展以下工作：

一方面，针对高自由度的机器人，进一步完善机器人运动学及动力学理论，实现机器人行为的自主控制。以运动链理论为基础，开展运动链符号演算及自主行为控制研究，为机器人运动学及动力学建模、解算与控制提供理论基础。

另一方面，建立开放世界下的机器人行为规划理论，根据对自然环境的测量或认知及机器人自身的约束，合理地规划机器人的行为。以动作链理论为基础，开展动作链符号演算与自学习的行为规划研究，为机器人自主决策提供理论基础。

1.4.1 机器人的行为系统

“忠实地为人类提供劳动作业”是机器人存在的价值。机器人是以提供劳动与服务为目标，通过操作序列的执行，实现机器人自身状态及环境状态变迁的现代机械电子系统。

机器人作业过程由相应的动作（action）序列构成。机器人根据对环境及操作对象的感知（sensing）结果和任务目标（task goal），进行动作规划（action planning），执行合理的动作序列，完成相应的劳动与服务。

机器人系统是由感知机器人内部运动状态的传感器、完成结构控制的执行器、本体结构、控制计算机及外部环境五部分组成的闭环控制系统。

定义 1.1　机器人动作（action）是机器人进行信息处理及运动控制的过程。例如：机械臂单个关节的姿态保持、速度及加速度控制。动作表现为机器人状态的变更，它具有机电系统的控制指标。实现期望运动指令的过程属于经典的运动控制范畴。

定义 1.2　机器人技能（skill）是机器人保证自身的生存与演化，由先天赋予或自我学习获得的认知、决策与控制的能力。技能是完成特定作业功能的动作序列过程。例如：目标状态识别技能、目标状态预测技能、拾取工件的技能等。技能既包含机器人的运动控制能力，又包含信息处理能力。机器人技能是由外部传感器、规划分系统、控制器及驱动器构成的协作控制能力，以实现自身状态及环境状态的控制目标。例如：拾取不同工件的技能、根据不同路况进行运动控制的技能等。

定义 1.3　机器人行为（behavior）是机器人为完成特定任务，应用相应的技能，执行序列的动作而呈现的外部运动状态。例如：动物的捕食行为是识别、追逐及抓取捕食目标等技能呈现的外在运动状态；月面巡视器数传行为是月面巡视器进行数据接收站的方向确定、桅杆及太阳翼协作控制呈现的外在状态。

不同机器人，由于机器人设计及自身的演化过程不同，完成相同任务的动作序列也不尽相同，从而表现出不同的行为。行为与动作的内涵不同，动作是系统确定的功能单元，而行为是动作序列与环境作用而呈现的状态，通常需要通过运动的协调控制得以实现。机器人行为设计及行为控制是机器人研制的核心问题。机器人的规划技能（planning skill）与行为控制技能决定着机器人的行为特征。

机器人运动控制通常需要执行多个自由度的协调控制序列，以保持或控制机器人及被操作对象的运动状态。机器人协调控制能力是机器人运动技能（motion skill）的外在表现。

定义 1.4　情景（situation）是一个特定时刻 t 的机器人状态及环境实体状态的总称，简记为 s_t。

定义 1.5　机器人任务（task）是通过行为序列执行而产生期望的情景状态。

机器人设计是以作业任务为导向的。作业任务决定了环境与机器人作用的特点，需要设计相应的机器人结构与功能；同时，需要确定规划技能及运动技能的技术需求。以任务为导向的机器人设计本质上是以机器人规划技能与运动技能为核心展开的。

将机器人系统及环境的状态空间称为情景空间，记为s。将初始时刻k至终止时刻l的情景变化过程称为情景流（fluents），记为$s(t), t \subset [t_k, t_l]$。

行为执行的条件常记为$\mathrm{can}(p, \mathcal{B}_i, \pi_i, s)$，即当情景$s$满足条件$\pi_i$时，行为主体$p$执行行为$\mathcal{B}_i$。行为动力学过程表示为：$\dot{x}_i = f_i(x_i, u_i, t, \alpha_i)$，$y = \mathcal{B}_i(x_i, t, \alpha_i)$，$x_i \in s$，$\alpha_i \in s$，$t \in s$。其中$\alpha_i$为行为参数。有的行为$\mathcal{B}_i$通过代数方程表示：$x_i = f_i(u_i, t, \alpha_i)$。

行为作用的结果表示为$\mathrm{result}(p, \mathcal{B}_i, s)$，即行为主体$p$执行行为$\mathcal{B}_i$导致情景的改变。在满足机器人行为因果关系的条件下，经过行为序列的执行，时刻k的情景状态s_k变迁为时刻l的期望情景状态s_l。因此，任务是达到期望的机器人及环境的情景状态。任务规划就是根据机器人行为规律及环境运动规律，规划机器人的行为序列，实现预期的任务。

机器人在执行作业任务时，需要满足执行任务的先决条件，包括完成任务的时间或时段、能耗、地点或环境情景状态、机器人设备状态、行为间逻辑等。以 CE3 月面巡视器为例，时间或时段本质上是空间运动状态，表现为太阳相对于巡视器经纬度的方位角。地点或环境情景不仅包含地形高程与纹理，也包含与机器人任务相关的对象的外观特征与运动状态。机器人设备状态包含设备视场、设备温度及设备占用情况等。通常，将与机器人完成任务相关的信息与对象统称为资源。因此，机器人执行任务前，需要根据任务时间、地点、资源与情景进行合理的任务规划，确定在何时间或时段、何地点、以何种方式完成何种动作序列，从而实现既定的任务。该过程就是机器人的任务规划。

任务规划是自主机器人的重要特征。在一定的情景下，机器人行为是由情景状态及作业任务共同决定的，即情景状态及任务状态决定了机器人行为是否被激发。因此，机器人行为的执行以自身及环境的状态为先决条件；同时，在行为执行的过程中，机器人需消耗一定的资源，这将导致机器人自身及环境的状态发生变化，即情景发生变更；新的情景状态要求机器人执行相应的行为，从而产生期望的情景状态。机器人正是通过行为的规划与执行，驱动着其作业任务过程的演化。因此，机器人行为不仅是设计过程的重要组成部分，也是任务规划与控制的基本要素。

在控制领域，将既包含离散的事件又包含连续模型的系统称为混杂（hybrid）系统。而在机器智能领域，将之称为情景系统。自主行为机器人学是揭示机器人及环境内在作用过程的理论系统，通常是一个混杂系统。

将构成机器人的机电系统的全部状态称为机器人状态，包含机器人本体相对环境的位形（位置、姿态及速度或加速度）、机器人构件间的相对位形，以及资源状态（电池能量、设备占用情况、计算机内存容量等）。

机器人所在的环境由诸多实体组成，实体自身存在相应的状态及运动规律，环境实体对机器人运动及任务的实现具有重要的影响。将环境要素及其相互间的状态称为环境状态。

CE3 月面巡视器的任务是实施持久的月面巡视探测任务，它由移动、环境感知、机械臂就位探测、月夜休眠等基本行为构成。这些行为的执行有着内在的逻辑关系，表示为行为的执行条件。通过行为的执行完成巡视器情景状态的变更，即完成一定阶段的任务。行为的执行结果表现于情景状态的变更，为后续行为的执行提供先决条件。因此，月面巡视器完成巡视探测的过程就是巡视器情景状态的控制过程，巡视器任务规划、路径规划、运动规划的过程也是情景流的规划过程。

CE3 月面巡视器的环境状态包括太阳高度与方位、数据接收站高度与方位、障碍的远近、地形坡角等。巡视器的情景状态包括：当前时间，巡视器相对着陆参考系的位形，电池剩余能量，障碍距离，地形对数传天线及观测设备视场的遮挡，综合电分系统温度，太阳及数据接收站的高度角及方位角，高增益天线的姿态，月食、日食、日凌的时段，以及太阳光对 X 光谱仪、阴影对成像的影响等。

CE3 月面巡视器任务规划是由任务支持中心的任务规划分系统完成的。该分系统可在满足巡视器自身生存的条件下，根据巡视器的行为能力，最大限度地提高科学考察的效率。

1.4.2 机器人的行为规范

当前：火星探测机器人已初步具备天文学家与地质学家的基本技能；机器人假肢可以通过人的神经电信号进行有效的控制，成为人体的一部分；具有智能体的编译器已得到广泛应用，以完成复杂软件系统的开发；机器人生产线不仅应用于一般产品的生产，也应用于机器人自身的生产。现代机械电子系统正朝着自主机器人方向演化。

机器人行为一方面是机器人设计者赋予的，另一方面是机器人自身演化过程决定的。机器人行为的优劣取决于机器人行为的评价体系。机器人行为不能违背机器人的基本价值标准，即“忠实地为人类提供劳动作业”。

现代机器人的运动技能与信息处理智能可能会达到相当的高度，这一点引发了人们对机器智能的担忧。三十年前，人类对计算机病毒还不屑一顾，今天的我们却为之困扰。将来，机器人是否会严重影响人类的生活，甚至威胁人类的安全？机器人界需要对机器人的行为进行规范。Isaac Asimov 定义了广义“机器人三定律”及改进后的“广义五原则”。

“机器人三定律”表述如下。

前提：机器人必须保护人类的整体利益不受伤害，其他定律在此前提下才能成立。

第一定律：机器人不得伤害人，人受到伤害时机器人不得袖手旁观。

第二定律：机器人应服从人的指令，但不得违反第一定律。

第三定律：机器人应保护自身的安全，但不得违反第一及第二定律。

“广义五原则”表述如下。

前提 1：机器人不得实施不符合机器人原则的行为。

前提 2：机器人不得伤害人类整体，或者在人类整体受到伤害时不得袖手旁观。

第一原则：除非违反高阶原则，机器人不得伤害人类个体，且在人类个体受到伤害时不得袖手旁观。

第二原则：除非指令与高阶原则抵触，否则机器人必须服从人类个体的指令。

第三原则：如不与高阶原则抵触，机器人必须保护上级机器人。

第四原则：除非违反高阶原则，否则机器人必须执行内置程序赋予的职能。

第五原则：机器人不得参与机器人的设计和制造，除非新的机器人行为符合机器人原则。

“机器人三定律”及改进后的“广义五原则”是机器人行为规范，也是人类构建机器人过程中的规划、决策、控制及学习分系统的基本约束条件。

1.4.3　自主行为机器人

自主行为（autonomous behavior）机器人具有行为的目的性及行为的可控性，这些特性决定了机器人要具有行为认知技能（包含对行为的激发条件、资源约束、行为反馈控制、作用效应等的认知能力）。行为的激发条件、行为执行过程的动作激发条件、资源约束、行为反馈控制是行为可控性的前提条件；具备对行为作用效应的认知能力是行为目的性的基本要求。

定义 1.6　自主行为机器人以忠实地为人类提供劳动为目标，是对类人的运动技能及信息处理技能具有通用性、对开放环境具有适应性及对实施任务具有自主性的伺服机械电子系统。

机器人结构的通用性：在不改变机器人结构的前提下，可以使用不同的工具与策略完成不同的作业。传统的机器只能完成单一的作业任务，没有机器人结构的通用性，也就是没有开放环境的适应性。在人及生物的演化过程中，特定环境的主要因素决定了人及生物的结构及问题求解的策略。多自由度（multi-DOF）是机器人结构具有通用性的基础，该结构满足能量守恒、质量守恒、力场及电磁场等的作用规律，它们体现于机器人结构设计、运动分析、动力学分析及行为设计与控制等过程当中。因此，机器人结构的通用性是自主行为机器人的基本特征。机器人结构的通用性首先表现为机器人运动系统的多自由度。机器人运动系统是一个多体（刚体、弹性体或柔性体）系统，是一个树形的有序的拓扑结构。

问题求解的通用性：就是拥有对不同对象或环境拓扑、极性、结构参数及动力学参数等的普适性。理论力学、材料力学、弹性力学、流体力学、空气动力学、天文学、电磁学等是解决机器人与环境适应性设计的理论基础。机器智能不可能逾越物理、生物、天文等领域的规律。机器人的问题求解能力既依赖于传统学科的知识，也依赖于多学科交叉的新知识。

对开放环境的适应性：机器人存在的环境是非结构化的自然环境，对机器人相对环境的运动检测、自然环境运动规律的认知、环境对象的识别、环境建模、机器人与环境作用规律的认识是机器人研究的重要方面。自然环境是开放的，即由机器人认知的或由设计者认知的自然环境的规律总是有限的、局部的，因此需要机器人具有学习能力，通过学习环境的运动规律及机器人自身的演化规律，增强机器人对于开放环境的适应性。

任务规划与控制的自主性：高自由度的机器人结构及复杂的环境决定了机器人系统的复杂性，机器人为人类提供劳动与服务的目的是减少人类的劳动，同样需要降低人类应用机器人的复杂性。机器人自主地提供人类赋予的任务是机器人应用的重要需求。机器人需要根据任务要求、资源约束、问题求解的规律对任务进行分解，做出合理的动作规划，并根据情景进行反馈控制，从而自主完成被赋予的任务。因此，任务规划与任务控制是自主行为机器人的重要特征。

机器人研究依赖于数学基础，现代集合论是机器人学的元系统（metasystem）。现代集合论的链（chain）理论是研究有序的拓扑结构的基础，自然也是机器人拓扑研究的元系统。

将研究自主行为机器人的理论称为自主行为机器人学。它具有以下三个方面的特征：

一是行为设计与行为规划。机器人的构成是结构化的，行为是机器人设计的基本单元，是机器人作业的外在表现；通过行为规划才能完成任务分解，从而完成交付任务；行为控制与学习是行为设计与行为规划的重要内容。

二是链符号演算（chain symbolic calculus）。自主行为机器人对开放环境的适应性及问题求解的自主性，以机器人对自身及其环境作用规律的认知为基础；链符号演算规律是认知复杂系统的基本规律；链符号系统不仅适用于机器人多体系统、环境系统的树形运动链分析，而且适用于机器人树形动作链分析。在有序拓扑结构的基础上，增加度量结构（或内积结构），则构成赋范空间（或内积空间），赋范空间和内积空间构成自然科学的基础。链符号系统不仅可以表征系统间的拓扑关系，而且可以表征系统间的基本作用关系；更重要的是，链符号系统有助于精确地理解复杂系统间的作用关系，有助于机器人行为设计与分析，有助于清晰准确地理解机器人行为的相互协作。

三是自治的系统（autonomous system），即不显含时间的常微分系统。自治系统具有行为的确定性，奠基于自治模型的自主行为机器人无论在结构上还是在行为上都具有有序性、精确性、可控性及实时性，这也是机器人为人类提供忠实劳动的必然要求。而偏微分系统的结构及行为常常具有分岔及混沌的不确定性、无序性、低可靠性及不完全的可控性。基于数据驱动的机器学习是低级认知过程的手段，需要与高级的符号主义人工智能相结合，才能揭示被研究对象的规律，提升机器人的智能。

本书以提升机器人自身的确定性、精确性、可控性、可靠性与高效性为目标。链符号演算系统与各个专门领域知识相结合，可以构建相应的理论系统。例如：通过运动链符号演算系统可以建立机器人运动链的运动学与动力学模型，可以依据系统的模型进行分析、综合与问题求解。进而，通过动作链符号演算系统可以建立混杂系统的模型，从而分析机器人混杂系统的演化过程。通过链符号演算系统表征机器人行为属性量的作用关系、行为作用效应与行为动力学过程，在理论上具有严格的数理逻辑分析与证明的过程，是一个严谨的理论体系。与经典的机器人理论不同，自主行为机器人学的运动学及动力学行为通过动作来表征：一方面，动作不仅易于理解而且能够准确反映机械电子系统的内在规律；另一方面，能够保证行为系统表达的一致性。

机器人是一个混杂系统，该系统内的数据包括机器人实体及环境实体、机器人运动状态及环境实体运动状态。数据形式有符号模型、实体 3D 模型、图像、DEM（数字高程模型）图/DSM（数字表面模型）图/DTM（数字地形模型）图、视频及以规则库表示的知识等。机器人系统是动态的，机器人世界是开放的，机器人“大脑”以机器人自身及其外部世界的映像为基础完成决策与控制。机器人系统知识的存储及管理需要采用情景数据库。当然，数据基本功能包括数据的存储、查寻、删除、更新等功能，这是现代数字计算机的结构所决定的。随着光学计算机的发展，数据管理的形式将发生深刻的变化。

传统的一阶谓词逻辑系统是一个典型的数据库系统，对规则库的查寻或提问是建立在封闭系统基础上的。若“提问/问题”给出“是”，表明“提问/问题”成立；若“提问/问题”给出“否”，表明“提问/问题”不一定成立，而不是不成立。因为从已有的知识库中找不到问题的解并不能说明问题无解。在传统一阶谓词逻辑系统中，规则常常表示为“如果…，则…”，而不可表示为“如果不…，则…”。传统的数据库本质上是规则库，在各行各业中具有广泛的应用，比如票务系统、教学系统及销售系统等。

静态的规则库难以适应自主行为机器人的需求，因为机器人总是通过行为或动作与环境作用，从而产生机器人与世界的演化。动作知识库（knowledge in action）是自主行为机器人的重要组成部分。GoLog 开放世界的谓词逻辑理论已取得重大进步。以情景演算理论建立的动态数据库，如 UML（unified modeling language，统一建模语言）数据库等也得到了广泛应用。

在以数字计算机为基础的现代技术条件下，机器智能主要是计算智能，即数值计算及符号演算的智能，它体现在机器人运动技能与信息处理技能的各个方面。目前的模糊控制、神经网络、遗传算法、DNA 算法及免疫系统算法等主体上要么是基于经验的，要么是基于概率方法的，本质上不是公理化的理论体系。过分夸大基于数据驱动的学习智能是不足取的，但不可否认它们是自主机器人学的有益补充。

以计算几何学为基础的计算机辅助设计系统及增强现实系统等是空间分析的重要工具。自主机器人存在于复杂的空间当中，空间关系分析的软件是机器人“大脑”的重要组成部分，而不仅仅是人机交互的一种手段。许多学者已认识到这一点，进行机器人运动部件碰撞检测的虚拟传感器概念在机器人控制当中已得到一定程度的应用。增强现实系统自身就是一个 3D 数据库系统，对机器人空间数据的维护及应用具有重要作用。目前，还没有适应自主机器人研究的动态数据库，可以应用开源的谓词逻辑、3D 引擎、计算几何学等进行构建。

自主行为机器人的基本属性是由现代机械系统属性及人的属性共同决定的。自主行为机器人具有以下特点。

1.具有忠实性与自主性

以“机器人三定律”及改进后的“广义五原则”为基础，忠实地为人类提供劳动与服务是机器人存在的“信念”（belief）。该信念是机器人行为的基本约束条件，是机器人研制过程及机器人规划与控制过程的基本约束。对于 CE3 月面巡视器，其信念是实现安全、高效的月面巡视探测。机器人的信念不是抽象的，而是具体的，表现于机器人规划与控制的具体过程当中。

机器人要实现自主任务规划、路径规划及运动规划等功能，就需要通过问题域的知识、约束条件以及优化的准则，根据一定的优化原理，获得最优的或可行的策略。无论规划原理是基于谓词逻辑、约束规划理论的，还是基于遗传算法、群蚁算法、染色体算法、桶队列算法、模拟退火算法及神经网络算法的，规划过程总是一个包含数值计算、推理、搜索与评价的过程。规划过程是否可达、是否最优或次优、是否满足机器人系统及环境的约束是规划的首要问题。对 CE3 月面巡视器而言，首要的约束是巡视器与地面测控站通信的畅通，否则容易导致整个工程的失败。对复杂问题的规划能力是机器人智能的重要体现，也体现于机器人提供服务的忠实性。

机器人规划与控制是满足信念的行为，一方面确定交付的任务哪些可以做或哪些不可以做；另一方面确定执行何种行为过程可以产生满足信念的行为结果。比如：确定机器人进入测控盲区是否会导致失联，机器人在松软的地面上是否会沉陷而无法控制。

机器人规划与控制是满足环境约束及机器人自身机电约束的行为，否则规划的结果不能得到正确的执行。

只有具有忠实性与自主性的机器人才称为自主行为机器人，即自主行为机器人应能够根据其存在的信念，应用其行为技能与信息处理技能，获取自身的状态与环境的情景状态，并根据一定时期的任务目标、任务约束，进行任务规划，通过任务控制完成预定的任务。

自主行为机器人的信念与行为技能主要是设计者赋予的，人是自主行为机器人演化的主要动力。

2.具有行为技能与问题求解技能

机器人的自主性也体现在行为技能与信息处理上，即根据任务规划的结果，应用行为技能与信息处理技能完成一定时期的任务。

问题求解技能包括数值计算、符号演算、优化及学习技能。

行为技能包括导航与控制、通信与交流、应用工具等技能。

行为是自主行为机器人技能的组成单位，组织级将任务分解为行为序列，协调级将行为分解为机器人的动作。行为也是自主行为机器人软件系统组织的基本模块，机器人系统的情景演算过程也是自主行为机器人行为规划与控制过程。

3.具有社会技能

机器人的环境是开放的，包括社会中的人及机器人。自主行为机器人要参考社会的演化过程，就需要具有社会技能（social skill）。一方面，要具有社会交流能力，包括自然语言的表达与理解能力、人类和机器人的表情及肢体语言认知能力等。另一方面，要具有社会协作能力，包括根据人的指令及行为、其他机器人指令及行为进行规划与控制的能力。同时，要具有学习能力，包括信息搜集、提取、分类与整理等技能。当机器人通过其技能不能进行问题求解时，需要学习新的行为技能及改进自身的学习方法。

学习是机器人对环境及自身行为规律的认识过程，也是应用环境规律与行为规律解决问题的过程。学习包括概念的抽象、对环境对象及自身的认知，产生机器人内部没有的知识。

机器人设计者赋予了机器人履行其职能所具有的基本运动技能与信息处理技能。设计者赋予的机器智能本质上是一个符号演算系统。

机器人通过人机交互或情景演算产生一定情景下的任务，并完成任务分解，产生包含机器人基本运动技能及逻辑思维技能的序列，从而实现一定情景下的劳动与服务功能；同时，机器人可以根据任务或意图进行自动编程或行为学习，进一步增强机器人提供劳动与服务的能力。任务规划及自动编程一直以来是人工智能研究的热点，目前已取得了比较丰富的研究成果。事实上，现代计算机用户已不再是专门的编程人员，各种专业性的软件提供了自动规划与编程、符号分析与证明等功能，例如汽车生产线的自动作业规划系统可以完成各工序的规划，Maple 软件可以实现众多领域的符号演算。

1.4.4 自主行为机器人的体系结构

自主行为机器人研究与其他学科一样必须根植于当今的理论与技术基础之上。自主行为机器人导航与控制是一个由多个学科交织在一起而形成的边缘学科，有其自身的领域特点。自主行为机器人导航与控制方法不存在唯一的方法与范式，正如各种生物体的导航与控制机制不尽相同。随着对自主行为机器人研究的不断深入，研究内容也不断丰富。下面讨论自主行为导航、制导与控制（guidance, navigation and control, GNC）系统的基本概念、构成及技术思路。

现代杰出的机器人工程案例表明，机器人系统是一个分布式的系统，其根本的原因在于：机器人分布式的传感器与执行器已普及，可以通过 CAN、IPC（进程间通信）、USB、RS232 及 Modbus 等通信协议构建分布式网络。同时，三层结构的分布式系统不仅在社会管理和控制工程中被证明行之有效，而且在理论上被证明是最优的系统。

导航、制导与控制技能是机器人的基本技能。自主导航、制导与控制能力是机器人在一定环境下通过自主感知与决策，实现自主运动控制的能力。基于目前自主行为理论的研究成果及现代实时操作系统的技术特点，建立自主行为机器人 GNC 系统结构，如图 1-6 所示。它是一个典型的三层分布式机器人系统结构体系，也是一个多任务的机器人导航与控制软件结构。它仅反映了信息流的作用关系，组成该结构的功能模块可以应用适合的理论与技术实现。

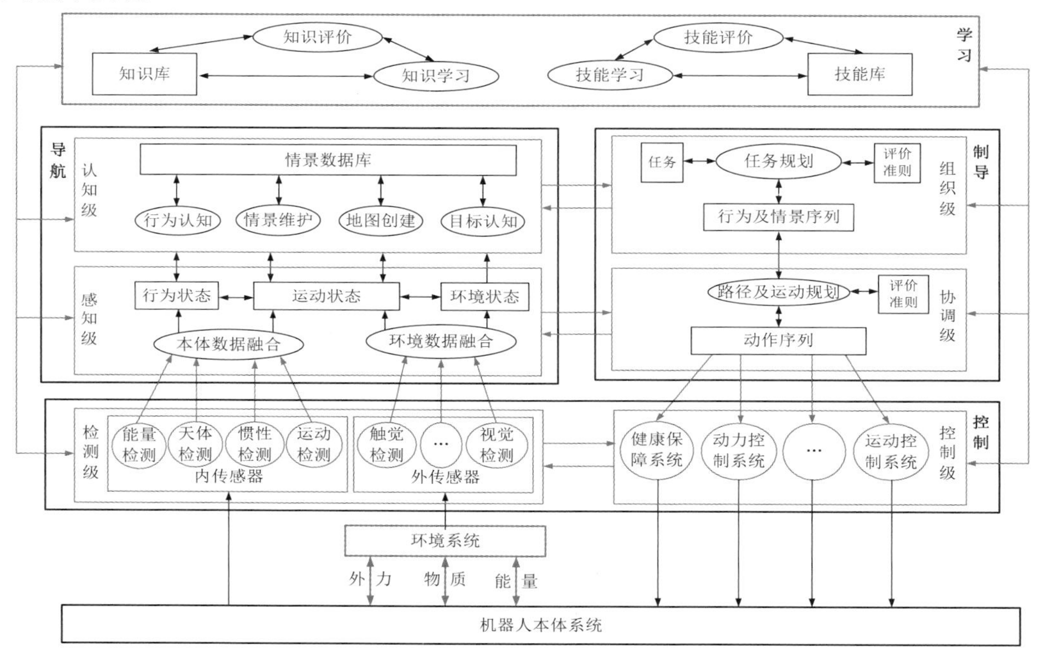

图 1-6　自主行为机器人 GNC 系统结构

导航：机器人通过感知分系统实现对情景的认知。通过内外传感器获取机器人自身状态及环境的数据；通过多传感器融合获得机器人自身及行为状态数据。行为状态数据包括相关设备状态是否正常、行为执行是否完成、行为作用效果如何等相关信息；机器人自身运动状态数据包括位形、速度或加速度，受力状态、能源状态及通信状态等相关信息。根据机器人运动状态及环境数据，通过机器人获得的知识完成制图、目标识别及行为认知，从而更新情景数据库。

制导：一方面，根据当前情景及期望情景，在满足机器人技能约束及环境运动规律的条件下，进行任务规划，得到由当前情景至期望情景演化的情景序列与行为序列；另一方面，根据当前情景及下一阶段的情景目标，通过实时感知与反馈，进行局部的路线或运动规划，实时调整行为策略，确保下一阶段情景目标的实现。

由初始的情景激发满足条件的行为；通过行为作用更新情景，从而激发新的行为。在任务规划评价准则的引导下，产生次优或最优的任务规划结果。期望情景序列是机器人完成任务的策略，任务规划过程中由于缺乏行为及环境的精确模型，任务规划的结果通常是次优的。根据期望情景序列、在线获得的情景，通过运动规划产生运动序列，实现期望的行为，从而完成情景更新，直到期望情景得到满足。

控制：根据行为策略、实时感知、行为过程的闭环控制，实现期望的情景目标。

自主行为机器人的GNC系统结构与传统GNC系统结构的不同之处在于：在感知级上，除了运动检测外，还包括行为状态及环境状态的感知；在导航方面，除位姿确定之外，还包括地图创建、目标认知、行为认知等；在制导方面，除单一的制导功能之外，还具有全局的任务规划、局部的路径或运动规划功能；在控制方面，除运动控制之外，还包括健康维护、动力控制等。有的文献将扩充了很多功能的GNC系统称为多功能GNC系统。

自主行为机器人GNC系统是一个多任务的实时操作系统。任务规划是组织级的功能，信息不够准确，响应不够及时，过程相对复杂。协调级计算量适中，响应较快，信息相对准确。控制级响应最快，信息准确，计算量较小。组织级、协调级及控制级构成典型的三层分布式控制系统。

行为智能体包括任务规划智能体、行为控制智能体、故障诊断智能体和情境感知智能体。

该系统结构的有效性在BH2月面巡视器原理样机实验中得到了证明。对于CE3月面巡视器，由于星载计算机能力有限，自主行为的任务级及主要的协调级由地面任务支持系统完成。因此，地面任务支持系统是巡视器GNC系统的外部延伸，它们共同完成巡视器的导航与控制功能。

自主行为机器人的GNC系统结构与经典的三层分布式控制体系结构存在以下不同。

（1）自主行为机器人的GNC系统存在4个闭环，即运动控制环、协调控制环、任务控制环及学习控制环。

运动控制环仅限于单轴或多轴机构的运动控制，通常是可度量的与可分析的，对环境的不确定性影响具有足够的鲁棒能力。运动控制环负责机器人局部状态的控制，通常由运动机构、检测级、控制器及驱动器组成。

协调控制环基于行为协调的控制，通过对机器人与环境的作用状态进行评估，实时协调运动机构的控制。协调控制环负责机器人整体状态的控制，通常由运动系统、感知级及行为控制器（路径及运动规划器）组成。

协调控制产生的动作序列是运动控制的指令，该指令期望得到执行。运动控制环对环境的扰动要具有足够的鲁棒能力，然而，运动控制环的执行能力比较有限，它产生的误差不能通过其自身消除，需要通过协调控制及机器人整体状态的调节才能减小或消除。

任务控制环基于任务的行为分解产生行为序列，负责系统情景流的控制。由于环境是开放的，信息存在一定的不确定性，所以期望情景的实现存在误差。应根据机器人总体状态，通过任务规划调整任务目标，实现预期的情景控制。任务控制通常由认知级、环境知识、行为技能及任务规划器组成。环境知识及行为技能模型是机器人系统的基础，是任务规划的依据，即任务规划依据环境知识及机器人行为技能的模型做出任务级的反馈控制。

由于环境是开放的、动态的，机器人对自身的行为及环境的认识是有限的，需要通过机器学习提高机器人完成任务及适应环境的能力。学习控制环可以覆盖运动控制环、协调控制环、任务控制环、感知级及认知级的各个过程。

（2）导航分系统由感知级与认知级组成。

感知级以检测级的数据为输入。检测级即机器人传感器，由内传感器和外传感器组成。前者检测机器人内部状态，后者检测环境的状态。感知级通过检测的数据正确地反映机器人与环境的状态。单个传感器检测的数据是局部的、有噪声的，需要通过传感器知识、环境知识及机器人领域知识，完成多传感器的信息融合。数据融合包括两个方面：一方面是信息组合，另一方面是去伪存真及取长补短。基于阈值及规则的“野值”剔除，应用传感器统计特性进行的卡尔曼、增广卡尔曼或粒子等滤波是传感器及环境知识的典型应用。运动状态包括机器人位姿、速度及加速度等。行为状态包括行为执行的误差、行为切换频率等。环境状态包括障碍距离、目标速度及加速度等。

认知级完成环境地图创建、目标识别、行为认知及情景数据库的维护。其中地图创建是自主导航的主要内容之一，它主要用来描述机器人生存的空间环境。基于激光雷达或双目立体视觉系统的环境重构过程包括点云生成、点云融合、正射投影、三角化、地图更新等过程。基于视觉的目标识别是通过图像或 3D 模型的内容进行分析的过程，该过程一般通过知识库的图像（或模型）与目标图像（或 3D 模型）间的不变量匹配完成。目标图像或 3D 模型容易受到光影干扰，自然环境中的目标识别准确性一般不高。特定的目标可以通过红外及多光谱等传感器完成测量。利用多传感器的信息及特征可以提高目标识别的可靠性。行为认知是机器人通过行为学习确定什么情景下激发什么行为，以及如何评估行为产生的结果。

目标识别是伴随自主行为机器人研究的重要内容。目前基于 3D 模型的目标识别主要是应用计算几何分析的方法确定目标的几何不变性，并与数据库中的模型进行匹配。而基于图像的目标识别主要是通过光谱特征进行分析，随着深度学习研究的深入，目标识别可靠性将进一步提高。

（3）自主行为机器人 GNC 系统是一个具有符号演算过程及行为动力学过程的自主行为系统。

自主行为机器人 GNC 系统既是开放世界的动力学系统，又是一个动态的认知与控制过程。机器人的初始技能是设计者赋予的，但是设计者对环境的认识通常也是有限的，所以在自然开放的环境下，机器人需要根据与环境的作用结果来提高其环境适应能力。自主行为机器人 GNC 系统是具有联想、归纳与推理能力的思维系统。联想主要表现为：机器人根据情景状态产生行为，通过行为对环境的作用创造新的情景，从而完成任务规划，即由当前一帧情景产生多帧情景，在情景空间下获得最优或次优的情景序列。归纳能力表现为：通过评价有限动作序列的行为结果，确定该行为的能力，即技能。技能是任务规划的基本依据。机器人的动作是机器人系统固有的也是有限的，动作空间一般是非常巨大的，由设计者确定情景状态与机器人动作的映射过程是不可行的，这种方法通常仅适用于低复杂度的机电系统。推理能力贯穿于机器人任务规划、路径规划及运动规划、目标识别等过程之中，它是知识应用的过程。机器人技能及环境的知识或者说作用规律构成了一个公理化的证明系统，推理过程既是应用知识解决问题的过程，也是一个通过问题进行知识库/规则库的搜索与匹配的证明过程。

机器人联想、归纳与推理能力一方面是机器人的“上帝”即它的创造者赋予的；另一方面是机器人在与环境及其自身作用的过程中，通过自学习得以强化的。

由上可知，自主行为机器人导航与控制系统是以任务为目标实现行为分解与控制的系统，是符号智能与行为智能的复合体。其任务规划过程是应用行为模型，通过行为结果评价，调整行为参数而进行的规划过程。而符号主义的规划方法不同，它需要对整体模型进行优化，常常会陷入局部最小值，且规划过程常常缺少实时性。

（4）自主行为机器人 GNC 系统是一个基于情景演算的开放动力学系统。

自主行为机器人 GNC 系统与传统的动力学系统不同，它将环境及环境中的实体作为机器人系统不可分割的一部分，环境及其中的实体参与机器人系统的演化。机器人作用于环境，与环境有能量、信息、力的交互，从而使环境状态发生改变。同样，环境状态的改变也反作用于机器人。环境及机器人技能知识库是建立于开放世界基础之上的。

根据导航系统对环境的感知、认知及行为作用的结果，GNC 系统可修正环境及机器人自身的模型。机器学习是机器人适应开放环境的重要技术手段。

（5）自主行为机器人 GNC 系统是一个具有严谨理论分析与证明的理论体系。

一方面，只有遵循严密的理论分析与证明逻辑，才能保证自主行为机器人的科学性与可靠性；只有理论分析严谨，才能保证机器人的可控性，保证机器人劳动的忠实性。同时，理论的发展只有建立在当代的理论与技术基础之上，才能保证自主行为机器人研究的可行性。另一方面，要以链拓扑理论为基础，将数学、力学、计算机科学、控制论进行整合，开展多学科交叉研究；自主行为机器人学要植根于工程实践，并随着未来计算机结构进一步改进。自主行为机器人学的工程应用需要研究者了解或通晓现代计算机理论与技术，没有现代计算机就无所谓机器智能，这也是理解本书知识点的基础。

1.5 自主行为机器人学研究的方法论

符号智能通过符号系统的推理、分析与证明即机器证明完成问题的求解。利用符号化的领域知识解决问题，也是人类智能最主要的功能之一。没有符号智能，就没有科学理论。

自牛顿的微积分理论及力学创立起，符号智能得到了空前发展。一方面，系统的观念、同构的观念已成为哲学思想的基本观点，科学理论的发展有了共同的哲学基础。科学理论本质上是反映被研究系统客观性的科学计算，即以客观性为准则，用于计算的符号系统与被研究系统形成同构系统或等价系统。任一门学科研究的都是客观世界中一定层次系统的内部规律及不同层次系统间的作用规律。另一方面，同构的哲学思想，既要体现于科学理论的建立过程，又要体现于计算软件的实现过程。

现代数学体系几乎是以 ZFC 系统为基础建立起来的，是现代科学理论的基石。ZFC 系统是对系统层次关系最普遍的认识。以之为基础，定义被研究系统（集合）的基本属性及属性间的基本作用关系（操作/运算），就构成了相应的数学空间，形成了不同门类的数学分支。机器人正逆运动学、动力学，计算软件的编译，谓词逻辑推理及情景演算等理论都是以现代集合论为基础的符号演算系统，它们都遵循一样的哲学原理——同构，都可以应用抽象自动机（WAM）原理实现软件系统与被研究系统的等价。

研究机器人运动技能与信息处理技能分析与综合的学科即为机器人学，该学科必须遵循唯物辩证法的指导。同构论及 ZFC 公理系统论是自主行为机器人研究的基本方法论。

符号演算系统不能只视为理论系统，它描述的是一般性规律，与具体的研究对象存在一定程度的差异。因此，在机器人研制时仍要保证机器人符号演算的过程与真实机器人对象及环境系统的同构，即要保证机器人软件系统与其硬件系统及环境之间的同构。只有这样，符号的演算过程和计算机软件的运行过程才能真实地反映被研究的机器人及其环境的演化过程，才能保证理论系统、软件系统的正确性与可靠性。

链符号理论是现代集合论的重要组成部分，也是现代辩证逻辑的重要体现，它贯穿于自主行为机器人学的各个理论部分。“实践是检验真理的唯一标准”是系统测试的基本准则，是最终产品的检验标准，具有事后性。而“计算机符号系统、理论系统与被研究系统的同构”的方法论是系统设计、分析与综合过程的基本准则，是过程性的标准。同构的方法论最初源于泛函分析的数学概念。

同构：若两个数学系统的属性能建立一一映射的关系，且两数学系统元素间的关系也存在一一映射的关系，则这两个数学系统互为同构。同构的系统具有等价关系。常见的数学同构有代数同构及拓扑同构等。

事实上，同构实在论（isomorphism realism）是科学地认识世界的最基本规律，是科学理论创建的方法论之一。

符号演算系统同构：针对一个被认知的系统，建立描述该系统的符号演算系统，如果符号演算系统的属性量与被认知系统的属性量一一映射，且符号演算系统的属性量间关系/操作/运算与被认知系统属性量间的关系一一映射，则称该符号演算系统与被认知系统是同构的。因而，该符号演算系统的演算过程与被描述系统的演化过程一一对应，即通过该符号演算规律可以反映被认识系统的演化规律。

在哲学上，同构是一切科学理论建立的基础，任何一门形式化的理论与其研究对象之间都应该是同构的，即建立被研究对象的属性与对应属性符的一一映射关系，建立被研究对象属性间的规律与属性符间的操作（运算/作用）的一一映射关系，则该理论的演算过程就能反映研究对象的演化过程，称该理论系统或演算系统与其被研究的系统等价。理解同构要把握以下两点：

（1）研究对象的属性与表征属性的符号一一映射；属性包含属性内涵、量纲及量程等。

（2）研究对象属性间的关系与表征属性的作用关系一一映射；作用关系包含输入与状态、状态与输出的映射关系。

理论系统是否具备科学性在于其能否客观地反映研究对象的属性及其作用规律。应用同构的方法论建立符号系统时，要遵循以下规则：

（1）表征属性的符号在符号系统中具有唯一性；

（2）表征属性间关系的运算符号在符号系统中具有唯一性；

（3）研究对象是有结构的，表征属性的符号与表征研究对象属性间关系的运算符也具有对应的结构。

被研究系统是可认知的、有结构及有层次的，总是由一定的“元系统”构成。因为世界上的物质均由基本粒子构成，这些粒子也构成了不同层次的系统。基本粒子系统的规律及不同层次系统的规律也是客观的。只有通过不同层次系统的属性及关系的同构演算，才能保证被研究对象建模与分析的正确性、逻辑推理的严谨性。通过建立不同层次系统的属性与关系同构的数值计算系统，保证计算机运算的正确性。无论机器智能通过何种范式实现，总要保证机器智能系统与被表征系统的同构。

张量分析及连续介质力学系统是同构论的典型系统。多数理论在创立时并没有主动地遵循同构的思想。在这些传统的理论当中，符号系统只能供读者阅读与理解，仅能用于简单的应用系统，难以适应现代计算机进行自动推理与分析的发展需要。比如：通常以$\vec{f}$表示点a作用于点b上的力，力符号$\vec{f}$既不能体现作用点b，又不能体现施力点a；而人们通常认为力具有三要素，即大小、方向和作用点。牛顿力学系统中的力指的是外力，而对于系统，内力施力点是非常重要的。同时，参考系是必不可少的，否则我们将无法认知力的大小。事实上，力具有五要素，即大小、方向、作用点、施力点及参考系。如果不定义这五要素，在进行高自由度的多体系统分析时，极容易造成混乱，难以阅读，也难以保证力学软件的可靠性及实时性。计算机无法处理非结构化的符号，也难以自主地实现符号推演与计算。

属性间的一一映射关系及作用关系间的一一映射关系是同构方法论的核心，不变性、对偶性、参数化、程式化及公理化是同构方法论的重要组成部分。

1.不变性

不变性（invariability）反映的是系统属性的客观性，即与全部或一组参考框架无关的属性量，是不变的。质量、矢量、二阶张量等均是不变量。不变量反映的是系统属性的客观性。本质上，以不同参考尺度的度量与其尺度的乘积总是相等或不变的。矢量不变性就是不同的参考基与对应坐标向量的点积具有的不变性；二阶张量不变性就是两组参考基与其对应的坐标阵列的点积具有的不变性。违反不变性的符号系统或理论一定是错误的。科学研究的重要内容就是探究系统的不变性。不变性包括：系统拓扑不变性、度量不变性及信息不变性。拓扑不变性是指系统内部的连接次序是不变的。度量不变性是指相对不同参考（系、点及方向）的度量是不变的。信息不变性是指系统间的作用过程存在作用与反作用，通过一个系统的信息可以度量另一个系统的信息。自主行为系统通过与环境的作用认知环境，通过自主行为系统的自身状态与行为过程度量被感知的环境状态。比如，机器人作用于环境，并可以通过自身的运动状态检测环境的作用力。理论及软件系统的拓扑及度量不变性是系统合法性的基础。

2.对偶性

对偶性（duality property）是哲学上的矛盾体，如基与坐标、力与运动、力与力矩、平动与转动、动作与效应、正序与逆序、行与列、结构的对称性与反对称性等所具有的对立统一性。了解系统的对偶性才能全面准确地认识系统的内在规律，降低系统求解的复杂性。对偶性是系统拓扑及度量的基本规律。

3.参数化

无论理论系统还是计算机系统，如果要与被研究对象同构，就需要实现理论系统及计算机系统的完全参数化（full parametrization）。不能实现参数化的理论系统及计算系统既不具有良好的通用性，也不具有良好的适应性。机器人自身的复杂性及其所在环境的复杂性首先表现为机器人及环境的高自由度，需要实现多轴系统运动学及动力学的完全参数化，相关参数包括拓扑、极性、结构参数、动力学参数及控制参数等。无论是传统的牛顿-欧拉法、拉格朗日法、凯恩法及哈密尔顿法，还是基于 6D 空间算子代数的多体动力学法，都只是分析力学的基本方法，难以直接应用于高自由度的多轴系统。维度灾难导致动力学系统和方程难以准确及高效地建立，故需要建立包括拓扑、极性、结构参数及动力学参数等参数的动力学系统。不需要用户应用分析方法去建立模型，而只需将实际系统参数代入力学理论提供的模型即可以完成建模。只有这样，复杂的运动学与动力学系统才能被广泛应用与接受，才能解决机器人结构设计、运动分析与运动技能的实现问题。参数化是系统理论及软件的基本特征，完全参数化的理论系统及软件系统是自主行为系统的基础。

4.程式化

机器智能的技术基础在于现代计算机。在机器人运动学、动力学及行为建模与解算过程中需要考虑现代计算机的技术特点：地址访问、矩阵操作、空间搜索与排序、以循环为核心的迭代式计算等，以实现机器人符号演算的机械化（mechanization）。对于高自由度多轴系统，需要建立显式的迭代式方程，一方面保证计算的实时性，另一方面降低编程的复杂性，从而提高软件系统的可靠性。程式化的基本特征在于：序列化、动作化及迭代式。计算机自身就是一个有序的运算系统，也是“状态—动作”构成的状态机系统。“状态—动作”过程是有序的操作过程。以动作为主体、以函子为辅助的现代计算机操作过程要求理论系统也要以动作为主体，这一方面有助于对符号内涵的理解，另一方面可保证软件工程实现的可靠性。迭代是计算机运算的基本形式，不仅可以提高操作过程的结构化程度，而且可以提高操作效率及计算精度。计算结构 for 及 while、系统的抽象与继承是程式化的基本形式。

5.公理化

要保证机器人系统的可靠性，就需要保证机器人行为的确定性，自然要求实现机器人符号系统的公理化（axiomatization）。一方面，公理化系统是科学研究的目标，只有建立公理化系统才能保证机器人行为的确定性，才能准确地揭示系统内在的层次与作用规律。另一方面，只有建立公理化的系统，才能保证系统实现的可靠性，公理化系统的推演过程才能反映被研究系统的演化过程。唯物辩证法是一切科学技术的顶层公理，是自主行为机器人学的哲学基础。公理化过程是应用唯物辩证法对系统进行分析与综合的过程，分析与综合对应于软件的抽象与继承，分析与综合是理论思维过程，抽象与继承是系统实现的过程。分析是将拓扑及度量系统的次要要素去除，抽象出核心基元及基本结构的过程；综合是根据拓扑及度量系统的基元及其关系，通过继承逐层增加被去除的要素，还原拓扑及度量系统的过程。

机器人的运动技能、信息处理技能一方面是由机器人设计者先天赋予的，另一方面是机器人后天习得的。因此，机器人的演化过程与现代机器演化不同，机器人参与了自身的演化，也参与了社会的演化。一方面，机器人需要继承设计者的专业技能，实现完全参数化的建模与控制，提升机器先天性的智能，实现机器智能的自举（bootstrap）；另一方面，由于环境具有开放性，机器人需要继承设计者的学习技能，实现自主建模与控制，增强机器自主适应环境的能力，实现机器智能的自持（self-sustaining），从而加速自主行为机器人的演化进程。以同构方法论为指导：针对前者，可以开展运动链符号演算与自主行为控制研究，以解决完全参数化的多轴系统建模与控制的问题；针对后者，可以开展动作链符号演算与自学习的行为规划研究，以解决机器自主学习与规划的问题。

1.6 本书的读者

本书基于作者研发的月面巡视器原理样机（见图 1-7）、国家自然科学基金项目“基于可加模糊行为的轮式机器人运动规划与控制（60975065）”及“基于轴不变量的多轴系统动力学建模与力控制（61673010）”、2016 年教育部基本科研业务费重点科研专项“六轴重载高速高精度力控机械臂建模、控制及系统研制”、航天五院 501 所项目“月面巡视器任务规划系统”、航天五院 502 所项目“月面环境模拟及巡视器动力学解算系统”、航天五院 501 所项目“月面巡视器机械臂规划与控制软件”，以及中国航天科技集团有限公司航天科技创新基金项目“空间机械臂大时延高稳定遥操作技术”等的研究成果编撰而成。在此表示感谢。

图 1-7　月面巡视器原理样机

本书是针对从事机器人研究与开发的高级学者及工程技术人员而编写的，内容侧重于理论分析及重要理论的工程验证，读者需具有现代数学、理论力学、机械原理、计算机理论及工程方面的基础。

1.7 本章小结

本章在调研自主机器人研究成果的基础上，提出了自主行为机器人结构体系，在经典三层体系结构基础上增加了环境认知、任务规划与情景演算、知识与技能学习功能，建立了开放的机器人系统概念。提出了包含不变性、对偶性、参数化、程式化及公理化五要素的同构方法论，以指导“运动链符号演算与自主行为控制”及后续“动作链符号演算与自学习的行为规划”的理论及工程应用研究。

本章参考文献

[1] BRYSON A E, HO Y C, SIOURIS G M. Applied optimal control: Optimization, estimation, and control[J]. IEEE Transactions on Systems Man and Cybernetics, 1979, 9(6):366-367.

[2] RUMELHART D E, HINTON G E, WILLIAMS R J. Learning representations by back-propagating errors[J]. Nature, 1986:323,533-536.

[3] 王元元. 计算机科学中的现代逻辑学[M]. 北京：科学出版社, 1989.

[4] GIARRATAN J C，RILEY G D.专家系统：原理与编程[M].4 版.北京：机械工业出版社, 2006.

[5] VARELA F J, BOURGINE P. Toward a practice of autonomous systems: Proceedings of the first european conference on artificial life[M]. Boston：MIT Press, 1992.

[6] MATARIĆ M J. Behavior-based robotics as a tool for synthesis of artificial behavior and analysis of natural behavior[J]. Trends in Cognitive Sciences, 1998, 2(3):82-86.

[7] 陈宗海, 詹昌辉. 基于“感知-行为”的智能模拟技术的现状及展望[J]. 机器人, 2001，23(2):187-192.

[8] XU H, BRUSSEL H V. A behaviour-based blackboard architecture for reactive and efficient task execution of an autonomous robot[J]. Robotics and Autonomous Systems, 1997, 22(2):115-132.

[9] Badreddin E. Recursive behavior-based architecture for mobile robots[J]. Robotics and Autonomous Systems, 1991, 8(3):165-176.

[10] LÁZARO J L, GARCIA J C , MAZO M , et al. Distributed architecture for control and path planning of autonomous vehicles[J]. Microprocessors and Microsystems, 2001, 25(3):159-166.

[11] 朱淼良, 杨建刚, 吴春明. 自主式智能系统[M]. 杭州：浙江大学出版社, 2000.

[12] REITER P. Knowledge in action: Logical foundations for specifying and implementing dynamical systems[M]. Boston：MIT Press, 2001.

[13] 张智星, 孙春在, 水谷英二. 神经-模糊和软计算[M]. 张平安,等译.西安：西安交通大学出版社, 2000.

[14] HAYKIN S. 神经网络的综合基础[M]. 北京：清华大学出版社, 2001.

[15] 史忠植. 智能主体及其应用[M]. 北京：科学出版社, 2000.

[16] 张维明, 姚莉. 智能协作信息技术[M]. 北京：电子工业出版社, 2002.

[17] SONG K T, SHEEN L H . Heuristic fuzzy-neuro network and its application to reactive navigation of a mobile robot[J]. Fuzzy Sets and Systems, 2000, 110(3):331-340.

[18] CHERIF M. Motion planning for all-terrain vehicles: A physical modeling approach for coping with dynamic and contact interaction constraints[J]. IEEE Transactions on Robotics and Automation, 1999, 15(2):202-218.

[19] MOORE K L, FLANN N S. Hierarchical Task Decomposition Approach to Path Planning and Control for an Omni-Directional Autonomous Mobile Robot[C]// Proceedings of the IEEE International Symposium on Intelligent Control/Intelligent Systems and Semiotics, 1999.

[20] VOLPE R, ESTLIN T, LAUBACH S,et al. Enhanced mars rover navigation techniques[J]. Robotics and Autonomous Systems,1999, 24:1-6.

[21] NILSSON N. Artificial intelligence a new synthesis[M]. San Francisco: Morgan Kaufmann Publishers Inc.,1998.

[22] STUART J RUSSELL，NORVIG P. 人工智能：一种现代的方法[M]. 殷建平，等译. 北京：人民邮电出版社, 2002.

[23] KITTO K. Modelling and generating complex emergent behavior[D]. Sydney : University of Technology Sydney, 2006.

[24] 张锦文. 公理集合论导引[M]. 北京：科学出版社，1991.

[25] 张东摩, 肖奚安. 经典公理集合论系统与中介公理集合论系统之间的包含关系[J]. 数学研究与评论, 1997, 17(3):475-478.

[26] JECH T. Set theory[M]. Berlin: Springer, 2002.

[27] GHINS M. Scientific representation and realism[J]. Principia an International Journal of Epistemology, 2011, 15(3): 461-474.

[28] STADLER F. The present situation in the philosophy of Science[M]. Berlin: Springer, 2010.

[29] RODRIGUEZ G. Kalman filtering, smoothing, and recursive robot arm forward and inverse dynamics [J]. IEEE Journal of Robotics and Automation, 1987, RA-3(6): 624-639.

[30] RODRIGUEZ G, KREUTZ K. An operator approach to open- and closed-chain multibody dynamics [J]. Jet Propulsion Laboratory, 1988.

[31] FEATHERSTONE R. A beginner's guide to 6-D vectors (Part 2) [J]. IEEE Robotics & Automation Magazine, 2010, 17(4): 88-99.

[32] FEATHERSTONE R. A beginner's guide to 6-D vectors (Part 1) [J]. IEEE Robotics & Automation Magazine, 2010, 17(3): 83-94.

[33] FEATHERSTONE R. A divide-and-conquer articulated-body algorithm for parallel O(log(n)) calculation of rigid-body dynamics. Part 1: Basic algorithm[J]. International Journal of Robotics Research, 1999, 18(9): 867-875.

[34] FEATHERSTONE R. A divide-and-conquer articulated-body algorithm for parallel O(log(n)) calculation of rigid-body dynamics. Part 2: Trees, loops, and accuracy[J]. International Journal of Robotics Research, 1999, 18(9): 876-892.

[35] FEATHERSTONE R. An empirical study of the joint space inertia matrix[J]. International Journal of Robotics Research, 2004, 23(9): 859-871.

[36] FEATHERSTONE R. Efficient factorization of the joint space inertia matrix for branched kinematic trees [J]. International Journal of Robotics Research, 2005, 24(6): 487-500.

[37] FEATHERSTONE R. Rigid body dynamics algorithms[M].New York: Springer US, 2008.

[38] KANE T R, LEVINSON D A. Dynamics theory and applications[M]. New York: Internet-First University Press, 2005.

[39] JAIN A. Robot and multibody dynamics, analysis and algorithms[M]. New York:Springer US, 2012.

[40] JAIN A. Graph theoretic foundations of multibody dynamics. Part I: Structural properties [J]. Multibody System Dynamics, 2011, 26(3): 307-333.

[41] JAIN A. Graph theoretic foundations of multibody dynamics. Part II: Analysis and algorithms [J].Multibody System Dynamics, 2011, 26(3): 335-365.

[42] JAIN A. Multibody graph transformations and analysis. Part I: Tree topology systems [J].

Nonlinear Dynamics, 2012, 67(4):2779-2797.
[43] JAIN A. Multibody graph transformations and analysis. Part II: Closed chain constraint embedding [J]. Nonlinear Dynamics, 2012, 67(3): 2153-2170.

第2章 运动链符号演算系统

2.1 引　言

本章针对树形运动链（简称树链），应用同构方法论，提出轴链公理、拓扑公理及度量公理，建立基于3D空间操作代数的运动链符号演算系统。

首先，通过分析树链的构成要素及基本属性，阐明轴是树链拓扑系统的基元及自然参考轴是树链度量系统的基元。根据树链三大事实，提出轴链有向Span树、自然轴链（简称轴链）及轴链公理。

一方面，应用拓扑同构的方法论，借鉴现代集合论的链理论，建立运动链的拓扑符号（父、子、链及闭子树等）系统，提出轴链拓扑不变性公理。另一方面，应用度量同构的方法论，提出自然坐标系及基于轴不变量的3D螺旋，建立运动链符号演算系统；以轴链拓扑不变性公理为基础，借鉴张量理论，提出轴链度量不变性公理。

接着，以轴链拓扑不变性及轴链度量不变性公理为基础，建立以动作（投影、平动、转动、对齐及螺旋等）及3D螺旋为核心的3D空间操作代数，从而构建基于3D空间操作代数的运动链符号演算系统。

最后，阐述传统笛卡儿坐标系统的应用及不足，表明进一步建立基于轴不变量的多轴系统理论的必要性。

2.2 运动链及轴链公理

2.2.1 机器人运动系统的组成

机器人运动系统是机器人系统的重要组成部分，是由机器人关节，机器人内传感器、外传感器及控制软件模块构成的有机整体。

下面介绍机器人运动系统中的相关概念。

零件（part）：组成机电系统不可拆分的单个制件。零件包括凸轮、螺栓、钣金件等。

构件（component）：组成机电系统的、彼此间无相对运动的基本单元。机械构件包括连杆、机架等，机架通常由桁架、钣金件及紧固件组成。

杆件（link）：常常指由单独加工的连杆体、连杆头、轴瓦、轴套、螺栓、螺母、开口销等零件组成的一个构件。在机器人领域，通常将构件统称为异型杆件，简称为杆件。机器人本体中起主要支承作用的刚性构件无论外形如何，均称为杆件。因此，杆件是刚体在运动学上的抽象。

部件（modular）：机械或电气装配过程中的独立功能模块，具有独立的机械接口、电气接口等装配接口。机械部件包括减速器、联轴器、制动器等；电气部件包括电动机、轴编码器等。

机构（linkage）：由一组杆件及运动副组成，完成确定机械运动的装置，包括车轮驱动机构、车轮方向机构、旋翼机构、扑翼机构、回转机构、单轴/双轴云台机构。机构的主要功能在于：形成和释放机器人部件的连接或紧固状态；使机器人部件展开到所需位置与姿态；通过机构间的相对运动产生的内力、机构与环境的相对运动产生的外力，共同使机器人运动状态改变。机构同样是运动学上的抽象。

总成（assembly）：机械或电气部件构成的不依赖其他机械部件的独立功能模块，具有独立的机械接口、电气接口等装配接口。总成包括一体化的机器人关节、方向机、轮系等。

结构：支承科学仪器和其他分系统的骨架。机构是机器人产生动作的部件，机构和结构都属于机械系统，在设计上存在着相同或相似之处。结构的主要功能在于：为机器人携带的仪器设备和其他分系统提供安装空间、安装位置和安装方式；为仪器设备提供有效的电磁防护、粉尘防护、力学保护；为特定仪器设备提供所需的刚性条件，保证高增益天线、光学部件和传感器所需的位姿精度；为特定仪器设备和其他分系统提供所需的物理性能，例如热辐射或绝热性能、导电或绝缘性能。在机器人运动分析时，机架也视为杆件。

运动行为：通过综合电分系统对自身及环境状态的感知，协调执行序列的动作，实现自身及环境状态变迁的过程，是技能的外在表现。例如踏步行为、越障行为及抓握行为等。机器人运动技能是指机器人拥有的运动行为能力，是未受激励的运动行为。

机器人运动学研究机器人自身及环境的状态表征及状态间的相互作用过程。机器人动力学研究机器人自身及环境作用力与状态间的相互作用过程。

关节（joint）：运动副的实体，决定了机构的运动学及动力学行为的能力。

自然环境即自然空间，是三维（3D）的，空间维度是客观的量，即不变量。相应地，自然空间的任一点有三个独立的平动自由度。因任意三个独立的点固结成为一个刚体，具有三个独立的方向，故刚体具有三个独立的转动自由度；刚体姿态是其任意三个独立点的导出状态。三个独立的平动自由度对应三个独立的平动轴，三个独立的转动自由度对应三个独立的转动轴。独立的轴是指任意两个轴不共轴。平动及转动的主体包括位置矢量、速度矢量及力矢量等。因速度矢量及力矢量是以位置矢量为基础的，故平动及转动经常代指位置的运动（motion）。

2.2.2 机器人关节

图 2-1 所示为机器人一体化关节。机器人关节通常由高功率密度力矩电动机、减速器、高精度绝对编码器、抱闸及电动机驱动器组成。有的力控制关节也装配力传感器。

机器人关节与普通机电系统中的关节不同，高性能的机器人关节具有以下基本特点：

（1）关节质量小、结构紧凑、功率密度大，关节输出力矩要足够大；

（2）减速器及编码器精度高，通常优于 3′ 或更高，通常编码器精度要优于减速器背隙（backlash）精度 4～6 倍；

（3）电动机及减速器的效率高，热量少，可靠性要求连续运行时间达 8000 h 或更长；

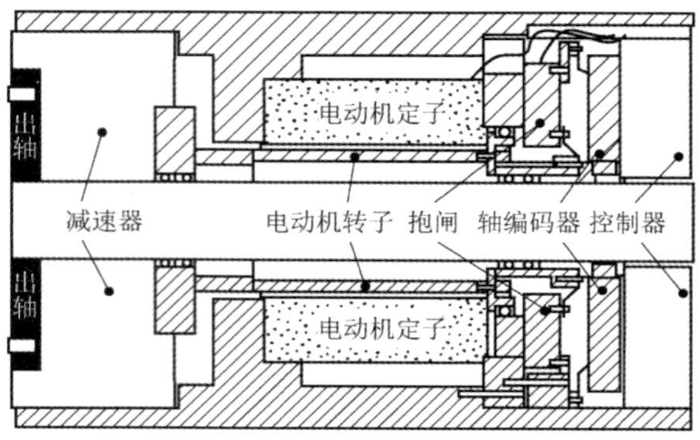

图 2-1 机器人一体化关节（all-in-one joints）

（4）电动机驱动器具有电流环、速度环及位置环三个控制环，通常采用 EtherCAT 通信。

高性能机器人关节采用中空轴结构设计，以提高管线可靠性；编码器通过减速器的馈轴在电动机侧安装，以提高关节位置检测精度；电动机转子、抱闸及减速器入轴（input shaft）设计为一体；减速器出轴（output shaft）与绝对编码器转子设计为一体；关节底座与机器人杆件设计为一体，以提高关节可靠性，减小关节质量。

1.霍尔传感器

霍尔传感器是基于霍尔效应的传感器。霍尔效应如图 2-2 所示：当载流导体的电流 I 受与之正交的定向磁场 B 作用时，将沿磁场方向产生霍尔电动势 V_{H} 。

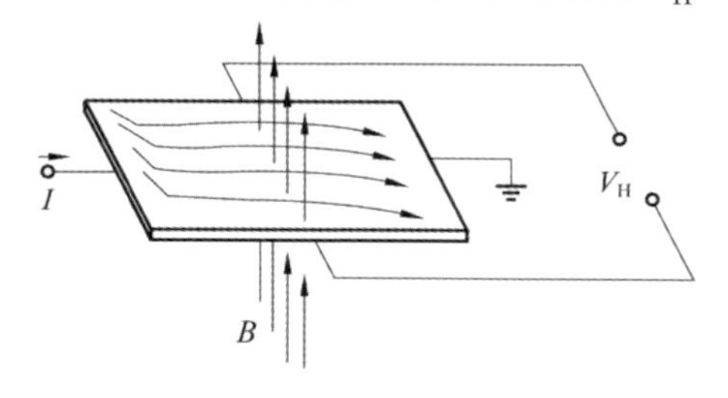

图 2-2 霍尔效应

霍尔电动势 V_{H} （单位为 V）与电流 I （单位为 A）及与电流正交的磁场强度 B （单位为 Gs）成正比：

$$V_{\mathrm{H}} \propto I \cdot B \tag{2.1}$$

霍尔传感器具有以下特点：

(1) 是真正的固态器件，可以满足 300 亿次的操作需求，具有可靠性高及寿命长的特点；

(2) 具有 10 万次/s 的操作速度，可以满足高动态响应需求；

(3) 可以满足－40~+150 ℃宽温度范围需求。

霍尔传感器常用作无刷电动机的电子换向器件。当极化的电动机转子通过霍尔传感器时，产生交变的转子位置信号，用于控制电动机功率模块的导通状态。

2.无刷电动机及驱动器

如图 2-3 所示，无刷电动机由定子、转子及电子换向器组成；驱动器由换向控制逻辑单元、功率模块、控制器及通信模块等组成。

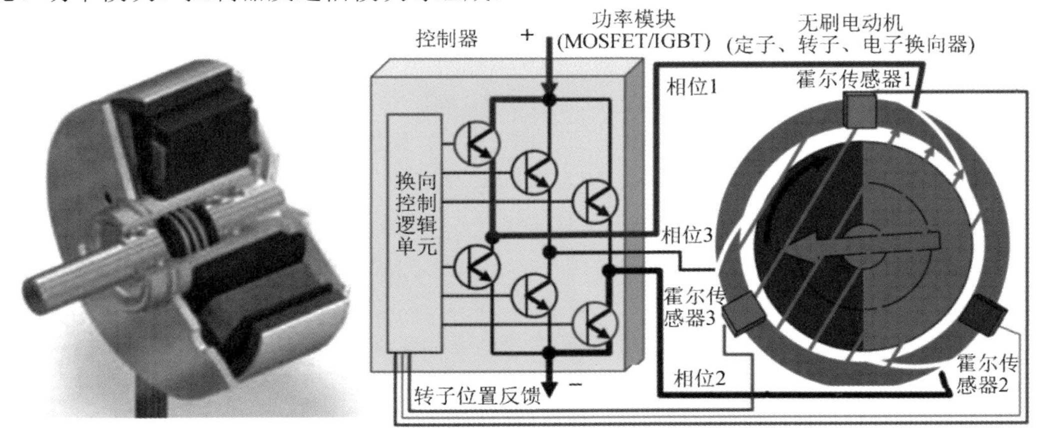

图 2-3　无刷电动机

电动机转子由钕铁硼永磁材料或钐钴磁钢构成；电动机定子在径向上形成极性交替的磁场。机器人电动机需要较高的磁场强度，以保证电动机质量较小。

如图 2-4 所示，电子换向器通常由三个霍尔传感器构成，用于检测转子与定子的相对位置。如图 2-5 所示，位置信号输入换向控制逻辑单元，产生控制功率模块的时序，使定子产生旋转电磁场（electromagnetic field，EMF），拖动转子运行，产生功率输出。

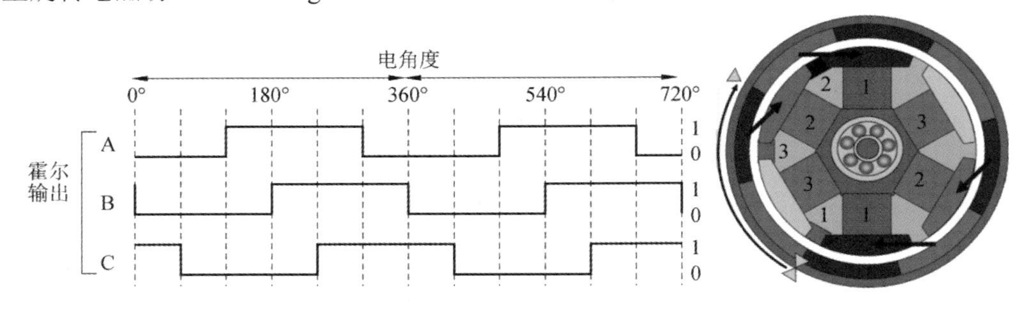

图 2-4　霍尔电子换向器

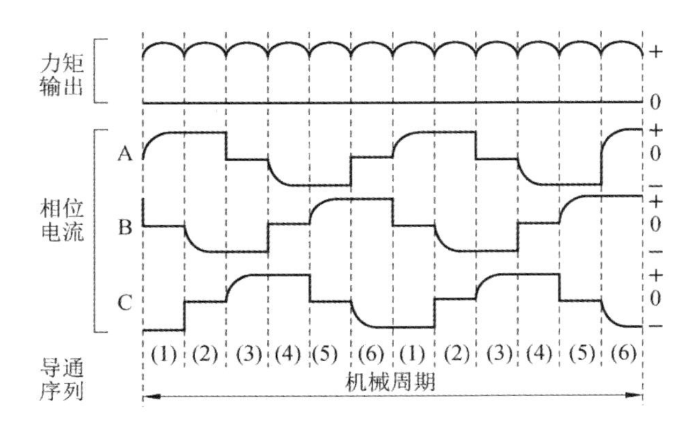

图 2-5　功率器件及电动机时序

用电子开关器件代替传统的接触式换向器和电刷，无换向火花，可减少电磁干扰，提高可靠性，降低机械噪声。

交流同步电动机转子的极对数 p 给定时，电动机驱动器通过控制三相电源频率 f（单位为 Hz），可以调节电动机转速 n（单位为 r/min）：

$$n = 60f/p \tag{2.2}$$

显然，当电源频率给定时，转子极对数越多，电动机转速越低。故增加极对数，可以提高电动机输出力矩。极对数多的电动机呈扁平状，称为力矩电动机。低速力矩电动机的可靠性通常更高，易与减速器匹配；适当提高极对数（3～6 对），也可降低电动机及减速器的总质量，提高力控机器人的动态性能。极对数过多，电动机的质量将偏大，在机器人工程上难以应用。

如图 2-6 所示：给定参考电流时，无刷直流电动机通过控制三相电压的占空比，控制电动机电流；通过单位时间内检测的过零次数计算电动机转动的速度，由 PID 速度驱动器产生期望的电流；经电流环实现速度控制。同样，通过速度积分可以得到位置参数，由位置环驱动器产生期望的速度，再由速度环及电流环实现位置及力的控制。

在通信上，通常遵从串口、CAN/CANOpen、EtherCAT/COE 协议。对于力矩电动机由于要实现多轴协调控制，则需要根据机器人动力学过程实时地控制关节电动机的电流。因此需要保证电流环的控制速度，通常采用 EtherCAT 总线（100 Mb/s）替代 CAN 总线（1 Mb/s）。具有 EtherCAT 总线的驱动器通常开放电流环；而 CAN 总线的驱动器通常不会开放电流环，这主要是因为 CAN 总线速率不够，易造成机电事故。

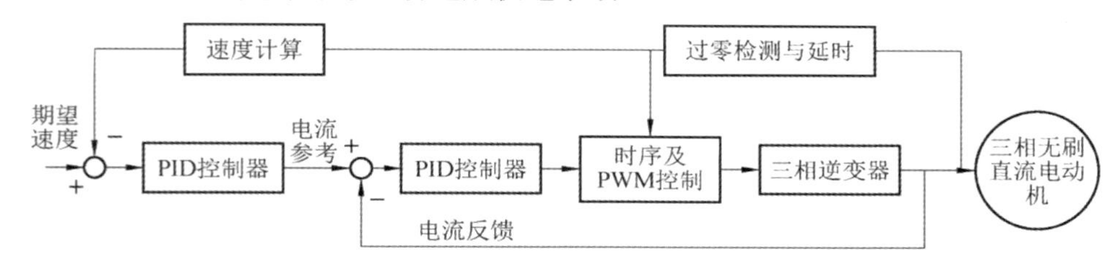

图 2-6　速度环及电流环

3.行星轮减速器

如图 2-7 所示，行星轮减速器由太阳轮、行星轮及行星架、齿圈组成。其中，齿圈固定，电动机驱动输入端的太阳轮、行星轮及行星架绕太阳轮公转。

由于该减速器依赖齿轮的啮合传动，行星轮公转速度难以降低；减速器减速比通常为 3~10。传动效率达 97%～98%。精密行星轮减速器背隙可控制至 1′。行星轮减速器结构具有对称性，所以行星轮受力均匀。若要求大减速比，可以将多个行星轮串接，形成多级行星轮减速器，通常至多有 4 级。多级行星轮减速器通常呈圆柱形，空间利用率不高，效率较单级行星轮减速器大大降低。同时，行星轮减速器啮合的齿数少，导致负载能力差。在机器人工程中，行星轮通常用于减速器第一级。

4.摆线针轮减速器

如图 2-8 所示，摆线针轮减速器（cycloid reducer）由摆线齿轮、针齿及针齿套、转臂等构成。曲柄转一周，摆线齿轮走一齿，实现具有大减速比的差动齿轮减速。由于采用硬齿面且多齿啮合，该减速器输出力矩较大，过载能力强，抗冲击。摆线针轮减速器同时具有传动效率高，体积和质量小，寿命长，运转平稳可靠、噪声小，拆装方便，不易出故障，容易维修，结构简单及力比特性好等优点。精密摆线针轮减速器的精度通常可达 1′ 或更高。

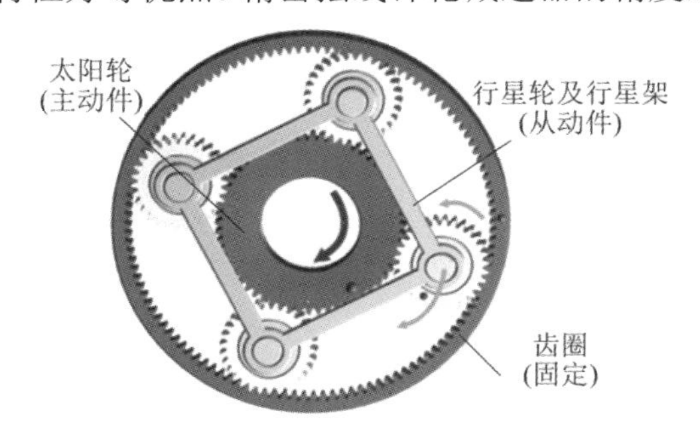

图 2-7 行星轮减速器

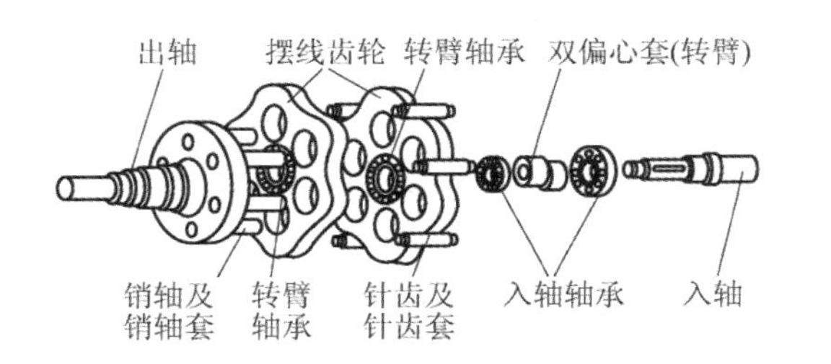

图 2-8 摆线针轮减速器

5.RV 减速器

如图 2-9 所示，RV（rotate vector）减速器的传动机构是二级封闭行星轮系，由第一级渐开线圆柱齿轮行星减速机构和第二级摆线针轮减速机构两部分组成。该减速器同时具有行星减速器及摆线针轮减速器的优点。目前，RV 减速器是机器人减速器的主流减速器。

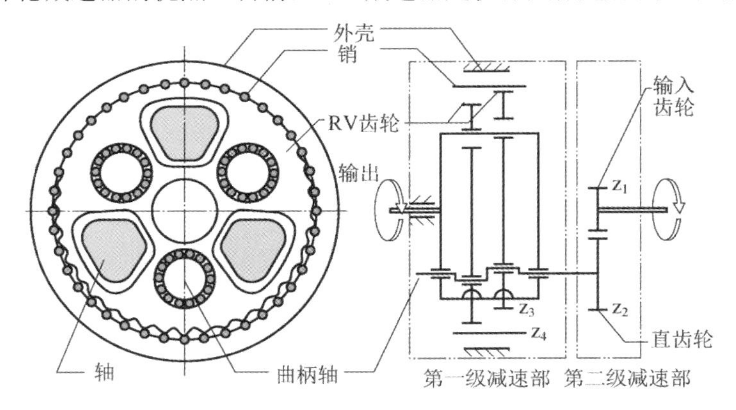

图 2-9 RV 减速器

6.谐波减速器

如图 2-10 所示，谐波减速器（harmonic reducer）由刚轮、柔轮及波发生器组成。波发生器外部是椭圆形的椭轮；椭轮外齿数目比刚轮内齿数目少 2 个，即每半周少 1 个齿。输入轴通过轴承与波发生器连接。当输入轴转动时，椭轮将力传递给柔轮，柔轮外齿与刚轮通过内齿啮合；输入轴转动半周，柔轮外齿相对刚轮内齿移动 1 个齿，实现齿轮差速传动。

单级谐波减速器的传动比达 60~300 或更大。齿轮轮齿中有 25%~30%同时处于啮合状态，运动精度可达 10″～60″。由于谐波减速器使用的材料较 RV 减速器少 50%，其体积及质量至少较 RV 减速器少 1/3，具有高精度、高承载力等优点。但由于柔轮外齿与刚轮内齿采用弹性啮合且需要有一定的预应力，故谐波减速器不抗冲击，力比特性差，可靠性也不及 RV 减速器。由于谐波减速器精度较高，其在机器人关节中得到了广泛使用。

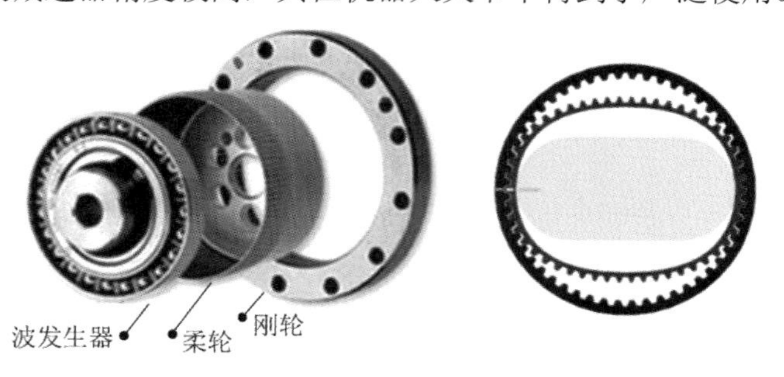

图 2-10　谐波减速器

7.旋转变压器

如图 2-11 所示，旋转变压器简称旋变（resolver），通常由圆柱形的定子与转子组成，是一种输出电压与转子转角保持一定函数关系的感应式微电动机。它是一种将角位置转换为电信号的传感器，也是能进行坐标换算和函数运算的解算元件。

发送机(XF)发送机械转角的三角函数作为输入电信号 U_{in}；变压器（XB）接收这个信号后，产生与机械转角相关的输出电信号。伺服放大器接收该输出信号，作为伺服电动机的控制信号，经放大，驱动伺服电动机旋转，并带动接收方变压器的转轴 l 及相连的机构，直至达到和发送机方一致的角位置 $\phi_l^{\bar{l}}$。发送机的初级转子上一般设有正交的两相绕组，其中一相作为励磁绕组，输入单相交流电压，另一相短接，以抵消交轴磁通，改善精度。次级也正交的两相绕组。变压器的初级一般在定子上，由正交的两相绕组组成；次级为单相绕组，没有正交绕组。

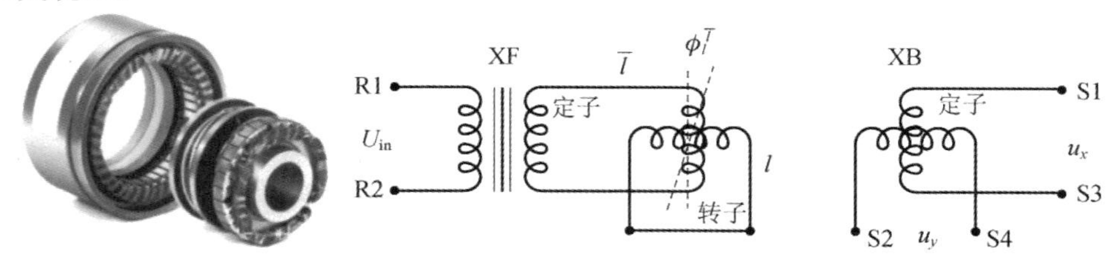

图 2-11　旋转变压器

发送机的励磁绕组由单相电压供电，其电压表示为

$$U_{\text{in}} = U_{\text{m}}^{\text{in}} \cdot \sin\left(\omega t\right) \tag{2.3}$$

其中：U_{m}^{in} 为励磁电压的幅值；ω 为励磁电压的角频率。

励磁绕组的励磁电流产生交变磁通，使次级输出绕组中产生感应电动势。当转子转动时，由于励磁绕组和次级输出绕组的相对位置发生变化，因此次级输出绕组感生的电动势也发生变化。又由于次级输出的两相绕组在空间正交，因此两相输出电压如下：

$$\begin{cases} u_x = U_{\mathrm{m}}^{\mathrm{out}} \cdot \sin\left(\omega t + \alpha\right) \cdot \sin\left(\phi_l^{\bar{l}}\right) \\ u_y = U_{\mathrm{m}}^{\mathrm{out}} \cdot \sin\left(\omega t + \alpha\right) \cdot \cos\left(\phi_l^{\bar{l}}\right) \end{cases} \tag{2.4}$$

其中：u_x 为正弦相的输出电压；u_y 为余弦相的输出电压；$U_{\mathrm{m}}^{\mathrm{out}}$ 为次级输出电压的幅值；α 为励磁方和次级输出方电压之间的相位角；$\phi_l^{\bar{l}}$ 为发送机转子的转角。

可以看出，励磁方和输出方的电压是同频率的，但存在相位差。正弦相和余弦相在电相位上是同相的，但其幅值随转角 $\phi_l^{\bar{l}}$ 分别按正弦和余弦函数变化。通过一定的解算芯片和算法，可解算出电动机的转子角位置和转速。

旋变精度适中，通常可达 3′，抗震性好，价格较低。但由于输出的是模拟信号，需要特定的旋变接口板。

8.光学绝对编码器

如图 2-12 所示，光学绝对编码器由 LED 光源、棱镜、码盘（光栅盘）及光敏感器组成。光源经棱镜形成平行于光轴的平行光，投射至码盘。在不透明的码盘基底上，按格雷码制作有透明的绝对光栅栅格和二进制增量光栅栅格。由于码盘与电动机同轴，电动机旋转时，码盘与电动机同速旋转，经发光二极管等电子元件组成的检测装置检测并输出脉冲信号。光线通过码盘由光敏感器转换成电信号。光敏感器读取格雷码，并将其转换为绝对角度；连续读取二进制的增量栅格信号，可计算码盘转动的速度。

编码器码盘的材料有玻璃、金属、塑料；玻璃码盘是在玻璃上沉积很薄的刻线而形成的，其热稳定性好，精度高，易碎，成本高；金属码盘刻有光路通断的栅格，不易碎，但由于金属有一定的厚度，精度有所限制，易变形，其热稳定性要比玻璃的差一个数量级；塑料码盘是经济型的，其成本低，不易碎且不易变形，但精度、热稳定性及寿命相对较差。因此，光学绝对编码器的精度取决于码盘材料及光刻的精度。

高精度的光学绝对编码器的精度可达 1″，比其他类型的绝对编码器的精度要高很多。在通信接口上，通常遵从 SSI、EnDat、BiSS 等协议。

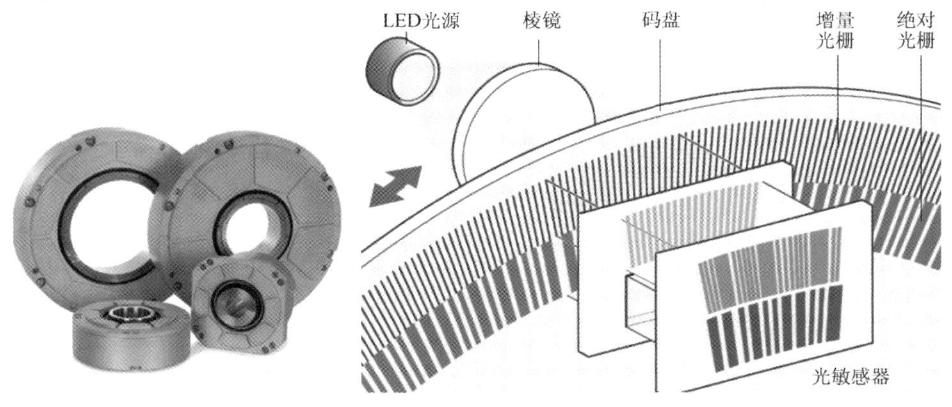

图 2-12　光学绝对编码器

无论是电动机、减速器、绝对编码器，还是抱闸都要共轴安装，否则，会导致结构的破坏。共轴安装是一体化关节的基本保证。一组传感器及执行器共轴的特性称为共轴性（coaxality），共轴安装的两根轴等价为一根轴。

2.2.3 运动副

运动副（kinematic pair）是机械系统的关节在运动学上的抽象。机器人运动分析是运动系统设计及控制的基础。从运动分析与综合的角度，将机器人运动系统视为由杆件与运动副组成的运动链（kinematic chain，KC）。

运动副是由两构件组成的具有相对运动的简单机构，它使两个构件具有确定的运动，是两构件间既直接接触又有相对运动的连接。运动副既包含两构件的相对运动，又包含两构件相对运动的约束；称自由运动的维度为自由度（DOF），约束的维度为约束度（degree of constraint，DOC）。

将运动副根向的构件称为定子，将运动副叶向的构件称为动子。定子与动子是相对的。记组成任一个运动副 $\boldsymbol{k}$ 的定子及动子分别为 $\bar{l}$ 及 l，记该运动副为 ${}^{\bar{l}}\boldsymbol{k}_l$，${}^{\bar{l}}\boldsymbol{k}_l$ 表示连接杆件 $\bar{l}$ 及 l 的运动副类（或称运动副簇）。因运动副 ${}^{\bar{l}}\boldsymbol{k}_l$ 表示定子 $\bar{l}$ 与动子 l 的连接，故它表示的是双向连接关系。将由 $\bar{l}$ 至 l 且由 l 至 $\bar{l}$ 的有序连接称为全序的连接，将由 $\bar{l}$ 至 l 或由 l 至 $\bar{l}$ 的有序连接称为偏序的连接。

图 2-13 所示的转动副在其运动轴（motion axle）上有一个转动自由度，存在由三个平动约束轴（constraint axes）及两个转动约束轴构成的约束。

图 2-14 所示的棱柱副在其运动轴上有一个平动自由度，存在两个平动约束轴及三个转动约束轴。

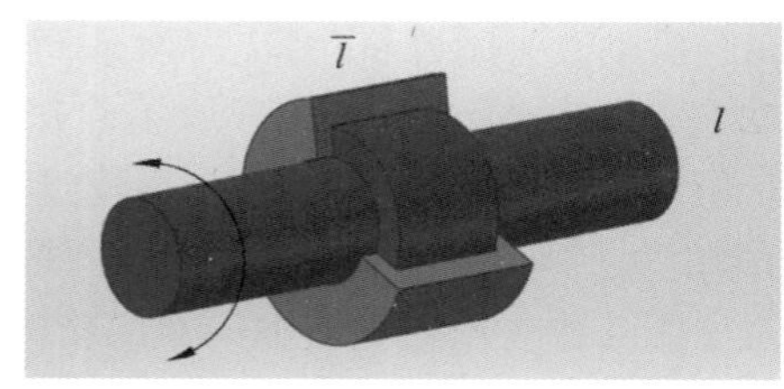

图 2-13　转动副

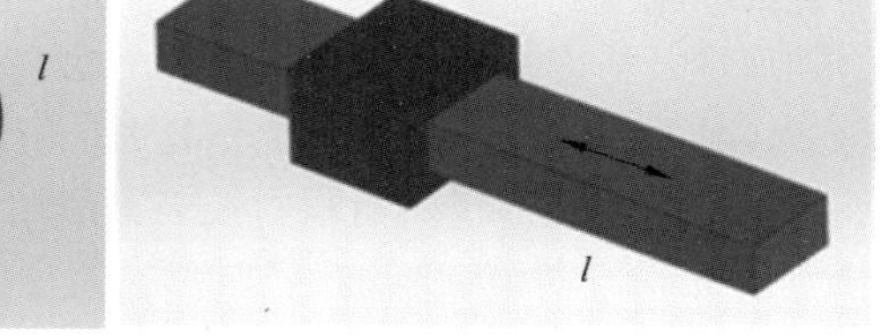

图 2-14　棱柱副

图 2-15 所示的螺旋副在其运动轴上存在一个转动自由度，当该轴转动时，同时产生轴向位移。故螺旋副存在三个独立的平动约束轴及两个转动约束轴。

图 2-16 所示的圆柱副在其运动轴上具有一个平动自由度及一个转动自由度，存在两个平动约束轴及两个转动约束轴。

图 2-17 所示的球副存在三个转动轴，即具有三个转动自由度，且具有三个平动约束轴。其中，两个转动轴用于出轴的径向控制，另一个转动轴用于出轴的轴向控制。

图 2-18 所示的接触副有且仅有一个理想的接触点，仅存在三个轴向转动及两个轴向平动；存在一个轴向的单边平动约束。单边约束意即轴在一个方向上受约束；双边约束意即轴在两个方向上均受约束。默认的接触副是指点接触副，而线及面接触可以通过数个点接触副等价。

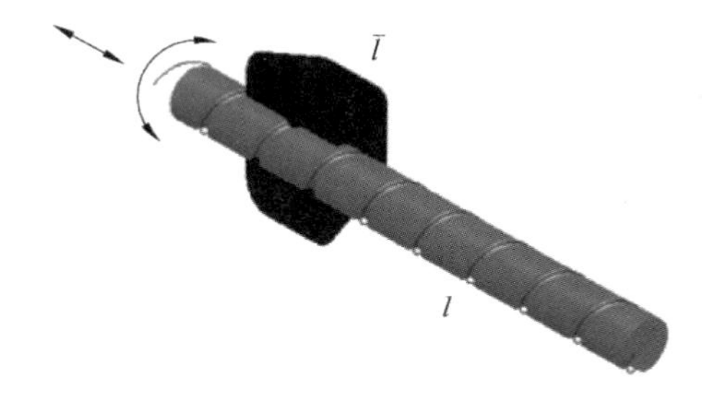

图 2-15　螺旋副

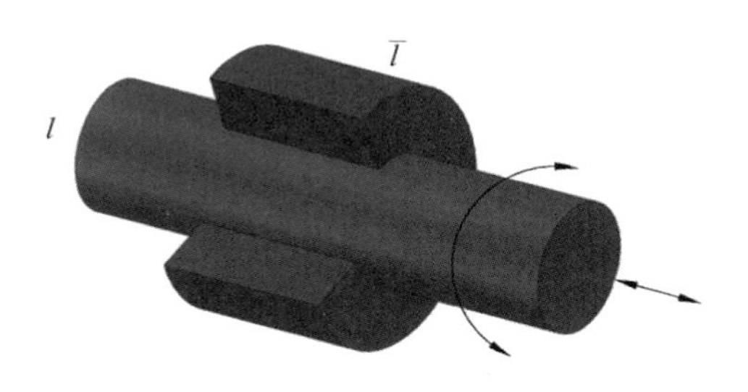

图 2-16　圆柱副

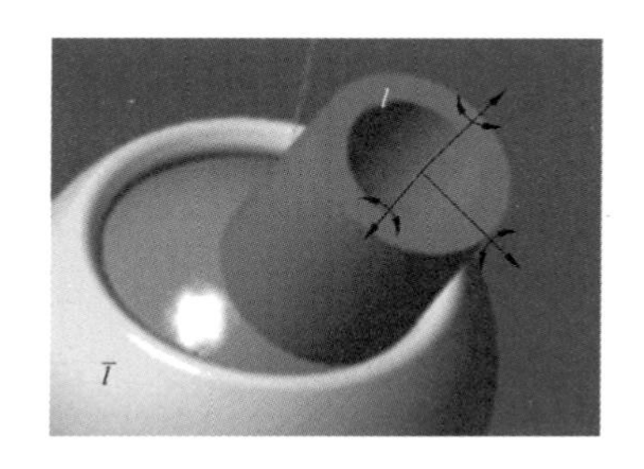

图 2-17　球副

图 2-18　接触副

图 2-19 所示的球销副存在两个独立的转动轴，即具有两个转动自由度；存在三个平动约束轴及一个转动约束轴。

图 2-19　球销副（万向节）

根据运动副所引入的约束度分类：把有且仅有一个约束度的运动副称为 I 级副；把有且仅有两个约束度的运动副称为 II 级副，依此类推。

运动副两构件的接触形式可分为点接触、线接触及面接触。构件与构件之间为面接触的运动副称为低副，其接触部分的压强较低；构件与构件之间为点、线接触的运动副称为高副，其接触部分的压强较高。运动副标识符、所属类型及简图如表 2-1 所示。

表 2-2 列出了除上述机器人系统内运动副之外的三个系统外运动副。其中，轮地接触运动副 **O** 是地面 / 无限小平面与轮接触点位置约束对应的运动副。对自然环境下轮式机器人而言，轮地间不同接触位置对应不同的接触副，因为轮地接触点位置及接触面法向不同。固结副描述底座固定安装的机器人与环境间的关系。

表 2-1　系统内运动副

名称	标识符	运动副类型	图	简图	运动轴	约束轴	
						转动轴	平动轴
球面副(sphere)	**S**	空间III级低副			3	0	3
球销副(gimbal)	**G**	空间Ⅳ级低副			2	1	3
圆柱副(cylinder)	**C**	空间Ⅳ级低副			2	2	2
螺旋副(helix)	**H**	空间Ⅴ级低副			1	2 或 3	3 或 2
棱柱副(prism)	**P**	平面Ⅴ级低副			1	3	2
转动副(rotator)	**R**	平面Ⅴ级低副			1	2	3

表 2-2　系统外运动副

名称	标识符	运动副类型	图	简图	运动轴	约束轴	
						转动轴	平动轴
接触副 (contactor)	**O**	空间Ⅰ级低副			5	0	1
虚副 (virtual kinematic pair)	**V**	—	—		6	0	0
固结副 (fixed kinematic pair)	**X**	—	—		0	3	3

系统外运动副对于移动机器人运动分析具有重要的作用。我国机构简图国标参见本章文献[1]。定义环境及杆件的标识符及简图如表 2-3 所示。

表 2-3　基本结构简记符

名称	标识符	简图	说明
大地或惯性空间	i		（1）i 表示惯性空间； （2）l 为杆件编号或名称； （3）质心符在动力学分析时不可省略； （4）杆件 l 是有形的几何体 Ω_l
杆件惯性中心或质心	l_I	⊗ 或 ·	
杆件	Ω_l	⊥	

在表 2-3 中，增加了惯性中心（inertial center）符 I，因为质心是空间机器人动力学建

模的基本物理属性，离开杆件质心，谈杆件的动能、动量等物理量毫无意义。因此，杆件质心是机器人机械简图的基本要素。大地或惯性空间（inertial space）标识符记为i。由后续章节可知，惯性中心I与惯性空间i构成自然的回路或闭链。

转动副**R**和棱柱副**P**，是构成其他复合运动的基本运动副，任何复合副都可以用一定数量的**R / P**副来等价，且它们的运动轴是相互独立的。有的**R / P**副能够输出动力，是执行器的输出副。例如：旋转电动机及减速器的输出轴等价于**R**副；直线电动机的输出轴等价于**P**副；虚副**V**等价于三轴的**R**副加三轴的**P**副。棱柱副或转动副的约束轴约束了线位置及角位置，这种约束称为完整约束；由初始时刻至任一时刻的位形是确定的，可积的。将转动副和棱柱副统称为简单运动副。因简单运动副由共轴线的两根轴构成，且任一轴与一个杆件固结，故在运动关系上轴与杆件等价，即在运动学中二者可以混用。以轴替代杆件后，轴可以视为具有一个或多个轴线的轴，轴有自己的 3D 空间及坐标系。

由上可知，基本的运动副**R**及**P**、螺旋副**H**、接触副**O**可以视为圆柱副**C**的特例；同时，运动副**R**及**P**可以组合为其他复合运动副。故将圆柱副用作运动副的通用模型。简单运动副**R**和**P**的定子与动子具有共轴性，分别与不同杆件固结，杆件间的运动本质上是运动轴间的相对运动。因此，在运动学上，圆柱副**C**是运动副的基元，具有完备性。

称至少由两个简单运动副依序连接构成的运动机构为运动链；运动链是运动机构在运动学层次的抽象。简单运动副是构成运动链的基本单位，称之为链节。表达运动链的拓扑关系及度量关系是运动链分析的基本前提。

去除机器人杆件及关节的质惯量与几何尺寸，仅保留轴与轴的连接，得到机器人系统的轴与轴的关系链，称之为轴链。轴与轴的连接分为平动和转动两种类型。轴是构成轴链的基元。

2.2.4 约束副

约束副是两个杆件的约束在运动学上的抽象，常以$^{\bar{l}}C_{l}$表示约束副。

在简单运动副内部，除了运动轴的自由度之外，也存在轴向的约束。运动副的运动轴数等于自由度，约束轴数等于约束度，它们是运动副自身的属性。任何关节的约束轴的数量及运动轴的数量之和都为 6。

与运动副的理论抽象一样，需要确定约束副的基元，以简化运动学分析。因为运动副可用来描述轴与轴的相对运动，所以可以通过轴与轴的相对位置或速度约束来描述约束副。在理论上，将约束区分为完整约束与非完整约束、双边约束与单边约束。

如图 2-20 所示，位置约束是指两运动轴上的点所具有的相对线位置约束或两轴线间存在的相对角位置约束。速度约束是指使两约束轴上点的相对线速度或两轴相对转动的角速度受控的约束。完整约束是指相对速度可积的约束，位置约束必为完整约束；若受约束的相对速度不可积，则为非完整约束。因此，轴也是约束副的基元。

理想的轮地接触运动副可视为接触副。该约束副仅约束了关节速度而不是位形。因存在相对滑动，由初始时刻至任一时刻的位形是不确定的或不可积的，故称该约束副为非完整约束副。

固结任两个运动副的运动轴，在固结点（⊙）处产生大小相等、方向相反的约束力（3D 拉格朗日乘子）。如表 2-4 所示，不同类型的约束副产生的约束度不尽相同。

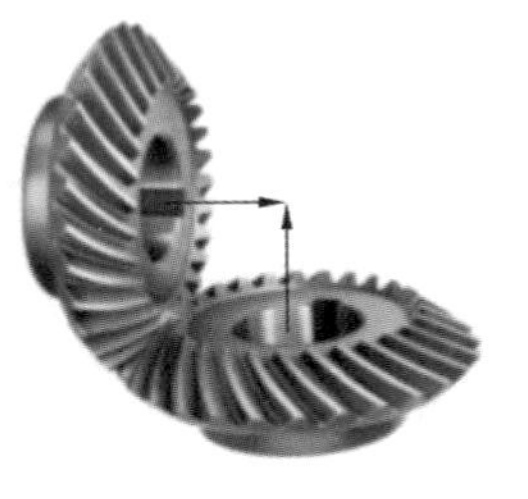

(a) 位置/完整/双边约束

(b) 速度/完整/双边约束

(c) 速度/非完整/单边约束

图 2-20　约束副示例

表 2-4　约束副示例

约束副类别	共轴		平行轴		独立轴	
	共轴约束副	约束度（COF）	平行轴约束副	约束度（COF）	独立轴约束副	约束度（COF）
R-R		1		2		2
P-P		1		1		2
P-R / R-P		2		2		2

2.2.5　自然参考轴

通过以上运动副及约束副的分析可知：运动轴、约束轴和测量轴是运动系统的基元。关节及测量单元的自然轴是空间运动的自然参考轴。因此，轴及与轴固结的自然参考轴是多轴系统的基元。三个相互正交并且共点的自然参考轴构成笛卡儿坐标系。

（1）共轴性及方向性是执行器和传感器的基本属性。一方面，控制量及检测量是相对特定轴向而言的；另一方面，关节的一个自由度对应于一个独立的运动轴。因此，在连接及运动关系上，轴是关节的基元，也是构成多体系统的基本单位。更重要的是：控制量和检测量是共轴线的两轴的相对运动量；两轴的相对运动要么是轴向的平动，要么是轴向的转动，否则，两轴的相对运动量在物理上是不可控的，也是不可测的；可控及可测的运动量在结构上必须存在相应的轴向连接。

极性是执行器和传感器的另一个基本属性：关节角位置和线位置是具有正负性的标量，通常，遵从右手法则时为正，遵从左手法则时为负。

（2）零参考是执行器和传感器参考的又一基本属性。传感器与减速器的共轴连接具有机械零位；相应地，电动机驱动器通常具有电子零位。空间参考关系是运动副及杆件运动的基础。表征转动的零位本质上是径向参考轴。

（3）与轴固结的空间（简称轴空间）具有三个维度。不考虑结构的大小（度量），由数个运动副连接而成的机械系统仅从拓扑角度看，就是一个轴与轴连接的系统；从度量角度看，则是一个与轴固结的杆件占有的空间。轴的位置及方向需要以相应的度量系统为参照来确定。因此，与轴固结的杆件不论形状如何，在拓扑上，只要是一个连续的体，就表示一个轴。

运动副 ${}^{\bar{l}}\boldsymbol{k}_l$ 的共轴性、极性与零位表明：① 轴与杆件具有一一对应性；② 轴间的属性量 $\boldsymbol{p}_l^{\bar{l}}$ 及杆件间的属性量 ${}^{\bar{l}}\boldsymbol{p}_l$ 具有偏序性，偏序是连接方向及度量方向的基础；③ 轴间的属性量 $\boldsymbol{p}_l^{\bar{l}}$ 具有共轴安装的直接可检测性；④ 因杆件的结构参量在工程上可以直接测量，故杆件间的属性量 ${}^{\bar{l}}\boldsymbol{p}_l$ 在本质上也具有直接可检测性；⑤ 运动学和动力学理论系统及软件系统只有适应多轴系统的拓扑结构（连接关系）、结构参量、参考系及极性的完全参数化需求，才能保证其易用性与可靠性。

2.2.6 典型机器人拓扑

机器人拓扑系统指忽略杆件的尺寸、仅考虑运动副及杆件相互连接而构成的系统。同一类拓扑系统具有相同类型的连接关系；当杆件尺寸连续变化时，拓扑关系或结构保持不变。按拓扑关系将机器人运动链分为串链、树链及闭链三种类型。

1.串链类型

如图 2-21 所示的三种机械臂由左至右分别称为柱面机械臂、球面机械臂、回转机械臂。将机械臂底座编号为 0，对每一杆件按升序依次编号。

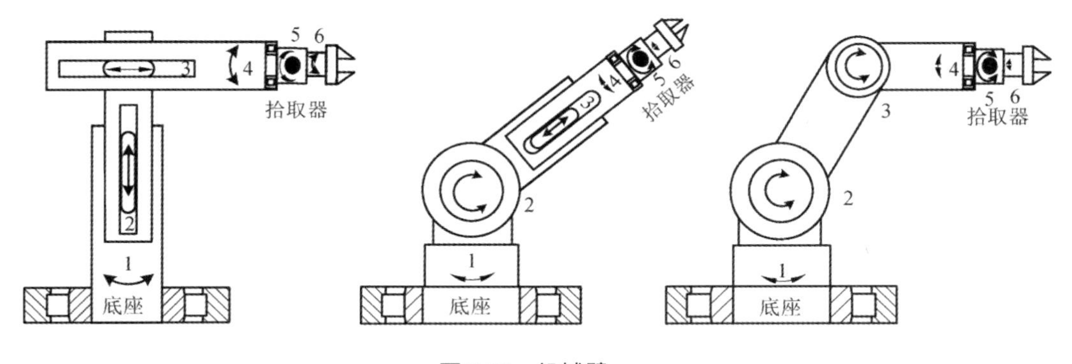

图 2-21　机械臂

回转 6R 机械臂本体主要由杆件 1、2、3 及转动副 ${}^{0}\boldsymbol{R}_1$、${}^{1}\boldsymbol{R}_2$、${}^{2}\boldsymbol{R}_3$ 组成。拾取器由杆件 4、5、6 及转动副 ${}^{3}\boldsymbol{R}_4$、${}^{4}\boldsymbol{R}_5$、${}^{5}\boldsymbol{R}_6$ 组成。显然，$\boldsymbol{R}$ 是转动副的标识符，左上标及右下标分别指明与该转动副的定子与动子固结的杆件编号，表明了运动副连接的拓扑关系。

柱面机械臂、球面机械臂上除了转动副外还有棱柱副。其中，拾取器的三个转动副轴线交于一点，称之为腕心（wrist center）。将拾取器拾取物体时的期望位置称为拾取点（简称 P 点 / pick point）；拾取点总是位于以腕心为球心的球面上。故控制这样的机械臂拾取物体时，可分为三个步骤：首先，由拾取器相对世界坐标系的期望姿态计算三轴姿态；然后，根据期望姿态及球面半径，计算期望的腕心位置；最后，根据期望的腕心位置，确定三轴角度。这种独立进行位置控制与姿态控制的机械臂称为解耦机械臂。对于柱面机械臂，腕心位于机械臂工作空间的柱面上；对于球面机械臂，腕心位于机械臂工作空间的球面上。

机械臂杆件通过运动的连接确定了一个简单运动链，称之为运动链或链。该链是有序的杆件集合。将由 7 个杆件串接的运动链记为$\left(0,1,2,3,4,5,6\right]$，两相邻杆件通过运动副连接。将由 n 个转动副串接的运动链记为$n\mathrm{R}$，将由 n 个棱柱副串接的运动链记为$n\mathrm{P}$。相应地，串接运动链有 1R/2R/3R 姿态及 1P/2P/3P 位置。

2.树链类型

图 2-22 所示的 CE3 月面巡视器移动系统是六轮独立驱动的摇臂系统，由一个摇臂悬架、四个舵机及六个驱动轮组成。

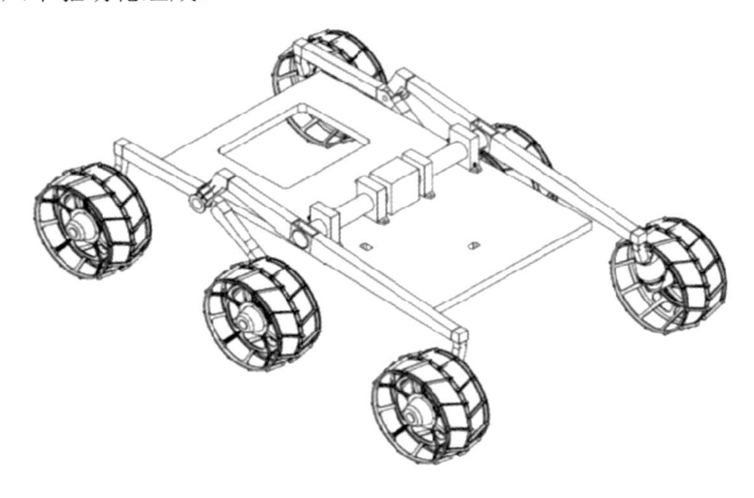

图 2-22　CE3 月面巡视器移动系统

摇臂悬架由右主臂/摇臂（rocker）、左主臂/摇臂、右副臂（bogie）、左副臂、差速机构组成。右主臂和左主臂分别与差速机构的右轴及左轴固结。左副臂通过转动副与左主臂连接，右副臂通过转动副与右主臂连接。左前（右前）方向机构通过转动副与左主臂（右主臂）连接；左后（右后）方向机构通过转动副与左副臂（右副臂）连接。主臂与副臂的摇动及差速机构的差速作用，保证车箱底板（chassis）悬挂于左、右主臂的角平分线上。因此，将该机构称为摇臂悬架，左右对称的部分分别称为左悬架与右悬架。摇臂机构是一个树形结构，称之为树形运动链或树链。

摇臂式六轮机器人的差速机构的结构简图如图 2-23 所示。分别与右主臂、左主臂固结的右主臂轴与左主臂轴带动对应的斜齿轮转动，驱动与底板固结的前、后斜齿轮，使底板实现差速转动，保证底板位于左、右主臂的角平分线上。在杆系差速机构中，左主臂与左差动臂、右主臂与右差动臂分别固结。左差动臂即左主臂通过一个转动副与车厢底板连接。同样，右差动臂即右主臂也通过一个转动副与车厢底板连接。左主臂及右主臂分别通过转动副与车厢底板连接。左主臂、右主臂分别通过转动副与左副臂、右副臂连接。因此，当左、右主臂运动时，车厢底板总是位于左主臂与右主臂的角平分线上。

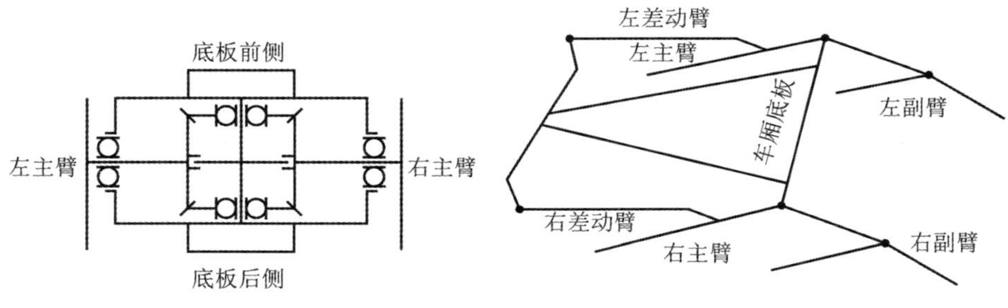

图 2-23　轮系差速机构（左）与杆系差速机构（右）

因差速器等价为具有约束的两个转动副，故图 2-23 所示的移动系统是具有回路的闭链。因该系统的主要拓扑结构是树形结构，故习惯上仍称其为树链结构。

3.闭链类型

如图 2-24 所示，该机器人由 6 个移动副、12 个球副、14 个杆件组成。杆件通过运动副连接构成回路，即该并链机器人是一个带回路的机构，该回路称为并链运动链或闭链。闭链总可分解为树链。

常见的并链机构如图 2-25 所示。显然，图中的减速器及差速器都具有一个独立的自由度。

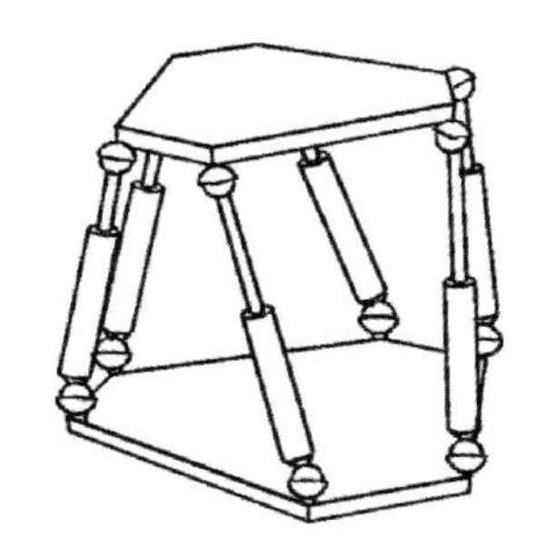

图 2-24　并链机器人

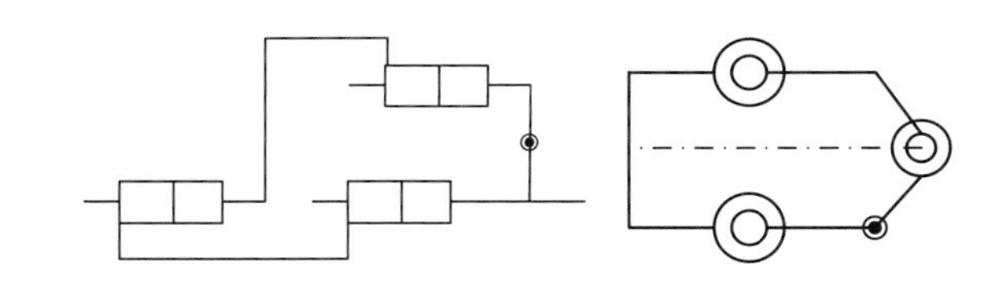

图 2-25　并链机构（减速器（左），差速器（右））

由上可知，单链或串链是树链的特殊情形，闭链可以分解为若干个树链。因此，分析树链机器人的运动学及动力学具有非常重要的意义。树链拓扑是树链机器人最基本的结构约束，在机器人运动学分析、动力学分析及情景演算中，机器人拓扑是最基础、最重要的约束。

2.2.7　轴链公理及有向 Span 树

为方便机器人运动学及动力学分析，在绘制结构简图时需要约定组成机器人运动系统的标识符及缩略标识符。

根据图 2-22 绘制的结构简图如图 2-26 所示，以简洁的、唯一的标识符表示系统中的杆件：

c——chassis/车厢底板；*i*——inertial space/惯性空间(或导航系)；

rr——right rocker/右主臂（摇臂）；rb——right bogie/右副臂；

lr——left rocker/左主臂（摇臂）；　　lb——left bogie/左副臂；

rfd——right front direction/右前方向机；rrd——right rear direction/右后方向机；

lfd——left front direction/左前方向机；lrd——left rear direction/左后方向机；
rfw——right front wheel/右前轮； lfw——left front wheel/左前轮；
rmw——right middle wheel/右中轮；lmw——left middle wheel/左中轮；
rrw——right rear wheel/右后轮； lrw——left rear wheel/左后轮；
rfc——right front wheel-earth contact point /右前轮地接触点；
lfc——left front wheel-earth contact point/左前轮地接触点；
rmc——right middle wheel-earth contact point /右中轮地接触点；
lmc——left middle wheel-earth contact point/左中轮地接触点；
rrc——right rear wheel-earth contact point/右后轮地接触点；
lrc——left rear wheel-earth contact point/左后轮地接触点。
根据表 2-1 至表 2-3 的符号画出的结构关系图称为结构简图（diagram of structure）。

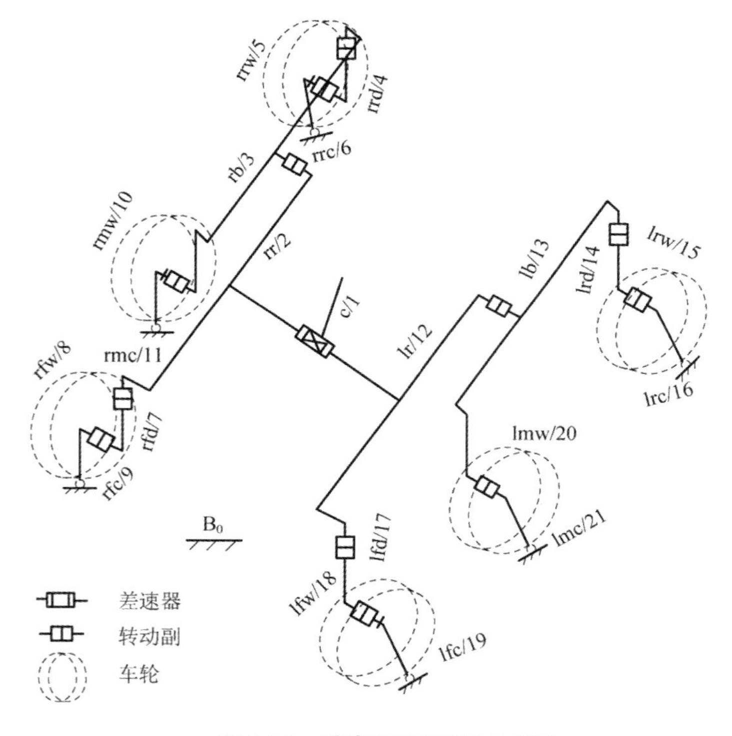

图 2-26　摇臂移动系统结构简图

给定一个由运动副连接的具有闭链的结构简图，可以选定回路中任一个运动副，将组成该运动副的定子与动子分割开来，从而获得一个无回路的树型结构，称之为 Span 树，亦称为生成树。称被分割的支路为非树弧或弦。Span 树是对应图的支撑集。

如图 2-27 所示，对于一个闭链的图，可能存在多个不同的 Span 树。

机器人运动学与动力学依赖于机器人拓扑。拓扑关系即点与点的连接关系，反映杆件与杆件即轴与轴的连接关系，反映杆件间运动量的参考关系，也反映杆件间运动量的作用关系。偏序即单向连接关系，是全序即双向连接的基础。称连接的次序为链序。

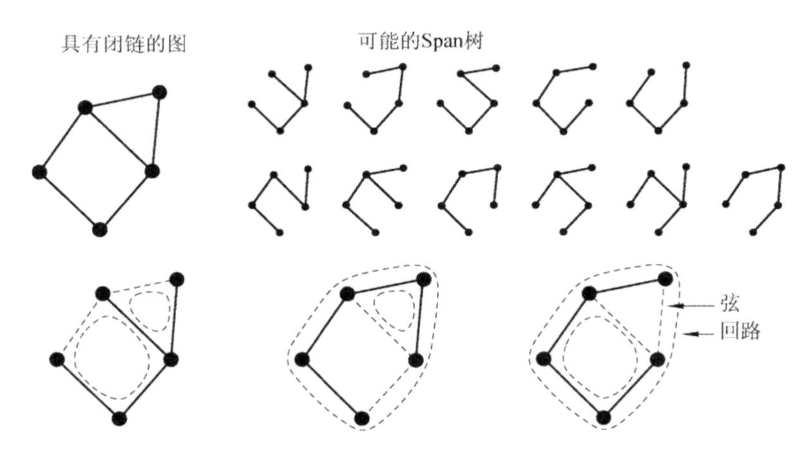

图 2-27　图的 Span 树

公理 2.1　轴链（axis-chain，AC）公理由“树形运动链三大事实”表述：

事实 1　根动叶动，即位置、速度及加速度由根向叶传递并叠加，表明运动具有由根至叶的偏序关系，简称为运动前向（正向）迭代。

事实 2　叶受力根受力，即叶作用力由叶向根传递并叠加，表明力作用具有由叶至根的偏序关系，简称为力的逆向（反向）迭代。

事实 3　父子互为参考，即参考关系既包含作用过程的次序关系，又包含检测量与控制量的坐标参考关系。

有向 Span 树为机器人运动学与动力学过程提供了拓扑次序参考基准，该基准简称为拓扑与度量的链序。上述轴链公理的三大事实是多轴系统（multi-axis system，MAS）运动学与动力学理论的基础，是后续运动链拓扑公理及度量公理的基石。因此，需要建立有向 Span 树，以描述树链运动的拓扑关系。如图 2-28 所示的机械手有向 Span 树，以手腕为根，经手掌至各个手指。

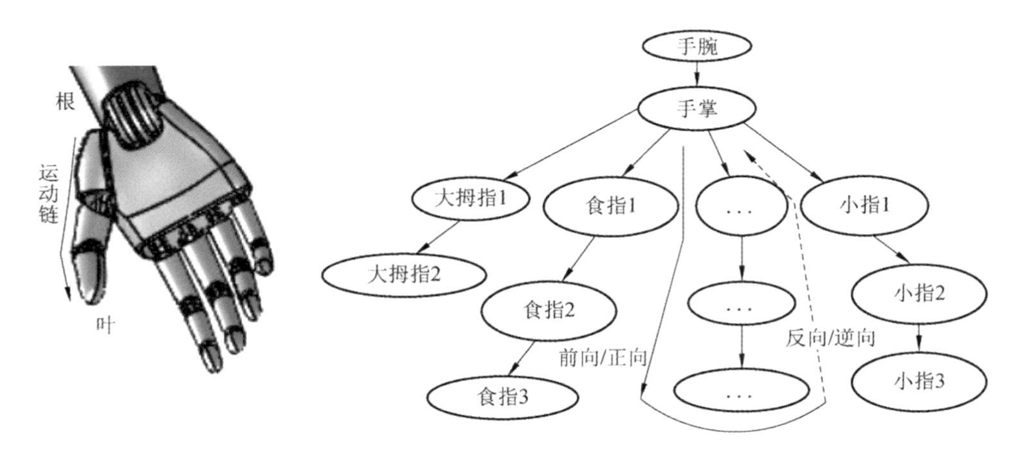

图 2-28　机械手有向 Span 树

上述的偏序性是多轴系统的基本特征，该特征将贯穿本书的运动学与动力学的各个章节。对树中的节点进行编号，将 Span 树表示为偏序的拓扑系统。给定一个 Span 树，按如下流程对各节点进行编号：

（1）选取任一节点作为根，根编号为 0；

（2）由根至叶选取任一支路 l，令 $l=1$，依次向叶编号至 k_l；

（3）若存在未编号的节点，则选取任一剩余的支路 $l+1$，将该支路的根编号为 k_l+1，依次向叶编号至 k_{l+1}；否则，结束编号。

至此，任一节点 l 或杆件 Ω_l 及轴 $\boldsymbol{A}_l$ 具有唯一的编号；依编号将杆件缩略名记为运动轴序列 $\boldsymbol{A}$。运动轴序列简称为轴序列（axis sequence，AS）。有向 Span 树具有以下基本性质：

（1）除根之外，任一节点或杆件均具有唯一的父节点或杆件，故连接杆件 $\Omega_{\bar{l}}$ 及杆件 Ω_l 的运动副 ${}^{\bar{l}}\boldsymbol{k}_l$ 与杆件 Ω_l 一一映射。若所有运动副仅有一个运动轴（复合运动副由数个简单运动副串接来等价），则运动副 ${}^{\bar{l}}\boldsymbol{k}_l$、杆件 Ω_l 及运动轴 $\boldsymbol{A}^{[l]}$ 两两之间一一映射。

（2）由一个根节点至一个叶节点的路径是唯一的。

（3）由根节点至叶节点的方向定义为前向或正向，反之为反向或逆向。

（4）由 $N+1$ 个杆件构成的有向 Span 树，其 N 个杆件或运动轴与自然数集 $(0,1,\cdots,N]$ 一一映射，故一个有向 Span 树的拓扑关系与一个自然数集的拓扑关系等价。

（5）$\bar{l}$ 表示 l 的父，且有偏序关系 $\bar{l}<l$，即叶向杆件的序总大于其根向杆件的序。

因杆件缩略名具有唯一性且有唯一的编号，杆件缩略名的次序由其对应编号的次序确定。相应地，杆件的结构参数及关节变量的标识号与该杆件编号一一映射。

有向 Span 树反映了机器人的拓扑关系。机器人行为不仅与机器人拓扑相关，而且与机器人的运动学及动力学过程密切相关；需要应用拓扑空间及矢量空间的数学理论，分析机器人的运动学及动力学行为。由于偏序集是与自然数一一映射的集合，是现代集合论研究的重要内容，因此，首先需要了解现代集合论的基础知识，再以之为基础，进一步研究多轴系统运动学与动力学理论及工程问题。

2.2.8 本节贡献

本节提出了用于运动链分析的有向 Span 树。主要贡献在于：

（1）分析了关节的基本构成与属性；提出了轴是运动副的基元，运动副是共轴线的两根轴的连接，运动链本质上是轴链的观点；通过偏序，形式化表征了运动副。

（2）由轴链运动的前向迭代、力的逆向迭代及连接方向的偏序性三大事实提出了轴链公理。

（3）以轴链公理为基础，提出了轴链有向 Span 树。

2.3 运动链符号演算系统的数理基础

本节将借鉴公理化集合论，提出运动链的基础符号，以进一步明确多轴系统运动学及动力学研究的思路与目标。首先，简述现代集合论的基础，阐明偏序、链等基本概念，提出运动链基础符号。然后，简述矢量空间基本概念，建立以动作及 3D 螺旋为核心的、基于代数几何的、拓扑符号参与显式建模的运动链符号演算系统。

任一门类的数学都是研究特定数学空间的理论。数学空间包含两个方面：

（1）点的形式化及点间关系的形式化。习惯上将集合成员统称为点，数学空间是点的集合，既可能是真实空间的点，又可能是抽象的数学空间的点。将空间点服从的基本运算关系称为空间结构。比如，矢量空间具有代数乘、矢量和的可加性结构。数学空间的形式化就是正确地表示空间中的点及空间点的基本关系。

（2）空间关系的演算，即依据空间点的结构揭示同类空间的内在规律与关系。

策梅洛（Zermelo）和弗伦克尔（Fraenkel）等提出了 ZF 集合论的公理化系统，并以之为基础提出了 ZFC 公理系统。已经证明，公理化的数学理论就是 ZFC 集合论的公理系统。数学理论是研究自然科学的基础，对于机器人运动链符号系统也不例外。现代集合论统一了不同门类的数学。任一门类的数学都是一个与其研究对象同构的数学符号系统。

若两个数学空间之间存在一一映射关系，则称这两个空间为同构空间。同构也是基本的哲学概念。若要使一个符号系统与被研究系统等价，就需要保证符号系统与被研究系统同构，使符号系统的演算与被研究系统的演化过程等价，即使符号推理的分析过程反映被研究对象的演化规律。同构反映的是规律的客观性。不以同构思想为基础，探究被研究对象及对应的符号系统规律，极易产生符号演算的错误。

我们常应用一个熟知的数学空间，研究与该空间同构的另一个空间的运动。同构不仅是数学研究的基础，也是计算机软件、电子技术等实现的基础。

本节将现代集合论为基础，应用同构的方法论，建立运动链符号演算系统，将运动链拓扑系统与运动链度量系统统一起来，从而构建机器人多轴系统建模与控制的统一理论框架。

2.3.1　集合论基础

集合是具有某种属性的对象的总和，这些对象称为集合的元素或点。集合成员也可能是集合，但一个集合不可能是其自身的成员。这是系统层次可分性的反映。

习惯上，数域（集合）表示为：自然数集 $\mathcal{N}$,整数集 $\mathcal{Z}$,实数集 $\mathcal{R}$，复数集 $\mathcal{C}$ 。其中：自然数集是偏序集，记为 $\mathcal{N}=\left(0,1,2,\cdots\right]$ 。

任意一个集合 $I=\left\{i_0,i_1,\cdots,i_n,\cdots\right\}$ 的成员具有唯一性，即 $i_k\neq i_j$ ，其中 $k,j\in\mathcal{N}$ 。

空集：不含任何元素的集合，用符号 $\varnothing$ 表示；空集是任意集合的成员。

集合论是研究集合的数学理论，包含集合、元素和成员关系等基本数学概念。在现代数学中，集合论和一阶谓词逻辑共同构成了数学的公理化基础。现代集合论以“集合”与“集合成员”等术语来形式化地建构不同门类的数学空间，从而统一了所有门类的数学理论。任一数学门类均是现代集合论的实例化。

2.3.2 现代集合论与运动链符号演算

公理化集合论是建立数学符号系统的基础系统。它由公理化集合论符号系统内部原子、一阶谓词/判断、函子/函数组成。以之为基础，增加应用域的原子及谓词，可以建立相应的应用符号系统。故将公理化集合论符号系统简称为元系统。

原子符：指被研究系统的基本对象符、对象的主属性符及子属性符。例如电阻 R_1、电容 C_2、能量 E、动作 A_1 等。任一系统总是可分的、有结构的。被研究系统的原子符与该系统的研究层次是相对应的。

由原子集合成员构成的新的对象符及属性符，称为复合对象符及复合属性符。它们是被研究对象的基本存在形式，故将原子符、复合对象符、复合属性符统称为原子符。

谓词符：表示被研究系统中明确的判断符号，即要么成立，要么不成立；它由谓词关系符及数个占位符构成，形如 $P(\square,\cdots)$。其中：P 是谓词关系符，$(\square)$ 是界定符，$\square,\cdots$ 表示数个占位符。谓词表示一个明确的判断。

函子符：表示被研究系统的函数关系，它由函数关系符及数个占位符构成，形如 $f(\square,\cdots)$。其中：f 是谓词关系符，$(\square)$ 是界定符，$\square,\cdots$ 表示数个占位符。与谓词不同，函子表示的不是一个二值判断，而是一个函数关系。

原子符与被研究系统的对象或属性之间存在一一映射关系；谓词符及函子符与被研究系统的对象或属性的作用关系可一一映射。谓词判断及函子运算统称为系统的属性操作，简称为操作。由原子符及属性操作符构成的符号演算系统与被研究系统之间存在一一映射关系，即符号系统与被研究系统是等价的；通过自然的及结构化的符号语言描述同构的系统，才能反映被研究对象的运动过程。将谓词判断及函子运算的符号统称为属性操作符，包括连续的度量关系符及连接的拓扑关系符。

集合论常用的基本原子符说明如下：

（1）$\varnothing$ 表示空集。

（2）I 表示全集。

（3）$[\ ]$ 表示有序的集合、序列（sequence）或矩阵，例如 $[x,y,z]$。

（4）$\{\ \}$ 表示集合，例如 $\{x,y,z\}$，它的成员不分次序。

（5）, 表示元素/项的分隔。

（6）$(\ )$ 仅当左边存在谓词时表示符号作用域的界定，例如 $P(x,y,z)$。

（7）$\square$ 表示属性占位，例如 $P(\square,\square,\square)$。

（8）$\square,\cdots$ 表示任意个数占位，例如 $P(\square,\cdots)$。

集合论常用的基本一阶谓词/关系符号如下：

（1）$\exists$ 表示存在，$\exists!$ 表示唯一存在，例如 $\exists u$，$\exists!z$。

（2）$\forall$ 表示任意，例如 $\forall x$。

（3）$=$ 表示相等，例如 $x=y$。

（4）$\in$ 表示属于，例如 $a\in b$。

（5）$\wedge$ 表示且关系，$\vee$ 表示或关系，$\neg$ 表示反关系，例如$\wedge x$，$\vee x$，$\neg x$。

（6）$\Rightarrow$表示能够推得/蕴含，例如$\exists x \Rightarrow x = y$。

（7）$\Leftrightarrow$ 表示双向推得/蕴含，例如$a \Leftrightarrow b$。

（8）$\coloneqq$表示赋值操作，例如$u := b$。

（9）$\cup$ 表示集合合取操作，例如$\bigcup C = \left\{x \mid x \in s, s \in C\right\} = \bigcup\left\{s \mid s \in C\right\}$，$A \cup B = \left\{x \mid x \in A \vee x \in B\right\}$。

（10）$\cap$ 表示集合析取操作，例如$A \cap B = \left\{x \mid x \in A \wedge x \in B\right\}$。

（11）$-$ 表示集合减操作，例如$A - B = \left\{x \mid x \in A, x \notin B\right\}$。

（12）$\rightarrow$表示多对一映射或映射，例如$A \rightarrow B$。

（13）$\leftrightarrow$表示一一映射，例如$A \leftrightarrow B$。

（14）$(\square,\cdots)$，其左侧除分隔符外无其他符号时表示无名谓词，仅当括号中各项为真时，该无名谓词输出才为真。

（15）$\bullet$表示点乘或点积，$\times$表示叉乘或叉积，$*$ 表示复数积，$\cdot$ 表示代数积。

因为集合中的成员也是集合，集合及其成员可用大写或小写字母表示。

$\forall$ 符右侧字母表示变量；谓词$P(\square,\cdots)$表示的是规则或关系，仅当谓词P为真时，输出才能构成其值域的成员。谓词表达的是确定性的语句。为书写方便，一元及二元谓词有左操作及右操作的表示形式，是$P(\square,\cdots)$的变体，例如：$x = y$ 表示相等操作，$\neg x$ 表示取反操作。

元系统是 ZF 公理系统的基础，以元系统为基础，定义新的原子及谓词，可以构成新的符号系统。元系统由原子组成，原子是元系统的组成单位，以最少的原子、函子及谓词构成复杂的理论系统，才能保证理论的简洁性。元系统为不同门类的数学分支提供了统一的语言。

在 ZF 系统中唯一的对象是集合，集合的任一成员也是集合。ZF 公理是现代集合论的基石。下面几个公理比较抽象，可以忽略它们，不妨碍后续的阅读。但是，理解这些公理不仅有助于理解后续通过集合表达运动链的缘由，而且有助于理解公理化系统的本质。

外延公理： 集合x的任一成员z是集合y的成员，且集合y的任一成员z是集合x的成员。简言之，若两集合成员相等，则两集合相等，即有

$$\forall x \forall y\left[\forall z(z \in x \Leftrightarrow z \in y) \Rightarrow x = y\right]$$

正则公理/基础公理： 对任一非空集合x存在一个成员y，使$x \cap y$为空集，即有$\forall x\left[x \neq \varnothing \Rightarrow \exists y \in x(x \cap y = \varnothing)\right]$。简言之，任一非空集合中均存在一个成员与该集合无交集。这样的集合称为良基集。例如，不允许出现x属于x的情况。显然，$\varnothing$不是良基集。

空集存在公理： 存在一个集合$\varnothing$，它没有任何元素。

配对公理： 任给两集合x及y，存在另一集合$z = \left\{x, y\right\}$，即有$\forall x \forall y \exists z(x \in z \wedge y \in z)$。简言之，任何集合与其他集合可组合成新的集合。

并集公理： 任一集合C的任一组成员Y均可合并为一个集合A，即有$\forall C \exists A \forall Y \forall y(y \in Y \wedge Y \in C \Rightarrow y \in A)$。简言之，任一集合的成员组均是可归并的。

幂集公理： 任一集合x的所有子集均可构成一新的集合y，即$\forall x \exists y \forall z(z \subseteq x \Rightarrow z \in y)$。简言之，对任一集合成员进行集合分解，直至所有成员集合为空集，得到的所有集合

称为幂集。

如果$\left|x\right| = n$，则$\left|\mathrm{Power}(x)\right| = 2^n$。故任一集合是可划分的。

无穷公理（axiom of infinity）：存在一个集合x，空集是其元素，且任意元素$y \cup \{y\}$也是其元素，即有$\exists x\left[\varnothing \in x \wedge \forall y \in x\left(y \cup \{y\} \in x\right)\right]$。简言之，对无穷集合而言，一定存在包含该集合的集合。

根据皮亚诺公理系统对自然数的描述，存在一个包含所有自然数的集合。

关于分离公理模式、替换公理模式、AC选择公理请参阅文献。对不同集合引入一定的基本运算，形成一个特定的数学门类。

现代集合论的意义在于：在元系统层次上，统一了当今不同的数学门类。这也说明不同门类的科学可以通过现代集合论的符号系统来得到统一，从而便于开展不同学科的交叉研究。对于多轴系统建模与控制理论的元系统，运动符号演算系统与现代计算机的矩阵计算密切相关，首先需要约定一些基础符号与操作来为后续研究奠定基础。

（1）在集合论中，$\left| \; \right|$表示有限集合的基数，即元素的个数，数乘·表示排列。例如：

$$\begin{bmatrix}\square\\\square\end{bmatrix}\cdot\begin{bmatrix}\square & \square & \square\end{bmatrix} \neq \begin{bmatrix}\square\\\square\\\square\end{bmatrix}\cdot\begin{bmatrix}\square & \square\end{bmatrix}\text{，但有}\left|\begin{bmatrix}\square\\\square\end{bmatrix}\cdot\begin{bmatrix}\square & \square & \square\end{bmatrix}\right| = \left|\begin{bmatrix}\square\\\square\\\square\end{bmatrix}\cdot\begin{bmatrix}\square & \square\end{bmatrix}\right|\text{，即有}2\cdot 3 = 3\cdot 2\text{。}$$

但二者的含义不同。代数乘是矩阵乘的特殊形式。符号重载（即根据运算对象不同而完成的计算功能不同）是非常普遍及必要的。因此，符号运算可以根据属性量进行重新定义。

（2）无序的集合总可以通过有序的组合表示，无序的组合是有序的排列的特殊形式。例如：李的三个儿子*a*,*b*,*c*表达为Li's sons=$[a,b,c]$，$[a,b,c]$是有序的集合，它是$\{a,b,c\}$的一个实例。因此，在本书后续部分，$[\;]$表示有序的集合或矩阵，$\{\;\}$表示无序的集合。

（3）集合名称表示一类特定的集合。例如，在“Li′s sons=$[a,b,c]$”中，集合名称Li′s sons是有结构的关系，而$[a,b,c]$是$[\square,\square,\square]$的一个实例。结构化的名称要有清晰的内涵，是属性量表达的基本形式。在定义集合成员后，成员的关系均应表示为操作或作用关系，而函子表示成员间的映射关系；以谓词表征的动作或操作有助于理解符号的物理内涵。

现代集合论是一个严谨的公理化理论体系，而目前的机器人运动学与动力学理论存在多种理论分支，需要将现有的理论统一起来，只有这样才能构建包含最少属性符及最少操作的理论系统。

目前，力学理论不是一个具有最少属性符及操作的公理化系统。比如：平动速度用v表示，而平动加速度用a表示，速度v对时间t求导用v'表示；经常将力表示为$\vec{f}$，这种表示存在歧义：$\vec{f}$既未表明该力的作用点，也未表明力的施力点，不适应计算机处理的需求。这些非结构化的符号代表的属性需要通过注释才能理解，难以适应高自由度机器人运动学与动力学分析的需求。

通过一阶谓词表征属性的作用关系，不仅具有可读性，而且无歧义。例如，谓词fetch(*A*,*B*)表示*A*取回*B*。

同样，对于多轴系统建模与控制的元系统，也需要将所有的对象视为集合，建立相应的公理化理论。因为多轴系统建模与控制理论是针对机器人工程或机械电子工程的，是具有明确工程应用的学科，其任何属性及属性间的关系都必须是精确的、明晰的；所有的关系具有谓词或函子的结构。比如，定义 ${}^{\bar{l}}\boldsymbol{k}_l$ 表示连接杆件 $\bar{l}$ 及杆件 l 的运动副。

在运动链符号演算系统中，属性变量及常量均采用简洁的、物理意义清晰的名称，它们均通过有序排列的集合即矩阵表示；正体的名称表示常量，斜体的名称表示关于时间 t 的变量。建立以运动链公理为核心的运动链符号演算系统，从而为多轴系统建模与控制理论提供元系统。

由上可知，计算机语言是对现代集合论符号语言的有益补充，将符号系统直接转化为计算机伪代码是工程实现的一个重要方面。

2.3.3 偏序集及皮亚诺的自然数集

由 2.2.7 节的基本事实可知：偏序是机器人系统的基本属性，链是偏序的理论抽象。

链是具有偏序的集合。它是现代集合论的重要研究内容。因为现代集合论的链理论包含运动链的客观世界普遍遵循的基本规律。以之为基础，可以在拓扑层次上来指导运动链的理论分析。

设 a 为集合，称 $a\cup\{a\}$ 为 a 的后继，记为 a^+ 或 $S(a)$。a 的后继即为与 a 最邻近的且大于等于 a 的元素。

设 A 是集合，若 A 满足下列条件，则称 A 为归纳集：① $\varnothing\in A$；② $\forall a\in A\Rightarrow S(a)\in A$。自然数集合 $\mathcal{N}$ 是所有归纳集的并集。记 $0=\varnothing$，$1=S(0)=\varnothing\cup\{\varnothing\}=\{\varnothing\}$，$2=S(1)=\{\varnothing\}\cup\{\{\varnothing\}\}=\{\varnothing,\{\varnothing\}\}$，$3=S(2)=\{\varnothing,\{\varnothing\}\}\cup\{\{\varnothing,\{\varnothing\}\}\}=\{\varnothing,\{\varnothing\},\{\varnothing,\{\varnothing\}\}\}$。依此类推，归纳可证之。

故有**皮亚诺的自然数公理**：零是自然数；每个自然数都有一个后继；零不是任何自然数的后继；不同的自然数有不同的后继。设由自然数组成的某个集合含有零，且每当该集合含有某个自然数时，都同时含有这个数的后继，那么该集合包含全部自然数。

显然，自然数集 $\mathcal{N}$ 是一个 0 生 1、1 生 2、2 生 3 如此往复的归纳过程：

$0=\varnothing$，又称为核（null），$\varnothing$ 是原子符，表示空；$\{\varnothing\}$ 表示空位的内容，表示一个可以占有 1 个空位的对象；$\{\varnothing,\{\varnothing\}\}$ 表示占有 2 个空位的对象；依次类推。因此，自然数是自然实体位置的一一映射。自然数集具有：①传递性，即 $a\in a^+$；②正序关系，即 $a<a^+$。

给定集合 X，称集合 X 至集合 $X\times X$ 的子集 R 的映射为关系 R。如果 $(a,b)\in R$，则记为 ${}^aR_b$。因此，集合 X 的关系 R 是 $X\times X$ 的子集。

若 $a,b\in X$，则 $a\preceq b$ 表示 a 中至少存在一个元素小于 b 中的元素。序运算符通常表示为 $\leqslant$、$<$ 及 $\preceq$。当然，这里的小于的标准，既可以是任何形式的范数，又可以是其他的约定。

传递性：若 $\forall a,\forall b,\forall c\in X$，${}^aR_b$ 且 ${}^bR_c$，则有 ${}^aR_c$。

自反性：若 $\forall a\in X$，则有 ${}^aR_a$。

反对称性：若 $\forall a,b\in X$，${}^aR_b$ 且 ${}^bR_a$，则有 $a=b$。

对称性：若 $\forall a,b\in X$，${}^aR_b$，则有 ${}^bR_a$；反之亦然。

偏序集：集合 X 的序关系 $\leqslant$ 具有传递性、自反性及反对称性，称 $(X,\leqslant)$ 为偏序集。

将序运算 $\leqslant$ 及其传递性、自反性、反对称性统称为链序关系。

链：对于集合 $\mathbf{A}$，$\forall k,i \in \mathbf{A}$，若 $k \leqslant i$ 或 $k > i$，则 $(\mathbf{A},\leqslant)$ 为线性序集，称之为链。简言之，链是有序的集合。在本书中，将运动链之外的其他有序集合称为序列（sequence）。

显然，连续的区间是偏序集合，是由无限个成员构成的链，常以区间符来表示链。即有：$\{x \in \mathbf{X} \mid k < x < i\} = (k,i)$；$\{x \in \mathbf{X} \mid k \leqslant x < i\} = [k,i)$；$\{x \in \mathbf{X} \mid k < x \leqslant i\} = (k,i]$；$\{x \in \mathbf{X} \mid k \leqslant x \leqslant i\} = [k,i]$。例如：偏序集合 $[1,2,3]$ 是一个链。对于集合 $\{x,y,z\}$，若其成员满足 $x < y$ 且 $y < z$，则偏序集合 $[x,y,z]$ 是一个链。显然，矢量及矩阵的成员是有序的排列，在以排列序号作为排序的准则时，矢量及矩阵也是链。

对于自然数集合 $\mathcal{N}$，若 $\forall i \in \mathcal{N}$，则有 $i < i^{+}$。自然数集合 $\mathcal{N}$ 具有传递性；若 $i < i^{+}$，且 $i^{+} < k$，则 $i < k$。故自然数集合 $\mathcal{N}$ 是一个链。

给定集合 X，且有一一映射 $f: X \to Y$，则有 $X \cong Y$，称两集合是同构的。

同构链：对于一个链 X 及像链 Y，函数 $f: X \to Y$；若 $\forall a,b \in X, a \leqslant b$，有 $f(a) \leqslant f(b)$，则称链 X 及像链 Y 互为同构链，并记为 $X \cong Y$。

在现实世界中，链关系是最基本的关系。例如：代数乘“·”是具有拓扑关系的运算；集合 $A = \{a_1,a_2\}$ 与集合 $B = \{b_1,b_2,b_3\}$ 进行排列得到二维集合 $A \cdot B = \{a_1 \cdot b_1, a_1 \cdot b_2, a_1 \cdot b_3, a_2 \cdot b_1, a_2 \cdot b_2, a_2 \cdot b_3\}$，其基数即成员的个数记为 $|A \cdot B| = 6$，即有 $2 \cdot 3 = 6$。本质上一个排列 $a_1 \cdot b_1$ 表示 a_1 与 b_1 有序的拓扑即连接关系。因为代数乘是链的基本运算，所以链关系自然是不同学科中的基本关系。

以 ZFC 公理系统为基础，记 $0 = \varnothing$，记 $1 = \bar{0}$，$2 = \bar{1}$，…，即形式化了自然数集合的表示。在自然数集中增加一阶谓词——加（+）、乘（·）、小于或等于（≤）、小于（<），它们构成了自然数空间的基本结构。在自然数域中，引入一阶谓词函子/操作 $^{-}$，便发现新的运算结果不一定是自然数集的元素，即在自然数域中减运算不是自闭的，于是需要拓宽自然数集，从而引入整数集 $\mathcal{Z}$。在整数集 $\mathcal{Z}$ 中，引入一阶谓词：除运算，便发现该运算也不是自闭的，于是产生了实数集 $\mathcal{R}$。在实数集上引入开方运算，发现了复数集 $\mathcal{C}$。特定的矢量空间运算与复数空间运算具有同构关系。例如：二维笛卡儿矢量空间的转动可以映射为三维复数空间的积运算；三维笛卡儿矢量空间的转动可以映射为四维复数空间的积运算。

数学空间正是由于空间运算不自闭而逐步拓宽的，数学空间也因此不断延伸，扩大了人类的视野。它们本质上要么是偏序的，要么是全序的空间。其中矢量空间是基本的数学空间。数学空间都具有链的基本结构。链的实例包括动作链、行为链、运动链等，它是普遍的存在形式。链本质上是有序的拓扑关系：一方面，系统拓扑决定了系统运动学及动力学的行为过程；另一方面，到目前为止，拓扑符号与系统行为过程的建模与分析过程都是分离的，即拓扑符号未参与多体运动学及动力学的建模过程，难以揭示复杂系统的基本规律。

现有的多体运动学及动力学理论缺少拓扑符号系统，拓扑符号从不参与运动学及动力学显式模型的表达。运动学及动力学缺少拓扑符号系统，致使运动学及动力学方程过于冗长，甚至无法显式表达。因链节间的次序具有不变性，故系统建模时不仅需要表达系统的拓扑及链序，而且需要保证运动学及动力学过程的链序不变性。

2.3.4 运动链的偏序集

一方面，计算机系统本身是以地址为索引的矩阵阵列，信息的存储及访问也需要以阵列为基础；另一方面，有向 Span 树的偏序性是多轴系统的基本特点。链即偏序的集合是符号化理论的基础，全序的集合是偏序集合的特殊形式。将事物的属性统一用序列表示，不仅可以保证表达的简洁性，而且适应数字计算机的特点，易于工程实现。

借鉴现代集合论的偏序集$(\square]$表征运动链。记${}^{i}\mathbf{1}_{l}=(i,\bar{i},\cdots,\bar{l},l]$，称${}^{i}\mathbf{1}_{l}$为运动链。空集表示空位。若空位具有父集合的地址，则集合概念拓宽为链的概念；若空位无父集合地址，则集合为空集。

实矩阵或复矩阵是偏序的集合。记k至j的位置矢量$\vec{r}$为${}^{k}\vec{r}_{j}$；显然，${}^{k}\vec{r}_{j}$表示由k至j位置的谓词。

运动链是一个偏序的链；而运动副${}^{\bar{l}}\boldsymbol{k}_{l}$既表示由杆件$\bar{l}$至杆件$l$的连接，又表示由杆件$l$至杆件$\bar{l}$的连接，故运动副${}^{\bar{l}}\boldsymbol{k}_{l}$具有全序，即

$$
{}^{\bar{l}}\boldsymbol{k}_{l}={}^{l}\boldsymbol{k}_{\bar{l}} \tag{2.5}
$$

显然，全序及偏序是一个对象自身的属性。而在力学及机器人理论中尚未出现相应的符号系统。

借鉴集合论的链理论，将运动副${}^{\bar{l}}\boldsymbol{k}_{l}$对应的简单运动链${}^{\bar{l}}\mathbf{1}_{l}$通过区间符表示为

$$
{}^{\bar{l}}\mathbf{1}_{l}=(\bar{l},l] \tag{2.6}
$$

其中：$\bar{l}$是l的前继即父，l是$\bar{l}$的后继即子；称${}^{\bar{l}}\mathbf{1}_{l}$为链节，是运动链中的一个基本环节。

在 Span 树中，简单运动链${}^{\bar{l}}\mathbf{1}_{l}$与$l$一一映射，即

$$
{}^{\bar{l}}\mathbf{1}_{l}\leftrightarrow l \tag{2.7}
$$

故有

$$
\bar{l}\notin{}^{\bar{l}}\mathbf{1}_{l},\quad l\in{}^{\bar{l}}\mathbf{1}_{l} \tag{2.8}
$$

因有序集合的子集也是有序集合，故定义由$\bar{l}$至k的运动链${}^{\bar{l}}\mathbf{1}_{k}$为

$$
{}^{\bar{l}}\mathbf{1}_{k}=(\bar{l},l,\cdots,k] \tag{2.9}
$$

记$\bar{\bar{l}}$为$\bar{l}$的前继，故有

$$
{}^{\bar{\bar{l}}}\mathbf{1}_{l}=(\bar{\bar{l}},\bar{l},l] \tag{2.10}
$$

定义$\mathbf{1}_{l}^{\bar{l}}\triangleq\left|{}^{\bar{l}}\mathbf{1}_{l}\right|$，同样，因有序集合的子集也是有序集合，故有

$$
{}^{i}\mathbf{1}_{i}=(i,i],\quad\mathbf{1}_{i}^{i}=0 \tag{2.11}
$$

称${}^{i}\mathbf{1}_{i}$为空链或平凡链，其中i表示惯性空间（环境）。平凡链${}^{i}\mathbf{1}_{i}$总是存在的。

在运动链符号演算系统中，具有偏序的属性变量或常量，其名称中包含表示偏序的指标（index），指标以角标的形式给出。名称要么包含左上及右下角标，要么包含右上及右下角标；指标的传递方向总是由左上角指标至右下角指标，或由右上角指标至右下角指标。

拓扑蕴含着度量，即度量属性是拓扑属性的实例化。例如：${}^{k}\vec{r}_{l}$是${}^{k}\mathbf{1}_{l}$的实例，表示由k至l的位置矢量，其中r表示“平动”属性符；r_{l}^{k}是$\mathbf{1}_{l}^{k}$的实例，表示由k至l的线位置。由此可见：拓扑公理既为度量提供了符号系统的基本规范，又保证了度量系统的连接关系的不变性。

给定运动链${}^{\bar{l}}\mathbf{1}_{k}=\left(\bar{l},l,\cdots,k\right]$，$n\in{}^{\bar{l}}\mathbf{1}_{k}$：若$n$表示笛卡儿直角系，则称${}^{\bar{l}}\mathbf{1}_{k}$为笛卡儿轴链（Cartesian AC，CAC）；若n表示自然参考轴，则称${}^{\bar{l}}\mathbf{1}_{k}$为自然轴链（natural AC，NAC）。

2.3.5 序的分类

链$\left\{\mathbf{1},\leqslant\right\}$是有序的集合，其中$\leqslant$确定了链的序结构。序结构是拓扑系统及度量系统的基本结构之一。树链的正向或反向与书写从左向右或从上至下的次序，以及坐标系的右手序或左手序具有一一对应的关系，从而保证拓扑系统与度量符号系统的一致性。

在定义坐标系时，习惯使用右手序，即由右手法则确定坐标轴的次序，例如$\left[x,y,z\right]$；默认的坐标遵从右手序。相应地，也就确定了数的升序为右手序，例如$\left[1,2,3\right]$。“链”的连接次序简称链序，是被研究对象连接关系的一一映射。在书写$\left[x,y,z\right]$及$\left[1,2,3\right]$等有序的集合时，习惯上由左至右书写，这样的书写次序称为右手序。对应地，将基分量写成行的形式，称为左手序。显然，链序是客观的，而排列次序是主观的。因为书面的符号系统需要与被研究对象一一映射，故排列次序本质上也是链序，是研究对象的链序在符号语言上的一一映射。

将运动链由根至叶的次序称为正序或前向序，反之称为逆序或反向序。与前向序对应的根的标识号要小于叶的标识号；与之对应的由根至叶的“缩放—转动—平动”过程，称为正运动。这一运动过程本质上源于正运动的参考是自我参考（self reference），即以自身的体系为参考：首先，进行形状的缩放；接着，以体系为参考进行转动；最后，仍以体系为参考进行平动。例如，机器人要到达目标，首先需要调整姿态，至期望的姿态后，再进行平动；如此反复，直至到达目标。

在本书中，“前向序”“正序”及“右手序”是对应的或等价的；“反向序”“逆序”及“左手序”是对应的或等价的。“前向”与“反向”是相对Span树连接方向而言的；“正序”与“逆序”是相对参考轴或参考方向而言的；“右手序”及“左手序”则是相对书写方向而言的。

在矩阵运算时，经常需要通过“索引”引用该矩阵中的分块矩阵，也需要对矩阵中的元素进行重新排列；“索引集”及“引用”是计算机符号处理的基本表示方法和基本操作方法。

给定两个索引集r及c，按“词法”次序比较：若$c\prec r$，且$r^{[1]}=c^{[1]}$，…，$r^{[k]}=c^{[k]}$，$r^{[k+1]}\neq c^{[k+1]}$，则有$r^{[k+1]}>c^{[k+1]}$。“词法正”是指字典中词汇编排次序。因此，无论被研究系统是否有序，只要被符号化，就一定有“词法”次序。

例如：若$r=\left[1,4,3,2\right]$，$c=\left[1,2,4,3\right]$，则有$c\prec r$。

常记$\left[n,\cdots,m\right]$为$\left[n:m\right]$，其中$n,m\in\mathcal{N}$；用$\left[*\right]$表示取行或列；用$*$表示任意符号或常数。若$\left|r\right|=\left|\mathbf{0}\right|$，索引集$r\succ\mathbf{0}$，则称$r$为“词法正”的；若索引集$r\prec\mathbf{0}$，则称$r$为“词

法负”的。

2.3.6 成员访问操作

高维度的树形运动链分析需要借助于现代计算机的符号演算与计算；以此为基础，才能开发相应的“轴链”运动学及动力学分析与建模的工具。运动链的符号系统需要与现代计算机理论相结合。建立适应现代计算机的符号操作系统，有助于理解复杂运动链的运动学及动力学的内在规律，并完成计算机软件开发。

在计算机系统中，无论是内存还是外存都是存储阵列。引入索引符号$[\square]$作用在于：

（1）多轴系统理论的技术实现需要通过软件编程实现，期望多轴系统的运动学及动力学方程具有伪代码的功能，实现多轴系统的完全参数化。

（2）机器人智能的基础在于软件模块的通用性，多轴系统运动学及动力学要实现拓扑、坐标系、运动学及动力学参量的参数化，在理论分析时，就需要将它们作为参量处理。通过索引可以简洁地表示属性序列与其属性子序列的关系。属性序列之间具有连接的链序关系，表示数量的子序列具有空间方向及大小的次序关系。

1.索引指标

给定有序的集合$r=[1,4,3,2]$，用$r^{[k]}$表示取集合r的第k行元素。常用$[x]$、$[y]$、$[z]$及$[w]$表示取第 1、2、3 及 4 列元素。这些索引指标主要用于表示矩阵成员的关系。例如：

$$\begin{matrix} & [x] & [y] & [z] \\ p & [5 & 6 & 7] \end{matrix} \Rightarrow p^{[x]}=5,\quad p^{[y]}=6,\quad p^{[z]}=7$$

2.索引集

用于取元素序号的指标集合称为索引集。当给定矩阵Q时，根据索引集，获得对原矩阵Q成员重排的新矩阵。例如，给定集合$l=[1,3,5,7]$，索引集$r=[1,4,3,2]$及$c=[1,2,4,3]$；则有$l^{[r]}=[1,7,5,3]$，$l^{[c]}=[1,3,7,5]$。其中：

$$Q=\begin{bmatrix} Q^{[1][1]} & Q^{[1][2]} & Q^{[1][3]} & Q^{[1][4]} \\ Q^{[2][1]} & Q^{[2][2]} & Q^{[2][3]} & Q^{[2][4]} \\ Q^{[3][1]} & Q^{[3][2]} & Q^{[3][3]} & Q^{[3][4]} \\ Q^{[4][1]} & Q^{[4][2]} & Q^{[4][3]} & Q^{[4][4]} \end{bmatrix}=\begin{bmatrix} 11 & 12 & 13 & 14 \\ 21 & 22 & 23 & 24 \\ 31 & 32 & 33 & 34 \\ 41 & 42 & 43 & 44 \end{bmatrix}$$

则有

$$Q^{[r][c]}=\begin{bmatrix} 11 & 12 & 14 & 13 \\ 41 & 42 & 44 & 43 \\ 31 & 32 & 34 & 33 \\ 21 & 22 & 24 & 23 \end{bmatrix}$$

3.成员的幂符号

记$\phi_l^{\bar{l}\wedge k}$或$\phi_l^{\bar{l}:k}$为标量$\phi_l^{\bar{l}}$的k次幂，其中：右上角标∧和:表示分隔符。

2.3.7 矢量空间

矢量空间又称为线性空间，是线性代数的中心内容和基本概念之一。若$\mathcal{F}$是一个数域（field），$\mathcal{V}$是一个向量空间，则向量加法及标量乘法表示为

（1）可加性：$\mathcal{V}+\mathcal{V}\rightarrow\mathcal{V}$，记作$v+w$，$\exists v,w\in\mathcal{V}$。

（2）齐次性：$\mathcal{F}\cdot\mathcal{V}\rightarrow\mathcal{V}$，记作$a\cdot v$，$\exists a\in\mathcal{F}$，$\exists v\in\mathcal{V}$。

其中：“$\cdot$”表示代数乘或矩阵乘；“$+$”表示代数加或矩阵加。

矢量空间是具有正交基架的线性空间，且符合内积及叉积运算规则。矢量空间分析是机器人系统的基础，在矢量空间变换下，机器人系统具有距离及角度的不变性。离开距离及角度的不变性，就无从谈论机器人运动学与动力学。空间任一点的位置、速度、加速度及作用力均是矢量。

关节运动是关节的动子与定子的相对运动。该相对运动的关节坐标即关节线位置坐标及角位置坐标称为自然坐标，是以关节坐标轴为参考的标量；关节坐标又称为关节变量。由于存在转动，关节变量与位移、速度、加速度具有非线性关系。

在力学中，矢量积又称为矢量的矩。给定矢量a,b,c，得右侧优先的**双重外积公式**：

$$a\times(b\times c)=b\cdot(c\bullet a)-c\cdot(b\bullet a)=\left(b\odot c-c\odot b\right)\cdot a \tag{2.12}$$

【证明】 因$a\times(b\times c)$、b及c位于$b\times c$的径向面内，故记$b=\left[x_2,0,0\right]$，$c=\left[x_3,y_3,0\right]$，$a=\left[x_1,y_1,z_1\right]$，得$b\times c=\left[0,0,x_2y_3\right]$，$a\times(b\times c)=\left(x_1x_3+y_1y_3\right)\cdot\left[x_2,0,0\right]+x_1x_2\cdot\left[x_3,y_3,0\right]$。显然有$a\times(b\times c)=b\cdot(c\bullet a)-c\cdot(b\bullet a)$。由结合律得$b\cdot(c\bullet a)-c\cdot(b\bullet a)=\left(b\odot c-c\odot b\right)\cdot a$。故式(2.12)成立。证毕。

显然，有左侧优先的**双重外积公式**：

$$\left(a\times b\right)\times c=b\cdot\left(a\bullet c\right)-a\cdot\left(b\bullet c\right)=\left(b\odot a-a\odot b\right)\cdot c \tag{2.13}$$

根据三个矢量张成的棱柱体积相等得**混合积公式**：

$$a\bullet(b\times c)=c\bullet(a\times b)=b\bullet(c\times a) \tag{2.14}$$

式(2.14)满足顺序轮换法则。

引入双数单位符号ϵ，且有

$$0\cdot\epsilon=0,\quad 1\cdot\epsilon=\epsilon,\quad \epsilon^2=\epsilon*\epsilon=0 \tag{2.15}$$

式中$\epsilon^2=0$反映串链中两个位移矢量的运算对运动链总位移无影响的物理事实。

记r及p分别为三维的转动速度矢量及平动速度矢量，记r及p为两个实数；则有旋量$\mathsf{s}=\mathsf{r}+\mathsf{p}\cdot\epsilon$及双数$s=r+p\cdot\epsilon$。存在以下点积与叉积运算：

$$\begin{cases} s_1 \pm s_2 = r_1 + r_2 + (p_1 \pm p_2) \cdot \epsilon \\ \mathsf{s}_1 \pm \mathsf{s}_2 = \mathsf{r}_1 + \mathsf{r}_2 + (\mathsf{p}_1 \pm \mathsf{p}_2) \cdot \epsilon \end{cases} \tag{2.16}$$

$$\begin{cases} s \cdot \mathsf{s} = (r + p \cdot \epsilon) \cdot (\mathsf{r} + \mathsf{p} \cdot \epsilon) = r \cdot \mathsf{r} + (p \cdot \mathsf{r} + r \cdot \mathsf{p}) \cdot \epsilon \\ \mathsf{s}_1 \cdot \mathsf{s}_2 = (\mathsf{r}_1 + \mathsf{p}_1 \cdot \epsilon) \cdot (\mathsf{r}_2 + \mathsf{p}_2 \cdot \epsilon) = \mathsf{r}_1 \cdot \mathsf{r}_2 + (\mathsf{r}_1 \cdot \mathsf{p}_2 + \mathsf{p}_1 \cdot \mathsf{r}_2) \cdot \epsilon \\ \mathsf{s}_1 \times \mathsf{s}_2 = (\mathsf{r}_1 + \mathsf{p}_1 \cdot \epsilon) \times (\mathsf{r}_2 + \mathsf{p}_2 \cdot \epsilon) = \mathsf{r}_1 \times \mathsf{r}_2 + (\mathsf{r}_1 \times \mathsf{p}_2 + \mathsf{p}_1 \times \mathsf{r}_2) \cdot \epsilon \end{cases} \tag{2.17}$$

双变量$\mathsf{s} = \boldsymbol{r} + \mathsf{p} \cdot \epsilon$及$s = r + p \cdot \epsilon$的函数定义为

$$\begin{cases} f(s) = f(r) + \dot{f}(p) \cdot \epsilon \\ f(\mathsf{s}) = f(\mathsf{r}) + \dot{f}(\mathsf{p}) \cdot \epsilon \end{cases} \tag{2.18}$$

以双矢量概念为基础， 6D 空间算子代数得以建立，在机器人动力学建模中具有重要应用。同样，建立的双四元数被用于机器人的运动分析。

“张量”由爱因斯坦最早提出，以之为基础，建立了电磁场及力场等理论。张量分析被广泛应用于连续介质粒子系统的研究。张量不变性是自然界最基本的规律，是事物客观性的反映。

张量不变性反映的是事物属性的不变性。要度量事物的属性就必须有参考对象，相对不同参考对象的度量存在必然的联系，即规律的客观性。对于事物属性的表征量，必须指明它的参考对象。

矢量空间具有“加”和“标量积”的基本代数结构，也包含额外结构：

（1）一个实数或复数矢量空间加上范数结构就成为赋范矢量空间；

（2）一个实数或复数矢量空间加上内积结构就成为内积空间，即酉空间；

（3）一个矢量空间加上极限就成为拓扑矢量空间；

（4）一个矢量空间加上双线性算子就成为域代数；

（5）在笛卡儿直角坐标系下，线性空间是一个保距、保角的等积投影空间，即矢量的范数及矢量间的角度保持不变。在机器人运动学及动力学研究中，一般使用笛卡儿直角坐标系。

上述不同的数学空间，对机器人研究者而言常常过于抽象。这是因为在数学系统建立过程中，数学家专注于数学理论的形式化及逻辑的严谨性，常常忽视其背后的应用。矢量空间和双矢量空间是机器人运动学与动力学研究的基础。由于缺乏由原子及操作构成的元系统、缺乏严谨的公理化理论体系及运动链符号系统，复杂机器人系统研究存在极大的困难。比如，尽管有拉格朗日法、凯恩法等分析动力学方法，但是难以建立简洁的高自由度多刚体动力学系统方程。

矢量属于几何的范畴，具有直观的可理解性，但缺乏代数的可分析性，需要将二者有机地结合。同时，客观世界是通过一组动作的执行，由一组状态迁移至另一组状态的过程；通过动作表达空间的运动，不仅易于理解，而且易于计算机软件工程实现。尽管拓扑符号在多体系统运动学及动力学算法中得到了应用，但是拓扑符号从未用于运动学及动力学方程的建立。因此，后续提出的运动链符号系统是具有拓扑不变性及度量不变性，通过修正及发展经典的矢量空间理论而建立起来的，以空间操作代数为基础、拓扑符号参与显式建模的运动链符号演算系统。

2.3.8 本节贡献

本节提出了运动链符号演算系统的研究方向，定义了基本的链符号。主要贡献在于：

（1）基于同构方法论及现代集合论的链理论，提出了运动链基础符号系统，以之作为现代机器人研究的元系统；

（2）根据轴链三大事实与现代计算机进行符号演算及数值计算的特点，定义了基础的链符号（见式（2.5）至式（2.11））；对序进行了分类，定义了有序集合、成员访问及索引集等符号。

2.4 运动链拓扑空间

本节将首先以公理化集合论为基础，提出基于运动轴的有向Span树，然后建立有向Span树的符号系统及基本运算，为运动链符号系统的构建奠定基础。然而，现代集合论的链符号不是专门针对运动链分析的，有必要根据运动链的基本特点对链符号进行适应性修改。

2.4.1 轴链有向 Span 树的形式化

任何复合运动副都可由两个基本运动副组成，即转动副$\mathbf{R}$与棱柱副$\mathbf{P}$。在有向Span树$\mathbf{T}$中，子杆件Ω_l仅有一个父杆件$\Omega_{\bar{l}}$，且杆件Ω_l与运动轴$\mathbf{A}^{[l]}$、运动副${}^{\bar{l}}\mathbf{k}_l$两两之间是一一映射的，即杆件Ω_l、轴$\mathbf{A}^{[l]}$、运动副${}^{\bar{l}}\mathbf{k}_l$三者在对应关系上等价。故有

$$\Omega_l \leftrightarrow \mathbf{A}^{[l]} \leftrightarrow {}^{\bar{l}}\mathbf{k}_l,\quad l \neq 0 \tag{2.19}$$

记多轴系统为$\mathbf{D} = \left\{\mathbf{T}, \mathbf{A}, \mathbf{B}, \mathbf{K}, \mathbf{F}, \mathbf{NT}\right\}$；其中：$\mathbf{T} = \left\{{}^{\bar{l}}\mathbf{k}_l \mid l \in \mathbf{A}, \bar{l} = \bar{\mathbf{A}}^{[l]}\right\}$为有向 Span树，$\mathbf{A}$为轴序列，$\mathbf{F} = \left\{\mathbf{F}^{[l]} \mid l \in \mathbf{A}\right\}$为参考系序列，$\mathbf{B} = \left\{\mathbf{B}^{[l]} \mid l \in \mathbf{A}\right\}$为杆件动力学体（简称体）序列，$\mathbf{K} = \left[{}^{\bar{l}}\mathbf{k}_l \mid l \in \mathbf{A}, {}^{\bar{l}}\mathbf{k}_l \in \left\{\mathbf{R}, \mathbf{P}, \mathbf{H}, \mathbf{O}\right\}\right]$为运动副类型序列，$\mathbf{NT}$为约束轴序列（亦称“非树”）。显然，运动轴序列$\mathbf{A}$与体序列$\mathbf{B}$、运动副类型序列$\mathbf{K}$、参考系序列$\mathbf{F}$两两之间是一一映射的，即

$$\mathbf{A} \leftrightarrow \mathbf{B} \leftrightarrow \mathbf{K} \leftrightarrow \mathbf{F} \tag{2.20}$$

轴序列$\mathbf{A}$是多轴系统$\mathbf{D} = \left\{\mathbf{T}, \mathbf{A}, \mathbf{B}, \mathbf{K}, \mathbf{F}, \mathbf{NT}\right\}$所有轴构成的轴链；$\mathbf{T}, \mathbf{B}, \mathbf{K}, \mathbf{F}$分别与$\mathbf{A}$一一映射，都是关于轴$\mathbf{A}$的序列；$\mathbf{NT}$与$\mathbf{T}$构成了多轴系统$\mathbf{D}$的拓扑结构即图$\mathbf{G}$。

CE3月面巡视器的轴链有向Span树如图2-29所示。虚副${}^{i}\mathbf{k}_c = \left(i, c1, c2, c3, c4, c5, c\right]$，即虚副${}^{i}\mathbf{k}_c$等价于轴链${}^{i}\mathbf{l}_c$。同样，其他复合运动副都可以通过轴链等价。

（1）在拓扑上，每个节点代表一个唯一的运动轴，所有运动轴按正序排列构成轴序列$\mathbf{A}$。

（2）由实有向线段表示的运动副连接关系，确定轴序列$\mathbf{A}$的父轴序列$\bar{\mathbf{A}}$，给定$l \in \mathbf{A}$，则有

$$\overline{l} = \overline{\mathbf{A}^{[l]}} = \overline{\mathbf{A}}^{[l]}, \quad \mathbf{A} \leftrightarrow \overline{\mathbf{A}} \tag{2.21}$$

（3）给定 $\forall l \in \mathbf{A}$，运动副 ${}^{\overline{l}}\boldsymbol{k}_l \in \{\mathbf{R}, \mathbf{P}, \mathbf{H}, \mathbf{O}\}$ 按正序排列构成运动副类型序列 $\boldsymbol{K}$。

（4）给定 $\forall l \in \mathbf{A}$，虚线非树弧表示约束副 ${}^{\overline{l}}c_l$，存放于非树弧序列 $\mathbf{NT}$，即 ${}^{\overline{l}}c_l \in \mathbf{NT}$，且有 $\mathbf{NT} = \{{}^{l}c_k \mid l \in \mathbf{A}, k \in \mathbf{CA}, {}^{l}c_k \in \{\mathbf{R}, \mathbf{P}, \mathbf{H}, \mathbf{O}\}\}$，其中 $\mathbf{CA}$ 为约束副类型序列。

（5）系统 $\boldsymbol{D}$ 有 $|\mathbf{A}| - |\mathbf{NT}|$ 个自由度，其中 $|\mathbf{A}|$ 及 $|\mathbf{NT}|$ 分别表示 $\mathbf{A}$ 及 $\mathbf{NT}$ 的基数。

在多轴系统 $\boldsymbol{D}$ 中，所有运动副分为两类：由轴序列 $\mathbf{A}$ 及其父轴序列 $\overline{\mathbf{A}}$ 确定的运动副、由非树弧序列 $\mathbf{NT}$ 成员确定的约束副。轴序列 $\mathbf{A}$、父轴序列 $\overline{\mathbf{A}}$ 及非树弧序列 $\mathbf{NT}$ 可以完整地反映一个图的连接关系。

由图 2-29 得轴序列及非树弧序列：

$$\mathbf{A} = (i, c1, c2, c3, c4, c5, c, rr, rb, rrd, rrw, rmw, rfd, rfw, lr, lb, lrd, lrw, lfd, lfw, lmw] \tag{2.22}$$

$$\mathbf{NT} = \left\{ {}^{lr}\mathbf{R}_{rr}, {}^{i}\mathbf{O}_{i_{lfw}}, {}^{i}\mathbf{O}_{i_{lmw}}, {}^{i}\mathbf{O}_{i_{lrw}}, {}^{i}\mathbf{O}_{i_{rfw}}, {}^{i}\mathbf{O}_{i_{rmw}}, {}^{i}\mathbf{O}_{i_{rrw}} \right\} \tag{2.23}$$

由式(2.21)和式(2.22)，得父轴序列：

$$\overline{\mathbf{A}} = (i, i, c1, c2, c3, c4, c5, c, rr, rb, rrd, rb, rr, rfb, c, lr, lb, lrd, lr, lfd, lb] \tag{2.24}$$

通过轴序列 $\mathbf{A}$、父轴序列 $\overline{\mathbf{A}}$、约束副类型序列 $\mathbf{CA}$ 及非树弧序列 $\mathbf{NT}$，可以完整地描述闭链系统的拓扑关系。以之为基础，增加系统的结构参数及关节变量，建立运动学系统；进一步，增加系统的质惯量及作用力，建立动力学系统。这是多轴系统的综合过程。

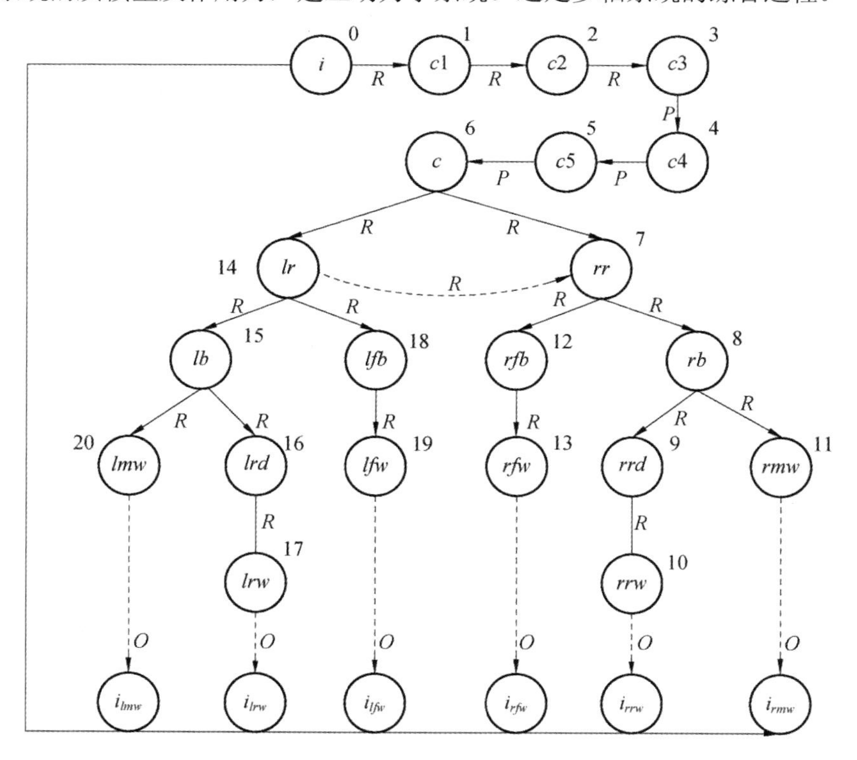

图 2-29　CE3 月面巡视器的轴链有向 Span 树

2.4.2 运动链拓扑符号系统

描述运动链的基本拓扑符号及操作是构成运动链拓扑符号系统的基础，定义如下：

（1）运动链由偏序集合( ]标识；

（2）$\mathbf{A}^{[l]}$表示轴序列$\mathbf{A}$的成员；

（3）$\bar{l}$表示轴l的父轴；

（4）$\bar{\mathbf{A}}^{[l]}$表示轴序列$\bar{\mathbf{A}}$的成员；

（5）${}^{l}\mathbf{l}_{k}$表示轴l至轴k的运动链，输出表示为$\left(l,\cdots,\bar{k},k\right]$，对于${}^{l}\mathbf{l}_{k}=\left(l,\cdots,\bar{k},k\right]$，其基数记为$\mathbf{l}_{k}^{l}$；

（6）${}^{l}\mathbf{l}$表示轴l的子；

（7）${}^{l}\mathbf{L}$表示由轴l及其子树构成的闭子树，${}^{l}_{\ }\underline{\mathbf{L}}$为不含$l$的子树；

支路、子树及非树弧的增加与删除操作也是运动链拓扑符号系统必要的组成部分，从而可通过动态 Span 树及非树弧描述可变拓扑结构。在支路${}^{l}\mathbf{l}_{k}$中，若${}^{l}\mathbf{l}_{k}^{[n]}=m$，则记$\vec{m}={}^{l}\mathbf{l}_{k}^{[n+1]}$，$\vec{\vec{m}}={}^{l}\mathbf{l}_{k}^{[n+2]}$，即$\vec{m}$表示在支路中取成员$m$的子。

由式(2.21)、式(2.22)和式(2.24)得：$lr=\overline{lb}$，$c=\overline{lr}$，$c4=\bar{\bar{c}}$，$lb=\bar{\mathbf{A}}^{[lmw]}$，$lr=\bar{\mathbf{A}}^{[lb]}$及$c=\bar{\mathbf{A}}^{[lr]}$，故有${}^{c}\mathbf{l}_{lb}=\left(c,lr,lb\right]$，$\left|{}^{c}\mathbf{l}_{lb}\right|=2$，$\vec{c}=lr$，$\vec{\vec{c}}=lb$。

由式(2.24)得$\bar{\mathbf{A}}$中成员lb的地址为 17 和 21，从而由$\mathbf{A}$得到lb的子为lrd和lmw，递归得lrd的子为lrw，故得${}^{lb}\mathbf{L}=\left\{lb,lmw,lrd,lrw\right\}$。

2.4.3 运动链拓扑公理

对轴链公理前两个事实进行形式化，得运动链拓扑公理。

公理 2.2 对于运动链${}^{i}\mathbf{l}_{n}=\left(i,\cdots,\bar{n},n\right]$，有以下运动链拓扑公理：

（1）${}^{i}\mathbf{l}_{n}$具有半开属性，即

$$i\notin{}^{i}\mathbf{l}_{n},\quad n\in{}^{i}\mathbf{l}_{n} \tag{2.25}$$

（2）${}^{i}\mathbf{l}_{n}$空链或平凡链${}^{i}\mathbf{k}_{i}$的存在性，即

$${}^{i}\mathbf{k}_{i}\in{}^{i}\mathbf{l}_{n},\quad \mathbf{k}_{i}^{i}=0 \tag{2.26}$$

（3）${}^{i}\mathbf{l}_{n}$运动链具有串接性（可加性或可积性），即

$${}^{i}\mathbf{l}_{n}={}^{i}\mathbf{l}_{l}+{}^{l}\mathbf{l}_{n} \tag{2.27}$$

$${}^{i}\mathbf{l}_{n}={}^{i}\mathbf{l}_{l}\cdot{}^{l}\mathbf{l}_{n} \tag{2.28}$$

（4）${}^{l}\mathbf{l}_{n}$具有可逆性，即

$${}^{l}\mathbf{l}_{n}=-{}^{n}\mathbf{l}_{l} \tag{2.29}$$

由式(2.29)可知：由l至n的链${}^{l}\mathbf{l}_{n}$与由n至l的链${}^{n}\mathbf{l}_{l}$是可逆的。运动链的偏序称为链序，

故称前述的运动链符号系统为链符号系统。

由式(2.27)和式(2.29)可知运动链具有不变性，表现为

（1）运动链链序的一致性，即组成链的各项链序必须一致；

（2）运动链传递的串接性，即相邻两项的链指标 $_{l}+^{l}$ 或 $_{l}\cdot^{l}$ 满足对消法则。

以上运动链拓扑公理反映的链序（上下指标的次序）的不变性是运动链运动学与动力学行为的基本准则。因此，链符号在高自由度运动学与动力学分析中具有以下作用：

（1）是系统结构参数、关节变量及动力学参数表征的基础；

（2）明确关节变量间的依赖关系，是运动学与动力学分析的基础；

（3）表征运动学与动力学方程的链序不变性，保证方程的正确性。

2.4.4 本节贡献

本节提出了运动链拓扑空间，为拓扑符号参与运动学及动力学分析与演算奠定了基础。主要贡献在于：

（1）提出了轴链有向 Span 树，其特征是以轴为基元，具有偏序性，具有式(2.21)至式(2.24)所示的与轴一一映射的轴序列、父轴序列及非树弧序列。

（2）提出并形式化表示了轴链四个基本公理，即链的半开属性、空链的存在性、串接性及可逆性。

（3）提出并表征了轴链的基本操作，包括成员访问、取父、取子、取链及取闭子树。

2.5 轴链度量空间

多自由度（multi-DOF）机器人是典型的多轴系统，记为 $\mathbf{D}=\left\{\mathbf{T},\mathbf{A},\mathbf{B},\mathbf{K},\mathbf{F},\mathbf{NT}\right\}$，其中：$\mathbf{T}=\left\{{}^{\bar{l}}\mathbf{k}_{l}\mid l\in\mathbf{A},\bar{l}=\bar{\mathbf{A}}^{[l]},{}^{\bar{l}}\mathbf{k}_{l}\in\left\{\mathbf{R},\mathbf{P}\right\}\right\}$为有向Span树，$\mathbf{A}$ 为轴序列，$\mathbf{F}$ 为杆件参考系序列，$\mathbf{B}$ 为杆件体序列，$\mathbf{K}$ 为运动副类型序列，$\mathbf{NT}$ 为约束轴的序列即非树弧序列。

要对系统属性进行距离及角度的度量，就需要建立由参考点、参考轴或笛卡儿坐标系构成的运动链度量系统。度量系统不仅决定了系统属性的描述形式，也影响到系统属性间的计算精度与复杂性。比如：以地磁北向为参考，需考虑地磁方向的精确性问题，因为不同时间及地点的地磁方向与大小大不相同。在矢量空间下，参考轴是最基本的参考单元，参考系可以由一组独立的参考轴构成。在工程上，选择坐标系时需要考虑测量手段、测量精度及应用习惯。与理论坐标系不同，精密机械工程的坐标系要具有可测量的光学特征，否则既不能被人感知，又不能被光学设备检测。本节首先建立轴链度量系统，再研究该系统的空间元素及关系，即度量空间。

2.5.1 轴链完全 Span 树

给定任意一个多体系统，去除所有通过距离及角度进行度量的实体及关系，仅保留系统的连接关系，考虑轴链三大事实，即得到以轴为基元的轴链有向 Span 树。显然，上述

过程是一个典型的分析过程。

任一轴都有其各自的 3D 点空间，称该空间为轴空间。点、线、体是 3D 轴空间的构成要素，且任一轴空间有且仅有一个自由度。因此，轴链有向 Span 树本质上表征了由一组运动轴构成的运动空间。复合运动副可由一组串接的简单运动副来等价，构成一个描述该复合运动副的轴链，表征该复合运动副的运动空间。该空间的自由度数与复合运动副的运动轴数相等。

为研究多体系统的运动学及动力学，需要在轴链有向 Span 树中增加通过距离和角度进行度量的实体及关系。

（1）轴链有向 Span 树的点。

杆件 l 的惯性中心或质心 I 记为 l_I，表示惯性中心 I 是杆件 l 的子。通常情况下，点用大写的字母表示，任意点常记为 S；而 l_S 表示杆件 l 上的任意一点 S，点 l_S 是杆件 l 的子；$\boldsymbol{F}^{[l]}$ 表示由任意点 l_S 构成的笛卡儿空间。因此，任意点是树链空间中的点，是 Span 树的组成要素。在不引起歧义时，为保证书写整洁，常记 l_S 为 lS。

（2）轴链有向 Span 树中的轴。

将轴 l 中的 x 轴、y 轴及 z 轴分别记为 lx、ly 及 lz，以表明 x 轴、y 轴及 z 轴的父为 l 轴。显然，x,y,z 是多轴系统的专用符号，不能用作轴名。

（3）轴链有向 Span 树中的体。

体序列 $\boldsymbol{B}=\left\{\boldsymbol{B}^{[l]}\mid l\in\boldsymbol{A}\right\}$，其中 $\boldsymbol{B}^{[l]}\triangleq\left[\left(m_l^{[S]},lS\right)\mid lS\in\Omega_l\right]$。若 $\boldsymbol{B}^{[l]}=\varnothing$，则杆件 l 的质量为零，其中 lS 是任意点，Ω_l 表示杆件 l 的几何体。动力学体 $\boldsymbol{B}^{[l]}$ 是几何体 Ω_l 的从属属性。

对于复合运动副 ${}^{\bar{l}}\boldsymbol{k}_l=\left({}^{\bar{l}}\boldsymbol{k}_{l1},\cdots,{}^{ln}\boldsymbol{k}_l\right]$，仅轴 $\boldsymbol{A}^{[l]}$ 与动力学体 $\boldsymbol{B}^{[l]}$ 固结，其质量和转动惯量非零，而其他轴无质量与惯量；任一轴 $k\in\left(\bar{l},l1,\cdots,ln,l\right]$，均与几何体 Ω_k 固结；显然，$\Omega_k\subset\Omega_l$，即 Ω_k 是 Ω_l 的子空间。

（4）轴链有向 Span 树中的力。

环境 i 中的任一点 iS 作用于 $\boldsymbol{B}^{[l]}$ 上点 lS 的力和力矩分别记为固定矢量 ${}^{iS}f_{lS}$ 和 ${}^{iS}\tau_{lS}$；环境中的点 iS 与体 $\boldsymbol{B}^{[l]}$ 上的点 lS 通过力 ${}^{iS}f_{lS}$ 及力矩 ${}^{iS}\tau_{lS}$ 构成回路。

惯性空间总是相对的，不存在匀速或绝对静止的惯性空间，故惯性空间无实际操作意义。轴链 Span 树根据被研究系统的范围确定该系统共有的根，该根即惯性空间。因此，多轴系统的轴链 Span 树是轴链完全 Span 树。树根 i 表示世界，包含作用力 ${}^{iS}f_{lS}$ 的施力点 iS。惯性空间由被研究的多轴系统及环境施力点共同确定。

在文本中，约定 Frame #l 为 $\boldsymbol{F}^{[l]}$，Axis #l 或 Link #l 为 $\boldsymbol{A}^{[l]}$，Body #l 为 $\boldsymbol{B}^{[l]}$，Joint #l 为 ${}^{\bar{l}}\boldsymbol{k}_l$。

2.5.2 投影矢量及张量不变性

运动链属性的度量总是要相对一定的坐标轴进行，否则将无法实现。如图2-30所示，一维的坐标轴 l 由原点 O_l 及单位基矢量 $\mathbf{e}_l$ 构成，它是具有刻度的方向参考线，是构成参考系的基元。轴 l 上的点 S 的刻度即为坐标。

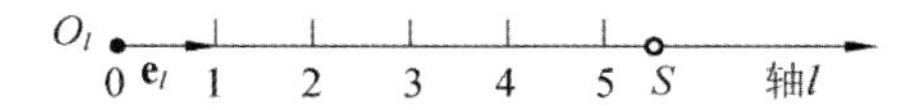

图 2-30　坐标轴与基矢量

整体形式的基矢量 $\mathbf{e}_l$ 表示一个客观的单位方向。$\mathbf{e}_l$ 的分量形式记为 $\left[\mathbf{e}_l^{[x]} \quad \mathbf{e}_l^{[y]} \quad \mathbf{e}_l^{[z]}\right]$，即 $\mathbf{e}_l$ 由三个独立的有序符号组成，这三个有序符号表示三个独立的自由度。

笛卡儿直角坐标系（简称笛卡儿系）由三个两两正交的坐标轴构成。在笛卡儿系下的角度和距离具有不变性，即“保角”和“保距”特性，它们是机器人系统分析的基础，同时也符合人们的认知习惯。笛卡儿直角坐标系 $O_l - x_l y_l z_l$ 由原点 O_l 及基矢量 $\mathbf{e}_l$ 构成，其中 $\mathbf{e}_l = \left[\mathbf{e}_l^{[x]} \quad \mathbf{e}_l^{[y]} \quad \mathbf{e}_l^{[z]}\right]$。称 $\left[\mathbf{e}_l^{[x]} \quad \mathbf{e}_l^{[y]} \quad \mathbf{e}_l^{[z]}\right]$ 为基架，包括三个独立的符号，表示三个独立的维度。在数学中基矢量表示空间中一组独立的单位矢量；在工程中还需要考虑基矢量对应的度量单位。基架既具有客观性又具有主观性，因为在基架的选取中既要考虑测量设备的可行性，又要考虑观测者的方便性。

笛卡儿空间是具有内积（点积）“•”及叉积“×”运算的空间。点积或叉积运算的前提是参与运算的矢量具有齐次性及可加性，且以同一个基架为参考。点积或叉积运算可以统一为代数乘运算“·”。

如图 2-31 所示，由 O_l 至点 lS 的位置矢量 ${}^l\vec{r}_{lS}$ 对一维坐标轴 lx 或单位基矢量 $\mathbf{e}_l^{[x]}$ 的投影矢量 ${}^l r_{lS}^{[x]}$ 称为矢量 ${}^l\vec{r}_{lS}$ 对轴 l 的坐标。记 ${}^l\vec{r}_{lS}$ 对参考轴 lx 的投影矢量（简称投影）为 ${}^{l|l}\vec{r}_{lS}^{[x]}$，且有 ${}^l r_{lS}^{[x]} = {}^{l|l}\vec{r}_{lS}^{[x]}$，其中，$r$ 是平动 3D 坐标矢量，其三个分量确定矢量的方向及大小。投影矢量依赖于单位坐标轴或单位基，该参考基又称为投影基。

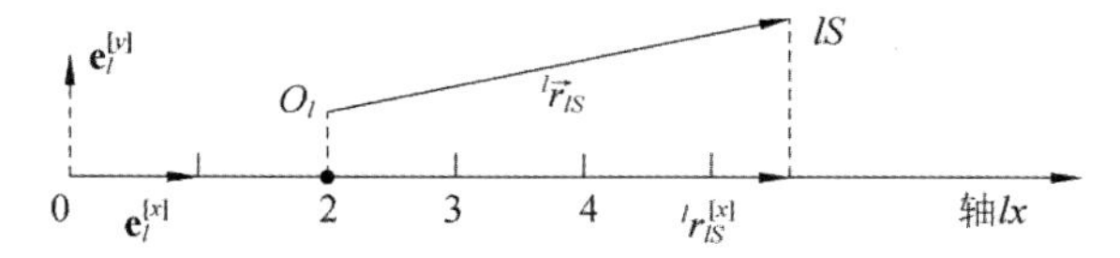

图 2-31　矢量的投影矢量

显然，投影变换即是点积运算，即

$$ {}^l r_{lS}^{[x]} = \mathbf{e}_l^{[x]} \bullet {}^l\vec{r}_{lS} \tag{2.30} $$

由式(2.30)可知：坐标轴可以作为坐标或投影的参考，坐标是二维的。但是，对于转动，一个坐标轴是不够的。要么增加另一个矢量，通过两矢量所张的角度来表达；要么在坐标轴的径向上增加一个零位方向，通过绕轴的转动角度来表达。因平动的坐标等价于“三维点到三维点”的矢量，既受坐标轴方向约束又受坐标大小的约束，故轴向的坐标是一维的。又因单位基自身是二维的，如图 2-31 所示，给定任一三维矢量 ${}^{l}\vec{r}_{lS}$ 及一个单位基矢量 $\mathbf{e}_{l}^{[x]}$，必存在与单位基矢量 $\mathbf{e}_{l}^{[x]}$ 正交的径向单位基矢量 $\mathbf{e}_{l}^{[y]}$。$\left[\begin{matrix} {}^{l}r_{lS}^{[x]} & {}^{l}r_{lS}^{[y]} \end{matrix}\right]$ 有两个独立的分量，但是三维坐标基有三个独立的分量。

投影符 ${}^{|}\square$ 的优先级高于成员访问符 $\square_{[\square]}$ 或 $\square^{[\square]}$，成员访问符 $\square^{[\square]}$ 的优先级高于幂符 $\square^{:}$。引入投影符 ${}^{|}\square$ 的作用在于：

（1）区分链节属性量，因为链节属性量反映相邻杆件（轴）的运动量，通常是可以直接测量的，而不同链节间的运动量难以直接测量；

（2）在运动学及动力学方程中，保证运动链的链序关系正确，即链序的不变性；

（3）保证运动学及动力学方程书写简洁，以突出重要的运算关系；

（4）保证方程正确。投影符与链指标一样，存在相应的运算法则，可以保证方程的正确性。

如图 2-32 所示，位置矢量 ${}^{l}\vec{r}_{lS}$ 在三个坐标轴上的投影矢量为 ${}^{l|l}\vec{r}_{lS}$，且定义 ${}^{l}r_{lS} = {}^{l|l}\vec{r}_{lS}$。由于 ${}^{l}r_{lS}$ 左上角标指明了参考系，${}^{l}r_{lS}$ 既间接表示了位移矢量 ${}^{l}\vec{r}_{lS}$，又直接表示了位移坐标矢量，即具有矢量及坐标矢量的双重作用。Frame $\#l$ 的正交坐标轴记为 x_l、y_l 及 z_l。${}^{l}r_{lS} = \left[\begin{matrix} {}^{l}r_{lS}^{[x]} & {}^{l}r_{lS}^{[y]} & {}^{l}r_{lS}^{[z]} \end{matrix}\right]$ 有三个独立的分量，相应地额 $\mathbf{e}_l$ 有三个独立的分量。

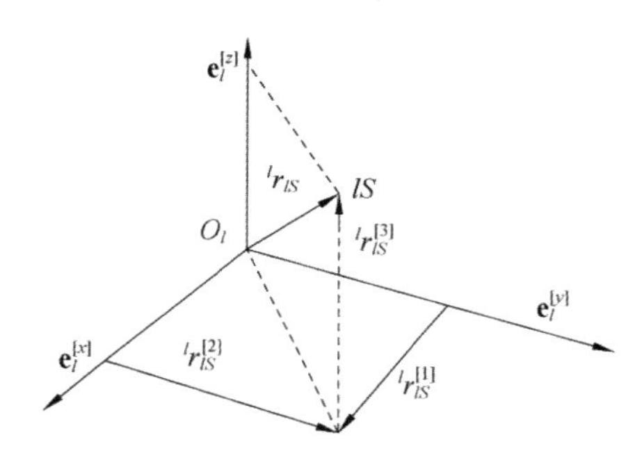

图 2-32 笛卡儿直角坐标系与坐标

如图 2-33 所示，位置矢量 ${}^{l}\vec{r}_{lS}$ 在 Frame $\#k$ 中的投影矢量记为 ${}^{k|l}\vec{r}_{lS}$，且有 ${}^{k|l}r_{lS} = {}^{k|l}\vec{r}_{lS}$。

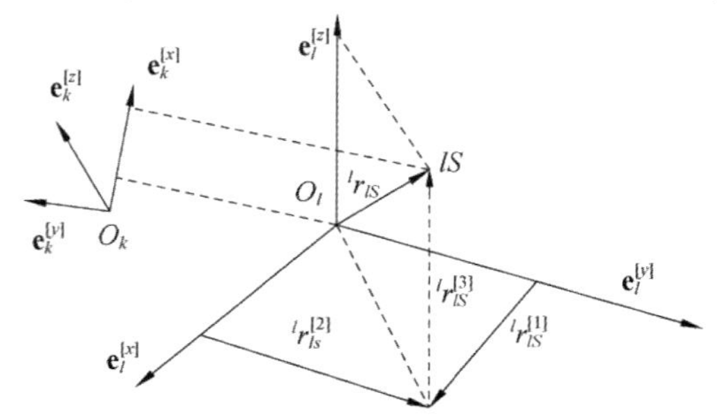

图 2-33 位置矢量相对不同参考基的投影矢量

矢量即一阶张量是基矢量与坐标矢量的代数积。具有不变性的矢量表示为

$$
{}^{l}\vec{r}_{lS}=\mathbf{e}_{l}\cdot{}^{l}r_{lS}=\begin{bmatrix}\mathbf{e}_{l}^{[x]} & \mathbf{e}_{l}^{[y]} & \mathbf{e}_{l}^{[z]}\end{bmatrix}\cdot\begin{bmatrix}{}^{l}r_{lS}^{[1]}\\ {}^{l}r_{lS}^{[2]}\\ {}^{l}r_{lS}^{[3]}\end{bmatrix}=\mathbf{e}_{l}^{[x]}\cdot{}^{l}r_{lS}^{[1]}+\mathbf{e}_{l}^{[y]}\cdot{}^{l}r_{lS}^{[2]}+\mathbf{e}_{l}^{[z]}\cdot{}^{l}r_{lS}^{[3]} \tag{2.31}
$$

其中：基矢量$\mathbf{e}_l$总写成行序（逆序）的形式；坐标矢量${}^{l}r_{lS}$具有列序（正序）的形式。如同硬币的正反面关系一样，基矢量$\mathbf{e}_l$与坐标矢量${}^{l}r_{lS}$具有对偶关系。

给定正交基矢量$\mathbf{e}_l$，则有

$$
\left\|\mathbf{e}_{l}\right\|=1 \tag{2.32}
$$

【证明】　基的度量需要以一个单位矢量为参考。如图 2-34 所示，由基架的三个方向矢量分别转至任一单位矢量$\mathbf{e}_l$的三个角度分别记为ϕ_{lx}^{l}、ϕ_{ly}^{l}、ϕ_{lz}^{l}。因

$$
\mathrm{C}^{2}\left(\phi_{lx}^{l}\right)+\mathrm{C}^{2}\left(\phi_{ly}^{l}\right)+\mathrm{C}^{2}\left(\phi_{lz}^{l}\right)=1
$$

故这三个角度中只有两个独立的量。

因为基矢量$\mathbf{e}_l$是三维空间的单位基，是一个独立的符号，同时具有三个基分量$\begin{bmatrix}\mathbf{e}_{l}^{[x]} & \mathbf{e}_{l}^{[y]} & \mathbf{e}_{l}^{[z]}\end{bmatrix}$，即有$\mathbf{e}_{l}=\begin{bmatrix}\mathbf{e}_{l}^{[x]} & \mathbf{e}_{l}^{[y]} & \mathbf{e}_{l}^{[z]}\end{bmatrix}$，基的相互关系需要通过坐标来表示，故有

$$
\left\|\mathbf{e}_{l}\right\|=\left\|\begin{bmatrix}\mathbf{e}_{l}^{[x]} & \mathbf{e}_{l}^{[y]} & \mathbf{e}_{l}^{[z]}\end{bmatrix}\cdot\mathbf{e}_{l}\right\|=\sqrt{\mathrm{C}^{2}\left(\phi_{lx}^{l}\right)+\mathrm{C}^{2}\left(\phi_{ly}^{l}\right)+\mathrm{C}^{2}\left(\phi_{lz}^{l}\right)}=1 \tag{2.33}
$$

证毕。

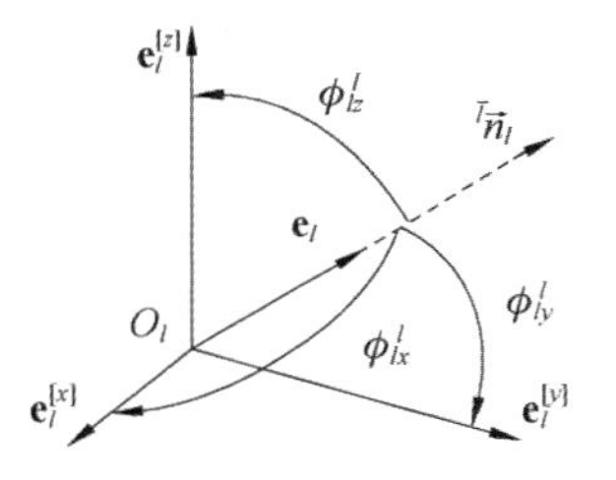

图 2-34　基矢量与基架的关系

由以上证明可知，基矢量$\mathbf{e}_l$是与 Frame#l 固结的任意单位矢量，基的度量依赖于坐标。用单位轴矢量${}^{\bar{l}}\vec{n}_l$替代$\mathbf{e}_l$，则转动坐标系 Frame #l 与转动轴矢量${}^{\bar{l}}\vec{n}_l$等价。因轴l的 3D 空间坐标轴矢量记为${}^{\bar{l}}n_l$，故将与轴l固结的三个有序的单位轴分别记lx、ly及lz(表明这三个坐标轴属于轴l)。基矢量$\mathbf{e}_l$与有序的基分量$\begin{bmatrix}\mathbf{e}_{l}^{[x]} & \mathbf{e}_{l}^{[y]} & \mathbf{e}_{l}^{[z]}\end{bmatrix}$等价。坐标轴矢量${}^{\bar{l}}n_l$与固结的三个有序单位坐标轴$[lx,ly,lz]$等价。

坐标矢量${}^{l}r_{lS}=\begin{bmatrix}{}^{l}r_{lS}^{[1]} & {}^{l}r_{lS}^{[2]} & {}^{l}r_{lS}^{[3]}\end{bmatrix}^{\mathrm{T}}$是固定矢量，有起点与终点，同时指明了参考系。因$\boldsymbol{A}\leftrightarrow\boldsymbol{F}$，给定$l\in\boldsymbol{A}$时，对于平动坐标矢量${}^{l}r_{lS}$，左上角$l$表示 Frame #$l$ 的原点O_l。

记三维二阶张量 ${}^{k}\vec{\mathrm{J}}_{lS}$ 在 k 系下的坐标阵列为 ${}^{k}\mathrm{J}_{lS}$：

$$
{}^{k}\mathrm{J}_{lS}=\begin{bmatrix} {}^{k}\mathrm{J}_{lS}^{[1][1]} & {}^{k}\mathrm{J}_{lS}^{[1][2]} & {}^{k}\mathrm{J}_{lS}^{[1][3]} \\ {}^{k}\mathrm{J}_{lS}^{[2][1]} & {}^{k}\mathrm{J}_{lS}^{[2][2]} & {}^{k}\mathrm{J}_{lS}^{[2][3]} \\ {}^{k}\mathrm{J}_{lS}^{[3][1]} & {}^{k}\mathrm{J}_{lS}^{[3][2]} & {}^{k}\mathrm{J}_{lS}^{[3][3]} \end{bmatrix}
$$

其中：${}^{k}\mathrm{J}_{lS}$ 的左上角 k 表示参考系，即 ${}^{k}\mathrm{J}_{lS}$ 是 k 系下的坐标阵列；${}^{k}\mathrm{J}_{lS}$ 的方向是由 k 系的原点 O_k 指向 l 系中的点 S 。记 $\mathbf{e}_k^{\mathrm{T}}={}^{k}\mathbf{e}$ ，${}^{k}\mathrm{J}_{lS}$ 以两个相同的坐标基 $\mathbf{e}_k$ 的阵列 $\mathbf{e}_k\cdot{}^{k}\mathbf{e}$ 为参考；如图 2-35 所示，由两个基矢量的笛卡儿积得到九个二重基分量。

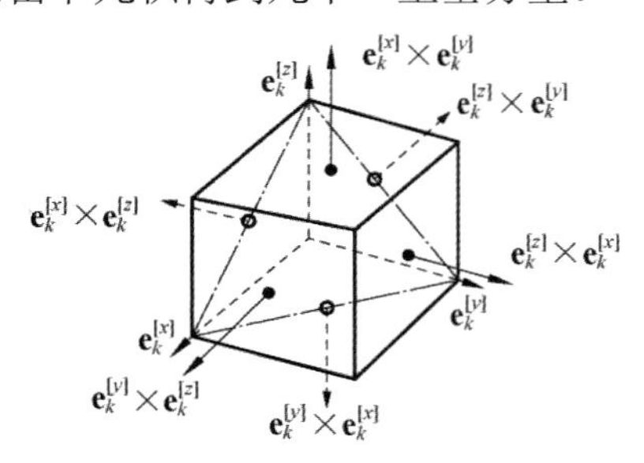

图 2-35　三维二阶张量的基

大写字母 J 表示与基分量对应的 3×3 的坐标阵列。具有不变性的二阶张量 ${}^{k}\vec{\mathrm{J}}_{lS}$ 表示为

$$
{}^{k}\vec{\mathrm{J}}_{lS}=\mathbf{e}_k\cdot{}^{k}\mathrm{J}_{lS}\cdot{}^{k}\mathbf{e}=\sum_{r=1}^{[1:3]}\left(\sum_{c=1}^{[1:3]}\left(\mathbf{e}_k^{[r]}\cdot{}^{k}\mathrm{J}_{lS}^{[r][c]}\cdot\mathbf{e}_k^{[c]}\right)\right) \tag{2.34}
$$

即二阶张量的基分量与对应坐标的乘积之和具有不变性。二阶张量的坐标阵列 ${}^{k}\mathrm{J}_{lS}$ 的六个非对角元素表示六面体法向对应的坐标，三个对角元素表示三个轴向对应的坐标。在力学中，转动惯性张量、应变及应力张量等均是二阶张量。

以不同参考系度量的属性量之间存在内在联系，需要保证属性量的不变性：坐标与基相互参考，基与坐标的代数积保持不变，否则不同的度量之间存在矛盾，不能保证属性量的客观性。故有矢量 ${}^{\bar{l}}\vec{r}_{l}$ 及二阶张量 ${}^{l}\vec{\mathrm{J}}_{lS}$ 的不变性关系：

$$
{}^{l}\vec{r}_{lS}=\mathbf{e}_l\cdot{}^{l}r_{lS}=\mathbf{e}_k\cdot{}^{k|l}r_{lS} \tag{2.35}
$$

$$
{}^{l}\vec{\mathrm{J}}_{lS}=\mathbf{e}_l\cdot{}^{l}\mathrm{J}_{lS}\cdot{}^{l}\mathbf{e}=\mathbf{e}_k\cdot{}^{k|l}\mathrm{J}_{lS}\cdot{}^{k}\mathbf{e} \tag{2.36}
$$

显然，参考基 $\mathbf{e}_l$ 不是运动链拓扑结构的要素，而是运动链度量的参考要素。矢量 ${}^{\bar{l}}\vec{r}_{l}$ 及二阶张量 ${}^{l}\vec{\mathrm{J}}_{lS}$ 的左上角标及右下角标首先表示的是拓扑关系即连接关系，左上角标表明了参考系。

2.5.3　运动链度量规范

运动链不仅具有链序不变性，而且具有张量不变性；运动链的属性量通过链指标反映该属性量具有的链序关系。记 $^{\overline{l}}\mathbf{1}_l$ 的主属性符 p 或 P 实例化为 $^{\overline{l}}\vec{p}_l$ 或 $^{\overline{l}}\vec{P}_l$。

运动链度量规范的约定如下。

（1）记矢量为 $^{\overline{l}}\vec{p}_l$，满足矢量（一阶张量）不变性：

$$^{\overline{l}}\vec{p}_l = \mathbf{e}_{\overline{l}} \cdot {}^{\overline{l}}p_l = \mathbf{e}_k \cdot {}^{k|\overline{l}}p_l \tag{2.37}$$

其中：$^{\overline{l}}p_l$ 及 $^{k|\overline{l}}p_l$ 是 3×1 的坐标矢量，$^{\overline{l}}p_l$ 是 $^{\overline{l}}\vec{p}_l$ 在 Frame $\#\overline{l}$ 下的表示；$^{k|\overline{l}}p_l$ 是 $^{\overline{l}}\vec{p}_l$ 在 Frame $\#k$ 下的表示。式(2.37)表明：矢量坐标与基矢量的一阶矩保持不变，即矢量具有不变性。三维矢量是三个基分量的线性组合。一个三维空间点由三维矢量刻画。

（2）记二阶张量为 $^{\overline{l}}\vec{P}_l$，满足二阶张量不变性：

$$^{\overline{l}}\vec{P}_l = \mathbf{e}_l \cdot {}^{\overline{l}}P_l \cdot {}^{l}\mathbf{e} = \mathbf{e}_k \cdot {}^{k|\overline{l}}P_l \cdot {}^{k}\mathbf{e} \tag{2.38}$$

其中：$^{\overline{l}}P_l$ 及 $^{k|\overline{l}}P_l$ 是 3×3 的坐标阵列，$^{\overline{l}}P_l$ 是 $^{\overline{l}}\vec{P}_l$ 在 Frame $\#\overline{l}$ 下的表示；$^{k|\overline{l}}P_l$ 是 $^{\overline{l}}\vec{P}_l$ 在 Frame $\#k$ 下的表示。式(2.38)表明：二阶坐标张量与基的二阶多项式保持不变，即二阶张量具有不变性。二阶张量是九个二阶基分量的线性组合。张量表示事物的客观性，是代数系统建立的基础，即代数系统的基础公式通常需要通过张量的不变性予以证明。

两个三维空间点的耦合作用由三维二阶张量刻画，即

$$^{\overline{l}}P_l \triangleq {}^{\overline{l}}p_l \cdot {}^{\overline{l}}p_l^{\mathrm{T}} = \begin{bmatrix} ^{\overline{l}}p_l^{[1]} \\ ^{\overline{l}}p_l^{[2]} \\ ^{\overline{l}}p_l^{[3]} \end{bmatrix} \cdot \begin{bmatrix} ^{\overline{l}}p_l^{[1]} & ^{\overline{l}}p_l^{[2]} & ^{\overline{l}}p_l^{[3]} \end{bmatrix} \tag{2.39}$$

称式(2.39)中由两个坐标矢量构成的并矢（dyad）为二阶坐标张量。

（3）$^{\overline{l}}\mathbf{1}_l$ 的零阶属性标量 p 记为 $p_l^{\overline{l}}$。

（4）若属性 p 或 P 是关于位置的，则 $^{\overline{l}}\square_l$ 应理解为 Frame $\#\overline{l}$ 的原点至 Frame $\#l$ 的原点；若属性 p 或 P 是关于方向的，则 $^{\overline{l}}\square_l$ 应理解为 Frame $\#\overline{l}$ 至 Frame $\#l$。

（5）$p_l^{\overline{l}}$、$^{\overline{l}}p_l$ 及 $^{\overline{l}}P_l$ 应分别理解为关于时间 t 的函数 $_tp_l^{\overline{l}}$、$^{\overline{l}}_tp_l$ 及 $^{\overline{l}}_tP_l$，且 $_0p_l^{\overline{l}}$、$^{\overline{l}}_0p_l$ 及 $^{\overline{l}}_0P_l$ 是 t_0 时刻的常数或常数阵列。但是正体的 $\mathrm{p}_l^{\overline{l}}$、$^{\overline{l}}\mathrm{p}_l$ 及 $^{\overline{l}}\mathrm{P}_l$ 应视为常数或常数阵列。

（6）投影符 $^{|}\square$ 表示矢量或二阶张量对参考基的投影矢量或投影序列，即坐标矢量或坐标阵列。

给定运动链 $^{k}\mathbf{1}_{lS} = \left(k,\cdots,l,lS\right]$，根据上述规范约定：

（1）lS 表示杆件 l 中的点 S，而 S 表示空间中的一点 S；

（2）$^{k}\vec{r}_l$ 表示原点 O_k 至原点 O_l 的位置矢量，$^{k}r_l$ 表示 $^{k}\vec{r}_l$ 在Frame $\#k$ 下的坐标矢量；

（3）$^{k}\vec{r}_{lS}$ 表示原点 O_k 至点 lS 的位置矢量，$^{k}r_{lS}$ 表示 $^{k}\vec{r}_{lS}$ 在 Frame $\#k$ 下的坐标矢量；

（4）$^{k}\vec{r}_S$ 表示原点 O_k 至点 S 的位置矢量，$^{k}r_S$ 表示 $^{k}\vec{r}_S$ 在 Frame $\#k$ 下的坐标矢量；

（5）$^{\bar{l}}\vec{n}_l$ 表示运动副 $^{\bar{l}}\mathbf{k}_l$ 的轴矢量，$^{\bar{l}}n_l$ 及 $^{l}n_{\bar{l}}$ 表示 $^{\bar{l}}\vec{n}_l$ 分别在Frame $\#\bar{l}$ 及Frame $\#l$ 下的坐标矢量；

（6）$r_l^{\bar{l}}$ 表示沿轴 $^{\bar{l}}\vec{n}_l$ 的线位置，$\phi_l^{\bar{l}}$ 表示绕轴 $^{\bar{l}}\vec{n}_l$ 的角位置；

（7）$_0r_l^{\bar{l}}$ 表示零时刻的线位置，$_0\phi_l^{\bar{l}}$ 表示零时刻的角位置；

（8）$\mathbf{0}$ 表示三维零矩阵；$\mathbf{1}$ 表示三维单位矩阵；

（9）转置 $[\square]^{\mathrm{T}}$ 表示对集合进行转置，不对成员进行转置；

（10）$^{\bar{l}}_0r_l$ 表示零位时由原点 $O_{\bar{l}}$ 至原点 O_l 的位置矢量，且记 $^{\bar{l}}_0r_l={}^{\bar{l}}l_l$，表示位置结构参数。

上述符号规范与约定是根据运动链的偏序性、链节是运动链的基本单位这两个原则确定的，反映了运动链的本质特征。上述角标又称链指标，表示连接关系，右上角标表征参考系。符号表达简洁、准确，便于交流与书面表达。同时，它们所构成的是结构化的符号系统，包含组成各属性量的要素及关系，便于计算机处理，为计算机自动建模奠定了基础。角标的含义需要通过属性符的背景（亦称上下文）进行理解。比如：若属性符是平动类型的，则左上角标表示坐标系的原点及方向；若属性符是转动类型的，则左上角标表示坐标系的方向。

2.5.4 自然坐标系与轴不变量

在工程中，先定义笛卡儿坐标系，再通过工程测量确定坐标系间的关系，最后以该坐标系为参考，进行运动学及动力学分析。杆件间的关系需要通过与杆件固结的坐标系进行度量。然而，笛卡儿坐标系的坐标轴两两正交且共点，是一个非常强的约束。

将笛卡儿坐标系与体固结，即标记原点及坐标轴方向；借助光学特征，应用现代光学设备（如激光跟踪仪）测量坐标系间的相互关系；具有一定大小的一组光学特征难以满足笛卡儿坐标轴两两正交的精度需求，导致测量误差过大。对于精密机器人工程，即使微小的角度误差，比如 10″，也会通过杆件放大至不可接受的程度。同时，笛卡儿系与杆件固结后受到杆件实际空间限制，杆件内部及外部尺寸均无法测量。因此，在研究精密机器人系统时，期望间接地确定及应用笛卡儿系。首先，在无三轴两两正交约束时，测量一组具有极小光学特征的测点的空间位置；然后，依据一定准则，通过计算间接确定笛卡儿坐标系。应用现代光学设备，测点的精度易于满足工程精度需求，计算引起的误差可以忽略不计，从而可保证笛卡儿坐标系的精度。这是一个先测量后定义的过程，与传统的先定义笛卡儿坐标系后测量的过程相反。

定义 2.1 自然坐标轴：与运动轴或测量轴共轴的，具有固定原点的单位参考轴称为自然坐标轴，亦称为自然参考轴。

定义 2.2 自然坐标系：如图 2-36 所示，若多轴系统 $\boldsymbol{D}$ 处于零位，所有笛卡儿体坐标系方向一致，且体坐标系原点位于运动轴的轴线上，则该坐标系称为自然坐标系。

给定多轴系统 $\boldsymbol{D}$，在系统零位时，如图 2-36 所示，只要建立底座坐标系或惯性坐标系，以及各轴上的参考点 O_l，其他杆件坐标系也自然确定。本质上，只需要确定底座坐标系或惯性坐标系。

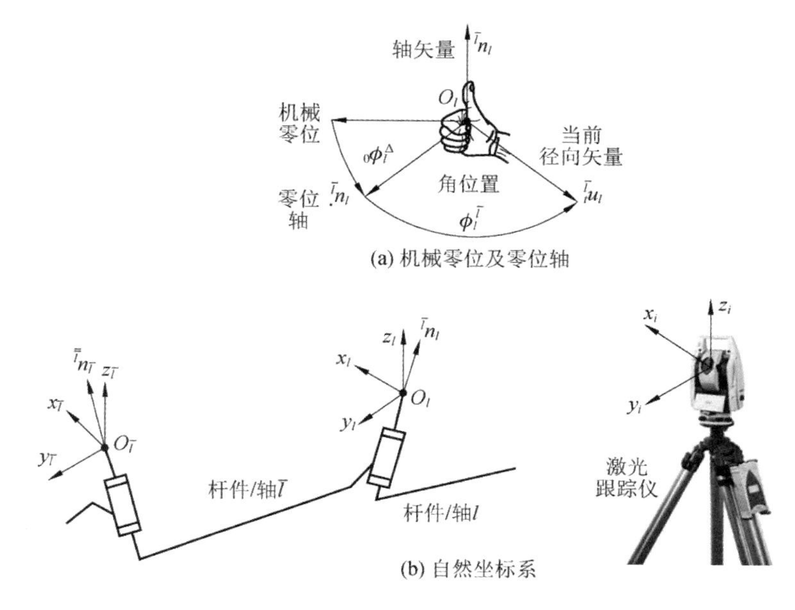

(a) 机械零位及零位轴

(b) 自然坐标系

图 2-36　零位与自然坐标系

定义 2.3　不变量：不依赖于一组坐标系的量称为不变量。

由定义 2.2 可知，在系统处于零位时，所有杆件的自然坐标系与底座坐标系或世界坐标系的方向一致。如图 2-37（a）所示：系统处于零位即 $\phi_l^{\bar{l}}=0$ 时，Frame $\#\bar{l}$ 与 Frame $\#l$ 方向一致；绕轴矢量 ${}^{\bar{l}}\vec{n}_l$ 转动角度 $\phi_l^{\bar{l}}$ 将 Frame $\#\bar{l}$ 转至 Frame $\#l$；${}^{\bar{l}}\vec{n}_l$ 在 Frame $\#\bar{l}$ 下的坐标矢量 ${}^{\bar{l}}n_l$ 与 ${}^{\bar{l}}\vec{n}_l$ 在 Frame $\#l$ 下的坐标矢量 ${}^{l}n_{\bar{l}}$ 恒等，即有

$$
{}^{\bar{l}}n_l={}^{l}n_{\bar{l}}={}^{\bar{l}|l}n_{\bar{l}} \tag{2.40}
$$

由式(2.40)知，${}^{\bar{l}}n_l$ 和 ${}^{l}n_{\bar{l}}$ 不依赖于相邻的 Frame $\#\bar{l}$ 与 Frame $\#l$，故 ${}^{\bar{l}}n_l$ 和 ${}^{l}n_{\bar{l}}$ 具有不变性；在第 3 章将对式(2.40)予以证明。${}^{\bar{l}}n_l$ 或 ${}^{l}n_{\bar{l}}$ 表征的是 Link $\#\bar{l}$ 与 Link $\#l$ 共有的参考单位坐标矢量，与 $O_{\bar{l}}$ 及 O_l 无关。

如图 2-37（b）所示，转动 ${}^{\bar{l}}_{t}r_l$ 构成空间球面，它是受约束的 4D 空间。因此，需要利用四个轴即 Frame $\#l$ 的三个轴及零位轴完整描述空间转动。如图 2-37（c）所示，3D 矢量空间的内积及叉积是基本的矢量运算。对于空间转动，内积以零位轴为参考；径向矢量的叉积以轴矢量为参考。故将轴不变量记为 ${}^{\bar{l}}\underset{\cdot}{n}_l\triangleq\begin{bmatrix}{}^{\bar{l}}n_l & 1\end{bmatrix}^{\mathrm{T}}$。又称该轴不变量为轴四元数，它由矢量部分（简称矢部）${}^{\bar{l}}n_l$ 及标量部分（简称标部）1 构成，其中：矢部以转动参考轴为参考；标部以零位轴为参考。因此，${}^{\bar{l}}n_l$ 是 3D 空间的轴不变量，${}^{\bar{l}}\underset{\cdot}{n}_l$ 是 4D 空间的轴不变量。

轴不变量与坐标轴具有本质区别：

（1）坐标轴是具有零位及单位刻度的参考方向，可以描述沿该方向平动的位置，但不能完整描述绕该方向的转动角度，因为坐标轴自身不具有径向参考方向，即不存在表征转动

的零位。在实际应用时，需要补充该轴的径向参考。例如：在 Frame $\#l$ 中，绕 x_l 转动，需以 y_l 或 z_l 为参考零位。坐标轴自身是一维的，三个正交的一维参考轴构成三维的笛卡儿标架。

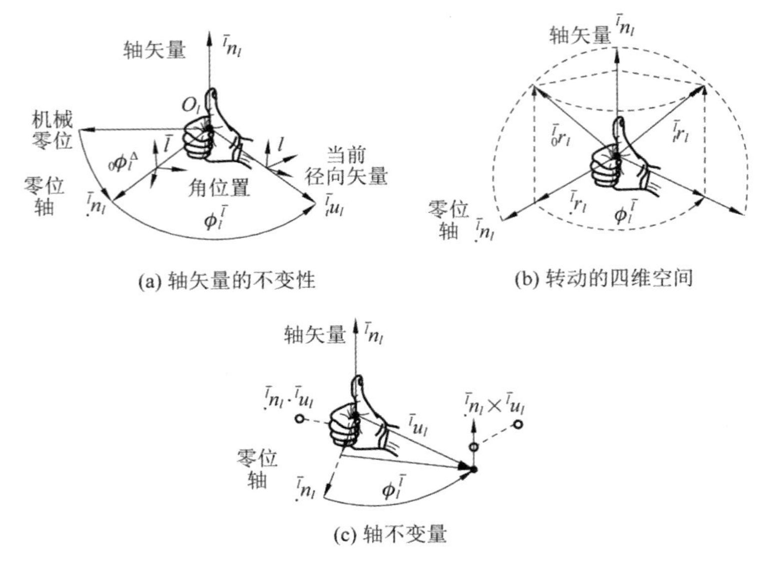

图 2-37　轴不变量

（2）轴不变量是 3D 空间的单位参考轴，其自身就是一个标架，具有径向参考轴，即参考零位。由空间坐标轴及其自身的径向参考轴可以确定笛卡儿标架。空间坐标轴可以反映运动轴及测量轴的三个基本参考属性。

已有文献将无链指标的轴矢量记为 $\hat{\mathbf{e}}$，并称之为欧拉轴，相应的关节角称为欧拉角。之所以不再沿用欧拉轴，而称之为轴不变量，是因为：

（1）给定方向余弦矩阵（DCM）${}^{\bar{l}}Q_l$，因其是实矩阵，且矩阵的模为1，故其有一个实特征值 λ_1 和两个互为共轭的复特征值 $\lambda_2 = \exp\left(\mathbf{i}\phi_l^{\bar{l}}\right)$ 及 $\lambda_3 = \exp\left(-\mathbf{i}\phi_l^{\bar{l}}\right)$，其中i为纯虚数。故有 $|\lambda_1| \cdot \|\lambda_2\| \cdot \|\lambda_3\| = 1$，从而得 $\lambda_1 = 1$。轴矢量 ${}^{\bar{l}}n_l$ 是实特征值 $\lambda_1 = 1$ 对应的特征矢量，是不变量。

（2）轴不变量是3D参考轴，不仅具有参考方向，而且具有径向参考零位（将在3.3.1节予以阐述）。

（3）式(2.40)表明在自然坐标系下 ${}^{\bar{l}}n_l = {}^{l}n_{\bar{l}}$，即轴不变量 ${}^{\bar{l}}n_l$ 是非常特殊的矢量，它对时间的导数也具有不变性，且有非常优良的数学操作性能，在后续章节中将予以分析与应用。

（4）在自然坐标系中，通过轴矢量 ${}^{\bar{l}}n_l$ 及角位置 $\phi_l^{\bar{l}}$，可以直接描述旋转坐标矩阵 ${}^{\bar{l}}Q_l$；没有必要为除根之外的杆件建立各自的体系。同时，以唯一需要定义的根坐标系为参考，可以提高系统结构参数的测量精度。

在后续章节中，将应用轴矢量 ${}^{\bar{l}}n_l$ 建立包含拓扑结构、坐标系、极性、结构参量及力学参量的完全参数化的统一的多轴系统运动学及动力学模型。

基矢量$\mathbf{e}_l$是与 Frame $\#l$ 固结的任一矢量，基矢量$\mathbf{e}_{\bar{l}}$是与 Frame $\#\bar{l}$ 固结的任一矢量，又 ${}^{\bar{l}}n_l$ 是 Frame $\#\bar{l}$ 及 Frame $\#l$ 共有的单位矢量。因此 ${}^{\bar{l}}n_l$ 是 Frame $\#\bar{l}$ 及 Frame $\#l$ 共有的基矢量。因此，轴不变量 ${}^{\bar{l}}n_l$ 是 Frame $\#\bar{l}$ 及 Frame $\#l$ 共有的参考基。轴不变量是参数化的自然坐标基，是多轴系统的基元。固定轴不变量的平动与转动与其固结的坐标系的平动与转动等价。

在系统处于零位时，以自然坐标系为参考，测量得到坐标轴矢量 ${}^{\bar{l}}n_l$；在 Joint $\#l$ 运动时，轴矢量 ${}^{\bar{l}}n_l$ 是不变量；轴矢量 ${}^{\bar{l}}n_l$ 及关节变量 $\phi_l^{\bar{l}}$ 唯一确定 Joint $\#l$ 的转动。

因此，应用自然坐标系，当系统处于零位时，只需确定一个公共的参考系，而不必为系统中每一杆件确定各自的体坐标系，因为它们由轴不变量及自然坐标唯一确定。当进行系统分析时，除底座坐标系外，与杆件固结的其他自然坐标系只发生在概念上，而与实际的测量无关。自然坐标系对于多轴系统理论分析及工程的作用在于：

（1）系统的结构参数需要以统一的参考系测量，否则，不仅工程测量过程烦琐，而且引入不同的体系会造成更大的测量误差。

（2）应用自然坐标系，除根杆件外，其他杆件的自然坐标系由结构参量及关节变量自然确定，有助于多轴系统的运动学与动力学分析。

（3）在工程上，可以应用激光跟踪仪等光学测量设备，实现对固定轴不变量的精确测量。

（4）由于转动副及棱柱副、螺旋副、接触副是圆柱副的特例，可以应用圆柱副简化多轴系统运动学及动力学分析。

（5）轴不变量在理论分析上具有非常优良的操作性能，例如：轴不变量 ${}^{\bar{l}}n_l$ 与轴内力 ${}^{\bar{l}}f_l$ 是正交的，故轴不变量 ${}^{\bar{l}}n_l$ 是轴内力 ${}^{\bar{l}}f_l$ 的解耦自然正交补；可以建立基于自然不变量的迭代式的运动学与动力学方程，既保证建模的精确性与简洁性，又保证计算的实时性。

自然坐标系的优点有：①坐标系易确定；②系统在零位时的关节变量为零；③系统在零位时的姿态一致；④不易引入测量累积误差。

2.5.5 自然坐标及自然关节空间

定义 2.4　转动坐标矢量：绕坐标轴矢量 ${}^{\bar{l}}n_l$ 转动至角位置 $\phi_l^{\bar{l}}$ 的坐标矢量 ${}^{\bar{l}}\phi_l$ 为

$$ {}^{\bar{l}}\phi_l \triangleq {}^{\bar{l}}n_l \cdot \phi_l^{\bar{l}} \quad \text{if} \quad {}^{\bar{l}}\boldsymbol{k}_l \in \boldsymbol{R} \tag{2.41} $$

转动矢量总是与最优转动轴对应，即转动路径最短。只有共轴的转动矢量才具有可加性。转动坐标矢量用于描述体的 3D 姿态。

定义 2.5　平动坐标矢量：沿坐标轴矢量 ${}^{\bar{l}}n_l$ 平动到线位置 $r_l^{\bar{l}}$ 的坐标矢量 ${}^{\bar{l}}r_l$ 为

$$ {}^{\bar{l}}r_l \triangleq {}^{\bar{l}}n_l \cdot r_l^{\bar{l}} \quad \text{if} \quad {}^{\bar{l}}\boldsymbol{k}_l \in \boldsymbol{P} \tag{2.42} $$

定义 2.6　自然坐标：以自然坐标轴矢量为参考方向，相对系统零位的角位置或线位置，记为 q_l，称为自然坐标。其中

$$q_l \triangleq q_l^{\bar{l}} = \begin{cases} \phi_l^{\bar{l}} \triangleq \phi_l & \text{if} \quad {}^{\bar{l}}\boldsymbol{k}_l \in \boldsymbol{R} \\ r_l^{\bar{l}} \triangleq r_l & \text{if} \quad {}^{\bar{l}}\boldsymbol{k}_l \in \boldsymbol{P} \end{cases} \tag{2.43}$$

称与自然坐标一一映射的量为关节变量，如关节位置、角位置的正弦及余弦、关节半角的正切等。

定义 2.7 机械零位：对于 Joint #l，零时刻的绝对编码器的位置 ${}_0q_l^{\triangle}$ 不一定为零，称该位置为机械零位。其中

$$ {}_0q_l^{\triangle} = \begin{cases} {}_0\phi_l^{\triangle} & \text{if} \quad {}^{\bar{l}}\boldsymbol{k}_l \in \boldsymbol{R} \\ {}_0r_l^{\triangle} & \text{if} \quad {}^{\bar{l}}\boldsymbol{k}_l \in \boldsymbol{P} \end{cases} \tag{2.44}$$

故 Joint #l 的控制量 $q_l^{\triangle}$ 为

$$q_l^{\triangle} - {}_0q_l^{\triangle} = q_l^{\bar{l}} \tag{2.45}$$

定义 2.8 自然运动矢量：由自然坐标轴矢量 ${}^{\bar{l}}n_l$ 及自然坐标 q_l 确定的矢量 ${}^{\bar{l}}q_l$ 称为自然运动矢量。其中

$${}^{\bar{l}}q_l \triangleq {}^{\bar{l}}n_l \cdot q_l^{\bar{l}} \tag{2.46}$$

自然运动矢量（简称为运动矢量）在形式上统一了轴向平动及转动的表达。

定义 2.9 关节空间：以关节自然坐标 q_l 表示的空间称为关节空间。

定义 2.10 位形空间：表达位置及姿态的笛卡儿空间称为位形空间（configuration space，CS），它是双矢量空间（dual vector space）或 6D 空间。

定义 2.11 自然关节空间：以自然坐标系为参考，通过关节变量 $q_l^{\bar{l}}$ 表示，在系统零位时必有 ${}_0q_l^{\bar{l}} = 0$ 的关节空间，称为自然关节空间。

2.5.6 固定轴不变量与 3D 螺旋

给定链节 ${}^{\bar{l}}\mathbf{l}_l$，称原点 O_l 受位置矢量 ${}^{\bar{l}}l_l$ 约束的轴矢量 ${}^{\bar{l}}n_l$ 为固定轴矢量，记为 ${}^{\bar{l}}\boldsymbol{I}_l$，如图 2-38 所示。其中

$${}^{\bar{l}}\boldsymbol{I}_l = \begin{bmatrix} {}^{\bar{l}}n_l & {}^{\bar{l}}l_l \end{bmatrix}^{\mathrm{T}} \tag{2.47}$$

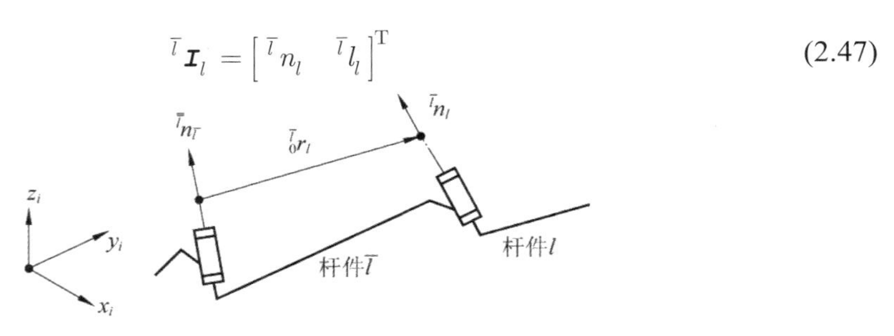

图 2-38 固定轴不变量

轴矢量 ${}^{\bar{l}}n_l$ 是关节位置的参考轴。${}^{\bar{l}}\boldsymbol{I}_l$ 表征 Joint #l 的结构常数。固定轴不变量 ${}^{\bar{l}}\boldsymbol{I}_l$ 是链节 ${}^{\bar{l}}\mathbf{l}_l$ 结构参数的自然描述。

定义 2.12　自然坐标轴空间：以固定轴不变量作为自然参考轴，以对应的自然坐标表示的空间称为自然坐标轴空间，简称自然轴空间。它是具有一个自由度的 3D 空间。

如图 2-38 所示，${}^{\bar{l}}n_l$ 及 ${}^{\bar{l}}l_l$ 不因 Link $\#l$ 的运动而改变，是不变的结构参考量。${}^{\bar{l}}\boldsymbol{I}_l$ 确定了轴 l 相对于轴 $\bar{l}$ 的五个结构参数，并与关节变量 q_l 一起，完整地表达了 Joint $\#l$ 的 6D 位形。给定 $\left\{q_l^{\bar{l}} \middle| l \in \boldsymbol{A}\right\}$ 时，杆件固结的自然坐标系可由结构参数 $\left\{{}^{\bar{l}}\boldsymbol{I}_l \middle| l \in \boldsymbol{A}\right\}$ 及关节变量 $\left\{q_l^{\bar{l}} \middle| l \in \boldsymbol{A}\right\}$ 唯一地确定。称轴不变量 ${}^{\bar{l}}n_l$、固定轴不变量 ${}^{\bar{l}}\boldsymbol{I}_l$、关节位置 $r_l^{\bar{l}}$ 及 $\phi_l^{\bar{l}}$ 为自然不变量。显然，自然不变量 $\left[{}^{\bar{l}}\boldsymbol{I}_l,\ q_l^{\bar{l}}\right]$ 与由 Frame $\#\bar{l}$ 至 Frame $\#l$ 的空间位形 ${}^{\bar{l}}R_l$ 一一映射，即

$$\left[{}^{\bar{l}}\boldsymbol{I}_l,\ q_l^{\bar{l}}\right] \leftrightarrow {}^{\bar{l}}R_l \tag{2.48}$$

应用固定轴不变量描述图 2-22 所示的巡视器结构参数，如图 2-39 所示。

显然，固定轴不变量 ${}^{\bar{l}}\boldsymbol{I}_l$ 是运动轴 l 的自然坐标轴。与笛卡儿坐标轴的不同之处在于：笛卡儿系由三个正交且共点的坐标轴构成，而自然坐标轴有且只有一个可以参数化的 3D 参考轴。显然，三个独立的坐标轴，既可以定义一个 3D 斜坐标系，又可以定义一个笛卡儿直角坐标系。在一个自由体上，可以定义三个独立的坐标轴作为该体的平动坐标系，又可以定义另三个独立的坐标轴作为该体的转动坐标系，即在一个自由体上定义六个独立的坐标轴作为该体平动及转动的 6D 空间参考轴。因此，以自然坐标轴为基础的自然参考系具有笛卡儿直角坐标系不具有的灵活性。

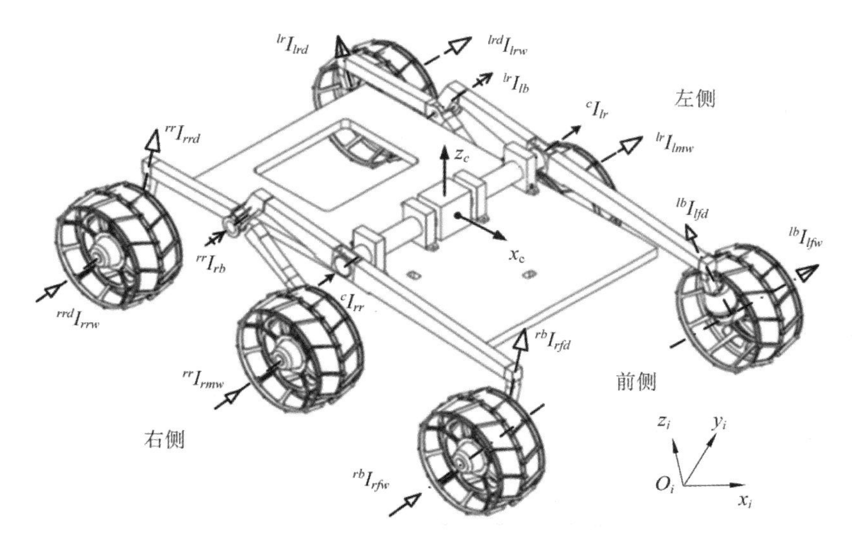

图 2-39　CE3 月面巡视器移动系统结构参数

（1）当 ${}^{\bar{l}}\boldsymbol{k}_l \in \boldsymbol{C}$ 时，则有

$$\begin{cases} {}^{\bar{l}}\phi_l = {}^{\bar{l}}n_l \cdot \phi_l^{\bar{l}} & \text{if} \quad {}^{\bar{l}}\boldsymbol{k}_l \in \boldsymbol{C} \\ {}^{\bar{l}}r_l = {}^{\bar{l}}l_l + {}^{\bar{l}}n_l \cdot r_l^{\bar{l}} & \text{if} \quad {}^{\bar{l}}\boldsymbol{k}_l \in \boldsymbol{C} \end{cases} \tag{2.49}$$

将同一个轴向的平动与转动的复合称为螺旋运动。将转动矢量 ${}^{\bar{l}}\phi_l$ 及平动矢量 ${}^{\bar{l}}r_l$ 合写为

6D 的形式$\left[{}^{\bar{l}}\phi_l \quad {}^{\bar{l}}r_l\right]^{\mathrm{T}} \triangleq {}^{\bar{l}}\gamma_l$，称之为运动螺旋或运动矢量，它具有一个平动自由度及一个转动自由度。与 6D 螺旋${}^{\bar{l}}\gamma_l$相对应，分别称${}^{\bar{l}}\dot{\gamma}_l$及${}^{\bar{l}}\ddot{\gamma}_l$为速度及加速度螺旋。因$\left[{}^{\bar{l}}\phi_l \quad {}^{\bar{l}}r_l\right]^{\mathrm{T}}$和$\left[0_3 \quad {}^{\bar{l}}r_l\right]^{\mathrm{T}}$分别表示 3D 转动与平动，轴方向的平动及转动构成 3D 空间的螺旋线，故称之为螺旋运动。与 3D 运动螺旋相对的是 3D 力螺旋。3D 螺旋运动是空间运动的基元。

（2）当${}^{\bar{l}}\boldsymbol{k}_l \in \boldsymbol{H}$时，$p_l$为螺旋步距，则有

$$\begin{cases} {}^{\bar{l}}\phi_l = {}^{\bar{l}}n_l \cdot \phi_l^{\bar{l}} & \text{if} \quad {}^{\bar{l}}\boldsymbol{k}_l \in \boldsymbol{H} \\ {}^{\bar{l}}r_l = {}^{\bar{l}}l_l + p_l \cdot {}^{\bar{l}}n_l \cdot \phi_l^{\bar{l}} & \text{if} \quad {}^{\bar{l}}\boldsymbol{k}_l \in \boldsymbol{H} \end{cases} \tag{2.50}$$

式(2.49)与式(2.50)等价，且有

$$r_l^{\bar{l}} = p_l \cdot \phi_l^{\bar{l}} \tag{2.51}$$

（3）当${}^{\bar{l}}\boldsymbol{k}_l \in \boldsymbol{R}$时，则有

$$\begin{cases} {}^{\bar{l}}\phi_l = {}^{\bar{l}}n_l \cdot \phi_l^{\bar{l}} & \text{if} \quad {}^{\bar{l}}\boldsymbol{k}_l \in \boldsymbol{R} \\ {}^{\bar{l}}r_l = {}^{\bar{l}}l_l & \text{if} \quad {}^{\bar{l}}\boldsymbol{k}_l \in \boldsymbol{R} \end{cases} \tag{2.52}$$

称仅含一个转动自由度的$\left[{}^{\bar{l}}\phi_l \quad {}^{\bar{l}}_0r_l\right]^{\mathrm{T}}$为转动矢量，它是运动螺旋$\left[{}^{\bar{l}}\phi_l \quad {}^{\bar{l}}r_l\right]^{\mathrm{T}}$的特例。

（4）当${}^{\bar{l}}\boldsymbol{k}_l \in \boldsymbol{P}$时，则有

$$\begin{cases} {}^{\bar{l}}\phi_l = 0_3 & \text{if} \quad {}^{\bar{l}}\boldsymbol{k}_l \in \boldsymbol{P} \\ {}^{\bar{l}}r_l = {}^{\bar{l}}l_l + {}^{\bar{l}}n_l \cdot r_l^{\bar{l}} & \text{if} \quad {}^{\bar{l}}\boldsymbol{k}_l \in \boldsymbol{P} \end{cases} \tag{2.53}$$

称仅含一个平动自由度的$\left[0_3 \quad {}^{\bar{l}}r_l\right]^{\mathrm{T}}$为平动矢量，它是运动螺旋$\left[{}^{\bar{l}}\phi_l \quad {}^{\bar{l}}r_l\right]^{\mathrm{T}}$的特例。

称自然坐标系中的关节坐标为自然坐标；同样有关节速度、关节加速度，它们合称为自然运动量。自然轴空间是由一组独立自然坐标轴构成的自然轴链系统，简称自然轴链（natural axis chain，NAC）系统。式(2.33)表明：与轴空间固结的轴不变量等价于该空间的单位基矢量；平移和转动一个固定轴不变量等价于平移和转动与之固结的自然系；自然轴链与实际运动链的运动序列具有同构关系；运动链就是有序的固定轴不变量构成的空间关系链。

式(2.49)至式(2.53)中的 if 语句间是"或"关系，保证多轴系统运动学及动力学方程数目与自由度相对应。在算法上，由式(2.49)至式(2.53)自然地分配轴运动的计算空间。这与经典的运动螺旋具有本质区别。自然坐标系、自然坐标、自然不变量及自然螺旋构成运动链度量系统；它与链拓扑系统一起构成运动链符号演算系统。这种自然表达常常简单、精确、优雅、清晰，揭示了多轴系统的本质，可提升系统的精确性、实时性及可靠性。

2.5.7 3D 螺旋与运动对齐

由式(2.48)可知，固定轴不变量${}^{\bar{l}}\boldsymbol{I}_l$的关节坐标$q_l^{\bar{l}}$与 Frame $\#\bar{l}$ 及 Frame $\#l$ 的位姿关系${}^{\bar{l}}R_l$是一一映射的。三维空间下的线位移$r_l^{\bar{l}}$及角位移$\phi_l^{\bar{l}}$均是参考轴${}^{\bar{l}}n_l$的螺旋运动${}^{\bar{l}}q_l$。因${}^{\bar{l}}n_l$是不变量，即该坐标矢量是不变的，故称轴l的转动为定轴转动。由 Frame$\#\bar{l}$至 Frame$\#l$ 的

运动路径有无穷多个，但存在唯一最短的运动路径，通过最短运动路径的运动即为定轴的螺旋运动。

如图 2-40 所示，由初始时刻 t_0 的零位单位矢量 ${}^{\bar{l}}_{0}u_l$ 经角度 $\phi_l^{\bar{l}}$ 至当前 t 时刻的单位矢量 ${}^{\bar{l}}_{t}u_l$ 的转动等价为绕轴矢量 ${}^{\bar{l}}n_l$ 作 $\phi_l^{\bar{l}}$ 角度的转动。称 ${}^{\bar{l}}\vec{n}_l$ 为零位矢量 ${}^{\bar{l}}_{0}u_l$ 至当前矢量 ${}^{\bar{l}}_{t}u_l$ 的轴矢量。零位矢量 ${}^{\bar{l}}_{0}u_l$ 向当前矢量 ${}^{\bar{l}}_{t}u_l$ 方向转动 1/4 周的矢量称为 ${}^{\bar{l}}_{0}u_l$ 至 ${}^{\bar{l}}_{t}u_l$ 的径向矢量。这表明：由双矢量确定的转动与螺旋运动等价，其中

$$
{}^{\bar{l}}n_l \cdot \sin\left(\phi_l^{\bar{l}}\right) = {}^{\bar{l}}_{0}u_l \times {}^{\bar{l}}_{t}u_l \tag{2.54}
$$

因此，沿轴的平动、绕轴的转动及其复合运动都是螺旋运动。螺旋是绕转动轴转动 1/4 周的特定转动。给定 ${}^{l}r_{lS}$，其自身即为零阶螺旋轴，其一阶螺旋对应 90° 方向的一阶螺旋轴 ${}^{\bar{l}}n_l \times {}^{l}r_{lS}$，二阶螺旋对应 180° 方向的二阶螺旋轴 ${}^{\bar{l}}n_l \times \left({}^{\bar{l}}n_l \times {}^{l}r_{lS}\right)$，三阶螺旋对应 270° 方向的三阶螺旋轴，四阶螺旋回归至零阶螺旋轴。因此，螺旋操作具有周期性及反对称性，故仅存在一阶及二阶独立的螺旋轴，其他螺旋轴均可通过一阶或二阶螺旋轴表示。显然，转动是具有连续阶的螺旋。以螺旋操作替代叉乘运算，以投影操作替代内积运算，是将抽象空间算子代数转化为以操作或动作表征的 3D 空间操作代数的前提。

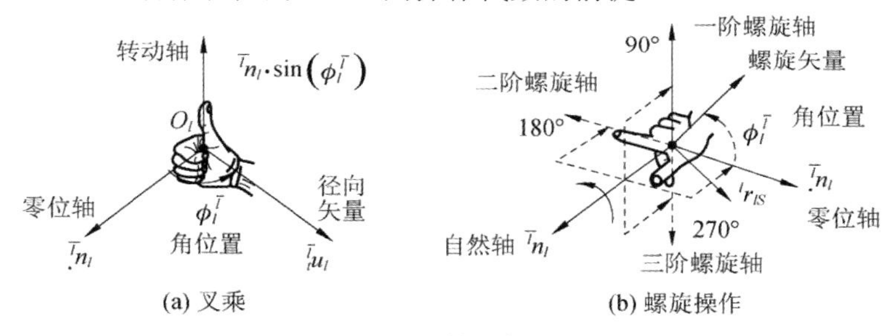

(a) 叉乘　　(b) 螺旋操作

图 2-40　叉乘运算与螺旋操作

由式(2.49)可知，平动和转动是螺旋运动的特例。螺旋运动既具有转动轴又具有螺旋轴，二者相互正交。转动轴的径向矢量就是螺旋矢量或螺旋轴，是 3D 矢量在径向面上的投影。

以运动轴表征的运动链称为自然轴链系统；以笛卡儿坐标轴表征的运动链则称为笛卡儿轴链系统。后者是前者的特殊情形。式(2.49)至式(2.53)以平动矢量及转动矢量为基础，描述了以轴不变量为核心的螺旋运动；复合运动副的空间维度可以根据运动轴串接情况自适应地分配，从而保证多轴系统分析的灵活性。由式(2.49)得 6D 运动矢量 ${}^{\bar{l}}\gamma_l$ 与固定轴矢量 ${}^{\bar{l}}\boldsymbol{I}_l$ 的关系如下：

$$
{}^{\bar{l}}\gamma_l = \begin{bmatrix} {}^{\bar{l}}\phi_l \\ {}^{\bar{l}}r_l \end{bmatrix} = \begin{bmatrix} \phi_l^{\bar{l}} \cdot \mathbf{1} & \mathbf{0} \\ r_l^{\bar{l}} \cdot \mathbf{1} & \mathbf{1} \end{bmatrix} \cdot \begin{bmatrix} {}^{\bar{l}}n_l \\ {}^{\bar{l}}l_l \end{bmatrix} = \begin{bmatrix} \phi_l^{\bar{l}} \cdot \mathbf{1} & \mathbf{0} \\ r_l^{\bar{l}} \cdot \mathbf{1} & \mathbf{1} \end{bmatrix} \cdot {}^{\bar{l}}\boldsymbol{I}_l \quad \text{if} \quad {}^{\bar{l}}\boldsymbol{k}_l \in \boldsymbol{C} \tag{2.55}
$$

式(2.55)中 ${}^{\bar{l}}\gamma_l$ 对时间的导数即 ${}^{\bar{l}}\dot{\gamma}_l$ 在 6D 空间（双矢量）算子代数中以整体形式合写为运动旋量（twist），将力与力矩两矢量合写为力旋量（wrench）。它们是螺旋的两种实例。

（1）多轴系统运动学与动力学理论感兴趣的是 3D 轴空间；仅在阐明与双矢量空间关系时，才采用 6D 运动旋量及 6D 力旋量。因 6D 空间操作代数过于抽象，且 6D 空间操作代数运动学与动力学计算复杂度过大，本书不做过多介绍。

（2）刚体运动是 6D 的，该空间下的基元是体；任一体是由 3 个独立的点经两两相对位置约束等价的；3 个独立的点有 9 个维度，两两约束即约束了 3 个维度，故任一体具有 6 个维度。6D 空间是双 3D 矢量空间，如式（2.15）至式（2.18）所示。

6D 运动矢量$\left[{}^{\bar{l}}\phi_l \quad {}^{\bar{l}}r_l\right]^{\mathrm{T}}$的速度及加速度也是运动矢量。3D 运动矢量${}^{\bar{l}}\phi_l$或${}^{\bar{l}}r_l$及它们的速度与加速度也是运动矢量。通常，将 6D 运动矢量或 3D 运动矢量统称为运动矢量。轴链控制过程就是通过平动及转动固定轴不变量，将运动矢量$\left[{}^{\bar{l}}\phi_l \quad {}^{\bar{l}}r_l\right]^{\mathrm{T}}$与期望的运动矢量$\left[{}^{\bar{l}}_d\phi_l \quad {}^{\bar{l}}_d r_l\right]^{\mathrm{T}}$对齐的过程。如图 2-41 所示，运动矢量$\left[{}^{\bar{l}}\phi_l \quad {}^{\bar{l}}r_l\right]^{\mathrm{T}}$由定点双矢量表示，其实线矢量表示位置矢量，虚线矢量表示转动矢量；当期望运动矢量$\left[{}^{\bar{l}}_d\phi_l \quad {}^{\bar{l}}_d r_l\right]^{\mathrm{T}}$与杆件 l 运动矢量$\left[{}^{\bar{l}}\phi_l \quad {}^{\bar{l}}r_l\right]^{\mathrm{T}}$重合时，表示两个运动矢量对齐。

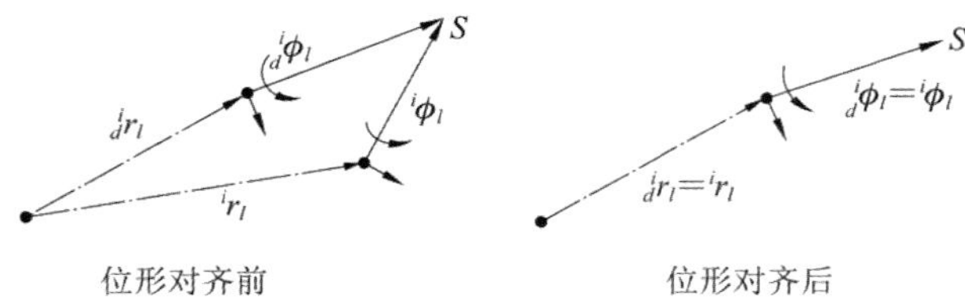

图 2-41　3D 螺旋与运动对齐

2.5.8 D-H 系与 D-H 参数

D-H（Denavit-Hartenberg）系在机器人逆运动学计算中具有非常重要的作用。给定一个多轴系统，以任一零时刻的构形作为系统零位。

如图 2-42 所示，底座坐标系根据实际需要确定，通常其原点置于第一个轴上。Frame $\#l$ 对应的 D-H 系记为 Frame $\#l'$，根据 D-H 系的编号习惯，Joint $\#l$ 对应于 Axis $\#l$，即 D-H 系中的指标习惯遵从父指标，这一点与自然坐标系不同，自然坐标系的编号遵从子指标。

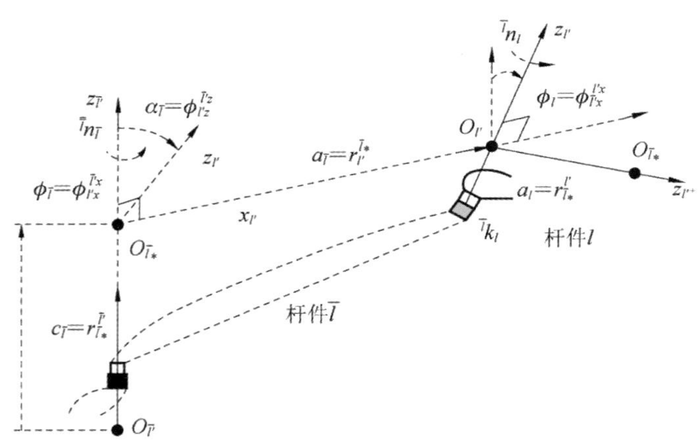

图 2-42　D-H 系与 D-H 参数

给定链节 ${}^{\overline{l}}\mathbf{1}_l$，除叶杆件外，建立 Frame $\#l'$ 的过程如下：

（1）令 $z_{\overline{l}'}$ 及 $z_{l'}$ 分别在 ${}^{\overline{\overline{l}}}n_{\overline{l}}$ 及 ${}^{\overline{l}}n_l$ 上。

（2）作 $z_{\overline{l}'}$ 及 $z_{l'}$ 的公垂线，与 $z_{\overline{l}'}$ 及 $z_{l'}$ 的交点分别为 $O_{\overline{l}*}$ 及 $O_{l'}$。其中：$O_{\overline{l}*}$ 作为 Frame $\#\overline{l}'*$ 的原点，$O_{l'}$ 作为 Frame $\#l'$ 的原点。

（3）选取由 $z_{\overline{l}'}$ 至 $z_{l'}$ 的方向定义为 $x_{\overline{l}'}$。

（4）若 $z_{\overline{l}'}$ 与 $z_{l'}$ 平行，选择任一公垂线作为 $x_{l'}$；若 $z_{\overline{l}'}$ 与 $z_{l'}$ 相交，选其交点作为 Frame $\#l'$ 的原点 $O_{l'}$。

（5）根据右手法则，补充 $y_{l'}$。

建立 D-H 系后，可以确定杆件 $\overline{l}$ 的 D-H 参数：

（1）$c_{\overline{l}} = r_{\overline{l}*}^{\overline{l}'}$，是点 $O_{\overline{l}'}$ 至点 $O_{\overline{l}*}$ 的轴偏距；平移后 $O_{\overline{l}'}$ 与 $O_{\overline{l}*}$ 重合。

（2）$\phi_{\overline{l}} = \phi_{l'x}^{\overline{l}'x}$，是轴 $\overline{l}'x$ 至轴 $l'x$ 的转角；初态参考系 Frame $\#\overline{l}'$ 绕轴 $\overline{l}'z$ 转动后，轴 $\overline{l}'x$ 与轴 $l'x$ 对齐，至中间坐标系 $\#l'z$。

（3）$a_{\overline{l}} = r_{l'}^{\overline{l}*}$，是点 $O_{\overline{l}*}$ 至点 $O_{l'}$ 的轴距；平移后 $O_{\overline{l}*}$ 与 $O_{l'}$ 重合。

（4）$\alpha_{\overline{l}} = \phi_{l'z}^{\overline{l}'z}$，是轴 $\overline{l}'z$ 至轴 $l'z$ 的扭角；中间坐标系 Frame $\#l'z$ 转动后，轴 $\overline{l}'z$ 与轴 $l'z$ 对齐，至参考系 Frame $\#l'$。

由上可知，Link $\#l$ 具有三个 D-H 结构参数及一个关节变量，比刚体少了两个维度。因为 D-H 系依赖于两轴的公垂线，存在两个约束。在自然坐标系统，存在五个结构参数和一个关节变量，对应于刚体的六个维度。

在自然坐标系统下，Link $\#\overline{l}$ 运动必导致 Link $\#l$ 运动，自然坐标系及结构参数确定过程遵从由根至叶的次序。因子节点具有唯一的标识，叶杆件 l 的结构参数及运动参量指标与对应的杆件指标 l 相对应；关节变量及结构参数的度量以其父轴为参考。

但是，由于 D-H 系不是自然坐标系且结构参数表达是不自然的，D-H 系及 D-H 参数确定过程比较烦琐；$\phi_{\overline{l}} = \phi_l^{\overline{l}} = \phi_{l'x}^{\overline{l}'x}$ 是关节变量，结构参数 $a_{\overline{l}} = r_{l'}^{\overline{l}*}$、$c_{\overline{l}} = r_{\overline{l}*}^{\overline{l}'}$ 及 $\alpha_{\overline{l}} = \phi_{l'z}^{\overline{l}'z}$ 的指标遵从父指标，违反了树链系统指标遵从子指标的约定。因此，D-H 系及 D-H 参数确定过程不适用于树链系统。解决这一矛盾的方法是：将 Joint $\#l$ 对应的轴记为 l，杆件由 1 开始编号，令 D-H 编号遵从子指标。

同时可知：Link $\#\overline{l}$ 及 Link $\#l$ 的 D-H 系分别记为 Link $\#\overline{l}'$ 及 Link $\#l'$。D-H 运动链 ${}^{\overline{l}'}\mathbf{1}_{l'}$ 等价于坐标系序列 ${}^{\overline{l}'}\boldsymbol{F}_{l'} = (\overline{l}', l'1, l'2, l'3, l']$；记轴类型序列或运动序列为 ${}^{\overline{l}'}\boldsymbol{k}_{l'} = ({}^{\overline{l}'}\boldsymbol{P}_{l'1}, {}^{l'1}\boldsymbol{R}_{l'2}, {}^{l'2}\boldsymbol{R}_{l'3}, {}^{l'3}\boldsymbol{P}_{l'}]$。记轴不变量序列为 ${}^{\overline{l}'}n_{l'1} = \mathbf{1}^{[z]}$，${}^{l'1}n_{l'2} = \mathbf{1}^{[z]}$，${}^{l'2}n_{l'3} = \mathbf{1}^{[x]}$ 及 ${}^{l'3}n_{l'} = \mathbf{1}^{[x]}$。杆件 $\overline{l}$ 从初始位形经 4 个运动序列后，到达杆件 l 的终态位形。

如图 2-43 所示，最后一个杆件 l 的 D-H 系确定方法如下：

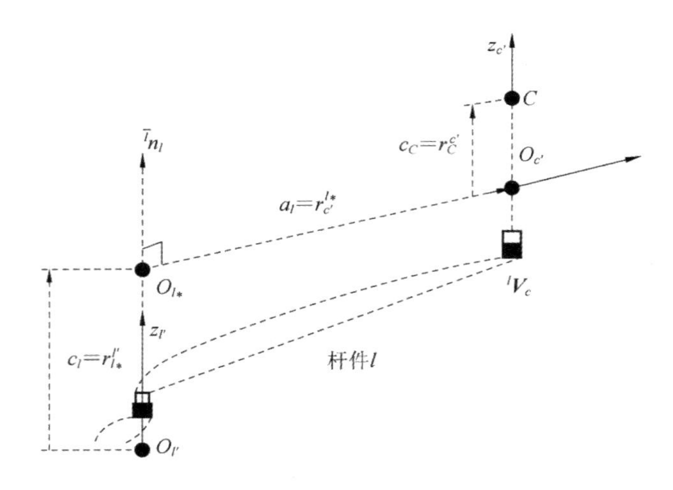

图 2-43　叶杆件的 D-H 系与 D-H 参数

（1）期望点C（腕心）与杆件l固结；引入虚副${}^{l}\boldsymbol{V}_c$，过点C作$z_{c'}$，$z_{l'} \parallel z_{c'}$。

（2）作$z_{l'}$及$z_{c'}$的公垂线，且与轴$z_{l'}$及$z_{c'}$分别相交于$O_{l'*}$及$O_{c'}$；选取任一方向，定义为$x_{l'}$。

（3）按右手法则，补充$y_{c'}$。

相应地，确定杆件l的 D-H 参数：

（1）$c_l = r_{l'*}^{l'}$，是$O_{l'}$至$O_{l'*}$的轴偏距。

（2）$c_C = r_C^{l'*}$，是$O_{l'*}$至C的轴偏距，与$r_C^{c'}$相同；$a_l = r_{c'}^{l*}$，是O_{l*}至$O_{c'}$的轴距。

（3）$\alpha_C = 0$，是轴${}^{l'}z$至轴${}^{c'}z$的扭角；$a_C = 0$，是$O_{c'}$至C的轴距。

D-H 系建立过程需要以自然坐标系为基础，即系统在零位时，所有参考系方向保持一致；绕轴$z_{\bar{l}}$转动${}_0\phi_l^{\dagger}$的过程是将轴${}^{\overline{\bar{l}}}x$与轴${}^{\bar{l}}x$对齐的过程；绕轴$x_{\bar{l}}$转动${}_0\alpha_l^{\dagger}$的过程是将轴${}^{\bar{l}}z$与轴${}^{l'}z$对齐的过程。称${}_0\phi_l^{\dagger}$为关节角零位，${}_0\alpha_l^{\dagger}$为扭角零位。在 D-H 参数中，$a_{\bar{l}}$、$c_{\bar{l}}$及$\alpha_{\bar{l}}$称为结构参数；${}_0\phi_l^{\dagger}$及${}_0\alpha_l^{\dagger}$称为参考零位。记转动副${}^{\bar{l}}\boldsymbol{R}_l$的 D-H 关节坐标为$\theta_l$，自然关节坐标为$\phi_l$，则有

$$\begin{cases} \phi_l = \theta_l + {}_0\phi_l^{\dagger} \\ {}_0\phi_l^{\dagger} = {}_0\phi_{l'x}^{\bar{l}x}, \quad \alpha_l = \phi_{l'z}^{\bar{l}z} \end{cases} \tag{2.56}$$

要保证 D-H 参数运算的正确性，就必须保证初始参考系的一致性，即必须以自然坐标系为参考，按自然关节坐标进行计算。否则，要么产生计算错误，要么增加系统计算的复杂性。由固定轴不变量${}^{\bar{l}}\boldsymbol{I}_l = \left[{}^{\bar{l}}n_l \quad {}^{\bar{l}}l_l\right]^{\mathrm{T}}$可以确定 D-H 系。D-H 系与 D-H 参数确定过程较烦琐，表达也不自然，但其结构参数较少，在逆运动学计算时有一定优势。相关示例参见 4.6.4 节和 4.7.3 节。

上述 D-H 系确定规则只是诸多方法中的一种。只要保证结构参数为三个、关节变量为一个的坐标系，均可视为 D-H 系。应用 D-H 系的目的主要是简化逆运动学的分析与求解。

2.5.9 不变性与不变量

一方面，不以一定的参考对象为基准，就无法认识事物的属性。另一方面，相对不同参考基准的属性量之间存在共有的、不变的量即不变量，否则就不能反映事物的客观性。

参考对象通常包括参考点、参考轴、参考系等。不变性是事物属性及属性间的作用规律的客观性。序不变性、张量不变性及对偶性是系统研究的基本准则。

张量不变性是指坐标（即数）与相应的度量单位（即量）的代数积不变，即“数量”的不变性。包含标量、矢量及二阶张量的张量不变性正是系统属性的客观性反映。系统不满足张量不变性就会导致度量错误。

除了轴不变量 ${}^{\bar{l}}\underset{\cdot}{n}_l$、固定轴不变量 ${}^{\bar{l}}\boldsymbol{\mathit{I}}_l$、自然坐标 $r_l^{\bar{l}}$ 及 $\phi_l^{\bar{l}}$ 等自然不变量之外，客观世界中还存在其他多种不变量；比如圆周率 π 、指数 e、光速 c 等。发现及应用不变量来解决问题是科学研究的永恒主题。

客观的自然空间是 3D 的，该空间下的基元是点，即该系统的最小粒度是空间点；3D 是自然空间的不变量。给定一个惯性单元，三轴加速度具有三个独立的维度；任何加装的其他加速度计检测的加速度与这三个独立的三轴加速度都是相关的；实际的加速度在同一时刻仅能与三个独立的加速度等价。同样，轴不变量是多轴系统运动学及动力学系统的基元，通过它可以建立精确的、实时的、具有通用性的仿真分析系统及控制系统。

自由度和约束度是运动副的不变量，它们对应于不同的子空间。以自然坐标系为参考系时，坐标轴矢量是不依赖于相邻杆件体系的坐标矢量，是一个特定的不变量。其依赖的系统层次是运动副，反映了相邻杆件的共轴性，即是一个公共的参考轴。

不变量是一类事物或系统属性的反映。同样，由运动副及杆件构成的多轴系统，自然存在该系统层次下的诸多不变量。

序不变性是指系统连接次序不因参考基准不同而发生改变。无论空间系统有多复杂，它总以点为基元；在不同的系统层次下，点与点之间存在序的作用关系，包括相邻点的位置关系、质点间的运动传递关系、质点间的内力传递关系等。序不变性是理论系统及计算系统正确性的基本保证。

对偶性是指相互依存的两个属性具有相对的作用及相互依存的共同属性，比如力与运动具有对偶性、基与坐标具有对偶性。不变量是指不依赖于所有或部分参考基而存在的量，不变量与不变性及对偶性密切相关。

2.5.10 自然运动量的可控性与可测性

正如我们认识世界一样，首先从自我的角度理解问题，然后才能从他人的角度去思考。显然，自我参考是认识事物的前提；超我参考是合作共存的基本保证。正确认识多轴系统的运动特性，也需要自我参考及超我参考。建立参考标架是认识事物的基本前提。

（1）在多轴系统中，必须区分物理量是否可测与是否可控。传统的运动学与动力学理论总是置可控性与可测性于不顾，这易导致物理上的不可实现及理论分析的无意义。只有具有可控制性的运动量，在工程上才能被控制；只有具有可观测性的运动量，在工程上才能被测量。

（2）在多轴系统中，可控的及可测的运动量在结构上必须存在相应的轴向连接，即只有同一个运动副的运动量是可控的及可测的，不同运动副的运动量是不可控的及不可测的。

由式(2.49)可知，自我参考的角位移$\phi_l^{\bar{l}}$及线位移$r_l^{\bar{l}}$是直接可测的及可控的。同样，自我参考的角速度$\dot{\phi}_l^{\bar{l}}$及线速度$\dot{r}_l^{\bar{l}}$是直接可测的及可控的，自我参考的转动速度${}^{\bar{l}}\dot{\phi}_l$及平动速度${}^{\bar{l}}\dot{r}_l$也是可控的及可测的，因为它们的结构参数及关节变量是可测量的。因此，称直接可测运动量的参考系为度量坐标系。若$k \notin {}^{\bar{l}}\boldsymbol{k}_l$，${}^{k|\bar{l}}\phi_l$及${}^{k|\bar{l}}r_l$通常是不直接可控及可测的，${}^{k|\bar{l}}\dot{\phi}_l$及${}^{k|\bar{l}}\dot{r}_l$也是不直接可控及可测的。因此，投影算子${}^{|}\square$区分了不可测及不可控的运动量。概念上的投影仅保证度量上的等价性，而不具有物理上的可控性及可测性。故称间接测量的参考系为投影参考系。

链节的运动量在物理上是可控的和可测的，链节是运动链的基本单元，是不可逾越的，若逾越则会违反运动链的传递性。

2.5.11 运动链度量公理

将轴链公理形式化，将运动链拓扑公理实例化，得运动链度量公理。

公理 2.3 给定运动链${}^{i}\mathbf{l}_n = \left(i,\cdots,\bar{n},n\right]$，${}^{\bar{l}}\boldsymbol{k}_l \subset {}^{i}\mathbf{l}_n$，${}^{\bar{l}}\boldsymbol{k}_l \subset k\mathbf{L}$，则有

（1）运动矢量的偏序性：根据运动链拓扑公理及参考系的一致性，得

$$\phi_l^{\bar{l}} = -\phi_{\bar{l}}^{l}, \quad {}^{l|\bar{l}}\phi_l = -{}^{l}\phi_{\bar{l}} \tag{2.57}$$

$$r_l^{\bar{l}} = -r_{\bar{l}}^{l}, \quad {}^{l|\bar{l}}r_l = -{}^{l}r_{\bar{l}} \tag{2.58}$$

式(2.57)与式(2.58)表明：链节${}^{\bar{l}}\mathbf{l}_l$的关节角位置$\phi_l^{\bar{l}}$及线位置$r_l^{\bar{l}}$、转动矢量${}^{\bar{l}}\phi_l$及平动矢量${}^{\bar{l}}r_l$是运动链的基本属性量。

（2）运动链逆向运动的传递性及可加性：

$${}^{i}\boldsymbol{p}_{k\mathbf{L}} = \sum_{l}^{k\mathbf{L}}\left({}^{i|\bar{l}}\boldsymbol{p}_l\right) \tag{2.59}$$

$${}^{i}P_{k\mathbf{L}} = \prod_{l}^{k\mathbf{L}}\left({}^{\bar{l}}P_l\right) \tag{2.60}$$

式（2.59）与式(2.60)表明：属性$\boldsymbol{p}$的坐标矢量${}^{i}\boldsymbol{p}_l$、属性P的二阶坐标张量${}^{i}P_l$对闭子树$k\mathbf{L}$的可加性，反映了叶向作用力对根向作用力的传递性及可加性。任一和项的参考指标需一致，任一积项的指标满足对消法则，即前一个积项的右下角标与后一个积项的左上角标相同且可对消。等式两侧的链序一致，即运动链的连接次序保持不变。

（3）运动链前向运动的传递性及可加性：

$$
{}^{i}\boldsymbol{p}_{n}=\sum_{l}^{{}^{i}\mathbf{1}_{n}}\left({}^{i|\bar{l}}\boldsymbol{p}_{l}\right) \tag{2.61}
$$

$$
{}^{i}P_{n}=\prod_{l}^{{}^{i}\mathbf{1}_{n}}\left({}^{\bar{l}}P_{l}\right) \tag{2.62}
$$

式(2.61)与式(2.62)表明：属性 $\boldsymbol{p}$ 的坐标矢量 ${}^{\bar{l}}\boldsymbol{p}_{l}$、属性 P 的二阶坐标张量 ${}^{\bar{l}}P_{l}$ 对运动链 ${}^{i}\mathbf{1}_{j}$ 的串接性具有迭代的关系式，反映根向运动对叶向运动的传递性及可加性。

正是因为运动链前向运动的传递性及可加性、运动链逆向作用力的传递性及可加性，才有了运动副运动的全序性及运动链运动的全序性。

运动链符号系统规范、自然坐标系、运动链公理共同构成了运动链符号演算系统。运动链符号演算系统为基于轴不变量的多轴系统建模与控制提供了元系统，从而保证了多轴系统运动学与动力学符号系统的准确、优雅及程式化。

2.5.12 本节贡献

本节提出并建立了轴链度量系统，主要贡献包括：

（1）提出了多轴系统概念及基于有向 Span 树的多轴系统拓扑空间及度量空间表示方法。多轴系统具有动态的图结构，可以动态地建立基于运动轴的有向 Span 树，为研究可变拓扑结构的机器人建模与控制奠定基础。该有向 Span 树的特征是：基本组成单位是运动轴；具有由根至叶的正序及由叶至根的反序；空间点 lS 是杆件 l 的叶节点；树根即惯性空间 i 中的施力点 iS 对 lS 的作用力 ${}^{iS}f_{lS}$，其中惯性空间 i 由被研究的多轴系统及环境施力点共同确定。

（2）提出了自然坐标系及轴不变量，以轴不变量为参考轴，可满足杆件坐标系及轴极性参数表示的需求。轴不变量是轴链系统参考的基本单位，运动量的度量及极性均以轴矢量为参考，通过轴矢量统一了轴运动的表达，保证了后续运动学及动力学演算的操作性能。

（3）提出了投影符号，简化了运动链符号系统的描述，保证了链关系的准确性，表达了检测量及控制量的可观测性，区分了投影参考系与度量参考系，从而保证了运动链度量的客观性。

（4）提出了固定轴不变量及基于固定轴不变量的多轴系统结构参数的表征方法。多轴系统的空间关系就是公共的自然参考系、固定轴不变量及自然坐标的关系。固定轴不变量具有优良的操作性能，同时易于工程精密测量。

（5）提出了式(2.47)至式(2.53)所示的自然螺旋概念与表示方法。一方面，自然螺旋空间维度可以根据运动轴或约束轴的类别自适应地分配；另一方面，与对偶四元数一样，自然螺旋统一了平动与转动的表示。与对偶四元数不同，自然螺旋表达简洁，表达的仅是一个轴运动，为建立实时运动学与动力学理论奠定了基础。

（6）定义了运动链度量的基础技术符号，提出了式(2.57)至式(2.62)描述的运动链度量公理，保证了后续运动学与动力学理论的简洁性与可靠性。

2.6 基于链符号的 3D 空间操作代数

本节将以运动链拓扑空间算子为基础，建立 3D 空间操作代数，进一步为建立基于轴不变量的多轴系统运动学理论奠定基础。

笛卡儿坐标空间是三维点积空间或酉空间。相对于不同笛卡儿坐标系的距离及角度具有不变性。在点积空间中，除了具有加法及标量乘运算外，矢量还可进行点积及叉积运算。笛卡儿系是三维矢量空间的基本要素或基元。然而，笛卡儿系是由两两正交的三个自然坐标轴构成的系统。因此，笛卡儿坐标系是自然坐标系的特例。

尽管矢量的点积及叉积运算的几何含义非常清晰，但是难以揭示复杂矢量空间运算的规律。需要建立公理化的矢量空间操作代数系统，将几何的矢量分析方法转化为代数的分析方法，从而可以进一步揭示复杂矢量空间下的规律，适应数字计算机的结构特点，并为树链多轴系统的运动学与动力学分析奠定基础。

3D 空间操作代数系统是一个公理化的系统：真实三维空间的点是三维矢量空间的基元，任意两个独立的点构成线，任意三个独立的点构成体。三维是客观世界的自然本征量。应用高维空间理论解决低维空间的问题，必然会带来计算效率及可理解性方面的问题。六维空间算子代数（operator algebra）正是以六维矢量空间的理论解决真实三维空间问题的典型例证。

算子是数学概念，操作是计算机概念。之所以称为 3D 空间操作代数，是因为该代数系统是适应计算机处理的：一方面，符号系统是简洁、精确，结构化的，不仅易于理解，也易于计算机操作；另一方面，操作是机械性的过程，是以简洁的基本操作为基础的，过程具有简洁的迭代式结构，在技术实现上是简洁的及高效率的。更重要的是，操作既包含函数运算，又包含逻辑判断。一方面，3D 空间操作代数以树链拓扑符号系统为基础，取父、取运动链及取闭子树等拓扑操作是关于轴序列及父轴序列的离散操作过程；另一方面，该空间操作代数是以符号演算、动作（投影、对齐和螺旋等）及矩阵操作为核心的。在计算机自动建模与分析时，需要判别属性符号的构成与指标，需要执行阵列元素的访问操作。空间动作的执行产生空间状态的变更，动作表示一个属性对另一属性的作用，状态的变更即数量的变化表示动作的作用效应，动作与效应是互为对偶的关系。

2.6.1 基矢量与坐标矢量

笛卡儿直角坐标系 $O_l - x_l y_l z_l$ 由原点 O_l 及三个正交的坐标轴构成；坐标轴的单位矢量称为坐标基，记为 $\mathbf{e}_l = \begin{bmatrix} \mathbf{e}_l^{[x]} & \mathbf{e}_l^{[y]} & \mathbf{e}_l^{[z]} \end{bmatrix}^{\mathrm{T}}$，$\mathbf{e}_l^{[x]}$、$\mathbf{e}_l^{[y]}$ 及 $\mathbf{e}_l^{[z]}$ 是三个独立的符号，且有

$$\begin{bmatrix} {}^l\mathbf{e}_l^{[x]} & {}^l\mathbf{e}_l^{[y]} & {}^l\mathbf{e}_l^{[z]} \end{bmatrix} = \begin{bmatrix} \mathbf{1}^{[x]} & \mathbf{1}^{[y]} & \mathbf{1}^{[z]} \end{bmatrix} = \mathbf{1} \tag{2.63}$$

式(2.63)表示：$\mathbf{1}^{[x]}$、$\mathbf{1}^{[y]}$ 及 $\mathbf{1}^{[z]}$ 是三个独立的 3D 坐标基矢量。同时，由式(2.33)可知：单位基矢量 $\mathbf{e}_l$ 与单位坐标基 $\mathbf{1}$ 一一映射，即转动单位基矢量 $\mathbf{e}_l$ 等价于转动与之固结的任一单位坐标基 $\mathbf{1}$，即有

$${}^l\mathbf{e}_l \leftrightarrow \mathbf{1} \tag{2.64}$$

显然，坐标基**1**张成了一个单位立方体；转动刚体上任一单位立方体**1**与基矢量$\mathbf{e}_l$等价。

基与坐标在序上具有对偶性，它们的点积（代数积）具有不变性，位置矢量${}^l\vec{r}_{lS}$与基坐标的关系为

$$
{}^l\vec{r}_{lS} = \mathbf{e}_l^{[x]} \cdot {}^l r_{lS}^{[1]} + \mathbf{e}_l^{[y]} \cdot {}^l r_{lS}^{[2]} + \mathbf{e}_l^{[z]} \cdot {}^l r_{lS}^{[3]} = \begin{bmatrix} {}^l r_{lS}^{[1]} & {}^l r_{lS}^{[2]} & {}^l r_{lS}^{[3]} \end{bmatrix} \cdot \begin{bmatrix} \mathbf{e}_l^{[x]} \\ \mathbf{e}_l^{[y]} \\ \mathbf{e}_l^{[z]} \end{bmatrix} \tag{2.65}
$$

由式(2.65)可知：矢量${}^l\vec{r}_{lS}$是基矢量$\mathbf{e}_l$及坐标矢量${}^l r_{lS}$的点积，是关于基分量的一次式；矢量是一阶张量，是不变量。即有

$$
\begin{cases} {}^l\mathbf{e} \triangleq \mathbf{e}_l^{\mathrm{T}} \\ {}^l\vec{r}_{lS} = \mathbf{e}_l \cdot {}^l r_{lS} = {}^l r_{lS}^{\mathrm{T}} \cdot {}^l\mathbf{e} \end{cases} \tag{2.66}
$$

基矢量$\mathbf{e}_l$与坐标矢量${}^l r_{lS}$构成“基架-坐标”对。基矢量$\mathbf{e}_l$与坐标或坐标矢量${}^l r_{lS}$是对偶的。前者服从左手序，即以行向量表示；后者服从右手序，即以列向量表示。套用唯物辩证法的语言表述为：基矢量$\mathbf{e}_l$与坐标矢量${}^l r_{lS}$分别表示位置矢量中互为对偶的两个方面，它们相互依存，是不可分割的整体。

因${}^l\vec{r}_{lS} = \mathbf{e}_l \cdot {}^l r_{lS} = -{}^{lS}\vec{r}_l = -\mathbf{e}_l \cdot {}^{lS} r_l$，故有

$$
{}^l r_{lS} = -{}^{lS} r_l \tag{2.67}
$$

由式(2.67)可知，转置符号“T”不改变上下指标的次序即链序，仅改变数据的排列次序。

由式(2.65)可知：矩阵积符号即为代数积符号“$\cdot$”。在本书中，该符号起到间隔不同属性符号的作用，使表达式更加清晰。

2.6.2　坐标基性质

记两个矢量的外积(或称外部积)符号为$\odot$或$\otimes$，$\odot$为外标量积，$\otimes$为外矢量积。计算过程如下：

$$
\begin{bmatrix} x & y & z \end{bmatrix} \odot \begin{bmatrix} m & n & p \end{bmatrix} = \begin{bmatrix} x \\ y \\ z \end{bmatrix} \cdot \begin{bmatrix} m & n & p \end{bmatrix} = \begin{bmatrix} x\cdot m & x\cdot n & x\cdot p \\ y\cdot m & y\cdot n & y\cdot p \\ z\cdot m & z\cdot n & z\cdot p \end{bmatrix}
$$

其计算结果为矩阵，即两个一阶矢量外积后，结果的阶次为 2。显然，两个一阶矢量内积后，结果的阶次为 0，即为标量。

1.基的外标量积

基矢量$\mathbf{e}_l$与基矢量（一阶张量）$\mathbf{e}_l$的外积是基矢量$\mathbf{e}_l$的并矢，即按标量积运算构成二阶张量，即基矢量$\mathbf{e}_l$（任意一个单位矢量）相对于自身的投影。

$$\mathbf{e}_l \odot \mathbf{e}_l = {}^l\mathbf{e} \cdot \mathbf{e}_l = \begin{bmatrix} \mathbf{e}_l^{[x]} \\ \mathbf{e}_l^{[y]} \\ \mathbf{e}_l^{[z]} \end{bmatrix} \cdot \begin{bmatrix} \mathbf{e}_l^{[x]} & \mathbf{e}_l^{[y]} & \mathbf{e}_l^{[z]} \end{bmatrix} = \begin{bmatrix} 1 & 0 & 0 \\ 0 & 1 & 0 \\ 0 & 0 & 1 \end{bmatrix} = \mathbf{1}$$

故有

$$^l\mathbf{e} \cdot \mathbf{e}_l = \mathbf{1} \tag{2.68}$$

由式(2.68)得 $\delta^{[i][k]}$：

$$^l\mathbf{e}^{[i]} \cdot \mathbf{e}_l^{[k]} = \delta^{[i][k]} = \begin{cases} 1 & \text{if} \quad i = k \\ 0 & \text{if} \quad i \neq k \end{cases} (i, k = x, y, z) \tag{2.69}$$

称 $\delta^{[i][k]}$ 为克罗内克符号。式(2.69)中 $\delta^{[i][k]}$ 与线性代数中的定义相比，除了指标表示方法不同外，其他完全一致。

2.基的外矢量积

$^l\mathbf{e} \times \mathbf{e}_l$ 外矢量积按叉积运算构成二阶张量，故有

$$\mathbf{e}_l \otimes \mathbf{e}_l = {}^l\mathbf{e} \times \mathbf{e}_l = \begin{bmatrix} \mathbf{e}_l^{[x]} \\ \mathbf{e}_l^{[y]} \\ \mathbf{e}_l^{[z]} \end{bmatrix} \times \begin{bmatrix} \mathbf{e}_l^{[x]} & \mathbf{e}_l^{[y]} & \mathbf{e}_l^{[z]} \end{bmatrix} = \begin{bmatrix} 0 & \mathbf{e}_l^{[z]} & -\mathbf{e}_l^{[y]} \\ -\mathbf{e}_l^{[z]} & 0 & \mathbf{e}_l^{[x]} \\ \mathbf{e}_l^{[y]} & -\mathbf{e}_l^{[x]} & 0 \end{bmatrix} \tag{2.70}$$

并定义基矢量的叉乘矩阵：

$$\tilde{\mathbf{e}}_l \triangleq \begin{bmatrix} 0 & \mathbf{e}_l^{[z]} & -\mathbf{e}_l^{[y]} \\ -\mathbf{e}_l^{[z]} & 0 & \mathbf{e}_l^{[x]} \\ \mathbf{e}_l^{[y]} & -\mathbf{e}_l^{[x]} & 0 \end{bmatrix} \tag{2.71}$$

$\tilde{\mathbf{e}}_l$ 是由 $\mathbf{e}_l$ 组成的二阶张量，其元素对应于单位立方体的六个面的法向，表示具有反对称性的空间旋转；式(2.71)遵从逆序。$\tilde{\mathbf{e}}_l$ 的轴矢量即转动基矢量表示如下：

$$\text{Vector}\left(\tilde{\mathbf{e}}_l\right) = -\mathbf{e}_l \tag{2.72}$$

式(2.72)中，$\tilde{\mathbf{e}}_l$ 是一个反对称矩阵，$\tilde{\mathbf{e}}_l$ 与 $\mathbf{e}_l$ 具有一一映射关系，即 $\tilde{\mathbf{e}}_l \leftrightarrow \mathbf{e}_l$。转动基矢量 $\text{Vector}\left(\tilde{\mathbf{e}}_l\right)$ 与平动单位基 $\mathbf{e}_l$ 是对偶的。$\tilde{\mathbf{e}}_l$ 的右上三角元素遵从左手序（反序），即

$$\tilde{\mathbf{e}}_l^{[m][n]} = -(-1)^{m+n} \cdot \mathbf{e}_l^{[p]}, \qquad m, n, p \in \{1,2,3\}, m \neq n \neq p \tag{2.73}$$

基矢量 $\mathbf{e}_l$ 的左手序具有不变性。显然，上标的波浪符是一个衍生符，因为它仅改变其所标注量的排列形式。称 $\mathbf{e}_l$ 是 $\tilde{\mathbf{e}}_l$ 的逆序轴矢量。由式(2.70)可知

$$\mathbf{e}_l^{[m]} \times \mathbf{e}_l^{[n]} = \varepsilon_{[p]}^{[m][n]} \cdot \mathbf{e}_l^{[p]} \tag{2.74}$$

其中：$\varepsilon_{[p]}^{[m][n]}$ 为李奇符号，且有

$$\varepsilon_{[p]}^{[m][n]}=\begin{cases}+1 & 若m,n,p为右手序 \\ -1 & 若m,n,p为左手序\end{cases} \quad m,n,p\in\{x,y,z\} \tag{2.75}$$

式(2.75)中 $\varepsilon_{[p]}^{[m][n]}$ 除指标表示不同外与线性代数中的定义完全一致。由式(2.74)可知，基矢量 $\mathbf{e}_l$ 服从左手序。$\tilde{\mathbf{e}}_l$ 与 $\mathbf{e}_l$ 具有一一映射关系；$\mathrm{Vector}\left(\tilde{\mathbf{e}}_l\right)$ 与 $\mathbf{e}_l$ 方向相反，$\tilde{\mathbf{e}}_l$ 服从左手序。式(2.74)中的二阶基分量与其一阶基分量的叉乘矩阵相对应。因 $\tilde{\mathbf{e}}_l\cdot\mathbf{e}_l=0_3$，故 $\tilde{\mathbf{e}}_l$ 与 $\mathbf{e}_l$ 正交。式(2.75)中的 $\{x,y,z\}$ 的右手序包括 $[x,y,z]$、$[y,z,x]$ 及 $[z,x,y]$，其他为左手序。由式(2.70)和式(2.72)可知：基的外矢量积表示基的螺旋二阶张量。

3.基矢量的矢量积

因 $\mathbf{e}_l=\begin{bmatrix}\mathbf{e}_l^{[x]} & \mathbf{e}_l^{[y]} & \mathbf{e}_l^{[z]}\end{bmatrix}$ 是任意一个单位基矢量，故有叉积，亦称矢量积：

$$\mathbf{e}_l\times\mathbf{e}_l=\tilde{\mathbf{e}}_l\cdot{}^l\mathbf{e}=0_3 \tag{2.76}$$

式(2.76)表明，在笛卡儿直角坐标系下，$\tilde{\mathbf{e}}_l$ 表示空间旋转，$\mathbf{e}_l$ 表示空间平移。因 $\mathbf{e}_l$ 等价于 ${}^{\bar{l}}n_l$，共轴线的平动与转动不存在耦合，即空间螺旋线上的平动与转动互不影响。

2.6.3 矢量积运算

1.坐标矢量的外代数积

称 $\mathbf{e}_l\cdot\left({}^lr_{lS}\cdot{}^lr_{lS'}^{\mathrm{T}}\right)\cdot{}^l\mathbf{e}$ 为外代数积，它是由 $\mathbf{e}_l\cdot{}^lr_{lS}$ 和 $\mathbf{e}_l\cdot{}^lr_{lS'}$ 两个一阶矢量张成的二阶张量，即基矢量 $\mathbf{e}_l$ 位于外侧的矩阵代数积：

$$\mathbf{e}_l\cdot{}^lr_{lS}\odot\mathbf{e}_l\cdot{}^lr_{lS'}=\mathbf{e}_l\cdot\left({}^lr_{lS}\cdot{}^lr_{lS'}^{\mathrm{T}}\right)\cdot{}^l\mathbf{e}=\mathbf{e}_l\cdot\begin{bmatrix}{}^lr_{lS}^{[1]}\\{}^lr_{lS}^{[2]}\\{}^lr_{lS}^{[3]}\end{bmatrix}\cdot\begin{bmatrix}{}^lr_{lS'}^{[1]} & {}^lr_{lS'}^{[2]} & {}^lr_{lS'}^{[3]}\end{bmatrix}\cdot{}^l\mathbf{e}$$

故定义其坐标形式为

$${}^lr_{lS}\odot{}^lr_{lS'}\triangleq{}^lr_{lS}\cdot{}^lr_{lS'}^{\mathrm{T}} \tag{2.77}$$

因此，外积运算是一种特定的矩阵运算。

2.坐标矢量的外标量积

称 ${}^lr_{lS}^{\mathrm{T}}\cdot{}^l\mathbf{e}\cdot\mathbf{e}_l\cdot{}^lr_{lS'}$ 为坐标矢量的外标量积，它是基矢量 $\mathbf{e}_l$ 位于内侧的外点积：

$$\left(\mathbf{e}_l\cdot{}^lr_{lS}\right)\bullet\left(\mathbf{e}_l\cdot{}^lr_{lS'}\right)={}^lr_{lS}^{\mathrm{T}}\cdot\left({}^l\mathbf{e}\cdot\mathbf{e}_l\right)\cdot{}^lr_{lS'}={}^lr_{lS}^{\mathrm{T}}\cdot{}^lr_{lS'}$$

故其坐标形式为

$${}^lr_{lS}\bullet{}^lr_{lS'}={}^lr_{lS}^{\mathrm{T}}\cdot{}^lr_{lS'} \tag{2.78}$$

由式(2.78)可知：坐标矢量内积运算可以用矩阵乘符号即代数乘符号“·”表示。

3.矢量的矢量积

称 $\mathbf{e}_l \cdot {}^l\omega_j \times \mathbf{e}_l \cdot {}^{l|j}r_k$ 为矢量积，即基矢量 $\mathbf{e}_l$ 位于内侧的矢量积运算：

$$\mathbf{e}_l \cdot {}^l\omega_j \times \mathbf{e}_l \cdot {}^{l|j}r_k = {}^l\omega_j^{\mathrm{T}} \cdot \tilde{\mathbf{e}}_l \cdot {}^{l|j}r_k \tag{2.79}$$

【证明】

$$\mathbf{e}_l \cdot {}^l\omega_j \times \mathbf{e}_l \cdot {}^{l|j}r_k = {}^l\omega_j^{\mathrm{T}} \cdot {}^l\mathbf{e} \times \mathbf{e}_l \cdot {}^{l|j}r_k = {}^l\omega_j^{\mathrm{T}} \cdot \tilde{\mathbf{e}}_l \cdot {}^{l|j}r_k$$

$$= \begin{bmatrix} {}^l\omega_j^{[1]} & {}^l\omega_j^{[2]} & {}^l\omega_j^{[3]} \end{bmatrix} \cdot \begin{bmatrix} 0 & \mathbf{e}_l^{[z]} & -\mathbf{e}_l^{[y]} \\ -\mathbf{e}_l^{[z]} & 0 & \mathbf{e}_l^{[x]} \\ \mathbf{e}_l^{[y]} & -\mathbf{e}_l^{[x]} & 0 \end{bmatrix} \cdot \begin{bmatrix} {}^{l|j}r_k^{[1]} \\ {}^{l|j}r_k^{[2]} \\ {}^{l|j}r_k^{[3]} \end{bmatrix}$$

$$= \begin{bmatrix} {}^l\omega_j^{[1]} & {}^l\omega_j^{[2]} & {}^l\omega_j^{[3]} \end{bmatrix} \cdot \begin{bmatrix} {}^{l|j}r_k^{[2]} \cdot \mathbf{e}_l^{[z]} - {}^{l|j}r_k^{[3]} \cdot \mathbf{e}_l^{[y]} \\ -{}^{l|j}r_k^{[1]} \cdot \mathbf{e}_l^{[z]} + {}^{l|j}r_k^{[3]} \cdot \mathbf{e}_l^{[x]} \\ {}^{l|j}r_k^{[1]} \cdot \mathbf{e}_l^{[y]} - {}^{l|j}r_k^{[2]} \cdot \mathbf{e}_l^{[x]} \end{bmatrix} = \begin{vmatrix} \mathbf{e}_l^{[x]} & \mathbf{e}_l^{[y]} & \mathbf{e}_l^{[z]} \\ {}^l\omega_j^{[1]} & {}^l\omega_j^{[2]} & {}^l\omega_j^{[3]} \\ {}^{l|j}r_k^{[1]} & {}^{l|j}r_k^{[2]} & {}^{l|j}r_k^{[3]} \end{vmatrix}$$

故式(2.79)成立。证毕。

2.6.4 方向余弦矩阵与投影

1.方向余弦矩阵

将基矢量 $\mathbf{e}_{\bar{l}}$ 与基矢量 $\mathbf{e}_l$ 的外点积定义为方向余弦矩阵，即

$$^{\bar{l}}Q_l \triangleq {}^{\bar{l}}\mathbf{e}_l = {}^{\bar{l}}\mathbf{e} \cdot \mathbf{e}_l \tag{2.80}$$

则有

$$\mathbf{e}_{\bar{l}} \cdot {}^{\bar{l}}Q_l \cdot {}^l\mathbf{e} = 1 \tag{2.81}$$

【证明】 因

$$^{\bar{l}}Q_l \triangleq {}^{\bar{l}}\mathbf{e}_l = \begin{bmatrix} \mathbf{e}_{\bar{l}}^{[x]} \\ \mathbf{e}_{\bar{l}}^{[y]} \\ \mathbf{e}_{\bar{l}}^{[z]} \end{bmatrix} \cdot \begin{bmatrix} \mathbf{e}_l^{[x]} & \mathbf{e}_l^{[y]} & \mathbf{e}_l^{[z]} \end{bmatrix} = \begin{bmatrix} \mathbf{e}_{\bar{l}}^{[x]} \cdot \mathbf{e}_l^{[x]} & \mathbf{e}_{\bar{l}}^{[x]} \cdot \mathbf{e}_l^{[y]} & \mathbf{e}_{\bar{l}}^{[x]} \cdot \mathbf{e}_l^{[z]} \\ \mathbf{e}_{\bar{l}}^{[y]} \cdot \mathbf{e}_l^{[x]} & \mathbf{e}_{\bar{l}}^{[y]} \cdot \mathbf{e}_l^{[y]} & \mathbf{e}_{\bar{l}}^{[y]} \cdot \mathbf{e}_l^{[z]} \\ \mathbf{e}_{\bar{l}}^{[z]} \cdot \mathbf{e}_l^{[x]} & \mathbf{e}_{\bar{l}}^{[z]} \cdot \mathbf{e}_l^{[y]} & \mathbf{e}_{\bar{l}}^{[z]} \cdot \mathbf{e}_l^{[z]} \end{bmatrix} \tag{2.82}$$

则有

$$\begin{bmatrix} \mathbf{e}_{\bar{l}}^{[x]} & \mathbf{e}_{\bar{l}}^{[y]} & \mathbf{e}_{\bar{l}}^{[z]} \end{bmatrix} \cdot {}^{\bar{l}}\mathbf{e}_l \cdot \begin{bmatrix} \mathbf{e}_l^{[x]} \\ \mathbf{e}_l^{[y]} \\ \mathbf{e}_l^{[z]} \end{bmatrix} = \begin{bmatrix} \mathbf{e}_{\bar{l}}^{[x]} & \mathbf{e}_{\bar{l}}^{[y]} & \mathbf{e}_{\bar{l}}^{[z]} \end{bmatrix} \cdot \begin{bmatrix} \mathbf{e}_{\bar{l}}^{[x]} \\ \mathbf{e}_{\bar{l}}^{[y]} \\ \mathbf{e}_{\bar{l}}^{[z]} \end{bmatrix} \cdot \begin{bmatrix} \mathbf{e}_l^{[x]} & \mathbf{e}_l^{[y]} & \mathbf{e}_l^{[z]} \end{bmatrix} \cdot \begin{bmatrix} \mathbf{e}_l^{[x]} \\ \mathbf{e}_l^{[y]} \\ \mathbf{e}_l^{[z]} \end{bmatrix}$$

由式(2.32)得

$$\begin{bmatrix} \mathbf{e}_{\bar{l}}^{[x]} & \mathbf{e}_{\bar{l}}^{[y]} & \mathbf{e}_{\bar{l}}^{[z]} \end{bmatrix} \cdot {}^{\bar{l}}\mathbf{e}_{l} \cdot \begin{bmatrix} \mathbf{e}_{l}^{[x]} \\ \mathbf{e}_{l}^{[y]} \\ \mathbf{e}_{l}^{[z]} \end{bmatrix} = 1$$

证毕。

显然，${}^{\bar{l}}\mathbf{e}_{l}$ 是关于 $\mathbf{e}_{\bar{l}}$ 及 $\mathbf{e}_{l}$ 的二阶多项式，即 ${}^{\bar{l}}\mathbf{e}_{l}$ 是二阶张量，表示转动状态。式(2.80)两端链符号具有一致性。式(2.81)表明：矢量空间下的转动具有等积不变性。由式(2.82)得

$$ {}^{\bar{l}}Q_{l}^{\mathrm{T}} = {}^{l}Q_{\bar{l}} \tag{2.83}$$

由式(2.80)和式(2.68)得

$$ {}^{\bar{\bar{l}}}Q_{l} = {}^{\bar{\bar{l}}}\mathbf{e}_{l} = {}^{\bar{\bar{l}}}\mathbf{e} \cdot \mathbf{e}_{l} = {}^{\bar{\bar{l}}}\mathbf{e} \cdot \left(\mathbf{e}_{\bar{l}} \cdot {}^{\bar{l}}\mathbf{e}\right) \cdot \mathbf{e}_{l} = {}^{\bar{\bar{l}}}\mathbf{e} \cdot \mathbf{e}_{\bar{l}} \cdot {}^{\bar{l}}\mathbf{e} \cdot \mathbf{e}_{l} = {}^{\bar{\bar{l}}}Q_{\bar{l}} \cdot {}^{\bar{l}}Q_{l}$$

即

$$ {}^{\bar{\bar{l}}}Q_{l} = {}^{\bar{\bar{l}}}Q_{\bar{l}} \cdot {}^{\bar{l}}Q_{l} \tag{2.84}$$

由式(2.81)得

$$\mathbf{e}_{\bar{l}} \cdot {}^{\bar{l}}Q_{l} \cdot {}^{l}\mathbf{e} \cdot \mathbf{e}_{l} = \mathbf{e}_{\bar{l}} \cdot {}^{\bar{l}}\mathbf{e}_{l} \cdot {}^{l}\mathbf{e} \cdot \mathbf{e}_{l} = \mathbf{e}_{l}$$

$${}^{\bar{l}}\mathbf{e} \cdot \mathbf{e}_{\bar{l}} \cdot {}^{\bar{l}}Q_{l} \cdot {}^{l}\mathbf{e} = {}^{\bar{l}}\mathbf{e} \cdot \mathbf{e}_{\bar{l}} \cdot {}^{\bar{l}}\mathbf{e}_{l} \cdot {}^{l}\mathbf{e} = {}^{\bar{l}}\mathbf{e}$$

即

$$\mathbf{e}_{l} = \mathbf{e}_{\bar{l}} \cdot {}^{\bar{l}}Q_{l} \tag{2.85}$$

$$\mathbf{e}_{\bar{l}} = \mathbf{e}_{l} \cdot {}^{l}Q_{\bar{l}} \tag{2.86}$$

式(2.85)与式(2.86)为基变换公式；显然，指标 ${}_{l}\cdot{}^{l}$ 满足对消法则。由式(2.85)得

$$ {}^{\bar{l}}Q_{l} \cdot {}^{\bar{l}}Q_{l}^{\mathrm{T}} = \mathbf{1} \tag{2.87}$$

由式(2.83)和式(2.87)得

$$ {}^{\bar{l}}Q_{l}^{\mathrm{T}} = {}^{\bar{l}}Q_{l}^{-1} \tag{2.88}$$

由上可知：

（1）${}^{\bar{l}}Q_{l}$ 表示由 Frame $\#\bar{l}$ 到 Frame $\#l$ 的姿态，即由 $\bar{l}$ 转动至 l，链序由左上角标至右下角标确定。

（2）${}^{\bar{l}}Q_{l}$ 是以 $\bar{l}$ 系为参考的坐标阵列，是 $\mathbf{e}_{l}$ 的三个基分量分别对 $\mathbf{e}_{\bar{l}}$ 的三个基分量的投影矢量，故 ${}^{\bar{l}}Q_{l}$ 是投影矢量序列。因笛卡儿轴是正交的，故 ${}^{\bar{l}}Q_{l}$ 是正射投影，具有保角及保距的属性。

（3）${}^{\bar{l}}Q_{l}$ 是方向余弦矩阵（DCM），即有

$$ {}^{\bar{l}}Q_{l} = \mathbf{e}_{\bar{l}}^{\mathrm{T}} \cdot \mathbf{e}_{l} = \begin{bmatrix} \mathbf{e}_{\bar{l}} \cdot \mathbf{e}_{l}^{[x]} & \mathbf{e}_{\bar{l}} \cdot \mathbf{e}_{l}^{[y]} & \mathbf{e}_{\bar{l}} \cdot \mathbf{e}_{l}^{[z]} \end{bmatrix} = \begin{bmatrix} \mathrm{C}\left(\phi_{lx}^{\bar{l}x}\right) & \mathrm{C}\left(\phi_{ly}^{\bar{l}x}\right) & \mathrm{C}\left(\phi_{lz}^{\bar{l}x}\right) \\ \mathrm{C}\left(\phi_{lx}^{\bar{l}y}\right) & \mathrm{C}\left(\phi_{ly}^{\bar{l}y}\right) & \mathrm{C}\left(\phi_{lz}^{\bar{l}y}\right) \\ \mathrm{C}\left(\phi_{lx}^{\bar{l}z}\right) & \mathrm{C}\left(\phi_{ly}^{\bar{l}z}\right) & \mathrm{C}\left(\phi_{lz}^{\bar{l}z}\right) \end{bmatrix} \tag{2.89}$$

由式(2.89)可知，坐标基的外点积是基分量间的投影标量；由式(2.33)可知，基矢量的内积是基矢量间的标量投影。由式(2.89)可知，虽然方向余弦是全序的，但方向余弦矩阵

是偏序的。

由式(2.81)可知，$\left\|\mathbf{e}_{\bar{l}}\right\| \cdot \left\|{}^{\bar{l}}Q_l\right\| \cdot \left\|{}^{l}\mathbf{e}\right\| = 1$，故

$$\left\|{}^{\bar{l}}Q_l\right\| = 1 \tag{2.90}$$

因 ${}^{\bar{l}}Q_l$ 是 3×3 的实矩阵，故有三个单位特征值，其中一个必为实数，记为 $\lambda_l^{[1]}$，另两个特征值 $\lambda_l^{[2]}$ 与 $\lambda_l^{[3]}$ 为共轭复数，且 $\lambda_l^{[2]} \cdot \lambda_l^{[3]} = 1$。又因 $\lambda_l^{[1]} \cdot \lambda_l^{[2]} \cdot \lambda_l^{[3]} = 1$，故有 $\lambda_l^{[1]} = 1$。因此，${}^{\bar{l}}Q_l$ 必有特征值 $\lambda_l^{[1]} = 1$。由第 3 章可知，${}^{\bar{l}}Q_l$ 的特征值 1 对应的特征矢量即为轴不变量 ${}^{\bar{l}}n_l$。显然，DCM 描述的是两组坐标轴的关系，只能表达坐标轴转动后相对转动前的观测状态；因缺少转动轴及角位置，故它不能表达转动过程。

2.矢量的投影

若矢量 ${}^{l}\vec{r}_{lS}$ 与坐标基 $\mathbf{e}_l$ 固结，矢量 ${}^{l}\vec{r}_{lS}$ 对坐标基 $\mathbf{e}_{\bar{l}}$ 的投影矢量记为 ${}^{\bar{l}|l}r_{lS}$，矢量 ${}^{l}\vec{r}_{lS}$ 对坐标基 $\mathbf{e}_l$ 的投影矢量为 ${}^{l}r_{lS}$，则有

$${}^{l}\vec{r}_{lS} = \mathbf{e}_l \cdot {}^{l}r_{lS} = \mathbf{e}_{\bar{l}} \cdot {}^{\bar{l}|l}r_{lS} \tag{2.91}$$

将式(2.85)代入式(2.91)得

$$\mathbf{e}_{\bar{l}} \cdot {}^{\bar{l}}Q_l \cdot {}^{l}r_{lS} = \mathbf{e}_{\bar{l}} \cdot {}^{\bar{l}|l}r_{lS}$$

故有

$${}^{\bar{l}|l}r_{lS} = {}^{\bar{l}}Q_l \cdot {}^{l}r_{lS} \tag{2.92}$$

由式(2.88)和式(2.92)得

$${}^{\bar{l}|l}r_{lS}^{\mathrm{T}} = {}^{l}r_{lS}^{\mathrm{T}} \cdot {}^{l}Q_{\bar{l}},\quad {}^{l}r_{lS}^{\mathrm{T}} = {}^{\bar{l}|l}r_{lS}^{\mathrm{T}} \cdot {}^{\bar{l}}Q_l \tag{2.93}$$

式(2.92)和式(2.93)为坐标变换公式，亦即矢量投影公式。式(2.92)为投影矢量的右序形式，即将位于投影算子 ${}^{\bar{l}}Q_l$ 右侧的相对 Frame $\#l$ 表示的矢量投影至该算子左侧的 Frame $\#\bar{l}$；式(2.93)为投影矢量的左序形式，即将位于投影算子 ${}^{\bar{l}}Q_l$ 左侧的相对 Frame $\#\bar{l}$ 表示的矢量投影至该算子右侧的 Frame $\#l$。

与 ${}^{\bar{l}}\mathbf{1}_l$ 同序的 ${}^{\bar{l}}Q_l$ 表示转动，与 ${}^{\bar{l}}\mathbf{1}_l$ 反序的 ${}^{l}Q_{\bar{l}}$ 表示投影。通过转动 ${}^{\bar{l}}Q_l$ 将方向矢量 ${}^{\bar{l}|l}r_{lS}$ 与方向矢量 ${}^{l}r_{lS}$ 对齐，通过平动实现位置矢量对齐，通过运动实现定点方向矢量对齐。因此，式(2.92)的物理含义为：当系统处于零位时，${}_0^{\bar{l}}Q_l = \mathbf{1}$，给定任意两个坐标矢量 ${}^{\bar{l}|l}\vec{r}_{lS}$ 及 ${}^{l}\vec{r}_{lS}$，此时 ${}_0^{\bar{l}}Q_l \cdot {}^{l}r_{lS} \to {}^{\bar{l}|l}r_{lS}$，即期望两矢量 ${}^{\bar{l}|l}\vec{r}_{lS}$ 与 ${}^{l}\vec{r}_{lS}$ 趋向对齐；转动 ${}^{\bar{l}}Q_l$ 后，${}^{\bar{l}}Q_l \cdot {}^{l}r_{lS} = {}^{\bar{l}|l}r_{lS}$，即 ${}^{\bar{l}|l}\vec{r}_{lS}$ 与 ${}^{l}\vec{r}_{lS}$ 对齐。

同样，${}^{\bar{\bar{l}}}Q_{\bar{l}} \cdot {}^{\bar{l}}Q_l \cdot {}^{l}r_{lS} = {}^{\bar{\bar{l}}|l}r_{lS}$ 的含义表述为：当系统处于零位时，${}_0^{\bar{\bar{l}}}Q_{\bar{l}} = {}_0^{\bar{l}}Q_l = \mathbf{1}$；给定任意期望坐标矢量 ${}^{\bar{\bar{l}}|l}\vec{r}_{lS}$ 及与杆件固结的坐标矢量 ${}^{l}\vec{r}_{lS}$；此时，有 ${}_0^{\bar{\bar{l}}}Q_{\bar{l}} \cdot {}_0^{\bar{l}}Q_l \cdot {}^{l}r_{lS} \to {}^{\bar{\bar{l}}|l}r_{lS}$，即期望两矢量 ${}^{\bar{\bar{l}}|l}\vec{r}_{lS}$ 与 ${}^{l}\vec{r}_{lS}$ 趋向对齐；经过转动 ${}^{\bar{\bar{l}}}Q_{\bar{l}}$ 后，${}^{\bar{\bar{l}}}Q_{\bar{l}} \cdot {}_0^{\bar{l}}Q_l \cdot {}^{l}r_{lS} \to {}^{\bar{\bar{l}}|l}r_{lS}$，两方向矢量逐渐趋向对齐；再次转动 ${}^{\bar{l}}Q_l$ 后，${}^{\bar{\bar{l}}}Q_{\bar{l}} \cdot {}^{\bar{l}}Q_l \cdot {}^{l}r_{lS} = {}^{\bar{\bar{l}}|l}r_{lS}$，即 ${}^{\bar{\bar{l}}|l}\vec{r}_{lS}$ 与 ${}^{l}\vec{r}_{lS}$ 已对齐。这是由根对叶的正向转移过程。

显然有

$$ {}^{\bar{l}}\vec{r}_l = \mathbf{e}_l \cdot {}^{l|\bar{l}}r_l = -\mathbf{e}_l \cdot {}^{l}r_{\bar{l}} = -{}^{l}\vec{r}_{\bar{l}} $$

故有

$$ {}^{l|\bar{l}}r_l = -{}^{l}r_{\bar{l}} \tag{2.94} $$

2.6.5 矢量的一阶螺旋

1.矢量的螺旋

如图 2-40 所示，由轴矢量对给定矢量的叉积确定一阶螺旋轴的过程称为螺旋。

给定 3D 矢量 ${}^{j}\vec{r}_k$ 及 3D 转动速度矢量 ${}^{l}\vec{\omega}_j$，则有

$$ \begin{cases} {}^{l}\omega_j^{\mathrm{T}} \cdot {}^{l}\mathbf{e} \times \mathbf{e}_l \cdot {}^{l|j}r_k = {}^{l}\omega_j^{\mathrm{T}} \cdot \tilde{\mathbf{e}}_l \cdot {}^{l|j}r_k = \mathbf{e}_l \cdot {}^{l}\tilde{\omega}_j \cdot {}^{l|j}r_k \\ {}^{l}\omega_j \times {}^{l|j}r_k = {}^{l}\tilde{\omega}_j \cdot {}^{l|j}r_k \end{cases} \tag{2.95} $$

其中：

$$ {}^{l}\tilde{\omega}_j \triangleq \begin{bmatrix} 0 & -{}^{l}\omega_j^{[3]} & {}^{l}\omega_j^{[2]} \\ {}^{l}\omega_j^{[3]} & 0 & -{}^{l}\omega_j^{[1]} \\ -{}^{l}\omega_j^{[2]} & {}^{l}\omega_j^{[1]} & 0 \end{bmatrix} \tag{2.96} $$

【证明】　由式(2.79)得

$$ {}^{l}\omega_j^{\mathrm{T}} \cdot {}^{l}\mathbf{e} \times \mathbf{e}_l \cdot {}^{l|j}r_k = {}^{l}\omega_j^{\mathrm{T}} \cdot \tilde{\mathbf{e}}_l \cdot {}^{l|j}r_k = \mathbf{e}_l^{[x]} \cdot \left({}^{l}\omega_j^{[2]} \cdot {}^{l|j}r_k^{[3]} - {}^{l}\omega_j^{[3]} \cdot {}^{l|j}r_k^{[2]} \right) $$
$$ \backslash - \mathbf{e}_l^{[y]} \cdot \left({}^{l}\omega_j^{[1]} \cdot {}^{l|j}r_k^{[3]} - {}^{l}\omega_j^{[3]} \cdot {}^{l|j}r_k^{[1]} \right) + \mathbf{e}_l^{[z]} \cdot \left({}^{l}\omega_j^{[1]} \cdot {}^{l|j}r_k^{[2]} - {}^{l}\omega_j^{[2]} \cdot {}^{l|j}r_k^{[1]} \right) $$

其中：\ 为续行符。又

$$ \mathbf{e}_l \cdot {}^{l}\tilde{\omega}_j \cdot {}^{l|j}r_k = $$
$$ \begin{bmatrix} \mathbf{e}_l^{[x]} & \mathbf{e}_l^{[y]} & \mathbf{e}_l^{[z]} \end{bmatrix} \cdot \begin{bmatrix} 0 & -{}^{l}\omega_j^{[3]} & {}^{l}\omega_j^{[2]} \\ {}^{l}\omega_j^{[3]} & 0 & -{}^{l}\omega_j^{[1]} \\ -{}^{l}\omega_j^{[2]} & {}^{l}\omega_j^{[1]} & 0 \end{bmatrix} \cdot \begin{bmatrix} {}^{l|j}r_k^{[1]} \\ {}^{l|j}r_k^{[2]} \\ {}^{l|j}r_k^{[3]} \end{bmatrix} = \begin{matrix} \mathbf{e}_l^{[x]} \cdot \left({}^{l}\omega_j^{[2]} \cdot {}^{l|j}r_k^{[3]} - {}^{l}\omega_j^{[3]} \cdot {}^{l|j}r_k^{[2]} \right) \\ \backslash - \mathbf{e}_l^{[y]} \cdot \left({}^{l}\omega_j^{[1]} \cdot {}^{l|j}r_j^{[3]} - {}^{l}\omega_j^{[3]} \cdot {}^{l|j}r_k^{[1]} \right) \\ \backslash + \mathbf{e}_l^{[z]} \cdot \left({}^{l}\omega_j^{[1]} \cdot {}^{l|j}r_k^{[2]} - {}^{l}\omega_j^{[2]} \cdot {}^{l|j}r_k^{[1]} \right) \end{matrix} $$

故有

$$ {}^{l}\omega_j^{\mathrm{T}} \cdot {}^{l}\mathbf{e} \times \mathbf{e}_l \cdot {}^{l|j}r_k = \mathbf{e}_l \cdot \begin{bmatrix} {}^{l}\omega_j^{[2]} \cdot {}^{l|j}r_k^{[3]} - {}^{l}\omega_j^{[3]} \cdot {}^{l|j}r_k^{[2]} \\ {}^{l}\omega_j^{[3]} \cdot {}^{l|j}r_k^{[1]} - {}^{l}\omega_j^{[1]} \cdot {}^{l|j}r_k^{[3]} \\ {}^{l}\omega_j^{[1]} \cdot {}^{l|j}r_k^{[2]} - {}^{l}\omega_j^{[2]} \cdot {}^{l|j}r_k^{[1]} \end{bmatrix} = \mathbf{e}_l \cdot {}^{l}\tilde{\omega}_j \cdot {}^{l|j}r_k $$

$$ \mathbf{e}_l \cdot {}^{l}\tilde{\omega}_j = {}^{l}\omega_j^{\mathrm{T}} \cdot \tilde{\mathbf{e}}_l $$

证毕。

由式(2.95)可知：

（1）由矢量${}^{l}\omega_{j}$唯一确定了该矢量的叉乘矩阵${}^{l}\tilde{\omega}_{j}$，将${}^{l}\omega_{j}$称为${}^{l}\tilde{\omega}_{j}$的轴矢量。

（2）坐标矢量的“叉乘运算”可用对应的“叉乘矩阵”替代，后续通常不再使用叉乘符号。

（3）${}^{l}\tilde{\omega}_{j}\cdot{}^{l|j}r_{k}$表示转动与平动的耦合，参考基为$\mathbf{e}_{l}$。因$\tilde{\mathbf{e}}_{l}$是$\mathbf{e}_{l}$的切空间或切标架，故${}^{l}\tilde{\omega}_{j}\cdot{}^{l|j}r_{k}$表示由${}^{l}\omega_{j}$至${}^{l|j}r_{k}$的切向量。因$\tilde{\mathbf{e}}_{l}$与$\mathbf{e}_{l}$正交，故式(2.95)中${}^{l}\tilde{\omega}_{j}$表示${}^{l|j}r_{k}$的螺旋变换，即${}^{l}\tilde{\omega}_{j}\cdot{}^{l|j}r_{k}$是由坐标矢量${}^{l}\omega_{j}$至坐标矢量${}^{l|j}r_{k}$的正交坐标矢量。

（4）根方向的转动牵连叶方向的平动，满足${}_{l}\cdot{}^{l}$链序的对消法则，体现了平动与转动的对偶性。投影符清晰表达了链序的作用关系，书写也简单方便。

由轴矢量对一阶螺旋轴的叉乘确定二阶螺旋轴。矢量的螺旋矩阵（screw matrix）是具有反对称性的二阶张量，也称之为一阶螺旋或一阶矩，比如二阶惯性矩$-m_{l}\cdot{}^{l}\tilde{r}_{lS}^{2}$。因运动状态与力的作用是对偶的，故常把它们分别表示在方程的两侧，否则需要加“－”进行序的变更。运动状态变更的原因是力的作用。角速度位于左侧，遵从左手序；力位于右侧，遵从右手序。

同时，有下式成立：

$$-{}^{l|j}\tilde{r}_{k}\cdot{}^{l}\omega_{j}={}^{l}\tilde{\omega}_{j}\cdot{}^{l|j}r_{k}\tag{2.97}$$

【证明】 因

$$\begin{bmatrix}0&-{}^{l}\omega_{j}^{[3]}&{}^{l}\omega_{j}^{[2]}\\{}^{l}\omega_{j}^{[3]}&0&-{}^{l}\omega_{j}^{[1]}\\-{}^{l}\omega_{j}^{[2]}&{}^{l}\omega_{j}^{[1]}&0\end{bmatrix}\cdot\begin{bmatrix}{}^{l|j}r_{k}^{[1]}\\{}^{l|j}r_{k}^{[2]}\\{}^{l|j}r_{k}^{[3]}\end{bmatrix}=\begin{bmatrix}{}^{l}\omega_{j}^{[2]}\cdot{}^{l|j}r_{k}^{[3]}-{}^{l}\omega_{j}^{[3]}\cdot{}^{l|j}r_{k}^{[2]}\\{}^{l}\omega_{j}^{[3]}\cdot{}^{l|j}r_{k}^{[1]}-{}^{l}\omega_{j}^{[1]}\cdot{}^{l|j}r_{k}^{[3]}\\{}^{l}\omega_{j}^{[1]}\cdot{}^{l|j}r_{k}^{[2]}-{}^{l}\omega_{j}^{[2]}\cdot{}^{l|j}r_{k}^{[1]}\end{bmatrix}\tag{2.98}$$

又

$$\begin{bmatrix}0&{}^{l|j}r_{k}^{[3]}&-{}^{l|j}r_{k}^{[2]}\\-{}^{l|j}r_{k}^{[3]}&0&{}^{l|j}r_{k}^{[1]}\\{}^{l|j}r_{k}^{[2]}&-{}^{l|j}r_{k}^{[1]}&0\end{bmatrix}\cdot\begin{bmatrix}{}^{l}\omega_{j}^{[1]}\\{}^{l}\omega_{j}^{[2]}\\{}^{l}\omega_{j}^{[3]}\end{bmatrix}=\begin{bmatrix}{}^{l}\omega_{j}^{[2]}\cdot{}^{l|j}r_{k}^{[3]}-{}^{l}\omega_{j}^{[3]}\cdot{}^{l|j}r_{k}^{[2]}\\{}^{l}\omega_{j}^{[3]}\cdot{}^{l|j}r_{k}^{[1]}-{}^{l}\omega_{j}^{[1]}\cdot{}^{l|j}r_{k}^{[3]}\\{}^{l}\omega_{j}^{[1]}\cdot{}^{l|j}r_{k}^{[2]}-{}^{l}\omega_{j}^{[2]}\cdot{}^{l|j}r_{k}^{[1]}\end{bmatrix}$$

故式(2.97)成立。证毕。

对比式(2.71)与式(2.96)可知：坐标基的叉乘矩阵与坐标矢量的叉乘矩阵具有相反的链序关系，这反映了坐标基与坐标矢量的对偶性。式(2.96)的作用在于：将几何形式的叉积运算转换为代数式的叉乘矩阵运算。

2.矩阵的轴矢量

绕坐标轴的简单转动仅仅是转动的特殊形式。事实上，刚体在空间下绕任一轴转动，由转动前至转动后的状态可由旋转变换矩阵表示，旋转变换矩阵可以由该转动轴矢量及转动角度唯一确定。坐标矢量存在唯一对应的矩阵，该坐标矢量为其对应矩阵的轴矢量。

定义 2.13 称坐标矢量${}^{l}\omega_{j}$为其叉乘矩阵${}^{l}\tilde{\omega}_{j}$的轴矢量，并记为

$${}^{l}\omega_{j}=\mathrm{Vector}\left({}^{l}\tilde{\omega}_{j}\right)\tag{2.99}$$

任一矩阵 ${}^{k}M_{l}$ 可表示为 ${}^{k}M_{l} = {}^{k}M_{l}^{\mathrm{S}} + {}^{k}M_{l}^{\mathrm{DS}}$，其中：${}^{k}M_{l}^{\mathrm{S}} = \left({}^{k}M_{l} + {}^{k}M_{l}^{\mathrm{T}}\right)/2$ 为对称阵，${}^{k}M_{l}^{\mathrm{DS}} = \left({}^{k}M_{l} - {}^{k}M_{l}^{\mathrm{T}}\right)/2$ 为反对称阵。由上可知，${}^{k}M_{l}^{\mathrm{DS}}$ 存在轴矢量。

定义 2.14　称矩阵 ${}^{k}M_{l}$ 的反对称阵 ${}^{k}M_{l}^{\mathrm{DS}}$ 的轴矢量为矩阵 ${}^{k}M_{l}$ 的轴矢量。

根据上面的定义得

$$\mathrm{Vector}\left({}^{k}M_{l}^{\mathrm{DS}}\right) = \mathrm{Vector}({}^{k}M_{l}) \tag{2.100}$$

故有

$$\mathrm{Vector}\left({}^{l}M_{l}\right) \equiv \mathrm{Vector}\left({}^{l}M_{l}^{\mathrm{DS}}\right) = \frac{1}{2}\cdot\begin{bmatrix} {}^{l}M_{l}^{[3][y]} - {}^{l}M_{l}^{[2][z]} \\ {}^{l}M_{l}^{[1][z]} - {}^{l}M_{l}^{[3][x]} \\ {}^{l}M_{l}^{[2][x]} - {}^{l}M_{l}^{[1][y]} \end{bmatrix} \tag{2.101}$$

3.矢量外积的不变性

给定任一矢量 ${}^{\bar{l}}\omega_{l}$ 及矢量 ${}^{l}r_{k}$，则有

$$-2\cdot\mathrm{Vector}\left({}^{\bar{l}}\omega_{l}\cdot{}^{\bar{l}|l}r_{k}^{\mathrm{T}}\right) = {}^{\bar{l}}\tilde{\omega}_{l}\cdot{}^{\bar{l}|l}r_{k} \tag{2.102}$$

【证明】 ${}^{\bar{l}}\omega_{l}\cdot{}^{\bar{l}|l}r_{k}^{\mathrm{T}} - {}^{\bar{l}|l}r_{k}\cdot{}^{\bar{l}}\omega_{l}^{\mathrm{T}}$ 是反对称矩阵，是矩阵 ${}^{\bar{l}}\omega_{l}\cdot{}^{\bar{l}|l}r_{k}^{\mathrm{T}}$ 的反对称阵部分。对于 $\forall{}^{\bar{l}}p_{*}$（$*$ 表示任意点），有

$$\left({}^{\bar{l}}\omega_{l}\cdot{}^{\bar{l}|l}r_{k}^{\mathrm{T}} - {}^{\bar{l}|l}r_{k}\cdot{}^{\bar{l}}\omega_{l}^{\mathrm{T}}\right)\cdot{}^{\bar{l}}p_{*} = {}^{\bar{l}}\omega_{l}\cdot{}^{\bar{l}|l}r_{k}^{\mathrm{T}}\cdot{}^{\bar{l}}p_{*} - {}^{\bar{l}|l}r_{k}\cdot{}^{\bar{l}}\omega_{l}^{\mathrm{T}}\cdot{}^{\bar{l}}p_{*}$$

考虑式（2.13），由式（2.12）得

$$\begin{aligned} -\widetilde{{}^{\bar{l}}\tilde{\omega}_{l}\cdot{}^{\bar{l}|l}r_{k}}\cdot{}^{l}p_{*} &= {}^{\bar{l}}\tilde{p}_{*}\cdot\left({}^{\bar{l}}\tilde{\omega}_{l}\cdot{}^{\bar{l}|l}r_{k}\right) \\ &= \left({}^{\bar{l}}p_{*}^{\mathrm{T}}\cdot{}^{\bar{l}|l}r_{k}\right)\cdot{}^{\bar{l}}\omega_{l} - \left({}^{\bar{l}}\omega_{l}^{\mathrm{T}}\cdot{}^{\bar{l}}p_{*}\right)\cdot{}^{\bar{l}|l}r_{k} \\ &= \left({}^{\bar{l}}\omega_{l}\cdot{}^{\bar{l}|l}r_{k}^{\mathrm{T}} - {}^{\bar{l}|l}r_{k}\cdot{}^{\bar{l}}\omega_{l}^{\mathrm{T}}\right)\cdot{}^{\bar{l}}p_{*} \end{aligned}$$

故有

$$-\widetilde{{}^{\bar{l}}\tilde{\omega}_{l}\cdot{}^{\bar{l}|l}r_{k}} = {}^{\bar{l}}\omega_{l}\cdot{}^{\bar{l}|l}r_{k}^{\mathrm{T}} - {}^{\bar{l}|l}r_{k}\cdot{}^{\bar{l}}\omega_{l}^{\mathrm{T}}$$

考虑式(2.100)的轴矢量定义，可知式(2.102)成立。故矢量的外积具有一阶矩不变性。证毕。

2.6.6　二阶张量的投影

将 ${}^{k}\mathrm{J}_{lS}$ 在 j 系下的表示（投影）记为 ${}^{j|k}\mathrm{J}_{lS}$，因二阶张量是不变量，故有

$${}^{k}\vec{\mathrm{J}}_{lS} = \mathbf{e}_{k}\cdot{}^{k}\mathrm{J}_{lS}\cdot\mathbf{e}_{k}^{\mathrm{T}} = \mathbf{e}_{j}\cdot{}^{j|k}\mathrm{J}_{lS}\cdot{}^{j}\mathbf{e} \tag{2.103}$$

因 ${}^{k}\vec{\mathrm{J}}_{lS} = \mathbf{e}_{k}\cdot{}^{k}\mathrm{J}_{lS}\cdot{}^{k}\mathbf{e}$ 及 ${}^{k}\vec{\mathrm{J}}_{lS} = \mathbf{e}_{j}\cdot{}^{j|k}\mathrm{J}_{lS}\cdot{}^{j}\mathbf{e}$ 是基的二次式，具有标量的形式，是不变量，故由式(2.104)得

$$\mathbf{e}_k \cdot {}^k\mathrm{J}_{lS} \cdot {}^k\mathbf{e} = \mathbf{e}_j \cdot {}^jQ_k \cdot {}^k\mathrm{J}_{lS} \cdot {}^kQ_j \cdot {}^j\mathbf{e} = \mathbf{e}_j \cdot {}^{j|k}\mathrm{J}_{lS} \cdot {}^j\mathbf{e}$$

故

$$^{j|k}\mathrm{J}_{lS} = {}^jQ_k \cdot {}^k\mathrm{J}_{lS} \cdot {}^kQ_j \tag{2.104}$$

式(2.104)是二阶张量坐标阵列的变换公式，即相似变换公式。简单地说，相似变换即二阶张量的坐标变换，即投影。同样，二阶张量的投影可以清晰地表达链序关系，其书写也很简洁。

2.6.7 运动链的前向迭代与逆向递归

给定运动链 $^{\bar{l}}\mathbf{1}_{lS} = (\bar{l}, l, lS]$，则有

$$^{\bar{l}}\vec{r}_{lS} = {}^{\bar{l}}\vec{r}_l + {}^l\vec{r}_{lS} \tag{2.105}$$

即

$$\mathbf{e}_{\bar{l}} \cdot {}^{\bar{l}}r_{lS} = \mathbf{e}_{\bar{l}} \cdot {}^{\bar{l}}r_l + \mathbf{e}_l \cdot {}^l r_{lS} \tag{2.106}$$

由式(2.85)和式(2.106)得

$$\mathbf{e}_{\bar{l}} \cdot {}^{\bar{l}}r_{lS} = \mathbf{e}_{\bar{l}} \cdot {}^{\bar{l}}r_l + \mathbf{e}_{\bar{l}} \cdot {}^{\bar{l}}Q_l \cdot {}^l r_{lS} \tag{2.107}$$

故有

$$^{\bar{l}}r_{lS} = {}^{\bar{l}}r_l + {}^{\bar{l}}Q_l \cdot {}^l r_{lS} \tag{2.108}$$

式(2.108)的物理含义表述为：系统处于零位时，$^{\bar{l}}Q_l = {}^{\bar{l}}_0Q_l = \mathbf{1}$，先将与杆件 l 固结的位矢 $^l r_{lS}$ 平动 $^{\bar{l}}r_l$，后将其转动 $^{\bar{l}}Q_l$，从而使 $^l r_{lS}$ 与 $^{\bar{l}}r_{lS}$ 对齐。考虑运动链 $^0\mathbf{1}_{3C} = (0{:}3, 3C]$，运动过程是由根向叶的正向迭代，故有运动链计算的逆向递归过程：

$$^0r_1 + {}^0Q_1 \cdot \left({}^1r_2 + {}^1Q_2 \cdot \left({}^2r_3 + {}^2Q_3 \cdot {}^3r_{3C}\right)\right) = {}^0r_{3C}$$

其等价为运动链的前向迭代过程：

$$^0r_1 + {}^{0|1}r_2 + {}^{0|2}r_3 + {}^{0|3}r_{3C} = {}^0r_{3C}$$

递归过程的物理含义表述为：系统处于零位时 $^{\bar{l}}Q_l = {}^{\bar{l}}_0Q_l = \mathbf{1}$，$^{\bar{l}}r_l = {}^{\bar{l}}_0r_l = 0_3$，其中 $l \in [1:3]$，先将与杆件 3 固结的位矢 $^3\vec{r}_{3C}$ 平动 $^0r_1$，再转动 $^0Q_1$；接着平动 $^1r_2$，再转动 $^1Q_2$；最后，平动 $^2r_3$，再转动 $^2Q_3$。这是使 $^3\vec{r}_{3C}$ 与 $^0\vec{r}_{3C}$ 对齐的正向转移过程。在数值计算时，递归过程对内存访问的次数少，故其要比对应的迭代过程快得多。将式(2.108)重新表示为

$$^{\bar{l}}\underset{.}{r}_{lS} = {}^{\bar{l}}R_l \cdot {}^l\underset{.}{r}_{lS} \tag{2.109}$$

其中：

$$^{\bar{l}}\underset{.}{r}_{lS} = \begin{bmatrix} ^{\bar{l}}r_{lS} \\ 1 \end{bmatrix}, \quad {}^l\underset{.}{r}_{lS} = \begin{bmatrix} ^l r_{lS} \\ 1 \end{bmatrix}, \quad {}^{\bar{l}}R_l = \begin{bmatrix} ^{\bar{l}}Q_l & ^{\bar{l}}r_l \\ 0_3^{\mathrm{T}} & 1 \end{bmatrix} \tag{2.110}$$

$^{\bar{l}}\underset{.}{r}_{lS}$ 及 $^l\underset{.}{r}_{lS}$ 分别为 $^{\bar{l}}r_{lS}$ 及 $^l r_{lS}$ 的齐次（homogeneous）坐标；$^{\bar{l}}R_l$ 为链节 $^{\bar{l}}\mathbf{1}_l$ 的转移矩阵，表示 $\bar{l}$

至 l 的螺旋运动。

1.齐次逆变换

由式(2.108)和式(2.58)得

$$ {}^{l}r_{lS} = {}^{l}Q_{\overline{l}} \cdot {}^{\overline{l}}r_{lS} - {}^{l}Q_{\overline{l}} \cdot {}^{\overline{l}}r_{l} = {}^{l}Q_{\overline{l}} \cdot {}^{\overline{l}}r_{lS} + {}^{l}r_{\overline{l}} \tag{2.111} $$

将式(2.111)重新表示为

$$ {}^{l}r_{lS} = {}^{l}R_{\overline{l}} \cdot {}^{\overline{l}}r_{lS} \tag{2.112} $$

其中：

$$ {}^{l}R_{\overline{l}} = \begin{bmatrix} {}^{l}Q_{\overline{l}} & {}^{l}r_{\overline{l}} \\ 0_3^{\mathrm{T}} & 1 \end{bmatrix} = \begin{bmatrix} {}^{l}Q_{\overline{l}} & -{}^{l|\overline{l}}r_{l} \\ 0_3^{\mathrm{T}} & 1 \end{bmatrix} \tag{2.113} $$

2.齐次变换阵的串接性

$$ {}^{\overline{\overline{l}}}R_{l} = {}^{\overline{\overline{l}}}R_{\overline{l}} \cdot {}^{\overline{l}}R_{l} \tag{2.114} $$

【证明】

$$ {}^{\overline{\overline{l}}}R_{\overline{l}} \cdot {}^{\overline{l}}R_{l} = \begin{bmatrix} {}^{\overline{\overline{l}}}Q_{\overline{l}} & {}^{\overline{\overline{l}}}r_{\overline{l}} \\ 0_3^{\mathrm{T}} & 1 \end{bmatrix} \cdot \begin{bmatrix} {}^{\overline{l}}Q_{l} & {}^{\overline{l}}r_{l} \\ 0_3^{\mathrm{T}} & 1 \end{bmatrix} $$

$$ = \begin{bmatrix} {}^{\overline{\overline{l}}}Q_{\overline{l}} \cdot {}^{\overline{l}}Q_{l} & {}^{\overline{\overline{l}}}r_{\overline{l}} + {}^{\overline{\overline{l}}}Q_{\overline{l}} \cdot {}^{\overline{l}}r_{l} \\ 0_3^{\mathrm{T}} & 1 \end{bmatrix} = \begin{bmatrix} {}^{\overline{\overline{l}}}Q_{l} & {}^{\overline{\overline{l}}}r_{l} \\ 0_3^{\mathrm{T}} & 1 \end{bmatrix} = {}^{\overline{\overline{l}}}R_{l} $$

证毕。

式(2.114)表明齐次变换阵具有串接性。

3.缩放齐次变换的链符号

记体 l 的同名体为 l'，即 $l = l'$。记由体 l 至其同名体 l' 的缩放矢量为 ${}^{l}c_{l'}$；其对应的缩放矩阵记为 ${}^{l}C_{l'}$，称 ${}^{l}c_{l'}$ 为 ${}^{l}C_{l'}$ 的轴矢量。其中：

$$ {}^{l}C_{l'} = \begin{bmatrix} {}^{l}c_{l'}^{[x]} & 0 & 0 \\ 0 & {}^{l}c_{l'}^{[y]} & 0 \\ 0 & 0 & {}^{l}c_{l'}^{[z]} \end{bmatrix} $$

故有缩放变换

$$ {}^{l}r_{l'S} = {}^{l}C_{l'} \cdot {}^{l'}r_{l'S} = \begin{bmatrix} {}^{l}c_{l'}^{[x]} \cdot {}^{l'}r_{l'S}^{[x]} \\ {}^{l}c_{l'}^{[y]} \cdot {}^{l'}r_{l'S}^{[y]} \\ {}^{l}c_{l'}^{[z]} \cdot {}^{l'}r_{l'S}^{[z]} \end{bmatrix} $$

矢量 ${}^{l}r_{l'S}$ 是由矢量 ${}^{l'}r_{l'S}$ 经 ${}^{l}C_{l'}$ 缩放得到的。显然有

$$
{}^{l}C_{l'}^{-1} = \begin{bmatrix} 1 / {}^{l}c_{l'}^{[x]} & 0 & 0 \\ 0 & 1 / {}^{l}c_{l'}^{[y]} & 0 \\ 0 & 0 & 1 / {}^{l}c_{l'}^{[z]} \end{bmatrix}
$$

记缩放齐次变换阵为

$$
{}^{l}R_{l'} = \begin{bmatrix} {}^{l}C_{l'} & {}^{l}0 \\ 0_3^{\mathrm{T}} & 1 \end{bmatrix}
$$

故有

$$
{}^{l}r_{l'S} = {}^{l}R_{l'} \cdot {}^{l'}r_{l'S}
$$

因为

$$
{}^{\bar{l}}R_{l} \cdot {}^{l}R_{l'} = \begin{bmatrix} {}^{\bar{l}}Q_{l} & {}^{\bar{l}}r_{l} \\ 0_3^{\mathrm{T}} & 1 \end{bmatrix} \cdot \begin{bmatrix} {}^{l}C_{l'} & {}^{l}0 \\ 0_3^{\mathrm{T}} & 1 \end{bmatrix} = \begin{bmatrix} {}^{\bar{l}}Q_{l} \cdot {}^{l}C_{l'} & {}^{\bar{l}}r_{l} \\ 0_3^{\mathrm{T}} & 1 \end{bmatrix}
$$

故有

$$
{}^{\bar{l}}R_{l} \cdot {}^{l}R_{l'} \cdot {}^{l'}r_{l'S} = \begin{bmatrix} {}^{\bar{l}}Q_{l} \cdot {}^{l}C_{l'} & {}^{\bar{l}}r_{l} \\ 0_3^{\mathrm{T}} & 1 \end{bmatrix} \cdot \begin{bmatrix} {}^{l'}r_{l'S} \\ 1 \end{bmatrix} = \begin{bmatrix} {}^{\bar{l}}r_{l} + {}^{\bar{l}}Q_{l} \cdot {}^{l}C_{l'} \cdot {}^{l'}r_{l'S} \\ 1 \end{bmatrix} = \begin{bmatrix} {}^{\bar{l}}r_{l'S} \\ 1 \end{bmatrix} = {}^{\bar{l}}r_{l'S}
$$

即

$$
{}^{\bar{l}}r_{l'S} = {}^{\bar{l}}R_{l} \cdot {}^{l}R_{l'} \cdot {}^{l'}r_{l'S} \tag{2.115}
$$

式(2.115)右侧链序为 ${}^{\bar{l}}\mathbf{1}_{l'}$，${}^{\bar{l}}r_{l} + {}^{\bar{l}}Q_{l} \cdot {}^{l}C_{l'} \cdot {}^{l'}r_{l'S}$ 的物理含义：表示先平动，再转动，后缩放的正向转移过程。

因

$$
{}^{l'}R_{l} \cdot {}^{l}R_{\bar{l}} = \begin{bmatrix} {}^{l'}C_{l} & 0 \\ 0_3^{\mathrm{T}} & 1 \end{bmatrix} \cdot \begin{bmatrix} {}^{l}Q_{\bar{l}} & {}^{l}r_{\bar{l}} \\ 0_3^{\mathrm{T}} & 1 \end{bmatrix} = \begin{bmatrix} {}^{l'}C_{l} \cdot {}^{l}Q_{\bar{l}} & {}^{l'}C_{l} \cdot {}^{l}r_{\bar{l}} \\ 0_3^{\mathrm{T}} & 1 \end{bmatrix}
$$

故有

$$
\begin{aligned}
{}^{l'}R_{l} \cdot {}^{l}R_{\bar{l}} \cdot {}^{\bar{l}}r_{l'S} &= \begin{bmatrix} {}^{l'}C_{l} \cdot {}^{l}Q_{i} & {}^{l'}C_{l} \cdot {}^{l}r_{i} \\ 0_3^{\mathrm{T}} & 1 \end{bmatrix} \cdot \begin{bmatrix} {}^{\bar{l}}r_{l'S} \\ 1 \end{bmatrix} \\
&= \begin{bmatrix} {}^{l'}C_{l} \cdot \left({}^{l}Q_{\bar{l}} \cdot {}^{\bar{l}}r_{l'S} + {}^{l}r_{\bar{l}} \right) \\ 1 \end{bmatrix} \\
&= \begin{bmatrix} {}^{l'}C_{l} \cdot {}^{l}r_{\bar{l}} + {}^{l'}C_{l} \cdot {}^{l}Q_{\bar{l}} \cdot \left({}^{\bar{l}}r_{l} + {}^{\bar{l}|l}r_{l'S} \right) \\ 1 \end{bmatrix} = \begin{bmatrix} {}^{l'}r_{l'S} \\ 1 \end{bmatrix}
\end{aligned}
$$

即

$$
{}^{l'}r_{l'S} = {}^{l'}R_{l} \cdot {}^{l}R_{\bar{l}} \cdot {}^{\bar{l}}r_{l'S} \tag{2.116}
$$

式(2.116)右侧链序为 $-{}^{\bar{l}}\mathbf{1}_{l'}$，${}^{l'}C_{l} \cdot \left({}^{l}Q_{\bar{l}} \cdot {}^{\bar{l}}r_{l'S} + {}^{l}r_{\bar{l}} \right)$ 的物理含义：表示先缩放，再转动，后平动的逆向转移过程。

缩放齐次变换在 3D 系统中有广泛应用。在机器人中，体 l' 一般是一个异形杆件。在机械制图时，制图单位与机器人运动分析及导航控制时采用的单位可能不一致，或者机器人杆件自身具有三轴形变，常常需要将杆件 l' 上的任一点 $^{l'}S$ 按其体系 l' 进行三轴缩放，缩放后的体为其同名体 l 。在机器视觉测量时，镜头实现了对场景的物点 $^{l'}S$ 与像点 ^{l}S 的缩放变换，在机器视觉计算时也常常应用到缩放齐次变换。因此，缩放齐次变换是机器人运动链分析的基本运算方法之一。

4.无穷远点的齐次坐标

若 $\left|r_{lS}^{\bar{l}}\right| = \infty$ ，则有

$$ {}^{\bar{l}}r_{lS} \,/\, \left|r_{lS}^{\bar{l}}\right| = \lim_{\left|r_{lS}^{\bar{l}}\right| \to \infty} \left(\begin{bmatrix} {}^{\bar{l}}r_{lS} \\ 1 \end{bmatrix} \,/\, \left|r_{lS}^{\bar{l}}\right| \right) = \begin{bmatrix} {}^{\bar{l}}r_{lS} \,/\, \left|r_{lS}^{\bar{l}}\right| \\ 0 \end{bmatrix} \tag{2.117} $$

由式(2.117)可知：无限远的矢量只有方向，而位置无法确定。齐次坐标构成的空间是四维的；但齐次坐标不是矢量，而是数组。只有定位矢量才存在齐次变换，它反映了运动链节间存在运动的牵连；而自由矢量，例如角速度矢量及转动矢量等，不存在齐次变换，即自由矢量在运动链中不存在运动的牵连。

2.6.8　转动矢量与螺旋矩阵

记角速度 ${}^{\bar{l}}\omega_l$ 的定轴转动轴矢量为 ${}^{\bar{l}}n_l$ ，当 ${}^{\bar{l}}n_l$ 是常矢量时，有

$$ {}^{\bar{l}}\phi_l = \int_0^t {}^{\bar{l}}\omega_l \cdot \mathrm{d}t = \int_0^t \dot{\phi}_l^{\bar{l}} \cdot {}^{\bar{l}}n_l \cdot \mathrm{d}t = {}^{\bar{l}}n_l \cdot \phi_l^{\bar{l}} \tag{2.118} $$

定义

$$ {}^{\bar{l}}\phi_l = {}^{\bar{l}}n_l \cdot \phi_l^{\bar{l}} \tag{2.119} $$

称 ${}^{\bar{l}}\phi_l$ 为转动矢量，其中：ϕ 是转动属性符，如图 2-44 所示。转动矢量/角矢量 ${}^{\bar{l}}\phi_l$ 是自由矢量，即该矢量可自由平移。

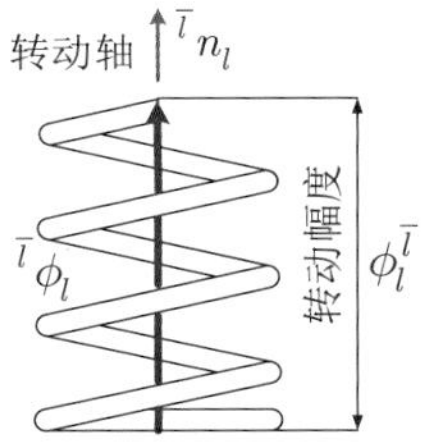

图 2-44　转动矢量

转动矢量的叉乘矩阵为

$$ {}^{\bar{l}}\tilde{\phi}_l = {}^{\bar{l}}\tilde{n}_l \cdot \phi_l^{\bar{l}} = \phi_l^{\bar{l}} \cdot \begin{bmatrix} 0 & -{}^{\bar{l}}n_l^{[3]} & {}^{\bar{l}}n_l^{[2]} \\ {}^{\bar{l}}n_l^{[3]} & 0 & -{}^{\bar{l}}n_l^{[1]} \\ -{}^{\bar{l}}n_l^{[2]} & {}^{\bar{l}}n_l^{[1]} & 0 \end{bmatrix} \tag{2.120} $$

即 ${}^{\bar{l}}n_l \cdot \phi_l^{\bar{l}}$ 是 ${}^{\bar{l}}\tilde{\phi}_l$ 的轴矢量。

因 ${}^{\bar{l}}n_l^{\mathrm{T}} \cdot {}^{\bar{l}}\phi_l = {}^{\bar{l}}n_l^{\mathrm{T}} \cdot {}^{\bar{l}}n_l \cdot \phi_l^{\bar{l}} = \phi_l^{\bar{l}}$ ，故 $\phi_l^{\bar{l}}$ 是标量，是自然坐标或关节坐标，表示转动的幅度或大小。$\phi_l^{\bar{l}}$ 是转动矢量 ${}^{\bar{l}}\phi_l$ 与轴矢量 ${}^{\bar{l}}n_l$ 的内积/投影，即角度。转动矢量 ${}^{\bar{l}}\phi_l$ 表示绕单位转动轴 ${}^{\bar{l}}n_l$ 转动角度 $\phi_l^{\bar{l}}$ 。

在运动链符号系统中，对转动属性的描述采用转动矢量 ${}^{\bar{l}}\phi_l$，对平动属性的描述采用平动矢量 ${}^{\bar{l}}r_l$ 。它们分别表征转动状态与平动状态。

转动矢量$^{\bar{l}}\phi_l$是绕一个固定轴的转动，又称定轴转动。机器人系统中转动副$^{\bar{l}}\boldsymbol{R}_l$的运动量是以固定轴矢量$^{\bar{l}}n_l$或$^{l}n_{\bar{l}}$及角位置$\phi_l^{\bar{l}}$或$\phi_{\bar{l}}^{l}$来表示的，转动矢量$^{\bar{l}}\phi_l$或$^{l}\phi_{\bar{l}}$是转动最自然的表示形式；棱柱副$^{\bar{l}}\boldsymbol{P}_l$的运动量是以固定轴矢量$^{\bar{l}}n_l$或$^{l}n_{\bar{l}}$及线位置$r_l^{\bar{l}}$或$r_{\bar{l}}^{l}$来表示的，平动矢量$^{\bar{l}}r_l$或$^{l}r_{\bar{l}}$是平动最自然的表示形式。

正向运动具有自我参考。对转动而言，由初态$\bar{l}$绕轴$^{\bar{l}}n_l$转动$\phi_l^{\bar{l}}$角度后至终态l，相应的转动矢量为$^{\bar{l}}\phi_l = {}^{\bar{l}}n_l \cdot \phi_l^{\bar{l}}$。对平动而言，由初态$\bar{l}$沿轴$^{\bar{l}}n_l$平动$r_l^{\bar{l}}$后至终态$l$，相应的平动矢量为$^{\bar{l}}r_l = {}^{\bar{l}}n_l \cdot r_l^{\bar{l}}$。对于同一个体，其运动次序通常为先缩放，再转动，后平移。

自然坐标系、自然不变量及自然坐标是自然空间的自然表示：

（1）转动矢量$^{\bar{l}}\phi_l$与方向余弦矩阵$^{\bar{l}}Q_l$等价，具有 3D 自然空间维度的不变性。

（2）自然轴不变量$^{\bar{l}}n_l$相对相邻的自然坐标系$\bar{l}$及l的坐标不变，具有自然坐标的不变性。

（3）自然轴不变量$^{\bar{l}}n_l$与自然坐标$\phi_l^{\bar{l}}$或$r_l^{\bar{l}}$无关，具有自然参考轴的不变性。

记叉乘符$\tilde{\square}$运算的优先级高于投影运算$^{|}\square$的优先级，给定任一矢量$^{\bar{l}}r_l$的叉乘矩阵$^{\bar{l}}\tilde{r}_l$是二阶张量，即

$$^{\bar{l}|l}\tilde{r}_k = {}^{\bar{l}}Q_l \cdot {}^{l}\tilde{r}_k \cdot {}^{l}Q_{\bar{l}} \tag{2.121}$$

则有

$$\begin{gathered} ^{\bar{l}|l}\tilde{r}_k = -2 \cdot \backslash \\ \left[\operatorname{Vector}\left(^{\bar{l}|l}r_k \cdot {}^{l}Q_{\bar{l}}^{[1]} \right) \quad \operatorname{Vector}\left(^{\bar{l}|l}r_k \cdot {}^{l}Q_{\bar{l}}^{[2]} \right) \quad \operatorname{Vector}\left(^{\bar{l}|l}r_k \cdot {}^{l}Q_{\bar{l}}^{[3]} \right) \right] \cdot {}^{\bar{l}}Q_l \end{gathered} \tag{2.122}$$

【证明】 由式(2.100)得$^{l}r_k = \operatorname{Vector}\left(^{l}\tilde{r}_k \right)$，又

$$\left(^{\bar{l}}Q_l \cdot {}^{l}\tilde{r}_k \cdot {}^{l}Q_{\bar{l}} \right)^{\mathrm{T}} = -{}^{\bar{l}}Q_l \cdot {}^{l}\tilde{r}_k \cdot {}^{l}Q_{\bar{l}}$$

即$^{\bar{l}}Q_l \cdot {}^{l}\tilde{r}_k \cdot {}^{l}Q_{\bar{l}}$是反对称阵，则由式(2.102)得$-2 \cdot \operatorname{Vector}\left(^{\bar{l}|l}r_k \cdot {}^{l}Q_{\bar{l}}^{[n]} \right) = {}^{\bar{l}|l}\tilde{r}_k \cdot {}^{l}Q_{\bar{l}}^{[n]}$，其中$n \in [1,2,3]$，故有

$$\begin{aligned} & -2 \cdot \left[\operatorname{Vector}\left(^{\bar{l}|l}r_k \cdot {}^{l}Q_{\bar{l}}^{[1]} \right) \quad \operatorname{Vector}\left(^{\bar{l}|l}r_k \cdot {}^{l}Q_{\bar{l}}^{[2]} \right) \quad \operatorname{Vector}\left(^{\bar{l}|l}r_k \cdot {}^{l}Q_{\bar{l}}^{[3]} \right) \right] \\ & = {}^{\bar{l}|l}\tilde{r}_k \cdot \left[{}^{l}Q_{\bar{l}}^{[1]} \quad {}^{l}Q_{\bar{l}}^{[2]} \quad {}^{l}Q_{\bar{l}}^{[3]} \right] \end{aligned}$$

故式(2.122)成立，叉乘矩阵的任一列是对应坐标轴的一阶矩，叉乘矩阵的投影具有一阶矩的不变性。证毕。

角速度$^{\bar{l}}\omega_{\bar{l}}$的叉乘矩阵$^{\bar{l}}\tilde{\omega}_{\bar{l}}$也是二阶张量，即

$$^{\bar{l}|l}\tilde{\omega}_{\bar{l}} = {}^{\bar{l}}Q_l \cdot {}^{l}\tilde{\omega}_{\bar{l}} \cdot {}^{l}Q_{\bar{l}} \tag{2.123}$$

且有

$$\mathbf{e}_{\bar{l}} \cdot {}^{\bar{l}}\tilde{\omega}_l \cdot {}^{\bar{l}|l}r_k = \mathrm{Det}\left(\begin{bmatrix} \mathbf{e}_{\bar{l}}^{[x]} & {}^{\bar{l}}\omega_l^{[x]} & {}^{\bar{l}|l}r_k^{[x]} \\ \mathbf{e}_{\bar{l}}^{[y]} & {}^{\bar{l}}\omega_l^{[y]} & {}^{\bar{l}|l}r_k^{[y]} \\ \mathbf{e}_{\bar{l}}^{[z]} & {}^{\bar{l}}\omega_l^{[z]} & {}^{\bar{l}|l}r_k^{[z]} \end{bmatrix}\right), \quad {}^{\bar{l}}\omega_l = \frac{\partial}{\partial\, {}^{\bar{l}|l}r_k^{\mathrm{T}}}\left({}^{\bar{l}}\omega_l^{\mathrm{T}} \cdot {}^{\bar{l}|l}r_k\right) \tag{2.124}$$

由式(2.124)可知：${}^{l}\tilde{\omega}_k$ 是由位置矢量空间至平动速度空间的变换阵，${}^{\bar{l}}\omega_l$ 是 ${}^{\bar{l}}\omega_l^{\mathrm{T}} \cdot {}^{\bar{l}|l}r_k$ 对 ${}^{\bar{l}|l}r_k$ 的梯度。由式(2.123)和式(2.124)可知 ${}^{l}\tilde{\omega}_k$ 的意义在于：

（1）${}^{l}\tilde{\omega}_k$ 是角速度矢量 ${}^{l}\omega_k$ 的二阶张量，满足二阶张量的坐标变换（即相似变换）条件；

（2）${}^{l}\tilde{\omega}_k$ 是位置矢量 ${}^{l}r_k$ 至平动速度矢量 ${}^{l}\dot{r}_k$ 的坐标变换阵。

根据运动链坐标变换运算有

$$-{}^{l}\omega_k = {}^{l|k}\omega_l = {}^{l}Q_k \cdot {}^{k}\omega_l \tag{2.125}$$

由式(2.123)和式(2.125)得

$$-{}^{l}\tilde{\omega}_k = {}^{l|k}\tilde{\omega}_l = {}^{l}Q_k \cdot {}^{k}\tilde{\omega}_l \cdot {}^{k}Q_l$$

故有

$$-{}^{l}\tilde{\omega}_k = {}^{l}Q_k \cdot {}^{k}\tilde{\omega}_l \cdot {}^{k}Q_l \tag{2.126}$$

因 ${}^{l}\tilde{\omega}_k$ 是二阶张量，它是由 ${}^{l}\omega_k$ 衍生得到的，它的两组基均为 $\mathbf{e}_l$。因此，叉乘矩阵 ${}^{k}\tilde{\omega}_l$ 在运算时，通过等价指标可以清晰地表达与其他属性量的指标关系。由链符号的矢量运算关系，可知

$$-{}^{l}\tilde{\omega}_k = {}^{l|k}\tilde{\omega}_l \tag{2.127}$$

因为叉乘矩阵 ${}^{l}\tilde{\omega}_k$ 表示的是叉乘运算，故有

$${}^{l}\tilde{\omega}_k \cdot {}^{l|k}r_{\bar{k}} = -{}^{l|k}\tilde{r}_{\bar{k}} \cdot {}^{l}\omega_k \tag{2.128}$$

2.6.9 矢量的二阶螺旋

矢量的双重外积公式表示了两个矢量的二阶矩或二阶螺旋与矢量外积、内积的关系。将矢量的二阶螺旋转换为代数运算，是建立代数几何学（algebraic geometry）的一个重要环节，便于后续展开运动学及动力学分析。

1.右侧优先的双重外积

给定坐标矢量 ${}^{k}r_{kS}$ 及 ${}^{k|l}r_{lS}$，则有

$${}^{k}\tilde{r}_{kS} \cdot {}^{k|l}\tilde{r}_{lS} = {}^{k|l}r_{lS} \cdot {}^{k}r_{kS}^{\mathrm{T}} - {}^{k|l}r_{lS}^{\mathrm{T}} \cdot {}^{k}r_{kS} \cdot \mathbf{1} \tag{2.129}$$

【证明】　由式(2.12)，得

$$\begin{aligned} {}^{k}\tilde{r}_{kS} \cdot \left({}^{k|l}\tilde{r}_{lS} \cdot {}^{k}r_{*}\right) &= \left({}^{k}r_{kS}^{\mathrm{T}} \cdot {}^{k}r_{*}\right) \cdot {}^{k|l}r_{lS} - \left({}^{k|l}r_{lS}^{\mathrm{T}} \cdot {}^{k}r_{kS}\right) \cdot {}^{k}r_{*} \\ &= {}^{k|l}r_{lS} \cdot {}^{k}r_{kS}^{\mathrm{T}} \cdot {}^{k}r_{*} - {}^{k|l}r_{lS}^{\mathrm{T}} \cdot {}^{k}r_{kS} \cdot {}^{k}r_{*} \\ &= \left({}^{k|l}r_{lS} \cdot {}^{k}r_{kS}^{\mathrm{T}} - {}^{k|l}r_{lS}^{\mathrm{T}} \cdot {}^{k}r_{kS} \cdot \mathbf{1}\right) \cdot {}^{k}r_{*} \end{aligned}$$

其中 $*$ 代表任意点，${}^{k}r_{*}$ 是任意矢量，由此可得式(2.129)。证毕。

2.左侧优先的双重外积

给定坐标矢量${}^{k}r_{kS}$和${}^{k|l}r_{lS}$，则有

$$\widetilde{{}^{k}\tilde{r}_{kS}\cdot{}^{k|l}r_{lS}}={}^{k|l}r_{lS}\cdot{}^{k}r_{kS}^{\mathrm{T}}-{}^{k}r_{kS}\cdot{}^{k|l}r_{lS}^{\mathrm{T}} \tag{2.130}$$

【证明】 由式(2.13)，得

$$\widetilde{{}^{k}\tilde{r}_{kS}\cdot{}^{k|l}r_{lS}}\cdot{}^{k}r_{*}=\left({}^{k|l}r_{lS}\cdot{}^{k}r_{kS}^{\mathrm{T}}-{}^{k}r_{kS}\cdot{}^{k|l}r_{lS}^{\mathrm{T}}\right)\cdot{}^{k}r_{*}$$

其中$*$代表任意点，${}^{k}r_{*}$代表任意矢量，由此可得式(2.130)。证毕。

当kS与O_l重合时，式(2.129)和式(2.130)分别表示右侧优先及左侧优先的二阶螺旋，式中等号左边表示作用（action），右边表示作用效应（effect）。

由式(2.129)得

$${}^{k|l}r_{lS}^{\mathrm{T}}\cdot{}^{k}r_{kS}\cdot\mathbf{1}={}^{k|l}r_{lS}\cdot{}^{k}r_{kS}^{\mathrm{T}}-{}^{k}\tilde{r}_{kS}\cdot{}^{k|l}\tilde{r}_{lS}$$

$${}^{k}r_{kS}^{\mathrm{T}}\cdot{}^{k|l}r_{lS}\cdot\mathbf{1}={}^{k}r_{kS}\cdot{}^{k|l}r_{lS}^{\mathrm{T}}-{}^{k|l}\tilde{r}_{lS}\cdot{}^{k}\tilde{r}_{kS}$$

即有

$${}^{k}\tilde{r}_{kS}\cdot{}^{k|l}\tilde{r}_{lS}-{}^{k|l}\tilde{r}_{lS}\cdot{}^{k}\tilde{r}_{kS}={}^{k|l}r_{lS}\cdot{}^{k}r_{kS}^{\mathrm{T}}-{}^{k}r_{kS}\cdot{}^{k|l}r_{lS}^{\mathrm{T}}=\widetilde{{}^{k}\tilde{r}_{kS}\cdot{}^{k|l}r_{lS}} \tag{2.131}$$

式(2.131)表明了外积与双叉乘运算的关系。

因$-m_l^{[S]}\cdot{}^{k}\tilde{r}_{lS}\cdot{}^{k|l}\tilde{r}_{lS}$为质点$m_l^{[S]}$的相对转动惯量，故称式(2.129)和式(2.130)为二阶矩公式。式(2.95)、式(2.129)和式(2.130)是将3D空间几何转化为3D空间操作代数的基本公式，它们既包含代数运算，又包含空间拓扑操作。因此，3D空间操作代数系统有分析代数和几何拓扑的双重优点，是以点积与叉积为基本运算的保角及保距（距离、一阶及二阶矩）的系统。

考虑运动链${}^{\bar{l}}\mathbf{1}_{l}$，分别用轴不变量${}^{\bar{l}}n_{\bar{l}}$及${}^{\bar{l}}n_{l}$替换式(2.129)中的位置矢量，得

$${}^{\bar{l}}\tilde{n}_{l}^{2}={}^{\bar{l}}n_{l}\cdot{}^{\bar{l}}n_{l}^{\mathrm{T}}-\mathbf{1}$$

$${}^{\bar{\bar{l}}}\tilde{n}_{\bar{l}}\cdot{}^{\bar{\bar{l}}|\bar{l}}\tilde{n}_{l}={}^{\bar{\bar{l}}|\bar{l}}n_{l}\cdot{}^{\bar{\bar{l}}}n_{\bar{l}}^{\mathrm{T}}-{}^{\bar{\bar{l}}}n_{\bar{l}}^{\mathrm{T}}\cdot{}^{\bar{\bar{l}}|\bar{l}}n_{l}\cdot\mathbf{1}$$

用轴不变量${}^{\bar{l}}n_{\bar{l}}$及${}^{\bar{l}}n_{l}$替换式(2.130)和式(2.131)中的位置矢量分别得

$$\widetilde{{}^{\bar{\bar{l}}}\tilde{n}_{\bar{l}}\cdot{}^{\bar{\bar{l}}|\bar{l}}n_{l}}={}^{\bar{\bar{l}}|\bar{l}}n_{l}\cdot{}^{\bar{\bar{l}}}n_{\bar{l}}^{\mathrm{T}}-{}^{\bar{\bar{l}}}n_{\bar{l}}\cdot{}^{\bar{\bar{l}}|\bar{l}}n_{l}^{\mathrm{T}}$$

$${}^{\bar{\bar{l}}}\tilde{n}_{\bar{l}}\cdot{}^{\bar{\bar{l}}|\bar{l}}\tilde{n}_{l}-{}^{\bar{\bar{l}}|\bar{l}}\tilde{n}_{l}\cdot{}^{\bar{\bar{l}}}\tilde{n}_{\bar{l}}={}^{\bar{\bar{l}}|\bar{l}}n_{l}\cdot{}^{\bar{\bar{l}}}n_{\bar{l}}^{\mathrm{T}}-{}^{\bar{\bar{l}}}n_{\bar{l}}\cdot{}^{\bar{\bar{l}}|\bar{l}}n_{l}^{\mathrm{T}}=\widetilde{{}^{\bar{\bar{l}}}\tilde{n}_{\bar{l}}\cdot{}^{\bar{\bar{l}}|\bar{l}}n_{l}}$$

因为关节转动矢量、转动速度及加速度都是关于轴不变量的多重线性型，所以上面四个关于轴不变量的关系式在后续运动学及动力学分析中具有重要作用。习惯上，运动链${}^{k}\mathbf{1}_{l}$的矢量方程一般以运动链的根坐标系为参考。

2.6.10 本节贡献

本节建立了基于链符号的 3D 空间操作代数系统，具有链符号系统，满足运动链公理与度量公理，为进一步探讨基于轴不变量的运动学与动力学奠定了基础。主要包括：

（1）以链符号系统、基与坐标的对偶性及张量不变性为基础，表征了基变换、坐标变换、相似变换，构建了 3D 空间操作代数系统。与传统三维矢量或代数系统不同，其特征在于：3D 空间操作代数系统具有运动链的指标与操作，在形式上更简洁；反映了空间关系的不变性；由于具有参考指标，3D 空间操作代数的表达式既具有坐标表示形式，又具有张量不变性的形式；3D 空间操作代数以谓词表达空间关系，易于理解与应用。

（2）以链符号系统为基础，建立了式(2.129)和式(2.130)所示的双矢量积代数表达式，运用具有链指标的代数化双矢量积，易于分析多轴系统运动学与动力学的内在规律。

2.7 笛卡儿轴链运动学及问题

运动链符号系统为多轴系统运动学及动力学建模奠定了基础，体现在以下三个方面：

（1）保证运动链的拓扑不变性，通过链指标清晰反映结构参量/运动参量的连接关系。

（2）保证运动链的张量不变性，通过链指标清晰反映结构参量/运动参量的投影关系。

（3）保证矩阵操作的不变性，通过链指标清晰反映结构参量/运动参量的参考关系。

运动链分析包括两个过程：前向的运动传递过程及逆向的外力传递过程。以坐标轴表征的运动链系统称为笛卡儿轴链（Cartesian axis chain）系统。3D 空间操作代数既可以用于笛卡儿轴链系统的分析，又可用于自然轴链系统的分析。笛卡儿轴链只是轴链的特殊情形，不具备自然轴链系统的性质。下面，先阐述笛卡儿轴链的应用，然后讨论笛卡儿轴链存在的问题。

2.7.1 D-H 变换

1.D-H 转动

如图 2-42 所示，给定运动副 ${}^{\overline{l}}\boldsymbol{k}_l$，初始时坐标系 Frame $\#\overline{l}'$ 与 Frame $\#l'$ 方向一致，Frame $\#\overline{l}'$ 先绕坐标轴 $z_{\overline{l}'}$ 转动角度 ϕ_l 至 Frame $\#l'_Z$，再绕坐标轴 $x_{l'}$ 转动角度 α_l 至 Frame $\#l'$，两次转动之间的关系如图 2-45 所示。

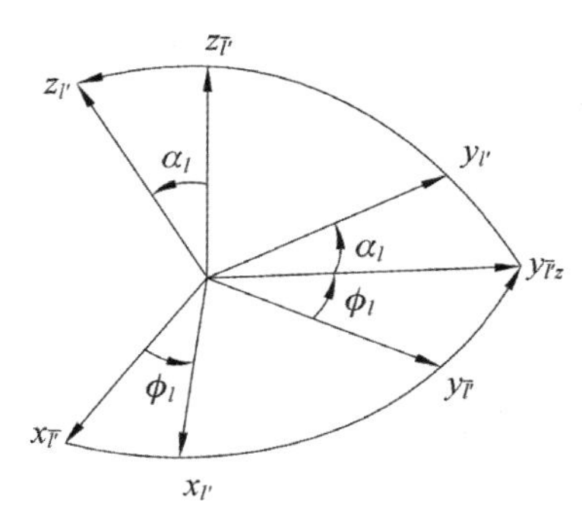

图 2-45　D-H 转动

为书写方便，在本书中约定：$\mathrm{C}(\square)=\cos(\square)$，$\mathrm{S}(\square)=\sin(\square)$。记 D-H 参数指标遵从父指标，与自然坐标系下的参数遵从子指标不同。定义：

$$\lambda_l \triangleq \mathrm{C}(\alpha_l) \quad \mu_l \triangleq \mathrm{S}(\alpha_l)$$
$$\mathrm{C}_l^{\overline{l}} \triangleq \mathrm{C}(\phi_l^{\overline{l}}) \quad \mathrm{S}_l^{\overline{l}} \triangleq \mathrm{S}(\phi_l^{\overline{l}}) \tag{2.132}$$

则

$$
{}^{\bar{l}}Q_{l'} = {}^{\bar{l}}Q_{\bar{l}_Z} \cdot {}^{\bar{l}_Z}Q_{l'} = \begin{bmatrix} C_l^{\bar{l}} & -S_l^{\bar{l}} & 0 \\ S_l^{\bar{l}} & C_l^{\bar{l}} & 0 \\ 0 & 0 & 1 \end{bmatrix} \cdot \begin{bmatrix} 1 & 0 & 0 \\ 0 & C(\alpha_l) & -S(\alpha_l) \\ 0 & S(\alpha_l) & C(\alpha_l) \end{bmatrix}
$$

$$
= \begin{bmatrix} C_l^{\bar{l}} & -S_l^{\bar{l}} \cdot C(\alpha_l) & S_l^{\bar{l}} \cdot S(\alpha_l) \\ S_l^{\bar{l}} & C_l^{\bar{l}} \cdot C(\alpha_l) & -C_l^{\bar{l}} \cdot S(\alpha_l) \\ 0 & S(\alpha_l) & C(\alpha_l) \end{bmatrix} = \begin{bmatrix} C_l^{\bar{l}} & -\lambda_l \cdot S_l^{\bar{l}} & \mu_l \cdot S_l^{\bar{l}} \\ S_l^{\bar{l}} & \lambda_l \cdot C_l^{\bar{l}} & -\mu_l \cdot C_l^{\bar{l}} \\ 0 & \mu_l & \lambda_l \end{bmatrix}
$$

即有

$$
{}^{\bar{l}}Q_{l'} = \begin{bmatrix} C_l^{\bar{l}} & -\lambda_l \cdot S_l^{\bar{l}} & \mu_l \cdot S_l^{\bar{l}} \\ S_l^{\bar{l}} & \lambda_l \cdot C_l^{\bar{l}} & -\mu_l \cdot C_l^{\bar{l}} \\ 0 & \mu_l & \lambda_l \end{bmatrix} \tag{2.133}
$$

显然，式(2.133)中矩阵 ${}^{\bar{l}}Q_{l'}$ 的第三行不含运动参量 ϕ_l 。这一特征在 3R 机械臂位置逆运动学计算中将得到应用。矩阵 ${}^{\bar{l}}Q_{l'}$ 第三行表示的是基分量 $\mathbf{e}_{\bar{l}}^{[z]}$ 在基 $\mathbf{e}_{l'}$ 下的投影。由图 2-42 可知，坐标轴 $z_{\bar{l}}$ 的转动不影响基分量 $\mathbf{e}_{\bar{l}}^{[z]}$ 在基 $\mathbf{e}_{l'}$ 下的投影，且有

$$
{}^{l'}Q_{\bar{l}} = {}^{l'}Q_{\bar{l}_Z} \cdot {}^{\bar{l}_Z}Q_{\bar{l}} = \begin{bmatrix} 1 & 0 & 0 \\ 0 & C(-\alpha_l) & -S(-\alpha_l) \\ 0 & S(-\alpha_l) & C(-\alpha_l) \end{bmatrix} \cdot \begin{bmatrix} C_l^{\bar{l}} & S_l^{\bar{l}} & 0 \\ -S_l^{\bar{l}} & C_l^{\bar{l}} & 0 \\ 0 & 0 & 1 \end{bmatrix}
$$

$$
= \begin{bmatrix} C_l^{\bar{l}} & S_l^{\bar{l}} & 0 \\ -C(\alpha_l) \cdot S_l^{\bar{l}} & C(\alpha_l) \cdot C_l^{\bar{l}} & S(\alpha_l) \\ S(\alpha_l) \cdot S_l^{\bar{l}} & -S(\alpha_l) \cdot C_l^{\bar{l}} & C(\alpha_l) \end{bmatrix} = \begin{bmatrix} C_l^{\bar{l}} & S_l^{\bar{l}} & 0 \\ -\lambda_l \cdot S_l^{\bar{l}} & \lambda_l \cdot C_l^{\bar{l}} & \mu_l \\ \mu_l \cdot S_l^{\bar{l}} & -\mu_l \cdot C_l^{\bar{l}} & \lambda_l \end{bmatrix}
$$

即

$$
{}^{l'}Q_{\bar{l}} = \begin{bmatrix} C_l^{\bar{l}} & S_l^{\bar{l}} & 0 \\ -\lambda_l \cdot S_l^{\bar{l}} & \lambda_l \cdot C_l^{\bar{l}} & \mu_l \\ \mu_l \cdot S_l^{\bar{l}} & -\mu_l \cdot C_l^{\bar{l}} & \lambda_l \end{bmatrix} \tag{2.134}
$$

显然，${}^{l'}Q_{\bar{l}} = {}^{\bar{l}}Q_{l'}^{-1}$ 。

2.D-H 齐次变换

由图 2-42 可知，$c_l = r_{\bar{l}'*}^{\bar{l}}$、$a_l = r_{l'}^{\bar{l}'*}$；对于运动链 ${}^{\bar{l}}\mathbf{1}_{l'} = (\bar{l}', \bar{l}'*, l']$，有

$$
{}^{\bar{l}}r_{l'} = \begin{bmatrix} 0 \\ 0 \\ r_{\bar{l}'*}^{\bar{l}'} \end{bmatrix} + {}^{\bar{l}'}Q_{l'} \cdot \begin{bmatrix} r_{l'}^{\bar{l}'*} \\ 0 \\ 0 \end{bmatrix} = \begin{bmatrix} 0 \\ 0 \\ c_l \end{bmatrix} + \begin{bmatrix} \mathrm{C}_l^{\bar{l}} & -\lambda_l \cdot \mathrm{S}_l^{\bar{l}} & \mu_l \cdot \mathrm{S}_l^{\bar{l}} \\ \mathrm{S}_l^{\bar{l}} & \lambda_l \cdot \mathrm{C}_l^{\bar{l}} & -\mu_l \cdot \mathrm{C}_l^{\bar{l}} \\ 0 & \mu_l & \lambda_l \end{bmatrix} \cdot \begin{bmatrix} a_l \\ 0 \\ 0 \end{bmatrix} = \begin{bmatrix} a_l \cdot \mathrm{C}_l^{\bar{l}} \\ a_l \cdot \mathrm{S}_l^{\bar{l}} \\ c_l \end{bmatrix}
$$

即

$$
{}^{\bar{l}'}r_{l'} = \begin{bmatrix} a_l \cdot \mathrm{C}_l^{\bar{l}} \\ a_l \cdot \mathrm{S}_l^{\bar{l}} \\ c_l \end{bmatrix} \tag{2.135}
$$

式(2.135)表明：${}^{\bar{l}'}r_{l'}$ 既包含关节变量 ϕ_l，又包含结构参数 a_l 及 c_l。

对于运动链 ${}^{l'}\mathbf{1}_{\bar{l}'} = -(\bar{l}', \bar{l}'*, l']$，有

$$
{}^{l'}r_{\bar{l}'} = \begin{bmatrix} -r_{\bar{l}'*}^{\bar{l}'} \\ 0 \\ 0 \end{bmatrix} + {}^{l}Q_{\bar{l}} \cdot \begin{bmatrix} 0 \\ 0 \\ -r_{l'}^{\bar{l}'*} \end{bmatrix} = \begin{bmatrix} \mathrm{C}_l^{\bar{l}} & \mathrm{S}_l^{\bar{l}} & 0 \\ -\lambda_l \cdot \mathrm{S}_l^{\bar{l}} & \lambda_l \cdot \mathrm{C}_l^{\bar{l}} & \mu_l \\ \mu_l \cdot \mathrm{S}_l^{\bar{l}} & -\mu_l \cdot \mathrm{C}_l^{\bar{l}} & \lambda_l \end{bmatrix} \cdot \begin{bmatrix} 0 \\ 0 \\ c_l \end{bmatrix} + \begin{bmatrix} -a_l \\ 0 \\ 0 \end{bmatrix} = -\begin{bmatrix} a_l \\ c_l \cdot \mu_l \\ c_l \cdot \lambda_l \end{bmatrix}
$$

即

$$
{}^{l'}r_{\bar{l}'} = -\begin{bmatrix} a_l \\ c_l \cdot \mu_l \\ c_l \cdot \lambda_l \end{bmatrix} \tag{2.136}
$$

式(2.136)表明：${}^{l'}r_{\bar{l}'}$ 与运动参量 ϕ_l 无关。这一特征同样将在 3R 机械臂位置逆运动学计算中得到应用。${}^{l'}r_{\bar{l}'}$ 表示的是由 $\boldsymbol{F}^{[l']}$ 看 $\boldsymbol{F}^{[\bar{l}']}$ 的位置，当坐标轴 $z_{\bar{l}'}$ 转动时，对位置 ${}^{l'}r_{\bar{l}'}$ 无任何影响。

由式(2.135)得

$$
\left\| {}^{\bar{l}'}r_{l'} \right\| = \left\| \begin{bmatrix} a_l \cdot \mathrm{C}_l^{\bar{l}} \\ a_l \cdot \mathrm{S}_l^{\bar{l}} \\ c_l \end{bmatrix} \right\| = \sqrt{a_l^2 + c_l^2} \tag{2.137}
$$

由式(2.136)得

$$
\left\| {}^{l'}r_{\bar{l}'} \right\| = \left\| -\begin{bmatrix} a_l \\ c_l \cdot \mu_l \\ c_l \cdot \lambda_l \end{bmatrix} \right\| = \sqrt{a_l^2 + c_l^2} \tag{2.138}
$$

式(2.137)和式(2.138)表明 ${}^{\bar{l}'}r_{l'}$ 和 ${}^{l'}r_{\bar{l}'}$ 的模具有不变性。

应用笛卡儿轴链分析 D-H 变换，是因为 D-H 系自身是特殊的笛卡儿系。笛卡儿轴链适用范围很窄，它存在许多问题。下面予以阐述。

2.7.2 笛卡儿轴链的逆解问题

任一刚体姿态都可以通过绕三个笛卡儿轴 $\{x,y,z\}$ 的转动序列确定，其中任意相邻的两个轴应是独立的，即不能出现共轴的情况。$\{x,y,z\}$ 的排列 $\{[m,n,p] \mid m,n,p \in \{x,y,z\}\}$ 共有 27 种，其中：$m=n=p$ 的排列有 3 种；$m=n\neq p$ 及 $m\neq n=p$ 的排列各 6 种。故三轴转动序列共有 $27-3-6-6=12$ 种。在 12 种转动序列中，仅有“1-2-3”序列与笛卡儿轴 $[x,y,z]$ 序列等价。笛卡儿轴 $\{x,y,z\}$ 序列仅保证姿态等价，不保证转动过程等价，笛卡儿轴链与运动链不是严格意义上的同构关系。

由参考系 $\bar{l}$ 至体系 l 的转动与绕三个转动轴矢量 $\left[{}^{\bar{l}}n_{l1}, {}^{l1}n_{l2}, {}^{l2}n_{l}\right]$ 的转动序列等价，且 ${}^{\bar{l}}n_{l1} \neq {}^{l1}n_{l2}$，${}^{l1}n_{l2} \neq {}^{l2}n_{l}$。若 ${}^{\bar{l}}n_{l1} = \mathbf{1}^{[z]}$，${}^{l1}n_{l2} = \mathbf{1}^{[y]}$，${}^{l2}n_{l} = \mathbf{1}^{[x]}$，则为“3-2-1”转序；若 ${}^{\bar{l}}n_{l1} = \mathbf{1}^{[z]}$，${}^{l1}n_{l2} = \mathbf{1}^{[x]}$，${}^{l2}n_{l} = \mathbf{1}^{[z]}$，则为“3-1-3”转序。这是两种常用的转动序列，用于描述移动机器人的本体姿态等。

1.全姿态角

全姿态角范围为 $(-\pi,\pi]$，在姿态角求解时使用 $\theta=\arctan(y,x)$ 非常方便，与 $\arctan(x)$ 对应的重载函数 $\arctan(y,x)$ 计算过程如下：

$$\theta=\arctan(y,x)=\begin{cases}\arctan(y/x) & \text{if} \quad x\geqslant 0\\ -\arctan(y/x)-\pi & \text{if} \quad x<0 \ \wedge \ y<0\\ -\arctan(y/x)+\pi & \text{if} \quad x<0 \ \wedge \ y\geqslant 0\end{cases} \tag{2.139}$$

显然，有

$$\arctan(y,x)=\arctan(cy,cx), \quad \text{if} \quad c>0 \tag{2.140}$$

由式(2.139)可知，$\theta\in(-\pi,\pi]$，$x=0$ 为 $\theta=\arctan(y,x)$ 的奇异点。由集合论可知，$+\infty$ 及 $-\infty$ 也是数，这里的奇异点在理论上不成立。但由于计算机浮点位数有限，存在现实上的计算精度问题。在工程上，只要增加浮点位数，总能满足期望的精度要求，故奇异点在工程上亦不存在。将连续函数作用域上有限点出现奇异的情形称为单点奇异。因单点奇异总可以通过连续性补足，仅影响计算误差，所以并不会导致解不确定。

在姿态角计算时，应采用 $\arctan(\square,\square)$ 或 $2\cdot\arctan(\square)$ 计算；若应用 $\arcsin(\square)$ 及 $\arccos(\square)$ 计算姿态角，则需要检查是否可以完整描述所有可能的姿态。

将连续函数作用域上连续区间出现奇异的情形称为区间奇异。区间奇异不能通过连续性补足，在工程上将导致无解，即函数的解具有不确定性，在工程上表现为系统行为无法控制或状态无法确定。

2.“3-2-1”转动序列

【示例 2.1】 球副 ${}^{\bar{l}}\mathbf{S}_{l}$ 等价为由参考系 $\bar{l}$ 经“3-2-1”转动序列（rotation order of “3-2-1”）至体系 l 的运动链 ${}^{\bar{l}}\mathbf{l}_{l}=(\bar{l},l1,l2,l]$，角序列记为 $q_{(\bar{l},l]}=\left[\phi_{l1}^{\bar{l}} \ \ \phi_{l2}^{l1} \ \ \phi_{l}^{l2}\right]$，三个转动轴矢量为

$\left[{}^{\bar{l}}n_{l1} \quad {}^{l1}n_{l2} \quad {}^{l2}n_{l}\right]$，${}^{\bar{l}}n_{l1} = \mathbf{1}^{[z]}$，${}^{l1}n_{l2} = \mathbf{1}^{[y]}$，${}^{l2}n_{l} = \mathbf{1}^{[x]}$。其中：$l1$ 及 $l2$ 为中间坐标系。给定 ${}^{\bar{l}}Q_{l}$ 时，试求 $q_{(\bar{l},l]}$。

【解】　由于正、余弦计算的复杂度较高，通常需要遵循先计算后使用的原则。将先计算的正、余弦表示为

$$\mathrm{C}_{l1}^{\bar{l}} = \mathrm{C}\left(\phi_{l1}^{\bar{l}}\right),\quad \mathrm{S}_{l1}^{\bar{l}} = \mathrm{S}\left(\phi_{l1}^{\bar{l}}\right) \tag{2.141}$$

则有

$${}^{\bar{l}}Q_{l1} = \begin{bmatrix} \mathrm{C}_{l1}^{\bar{l}} & -\mathrm{S}_{l1}^{\bar{l}} & 0 \\ \mathrm{S}_{l1}^{\bar{l}} & \mathrm{C}_{l1}^{\bar{l}} & 0 \\ 0 & 0 & 1 \end{bmatrix},\quad {}^{l1}Q_{l2} = \begin{bmatrix} \mathrm{C}_{l2}^{l1} & 0 & \mathrm{S}_{l2}^{l1} \\ 0 & 1 & 0 \\ -\mathrm{S}_{l2}^{l1} & 0 & \mathrm{C}_{l2}^{l1} \end{bmatrix},\quad {}^{l2}Q_{l} = \begin{bmatrix} 1 & 0 & 0 \\ 0 & \mathrm{C}_{l}^{l2} & -\mathrm{S}_{l}^{l2} \\ 0 & \mathrm{S}_{l}^{l2} & \mathrm{C}_{l}^{l2} \end{bmatrix}$$

故有

$${}^{\bar{l}}Q_{l} = \prod_{k}^{{}^{\bar{l}}\mathbf{1}_{l}}\left({}^{\bar{k}}Q_{k}\right) = \begin{bmatrix} \mathrm{C}_{l1}^{\bar{l}}\cdot\mathrm{C}_{l2}^{l1} & \mathrm{C}_{l1}^{\bar{l}}\cdot\mathrm{S}_{l2}^{l1}\cdot\mathrm{S}_{l}^{l2}-\mathrm{S}_{l1}^{\bar{l}}\cdot\mathrm{C}_{l}^{l2} & \mathrm{S}_{l1}^{\bar{l}}\cdot\mathrm{S}_{l}^{l2}+\mathrm{C}_{l1}^{\bar{l}}\cdot\mathrm{S}_{l2}^{l1}\cdot\mathrm{C}_{l}^{l2} \\ \mathrm{S}_{l1}^{\bar{l}}\cdot\mathrm{C}_{l2}^{l1} & \mathrm{C}_{l1}^{\bar{l}}\cdot\mathrm{C}_{l}^{l2}+\mathrm{S}_{l1}^{\bar{l}}\cdot\mathrm{S}_{l2}^{l1}\cdot\mathrm{S}_{l}^{l2} & \mathrm{S}_{l1}^{\bar{l}}\cdot\mathrm{S}_{l2}^{l1}\cdot\mathrm{C}_{l}^{l2}-\mathrm{C}_{l1}^{\bar{l}}\cdot\mathrm{S}_{l}^{l2} \\ -\mathrm{S}_{l2}^{l1} & \mathrm{C}_{l2}^{l1}\cdot\mathrm{S}_{l}^{l2} & \mathrm{C}_{l2}^{l1}\cdot\mathrm{C}_{l}^{l2} \end{bmatrix} \tag{2.142}$$

常称$\left[\phi_{l1}^{\bar{l}} \quad \phi_{l2}^{l1} \quad \phi_{l}^{l2}\right]$为卡尔丹角，其极性由$\left[{}^{\bar{l}}n_{l1} \quad {}^{l1}n_{l2} \quad {}^{l2}n_{l}\right]$确定。$\left[\phi_{l1}^{\bar{l}} \quad \phi_{l2}^{l1} \quad \phi_{l}^{l2}\right]$不满足可加性，常称之为伪坐标。${}^{\bar{l}}Q_{l}$ 的任一元素是姿态角正余弦的多重线性表示，即多重线性型。上述过程是：已知姿态角，计算旋转变换阵。这是姿态的正问题。

式(2.141)所示的简化表示方法在本书中使用非常普遍，在后面不再予以提示或说明。

若体的轴 x 指向前方，轴 y 指向左侧，轴 z 指向上方，则$\left[\phi_{l1}^{\bar{l}} \quad \phi_{l2}^{l1} \quad \phi_{l}^{l2}\right]$的物理含义为：$\phi_{l1}^{\bar{l}}$ 表示偏航角，ϕ_{l2}^{l1} 表示俯仰角，ϕ_{l}^{l2} 表示横滚角。该“3-2-1”姿态角常用于描述机器人、飞机及导弹的姿态。由式(2.142)得

$$\begin{aligned} \phi_{l1}^{\bar{l}} &= \arctan\left({}^{\bar{l}}Q_{l}^{[2][x]},\ {}^{\bar{l}}Q_{l}^{[1][x]}\right) \\ \phi_{l2}^{l1} &= \arcsin\left(-{}^{\bar{l}}Q_{l}^{[3][x]}\right) \\ \phi_{l}^{l2} &= \arctan\left({}^{\bar{l}}Q_{l}^{[3][y]},\ {}^{\bar{l}}Q_{l}^{[3][z]}\right) \end{aligned} \tag{2.143}$$

由式(2.143)可知，该姿态角范围需满足：$\phi_{l1}^{\bar{l}} \in (-\pi, \pi]$，$\phi_{l2}^{l1} \in (-\pi/2, \pi/2)$，$\phi_{l}^{l2} \in (-\pi, \pi]$；否则，不能完整描述体 l 的全部姿态。初始时，体系 l 与参考系 $\bar{l}$ 重合；当 $\phi_{l1}^{\bar{l}} \in (-\pi, \pi]$，$\phi_{l2}^{l1} \in (-\pi/2, \pi/2)$ 时，体 l 经“3-2”转序后，可以将体 l 上的任一方向 ${}^{l}\vec{u}_{lS}$ 与环境中的任一方向 ${}^{\bar{l}}\vec{u}_{\bar{l}S}$ 对齐；在实现方向对齐后，经转序“1”，当 $\phi_{l}^{l2} \in (-\pi, \pi]$ 时，可将 ${}^{l}\vec{u}_{lS}$ 的任一径向矢量与 ${}^{\bar{l}}\vec{u}_{\bar{l}S}$ 的任一径向矢量对齐，简称径向对齐。解毕。

显然，$\left[-\phi_{l}^{l2} \quad -\phi_{l2}^{l1} \quad -\phi_{l1}^{\bar{l}}\right]$是$\left[\phi_{l1}^{\bar{l}} \quad \phi_{l2}^{l1} \quad \phi_{l}^{l2}\right]$的逆序列，前者不仅改变了后者转动的极性，而且颠倒了后者的转动次序。以角度序列描述姿态时，仅表示起止状态的等价，不表示转

动过程的等价。上述过程是：由旋转变换阵求解姿态角。这是姿态的逆问题。

3."3-1-3"转动序列

【示例 2.2】 如图 2-46 所示，解耦机械手由三个转动副及四根杆件串接构成。三个转动轴交于一点O，称之为腕心，且 R1 轴与 R2 轴正交，R2 轴与 R3 轴正交。显然，对于解耦机械手，拾取点S位于以腕心为球心的球面上。由参考系$\bar{l}$经转动至体系l的转动链${}^{\bar{l}}\mathbf{1}_l=(\bar{l},l1,l2,l]$，三个转动轴矢量为$\left[{}^{\bar{l}}n_{l1}\quad{}^{l1}n_{l2}\quad{}^{l2}n_l\right]$，角序列记为$q_{(\bar{l},l]}=\left[\phi_{l1}^{\bar{l}}\quad\phi_{l2}^{l1}\quad\phi_l^{l2}\right]^{\mathrm{T}}$。若${}^{\bar{l}}n_{l1}=\mathbf{1}^{[z]}$，${}^{l1}n_{l2}=\mathbf{1}^{[x]}$，${}^{l2}n_l=\mathbf{1}^{[z]}$，则为"3-1-3"转序。给定${}^{\bar{l}}Q_l$时，试求$q_{(\bar{l},l]}$。

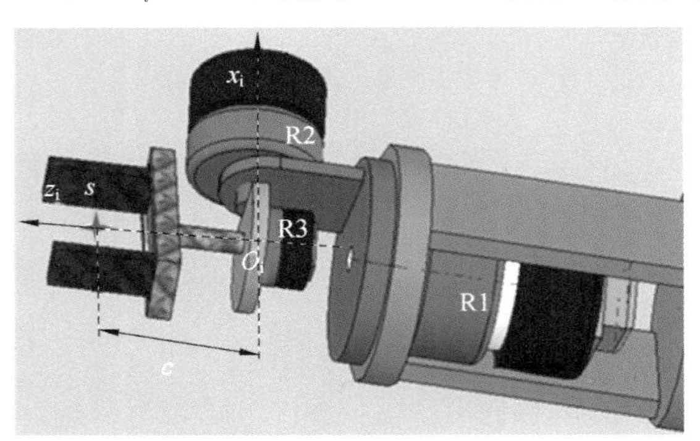

图 2-46 解耦机械手

【解】

$$
{}^{\bar{l}}Q_{l1}=\begin{bmatrix}\mathrm{C}_{l1}^{\bar{l}} & -\mathrm{S}_{l1}^{\bar{l}} & 0\\ \mathrm{S}_{l1}^{\bar{l}} & \mathrm{C}_{l1}^{\bar{l}} & 0\\ 0 & 0 & 1\end{bmatrix},\quad {}^{l1}Q_{l2}=\begin{bmatrix}1 & 0 & 0\\ 0 & \mathrm{C}_{l2}^{l1} & -\mathrm{S}_{l2}^{l1}\\ 0 & \mathrm{S}_{l2}^{l1} & \mathrm{C}_{l2}^{l1}\end{bmatrix},\quad {}^{l2}Q_l=\begin{bmatrix}\mathrm{C}_l^{l2} & -\mathrm{S}_l^{l2} & 0\\ \mathrm{S}_l^{l2} & \mathrm{C}_l^{l2} & 0\\ 0 & 0 & 1\end{bmatrix}
$$

$$
{}^{\bar{l}}Q_l=\prod_k^{{}^{\bar{l}}\mathbf{1}_l}\left({}^{\bar{k}}Q_k\right)=\begin{bmatrix}\mathrm{C}_{l1}^{\bar{l}}\cdot\mathrm{C}_l^{l2}-\mathrm{S}_{l1}^{\bar{l}}\cdot\mathrm{C}_{l2}^{l1}\cdot\mathrm{S}_l^{l2} & -\mathrm{C}_{l1}^{\bar{l}}\cdot\mathrm{S}_l^{l2}-\mathrm{S}_{l1}^{\bar{l}}\cdot\mathrm{C}_{l2}^{l1}\cdot\mathrm{C}_l^{l2} & \mathrm{S}_{l1}^{\bar{l}}\cdot\mathrm{S}_{l2}^{l1}\\ \mathrm{S}_{l1}^{\bar{l}}\cdot\mathrm{C}_l^{l2}+\mathrm{C}_{l1}^{\bar{l}}\cdot\mathrm{C}_{l2}^{l1}\cdot\mathrm{S}_l^{l2} & \mathrm{C}_{l1}^{\bar{l}}\cdot\mathrm{C}_{l2}^{l1}\cdot\mathrm{C}_l^{l2}-\mathrm{S}_{l1}^{\bar{l}}\cdot\mathrm{S}_l^{l2} & -\mathrm{C}_{l1}^{\bar{l}}\cdot\mathrm{S}_{l2}^{l1}\\ \mathrm{S}_{l2}^{l1}\cdot\mathrm{S}_l^{l2} & \mathrm{S}_{l2}^{l1}\cdot\mathrm{C}_l^{l2} & \mathrm{C}_{l2}^{l1}\end{bmatrix} \tag{2.144}
$$

由式(2.144)得

$$
\begin{aligned}
\phi_{l1}^{\bar{l}}&=\arctan\left({}^{\bar{l}}Q_l^{[1][z]},-{}^{\bar{l}}Q_l^{[2][z]}\right)\\
\phi_{l2}^{l1}&=\arccos\left({}^{\bar{l}}Q_l^{[3][z]}\right)\\
\phi_l^{l2}&=\arctan\left({}^{\bar{l}}Q_l^{[3][x]},{}^{\bar{l}}Q_l^{[3][y]}\right)
\end{aligned} \tag{2.145}
$$

由式(2.145)可知，$\phi_{l1}^{\bar{l}}\in(-\pi,\pi],\phi_{l2}^{l1}\in[0,\pi)$，$\phi_l^{l2}\in(-\pi,\pi]$，可以描述全姿态。解毕。

用"3-1-3"角序列描述天体姿态时，称$\phi_{l1}^{\bar{l}}$为进动角，ϕ_{l2}^{l1}为章动角，ϕ_l^{l2}为自转角。

由于姿态序列存在 12 种，为每一个转动序列分别计算各自的姿态逆解非常烦琐。对于更一般的情况，即给定${}^{\bar{l}}Q_l$，需确定绕三个转动轴矢量$\left[{}^{\bar{l}}n_{l1}\quad{}^{l1}n_{l2}\quad{}^{l2}n_l\right]$（${}^{\bar{l}}n_{l1}\neq{}^{l1}n_{l2}$、

${}^{l1}n_{l2} \neq {}^{l2}n_{l}$)转动的角度。姿态逆的通解问题需要进一步解决。

2.7.3 笛卡儿轴链的偏速度问题

在示例 2.2 中，若将解耦机械手抓取工件的位置记为 S，则有

$$ {}^{\overline{l}}r_{lS} = {}^{\overline{l}}_{0}r_{l} + {}^{\overline{l}}Q_{l} \cdot {}^{l}r_{lS} \tag{2.146}$$

对于式(2.146)，有

$$ \left\| {}^{\overline{l}}r_{lS} \right\| - c \equiv 0 \tag{2.147}$$

式(2.147)称为解耦机械手或球副的运动约束方程，反映的是空间距离约束的不变性。

转动副、球销副均是球副的特例。记 S 为球副中心，则对 Joint $\#l$ 存在约束方程：

$$ {}^{\overline{l}}r_{lS}^{\mathrm{T}} \cdot {}^{\overline{l}}r_{lS} - c \equiv 0 \tag{2.148}$$

其中：${}^{\overline{l}}r_{lS}$ 表示球副中心在 $\overline{l}$ 系下的位置矢量，c 为常数。

由式(2.148)得

$$ {}^{\overline{l}}r_{lS}^{\mathrm{T}} \cdot {}^{\overline{l}}\dot{r}_{lS} = 0 \tag{2.149}$$

显然，

$$ {}^{\overline{l}}\dot{r}_{lS} = \frac{\partial\, {}^{\overline{l}}\dot{r}_{lS}}{\partial \dot{q}_{(\overline{l},l]}} \cdot \begin{bmatrix} \dot{\phi}_{l1}^{\overline{l}} \\ \dot{\phi}_{l2}^{l1} \\ \dot{\phi}_{l}^{l2} \end{bmatrix} = {}^{\overline{l}}\mathbf{J}_{l} \cdot \dot{q}_{(\overline{l},l]}^{\mathrm{T}} \tag{2.150}$$

其中：

$$ \dot{q}_{(\overline{l},l]} = \begin{bmatrix} \dot{\phi}_{l1}^{\overline{l}} & \dot{\phi}_{l2}^{l1} & \dot{\phi}_{l}^{l2} \end{bmatrix}, \quad {}^{\overline{l}}\mathbf{J}_{l} = \frac{\partial\, {}^{\overline{l}}\dot{r}_{lS}}{\partial \dot{q}_{(\overline{l},l]}} $$

称 ${}^{\overline{l}}\mathbf{J}_{l}$ 为**雅可比矩阵**，它反映的是速度与关节速度的关系。由式(2.150)知，速度 ${}^{\overline{l}}\dot{r}_{lS}$ 是关于关节速度 $\dot{q}_{(\overline{l},l]}$ 的线性型。当然，关节速度 $\dot{q}_{(\overline{l},l]}$ 不是矢量，因各成员的参考轴不一致，且不满足可加性，故称之为**关节速度**。

将式(2.150)代入式(2.149)得

$$ {}^{\overline{l}}r_{lS}^{\mathrm{T}} \cdot {}^{\overline{l}}\dot{r}_{lS} = {}^{\overline{l}}r_{lS}^{\mathrm{T}} \cdot {}^{\overline{l}}\mathbf{J}_{l} \cdot \dot{q}_{(\overline{l},l]}^{\mathrm{T}} = 0 \tag{2.151}$$

【示例 2.3】 考虑球副 ${}^{\overline{l}}\boldsymbol{s}_{l}$ 轴矢量序列 $\begin{bmatrix} {}^{\overline{l}}n_{l1} & {}^{l1}n_{l2} & {}^{l2}n_{l} \end{bmatrix}$，其中：${}^{\overline{l}}n_{l1} = \mathbf{1}^{[x]}$，${}^{l1}n_{l2} = \mathbf{1}^{[y]}$，${}^{l2}n_{l} = \mathbf{1}^{[z]}$；角序列记为 $q_{(\overline{l},l]} = \begin{bmatrix} \phi_{l1}^{\overline{l}} & \phi_{l2}^{l1} & \phi_{l}^{l2} \end{bmatrix}$。显然，这是“1-2-3”的转动序列。则有

$$ {}^{\overline{l}}\dot{\phi}_{l} = \begin{bmatrix} {}^{\overline{l}}\omega_{l}^{[1]} \\ {}^{\overline{l}}\omega_{l}^{[2]} \\ {}^{\overline{l}}\omega_{l}^{[3]} \end{bmatrix} = \begin{bmatrix} \dot{\phi}_{l1}^{\overline{l}} \\ 0 \\ 0 \end{bmatrix} + {}^{\overline{l}}Q_{l1} \cdot \begin{bmatrix} 0 \\ \dot{\phi}_{l2}^{l1} \\ 0 \end{bmatrix} + {}^{\overline{l}}Q_{l2} \cdot \begin{bmatrix} 0 \\ 0 \\ \dot{\phi}_{l}^{l2} \end{bmatrix} = \begin{bmatrix} \dot{\phi}_{l1}^{\overline{l}} \\ 0 \\ 0 \end{bmatrix} + \begin{bmatrix} 1 & 0 & 0 \\ 0 & \mathrm{C}_{l1}^{\overline{l}} & -\mathrm{S}_{l1}^{\overline{l}} \\ 0 & \mathrm{S}_{l1}^{\overline{l}} & \mathrm{C}_{l1}^{\overline{l}} \end{bmatrix} \cdot \begin{bmatrix} 0 \\ \dot{\phi}_{l2}^{l1} \\ 0 \end{bmatrix} $$

$$+\begin{bmatrix}1 & 0 & 0\\0 & C_{l1}^{\overline{l}} & -S_{l1}^{\overline{l}}\\0 & S_{l1}^{\overline{l}} & C_{l1}^{\overline{l}}\end{bmatrix}\cdot\begin{bmatrix}C_{l2}^{l1} & 0 & S_{l2}^{l1}\\0 & 1 & 0\\-S_{l2}^{l1} & 0 & C_{l2}^{l1}\end{bmatrix}\cdot\begin{bmatrix}0\\0\\\dot{\phi}_{l}^{l2}\end{bmatrix}=\begin{bmatrix}1 & 0 & S_{l2}^{l1}\\0 & C_{l1}^{\overline{l}} & -S_{l1}^{\overline{l}}\cdot C_{l2}^{l1}\\0 & S_{l1}^{\overline{l}} & C_{l1}^{\overline{l}}\cdot C_{l2}^{l1}\end{bmatrix}\cdot\begin{bmatrix}\dot{\phi}_{l1}^{\overline{l}}\\\dot{\phi}_{l2}^{l1}\\\dot{\phi}_{l}^{l2}\end{bmatrix}$$

即

$$^{\overline{l}}\dot{\phi}_{l}=\begin{bmatrix}1 & 0 & S_{l2}^{l1}\\0 & C_{l1}^{\overline{l}} & -S_{l1}^{\overline{l}}\cdot C_{l2}^{l1}\\0 & S_{l1}^{\overline{l}} & C_{l1}^{\overline{l}}\cdot C_{l2}^{l1}\end{bmatrix}\cdot\begin{bmatrix}\dot{\phi}_{l1}^{\overline{l}}\\\dot{\phi}_{l2}^{l1}\\\dot{\phi}_{l}^{l2}\end{bmatrix}\tag{2.152}$$

故有

$$^{\overline{l}}\mathsf{J}_{l}=\begin{bmatrix}1 & 0 & S_{l2}^{l1}\\0 & C_{l1}^{\overline{l}} & -S_{l1}^{\overline{l}}\cdot C_{l2}^{l1}\\0 & S_{l1}^{\overline{l}} & C_{l1}^{\overline{l}}\cdot C_{l2}^{l1}\end{bmatrix}\tag{2.153}$$

由式(2.152)可知，角速度是关于关节速度 $\dot{q}_{(\overline{l},l]}=\begin{bmatrix}\dot{\phi}_{l1}^{\overline{l}} & \dot{\phi}_{l2}^{l1} & \dot{\phi}_{l}^{l2}\end{bmatrix}^{\mathrm{T}}$ 的线性函数，即角速度是关节速度的线性型。显然，关节速度 $\dot{q}_{(\overline{l},l]}$ 不是矢量。将 $\dfrac{\partial\,^{\overline{l}}\dot{\phi}_{l}}{\partial\dot{q}_{(\overline{l},l]}}$ 称为偏角速度，并记其为 $^{\overline{l}}\Theta_{l}$，即

$$^{\overline{l}}\Theta_{l}=\frac{\partial\,^{\overline{l}}\dot{\phi}_{l}}{\partial\dot{q}_{(\overline{l},l]}}\tag{2.154}$$

由式(2.150)可知

$$^{\overline{l}}\dot{r}_{lS}={}^{\overline{l}}\mathsf{J}_{l}\cdot\dot{q}_{(\overline{l},l]}={}^{\overline{l}}\mathsf{J}_{l}\cdot{}^{\overline{l}}\Theta_{l}^{-1}\cdot{}^{\overline{l}}\dot{\phi}_{l}\tag{2.155}$$

尽管线速度和角速度是关于关节坐标的非线性函数，但它们却是关于关节速度的线性函数。

【示例 2.4】 给定轴序列 $\mathbf{A}=(i,c1,c2,c3,c4,c5,c]$，父轴序列 $\overline{\mathbf{A}}=(i,i,c1,c2,c3,c4,c5]$，轴类型序列记为 $\mathbf{K}=(\mathbf{F},\mathbf{R},\mathbf{R},\mathbf{R},\mathbf{P},\mathbf{P},\mathbf{P}]$，关节坐标序列记为 $q_{(i,c]}=(\phi_{c1},\phi_{c2},\phi_{c3},r_{c4},r_{c5},r_{c}]$，故该运动链记为 $^{i}\mathbf{1}_{c}=(i,c1,c2,c3,c4,c5,c]$。且有

$$^{i}n_{c1}={}^{c5}n_{c}=\mathbf{1}^{[z]},\quad {}^{c1}n_{c2}={}^{c4}n_{c5}=\mathbf{1}^{[y]},\quad {}^{c2}n_{c3}={}^{c3}n_{c4}=\mathbf{1}^{[x]}\tag{2.156}$$

该运动链表达的是：先执行“3-2-1”转动，再执行“1-2-3”平动。则有

$$^{i}Q_{c1}=\begin{bmatrix}C_{c1}^{i} & -S_{c1}^{i} & 0\\S_{c1}^{i} & C_{c1}^{i} & 0\\0 & 0 & 1\end{bmatrix},\quad {}^{c1}Q_{c2}=\begin{bmatrix}C_{c2}^{c1} & 0 & S_{c2}^{c1}\\0 & 1 & 0\\-S_{c2}^{c1} & 0 & C_{c2}^{c1}\end{bmatrix},\quad {}^{c2}Q_{c3}=\begin{bmatrix}1 & 0 & 0\\0 & C_{c3}^{c2} & -S_{c3}^{c2}\\0 & S_{c3}^{c2} & C_{c3}^{c2}\end{bmatrix}\tag{2.157}$$

$$^{i|c1}n_{c2}={}^{i}Q_{c1}\cdot{}^{c1}n_{c2}=\begin{bmatrix}C_{c1}^{i} & -S_{c1}^{i} & 0\\S_{c1}^{i} & C_{c1}^{i} & 0\\0 & 0 & 1\end{bmatrix}\cdot\begin{bmatrix}0\\1\\0\end{bmatrix}=\begin{bmatrix}-S_{c1}^{i}\\C_{c1}^{i}\\0\end{bmatrix}\tag{2.158}$$

$$
{}^{i|c2}n_{c3} = {}^{i}Q_{c1} \cdot {}^{c1}Q_{c2} \cdot {}^{c2}n_{c3} = \begin{bmatrix} C_{c1}^{i} & -S_{c1}^{i} & 0 \\ S_{c1}^{i} & C_{c1}^{i} & 0 \\ 0 & 0 & 1 \end{bmatrix} \cdot \begin{bmatrix} C_{c2}^{c1} & 0 & S_{c2}^{c1} \\ 0 & 1 & 0 \\ -S_{c2}^{c1} & 0 & C_{c2}^{c1} \end{bmatrix} \cdot \begin{bmatrix} 1 \\ 0 \\ 0 \end{bmatrix} = \begin{bmatrix} C_{c1}^{i} \cdot C_{c2}^{c1} \\ S_{c1}^{i} \cdot C_{c2}^{c1} \\ -S_{c2}^{c1} \end{bmatrix} \tag{2.159}
$$

$$
\begin{aligned}
{}^{i}\phi_{c} &= {}^{i}n_{c1} \cdot \phi_{c1} + {}^{i|c1}n_{c2} \cdot \phi_{c2} + {}^{i|c2}n_{c3} \cdot \phi_{c3} = \sum_{k}^{{}^{i}\mathbf{1}_{c}} \left({}^{i|\bar{k}}\phi_{k} \right) \\
{}^{i}\dot{\phi}_{c} &= {}^{i}n_{c1} \cdot \dot{\phi}_{c1} + {}^{i|c1}n_{c2} \cdot \dot{\phi}_{c2} + {}^{i|c2}n_{c3} \cdot \dot{\phi}_{c3} = \sum_{k}^{{}^{i}\mathbf{1}_{c}} \left({}^{i|\bar{k}}\dot{\phi}_{k} \right) \\
{}^{i}\ddot{\phi}_{c} &= {}^{i}n_{c1} \cdot \ddot{\phi}_{c1} + {}^{i|c1}n_{c2} \cdot \ddot{\phi}_{c2} + {}^{i|c2}n_{c3} \cdot \ddot{\phi}_{c3} = \sum_{k}^{{}^{i}\mathbf{1}_{c}} \left({}^{i|\bar{k}}\ddot{\phi}_{k} \right)
\end{aligned} \tag{2.160}
$$

由式(2.156)至式(2.159)，得

$$
{}^{i}\Theta_{c} \triangleq \left[{}^{i}n_{c1} \quad {}^{i|c1}n_{c2} \quad {}^{i|c2}n_{c3} \right] = \begin{bmatrix} 0 & -S_{c1}^{i} & C_{c1}^{i} \cdot C_{c2}^{c1} \\ 0 & C_{c1}^{i} & S_{c1}^{i} \cdot C_{c2}^{c1} \\ 1 & 0 & -S_{c2}^{c1} \end{bmatrix} \tag{2.161}
$$

显然，

$$
{}^{i}\Theta_{c} = \frac{\partial \left({}^{i}\dot{\phi}_{c} \right)}{\partial \left[\dot{\phi}_{c1} \quad \dot{\phi}_{c2} \quad \dot{\phi}_{c3} \right]}
$$

故有

$$
{}^{i}\dot{\phi}_{c} = {}^{i}\Theta_{c} \cdot \begin{bmatrix} \dot{\phi}_{c1} \\ \dot{\phi}_{c2} \\ \dot{\phi}_{c3} \end{bmatrix}, \quad {}^{i}\ddot{\phi}_{c} = {}^{i}\Theta_{c} \cdot \begin{bmatrix} \ddot{\phi}_{c1} \\ \ddot{\phi}_{c2} \\ \ddot{\phi}_{c3} \end{bmatrix} \tag{2.162}
$$

由式(2.157)得

$$
\begin{aligned}
{}^{i}Q_{c} &= {}^{i}Q_{c3} = {}^{i}Q_{c1} \cdot {}^{c1}Q_{c2} \cdot {}^{c2}Q_{c} \\
&= \begin{bmatrix} C_{c1}^{i} \cdot C_{c2}^{c1} & C_{c1}^{i} \cdot S_{c2}^{c1} \cdot S_{c}^{c2} - S_{c1}^{i} \cdot C_{c}^{c2} & S_{c1}^{i} \cdot S_{c}^{c2} + C_{c1}^{i} \cdot S_{c2}^{c1} \cdot C_{c}^{c2} \\ S_{c1}^{i} \cdot C_{c2}^{c1} & C_{c1}^{i} \cdot C_{c}^{c2} + S_{c1}^{i} \cdot S_{c2}^{c1} \cdot S_{c}^{c2} & S_{c1}^{i} \cdot S_{c2}^{c1} \cdot C_{c}^{c2} - C_{c2}^{c1} \cdot S_{c}^{c2} \\ -S_{c2}^{c1} & C_{c2}^{c1} \cdot S_{c}^{c2} & C_{c2}^{c1} \cdot C_{c}^{c2} \end{bmatrix}
\end{aligned} \tag{2.163}
$$

由式(2.162)得

$$
\begin{bmatrix} \dot{\phi}_{c1} \\ \dot{\phi}_{c2} \\ \dot{\phi}_{c3} \end{bmatrix} = {}^{c}\Theta_{i} \cdot {}^{i}\dot{\phi}_{c}, \quad \begin{bmatrix} \ddot{\phi}_{c1} \\ \ddot{\phi}_{c2} \\ \ddot{\phi}_{c3} \end{bmatrix} = {}^{c}\Theta_{i} \cdot {}^{i}\ddot{\phi}_{c} \tag{2.164}
$$

其中：

$$
{}^{c}\Theta_{i} = {}^{i}\Theta_{c}^{-1} \tag{2.165}
$$

对于精密机电系统，由于存在机加工及装配的误差，正交的运动轴或测量轴是不存在的。例如：惯性单元的三个体轴方向安装有加速度计及角速度陀螺，分别检测三个轴向的平动加速度及转动角速度；出于可靠性考虑，通常斜装一只加速度计及一只速度陀螺，用

作备份。工程上，斜装运动轴及测量轴的情况非常普遍，因此需要将自然的运动轴及测量轴作为系统的参考轴，建立基于轴不变量的多轴系统运动学理论。

给定运动链 ${}^{i}\mathbf{1}_{n}=\left(i,\cdots,\overline{n},n\right]$ 且 $k\in{}^{i}\mathbf{1}_{n}$，由式(2.62)得

$$\frac{\partial}{\partial\phi_{k}^{\overline{k}}}\left({}^{i}Q_{n}\right)=\frac{\partial}{\partial\phi_{k}^{\overline{k}}}\left(\prod_{l}^{{}^{i}\mathbf{1}_{n}}\left({}^{\overline{l}}Q_{l}\right)\right) \tag{2.166}$$

同样，由式(2.59)得

$$\frac{\partial}{\partial\phi_{k}^{\overline{k}}}\left({}^{i}r_{nS}\right)=\frac{\partial}{\partial\phi_{k}^{\overline{k}}}\left(\sum_{l}^{{}^{i}\mathbf{1}_{nS}}\left({}^{i|\overline{l}}r_{l}\right)\right),\quad\frac{\partial}{\partial r_{k}^{\overline{k}}}\left({}^{i}r_{nS}\right)=\frac{\partial}{\partial r_{k}^{\overline{k}}}\left(\sum_{l}^{{}^{i}\mathbf{1}_{nS}}\left({}^{i|\overline{l}}r_{l}\right)\right) \tag{2.167}$$

式(2.166)和式(2.167)所示的偏速度在机器人运动学与动力学分析中具有非常重要的地位。

由式(2.146)得

$${}^{\overline{l}}\dot{r}_{lS}={}^{\overline{l}}_{0}\dot{r}_{l}+{}^{\overline{l}}Q_{l}\cdot{}^{l}\dot{r}_{lS}+{}^{\overline{l}}\dot{Q}_{l}\cdot{}^{l}r_{lS}={}^{\overline{l}}Q_{l}\cdot{}^{l}\dot{r}_{lS}+{}^{\overline{l}}\dot{Q}_{l}\cdot{}^{l}r_{lS} \tag{2.168}$$

对于式(2.168)，需要计算 ${}^{\overline{l}}\dot{Q}_{l}$。由式(2.144)可知，${}^{\overline{l}}Q_{l}$ 是 $\left[\phi_{l1}^{\overline{l}}\quad\phi_{l2}^{l1}\quad\phi_{l}^{l2}\right]$ 的函数，且 $\left[\phi_{l1}^{\overline{l}}\quad\phi_{l2}^{l1}\quad\phi_{l}^{l2}\right]$ 是时间 t 的函数，故直接计算 ${}^{\overline{l}}\dot{Q}_{l}$ 非常麻烦。旋转变换阵的求导问题需要进一步解决。

2.7.4 正交归一化问题

【示例 2.5】 相机体系 c 相对巡视器体系 r 的安装关系由两系坐标轴间的夹角确定：

Rad	x_c	y_c	z_c
x_r	ϕ_{xc}^{xr}	ϕ_{yc}^{xr}	ϕ_{zc}^{xr}
y_r	ϕ_{xc}^{yr}	ϕ_{yc}^{yr}	ϕ_{zc}^{yr}
z_r	ϕ_{xc}^{zr}	ϕ_{yc}^{zr}	ϕ_{zc}^{zr}

其中：ϕ_{xc}^{xr} 表示由轴 x_r 至轴 x_c 的角度，其他亦然。求 ${}^{r}Q_{c}$。

【解】 相机坐标轴 x 在巡视器体系下的投影为 ${}^{r}\mathbf{e}_{c}^{[x]}=\left[\mathrm{C}_{xc}^{xr}\quad\mathrm{C}_{xc}^{yr}\quad\mathrm{C}_{xc}^{zr}\right]^{\mathrm{T}}$，相机坐标轴 y 在巡视器体系下的投影为 ${}^{r}\mathbf{e}_{c}^{[y]}=\left[\mathrm{C}_{yc}^{xr}\quad\mathrm{C}_{yc}^{yr}\quad\mathrm{C}_{yc}^{zr}\right]^{\mathrm{T}}$，相机坐标轴 z 在巡视器体系下的投影为 ${}^{r}\mathbf{e}_{c}^{[z]}=\left[\mathrm{C}_{zc}^{xr}\quad\mathrm{C}_{zc}^{yr}\quad\mathrm{C}_{zc}^{zr}\right]^{\mathrm{T}}$，故有

$${}^{r}Q_{c}=\left[{}^{r}\mathbf{e}_{c}^{[x]}\quad{}^{r}\mathbf{e}_{c}^{[y]}\quad{}^{r}\mathbf{e}_{c}^{[z]}\right]=\begin{bmatrix}\mathrm{C}_{xc}^{xr}&\mathrm{C}_{yc}^{xr}&\mathrm{C}_{zc}^{xr}\\\mathrm{C}_{xc}^{yr}&\mathrm{C}_{yc}^{yr}&\mathrm{C}_{zc}^{yr}\\\mathrm{C}_{xc}^{zr}&\mathrm{C}_{yc}^{zr}&\mathrm{C}_{zc}^{zr}\end{bmatrix} \tag{2.169}$$

解毕。

示例 2.5 应用方向余弦计算旋转变换阵，在原理上是正确的，但在工程上存在一个关键的缺点：由于 9 个角度的测量存在误差，旋转变换阵的正交归一约束被破坏。示例如下。

【示例 2.6】　继示例 2.5，经工程测量得：

$$
\begin{array}{cccc}
\text{Deg} & x_c & y_c & z_c \\
x_r & \phi_{xc}^{xr}=90.15 & \phi_{yc}^{xr}=0.15 & \phi_{zc}^{xr}=90.00 \\
y_r & \phi_{xc}^{yr}=90.00 & \phi_{yc}^{yr}=90.00 & \phi_{zc}^{yr}=0.00 \\
z_r & \phi_{xc}^{zr}=0.15 & \phi_{yc}^{zr}=89.85 & \phi_{zc}^{zr}=90.00
\end{array}
$$

由式(2.169)计算得

$$
{}^{r}Q_{c}=\begin{bmatrix}-0.0026177637150 & 0.999996573057 & 0.000000226795\\ 0.0000000226795 & 0.000000226795 & 1.000000000000\\ 0.999996573057 & 0.002618217304 & 0.00000226795\end{bmatrix} \tag{2.170}
$$

由计算结果可知 ${}^{r}Q_{c}$ 是病态的，精度仅有 6 位。

应用式(2.143)或式(2.145)计算姿态角 $\left[\phi_{l1}^{\bar{l}}\quad \phi_{l2}^{l1}\quad \phi_{l}^{l2}\right]$ 在理论上是成立的。其前提是：旋转变换阵必须满足正交归一约束。当这一约束不能完全满足时，$\left[\phi_{l1}^{\bar{l}}\quad \phi_{l2}^{l1}\quad \phi_{l}^{l2}\right]$ 的计算误差可能较大。对于病态 ${}^{\bar{l}}Q_{l}$，式(2.143)和式(2.145)未充分利用 ${}^{\bar{l}}Q_{l}$ 各分量，导致姿态角序列 $\left[\phi_{l1}^{\bar{l}}\quad \phi_{l2}^{l1}\quad \phi_{l}^{l2}\right]$ 的精度比余弦角的测量精度低。

除工程测量误差外，计算机存在的数字截断误差也会导致旋转变换阵的病态。对于运动链 ${}^{k}\mathbf{1}_{j}$，$\forall l\in{}^{k}\mathbf{1}_{j}$，由于 ${}^{\bar{l}}Q_{l}$ 存在一定的病态，${}^{k}Q_{j}$ 的误差会不断累积；但在实际应用时，需要对 ${}^{\bar{l}}Q_{l}$ 进行正交归一化处理。对式(2.170)进行正交归一化处理的结果如下：

$$
{}^{r}Q_{c}=\begin{bmatrix}-0.002617997583 & 0.999996602535 & 0.000000059527\\ 0.000000059527 & 0.000000015190 & 1.000000000000\\ 0.999996602535 & 0.002617953112 & -0.00000104176\end{bmatrix}
$$

经正交归一化处理后 ${}^{r}Q_{c}$ 的精度达到 8 位。因此，通过方向余弦计算旋转变换阵时，一方面需要提高测量精度，另一方面需要对旋转变换阵进行正交归一化处理，否则，将导致运动链 ${}^{i}\mathbf{1}_{n}=\left(i,\cdots,\bar{n},n\right]$ 的计算精度逐级衰减。如何对旋转变换阵进行正交归一化处理是需要进一步解决的问题。

2.7.5　极性参考与线性约束求解问题

在进行机器人运动学及动力学分析时，关心的是运动量间的相互关系，即张量坐标阵列的相互关系，而不必关心参考基间的相互关系。张量坐标阵列可以通过矩阵表示，包含标量、列矢量或行矢量、矩阵。高阶张量的坐标阵列可以表示为矩阵的向量、矩阵的矩阵。矩阵是信息的有序排列方式，不仅适应人们对于事物的认知方式，也适应现代数值计算机进行信息处理的内在机理。

1.坐标轴序的初等变换

一个立方体 6 个面的单位法向可以确定 6 个不同的参考轴，由此可以建立 120 种坐标系，且其中任两个坐标系之间均存在等价关系。由于极性定义不同，经常需要对以不同极性定义的坐标进行转换。

【示例 2.7】 继示例 2.6，定义与坐标系 r 、c 分别对应的坐标系 r' 、c' ，相互关系如图 2-47 所示，求 ${}^{r'}Q_{c'}$ 。

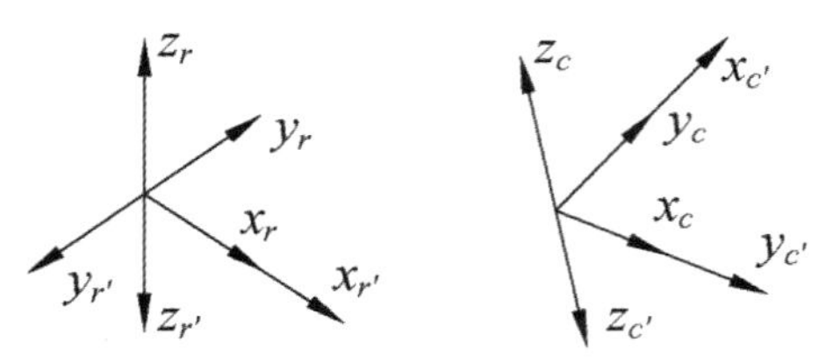

图 2-47　两组坐标系间的关系

【解】　（方法 1）由坐标系的方向余弦关系得

$$
{}^{r'}Q_{c'}=\begin{bmatrix} {}^{r'}\mathbf{e}_{c'}^{[x]} \\ {}^{r'}\mathbf{e}_{c'}^{[y]} \\ {}^{r'}\mathbf{e}_{c'}^{[z]} \end{bmatrix}^{\mathrm{T}}=\begin{bmatrix} \mathrm{C}_{xc'}^{xr'} & \mathrm{C}_{yc'}^{xr'} & \mathrm{C}_{zc'}^{xr'} \\ \mathrm{C}_{xc'}^{yr'} & \mathrm{C}_{yc'}^{yr'} & \mathrm{C}_{zc'}^{yr'} \\ \mathrm{C}_{xc'}^{zr'} & \mathrm{C}_{yc'}^{zr'} & \mathrm{C}_{zc'}^{zr'} \end{bmatrix}=\begin{bmatrix} \mathrm{C}_{yc}^{xr} & \mathrm{C}_{xc}^{xr} & -\mathrm{C}_{zc}^{xr} \\ -\mathrm{C}_{yc}^{yr} & -\mathrm{C}_{xc}^{yr} & \mathrm{C}_{zc}^{yr} \\ -\mathrm{C}_{yc}^{zr} & -\mathrm{C}_{xc}^{zr} & \mathrm{C}_{zc}^{zr} \end{bmatrix}
$$

（方法 2）先对 ${}^{r}Q_{c}$ 作初等列变换，即交换 x_c 与 y_c ，对 z_c 取反，得 ${}^{r}Q_{c'}$ ：

$$
\begin{array}{|cccc|}\hline {}^{r}Q_{c} & x_c & y_c & z_c \\ x_r & \mathrm{C}_{xc}^{xr} & \mathrm{C}_{yc}^{xr} & \mathrm{C}_{zc}^{xr} \\ y_r & \mathrm{C}_{xc}^{yr} & \mathrm{C}_{yc}^{yr} & \mathrm{C}_{zc}^{yr} \\ z_r & \mathrm{C}_{xc}^{zr} & \mathrm{C}_{yc}^{zr} & \mathrm{C}_{zc}^{zr} \\ \hline \end{array} \rightarrow \begin{array}{|cccc|}\hline {}^{r}Q_{c'} & y_{c'} & x_{c'} & -z_{c'} \\ x_r & \mathrm{C}_{yc'}^{xr} & \mathrm{C}_{xc'}^{xr} & -\mathrm{C}_{zc'}^{xr} \\ y_r & \mathrm{C}_{yc'}^{yr} & \mathrm{C}_{xc'}^{yr} & -\mathrm{C}_{zc'}^{yr} \\ z_r & \mathrm{C}_{yc'}^{zr} & \mathrm{C}_{xc'}^{zr} & -\mathrm{C}_{zc'}^{zr} \\ \hline \end{array} \tag{2.171}
$$

再对 ${}^{r}Q_{c'}$ 作初等行变换，即 y_r 取反、z_r 取反，得 ${}^{r'}Q_{c'}$ ：

$$
\begin{array}{|cccc|}\hline {}^{r}Q_{c'} & y_{c'} & x_{c'} & -z_{c'} \\ x_r & \mathrm{C}_{yc'}^{xr} & \mathrm{C}_{xc'}^{xr} & -\mathrm{C}_{zc'}^{xr} \\ y_r & \mathrm{C}_{yc'}^{yr} & \mathrm{C}_{xc'}^{yr} & -\mathrm{C}_{zc'}^{yr} \\ z_r & \mathrm{C}_{yc'}^{zr} & \mathrm{C}_{xc'}^{zr} & -\mathrm{C}_{zc'}^{zr} \\ \hline \end{array} \rightarrow \begin{array}{|cccc|}\hline {}^{r'}Q_{c'} & x_{c'} & y_{c'} & z_{c'} \\ x_{r'} & \mathrm{C}_{yc'}^{xr'} & \mathrm{C}_{xc'}^{xr'} & -\mathrm{C}_{zc'}^{xr'} \\ -y_{r'} & -\mathrm{C}_{yc'}^{yr'} & -\mathrm{C}_{xc'}^{yr'} & \mathrm{C}_{zc'}^{yr'} \\ -z_{r'} & -\mathrm{C}_{yc'}^{zr'} & -\mathrm{C}_{xc'}^{zr'} & \mathrm{C}_{zc'}^{zr'} \\ \hline \end{array}
$$

$$
\rightarrow \begin{array}{|cccc|}\hline {}^{r'}Q_{c'} & x_{c'} & y_{c'} & z_{c'} \\ x_{r'} & \mathrm{C}_{yc'}^{xr'} & \mathrm{C}_{xc'}^{xr'} & -\mathrm{C}_{zc'}^{xr'} \\ y_{r'} & -\mathrm{C}_{yc'}^{yr'} & -\mathrm{C}_{xc'}^{yr'} & \mathrm{C}_{zc'}^{yr'} \\ z_{r'} & -\mathrm{C}_{yc'}^{zr'} & -\mathrm{C}_{xc'}^{zr'} & \mathrm{C}_{zc'}^{zr'} \\ \hline \end{array}
$$

解毕。

由示例 2.7 的求解过程可知，包含“行交换”“列交换”“行取反”“列取反”的初等变换本质上改变了参考基的次序与极性，但不改变矩阵表示的本征运动关系。因此，通过初等变换即可完成与笛卡儿轴平行的坐标变换。

2.坐标变换的初等变换

由式(2.92)可知 ${}^{i|k}r_l = {}^{i}Q_k \cdot {}^{k}r_l$，即矩阵右乘变换

$$\begin{bmatrix} {}^{i}Q_k & x_k & y_k & z_k \\ x_i & {}^{i}Q_k^{[1][x]} & {}^{i}Q_k^{[1][y]} & {}^{i}Q_k^{[1][z]} \\ y_i & {}^{i}Q_k^{[2][x]} & {}^{i}Q_k^{[2][y]} & {}^{i}Q_k^{[2][z]} \\ z_i & {}^{i}Q_k^{[3][x]} & {}^{i}Q_k^{[3][y]} & {}^{i}Q_k^{[3][z]} \end{bmatrix} \cdot \begin{bmatrix} {}^{k}r_l \\ {}^{k}r_l^{[1]} \\ {}^{k}r_l^{[2]} \\ {}^{k}r_l^{[3]} \end{bmatrix} = \begin{bmatrix} {}^{i|k}r_l \\ {}^{i|k}r_l^{[1]} \\ {}^{i|k}r_l^{[2]} \\ {}^{i|k}r_l^{[3]} \end{bmatrix} \tag{2.172}$$

式(2.172)等价为

$$\begin{bmatrix} {}^{i}Q_k & x_k & y_k & z_k \\ x_i & {}^{i}Q_k^{[1][x]} & {}^{i}Q_k^{[1][y]} & {}^{i}Q_k^{[1][z]} \\ y_i & {}^{i}Q_k^{[2][x]} & {}^{i}Q_k^{[2][y]} & {}^{i}Q_k^{[2][z]} \\ z_i & {}^{i}Q_k^{[3][x]} & {}^{i}Q_k^{[3][y]} & {}^{i}Q_k^{[3][z]} \end{bmatrix} \cdot \begin{bmatrix} {}^{k}r_l \\ {}^{k}r_l^{[1]} \\ {}^{k}r_l^{[2]} \\ {}^{k}r_l^{[3]} \end{bmatrix} = \begin{bmatrix} {}^{i}T_k & x_k & y_k & z_k \\ x_i & 1 & 0 & 0 \\ y_i & 0 & 1 & 0 \\ z_i & 0 & 0 & 1 \end{bmatrix} \cdot \begin{bmatrix} {}^{i|k}r_l \\ {}^{i|k}r_l^{[1]} \\ {}^{i|k}r_l^{[2]} \\ {}^{i|k}r_l^{[3]} \end{bmatrix} \tag{2.173}$$

对式(2.173)进行初等行变换操作。例如：交换式(2.173)中 x_i 行及 y_i 行，对 z_i 行乘常数 c_i，其中 $c_i \in \mathcal{R}$，得

$$\begin{bmatrix} {}^{i}Q_k & x_k & y_k & z_k \\ y_i & {}^{i}Q_k^{[2][x]} & {}^{i}Q_k^{[2][y]} & {}^{i}Q_k^{[2][z]} \\ x_i & {}^{i}Q_k^{[1][x]} & {}^{i}Q_k^{[1][y]} & {}^{i}Q_k^{[1][z]} \\ c_i z_i & c_i \cdot {}^{i}Q_k^{[3][x]} & c_i \cdot {}^{i}Q_k^{[3][y]} & c_i \cdot {}^{i}Q_k^{[3][z]} \end{bmatrix} \cdot \begin{bmatrix} {}^{k}r_l \\ {}^{k}r_l^{[1]} \\ {}^{k}r_l^{[2]} \\ {}^{k}r_l^{[3]} \end{bmatrix} = \begin{bmatrix} {}^{i}T_k & x_k & y_k & z_k \\ y_i & 0 & 1 & 0 \\ x_i & 1 & 0 & 0 \\ c_i z_i & 0 & 0 & c_i \end{bmatrix} \cdot \begin{bmatrix} {}^{i|k}r_l \\ {}^{i|k}r_l^{[1]} \\ {}^{i|k}r_l^{[2]} \\ {}^{i|k}r_l^{[3]} \end{bmatrix} \tag{2.174}$$

显然式(2.173)与式(2.174)是等价的。将 ${}^{i}T_k$ 称为 ${}^{i}Q_k$ 的初等行变换矩阵。关系矩阵 ${}^{i}Q_k$ 和 ${}^{i}T_k$ 的初等行变换操作与方程求解的输入 ${}^{i|k}r_l$ 和输出 ${}^{k}r_l$ 的成员及成员的排列次序是无关的，或者说是独立的，即不影响求解的结果与解的排列次序。

对于式(2.93)即矩阵左乘变换 ${}^{l}r_{lS}^{\mathrm{T}} = {}^{\overline{l}|l}r_{lS}^{\mathrm{T}} \cdot {}^{\overline{l}}Q_l$，存在初等列变换及初等列变换矩阵。

由线性代数理论可知，通过初等行变换或初等列变换可以使 ${}^{n}Q_k$ 变换为单位矩阵 $\mathbf{1}$，则相应有 ${}^{k}T_n = {}^{n}Q_k^{-1}$，从而有 ${}^{k}r_l = {}^{k}Q_n \cdot {}^{n|k}r_l$。

同时，初等变换是矩阵的逆阵、三角化、对角化处理的基本操作。其中，枢轴操作是矩阵操作中非常重要的操作，在机器人动力学计算中具有广泛的应用。

线性方程是非线性方程的基础，复数空间奠基于实数空间；正确理解复数及非线性空间的参考基是保证拓扑不变性及度量不变性的基础。由第 3 章可知，轴不变量是实空间及复空间（complex space）运动链的基元，是解决高自由度及高维度空间问题的基石。

2.7.6 绝对求导的问题

给定运动链 ${}^{i}\mathbf{1}_{n}=\left(i,\cdots,\bar{n},n\right]$，${}^{\bar{l}}Q_{l}$ 由式(2.89)计算得到。由式(2.62)和式(2.84)得

$$
{}^{i}Q_{n}=\prod_{l}^{{}^{i}\mathbf{1}_{n}}\left({}^{\bar{l}}Q_{l}\right) \tag{2.175}
$$

由式(2.175)完成运动链 ${}^{i}\mathbf{1}_{n}$ 的姿态计算。一方面，工程上 ${}^{\bar{l}}Q_{l}$ 存在病态，导致 ${}^{i}Q_{n}$ 病态加剧；另一方面，由式(2.89)计算 ${}^{\bar{l}}Q_{l}$ 的方法不通用，仅适用于笛卡儿轴链，而通常的转动轴并不与坐标轴一致。

由式(2.49)计算 ${}^{\bar{l}}\phi_{l}$ 及 ${}^{\bar{l}}r_{l}$。由式(2.62)和式(2.119)得

$$
{}^{i}\dot{\phi}_{n}=\sum_{l}^{{}^{i}\mathbf{1}_{n}}\left({}^{i|\bar{l}}n_{l}\cdot\dot{\phi}_{l}^{\bar{l}}\right) \tag{2.176}
$$

由式(2.61)和式(2.92)得

$$
{}^{i}r_{nS}=\sum_{l}^{{}^{i}\mathbf{1}_{nS}}\left({}^{i|\bar{l}}r_{l}\right) \tag{2.177}
$$

由式(2.177)完成运动链 ${}^{i}\mathbf{1}_{nS}$ 的位置计算。

由式(2.114)得

$$
{}^{i}R_{n}=\prod_{l}^{{}^{i}\mathbf{1}_{n}}\left({}^{\bar{l}}R_{l}\right) \tag{2.178}
$$

由式(2.49)得

$$
\begin{cases}
{}^{\bar{l}}\dot{\phi}_{l}={}^{\bar{l}}n_{l}\cdot\dot{\phi}_{l}^{\bar{l}} & \text{if}\quad {}^{\bar{l}}\boldsymbol{k}_{l}\in\boldsymbol{C}\\
{}^{\bar{l}}\dot{r}_{l}={}^{\bar{l}}n_{l}\cdot\dot{r}_{l}^{\bar{l}} & \text{if}\quad {}^{\bar{l}}\boldsymbol{k}_{l}\in\boldsymbol{C}
\end{cases} \tag{2.179}
$$

$$
\begin{cases}
{}^{\bar{l}}\ddot{\phi}_{l}={}^{\bar{l}}n_{l}\cdot\ddot{\phi}_{l}^{\bar{l}} & \text{if}\quad {}^{\bar{l}}\boldsymbol{k}_{l}\in\boldsymbol{C}\\
{}^{\bar{l}}\ddot{r}_{l}={}^{\bar{l}}n_{l}\cdot\ddot{r}_{l}^{\bar{l}} & \text{if}\quad {}^{\bar{l}}\boldsymbol{k}_{l}\in\boldsymbol{C}
\end{cases} \tag{2.180}
$$

显然，相对转动速度 ${}^{\bar{l}}\dot{\phi}_{l}$ 和相对平动速度 ${}^{\bar{l}}\dot{r}_{l}$ 是矢量；相对转动加速度 ${}^{\bar{l}}\ddot{\phi}_{l}$ 和相对平动加速度 ${}^{\bar{l}}\ddot{r}_{l}$ 也是矢量。

定义

$$
\begin{aligned}
&{}^{i|\bar{l}}\dot{r}_{l}\triangleq{}^{i}Q_{\bar{l}}\cdot\frac{d}{dt}\left({}^{\bar{l}}r_{l}\right),\quad {}^{i|\bar{l}}\ddot{r}_{l}\triangleq{}^{i}Q_{\bar{l}}\cdot\frac{d^{2}}{dt^{2}}\left({}^{\bar{l}}r_{l}\right)\\
&{}^{i|\bar{l}}\dot{\tilde{\phi}}_{l}\triangleq{}^{i}Q_{\bar{l}}\cdot\frac{d}{dt}\left({}^{\bar{l}}\tilde{\phi}_{l}\right),\quad {}^{i|\bar{l}}\ddot{\tilde{\phi}}_{l}\triangleq{}^{i}Q_{\bar{l}}\cdot\frac{d^{2}}{dt^{2}}\left({}^{\bar{l}}\tilde{\phi}_{l}\right)
\end{aligned} \tag{2.181}
$$

由式(2.181)知：求导符 $\dot{\square}$ 优先级高于投影符 ${}^{|}\square$。称该求导运算为相对求导，并没有考虑基矢量 $\mathbf{e}_{\bar{l}}$ 相对惯性基矢量 $\mathbf{e}_{i}$ 的运动带来的影响。

由式(2.177)得

$$ {}^{i}\dot{r}_{nS} = \sum_{l}^{{}^{i}\mathbf{1}_{nS}} \left({}^{i|\overline{l}}\dot{r}_{l} \right) \tag{2.182} $$

$$ {}^{i}\ddot{r}_{nS} = \sum_{l}^{{}^{i}\mathbf{1}_{nS}} \left({}^{i|\overline{l}}\ddot{r}_{l} \right) \tag{2.183} $$

分别由式(2.182)和式(2.183)完成运动链 ${}^{i}\mathbf{1}_{nS}$ 的相对平动速度 ${}^{i}\dot{r}_{nS}$ 和相对平动加速度 ${}^{i}\ddot{r}_{nS}$ 的计算。显然，以上计算并未考虑运动链各杆件的牵连速度。

由式(2.176)得

$$ {}^{i}\ddot{\phi}_{n} = \sum_{l}^{{}^{i}\mathbf{1}_{n}} \left({}^{i|\overline{l}}n_{l} \cdot \ddot{\phi}_{l}^{\overline{l}} \right) \tag{2.184} $$

分别由式(2.176)和式(2.184)完成运动链 ${}^{i}\mathbf{1}_{nS}$ 的相对转动速度 ${}^{i}\dot{\phi}_{n}$ 和相对转动加速度 ${}^{i}\ddot{\phi}_{n}$ 的计算。显然，以上计算并未考虑运动链各杆件的牵连加速度。

尽管相对速度及相对加速度具有理论上的意义，但不表示运动链的真实速度及加速度。只有考虑运动链各杆件间的牵连效应，才能正确表征系统的速度、加速度、能量等基本属性。

2.7.7 基于轴不变量的多轴系统研究思路

后续章节将针对精密多轴系统的需求，以运动链符号演算系统为基础，建立基于轴不变量的多轴系统理论，其中主要涉及以下问题：

（1）结构参数精密测量问题。对于该问题，需要考虑多轴系统加工、装配误差，以及最大限度地降低测量误差及计算误差。在自然关节空间中，通过精密的光学设备测量以固定轴不变量表征的结构参数。该方法一方面考虑了系统加工及装配误差，另一方面考虑了精密光学设备测量空间点的精确性，具有工程可实现性。固定轴不变量是多轴系统的自然不变量，易于工程测量。

（2）建模与解算的实时性与准确性问题。对于该问题，需要考虑高自由度多轴系统带来的计算复杂性。一方面，需要建立迭代式的运动学方程与动力学方程；另一方面，需要采用与系统自由度一致的运动参考。以运动链符号演算系统为基础，建立基于轴不变量的多轴系统建模理论，可保障多轴系统计算的实时性与准确性。

（3）工程开发的效率问题。高自由度多轴系统不仅带来了计算的复杂性，也带来了工程实现的复杂性。一方面，需要为工程技术人员提供精确、简洁、结构化的符号语言，既包括属性量的准确描述，又包括属性量间的作用关系，还需要考虑现代数字计算机的矩阵运算特点；另一方面，应用结构化的符号系统提高工程实现的效率，既需要直接以结构化的运动学与动力学符号方程替代编程所需的伪代码，又需要应用计算机软件实现运动学与动力学的建模与分析功能。运动链符号演算系统是满足上述需求的结构化的符号语言系统。基于轴不变量的运动学与动力学方程具有伪代码的功能及迭代的计算过程，易于工程实现。

（4）不同理论方法的兼容性问题。在现有多体系统理论中，存在不同的理论分支，这些分支理论具有各自的应用特点。统一不同的理论方法既是理论研究的需要，又是系统实现的实时性与精确性的需要。因此，以运动链符号演算系统为基础，建立多轴系统的公理化理论体系。以轴不变量为基元的轴链系统可以统一 3D 及 6D 矢量空间、复数空间、四元数及双四元数空间的理论。

基于轴不变量的多轴系统的内涵在于：

（1）以运动链符号演算系统为基础，轴不变量为核心，建立多轴系统建模与控制理论；

（2）多轴系统是自然坐标轴系统，它以自然坐标轴作为系统的参考基元；

（3）多轴系统模型是具有链符号系统的、以轴不变量及自然坐标表征的代数方程；多轴系统理论研究的是自然参考轴空间下的、具有树链拓扑操作的 3D 矢量空间代数系统。

多轴系统建模与控制理论研究思路：

（1）先分析轴不变量基本属性，再研究以自然参考轴为参考的 3D 矢量空间操作代数，建立基于轴不变量的多轴系统正运动学理论；

（2）研究逆运动学，建立基于轴不变量的多轴系统逆运动学理论；

（3）研究质点动力学及刚体动力学，建立牛顿-欧拉动力学符号演算系统；

（4）研究树链系统动力学，建立基于轴不变量的多轴系统动力学理论。

2.8 本章小结

本章针对树形运动链，应用同构方法论，提出了轴链公理、拓扑公理及度量公理，建立了基于 3D 空间操作代数的运动链符号演算系统。

首先，通过分析树链的构成要素及基本属性，阐明了轴是树链拓扑系统的基元及自然参考轴是树链度量系统的基元。根据树链三大事实，提出了轴链有向 Span 树、自然轴链及轴链公理。

一方面，应用拓扑同构的方法论，借鉴现代集合论的链理论，建立了运动链的拓扑符号（父、子、链及闭子树等）系统，提出了轴链拓扑不变性公理。

另一方面，应用度量同构的方法论，提出了自然坐标系及基于轴不变量的 3D 螺旋，建立了运动链符号演算系统；以轴链拓扑不变性公理为基础，借鉴张量理论，提出了轴链度量不变性公理。

接着，以轴链拓扑不变性及轴链度量不变性公理为基础，建立了以动作（投影、平动、转动、对齐及螺旋等）和 3D 螺旋为核心的 3D 空间操作代数，从而构建了基于 3D 空间操作代数的运动链符号演算系统。

最后，阐述了传统笛卡儿坐标系统的应用及不足，表明进一步建立基于轴不变量的多轴系统理论的必要性。

本章参考文献

[1] 全国技术产品文件标准化技术委员会. 机械制图 机构运动简图用图形符号：GB/T 4460—2013[S].北京：中国标准出版社, 2014.

[2] 齐磊磊, 张华夏. 同构实在论与模型认识论——为罗素的结构实在论辩护[J]. 自然辩证法通讯, 2010, 32(6):1-7.

[3] 苏佩斯. 科学结构的表征与不变性[M]. 上海：上海译文出版社, 2011.

[4] JECH T. Set theory[M]. Berlin: Springer, 2002.

[5] CHAUDHURI K, PFENNING F, PRICE G. A logical characterization of forward and backward chaining in the inverse method[C]// Proceedings of International Joint Conference on Automated Reasoning, Seattle, WA, USA, August 17-20, 2006.

[6] COLES A J, COLES A, FOX M, et al. Forward-chaining partial-order planning[C]// Proceedings of the 20th International Conference on Automated Planning and Scheduling, Toronto, Ontario, Canada, May 12-16, 2010. DBLP, 2010.

[7] COOPER J O, HERON T E, HEWARD W L. Applied behavior analysis[M]. Cham: Springer International Publishing, 2016.

[8] 王元元. 计算机科学中的现代逻辑学[M]. 北京：科学出版社, 1989.

[9] FEATHERSTONE R. A beginner's guide to 6-D vectors (Part 1)[J]. IEEE Robotics & Automation Magazine, 2010, 17(3): 83-94.

[10] FEATHERSTONE R. A beginner's guide to 6-D vectors (Part 2) [J]. IEEE Robotics & Automation Magazine, 2010,17(4):88-99.

[11] KENWRIGHTB. A beginners guide to dual-quaternions: what they are, how they work, and how to use them for 3D character hierarchies[J].The 20th International Conference on Computer Graphics, Visualization and Computer Vision, 2012, 26: 1-10.

[12] 黄克智, 薛明德, 陆明万. 张量分析[M]. 2 版. 北京：清华大学出版社, 2003.

[13] FEATHERSTONE R. A divide-and-conquer articulated-body algorithm for parallel O(log(n)) calculation of rigid-body dynamics. Part 1: Basic algorithm[J]. International Journal of Robotics Research, 1999, 18(9): 867-875.

[14] FEATHERSTONE R. A divide-and-conquer articulated-body algorithm for parallel O(log(n)) calculation of rigid-body dynamics. Part 2: Trees, loops, and accuracy[J]. International Journal of Robotics Research, 1999, 18(9):876-892.

第3章　基于轴不变量的多轴系统正运动学

3.1 引　言

本章以运动链演算符号系统（简称链符号系统）为基础，建立基于轴不变量的多轴系统正运动学理论。

首先，以链符号系统为基础，在分析和证明轴不变量的零位、幂零特性、投影变换、镜像变换、定轴转动、Cayley 变换及其逆变换的基础上，建立基于轴不变量的 3D 矢量空间操作代数，将轴链位姿表述为关于结构矢量和关节变量（标量）的多元二阶矢量多项式方程；通过轴不变量表征 Rodrigues 四元数、欧拉四元数、对偶四元数、6D 运动旋量与螺旋，统一相关运动学理论，建立基于轴不变量的欧拉四元数和对偶四元数的迭代式方程。

接着，以链符号系统为基础，以绝对导数、轴矢量和迹为核心，分析并建立基于轴不变量的 3D 矢量空间微分操作代数，证明轴不变量对时间的微分具有不变性。

最后，提出多轴系统的固定轴不变量结构参数的精密测量原理，提出并证明树链偏速度计算方法，建立基于轴不变量的迭代式运动学方程，使方程具有简洁、准确、优雅的链指标系统和伪代码的功能，可以清晰地反映运动链的拓扑关系和链序关系，从而降低高自由度多轴系统建模及解算的复杂度，适应计算机自动建模的需求，保证多轴系统运动学建模的准确性、可靠性与实时性。

3.2 本章阅读基础

【1】　由第 2 章可知，运动链 ${}^{i}\mathbf{1}_{n} = \left(i,\cdots,\bar{n},n\right]$ 具有以下基本公理：

【1.1】 ${}^{i}\mathbf{1}_{n}$ 具有半开属性，即

$$i \notin {}^{i}\mathbf{1}_{n},\quad n \in {}^{i}\mathbf{1}_{n} \tag{3.1}$$

【1.2】 ${}^{i}\mathbf{1}_{n}$ 存在一个空链或平凡链 ${}^{i}\mathbf{1}_{i}$，即

$${}^{i}\mathbf{1}_{i} \in {}^{i}\mathbf{1}_{n},\quad \mathbf{1}_{i}^{i} = 0 \tag{3.2}$$

【1.3】 ${}^{i}\mathbf{1}_{n}$ 具有串接性（可加性或可积性），即

$${}^{i}\mathbf{1}_{n} = {}^{i}\mathbf{1}_{l} + {}^{l}\mathbf{1}_{n} \tag{3.3}$$

$${}^{i}\mathbf{1}_{n} = {}^{i}\mathbf{1}_{l} \cdot {}^{l}\mathbf{1}_{n} \tag{3.4}$$

【1.4】 ${}^{l}\mathbf{1}_{n}$ 具有可逆性，即

$$ {}^{l}\mathbf{1}_{n} = -{}^{n}\mathbf{1}_{l} \tag{3.5} $$

【2】　对于轴链${}^{i}\mathbf{1}_{n} = \left(i,\cdots,\bar{n},n\right]$，有以下基本结论：

$$ {}^{i}Q_{n} = \prod_{l}^{{}^{i}\mathbf{1}_{n}} \left({}^{\bar{l}}Q_{l}\right) \tag{3.6} $$

$$ {}^{i}r_{nS} = \sum_{l}^{{}^{i}\mathbf{1}_{nS}} \left({}^{i|\bar{l}}r_{l}\right) = \sum_{l}^{{}^{i}\mathbf{1}_{nS}} \left({}^{i|\bar{l}}l_{l} + {}^{i|\bar{l}}n_{l} \cdot r_{l}^{\bar{l}}\right) \tag{3.7} $$

$$ \begin{cases} {}^{i|\bar{l}}\dot{\phi}_{l} = {}^{i}Q_{\bar{l}} \cdot {}^{\bar{l}}n_{l} \cdot \dot{\phi}_{l}^{\bar{l}}, & \text{if} \quad {}^{\bar{l}}\mathbf{k}_{l} \in \mathbf{R} \\ {}^{i|\bar{l}}\dot{r}_{l} = {}^{i}Q_{\bar{l}} \cdot {}^{\bar{l}}n_{l} \cdot \dot{r}_{l}^{\bar{l}}, & \text{if} \quad {}^{\bar{l}}\mathbf{k}_{l} \in \mathbf{P} \end{cases} \tag{3.8} $$

$$ \begin{cases} {}^{i|\bar{l}}\ddot{\phi}_{l} = {}^{i}Q_{\bar{l}} \cdot {}^{\bar{l}}n_{l} \cdot \ddot{\phi}_{l}^{\bar{l}}, & \text{if} \quad {}^{\bar{l}}\mathbf{k}_{l} \in \mathbf{R} \\ {}^{i|\bar{l}}\ddot{r}_{l} = {}^{i}Q_{\bar{l}} \cdot {}^{\bar{l}}n_{l} \cdot \ddot{r}_{l}^{\bar{l}}, & \text{if} \quad {}^{\bar{l}}\mathbf{k}_{l} \in \mathbf{P} \end{cases} \tag{3.9} $$

【3】　若$k,l \in \mathbf{A}$，则存在以下二阶矩关系：

$$ {}^{k}\tilde{r}_{kS} \cdot {}^{k|l}\tilde{r}_{lS} = {}^{k|l}r_{lS} \cdot {}^{k}r_{kS}^{\mathrm{T}} - {}^{k|l}r_{lS}^{\mathrm{T}} \cdot {}^{k}r_{kS} \cdot \mathbf{1} \tag{3.10} $$

$$ \widetilde{{}^{k}\tilde{r}_{kS} \cdot {}^{k|l}r_{lS}} = {}^{k|l}r_{lS} \cdot {}^{k}r_{kS}^{\mathrm{T}} - {}^{k}r_{kS} \cdot {}^{k|l}r_{lS}^{\mathrm{T}} \tag{3.11} $$

$$ {}^{k}\tilde{r}_{kS} \cdot {}^{k|l}\tilde{r}_{lS} - {}^{k|l}\tilde{r}_{lS} \cdot {}^{k}\tilde{r}_{kS} = {}^{k|l}r_{lS} \cdot {}^{k}r_{kS}^{\mathrm{T}} - {}^{k}r_{kS} \cdot {}^{k|l}r_{lS}^{\mathrm{T}} \tag{3.12} $$

$$ {}^{k}\tilde{r}_{kS} \cdot {}^{k|l}\tilde{r}_{lS} - {}^{k|l}\tilde{r}_{lS} \cdot {}^{k}\tilde{r}_{kS} = \widetilde{{}^{k}\tilde{r}_{kS} \cdot {}^{k|l}r_{lS}} \tag{3.13} $$

【4】　左序叉乘与转置的关系：

$$ {}^{i}\dot{\phi}_{l}^{\mathrm{T}} \cdot {}^{i|l}\tilde{r}_{lS} = -{}^{i|l}r_{lS}^{\mathrm{T}} \cdot {}^{i}\dot{\tilde{\phi}}_{l}, \quad \left({}^{i}\dot{\phi}_{l}^{\mathrm{T}} \cdot {}^{i|l}\tilde{r}_{lS}\right)^{\mathrm{T}} = {}^{i}\dot{\tilde{\phi}}_{l} \cdot {}^{i|l}r_{lS} \tag{3.14} $$

【证明】　因

$$ \left({}^{i}\dot{\tilde{\phi}}_{l} \cdot {}^{i|l}r_{lS}\right)^{\mathrm{T}} = \left(-{}^{i|l}\tilde{r}_{lS} \cdot {}^{i}\dot{\phi}_{l}\right)^{\mathrm{T}} = {}^{i}\dot{\phi}_{l}^{\mathrm{T}} \cdot {}^{i|l}\tilde{r}_{lS} $$

$$ {}^{i}\dot{\phi}_{l}^{\mathrm{T}} \cdot {}^{i|l}\tilde{r}_{lS} = -{}^{i|l}r_{lS}^{\mathrm{T}} \cdot {}^{i}\dot{\tilde{\phi}}_{l}, \quad \left({}^{i}\dot{\phi}_{l}^{\mathrm{T}} \cdot {}^{i|l}\tilde{r}_{lS}\right)^{\mathrm{T}} = {}^{i}\dot{\tilde{\phi}}_{l} \cdot {}^{i|l}r_{lS} $$

故式(3.14)成立。

【5】　3D 空间操作代数。

尽管多体动力学已得到广泛的研究，但缺乏运动链符号系统，也未建立基于轴不变量的空间代数系统。我们提出的空间操作代数与传统的空间算子代数相比具有下列不同点：

【5.1】　操作是指空间中的基本动作或计算机执行的运算。操作既包含地址访问、矩阵的行列置换、拓扑关系的访问，又包含函数的计算，故操作是算子概念的推广。多轴系统运动学与动力学既与系统拓扑相关，又需要通过计算机实现，自然需要建立与之相应的操作代数。

【5.2】　一方面，空间操作或计算机操作更直接，易于理解；通过系统操作执行系统状态的变更，在新的变更状态下，再执行相应的操作，完成系统的演化与计算。另一方面，易于计算机软件实现，计算机系统自身就是基于一组基本操作的计算系统；地址访问、枢轴操作、LU 及 $\mathrm{LDL}^{\mathrm{T}}$ 分解等的矩阵运算是计算机数值计算的基础。

【5.3】 空间操作代数主体上通过空间或计算机操作序列表征空间运动关系，链序是空间操作的基本特征。空间运算既需要保证序不变性（拓扑不变性）、张量不变性（度量不变性）和对偶性，又需要保证测量和数值计算的精确性与实时性，它们是空间操作代数的基本特征。

【5.4】 空间操作代数需要确定空间操作的基元，以保证复杂空间操作的效率。自然参考轴及以自然坐标系为基础的 3D 关节空间轴不变量是空间操作的基元。通过一组自然参考轴可以建立笛卡儿直角坐标系、D-H 系及其他所需的坐标系系统；通过 3D 关节空间轴不变量及自然坐标实现体系的参数化，可保证工程测量的精确性及空间参考的灵活性。

总之，3D 空间操作代数系统是以运动链符号系统为基础，以符号演算、动作及矩阵操作为主体的 3D 空间正运动学计算系统，它有别于传统的双矢量 6D 空间算子系统。

3.3 基于轴不变量的 3D 矢量空间操作代数

以固定轴不变量表征系统的结构参量，结构参量间的代数运算结果仍为结构参量；以自然坐标即关节变量表征系统的关节变量，关节变量间的代数运算结果仍为关节变量。由系统结构参量构成的 3D 矢量，称为结构矢量。基于轴不变量的 3D 矢量空间操作代数系统既是以轴不变量为核心的 3D 空间操作代数系统，又是关于结构矢量与关节变量的二阶多项式系统。

运动副 $^{\bar{l}}\boldsymbol{k}_l$ 的坐标轴矢量 $^{\bar{l}}n_l$ 表示运动轴的单位方向，是自然参考轴，该坐标轴矢量由其成员 $\left[\,^{\bar{l}}n_l^{[1]} \;\; ^{\bar{l}}n_l^{[2]} \;\; ^{\bar{l}}n_l^{[3]}\right]^{\mathrm{T}}$ 确定。坐标轴矢量 $^{\bar{l}}n_l$ 具有如下不变性：

$$^{\bar{l}}n_l = {}^{l}n_{\bar{l}}, \quad -{}^{\bar{l}}n_l = -{}^{l}n_{\bar{l}} \tag{3.15}$$

由式(3.15)可知，坐标轴矢量 $^{\bar{l}}n_l$ 是全序的矢量，即其连接次序是双向的，负号不改变连接次序，即 $^{\bar{l}}n_l \neq -{}^{l}n_{\bar{l}}$，但可改变 $^{\bar{l}}n_l$ 的坐标分量，即 $-{}^{\bar{l}}n_l = \left[-{}^{\bar{l}}n_l^{[1]} \quad -{}^{\bar{l}}n_l^{[2]} \quad -{}^{\bar{l}}n_l^{[3]}\right]^{\mathrm{T}}$。故轴矢量 $^{\bar{l}}n_l$ 又称为轴不变量。轴矢量 $^{\bar{l}}n_l$ 作为杆件 $\Omega_{\bar{l}}$ 和杆件 Ω_l 的公共参考轴，在系统演算前确定，在系统演算过程中不能人为地更改，否则会导致参考不一致。

轴不变量可以方便地确定零位轴系，具有优良的空间操作性能，应用轴不变量可以有效地解决多轴系统理论和工程技术问题。

3.3.1 基于轴不变量的零位轴系

如图 3-1 所示，给定运动副 $^{\bar{l}}\boldsymbol{k}_l$ 的轴矢量 $^{\bar{l}}n_l$ 及具有单位长度的零位矢量 $^{l}_{0}r_{lS}$，且 $_S$ 位于单位球面上，称轴矢量 $^{\bar{l}}n_l$ 向零位矢量 $^{l}_{0}r_{lS}$ 方向转动 90° 后的单位矢量为零位轴矢量，记为 $^{\bar{l}}_{\bullet}n_l$。由轴矢量 $^{\bar{l}}n_l$ 及零位轴 $^{\bar{l}}_{\bullet}n_l$ 按右手系可以确定一阶螺旋轴 $^{\bar{l}}_{\perp}n_l$。

由此则有：零位矢量 $^{l}_{0}r_{lS}$ 对轴矢量 $^{\bar{l}}n_l$ 的投影标量即坐标 $^{\bar{l}}n_l^{\mathrm{T}} \cdot {}^{l}_{0}r_{lS}$，零位矢量 $^{l}_{0}r_{lS}$ 对轴

矢量 $^{\bar{l}}n_l$ 的投影矢量为 $\left(^{\bar{l}}n_l \cdot {}^{\bar{l}}n_l^{\mathrm{T}}\right)\cdot {}^{l}_{0}r_{lS}$；零位矢量 $^{l}_{0}r_{lS}$ 对零位轴矢量 $^{\bar{l}}_{\bullet}n_l$ 的投影矢量为 $-^{\bar{l}}\tilde{n}_l^{:2}\cdot {}^{l}_{0}r_{lS}$。故得零位矢量 $^{l}_{0}r_{lS}$ 的径向投影变换 $^{\bar{l}}A_l$ 及系统零位投影变换 $^{\bar{l}}N_l$ 分别为

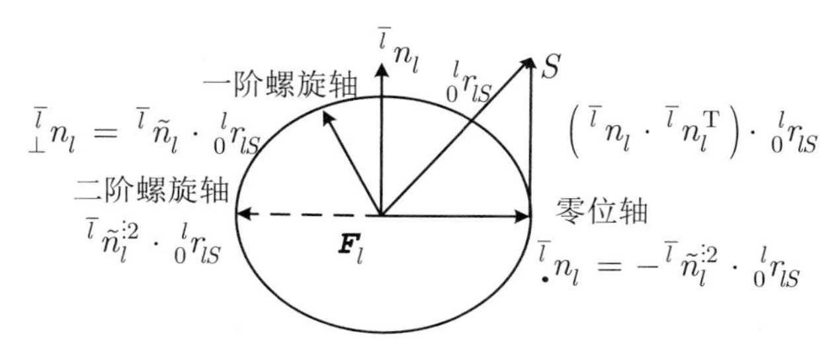

图 3-1　径向投影及自然零位

$$^{\bar{l}}A_l = {}^{\bar{l}}n_l \odot {}^{\bar{l}}n_l = {}^{\bar{l}}n_l \cdot {}^{\bar{l}}n_l^{\mathrm{T}} \tag{3.16}$$

$$^{\bar{l}}N_l = \mathbf{1} - {}^{\bar{l}}n_l \cdot {}^{\bar{l}}n_l^{\mathrm{T}} \tag{3.17}$$

轴矢量 $^{\bar{l}}n_l$ 对 $^{l}_{0}r_{lS}$ 的螺旋矢量为 $^{\bar{l}}\tilde{n}_l \cdot {}^{l}_{0}r_{lS}$，零位矢量 $^{l}_{0}r_{lS}$ 表达为

$$^{l}_{0}r_{lS} = \left(^{\bar{l}}n_l \cdot {}^{\bar{l}}n_l^{\mathrm{T}}\right)\cdot {}^{l}_{0}r_{lS} - {}^{\bar{l}}\tilde{n}_l^{:2}\cdot {}^{l}_{0}r_{lS} = \left(^{\bar{l}}n_l \cdot {}^{\bar{l}}n_l^{\mathrm{T}}\right)\cdot {}^{l}_{0}r_{lS} + \left(\mathbf{1} - {}^{\bar{l}}n_l \cdot {}^{\bar{l}}n_l^{\mathrm{T}}\right)\cdot {}^{l}_{0}r_{lS}$$

（1）若给定零位矢量 $^{l}_{0}r_{lS}$，则系统零位轴矢量 $^{\bar{l}}_{\bullet}n_l$、系统一阶螺旋轴矢量 $^{\bar{l}}_{\perp}n_l$ 及轴矢量 $^{\bar{l}}n_l$ 构成零位轴系，该轴系由系统零位轴矢量 $^{\bar{l}}_{\bullet}n_l$ 及轴矢量 $^{\bar{l}}n_l$ 唯一确定。一般情况下，该轴与自然坐标系 $\boldsymbol{F}^{[l]}$ 方向不一致。

（2）给定径向约束力 $^{l}f_{lS}^{\mathrm{C}}$，因其与轴矢量 $^{\bar{l}}n_l$ 正交，则有

$$^{\bar{l}}n_l^{\mathrm{T}} \cdot {}^{l}f_{lS}^{\mathrm{C}} = 0_3 \tag{3.18}$$

称 $\mathrm{Diag}\left[^{i}\tilde{n}_1 \cdots {}^{i|\bar{k}}\tilde{n}_k \cdots {}^{i|\bar{\nu}}\tilde{n}_\nu\right]$ 为自然正交补矩阵。

（3）零位投影变换 $^{\bar{l}}N_l$ 具有对称性，即

$$^{\bar{l}}N_l^{\mathrm{T}} = {}^{\bar{l}}N_l,\quad {}^{\bar{l}}N_l^{:2} = {}^{\bar{l}}N_l \tag{3.19}$$

【证明】　由式(3.17)得

$$^{\bar{l}}N_l^{\mathrm{T}} = \left(\mathbf{1} - {}^{\bar{l}}n_l \cdot {}^{\bar{l}}n_l^{\mathrm{T}}\right)^{\mathrm{T}} = \mathbf{1} - {}^{\bar{l}}n_l \cdot {}^{\bar{l}}n_l^{\mathrm{T}} = {}^{\bar{l}}N_l$$

$$^{\bar{l}}N_l^{:2} = \left(\mathbf{1} - {}^{\bar{l}}n_l \cdot {}^{\bar{l}}n_l^{\mathrm{T}}\right)\cdot\left(\mathbf{1} - {}^{\bar{l}}n_l \cdot {}^{\bar{l}}n_l^{\mathrm{T}}\right) = \mathbf{1} - {}^{\bar{l}}n_l \cdot {}^{\bar{l}}n_l^{\mathrm{T}} = {}^{\bar{l}}N_l$$

证毕。

3.3.2　基于轴不变量的镜像变换

轴不变量可以方便地实现矢量的镜像变换。如图 3-2 所示，点 S' 是点 S 的镜像，镜面轴矢量记为 $^{\bar{l}}n_l$，点 S'' 是点 S 的逆像，且有 $^{l}r_{lS} = r_{lS}^{l}\cdot {}^{\bar{l}}n_l$。

易得

$$ {}^{l}r_{lS'} = {}^{l}r_{lS} - 2\cdot\left({}^{\bar{l}}n_{l}\cdot{}^{\bar{l}}n_{l}^{\mathrm{T}}\right)\cdot{}^{l}r_{lS} = \left(\mathbf{1}-2\cdot{}^{\bar{l}}n_{l}\cdot{}^{\bar{l}}n_{l}^{\mathrm{T}}\right)\cdot{}^{l}r_{lS} \tag{3.20} $$

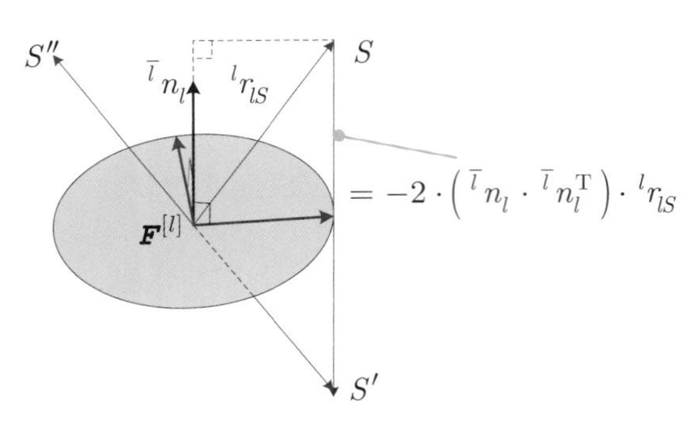

图 3-2 镜像变换

且有

$$ {}^{l}r_{lS''} = -{}^{l}r_{lS'} = \left(2\cdot{}^{\bar{l}}n_{l}\cdot{}^{\bar{l}}n_{l}^{\mathrm{T}}-\mathbf{1}\right)\cdot{}^{l}r_{lS} \tag{3.21} $$

记

$$ {}^{\bar{l}}\mathrm{M}_{l} = \mathbf{1}-2\cdot{}^{\bar{l}}n_{l}\cdot{}^{\bar{l}}n_{l}^{\mathrm{T}} \tag{3.22} $$

称 ${}^{\bar{l}}\mathrm{M}_{l}$ 为像变换，$-{}^{\bar{l}}\mathrm{M}_{l}$ 为逆像变换。显然，有

$$ \begin{aligned} {}^{\bar{l}}\mathrm{M}_{l}^{:2} &= \left(\mathbf{1}-2\cdot{}^{\bar{l}}n_{l}\cdot{}^{\bar{l}}n_{l}^{\mathrm{T}}\right)\cdot\left(\mathbf{1}-2\cdot{}^{\bar{l}}n_{l}\cdot{}^{\bar{l}}n_{l}^{\mathrm{T}}\right) \\ &= \mathbf{1}-2\cdot{}^{\bar{l}}n_{l}\cdot{}^{\bar{l}}n_{l}^{\mathrm{T}}-2\cdot{}^{\bar{l}}n_{l}\cdot{}^{\bar{l}}n_{l}^{\mathrm{T}}+4\cdot{}^{\bar{l}}n_{l}\cdot{}^{\bar{l}}n_{l}^{\mathrm{T}}\cdot{}^{\bar{l}}n_{l}\cdot{}^{\bar{l}}n_{l}^{\mathrm{T}}=\mathbf{1} \end{aligned} $$

即 ${}^{\bar{l}}\mathrm{M}_{l}$ 是自逆的矩阵：

$$ {}^{\bar{l}}\mathrm{M}_{l}^{:2} = \mathbf{1} \tag{3.23} $$

应用镜像变换可以解决光的反射、折射、映像等诸多问题，在光学系统中有广泛的应用。

【示例 3.1】 如图 3-2 所示，3D 世界系为 $\bar{l}$ ，正射投影即是由镜面法向 ${}^{\bar{l}}n_{l}$ 观察场景的像，其中 ${}^{\bar{l}}n_{l}=\dfrac{1}{\sqrt{3}}\cdot\begin{bmatrix}1 & 1 & 1\end{bmatrix}^{\mathrm{T}}$,则有正射投影变换：

$$ {}^{\bar{l}}\mathrm{M}_{l} = \frac{1}{3}\cdot\begin{bmatrix}1 & -2 & -2\\ -2 & 1 & -2\\ -2 & -2 & 1\end{bmatrix} \tag{3.24} $$

【证明】 由式(3.22)可知：

$$ {}^{\bar{l}}\mathrm{M}_{l} = \mathbf{1}-2\cdot{}^{\bar{l}}n_{l}\cdot{}^{\bar{l}}n_{l}^{\mathrm{T}} = \mathbf{1}-\frac{2}{3}\cdot\begin{bmatrix}1\\1\\1\end{bmatrix}\cdot\begin{bmatrix}1 & 1 & 1\end{bmatrix} = \frac{1}{3}\cdot\begin{bmatrix}1 & -2 & -2\\ -2 & 1 & -2\\ -2 & -2 & 1\end{bmatrix} $$

证毕。

3.3.3 基于轴不变量的定轴转动

由式(3.15)可知，轴矢量 ${}^{\bar{l}}n_l$ 相对于杆件 $\Omega_{\bar{l}}$ 和 Ω_l 或自然坐标系 $\boldsymbol{F}^{[\bar{l}]}$ 和 $\boldsymbol{F}^{[l]}$ 是固定不变的，故称该转动为定轴转动。

如图 3-3 所示，固结矢量 ${}^{l}r_{lS}$ 零时刻位置记为 ${}^{l}_{0}r_{lS}$，可得一阶螺旋轴矢量 ${}^{\bar{l}}\tilde{n}_l \cdot {}^{l}_{0}r_{lS}$ 及零位轴 $-{}^{\bar{l}}\tilde{n}_l^{:2} \cdot {}^{l}_{0}r_{lS}$。

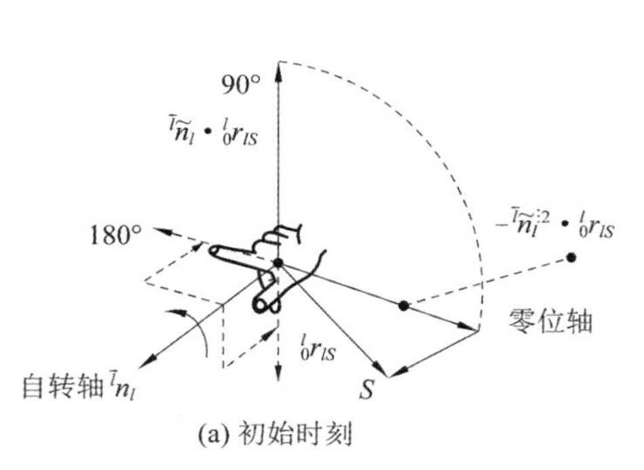

(a) 初始时刻

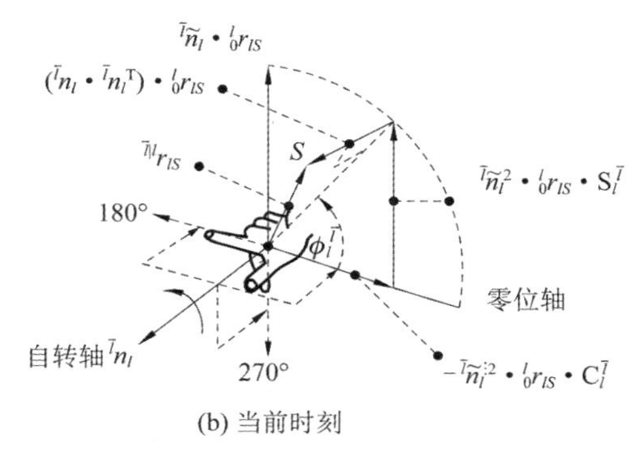

(b) 当前时刻

图 3-3　定轴转动

记 $\mathrm{C}_l^{\bar{l}} = \mathrm{C}\left(\phi_l^{\bar{l}}\right)$，$\mathrm{S}_l^{\bar{l}} = \mathrm{S}\left(\phi_l^{\bar{l}}\right)$；当矢量 ${}^{l}r_{lS}$ 绕轴 ${}^{\bar{l}}n_l$ 转动至当前角位置 $\phi_l^{\bar{l}}$ 时，将矢量 ${}^{l}r_{lS}$ 投影到零位轴、一阶螺旋轴及转动轴，考虑到各径向矢量的模相等，分别得 $-{}^{\bar{l}}\tilde{n}_l^{:2} \cdot {}^{l}_{0}r_{lS} \cdot \mathrm{C}_l^{\bar{l}}$、${}^{\bar{l}}\tilde{n}_l^{:2} \cdot {}^{l}_{0}r_{lS} \cdot \mathrm{S}_l^{\bar{l}}$ 及 $\left({}^{\bar{l}}n_l \cdot {}^{\bar{l}}n_l^{\mathrm{T}}\right) \cdot {}^{l}_{0}r_{lS}$。故有具有链指标的 Rodrigues 方程：

$$
{}^{l}r_{lS} = \left[{}^{\bar{l}}n_l \cdot {}^{\bar{l}}n_l^{\mathrm{T}} - {}^{\bar{l}}\tilde{n}_l^{:2} \cdot \mathrm{C}_l^{\bar{l}} + {}^{\bar{l}}\tilde{n}_l \cdot \mathrm{S}_l^{\bar{l}}\right] \cdot {}^{\bar{l}|l}_{0}r_{lS} \tag{3.25}
$$

因矢量 ${}^{l}_{0}r_{lS}$ 是任意的，故有 ${}^{l}r_{lS} = {}^{\bar{l}}Q_l \cdot {}^{\bar{l}|l}_{0}r_{lS}$。因此，得到具有链指标的 Rodrigues 转动方程：

$$
{}^{\bar{l}}Q_l = {}^{\bar{l}}n_l \cdot {}^{\bar{l}}n_l^{\mathrm{T}} - {}^{\bar{l}}\tilde{n}_l^{:2} \cdot \mathrm{C}_l^{\bar{l}} + {}^{\bar{l}}\tilde{n}_l \cdot \mathrm{S}_l^{\bar{l}} \tag{3.26}
$$

由式(3.17)得

$$
-{}^{\bar{l}}\tilde{n}_l^{:2} = \mathbf{1} - {}^{\bar{l}}n_l \cdot {}^{\bar{l}}n_l^{\mathrm{T}} \triangleq {}^{\bar{l}}N_l \tag{3.27}
$$

由式(3.26)和式(3.27)分别得

$$
{}^{\bar{l}}Q_l = {}^{\bar{l}}n_l \cdot {}^{\bar{l}}n_l^{\mathrm{T}} + \left(\mathbf{1} - {}^{\bar{l}}n_l \cdot {}^{\bar{l}}n_l^{\mathrm{T}}\right) \cdot \mathrm{C}_l^{\bar{l}} + {}^{\bar{l}}\tilde{n}_l \cdot \mathrm{S}_l^{\bar{l}} \tag{3.28}
$$

$$
{}^{\bar{l}}Q_l = \mathbf{1} + {}^{\bar{l}}\tilde{n}_l \cdot \mathrm{S}_l^{\bar{l}} + {}^{\bar{l}}\tilde{n}_l^{:2} \cdot \left(1 - \mathrm{C}_l^{\bar{l}}\right) \tag{3.29}
$$

若 ${}_{0}\phi_l^{\bar{l}} = 0$，由式(3.28)，得 ${}^{\bar{l}}_{0}Q_l = \mathbf{1}$。若 ${}^{\bar{l}}Q_l = \mathbf{1}$，即 Frame#$\bar{l}$ 与 Frame#l 方向一致，由式(3.28)可知：反对称部分 ${}^{\bar{l}}\tilde{n}_l \cdot \mathrm{S}_l^{\bar{l}} = \mathbf{0}$，必有 ${}_{0}\phi_l^{\bar{l}} = 0$。因此，系统零位是 Frame#$\bar{l}$ 与 Frame#l 重合的充分必要条件，即初始时刻的自然坐标系方向一致是系统零位定义的前提条件。利用自然坐标系可以很方便地分析多轴系统运动学和动力学。

式(3.29)是关于 $C_l^{\bar{l}}$ 和 $S_l^{\bar{l}}$ 的多重线性方程，是 $^{\bar{l}}\tilde{n}_l$ 的二阶多项式。给定自然零位矢量 $^{l}l_{lS}$ 作为 $\phi_l^{\bar{l}}$ 的零位参考，则 $-^{\bar{l}}\tilde{n}_l^{:2}\cdot{}^{l}l_{lS}$ 和 $^{\bar{l}}\tilde{n}_l\cdot{}^{l}l_{lS}$ 分别表示零位矢量和径向矢量。式(3.29)中对称部分 $-^{\bar{l}}\tilde{n}_l^{:2}$ 表示零位轴张量，反对称部分 $^{\bar{l}}\tilde{n}_l$ 表示径向轴张量，分别与轴向外积张量 $\mathbf{1}+{}^{\bar{l}}\tilde{n}_l^{:2}={}^{\bar{l}}n_l\cdot{}^{\bar{l}}n_l^{\mathrm{T}}$ 正交，从而确定三维自然轴空间。式(3.29)仅含 1 个正弦和余弦运算、6 个积运算及 6 个和运算，计算复杂度低；同时，通过轴不变量 $^{\bar{l}}n_l$ 和关节变量 $\phi_l^{\bar{l}}$ 实现了坐标系和极性的参数化。

显然，$S_l^{\bar{l}}$ 是自然轴 $^{\bar{l}}n_l$ 上的坐标，$C_l^{\bar{l}}$ 是系统零位轴 $^{\bar{l}}_{\bullet}n_l$ 上的坐标。固结于体自然坐标系 $\boldsymbol{F}^{[l]}$ 的单位矢量 $^{\bar{l}|l}r_{lS}$ 与 $\left[{}^{\bar{l}}n_l\cdot S_l^{\bar{l}}\ \ C_l^{\bar{l}}\right]^{\mathrm{T}}$ 一一映射，即等价。自然零位轴和自然坐标轴分别是四维复空间的一个实轴和三个虚轴。式(3.28)中，等号右侧前两项是关于角度 $\phi_l^{\bar{l}}$ 的对称矩阵，故有 $\mathrm{Trace}\left({}^{\bar{l}}Q_l\right)=1+2\cdot C_l^{\bar{l}}$，最后一项是关于角度 $\phi_l^{\bar{l}}$ 的反对称矩阵，故有 $\mathrm{Vector}\left({}^{\bar{l}}Q_l\right)={}^{\bar{l}}n_l\cdot S_l^{\bar{l}}$。因此，$^{\bar{l}}Q_l$ 由 $\mathrm{Trace}\left({}^{\bar{l}}Q_l\right)$ 和 $\mathrm{Vector}\left({}^{\bar{l}}Q_l\right)$ 唯一确定，即 $^{\bar{l}}Q_l$ 由矢量 $^{\bar{l}}n_l\cdot S_l^{\bar{l}}$ 和标量 $C_l^{\bar{l}}$ 唯一确定。这是后续诸多问题讨论的基础。

由式(3.28)得

$$^{\bar{l}}Q_l\left(\phi_{\bar{l}}^{l}\right)={}^{l}Q_{\bar{l}}\left(\phi_l^{\bar{l}}\right)={}^{\bar{l}}Q_l^{-1}\left(\phi_l^{\bar{l}}\right) \tag{3.30}$$

【示例 3.2】 当 $^{\bar{l}}n_l=\mathbf{1}^{[x]}$,即 $^{\bar{l}}\tilde{n}_l=\begin{bmatrix}0&0&0\\0&0&-1\\0&1&0\end{bmatrix}$,$^{\bar{l}}\tilde{n}_l^{:2}=\begin{bmatrix}0&0&0\\0&-1&0\\0&0&-1\end{bmatrix}$时，

有

$$^{\bar{l}}Q_l=\mathbf{1}+S_l^{\bar{l}}\cdot\begin{bmatrix}0&0&0\\0&0&-1\\0&1&0\end{bmatrix}+\left(1-C_l^{\bar{l}}\right)\cdot\begin{bmatrix}0&0&0\\0&-1&0\\0&0&-1\end{bmatrix}=\begin{bmatrix}1&0&0\\0&C_l^{\bar{l}}&-S_l^{\bar{l}}\\0&S_l^{\bar{l}}&C_l^{\bar{l}}\end{bmatrix}$$

【示例 3.3】 当 $^{\bar{l}}n_l=\mathbf{1}^{[y]}$，即 $^{\bar{l}}\tilde{n}_l=\begin{bmatrix}0&0&1\\0&0&0\\-1&0&0\end{bmatrix}$,$^{\bar{l}}\tilde{n}_l^{:2}=\begin{bmatrix}-1&0&0\\0&0&0\\0&0&-1\end{bmatrix}$时,

由式(3.29)得

$$^{\bar{l}}Q_l=\mathbf{1}+S_l^{\bar{l}}\cdot\begin{bmatrix}0&0&1\\0&0&0\\-1&0&0\end{bmatrix}+\left(1-C_l^{\bar{l}}\right)\cdot\begin{bmatrix}-1&0&0\\0&0&0\\0&0&-1\end{bmatrix}=\begin{bmatrix}C_l^{\bar{l}}&0&S_l^{\bar{l}}\\0&1&0\\-S_l^{\bar{l}}&0&C_l^{\bar{l}}\end{bmatrix}$$

【示例 3.4】 当 ${}^{\bar{l}}n_l = \mathbf{1}^{[z]}$，即 ${}^{\bar{l}}\tilde{n}_l = \begin{bmatrix} 0 & -1 & 0 \\ 1 & 0 & 0 \\ 0 & 0 & 0 \end{bmatrix}, {}^{\bar{l}}\tilde{n}_l^{:2} = \begin{bmatrix} -1 & 0 & 0 \\ 0 & -1 & 0 \\ 0 & 0 & 0 \end{bmatrix}$ 时，

由式(3.29)得

$$
{}^{\bar{l}}Q_l = \mathbf{1} + \mathrm{S}_l^{\bar{l}} \cdot \begin{bmatrix} 0 & -1 & 0 \\ 1 & 0 & 0 \\ 0 & 0 & 0 \end{bmatrix} + \left(1 - \mathrm{C}_l^{\bar{l}}\right) \cdot \begin{bmatrix} -1 & 0 & 0 \\ 0 & -1 & 0 \\ 0 & 0 & 0 \end{bmatrix} = \begin{bmatrix} \mathrm{C}_l^{\bar{l}} & -\mathrm{S}_l^{\bar{l}} & 0 \\ \mathrm{S}_l^{\bar{l}} & \mathrm{C}_l^{\bar{l}} & 0 \\ 0 & 0 & 1 \end{bmatrix}
$$

【示例 3.5】 已知 $\phi_l^{\bar{l}} = 60^\circ$，${}^{\bar{l}}n_l = \left[0 \quad 6\sqrt{3} / 11 \quad \sqrt{13} / 11\right]^{\mathrm{T}}$，求 ${}^{\bar{l}}Q_l$。

【解】

$$
\mathrm{S}_l^{\bar{l}} \cdot {}^{\bar{l}}\tilde{n}_l = \mathrm{S}_l^{\bar{l}} \cdot \begin{bmatrix} 0 & -{}^{\bar{l}}n_l^{[3]} & {}^{\bar{l}}n_l^{[2]} \\ {}^{\bar{l}}n_l^{[3]} & 0 & -{}^{\bar{l}}n_l^{[1]} \\ -{}^{\bar{l}}n_l^{[2]} & {}^{\bar{l}}n_l^{[1]} & 0 \end{bmatrix} = \frac{\sqrt{3}}{2} \cdot \begin{bmatrix} 0 & -\sqrt{13} / 11 & 6\sqrt{3} / 11 \\ \sqrt{13} / 11 & 0 & 0 \\ -6\sqrt{3} / 11 & 0 & 0 \end{bmatrix}
$$

$$
\left(1 - \mathrm{C}_l^{\bar{l}}\right) \cdot {}^{\bar{l}}\tilde{n}_l^{:2} = \left(1 - \mathrm{C}_l^{\bar{l}}\right) \begin{bmatrix} 0 & -{}^{\bar{l}}n_l^{[3]} & {}^{\bar{l}}n_l^{[2]} \\ {}^{\bar{l}}n_l^{[3]} & 0 & -{}^{\bar{l}}n_l^{[1]} \\ -{}^{\bar{l}}n_l^{[2]} & {}^{\bar{l}}n_l^{[1]} & 0 \end{bmatrix}^2 = \frac{1}{2} \begin{bmatrix} -1 & 0 & 0 \\ 0 & -13 / 121 & 6\sqrt{39} / 121 \\ 0 & 6\sqrt{39} / 121 & -108 / 121 \end{bmatrix}
$$

由式(3.29)得

$$
{}^{\bar{l}}Q_l = \begin{bmatrix} 1 / 2 & -\sqrt{39} / 22 & 9 / 11 \\ \sqrt{39} / 22 & -13 / 242 & 3\sqrt{39} / 121 \\ -9 / 11 & 3\sqrt{39} / 121 & -54 / 121 \end{bmatrix}
$$

解毕。

3.3.4 轴不变量的操作性能

轴不变量 ${}^{\bar{l}}\underset{:}{n}_l \triangleq \left[{}^{\bar{l}}n_l \quad 1\right]^{\mathrm{T}}$ 的矢部以自然轴为参考，其标部以零位轴为参考。

1.共轴矢量的不变量

由式(3.28)得

$$
{}^{l|\bar{l}}n_l = \left[{}^{\bar{l}}n_l \cdot {}^{\bar{l}}n_l^{\mathrm{T}} + \left(\mathbf{1} - {}^{\bar{l}}n_l \cdot {}^{\bar{l}}n_l^{\mathrm{T}}\right) \cdot \mathrm{C}\left(-\phi_l^{\bar{l}}\right) + {}^{\bar{l}}\tilde{n}_l \cdot \mathrm{S}\left(-\phi_l^{\bar{l}}\right)\right] \cdot {}^{\bar{l}}n_l = {}^{\bar{l}}n_l
$$

即

$$
{}^{l|\bar{l}}n_l = {}^{\bar{l}}n_l, \quad {}^{l}n_{\bar{l}} = {}^{\bar{l}|l}n_{\bar{l}} \tag{3.31}
$$

式(3.31)表明：一方面，在相邻自然坐标系下，相邻杆件 l 和 $\bar{l}$ 的轴矢量具有相同的坐标；

另一方面，轴矢量${}^{\overline{l}}n_l$由原点$O_{\overline{l}}$指向$O_{\overline{l}}$的外侧，轴矢量${}^{l}n_{\overline{l}}$由O_l指向O_l的外侧，它们具有相同的坐标，即轴矢量${}^{\overline{l}}n_l$具有全序关系，它的正序与逆序无区别。因此

$$
{}^{\overline{l}}n_l = {}^{l}n_{\overline{l}}, \quad -{}^{\overline{l}}n_l = -{}^{l}n_{\overline{l}} \tag{3.32}
$$

若$-{}^{\overline{l}}n_l = {}^{\overline{l}|l}n_{\overline{l}}$，由式(3.31)得$-{}^{\overline{l}}n_l = {}^{\overline{l}|l}n_{\overline{l}} = {}^{l}n_{\overline{l}}$。将之代入式(3.28)得

$$
\begin{aligned}
&\left(-{}^{\overline{l}}n_l\right)\cdot\left(-{}^{\overline{l}}n_l^{\mathrm{T}}\right)+\left(\mathbf{1}-\left(-{}^{\overline{l}}n_l\right)\cdot\left(-{}^{\overline{l}}n_l^{\mathrm{T}}\right)\right)\cdot \mathrm{C}_l^{\overline{l}} - {}^{\overline{l}}\tilde{n}_l\cdot \mathrm{S}_l^{\overline{l}}\\
&= {}^{l}n_{\overline{l}}\cdot {}^{l}n_{\overline{l}}^{\mathrm{T}} + \left(\mathbf{1}-{}^{l}n_{\overline{l}}\cdot {}^{l}n_{\overline{l}}^{\mathrm{T}}\right)\cdot \mathrm{C}_l^{\overline{l}} + {}^{l}\tilde{n}_{\overline{l}}\cdot \mathrm{S}_l^{\overline{l}} = {}^{l}Q_{\overline{l}}
\end{aligned}
$$

即有

$$
{}^{\overline{l}}Q_l\left(-{}^{\overline{l}}n_l\right) = {}^{l}Q_{\overline{l}}\left({}^{l}n_{\overline{l}}\right) \tag{3.33}
$$

由式(3.30)和式(3.33)可知：对轴矢量${}^{\overline{l}}n_l$数值取负与对关节角$\phi_l^{\overline{l}}$取逆序都可得到${}^{\overline{l}}Q_l$的逆。轴矢量${}^{\overline{l}}n_l$是自由矢量，其方向总是由坐标系原点$O_{\overline{l}}$指向$O_{\overline{l}}$的外侧。显然，数值取负与拓扑（连接）次序取反是两个不同的概念。在多轴系统理论中，因轴矢量${}^{\overline{l}}n_l$用作关节执行器及传感器的参考轴，是系统参考规范，故式${}^{\overline{l}}n_l = {}^{l}n_{\overline{l}}$恒成立，即轴矢量${}^{\overline{l}}n_l$是不变量。

2.螺旋矩阵的幂零特性

下面探讨螺旋矩阵的幂零特性（nilpotency），它们是后续研究的基础。由图 3-4 可知，螺旋操作具有周期性和反对称性，故螺旋矩阵具有二阶幂零特性。

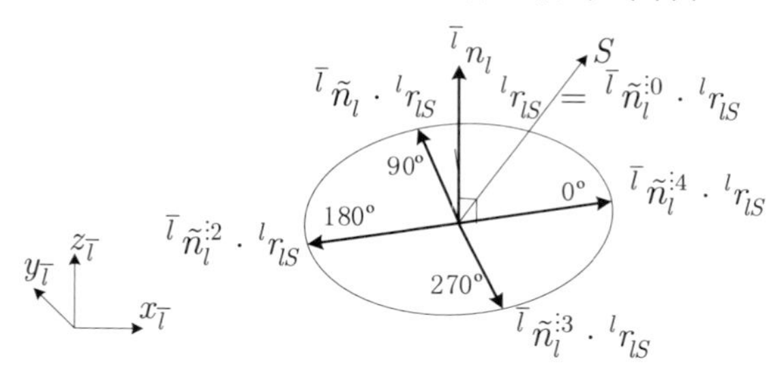

图 3-4 螺旋的周期性和反对称性

给定运动副${}^{\overline{l}}\boldsymbol{k}_l$的轴矢量${}^{\overline{l}}n_l$，则有轴矢量${}^{\overline{l}}n_l$的二阶幂零特性：

$$
{}^{\overline{l}}\tilde{n}_l^{:2p} = (-1)^p\cdot\left(\mathbf{1}-{}^{\overline{l}}n_l\cdot{}^{\overline{l}}n_l^{\mathrm{T}}\right) = (-1)^{p+1}\cdot{}^{\overline{l}}\tilde{n}_l^{:2},\quad p\in\mathcal{N} \tag{3.34}
$$

$$
{}^{\overline{l}}\tilde{n}_l^{:2p+1} = (-1)^p\cdot{}^{\overline{l}}\tilde{n}_l,\quad p\in\mathcal{N} \tag{3.35}
$$

【证明】 ${}^{\overline{l}}n_l$是单位矢量，$\left|n_l^{\overline{l}}\right| = 1$，利用数学归纳法证明如下。

当$p=1$时，由式(3.27)可知式(3.34)成立。由式(3.35)得

$$
{}^{\overline{l}}\tilde{n}_l^{:3} = {}^{\overline{l}}\tilde{n}_l\cdot{}^{\overline{l}}\tilde{n}_l^{:2} = {}^{\overline{l}}\tilde{n}_l\cdot\left({}^{\overline{l}}n_l\cdot{}^{\overline{l}}n_l^{\mathrm{T}}-\mathbf{1}\right) = -{}^{\overline{l}}\tilde{n}_l \tag{3.36}
$$

当$p=k$时，假设式(3.34)和式(3.35)成立，即

$$^{\bar{l}}\tilde{n}_l^{:2k} = (-1)^k \cdot \left(\mathbf{1} - {}^{\bar{l}}n_l \cdot {}^{\bar{l}}n_l^{\mathrm{T}}\right) = (-1)^{k+1} \cdot {}^{\bar{l}}\tilde{n}_l^{:2} \tag{3.37}$$

$$^{\bar{l}}\tilde{n}_l^{:2k+1} = (-1)^k \cdot {}^{\bar{l}}\tilde{n}_l \tag{3.38}$$

则当 $p = k + 1$ 时，由式(3.37)和式(3.38)得

$$\begin{aligned}
^{\bar{l}}\tilde{n}_l^{:2(k+1)} &= {}^{\bar{l}}\tilde{n}_l^{:2} \cdot {}^{\bar{l}}\tilde{n}_l^{:2k} = -\left(\mathbf{1} - {}^{\bar{l}}n_l \cdot {}^{\bar{l}}n_l^{\mathrm{T}}\right) \cdot (-1)^k \cdot \left(\mathbf{1} - {}^{\bar{l}}n_l \cdot {}^{\bar{l}}n_l^{\mathrm{T}}\right) \\
&= (-1)^{k+1} \cdot \left(\mathbf{1} - {}^{\bar{l}}n_l \cdot {}^{\bar{l}}n_l^{\mathrm{T}} + {}^{\bar{l}}n_l \cdot {}^{\bar{l}}n_l^{\mathrm{T}} - {}^{\bar{l}}n_l \cdot {}^{\bar{l}}n_l^{\mathrm{T}}\right) \\
&= (-1)^{k+1} \cdot \left(\mathbf{1} - {}^{\bar{l}}n_l \cdot {}^{\bar{l}}n_l^{\mathrm{T}}\right) = (-1)^{k+2} \cdot {}^{\bar{l}}\tilde{n}_l^{:2}
\end{aligned}$$

$$^{\bar{l}}\tilde{n}_l^{:2k+3} = {}^{\bar{l}}\tilde{n}_l^{:2} \cdot {}^{\bar{l}}\tilde{n}_l^{:2k+1} = -(-1)^k \cdot {}^{\bar{l}}\tilde{n}_l \cdot \left(\mathbf{1} - {}^{\bar{l}}n_l \cdot {}^{\bar{l}}n_l^{\mathrm{T}}\right) = (-1)^{k+1} \cdot {}^{\bar{l}}\tilde{n}_l$$

故式(3.34)和式(3.35)成立。

因此，称 $^{\bar{l}}\tilde{n}_l$ 为一阶螺旋，具有反对称性；相应地，分别称 $^{\bar{l}}\tilde{n}_l^{:2}$ 和 $^{\bar{l}}\tilde{n}_l^{:3}$ 为二阶螺旋、三阶螺旋。如式(3.37)和式(3.38)所示，$^{\bar{l}}\tilde{n}_l^{:k}$ 具有周期性。

因 $^{\bar{l}}\tilde{n}_l$ 是二阶坐标张量，所以

$$^{i|\bar{l}}\tilde{n}_l = {}^{i}Q_{\bar{l}} \cdot {}^{\bar{l}}\tilde{n}_l \cdot {}^{\bar{l}}Q_i = {}^{i|l}\tilde{n}_{\bar{l}} \tag{3.39}$$

由式(3.39)得

$$^{\bar{l}}Q_i \cdot {}^{i|\bar{l}}\tilde{n}_l = {}^{\bar{l}}\tilde{n}_l \cdot {}^{\bar{l}}Q_i \tag{3.40}$$

由式(3.10)得

$$^{\bar{l}|\bar{\bar{l}}}\tilde{n}_{\bar{l}} \cdot {}^{\bar{l}}\tilde{n}_l = {}^{\bar{l}}n_l \cdot {}^{\bar{l}|\bar{\bar{l}}}n_{\bar{l}}^{\mathrm{T}} - {}^{\bar{l}}n_l^{\mathrm{T}} \cdot {}^{\bar{l}|\bar{\bar{l}}}n_{\bar{l}} \cdot \mathbf{1} \tag{3.41}$$

3.轴四元数特性

轴不变量 $^{\bar{l}}\underset{\cdot\cdot}{n}_l = \left[{}^{\bar{l}}n_l \ \ 1\right]^{\mathrm{T}}$ 的矢部以 Frame#$\bar{l}$ 或 Frame#l 为参考，其标部以零位轴 $^{\bar{l}}_{\bullet}n_l$ 为参考，构成 4D 空间。下面，分别定义左叉乘矩阵 $^{\bar{l}}\underset{\leftarrow}{\tilde{n}}_l$ 和右叉乘矩阵 $^{\bar{l}}\underset{\rightarrow}{\tilde{n}}_l$：

$$^{\bar{l}}\underset{\cdot\cdot}{\tilde{n}}_l^{*} = {}^{\bar{l}}\underset{\leftarrow}{\tilde{n}}_l \triangleq \begin{bmatrix} -{}^{\bar{l}}\tilde{n}_l & -{}^{\bar{l}}n_l \\ {}^{\bar{l}}n_l^{\mathrm{T}} & 0 \end{bmatrix}, \ {}^{\bar{l}}\underset{\cdot\cdot}{\tilde{n}}_l = {}^{\bar{l}}\underset{\rightarrow}{\tilde{n}}_l \triangleq \begin{bmatrix} {}^{\bar{l}}\tilde{n}_l & {}^{\bar{l}}n_l \\ -{}^{\bar{l}}n_l^{\mathrm{T}} & 0 \end{bmatrix} \tag{3.42}$$

显然有

$$^{\bar{l}}\underset{\rightarrow}{\tilde{n}}_l \cdot {}^{\bar{l}}\underset{\cdot\cdot}{n}_l = \left[{}^{\bar{l}}n_l \ \ -1\right]^{\mathrm{T}}, \quad {}^{\bar{l}}\underset{\leftarrow}{\tilde{n}}_l \cdot {}^{\bar{l}}\underset{\cdot\cdot}{n}_l = \left[-{}^{\bar{l}}n_l \ \ 1\right]^{\mathrm{T}} \tag{3.43}$$

记 $\mathbf{i}$ 为纯虚数，则 $\mathbf{i}^2 = -1$。显然，有

$$\begin{bmatrix} \mathbf{i} \cdot {}^{\bar{l}}\tilde{n}_l & \mathbf{i} \cdot {}^{\bar{l}}n_l \\ -\mathbf{i} \cdot {}^{\bar{l}}n_l^{\mathrm{T}} & 0 \end{bmatrix} \cdot \begin{bmatrix} \mathbf{i} \cdot {}^{\bar{l}}n_l \\ 1 \end{bmatrix} = 1 \cdot \begin{bmatrix} \mathbf{i} \cdot {}^{\bar{l}}n_l \\ 1 \end{bmatrix}$$

即特征值为 1 的特征矢量为 $^{\bar{l}}\underset{\cdot\cdot}{n}_l$。故有

$$\mathrm{Vector}\left({}^{\bar{l}}\underset{\rightarrow}{\tilde{n}}_l\right) = {}^{\bar{l}}\underset{\cdot\cdot}{n}_l, \quad \mathrm{Vector}\left({}^{\bar{l}}\underset{\leftarrow}{\tilde{n}}_l\right) = -{}^{\bar{l}}\underset{\cdot\cdot}{n}_l \tag{3.44}$$

由式(3.37)、式(3.38)和式(3.42)得

$$\begin{cases} {}^{\bar{l}}\tilde{n}_l^{:2p} = (-1)^p \cdot \mathbf{1}, & {}^{\bar{l}}\tilde{n}_l^{:2p+1} = (-1)^p \cdot {}^{\bar{l}}\tilde{n}_l, \quad p \in \mathcal{N} \\ {}^{\bar{l}}\tilde{\underset{\leftarrow}{n}}_l^{:2p} = (-1)^p \cdot \mathbf{1}, & {}^{\bar{l}}\tilde{\underset{\leftarrow}{n}}_l^{:2p+1} = (-1)^p \cdot {}^{\bar{l}}\tilde{\underset{\leftarrow}{n}}_l, \quad p \in \mathcal{N} \end{cases} \tag{3.45}$$

其中：

$$\begin{bmatrix} \mathbf{1} & 0 \\ 0 & 1 \end{bmatrix} = \mathbf{1}$$

给定轴不变量${}^{\bar{l}}n_l$，$p \in \mathcal{N}$，并记

$${}^{\bar{l}}\tilde{\dot{\underset{\leftarrow}{\phi}}}_l = \dot{\phi}_l^{\bar{l}} \cdot \begin{bmatrix} -{}^{\bar{l}}\tilde{n}_l & -{}^{\bar{l}}n_l \\ {}^{\bar{l}}n_l^{\mathrm{T}} & 0 \end{bmatrix} \tag{3.46}$$

则有

$${}^{\bar{l}}\tilde{\dot{\underset{\leftarrow}{\phi}}}_l^{:2p} = (-1)^p \cdot \dot{\phi}_l^{\bar{l}:2p} \cdot \begin{bmatrix} \mathbf{1} & 0 \\ 0 & 1 \end{bmatrix} = (-1)^p \cdot \dot{\phi}_l^{\bar{l}:2p} \cdot \mathbf{1} \tag{3.47}$$

$${}^{\bar{l}}\tilde{\dot{\underset{\leftarrow}{\phi}}}_l^{:2p+1} = (-1)^p \cdot \dot{\phi}_l^{\bar{l}:2p+1} \cdot \begin{bmatrix} -{}^{\bar{l}}\tilde{n}_l & -{}^{\bar{l}}n_l \\ {}^{\bar{l}}n_l^{\mathrm{T}} & 0 \end{bmatrix} = (-1)^p \cdot \dot{\phi}_l^{\bar{l}:2p+1} \cdot {}^{\bar{l}}\tilde{\underset{\leftarrow}{n}}_l \tag{3.48}$$

【证明】 由单位矢量${}^{\bar{l}}n_l$，得$\left|n_l^{\bar{l}}\right| = 1$。当$p = 1$时

$${}^{\bar{l}}\tilde{\dot{\underset{\leftarrow}{\phi}}}_l^{:2} = \dot{\phi}_l^{\bar{l}:2} \cdot \begin{bmatrix} -{}^{\bar{l}}\tilde{n}_l & -{}^{\bar{l}}n_l \\ {}^{\bar{l}}n_l^{\mathrm{T}} & 0 \end{bmatrix} \cdot \begin{bmatrix} -{}^{\bar{l}}\tilde{n}_l & -{}^{\bar{l}}n_l \\ {}^{\bar{l}}n_l^{\mathrm{T}} & 0 \end{bmatrix} = \dot{\phi}_l^{\bar{l}:2} \cdot \begin{bmatrix} {}^{\bar{l}}\tilde{n}_l & {}^{\bar{l}}n_l \\ -{}^{\bar{l}}n_l^{\mathrm{T}} & 0 \end{bmatrix} \cdot \begin{bmatrix} {}^{\bar{l}}\tilde{n}_l & {}^{\bar{l}}n_l \\ -{}^{\bar{l}}n_l^{\mathrm{T}} & 0 \end{bmatrix}$$

$$= \dot{\phi}_l^{\bar{l}:2} \cdot \begin{bmatrix} {}^{\bar{l}}\tilde{n}_l^{:2} - {}^{\bar{l}}n_l \cdot {}^{\bar{l}}n_l^{\mathrm{T}} & 0 \\ 0 & -{}^{\bar{l}}n_l^{\mathrm{T}} \cdot {}^{\bar{l}}n_l \end{bmatrix} = \dot{\phi}_l^{\bar{l}:2} \cdot \begin{bmatrix} -\mathbf{1} & 0 \\ 0 & -1 \end{bmatrix} = -\dot{\phi}_l^{\bar{l}:2} \cdot \begin{bmatrix} \mathbf{1} & 0 \\ 0 & 1 \end{bmatrix}$$

即

$${}^{\bar{l}}\tilde{\dot{\underset{\leftarrow}{\phi}}}_l^{:2} = -\dot{\phi}_l^{\bar{l}:2} \cdot \begin{bmatrix} \mathbf{1} & 0 \\ 0 & 1 \end{bmatrix} = -\dot{\phi}_l^{\bar{l}:2} \cdot \mathbf{1} \tag{3.49}$$

由式(3.49)得

$${}^{\bar{l}}\tilde{\dot{\underset{\leftarrow}{\phi}}}_l^{:3} = {}^{\bar{l}}\tilde{\dot{\underset{\leftarrow}{\phi}}}_l \cdot {}^{\bar{l}}\tilde{\dot{\underset{\leftarrow}{\phi}}}_l^{:2} = -\dot{\phi}_l^{\bar{l}:3} \cdot \begin{bmatrix} -{}^{\bar{l}}\tilde{n}_l & -{}^{\bar{l}}n_l \\ {}^{\bar{l}}n_l^{\mathrm{T}} & 0 \end{bmatrix} \cdot \begin{bmatrix} \mathbf{1} & 0 \\ 0 & 1 \end{bmatrix} = -\dot{\phi}_l^{\bar{l}:3} \cdot \begin{bmatrix} -{}^{\bar{l}}\tilde{n}_l & -{}^{\bar{l}}n_l \\ {}^{\bar{l}}n_l^{\mathrm{T}} & 0 \end{bmatrix}$$

即

$${}^{\bar{l}}\tilde{\dot{\underset{\leftarrow}{\phi}}}_l^{:3} = -\dot{\phi}_l^{\bar{l}:3} \cdot \begin{bmatrix} -{}^{\bar{l}}\tilde{n}_l & -{}^{\bar{l}}n_l \\ {}^{\bar{l}}n_l^{\mathrm{T}} & 0 \end{bmatrix} \tag{3.50}$$

当$p = m$时，假设式(3.47)和式(3.48)成立，即

$$ {}^{\bar{l}}\dot{\tilde{\phi}}_{\underleftarrow{l}}^{:2m} = (-1)^{m} \cdot \dot{\phi}_{l}^{\bar{l}:2m} \cdot \begin{bmatrix} \mathbf{1} & 0 \\ 0 & 1 \end{bmatrix} = (-1)^{m} \cdot \dot{\phi}_{l}^{\bar{l}:2m} \cdot \mathbf{1} \tag{3.51} $$

$$ {}^{\bar{l}}\dot{\tilde{\phi}}_{\underleftarrow{l}}^{:2m+1} = (-1)^{m} \cdot \dot{\phi}_{l}^{\bar{l}:2m+1} \cdot \begin{bmatrix} -{}^{\bar{l}}\tilde{n}_{l} & -{}^{\bar{l}}n_{l} \\ {}^{\bar{l}}n_{l}^{\mathrm{T}} & 0 \end{bmatrix} \tag{3.52} $$

则当 $p = m + 1$ 时，由式(3.51)和式(3.49)得

$$ {}^{\bar{l}}\dot{\tilde{\phi}}_{\underleftarrow{l}}^{:2m+2} = -\dot{\phi}_{l}^{\bar{l}:2} \cdot \begin{bmatrix} \mathbf{1} & 0 \\ 0 & 1 \end{bmatrix} \cdot (-1)^{m} \cdot \dot{\phi}_{l}^{\bar{l}:2m} \cdot \begin{bmatrix} \mathbf{1} & 0 \\ 0 & 1 \end{bmatrix} = (-1)^{m+1} \cdot \dot{\phi}_{l}^{\bar{l}:2m+2} \cdot \begin{bmatrix} \mathbf{1} & 0 \\ 0 & 1 \end{bmatrix} $$

由式(3.52)和式(3.46)得

$$ \begin{aligned} {}^{\bar{l}}\dot{\tilde{\phi}}_{\underleftarrow{l}}^{:2m+3} &= -\dot{\phi}_{l}^{\bar{l}:2} \cdot \begin{bmatrix} \mathbf{1} & 0 \\ 0 & 1 \end{bmatrix} \cdot (-1)^{m} \cdot \dot{\phi}_{l}^{\bar{l}:2m+1} \cdot \begin{bmatrix} -{}^{\bar{l}}\tilde{n}_{l} & -{}^{\bar{l}}n_{l} \\ {}^{\bar{l}}n_{l}^{\mathrm{T}} & 0 \end{bmatrix} \\ &= (-1)^{m+1} \cdot \dot{\phi}_{l}^{\bar{l}:2m+3} \cdot \begin{bmatrix} -{}^{\bar{l}}\tilde{n}_{l} & -{}^{\bar{l}}n_{l} \\ {}^{\bar{l}}n_{l}^{\mathrm{T}} & 0 \end{bmatrix} \end{aligned} $$

由数学归纳法可知，式(3.47)和式(3.48)成立。

由式(3.47)得

$$ {}^{\bar{l}}\dot{\tilde{\phi}}_{\underrightarrow{l}}^{:2p} = (-1)^{p} \cdot \dot{\phi}_{l}^{\bar{l}:2p} \cdot \mathbf{1} \tag{3.53} $$

由式(3.48)得

$$ {}^{\bar{l}}\dot{\tilde{\phi}}_{\underrightarrow{l}}^{:2p+1} = (-1)^{p} \cdot \dot{\phi}_{l}^{\bar{l}:2p+1} \cdot {}^{\bar{l}}\tilde{\underrightarrow{n}}_{l} \tag{3.54} $$

式(3.53)和式(3.54)表明角速度叉乘矩阵的幂具有周期性。

4.定轴转动的指数形式

由式(3.28)得

$$ \frac{d}{d\phi_{l}^{\bar{l}}}\left({}_{0}^{\bar{l}}Q_{l}\right) = \left[-\left(\mathbf{1} - {}^{\bar{l}}n_{l} \cdot {}^{\bar{l}}n_{l}^{\mathrm{T}}\right) \cdot \mathrm{S}\left(\phi_{l}^{\bar{l}}\right) + {}^{\bar{l}}\tilde{n}_{l} \cdot \mathrm{C}\left(\phi_{l}^{\bar{l}}\right)\right]|_{\phi_{l}^{\bar{l}}=0} = {}^{\bar{l}}\tilde{n}_{l} $$

$$ \frac{d^{2}}{d^{2}\phi_{l}^{\bar{l}}}\left({}_{0}^{\bar{l}}Q_{l}\right) = \left[-\left(\mathbf{1} - {}^{\bar{l}}n_{l} \cdot {}^{\bar{l}}n_{l}^{\mathrm{T}}\right) \cdot \mathrm{C}\left(\phi_{l}^{\bar{l}}\right) - {}^{\bar{l}}\tilde{n}_{l} \cdot \mathrm{S}\left(\phi_{l}^{\bar{l}}\right)\right]|_{\phi_{l}^{\bar{l}}=0} = {}^{\bar{l}}\tilde{n}_{l}^{2} $$

易得

$$ \begin{aligned} &\frac{d^{2k+1}}{d^{2k+1}\phi_{l}^{\bar{l}}}\left({}_{0}^{\bar{l}}Q_{l}\right) = (-1)^{k} \cdot {}^{\bar{l}}\tilde{n}_{l}, \quad k \in \mathcal{N} \\ &\frac{d^{2k}}{d^{2k}\phi_{l}^{\bar{l}}}\left({}_{0}^{\bar{l}}Q_{l}\right) = (-1)^{k+1} \cdot {}^{\bar{l}}\tilde{n}_{l}^{2}, \quad k \in \mathcal{N} \end{aligned} \tag{3.55} $$

考虑 ${}^{\bar{l}}Q_{l}$ 的泰勒展开：

$$ {}^{\bar{l}}Q_{l} = {}_{0}^{\bar{l}}Q_{l} + \frac{d\left({}_{0}^{\bar{l}}Q_{l}\right)}{d\phi_{l}^{\bar{l}}} \cdot \phi_{l}^{\bar{l}} + \frac{1}{2}\frac{d^{2}\left({}_{0}^{\bar{l}}Q_{l}\right)}{d^{2}\phi_{l}^{\bar{l}}} \cdot \phi_{l}^{\bar{l}:2} + \cdots + \frac{1}{k!}\frac{d^{k}\left({}_{0}^{\bar{l}}Q_{l}\right)}{d^{k}\phi_{l}^{\bar{l}}} \cdot \phi_{l}^{\bar{l}:k} + \cdots \tag{3.56} $$

由式(3.34)和式(3.35)得

$$
\begin{aligned}
{}^{\bar{l}}Q_l\left(\phi_l^{\bar{l}}\right) &= \mathbf{1} + {}^{\bar{l}}\tilde{n}_l \cdot \left(\phi_l^{\bar{l}} - \frac{1}{3!}\cdot \phi_l^{\bar{l}:3} + \cdots + \frac{(-1)^k}{(2k+1)!}\cdot \phi_l^{\bar{l}:2k+1} + \cdots\right) \\
&\quad + {}^{\bar{l}}\tilde{n}_l^{:2} \cdot \left(\frac{1}{2!}\cdot \phi_l^{\bar{l}:2} - \frac{1}{4!}\cdot \phi_l^{\bar{l}:4} + \cdots + \frac{(-1)^{k+1}}{2k!}\cdot \phi_l^{\bar{l}:2k} + \cdots\right) \\
&= \exp\left({}^{\bar{l}}\tilde{n}_l \cdot \phi_l^{\bar{l}}\right)
\end{aligned}
$$

即

$$
{}^{\bar{l}}Q_l = \exp\left({}^{\bar{l}}\tilde{\phi}_l\right) \triangleq \exp\left({}^{\bar{l}}\tilde{n}_l \cdot \phi_l^{\bar{l}}\right) \tag{3.57}
$$

因DCM矩阵${}^{\bar{l}}Q_l$一定存在特征值1，其对应特征向量是${}^{\bar{l}}n_l$。由Cayley-Hamilton原理可知，式(3.29)可以表示为式(3.57)。而式(3.29)比式(3.57)的计算复杂度低，更适合于数值计算。

5.转动矢量

应用轴不变量，可以将转动表达为转动矢量。下面，对其进行阐述。

称体l由初始姿态$\bar{l}$绕单位轴矢量${}^{\bar{l}}n_l$转动角度$\phi_l^{\bar{l}}$至终止姿态l的过程为定轴转动(fixed-axis rotation)。显然，相对坐标系$\bar{l}$的单位轴矢量${}^{\bar{l}}n_l$是常矢量，即定轴。单位轴矢量${}^{\bar{l}}n_l$确定了定轴转动的方向，角度$\phi_l^{\bar{l}}$确定了该定轴转动的幅度或大小。故定义转动矢量（rotation vector）或罗德里格参数（Rodrigues parameters）${}^{\bar{l}}\phi_l$如下：

$$
{}^{\bar{l}}\phi_l = {}^{\bar{l}}_0\phi_l + {}^{\bar{l}}n_l \cdot \phi_l^{\bar{l}},\quad {}^{l}\phi_{\bar{l}} = {}^{l}_0\phi_{\bar{l}} + {}^{l}n_{\bar{l}} \cdot \phi_{\bar{l}}^{l} \tag{3.58}
$$

在自然坐标系下，${}^{\bar{l}}_0\phi_l = 0_3$，故有

$$
{}^{\bar{l}}\tilde{\phi}_l = \phi_l^{\bar{l}} \cdot {}^{\bar{l}}\tilde{n}_l \tag{3.59}
$$

其中：

$$
{}^{\bar{l}}\tilde{\phi}_l = \begin{bmatrix} 0 & -{}^{\bar{l}}\phi_l^{[3]} & {}^{\bar{l}}\phi_l^{[2]} \\ {}^{\bar{l}}\phi_l^{[3]} & 0 & -{}^{\bar{l}}\phi_l^{[1]} \\ -{}^{\bar{l}}\phi_l^{[2]} & {}^{\bar{l}}\phi_l^{[1]} & 0 \end{bmatrix} \tag{3.60}
$$

因$\left|n_l^{\bar{l}}\right| = 1$，故$\left|\phi_l^{\bar{l}}\right| = \left\|{}^{\bar{l}}\phi_l\right\|$，有

$$
\left|\phi_l^{\bar{l}}\right| = \sqrt{{}^{\bar{l}}\phi_l^{[1]:2} + {}^{\bar{l}}\phi_l^{[2]:2} + {}^{\bar{l}}\phi_l^{[3]:2}} \geqslant 0 \tag{3.61}
$$

因${}^{\bar{l}}\tilde{\phi}_l$是二阶坐标张量，故有

$$
{}^{i|\bar{l}}\tilde{\phi}_l = {}^{i}Q_{\bar{l}} \cdot {}^{\bar{l}}\tilde{\phi}_l \cdot {}^{\bar{l}}Q_i = -{}^{i|l}\tilde{\phi}_{\bar{l}} \tag{3.62}
$$

若${}^{\bar{\bar{l}}}n_{\bar{l}} \parallel {}^{\bar{l}}n_l$，则由式(3.57)和式(3.6)得

$$
{}^{\bar{\bar{l}}}Q_l = {}^{\bar{\bar{l}}}Q_{\bar{l}} \cdot {}^{\bar{l}}Q_l = \exp\left({}^{\bar{\bar{l}}}\tilde{\phi}_{\bar{l}}\right)\cdot \exp\left({}^{\bar{\bar{l}}|\bar{l}}\tilde{\phi}_l\right) = \exp\left({}^{\bar{\bar{l}}}\tilde{\phi}_{\bar{l}} + {}^{\bar{\bar{l}}|\bar{l}}\tilde{\phi}_l\right) = \exp\left({}^{\bar{l}}\tilde{\phi}_l\right) \tag{3.63}
$$

故

$$
{}^{\bar{\bar{l}}}\phi_{l} = {}^{\bar{\bar{l}}}\phi_{\bar{l}} + {}^{\bar{\bar{l}}|\bar{l}}\phi_{l},\quad {}^{\bar{\bar{l}}}\tilde{\phi}_{l} = {}^{\bar{\bar{l}}}\tilde{\phi}_{\bar{l}} + {}^{\bar{\bar{l}}|\bar{l}}\tilde{\phi}_{l} \quad \text{if} \quad {}^{\bar{\bar{l}}}n_{\bar{l}} \parallel {}^{\bar{l}}n_{l} \tag{3.64}
$$

由式(3.64)可知：转动矢量表示等价的定轴转动的轴矢量，不具有可加性。

对于定轴转动，由式(3.57)可得

$$
\frac{\partial}{\partial\phi_{l}^{\bar{l}}}\left({}^{\bar{l}}Q_{l}\right) = \frac{\partial}{\partial\phi_{l}^{\bar{l}}}\left(\exp\left({}^{\bar{l}}\tilde{n}_{l}\cdot\phi_{l}^{\bar{l}}\right)\right) = {}^{\bar{l}}\tilde{n}_{l}\cdot\exp\left({}^{\bar{l}}\tilde{n}_{l}\cdot\phi_{l}^{\bar{l}}\right) = {}^{\bar{l}}\tilde{n}_{l}\cdot{}^{\bar{l}}Q_{l} = {}^{\bar{l}}Q_{l}\cdot{}^{l}\tilde{n}_{\bar{l}} \tag{3.65}
$$

考虑式(3.31)，由式(3.65)得

$$
\frac{\partial}{\partial\phi_{l}^{\bar{l}}}\left({}^{i}Q_{l}\right) = {}^{i}Q_{\bar{l}}\cdot\frac{\partial}{\partial\phi_{l}^{\bar{l}}}\left(\exp\left({}^{\bar{l}}\tilde{n}_{l}\cdot\phi_{l}^{\bar{l}}\right)\right) = {}^{i}Q_{\bar{l}}\cdot{}^{\bar{l}}\tilde{n}_{l}\cdot{}^{\bar{l}}Q_{l} = {}^{i}Q_{l}\cdot{}^{l}\tilde{n}_{\bar{l}} \tag{3.66}
$$

由式(3.32)和式(3.66)得

$$
\mathrm{Vector}\left(\frac{\partial}{\partial\phi_{l}^{\bar{l}}}\left({}^{\bar{l}}Q_{l}\right)\right) = \mathrm{Vector}\left({}^{\bar{l}}\tilde{n}_{l}\cdot{}^{\bar{l}}Q_{l}\right) = {}^{\bar{l}}n_{l}\cdot\mathrm{C}_{l}^{\bar{l}} \tag{3.67}
$$

6.参考轴的不变性

由式(3.57)得

$$
{}^{\bar{l}}\dot{Q}_{l} = {}^{\bar{l}}\dot{\tilde{\phi}}_{l}\cdot\exp\left({}^{\bar{l}}\tilde{\phi}_{l}\right) = {}^{\bar{l}}\dot{\tilde{\phi}}_{l}\cdot{}^{\bar{l}}Q_{l}
$$

即有

$$
{}^{\bar{l}}\dot{\tilde{\phi}}_{l} = {}^{\bar{l}}\dot{Q}_{l}\cdot{}^{l}Q_{\bar{l}} \tag{3.68}
$$

由式(3.65)至式(3.68)可知，式(3.57)适用于理论分析，具有优良的操作性能。由式(3.62)和式(3.68)得

$$
\begin{aligned}
{}^{\bar{\bar{l}}}\dot{\tilde{\phi}}_{l} &= {}^{\bar{\bar{l}}}\dot{Q}_{l}\cdot{}^{l}Q_{\bar{\bar{l}}} = \left({}^{\bar{\bar{l}}}\dot{Q}_{\bar{l}}\cdot{}^{\bar{l}}Q_{l} + {}^{\bar{\bar{l}}}Q_{\bar{l}}\cdot{}^{\bar{l}}\dot{Q}_{l}\right)\cdot{}^{l}Q_{\bar{l}}\cdot{}^{\bar{l}}Q_{\bar{\bar{l}}} \\
&= {}^{\bar{\bar{l}}}\dot{Q}_{\bar{l}}\cdot{}^{\bar{l}}Q_{\bar{\bar{l}}} + {}^{\bar{\bar{l}}}Q_{\bar{l}}\cdot{}^{\bar{l}}\dot{Q}_{l}\cdot{}^{l}Q_{\bar{l}}\cdot{}^{\bar{l}}Q_{\bar{\bar{l}}} = {}^{\bar{\bar{l}}}\dot{\tilde{\phi}}_{\bar{l}} + {}^{\bar{\bar{l}}|\bar{l}}\dot{\tilde{\phi}}_{l}
\end{aligned}
$$

即

$$
{}^{\bar{\bar{l}}}\dot{\tilde{\phi}}_{l} = {}^{\bar{\bar{l}}}\dot{\tilde{\phi}}_{\bar{l}} + {}^{\bar{\bar{l}}|\bar{l}}\dot{\tilde{\phi}}_{l} \tag{3.69}
$$

或

$$
{}^{\bar{\bar{l}}}\dot{\phi}_{l} = {}^{\bar{\bar{l}}}\dot{\phi}_{\bar{l}} + {}^{\bar{\bar{l}}|\bar{l}}\dot{\phi}_{l} \tag{3.70}
$$

式(3.70)表明角速度具有可加性，同时可以得到

$$
{}^{\bar{\bar{l}}}n_{l}\cdot\dot{\phi}_{l}^{\bar{\bar{l}}} = {}^{\bar{\bar{l}}}n_{\bar{l}}\cdot\dot{\phi}_{l}^{\bar{l}} + {}^{\bar{\bar{l}}|\bar{l}}n_{l}\cdot\dot{\phi}_{l}^{\bar{l}} = {}^{\bar{\bar{l}}}n_{\bar{l}}\cdot\dot{\phi}_{\bar{l}}^{\bar{\bar{l}}} + {}^{\bar{\bar{l}}|\bar{l}}n_{l}\cdot\dot{\phi}_{l}^{\bar{l}} \tag{3.71}
$$

由式(3.71)得

$$
\frac{d}{dt}\left({}^{\bar{l}}\underline{n}_{l}\right) = \frac{d}{dt}\left(\begin{bmatrix}{}^{\bar{l}}n_{l}\\ 1\end{bmatrix}\right) = 0_{4} \tag{3.72}
$$

式(3.72)表明轴矢量对时间的变化具有不变性，即作为参考轴的轴不变量具有参考不变性。

由上可知：${}^{\bar{l}}\underline{n}_{l} = \left[{}^{\bar{l}}n_{l}\ \ 1\right]^{\mathrm{T}}$ 作为转动参考轴，具有对相邻自然坐标系的不变性及对其他坐标系的时间不变性，并具有优良的操作性能。故称之为轴不变量。

3.3.5 基于轴不变量的 Cayley 变换

当给定角度 $\phi_l^{\bar{l}}$ 后，其正余弦及其半角的正余弦均是常数，为方便表达，记

$$\begin{cases} \mathrm{C}_l = \mathrm{C}\left(0.5 \cdot \phi_l^{\bar{l}}\right), \quad \mathrm{S}_l = \mathrm{S}\left(0.5 \cdot \phi_l^{\bar{l}}\right) \\ \mathrm{C}_l^{\bar{l}} = \mathrm{C}\left(\phi_l^{\bar{l}}\right), \quad \mathrm{S}_l^{\bar{l}} = \mathrm{S}\left(\phi_l^{\bar{l}}\right) \end{cases} \tag{3.73}$$

由式(3.73)得

$$\mathrm{C}_l^{\bar{l}} = \frac{1 - \tau_l^{:2}}{1 + \tau_l^{:2}}, \quad \mathrm{S}_l^{\bar{l}} = \frac{2 \cdot \tau_l}{1 + \tau_l^{:2}} \tag{3.74}$$

定义

$$\tau_l^{\bar{l}} \triangleq \tan\left(0.5 \cdot \phi_l^{\bar{l}}\right) = \tau_l \tag{3.75}$$

故有

$$\tau_l^{\bar{l}} = -\tau_{\bar{l}}^{l} \tag{3.76}$$

定义

$$\begin{cases} {}^{\bar{l}}\boldsymbol{Q}_l \triangleq \mathbf{1} + 2 \cdot \tau_l \cdot {}^{\bar{l}}\tilde{n}_l + \tau_l^{:2} \cdot {}^{\bar{l}}\mathrm{N}_l \\ \boldsymbol{\tau}_l^{\bar{l}} \triangleq 1 + \tau_l^{:2}, \quad {}^{\bar{l}}\mathrm{N}_l \triangleq \mathbf{1} + 2 \cdot {}^{\bar{l}}\tilde{n}_l^2 \end{cases} \tag{3.77}$$

由式(3.29)和式(3.77)得

$$\boldsymbol{\tau}_l^{\bar{l}} \cdot {}^{\bar{l}}Q_l = {}^{\bar{l}}\boldsymbol{Q}_l \tag{3.78}$$

1.定轴转动的 Cayley 正变换

由式(3.75)必有

$${}^{\bar{l}}Q_l = \left(\mathbf{1} + {}^{\bar{l}}\tilde{n}_l \cdot \tau_l\right) \cdot \left(\mathbf{1} - {}^{\bar{l}}\tilde{n}_l \cdot \tau_l\right)^{-1} = \left(\mathbf{1} - {}^{\bar{l}}\tilde{n}_l \cdot \tau_l\right)^{-1} \cdot \left(\mathbf{1} + {}^{\bar{l}}\tilde{n}_l \cdot \tau_l\right) \tag{3.79}$$

【证明】 由式(3.77)和式(3.78)得

$$\boldsymbol{\tau}_l^{\bar{l}} \cdot \left(\mathbf{1} - \tau_l \cdot {}^{\bar{l}}\tilde{n}_l\right) \cdot {}^{\bar{l}}Q_l = \left(\mathbf{1} - \tau_l \cdot {}^{\bar{l}}\tilde{n}_l\right) \cdot \left[\mathbf{1} + 2 \cdot \tau_l \cdot {}^{\bar{l}}\tilde{n}_l + \tau_l^{:2} \cdot \left(\mathbf{1} + 2 \cdot {}^{\bar{l}}\tilde{n}_l^2\right)\right] \tag{3.80}$$

由式(3.34)、式(3.35)和式(3.77)得

$$\begin{aligned} &\boldsymbol{\tau}_l^{\bar{l}} \cdot \left(\mathbf{1} - \tau_l \cdot {}^{\bar{l}}\tilde{n}_l\right) \cdot {}^{\bar{l}}Q_l = \left(\mathbf{1} - \tau_l \cdot {}^{\bar{l}}\tilde{n}_l\right) \cdot \left[\mathbf{1} + 2 \cdot \tau_l \cdot {}^{\bar{l}}\tilde{n}_l + \tau_l^{:2} \cdot \left(\mathbf{1} + 2 \cdot {}^{\bar{l}}\tilde{n}_l^2\right)\right] \\ &= \mathbf{1} + 2 \cdot \tau_l \cdot {}^{\bar{l}}\tilde{n}_l + \tau_l^{:2} \cdot \left(\mathbf{1} + 2 \cdot {}^{\bar{l}}\tilde{n}_l^2\right) - \tau_l \cdot \left[{}^{\bar{l}}\tilde{n}_l + 2 \cdot \tau_l \cdot {}^{\bar{l}}\tilde{n}_l^2 + \tau_l^{:2} \cdot \left({}^{\bar{l}}\tilde{n}_l + 2 \cdot {}^{\bar{l}}\tilde{n}_l^3\right)\right] \\ &= \boldsymbol{\tau}_l^{\bar{l}} \cdot \left(\mathbf{1} + {}^{\bar{l}}\tilde{n}_l \cdot \tau_l\right) \end{aligned}$$

故有

$${}^{\bar{l}}Q_l = \left(\mathbf{1} + {}^{\bar{l}}\tilde{n}_l \cdot \tau_l\right) \cdot \left(\mathbf{1} - {}^{\bar{l}}\tilde{n}_l \cdot \tau_l\right)^{-1} \tag{3.81}$$

又

$$\left(\mathbf{1} - {}^{\bar{l}}\tilde{n}_l \cdot \tau_l\right) \cdot \left(\mathbf{1} + {}^{\bar{l}}\tilde{n}_l \cdot \tau_l\right) = \left(\mathbf{1} + {}^{\bar{l}}\tilde{n}_l \cdot \tau_l\right) \cdot \left(\mathbf{1} - {}^{\bar{l}}\tilde{n}_l \cdot \tau_l\right)$$

故有

$$\left(\mathbf{1}+{}^{\bar{l}}\tilde{n}_l\cdot\tau_l\right)\cdot\left(\mathbf{1}-{}^{\bar{l}}\tilde{n}_l\cdot\tau_l\right)^{-1}=\left(\mathbf{1}-{}^{\bar{l}}\tilde{n}_l\cdot\tau_l\right)^{-1}\cdot\left(\mathbf{1}+{}^{\bar{l}}\tilde{n}_l\cdot\tau_l\right) \tag{3.82}$$

由式(3.81)和式(3.82)得式(3.79)成立。

由式(3.79)得

$$\begin{aligned}&\left(\mathbf{1}-{}^{\bar{l}}\tilde{n}_l\cdot\tau_l\right)^{-1}\cdot\left(\mathbf{1}+{}^{\bar{l}}\tilde{n}_l\cdot\tau_l\right)\cdot\left[\left(\mathbf{1}-{}^{\bar{l}}\tilde{n}_l\cdot\tau_l\right)^{-1}\cdot\left(\mathbf{1}+{}^{\bar{l}}\tilde{n}_l\cdot\tau_l\right)\right]^{\mathrm{T}}\\&=\left(\mathbf{1}-{}^{\bar{l}}\tilde{n}_l\cdot\tau_l\right)^{-1}\cdot\left(\mathbf{1}+{}^{\bar{l}}\tilde{n}_l\cdot\tau_l\right)\cdot\left(\mathbf{1}-{}^{\bar{l}}\tilde{n}_l\cdot\tau_l\right)\cdot\left(\mathbf{1}+{}^{\bar{l}}\tilde{n}_l\cdot\tau_l\right)^{-1}\\&=\left(\mathbf{1}-{}^{\bar{l}}\tilde{n}_l\cdot\tau_l\right)^{-1}\cdot\left(\mathbf{1}-{}^{\bar{l}}\tilde{n}_l\cdot\tau_l\right)\cdot\left(\mathbf{1}+{}^{\bar{l}}\tilde{n}_l\cdot\tau_l\right)\cdot\left(\mathbf{1}+{}^{\bar{l}}\tilde{n}_l\cdot\tau_l\right)^{-1}\\&=\mathbf{1}\end{aligned}$$

故式(3.81)等号右侧为正交旋转变换阵。

Cayley 于 1846 年表达了没有链指标的 Cayley 变换。称式(3.75)中的 τ_l 为 Cayley 参数，其含义如图 3-5 所示，它是切向矢量与径向矢量的正切，且有

$$\begin{aligned}{}^{\bar{l}}\tilde{n}_l\cdot\tau_l\cdot\left({}^{\bar{l}}r_{lS'}+{}^{\bar{l}}r_{lS}\right)&={}^{\bar{l}}r_{lS'}-{}^{\bar{l}}r_{lS}\\-{}^{\bar{l}}\tilde{n}_l\cdot\left({}^{\bar{l}}r_{lS'}-{}^{\bar{l}}r_{lS}\right)&=\tau_l\cdot\left({}^{\bar{l}}r_{lS'}+{}^{\bar{l}}r_{lS}\right)\end{aligned} \tag{3.83}$$

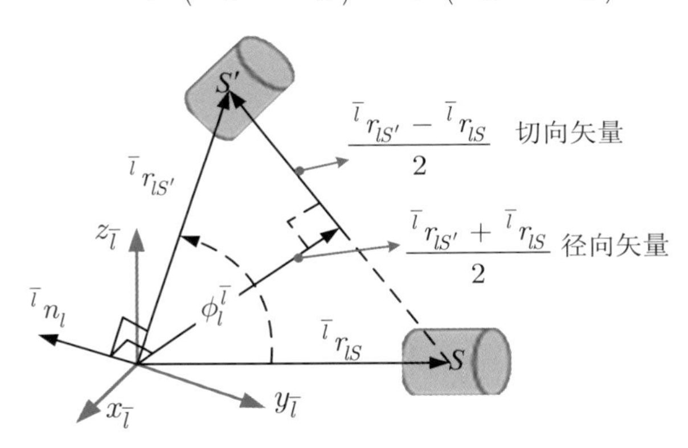

图 3-5　Cayley 参数的含义

由式(3.83)可知，${}^{\bar{l}}n_l\cdot\tau_l$ 与径向矢量 $\frac{{}^{\bar{l}}r_{lS'}+{}^{\bar{l}}r_{lS}}{2}$ 及切向矢量 $\frac{{}^{\bar{l}}r_{lS'}-{}^{\bar{l}}r_{lS}}{2}$ 是线性关系。称 ${}^{\bar{l}}n_l\cdot\tau_l$ 为 Rodrigues 线性不变量。通常称 ${}^{\bar{l}}n_l\cdot\tau_l$ 即 ${}^{\bar{l}}n_l\cdot\tan\left(0.5\cdot\phi_l^{\bar{l}}\right)$ 为 Rodrigues 或 Gibbs 矢量，而将 ${}^{\bar{l}}n_l\cdot\tan\left(0.25\cdot\phi_l^{\bar{l}}\right)$ 称为修改的 Rodrigues 参数。

2.Cayley 逆变换

由式(3.79)得

$${}^{\bar{l}}\tilde{n}_l\cdot\tau_l=\left({}^{\bar{l}}Q_l-\mathbf{1}\right)\cdot\left({}^{\bar{l}}Q_l+\mathbf{1}\right)^{-1}=\left({}^{\bar{l}}Q_l+\mathbf{1}\right)^{-1}\cdot\left({}^{\bar{l}}Q_l-\mathbf{1}\right) \tag{3.84}$$

【证明】　由式(3.77)和式(3.78)得

$$\boldsymbol{\tau}_l^{\bar{l}}\cdot{}^{\bar{l}}\tilde{n}_l\cdot\tau_l\cdot\left({}^{\bar{l}}Q_l+\mathbf{1}\right)={}^{\bar{l}}\tilde{n}_l\cdot\tau_l\cdot\left(\mathbf{1}+2\cdot\tau_l\cdot{}^{\bar{l}}\tilde{n}_l+\tau_l^{:2}\cdot\left(\mathbf{1}+2\cdot{}^{\bar{l}}\tilde{n}_l^2\right)\right)$$

由式(3.34)、式(3.35)及上式得

$$\boldsymbol{\tau}_l^{\bar{l}} \cdot {}^{\bar{l}}\tilde{n}_l \cdot \tau_l \cdot \left({}^{\bar{l}}Q_l + \mathbf{1}\right) = \tau_l \cdot \left({}^{\bar{l}}\tilde{n}_l + 2 \cdot \tau_l \cdot {}^{\bar{l}}\tilde{n}_l^2 + \tau_l^{:2} \cdot \left({}^{\bar{l}}\tilde{n}_l + 2 \cdot {}^{\bar{l}}\tilde{n}_l^3\right)\right)$$
$$= \tau_l \cdot \left[{}^{\bar{l}}\tilde{n}_l + 2 \cdot \tau_l \cdot {}^{\bar{l}}\tilde{n}_l^2 + \tau_l^{:2} \cdot \left({}^{\bar{l}}\tilde{n}_l - 2 \cdot {}^{\bar{l}}\tilde{n}_l\right)\right] = \boldsymbol{\tau}_l^{\bar{l}} \cdot \left({}^{\bar{l}}Q_l - \mathbf{1}\right)$$

故有

$$ {}^{\bar{l}}\tilde{n}_l \cdot \tau_l = \left({}^{\bar{l}}Q_l - \mathbf{1}\right) \cdot \left({}^{\bar{l}}Q_l + \mathbf{1}\right)^{-1} \tag{3.85}$$

另一方面，

$$\boldsymbol{\tau}_l^{\bar{l}} \cdot \left({}^{\bar{l}}Q_l + \mathbf{1}\right) \cdot {}^{\bar{l}}\tilde{n}_l \cdot \tau_l = \tau_l \cdot \left(\mathbf{1} + 2 \cdot \tau_l \cdot {}^{\bar{l}}\tilde{n}_l + \tau_l^{:2} \cdot \left(\mathbf{1} + 2 \cdot {}^{\bar{l}}\tilde{n}_l^2\right) + \boldsymbol{\tau}_l^{\bar{l}}\right) \cdot {}^{\bar{l}}\tilde{n}_l$$
$$= \tau_l \cdot \left({}^{\bar{l}}\tilde{n}_l + 2 \cdot \tau_l \cdot {}^{\bar{l}}\tilde{n}_l^2 + \tau_l^{:2} \cdot \left({}^{\bar{l}}\tilde{n}_l + 2 \cdot {}^{\bar{l}}\tilde{n}_l^3\right) + \boldsymbol{\tau}_l^{\bar{l}} \cdot {}^{\bar{l}}\tilde{n}_l\right)$$
$$= \tau_l \cdot \left({}^{\bar{l}}\tilde{n}_l + 2 \cdot \tau_l \cdot {}^{\bar{l}}\tilde{n}_l^2 + \tau_l^{:2} \cdot \left({}^{\bar{l}}\tilde{n}_l - 2 \cdot {}^{\bar{l}}\tilde{n}_l\right) + \left(1 + \tau_l^{:2}\right) \cdot {}^{\bar{l}}\tilde{n}_l\right)$$
$$= \boldsymbol{\tau}_l^{\bar{l}} \cdot \left({}^{\bar{l}}Q_l - \mathbf{1}\right)$$

故有

$$ {}^{\bar{l}}\tilde{n}_l \cdot \tau_l = \left({}^{\bar{l}}Q_l + \mathbf{1}\right)^{-1} \cdot \left({}^{\bar{l}}Q_l - \mathbf{1}\right) \tag{3.86}$$

由式(3.85)和式(3.86)得式(3.84)成立。称式(3.84)为 Cayley 逆变换。证毕。

由式(3.84)可知，Gibbs 矢量 ${}^{\bar{l}}n_l \cdot \tau_l$、DCM 矩阵 ${}^{\bar{l}}Q_l$ 及转动矢量 ${}^{\bar{l}}n_l \cdot \phi_l^{\bar{l}}$ 一一映射，即

$$ {}^{\bar{l}}n_l \cdot \tau_l \leftrightarrow {}^{\bar{l}}n_l \cdot \phi_l^{\bar{l}} \leftrightarrow {}^{\bar{l}}Q_l \tag{3.87}$$

因此，轴不变量叉乘矩阵 ${}^{\bar{l}}\tilde{n}_l$ 的性质具有非常重要的作用，需要分析其基本性质。

给定任一传递矩阵 ${}^{\bar{l}}M_l$，其逆矩阵为 ${}^{l}M_{\bar{l}}$，则有

$$\left({}^{\bar{l}}M_l + \mathbf{1}\right)^{-1} = \mathbf{1} - \left({}^{\bar{l}}M_l + \mathbf{1}\right)^{-1} \cdot {}^{\bar{l}}M_l \tag{3.88}$$

【证明】 若式(3.88)成立，则有

$$\left({}^{\bar{l}}M_l + \mathbf{1}\right)^{-1} \cdot {}^{l}M_{\bar{l}} = {}^{l}M_{\bar{l}} - \left({}^{\bar{l}}M_l + \mathbf{1}\right)^{-1}$$

故有

$$\left({}^{\bar{l}}M_l + \mathbf{1}\right)^{-1} \cdot {}^{l}M_{\bar{l}} \cdot \left({}^{\bar{l}}M_l + \mathbf{1}\right) = {}^{l}M_{\bar{l}} \cdot \left({}^{\bar{l}}M_l + \mathbf{1}\right) - \left({}^{\bar{l}}M_l + \mathbf{1}\right)^{-1} \cdot \left({}^{\bar{l}}M_l + \mathbf{1}\right)$$

上式等价为

$$ {}^{l}M_{\bar{l}} = \left({}^{\bar{l}}M_l + \mathbf{1}\right)^{-1} \cdot \left({}^{l}M_{\bar{l}} + \mathbf{1}\right)$$

即 $\left({}^{\bar{l}}M_l + \mathbf{1}\right) \cdot {}^{l}M_{\bar{l}} = {}^{l}M_{\bar{l}} + \mathbf{1}$，显然成立。故式(3.88)成立。

由式(3.84)得

$$ {}^{\bar{l}}\tilde{n}_l = {}^{\bar{l}}Q_l \cdot {}^{l}\tilde{n}_{\bar{l}} \cdot {}^{l}Q_{\bar{l}} = {}^{\bar{l}}Q_l \cdot {}^{\bar{l}}\tilde{n}_l \cdot {}^{l}Q_{\bar{l}} \tag{3.89}$$

【证明】 由式(3.84)得

$$\left({}^{\bar{l}}\tilde{n}_l - {}^{\bar{l}}Q_l \cdot {}^{l}\tilde{n}_{\bar{l}} \cdot {}^{l}Q_{\bar{l}}\right) \cdot \tau_l$$
$$= \left({}^{\bar{l}}Q_l - \mathbf{1}\right) \cdot \left({}^{\bar{l}}Q_l + \mathbf{1}\right)^{-1} + {}^{\bar{l}}Q_l \cdot \left({}^{l}Q_{\bar{l}} - \mathbf{1}\right) \cdot \left({}^{l}Q_{\bar{l}} + \mathbf{1}\right)^{-1} \cdot {}^{\bar{l}}Q_l^{-1}$$
$$= \left({}^{\bar{l}}Q_l + \mathbf{1}\right)^{-1} \cdot \left({}^{\bar{l}}Q_l - \mathbf{1}\right) + \left(\mathbf{1} - {}^{\bar{l}}Q_l\right) \cdot \left(\mathbf{1} + {}^{\bar{l}}Q_l\right)^{-1}$$

$$=\left({}^{\bar{l}}Q_l+\mathbf{1}\right)^{-1}\cdot{}^{\bar{l}}Q_l-\left({}^{\bar{l}}Q_l+\mathbf{1}\right)^{-1}-\left({}^{\bar{l}}Q_l-\mathbf{1}\right)\cdot\left({}^{\bar{l}}Q_l+\mathbf{1}\right)^{-1}$$

由式(3.88)得$\left({}^{\bar{l}}Q_l+\mathbf{1}\right)^{-1}\cdot{}^{\bar{l}}Q_l=\mathbf{1}-\left({}^{\bar{l}}Q_l+\mathbf{1}\right)^{-1}$，将之代入上式得

$$\begin{aligned}&\left({}^{\bar{l}}Q_l+\mathbf{1}\right)^{-1}\cdot{}^{\bar{l}}Q_l-\left({}^{\bar{l}}Q_l+\mathbf{1}\right)^{-1}-\left({}^{\bar{l}}Q_l-\mathbf{1}\right)\cdot\left({}^{\bar{l}}Q_l+\mathbf{1}\right)^{-1}\\&=\mathbf{1}-\left({}^{\bar{l}}Q_l+\mathbf{1}\right)^{-1}-\left({}^{\bar{l}}Q_l+\mathbf{1}\right)^{-1}+\left(\mathbf{1}-{}^{\bar{l}}Q_l\right)\cdot\left({}^{\bar{l}}Q_l+\mathbf{1}\right)^{-1}\\&=\mathbf{1}-\left({}^{\bar{l}}Q_l+\mathbf{1}\right)\cdot\left({}^{\bar{l}}Q_l+\mathbf{1}\right)^{-1}=\mathbf{0}\end{aligned}$$

因$\tau_l^{\bar{l}}$是任意的，有${}^{\bar{l}}\tilde{n}_l-{}^{\bar{l}}Q_l\cdot{}^{l}\tilde{n}_{\bar{l}}\cdot{}^{l}Q_{\bar{l}}=\mathbf{0}$，考虑式(3.15)，故式(3.89)得证。

式(3.89)表明：${}^{l}\tilde{n}_{\bar{l}}$是二阶张量，同时${}^{l}\tilde{n}_{\bar{l}}$具有反对称性，满足相似变换。

3.3.6 基于轴不变量的 3D 矢量位姿方程

下面，阐述 3D 矢量位姿定理，并予以证明。

定理 3.1 给定运动链${}^{i}\mathbf{l}_n$，则有基于轴不变量的 3D 矢量姿态方程

$$\prod_{l}^{{}^{i}\mathbf{l}_n}\left(\boldsymbol{\tau}_l^{\bar{l}}\right)\cdot\mathrm{Vector}\left({}^{i}Q_n\right)=\mathrm{Vector}\left(\prod_{l}^{{}^{i}\mathbf{l}_n}\left({}^{\bar{l}}\boldsymbol{Q}_l\right)\right)\tag{3.90}$$

及基于轴不变量的 3D 矢量位置方程

$${}^{i}r_{nS}\cdot\prod_{k}^{{}^{i}\mathbf{l}_n}\left(\boldsymbol{\tau}_k^{\bar{k}}\right)=\sum_{l}^{{}^{i}\mathbf{l}_{nS}}\left(\prod_{k}^{{}^{i}\mathbf{l}_{\bar{l}}}\left({}^{\bar{k}}\boldsymbol{Q}_k\right)\cdot\prod_{k}^{{}^{\bar{l}}\mathbf{l}_n}\left(\boldsymbol{\tau}_k^{\bar{k}}\right)\cdot{}^{\bar{l}}r_l\right)\tag{3.91}$$

其中：

$${}^{\bar{l}}r_l={}^{\bar{l}}l_l+{}^{\bar{l}}n_l\cdot r_l^{\bar{l}}$$

$$\begin{cases}\phi_l^{\bar{l}}\equiv 0 & \text{if}\quad {}^{\bar{l}}\boldsymbol{k}_l\in\boldsymbol{R}\\ {}^{\bar{l}}r_l\equiv 0 & \text{if}\quad {}^{\bar{l}}\boldsymbol{k}_l\in\boldsymbol{P}\end{cases}$$

【证明】 由式(3.7)和式(3.29)得${}^{i|k}r_{kS}={}^{i}Q_k\cdot{}^{k}r_{kS}$，则${}^{i|k}r_{kS}$是$\mathrm{C}_l^{\bar{l}}$和$\mathrm{S}_l^{\bar{l}}$的多重线性型，其中$l\in{}^{i}\mathbf{l}_k$。

考虑式(3.78)，式(3.7)表示为

$${}^{i}r_{nS}=\sum_{l}^{{}^{i}\mathbf{l}_{nS}}\left({}^{i}Q_{\bar{l}}\cdot{}^{\bar{l}}r_l\right)$$

$$=\sum_{l}^{{}^{i}\mathbf{l}_{nS}}\left(\frac{\prod_{k}^{{}^{\bar{l}}\mathbf{l}_n}\left(\boldsymbol{\tau}_k^{\bar{k}}\right)\cdot\prod_{k}^{{}^{i}\mathbf{l}_{\bar{l}}}\left({}^{\bar{k}}\boldsymbol{Q}_k\right)}{\prod_{k}^{{}^{i}\mathbf{l}_{\bar{l}}}\left(\boldsymbol{\tau}_k^{\bar{k}}\right)\cdot\prod_{k}^{{}^{\bar{l}}\mathbf{l}_n}\left(\boldsymbol{\tau}_k^{\bar{k}}\right)}\cdot{}^{\bar{l}}r_l\right)=\sum_{l}^{{}^{i}\mathbf{l}_{nS}}\left(\frac{\prod_{k}^{{}^{\bar{l}}\mathbf{l}_n}\left(\boldsymbol{\tau}_k^{\bar{k}}\right)\cdot\prod_{k}^{{}^{i}\mathbf{l}_{\bar{l}}}\left({}^{\bar{k}}\boldsymbol{Q}_k\right)}{\prod_{k}^{{}^{i}\mathbf{l}_n}\left(\boldsymbol{\tau}_k^{\bar{k}}\right)}\cdot{}^{\bar{l}}r_l\right)$$

即有式(3.91)成立。证毕。

式(3.90)和式(3.91)表明：姿态$\prod_{l}^{{}^{i}\mathbf{l}_n}\left(\boldsymbol{\tau}_l^{\bar{l}}\right)\cdot\mathrm{Vector}\left({}^{i}Q_n\right)$和位置矢量${}^{i}r_{nS}$是关于$\tau_k$的 6 个 n

维 2 阶多项式方程。式(3.90)和式(3.91)是关于结构矢量和关节变量的矢量方程，定理 3.1 称为 3D 矢量位姿定理。式(3.91)所示的位置逆问题就是，当给定期望位置 ${}^{i}r_{nS}$ 时如何求解该多项式方程的关节变量 τ_l 及 $r_l^{\overline{l}}$ 的问题，其中 $l \in {}^{i}\mathbf{1}_n$。该定理为第 4 章基于轴不变量的多轴系统逆运动学奠定了基础。

同时，式(3.90)和式(3.91)还表明：因相关的结构矢量可以事先计算，且可以表示为逆向递归过程，具有线性的计算复杂度，故可以带来计算速度的提升。又因在结构参数 ${}^{\overline{l}}n_l$ 归一化后，${}^{i}Q_n$ 的正交归一性由于两个正交的矩阵 ${}^{\overline{l}}\tilde{n}_l$ 及 $\mathbf{1} + {}^{\overline{l}}\tilde{n}_l^{:2}$ 而得到保证，且与 τ_l 无关，其中 $l \in {}^{i}\mathbf{1}_n$，故式(3.90)和式(3.91)的计算精度不会因为数字截断误差而累积，从而保证了矢量位姿方程的计算精度。

因此，基于轴不变量的 3D 矢量位姿方程不仅方程数与 3D 空间的位姿维度相等，而且具有计算速度及计算精度的优势。Gibbs 矢量 ${}^{\overline{l}}n_l \cdot \tau_l$ 可以表示姿态，但需要进一步研究 Gibbs 矢量间的运算规律，这一问题将在第 4 章予以阐述。

【示例 3.6】 如图 3-6 所示，对于解耦机械手而言，拾取点 S 位于以腕心为球心的球面上。记转动链为 ${}^{\overline{l}}\mathbf{1}_l = (\overline{l}, l1, l2, l]$，转动轴链为 $\left[{}^{\overline{l}}n_{l1} \quad {}^{l1}n_{l2} \quad {}^{l2}n_l\right]$，角序列为 $q_{(\overline{l},l]} = \left[\phi_{l1}^{\overline{l}} \quad \phi_{l2}^{l1} \quad \phi_l^{l2}\right]$。

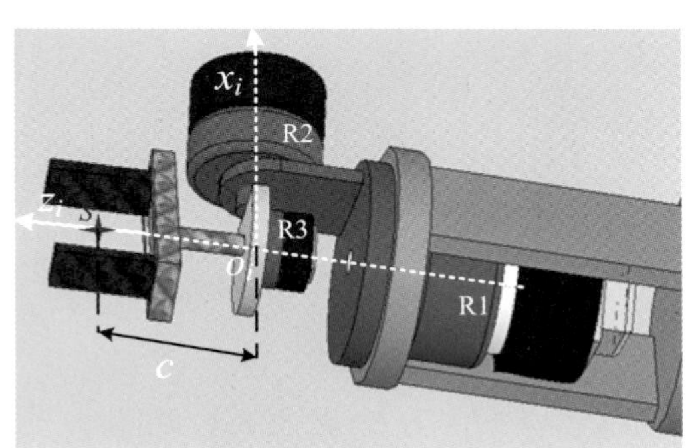

图 3-6　解耦机械手

因定轴转动的轴矢量序列 $\left[{}^{\overline{l}}n_{l1} \quad {}^{l1}n_{l2} \quad {}^{l2}n_l\right]$ 是自然不变量，故得角速度 ${}^{\overline{l}}\dot{\phi}_l$ 为

$$
{}^{\overline{l}}\dot{\phi}_l = {}^{\overline{l}}n_{l1} \cdot \dot{\phi}_{l1}^{\overline{l}} + {}^{\overline{l}|l1}n_{l2} \cdot \dot{\phi}_{l2}^{l1} + {}^{\overline{l}|l2}n_l \cdot \dot{\phi}_l^{l2} \tag{3.92}
$$

由式(3.92)得雅可比矩阵，即偏速度：

$$
\frac{\partial\, {}^{\overline{l}}\dot{\phi}_l}{\partial \dot{q}_{(\overline{l},l]}} = \left[{}^{\overline{l}}n_{l1} \quad {}^{\overline{l}|l1}n_{l2} \quad {}^{\overline{l}|l2}n_l\right] \tag{3.93}
$$

由式(3.93)所示的角速度矢量 ${}^{\overline{l}}\dot{\phi}_l$ 的雅可比矩阵可知，它仅与运动副的结构参量即轴矢量相关，而与关节变量无关。由式(3.65)得

$$
\frac{\partial}{\partial q_{(\overline{l},l]}}\left({}^{\overline{l}}Q_{l1} \cdot {}^{l1}Q_{l2} \cdot {}^{l2}Q_l\right) = \left[{}^{\overline{l}}\tilde{n}_{l1} \cdot {}^{\overline{l}}Q_l \quad {}^{\overline{l}}Q_{l1} \cdot {}^{l1}\tilde{n}_{l2} \cdot {}^{l1}Q_l \quad {}^{\overline{l}}Q_{l2} \cdot {}^{l2}\tilde{n}_l \cdot {}^{l2}Q_l\right] \tag{3.94}
$$

由式(3.40)和式(3.94)得旋转变换阵的偏速度：

$$\frac{\partial}{\partial q_{(\overline{l},l]}}\left({}^{\overline{l}}Q_{l1}\cdot{}^{l1}Q_{l2}\cdot{}^{l2}Q_{l}\right)=\left[\,{}^{\overline{l}}\tilde{n}_{l1}\quad{}^{\overline{l}|l1}\tilde{n}_{l2}\quad{}^{\overline{l}|l2}\tilde{n}_{l}\,\right]\tag{3.95}$$

由式(3.95)得

$$\mathrm{Vector}\left(\frac{\partial}{\partial q_{(\overline{l},l]}}\left({}^{\overline{l}}Q_{l1}\cdot{}^{l1}Q_{l2}\cdot{}^{l2}Q_{l}\right)\right)=\left[\,{}^{\overline{l}}n_{l1}\quad{}^{\overline{l}|l1}n_{l2}\quad{}^{\overline{l}|l2}n_{l}\,\right]\tag{3.96}$$

由式(3.96)可知：旋转变换阵的偏速度就是角速度的偏速度。显然，以自然不变量表达的转动可以解决偏速度的计算问题。

由本节可知，轴不变量 ${}^{\overline{l}}n_l$ 具有优良的空间操作性能，给转动分析与计算带来了极大方便。因为轴不变量是转动及平动的本征量，所以需要建立基于轴不变量的多轴系统运动学与动力学理论，以揭示多轴系统的内在规律。

3.3.7　本节贡献

本节应用运动链符号系统和基于轴不变量的 3D 矢量空间操作代数，建立了基于轴不变量的 3D 矢量空间操作代数子系统。其特征在于：具有简洁的链符号系统、轴不变量的表示及轴不变量的迭代式；具有自然零位轴及系统零位轴；轴不变量在 3D 空间及 4D 空间中具有优良的操作性能，满足运动链公理及度量公理；具有伪代码的功能，物理含义准确，保证了系统的实时性。

（1）建立并证明了基于轴不变量的定轴转动方程，以轴不变量为参考轴，以自然坐标系为参考系，满足运动链公理及度量公理。同时，具有自然零位轴和自然坐标轴，为后续统一 3D 空间与 4D 复数空间奠定了基础。

（2）提出并证明了基于轴不变量的 Cayley 变换与逆变换，用于解决不依赖中间参考系的单轴逆运动学问题。

（3）提出并证明了基于轴不变量的通用位姿方程，它是 Cayley 参数的二阶多项式，有助于加深对多轴系统运动学方程结构的理解，同时为计算通用六轴机械臂的逆解奠定了基础。

3.4　基于轴不变量的四元数演算

3.4.1　四维空间复数

2D 转动是 3D 转动的特例。如图 3-3 所示，以转动的零位平面为参考，若记 $\mathbf{i}={}^{\overline{l}}\tilde{n}_l$，则 $\mathrm{Vector}\left({}^{\overline{l}}\tilde{n}_l\right)\equiv 0$，即不考虑轴矢量 ${}^{\overline{l}}n_l$；由式(3.27)可知：${}^{\overline{l}}\tilde{n}_l^{:2}={}^{\overline{l}}n_l\cdot{}^{\overline{l}}n_l^{\mathrm{T}}-1=-1$，故有 $\mathbf{i}^2=-1$。因此，2D 平面的复数基分量为 $[\mathbf{i}\quad 1]$。显然，$\mathbf{i}$ 是纯单位虚数，具有实在的物理含义。由式(3.28)和式(3.57)得被誉为“上帝公式（God’s formula）”的欧拉公式：

$$\exp\left(\mathbf{i}\cdot\phi_l^{\bar{l}}\right)=\mathrm{C}\left(\phi_l^{\bar{l}}\right)+\mathbf{i}\cdot\mathrm{S}\left(\phi_l^{\bar{l}}\right) \tag{3.97}$$

由式(3.97)得$\left\|\exp\left(\mathbf{i}\cdot\phi_l^{\bar{l}}\right)\right\|=\exp\left(\mathbf{i}\cdot\phi_l^{\bar{l}}\right)\cdot\exp\left(-\mathbf{i}\cdot\phi_l^{\bar{l}}\right)=1$。由平面复数或 2D 复数可知，复数的纯虚数轴与实数轴正交，复数乘积运算表示对应矢量的转动。在 2D 空间下，应用复数来解决转动问题是非常简单的。2D 复数解决的是 1DOF 的转动问题。因此，需要进一步研究 4D 复数，以解决 3DOF 的转动问题。

因转动轴矢量${}^{\bar{l}}n_l$是自然不变量，故对于转动链${}^{i}\mathbf{1}_l=\left(i,\cdots,\bar{l},l\right]$，可以将转动轴矢量${}^{\bar{l}}n_l$视为参考轴。在工程上，仅需要确定世界系或惯性系$\boldsymbol{F}^{[i]}$，多轴系统处于零位时，$\boldsymbol{F}^{[\bar{l}]}\parallel\boldsymbol{F}^{[l]}$，即该参考系统为自然坐标系统。笛卡儿直角坐标系是理想的坐标系统，它应该在理想的情况下进行应用，即应用 2.5.4 节的关节变量和自然坐标系，以固定轴矢量为参考，建立通用的运动学方程及动力学方程。在自然坐标系下，只需定义世界系或惯性系即根杆件的体系，其他杆件的体系只发生在理想的概念上，因为它们可以由固定轴矢量和关节变量确定。因此，仅需定义世界系或惯性系，树链系统共用一组基，故有自然坐标系的公共参考基$\mathbf{i}$：

$$\mathbf{i}=\left[\mathbf{i}x\quad\mathbf{i}y\quad\mathbf{i}z\right] \tag{3.98}$$

记“$*$”为复数乘，则有

$$\mathbf{i}x*\mathbf{i}y=\mathbf{i}z,\quad\mathbf{i}y*\mathbf{i}z=\mathbf{i}x,\quad\mathbf{i}z*\mathbf{i}x=\mathbf{i}y \tag{3.99}$$

由式(3.98)定义 4D 复数空间的单位基$\dot{\mathbf{i}}$(下面的点表示新增一个独立的维度)：

$$\dot{\mathbf{i}}\triangleq\left[\mathbf{i}x\quad\mathbf{i}y\quad\mathbf{i}z\quad1\right],\quad\left\|\dot{\mathbf{i}}\right\|\triangleq0 \tag{3.100}$$

且$\mathbf{i}$满足：

$$\mathbf{i}^{\mathrm{T}}*\mathbf{i}=\tilde{\mathbf{i}}-\mathbf{1} \tag{3.101}$$

其中 3D 复数乘“$*$”是在式(3.100)约束下满足式(3.99)的 3D 矢量乘“$*$”运算，即

$$\mathbf{i}^{\mathrm{T}}*\mathbf{i}=\begin{bmatrix}\mathbf{i}x\\\mathbf{i}y\\\mathbf{i}z\end{bmatrix}*\left[\mathbf{i}x\quad\mathbf{i}y\quad\mathbf{i}z\right]=\begin{bmatrix}\mathbf{i}x*\mathbf{i}x&\mathbf{i}z&-\mathbf{i}y\\-\mathbf{i}z&\mathbf{i}y*\mathbf{i}y&\mathbf{i}x\\\mathbf{i}y&-\mathbf{i}x&\mathbf{i}z*\mathbf{i}z\end{bmatrix}=\tilde{\mathbf{i}}-\mathbf{1}$$

因此

$$1+\mathbf{i}x*\mathbf{i}x=0,\quad1+\mathbf{i}y*\mathbf{i}y=0,\quad1+\mathbf{i}z*\mathbf{i}z=0 \tag{3.102}$$

因$\mathbf{i}x$、$\mathbf{i}y$及$\mathbf{i}z$是三个独立的符号，故视为三个纯虚数。由式(3.102)知 3D 虚数$\mathbf{i}$的三个分量满足：

$$\mathbf{i}x*\mathbf{i}x=-1,\quad\mathbf{i}y*\mathbf{i}y=-1,\quad\mathbf{i}z*\mathbf{i}z=-1 \tag{3.103}$$

即相关的纯虚数复数乘与 3D 笛卡儿空间点积一一映射。由上可知，坐标基$\left[\mathbf{i}x\quad\mathbf{i}y\quad\mathbf{i}z\right]$增加一个维度并引入约束式(3.101)后，仍具有三个独立的维度，是一个独立的 3D 实空间。显然，4D 复数空间与 3D 笛卡儿空间同构，即等价。由式(3.100)得

$$\dot{\mathbf{i}}^{*}=\dot{\mathbf{i}}^{-1}=\left[-\mathbf{i}\quad1\right] \tag{3.104}$$

与式(2.71)相似，定义

$$\tilde{\mathbf{i}} \triangleq \mathbf{i}^{\mathrm{T}} * \mathbf{i} = \begin{bmatrix} -1 & \mathbf{i}z & -\mathbf{i}y & \mathbf{i}x \\ -\mathbf{i}z & -1 & \mathbf{i}x & \mathbf{i}y \\ \mathbf{i}y & -\mathbf{i}x & -1 & \mathbf{i}z \\ \mathbf{i}x & \mathbf{i}y & \mathbf{i}z & 1 \end{bmatrix} = \begin{bmatrix} -\mathbf{1} + \tilde{\mathbf{i}} & \mathbf{i}^{\mathrm{T}} \\ \mathbf{i} & 1 \end{bmatrix} \tag{3.105}$$

式(3.104)和式(3.105)表明 4D 复数空间具有矩阵不变性和内积不变性。与式(2.72)类似，得

$$\mathrm{Vector}\left(\tilde{\mathbf{i}}\right) = -\mathbf{i} \tag{3.106}$$

由式(3.100)得：$\|\mathbf{i}\| = \mathbf{i} * \mathbf{i}^{\mathrm{T}} = \begin{bmatrix} -\mathbf{i} & 1 \end{bmatrix} * \begin{bmatrix} -\mathbf{i} & 1 \end{bmatrix}^{\mathrm{T}} = \mathbf{i}^2 + 1 = 0$，故有

$$\mathbf{i}^2 = -1 \tag{3.107}$$

显然，3D 笛卡儿空间是新的 4D 复数空间的子空间，复数乘既具有式(3.99)所示的矢量乘运算又具有式(3.103)和式(3.107)所示的代数乘运算。很自然地，可以应用 4D 复数空间规律研究 3D 笛卡儿空间的规律。如同 2D 复数，在 3D 空间中的姿态表示与运算是复杂的，但在 4D 复数空间中它们具有简单的表示与运算。这是破解姿态计算难题的关键。

因此，定义四元数 ${}^{\bar{l}}q_l$ 及保证模不变的共轭四元数 ${}^{\bar{l}}q_l^*$：

$$\begin{cases} {}^{\bar{l}}q_l \triangleq \begin{bmatrix} {}^{\bar{l}}q_l & {}^{\bar{l}}q_l^{[4]} \end{bmatrix}^{\mathrm{T}}, \quad {}^{\bar{l}}q_l^* \triangleq \begin{bmatrix} -{}^{\bar{l}}q_l & {}^{\bar{l}}q_l^{[4]} \end{bmatrix}^{\mathrm{T}}, \quad {}^{l}q_{\bar{l}} \triangleq \begin{bmatrix} -{}^{\bar{l}}q_l & {}^{\bar{l}}q_l^{[4]} \end{bmatrix}^{\mathrm{T}} \\ \left\| {}^{\bar{l}}q_l \right\| = \left\| {}^{\bar{l}}q_l^* \right\| \end{cases} \tag{3.108}$$

四元数 ${}^{\bar{l}}q_l$ 的虚部与实部表示的是不变量，故其左上角标不表示参考系，而仅表示链的作用关系。因此，${}^{\bar{l}}q_l$ 可视为 4D 空间的复数，其中 ${}^{\bar{l}}q_l^{[4]}$ 是实部，${}^{\bar{l}}q_l$ 是虚部。通过研究 4D 空间复数，人们认识了欧拉四元数。${}^{\bar{l}}q_l$ 前三个数构成矢量，对应基 $\mathbf{i}$ 的坐标，最后一个是实部，即有 $\mathbf{i} \cdot {}^{\bar{l}}q_l = {}^{\bar{l}}q_l^{[1]} \cdot \mathbf{i}x + {}^{\bar{l}}q_l^{[2]} \cdot \mathbf{i}y + {}^{\bar{l}}q_l^{[3]} \cdot \mathbf{i}z + {}^{\bar{l}}q_l^{[4]}$。

因 4D 复数的矢部参考基是唯一的自然参考基，故 4D 复数的左上角标仅表明运动关系，已失去投影参考系的含义。具有不同左上角标的 4D 复数可以进行代数运算。尽管参考指标在 4D 复数中无意义，但不代表指标关系无意义，因为复数的乘除运算与复数的作用顺序密切相关。

记 4D 复数为 $\mathbf{i} \cdot {}^{\bar{\bar{l}}}q_{\bar{l}} = {}^{\bar{\bar{l}}}q_{\bar{l}}^{[1]} \cdot \mathbf{i}x + {}^{\bar{\bar{l}}}q_{\bar{l}}^{[2]} \cdot \mathbf{i}y + {}^{\bar{\bar{l}}}q_{\bar{l}}^{[3]} \cdot \mathbf{i}z + {}^{\bar{\bar{l}}}q_{\bar{l}}^{[4]}$，且有任一常数 c，具有如下复数加“$+$”、数乘“$\cdot$”、共轭“$\square^*$”及复数乘“$*$”运算：

$$\begin{aligned} \mathbf{i} \cdot {}^{\bar{\bar{l}}}q_{\bar{l}} + \mathbf{i} \cdot {}^{\bar{\bar{l}}|\bar{l}}q_l = & \left({}^{\bar{\bar{l}}}q_{\bar{l}}^{[1]} + {}^{\bar{\bar{l}}|\bar{l}}q_l^{[1]} \right) \cdot \mathbf{i}x + \left({}^{\bar{\bar{l}}}q_{\bar{l}}^{[2]} + {}^{\bar{\bar{l}}|\bar{l}}q_l^{[2]} \right) \cdot \mathbf{i}y \\ & + \left({}^{\bar{\bar{l}}}q_{\bar{l}}^{[3]} + {}^{\bar{\bar{l}}|\bar{l}}q_l^{[3]} \right) \cdot \mathbf{i}z + {}^{\bar{\bar{l}}}q_{\bar{l}}^{[4]} + {}^{\bar{\bar{l}}|\bar{l}}q_l^{[4]} \end{aligned} \tag{3.109}$$

$$\begin{cases} c \cdot \mathbf{i} \cdot {}^{\bar{l}}q_l = \left(c \cdot {}^{\bar{l}}q_l^{[1]} \right) \cdot \mathbf{i}x + \left(c \cdot {}^{\bar{l}}q_l^{[2]} \right) \cdot \mathbf{i}y + \left(c \cdot {}^{\bar{l}}q_l^{[3]} \right) \cdot \mathbf{i}z + c \cdot {}^{\bar{l}}q_l^{[4]} \\ \mathbf{i} \cdot {}^{\bar{l}}q_l^* = -{}^{\bar{l}}q_l^{[1]} \cdot \mathbf{i}x - {}^{\bar{l}}q_l^{[2]} \cdot \mathbf{i}y - {}^{\bar{l}}q_l^{[3]} \cdot \mathbf{i}z + {}^{\bar{l}}q_l^{[4]} = \left(\mathbf{i} \cdot {}^{\bar{l}}q_l \right)^* \end{cases} \tag{3.110}$$

将式(3.109)写成数组形式：

$$
{}^{\bar{l}}\underset{\cdot}{q}_{\bar{l}}+{}^{\bar{\bar{l}}|\bar{l}}\underset{\cdot}{q}_{l}=\begin{bmatrix}{}^{\bar{\bar{l}}}\underset{\cdot}{q}_{\bar{l}}+{}^{\bar{\bar{l}}|\bar{l}}\underset{\cdot}{q}_{l}\\ {}^{\bar{\bar{l}}}\underset{\cdot}{q}_{\bar{l}}^{[4]}+{}^{\bar{\bar{l}}|\bar{l}}\underset{\cdot}{q}_{l}^{[4]}\end{bmatrix},\quad {}^{\bar{l}}\underset{\cdot}{q}_{l}^{*}=\begin{bmatrix}-{}^{\bar{l}}\underset{\cdot}{q}_{\bar{l}}\\ {}^{\bar{l}}\underset{\cdot}{q}_{\bar{l}}^{[4]}\end{bmatrix} \tag{3.111}
$$

称式(3.111)为四元数的代数加公式。

将式(3.110)写成数组形式：

$$
c\cdot{}^{\bar{l}}\underset{\cdot}{q}_{l}=\begin{bmatrix}c\cdot{}^{\bar{l}}\underset{\cdot}{q}_{l}\\ c\cdot{}^{\bar{l}}\underset{\cdot}{q}_{l}^{[4]}\end{bmatrix} \tag{3.112}
$$

称式(3.112)为四元数的标量乘公式。

下面，分析复数乘“$*$”的计算规律。

$$
\begin{aligned}
&\left({}^{\bar{\bar{l}}}\underset{\cdot}{q}_{\bar{l}}^{\mathrm{T}}\cdot\underset{\cdot}{\mathbf{i}}^{\mathrm{T}}\right)*\left(\underset{\cdot}{\mathbf{i}}\cdot{}^{\bar{l}}\underset{\cdot}{q}_{l}\right)=\begin{bmatrix}{}^{\bar{\bar{l}}}\underset{\cdot}{q}_{\bar{l}}^{\mathrm{T}} & {}^{\bar{l}}\underset{\cdot}{q}_{\bar{l}}^{[4]}\end{bmatrix}\cdot\left(\underset{\cdot}{\mathbf{i}}^{\mathrm{T}}*\underset{\cdot}{\mathbf{i}}\right)\cdot\begin{bmatrix}{}^{\bar{l}}\underset{\cdot}{q}_{l}\\ {}^{\bar{l}}\underset{\cdot}{q}_{l}^{[4]}\end{bmatrix}=\begin{bmatrix}{}^{\bar{\bar{l}}}\underset{\cdot}{q}_{\bar{l}}^{\mathrm{T}} & {}^{\bar{l}}\underset{\cdot}{q}_{\bar{l}}^{[4]}\end{bmatrix}\cdot\begin{bmatrix}\tilde{\mathbf{i}}-\mathbf{1} & \mathbf{i}^{\mathrm{T}}\\ \mathbf{i} & 1\end{bmatrix}\cdot\begin{bmatrix}{}^{\bar{l}}\underset{\cdot}{q}_{l}\\ {}^{\bar{l}}\underset{\cdot}{q}_{l}^{[4]}\end{bmatrix}\\
&=-{}^{\bar{\bar{l}}}\underset{\cdot}{q}_{\bar{l}}^{\mathrm{T}}\cdot{}^{\bar{l}}\underset{\cdot}{q}_{l}+{}^{\bar{\bar{l}}}\underset{\cdot}{q}_{\bar{l}}^{\mathrm{T}}\cdot\tilde{\mathbf{i}}\cdot{}^{\bar{l}}\underset{\cdot}{q}_{l}+{}^{\bar{l}}\underset{\cdot}{q}_{l}^{[4]}\cdot{}^{\bar{\bar{l}}}\underset{\cdot}{q}_{\bar{l}}^{\mathrm{T}}\cdot\mathbf{i}^{\mathrm{T}}+{}^{\bar{\bar{l}}}\underset{\cdot}{q}_{\bar{l}}^{[4]}\cdot\mathbf{i}\cdot{}^{\bar{l}}\underset{\cdot}{q}_{l}+{}^{\bar{\bar{l}}}\underset{\cdot}{q}_{\bar{l}}^{[4]}\cdot{}^{\bar{l}}\underset{\cdot}{q}_{l}^{[4]}\\
&=\left({}^{\bar{l}}\underset{\cdot}{q}_{l}^{[4]}\cdot{}^{\bar{\bar{l}}}\underset{\cdot}{q}_{\bar{l}}^{\mathrm{T}}+{}^{\bar{\bar{l}}}\underset{\cdot}{q}_{\bar{l}}^{[4]}\cdot{}^{\bar{l}}\underset{\cdot}{q}_{l}^{\mathrm{T}}-{}^{\bar{l}}\underset{\cdot}{q}_{l}^{\mathrm{T}}\cdot{}^{\bar{\bar{l}}}\underset{\cdot}{\tilde{q}}_{\bar{l}}\right)\cdot\mathbf{i}^{\mathrm{T}}+{}^{\bar{\bar{l}}}\underset{\cdot}{q}_{\bar{l}}^{[4]}\cdot{}^{\bar{l}}\underset{\cdot}{q}_{l}^{[4]}-{}^{\bar{\bar{l}}}\underset{\cdot}{q}_{\bar{l}}^{\mathrm{T}}\cdot{}^{\bar{l}}\underset{\cdot}{q}_{l}\\
&=\mathbf{i}\cdot\left({}^{\bar{\bar{l}}}\underset{\cdot}{q}_{\bar{l}}^{[4]}\cdot{}^{\bar{l}}\underset{\cdot}{q}_{l}+{}^{\bar{\bar{l}}}\underset{\cdot}{\tilde{q}}_{\bar{l}}\cdot{}^{\bar{l}}\underset{\cdot}{q}_{l}+{}^{\bar{\bar{l}}}\underset{\cdot}{q}_{\bar{l}}\cdot{}^{\bar{l}}\underset{\cdot}{q}_{l}^{[4]}\right)+{}^{\bar{\bar{l}}}\underset{\cdot}{q}_{\bar{l}}^{[4]}\cdot{}^{\bar{l}}\underset{\cdot}{q}_{l}^{[4]}-{}^{\bar{\bar{l}}}\underset{\cdot}{q}_{\bar{l}}^{\mathrm{T}}\cdot{}^{\bar{l}}\underset{\cdot}{q}_{l}
\end{aligned}
$$

即

$$
\begin{aligned}
{}^{\bar{\bar{l}}}\underset{\cdot}{q}_{\bar{l}}^{\mathrm{T}}\cdot\underset{\cdot}{\mathbf{i}}^{\mathrm{T}}*\underset{\cdot}{\mathbf{i}}\cdot{}^{\bar{l}}\underset{\cdot}{q}_{l}=&\ \mathbf{i}\cdot\left({}^{\bar{\bar{l}}}\underset{\cdot}{q}_{\bar{l}}^{[4]}\cdot{}^{\bar{l}}\underset{\cdot}{q}_{l}+{}^{\bar{\bar{l}}}\underset{\cdot}{\tilde{q}}_{\bar{l}}\cdot{}^{\bar{l}}\underset{\cdot}{q}_{l}+{}^{\bar{\bar{l}}}\underset{\cdot}{q}_{\bar{l}}\cdot{}^{\bar{l}}\underset{\cdot}{q}_{l}^{[4]}\right)\\
&+{}^{\bar{\bar{l}}}\underset{\cdot}{q}_{\bar{l}}^{[4]}\cdot{}^{\bar{l}}\underset{\cdot}{q}_{l}^{[4]}-{}^{\bar{\bar{l}}}\underset{\cdot}{q}_{\bar{l}}^{\mathrm{T}}\cdot{}^{\bar{l}}\underset{\cdot}{q}_{l}
\end{aligned} \tag{3.113}
$$

将式(3.113)写成伪坐标（pseudo-coordinates）或数组形式：

$$
{}^{\bar{\bar{l}}}\underset{\cdot}{q}_{\bar{l}}*{}^{\bar{l}}\underset{\cdot}{q}_{l}=\left[{}^{\bar{\bar{l}}}\underset{\cdot}{q}_{\bar{l}}^{[4]}\cdot{}^{\bar{l}}\underset{\cdot}{q}_{l}+{}^{\bar{\bar{l}}}\underset{\cdot}{\tilde{q}}_{\bar{l}}\cdot{}^{\bar{l}}\underset{\cdot}{q}_{l}+{}^{\bar{\bar{l}}}\underset{\cdot}{q}_{\bar{l}}\cdot{}^{\bar{l}}\underset{\cdot}{q}_{l}^{[4]},\ {}^{\bar{\bar{l}}}\underset{\cdot}{q}_{\bar{l}}^{[4]}\cdot{}^{\bar{l}}\underset{\cdot}{q}_{l}^{[4]}-{}^{\bar{\bar{l}}}\underset{\cdot}{q}_{\bar{l}}^{\mathrm{T}}\cdot{}^{\bar{l}}\underset{\cdot}{q}_{l}\right] \tag{3.114}
$$

即

$$
{}^{\bar{\bar{l}}}\underset{\cdot}{q}_{\bar{l}}*{}^{\bar{l}}\underset{\cdot}{q}_{l}=\begin{bmatrix}{}^{\bar{\bar{l}}}\underset{\cdot}{q}_{\bar{l}}^{[4]}\cdot{}^{\bar{l}}\underset{\cdot}{q}_{l}+{}^{\bar{\bar{l}}}\underset{\cdot}{q}_{\bar{l}}\cdot{}^{\bar{l}}\underset{\cdot}{q}_{l}^{[4]}+{}^{\bar{\bar{l}}}\underset{\cdot}{\tilde{q}}_{\bar{l}}\cdot{}^{\bar{l}}\underset{\cdot}{q}_{l}\\ {}^{\bar{\bar{l}}}\underset{\cdot}{q}_{\bar{l}}^{[4]}\cdot{}^{\bar{l}}\underset{\cdot}{q}_{l}^{[4]}-{}^{\bar{\bar{l}}}\underset{\cdot}{q}_{\bar{l}}^{\mathrm{T}}\cdot{}^{\bar{l}}\underset{\cdot}{q}_{l}\end{bmatrix} \tag{3.115}
$$

另一方面，

$$
\begin{bmatrix}{}^{\bar{\bar{l}}}\underset{\cdot}{q}_{\bar{l}}^{[4]}\cdot\mathbf{1}+{}^{\bar{\bar{l}}}\underset{\cdot}{\tilde{q}}_{\bar{l}} & {}^{\bar{\bar{l}}}\underset{\cdot}{q}_{\bar{l}}\\ -{}^{\bar{\bar{l}}}\underset{\cdot}{q}_{\bar{l}}^{\mathrm{T}} & {}^{\bar{\bar{l}}}\underset{\cdot}{q}_{\bar{l}}^{[4]}\end{bmatrix}\cdot\begin{bmatrix}{}^{\bar{l}}\underset{\cdot}{q}_{l}\\ {}^{\bar{l}}\underset{\cdot}{q}_{l}^{[4]}\end{bmatrix}=\begin{bmatrix}{}^{\bar{\bar{l}}}\underset{\cdot}{q}_{\bar{l}}^{[4]}\cdot{}^{\bar{l}}\underset{\cdot}{q}_{l}+{}^{\bar{\bar{l}}}\underset{\cdot}{q}_{\bar{l}}\cdot{}^{\bar{l}}\underset{\cdot}{q}_{l}^{[4]}+{}^{\bar{\bar{l}}}\underset{\cdot}{\tilde{q}}_{\bar{l}}\cdot{}^{\bar{l}}\underset{\cdot}{q}_{l}\\ {}^{\bar{\bar{l}}}\underset{\cdot}{q}_{\bar{l}}^{[4]}\cdot{}^{\bar{l}}\underset{\cdot}{q}_{l}^{[4]}-{}^{\bar{\bar{l}}}\underset{\cdot}{q}_{\bar{l}}^{\mathrm{T}}\cdot{}^{\bar{l}}\underset{\cdot}{q}_{l}\end{bmatrix} \tag{3.116}
$$

故式(3.114)中的复数乘“$*$”可以转化为数乘“$\cdot$”运算，即有

$$
{}^{\bar{\bar{l}}}\underset{\cdot}{q}_{\bar{l}}*{}^{\bar{l}}\underset{\cdot}{q}_{l}=\begin{bmatrix}{}^{\bar{\bar{l}}}\underset{\cdot}{q}_{\bar{l}}^{[4]}\cdot\mathbf{1}+{}^{\bar{\bar{l}}}\underset{\cdot}{\tilde{q}}_{\bar{l}} & {}^{\bar{\bar{l}}}\underset{\cdot}{q}_{\bar{l}}\\ -{}^{\bar{\bar{l}}}\underset{\cdot}{q}_{\bar{l}}^{\mathrm{T}} & {}^{\bar{\bar{l}}}\underset{\cdot}{q}_{\bar{l}}^{[4]}\end{bmatrix}\cdot\begin{bmatrix}{}^{\bar{l}}\underset{\cdot}{q}_{l}\\ {}^{\bar{l}}\underset{\cdot}{q}_{l}^{[4]}\end{bmatrix} \tag{3.117}
$$

故定义

$$
{}^{\bar{\bar{l}}}\underset{\cdot}{\tilde{q}}_{\bar{l}}\triangleq\begin{bmatrix}{}^{\bar{\bar{l}}}\underset{\cdot}{q}_{\bar{l}}^{[4]}\cdot\mathbf{1}+{}^{\bar{\bar{l}}}\underset{\cdot}{\tilde{q}}_{\bar{l}} & {}^{\bar{\bar{l}}}\underset{\cdot}{q}_{\bar{l}}\\ -{}^{\bar{\bar{l}}}\underset{\cdot}{q}_{\bar{l}}^{\mathrm{T}} & {}^{\bar{\bar{l}}}\underset{\cdot}{q}_{\bar{l}}^{[4]}\end{bmatrix},\quad {}^{\bar{\bar{l}}}\underset{\cdot}{\tilde{q}}_{\bar{l}}^{*}\triangleq\begin{bmatrix}{}^{\bar{\bar{l}}}\underset{\cdot}{q}_{\bar{l}}^{[4]}\cdot\mathbf{1}-{}^{\bar{\bar{l}}}\underset{\cdot}{\tilde{q}}_{\bar{l}} & -{}^{\bar{\bar{l}}}\underset{\cdot}{q}_{\bar{l}}\\ {}^{\bar{\bar{l}}}\underset{\cdot}{q}_{\bar{l}}^{\mathrm{T}} & {}^{\bar{\bar{l}}}\underset{\cdot}{q}_{\bar{l}}^{[4]}\end{bmatrix} \tag{3.118}
$$

称 ${}^{\bar{\bar{l}}}\underset{\cdot}{\tilde{q}}_{\bar{l}}$ 为四元数 ${}^{\bar{\bar{l}}}\underset{\cdot}{q}_{\bar{l}}$ 的叉乘（共轭）矩阵。由式(3.115)易得

$$
{}^{\bar{\bar{l}}}q_{\bar{l}}^{*} * {}^{\bar{l}}q_{l}^{*} = \begin{bmatrix} {}^{\bar{\bar{l}}}q_{\bar{l}}^{[4]} \cdot \mathbf{1} - {}^{\bar{\bar{l}}}\tilde{q}_{\bar{l}} & -{}^{\bar{\bar{l}}}q_{\bar{l}} \\ {}^{\bar{\bar{l}}}q_{\bar{l}}^{\mathrm{T}} & {}^{\bar{\bar{l}}}q_{\bar{l}}^{[4]} \end{bmatrix} \cdot \begin{bmatrix} -{}^{\bar{l}}q_{l} \\ {}^{\bar{l}}q_{l}^{[4]} \end{bmatrix} = \left({}^{\bar{l}}q_{l} * {}^{\bar{\bar{l}}}q_{\bar{l}} \right)^{*}
$$

由式(3.117)及上式得

$$
{}^{\bar{\bar{l}}}q_{\bar{l}} * {}^{\bar{l}}q_{l} = {}^{\bar{\bar{l}}}\tilde{q}_{\bar{l}} \cdot {}^{\bar{l}}q_{l}, \quad \left({}^{\bar{l}}q_{l} * {}^{\bar{\bar{l}}}q_{\bar{l}} \right)^{*} = {}^{\bar{\bar{l}}}q_{\bar{l}}^{*} * {}^{\bar{l}}q_{l}^{*} \tag{3.119}
$$

式(3.118)和式(3.119)表明：四元数的乘法运算可用四元数的共轭矩阵运算替换。与矢量叉乘运算相似，四元数乘可用相应的共轭矩阵替代，式(3.119)称为 4D 复数乘公式。

3.4.2 Rodrigues四元数

定轴转动由轴不变量 ${}^{\bar{l}}n_{l}$ 和转动角度 $\phi_{l}^{\bar{l}}$ 唯一确定，即通过转动矢量 ${}^{\bar{l}}\phi_{l} = {}^{\bar{l}}n_{l} \cdot \phi_{l}^{\bar{l}}$ 唯一表示。将转动矢量的变体形式 $\left[{}^{\bar{l}}n_{l} \cdot \mathrm{S}_{l}^{\bar{l}} \quad \mathrm{C}_{l}^{\bar{l}} \right]^{\mathrm{T}}$ 称为 Rodrigues 四元数， 亦称为 Rodrigues 参数。四元数意为四个数，前三个表示为 ${}^{\bar{l}}n_{l} \cdot \mathrm{S}_{l}^{\bar{l}}$ ，是矢量，最后一个为 $\mathrm{C}_{l}^{\bar{l}}$ ，是标量。显然，Rodrigues 四元数不满足可加性，故 Rodrigues 四元数是四维数组。将 Rodrigues 四元数表示为

$$
{}^{\bar{l}}q_{l} = \left[{}^{\bar{l}}n_{l} \cdot \mathrm{S}_{l}^{\bar{l}} \quad \mathrm{C}_{l}^{\bar{l}} \right]^{\mathrm{T}} \tag{3.120}
$$

并记 ${}^{\bar{l}}q_{l} = \left[{}^{\bar{l}}q_{l} \quad {}^{\bar{l}}q_{l}^{[4]} \right]^{\mathrm{T}}$ ，其中：${}^{\bar{l}}q_{l}$ 为 Rodrigues 四元数矢部，${}^{\bar{l}}q_{l}^{[4]}$ 为 Rodrigues 四元数实部或称为标部。显然，有 $\left| q_{l}^{\bar{l}} \right| = 1$ ，即模为 1。式(3.120)是美式 Rodrigues 四元数。

由式(3.120)得

$$
\phi_{l}^{\bar{l}} = \arccos\left({}^{\bar{l}}q_{l}^{[4]} \right) \in \left[0, \pi \right) \tag{3.121}
$$

$$
{}^{\bar{l}}\phi_{l} = \begin{cases} \dfrac{\phi_{l}^{\bar{l}}}{\mathrm{S}_{l}^{\bar{l}}} \cdot {}^{\bar{l}}q_{l} & \text{if} \quad \phi_{l}^{\bar{l}} \neq 0 \\ 0_{3} & \text{if} \quad \phi_{l}^{\bar{l}} = 0 \end{cases} \tag{3.122}
$$

由式(3.121)可知：$\phi_{l}^{\bar{l}}$ 不能覆盖一周，故 ${}^{\bar{l}}q_{l}$ 与 ${}^{\bar{l}}\phi_{l}$ 不是一一映射的关系。式(3.121)中的角度范围与本章参考文献[1]中的不同，该文献中的转动轴方向是可重新定义的，本书中的轴矢量是不变量，它作为运动链的自然参考轴，方向是先于系统分析确定的，之后不可重新定义。

欧式 Rodrigues 四元数习惯表示为

$$
{}^{\bar{l}}q_{l} = \left[\mathrm{C}_{l}^{\bar{l}} \quad {}^{\bar{l}}n_{l} \cdot \mathrm{S}_{l}^{\bar{l}} \right]^{\mathrm{T}} \tag{3.123}
$$

由式(3.120)知

$$
{}^{l}q_{\bar{l}} = \left[{}^{\bar{l}}n_{l} \cdot \sin\left(-\phi_{l}^{\bar{l}} \right) \quad \cos\left(-\phi_{l}^{\bar{l}} \right) \right]^{\mathrm{T}} = \left[-{}^{\bar{l}}q_{l} \quad {}^{\bar{l}}q_{l}^{[4]} \right]^{\mathrm{T}} \triangleq {}^{\bar{l}}q_{l}^{*} \tag{3.124}
$$

${}^{\bar{l}}q_{l}^{*}$ 为 ${}^{\bar{l}}q_{l}$ 的逆四元数，即共轭四元数。显然，${}^{\bar{l}}q_{l}^{*}$ 是 ${}^{\bar{l}}q_{l}$ 转动的逆过程。给定一个

Rodrigues 四元数时，只能确定定轴转动的角度范围为$\left[0,\pi\right)$，故称定轴转动的 Rodrigues 四元数为有限转动四元数。注意，${}^{l}\underset{\cdot}{q}_{\bar{l}}$ 为${}^{\bar{l}}\underset{\cdot}{q}_{l}$的负/反四元数，且有

$$ {}^{l}\underset{\cdot}{q}_{\bar{l}} = {}^{\bar{l}}\underset{\cdot}{q}_{l}^{-1} \tag{3.125} $$

显然，${}^{\bar{l}}n_{l} = {}^{\bar{l}}q_{l} \,/\, \left|q_{l}^{\bar{l}}\right|$，则由式(3.28)得对应的旋转变换阵${}^{\bar{l}}Q_{l}$:

$$ {}^{\bar{l}}Q_{l} = \frac{{}^{\bar{l}}q_{l} \cdot {}^{\bar{l}}q_{l}^{\mathrm{T}}}{\left|q_{l}^{\bar{l}}\right|^{2}} + {}^{\bar{l}}\underset{\cdot}{q}_{l}^{[4]} \cdot \left(\mathbf{1} - \frac{{}^{\bar{l}}q_{l} \cdot {}^{\bar{l}}q_{l}^{\mathrm{T}}}{\left|q_{l}^{\bar{l}}\right|^{2}}\right) + {}^{\bar{l}}\tilde{q}_{l} \tag{3.126} $$

对于规范 Rodrigues 四元数${}^{\bar{l}}\underset{\cdot}{q}_{l}$，有$\left|\underset{\cdot}{q}_{l}^{\bar{l}}\right| = 1$及$\left|q_{l}^{\bar{l}}\right|^{2} = 1 - {}^{\bar{l}}\underset{\cdot}{q}_{l}^{[4]:2}$，由式(3.126)得

$$ {}^{\bar{l}}Q_{l} = {}^{\bar{l}}\underset{\cdot}{q}_{l}^{[4]} \cdot \mathbf{1} + \frac{1}{1+{}^{\bar{l}}\underset{\cdot}{q}_{l}^{[4]}} \cdot {}^{\bar{l}}q_{l} \cdot {}^{\bar{l}}q_{l}^{\mathrm{T}} + {}^{\bar{l}}\tilde{q}_{l} \tag{3.127} $$

即

$$ {}^{\bar{l}}Q_{l} = \begin{bmatrix} \dfrac{{}^{\bar{l}}\underset{\cdot}{q}_{l}^{[1]:2}}{1+{}^{\bar{l}}\underset{\cdot}{q}_{l}^{[4]}} + {}^{\bar{l}}\underset{\cdot}{q}_{l}^{[4]} & \dfrac{{}^{\bar{l}}\underset{\cdot}{q}_{l}^{[1]} \cdot {}^{\bar{l}}\underset{\cdot}{q}_{l}^{[2]}}{1+{}^{\bar{l}}\underset{\cdot}{q}_{l}^{[4]}} - {}^{\bar{l}}\underset{\cdot}{q}_{l}^{[3]} & \dfrac{{}^{\bar{l}}\underset{\cdot}{q}_{l}^{[1]} \cdot {}^{\bar{l}}\underset{\cdot}{q}_{l}^{[3]}}{1+{}^{\bar{l}}\underset{\cdot}{q}_{l}^{[4]}} + {}^{\bar{l}}\underset{\cdot}{q}_{l}^{[2]} \\ \dfrac{{}^{\bar{l}}\underset{\cdot}{q}_{l}^{[2]} \cdot {}^{\bar{l}}\underset{\cdot}{q}_{l}^{[1]}}{1+{}^{\bar{l}}\underset{\cdot}{q}_{l}^{[4]}} + {}^{\bar{l}}\underset{\cdot}{q}_{l}^{[3]} & \dfrac{{}^{\bar{l}}\underset{\cdot}{q}_{l}^{[2]:2}}{1+{}^{\bar{l}}\underset{\cdot}{q}_{l}^{[4]}} + {}^{\bar{l}}\underset{\cdot}{q}_{l}^{[4]} & \dfrac{{}^{\bar{l}}\underset{\cdot}{q}_{l}^{[2]} \cdot {}^{\bar{l}}\underset{\cdot}{q}_{l}^{[3]}}{1+{}^{\bar{l}}\underset{\cdot}{q}_{l}^{[4]}} - {}^{\bar{l}}\underset{\cdot}{q}_{l}^{[1]} \\ \dfrac{{}^{\bar{l}}\underset{\cdot}{q}_{l}^{[3]} \cdot {}^{\bar{l}}\underset{\cdot}{q}_{l}^{[1]}}{1+{}^{\bar{l}}\underset{\cdot}{q}_{l}^{[4]}} - {}^{\bar{l}}\underset{\cdot}{q}_{l}^{[2]} & \dfrac{{}^{\bar{l}}\underset{\cdot}{q}_{l}^{[3]} \cdot {}^{\bar{l}}\underset{\cdot}{q}_{l}^{[2]}}{1+{}^{\bar{l}}\underset{\cdot}{q}_{l}^{[4]}} + {}^{\bar{l}}\underset{\cdot}{q}_{l}^{[1]} & \dfrac{{}^{\bar{l}}\underset{\cdot}{q}_{l}^{[3]:2}}{1+{}^{\bar{l}}\underset{\cdot}{q}_{l}^{[4]}} + {}^{\bar{l}}\underset{\cdot}{q}_{l}^{[4]} \end{bmatrix} \tag{3.128} $$

由式(3.128)及$1 - {}^{\bar{l}}\underset{\cdot}{q}_{l}^{[4]:2} = {}^{\bar{l}}\underset{\cdot}{q}_{l}^{[1]:2} + {}^{\bar{l}}\underset{\cdot}{q}_{l}^{[2]:2} + {}^{\bar{l}}\underset{\cdot}{q}_{l}^{[3]:2}$得

$$ {}^{\bar{l}}\underset{\cdot}{q}_{l}^{[4]} = 0.5 \cdot \left[\mathrm{Trace}\left({}^{\bar{l}}Q_{l}\right) - 1\right] \tag{3.129} $$

$$ \begin{cases} 0.5 \cdot \left({}^{\bar{l}}Q_{l}^{[3][2]} - {}^{\bar{l}}Q_{l}^{[2][3]}\right) = {}^{\bar{l}}\underset{\cdot}{q}_{l}^{[1]} \\ 0.5 \cdot \left({}^{\bar{l}}Q_{l}^{[1][3]} - {}^{\bar{l}}Q_{l}^{[3][1]}\right) = {}^{\bar{l}}\underset{\cdot}{q}_{l}^{[2]} \\ 0.5 \cdot \left({}^{\bar{l}}Q_{l}^{[2][1]} - {}^{\bar{l}}Q_{l}^{[1][2]}\right) = {}^{\bar{l}}\underset{\cdot}{q}_{l}^{[3]} \end{cases} \tag{3.130} $$

由式(3.129)和式(3.130)计算${}^{\bar{l}}\underset{\cdot}{q}_{l}$时，充分应用了矩阵${}^{\bar{l}}Q_{l}$的每一元素，对于病态矩阵${}^{\bar{l}}Q_{l}$具有鲁棒能力。

定轴转动是树形运动链系统的基本问题。由于角度测量噪声及计算机有限字长的截断误差，旋转变换阵的正交约束被破坏，经树链旋转变换，误差被放大，难以满足工程需求。通过 Rodrigues 四元数来表征旋转变换阵，保证了旋转变换阵的正交归一化。应用基于轴不变量的转动可以降低测量误差和数字截断误差。

有限转动四元数的转动角度范围为$\left[0,\pi\right)$，它有以下基本特点：

（1）对于定轴转动，有限转动四元数可以唯一确定旋转变换阵；反之，则不成立，即${}^{\bar{l}}\underset{\cdot}{q}_{l} \rightarrow {}^{\bar{l}}Q_{l}$。

（2）有限转动四元数 ${}^{\bar{l}}q_l$ 和 ${}^{l}q_{\bar{l}}$ 有如下关系：${}^{\bar{l}}q_l^{[4]}={}^{l}q_{\bar{l}}^{[4]}$，${}^{\bar{l}}q_l=-\mathbf{1}\cdot{}^{l}q_{\bar{l}}={}^{l}q_{\bar{l}}^{-1}$。前者是标量，称为标量部分；后者是转动轴矢量，称为矢量部分。

对于定轴转动的逆问题，由旋转变换阵计算有限转动四元数时有一个特别重要的约束条件：$0\leqslant\phi_l^{\bar{l}}<\pi$。而机器人或航天器在定轴转动时常常要求在 $[0,2\pi)$ 内实现连续转动，显然 $0\leqslant\phi_l^{\bar{l}}<\pi$ 不能满足要求。这正是该四元数命名为有限转动四元数的原因。对于定轴转动的逆问题，有限转动四元数与对应的旋转变换阵并不完全等价，这反映了有限转动四元数的局限性。

尽管如此，因为通过有限转动四元数可以表示旋转变换阵，且有限转动四元数表示定轴转动是自然的，所以在表示定轴转动时常常用它作为人机交互的接口来计算旋转变换阵。在以自然坐标系为基础的定轴转动中，通过转动矢量、Rodrigues 四元数可以确定相邻两个坐标系的关系，此时，除根坐标系外，其他体系不必定义，即在多轴系统中，只需要关注底座坐标基。在机器人或航天器及其机构规划与控制时需要通过欧拉四元数表示，欧拉四元数与对应的旋转变换阵完全等价。

3.4.3　欧拉四元数

1.欧拉四元数的定义

定义

$$\begin{cases}{}^{\bar{l}}\lambda_l\triangleq\left[{}^{\bar{l}}\lambda_l\quad{}^{\bar{l}}\lambda_l^{[4]}\right]^{\mathrm{T}}=\left[{}^{\bar{l}}n_l\cdot\mathrm{S}_l\quad\mathrm{C}_l\right]^{\mathrm{T}}\\ \mathbf{i}\cdot{}^{\bar{l}}\lambda_l=\mathrm{C}_l+\mathbf{i}\cdot{}^{\bar{l}}n_l\cdot\mathrm{S}_l\end{cases}\tag{3.131}$$

其中：${}^{\bar{l}}\lambda_l^{[4]}=\mathrm{C}_l$，${}^{\bar{l}}\lambda_l={}^{\bar{l}}n_l\cdot\mathrm{S}_l$。称 ${}^{\bar{l}}\lambda_l\triangleq\left[{}^{\bar{l}}\lambda_l\quad{}^{\bar{l}}\lambda_l^{[4]}\right]^{\mathrm{T}}$ 为 Euler-Rodrigues 四元数或欧拉四元数。显然，它是模为 1 的四元数，又称为规范四元数。基于 Rodrigues 四元数，欧拉首次采用了半角表示的 Rodrigues 四元数。传统的欧拉四元数的转动轴只表示转动的方向，未规定转动方向的正负。而本书中，以 ${}^{\bar{l}}n_l$ 作为转动的参考轴，已给定转动方向的正负，不会产生歧义。

式(3.131)所示的是美式欧拉四元数表示法；与 Rodrigues 四元数一样，欧式欧拉四元数表示为

$${}^{\bar{l}}\lambda_l\triangleq\left[\mathrm{C}_l\quad{}^{\bar{l}}n_l\cdot\mathrm{S}_l\right]^{\mathrm{T}}\tag{3.132}$$

在本书中，仅使用式(3.131)所示的美式欧拉四元数表示法。

2.由欧拉四元数表示旋转变换阵

由式(3.28)可知

$$
\begin{aligned}
&(2\cdot{}^{\bar{l}}\lambda_l^{[4]:2}-1)\cdot\mathbf{1}+2\cdot{}^{\bar{l}}\lambda_l\cdot{}^{\bar{l}}\lambda_l^{\mathrm{T}}+2\cdot{}^{\bar{l}}\lambda_l^{[4]}\cdot{}^{\bar{l}}\tilde{\lambda}_l\\
&=({}^{\bar{l}}\lambda_l^{[4]:2}-{}^{\bar{l}}\lambda_l^{\mathrm{T}}\cdot{}^{\bar{l}}\lambda_l)\cdot\mathbf{1}+2\cdot{}^{\bar{l}}\lambda_l\cdot{}^{\bar{l}}\lambda_l^{\mathrm{T}}+2\cdot{}^{\bar{l}}\lambda_l^{[4]}\cdot{}^{\bar{l}}\tilde{\lambda}_l\\
&=\left(\mathrm{C}_l^2-\mathrm{S}_l^2\right)\cdot\mathbf{1}+2\cdot\mathrm{S}_l^2\cdot{}^{\bar{l}}n_l\cdot{}^{\bar{l}}n_l^{\mathrm{T}}+2\cdot\mathrm{C}_l\cdot\mathrm{S}_l\cdot{}^{\bar{l}}\tilde{n}_l\\
&=\mathbf{1}\cdot\mathrm{C}_l^{\bar{l}}+\left(1-\mathrm{C}_l^{\bar{l}}\right)\cdot\left(\mathbf{1}+{}^{\bar{l}}\tilde{n}_l^2\right)+{}^{\bar{l}}\tilde{n}_l\cdot\mathrm{S}_l^{\bar{l}}\\
&=\mathbf{1}+{}^{\bar{l}}\tilde{n}_l\cdot\mathrm{S}_l^{\bar{l}}+\left(1-\mathrm{C}_l^{\bar{l}}\right)\cdot{}^{\bar{l}}\tilde{n}_l^2\\
&={}^{\bar{l}}Q_l
\end{aligned}
$$

因此，欧拉四元数${}^{\bar{l}}\lambda_l$表示了定轴转动，并确定了旋转变换阵${}^{\bar{l}}Q_l$，这表明：欧拉四元数与旋转变换阵等价。考虑式(3.34)得

$$
{}^{\bar{l}}Q_l=(2\cdot{}^{\bar{l}}\lambda_l^{[4]:2}-1)\cdot\mathbf{1}+2\cdot{}^{\bar{l}}\lambda_l\cdot{}^{\bar{l}}\lambda_l^{\mathrm{T}}+2\cdot{}^{\bar{l}}\lambda_l^{[4]}\cdot{}^{\bar{l}}\tilde{\lambda}_l=\mathbf{1}+2\cdot{}^{\bar{l}}\lambda_l^{[4]}\cdot{}^{\bar{l}}\tilde{\lambda}_l+2\cdot{}^{\bar{l}}\tilde{\lambda}_l^2 \tag{3.133}
$$

由式(3.58)知${}^{\bar{l}}\phi_l=\phi_l^{\bar{l}}\cdot{}^{\bar{l}}n_l$，由式(3.61)知$\left|\phi_l^{\bar{l}}\right|=\sqrt{{}^{\bar{l}}\phi_l^{[1]:2}+{}^{\bar{l}}\phi_l^{[2]:2}+{}^{\bar{l}}\phi_l^{[3]:2}}$，式(3.120)和式(3.131)的关系为

$$
\begin{cases}
{}^{\bar{l}}q_l=\left[2\cdot{}^{\bar{l}}\lambda_l^{[4]}\cdot{}^{\bar{l}}\lambda_l\quad 2\cdot{}^{\bar{l}}\lambda_l^{[4]:2}-1\right]^{\mathrm{T}}\\
{}^{\bar{l}}\lambda_l=\left[{}^{\bar{l}}q_l\Big/\sqrt{0.5\cdot\left({}^{\bar{l}}q_l^{[4]:2}+1\right)}\quad\sqrt{0.5\cdot\left({}^{\bar{l}}q_l^{[4]:2}+1\right)}\right]^{\mathrm{T}}
\end{cases} \tag{3.134}
$$

由式(3.133)可知旋转变换阵为

$$
\begin{aligned}
{}^{\bar{l}}Q_l&=\left(2\cdot\mathrm{C}_l^2-1\right)\cdot\mathbf{1}+2\cdot{}^{\bar{l}}\lambda_l\cdot{}^{\bar{l}}\lambda_l^{\mathrm{T}}+2\cdot\mathrm{C}_l\cdot{}^{\bar{l}}\tilde{\lambda}_l\\
&=\begin{bmatrix}
2\left(\mathrm{C}_l^2+{}^{\bar{l}}\lambda_l^{[1]:2}\right)-1 & 2\left({}^{\bar{l}}\lambda_l^{[1]}\cdot{}^{\bar{l}}\lambda_l^{[2]}-\mathrm{C}_l\cdot{}^{\bar{l}}\lambda_l^{[3]}\right) & 2\left({}^{\bar{l}}\lambda_l^{[1]}\cdot{}^{\bar{l}}\lambda_l^{[3]}+\mathrm{C}_l\cdot{}^{\bar{l}}\lambda_l^{[2]}\right)\\
2\left({}^{\bar{l}}\lambda_l^{[1]}\cdot{}^{\bar{l}}\lambda_l^{[2]}+\mathrm{C}_l\cdot{}^{\bar{l}}\lambda_l^{[3]}\right) & 2\left(\mathrm{C}_l^2+{}^{\bar{l}}\lambda_l^{[2]:2}\right)-1 & 2\left({}^{\bar{l}}\lambda_l^{[2]}\cdot{}^{\bar{l}}\lambda_l^{[3]}-\mathrm{C}_l\cdot{}^{\bar{l}}\lambda_l^{[1]}\right)\\
2\left({}^{\bar{l}}\lambda_l^{[1]}\cdot{}^{\bar{l}}\lambda_l^{[3]}-\mathrm{C}_l\cdot{}^{\bar{l}}\lambda_l^{[2]}\right) & 2\left({}^{\bar{l}}\lambda_l^{[2]}\cdot{}^{\bar{l}}\lambda_l^{[3]}+\mathrm{C}_l\cdot{}^{\bar{l}}\lambda_l^{[1]}\right) & 2\left(\mathrm{C}_l^2+{}^{\bar{l}}\lambda_l^{[3]:2}\right)-1
\end{bmatrix}
\end{aligned} \tag{3.135}
$$

另记

$$
{}^{\bar{l}}Q_l=\left(2\cdot\mathrm{C}_l^2-1\right)\cdot\mathbf{1}+2\cdot{}^{\bar{l}}\lambda_l\cdot{}^{\bar{l}}\lambda_l^{\mathrm{T}}+2\cdot\mathrm{C}_l\cdot{}^{\bar{l}}\tilde{\lambda}_l \tag{3.136}
$$

由式(3.131)和式(3.120)可知，欧拉四元数与 Rodrigues 四元数的区别在于：前者是$\left[{}^{\bar{l}}n_l\cdot\mathrm{S}_l\quad\mathrm{C}_l\right]^{\mathrm{T}}$，后者是$\left[{}^{\bar{l}}n_l\cdot\mathrm{S}_l^{\bar{l}}\quad\mathrm{C}_l^{\bar{l}}\right]^{\mathrm{T}}$。而式(3.136)的计算复杂度相对式(3.29)的要高一些。

3.由旋转变换阵计算欧拉四元数

下面，讨论由旋转变换阵${}^{\bar{l}}Q_l$求四元数${}^{\bar{l}}\lambda_l$的问题。由式(3.135)可知

$$
\phi_l^{\bar{l}}=2\cdot\arccos\left(0.5\cdot\sqrt{1+\mathrm{Trace}\left({}^{\bar{l}}Q_l\right)}\right)\in\left[0,2\pi\right) \tag{3.137}
$$

$$
\begin{cases}
0.25\cdot\left(1+{}^{\bar{l}}Q_l^{[1][1]}-{}^{\bar{l}}Q_l^{[2][2]}-{}^{\bar{l}}Q_l^{[3][3]}\right)={}^{\bar{l}}\lambda_l^{[1]:2}\\
0.25\cdot\left(1-{}^{\bar{l}}Q_l^{[1][1]}+{}^{\bar{l}}Q_l^{[2][2]}-{}^{\bar{l}}Q_l^{[3][3]}\right)={}^{\bar{l}}\lambda_l^{[2]:2}\\
0.25\cdot\left(1-{}^{\bar{l}}Q_l^{[1][1]}-{}^{\bar{l}}Q_l^{[2][2]}+{}^{\bar{l}}Q_l^{[3][3]}\right)={}^{\bar{l}}\lambda_l^{[3]:2}
\end{cases} \tag{3.138}
$$

由式(3.138)得

$$^{\bar{l}}\lambda_l^{[n]} = \sqrt{\mathrm{Max}\left\{ {^{\bar{l}}\lambda_l^{[m]:2}} \middle| m \in \{1,2,3,4\} \right\}}, \quad n \in \{1,2,3,4\}, \quad m \neq n \tag{3.139}$$

$$\begin{cases} 0.25 \cdot \left({^{\bar{l}}Q_l^{[1][2]}} + {^{\bar{l}}Q_l^{[2][1]}} \right) = {^{\bar{l}}\lambda_l^{[1]}} \cdot {^{\bar{l}}\lambda_l^{[2]}} \\ 0.25 \cdot \left({^{\bar{l}}Q_l^{[1][3]}} + {^{\bar{l}}Q_l^{[3][1]}} \right) = {^{\bar{l}}\lambda_l^{[1]}} \cdot {^{\bar{l}}\lambda_l^{[3]}} \\ 0.25 \cdot \left({^{\bar{l}}Q_l^{[2][3]}} + {^{\bar{l}}Q_l^{[3][2]}} \right) = {^{\bar{l}}\lambda_l^{[3]}} \cdot {^{\bar{l}}\lambda_l^{[1]}} \end{cases} \tag{3.140}$$

$$\begin{cases} 0.25 \cdot \left({^{\bar{l}}Q_l^{[2][1]}} - {^{\bar{l}}Q_l^{[1][2]}} \right) = {^{\bar{l}}\lambda_l^{[4]}} \cdot {^{\bar{l}}\lambda_l^{[3]}} \\ 0.25 \cdot \left({^{\bar{l}}Q_l^{[3][1]}} - {^{\bar{l}}Q_l^{[1][3]}} \right) = {^{\bar{l}}\lambda_l^{[4]}} \cdot {^{\bar{l}}\lambda_l^{[2]}} \\ 0.25 \cdot \left({^{\bar{l}}Q_l^{[3][2]}} - {^{\bar{l}}Q_l^{[2][3]}} \right) = {^{\bar{l}}\lambda_l^{[4]}} \cdot {^{\bar{l}}\lambda_l^{[1]}} \end{cases} \tag{3.141}$$

即

$$^{\bar{l}}\lambda_l^{[4]} \cdot {^{\bar{l}}\lambda_l} = 0.5 \cdot \mathrm{Vector}\left({^{\bar{l}}Q_l} \right) \tag{3.142}$$

式(3.137)中的角度范围与本章参考文献[2]、[3]中的不同，该文献中的转动轴方向是可重新定义的，而本书中的轴矢量是不变量，它作为运动链的自然参考轴，方向是先于系统分析确定的，在以后的运算过程中不可对之重新定义。$\phi_l^{\bar{l}}$ 可以完整地覆盖一周，欧拉四元数与姿态具有一一映射的关系。

由式(3.138)和式(3.141)计算 $^{\bar{l}}\lambda_l$ 时，充分应用了矩阵元素的信息，它们由 $\mathrm{Trace}\left({^{\bar{l}}Q_l} \right)$ 及 $\mathrm{Vector}\left({^{\bar{l}}Q_l} \right)$ 确定。与笛卡儿坐标轴链的姿态计算相比，欧拉四元数对病态旋转变换阵具有更强的鲁棒能力。由式(3.136)可知，$^{l}\lambda_{\bar{l}}$ 与 $^{\bar{l}}\lambda_l$ 分别描述的是旋转变换阵 $^{l}Q_{\bar{l}}$ 和 $^{\bar{l}}Q_l$。由式(3.137)和式(3.142)唯一确定 $\phi_l^{\bar{l}}$ 和轴不变量 $^{\bar{l}}n_l$，即有 $^{\bar{l}}\lambda_l \leftrightarrow {^{\bar{l}}\phi_l}$。将式(3.132)重新表示为

$$^{\bar{l}}\lambda_l = \left[{^{\bar{l}}n_l} \cdot \mathrm{S}_l \quad \mathrm{C}_l \right]^{\mathrm{T}}, \quad 0 \leqslant \phi_l^{\bar{l}} < 2\pi \tag{3.143}$$

将 $[0, 2\pi)$ 的姿态角称为最短路径全姿态角。欧拉四元数能区分最短路径全姿态角，而 Rodrigues 四元数只能区分 $[0,\pi)$ 内的姿态角。

4.四元数的逆

由式(3.134)和式(3.136)可知：

$$\begin{aligned} {^{l}Q_{\bar{l}}} &= \left[\left(2 \cdot {^{\bar{l}}\lambda_l^{[4]:2}} - 1 \right) \cdot \mathbf{1} + 2 \cdot {^{\bar{l}}\lambda_l} \cdot {^{\bar{l}}\lambda_l^{\mathrm{T}}} + 2 \cdot {^{\bar{l}}\lambda_l^{[4]}} \cdot {^{\bar{l}}\tilde{\lambda}_l} \right]^{\mathrm{T}} \\ &= \left(2 \cdot {^{\bar{l}}\lambda_l^{[4]:2}} - 1 \right) \cdot \mathbf{1} + 2 \cdot \left(-{^{\bar{l}}\lambda_l} \right) \cdot \left(-{^{\bar{l}}\lambda_l^{\mathrm{T}}} \right) - 2 \cdot {^{\bar{l}}\lambda_l^{[4]}} \cdot {^{\bar{l}}\tilde{\lambda}_l} \\ &= \left(2 \cdot {^{l}\lambda_{\bar{l}}^{[4]:2}} - 1 \right) \cdot \mathbf{1} + 2 \cdot {^{l}\lambda_{\bar{l}}} \cdot {^{l}\lambda_{\bar{l}}^{\mathrm{T}}} + 2 \cdot {^{l}\lambda_{\bar{l}}^{[4]}} \cdot {^{l}\tilde{\lambda}_{\bar{l}}} \end{aligned}$$

故有 $^{l}\lambda_{\bar{l}} = -{^{\bar{l}}\lambda_l}$，$^{l}\lambda_{\bar{l}}^{[4]} = {^{\bar{l}}\lambda_l^{[4]}}$，即

$$^{l}\lambda_{\bar{l}} = \left[-{^{\bar{l}}\lambda_l} \quad {^{\bar{l}}\lambda_l^{[4]}} \right]^{\mathrm{T}} \tag{3.144}$$

由式(3.134)知 ${}^{l}\lambda_{\bar{l}}=\begin{bmatrix}-{}^{\bar{l}}\lambda_{l} & {}^{\bar{l}}\lambda_{l}^{[4]}\end{bmatrix}^{\mathrm{T}}=\begin{bmatrix}{}^{l}n_{\bar{l}}\cdot\sin\left(-0.5\cdot\phi_{l}^{\bar{l}}\right) & \cos\left(-0.5\cdot\phi_{l}^{\bar{l}}\right)\end{bmatrix}^{\mathrm{T}}$，它是 ${}^{\bar{l}}\lambda_{l}$ 的反或逆，且有

$$
{}^{l}\lambda_{\bar{l}}={}^{\bar{l}}\lambda_{l}^{-1}={}^{\bar{l}}\lambda_{l}^{*}=\begin{bmatrix}-{}^{\bar{l}}\lambda_{l} & {}^{\bar{l}}\lambda_{l}^{[4]}\end{bmatrix}^{\mathrm{T}} \tag{3.145}
$$

注意：单位四元数 ${}^{\bar{l}}\lambda_{l}$ 的共轭四元数 ${}^{\bar{l}}\lambda_{l}^{*}$ 为 ${}^{\bar{l}}\lambda_{l}^{-1}$，即有 ${}^{\bar{l}}\lambda_{l}^{*}={}^{\bar{l}}\lambda_{l}^{-1}$。因 ${}^{\bar{l}}\lambda_{l}^{*}={}^{\bar{l}}\lambda_{l}\left(-\phi_{l}^{\bar{l}}\right)$，故共轭四元数 ${}^{\bar{l}}\lambda_{l}^{*}$ 表示的是 ${}^{\bar{l}}\lambda_{l}$ 的逆转动。由式(3.145)可知 ${}^{l}\lambda_{\bar{l}}$ 与 ${}^{\bar{l}}\lambda_{l}^{-1}$ 等价。

3.4.4 欧拉四元数的链关系

由式(3.118)和式(3.119)可知，四元数乘法运算可用其共轭矩阵运算替代，故有

$$
{}^{\bar{\bar{l}}}\lambda_{l}={}^{\bar{\bar{l}}}\lambda_{\bar{l}}*{}^{\bar{l}}\lambda_{l}={}^{\bar{\bar{l}}}\tilde{\lambda}_{\bar{l}}\cdot{}^{\bar{l}}\lambda_{l} \tag{3.146}
$$

其中：由式(3.118)得

$$
\begin{aligned}
{}^{\bar{\bar{l}}}\tilde{\lambda}_{\bar{l}}&=\begin{bmatrix}
{}^{\bar{\bar{l}}}\lambda_{\bar{l}}^{[4]} & -{}^{\bar{\bar{l}}}\lambda_{\bar{l}}^{[3]} & {}^{\bar{\bar{l}}}\lambda_{\bar{l}}^{[2]} & {}^{\bar{\bar{l}}}\lambda_{\bar{l}}^{[1]}\\
{}^{\bar{\bar{l}}}\lambda_{\bar{l}}^{[3]} & {}^{\bar{\bar{l}}}\lambda_{\bar{l}}^{[4]} & -{}^{\bar{\bar{l}}}\lambda_{\bar{l}}^{[1]} & {}^{\bar{\bar{l}}}\lambda_{\bar{l}}^{[2]}\\
-{}^{\bar{\bar{l}}}\lambda_{\bar{l}}^{[2]} & {}^{\bar{\bar{l}}}\lambda_{\bar{l}}^{[1]} & {}^{\bar{\bar{l}}}\lambda_{\bar{l}}^{[4]} & {}^{\bar{\bar{l}}}\lambda_{\bar{l}}^{[3]}\\
-{}^{\bar{\bar{l}}}\lambda_{\bar{l}}^{[1]} & -{}^{\bar{\bar{l}}}\lambda_{\bar{l}}^{[2]} & -{}^{\bar{\bar{l}}}\lambda_{\bar{l}}^{[3]} & {}^{\bar{\bar{l}}}\lambda_{\bar{l}}^{[4]}
\end{bmatrix}\\
&=\begin{bmatrix}
{}^{\bar{\bar{l}}}\lambda_{\bar{l}}^{[4]}\cdot\mathbf{1}+{}^{\bar{\bar{l}}}\tilde{\lambda}_{\bar{l}} & {}^{\bar{\bar{l}}}\lambda_{\bar{l}}\\
-{}^{\bar{\bar{l}}}\lambda_{\bar{l}}^{\mathrm{T}} & {}^{\bar{\bar{l}}}\lambda_{\bar{l}}^{[4]}
\end{bmatrix}
\end{aligned} \tag{3.147}
$$

且有 ${}^{\bar{l}}\tilde{\lambda}_{\bar{l}}^{\mathrm{T}}=-{}^{\bar{\bar{l}}}\tilde{\lambda}_{\bar{l}}^{\mathrm{T}}$，称 ${}^{\bar{l}}\tilde{\lambda}_{\bar{l}}^{\mathrm{T}}$ 为 ${}^{\bar{l}}\lambda_{\bar{l}}$ 的共轭矩阵。同时，因为四元数是四维空间复数，所以矢部对参考基的矢量投影应相对于同一个参考基。称式(3.146)为四元数串接性运算，与齐次变换相对应。因此，序列姿态运算具有运动链串接性。与矢量叉乘运算相似，四元数乘可用相应的共轭矩阵替代。

由式(3.147)、式(3.73)和式(3.42)，得

$$
\begin{aligned}
{}^{\bar{l}}\tilde{\lambda}_{l}&=\begin{bmatrix}\mathrm{C}_{l}\cdot\mathbf{1}+\mathrm{S}_{l}\cdot{}^{\bar{l}}\tilde{n}_{l} & \mathrm{S}_{l}\cdot{}^{\bar{l}}n_{l}\\ -\mathrm{S}_{l}\cdot{}^{\bar{l}}n_{l}^{\mathrm{T}} & \mathrm{C}_{l}\end{bmatrix}=\mathrm{C}_{l}\cdot\mathbf{1}+\mathrm{S}_{l}\cdot{}^{\bar{l}}\tilde{n}_{l}\\
{}^{\bar{l}}\tilde{\lambda}_{l}^{-1}&=\begin{bmatrix}\mathrm{C}_{l}\cdot\mathbf{1}-\mathrm{S}_{l}\cdot{}^{\bar{l}}\tilde{n}_{l} & -\mathrm{S}_{l}\cdot{}^{\bar{l}}n_{l}\\ \mathrm{S}_{l}\cdot{}^{\bar{l}}n_{l}^{\mathrm{T}} & \mathrm{C}_{l}\end{bmatrix}=\mathrm{C}_{l}\cdot\mathbf{1}-\mathrm{S}_{l}\cdot{}^{\bar{l}}\tilde{n}_{l}
\end{aligned} \tag{3.148}
$$

式(3.146)应用计算机编程实现时，可用下式替代：

$$
{}^{\bar{\bar{l}}}\lambda_{l}={}^{\bar{\bar{l}}}\lambda_{\bar{l}}*{}^{\bar{l}}\lambda_{l}=\begin{bmatrix}\mathrm{S}_{\bar{l}}\,\mathrm{C}_{l}\cdot{}^{\bar{\bar{l}}}n_{\bar{l}}+\mathrm{S}_{l}\cdot\left(\mathrm{C}_{\bar{l}}\cdot\mathbf{1}+\mathrm{S}_{\bar{l}}\cdot{}^{\bar{\bar{l}}}\tilde{n}_{\bar{l}}\right)\cdot{}^{\bar{l}}n_{l}\\ \mathrm{C}_{\bar{l}}\,\mathrm{C}_{l}-\mathrm{S}_{\bar{l}}\mathrm{S}_{l}\cdot{}^{\bar{\bar{l}}}n_{\bar{l}}^{\mathrm{T}}\cdot{}^{\bar{l}}n_{l}\end{bmatrix} \tag{3.149}
$$

式(3.149)仅包含 16 个乘法运算和 12 个加法运算，而 ${}^{\bar{\bar{l}}}Q_{l}={}^{\bar{\bar{l}}}Q_{\bar{l}}\cdot{}^{\bar{l}}Q_{l}$ 需要进行 27 个乘法运算和 18 个加法运算。在得到 ${}^{\bar{\bar{l}}}\lambda_{l}$ 后，计算 ${}^{\bar{l}}n_{l}$、$\mathrm{S}_{l}^{\bar{l}}$ 及 $\mathrm{C}_{l}^{\bar{l}}$，再由式(3.29)计算 ${}^{\bar{\bar{l}}}Q_{l}$。${}^{\bar{l}}\tilde{\lambda}_{\bar{l}}$ 是

4×4 的矩阵，其构成如下：第 4 列为右手序的四元数 $^{\bar{\bar{l}}}\underset{\cdot}{\lambda}_{\bar{l}}$；第 4 行为左手序的四元数 $^{\bar{\bar{l}}}\underset{\cdot}{\lambda}_{\bar{l}}$，即 $-^{\bar{\bar{l}}}\underset{\cdot}{\lambda}_{\bar{l}}^{\mathrm{T}}$；左上 3×3 部分为 $^{\bar{\bar{l}}}\underset{\cdot}{\lambda}_{\bar{l}}^{[4]}\cdot\mathbf{1}+{}^{\bar{\bar{l}}}\tilde{\underset{\cdot}{\lambda}}_{\bar{l}}$，其中 $^{\bar{\bar{l}}}\tilde{\underset{\cdot}{\lambda}}_{\bar{l}}$ 的右上三角为右手序的矢量 $^{\bar{\bar{l}}}\lambda_{\bar{l}}$，$^{\bar{\bar{l}}}\tilde{\lambda}_{\bar{l}}$ 的左下三角为左手序的矢量 $^{\bar{\bar{l}}}\lambda_{\bar{l}}$，即 $-^{\bar{\bar{l}}}\lambda_{\bar{l}}$；$^{\bar{\bar{l}}}\tilde{\lambda}_{\bar{l}}$ 的主对角为 $^{\bar{\bar{l}}}\underset{\cdot}{\lambda}_{\bar{l}}$ 的第 4 个元素。

由式(3.149)得

$$
^{i}\underset{\cdot}{\lambda}_{j}=\prod_{k}^{^{i}\mathbf{1}_{\bar{j}}}\left({}^{\bar{k}}\tilde{\underset{\cdot}{\lambda}}_{k}\right)\cdot{}^{\bar{j}}\underset{\cdot}{\lambda}_{j} \tag{3.150}
$$

式(3.146)表示的是位置矢量转动算子，即表示的是转动。欧拉四元数乘积运算对应旋转变换阵的乘积运算。因此旋转变换链等价于定轴转动链，即

$$
^{\bar{\bar{l}}}Q_{l}={}^{\bar{\bar{l}}}Q_{\bar{l}}\cdot{}^{\bar{l}}Q_{l}\Leftrightarrow{}^{\bar{\bar{l}}}\underset{\cdot}{\lambda}_{l}={}^{\bar{\bar{l}}}\underset{\cdot}{\lambda}_{\bar{l}}*{}^{\bar{l}}\underset{\cdot}{\lambda}_{l}={}^{\bar{\bar{l}}}\tilde{\underset{\cdot}{\lambda}}_{\bar{l}}\cdot{}^{\bar{l}}\underset{\cdot}{\lambda}_{l} \tag{3.151}
$$

由上可知，欧拉四元数可以唯一确定旋转变换阵，旋转变换阵也可以唯一确定欧拉四元数，即欧拉四元数与旋转变换阵等价。转动矢量与规范四元数一一对应，即四元数表示定轴转动，旋转变换阵的计算等价于链式四元数的矩阵计算。

3.4.5　位置四元数

因为空间中独立的三个点可以唯一确定转动，转动是平动的导出量，所以位置矢量 $^{l}r_{lS}$ 也可以用四元数来表征。定义位置矢量 $^{l}r_{lS}$ 的四元数 $^{l}\underset{\cdot}{p}_{lS}$：

$$
^{l}\underset{\cdot}{p}_{lS}\triangleq\left[\,^{l}r_{lS}\quad d_{lS}\right]^{\mathrm{T}},\quad {}^{lS}\underset{\cdot}{p}_{l}\triangleq{}^{l}\underset{\cdot}{p}_{lS}^{*}=\left[-^{l}r_{lS}\quad d_{lS}\right]^{\mathrm{T}} \tag{3.152}
$$

其中 d_{lS} 为任意实数，位置四元数将 3D 矢量空间增广为 4D 空间。在物理意义上，与刚体固结的位置矢量既表示该刚体的位置也表示刚体的姿态，位置四元数与姿态四元数在数学形式上一致。它们具有对偶关系：

$$
\begin{cases}
^{\bar{l}}\tilde{\underset{\cdot}{\lambda}}_{l}\cdot{}^{\bar{l}}\tilde{\underset{\cdot}{\lambda}}_{l}^{*}=\underset{\cdot}{\mathbf{1}}\\
^{l}\underset{\cdot}{p}_{lS}*{}^{\bar{l}}\underset{\cdot}{\lambda}_{l}^{*}={}^{\bar{l}}\tilde{\underset{\cdot}{\lambda}}_{l}^{\diamond}\cdot{}^{l}\underset{\cdot}{p}_{lS}\\
^{\bar{l}}\tilde{\underset{\cdot}{\lambda}}_{l}\cdot{}^{\bar{l}}\tilde{\underset{\cdot}{\lambda}}_{l}^{\diamond}={}^{\bar{l}}\tilde{\underset{\cdot}{\lambda}}_{l}^{\diamond}\cdot{}^{\bar{l}}\tilde{\underset{\cdot}{\lambda}}_{l}={}^{\bar{l}}\underset{\cdot}{Q}_{l}
\end{cases} \tag{3.153}
$$

其中：

$$
^{\bar{l}}\tilde{\underset{\cdot}{\lambda}}_{l}^{\diamond}\triangleq\begin{bmatrix}\mathrm{C}_{l}\cdot\mathbf{1}+\mathrm{S}_{l}\cdot{}^{\bar{l}}\tilde{n}_{l} & -\mathrm{S}_{l}\cdot{}^{\bar{l}}n_{l}\\ \mathrm{S}_{l}\cdot{}^{\bar{l}}n_{l}^{\mathrm{T}} & \mathrm{C}_{l}\end{bmatrix},\quad {}^{\bar{l}}\underset{\cdot}{Q}_{l}\triangleq\begin{bmatrix}^{\bar{l}}Q_{l} & 0_{3}\\ 0_{3}^{\mathrm{T}} & 1\end{bmatrix}
$$

【证明】　考虑式(3.27)、式(3.42)、式(3.147)和式(3.153)中定义的 $^{\bar{l}}\tilde{\underset{\cdot}{\lambda}}_{l}^{\diamond}$，得

$$
^{\bar{l}}\tilde{\underset{\cdot}{\lambda}}_{l}\cdot{}^{\bar{l}}\tilde{\underset{\cdot}{\lambda}}_{l}^{*}=\begin{bmatrix}\mathrm{C}_{l}\cdot\mathbf{1}+\mathrm{S}_{l}\cdot{}^{\bar{l}}\tilde{n}_{l} & \mathrm{S}_{l}\cdot{}^{\bar{l}}n_{l}\\ -\mathrm{S}_{l}\cdot{}^{\bar{l}}n_{l}^{\mathrm{T}} & \mathrm{C}_{l}\end{bmatrix}\cdot\begin{bmatrix}\mathrm{C}_{l}\cdot\mathbf{1}-\mathrm{S}_{l}\cdot{}^{\bar{l}}\tilde{n}_{l} & -\mathrm{S}_{l}\cdot{}^{\bar{l}}n_{l}\\ \mathrm{S}_{l}\cdot{}^{\bar{l}}n_{l}^{\mathrm{T}} & \mathrm{C}_{l}\end{bmatrix}
$$

$$
=\begin{bmatrix}\mathrm{C}_{l}^{2}\cdot\mathbf{1}-\mathrm{S}_{l}^{2}\cdot{}^{\bar{l}}\tilde{n}_{l}^{:2}+\mathrm{S}_{l}^{2}\cdot\left({}^{\bar{l}}\tilde{n}_{l}^{:2}+\mathbf{1}\right) & 0_{3}\\ 0_{3}^{\mathrm{T}} & 1\end{bmatrix}=\begin{bmatrix}\mathbf{1} & 0_{3}\\ 0_{3}^{\mathrm{T}} & 1\end{bmatrix}=\underset{\cdot}{\mathbf{1}}
$$

考虑式(3.119)、式(3.147)、式(3.150)和式(3.153)中定义的 $^{\bar{l}}\underset{\cdot}{Q}_{l}$，得

$$
{}^{l}\underset{\cdot}{p}_{lS} * {}^{\bar{l}}\underset{\cdot}{\lambda}_{l}^{*} = {}^{l}\underset{\cdot}{\tilde{p}}_{lS} \cdot {}^{\bar{l}}\underset{\cdot}{\lambda}_{l}^{*} = \begin{bmatrix} d_{lS} \cdot \mathbf{1} + {}^{l}\tilde{r}_{lS} & {}^{l}r_{lS} \\ -{}^{l}r_{lS}^{\mathrm{T}} & d_{lS} \end{bmatrix} \cdot \begin{bmatrix} -\mathrm{S}_{l} \cdot {}^{\bar{l}}n_{l} \\ \mathrm{C}_{l} \end{bmatrix}
$$

$$
= \begin{bmatrix} \mathrm{C}_{l} \cdot \mathbf{1} + \mathrm{S}_{l} \cdot {}^{\bar{l}}\tilde{n}_{l} & -\mathrm{S}_{l} \cdot {}^{\bar{l}}n_{l} \\ \mathrm{S}_{l} \cdot {}^{\bar{l}}n_{l}^{\mathrm{T}} & \mathrm{C}_{l} \end{bmatrix} \cdot \begin{bmatrix} {}^{l}r_{lS} \\ d_{lS} \end{bmatrix} = {}^{\bar{l}}\underset{\cdot}{\tilde{\lambda}}_{l}^{\diamond} \cdot {}^{l}\underset{\cdot}{p}_{lS}
$$

由式(3.29)、式(3.147)和式(3.153)中定义的${}^{\bar{l}}\underset{\cdot}{\tilde{\lambda}}_{l}^{\diamond}$，得

$$
{}^{\bar{l}}\underset{\cdot}{\tilde{\lambda}}_{l} \cdot {}^{\bar{l}}\underset{\cdot}{\tilde{\lambda}}_{l}^{\diamond} = \begin{bmatrix} \mathrm{C}_{l} \cdot \mathbf{1} + \mathrm{S}_{l} \cdot {}^{\bar{l}}\tilde{n}_{l} & \mathrm{S}_{l} \cdot {}^{\bar{l}}n_{l} \\ -\mathrm{S}_{l} \cdot {}^{\bar{l}}n_{l}^{\mathrm{T}} & \mathrm{C}_{l} \end{bmatrix} \cdot \begin{bmatrix} \mathrm{C}_{l} \cdot \mathbf{1} + \mathrm{S}_{l} \cdot {}^{\bar{l}}\tilde{n}_{l} & -\mathrm{S}_{l} \cdot {}^{\bar{l}}n_{l} \\ \mathrm{S}_{l} \cdot {}^{\bar{l}}n_{l}^{\mathrm{T}} & \mathrm{C}_{l} \end{bmatrix} = {}^{\bar{l}}\underset{\cdot}{\tilde{\lambda}}_{l}^{\diamond} \cdot {}^{\bar{l}}\underset{\cdot}{\tilde{\lambda}}_{l}
$$

$$
= \begin{bmatrix} \mathrm{C}_{l}^{2} \cdot \mathbf{1} + \mathrm{S}_{l}^{2} \cdot {}^{\bar{l}}\tilde{n}_{l}^{:2} + 2 \cdot \mathrm{C}_{l}\mathrm{S}_{l} \cdot {}^{\bar{l}}\tilde{n}_{l} + \mathrm{S}_{l}^{2} \cdot \left(\mathbf{1} + {}^{\bar{l}}\tilde{n}_{l}^{:2}\right) & 0_{3} \\ 0_{3}^{\mathrm{T}} & \mathrm{C}_{l} \end{bmatrix}
$$

$$
= \begin{bmatrix} \mathbf{1} + \mathrm{S}_{l}^{\bar{l}} \cdot {}^{\bar{l}}\tilde{n}_{l} + \left(\mathbf{1} - \mathrm{C}_{l}^{\bar{l}}\right) \cdot {}^{\bar{l}}\tilde{n}_{l}^{:2} & 0_{3} \\ 0_{3}^{\mathrm{T}} & 1 \end{bmatrix}
$$

$$
= \begin{bmatrix} \mathbf{1} + 2 \cdot {}^{\bar{l}}\underset{\cdot}{\lambda}_{l}^{[4]} \cdot {}^{\bar{l}}\underset{\cdot}{\tilde{\lambda}}_{l} + 2 \cdot {}^{\bar{l}}\underset{\cdot}{\tilde{\lambda}}_{l}^{:2} & 0_{3} \\ 0_{3}^{\mathrm{T}} & 1 \end{bmatrix}
$$

$$
= {}^{\bar{l}}\underset{\cdot}{Q}_{l}
$$

故式(3.153)成立。

由式(3.150)和式(3.153)得

$$
{}^{\bar{l}}\underset{\cdot}{\lambda}_{l} * {}^{l}\underset{\cdot}{p}_{lS} * {}^{l}\underset{\cdot}{\lambda}_{\bar{l}} = {}^{\bar{l}}\underset{\cdot}{\tilde{\lambda}}_{l} \cdot {}^{\bar{l}}\underset{\cdot}{\tilde{\lambda}}_{l}^{\diamond} \cdot {}^{l}\underset{\cdot}{p}_{lS} = {}^{\bar{l}}\underset{\cdot}{Q}_{l} \cdot {}^{l}\underset{\cdot}{p}_{lS} = \begin{bmatrix} {}^{\bar{l}|l}r_{lS} & d_{lS} \end{bmatrix}^{\mathrm{T}}
$$

因欧拉四元数${}^{\bar{l}}\underset{\cdot}{\lambda}_{\bar{\bar{l}}}$是特定的位置四元数，由式(3.150)和式(3.153)得

$$
{}^{\bar{\bar{l}}}\underset{\cdot}{\lambda}_{\bar{l}} * {}^{\bar{l}}\underset{\cdot}{\lambda}_{l} * {}^{\bar{l}}\underset{\cdot}{\lambda}_{\bar{\bar{l}}} = {}^{\bar{\bar{l}}}\underset{\cdot}{\tilde{\lambda}}_{\bar{l}} \cdot {}^{\bar{\bar{l}}}\underset{\cdot}{\tilde{\lambda}}_{\bar{l}}^{\diamond} \cdot {}^{\bar{l}}\underset{\cdot}{\lambda}_{l} = {}^{\bar{\bar{l}}}\underset{\cdot}{Q}_{\bar{l}} \cdot {}^{\bar{l}}\underset{\cdot}{\lambda}_{l} = \begin{bmatrix} {}^{\bar{\bar{l}}|\bar{l}}\lambda_{l} & {}^{\bar{l}}\underset{\cdot}{\lambda}_{l}^{[4]} \end{bmatrix}^{\mathrm{T}} \triangleq {}^{\bar{\bar{l}}|\bar{l}}\underset{\cdot}{\lambda}_{l}
$$

对比上式与式(3.149)可知：${}^{\bar{\bar{l}}|\bar{l}}\lambda_{l}$与${}^{\bar{\bar{l}}}\lambda_{l}$不同，${}^{\bar{\bar{l}}|\bar{l}}\lambda_{l}$仍是四元数，但不再是欧拉四元数。故有

$$
\begin{cases} {}^{\bar{\bar{l}}}\underset{\cdot}{\lambda}_{\bar{l}} * {}^{\bar{l}}\underset{\cdot}{\lambda}_{l} * {}^{\bar{\bar{l}}}\underset{\cdot}{\lambda}_{\bar{l}}^{-1} = {}^{\bar{\bar{l}}|\bar{l}}\underset{\cdot}{\lambda}_{l} \\ {}^{\bar{l}|l}\underset{\cdot}{p}_{lS} = \begin{bmatrix} {}^{\bar{l}|l}r_{lS} & d_{lS} \end{bmatrix}^{\mathrm{T}} \\ {}^{\bar{l}|l}\underset{\cdot}{p}_{lS} \triangleq \begin{bmatrix} {}^{\bar{l}|l}r_{lS} \\ {}^{l}\underset{\cdot}{p}_{lS}^{[4]} \end{bmatrix} = \begin{bmatrix} \left(\mathbf{1} + 2 \cdot {}^{\bar{l}}\underset{\cdot}{\lambda}_{l}^{[4]} \cdot {}^{\bar{l}}\underset{\cdot}{\tilde{\lambda}}_{l} + 2 \cdot {}^{\bar{l}}\underset{\cdot}{\tilde{\lambda}}_{l}^{:2}\right) \cdot {}^{l}r_{lS} \\ d_{lS} \end{bmatrix} = {}^{\bar{l}}\underset{\cdot}{\tilde{\lambda}}_{l} \cdot {}^{l}\underset{\cdot}{\tilde{p}}_{lS} \cdot {}^{l}\underset{\cdot}{\lambda}_{\bar{l}} \end{cases} \tag{3.154}
$$

位置矢量的坐标变换对应于位置四元数对姿态四元数的共轭变换，与矩阵的相似变换相对应。由第 2 章可知，转动矢量与平动矢量在数学形式上是统一的；由本节可知，位置四元数与转动四元数在数学形式上也是统一的。通常将姿态四元数和位置四元数互称为对偶四元数或合称为双四元数（dual-quaternions）。

3.4.6 基于四元数的转动链

1.基于双矢量的姿态四元数确定原理

由初始单位矢量${}^{\bar{l}}_{a}u_l$至目标单位矢量${}^{\bar{l}}_{b}u_l$的姿态，等价于绕轴${}^{\bar{l}}n_l$转动角度$\phi_l^{\bar{l}} \in (-\pi,\pi]$，其中${}^{\bar{l}}_{b}u_l \neq {}^{\bar{l}}_{a}u_l$，则有双矢量姿态（double vector attitude）确定过程：

$$\begin{cases} \mathrm{C}_l^{\bar{l}} = {}^{\bar{l}}_{a}u_l^{\mathrm{T}} \cdot {}^{\bar{l}}_{b}u_l, \quad {}^{\bar{l}}n_l \cdot \mathrm{S}_l^{\bar{l}} = {}^{\bar{l}}_{a}\tilde{u}_l \cdot {}^{\bar{l}}_{b}u_l \\ {}^{\bar{l}}n_l = {}^{\bar{l}}_{a}\tilde{u}_l \cdot {}^{\bar{l}}_{b}u_l \,/\, \left\| {}^{\bar{l}}_{a}\tilde{u}_l \cdot {}^{\bar{l}}_{b}u_l \right\| \end{cases} \tag{3.155}$$

由式(3.155)得

$$\begin{cases} {}^{\bar{l}}\lambda_l^{[4]} = \mathrm{C}_l = \sqrt{\left|1+\mathrm{C}_l^{\bar{l}}\right|/2} \\ {}^{\bar{l}}\lambda_l = {}^{\bar{l}}n_l \cdot \dfrac{\mathrm{S}_l^{\bar{l}}}{2\cdot \mathrm{C}_l} = \dfrac{{}^{\bar{l}}_{a}\tilde{u}_l \cdot {}^{\bar{l}}_{b}u_l}{2\cdot {}^{\bar{l}}\lambda_l^{[4]}} \end{cases} \tag{3.156}$$

由式(3.131)得

$$\phi_l^{\bar{l}} = 2\cdot \arctan\left({}^{\bar{l}}\lambda_l^{\mathrm{T}} \cdot {}^{\bar{l}}n_l,\quad {}^{\bar{l}}\lambda_l^{[4]}\right) \in (-\pi,\pi] \tag{3.157}$$

式(3.156)中的$|\ \ |$用于防止数值计算时的溢出。由式(3.157)可知$\phi_l^{\bar{l}} \in (-\pi,\pi]$。在许多软件（例如 Coin3D）中，双矢量定姿算法对用户来说非常不方便，因为它们要求初始矢量至目标矢量的角度范围仅为$[0,\pi)$。双矢量姿态确定过程表明：欧拉四元数本质上统一了双矢量叉乘与点乘运算，表达了覆盖$(-\pi,\pi]$的整周转动。

2.基于轴不变量的正交三轴姿态

【示例 3.7】　记巡视器体系为$o_c - x_c y_c z_c$，惯性系为$o_i - x_i y_i z_i$；给定轴链${}^{i}\mathbf{l}_c = (i, c1, c2, c]$，轴不变量序列为$\left\{ {}^{\bar{l}}n_l \mid l \in {}^{i}\mathbf{l}_c \right\}$，角序列记为$q_{(i,c]} = \left\{ \phi_l^{\bar{l}} \mid l \in {}^{i}\mathbf{l}_c \right\}$；初始体系与导航系一致，分别绕${}^{i}n_{c1} = \mathbf{1}^{[z]}$、${}^{c1}n_{c2} = \mathbf{1}^{[y]}$、${}^{c2}n_c = \mathbf{1}^{[x]}$旋转至巡视器当前姿态。则有

$${}^{i}\lambda_c = \begin{bmatrix} \mathrm{C}_{c1}\mathrm{C}_{c2}\mathrm{S}_c - \mathrm{S}_{c1}\mathrm{S}_{c2}\mathrm{C}_c \\ \mathrm{S}_{c1}\mathrm{C}_{c2}\mathrm{S}_c - \mathrm{C}_{c1}\mathrm{S}_{c2}\mathrm{C}_c \\ \mathrm{C}_{c1}\mathrm{S}_{c2}\mathrm{S}_c + \mathrm{S}_{c1}\mathrm{C}_{c2}\mathrm{C}_c \\ -\mathrm{S}_{c1}\mathrm{S}_{c2}\mathrm{S}_c + \mathrm{C}_{c1}\mathrm{C}_{c2}\mathrm{C}_c \end{bmatrix} \tag{3.158}$$

$${}^{i}Q_c = \begin{bmatrix} 2\left({}^{i}\lambda_c^{[4]:2} + {}^{i}\lambda_c^{[1]:2}\right)-1 & 2\left({}^{i}\lambda_c^{[1]}\cdot{}^{i}\lambda_c^{[2]} - {}^{i}\lambda_c^{[4]}\cdot{}^{i}\lambda_c^{[3]}\right) & 2\left({}^{i}\lambda_c^{[1]}\cdot{}^{i}\lambda_c^{[3]} + {}^{i}\lambda_c^{[4]}\cdot{}^{i}\lambda_c^{[2]}\right) \\ 2\left({}^{i}\lambda_c^{[1]}\cdot{}^{i}\lambda_c^{[2]} + {}^{i}\lambda_c^{[4]}\cdot{}^{i}\lambda_c^{[3]}\right) & 2\left({}^{i}\lambda_c^{[4]:2} + {}^{i}\lambda_c^{[2]:2}\right)-1 & 2\left({}^{i}\lambda_c^{[2]}\cdot{}^{i}\lambda_c^{[3]} - {}^{i}\lambda_c^{[4]}\cdot{}^{i}\lambda_c^{[1]}\right) \\ 2\left({}^{i}\lambda_c^{[1]}\cdot{}^{i}\lambda_c^{[3]} - {}^{i}\lambda_c^{[4]}\cdot{}^{i}\lambda_c^{[2]}\right) & 2\left({}^{i}\lambda_c^{[2]}\cdot{}^{i}\lambda_c^{[3]} + {}^{i}\lambda_c^{[4]}\cdot{}^{i}\lambda_c^{[1]}\right) & 2\left({}^{i}\lambda_c^{[4]:2} + {}^{i}\lambda_c^{[3]:2}\right)-1 \end{bmatrix} \tag{3.159}$$

【证明】 由式(3.131)得

$$
{}^{i}\lambda_{c1}=\begin{bmatrix}0\\0\\\mathrm{S}_{c1}\\\mathrm{C}_{c1}\end{bmatrix},{}^{c1}\lambda_{c2}=\begin{bmatrix}0\\\mathrm{S}_{c2}\\0\\\mathrm{C}_{c2}\end{bmatrix},{}^{c2}\lambda_{c}=\begin{bmatrix}\mathrm{S}_{c}\\0\\0\\\mathrm{C}_{c}\end{bmatrix} \tag{3.160}
$$

由式(3.151)得

$$
\begin{aligned}
&{}^{i}\lambda_{c}={}^{i}\lambda_{c1}*{}^{c1}\lambda_{c2}*{}^{c2}\lambda_{c}={}^{i}\tilde{\lambda}_{c1}\cdot{}^{c1}\tilde{\lambda}_{c2}\cdot{}^{c2}\lambda_{c}\\
&=\begin{bmatrix}\mathrm{C}_{c1}&-\mathrm{S}_{c1}&0&0\\\mathrm{S}_{c1}&\mathrm{C}_{c1}&0&0\\0&0&\mathrm{C}_{c1}&\mathrm{S}_{c1}\\0&0&-\mathrm{S}_{c1}&\mathrm{C}_{c1}\end{bmatrix}\cdot\begin{bmatrix}\mathrm{C}_{c2}&0&\mathrm{S}_{c2}&0\\0&\mathrm{C}_{c2}&0&\mathrm{S}_{c2}\\-\mathrm{S}_{c2}&0&\mathrm{C}_{c2}&0\\0&-\mathrm{S}_{c2}&0&\mathrm{C}_{c2}\end{bmatrix}\cdot\begin{bmatrix}\mathrm{S}_{c}\\0\\0\\\mathrm{C}_{c}\end{bmatrix}=\begin{bmatrix}\mathrm{C}_{c1}\mathrm{C}_{c2}\mathrm{S}_{c}-\mathrm{S}_{c1}\mathrm{S}_{c2}\mathrm{C}_{c}\\\mathrm{S}_{c1}\mathrm{C}_{c2}\mathrm{S}_{c}-\mathrm{C}_{c1}\mathrm{S}_{c2}\mathrm{C}_{c}\\\mathrm{C}_{c1}\mathrm{S}_{c2}\mathrm{S}_{c}+\mathrm{S}_{c1}\mathrm{C}_{c2}\mathrm{C}_{c}\\-\mathrm{S}_{c1}\mathrm{S}_{c2}\mathrm{S}_{c}+\mathrm{C}_{c1}\mathrm{C}_{c2}\mathrm{C}_{c}\end{bmatrix}
\end{aligned}
$$

其中：$\left|\lambda_{c}^{i}\right|=1$。故式(3.158)成立。由式(3.135)可知

$$
{}^{i}Q_{c}=\begin{bmatrix}2\left({}^{i}\lambda_{c}^{[4]:2}+{}^{i}\lambda_{c}^{[1]:2}\right)-1&2\left({}^{i}\lambda_{c}^{[1]}\cdot{}^{i}\lambda_{c}^{[2]}-{}^{i}\lambda_{c}^{[4]}\cdot{}^{i}\lambda_{c}^{[3]}\right)&2\left({}^{i}\lambda_{c}^{[1]}\cdot{}^{i}\lambda_{c}^{[3]}+{}^{i}\lambda_{c}^{[4]}\cdot{}^{i}\lambda_{c}^{[2]}\right)\\2\left({}^{i}\lambda_{c}^{[1]}\cdot{}^{i}\lambda_{c}^{[2]}+{}^{i}\lambda_{c}^{[4]}\cdot{}^{i}\lambda_{c}^{[3]}\right)&2\left({}^{i}\lambda_{c}^{[4]:2}+{}^{i}\lambda_{c}^{[2]:2}\right)-1&2\left({}^{i}\lambda_{c}^{[2]}\cdot{}^{i}\lambda_{c}^{[3]}-{}^{i}\lambda_{c}^{[4]}\cdot{}^{i}\lambda_{c}^{[1]}\right)\\2\left({}^{i}\lambda_{c}^{[1]}\cdot{}^{i}\lambda_{c}^{[3]}-{}^{i}\lambda_{c}^{[4]}\cdot{}^{i}\lambda_{c}^{[2]}\right)&2\left({}^{i}\lambda_{c}^{[2]}\cdot{}^{i}\lambda_{c}^{[3]}+{}^{i}\lambda_{c}^{[4]}\cdot{}^{i}\lambda_{c}^{[1]}\right)&2\left({}^{i}\lambda_{c}^{[4]:2}+{}^{i}\lambda_{c}^{[3]:2}\right)-1\end{bmatrix}
$$

故式(3.159)成立。“3-2-1”姿态角由式(2.144)得

$$
\begin{aligned}
\phi_{c1}^{i}&=\arctan\left(2\left({}^{i}\lambda_{c}^{[1]}\cdot{}^{i}\lambda_{c}^{[2]}+{}^{i}\lambda_{c}^{[4]}\cdot{}^{i}\lambda_{c}^{[3]}\right),2\left({}^{i}\lambda_{c}^{[4]:2}+{}^{i}\lambda_{c}^{[1]:2}\right)-1\right)\\
\phi_{c}^{c2}&=\arctan\left(2\left({}^{i}\lambda_{c}^{[2]}\cdot{}^{i}\lambda_{c}^{[3]}+{}^{i}\lambda_{c}^{[4]}\cdot{}^{i}\lambda_{c}^{[1]}\right),2\left({}^{i}\lambda_{c}^{[4]:2}+{}^{i}\lambda_{c}^{[3]:2}\right)-1\right)\\
\phi_{c2}^{c1}&=\arcsin\left(-2\left({}^{i}\lambda_{c}^{[1]}\cdot{}^{i}\lambda_{c}^{[3]}-{}^{i}\lambda_{c}^{[4]}\cdot{}^{i}\lambda_{c}^{[2]}\right)\right)
\end{aligned} \tag{3.161}
$$

在已知 ${}^{i}Q_{c}$ 时，由式(2.144)和式(3.159)分别计算 $\left[\phi_{c1}^{i}\ \phi_{c2}^{c1}\ \phi_{c}^{c2}\right]$ 时存在重要区别。由式(2.143)计算 ${}^{i}Q_{c}$ 时，${}^{i}Q_{c1}\cdot{}^{c1}Q_{c2}\cdot{}^{c2}Q_{c}$ 中任一项在一定程度上违反正交归一化，会使 ${}^{i}Q_{c}$ 具有明显的病态；而由式(3.159)计算 ${}^{i}Q_{c}$ 时，是由式(3.160)分别得到相应的四元数并单位化后得到 ${}^{i}Q_{c}$，其精度主要由计算机字长确定，具有极高的精度。因此，通过四元数计算 DCM 是树链系统运动学计算的基本准则。

【示例 3.8】 在示例 3.6 中，已知机械手姿态转动的期望姿态为 ${}^{\bar{l}}n_{l}\cdot\phi_{l}^{\bar{l}}$，则有

$$
\begin{aligned}
\phi_{l1}^{\bar{l}}&=\arctan\left(2\left({}^{\bar{l}}\lambda_{l}^{[1]}\cdot{}^{\bar{l}}\lambda_{l}^{[3]}+{}^{\bar{l}}\lambda_{l}^{[4]}\cdot{}^{\bar{l}}\lambda_{l}^{[2]}\right),\ -2\left({}^{\bar{l}}\lambda_{l}^{[2]}\cdot{}^{\bar{l}}\lambda_{l}^{[3]}-{}^{\bar{l}}\lambda_{l}^{[4]}\cdot{}^{\bar{l}}\lambda_{l}^{[1]}\right)\right)\\
\phi_{l2}^{l1}&=\arccos\left(2\left({}^{\bar{l}}\lambda_{l}^{[4]:2}+{}^{\bar{l}}\lambda_{l}^{[3]:2}\right)-1\right)\\
\phi_{l}^{l2}&=\arctan\left(2\left({}^{\bar{l}}\lambda_{l}^{[1]}\cdot{}^{\bar{l}}\lambda_{l}^{[3]}-{}^{\bar{l}}\lambda_{l}^{[4]}\cdot{}^{\bar{l}}\lambda_{l}^{[2]}\right),\ 2\left({}^{\bar{l}}\lambda_{l}^{[2]}\cdot{}^{\bar{l}}\lambda_{l}^{[3]}+{}^{\bar{l}}\lambda_{l}^{[4]}\cdot{}^{\bar{l}}\lambda_{l}^{[1]}\right)\right)
\end{aligned} \tag{3.162}
$$

【解】 给定被抓工件轴向 ${}^{\bar{l}}n_{l}$ 和转动角度 $\phi_{l}^{\bar{l}}$ 时，由式(3.131)得欧拉四元数：

$$
{}^{\bar{l}}\lambda_{l}=\left[\mathrm{S}_{l}\cdot{}^{\bar{l}}n_{l}\quad\mathrm{C}_{l}\right]^{\mathrm{T}}
$$

由式(3.135)可知

$$
{}^{\bar{l}}Q_l=\begin{bmatrix}
2\left(\mathrm{C}_l^2+{}^{\bar{l}}\lambda_l^{[1]:2}\right)-1 & 2\left({}^{\bar{l}}\lambda_l^{[1]}\cdot{}^{\bar{l}}\lambda_l^{[2]}-\mathrm{C}_l\cdot{}^{\bar{l}}\lambda_l^{[3]}\right) & 2\left({}^{\bar{l}}\lambda_l^{[1]}\cdot{}^{\bar{l}}\lambda_l^{[3]}+\mathrm{C}_l\cdot{}^{\bar{l}}\lambda_l^{[2]}\right)\\
2\left({}^{\bar{l}}\lambda_l^{[1]}\cdot{}^{\bar{l}}\lambda_l^{[2]}+\mathrm{C}_l\cdot{}^{\bar{l}}\lambda_l^{[3]}\right) & 2\left(\mathrm{C}_l^2+{}^{\bar{l}}\lambda_l^{[2]:2}\right)-1 & 2\left({}^{\bar{l}}\lambda_l^{[2]}\cdot{}^{\bar{l}}\lambda_l^{[3]}-\mathrm{C}_l\cdot{}^{\bar{l}}\lambda_l^{[1]}\right)\\
2\left({}^{\bar{l}}\lambda_l^{[1]}\cdot{}^{\bar{l}}\lambda_l^{[3]}-\mathrm{C}_l\cdot{}^{\bar{l}}\lambda_l^{[2]}\right) & 2\left({}^{\bar{l}}\lambda_l^{[2]}\cdot{}^{\bar{l}}\lambda_l^{[3]}+\mathrm{C}_l\cdot{}^{\bar{l}}\lambda_l^{[1]}\right) & 2\left(\mathrm{C}_l^2+{}^{\bar{l}}\lambda_l^{[3]:2}\right)-1
\end{bmatrix}
$$

由式(2.146)得

$$
\begin{aligned}
\phi_{l1}^{\bar{l}}&=\arctan\left(2\left({}^{\bar{l}}\lambda_l^{[1]}\cdot{}^{\bar{l}}\lambda_l^{[3]}+{}^{\bar{l}}\lambda_l^{[4]}\cdot{}^{\bar{l}}\lambda_l^{[2]}\right),\ -2\left({}^{\bar{l}}\lambda_l^{[2]}\cdot{}^{\bar{l}}\lambda_l^{[3]}-{}^{\bar{l}}\lambda_l^{[4]}\cdot{}^{\bar{l}}\lambda_l^{[1]}\right)\right)\\
\phi_{l2}^{l1}&=\arccos\left(2\left({}^{\bar{l}}\lambda_l^{[4]:2}+{}^{\bar{l}}\lambda_l^{[3]:2}\right)-1\right)\\
\phi_{l}^{l2}&=\arctan\left(2\left({}^{\bar{l}}\lambda_l^{[1]}\cdot{}^{\bar{l}}\lambda_l^{[3]}-{}^{\bar{l}}\lambda_l^{[4]}\cdot{}^{\bar{l}}\lambda_l^{[2]}\right),\ 2\left({}^{\bar{l}}\lambda_l^{[2]}\cdot{}^{\bar{l}}\lambda_l^{[3]}+{}^{\bar{l}}\lambda_l^{[4]}\cdot{}^{\bar{l}}\lambda_l^{[1]}\right)\right)
\end{aligned}
$$

故式(3.162)成立。

同样，因 ${}^{\bar{l}}n_l$ 存在测量误差，在由式(3.162)计算 ${}^{\bar{l}}Q_l$ 的过程中，应用了四元数并在单位化后得到正交归一化的 ${}^{\bar{l}}Q_l$，其精度主要由计算机字长确定，具有极高的精度。

3.4.7　本节贡献

本节应用运动链符号系统和基于轴不变量的 3D 矢量空间操作代数，建立了基于轴不变量的四元数演算子系统。其特征在于：具有简洁的链符号系统及轴不变量的表示；具有基于轴不变量的迭代式过程，保证了系统的实时性；具有伪代码的功能，物理含义准确，保证了实现过程的可靠性。

（1）基于轴不变量的 Rodrigues 四元数和欧拉四元数，前者角度范围为 $[0,\pi)$，后者角度范围为 $(-\pi,\pi]$，满足运动链公理及度量公理；以自然坐标系为参考系，以轴不变量为参考轴，实现了轴链系统参考轴与极性的参数化。

（2）提出了确定基于双矢量的姿态四元数的改进原理。

（3）通过轴不变量及零位轴，实现了定轴转动、4D 复数及四元数理论的统一。

3.5 基于轴不变量的 3D 矢量空间微分操作代数

3.5.1　绝对导数

首先，定义绝对求导符号：

$$
\begin{cases}
{}^{i|\bar{l}}r_l'\triangleq\dfrac{d}{dt}\left({}^{i|\bar{l}}r_l\right),\quad {}^{i|\bar{l}}r_l''\triangleq\dfrac{d^2}{d^2t}\left({}^{i|\bar{l}}r_l\right)\\
{}^{i|\bar{l}}\tilde{\phi}_l'\triangleq\dfrac{d}{dt}\left({}^{i|\bar{l}}\tilde{\phi}_l\right),\quad {}^{i|\bar{l}}\tilde{\phi}_l''\triangleq\dfrac{d^2}{d^2t}\left({}^{i|\bar{l}}\tilde{\phi}_l\right)
\end{cases}
\tag{3.163}
$$

由式(3.163)知：求导符 $\square'$ 和 $\square''$ 的优先级低于投影符 $|_{\square}$。该求导运算称为绝对求导，考虑了基矢量 $\mathbf{e}_{\bar{l}}$ 相对惯性基矢量 $\mathbf{e}_i$ 的运动带来的影响。

相对求导运算符 $\dot{\square}$ 是衍生操作符，它的优先级高于投影符 $|_{\square}$，即先进行求导运算再进行投影运算。绝对求导符 $\square'$ 也是衍生操作符，它的优先级低于投影符 $|_{\square}$，即先进行投影运算再进行求导运算。

1.角速度的叉乘矩阵

因 ${}^{\bar{l}}Q_l \cdot {}^{l}Q_{\bar{l}} = \mathbf{1}$，则

$$
{}^{\bar{l}}\dot{Q}_l \cdot {}^{l}Q_{\bar{l}} + {}^{\bar{l}}Q_l \cdot {}^{l}\dot{Q}_{\bar{l}} = \mathbf{0} \tag{3.164}
$$

即 ${}^{\bar{l}}\dot{Q}_l \cdot {}^{l}Q_{\bar{l}} = -{}^{\bar{l}}Q_l \cdot {}^{l}\dot{Q}_{\bar{l}}$。显然，${}^{\bar{l}}\dot{Q}_l \cdot {}^{l}Q_{\bar{l}}$ 与 $-{}^{\bar{l}}Q_l \cdot {}^{l}\dot{Q}_{\bar{l}}$ 互为反对称阵。

将式(3.68)代入式(3.164)得

$$
\begin{cases}
{}^{\bar{l}}\dot{\tilde{\phi}}_l = -{}^{\bar{l}}Q_l \cdot {}^{l}\dot{Q}_{\bar{l}} = {}^{\bar{l}}\dot{Q}_l \cdot {}^{l}Q_{\bar{l}} \\
{}^{\bar{l}}\dot{Q}_l = {}^{\bar{l}}\dot{\tilde{\phi}}_l \cdot {}^{\bar{l}}Q_l = -{}^{l}Q_{\bar{l}} \cdot {}^{\bar{l}}\dot{\tilde{\phi}}_l
\end{cases} \tag{3.165}
$$

角速度叉乘矩阵 ${}^{\bar{l}}\dot{\tilde{\phi}}_l$ 是反对称阵。由式(3.68)和式(3.165)可知：角速度方向由求导的旋转变换阵方向确定，且有

$$
{}^{\bar{l}}\dot{\phi}_l = \mathrm{Vector}\left({}^{\bar{l}}\dot{\tilde{\phi}}_l\right) = \mathrm{Vector}\left({}^{\bar{l}}\dot{Q}_l \cdot {}^{l}Q_{\bar{l}}\right) \tag{3.166}
$$

因此，角速度 ${}^{\bar{l}}\dot{\phi}_l$ 及 ${}^{l}\dot{\phi}_{\bar{l}}$ 是矢量，具有可加性。

显然，有

$$
\begin{aligned}
{}^{\bar{l}}\dot{Q}_l &= \left[{}^{\bar{l}}\dot{Q}_l^{[x]} \quad {}^{\bar{l}}\dot{Q}_l^{[y]} \quad {}^{\bar{l}}\dot{Q}_l^{[z]}\right] = \left[{}^{\bar{l}}\dot{\tilde{\phi}}_l \cdot {}^{\bar{l}}Q_l^{[x]} \quad {}^{\bar{l}}\dot{\tilde{\phi}}_l \cdot {}^{\bar{l}}Q_l^{[y]} \quad {}^{\bar{l}}\dot{\tilde{\phi}}_l \cdot {}^{\bar{l}}Q_l^{[z]}\right] \\
&= {}^{\bar{l}}\dot{\tilde{\phi}}_l \cdot \left[{}^{\bar{l}}Q_l^{[x]} \quad {}^{\bar{l}}Q_l^{[y]} \quad {}^{\bar{l}}Q_l^{[z]}\right] = {}^{\bar{l}}\dot{\tilde{\phi}}_l \cdot {}^{\bar{l}}Q_l
\end{aligned}
$$

则 ${}^{\bar{l}}\dot{Q}_l = {}^{\bar{l}}\dot{\tilde{\phi}}_l \cdot {}^{\bar{l}}Q_l$。显然，${}^{\bar{l}}\dot{\phi}_l$ 是 ${}^{\bar{l}}\dot{\tilde{\phi}}_l$ 的轴矢量，即对于任一矢量 ${}^{\bar{l}}r_S$ 有 ${}^{\bar{l}}\dot{\tilde{\phi}}_l \cdot {}^{\bar{l}}r_S = {}^{\bar{l}}\dot{\phi}_l \times {}^{\bar{l}}r_S$。${}^{\bar{l}}\dot{\tilde{\phi}}_l$ 服从矩阵运算，${}^{\bar{l}}\dot{\phi}_l$ 服从矢量运算。同样，${}^{\bar{l}}\ddot{\phi}_l$ 亦服从矢量运算，即 ${}^{\bar{l}}\ddot{\phi}_l$ 是矢量。故有

$$
{}^{\bar{\bar{l}}|\bar{l}}\dot{\phi}_l = {}^{\bar{\bar{l}}}Q_{\bar{l}} \cdot {}^{\bar{l}}\dot{\phi}_l \tag{3.167}
$$

$$
{}^{\bar{\bar{l}}|\bar{l}}\ddot{\phi}_l = {}^{\bar{\bar{l}}}Q_{\bar{l}} \cdot {}^{\bar{l}}\ddot{\phi}_l \tag{3.168}
$$

同理，有

$$
\begin{cases}
{}^{l}\dot{\tilde{\phi}}_{\bar{l}} = {}^{l}\dot{Q}_{\bar{l}} \cdot {}^{\bar{l}}Q_l, \quad {}^{l}\dot{\tilde{\phi}}_{\bar{l}} = -{}^{l}Q_{\bar{l}} \cdot {}^{\bar{l}}\dot{Q}_l \\
{}^{l}\dot{\phi}_{\bar{l}} = \mathrm{Vector}\left({}^{l}\dot{\tilde{\phi}}_{\bar{l}}\right) = \mathrm{Vector}\left(-{}^{l}Q_{\bar{l}} \cdot {}^{\bar{l}}\dot{Q}_l\right)
\end{cases} \tag{3.169}
$$

角速度叉乘矩阵 ${}^{l}\dot{\tilde{\phi}}_{\bar{l}}$ 是反对称阵。

因 ${}^{l}\dot{\tilde{\phi}}_{\bar{l}} = -{}^{l}Q_{\bar{l}} \cdot {}^{\bar{l}}\dot{Q}_l$ 及 ${}^{\bar{l}}\dot{\tilde{\phi}}_l = {}^{\bar{l}}\dot{Q}_l \cdot {}^{l}Q_{\bar{l}}$，则

$$
\begin{cases}
{}^{l}\dot{\tilde{\phi}}_{\bar{l}} = -{}^{l}Q_{\bar{l}} \cdot {}^{\bar{l}}\dot{\tilde{\phi}}_l \cdot {}^{\bar{l}}Q_l \\
{}^{\bar{l}}\dot{\tilde{\phi}}_l = -{}^{\bar{l}}Q_l \cdot {}^{l}\dot{\tilde{\phi}}_{\bar{l}} \cdot {}^{l}Q_{\bar{l}}
\end{cases} \tag{3.170}
$$

由式(3.170)知，角速度叉乘矩阵是二阶不变量，${}^{l}\tilde{\dot{\phi}}_{\bar{l}}$ 和 ${}^{\bar{l}}\tilde{\dot{\phi}}_{l}$ 服从相似变换。

2.绝对导数

给定链节 ${}^{\bar{l}}\mathbf{1}_{l}$，$lS$ 是 l 系中的点，在初始时刻 l 系方向与 $\bar{l}$ 系方向一致，l 系经时间 t 后相对 $\bar{l}$ 系的姿态记为 ${}^{\bar{l}}Q_{l}$。显然，${}^{\bar{l}}Q_{l}$ 是时间 t 的函数，位置矢量 ${}^{l}r_{lS}$ 经无穷次、时间间隔为无穷小的转动至位置矢量 ${}^{\bar{l}}r_{lS}$，则有

$$ {}^{\bar{l}}r_{lS} = {}^{\bar{l}}r_{l} + {}^{\bar{l}|l}r_{lS} \tag{3.171} $$

式(3.171)是运动链 ${}^{\bar{l}}\mathbf{1}_{lS}$ 的运动方程，对之求导得

$$ {}^{\bar{l}}\dot{r}_{lS} = {}^{\bar{l}}\dot{r}_{l} + {}^{\bar{l}}\dot{Q}_{l}\cdot{}^{l}r_{lS} + {}^{\bar{l}}Q_{l}\cdot{}^{l}\dot{r}_{lS} \tag{3.172} $$

考虑式(3.165)和式(3.172)，即有运动链 ${}^{\bar{l}}\mathbf{1}_{lS}$ 的速度公式：

$$ {}^{\bar{l}}\dot{r}_{lS} = {}^{\bar{l}}\dot{r}_{l} + {}^{\bar{l}|l}\dot{r}_{lS} + {}^{\bar{l}}\tilde{\dot{\phi}}_{l}\cdot{}^{\bar{l}|l}r_{lS} \tag{3.173} $$

由运动链的偏序性可知，根向转动与叶向平动牵连。因此，${}^{\bar{l}}\tilde{\dot{\phi}}_{l}\cdot{}^{\bar{l}|l}r_{lS}$ 的链指标满足 ${}_{l}\cdot{}^{l}$ 对消运算法则。

当 ${}^{l}r_{lS}$ 为常数时，即 ${}^{l}r_{lS} = {}^{l}l_{lS}$，则有

$$ {}^{\bar{l}}\dot{r}_{lS} = {}^{\bar{l}}\dot{r}_{l} + {}^{\bar{l}}\tilde{\dot{\phi}}_{l}\cdot{}^{\bar{l}|l}r_{lS} \tag{3.174} $$

若 ${}^{\bar{l}}\dot{r}_{l} = 0_{3}$，即无平动速度，由式(3.173)得

$$ {}^{\bar{l}}\dot{r}_{lS} = {}^{\bar{l}|l}\dot{r}_{lS} + {}^{\bar{l}}\tilde{\dot{\phi}}_{l}\cdot{}^{\bar{l}|l}r_{lS} \tag{3.175} $$

对比式(3.171)与式(3.173)的链指标关系，令

$$ {}^{\bar{l}|l}r'_{lS} \triangleq {}^{\bar{l}}\tilde{\dot{\phi}}_{l}\cdot{}^{\bar{l}|l}r_{lS} + {}^{\bar{l}|l}\dot{r}_{lS} \tag{3.176} $$

则式(3.173)可表达为

$$ {}^{\bar{l}}r'_{lS} \triangleq {}^{\bar{l}}\dot{r}_{lS} = {}^{\bar{l}}\dot{r}_{l} + {}^{\bar{l}|l}r'_{lS} = {}^{\bar{l}}\dot{r}_{l} + {}^{\bar{l}}\tilde{\dot{\phi}}_{l}\cdot{}^{\bar{l}|l}r_{lS} + {}^{\bar{l}|l}\dot{r}_{lS} \tag{3.177} $$

式(3.177)满足链序不变性，${}^{\bar{l}}\dot{r}_{lS}$ 是矢量，具有可加性。

称式(3.176)中 ${}^{\bar{l}|l}r'_{lS}$ 为正序绝对导数，因为式(3.176)中 ${}^{\bar{l}}\tilde{\dot{\phi}}_{l}$ 满足正链序，与 ${}^{\bar{l}|l}\square'$ 的投影坐标系 $\bar{l}$ 至度量坐标系 l 的次序一致，且左上角的投影坐标系 $\bar{l}$ 位于根方向，是正序。

由式(3.173)和式(3.170)得

$$ {}^{l|\bar{l}}\dot{r}_{lS} = {}^{l|\bar{l}}\dot{r}_{l} - {}^{l}\tilde{\dot{\phi}}_{\bar{l}}\cdot{}^{l}r_{lS} + {}^{l}\dot{r}_{lS} \tag{3.178} $$

同样，定义 ${}^{l}r'_{lS|\bar{l}}$ 如下：

$$ \frac{{}^{\bar{l}}d}{dt}\left({}^{l}r_{lS}\right) = {}^{l}r'_{lS|\bar{l}} \triangleq -{}^{l}\tilde{\dot{\phi}}_{\bar{l}}\cdot{}^{l}r_{lS} + {}^{l}\dot{r}_{lS} \tag{3.179} $$

则式(3.178)可表达为

$$ {}^{l|\bar{l}}r'_{lS|\bar{l}} \triangleq {}^{l|\bar{l}}\dot{r}_{lS} = {}^{l|\bar{l}}\dot{r}_{l} + {}^{l}r'_{lS|\bar{l}} = {}^{l|\bar{l}}\dot{r}_{l} - {}^{l}\tilde{\dot{\phi}}_{\bar{l}}\cdot{}^{l}r_{lS} + {}^{l}\dot{r}_{lS} \tag{3.180} $$

式(3.180)满足链序不变性，${}^{l|\bar{l}}\dot{r}_{lS}$ 是矢量，具有可加性。

称式(3.179)中 ${}^{l}r'_{lS|\bar{l}}$ 为逆序绝对导数，因为式(3.179)中 ${}^{l}\dot{\tilde{\phi}}_{\bar{l}}$ 满足逆链序，与 ${}^{l}\square'_{|\bar{l}}$ 的度量坐标系 l 至投影坐标系 $\bar{l}$ 的次序一致，且右下角的投影坐标系 $\bar{l}$ 位于根方向，是逆序。显然，式(3.176)和式(3.177)的正序绝对导数更易使用，默认的绝对求导总是对投影坐标系的求导。式(3.179)和式(3.180)的逆序绝对导数需要在右下角标明求导的参考系。逆序绝对导数运算规律不如正序绝对导数的直观，较少使用。由式(3.177)得

$$
{}^{\bar{\bar{l}}}\dot{r}_{l} = {}^{\bar{l}}\dot{r}_{\bar{l}} + {}^{\bar{\bar{l}}}\dot{\tilde{\phi}}_{\bar{l}} \cdot {}^{\bar{\bar{l}}|\bar{l}}r_{l} + {}^{\bar{\bar{l}}|\bar{l}}\dot{r}_{l} \tag{3.181}
$$

由式(3.180)得

$$
{}^{\bar{l}|\bar{\bar{l}}}\dot{r}_{l} = {}^{\bar{l}|\bar{\bar{l}}}\dot{r}_{\bar{l}} - {}^{\bar{l}}\dot{\tilde{\phi}}_{\bar{\bar{l}}} \cdot {}^{\bar{l}}r_{l} + {}^{\bar{l}}\dot{r}_{l} \tag{3.182}
$$

3.5.2 基的绝对导数

1.基的绝对导数

若由基 $\mathbf{e}_{\bar{l}}$ 至动基 $\mathbf{e}_{l}$ 的姿态为 ${}^{\bar{l}}Q_{l}$，绝对导数 ${}^{i|}\square'$ 表示对投影坐标系 i 求绝对导数，则有

$$
{}^{i|}\mathbf{e}'_{l} = \mathbf{e}_{i} \cdot {}^{i}\dot{\tilde{\phi}}_{l} \tag{3.183}
$$

【证明】 将被求导项的参考指标转化为求导时间的参考指标，对于任意有限长度的固定矢量或定位矢量 ${}^{l}r_{lS}$，考虑式(3.176)有

$$
\begin{aligned}
\frac{{}^{i}d}{dt}\left(\mathbf{e}_{i} \cdot {}^{i|l}r_{lS}\right) &= \frac{{}^{i}d}{dt}\left(\mathbf{e}_{i}\right) \cdot {}^{i|l}r_{lS} + \mathbf{e}_{i} \cdot \frac{{}^{i}d}{dt}\left({}^{i|l}r_{lS}\right) = \mathbf{e}_{i} \cdot {}^{i|l}r'_{lS} \\
&= \mathbf{e}_{i} \cdot \left({}^{i}\dot{\tilde{\phi}}_{l} \cdot {}^{i|l}r_{lS} + {}^{i|l}\dot{r}_{lS}\right) \\
&= \mathbf{e}_{i} \cdot {}^{i}\dot{\tilde{\phi}}_{l} \cdot {}^{i|l}r_{lS} + \mathbf{e}_{i} \cdot {}^{i|l}\dot{r}_{lS}
\end{aligned}
$$

即

$$
\frac{{}^{i}d}{dt}\left(\mathbf{e}_{i} \cdot {}^{i|l}r_{lS}\right) = \mathbf{e}_{i} \cdot {}^{i}\dot{\tilde{\phi}}_{l} \cdot {}^{i|l}r_{lS} + \mathbf{e}_{i} \cdot {}^{i|l}\dot{r}_{lS} \tag{3.184}
$$

另一方面，

$$
\frac{{}^{i}d}{dt}\left(\mathbf{e}_{l} \cdot {}^{l}r_{lS}\right) = {}^{i|}\mathbf{e}'_{l} \cdot {}^{l}r_{lS} + \mathbf{e}_{i} \cdot {}^{i|l}\dot{r}_{lS} \tag{3.185}
$$

根据矢量绝对求导不变性得

$$
\frac{{}^{i}d}{dt}\left(\mathbf{e}_{i} \cdot {}^{i|l}r_{lS}\right) = \frac{{}^{i}d}{dt}\left(\mathbf{e}_{l} \cdot {}^{l}r_{lS}\right) \tag{3.186}
$$

由式(3.184)、式(3.185)和式(3.186)得式(3.183)。证毕。

式(3.183)的特点如下：

（1）满足链指标运算律；

（2）${}^{i}\dot{\tilde{\phi}}_{l}$ 是投影参考系 i 至度量参考系 l 的角速度叉乘矩阵；

（3）${}^{i|}\mathbf{e}'_{l}$ 的求导结果以投影参考系 i 为参考。

同样，有

$$\mathbf{e}'_{l|i} = -\mathbf{e}_l \cdot {}^{l}\dot{\tilde{\phi}}_i \tag{3.187}$$

【证明】 将被求导项的参考指标转化为求导时间的参考指标，对于任意有限长度的固定矢量或定位矢量${}^{l}r_{lS}$，考虑式(3.179)有

$$\begin{aligned}\frac{{}^{i}d}{dt}\left(\mathbf{e}_i \cdot {}^{i|l}r_{lS}\right) &= \frac{{}^{i}d}{dt}\left(\mathbf{e}_i\right) \cdot {}^{i|l}r_{lS} + \mathbf{e}_l \cdot \frac{{}^{i}d}{dt}\left({}^{l}r_{lS}\right) = \mathbf{e}_l \cdot {}^{l}r'_{lS|i} \\ &= \mathbf{e}_l \cdot \left(-{}^{l}\dot{\tilde{\phi}}_i \cdot {}^{l}r_{lS} + {}^{l}\dot{r}_{lS}\right) = -\mathbf{e}_l \cdot {}^{l}\dot{\tilde{\phi}}_i \cdot {}^{l}r_{lS} + \mathbf{e}_l \cdot {}^{l}\dot{r}_{lS}\end{aligned}$$

即

$$\frac{{}^{i}d}{dt}\left(\mathbf{e}_i \cdot {}^{i|l}r_{lS}\right) = -\mathbf{e}_l \cdot {}^{l}\dot{\tilde{\phi}}_i \cdot {}^{l}r_{lS} + \mathbf{e}_l \cdot {}^{l}\dot{r}_{lS} \tag{3.188}$$

另一方面，

$$\frac{{}^{i}d}{dt}\left(\mathbf{e}_l \cdot {}^{l}r_{lS}\right) = \frac{{}^{i}d}{dt}\left(\mathbf{e}_l\right) \cdot {}^{l}r_{lS} + \mathbf{e}_i \cdot \frac{{}^{i}d}{dt}\left({}^{i|l}r_{lS}\right) = \mathbf{e}'_{l|i} \cdot {}^{l}r_{lS} + \mathbf{e}_l \cdot {}^{l}\dot{r}_{lS} \tag{3.189}$$

根据矢量绝对求导不变性得

$$\frac{{}^{i}d}{dt}\left(\mathbf{e}_i \cdot {}^{i|l}r_{lS}\right) = \frac{{}^{i}d}{dt}\left(\mathbf{e}_l \cdot {}^{l}r_{lS}\right) \tag{3.190}$$

由式(3.188)、式(3.189)和式(3.190)得式(3.187)。证毕。

2.绝对求导公式

由式(3.184)得

$$\frac{{}^{i}d}{dt}\left({}^{l}r_{lS}\right) = {}^{i|l}r'_{lS} = {}^{i}\dot{\tilde{\phi}}_l \cdot {}^{i|l}r_{lS} + {}^{i|l}\dot{r}_{lS} \tag{3.191}$$

式(3.191)称为正序的绝对求导公式，其特点如下：

（1）与相对求导的不同之处在于增加了牵连项${}^{i}\dot{\tilde{\phi}}_l \cdot {}^{i|l}r_{lS}$；

（2）所有和项与积项满足链指标运算律；

（3）${}^{i}\dot{\tilde{\phi}}_l$是由投影参考系$i$至度量参考系$l$的角速度叉乘矩阵；

（4）${}^{i|l}r'_{lS}$结果以投影参考系i为参考，所有和项的投影参考系具有一致性。

由式(3.188)得

$$\frac{{}^{i}d}{dt}\left({}^{l}r_{lS}\right) = {}^{l}r'_{lS|i} = -{}^{l}\dot{\tilde{\phi}}_i \cdot {}^{l}r_{lS} + {}^{l}\dot{r}_{lS} \tag{3.192}$$

式(3.192)称为逆序的绝对求导公式，其特点如下：

（1）与相对求导的不同之处在于增加了牵连项$-{}^{l}\dot{\tilde{\phi}}_i \cdot {}^{l}r_{lS}$；

（2）所有和项与积项满足链指标运算律；

（3）${}^{l}\dot{\tilde{\phi}}_i$是由度量参考系$l$至投影参考系$i$的角速度叉乘矩阵；

（4）${}^{l}r'_{lS|i}$结果以度量参考系l为参考，所有和项的投影参考系具有一致性。

由式(3.165)得

$$
\begin{aligned}
{}^{i}\dot{\tilde{\phi}}_l - {}^{i}\dot{\tilde{\phi}}_{\bar{l}} &= {}^{i}\tilde{\phi}'_l - {}^{i}\tilde{\phi}'_{\bar{l}} = \left({}^{i}\dot{Q}_{\bar{l}}\cdot{}^{\bar{l}}Q_l + {}^{i}Q_{\bar{l}}\cdot{}^{\bar{l}}\dot{Q}_l\right)\cdot{}^{l}Q_{\bar{l}}\cdot{}^{\bar{l}}Q_i - {}^{i}\dot{Q}_{\bar{l}}\cdot{}^{\bar{l}}Q_i \\
&= \left({}^{i}Q_{\bar{l}}\cdot{}^{\bar{l}}\dot{Q}_l\cdot{}^{l}Q_{\bar{l}}\right)\cdot{}^{\bar{l}}Q_i = {}^{i}Q_{\bar{l}}\cdot{}^{\bar{l}}\dot{\tilde{\phi}}_l\cdot{}^{\bar{l}}Q_i = {}^{i|\bar{l}}\dot{\tilde{\phi}}_l
\end{aligned}
$$

$$
{}^{i|\bar{l}}\phi'_l \triangleq \mathrm{Vector}\left({}^{i|\bar{l}}\dot{\tilde{\phi}}_l\right) = {}^{i}\dot{\phi}_l - {}^{i}\dot{\phi}_{\bar{l}} = {}^{i|\bar{l}}\dot{\phi}_l
$$

故有

$$
{}^{i|\bar{l}}\phi'_l = {}^{i|\bar{l}}\dot{\phi}_l = {}^{i}\dot{\phi}_l - {}^{i}\dot{\phi}_{\bar{l}} = {}^{i|\bar{l}}n_l\cdot\dot{\phi}_l^{\bar{l}} \tag{3.193}
$$

式(3.193)表明：绝对角速度与相对角速度是等价的。

3.5.3 加速度

由式(3.173)可知 ${}^{\bar{l}}\dot{r}_{lS} = {}^{\bar{l}}\dot{r}_l + {}^{\bar{l}}\dot{\tilde{\phi}}_l\cdot{}^{\bar{l}|l}r_{lS} + {}^{\bar{l}|l}\dot{r}_{lS}$，由绝对求导公式(3.191)得

$$
\begin{aligned}
{}^{\bar{l}}\ddot{r}_{lS} &= \frac{{}^{\bar{l}}d}{dt}\left({}^{\bar{l}}\dot{r}_l + {}^{\bar{l}}\dot{\tilde{\phi}}_l\cdot{}^{\bar{l}|l}r_{lS} + {}^{\bar{l}|l}\dot{r}_{lS}\right) \\
&= \frac{{}^{\bar{l}}d}{dt}\left({}^{\bar{l}}\dot{r}_l\right) + \frac{{}^{\bar{l}}d}{dt}\left({}^{\bar{l}}\dot{\tilde{\phi}}_l\cdot{}^{\bar{l}|l}r_{lS}\right) + \frac{{}^{\bar{l}}d}{dt}\left({}^{\bar{l}|l}\dot{r}_{lS}\right) \\
&= {}^{\bar{l}}\ddot{r}_l + \left({}^{\bar{l}}\ddot{\tilde{\phi}}_l\cdot{}^{\bar{l}|l}r_{lS} + {}^{\bar{l}}\dot{\tilde{\phi}}_l\cdot{}^{\bar{l}|l}\dot{r}_{lS} + {}^{\bar{l}}\dot{\tilde{\phi}}_l\cdot{}^{\bar{l}}\dot{\tilde{\phi}}_l\cdot{}^{\bar{l}|l}r_{lS}\right) + \left({}^{\bar{l}|l}\ddot{r}_{lS} + {}^{\bar{l}}\dot{\tilde{\phi}}_l\cdot{}^{\bar{l}|l}\dot{r}_{lS}\right) \\
&= {}^{\bar{l}}\ddot{r}_l + {}^{\bar{l}|l}\ddot{r}_{lS} + {}^{\bar{l}}\ddot{\tilde{\phi}}_l\cdot{}^{\bar{l}|l}r_{lS} + {}^{\bar{l}}\dot{\tilde{\phi}}_l^{:2}\cdot{}^{\bar{l}|l}r_{lS} + 2\cdot{}^{\bar{l}}\dot{\tilde{\phi}}_l\cdot{}^{\bar{l}|l}\dot{r}_{lS}
\end{aligned}
$$

即

$$
{}^{\bar{l}}\ddot{r}_{lS} = {}^{\bar{l}}\ddot{r}_l + {}^{\bar{l}|l}\ddot{r}_{lS} + \left({}^{\bar{l}}\ddot{\tilde{\phi}}_l + {}^{\bar{l}}\dot{\tilde{\phi}}_l^{:2}\right)\cdot{}^{\bar{l}|l}r_{lS} + 2\cdot{}^{\bar{l}}\dot{\tilde{\phi}}_l\cdot{}^{\bar{l}|l}\dot{r}_{lS} \tag{3.194}
$$

其中：${}^{\bar{l}}\ddot{r}_l + {}^{\bar{l}|l}\ddot{r}_{lS}$ 为平动加速度；$\left({}^{\bar{l}}\ddot{\tilde{\phi}}_l + {}^{\bar{l}}\dot{\tilde{\phi}}_l^{:2}\right)\cdot{}^{\bar{l}|l}r_{lS}$ 为转动加速度，其中 ${}^{\bar{l}}\dot{\tilde{\phi}}_l^{:2}\cdot{}^{\bar{l}|l}r_{lS}$ 为向心加速度；$2\cdot{}^{\bar{l}}\dot{\tilde{\phi}}_l\cdot{}^{\bar{l}|l}\dot{r}_{lS}$ 为哥氏加速度，是平动与转动的耦合加速度。

由式(3.194)可知，平动加速度 ${}^{\bar{l}}\ddot{r}_{lS}$ 是矢量，具有可加性。由运动链的偏序性可知，根向转动与叶向平动牵连。因此，${}^{\bar{l}}\dot{\tilde{\phi}}_l\cdot{}^{\bar{l}|l}\dot{r}_{lS}$ 及 $\left({}^{\bar{l}}\ddot{\tilde{\phi}}_l + {}^{\bar{l}}\dot{\tilde{\phi}}_l^{:2}\right)\cdot{}^{\bar{l}|l}r_{lS}$ 的链指标满足 ${}_{l}\cdot{}^{l}$ 对消运算法则。定义角加速度

$$
{}^{\bar{l}}\tilde{\Psi}_l \triangleq {}^{\bar{l}}\ddot{\tilde{\phi}}_l + {}^{\bar{l}}\dot{\tilde{\phi}}_l^{:2} \tag{3.195}
$$

其中：${}^{\bar{l}}\ddot{\tilde{\phi}}_l$ 是反对称阵，${}^{\bar{l}}\dot{\tilde{\phi}}_l^{:2}$ 是对称阵。由式(3.195)得

$$
\mathrm{Vector}\left({}^{i|\bar{l}}\tilde{\Psi}_l\right) = \mathrm{Vector}\left({}^{i|\bar{l}}\ddot{\tilde{\phi}}_l + {}^{i|\bar{l}}\dot{\tilde{\phi}}_l^{:2}\right) = \mathrm{Vector}\left({}^{i|\bar{l}}\ddot{\tilde{\phi}}_l\right) = {}^{i|\bar{l}}\ddot{\phi}_l \tag{3.196}
$$

由式(3.196)可知：角加速度 ${}^{\bar{l}}\tilde{\Psi}_l$ 是矢量，具有可加性。同时，有

$$
\begin{aligned}
\mathrm{Trace}\left({}^{\bar{l}}\tilde{\Psi}_l\right) &= \mathrm{Trace}\left({}^{\bar{l}}\ddot{\tilde{\phi}}_l + {}^{\bar{l}}\dot{\tilde{\phi}}_l^{:2}\right) = \mathrm{Trace}\left({}^{\bar{l}}\dot{\tilde{\phi}}_l^{:2}\right) = \mathrm{Trace}\left(-\left|\dot{\phi}_l^{\bar{l}}\right|^2\cdot\mathbf{1} + {}^{\bar{l}}\dot{\phi}_l\cdot{}^{\bar{l}}\dot{\phi}_l^{\mathrm{T}}\right) \\
&= -\left|\dot{\phi}_l^{\bar{l}}\right|^2\cdot\mathrm{Trace}(\mathbf{1}) + \mathrm{Trace}\left({}^{\bar{l}}\dot{\phi}_l\cdot{}^{\bar{l}}\dot{\phi}_l^{\mathrm{T}}\right) = -2\cdot\left|\dot{\phi}_l^{\bar{l}}\right|^2
\end{aligned}
$$

$$
\begin{aligned}
{}^{i|\bar{l}}\phi_l'' &= \mathrm{Vector}\left({}^{i|\bar{l}}\ddot{\tilde{\phi}}_l\right) = \mathrm{Vector}\left(\frac{d}{dt}\left({}^{i}Q_{\bar{l}} \cdot {}^{\bar{l}}\dot{\tilde{\phi}}_l \cdot {}^{\bar{l}}Q_i\right)\right) \\
&= \mathrm{Vector}\left({}^{i|\bar{l}}\ddot{\tilde{\phi}}_l + {}^{i}\dot{Q}_{\bar{l}} \cdot {}^{\bar{l}}\dot{\tilde{\phi}}_l \cdot {}^{\bar{l}}Q_i + {}^{i}Q_{\bar{l}} \cdot {}^{\bar{l}}\dot{\tilde{\phi}}_l \cdot {}^{\bar{l}}\dot{Q}_i\right) \\
&= \mathrm{Vector}\left({}^{i|\bar{l}}\ddot{\tilde{\phi}}_l + {}^{i}\dot{\tilde{\phi}}_{\bar{l}} \cdot {}^{i|\bar{l}}\dot{\tilde{\phi}}_l - {}^{i|\bar{l}}\dot{\tilde{\phi}}_l \cdot {}^{i}\dot{\tilde{\phi}}_{\bar{l}}\right) \\
&= \mathrm{Vector}\left({}^{i|\bar{l}}\ddot{\tilde{\phi}}_l + \widetilde{{}^{i}\dot{\tilde{\phi}}_{\bar{l}} \cdot {}^{i|\bar{l}}\dot{\phi}_l}\right) = {}^{i|\bar{l}}\ddot{\phi}_l + {}^{i}\dot{\tilde{\phi}}_{\bar{l}} \cdot {}^{i|\bar{l}}\dot{\phi}_l
\end{aligned}
$$

故得

$$
{}^{i|\bar{l}}\phi_l'' = {}^{i|\bar{l}}\ddot{\phi}_l + {}^{i}\dot{\tilde{\phi}}_{\bar{l}} \cdot {}^{i|\bar{l}}\dot{\phi}_l \tag{3.197}
$$

式(3.197)表明：绝对角加速度存在牵连项。若 ${}^{i}\dot{\phi}_{\bar{l}}$ 为天体角速度，${}^{\bar{l}}\dot{\phi}_l$ 为陀螺角速度，则 ${}^{i}\dot{\tilde{\phi}}_{\bar{l}} \cdot {}^{i|\bar{l}}\dot{\phi}_l$ 对应的陀螺力矩使陀螺自转轴趋向天体自转轴。同样，由绝对求导公式(3.191)得

$$
{}^{i|\bar{l}}\phi_l'' = \frac{d}{dt}\left({}^{i|\bar{l}}\dot{\phi}_l\right) = {}^{i|\bar{l}}n_l \cdot \ddot{\phi}_l^{\bar{l}} + {}^{i}\dot{\tilde{\phi}}_{\bar{l}} \cdot {}^{i|\bar{l}}n_l \cdot \dot{\phi}_l^{\bar{l}} = {}^{i|\bar{l}}\ddot{\phi}_l + {}^{i}\dot{\tilde{\phi}}_{\bar{l}} \cdot {}^{i|\bar{l}}\dot{\phi}_l
$$

其结果与式(3.197)一样。

【示例 3.9】　已知 ${}^{i}L_{lI} = {}^{i|lI}\mathrm{J}_{lI} \cdot {}^{i}\dot{\phi}_l$，则

$$
{}^{i}L_{lI}' = {}^{i|lI}\mathrm{J}_{lI} \cdot {}^{i}\ddot{\phi}_l + {}^{i}\dot{\tilde{\phi}}_l \cdot {}^{i|lI}\mathrm{J}_{lI} \cdot {}^{i}\dot{\phi}_l \tag{3.198}
$$

【证明】　一方面，由绝对求导公式(3.191)得

$$
{}^{i}L_{lI}' = \frac{{}^{i}d}{dt}\left({}^{i|lI}\mathrm{J}_{lI} \cdot {}^{i}\dot{\phi}_l\right) = {}^{i|lI}\mathrm{J}_{lI} \cdot {}^{i}\ddot{\phi}_l + \frac{d}{dt}\left({}^{i|lI}\mathrm{J}_{lI}\right) \cdot {}^{i}\dot{\phi}_l
$$

另一方面，

$$
\begin{aligned}
&\frac{d}{dt}\left({}^{i|lI}\mathrm{J}_{lI}\right) \cdot {}^{i}\dot{\phi}_l = \frac{d}{dt}\left({}^{i}Q_l \cdot {}^{lI}\mathrm{J}_{lI} \cdot {}^{l}Q_i\right) \cdot {}^{i}\dot{\phi}_l \\
&= \left({}^{i}\dot{Q}_l \cdot {}^{lI}\mathrm{J}_{lI} \cdot {}^{l}Q_i + {}^{i}Q_l \cdot {}^{lI}\mathrm{J}_{lI} \cdot {}^{l}\dot{Q}_i\right) \cdot {}^{i}\dot{\phi}_l \\
&= \left({}^{i}\dot{Q}_l \cdot {}^{l}Q_i \cdot {}^{i}Q_l \cdot {}^{lI}\mathrm{J}_{lI} \cdot {}^{l}Q_i + {}^{i}Q_l \cdot {}^{lI}\mathrm{J}_{lI} \cdot {}^{l}Q_i \cdot {}^{i}Q_l \cdot {}^{l}\dot{Q}_i\right) \cdot {}^{i}\dot{\phi}_l \\
&= \left({}^{i}\dot{\tilde{\phi}}_l \cdot {}^{i|lI}\mathrm{J}_{lI} - {}^{i|lI}\mathrm{J}_{lI} \cdot {}^{i}\dot{\tilde{\phi}}_l\right) \cdot {}^{i}\dot{\phi}_l \\
&= {}^{i}\dot{\tilde{\phi}}_l \cdot {}^{i|lI}\mathrm{J}_{lI} \cdot {}^{i}\dot{\phi}_l
\end{aligned}
$$

证毕。

由式(3.193)、式(3.197)和式(3.198)得

$$
{}^{i}\dot{L}_{lI} = {}^{i|lI}\mathrm{J}_{lI} \cdot {}^{i}\ddot{\phi}_l + {}^{i}\dot{\tilde{\phi}}_l \cdot {}^{i|lI}\mathrm{J}_{lI} \cdot {}^{i}\dot{\phi}_l \tag{3.199}
$$

式(3.198)是著名的欧拉方程，该式等价为

$$
{}^{l|i}\dot{L}_{lI} = -{}^{lI}\mathrm{J}_{lI} \cdot {}^{l}\ddot{\phi}_i + {}^{l}\dot{\tilde{\phi}}_i \cdot {}^{lI}\mathrm{J}_{lI} \cdot {}^{l}\dot{\phi}_i \tag{3.200}
$$

【证明 1】　由式(3.198)得

$$
{}^{l|i}\dot{L}_{lI} = {}^{l}Q_i \cdot {}^{i|lI}\mathrm{J}_{lI} \cdot {}^{i}Q_l \cdot {}^{l}Q_i \cdot {}^{i}\ddot{\phi}_l + {}^{l}Q_i \cdot {}^{i}\dot{\tilde{\phi}}_l \cdot {}^{i}Q_l \cdot {}^{l}Q_i \cdot {}^{i|lI}\mathrm{J}_{lI} \cdot {}^{i}Q_l \cdot {}^{l}Q_i \cdot {}^{i}\dot{\phi}_l
$$

故

$$
\begin{aligned}
{}^{l|i}\dot{L}_{lI} &= {}^{l}Q_{i}\cdot{}^{i|lI}\mathrm{J}_{lI}\cdot{}^{i}Q_{l}\cdot{}^{l}Q_{i}\cdot{}^{i}\ddot{\phi}_{l}+{}^{l}Q_{i}\cdot{}^{i}\dot{\tilde{\phi}}_{l}\cdot{}^{i}Q_{l}\cdot{}^{l}Q_{i}\cdot{}^{i|lI}\mathrm{J}_{lI}\cdot{}^{i}Q_{l}\cdot{}^{l}Q_{i}\cdot{}^{i}\dot{\phi}_{l}\\
&= -{}^{lI}\mathrm{J}_{lI}\cdot{}^{l}\ddot{\phi}_{i}+{}^{l}\dot{\tilde{\phi}}_{i}\cdot{}^{lI}\mathrm{J}_{lI}\cdot{}^{l}\dot{\phi}_{i}
\end{aligned}
$$

证毕。

【证明 2】 因 ${}^{l|i}L_{lI}=-{}^{lI}\mathrm{J}_{lI}\cdot{}^{l}\dot{\phi}_{i}$，应用式(3.192)得

$$
{}^{l|i}L_{lI}'=-{}^{lI}\mathrm{J}_{lI}\cdot{}^{l}\ddot{\phi}_{i}-{}^{l}\dot{\tilde{\phi}}_{i}\cdot\left(-{}^{lI}\mathrm{J}_{lI}\cdot{}^{l}\dot{\phi}_{i}\right)=-{}^{lI}\mathrm{J}_{lI}\cdot{}^{l}\ddot{\phi}_{i}+{}^{l}\dot{\tilde{\phi}}_{i}\cdot{}^{lI}\mathrm{J}_{lI}\cdot{}^{l}\dot{\phi}_{i}
$$

证毕。

式(3.200)称为相对空间欧拉方程，式(3.198)称为绝对空间欧拉方程。尽管式(3.198)与式(3.200)是等价的，但这种等价是建立在各运动量无噪声的理想条件基础上的。在工程上，二者有着重要的区别：相对空间欧拉方程中不需要相对绝对空间的姿态，${}^{i}\dot{\tilde{\phi}}_{l}$ 可以通过速率陀螺等惯性器件直接测量得到；绝对空间欧拉方程需要相对绝对空间的旋转变换阵 ${}^{i}Q_{l}$，而 ${}^{i}Q_{l}$ 含有测量噪声。

3.5.4 旋转变换阵的二阶导数

由式(3.68)得

$$
{}^{\bar{l}}\dot{\tilde{\phi}}_{l}={}^{\bar{l}}\dot{Q}_{l}\cdot{}^{l}Q_{\bar{l}},\qquad {}^{\bar{l}}\dot{\tilde{\phi}}_{l}\cdot{}^{\bar{l}}Q_{l}={}^{\bar{l}}\dot{Q}_{l} \tag{3.201}
$$

或

$$
{}^{\bar{l}}\dot{\tilde{\phi}}_{l}=-{}^{\bar{l}}Q_{l}\cdot{}^{l}\dot{Q}_{\bar{l}},\qquad -{}^{l}Q_{\bar{l}}\cdot{}^{\bar{l}}\dot{\tilde{\phi}}_{l}={}^{l}\dot{Q}_{\bar{l}} \tag{3.202}
$$

由式(3.202)得

$$
{}^{l}\ddot{Q}_{\bar{l}}=-{}^{l}\dot{Q}_{\bar{l}}\cdot{}^{\bar{l}}\dot{\tilde{\phi}}_{l}-{}^{l}Q_{\bar{l}}\cdot{}^{\bar{l}}\ddot{\tilde{\phi}}_{l}={}^{l}Q_{\bar{l}}\cdot{}^{\bar{l}}\dot{\tilde{\phi}}_{l}\cdot{}^{\bar{l}}\dot{\tilde{\phi}}_{l}-{}^{\bar{l}}Q_{l}\cdot{}^{\bar{l}}\ddot{\tilde{\phi}}_{l}={}^{l}\dot{\tilde{\phi}}_{\bar{l}}^{:2}\cdot{}^{l}Q_{\bar{l}}+{}^{l}\ddot{\tilde{\phi}}_{\bar{l}}\cdot{}^{l}Q_{\bar{l}}
$$

故有

$$
\begin{cases}
{}^{\bar{l}}\ddot{Q}_{l}=\left({}^{\bar{l}}\dot{\tilde{\phi}}_{l}^{:2}+{}^{\bar{l}}\ddot{\tilde{\phi}}_{l}\right)\cdot{}^{l}Q_{\bar{l}}={}^{\bar{l}}\tilde{\Psi}_{l}\cdot{}^{l}Q_{\bar{l}}\\
{}^{\bar{l}}\ddot{Q}_{l}=-{}^{\bar{l}}Q_{l}\cdot\left({}^{l}\dot{\tilde{\phi}}_{\bar{l}}^{:2}+{}^{l}\ddot{\tilde{\phi}}_{\bar{l}}\right)=-{}^{\bar{l}}Q_{l}\cdot{}^{l}\tilde{\Psi}_{\bar{l}}
\end{cases} \tag{3.203}
$$

对比式(3.165)与式(3.203)可知：DCM 的一阶导数 ${}^{\bar{l}}\dot{Q}_{l}$ 及二阶导数 ${}^{\bar{l}}\ddot{Q}_{l}$ 分别对应角速度的一阶矩 ${}^{\bar{l}}\dot{\tilde{\phi}}_{l}$ 及角加速度的一阶矩 ${}^{\bar{l}}\tilde{\Psi}_{l}$。

3.5.5 齐次速度与齐次速度变换

给定链节 ${}^{\bar{l}}\mathbf{1}_{l}$，齐次坐标 ${}^{\bar{l}}r_{lS}$ 及 ${}^{l}r_{lS}$，且

$$
{}^{\bar{l}}\dot{r}_{lS}=\begin{bmatrix}{}^{\bar{l}}\dot{r}_{lS}\\0\end{bmatrix},\quad {}^{\bar{l}|l}r_{lS}=\begin{bmatrix}{}^{\bar{l}|l}r_{lS}\\1\end{bmatrix}
$$

则有

$$
{}^{\bar{l}}\dot{r}_{lS}={}^{\bar{l}}\dot{R}_{l}\cdot{}^{l}r_{lS}+{}^{\bar{l}|l}\dot{r}_{lS} \tag{3.204}
$$

其中：

$$
{}^{\bar{l}}\dot{R}_l = \begin{bmatrix} {}^{\bar{l}}\dot{Q}_l & {}^{\bar{l}}\dot{r}_l \\ 0_3^{\mathrm{T}} & 0 \end{bmatrix} = \begin{bmatrix} {}^{\bar{l}}\dot{\tilde{\phi}}_l \cdot {}^{\bar{l}}Q_l & {}^{\bar{l}}\dot{r}_l \\ 0_3^{\mathrm{T}} & 0 \end{bmatrix} \tag{3.205}
$$

【证明】

$$
\begin{aligned}
{}^{\bar{l}}\dot{r}_{lS} &= {}^{\bar{l}}\dot{R}_l \cdot {}^{l}r_{lS} + {}^{\bar{l}}R_l \cdot {}^{l}\dot{r}_{lS} = {}^{\bar{l}}\dot{R}_l \cdot {}^{l}r_{lS} + \begin{bmatrix} {}^{\bar{l}}Q_l & {}^{\bar{l}}r_l \\ 0_3^{\mathrm{T}} & 1 \end{bmatrix} \cdot \begin{bmatrix} {}^{l}\dot{r}_{lS} \\ 0 \end{bmatrix} \\
&= \begin{bmatrix} {}^{\bar{l}}\dot{Q}_l & {}^{\bar{l}}\dot{r}_l \\ 0_3^{\mathrm{T}} & 0 \end{bmatrix} \cdot {}^{l}r_{lS} + \begin{bmatrix} {}^{\bar{l}|l}\dot{r}_{lS} \\ 0 \end{bmatrix} = \begin{bmatrix} {}^{\bar{l}}\dot{\tilde{\phi}}_l \cdot {}^{\bar{l}}Q_l & {}^{\bar{l}}\dot{r}_l \\ 0_3^{\mathrm{T}} & 0 \end{bmatrix} \cdot {}^{l}r_{lS} + \begin{bmatrix} {}^{\bar{l}|l}\dot{r}_{lS} \\ 0 \end{bmatrix} \\
&= {}^{\bar{l}}\dot{R}_l \cdot {}^{l}r_{lS} + {}^{\bar{l}|l}\dot{r}_{lS}
\end{aligned}
$$

证毕。

3.5.6　本节贡献

本节应用运动链符号系统和基于轴不变量的 3D 矢量空间操作代数，建立了基于轴不变量的运动微分演算子系统。其特征在于：提出并证明了式(3.191)和式(3.192)所示的基于链符号的绝对求导公式、绝对速度及加速度表达式；具有简洁的属性符号、链符号系统及轴不变量的表示，满足运动链公理及度量公理；具有基于轴不变量的迭代式过程，具有伪代码的功能，物理含义准确，保证了系统实现的实时性与可靠性，为提高多轴系统实时运动学系统的紧凑性奠定了基础。

3.6　基于轴不变量的欧拉四元数微分演算

3.6.1　欧拉四元数微分方程

由式(3.27)可知

$$
\left|\lambda_l^{\bar{l}}\right|^2 \cdot \mathbf{1} = {}^{\bar{l}}\lambda_l \cdot {}^{\bar{l}}\lambda_l^{\mathrm{T}} - {}^{\bar{l}}\tilde{\lambda}_l^{:2} \tag{3.206}
$$

由式(3.11)和式(3.12)得

$$
{}^{\bar{l}}\dot{\tilde{\lambda}}_l \cdot {}^{\bar{l}}\tilde{\lambda}_l - {}^{\bar{l}}\tilde{\lambda}_l \cdot {}^{\bar{l}}\dot{\tilde{\lambda}}_l = \widetilde{{}^{\bar{l}}\dot{\tilde{\lambda}}_l \cdot {}^{\bar{l}}\lambda_l} \tag{3.207}
$$

定义右手序（正序）矩阵 ${}^{\bar{l}}\underset{\rightharpoondown}{\tilde{\lambda}}_l$ 和左手序（逆序）矩阵 ${}^{\bar{l}}\underset{\leftharpoondown}{\tilde{\lambda}}_l$ 分别为

$$
{}^{\bar{l}}\underset{\rightharpoondown}{\tilde{\lambda}}_l \triangleq \begin{bmatrix} {}^{\bar{l}}\lambda_l^{[4]} \cdot \mathbf{1} + {}^{\bar{l}}\tilde{\lambda}_l \\ -{}^{\bar{l}}\lambda_l^{\mathrm{T}} \end{bmatrix}, \quad {}^{\bar{l}}\underset{\leftharpoondown}{\tilde{\lambda}}_l \triangleq \begin{bmatrix} {}^{\bar{l}}\lambda_l^{[4]} \cdot \mathbf{1} - {}^{\bar{l}}\tilde{\lambda}_l \\ -{}^{\bar{l}}\lambda_l^{\mathrm{T}} \end{bmatrix} \tag{3.208}
$$

故

$$
{}^{\bar{l}}\underset{\rightharpoondown}{\tilde{\lambda}}_l^{\mathrm{T}} = \begin{bmatrix} {}^{\bar{l}}\lambda_l^{[4]} \cdot \mathbf{1} - {}^{\bar{l}}\tilde{\lambda}_l & -{}^{\bar{l}}\lambda_l \end{bmatrix}, \quad {}^{\bar{l}}\underset{\leftharpoondown}{\tilde{\lambda}}_l^{\mathrm{T}} = \begin{bmatrix} {}^{\bar{l}}\lambda_l^{[4]} \cdot \mathbf{1} + {}^{\bar{l}}\tilde{\lambda}_l & -{}^{\bar{l}}\lambda_l \end{bmatrix} \tag{3.209}
$$

考虑式(3.206)、式(3.208)和式(3.209)，则有

$$
\begin{aligned}
{}^{\bar{l}}\underset{\rightarrow}{\tilde{\lambda}}{}_l^{\mathrm{T}} \cdot {}^{\bar{l}}\underset{\rightarrow}{\tilde{\lambda}}_l &= \begin{bmatrix} {}^{\bar{l}}\underset{.}{\lambda}{}_l^{[4]} \cdot \mathbf{1} - {}^{\bar{l}}\tilde{\lambda}_l & -{}^{\bar{l}}\lambda_l \end{bmatrix} \cdot \begin{bmatrix} {}^{\bar{l}}\underset{.}{\lambda}{}_l^{[4]} \cdot \mathbf{1} + {}^{\bar{l}}\tilde{\lambda}_l \\ -{}^{\bar{l}}\lambda_l^{\mathrm{T}} \end{bmatrix} \\
&= \begin{bmatrix} {}^{\bar{l}}\underset{.}{\lambda}{}_l^{[4]} \cdot \mathbf{1} + {}^{\bar{l}}\tilde{\lambda}_l & -{}^{\bar{l}}\lambda_l \end{bmatrix} \cdot \begin{bmatrix} {}^{\bar{l}}\underset{.}{\lambda}{}_l^{[4]} \cdot \mathbf{1} - {}^{\bar{l}}\tilde{\lambda}_l \\ -{}^{\bar{l}}\lambda_l^{\mathrm{T}} \end{bmatrix} \\
&= {}^{\bar{l}}\underset{\leftarrow}{\tilde{\lambda}}{}_l^{\mathrm{T}} \cdot {}^{\bar{l}}\underset{\leftarrow}{\tilde{\lambda}}_l \\
&= {}^{\bar{l}}\underset{.}{\lambda}{}_l^{[4]:2} \cdot \mathbf{1} - {}^{\bar{l}}\tilde{\lambda}_l^{:2} + {}^{\bar{l}}\lambda_l \cdot {}^{\bar{l}}\lambda_l^{\mathrm{T}} \\
&= {}^{\bar{l}}\underset{.}{\lambda}{}_l^{[4]:2} \cdot \mathbf{1} + \left(1 - {}^{\bar{l}}\underset{.}{\lambda}{}_l^{[4]:2}\right) \cdot \mathbf{1} = \mathbf{1}
\end{aligned}
$$

即右手序矩阵${}^{\bar{l}}\underset{\rightarrow}{\tilde{\lambda}}_l$和左手序矩阵${}^{\bar{l}}\underset{\leftarrow}{\tilde{\lambda}}_l$相互可逆：

$$
{}^{\bar{l}}\underset{\leftarrow}{\tilde{\lambda}}{}_l^{\mathrm{T}} \cdot {}^{\bar{l}}\underset{\leftarrow}{\tilde{\lambda}}_l = {}^{\bar{l}}\underset{\rightarrow}{\tilde{\lambda}}{}_l^{\mathrm{T}} \cdot {}^{\bar{l}}\underset{\rightarrow}{\tilde{\lambda}}_l = \mathbf{1} \tag{3.210}
$$

因

$$
\begin{aligned}
{}^{\bar{l}}\underset{\rightarrow}{\tilde{\lambda}}_l \cdot {}^{\bar{l}}\underset{\rightarrow}{\tilde{\lambda}}{}_l^{\mathrm{T}} &= \begin{bmatrix} {}^{\bar{l}}\underset{.}{\lambda}{}_l^{[4]} \cdot \mathbf{1} + {}^{\bar{l}}\tilde{\lambda}_l \\ -{}^{\bar{l}}\lambda_l^{\mathrm{T}} \end{bmatrix} \cdot \begin{bmatrix} {}^{\bar{l}}\underset{.}{\lambda}{}_l^{[4]} \cdot \mathbf{1} - {}^{\bar{l}}\tilde{\lambda}_l & -{}^{\bar{l}}\lambda_l \end{bmatrix} \\
&= \begin{bmatrix} {}^{\bar{l}}\underset{.}{\lambda}{}_l^{[4]:2} \cdot \mathbf{1} - {}^{\bar{l}}\underset{.}{\lambda}{}_l^{[4]} \cdot {}^{\bar{l}}\tilde{\lambda}_l + {}^{\bar{l}}\underset{.}{\lambda}{}_l^{[4]} \cdot {}^{\bar{l}}\tilde{\lambda}_l - {}^{\bar{l}}\tilde{\lambda}_l^{:2} & -{}^{\bar{l}}\underset{.}{\lambda}{}_l^{[4]} \cdot {}^{\bar{l}}\lambda_l - {}^{\bar{l}}\tilde{\lambda}_l \cdot {}^{\bar{l}}\lambda_l \\ -{}^{\bar{l}}\underset{.}{\lambda}{}_l^{[4]} \cdot {}^{\bar{l}}\lambda_l^{\mathrm{T}} + {}^{\bar{l}}\lambda_l^{\mathrm{T}} \cdot {}^{\bar{l}}\tilde{\lambda}_l & {}^{\bar{l}}\lambda_l^{\mathrm{T}} \cdot {}^{\bar{l}}\lambda_l \end{bmatrix} = {}^{\bar{l}}\underset{\leftarrow}{\tilde{\lambda}}_l \cdot {}^{\bar{l}}\underset{\leftarrow}{\tilde{\lambda}}{}_l^{\mathrm{T}} \\
&= \begin{bmatrix} {}^{\bar{l}}\underset{.}{\lambda}{}_l^{[4]:2} \cdot \mathbf{1} + \left(1 - {}^{\bar{l}}\underset{.}{\lambda}{}_l^{[4]:2}\right) \cdot \mathbf{1} - {}^{\bar{l}}\lambda_l \cdot {}^{\bar{l}}\lambda_l^{\mathrm{T}} & -{}^{\bar{l}}\underset{.}{\lambda}{}_l^{[4]} \cdot {}^{\bar{l}}\lambda_l - {}^{\bar{l}}\tilde{\lambda}_l \cdot {}^{\bar{l}}\lambda_l \\ -{}^{\bar{l}}\underset{.}{\lambda}{}_l^{[4]} \cdot {}^{\bar{l}}\lambda_l^{\mathrm{T}} + {}^{\bar{l}}\lambda_l^{\mathrm{T}} \cdot {}^{\bar{l}}\tilde{\lambda}_l & {}^{\bar{l}}\lambda_l^{\mathrm{T}} \cdot {}^{\bar{l}}\lambda_l \end{bmatrix} \\
&= \begin{bmatrix} \mathbf{1} - {}^{\bar{l}}\lambda_l \cdot {}^{\bar{l}}\lambda_l^{\mathrm{T}} & -{}^{\bar{l}}\underset{.}{\lambda}{}_l^{[4]} \cdot {}^{\bar{l}}\lambda_l - {}^{\bar{l}}\tilde{\lambda}_l \cdot {}^{\bar{l}}\lambda_l \\ -{}^{\bar{l}}\underset{.}{\lambda}{}_l^{[4]} \cdot {}^{\bar{l}}\lambda_l^{\mathrm{T}} + {}^{\bar{l}}\lambda_l^{\mathrm{T}} \cdot {}^{\bar{l}}\tilde{\lambda}_l & 1 - {}^{\bar{l}}\underset{.}{\lambda}{}_l^{[4]:2} \end{bmatrix} \\
&= \mathbf{1} - \begin{bmatrix} {}^{\bar{l}}\lambda_l \\ {}^{\bar{l}}\underset{.}{\lambda}{}_l^{[4]} \end{bmatrix} \cdot \begin{bmatrix} {}^{\bar{l}}\lambda_l^{\mathrm{T}} & {}^{\bar{l}}\underset{.}{\lambda}{}_l^{[4]} \end{bmatrix} = \mathbf{1} - {}^{\bar{l}}\lambda_l \cdot {}^{\bar{l}}\lambda_l^{\mathrm{T}}
\end{aligned}
$$

故

$$
{}^{\bar{l}}\underset{\leftarrow}{\tilde{\lambda}}_l \cdot {}^{\bar{l}}\underset{\leftarrow}{\tilde{\lambda}}{}_l^{\mathrm{T}} = {}^{\bar{l}}\underset{\rightarrow}{\tilde{\lambda}}_l \cdot {}^{\bar{l}}\underset{\rightarrow}{\tilde{\lambda}}{}_l^{\mathrm{T}} = \mathbf{1} - {}^{\bar{l}}\lambda_l \cdot {}^{\bar{l}}\lambda_l^{\mathrm{T}} \tag{3.211}
$$

应用式(3.208)和式(3.209)可知

$$
\begin{aligned}
{}^{\bar{l}}\underset{\rightarrow}{\tilde{\lambda}}{}_l^{\mathrm{T}} \cdot {}^{\bar{l}}\lambda_l &= \begin{bmatrix} {}^{\bar{l}}\underset{.}{\lambda}{}_l^{[4]} \cdot \mathbf{1} - {}^{\bar{l}}\tilde{\lambda}_l & -{}^{\bar{l}}\lambda_l \end{bmatrix} \cdot \begin{bmatrix} {}^{\bar{l}}\lambda_l \\ {}^{\bar{l}}\lambda_l^{[4]} \end{bmatrix} \\
&= {}^{\bar{l}}\underset{.}{\lambda}{}_l^{[4]} \cdot {}^{\bar{l}}\lambda_l - {}^{\bar{l}}\tilde{\lambda}_l \cdot {}^{\bar{l}}\lambda_l - {}^{\bar{l}}\underset{.}{\lambda}{}_l^{[4]} \cdot {}^{\bar{l}}\lambda_l = 0_3 \\
{}^{\bar{l}}\underset{\leftarrow}{\tilde{\lambda}}{}_l^{\mathrm{T}} \cdot {}^{\bar{l}}\lambda_l &= \begin{bmatrix} {}^{\bar{l}}\underset{.}{\lambda}{}_l^{[4]} \cdot \mathbf{1} + {}^{\bar{l}}\tilde{\lambda}_l & -{}^{\bar{l}}\lambda_l \end{bmatrix} \cdot \begin{bmatrix} {}^{\bar{l}}\lambda_l \\ {}^{\bar{l}}\lambda_l^{[4]} \end{bmatrix} \\
&= {}^{\bar{l}}\underset{.}{\lambda}{}_l^{[4]} \cdot {}^{\bar{l}}\lambda_l + {}^{\bar{l}}\tilde{\lambda}_l \cdot {}^{\bar{l}}\lambda_l - {}^{\bar{l}}\underset{.}{\lambda}{}_l^{[4]} \cdot {}^{\bar{l}}\lambda_l = 0_3
\end{aligned}
$$

因右手序矩阵 ${}^{\bar{l}}\underset{\rightarrow}{\tilde{\lambda}}_l$ 和左手序矩阵 ${}^{\bar{l}}\underset{\leftarrow}{\tilde{\lambda}}_l$ 独立于 ${}^{\bar{l}}\underset{\cdot}{\lambda}_l$，则有

$$
{}^{\bar{l}}\underset{\leftarrow}{\tilde{\lambda}}_l^{\mathrm{T}} \cdot {}^{\bar{l}}\underset{\cdot}{\lambda}_l = {}^{\bar{l}}\underset{\rightarrow}{\tilde{\lambda}}_l^{\mathrm{T}} \cdot {}^{\bar{l}}\underset{\cdot}{\lambda}_l = 0_3 \tag{3.212}
$$

应用式(3.206)、式(3.208)和式(3.209)得

$$
\begin{aligned}
{}^{\bar{l}}\underset{\leftarrow}{\tilde{\lambda}}_l^{\mathrm{T}} \cdot {}^{\bar{l}}\underset{\rightarrow}{\tilde{\lambda}}_l &= \left[{}^{\bar{l}}\underset{\cdot}{\lambda}_l^{[4]} \cdot \mathbf{1} + {}^{\bar{l}}\tilde{\lambda}_l \quad -{}^{\bar{l}}\lambda_l \right] \cdot \begin{bmatrix} {}^{\bar{l}}\underset{\cdot}{\lambda}_l^{[4]} \cdot \mathbf{1} + {}^{\bar{l}}\tilde{\lambda}_l \\ -{}^{\bar{l}}\lambda_l^{\mathrm{T}} \end{bmatrix} \\
&= {}^{\bar{l}}\underset{\cdot}{\lambda}_l^{[4]:2} \cdot \mathbf{1} + {}^{\bar{l}}\tilde{\lambda}_l^{:2} + 2 \cdot {}^{\bar{l}}\underset{\cdot}{\lambda}_l^{[4]} \cdot {}^{\bar{l}}\tilde{\lambda}_{\bar{l}} + {}^{\bar{l}}\lambda_l \cdot {}^{\bar{l}}\lambda_l^{\mathrm{T}} \\
&= \left(2 \cdot {}^{\bar{l}}\underset{\cdot}{\lambda}_l^{[4]:2} - 1 \right) \cdot \mathbf{1} + 2 \cdot {}^{\bar{l}}\lambda_l \cdot {}^{\bar{l}}\lambda_l^{\mathrm{T}} + 2 \cdot {}^{\bar{l}}\underset{\cdot}{\lambda}_l^{[4]} \cdot {}^{\bar{l}}\tilde{\lambda}_l \\
&= {}^{\bar{l}}Q_l
\end{aligned}
$$

同理，得

$$
\begin{aligned}
{}^{\bar{l}}\underset{\rightarrow}{\tilde{\lambda}}_l^{\mathrm{T}} \cdot {}^{\bar{l}}\underset{\leftarrow}{\tilde{\lambda}}_l &= \left[{}^{\bar{l}}\underset{\cdot}{\lambda}_l^{[4]} \cdot \mathbf{1} - {}^{\bar{l}}\tilde{\lambda}_l \quad -{}^{\bar{l}}\lambda_l \right] \cdot \begin{bmatrix} {}^{\bar{l}}\underset{\cdot}{\lambda}_l^{[4]} \cdot \mathbf{1} - {}^{\bar{l}}\tilde{\lambda}_l \\ -{}^{\bar{l}}\lambda_l^{\mathrm{T}} \end{bmatrix} \\
&= {}^{\bar{l}}\underset{\cdot}{\lambda}_l^{[4]:2} \cdot \mathbf{1} + {}^{\bar{l}}\tilde{\lambda}_l^{:2} - 2 \cdot {}^{\bar{l}}\underset{\cdot}{\lambda}_l^{[4]} \cdot {}^{\bar{l}}\tilde{\lambda}_l + {}^{\bar{l}}\lambda_l \cdot {}^{\bar{l}}\lambda_l^{\mathrm{T}} \\
&= \left(2 \cdot {}^{\bar{l}}\underset{\cdot}{\lambda}_l^{[4]:2} - 1 \right) \cdot \mathbf{1} + 2 \cdot {}^{\bar{l}}\lambda_l \cdot {}^{\bar{l}}\lambda_l^{\mathrm{T}} - 2 \cdot {}^{\bar{l}}\underset{\cdot}{\lambda}_l^{[4]} \cdot {}^{\bar{l}}\tilde{\lambda}_l \\
&= {}^{\bar{l}}Q_l^{\mathrm{T}}
\end{aligned}
$$

即右手序矩阵 ${}^{\bar{l}}\underset{\rightarrow}{\tilde{\lambda}}_l$ 和左手序矩阵 ${}^{\bar{l}}\underset{\leftarrow}{\tilde{\lambda}}_l$ 是与姿态 ${}^{\bar{l}}Q_l$ 无关的不变量：

$$
{}^{\bar{l}}\underset{\leftarrow}{\tilde{\lambda}}_l^{\mathrm{T}} \cdot {}^{\bar{l}}\underset{\rightarrow}{\tilde{\lambda}}_l = {}^{\bar{l}}Q_l, \quad {}^{\bar{l}}\underset{\rightarrow}{\tilde{\lambda}}_l^{\mathrm{T}} \cdot {}^{\bar{l}}\underset{\leftarrow}{\tilde{\lambda}}_l = {}^{\bar{l}}Q_l^{\mathrm{T}} \tag{3.213}
$$

由式(3.206)、式(3.208)和式(3.209)得

$$
\begin{aligned}
{}^{\bar{l}}\underset{\leftarrow}{\dot{\tilde{\lambda}}}_l^{\mathrm{T}} \cdot {}^{\bar{l}}\underset{\rightarrow}{\tilde{\lambda}}_l &= \left[{}^{\bar{l}}\underset{\cdot}{\dot{\lambda}}_l^{[4]} \cdot \mathbf{1} + {}^{\bar{l}}\dot{\tilde{\lambda}}_l \quad -{}^{\bar{l}}\dot{\lambda}_l \right] \cdot \begin{bmatrix} {}^{\bar{l}}\underset{\cdot}{\lambda}_l^{[4]} \cdot \mathbf{1} + {}^{\bar{l}}\tilde{\lambda}_l \\ -{}^{\bar{l}}\lambda_l^{\mathrm{T}} \end{bmatrix} \\
&= {}^{\bar{l}}\underset{\cdot}{\dot{\lambda}}_l^{[4]} \cdot {}^{\bar{l}}\underset{\cdot}{\lambda}_l^{[4]} \cdot \mathbf{1} + {}^{\bar{l}}\dot{\tilde{\lambda}}_l \cdot {}^{\bar{l}}\tilde{\lambda}_l + {}^{\bar{l}}\underset{\cdot}{\dot{\lambda}}_l^{[4]} \cdot {}^{\bar{l}}\tilde{\lambda}_l + {}^{\bar{l}}\underset{\cdot}{\lambda}_l^{[4]} \cdot {}^{\bar{l}}\dot{\tilde{\lambda}}_l + {}^{\bar{l}}\dot{\lambda}_l \cdot {}^{\bar{l}}\lambda_l^{\mathrm{T}}
\end{aligned} \tag{3.214}
$$

$$
\begin{aligned}
{}^{\bar{l}}\underset{\leftarrow}{\tilde{\lambda}}_l^{\mathrm{T}} \cdot {}^{\bar{l}}\underset{\rightarrow}{\dot{\tilde{\lambda}}}_l &= \left[{}^{\bar{l}}\underset{\cdot}{\lambda}_l^{[4]} \cdot \mathbf{1} + {}^{\bar{l}}\tilde{\lambda}_l \quad -{}^{\bar{l}}\lambda_l \right] \cdot \begin{bmatrix} {}^{\bar{l}}\underset{\cdot}{\dot{\lambda}}_l^{[4]} \cdot \mathbf{1} + {}^{\bar{l}}\dot{\tilde{\lambda}}_l \\ -{}^{\bar{l}}\dot{\lambda}_l^{\mathrm{T}} \end{bmatrix} \\
&= {}^{\bar{l}}\underset{\cdot}{\lambda}_l^{[4]} \cdot {}^{\bar{l}}\underset{\cdot}{\dot{\lambda}}_l^{[4]} \cdot \mathbf{1} + {}^{\bar{l}}\tilde{\lambda}_l \cdot {}^{\bar{l}}\dot{\tilde{\lambda}}_l + {}^{\bar{l}}\underset{\cdot}{\lambda}_l^{[4]} \cdot {}^{\bar{l}}\dot{\tilde{\lambda}}_l + {}^{\bar{l}}\underset{\cdot}{\dot{\lambda}}_l^{[4]} \cdot {}^{\bar{l}}\tilde{\lambda}_l + {}^{\bar{l}}\lambda_l \cdot {}^{\bar{l}}\dot{\lambda}_l^{\mathrm{T}}
\end{aligned} \tag{3.215}
$$

由式(3.214)和式(3.215)得

$$
{}^{\bar{l}}\underset{\leftarrow}{\dot{\tilde{\lambda}}}_l^{\mathrm{T}} \cdot {}^{\bar{l}}\underset{\rightarrow}{\tilde{\lambda}}_l = {}^{\bar{l}}\underset{\leftarrow}{\tilde{\lambda}}_l^{\mathrm{T}} \cdot {}^{\bar{l}}\underset{\rightarrow}{\dot{\tilde{\lambda}}}_l \tag{3.216}
$$

由式(3.206)、式(3.208)和式(3.209)得

$$
\begin{aligned}
{}^{\bar{l}}\underset{\rightarrow}{\dot{\tilde{\lambda}}}_l^{\mathrm{T}} \cdot {}^{\bar{l}}\underset{\leftarrow}{\tilde{\lambda}}_l &= \left[{}^{\bar{l}}\underset{\cdot}{\dot{\lambda}}_l^{[4]} \cdot \mathbf{1} - {}^{\bar{l}}\dot{\tilde{\lambda}}_l \quad -{}^{\bar{l}}\dot{\lambda}_l \right] \cdot \begin{bmatrix} {}^{\bar{l}}\underset{\cdot}{\lambda}_l^{[4]} \cdot \mathbf{1} - {}^{\bar{l}}\tilde{\lambda}_l \\ -{}^{\bar{l}}\lambda_l^{\mathrm{T}} \end{bmatrix} \\
&= {}^{\bar{l}}\underset{\cdot}{\dot{\lambda}}_l^{[4]} \cdot {}^{\bar{l}}\underset{\cdot}{\lambda}_l^{[4]} \cdot \mathbf{1} + {}^{\bar{l}}\dot{\tilde{\lambda}}_l \cdot {}^{\bar{l}}\tilde{\lambda}_l - {}^{\bar{l}}\underset{\cdot}{\dot{\lambda}}_l^{[4]} \cdot {}^{\bar{l}}\tilde{\lambda}_l - {}^{\bar{l}}\underset{\cdot}{\lambda}_l^{[4]} \cdot {}^{\bar{l}}\dot{\tilde{\lambda}}_l + {}^{\bar{l}}\dot{\lambda}_l \cdot {}^{\bar{l}}\lambda_l^{\mathrm{T}}
\end{aligned} \tag{3.217}
$$

$$
\begin{aligned}
{}^{\bar{l}}\underset{\rightarrow}{\tilde{\lambda}}_l^{\mathrm{T}}\cdot{}^{\bar{l}}\underset{\leftarrow}{\dot{\tilde{\lambda}}}_l &=\left[{}^{\bar{l}}\underset{\cdot}{\lambda}_l^{[4]}\cdot\mathbf{1}-{}^{\bar{l}}\tilde{\lambda}_l\quad -{}^{\bar{l}}\lambda_l\right]\cdot\begin{bmatrix}{}^{\bar{l}}\dot{\underset{\cdot}{\lambda}}_l^{[4]}\cdot\mathbf{1}-{}^{\bar{l}}\dot{\tilde{\lambda}}_l\\ -{}^{\bar{l}}\dot{\lambda}_l^{\mathrm{T}}\end{bmatrix}\\
&={}^{\bar{l}}\underset{\cdot}{\lambda}_l^{[4]}\cdot{}^{\bar{l}}\dot{\underset{\cdot}{\lambda}}_l^{[4]}\cdot\mathbf{1}+{}^{\bar{l}}\tilde{\lambda}_l\cdot{}^{\bar{l}}\dot{\tilde{\lambda}}_l-{}^{\bar{l}}\underset{\cdot}{\lambda}_l^{[4]}\cdot{}^{\bar{l}}\dot{\tilde{\lambda}}_l-{}^{\bar{l}}\dot{\underset{\cdot}{\lambda}}_l^{[4]}\cdot{}^{\bar{l}}\tilde{\lambda}_l+{}^{\bar{l}}\lambda_l\cdot{}^{\bar{l}}\dot{\lambda}_l^{\mathrm{T}}
\end{aligned}
\tag{3.218}
$$

由式(3.217)和式(3.218)得

$$
{}^{\bar{l}}\underset{\rightarrow}{\dot{\tilde{\lambda}}}_l^{\mathrm{T}}\cdot{}^{\bar{l}}\underset{\leftarrow}{\tilde{\lambda}}_l={}^{\bar{l}}\underset{\rightarrow}{\tilde{\lambda}}_l^{\mathrm{T}}\cdot{}^{\bar{l}}\underset{\leftarrow}{\dot{\tilde{\lambda}}}_l
\tag{3.219}
$$

由式(3.210)得

$$
{}^{\bar{l}}\underset{\leftarrow}{\dot{\tilde{\lambda}}}_l^{\mathrm{T}}\cdot{}^{\bar{l}}\underset{\leftarrow}{\tilde{\lambda}}_l+{}^{\bar{l}}\underset{\leftarrow}{\tilde{\lambda}}_l^{\mathrm{T}}\cdot{}^{\bar{l}}\underset{\leftarrow}{\dot{\tilde{\lambda}}}_l=\mathbf{0},\quad {}^{\bar{l}}\underset{\rightarrow}{\dot{\tilde{\lambda}}}_l^{\mathrm{T}}\cdot{}^{\bar{l}}\underset{\rightarrow}{\tilde{\lambda}}_l+{}^{\bar{l}}\underset{\rightarrow}{\tilde{\lambda}}_l^{\mathrm{T}}\cdot{}^{\bar{l}}\underset{\rightarrow}{\dot{\tilde{\lambda}}}_l=\mathbf{0}
\tag{3.220}
$$

由式(3.213)得

$$
{}^{\bar{l}}\underset{\leftarrow}{\dot{\tilde{\lambda}}}_l^{\mathrm{T}}\cdot{}^{\bar{l}}\underset{\rightarrow}{\tilde{\lambda}}_l+{}^{\bar{l}}\underset{\leftarrow}{\tilde{\lambda}}_l^{\mathrm{T}}\cdot{}^{\bar{l}}\underset{\rightarrow}{\dot{\tilde{\lambda}}}_l={}^{\bar{l}}\dot{Q}_l,\quad {}^{\bar{l}}\underset{\rightarrow}{\dot{\tilde{\lambda}}}_l^{\mathrm{T}}\cdot{}^{\bar{l}}\underset{\leftarrow}{\tilde{\lambda}}_l+{}^{\bar{l}}\underset{\rightarrow}{\tilde{\lambda}}_l^{\mathrm{T}}\cdot{}^{\bar{l}}\underset{\leftarrow}{\dot{\tilde{\lambda}}}_l={}^{\bar{l}}\dot{Q}_l^{\mathrm{T}}
\tag{3.221}
$$

由式(3.216)、式(3.219)和式(3.221)得

$$
2\cdot{}^{\bar{l}}\underset{\leftarrow}{\dot{\tilde{\lambda}}}_l^{\mathrm{T}}\cdot{}^{\bar{l}}\underset{\rightarrow}{\tilde{\lambda}}_l={}^{\bar{l}}\dot{Q}_l,\quad 2\cdot{}^{\bar{l}}\underset{\rightarrow}{\dot{\tilde{\lambda}}}_l^{\mathrm{T}}\cdot{}^{\bar{l}}\underset{\leftarrow}{\tilde{\lambda}}_l={}^{\bar{l}}\dot{Q}_l^{\mathrm{T}}
\tag{3.222}
$$

由式(3.213)、式(3.210)和式(3.222)得

$$
\begin{aligned}
{}^{\bar{l}}\dot{\tilde{\phi}}_l&={}^{\bar{l}}\dot{Q}_l\cdot{}^{l}Q_{\bar{l}}=2\cdot{}^{\bar{l}}\underset{\leftarrow}{\dot{\tilde{\lambda}}}_l^{\mathrm{T}}\cdot{}^{\bar{l}}\underset{\rightarrow}{\tilde{\lambda}}_l\cdot\left({}^{\bar{l}}\underset{\leftarrow}{\tilde{\lambda}}_l^{\mathrm{T}}\cdot{}^{\bar{l}}\underset{\rightarrow}{\tilde{\lambda}}_l\right)^{\mathrm{T}}\\
&=2\cdot{}^{\bar{l}}\underset{\leftarrow}{\dot{\tilde{\lambda}}}_l^{\mathrm{T}}\cdot{}^{\bar{l}}\underset{\rightarrow}{\tilde{\lambda}}_l\cdot{}^{\bar{l}}\underset{\rightarrow}{\tilde{\lambda}}_l^{\mathrm{T}}\cdot{}^{\bar{l}}\underset{\leftarrow}{\tilde{\lambda}}_l\\
&=2\cdot{}^{\bar{l}}\underset{\leftarrow}{\dot{\tilde{\lambda}}}_l^{\mathrm{T}}\cdot\left(\mathbf{1}-{}^{\bar{l}}\underset{\cdot}{\lambda}_l\cdot{}^{\bar{l}}\underset{\cdot}{\lambda}_l^{\mathrm{T}}\right)\cdot{}^{\bar{l}}\underset{\leftarrow}{\tilde{\lambda}}_l=2\cdot{}^{\bar{l}}\underset{\leftarrow}{\dot{\tilde{\lambda}}}_l^{\mathrm{T}}\cdot{}^{\bar{l}}\underset{\leftarrow}{\tilde{\lambda}}_l
\end{aligned}
\tag{3.223}
$$

即

$$
{}^{\bar{l}}\dot{\tilde{\phi}}_l=2\cdot{}^{\bar{l}}\underset{\leftarrow}{\dot{\tilde{\lambda}}}_l^{\mathrm{T}}\cdot{}^{\bar{l}}\underset{\leftarrow}{\tilde{\lambda}}_l
\tag{3.224}
$$

由式(3.224)得

$$
\begin{aligned}
{}^{\bar{l}}\underset{\leftarrow}{\dot{\tilde{\lambda}}}_l^{\mathrm{T}}\cdot{}^{\bar{l}}\underset{\cdot}{\lambda}_l&=\left[{}^{\bar{l}}\dot{\tilde{\lambda}}_l+{}^{\bar{l}}\dot{\underset{\cdot}{\lambda}}_l^{[4]}\cdot\mathbf{1}\quad -{}^{\bar{l}}\dot{\lambda}_l\right]\cdot\begin{bmatrix}{}^{\bar{l}}\lambda_l\\ {}^{\bar{l}}\underset{\cdot}{\lambda}_l^{[4]}\end{bmatrix}\\
&={}^{\bar{l}}\dot{\tilde{\lambda}}_l\cdot{}^{\bar{l}}\lambda_l+{}^{\bar{l}}\dot{\underset{\cdot}{\lambda}}_l^{[4]}\cdot{}^{\bar{l}}\lambda_l-{}^{\bar{l}}\underset{\cdot}{\lambda}_l^{[4]}\cdot{}^{\bar{l}}\dot{\lambda}_l
\end{aligned}
\tag{3.225}
$$

$$
\begin{aligned}
{}^{\bar{l}}\underset{\leftarrow}{\dot{\tilde{\lambda}}}_l^{\mathrm{T}}\cdot{}^{\bar{l}}\dot{\underset{\cdot}{\lambda}}_l&=\left[{}^{\bar{l}}\dot{\tilde{\lambda}}_l+{}^{\bar{l}}\dot{\underset{\cdot}{\lambda}}_l^{[4]}\cdot\mathbf{1}\quad -{}^{\bar{l}}\dot{\lambda}_l\right]\cdot\begin{bmatrix}{}^{\bar{l}}\dot{\lambda}_l\\ {}^{\bar{l}}\dot{\underset{\cdot}{\lambda}}_l^{[4]}\end{bmatrix}\\
&={}^{\bar{l}}\dot{\tilde{\lambda}}_l\cdot{}^{\bar{l}}\dot{\lambda}_l+{}^{\bar{l}}\dot{\underset{\cdot}{\lambda}}_l^{[4]}\cdot{}^{\bar{l}}\dot{\lambda}_l-{}^{\bar{l}}\dot{\underset{\cdot}{\lambda}}_l^{[4]}\cdot{}^{\bar{l}}\dot{\lambda}_l=0_3
\end{aligned}
\tag{3.226}
$$

$$
\begin{aligned}
{}^{\bar{l}}\underset{\rightarrow}{\dot{\tilde{\lambda}}}_l^{\mathrm{T}}\cdot{}^{\bar{l}}\underset{\cdot}{\lambda}_l&=\left[-{}^{\bar{l}}\dot{\tilde{\lambda}}_l+{}^{\bar{l}}\dot{\underset{\cdot}{\lambda}}_l^{[4]}\cdot\mathbf{1}\quad -{}^{\bar{l}}\dot{\lambda}_l\right]\cdot\begin{bmatrix}{}^{\bar{l}}\lambda_l\\ {}^{\bar{l}}\underset{\cdot}{\lambda}_l^{[4]}\end{bmatrix}\\
&=-{}^{\bar{l}}\dot{\tilde{\lambda}}_l\cdot{}^{\bar{l}}\lambda_l+{}^{\bar{l}}\dot{\underset{\cdot}{\lambda}}_l^{[4]}\cdot{}^{\bar{l}}\lambda_l-{}^{\bar{l}}\underset{\cdot}{\lambda}_l^{[4]}\cdot{}^{\bar{l}}\dot{\lambda}_l
\end{aligned}
\tag{3.227}
$$

$$
\begin{aligned}
{}^{\bar{l}}\underset{\rightarrow}{\dot{\tilde{\lambda}}}_l^{\mathrm{T}}\cdot{}^{\bar{l}}\dot{\underset{\cdot}{\lambda}}_l&=\left[{}^{\bar{l}}\dot{\underset{\cdot}{\lambda}}_l^{[4]}\cdot\mathbf{1}-{}^{\bar{l}}\dot{\tilde{\lambda}}_l\quad -{}^{\bar{l}}\dot{\lambda}_l\right]\cdot\begin{bmatrix}{}^{\bar{l}}\dot{\lambda}_l\\ {}^{\bar{l}}\dot{\underset{\cdot}{\lambda}}_l^{[4]}\end{bmatrix}\\
&={}^{\bar{l}}\dot{\underset{\cdot}{\lambda}}_l^{[4]}\cdot{}^{\bar{l}}\dot{\lambda}_l-{}^{\bar{l}}\dot{\tilde{\lambda}}_l\cdot{}^{\bar{l}}\dot{\lambda}_l-{}^{\bar{l}}\dot{\underset{\cdot}{\lambda}}_l^{[4]}\cdot{}^{\bar{l}}\dot{\lambda}_l=0_3
\end{aligned}
\tag{3.228}
$$

由式(3.27)、式(3.207)和式(3.225)得

$$
\begin{aligned}
\widetilde{{}^{\bar{l}}\dot{\tilde{\underset{\leftarrow}{\lambda}}}_l^{\mathrm{T}} \cdot {}^{\bar{l}}\underset{\cdot}{\lambda}_l} &= \widetilde{{}^{\bar{l}}\dot{\tilde{\lambda}}_l \cdot {}^{\bar{l}}\lambda_l} + \widetilde{{}^{\bar{l}}\dot{\underset{\cdot}{\lambda}}_l^{[4]} \cdot {}^{\bar{l}}\lambda_l} - \widetilde{{}^{\bar{l}}\underset{\cdot}{\lambda}_l^{[4]} \cdot {}^{\bar{l}}\dot{\lambda}_l} \\
&= {}^{\bar{l}}\dot{\underset{\cdot}{\lambda}}_l^{[4]} \cdot {}^{\bar{l}}\tilde{\lambda}_l - {}^{\bar{l}}\tilde{\lambda}_l \cdot {}^{\bar{l}}\dot{\tilde{\lambda}}_l + {}^{\bar{l}}\dot{\tilde{\lambda}}_l \cdot {}^{\bar{l}}\tilde{\lambda}_l - {}^{\bar{l}}\underset{\cdot}{\lambda}_l^{[4]} \cdot {}^{\bar{l}}\dot{\tilde{\lambda}}_l \\
&= \begin{bmatrix} {}^{\bar{l}}\tilde{\lambda}_l + {}^{\bar{l}}\underset{\cdot}{\lambda}_l^{[4]} \cdot \mathbf{1} & -{}^{\bar{l}}\lambda_l \end{bmatrix} \cdot \begin{bmatrix} {}^{\bar{l}}\dot{\underset{\cdot}{\lambda}}_l^{[4]} \cdot \mathbf{1} - {}^{\bar{l}}\dot{\tilde{\lambda}}_l \\ -{}^{\bar{l}}\dot{\lambda}_l^{\mathrm{T}} \end{bmatrix} \\
&= {}^{\bar{l}}\tilde{\underset{\leftarrow}{\lambda}}_l^{\mathrm{T}} \cdot {}^{\bar{l}}\dot{\tilde{\underset{\leftarrow}{\lambda}}}_l
\end{aligned}
$$

即

$$
\widetilde{{}^{\bar{l}}\dot{\tilde{\underset{\leftarrow}{\lambda}}}_l^{\mathrm{T}} \cdot {}^{\bar{l}}\underset{\cdot}{\lambda}_l} = {}^{\bar{l}}\tilde{\underset{\leftarrow}{\lambda}}_l^{\mathrm{T}} \cdot {}^{\bar{l}}\dot{\tilde{\underset{\leftarrow}{\lambda}}}_l \tag{3.229}
$$

由式(3.27)、式(3.207)和式(3.227)得

$$
\begin{aligned}
\widetilde{{}^{\bar{l}}\dot{\tilde{\underset{\rightarrow}{\lambda}}}_l^{\mathrm{T}} \cdot {}^{\bar{l}}\underset{\cdot}{\lambda}_l} &= -\widetilde{{}^{\bar{l}}\dot{\tilde{\lambda}}_l \cdot {}^{\bar{l}}\lambda_l} + \widetilde{{}^{\bar{l}}\dot{\underset{\cdot}{\lambda}}_l^{[4]} \cdot {}^{\bar{l}}\lambda_l} - \widetilde{{}^{\bar{l}}\underset{\cdot}{\lambda}_l^{[4]} \cdot {}^{\bar{l}}\dot{\lambda}_l} \\
&= -{}^{\bar{l}}\dot{\tilde{\lambda}}_l \cdot {}^{\bar{l}}\tilde{\lambda}_l + {}^{\bar{l}}\tilde{\lambda}_l \cdot {}^{\bar{l}}\dot{\tilde{\lambda}}_l + {}^{\bar{l}}\underset{\cdot}{\lambda}_l^{[4]} \cdot {}^{\bar{l}}\dot{\tilde{\lambda}}_l - {}^{\bar{l}}\dot{\underset{\cdot}{\lambda}}_l^{[4]} \cdot {}^{\bar{l}}\tilde{\lambda}_l \\
&= -\begin{bmatrix} -{}^{\bar{l}}\tilde{\lambda}_l + {}^{\bar{l}}\underset{\cdot}{\lambda}_l^{[4]} \cdot \mathbf{1} & -{}^{\bar{l}}\lambda_l \end{bmatrix} \cdot \begin{bmatrix} {}^{\bar{l}}\dot{\tilde{\lambda}}_l + {}^{\bar{l}}\dot{\underset{\cdot}{\lambda}}_l^{[4]} \cdot \mathbf{1} \\ -{}^{\bar{l}}\dot{\underset{\cdot}{\lambda}}_l^{[4]} \end{bmatrix} \\
&= -{}^{\bar{l}}\tilde{\underset{\rightarrow}{\lambda}}_l^{\mathrm{T}} \cdot {}^{\bar{l}}\dot{\tilde{\underset{\rightarrow}{\lambda}}}_l
\end{aligned}
$$

即

$$
\widetilde{{}^{\bar{l}}\dot{\tilde{\underset{\rightarrow}{\lambda}}}_l^{\mathrm{T}} \cdot {}^{\bar{l}}\underset{\cdot}{\lambda}_l} = -{}^{\bar{l}}\tilde{\underset{\rightarrow}{\lambda}}_l^{\mathrm{T}} \cdot {}^{\bar{l}}\tilde{\underset{\rightarrow}{\lambda}}_l \tag{3.230}
$$

由式(3.226)和式(3.228)可知：${}^{\bar{l}}\dot{\tilde{\underset{\leftarrow}{\lambda}}}_l$和${}^{\bar{l}}\dot{\tilde{\underset{\rightarrow}{\lambda}}}_l$分别独立于${}^{\bar{l}}\underset{\cdot}{\lambda}_l$，且

$$
{}^{\bar{l}}\dot{\tilde{\underset{\leftarrow}{\lambda}}}_l^{\mathrm{T}} \cdot {}^{\bar{l}}\dot{\underset{\cdot}{\lambda}}_l = 0_3, \quad {}^{\bar{l}}\dot{\tilde{\underset{\rightarrow}{\lambda}}}_l^{\mathrm{T}} \cdot {}^{\bar{l}}\dot{\underset{\cdot}{\lambda}}_l = 0_3 \tag{3.231}
$$

将式(3.213)代入式(3.169)第一式得

$$
2 \cdot {}^{\bar{l}}\dot{\tilde{\underset{\leftarrow}{\lambda}}}_l^{\mathrm{T}} \cdot {}^{\bar{l}}\tilde{\underset{\rightarrow}{\lambda}}_l \cdot {}^{\bar{l}}\tilde{\underset{\rightarrow}{\lambda}}_l^{\mathrm{T}} \cdot {}^{\bar{l}}\tilde{\underset{\leftarrow}{\lambda}}_l = {}^{\bar{l}}\dot{\tilde{\phi}}_l \tag{3.232}
$$

将式(3.211)代入式(3.232)得

$$
2 \cdot {}^{\bar{l}}\dot{\tilde{\underset{\leftarrow}{\lambda}}}_l^{\mathrm{T}} \cdot \left(\underset{\cdot}{\mathbf{1}} - {}^{\bar{l}}\underset{\cdot}{\lambda}_l \cdot {}^{\bar{l}}\underset{\cdot}{\lambda}_l^{\mathrm{T}}\right) \cdot {}^{\bar{l}}\tilde{\underset{\leftarrow}{\lambda}}_l = {}^{\bar{l}}\dot{\tilde{\phi}}_l \tag{3.233}
$$

由式(3.233)和式(3.212)得

$$
2 \cdot {}^{\bar{l}}\dot{\tilde{\underset{\leftarrow}{\lambda}}}_l^{\mathrm{T}} \cdot {}^{\bar{l}}\tilde{\underset{\leftarrow}{\lambda}}_l = {}^{\bar{l}}\dot{\tilde{\phi}}_l \tag{3.234}
$$

将式(3.229)代入式(3.234)得

$$
2 \cdot \widetilde{{}^{\bar{l}}\tilde{\underset{\leftarrow}{\lambda}}_l^{\mathrm{T}} \cdot {}^{\bar{l}}\dot{\underset{\cdot}{\lambda}}_l} = {}^{\bar{l}}\dot{\tilde{\phi}}_l \tag{3.235}
$$

由式(3.235)得

$$
2 \cdot {}^{\bar{l}}\tilde{\underset{\leftarrow}{\lambda}}_l^{\mathrm{T}} \cdot {}^{\bar{l}}\dot{\underset{\cdot}{\lambda}}_l = {}^{\bar{l}}\dot{\phi}_l \tag{3.236}
$$

将式(3.210)代入式(3.236)中，可得正序的四元数微分方程：

$$
{}^{\bar{l}}\dot{\underset{\cdot}{\lambda}}_l = \frac{1}{2} \cdot {}^{\bar{l}}\tilde{\underset{\leftarrow}{\lambda}}_l \cdot {}^{\bar{l}}\dot{\phi}_l \tag{3.237}
$$

由式(3.208)和式(3.237)得

$$\left\{\begin{array}{l}\begin{bmatrix}{}^{\bar{l}}\dot{\underset{\cdot}{\lambda}}_l^{[1]}\\{}^{\bar{l}}\dot{\underset{\cdot}{\lambda}}_l^{[2]}\\{}^{\bar{l}}\dot{\underset{\cdot}{\lambda}}_l^{[3]}\\{}^{\bar{l}}\dot{\underset{\cdot}{\lambda}}_l^{[4]}\end{bmatrix}=\dfrac{1}{2}\cdot\begin{bmatrix}{}^{\bar{l}}\underset{\cdot}{\lambda}_l^{[4]} & {}^{\bar{l}}\underset{\cdot}{\lambda}_l^{[3]} & -{}^{\bar{l}}\underset{\cdot}{\lambda}_l^{[2]}\\-{}^{\bar{l}}\underset{\cdot}{\lambda}_l^{[3]} & {}^{\bar{l}}\underset{\cdot}{\lambda}_l^{[4]} & {}^{\bar{l}}\underset{\cdot}{\lambda}_l^{[1]}\\{}^{\bar{l}}\underset{\cdot}{\lambda}_l^{[2]} & -{}^{\bar{l}}\underset{\cdot}{\lambda}_l^{[1]} & {}^{\bar{l}}\underset{\cdot}{\lambda}_l^{[4]}\\-{}^{\bar{l}}\underset{\cdot}{\lambda}_l^{[1]} & -{}^{\bar{l}}\underset{\cdot}{\lambda}_l^{[2]} & -{}^{\bar{l}}\underset{\cdot}{\lambda}_l^{[3]}\end{bmatrix}\cdot\begin{bmatrix}{}^{\bar{l}}\dot{\phi}_l^{[1]}\\{}^{\bar{l}}\dot{\phi}_l^{[2]}\\{}^{\bar{l}}\dot{\phi}_l^{[3]}\end{bmatrix}\\{}^{\bar{l}}\lambda_l^{[1]:2}+{}^{\bar{l}}\lambda_l^{[2]:2}+{}^{\bar{l}}\lambda_l^{[3]:2}+{}^{\bar{l}}\lambda_l^{[4]:2}=1\end{array}\right. \tag{3.238}$$

定义

$${}^{\bar{l}}\dot{\underset{\cdot}{\phi}}_l \triangleq \begin{bmatrix}{}^{\bar{l}}\dot{\phi}_l & 0\end{bmatrix}^{\mathrm{T}} \tag{3.239}$$

及其逆序共轭矩阵（螺旋矩阵）：

$${}^{\bar{l}}\underset{\leftarrow}{\dot{\tilde{\phi}}}_l \triangleq \begin{bmatrix}-{}^{\bar{l}}\dot{\tilde{\phi}}_l & -{}^{\bar{l}}\dot{\phi}_l\\{}^{\bar{l}}\dot{\phi}_l^{\mathrm{T}} & 0\end{bmatrix},\quad {}^{\bar{l}}\underset{\rightarrow}{\dot{\tilde{\phi}}}_l \triangleq \begin{bmatrix}{}^{\bar{l}}\dot{\tilde{\phi}}_l & {}^{\bar{l}}\dot{\phi}_l\\-{}^{\bar{l}}\dot{\phi}_l^{\mathrm{T}} & 0\end{bmatrix} \tag{3.240}$$

由式(3.238)和式(3.240)可得四元数导数的正序方程：

$${}^{\bar{l}}\dot{\underset{\cdot}{\lambda}}_l=\frac{1}{2}\cdot{}^{\bar{l}}\underset{\rightarrow}{\dot{\tilde{\phi}}}_l\cdot{}^{\bar{l}}\underset{\cdot}{\lambda}_l \tag{3.241}$$

即

$$\left\{\begin{array}{l}\begin{bmatrix}{}^{\bar{l}}\dot{\underset{\cdot}{\lambda}}_l^{[1]}\\{}^{\bar{l}}\dot{\underset{\cdot}{\lambda}}_l^{[2]}\\{}^{\bar{l}}\dot{\underset{\cdot}{\lambda}}_l^{[3]}\\{}^{\bar{l}}\dot{\underset{\cdot}{\lambda}}_l^{[4]}\end{bmatrix}=\dfrac{1}{2}\cdot\begin{bmatrix}0 & -{}^{\bar{l}}\dot{\phi}_l^{[3]} & {}^{\bar{l}}\dot{\phi}_l^{[2]} & {}^{\bar{l}}\dot{\phi}_l^{[1]}\\{}^{\bar{l}}\dot{\phi}_l^{[3]} & 0 & -{}^{\bar{l}}\dot{\phi}_l^{[1]} & {}^{\bar{l}}\dot{\phi}_l^{[2]}\\-{}^{\bar{l}}\dot{\phi}_l^{[2]} & {}^{\bar{l}}\dot{\phi}_l^{[1]} & 0 & {}^{\bar{l}}\dot{\phi}_l^{[3]}\\-{}^{\bar{l}}\dot{\phi}_l^{[1]} & -{}^{\bar{l}}\dot{\phi}_l^{[2]} & -{}^{\bar{l}}\dot{\phi}_l^{[3]} & 0\end{bmatrix}\cdot\begin{bmatrix}{}^{\bar{l}}\underset{\cdot}{\lambda}_l^{[1]}\\{}^{\bar{l}}\underset{\cdot}{\lambda}_l^{[2]}\\{}^{\bar{l}}\underset{\cdot}{\lambda}_l^{[3]}\\{}^{\bar{l}}\underset{\cdot}{\lambda}_l^{[4]}\end{bmatrix}\\{}^{\bar{l}}\lambda_l^{[1]:2}+{}^{\bar{l}}\lambda_l^{[2]:2}+{}^{\bar{l}}\lambda_l^{[3]:2}+{}^{\bar{l}}\lambda_l^{[4]:2}=1\end{array}\right. \tag{3.242}$$

将式(3.242)称作欧拉四元数的微分方程，前四个方程与${}^{\bar{l}}\underset{\cdot}{\lambda}_l$线性相关，最后一个方程为约束方程。

由式(3.237)得

$${}^{\bar{l}}\dot{\underset{\cdot}{\lambda}}_l=-\frac{1}{2}\cdot{}^{\bar{l}}\tilde{\underset{\cdot}{\lambda}}_l\cdot{}^{\bar{l}}Q_l\cdot{}^{l}\dot{\phi}_{\bar{l}} \tag{3.243}$$

将式(3.213)代入式(3.243)得

$${}^{\bar{l}}\dot{\underset{\cdot}{\lambda}}_l=-\frac{1}{2}\cdot{}^{\bar{l}}\underset{\leftarrow}{\tilde{\lambda}}_l\cdot{}^{\bar{l}}\underset{\rightarrow}{\tilde{\lambda}}_l^{\mathrm{T}}\cdot{}^{\bar{l}}\underset{\leftarrow}{\tilde{\lambda}}_l\cdot{}^{l}\dot{\phi}_{\bar{l}} \tag{3.244}$$

由式(3.210)和式(3.244)得四元数导数的逆序方程：

$${}^{\bar{l}}\dot{\underset{\cdot}{\lambda}}_l=-\frac{1}{2}\cdot{}^{\bar{l}}\underset{\rightarrow}{\tilde{\lambda}}_l\cdot{}^{l}\dot{\underset{\cdot}{\phi}}_{\bar{l}} \tag{3.245}$$

由式(3.237)同理可得四元数导数的逆序方程：

$${}^{\bar{l}}\dot{\underset{\cdot}{\lambda}}_l=-\frac{1}{2}\cdot{}^{l}\underset{\leftarrow}{\dot{\tilde{\phi}}}_{\bar{l}}\cdot{}^{\bar{l}}\underset{\cdot}{\lambda}_l \tag{3.246}$$

由式(3.210)得正序四元数的二阶导数：

$${}^{\bar{l}}\ddot{\underset{\cdot}{\lambda}}_l=\frac{1}{2}\cdot{}^{\bar{l}}\underset{\leftarrow}{\tilde{\lambda}}_l\cdot{}^{\bar{l}}\ddot{\underset{\cdot}{\phi}}_l \tag{3.247}$$

同理，由式(3.247)和式(3.240)得

$$^{\bar{l}}\ddot{\lambda}_l = \frac{1}{2} \cdot {}^{\bar{l}}\ddot{\tilde{\vec{\phi}}}_l \cdot {}^{\bar{l}}\lambda_l \tag{3.248}$$

3.6.2 四元数微分方程求解

因式(3.242)的前四个方程在 t_k 至 t_{k+1} 时间段内，是与 $^{\bar{l}}\lambda_l$ 线性相关的微分方程，其中 $t_{k+1} = t_k + \delta t$，其指数运算形式为

$$_{k+1}^{\bar{l}}\lambda_l = \exp\left(\frac{1}{2} \cdot {}_k^{\bar{l}}\dot{\tilde{\vec{\phi}}}_l\right) \cdot {}_k^{\bar{l}}\lambda_l \tag{3.249}$$

由式(3.249)得

$$_{k+1}^{\bar{l}}\lambda_l = {}_k^{\bar{l}}\lambda_l + \delta\,{}_k^{\bar{l}}\lambda_l \tag{3.250}$$

$$\delta\,{}_k^{\bar{l}}\lambda_l = \delta\exp\left(\frac{1}{2} \cdot {}_k^{\bar{l}}\dot{\tilde{\vec{\phi}}}_l\right) \cdot {}_k^{\bar{l}}\lambda_l \tag{3.251}$$

式(3.251)的计算复杂度较高，进一步简化得

$$\delta\,{}_k^{\bar{l}}\lambda_l = \left(\delta \mathrm{C}_l \cdot \mathbf{1} + \frac{\delta \mathrm{S}_l \cdot \delta\dot{\phi}_l^{\bar{l}}}{\delta\phi_l^{\bar{l}}} \cdot {}^{\bar{l}}\tilde{\vec{n}}_l\right) \cdot {}_k^{\bar{l}}\lambda_l \tag{3.252}$$

其中：

$$\delta \mathrm{C}_l = \mathrm{C}\left(\delta\phi_l^{\bar{l}}\ /\ 2\right),\quad \delta \mathrm{S}_l = \mathrm{S}\left(\delta\phi_l^{\bar{l}}\ /\ 2\right) \tag{3.253}$$

式(3.252)即为

$$\delta\,{}_k^{\bar{l}}\lambda_l = \begin{bmatrix} \delta \mathrm{C}_l & -\delta\dot{\phi}_l^{\bar{l}}\delta \mathrm{S}_l \cdot {}^{\bar{l}}n_l^{[3]} & \delta\dot{\phi}_l^{\bar{l}}\delta \mathrm{S}_l \cdot {}^{\bar{l}}n_l^{[2]} & \delta\dot{\phi}_l^{\bar{l}}\delta \mathrm{S}_l \cdot {}^{\bar{l}}n_l^{[1]} \\ \delta\dot{\phi}_l^{\bar{l}}\delta \mathrm{S}_l \cdot {}^{\bar{l}}n_l^{[3]} & \delta \mathrm{C}_l & -\delta\dot{\phi}_l^{\bar{l}}\delta \mathrm{S}_l \cdot {}^{\bar{l}}n_l^{[1]} & \delta\dot{\phi}_l^{\bar{l}}\delta \mathrm{S}_l \cdot {}^{\bar{l}}n_l^{[2]} \\ -\delta\dot{\phi}_l^{\bar{l}}\delta \mathrm{S}_l \cdot {}^{\bar{l}}n_l^{[2]} & \delta\dot{\phi}_l^{\bar{l}}\delta \mathrm{S}_l \cdot {}^{\bar{l}}n_l^{[1]} & \delta \mathrm{C}_l & \delta\dot{\phi}_l^{\bar{l}}\delta \mathrm{S}_l \cdot {}^{\bar{l}}n_l^{[3]} \\ -\delta\dot{\phi}_l^{\bar{l}}\delta \mathrm{S}_l \cdot {}^{\bar{l}}n_l^{[1]} & -\delta\dot{\phi}_l^{\bar{l}}\delta \mathrm{S}_l \cdot {}^{\bar{l}}n_l^{[2]} & -\delta\dot{\phi}_l^{\bar{l}}\delta \mathrm{S}_l \cdot {}^{\bar{l}}n_l^{[3]} & \delta \mathrm{C}_l \end{bmatrix} \cdot {}_k^{\bar{l}}\lambda_l \tag{3.254}$$

其中：

$$\delta\phi_l^{\bar{l}} = \dot{\phi}_l^{\bar{l}} \cdot \delta t \tag{3.255}$$

【证明】 由式(3.47)和式(3.48)可知

$$^{\bar{l}}\dot{\tilde{\vec{\phi}}}_l^{:2p} = (-1)^p \cdot \dot{\phi}_l^{\bar{l}:2p} \cdot \mathbf{1},\quad {}^{\bar{l}}\dot{\tilde{\vec{\phi}}}_l^{:2p+1} = (-1)^p \cdot \dot{\phi}_l^{\bar{l}:2p+1} \cdot {}^{\bar{l}}\tilde{\vec{n}}_l$$

显然

$$\begin{aligned} \delta\exp\left(\frac{1}{2} \cdot {}_k^{\bar{l}}\dot{\tilde{\vec{\phi}}}_l\right) &= \mathbf{1} + \left[-\frac{1}{2!} \cdot \left(\frac{1}{2} \cdot \delta\phi_l^{\bar{l}}\right)^2 + \frac{1}{4!} \cdot \left(\frac{1}{2} \cdot \delta\phi_l^{\bar{l}}\right)^4 - \cdots + \frac{(-1)^p}{(2p)!} \cdot \left(\frac{1}{2} \cdot \delta\phi_l^{\bar{l}}\right)^{2p} + \cdots\right] \cdot \mathbf{1} \\ &+ \left[\left(\frac{1}{2} \cdot \delta\phi_l^{\bar{l}}\right) - \frac{1}{3!} \cdot \left(\frac{1}{2} \cdot \delta\phi_l^{\bar{l}}\right)^3 + \cdots + \frac{(-1)^p}{(2p+1)!} \cdot \left(\frac{1}{2} \cdot \delta\phi_l^{\bar{l}}\right)^{2p+1} + \cdots\right] \cdot {}^{\bar{l}}\tilde{\vec{n}}_l \\ &= \mathrm{C}\left(\delta\phi_l^{\bar{l}}\ /\ 2\right) \cdot \mathbf{1} + \mathrm{S}\left(\delta\phi_l^{\bar{l}}\ /\ 2\right) \cdot {}^{\bar{l}}\tilde{\vec{n}}_l \end{aligned}$$

证毕。

由角速度矢量 ${}^{\bar{l}}\dot{\phi}_l$ 积分得转动矢量 ${}^{\bar{l}}\phi_l$，通过式(3.254)可迭代求解四元数 ${}^{\bar{l}}\lambda_l$，再应用式(3.135)得旋转变换阵 ${}^{\bar{l}}Q_l$。式(3.254)较式(3.249)计算复杂度要小很多。考虑式(3.254)，当 $\phi_l^{\bar{l}} \to 0$ 时，有

$$\delta{}_k^{\bar{l}}\lambda_l = \frac{1}{2}\cdot\begin{bmatrix} 2 & -\delta{}^{\bar{l}}\phi_l^{[3]} & \delta{}^{\bar{l}}\phi_l^{[2]} & -\delta{}^{\bar{l}}\phi_l^{[1]} \\ \delta{}^{\bar{l}}\phi_l^{[3]} & 2 & -\delta{}^{\bar{l}}\phi_l^{[1]} & -\delta{}^{\bar{l}}\phi_l^{[2]} \\ -\delta{}^{\bar{l}}\phi_l^{[2]} & \delta{}^{\bar{l}}\phi_l^{[1]} & 2 & -\delta{}^{\bar{l}}\phi_l^{[3]} \\ \delta{}^{\bar{l}}\phi_l^{[1]} & \delta{}^{\bar{l}}\phi_l^{[2]} & \delta{}^{\bar{l}}\phi_l^{[3]} & 2 \end{bmatrix}\cdot{}_k^{\bar{l}}\lambda_l \tag{3.256}$$

对于高动态情形，需要提高采样频率，同时需要对数据进行平滑处理，以防止引入高频噪声。详细的四元数微分方程求解可参阅本章参考文献[4]。式(3.256)主要用于惯性导航和牛顿-欧拉动力学积分等。

3.6.3 本节贡献

本节应用运动链符号系统和基于轴不变量的 3D 矢量空间操作代数，建立了基于轴不变量的欧拉四元数微分演算子系统。其特征在于：具有简洁的链符号系统和轴不变量的表示，满足运动链公理及度量公理；具有基于轴不变量的迭代式过程，保证了系统的实时性；具有伪代码的功能，物理含义准确，保证了系统实现的可靠性。

3.7 基于轴不变量的 6D 运动旋量与螺旋演算

3.7.1 6D 运动旋量

以 γ 表示 6D 空间旋量属性符，相应地，其左上角标指明的坐标系应理解为 6D 空间。由 6D 空间 $\bar{l}$ 至位形空间 l 的相对位形表示为

$${}^{\bar{\bar{l}}}\gamma_l = \begin{bmatrix} {}^{\bar{\bar{l}}}\phi_{\bar{l}} \\ {}^{\bar{\bar{l}}|\bar{l}}r_l \end{bmatrix},\quad {}^{\bar{l}}\gamma_{lS} = \begin{bmatrix} {}^{\bar{l}}\phi_l \\ {}^{\bar{l}|l}r_{lS} \end{bmatrix} \tag{3.257}$$

对式(3.257)求导得

$$\begin{cases} {}^{\bar{\bar{l}}}\dot{\gamma}_l = \begin{bmatrix} {}^{\bar{\bar{l}}}\dot{\phi}_{\bar{l}} \\ {}^{\bar{\bar{l}}|\bar{l}}r_l' \end{bmatrix},\quad {}^{\bar{l}}\dot{\gamma}_{lS} = \begin{bmatrix} {}^{\bar{l}}\dot{\phi}_l \\ {}^{\bar{l}|l}r_{lS}' \end{bmatrix} \\ {}^{\bar{l}}\dot{\gamma}_l = \begin{bmatrix} {}^{\bar{l}|\bar{\bar{l}}}\dot{\phi}_{\bar{l}} \\ {}^{\bar{l}}\dot{r}_l \end{bmatrix},\quad {}^{l}\dot{\gamma}_{lS} = \begin{bmatrix} {}^{l|\bar{l}}\dot{\phi}_l \\ {}^{l}\dot{r}_{lS} \end{bmatrix} \end{cases} \tag{3.258}$$

称 ${}^{\bar{\bar{l}}}\dot{\gamma}_l$、${}^{\bar{l}}\dot{\gamma}_{lS}$ 为 6D 运动旋量（twist）。

3.7.2　6D 运动旋量转移矩阵

给定运动链 ${}^{\bar{l}}\mathbf{1}_{lS}$，得

$$ {}^{\bar{l}}\dot{r}_{lS} = {}^{\bar{l}}\dot{r}_{l} + {}^{\bar{l}|l}r'_{lS} \tag{3.259} $$

$$ {}^{\bar{\bar{l}}}\dot{r}_{l} = {}^{\bar{\bar{l}}}\dot{r}_{\bar{l}} + {}^{\bar{\bar{l}}|\bar{l}}r'_{l} \tag{3.260} $$

式(3.259)及式(3.260)表达的是相对平动速度链关系。

由式(3.177)及式(3.259)得

$$ \begin{bmatrix} {}^{\bar{l}}\dot{\phi}_{l} \\ {}^{\bar{l}|l}r'_{lS} \end{bmatrix} = \begin{bmatrix} {}^{\bar{l}}Q_{l} & \mathbf{0} \\ -{}^{\bar{l}|l}\tilde{r}_{lS}\cdot{}^{\bar{l}}Q_{l} & {}^{\bar{l}}Q_{l} \end{bmatrix} \cdot \begin{bmatrix} {}^{l|\bar{l}}\dot{\phi}_{l} \\ {}^{l}\dot{r}_{lS} \end{bmatrix} \tag{3.261} $$

由式(3.181)及式(3.260)得

$$ \begin{bmatrix} {}^{\bar{\bar{l}}}\dot{\phi}_{\bar{l}} \\ {}^{\bar{\bar{l}}|\bar{l}}r'_{l} \end{bmatrix} = \begin{bmatrix} {}^{\bar{\bar{l}}}Q_{\bar{l}} & \mathbf{0} \\ -{}^{\bar{\bar{l}}|\bar{l}}\tilde{r}_{l}\cdot{}^{\bar{\bar{l}}}Q_{\bar{l}} & {}^{\bar{\bar{l}}}Q_{\bar{l}} \end{bmatrix} \cdot \begin{bmatrix} {}^{\bar{l}|\bar{\bar{l}}}\dot{\phi}_{\bar{l}} \\ {}^{\bar{l}}\dot{r}_{l} \end{bmatrix} \tag{3.262} $$

由式(3.258)及式(3.261)得

$$ {}^{\bar{l}}\dot{\gamma}_{lS} = {}^{\bar{l}|l}T_{lS}\cdot{}^{l}\dot{\gamma}_{lS} \tag{3.263} $$

由式(3.258)及式(3.262)得

$$ {}^{\bar{\bar{l}}}\dot{\gamma}_{l} = {}^{\bar{\bar{l}}|\bar{l}}T_{l}\cdot{}^{\bar{l}}\dot{\gamma}_{l} \tag{3.264} $$

其中：

$$ {}^{\bar{l}|l}T_{lS} = \begin{bmatrix} {}^{\bar{l}}Q_{l} & \mathbf{0} \\ -{}^{\bar{l}|l}\tilde{r}_{lS}\cdot{}^{\bar{l}}Q_{l} & {}^{\bar{l}}Q_{l} \end{bmatrix},\quad {}^{\bar{\bar{l}}|\bar{l}}T_{l} = \begin{bmatrix} {}^{\bar{\bar{l}}}Q_{\bar{l}} & \mathbf{0} \\ -{}^{\bar{\bar{l}}|\bar{l}}\tilde{r}_{l}\cdot{}^{\bar{\bar{l}}}Q_{\bar{l}} & {}^{\bar{\bar{l}}}Q_{\bar{l}} \end{bmatrix} \tag{3.265} $$

称式(3.263)和式(3.264)为正序旋量传递矩阵。

1.运动旋量转移矩阵的串接性

记运动旋量转移矩阵为

$$ {}^{\bar{\bar{l}}}T_{\bar{l}} \triangleq {}^{\bar{\bar{l}}|\bar{l}}T_{l} = \begin{bmatrix} {}^{\bar{\bar{l}}}Q_{\bar{l}} & \mathbf{0} \\ -{}^{\bar{\bar{l}}|\bar{l}}\tilde{r}_{l}\cdot{}^{\bar{\bar{l}}}Q_{\bar{l}} & {}^{\bar{\bar{l}}}Q_{\bar{l}} \end{bmatrix} \tag{3.266} $$

$$ {}^{\bar{l}}T_{l} \triangleq {}^{\bar{l}|l}T_{lS} = \begin{bmatrix} {}^{\bar{l}}Q_{l} & \mathbf{0} \\ -{}^{\bar{l}|l}\tilde{r}_{lS}\cdot{}^{\bar{l}}Q_{l} & {}^{\bar{l}}Q_{l} \end{bmatrix} \tag{3.267} $$

由式(3.267)和式(3.266)得

$$ \begin{aligned} {}^{\bar{\bar{l}}}T_{\bar{l}}\cdot{}^{\bar{l}}T_{l} &= \begin{bmatrix} {}^{\bar{\bar{l}}}Q_{\bar{l}} & \mathbf{0} \\ -{}^{\bar{\bar{l}}|\bar{l}}\tilde{r}_{l}\cdot{}^{\bar{\bar{l}}}Q_{\bar{l}} & {}^{\bar{\bar{l}}}Q_{\bar{l}} \end{bmatrix} \cdot \begin{bmatrix} {}^{\bar{l}}Q_{l} & \mathbf{0} \\ -{}^{\bar{l}|l}\tilde{r}_{lS}\cdot{}^{\bar{l}}Q_{l} & {}^{\bar{l}}Q_{l} \end{bmatrix} \\ &= \begin{bmatrix} {}^{\bar{\bar{l}}}Q_{l} & \mathbf{0} \\ -{}^{\bar{\bar{l}}|\bar{l}}\tilde{r}_{l}\cdot{}^{\bar{\bar{l}}}Q_{l} - {}^{\bar{\bar{l}}}Q_{\bar{l}}\cdot{}^{\bar{l}|l}\tilde{r}_{lS}\cdot{}^{\bar{l}}Q_{l} & {}^{\bar{\bar{l}}}Q_{l} \end{bmatrix} = \begin{bmatrix} {}^{\bar{\bar{l}}}Q_{l} & \mathbf{0} \\ -{}^{\bar{\bar{l}}|\bar{l}}\tilde{r}_{l}\cdot{}^{\bar{\bar{l}}}Q_{l} - {}^{\bar{\bar{l}}|l}\tilde{r}_{lS}\cdot{}^{\bar{\bar{l}}}Q_{l} & {}^{\bar{\bar{l}}}Q_{l} \end{bmatrix} \end{aligned} $$

$$
= \begin{bmatrix} {}^{\bar{\bar{l}}}Q_l & \mathbf{0} \\ -\left({}^{\bar{\bar{l}}|\bar{l}}\tilde{r}_{\bar{l}} + {}^{\bar{\bar{l}}|l}\tilde{r}_{lS}\right)\cdot {}^{\bar{\bar{l}}}Q_l & {}^{\bar{\bar{l}}}Q_l \end{bmatrix} = {}^{\bar{\bar{l}}}T_l
$$

故有

$$
{}^{\bar{\bar{l}}}T_{\bar{l}} \cdot {}^{\bar{l}}T_l = {}^{\bar{\bar{l}}}T_l \tag{3.268}
$$

式(3.268)说明运动旋量转移矩阵具有串接性。

2.运动旋量转移矩阵的逆

记

$$
{}^{l}T_{\bar{l}} = \begin{bmatrix} {}^{l}Q_{\bar{l}} & \mathbf{0} \\ {}^{l}\tilde{r}_{lS}\cdot {}^{l}Q_{\bar{l}} & {}^{l}Q_{\bar{l}} \end{bmatrix} \tag{3.269}
$$

由式(3.267)和式(3.269)得

$$
{}^{\bar{l}}T_l \cdot {}^{l}T_{\bar{l}} = \begin{bmatrix} {}^{\bar{l}}Q_l & \mathbf{0} \\ -{}^{\bar{l}|l}\tilde{r}_{lS}\cdot {}^{\bar{l}}Q_l & {}^{\bar{l}}Q_l \end{bmatrix}\cdot \begin{bmatrix} {}^{l}Q_{\bar{l}} & \mathbf{0} \\ {}^{l}\tilde{r}_{lS}\cdot {}^{l}Q_{\bar{l}} & {}^{l}Q_{\bar{l}} \end{bmatrix}
$$

$$
= \begin{bmatrix} \mathbf{1} & \mathbf{0} \\ -{}^{\bar{l}|l}\tilde{r}_{lS} + {}^{\bar{l}}Q_l\cdot {}^{l}\tilde{r}_{lS}\cdot {}^{l}Q_{\bar{l}} & \mathbf{1} \end{bmatrix} = \begin{bmatrix} \mathbf{1} & \mathbf{0} \\ -{}^{\bar{l}|l}\tilde{r}_{lS} + {}^{\bar{l}|l}\tilde{r}_{lS} & \mathbf{1} \end{bmatrix} = \begin{bmatrix} \mathbf{1} & \mathbf{0} \\ \mathbf{0} & \mathbf{1} \end{bmatrix}
$$

即

$$
{}^{\bar{l}}T_l \cdot {}^{l}T_{\bar{l}} = \begin{bmatrix} \mathbf{1} & \mathbf{0} \\ \mathbf{0} & \mathbf{1} \end{bmatrix} \tag{3.270}
$$

故${}^{\bar{l}}T_l$与${}^{l}T_{\bar{l}}$是互逆的，即有

$$
{}^{\bar{l}}T_l^{-1} = {}^{l}T_{\bar{l}} \tag{3.271}
$$

3.7.3 6D运动螺旋

1.空间直线的 Plücker 坐标

给定运动副${}^{\bar{l}}\boldsymbol{k}_l \in \boldsymbol{C}$，轴矢量${}^{\bar{l}}n_l$上任一点$lS$的参数方程表示为

$$
{}^{\bar{l}}r_{lS} = {}^{\bar{l}}r_l + s\cdot {}^{\bar{l}}n_l \tag{3.272}
$$

其中：s为直线参量。称$\left[\, {}^{\bar{l}}n_l \quad {}^{\bar{l}}\tilde{r}_l\cdot {}^{\bar{l}}n_l \,\right]^{\mathrm{T}}$为 Plücker 坐标，其前三个坐标为该直线的单位方向矢量${}^{\bar{l}}n_l$，后三个坐标为${}^{\bar{l}}r_l$与单位方向矢量${}^{\bar{l}}n_l$的矩。空间直线具有两个独立的变量，即具有两个自由度，因此，在直线的 Plücker 坐标中，必存在四个约束，即${}^{\bar{l}}n_l^{\mathrm{T}}\cdot {}^{\bar{l}}n_l = 1$、${}^{\bar{l}}\tilde{n}_l\cdot {}^{\bar{l}}\tilde{r}_l\cdot {}^{\bar{l}}n_l = 0$。故 Plücker 坐标不是矢量，而是数组，服从矩阵运算。记

$$
{}^{\bar{l}}\xi_{lS} = \begin{bmatrix} {}^{\bar{l}}n_l \\ {}^{\bar{l}}\tilde{r}_{lS} \cdot {}^{\bar{l}}n_l \end{bmatrix}, \quad {}^{\bar{l}}\xi_l = \begin{bmatrix} {}^{\bar{l}}n_l \\ {}^{\bar{l}}\tilde{r}_l \cdot {}^{\bar{l}}n_l \end{bmatrix} \tag{3.273}
$$

因

$$
\begin{aligned}
{}^{\bar{l}}\xi_{lS} &= \begin{bmatrix} {}^{\bar{l}}n_l \\ {}^{\bar{l}}\tilde{r}_l \cdot {}^{\bar{l}}n_l - \left({}^{\bar{l}}\tilde{r}_l - {}^{\bar{l}}\tilde{r}_{lS}\right) \cdot {}^{\bar{l}}n_l \end{bmatrix} \\
&= \begin{bmatrix} \mathbf{1} & \mathbf{0} \\ {}^{\bar{l}}\tilde{r}_l - {}^{\bar{l}}\tilde{r}_{lS} & \mathbf{1} \end{bmatrix} \cdot \begin{bmatrix} {}^{\bar{l}}n_l \\ {}^{\bar{l}}\tilde{r}_l \cdot {}^{\bar{l}}n_l \end{bmatrix} = \begin{bmatrix} \mathbf{1} & \mathbf{0} \\ {}^{\bar{l}}\tilde{r}_l - {}^{\bar{l}}\tilde{r}_{lS} & \mathbf{1} \end{bmatrix} \cdot {}^{\bar{l}}\xi_l
\end{aligned}
$$

故有

$$
{}^{\bar{l}}\xi_{lS} = {}^{\bar{l}}U_{lS}^{l} \cdot {}^{\bar{l}}\xi_l \tag{3.274}
$$

其中：

$$
{}^{\bar{l}}U_{lS}^{l} = \begin{bmatrix} \mathbf{1} & \mathbf{0} \\ {}^{\bar{l}}\tilde{r}_l - {}^{\bar{l}}\tilde{r}_{lS} & \mathbf{1} \end{bmatrix} \tag{3.275}
$$

称式(3.274)为 Plücker 坐标转移公式。因

$$
{}^{\bar{l}}U_{lS}^{l:-1} = \begin{bmatrix} \mathbf{1} & \mathbf{0} \\ {}^{\bar{l}}\tilde{r}_l - {}^{\bar{l}}\tilde{r}_{lS} & \mathbf{1} \end{bmatrix}^{-1} = \begin{bmatrix} \mathbf{1} & \mathbf{0} \\ {}^{\bar{l}}\tilde{r}_{lS} - {}^{\bar{l}}\tilde{r}_l & \mathbf{1} \end{bmatrix}
$$

故有

$$
{}^{\bar{l}}\xi_l = {}^{\bar{l}}U_{lS}^{l:-1} \cdot {}^{\bar{l}}\xi_{lS} \tag{3.276}
$$

在运动学上，无穷远处的一条直线是一条无方向的直线，它的矩是有方向的，且独立于这个点的测度。记 ${}^{\bar{l}}u_l = {}^{\bar{l}}r_l \,/\, \left|r_l^{\bar{l}}\right|$，由式(3.273)得

$$
\lim_{r_l^{\bar{l}} \to 0} \left({}^{\bar{l}}\xi_l \,/\, \left|r_l^{\bar{l}}\right| \right) = \lim_{r_l^{\bar{l}} \to 0} \left(\begin{bmatrix} {}^{\bar{l}}n_l \,/\, \left|r_l^{\bar{l}}\right| \\ {}^{\bar{l}}\tilde{r}_l \cdot {}^{\bar{l}}n_l \,/\, \left|r_l^{\bar{l}}\right| \end{bmatrix} \right) = \begin{bmatrix} 0_3 \\ {}^{\bar{l}}\tilde{u}_l \cdot {}^{\bar{l}}n_l \end{bmatrix} \tag{3.277}
$$

2.3D 空间极点

如图 3-7 所示，在 2D 空间下，体 $\bar{l}$ 转动角度 $\phi_l^{\bar{l}}$ 至体 l 时，总存在一点 S，满足 ${}^{l}r_{lS} = \mathbf{1} \cdot {}^{\bar{l}}r_{lS}$，即点 S 相对两系的坐标不变，将点 S 称为极点。

如图 3-8 所示，给定运动副 ${}^{\bar{l}}\boldsymbol{k}_l \in \boldsymbol{C}$ 时，3D 空间 l 中一定存在极点 lS。

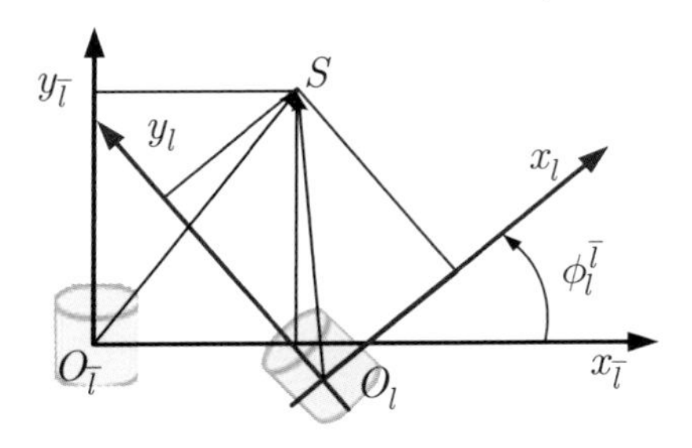

图 3-7　2D 空间下的极点

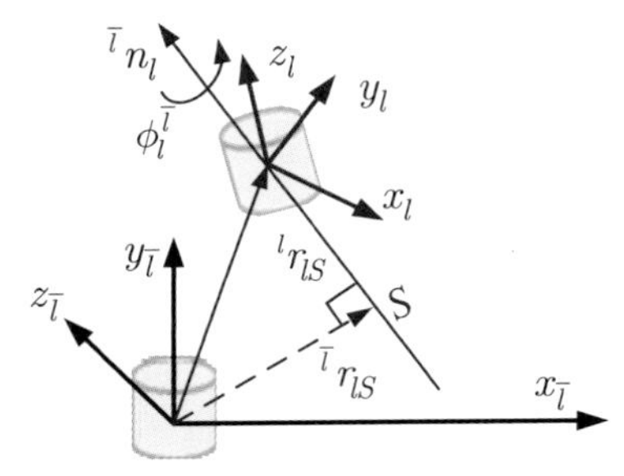

图 3-8　运动螺旋

【证明】 若 3D 空间l中螺旋线的极点位置${}^{l}r_{lS}$存在，即满足

$$ {}^{l}r_{lS} = \mathbf{1} \cdot {}^{\bar{l}}r_{lS} \tag{3.278} $$

$$ {}^{\bar{l}}r_{lS} = {}^{\bar{l}}r_{l} + {}^{\bar{l}}Q_{l} \cdot {}^{l}r_{lS} \tag{3.279} $$

则有

$$ {}^{l}r_{lS} = \frac{1}{2 \cdot \tau_{l}} \cdot \left(\tau_{l} \cdot \mathbf{1} - {}^{\bar{l}}\tilde{n}_{l}^{:-1} \right) \cdot {}^{\bar{l}}r_{l} \tag{3.280} $$

将式(3.84)和式(3.278)代入式(3.279)得

$$ {}^{\bar{l}}r_{lS} = {}^{\bar{l}}r_{l} + \left(\mathbf{1} - {}^{\bar{l}}\tilde{n}_{l} \cdot \tau_{l} \right)^{-1} \cdot \left(\mathbf{1} + {}^{\bar{l}}\tilde{n}_{l} \cdot \tau_{l} \right) \cdot {}^{l}r_{lS} = {}^{l}r_{lS} $$

故有

$$ \left(\mathbf{1} - {}^{\bar{l}}\tilde{n}_{l} \cdot \tau_{l} \right) \cdot {}^{l}r_{lS} = \left(\mathbf{1} - {}^{\bar{l}}\tilde{n}_{l} \cdot \tau_{l} \right) \cdot {}^{\bar{l}}r_{l} + \left(\mathbf{1} + {}^{\bar{l}}\tilde{n}_{l} \cdot \tau_{l} \right) \cdot {}^{l}r_{lS} $$

即

$$ \left(\mathbf{1} - {}^{\bar{l}}\tilde{n}_{l} \cdot \tau_{l} \right) \cdot {}^{\bar{l}}r_{l} + 2 \cdot \tau_{l} \cdot {}^{\bar{l}}\tilde{n}_{l} \cdot {}^{l}r_{lS} = 0_{3} $$

亦即

$$ \tau_{l} \cdot {}^{\bar{l}}\tilde{n}_{l} \cdot {}^{l}r_{lS} = \frac{1}{2} \left({}^{\bar{l}}\tilde{n}_{l} \cdot \tau_{l} - \mathbf{1} \right) \cdot {}^{\bar{l}}r_{l} $$

故

$$ \tau_{l} \cdot {}^{\bar{l}}\tilde{n}_{l}^{:2} \cdot {}^{l}r_{lS} = \frac{1}{2} \left({}^{\bar{l}}\tilde{n}_{l}^{:2} \cdot \tau_{l} - {}^{\bar{l}}\tilde{n}_{l} \right) \cdot {}^{\bar{l}}r_{l} $$

即

$$ \tau_{l} \cdot {}^{\bar{l}}\tilde{n}_{l}^{:2} \cdot {}^{\bar{l}}r_{l} - {}^{\bar{l}}\tilde{n}_{l} \cdot {}^{\bar{l}}r_{l} = 2 \cdot \tau_{l} \cdot {}^{\bar{l}}\tilde{n}_{l}^{:2} \cdot {}^{l}r_{lS} $$

故式(3.280)成立。称${}^{l}r_{lS}$为螺旋线极距矢量。证毕。

试证给定运动副${}^{\bar{l}}\boldsymbol{k}_{l} \in \boldsymbol{C}$，在杆件$l$定轴转动时，刚体上任一点$lS$的位置矢量${}^{\bar{l}}r_{lS}$在其转轴方向上的分量相等，且该分量为${}^{\bar{l}}n_{l}^{\mathrm{T}} \cdot {}^{\bar{l}}r_{l}$。

【证明】 如图 3-8 所示，由式(3.279)得

$$ {}^{\bar{l}}n_{l}^{\mathrm{T}} \cdot {}^{\bar{l}}r_{lS} = {}^{\bar{l}}n_{l}^{\mathrm{T}} \cdot {}^{\bar{l}}r_{l} + {}^{\bar{l}}n_{l}^{\mathrm{T}} \cdot {}^{\bar{l}}Q_{l} \cdot {}^{l}r_{lS} \tag{3.281} $$

由式(3.29)和式(3.281)得

$$ \begin{aligned} {}^{\bar{l}}n_{l}^{\mathrm{T}} \cdot {}^{\bar{l}}r_{lS} &= {}^{\bar{l}}n_{l}^{\mathrm{T}} \cdot {}^{\bar{l}}r_{l} + {}^{\bar{l}}n_{l}^{\mathrm{T}} \cdot \left(\mathbf{1} + \mathrm{S}_{l}^{\bar{l}} \cdot {}^{\bar{l}}\tilde{n}_{l} + \left(1 - \mathrm{C}_{l}^{\bar{l}} \right) \cdot {}^{\bar{l}}\tilde{n}_{l}^{:2} \right) \cdot {}^{l}r_{lS} \\ &= {}^{\bar{l}}n_{l}^{\mathrm{T}} \cdot {}^{\bar{l}}r_{l} + {}^{\bar{l}}n_{l}^{\mathrm{T}} \cdot {}^{l}r_{lS} \end{aligned} $$

亦即

$$ {}^{\bar{l}}n_{l}^{\mathrm{T}} \cdot {}^{\bar{l}}r_{lS} - {}^{\bar{l}}n_{l}^{\mathrm{T}} \cdot {}^{l}r_{lS} = {}^{\bar{l}}n_{l}^{\mathrm{T}} \cdot {}^{\bar{l}}r_{l} $$

表明转动分量与转动角度$\phi_{l}^{\bar{l}}$无关，且该分量为${}^{\bar{l}}n_{l}^{\mathrm{T}} \cdot {}^{\bar{l}}r_{l}$。证毕。

由以上证明可知，给定杆件l上一点lS，则有不变量${}^{\bar{l}}n_{l}^{\mathrm{T}} \cdot {}^{\bar{l}}r_{lS}$。点$lS$的运动螺旋步距$p_{S}$为

$$p_S = \frac{{}^{\bar{l}}n_l^{\mathrm{T}} \cdot {}^{\bar{l}}r_{lS}}{\phi_l^{\bar{l}}} (\mathrm{m/rad}) \tag{3.282}$$

故

$$p_S \cdot \phi_l^{\bar{l}} = {}^{\bar{l}}n_l^{\mathrm{T}} \cdot {}^{\bar{l}}r_{lS} = {}^{\bar{l}}n_l^{\mathrm{T}} \cdot {}^{\bar{l}}r_l$$

由式(3.279)得螺旋线方程：

$${}^{\bar{l}}r_{lS} = {}^{\bar{l}}r_l + {}^{\bar{l}|l}r_{lS} = {}^{\bar{l}}r_l + {}^{\bar{l}}Q_l \cdot {}^{l|\bar{l}}n_l \cdot p_S \cdot \phi_l^{\bar{l}} = {}^{\bar{l}}r_l + {}^{\bar{l}}n_l \cdot p_S \cdot \phi_l^{\bar{l}} \tag{3.283}$$

由式(3.283)得运动螺旋的极距矢量和步距表达式：

$$\begin{bmatrix} {}^{\bar{\bar{l}}}\dot{\phi}_{\bar{l}} \\ {}^{\bar{\bar{l}}}\dot{\tilde{\phi}}_{\bar{l}} \cdot {}^{\bar{\bar{l}}|\bar{l}}r_{lS} \end{bmatrix} = \begin{bmatrix} {}^{\bar{\bar{l}}}\dot{\phi}_{\bar{l}} \\ {}^{\bar{\bar{l}}}\dot{\tilde{\phi}}_{\bar{l}} \cdot \left({}^{\bar{\bar{l}}|\bar{l}}r_l + {}^{\bar{\bar{l}}|\bar{l}}n_l \cdot p_S \cdot \phi_l^{\bar{l}} \right) \end{bmatrix} \tag{3.284}$$

3.7.4 本节贡献

本节应用运动链符号系统和基于轴不变量的 3D 矢量空间操作代数，建立了基于轴不变量的运动旋量与螺旋符号演算子系统。其特征在于：具有简洁的链符号系统和轴不变量的表示，满足运动链公理及度量公理；具有基于轴不变量的迭代式过程；具有伪代码的功能，物理含义准确。

3.8 基于轴不变量的多轴系统正运动学

3.8.1 理想关节的固定轴不变量测量原理

因为多轴系统的机加工及装配过程不可避免地会导致设计结构参数存在误差，所以需要解决多轴系统的工程结构参数精确测量的问题。不存在位置误差的关节称为理想关节，相应的多轴系统则称为理想多轴系统。下面，阐述应用激光跟踪仪精确测量理想多轴系统工程结构参数的方法。

多轴系统 $\boldsymbol{D} = \{\boldsymbol{T}, \boldsymbol{A}, \boldsymbol{B}, \boldsymbol{K}, \boldsymbol{F}, \boldsymbol{NT}\}$ 的自然关节空间是以自然坐标系统 $\boldsymbol{F}$ 为参考的，自然坐标系统 $\boldsymbol{F}$ 的原点位于关节轴线上且在系统复位时坐标系方向一致。多轴系统结构参数为 $\boldsymbol{I} = \left\{ {}^{\bar{l}}\boldsymbol{I}_l = \begin{bmatrix} {}^{\bar{l}}n_l & {}^{\bar{l}}l_l \end{bmatrix}^{\mathrm{T}} \middle| l \in \boldsymbol{A} \right\}$。构型空间表示为

$$\boldsymbol{C} = \left\{ q_l \middle| \begin{matrix} r_l^{\bar{l}} \equiv 0, & q_l = \phi_l^{\bar{l}} & \text{if} & {}^{\bar{l}}\boldsymbol{k}_l \in \boldsymbol{R}; \\ \phi_l^{\bar{l}} \equiv 0, & q_l = r_l^{\bar{l}} & \text{if} & {}^{\bar{l}}\boldsymbol{k}_l \in \boldsymbol{P}; \end{matrix} \quad l \in \boldsymbol{A} \right\} \tag{3.285}$$

固定轴不变量的测量如图 3-9 所示，应用激光跟踪仪测量杆件 l 上的测点 lS' 及 lS 。首先，获得轴 l 转动 ${}_a\phi_l^{\bar{l}}$ 角度后的测点位置为 ${}_a^i r_{lS'}$ 及 ${}_a^i r_{lS}$ ；然后，获得轴 l 转动 ${}_b\phi_l^{\bar{l}}$ 角度后的测点位置为 ${}_b^i r_{lS'}$ 及 ${}_b^i r_{lS}$ ；最后，计算得到单位位置矢量 ${}_a^{\bar{l}}u_l$ 及 ${}_b^{\bar{l}}u_l$ 。测量过程总是由根杆件至

叶杆件依次进行。

当系统处于零位时，固定轴不变量 $\boldsymbol{I}=\left\{{}^{\bar{l}}\boldsymbol{I}_l=\left[{}^{\bar{l}}_0n_l \quad {}^{\bar{l}}l_l\right]\mid l\in\mathbf{A}\right\}$ 可由激光跟踪仪或 3D 坐标机测量得到。相对公共参考系 $\boldsymbol{F}^{[i]}$ 进行固定轴不变量的测量，可以消除测量误差的累积效应。为考虑加工及装配误差，经常将测量棱镜与被测杆件 l 固结，通过激光跟踪仪 i 跟踪测量棱镜中心 lS 的位置，得到对应的位置矢量 ${}^ir_{lS}$，从而获得与被测杆件 l 固结的单位矢量 ${}^{i|\bar{l}}u_l$。

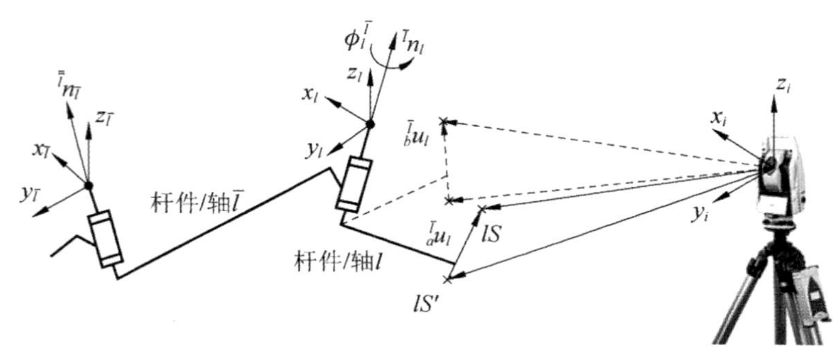

图 3-9 轴不变量精测原理

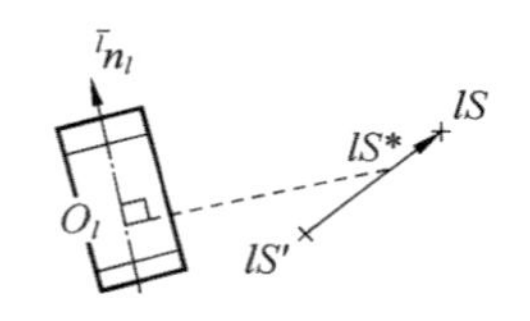

图 3-10 固定轴不变量的原点确定

轴不变量 ${}^{\bar{l}}n_l$ 的计算过程：首先，应用式(3.131)，确定 ${}^i\lambda_{\bar{l}}$ 及 ${}^i\lambda_l$；其次，因 ${}^iQ_{\bar{l}}$ 为已知量，应用式(3.146)得 ${}^{\bar{l}}\lambda_l={}^i\tilde{\lambda}_{\bar{l}}^{-1}\cdot{}^i\lambda_l$；接着，将 ${}^{\bar{l}}\lambda_l$ 代入式(3.157)，得 $\phi_l^{\bar{l}}$；最后，由式(3.155)，得 ${}^{\bar{l}}n_l$。如图 3-10 所示，将从测点 lS' 与 lS 的中点 lS^* 至轴 ${}^{\bar{l}}n_l$ 作垂线得到的交点定义为轴 ${}^{\bar{l}}n_l$ 的固定点 O_l，则有

$$
{}^ir_{lS^*}=\frac{1}{2}\left({}^ir_{lS'}+{}^ir_{lS}\right) \tag{3.286}
$$

$$
{}^ir_{lS^*}={}^ir_l+{}^iQ_{\bar{l}}\cdot{}^{\bar{l}}Q_l\cdot{}^lr_{lS^*}=\frac{1}{2}\left({}^ir_{lS'}+{}^ir_{lS}\right) \tag{3.287}
$$

由式(3.287)得

$$
\begin{cases}
{}^ir_l+{}^iQ_{\bar{l}}\cdot{}^{\bar{l}}Q_l\left({}_a\phi_l^{\bar{l}}\right)\cdot{}^lr_{lS^*}=\dfrac{1}{2}\left({}^i_ar_{lS'}+{}^i_ar_{lS}\right)\\
{}^ir_l+{}^iQ_{\bar{l}}\cdot{}^{\bar{l}}Q_l\left({}_b\phi_l^{\bar{l}}\right)\cdot{}^lr_{lS^*}=\dfrac{1}{2}\left({}^i_br_{lS'}+{}^i_br_{lS}\right)
\end{cases} \tag{3.288}
$$

由式(3.288)得

$$
{}^iQ_{\bar{l}}\cdot\left[{}^{\bar{l}}Q_l\left({}_a\phi_l^{\bar{l}}\right)-{}^{\bar{l}}Q_l\left({}_b\phi_l^{\bar{l}}\right)\right]\cdot{}^lr_{lS^*}=\frac{1}{2}\left({}^i_ar_{lS'}+{}^i_ar_{lS}\right)-\frac{1}{2}\left({}^i_br_{lS'}+{}^i_br_{lS}\right) \tag{3.289}
$$

因固定点 O_l 是中点 lS^* 的投影，则有 ${}^{\bar{l}}n_l^{\mathrm{T}}\cdot{}^lr_{lS^*}=0$，由式(3.29)和式(3.289)得

$$
\begin{aligned}
{}^{l}r_{lS^*} &= \frac{1}{2}\cdot\left\{\left[\mathrm{S}\left({}_{a}\phi_{l}^{\bar{l}}\right)-\mathrm{S}\left({}_{b}\phi_{l}^{\bar{l}}\right)\right]\cdot{}^{\bar{l}}\tilde{n}_{l}+\left[\mathrm{C}\left({}_{a}\phi_{l}^{\bar{l}}\right)-\mathrm{C}\left({}_{b}\phi_{l}^{\bar{l}}\right)\right]\cdot\mathbf{1}\right\}^{-1} \\
&\quad \cdot{}^{\bar{l}}Q_{i}\cdot\left({}_{a}^{i}r_{lS'}+{}_{a}^{i}r_{lS}-{}_{b}^{i}r_{lS'}-{}_{b}^{i}r_{lS}\right)
\end{aligned}
\tag{3.290}
$$

将式(3.290)代入式(3.288)得 ${}^{i}r_{l}$：

$$
\begin{aligned}
{}^{i}r_{l} &= -\frac{1}{2}\cdot{}^{i}Q_{\bar{l}}\cdot{}^{\bar{l}}Q_{l}\left({}_{a}\phi_{l}^{\bar{l}}\right)\cdot\left\{\left[\mathrm{S}\left({}_{a}\phi_{l}^{\bar{l}}\right)-\mathrm{S}\left({}_{b}\phi_{l}^{\bar{l}}\right)\right]\cdot{}^{\bar{l}}\tilde{n}_{l}+\left[\mathrm{C}\left({}_{a}\phi_{l}^{\bar{l}}\right)-\mathrm{C}\left({}_{b}\phi_{l}^{\bar{l}}\right)\right]\cdot\mathbf{1}\right\}^{-1} \\
&\quad \cdot{}^{\bar{l}}Q_{i}\cdot\left({}_{a}^{i}r_{lS'}+{}_{a}^{i}r_{lS}-{}_{b}^{i}r_{lS'}-{}_{b}^{i}r_{lS}\right)+\frac{1}{2}\cdot\left({}_{a}^{i}r_{lS'}+{}_{a}^{i}r_{lS}\right)
\end{aligned}
\tag{3.291}
$$

或

$$
\begin{aligned}
{}^{i}r_{l} &= -\frac{1}{2}\cdot{}^{i}Q_{\bar{l}}\cdot{}^{\bar{l}}Q_{l}\left({}_{b}\phi_{l}^{\bar{l}}\right)\cdot\left\{\left[\mathrm{S}\left({}_{a}\phi_{l}^{\bar{l}}\right)-\mathrm{S}\left({}_{b}\phi_{l}^{\bar{l}}\right)\right]\cdot{}^{\bar{l}}\tilde{n}_{l}+\left[\mathrm{C}\left({}_{a}\phi_{l}^{\bar{l}}\right)-\mathrm{C}\left({}_{b}\phi_{l}^{\bar{l}}\right)\right]\cdot\mathbf{1}\right\}^{-1} \\
&\quad \cdot{}^{\bar{l}}Q_{i}\cdot\left({}_{a}^{i}r_{lS'}+{}_{a}^{i}r_{lS}-{}_{b}^{i}r_{lS'}-{}_{b}^{i}r_{lS}\right)+\frac{1}{2}\cdot\left({}_{b}^{i}r_{lS'}+{}_{b}^{i}r_{lS}\right)
\end{aligned}
\tag{3.292}
$$

由上可知，条件 ${}^{\bar{l}}n_{l}\neq{}^{\bar{l}}u_{l}$ 比正交基 $\mathbf{e}_{l}$ 更容易满足。该方法有助于精确测量包含加工及装配误差的轴不变量。

在工程测量时，通常由系统根部杆件开始，直至所有的叶，每测量一个杆件，即可将之制动。将所有杆件制动后的状态选定为零位状态，由关节传感器测量的关节变量记为 ${}_{0}q^{\triangle}=\left\{{}_{0}q_{l}^{\triangle}\mid l\in\mathbf{A}\right\}$，称为机械零位，且有

$$
{}_{0}^{\bar{l}}Q_{l}=\mathbf{1},\quad l\in\mathbf{A} \tag{3.293}
$$

至此，获得了系统结构参数 $\boldsymbol{I}=\left\{{}^{\bar{l}}\boldsymbol{I}_{l}\mid l\in\mathbf{A}\right\}$ 及机械零位 ${}_{0}q^{\triangle}=\left\{{}_{0}q_{l}^{\triangle}\mid l\in\mathbf{A}\right\}$。将多轴系统控制量记为 $q^{\triangle}=\left\{q_{l}^{\triangle}\mid l\in\mathbf{A}\right\}$，同时以非自然坐标系为参考的关节变量存在参考零位 ${}_{0}q_{l}^{\dagger}$。式(3.285)中的关节变量 q_{l} 与控制量 $q_{l}^{\triangle}$、机械零位 ${}_{0}q_{l}^{\triangle}$ 及参考零位 ${}_{0}q_{l}^{\dagger}$ 的关系如下：

$$
q_{l}=q_{l}^{\triangle}-{}_{0}q_{l}^{\triangle}+{}_{0}q_{l}^{\dagger} \tag{3.294}
$$

多轴系统正运动学计算：给定结构参数 $\boldsymbol{I}=\left\{{}^{\bar{l}}\boldsymbol{I}_{l}\mid l\in\mathbf{A}\right\}$、关节变量 q_{l}、关节速度 $\dot{q}_{l}$ 及关节加速度 $\ddot{q}_{l}$，完成期望的位形、速度、加速度及偏速度的计算。

由上可知，以自然坐标系为基础，工程上可以精确测量固定轴不变量 ${}^{\bar{l}}\boldsymbol{I}_{l}$，可以达到关节的重复精度，避免了以笛卡儿直角坐标系为参考导致的结构参数测量误差过大的问题，为精密多轴系统的研制奠定了基础。关于非理想关节的结构参数测量，将在下一章继续阐述。

3.8.2　理想树形正运动学计算流程

给定树形运动链 ${}^{i}\mathbf{1}_{n}$，$l,n\in\mathbf{A}$，$n>l$，S 是体 l 上的任一点。当 ${}^{\bar{l}}\phi_{l}$ 无测量噪声时，运动链 ${}^{i}\mathbf{1}_{n}$ 正运动学计算流程如下。

（1）链节 ${}^{\bar{l}}\mathbf{1}_l$ 正运动学计算。

① 若 ${}^{\bar{l}}\mathbf{k}_l \in \mathbf{R}$，则由结构参数 ${}^{\bar{l}}n_l$ 及关节变量 $\phi_l^{\bar{l}}$，根据式(3.134)计算欧拉四元数 ${}^{\bar{l}}\underset{\cdot}{\lambda}_l$，或由式(3.120)计算 ${}^{\bar{l}}\underset{\cdot}{q}_l$；

② 若 ${}^{\bar{l}}\mathbf{k}_l \in \mathbf{R}$，则由式(3.135)计算旋转变换阵 ${}^{\bar{l}}Q_l$，或由式(3.126)计算旋转变换阵 ${}^{\bar{l}}Q_l$；若 ${}^{\bar{l}}\mathbf{k}_l \in \mathbf{P}$，则有 ${}^{\bar{l}}Q_l = \mathbf{1}$。

（2）运动链 ${}^{i}\mathbf{1}_n$ 的位形计算。

① 由式(3.6)计算齐次变换阵 ${}^{i}Q_n$；

② 由式(3.7)计算位置矢量 ${}^{i}r_{nS}$。

在理想正运动学计算流程中，既可以应用欧拉四元数又可以应用有限转动四元数计算链节旋转变换阵。上述理想正运动学计算流程在 Open Inventor、Coin3D 等 3D 软件中得到了广泛应用。但在有测量噪声时，所有的旋转变换阵计算均应使用式(3.135)和式(3.151)所示的过程。一方面，需要降低测量噪声导致的旋转变换阵的病态；另一方面，阻止病态旋转变换阵在串接性运动时的进一步恶化。

3.8.3 基于轴不变量的迭代式运动学计算流程

给定运动链 ${}^{i}\mathbf{1}_n$，$l,n \in \mathbf{A}$，$n > l$，S 是体 l 上的任一点。当 ${}^{\bar{l}}\phi_l$ 有测量噪声时，运动链 ${}^{i}\mathbf{1}_n$ 的迭代式正运动学数值计算流程如下。

（1）链节 ${}^{\bar{l}}\mathbf{1}_l$ 正运动学计算流程。

① 已知转动矢量 ${}^{\bar{l}}\phi_l$，根据式(3.134)计算欧拉四元数 ${}^{\bar{l}}\underset{\cdot}{\lambda}_l$；

② 由式(3.135)计算旋转变换阵 ${}^{\bar{l}}Q_l$；

③ 由式(3.8)计算链节速度；

④ 由式(3.9)计算链节加速度。

（2）运动链 ${}^{i}\mathbf{1}_n$ 的位形计算流程。

① 由式(3.150)计算欧拉四元数序列 $\left\{ {}^{i}\underset{\cdot}{\lambda}_j \mid j \in \mathbf{A} \right\}$；

② 因为式(3.135)较式(3.29)的计算复杂度高，故由式(3.29)计算旋转变换阵序列 $\left\{ {}^{i}Q_j \mid j \in \mathbf{A} \right\}$；

③ 由式(3.7)计算位置矢量 ${}^{i}r_{nS}$。

（3）运动链 ${}^{i}\mathbf{1}_n$ 的速度和加速度计算流程。

① 由式(3.295)计算绝对角速度：

$$ {}^{i}\dot{\phi}_n = \sum_{k}^{{}^{i}\mathbf{1}_n} \left({}^{i|\bar{k}}\dot{\phi}_k \right) = \sum_{k}^{{}^{i}\mathbf{1}_n} \left({}^{i|\bar{k}}n_k \cdot \dot{\phi}_k^{\bar{k}} \right) \tag{3.295} $$

【证明】　由式(3.193)得

$$ {}^{i}\dot{\phi}_{n} = {}^{i}\phi'_{n} = \sum_{k}^{{}^{i}\mathbf{1}_{n}} \left({}^{i|\bar{k}}\phi'_{k} \right) = \sum_{k}^{{}^{i}\mathbf{1}_{n}} \left({}^{i|\bar{k}}\dot{\phi}_{k} \right) = \sum_{k}^{{}^{i}\mathbf{1}_{n}} \left({}^{i|\bar{k}}n_{k} \cdot \dot{\phi}_{k}^{\bar{k}} \right) $$

证毕。

② 由式(3.296)计算绝对角加速度：

$$ {}^{i}\ddot{\phi}_{n} = {}^{i}\phi''_{n} = \sum_{l}^{{}^{i}\mathbf{1}_{n}} \left({}^{i|\bar{l}}\ddot{\phi}_{l} + {}^{i}\dot{\tilde{\phi}}_{\bar{l}} \cdot {}^{i|\bar{l}}\dot{\phi}_{l} \right) \tag{3.296} $$

【证明】　由式(3.197)得

$$ {}^{i}\ddot{\phi}_{n} = {}^{i}\phi''_{n} = \sum_{l}^{{}^{i}\mathbf{1}_{n}} \left({}^{i|\bar{l}}\phi''_{l} \right) = \sum_{l}^{{}^{i}\mathbf{1}_{n}} \left({}^{i|\bar{l}}\ddot{\phi}_{l} + {}^{i}\dot{\tilde{\phi}}_{\bar{l}} \cdot {}^{i|\bar{l}}\dot{\phi}_{l} \right) $$

证毕。

③ 由式(3.297)计算绝对平动速度：

$$ {}^{i}\dot{r}_{nS} = \sum_{k}^{{}^{i}\mathbf{1}_{n}} \left[{}^{i|\bar{k}}n_{k} \cdot \dot{r}_{k}^{\bar{k}} + {}^{i}\dot{\tilde{\phi}}_{\bar{k}} \cdot \left({}^{i|\bar{k}}l_{k} + {}^{i|\bar{k}}n_{k} \cdot r_{k}^{\bar{k}} \right) \right] + {}^{i|n}\dot{r}_{nS} + {}^{i}\dot{\tilde{\phi}}_{n} \cdot {}^{i|n}r_{nS} \tag{3.297} $$

【证明】　由式(3.191)得

$$ \begin{aligned} {}^{i}\dot{r}_{nS} &= {}^{i}r'_{nS} = \sum_{k}^{{}^{i}\mathbf{1}_{n}} \left({}^{i|\bar{k}}r'_{k} \right) + {}^{i|n}r'_{nS} \\ &= \sum_{k}^{{}^{i}\mathbf{1}_{n}} \left({}^{i|\bar{k}}\dot{r}_{k} + {}^{i}\dot{\tilde{\phi}}_{\bar{k}} \cdot {}^{i|\bar{k}}r_{k} \right) + {}^{i|n}\dot{r}_{nS} + {}^{i}\dot{\tilde{\phi}}_{n} \cdot {}^{i|n}r_{nS} \\ &= \sum_{k}^{{}^{i}\mathbf{1}_{n}} \left[{}^{i|\bar{k}}n_{k} \cdot \dot{r}_{k}^{\bar{k}} + {}^{i}\dot{\tilde{\phi}}_{\bar{k}} \cdot \left({}^{i|\bar{k}}l_{k} + {}^{i|\bar{k}}n_{k} \cdot r_{k}^{\bar{k}} \right) \right] + {}^{i|n}\dot{r}_{nS} + {}^{i}\dot{\tilde{\phi}}_{n} \cdot {}^{i|n}r_{nS} \end{aligned} $$

证毕。

④ 由式(3.298)计算绝对平动加速度：

$$ \begin{aligned} {}^{i}\ddot{r}_{nS} = &\sum_{k}^{{}^{i}\mathbf{1}_{n}} \left[{}^{i|\bar{k}}n_{k} \cdot \ddot{r}_{k}^{\bar{k}} + 2 \cdot {}^{i}\dot{\tilde{\phi}}_{\bar{k}} \cdot {}^{i|\bar{k}}n_{k} \cdot \dot{r}_{k}^{\bar{k}} + \left({}^{i}\ddot{\tilde{\phi}}_{\bar{k}} + {}^{i}\dot{\tilde{\phi}}_{\bar{k}}^{:2} \right) \cdot \left({}^{i|\bar{k}}l_{k} + {}^{i|\bar{k}}n_{k} \cdot r_{k}^{\bar{k}} \right) \right] \\ &+ {}^{i|n}\ddot{r}_{nS} + 2 \cdot {}^{i}\dot{\tilde{\phi}}_{n} \cdot {}^{i|n}\dot{r}_{nS} + \left({}^{i}\ddot{\tilde{\phi}}_{n} + {}^{i}\dot{\tilde{\phi}}_{n}^{:2} \right) \cdot {}^{i|n}r_{nS} \end{aligned} \tag{3.298} $$

【证明】　由式(3.194)得

$$ \begin{aligned} {}^{i}\ddot{r}_{nS} &= {}^{i}r''_{nS} = \sum_{k}^{{}^{i}\mathbf{1}_{n}} \left({}^{i|\bar{k}}r''_{k} \right) + {}^{i|n}r''_{nS} \\ &= \sum_{k}^{{}^{i}\mathbf{1}_{n}} \left[{}^{i|\bar{k}}\ddot{r}_{k} + 2 \cdot {}^{i}\dot{\tilde{\phi}}_{\bar{k}} \cdot {}^{i|\bar{k}}\dot{r}_{k} + \left({}^{i}\ddot{\tilde{\phi}}_{\bar{k}} + {}^{i}\dot{\tilde{\phi}}_{\bar{k}}^{:2} \right) \cdot {}^{i|\bar{k}}r_{k} \right] \\ &\quad + {}^{i|n}\ddot{r}_{nS} + 2 \cdot {}^{i}\dot{\tilde{\phi}}_{n} \cdot {}^{i|n}\dot{r}_{nS} + \left({}^{i}\ddot{\tilde{\phi}}_{n} + {}^{i}\dot{\tilde{\phi}}_{n}^{:2} \right) \cdot {}^{i|n}r_{nS} \\ &= \sum_{k}^{{}^{i}\mathbf{1}_{n}} \left[{}^{i|\bar{k}}n_{k} \cdot \ddot{r}_{k}^{\bar{k}} + 2 \cdot {}^{i}\dot{\tilde{\phi}}_{\bar{k}} \cdot {}^{i|\bar{k}}n_{k} \cdot \dot{r}_{k}^{\bar{k}} + \left({}^{i}\ddot{\tilde{\phi}}_{\bar{k}} + {}^{i}\dot{\tilde{\phi}}_{\bar{k}}^{2} \right) \cdot \left({}^{i|\bar{k}}l_{k} + {}^{i|\bar{k}}n_{k} \cdot r_{k}^{\bar{k}} \right) \right] \\ &\quad + {}^{i|n}\ddot{r}_{nS} + 2 \cdot {}^{i}\dot{\tilde{\phi}}_{n} \cdot {}^{i|n}\dot{r}_{nS} + \left({}^{i}\ddot{\tilde{\phi}}_{n} + {}^{i}\dot{\tilde{\phi}}_{n}^{:2} \right) \cdot {}^{i|n}r_{nS} \end{aligned} $$

证毕。

3.8.4 基于轴不变量的偏速度计算原理

本章参考文献[5]、[6]给出了雅可比矩阵的计算方法，但未对结论进行证明且结论不全面。在运动学及动力学分析时，将雅可比矩阵称为偏速度更合适。因为雅可比矩阵泛指偏导数，不一定具有可加性；而在运动学及动力学中偏速度特指矢量对关节变量的偏导数，具有可加性。偏速度是对应速度的变换矩阵，是对单位方向矢量的矢量投影。在运动学分析及动力学分析中，偏速度起着关键性的作用，偏速度的计算是动力学系统演算的基本前提。

首先，定义使能函数：

$$\delta_k^{^i\mathbf{1}_l}=\begin{cases}1 & \text{if} \quad k\in {}^i\mathbf{1}_l \\ 0 & \text{if} \quad k\notin {}^i\mathbf{1}_l\end{cases} \tag{3.299}$$

式(3.299)的特殊形式为

$$\delta_k^{l}=\begin{cases}1 & \text{if} \quad k=l \\ 0 & \text{if} \quad k\neq l\end{cases} \tag{3.300}$$

下面，证明基于轴不变量的迭代式偏速度公式。

（1）计算绝对角速度对关节角速度的偏速度：

$$\frac{\partial\, {}^i\phi_n'}{\partial \dot{\phi}_k^{\bar{k}}}=\delta_k^{^i\mathbf{1}_n}\cdot {}^{i|\bar{k}}n_k \tag{3.301}$$

【证明】 由式(3.295)得

$$\frac{\partial\, {}^i\phi_n'}{\partial \dot{\phi}_k^{\bar{k}}}=\frac{\partial}{\partial \dot{\phi}_k^{\bar{k}}}\left[\sum_l^{^i\mathbf{1}_k}\left({}^{i|\bar{l}}\dot{\phi}_l\right)+\sum_l^{^k\mathbf{1}_n}\left({}^{i|\bar{l}}\dot{\phi}_l\right)\right]=\sum_l^{^i\mathbf{1}_k}\left[\delta_k^l\cdot {}^iQ_{\bar{l}}\cdot\frac{\partial}{\partial \dot{\phi}_k^{\bar{k}}}\left({}^{\bar{l}}\dot{\phi}_l\right)\right]$$

$$=\delta_k^{^i\mathbf{1}_n}\cdot {}^iQ_{\bar{k}}\cdot\frac{\partial}{\partial \dot{\phi}_k^{\bar{k}}}\left({}^{\bar{k}}\dot{\phi}_k\right)=\delta_k^{^i\mathbf{1}_n}\cdot {}^iQ_{\bar{k}}\cdot\frac{\partial}{\partial \dot{\phi}_k^{\bar{k}}}\left({}^{\bar{k}}n_k\cdot\dot{\phi}_k^{\bar{k}}\right)$$

$$=\delta_k^{^i\mathbf{1}_n}\cdot {}^{i|\bar{k}}n_k$$

证毕。

（2）计算绝对平动速度矢量对关节平动速度的偏速度：

$$\frac{\partial\, {}^ir_{nS}'}{\partial \dot{r}_k^{\bar{k}}}=\delta_k^{^i\mathbf{1}_n}\cdot {}^{i|\bar{k}}n_k \tag{3.302}$$

【证明】

$$\frac{\partial\, {}^ir_{nS}'}{\partial \dot{r}_k^{\bar{k}}}=\frac{\partial}{\partial \dot{r}_k^{\bar{k}}}\left[\sum_l^{^i\mathbf{1}_k}\left({}^{i|\bar{l}}\dot{r}_l+{}^i\dot{\tilde{\phi}}_{\bar{l}}\cdot {}^{i|\bar{l}}r_l\right)+\sum_l^{^k\mathbf{1}_n}\left({}^{i|\bar{l}}\dot{r}_l+{}^i\dot{\tilde{\phi}}_{\bar{l}}\cdot {}^{i|\bar{l}}r_l\right)+{}^{i|n}\dot{r}_{nS}+{}^i\dot{\tilde{\phi}}_n\cdot {}^{i|n}r_{nS}\right]$$

$$=\sum_l^{^i\mathbf{1}_k}\left[\delta_k^l\cdot {}^iQ_{\bar{l}}\cdot\frac{\partial}{\partial \dot{r}_k^{\bar{k}}}\left({}^{\bar{l}}\dot{r}_l\right)\right]=\delta_k^{^i\mathbf{1}_n}\cdot {}^iQ_{\bar{k}}\cdot\frac{\partial}{\partial \dot{r}_k^{\bar{k}}}\left({}^{\bar{k}}\dot{r}_k\right)=\delta_k^{^i\mathbf{1}_n}\cdot {}^{i|\bar{k}}n_k$$

证毕。

（3）计算绝对位置矢量对关节位移的偏速度：

$$\frac{\partial\, {}^{i}r_{nS}}{\partial r_k^{\bar{k}}} = \delta_k^{{}^{i}\mathbf{1}_n} \cdot {}^{i|\bar{k}}n_k \tag{3.303}$$

【证明】 由式(3.7)得

$$\begin{aligned}
\frac{\partial\, {}^{i}r_{nS}}{\partial r_k^{\bar{k}}} &= \frac{\partial}{\partial r_k^{\bar{k}}}\left[\sum_{l}^{{}^{i}\mathbf{1}_k}\left({}^{i|\bar{l}}r_l\right) + \sum_{l}^{{}^{k}\mathbf{1}_n}\left({}^{i|\bar{l}}r_l\right) + {}^{i|n}r_{nS}\right] \\
&= \sum_{l}^{{}^{i}\mathbf{1}_k}\left[\delta_k^l \cdot {}^{i}Q_{\bar{l}} \cdot \frac{\partial}{\partial r_k^{\bar{k}}}\left({}^{\bar{l}}r_l\right)\right] \\
&= \delta_k^{{}^{i}\mathbf{1}_n} \cdot {}^{i}Q_{\bar{k}} \cdot \frac{\partial}{\partial r_k^{\bar{k}}}\left({}^{\bar{k}}r_k\right) \\
&= \delta_k^{{}^{i}\mathbf{1}_n} \cdot {}^{i}Q_{\bar{k}} \cdot \frac{\partial}{\partial r_k^{\bar{k}}}\left({}^{\bar{k}}n_k \cdot r_k^{\bar{k}}\right) \\
&= \delta_k^{{}^{i}\mathbf{1}_n} \cdot {}^{i|\bar{k}}n_k
\end{aligned}$$

证毕。

（4）根据式(3.204)和式(3.205)计算绝对位置矢量对关节角度的偏速度：

$$\frac{\partial\, {}^{i}r_{nS}}{\partial \phi_k^{\bar{k}}} = \delta_k^{{}^{i}\mathbf{1}_n} \cdot {}^{i|\bar{k}}\tilde{n}_k \cdot {}^{i|k}r_{nS} \tag{3.304}$$

【证明】 考虑式(3.65)，由式(3.297)得

$$\begin{aligned}
\frac{\partial\, {}^{i}r_{nS}}{\partial \phi_k^{\bar{k}}} &= \frac{\partial}{\partial \phi_k^{\bar{k}}}\left[\prod_{l}^{{}^{i}\mathbf{1}_k}\left({}^{\bar{l}}R_l\right) \cdot \prod_{l}^{{}^{k}\mathbf{1}_n}\left({}^{\bar{l}}R_l\right) \cdot {}^{n}r_{nS}\right] \\
&= \frac{\partial}{\partial \phi_k^{\bar{k}}}\left[\prod_{l}^{{}^{i}\mathbf{1}_k}\left({}^{\bar{l}}R_l\right)\right] \cdot \prod_{l}^{{}^{k}\mathbf{1}_n}\left({}^{\bar{l}}R_l\right) \cdot {}^{n}r_{nS} + \prod_{l}^{{}^{i}\mathbf{1}_k}\left({}^{\bar{l}}R_l\right) \cdot \frac{\partial}{\partial \phi_k^{\bar{k}}}\left[\prod_{l}^{{}^{k}\mathbf{1}_n}\left({}^{\bar{l}}R_l\right) \cdot {}^{n}r_{nS}\right] \\
&= \frac{\partial}{\partial \phi_k^{\bar{k}}}\left[\prod_{l}^{{}^{i}\mathbf{1}_k}\left({}^{\bar{l}}R_l\right)\right] \cdot \prod_{l}^{{}^{k}\mathbf{1}_n}\left({}^{\bar{l}}R_l\right) \cdot {}^{n}r_{nS} \\
&= \prod_{l}^{{}^{i}\mathbf{1}_{\bar{k}}}\left({}^{\bar{l}}R_l\right) \cdot \frac{\partial}{\partial \phi_k^{\bar{k}}}\left({}^{\bar{k}}R_k\right) \cdot \prod_{l}^{{}^{k}\mathbf{1}_n}\left({}^{\bar{l}}R_l\right) \cdot {}^{n}r_{nS} \\
&= \prod_{l}^{{}^{i}\mathbf{1}_{\bar{k}}}\left({}^{\bar{l}}R_l\right) \cdot \begin{bmatrix} \frac{\partial}{\partial \phi_k^{\bar{k}}}\left({}^{\bar{k}}Q_k\right) & 0_3 \\ 0_3^{\mathrm{T}} & 0 \end{bmatrix} \cdot \prod_{l}^{{}^{k}\mathbf{1}_n}\left({}^{\bar{l}}R_l\right) \cdot {}^{n}r_{nS} \\
&= \prod_{l}^{{}^{i}\mathbf{1}_{\bar{k}}}\left({}^{\bar{l}}R_l \cdot \begin{bmatrix} \delta_k^l \cdot \frac{\partial}{\partial \phi_k^{\bar{k}}}\left({}^{\bar{l}}Q_l\right) & 0_3 \\ 0_3^{\mathrm{T}} & 0 \end{bmatrix}\right) \cdot \prod_{l}^{{}^{k}\mathbf{1}_n}\left({}^{\bar{l}}R_l\right) \cdot {}^{n}r_{nS} \\
&= \delta_k^{{}^{i}\mathbf{1}_n} \cdot \begin{bmatrix} {}^{i}Q_{\bar{k}} \cdot \frac{\partial}{\partial \phi_k^{\bar{k}}}\left({}^{\bar{k}}Q_k\right) & 0_3 \\ 0_3^{\mathrm{T}} & 0 \end{bmatrix} \cdot \prod_{l}^{{}^{k}\mathbf{1}_n}\left({}^{\bar{l}}R_l\right) \cdot {}^{n}r_{nS}
\end{aligned}$$

即

$$\frac{\partial\,{}^{i}r_{nS}}{\partial\phi_{k}^{\bar{k}}}=\delta_{k}^{{}^{i}\mathbf{1}_{n}}\cdot\begin{bmatrix}{}^{i}Q_{\bar{k}}\cdot\dfrac{\partial}{\partial\phi_{k}^{\bar{k}}}\left({}^{\bar{k}}Q_{k}\right) & 0_{3}\\ 0_{3}^{\mathrm{T}} & 0\end{bmatrix}\cdot\prod_{l}^{{}^{k}\mathbf{1}_{n}}\left({}^{\bar{l}}R_{l}\right)\cdot{}^{n}r_{nS}$$

故有

$$\frac{\partial\,{}^{i}r_{nS}}{\partial\phi_{k}^{\bar{k}}}=\delta_{k}^{{}^{i}\mathbf{1}_{n}}\cdot{}^{i}Q_{\bar{k}}\cdot\frac{\partial}{\partial\phi_{k}^{\bar{k}}}\left({}^{\bar{k}}Q_{k}\right)\cdot{}^{k}r_{nS}=\delta_{k}^{{}^{i}\mathbf{1}_{n}}\cdot{}^{i|\bar{k}}\tilde{n}_{k}\cdot{}^{i|k}r_{nS}$$

证毕。

（5）计算绝对平动速度矢量对关节角速度的偏速度：

$$\frac{\partial\,{}^{i}r_{nS}'}{\partial\dot{\phi}_{k}^{\bar{k}}}=\delta_{k}^{{}^{i}\mathbf{1}_{n}}\cdot{}^{i|\bar{k}}\tilde{n}_{k}\cdot{}^{i|k}r_{nS}\tag{3.305}$$

【证明】 由式(3.297)得

$$\begin{aligned}\frac{\partial\,{}^{i}r_{nS}'}{\partial\dot{\phi}_{k}^{\bar{k}}}&=\frac{\partial}{\partial\dot{\phi}_{k}^{\bar{k}}}\left[\sum_{l}^{{}^{i}\mathbf{1}_{k}}\left({}^{i|\bar{l}}\dot{r}_{l}+{}^{i}\dot{\tilde{\phi}}_{\bar{l}}\cdot{}^{i|\bar{l}}r_{l}\right)+\sum_{l}^{{}^{k}\mathbf{1}_{n}}\left({}^{i|\bar{l}}\dot{r}_{l}+{}^{i}\dot{\tilde{\phi}}_{\bar{l}}\cdot{}^{i|\bar{l}}r_{l}\right)+{}^{i|n}\dot{r}_{nS}+{}^{i}\dot{\tilde{\phi}}_{n}\cdot{}^{i|n}r_{nS}\right]\\&=\frac{\partial}{\partial\dot{\phi}_{k}^{\bar{k}}}\left[\sum_{l}^{{}^{k}\mathbf{1}_{n}}\left({}^{i|\bar{l}}\dot{r}_{l}+{}^{i}\dot{\tilde{\phi}}_{\bar{l}}\cdot{}^{i|\bar{l}}r_{l}\right)\right]+\frac{\partial}{\partial\dot{\phi}_{k}^{\bar{k}}}\left({}^{i|n}\dot{r}_{nS}+{}^{i}\dot{\tilde{\phi}}_{n}\cdot{}^{i|n}r_{nS}\right)\\&=\sum_{l}^{{}^{k}\mathbf{1}_{n}}\left[\delta_{k}^{\bar{l}}\cdot\frac{\partial}{\partial\dot{\phi}_{k}^{\bar{k}}}\left({}^{i}\dot{\tilde{\phi}}_{\bar{l}}\right)\cdot{}^{i|\bar{l}}r_{l}\right]+\frac{\partial}{\partial\dot{\phi}_{k}^{\bar{k}}}\left({}^{i}\dot{\tilde{\phi}}_{n}\cdot{}^{i|n}r_{nS}\right)\\&={}^{i}Q_{\bar{k}}\cdot\frac{\partial}{\partial\dot{\phi}_{k}^{\bar{k}}}\left({}^{\bar{k}}\dot{\tilde{\phi}}_{k}\right)\cdot{}^{\bar{k}|k}r_{nS}\\&={}^{i|\bar{k}}\tilde{n}_{k}\cdot{}^{i|k}r_{nS}\end{aligned}$$

证毕。

将上述结论，以定理 3.2 统一表述，称之为偏速度定理。

定理 3.2 若给定运动链 ${}^{i}\mathbf{1}_{n}$，则有

$$\begin{cases}\dfrac{\partial\,{}^{i}\dot{\phi}_{n}}{\partial\dot{\phi}_{k}^{\bar{k}}}=\dfrac{\partial\,{}^{i}\ddot{\phi}_{n}}{\partial\ddot{\phi}_{k}^{\bar{k}}}={}^{i|\bar{k}}n_{k}\\[2ex]\dfrac{\partial\,{}^{i}r_{nS}}{\partial r_{k}^{\bar{k}}}=\dfrac{\partial\,{}^{i}\dot{r}_{nS}}{\partial\dot{r}_{k}^{\bar{k}}}=\dfrac{\partial\,{}^{i}\ddot{r}_{nS}}{\partial\ddot{r}_{k}^{\bar{k}}}={}^{i|\bar{k}}n_{k}\end{cases}\tag{3.306}$$

$$\begin{cases}\dfrac{\partial}{\partial\phi_{k}^{\bar{k}}}\left({}^{i}Q_{n}\right)={}^{i|\bar{k}}\tilde{n}_{k}\\[2ex]\dfrac{\partial\,{}^{i}r_{nS}}{\partial\phi_{k}^{\bar{k}}}=\dfrac{\partial\,{}^{i}\dot{r}_{nS}}{\partial\dot{\phi}_{k}^{\bar{k}}}=\dfrac{\partial\,{}^{i}\ddot{r}_{nS}}{\partial\ddot{\phi}_{k}^{\bar{k}}}={}^{i|\bar{k}}\tilde{n}_{k}\cdot{}^{i|k}r_{nS}\end{cases}\tag{3.307}$$

$$\frac{\partial\,{}^{i}\dot{\phi}_{n}}{\partial\dot{r}_{k}^{\bar{k}}}=\frac{\partial\,{}^{i}\ddot{\phi}_{n}}{\partial\ddot{r}_{k}^{\bar{k}}}=0_{3}\tag{3.308}$$

【证明】 当 $\delta_{k}^{{}^{i}\mathbf{1}_{n}}=1$ 时，由式(3.301)、式(3.303)和式(3.302)可得式(3.306)。

由式(3.66)、式(3.304)和式(3.305)得式(3.307)。因 ${}^{i}\phi_n$ 和 ${}^{i}\dot{\phi}_n$ 与 $r_k^{\bar{k}}$ 和 $\dot{r}_k^{\bar{k}}$ 无关，得式(3.308)。证毕。

式(3.301)至式(3.305)对运动学及动力学分析具有非常重要的作用。它们不仅物理意义清晰，还可以简化运动学及动力学方程的表达。

如图 3-11 所示，一方面，从几何角度看，式(3.306)中的偏速度即为对应的轴不变量，式(3.307)表示的是位置矢量对轴不变量的一阶矩，即轴矢量 ${}^{i|\bar{k}}n_k$ 与矢量 ${}^{i|k}r_{nS}$ 的叉乘；另一方面，从力的作用关系看，${}^{i|\bar{k}}n_k^{\mathrm{T}}\cdot{}^{i}f_{nS}$ 是 ${}^{i}f_{nS}$ 在轴向 ${}^{i|\bar{k}}n_k$ 上的投影。

由式(3.14)可知

$$\frac{\partial^{i}\dot{r}_{nS}^{\mathrm{T}}}{\partial\dot{\phi}_k^{\bar{k}}}\cdot{}^{i}f_{nS}=-{}^{i|k}r_{nS}^{\mathrm{T}}\cdot{}^{i|\bar{k}}\tilde{n}_k\cdot{}^{i}f_{nS}={}^{i|\bar{k}}n_k^{\mathrm{T}}\cdot{}^{i|k}\tilde{r}_{nS}\cdot{}^{i}f_{nS} \tag{3.309}$$

式(3.309)表明：$\partial^{i}\dot{r}_{nS}^{\mathrm{T}}/\partial\dot{\phi}_k^{\bar{k}}$ 完成了力 ${}^{i}f_{nS}$ 对轴 ${}^{i|\bar{k}}n_k$ 的作用效应即力矩的计算。

式(3.309)中 ${}^{i|k}\tilde{r}_{nS}\cdot{}^{i}f_{nS}$ 与式(3.297)中 ${}^{i}\dot{\tilde{\phi}}_n\cdot{}^{i|n}r_{nS}$ 的链序不同，前者是作用力，后者是运动量，二者是对偶的，具有相反的序。

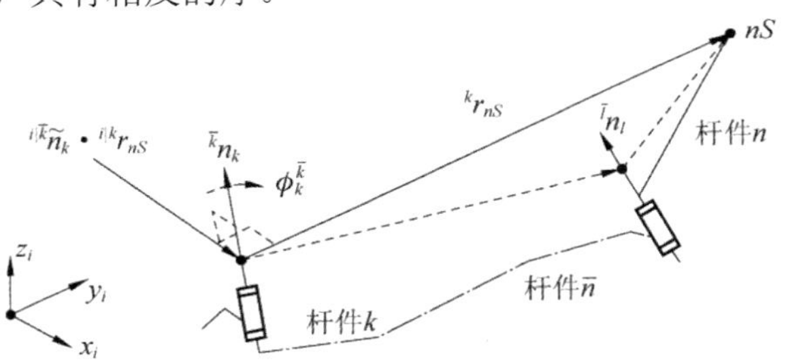

图 3-11　偏速度的含义

3.8.5 轴不变量对时间微分的不变性

由式(3.193)和式(3.197)可知

$$\frac{d}{dt}\left({}^{\bar{l}}n_l\cdot\phi_l^{\bar{l}}\right)={}^{\bar{l}}n_l\cdot\dot{\phi}_l^{\bar{l}},\quad\frac{d^2}{dt^2}\left({}^{\bar{l}}n_l\cdot\phi_l^{\bar{l}}\right)={}^{\bar{l}}n_l\cdot\ddot{\phi}_l^{\bar{l}} \tag{3.310}$$

故有

$$\frac{d}{dt}\left({}^{\bar{l}}n_l\right)={}^{\bar{l}}\dot{n}_l=0_3,\quad\frac{d^2}{dt^2}\left({}^{\bar{l}}n_l\right)={}^{\bar{l}}\ddot{n}_l=0_3 \tag{3.311}$$

式(3.311)表明：对轴不变量而言，其绝对导数就是其相对导数。因轴不变量是具有不变性的自然参考轴，故其绝对导数恒为零矢量。因此，轴不变量具有对时间微分的不变性。

由式(3.306)和式(3.311)得

$$\begin{cases}\dfrac{d}{dt}\left(\dfrac{\partial^{i}\dot{\phi}_n}{\partial\dot{\phi}_k^{\bar{k}}}\right)=\dfrac{d}{dt}\left(\dfrac{\partial^{i}r_{nS}}{\partial r_k^{\bar{k}}}\right)=\dfrac{d}{dt}\left(\dfrac{\partial^{i}\dot{r}_{nS}}{\partial\dot{r}_k^{\bar{k}}}\right)=0_3\\[2ex]\dfrac{d^2}{dt^2}\left(\dfrac{\partial^{i}\dot{\phi}_n}{\partial\dot{\phi}_k^{\bar{k}}}\right)=\dfrac{d^2}{dt^2}\left(\dfrac{\partial^{i}r_{nS}}{\partial r_k^{\bar{k}}}\right)=\dfrac{d^2}{dt^2}\left(\dfrac{\partial^{i}\dot{r}_{nS}}{\partial\dot{r}_k^{\bar{k}}}\right)=0_3\end{cases} \tag{3.312}$$

由式(3.191)和式(3.311)得

$$\frac{d}{dt}\left(\frac{\partial\, {}^{i}\dot{r}_{nS}^{\mathrm{T}}}{\partial \dot{\phi}_{k}^{\bar{k}}}\right)=\frac{d}{dt}\left({}^{i|\bar{k}}n_{k}^{\mathrm{T}}\cdot {}^{i|k}\tilde{r}_{nS}\right)={}^{i|\bar{k}}n_{k}^{\mathrm{T}}\cdot\frac{d}{dt}\left({}^{i|k}\tilde{r}_{nS}\right)={}^{i|\bar{k}}n_{k}^{\mathrm{T}}\cdot\left({}^{i|k}\dot{\tilde{r}}_{nS}+{}^{i}\dot{\tilde{\phi}}_{k}\cdot {}^{i|k}\tilde{r}_{nS}\right)$$

由上式得

$$\begin{aligned}\frac{d^{2}}{dt^{2}}\left(\frac{\partial\, {}^{i}\dot{r}_{nS}^{\mathrm{T}}}{\partial \dot{\phi}_{k}^{\bar{k}}}\right)&=\frac{d}{dt}\left[{}^{i|\bar{k}}n_{k}^{\mathrm{T}}\cdot\frac{d}{dt}\left({}^{i|k}\tilde{r}_{nS}\right)\right]={}^{i|\bar{k}}n_{k}^{\mathrm{T}}\cdot\frac{d^{2}}{dt^{2}}\left({}^{i|k}\tilde{r}_{nS}\right)\\&={}^{i|\bar{k}}n_{k}^{\mathrm{T}}\cdot\left({}^{i|k}\ddot{\tilde{r}}_{nS}+{}^{i}\ddot{\tilde{\phi}}_{k}\cdot {}^{i|k}\tilde{r}_{nS}+{}^{i}\dot{\tilde{\phi}}_{k}^{2}\cdot {}^{i|k}\tilde{r}_{nS}+2\cdot {}^{i}\dot{\tilde{\phi}}_{k}\cdot {}^{i|k}\dot{\tilde{r}}_{nS}\right)\end{aligned}$$

即

$$\begin{cases}\dfrac{d}{dt}\left(\dfrac{\partial\, {}^{i}\dot{r}_{nS}^{\mathrm{T}}}{\partial \dot{\phi}_{k}^{\bar{k}}}\right)={}^{i|\bar{k}}n_{k}^{\mathrm{T}}\cdot\left({}^{i|k}\dot{\tilde{r}}_{nS}+{}^{i}\dot{\tilde{\phi}}_{k}\cdot {}^{i|k}\tilde{r}_{nS}\right)\\[2ex]\dfrac{d^{2}}{dt^{2}}\left(\dfrac{\partial\, {}^{i}\dot{r}_{nS}^{\mathrm{T}}}{\partial \dot{\phi}_{k}^{\bar{k}}}\right)={}^{i|\bar{k}}n_{k}^{\mathrm{T}}\cdot\left({}^{i|k}\ddot{\tilde{r}}_{nS}+{}^{i}\ddot{\tilde{\phi}}_{k}\cdot {}^{i|k}\tilde{r}_{nS}+{}^{i}\dot{\tilde{\phi}}_{k}^{2}\cdot {}^{i|k}\tilde{r}_{nS}+2\cdot {}^{i}\dot{\tilde{\phi}}_{k}\cdot {}^{i|k}\dot{\tilde{r}}_{nS}\right)\end{cases}\tag{3.313}$$

由式(3.313)可知：偏速度对时间t的导数仍是轴不变量的迭代式。轴不变量${}^{\bar{l}}n_{l}$是基$\mathbf{e}_{l}$的坐标矢量，${}^{i|\bar{l}}n_{l}$本质上表示基$\mathbf{e}_{l}$在参考系i上的投影。若式(3.311)不成立，则否认了参考基$\mathbf{e}_{l}$作为参考的不变性即客观性。

3.8.6 树形运动链的变分计算原理

将函数自变量的导数称为微商，以d表示。与微分相对应，将自变量函数的增量称为变分，以δ表示，变分不考虑时间t的增量δt,即$\delta t\equiv 0$。正是因为不考虑时间增量δt，故线位移及角位移的变分理解为同一时刻t可能的运动量变化，即虚位移。

（1）转动矢量的变分

$$\delta\left({}^{i}\phi_{n}'\right)=\sum_{l}^{{}^{i}\mathbf{1}_{n}}\left({}^{i|\bar{l}}n_{l}\cdot\delta\dot{\phi}_{l}^{\bar{l}}\right)\tag{3.314}$$

【证明】 由式(3.301)得

$$\delta\left({}^{i}\phi_{n}'\right)=\sum_{l}^{{}^{i}\mathbf{1}_{n}}\left(\frac{\partial\, {}^{i}\dot{\phi}_{l}}{\partial\dot{\phi}_{l}^{\bar{l}}}\cdot\delta\dot{\phi}_{l}^{\bar{l}}\right)=\sum_{l}^{{}^{i}\mathbf{1}_{n}}\left({}^{i|\bar{l}}n_{l}\cdot\delta\dot{\phi}_{l}^{\bar{l}}\right)$$

证毕。

（2）平动矢量的变分

$$\delta\left({}^{i}r_{nS}'\right)=\sum_{l}^{{}^{i}\mathbf{1}_{n}}\left({}^{i|\bar{l}}\tilde{n}_{l}\cdot {}^{i|l}r_{nS}\cdot\delta\dot{\phi}_{l}^{\bar{l}}\right)+\sum_{l}^{{}^{i}\mathbf{1}_{n}}\left({}^{i|\bar{l}}n_{l}\cdot\delta\dot{r}_{l}^{\bar{l}}\right)\tag{3.315}$$

【证明】 由式(3.304)和式(3.305)得

$$\begin{aligned}\delta\left({}^{i}r_{nS}'\right)&=\sum_{l}^{{}^{i}\mathbf{1}_{n}}\left[\frac{\partial}{\partial\dot{\phi}_{l}^{\bar{l}}}\left({}^{i}\dot{r}_{nS}\right)\cdot\delta\dot{\phi}_{l}^{\bar{l}}\right]+\sum_{l}^{{}^{i}\mathbf{1}_{n}}\left[\frac{\partial}{\partial\dot{r}_{l}^{\bar{l}}}\left({}^{i}\dot{r}_{nS}\right)\cdot\delta\dot{r}_{l}^{\bar{l}}\right]\\&=\sum_{l}^{{}^{i}\mathbf{1}_{n}}\left({}^{i|\bar{l}}\tilde{n}_{l}\cdot {}^{i|l}r_{nS}\cdot\delta\dot{\phi}_{l}^{\bar{l}}\right)+\sum_{l}^{{}^{i}\mathbf{1}_{n}}\left({}^{i|\bar{l}}n_{l}\cdot\delta\dot{r}_{l}^{\bar{l}}\right)\end{aligned}$$

证毕。

3.8.7 自然坐标轴链与笛卡儿坐标轴链的关系

给定轴序列 ${}^{i}\mathbf{A}_{c}=\left(i,c1,c2,c3,c4,c5,c\right]$，父轴序列记为 ${}^{i}\overline{\mathbf{A}}_{c}=\left(i,i,c1,c2,c3,c4,c5\right]$，轴类型序列记为 ${}^{i}\mathbf{K}_{c}=\left(\mathbf{X},\mathbf{R},\mathbf{R},\mathbf{R},\mathbf{P},\mathbf{P},\mathbf{P}\right]$，该运动链记为 ${}^{i}\mathbf{l}_{c}=\left(i,c1,c2,c3,c4,c5,c\right]$；记 $\phi_{(i,c]}=\left[\phi_{c1}^{i}\quad\phi_{c2}^{c1}\quad\phi_{c3}^{c2}\right]$，$r_{(i,c]}=\left[r_{c4}^{c3}\quad r_{c5}^{c4}\quad r_{c}^{c5}\right]$；且

$$
\begin{gathered}
{}^{c|i}n_{c1}=\mathbf{1}^{[m]},\quad {}^{c|c1}n_{c2}=\mathbf{1}^{[n]},\quad {}^{c|c2}n_{c3}=\mathbf{1}^{[p]}\\
m,n,p\in\left\{x,y,z\right\},m\neq n,n\neq p\\
{}^{c|c5}n_{c}=\mathbf{1}^{[x]},\quad {}^{c|c4}n_{c5}=\mathbf{1}^{[y]},\quad {}^{c|c3}n_{c4}=\mathbf{1}^{[z]}
\end{gathered}\tag{3.316}
$$

$$
{}^{c|c2}_{\ \ 0}r_{c3}={}^{c|c3}_{\ \ 0}r_{c4}={}^{c|c4}_{\ \ 0}r_{c5}={}^{c|c5}_{\ \ 0}r_{c}=0_{3}\tag{3.317}
$$

则该特定的自然轴链与笛卡儿轴链等价。将该运动链简记为 ${}^{i}F_{c}$，即由自然坐标系 $\boldsymbol{F}^{[i]}$ 至自然坐标系 $\boldsymbol{F}^{[c]}$ 的笛卡儿轴链。显然，姿态序列可以根据工程需求进行设置。由式(3.306)和式(3.316)得

$$
\begin{cases}
\dfrac{\partial}{\partial\dot{\phi}_{c1}^{i}}\left({}^{i}\dot{\phi}_{c}\right)={}^{i}n_{c1}=\mathbf{1}^{[m]}\\
\dfrac{\partial}{\partial\dot{\phi}_{c2}^{c1}}\left({}^{i}\dot{\phi}_{c}\right)={}^{i|c1}n_{c2}={}^{i}Q_{c1}\cdot\mathbf{1}^{[n]}\\
\dfrac{\partial}{\partial\dot{\phi}_{c3}^{c2}}\left({}^{i}\dot{\phi}_{c}\right)={}^{i|c2}n_{c3}={}^{i}Q_{c2}\cdot\mathbf{1}^{[p]}
\end{cases}\tag{3.318}
$$

由式(3.318)得

$$
{}^{i}\Theta_{c}\triangleq\frac{\partial}{\partial\dot{\phi}_{(i,c]}}\left({}^{i}\dot{\phi}_{c}\right)=\left[\mathbf{1}^{[m]}\quad {}^{i}Q_{c1}\cdot\mathbf{1}^{[n]}\quad {}^{i}Q_{c2}\cdot\mathbf{1}^{[p]}\right]\tag{3.319}
$$

由式(3.319)得

$$
{}^{i}\dot{\phi}_{c}={}^{i}\Theta_{c}\cdot\dot{\phi}_{(i,c]}^{\mathrm{T}}\tag{3.320}
$$

给定笛卡儿轴链 ${}^{i}F_{c}$，作用于体 c 上一点 S 的作用力为 ${}^{i}f_{cS}$，位置矢量为 ${}^{i}r_{cS}$，则有

$$
{}^{i}\dot{r}_{cS}={}^{i}\dot{r}_{c}+{}^{i|c}\dot{r}_{cS}\tag{3.321}
$$

由式(3.303)得

$$
\frac{\partial}{\partial\dot{r}_{(i,c]}}\left({}^{i}\dot{r}_{cS}\right)=\mathbf{1}\tag{3.322}
$$

故有

$$
\frac{\partial}{\partial\dot{r}_{(i,c]}}\left({}^{i}\dot{r}_{cS}\right)\cdot{}^{i}f_{cS}=\mathbf{1}\cdot{}^{i}f_{cS}={}^{i}f_{cS}\tag{3.323}
$$

由式(3.307)得

$$\begin{cases} \dfrac{\partial}{\partial \dot{\phi}_{c1}^{i}}\left({}^{i}\dot{r}_{cS}\right) = {}^{i}\tilde{n}_{c1} \cdot {}^{i|c}r_{cS} \\ \dfrac{\partial}{\partial \dot{\phi}_{c2}^{c1}}\left({}^{i}\dot{r}_{cS}\right) = {}^{i|c1}\tilde{n}_{c2} \cdot {}^{i|c}r_{cS} \\ \dfrac{\partial}{\partial \dot{\phi}_{c3}^{c2}}\left({}^{i}\dot{r}_{cS}\right) = {}^{i|c2}\tilde{n}_{c3} \cdot {}^{i|c}r_{cS} \end{cases} \tag{3.324}$$

由式(3.302)和式(3.324)得

$${}^{i}\mathsf{J}_{cS} \triangleq \frac{\partial}{\partial \dot{\phi}_{(i,c]}}\left({}^{i}\dot{r}_{cS}\right) = \begin{bmatrix} 0 & -{}^{i|c}r_{cS}^{[3]} & {}^{i|c}r_{cS}^{[2]} \\ {}^{i|c}r_{cS}^{[3]} & 0 & -{}^{i|c}r_{cS}^{[1]} \\ -{}^{i|c}r_{cS}^{[2]} & {}^{i|c}r_{cS}^{[1]} & 0 \end{bmatrix} = {}^{i|c}\tilde{r}_{cS} \tag{3.325}$$

故得

$${}^{i}\tau_{cS} \triangleq \frac{\partial}{\partial \dot{\phi}_{(i,c]}}\left({}^{i}\dot{r}_{cS}\right) \cdot {}^{i}f_{cS} = {}^{i|c}\tilde{r}_{cS} \cdot {}^{i}f_{cS} \tag{3.326}$$

由式(3.323)和式(3.326)可知：作用于体 c 上一点 S 的作用力 ${}^{i}f_{cS}$ 对原点 O_c 的作用效应包含作用力矢量 ${}^{i}f_{cS}$ 及力矩 ${}^{i}\tau_{cS}$，其中 ${}^{i}\tau_{cS} = {}^{i|c}\tilde{r}_{cS} \cdot {}^{i}f_{cS}$。该结论与传统力学的力作用效应结论一致。

由上可知：当三轴平动序列和三轴转动序列为笛卡儿直角坐标系的坐标轴时，笛卡儿直角坐标系的叉乘运算才成立。笛卡儿轴链是自然轴链的特例。基于轴不变量的轴链运动学具有以下特点：

（1）以简洁的自然坐标系为参考，保证了固定轴不变量结构参数测量的精确性，不仅包含加工误差，而且包含装配误差；

（2）具有简洁、精确、统一的轴链符号系统，运动学方程含义清晰、准确；

（3）基于轴不变量的迭代式运动学方程保证了运动学计算的实时性和准确性；

（4）基于轴不变量的迭代式运动学方程具有伪代码的功能，保证了工程实现的可靠性。

3.8.8 本节贡献

本节应用运动链符号系统和基于轴不变量的 3D 矢量空间操作代数，建立了基于轴不变量的迭代式运动学实时数值计算系统。主要贡献如下：

（1）提出并证明了基于轴不变量的迭代式运动学实时数值建模原理，包括：基于轴不变量的迭代式的位置矢量、转动矢量、速度矢量、加速度矢量及偏速度矢量的计算原理。其特征在于：具有简洁、优雅的运动链符号系统，具有伪代码的功能，具有迭代式结构，保证了系统实现的可靠性及机械化演算；具有基于轴不变量的迭代式，保证了计算的实时性；实现了坐标系、极性及系统结构参量的完全参数化建模，保证了模型的通用性，避免了系统接口与用户接口的转换；通过轴不变量构建了内在紧凑系统，提高了运动学计算的实时性及功能复用性能；轴运动矢量的统一表达和简洁的结构化层次模型不仅有助于简化多轴系统运动学建模过程，而且为后续的基于轴不变量的多轴系统动力学建模奠定了基础。

（2）提出并证明了基于轴不变量的多轴系统结构参数精密测量原理，其特征在于：直接应用激光跟踪仪精密测量获得的基于固定轴不变量的结构参数，保证了建模的准确性。

（3）基于轴不变量的多轴系统运动学统一了基于 3D 空间算子代数、6D 空间算子代数、四维复数及四元数的经典运动学原理，提高了多轴系统实时运动学系统的紧凑性，从而提升了运动学系统的计算效能。

3.9 基于轴不变量的对偶四元数演算

平动与转动具有对偶性，在自然坐标系下，它们均可以视为四维空间复数。双数和对偶四元数就是这类关系的抽象。

3.9.1 双数

双数（dual numbers）由 Clifford 提出，定义双数单位符号 ε 及双数基 $\underset{..}{\varepsilon}$：

$$0\cdot\varepsilon=0,\ \ 1\cdot\varepsilon=\varepsilon,\ \ \varepsilon^2=\varepsilon*\varepsilon=0 \tag{3.327}$$

$$\underset{..}{\varepsilon}\triangleq\begin{bmatrix}1 & \varepsilon\end{bmatrix} \tag{3.328}$$

双数算子 ε 具有二阶幂零特性。双数基 $\underset{..}{\varepsilon}$ 通常写成行的形式，它与空间参考基无关，仅表示双数间的相关性，不存在绝对导数。

定义一个双数不变量 $\underset{..}{\varepsilon}\cdot\underset{..}{q}$ 及其保证模不变的共轭数 $\underset{..}{\varepsilon}\cdot\underset{..}{q}^*$：

$$\begin{cases}\underset{..}{\varepsilon}\cdot\underset{..}{q}=\phi+r\cdot\varepsilon,\ \ \underset{..}{\varepsilon}\cdot\underset{..}{q}^*=\phi^*+r^*\cdot\varepsilon\\ \underset{..}{q}=\begin{bmatrix}\phi\\ r\end{bmatrix},\ \ \underset{..}{q}^*=\begin{bmatrix}\phi^*\\ r^*\end{bmatrix}\\ \left\|\underset{..}{q}\right\|^2=\left\|\underset{..}{q}*\underset{..}{q}^*\right\|=\left\|\underset{..}{q}^**\underset{..}{q}\right\|\end{cases} \tag{3.329}$$

$\underset{..}{q}$ 称为双数的伪坐标，通常写成列的形式。双数的数可代指任意数的阵列。其中：ϕ 表示转动属性，r 表示平动属性。ϕ 及 r 分别称为双数的主部与副部。

1.双数的基本运算

给定双数序列 $\{\underset{..}{q}_l\,|\,l\in\mathcal{N}\}$，$l,k\in\mathcal{N}$，满足加法“+”及乘法“$*$”运算。由式(3.327)得

$$\begin{cases}\underset{..}{\varepsilon}\cdot\underset{..}{q}_k+\underset{..}{\varepsilon}\cdot\underset{..}{q}_l=\left(\phi_k+\phi_l\right)+\left(r_k+r_l\right)\cdot\varepsilon\\ \underset{..}{q}_k+\underset{..}{q}_l=\begin{bmatrix}\phi_k+\phi_l\\ r_k+r_l\end{bmatrix}\end{cases} \tag{3.330}$$

$$\left(\underset{..}{\varepsilon}\cdot\underset{..}{q}_k\right)*\left(\underset{..}{\varepsilon}\cdot\underset{..}{q}_l\right)=\phi_k\phi_l+\left(\phi_k\cdot r_l+r_k\cdot\phi_l\right)\cdot\varepsilon \tag{3.331}$$

由式(3.329)和式(3.331)得

$$\left(\underset{..}{\varepsilon}\cdot\underset{..}{q}\right)*\left(\underset{..}{\varepsilon}\cdot\underset{..}{q}^{*}\right)=\left(\phi+r\cdot\boldsymbol{\varepsilon}\right)\cdot\left(\phi-r\cdot\boldsymbol{\varepsilon}\right)=\phi^{2} \tag{3.332}$$

由式(3.332)得

$$\begin{cases}\underset{..}{\varepsilon}\cdot\underset{..}{q}^{*}=\left(\phi+r\cdot\boldsymbol{\varepsilon}\right)^{-1}\cdot\phi^{2}=\phi\cdot\left(1-r\cdot\phi^{-1}\cdot\boldsymbol{\varepsilon}\right)\\ \underset{..}{q}*\underset{..}{q}^{*}=\phi^{2}\end{cases} \tag{3.333}$$

2.双数的导数

转动属性ϕ与平动属性r通常是时间t的函数。若ρ为常数，由式(3.329)对时间t求导得

$$\underset{..}{\varepsilon}\cdot\rho\dot{\underset{..}{q}}=\rho\dot{\phi}+\rho\dot{r}\cdot\boldsymbol{\varepsilon} \tag{3.334}$$

将双数$\underset{..}{\varepsilon}\cdot\underset{..}{q}$的函数$f\left(\underset{..}{\varepsilon}\cdot\rho\underset{..}{q}\right)$展开为$\boldsymbol{\varepsilon}$的Taylor级数，得

$$f\left(\underset{..}{\varepsilon}\cdot\rho\underset{..}{q}\right)=f\left(\rho\phi\right)+\rho r\cdot\frac{\partial f\left(\phi\right)}{\partial\phi}\cdot\boldsymbol{\varepsilon}+\frac{\rho^{2}r^{2}}{2}\cdot\frac{\partial^{2}f\left(\phi\right)}{\partial^{2}\phi}\cdot\boldsymbol{\varepsilon}^{2}+\cdots=f\left(\rho\phi\right)+\frac{\partial f\left(\phi\right)}{\partial\phi}\cdot\rho r\cdot\boldsymbol{\varepsilon}$$

即有

$$f\left(\underset{..}{\varepsilon}\cdot\rho\underset{..}{q}\right)=f\left(\rho\phi\right)+\frac{\partial f\left(\phi\right)}{\partial\phi}\cdot\rho r\cdot\boldsymbol{\varepsilon} \tag{3.335}$$

其中：$f\left(\phi\right)$为函数主部，与双数主部ϕ相对应。同时，对式(3.335)两边求导得

$$\dot{f}\left(\underset{..}{\varepsilon}\cdot\rho\underset{..}{q}\right)=\dot{f}\left(\rho\phi\right)+\frac{d}{dt}\left(\frac{\partial f\left(\phi\right)}{\partial\phi}\right)\cdot\rho r\cdot\boldsymbol{\varepsilon}+\frac{\partial f\left(\phi\right)}{\partial\phi}\cdot\rho\dot{r}\cdot\boldsymbol{\varepsilon} \tag{3.336}$$

3.双数的正余弦函数

由式(3.335)得

$$\begin{aligned}\mathrm{C}\left(\rho\cdot\frac{\phi+r\cdot\boldsymbol{\varepsilon}}{2}\right)&=\mathrm{C}\left(\frac{\rho\phi}{2}\right)-\frac{\rho r}{2}\cdot\mathrm{S}\left(\frac{\rho\phi}{2}\right)\cdot\boldsymbol{\varepsilon}\\ \mathrm{S}\left(\rho\cdot\frac{\phi+r\cdot\boldsymbol{\varepsilon}}{2}\right)&=\mathrm{S}\left(\frac{\rho\phi}{2}\right)+\frac{\rho r}{2}\cdot\mathrm{C}\left(\frac{\rho\phi}{2}\right)\cdot\boldsymbol{\varepsilon}\end{aligned} \tag{3.337}$$

应用式(3.336)对式(3.337)求导或直接对式(3.337)求导得

$$\begin{aligned}\dot{\mathrm{C}}\left(\rho\cdot\frac{\phi+r\cdot\boldsymbol{\varepsilon}}{2}\right)&=-\frac{\rho\dot{\phi}}{2}\cdot\mathrm{S}\left(\frac{\rho\phi}{2}\right)-\left[\frac{\rho\dot{r}}{2}\cdot\mathrm{S}\left(\frac{\rho\phi}{2}\right)+\frac{\rho\dot{\phi}\cdot\rho r}{4}\cdot\mathrm{C}\left(\frac{\rho\phi}{2}\right)\right]\cdot\boldsymbol{\varepsilon}\\ \dot{\mathrm{S}}\left(\rho\cdot\frac{\phi+r\cdot\boldsymbol{\varepsilon}}{2}\right)&=\frac{\rho\dot{\phi}}{2}\cdot\mathrm{C}\left(\frac{\rho\phi}{2}\right)+\left[\frac{\rho\dot{r}}{2}\cdot\mathrm{C}\left(\frac{\rho\phi}{2}\right)-\frac{\rho\dot{\phi}\cdot\rho r}{4}\cdot\mathrm{S}\left(\frac{\rho\phi}{2}\right)\right]\cdot\boldsymbol{\varepsilon}\end{aligned}$$

即有

$$\begin{aligned}\dot{\mathrm{C}}\left(\rho\cdot\frac{\phi+r\cdot\boldsymbol{\varepsilon}}{2}\right)&=-\frac{\rho\dot{\phi}}{2}\cdot\mathrm{S}\left(\rho\cdot\frac{\phi+r\cdot\boldsymbol{\varepsilon}}{2}\right)-\frac{\rho\dot{r}}{2}\cdot\mathrm{S}\left(\frac{\rho\phi}{2}\right)\cdot\boldsymbol{\varepsilon}\\ \dot{\mathrm{S}}\left(\rho\cdot\frac{\phi+r\cdot\boldsymbol{\varepsilon}}{2}\right)&=\frac{\rho\dot{\phi}}{2}\cdot\mathrm{C}\left(\rho\cdot\frac{\phi+r\cdot\boldsymbol{\varepsilon}}{2}\right)+\frac{\rho\dot{r}}{2}\cdot\mathrm{C}\left(\frac{\rho\phi}{2}\right)\cdot\boldsymbol{\varepsilon}\end{aligned} \tag{3.338}$$

由式(3.337)得

$$\mathrm{C}^2\left(\rho\cdot\frac{\phi+r\cdot\boldsymbol{\varepsilon}}{2}\right)+\mathrm{S}^2\left(\rho\cdot\frac{\phi+r\cdot\boldsymbol{\varepsilon}}{2}\right)=\left[\mathrm{C}\left(\frac{\rho\phi}{2}\right)-\frac{\rho r}{2}\cdot\mathrm{S}\left(\frac{\rho\phi}{2}\right)\cdot\boldsymbol{\varepsilon}\right]*$$

$$\left[\mathrm{C}\left(\frac{\rho\phi}{2}\right)-\frac{\rho r}{2}\cdot\mathrm{S}\left(\frac{\rho\phi}{2}\right)\cdot\boldsymbol{\varepsilon}\right]^*+\left[\mathrm{S}\left(\frac{\rho\phi}{2}\right)+\frac{\rho r}{2}\cdot\mathrm{C}\left(\frac{\rho\phi}{2}\right)\cdot\boldsymbol{\varepsilon}\right]*\left[\mathrm{S}\left(\frac{\rho\phi}{2}\right)+\frac{\rho r}{2}\cdot\mathrm{C}\left(\frac{\rho\phi}{2}\right)\cdot\boldsymbol{\varepsilon}\right]^*=1$$

即

$$\mathrm{C}^2\left(\rho\cdot\frac{\phi+r\cdot\boldsymbol{\varepsilon}}{2}\right)+\mathrm{S}^2\left(\rho\cdot\frac{\phi+r\cdot\boldsymbol{\varepsilon}}{2}\right)=1 \tag{3.339}$$

通过对双数$\underset{\cdot\cdot}{\varepsilon}\cdot\underset{\cdot\cdot}{q}=\phi+r\cdot\boldsymbol{\varepsilon}$主部$\phi$及副部$r$进行实例化，可以得到相应的双数实例，如广义对偶四元数、位形对偶四元数及螺旋对偶四元数等。

由式(3.329)和式(3.337)得

$$\begin{aligned}\mathrm{C}(\underset{\cdot\cdot}{\varepsilon}\cdot\underset{\cdot\cdot}{q})&=\mathrm{C}(\phi+r\cdot\boldsymbol{\varepsilon})=\mathrm{C}(\phi)-r\cdot\mathrm{S}(\phi)\cdot\boldsymbol{\varepsilon}\\ \mathrm{S}(\underset{\cdot\cdot}{\varepsilon}\cdot\underset{\cdot\cdot}{q})&=\mathrm{S}(\phi+r\cdot\boldsymbol{\varepsilon})=\mathrm{S}(\phi)+r\cdot\mathrm{C}(\phi)\cdot\boldsymbol{\varepsilon}\end{aligned}\quad \text{if}\quad \rho=2 \tag{3.340}$$

3.9.2 基于轴不变量的欧拉四元数迭代式

由式(3.117)得

$$^{\bar{\bar{l}}}\underset{\cdot}{q}_{\bar{l}}*{}^{\bar{l}}\underset{\cdot}{q}_{l}=\begin{bmatrix}^{\bar{\bar{l}}}q_{\bar{l}}\cdot{}^{\bar{l}}\underset{\cdot}{q}_{l}^{[4]}+{}^{\bar{\bar{l}}}\underset{\cdot}{q}_{\bar{l}}^{[4]}\cdot{}^{\bar{l}}q_{l}+{}^{\bar{\bar{l}}}\tilde{q}_{\bar{l}}\cdot{}^{\bar{l}}q_{l}\\ ^{\bar{\bar{l}}}\underset{\cdot}{q}_{\bar{l}}^{[4]}\cdot{}^{\bar{l}}\underset{\cdot}{q}_{l}^{[4]}-{}^{\bar{\bar{l}}}q_{\bar{l}}^{\mathrm{T}}\cdot{}^{\bar{l}}q_{l}\end{bmatrix} \tag{3.341}$$

由式(3.149)得姿态四元数迭代式：

$$^{\bar{\bar{l}}}\underset{\cdot}{\lambda}_{l}={}^{\bar{\bar{l}}}\underset{\cdot}{\lambda}_{\bar{l}}*{}^{\bar{l}}\underset{\cdot}{\lambda}_{l}=\begin{bmatrix}\mathrm{S}_{\bar{l}}\cdot{}^{\bar{l}}\underset{\cdot}{\lambda}_{l}^{[4]}\cdot{}^{\bar{\bar{l}}}n_{\bar{l}}+\left(\mathrm{C}_{\bar{l}}\cdot\mathbf{1}+\mathrm{S}_{\bar{l}}\cdot{}^{\bar{\bar{l}}}\tilde{n}_{\bar{l}}\right)\cdot{}^{\bar{l}}\lambda_{l}\\ \mathrm{C}_{\bar{l}}\cdot{}^{\bar{l}}\underset{\cdot}{\lambda}_{l}^{[4]}-\mathrm{S}_{\bar{l}}\cdot{}^{\bar{\bar{l}}}n_{\bar{l}}^{\mathrm{T}}\cdot{}^{\bar{l}}\lambda_{l}\end{bmatrix} \tag{3.342}$$

由式(3.145)和式(3.342)得

$$^{l}\underset{\cdot}{\lambda}_{\bar{\bar{l}}}={}^{l}\underset{\cdot}{\lambda}_{\bar{l}}*{}^{\bar{l}}\underset{\cdot}{\lambda}_{\bar{\bar{l}}}=\begin{bmatrix}-\mathrm{S}_{\bar{l}}\cdot{}^{\bar{l}}\underset{\cdot}{\lambda}_{l}^{[4]}\cdot{}^{\bar{l}}n_{\bar{\bar{l}}}-\left(\mathrm{C}_{\bar{l}}\cdot\mathbf{1}-\mathrm{S}_{\bar{l}}\cdot{}^{\bar{l}}\tilde{n}_{\bar{\bar{l}}}\right)\cdot{}^{l}\lambda_{\bar{l}}\\ \mathrm{C}_{\bar{l}}\cdot{}^{\bar{l}}\underset{\cdot}{\lambda}_{l}^{[4]}-\mathrm{S}_{\bar{l}}\cdot{}^{\bar{l}}n_{\bar{\bar{l}}}^{\mathrm{T}}\cdot{}^{l}\lambda_{\bar{l}}\end{bmatrix} \tag{3.343}$$

由式(3.342)和式(3.343)得

$$^{\bar{\bar{l}}}\underset{\cdot}{\lambda}_{l}={}^{l}\underset{\cdot}{\lambda}_{\bar{\bar{l}}}^{*},\quad {}^{\bar{\bar{l}}}\underset{\cdot}{\lambda}_{l}^{*}={}^{l}\underset{\cdot}{\lambda}_{\bar{\bar{l}}} \tag{3.344}$$

由式(3.149)和式(3.342)得

$$^{\bar{\bar{l}}|\bar{l}}\underset{\cdot}{\lambda}_{l}\triangleq{}^{\bar{\bar{l}}}\underset{\cdot}{\lambda}_{\bar{l}}*{}^{\bar{l}}\underset{\cdot}{\lambda}_{l}*{}^{\bar{l}}\underset{\cdot}{\lambda}_{\bar{\bar{l}}}=\begin{bmatrix}\mathrm{S}_{\bar{l}}\cdot{}^{\bar{l}}\underset{\cdot}{\lambda}_{l}^{[4]}\cdot{}^{\bar{\bar{l}}}n_{\bar{l}}+\left(\mathrm{C}_{\bar{l}}\cdot\mathbf{1}+\mathrm{S}_{\bar{l}}\cdot{}^{\bar{\bar{l}}}\tilde{n}_{\bar{l}}\right)\cdot{}^{\bar{l}}\lambda_{l}\\ \mathrm{C}_{\bar{l}}\cdot{}^{\bar{l}}\underset{\cdot}{\lambda}_{l}^{[4]}-\mathrm{S}_{\bar{l}}\cdot{}^{\bar{\bar{l}}}n_{\bar{l}}^{\mathrm{T}}\cdot{}^{\bar{l}}\lambda_{l}\end{bmatrix}*\begin{bmatrix}-\mathrm{S}_{\bar{l}}\cdot{}^{\bar{\bar{l}}}n_{\bar{l}}\\ \mathrm{C}_{\bar{l}}\end{bmatrix}$$

$$=\begin{bmatrix}\left(\mathbf{1}+2\,\mathrm{C}_{\bar{l}}\,\mathrm{S}_{\bar{l}}\cdot{}^{\bar{\bar{l}}}\tilde{n}_{\bar{l}}+2\mathrm{S}_{\bar{l}}^{2}\cdot{}^{\bar{\bar{l}}}\tilde{n}_{\bar{l}}^{2}\right)\cdot{}^{\bar{l}}\lambda_{l}\\ ^{\bar{l}}\underset{\cdot}{\lambda}_{l}^{[4]}\end{bmatrix}=\begin{bmatrix}\left[\mathbf{1}+\mathrm{S}_{\bar{l}}^{\bar{\bar{l}}}\cdot{}^{\bar{\bar{l}}}\tilde{n}_{\bar{l}}+\left(1-\mathrm{C}_{\bar{l}}^{\bar{\bar{l}}}\right)\cdot{}^{\bar{\bar{l}}}\tilde{n}_{\bar{l}}^{2}\right]\cdot{}^{\bar{l}}\lambda_{l}\\ ^{\bar{l}}\underset{\cdot}{\lambda}_{l}^{[4]}\end{bmatrix}$$

即

$$
{}^{\bar{\bar{l}}|\bar{l}}\underset{\cdot}{\lambda}_l = \begin{bmatrix} \left(\mathbf{1} + 2\cdot \mathrm{C}_{\bar{l}}\,\mathrm{S}_{\bar{l}}\cdot {}^{\bar{\bar{l}}}\tilde{n}_{\bar{l}} + 2\cdot \mathrm{S}_{\bar{l}}^2\cdot {}^{\bar{\bar{l}}}\tilde{n}_{\bar{l}}^2\right)\cdot {}^{\bar{l}}\lambda_l \\ {}^{\bar{l}}\underset{\cdot}{\lambda}_l^{[4]} \end{bmatrix} \tag{3.345}
$$

由式(3.345)可知：欧拉四元数${}^{\bar{l}}\underset{\cdot}{\lambda}_l$的相似变换是其轴不变量${}^{\bar{l}}n_l$的投影，标部$\mathrm{S}_l$及矢部${}^{\bar{l}}\lambda_l$的大小$\mathrm{C}_l$具有不变性，因为轴矢量${}^{\bar{l}}n_l$和关节角$\phi_l^{\bar{l}}$是不变量。由式(3.57)可知：DCM 矩阵${}^{\bar{\bar{l}}}Q_{\bar{l}}\cdot{}^{\bar{l}}Q_l\cdot{}^{\bar{l}}Q_{\bar{\bar{l}}}$的相似变换对应其转动矢量$\phi_l^{\bar{l}}\cdot{}^{\bar{l}}n_l$投影后的叉乘矩阵$\phi_l^{\bar{l}}\cdot{}^{\bar{\bar{l}}|\bar{l}}\tilde{n}_l$，且有

$$
{}^{\bar{\bar{l}}}Q_{\bar{l}}\cdot{}^{\bar{l}}Q_l\cdot{}^{\bar{l}}Q_{\bar{\bar{l}}} = \exp\left(\phi_{\bar{l}}^{\bar{\bar{l}}}\cdot{}^{\bar{\bar{l}}}\tilde{n}_{\bar{l}} + \phi_l^{\bar{l}}\cdot{}^{\bar{\bar{l}}|\bar{l}}\tilde{n}_l - \phi_{\bar{l}}^{\bar{\bar{l}}}\cdot{}^{\bar{\bar{l}}}\tilde{n}_{\bar{l}}\right) = \exp\left(\phi_l^{\bar{l}}\cdot{}^{\bar{\bar{l}}|\bar{l}}\tilde{n}_l\right) \tag{3.346}
$$

显然，式(3.342)、式(3.343)和式(3.345)均具有迭代式的形式，它们是后续应用对偶四元数建立运动方程的基础。

给定三维坐标矢量a、b及c，显然有

$$
a^{\mathrm{T}}\cdot b\cdot c = c\cdot a^{\mathrm{T}}\cdot b \tag{3.347}
$$

由式(3.347)得

$$
{}^{\bar{\bar{l}}}n_{\bar{l}}^{\mathrm{T}}\cdot{}^{\bar{l}}p_l\cdot{}^{\bar{\bar{l}}}n_{\bar{l}} = {}^{\bar{\bar{l}}}n_{\bar{l}}\cdot{}^{\bar{\bar{l}}}n_{\bar{l}}^{\mathrm{T}}\cdot{}^{\bar{l}}p_l \tag{3.348}
$$

由式(3.117)和式(3.348)得

$$
\begin{aligned}
{}^{\bar{\bar{l}}|\bar{l}}\underset{\cdot}{p}_l &\triangleq {}^{\bar{\bar{l}}}\underset{\cdot}{\lambda}_{\bar{l}} * {}^{\bar{l}}\underset{\cdot}{p}_l * {}^{\bar{l}}\underset{\cdot}{\lambda}_{\bar{\bar{l}}} = \begin{bmatrix} \left(\mathrm{C}_{\bar{l}}\cdot\mathbf{1} + \mathrm{S}_{\bar{l}}\cdot{}^{\bar{\bar{l}}}\tilde{n}_{\bar{l}}\right)\cdot{}^{\bar{l}}p_l + \mathrm{S}_{\bar{l}}\cdot{}^{\bar{l}}\underset{\cdot}{p}_l^{[4]}\cdot{}^{\bar{\bar{l}}}n_{\bar{l}} \\ \mathrm{C}_{\bar{l}}\cdot{}^{\bar{l}}\underset{\cdot}{p}_l^{[4]} - \mathrm{S}_{\bar{l}}\cdot{}^{\bar{\bar{l}}}n_{\bar{l}}^{\mathrm{T}}\cdot{}^{\bar{l}}p_l \end{bmatrix} * \begin{bmatrix} -\mathrm{S}_{\bar{l}}\cdot{}^{\bar{\bar{l}}}n_{\bar{l}} \\ \mathrm{C}_{\bar{l}} \end{bmatrix} \\
&= \begin{bmatrix} \mathrm{S}_{\bar{l}}^2\cdot{}^{\bar{\bar{l}}}n_{\bar{l}}^{\mathrm{T}}\cdot{}^{\bar{l}}p_l\cdot{}^{\bar{\bar{l}}}n_{\bar{l}} + \mathrm{S}_{\bar{l}}^2\cdot{}^{\bar{\bar{l}}}\tilde{n}_{\bar{l}}^2\cdot{}^{\bar{l}}p_l + \mathrm{C}_{\bar{l}}^2\cdot{}^{\bar{l}}p_l + 2\,\mathrm{C}_{\bar{l}}\,\mathrm{S}_{\bar{l}}\cdot{}^{\bar{\bar{l}}}\tilde{n}_{\bar{l}}\cdot{}^{\bar{l}}p_l \\ {}^{\bar{l}}\underset{\cdot}{p}_l^{[4]} \end{bmatrix} \\
&= \begin{bmatrix} \mathrm{S}_{\bar{l}}^2\cdot\left({}^{\bar{\bar{l}}}\tilde{n}_{\bar{l}}^2 + \mathbf{1}\right)\cdot{}^{\bar{l}}p_l + \mathrm{S}_{\bar{l}}^2\cdot{}^{\bar{\bar{l}}}\tilde{n}_{\bar{l}}^2\cdot{}^{\bar{l}}p_l + \mathrm{C}_{\bar{l}}^2\cdot{}^{\bar{l}}p_l + 2\,\mathrm{C}_{\bar{l}}\,\mathrm{S}_{\bar{l}}\cdot{}^{\bar{\bar{l}}}\tilde{n}_{\bar{l}}\cdot{}^{\bar{l}}p_l \\ {}^{\bar{l}}\underset{\cdot}{p}_l^{[4]} \end{bmatrix} \\
&= \begin{bmatrix} \left(\mathbf{1} + 2\,\mathrm{C}_{\bar{l}}\,\mathrm{S}_{\bar{l}}\cdot{}^{\bar{\bar{l}}}\tilde{n}_{\bar{l}} + 2\mathrm{S}_{\bar{l}}^2\cdot{}^{\bar{\bar{l}}}\tilde{n}_{\bar{l}}^2\right)\cdot{}^{\bar{l}}p_l \\ {}^{\bar{l}}\underset{\cdot}{p}_l^{[4]} \end{bmatrix} = \begin{bmatrix} \left(\mathbf{1} + \mathrm{S}_{\bar{l}}^{\bar{\bar{l}}}\cdot{}^{\bar{\bar{l}}}\tilde{n}_{\bar{l}} + \left(1 - \mathrm{C}_{\bar{l}}^{\bar{\bar{l}}}\right)\cdot{}^{\bar{\bar{l}}}\tilde{n}_{\bar{l}}^2\right)\cdot{}^{\bar{l}}p_l \\ {}^{\bar{l}}\underset{\cdot}{p}_l^{[4]} \end{bmatrix}
\end{aligned}
$$

即有

$$
{}^{\bar{\bar{l}}|\bar{l}}\underset{\cdot}{p}_l = \begin{bmatrix} \left(\mathbf{1} + \mathrm{S}_{\bar{l}}^{\bar{\bar{l}}}\cdot{}^{\bar{\bar{l}}}\tilde{n}_{\bar{l}} + \left(1 - \mathrm{C}_{\bar{l}}^{\bar{\bar{l}}}\right)\cdot{}^{\bar{\bar{l}}}\tilde{n}_{\bar{l}}^2\right)\cdot{}^{\bar{l}}p_l \\ {}^{\bar{l}}\underset{\cdot}{p}_l^{[4]} \end{bmatrix} \tag{3.349}
$$

由式(3.349)可知：${}^{\bar{\bar{l}}|\bar{l}}p_l$的矢部是对应矢部${}^{\bar{l}}p_l$的投影，其标部保持不变。式(3.345)和式(3.349)表明：姿态四元数和位置四元数的相似变换的本质是投影变换。

3.9.3 基于轴不变量的对偶四元数

1.对偶四元数及基本运算

定义对偶四元数$\underset{\cdot\cdot}{\varepsilon}\cdot{}^{\bar{l}}\underset{\cdot\cdot}{q}_l$如下：

$$\underset{..}{\varepsilon}\cdot{}^{\bar{l}}\underset{..}{q}_{l}={}^{\bar{l}}\underset{.}{\lambda}_{l}+{}^{\bar{l}}\underset{.}{q}_{l}\cdot\varepsilon=\begin{bmatrix}1 & \varepsilon\end{bmatrix}\cdot\begin{bmatrix}{}^{\bar{l}}\underset{.}{\lambda}_{l}\\ {}^{\bar{l}}\underset{.}{q}_{l}\end{bmatrix} \tag{3.350}$$

$${}^{\bar{l}}\underset{.}{q}_{l}\triangleq{}^{\bar{l}|l}\underset{.}{p}_{lS} \tag{3.351}$$

其中：${}^{\bar{l}}\underset{.}{\lambda}_{l}$ 为姿态四元数，${}^{\bar{l}|l}\underset{.}{p}_{lS}$ 为位置四元数，ε 为满足式(3.327)的双数算子。${}^{\bar{l}}\underset{.}{q}_{l}$ 为对偶四元数 $\underset{..}{\varepsilon}\cdot{}^{\bar{l}}\underset{..}{q}_{l}$ 的伪坐标。位置四元数 ${}^{\bar{l}}\underset{.}{q}_{l}$ 表征的是原点 O_l 至体 l 上任一固结点 S 的位置四元数。

定义单位欧拉四元数 $\underset{.}{1}$ 及零位置四元数 $\underset{.}{0}$：

$$\underset{.}{1}\triangleq\begin{bmatrix}0_3 & 1\end{bmatrix}^{\mathrm{T}},\quad \underset{.}{0}\triangleq\begin{bmatrix}0_3 & 0\end{bmatrix}^{\mathrm{T}} \tag{3.352}$$

当 ${}^{l}\underset{.}{p}_{lS}=\underset{.}{0}$ 时，称对偶四元数 ${}^{\bar{l}}\underset{..}{q}_{l}$ 为纯转动对偶四元数；当 ${}^{\bar{l}}\underset{.}{\lambda}_{l}=\underset{.}{1}$ 时，称对偶四元数 ${}^{\bar{l}}\underset{..}{q}_{l}$ 为纯平动对偶四元数。一般情况下，对偶四元数 ${}^{\bar{l}}\underset{..}{q}_{l}$ 既表示平动又表示转动。

给定对偶四元数 ${}^{\bar{l}}_{k}\underset{..}{q}_{l}$ 及 ${}^{\bar{l}}_{j}\underset{..}{q}_{l}$，满足式(3.330)中的加法“+”运算，得

$$\underset{..}{\varepsilon}\cdot{}^{\bar{l}}_{k}\underset{..}{q}_{l}+\underset{..}{\varepsilon}\cdot{}^{\bar{l}}_{j}\underset{..}{q}_{l}={}^{\bar{l}}_{k}\underset{.}{\lambda}_{l}+{}^{\bar{l}}_{j}\underset{.}{\lambda}_{l}+\left({}^{\bar{l}}_{k}\underset{.}{q}_{l}+{}^{\bar{l}}_{j}\underset{.}{q}_{l}\right)\cdot\varepsilon$$

即有伪坐标的形式：

$${}^{\bar{l}}_{k}\underset{..}{q}_{l}+{}^{\bar{l}}_{j}\underset{..}{q}_{l}=\begin{bmatrix}{}^{\bar{l}}_{k}\underset{.}{\lambda}_{l}\\ {}^{\bar{l}}_{k}\underset{.}{q}_{l}\end{bmatrix}+\begin{bmatrix}{}^{\bar{l}}_{j}\underset{.}{\lambda}_{l}\\ {}^{\bar{l}}_{j}\underset{.}{q}_{l}\end{bmatrix} \tag{3.353}$$

给定对偶四元数 ${}^{\bar{\bar{l}}}\underset{..}{q}_{\bar{l}}$ 及 ${}^{\bar{l}}\underset{..}{q}_{l}$，满足式(3.331)中乘法“$*$”运算，考虑式(3.327)得

$${}^{\bar{\bar{l}}}\underset{..}{q}_{\bar{l}}\cdot\underset{..}{\varepsilon}^{\mathrm{T}}*\underset{..}{\varepsilon}\cdot{}^{\bar{l}}\underset{..}{q}_{l}={}^{\bar{\bar{l}}}\underset{.}{\lambda}_{\bar{l}}*{}^{\bar{l}}\underset{.}{\lambda}_{l}+\left({}^{\bar{\bar{l}}}\underset{.}{\lambda}_{\bar{l}}*{}^{\bar{l}}\underset{.}{q}_{l}+{}^{\bar{\bar{l}}}\underset{.}{q}_{\bar{l}}*{}^{\bar{l}}\underset{.}{\lambda}_{l}\right)\cdot\varepsilon \tag{3.354}$$

由式(3.115)得

$${}^{\bar{\bar{l}}}\underset{.}{\lambda}_{\bar{l}}*{}^{\bar{l}}\underset{.}{q}_{l}=\begin{bmatrix}{}^{\bar{\bar{l}}}\lambda_{\bar{l}}^{[4]}\cdot{}^{\bar{l}}q_{l}+{}^{\bar{\bar{l}}}\lambda_{\bar{l}}\cdot{}^{\bar{l}}q_{l}^{[4]}+{}^{\bar{\bar{l}}}\tilde{\lambda}_{\bar{l}}\cdot{}^{\bar{l}}q_{l}\\ {}^{\bar{\bar{l}}}\lambda_{\bar{l}}^{[4]}\cdot{}^{\bar{l}}q_{l}^{[4]}-{}^{\bar{\bar{l}}}\lambda_{\bar{l}}^{\mathrm{T}}\cdot{}^{\bar{l}}q_{l}\end{bmatrix}=\begin{bmatrix}{}^{\bar{\bar{l}}}\lambda_{\bar{l}}^{[4]}\cdot{}^{\bar{l}}q_{l}+{}^{\bar{\bar{l}}}\tilde{\lambda}_{\bar{l}}\cdot{}^{\bar{l}}q_{l}\\ -{}^{\bar{\bar{l}}}\lambda_{\bar{l}}^{\mathrm{T}}\cdot{}^{\bar{l}}q_{l}\end{bmatrix}$$

$${}^{\bar{\bar{l}}}\underset{.}{q}_{\bar{l}}*{}^{\bar{l}}\underset{.}{\lambda}_{l}=\begin{bmatrix}{}^{\bar{\bar{l}}}q_{\bar{l}}^{[4]}\cdot{}^{\bar{l}}\lambda_{l}+{}^{\bar{\bar{l}}}q_{\bar{l}}\cdot{}^{\bar{l}}\lambda_{l}^{[4]}+{}^{\bar{\bar{l}}}\tilde{q}_{\bar{l}}\cdot{}^{\bar{l}}\lambda_{l}\\ {}^{\bar{\bar{l}}}q_{\bar{l}}^{[4]}\cdot{}^{\bar{l}}\lambda_{l}^{[4]}-{}^{\bar{\bar{l}}}q_{\bar{l}}^{\mathrm{T}}\cdot{}^{\bar{l}}\lambda_{l}\end{bmatrix}=\begin{bmatrix}{}^{\bar{\bar{l}}}q_{\bar{l}}\cdot{}^{\bar{l}}\lambda_{l}^{[4]}+{}^{\bar{\bar{l}}}\tilde{q}_{\bar{l}}\cdot{}^{\bar{l}}\lambda_{l}\\ -{}^{\bar{\bar{l}}}q_{\bar{l}}^{\mathrm{T}}\cdot{}^{\bar{l}}\lambda_{l}\end{bmatrix}$$

即有

$${}^{\bar{\bar{l}}}\underset{..}{q}_{l}\triangleq{}^{\bar{\bar{l}}}\underset{..}{q}_{\bar{l}}*{}^{\bar{l}}\underset{..}{q}_{l}=\begin{bmatrix}{}^{\bar{\bar{l}}}\tilde{\lambda}_{\bar{l}}\cdot{}^{\bar{l}}\lambda_{l}\\ \begin{bmatrix}{}^{\bar{\bar{l}}}q_{\bar{l}}\cdot{}^{\bar{l}}\lambda_{l}^{[4]}+{}^{\bar{\bar{l}}}\tilde{q}_{\bar{l}}\cdot{}^{\bar{l}}\lambda_{l}\\ -{}^{\bar{\bar{l}}}q_{\bar{l}}^{\mathrm{T}}\cdot{}^{\bar{l}}\lambda_{l}\end{bmatrix}\end{bmatrix}$$

上式表明：${}^{\bar{\bar{l}}}\underset{.}{q}_{l}^{[4]}$ 不一定为 0。因此，式(3.354)对应的伪坐标形式为

$${}^{\bar{\bar{l}}}\underset{..}{q}_{l}={}^{\bar{\bar{l}}}\underset{..}{q}_{\bar{l}}*{}^{\bar{l}}\underset{..}{q}_{l}=\begin{bmatrix}{}^{\bar{\bar{l}}}\underset{.}{\lambda}_{\bar{l}}*{}^{\bar{l}}\underset{.}{\lambda}_{l}\\ {}^{\bar{\bar{l}}}\underset{.}{\lambda}_{\bar{l}}*{}^{\bar{l}}\underset{.}{q}_{l}+{}^{\bar{\bar{l}}}\underset{.}{q}_{\bar{l}}*{}^{\bar{l}}\underset{.}{\lambda}_{l}\end{bmatrix} \tag{3.355}$$

2.共轭对偶四元数

定义对偶四元数 ${}^{\bar{\bar{l}}}\underset{..}{q}_{\bar{l}}$ 的共轭对偶四元数 ${}^{\bar{\bar{l}}}\underset{..}{q}_{\bar{l}}^{*}$ 及 ${}^{\bar{\bar{l}}}\underset{..}{q}_{\bar{l}}^{\circ}$ 如下：

$$
{}^{\bar{l}}\underset{..}{q}_{l}^{*}=\begin{bmatrix}{}^{\bar{l}}\underset{.}{\lambda}_{l}^{*}\\{}^{\bar{l}}\underset{.}{q}_{l}^{*}\end{bmatrix},\quad {}^{\bar{l}}\underset{..}{q}_{l}^{\circ}=\begin{bmatrix}{}^{\bar{l}}\underset{.}{\lambda}_{l}^{*}\\-{}^{\bar{l}}\underset{.}{q}_{l}^{*}\end{bmatrix} \tag{3.356}
$$

由式(3.350)得

$$
\left({}^{\bar{\bar{l}}}\underset{..}{q}_{\bar{l}}*{}^{\bar{l}}\underset{..}{q}_{l}\right)^{*}={}^{\bar{l}}\underset{..}{q}_{l}^{*}*{}^{\bar{\bar{l}}}\underset{..}{q}_{\bar{l}}^{*} \tag{3.357}
$$

$$
\left({}^{\bar{\bar{l}}}\underset{..}{q}_{\bar{l}}*{}^{\bar{l}}\underset{..}{q}_{l}\right)^{\circ}={}^{\bar{l}}\underset{..}{q}_{l}^{\circ}*{}^{\bar{\bar{l}}}\underset{..}{q}_{\bar{l}}^{\circ} \tag{3.358}
$$

【证明】 考虑式(3.355)和式(3.356)，得

$$
\left({}^{\bar{\bar{l}}}\underset{..}{q}_{\bar{l}}*{}^{\bar{l}}\underset{..}{q}_{l}\right)^{*}=\begin{bmatrix}{}^{\bar{\bar{l}}}\underset{.}{\lambda}_{\bar{l}}*{}^{\bar{l}}\underset{.}{\lambda}_{l}\\{}^{\bar{\bar{l}}}\underset{.}{\lambda}_{\bar{l}}*{}^{\bar{l}}\underset{.}{q}_{l}+{}^{\bar{\bar{l}}}\underset{.}{q}_{\bar{l}}*{}^{\bar{l}}\underset{.}{\lambda}_{l}\end{bmatrix}^{*}=\begin{bmatrix}\left({}^{\bar{\bar{l}}}\underset{.}{\lambda}_{\bar{l}}*{}^{\bar{l}}\underset{.}{\lambda}_{l}\right)^{*}\\\left({}^{\bar{\bar{l}}}\underset{.}{\lambda}_{\bar{l}}*{}^{\bar{l}}\underset{.}{q}_{l}+{}^{\bar{\bar{l}}}\underset{.}{q}_{\bar{l}}*{}^{\bar{l}}\underset{.}{\lambda}_{l}\right)^{*}\end{bmatrix}
$$

$$
=\begin{bmatrix}{}^{\bar{l}}\underset{.}{\lambda}_{l}^{*}*{}^{\bar{\bar{l}}}\underset{.}{\lambda}_{\bar{l}}^{*}\\{}^{\bar{l}}\underset{.}{q}_{l}^{*}*{}^{\bar{\bar{l}}}\underset{.}{\lambda}_{\bar{l}}^{*}+{}^{\bar{l}}\underset{.}{\lambda}_{l}^{*}*{}^{\bar{\bar{l}}}\underset{.}{q}_{\bar{l}}^{*}\end{bmatrix}=\begin{bmatrix}{}^{\bar{l}}\underset{.}{\lambda}_{l}^{*}\\{}^{\bar{l}}\underset{.}{q}_{l}^{*}\end{bmatrix}*\begin{bmatrix}{}^{\bar{\bar{l}}}\underset{.}{\lambda}_{\bar{l}}^{*}\\{}^{\bar{\bar{l}}}\underset{.}{q}_{\bar{l}}^{*}\end{bmatrix}={}^{\bar{l}}\underset{..}{q}_{l}^{*}*{}^{\bar{\bar{l}}}\underset{..}{q}_{\bar{l}}^{*}
$$

故式(3.357)成立。考虑式(3.355)和式(3.356)，得

$$
\left({}^{\bar{\bar{l}}}\underset{..}{q}_{\bar{l}}*{}^{\bar{l}}\underset{..}{q}_{l}\right)^{\circ}=\begin{bmatrix}{}^{\bar{\bar{l}}}\underset{.}{\lambda}_{\bar{l}}*{}^{\bar{l}}\underset{.}{\lambda}_{l}\\{}^{\bar{\bar{l}}}\underset{.}{\lambda}_{\bar{l}}*{}^{\bar{l}}\underset{.}{q}_{l}+{}^{\bar{\bar{l}}}\underset{.}{q}_{\bar{l}}*{}^{\bar{l}}\underset{.}{\lambda}_{l}\end{bmatrix}^{\circ}=\begin{bmatrix}\left({}^{\bar{\bar{l}}}\underset{.}{\lambda}_{\bar{l}}*{}^{\bar{l}}\underset{.}{\lambda}_{l}\right)^{*}\\-\left({}^{\bar{\bar{l}}}\underset{.}{\lambda}_{\bar{l}}*{}^{\bar{l}}\underset{.}{q}_{l}+{}^{\bar{\bar{l}}}\underset{.}{q}_{\bar{l}}*{}^{\bar{l}}\underset{.}{\lambda}_{l}\right)^{*}\end{bmatrix}
$$

$$
=\begin{bmatrix}{}^{\bar{l}}\underset{.}{\lambda}_{l}^{*}*{}^{\bar{\bar{l}}}\underset{.}{\lambda}_{\bar{l}}^{*}\\-\left({}^{\bar{l}}\underset{.}{q}_{l}^{*}*{}^{\bar{\bar{l}}}\underset{.}{\lambda}_{\bar{l}}^{*}+{}^{\bar{l}}\underset{.}{\lambda}_{l}^{*}*{}^{\bar{\bar{l}}}\underset{.}{q}_{\bar{l}}^{*}\right)\end{bmatrix}=\begin{bmatrix}{}^{\bar{l}}\underset{.}{\lambda}_{l}^{*}\\-{}^{\bar{l}}\underset{.}{q}_{l}^{*}\end{bmatrix}*\begin{bmatrix}{}^{\bar{\bar{l}}}\underset{.}{\lambda}_{\bar{l}}^{*}\\-{}^{\bar{\bar{l}}}\underset{.}{q}_{\bar{l}}^{*}\end{bmatrix}={}^{\bar{l}}\underset{..}{q}_{l}^{\circ}*{}^{\bar{\bar{l}}}\underset{..}{q}_{\bar{l}}^{\circ}
$$

故式(3.358)成立。证毕。

由式(3.115)、式(3.355)和式(3.356)得

$$
{}^{\bar{l}}\underset{..}{q}_{l}*{}^{\bar{l}}\underset{..}{q}_{l}^{*}=\begin{bmatrix}{}^{\bar{l}}\underset{.}{\lambda}_{l}\\{}^{\bar{l}}\underset{.}{q}_{l}\end{bmatrix}*\begin{bmatrix}{}^{\bar{l}}\underset{.}{\lambda}_{l}^{*}\\{}^{\bar{l}}\underset{.}{q}_{l}^{*}\end{bmatrix}=\begin{bmatrix}{}^{\bar{l}}\underset{.}{\lambda}_{l}*{}^{\bar{l}}\underset{.}{\lambda}_{l}^{*}\\{}^{\bar{l}}\underset{.}{\lambda}_{l}*{}^{\bar{l}}\underset{.}{q}_{l}^{*}+{}^{\bar{l}}\underset{.}{q}_{l}*{}^{\bar{l}}\underset{.}{\lambda}_{l}^{*}\end{bmatrix}
$$

$$
=\begin{bmatrix}\underset{.}{1} & \begin{bmatrix}-{}^{\bar{l}}\lambda_{l}^{[4]}\cdot{}^{\bar{l}}q_{l}-{}^{\bar{l}}\tilde{\lambda}_{l}\cdot{}^{\bar{l}}q_{l}\\{}^{\bar{l}}\lambda_{l}^{\mathrm{T}}\cdot{}^{\bar{l}}q_{l}\end{bmatrix}+\begin{bmatrix}{}^{\bar{l}}q_{l}\cdot{}^{\bar{l}}\lambda_{l}^{[4]}-{}^{\bar{l}}\tilde{q}_{l}\cdot{}^{\bar{l}}\lambda_{l}\\{}^{\bar{l}}q_{l}^{\mathrm{T}}\cdot{}^{\bar{l}}\lambda_{l}\end{bmatrix}\end{bmatrix}^{\mathrm{T}}
$$

$$
=\begin{bmatrix}\underset{.}{1} & 2\cdot\begin{bmatrix}0_{3}\\{}^{\bar{l}}\lambda_{l}^{\mathrm{T}}\cdot{}^{\bar{l}}q_{l}\end{bmatrix}\end{bmatrix}^{\mathrm{T}}
$$

即

$$
{}^{\bar{l}}\underset{..}{q}_{l}*{}^{\bar{l}}\underset{..}{q}_{l}^{*}=\begin{bmatrix}\underset{.}{1} & 2\cdot\begin{bmatrix}0_{3}\\{}^{\bar{l}}\lambda_{l}^{\mathrm{T}}\cdot{}^{\bar{l}}q_{l}\end{bmatrix}\end{bmatrix}^{\mathrm{T}} \tag{3.359}
$$

由式(3.119)、式(3.355)和式(3.356)得

$$
\begin{aligned}
{}^{\bar{l}}\underset{\cdot\cdot}{q}_l * {}^{\bar{l}}\underset{\cdot\cdot}{q}_l^{\circ} &= \begin{bmatrix} {}^{\bar{l}}\underset{\cdot}{\lambda}_l \\ {}^{\bar{l}}\underset{\cdot}{q}_l \end{bmatrix} * \begin{bmatrix} {}^{\bar{l}}\underset{\cdot}{\lambda}_l^* \\ -{}^{\bar{l}}\underset{\cdot}{q}_l^* \end{bmatrix} = \begin{bmatrix} {}^{\bar{l}}\underset{\cdot}{\lambda}_l * {}^{\bar{l}}\underset{\cdot}{\lambda}_l^* \\ {}^{\bar{l}}\underset{\cdot}{q}_l * {}^{\bar{l}}\underset{\cdot}{\lambda}_l^* - {}^{\bar{l}}\underset{\cdot}{\lambda}_l * {}^{\bar{l}}\underset{\cdot}{q}_l^* \end{bmatrix} \\
&= \begin{bmatrix} \underset{\cdot}{1} & \begin{bmatrix} {}^{\bar{l}}q_l \cdot {}^{\bar{l}}\underset{\cdot}{\lambda}_l^{[4]} - {}^{\bar{l}}\tilde{q}_l \cdot {}^{\bar{l}}\lambda_l \\ {}^{\bar{l}}q_l^{\mathrm{T}} \cdot {}^{\bar{l}}\lambda_l \end{bmatrix} - \begin{bmatrix} -{}^{\bar{l}}\underset{\cdot}{\lambda}_l^{[4]} \cdot {}^{\bar{l}}q_l - {}^{\bar{l}}\tilde{\lambda}_l \cdot {}^{\bar{l}}q_l \\ {}^{\bar{l}}\lambda_l^{\mathrm{T}} \cdot {}^{\bar{l}}q_l \end{bmatrix} \end{bmatrix}^{\mathrm{T}} \\
&= \begin{bmatrix} \underset{\cdot}{1} & 2 \cdot {}^{\bar{l}}\underset{\cdot}{\lambda}_l^{[4]} \cdot \begin{bmatrix} {}^{\bar{l}}q_l \\ 0 \end{bmatrix} \end{bmatrix}^{\mathrm{T}}
\end{aligned}
$$

即

$$
{}^{\bar{l}}\underset{\cdot\cdot}{q}_l * {}^{\bar{l}}\underset{\cdot\cdot}{q}_l^{\circ} = \begin{bmatrix} \underset{\cdot}{1} & 2 \cdot {}^{\bar{l}}\underset{\cdot}{\lambda}_l^{[4]} \cdot \begin{bmatrix} {}^{\bar{l}}q_l \\ 0 \end{bmatrix} \end{bmatrix}^{\mathrm{T}} \tag{3.360}
$$

3.正交平动四元数的性质

当 ${}^{\bar{l}}\underset{\cdot}{\lambda}_l \perp {}^{\bar{l}}q_l$ 时，有 ${}^{\bar{l}}\lambda_l^{\mathrm{T}} \cdot {}^{\bar{l}}q_l = 0$，称 ${}^{\bar{l}}\underset{\cdot\cdot}{q}_l$ 为正交平动四元数。由式(3.359)及正交平动四元数的正交性得

$$
{}^{\bar{l}}\underset{\cdot\cdot}{q}_l * {}^{\bar{l}}\underset{\cdot\cdot}{q}_l^* = \underset{\cdot}{1} \tag{3.361}
$$

定义正交平动四元数 ${}^{\bar{l}}\underset{\cdot\cdot}{q}_l$ 的逆 ${}^{\bar{l}}\underset{\cdot\cdot}{q}_l^{-1}$，满足

$$
{}^{\bar{l}}\underset{\cdot\cdot}{q}_l^{-1} * {}^{\bar{l}}\underset{\cdot\cdot}{q}_l = {}^{\bar{l}}\underset{\cdot\cdot}{q}_l * {}^{\bar{l}}\underset{\cdot\cdot}{q}_l^{-1} = \underset{\cdot}{1} \tag{3.362}
$$

由式(3.361)得

$$
{}^{\bar{l}}\underset{\cdot\cdot}{q}_l^* = {}^{\bar{l}}\underset{\cdot\cdot}{q}_l^{-1} \tag{3.363}
$$

当 ${}^{\bar{l}}\underset{\cdot}{\lambda}_l \perp {}^{\bar{l}}q_l$ 时，有 ${}^{\bar{l}}\lambda_l^{\mathrm{T}} \cdot {}^{\bar{l}}q_l = 0$。考虑式(3.115)和式(3.152)，由式(3.362)和式(3.354)得

$$
\begin{aligned}
\begin{bmatrix} {}^{\bar{l}}\underset{\cdot}{\lambda}_l \\ {}^{\bar{l}}\underset{\cdot}{q}_l \end{bmatrix} * \begin{bmatrix} {}^{\bar{l}}\underset{\cdot}{\lambda}_l^* \\ {}^{\bar{l}}\underset{\cdot}{q}_l^* \end{bmatrix} &= \begin{bmatrix} {}^{\bar{l}}\underset{\cdot}{\lambda}_l * {}^{\bar{l}}\underset{\cdot}{\lambda}_l^* \\ {}^{\bar{l}}\underset{\cdot}{q}_l * {}^{\bar{l}}\underset{\cdot}{\lambda}_l^* - {}^{\bar{l}}\underset{\cdot}{q}_l \cdot {}^{\bar{l}}\underset{\cdot}{\lambda}_l \end{bmatrix} \\
&= \begin{bmatrix} \underset{\cdot}{1} & \begin{bmatrix} {}^{\bar{l}}q_l \cdot {}^{\bar{l}}\underset{\cdot}{\lambda}_l^{[4]} - {}^{\bar{l}}\tilde{q}_l \cdot {}^{\bar{l}}\lambda_l \\ {}^{\bar{l}}q_l^{\mathrm{T}} \cdot {}^{\bar{l}}\lambda_l \end{bmatrix} - \begin{bmatrix} {}^{\bar{l}}\underset{\cdot}{\lambda}_l^{[4]} \cdot {}^{\bar{l}}q_l + {}^{\bar{l}}\tilde{\lambda}_l \cdot {}^{\bar{l}}q_l \\ -{}^{\bar{l}}\lambda_l^{\mathrm{T}} \cdot {}^{\bar{l}}q_l \end{bmatrix} \end{bmatrix}^{\mathrm{T}} \\
&= \begin{bmatrix} \underset{\cdot}{1} & \begin{bmatrix} 0_3 \\ 2 \cdot {}^{\bar{l}}q_l^{\mathrm{T}} \cdot {}^{\bar{l}}\lambda_l \end{bmatrix} \end{bmatrix}^{\mathrm{T}} = \begin{bmatrix} \underset{\cdot}{1} \\ 0 \end{bmatrix}
\end{aligned}
$$

因此，当 ${}^{\bar{l}}\underset{\cdot}{\lambda}_l \perp {}^{\bar{l}}q_l$ 时，${}^{\bar{l}}\underset{\cdot\cdot}{q}_l$ 为正交平动四元数，其逆 ${}^{\bar{l}}\underset{\cdot\cdot}{q}_l^{-1}$ 满足

$$
{}^{\bar{l}}\underset{\cdot\cdot}{q}_l^* = {}^{\bar{l}}\underset{\cdot\cdot}{q}_l^{-1} = \begin{bmatrix} {}^{\bar{l}}\underset{\cdot}{\lambda}_l^{-1} \\ -{}^{\bar{l}}\underset{\cdot}{q}_l \end{bmatrix} = {}^{l}\underset{\cdot\cdot}{q}_{\bar{l}} \tag{3.364}
$$

由式(3.351)和式(3.364)得

$$
{}^{\bar{l}}\underset{..}{q}_{l}=\begin{bmatrix}{}^{\bar{l}}\underset{.}{\lambda}_{l}\\{}^{\bar{l}|l}q_{lS}\end{bmatrix},\quad {}^{\bar{l}}\underset{..}{q}_{l}^{*}=\begin{bmatrix}{}^{\bar{l}}\underset{.}{\lambda}_{l}^{*}\\-{}^{l}\underset{.}{q}_{lS}\end{bmatrix} \tag{3.365}
$$

由式(3.350)和式(3.364)得

$$
{}^{l}\underset{..}{q}_{\bar{\bar{l}}}={}^{\bar{\bar{l}}}\underset{..}{q}_{\bar{l}}^{-1}=\begin{bmatrix}{}^{\bar{l}}\underset{.}{\lambda}_{\bar{\bar{l}}}\\{}^{\bar{l}}\underset{.}{q}_{\bar{\bar{l}}}\end{bmatrix} \tag{3.366}
$$

当 ${}^{\bar{l}}\underset{.}{q}_{\bar{\bar{l}}}^{[4]}=0$ 时，将式(3.154)代入式(3.366)得

$$
{}^{\bar{\bar{l}}}\underset{..}{q}_{\bar{l}}={}^{\bar{l}}\underset{..}{q}_{\bar{\bar{l}}}^{-1}=\begin{bmatrix}{}^{\bar{\bar{l}}}\underset{.}{\lambda}_{\bar{l}} & \begin{bmatrix}\left(\mathbf{1}+2\cdot{}^{\bar{\bar{l}}}\lambda_{\bar{l}}^{[4]}\cdot{}^{\bar{\bar{l}}}\tilde{\lambda}_{\bar{l}}+2\cdot{}^{\bar{\bar{l}}}\tilde{\lambda}_{\bar{l}}^{2}\right)\cdot{}^{\bar{l}}r_{l}\\0\end{bmatrix}\end{bmatrix}^{\mathrm{T}} \tag{3.367}
$$

3.9.4 基于轴不变量的位形对偶四元数

由式(3.91)可知，轴链 ${}^{i}\mathbf{l}_{n}=\left(i,\cdots,\bar{n},n\right]$ 的位置方程是关于 $\left\{\tau_{l}\middle|l\in{}^{i}\mathbf{l}_{n}\right\}$ 的多元二次方程。由于求解多元二次方程的解非常困难，需要简化式(3.91)所示的定位方程，以便较容易地获得逆解。考虑轴链 ${}^{\bar{l}}\mathbf{l}_{lS}=\left(\bar{l},l,lS\right]$，则有 ${}^{\bar{l}}r_{lS}={}^{\bar{l}}r_{l}+{}^{\bar{l}}Q_{l}\cdot{}^{l}r_{lS}$，该式是迭代式运动学的基本形式。若要简化运动链的定位方程，则要将式 ${}^{\bar{l}}r_{lS}={}^{\bar{l}}r_{l}+{}^{\bar{l}}Q_{l}\cdot{}^{l}r_{lS}$ 以更加紧凑的形式表示。

1.双四维复数基

首先定义双四维复数基 $\underset{..}{\mathbf{i}}$：

$$
\underset{..}{\mathbf{i}}\triangleq\begin{bmatrix}\mathbf{i} & \underset{.}{\mathbf{i}}\end{bmatrix} \tag{3.368}
$$

由式(3.107)和式(3.333)得

$$
\underset{..}{\mathbf{i}}\cdot\underset{..}{\mathbf{i}}^{*}=\mathbf{i}^{2}+\underset{.}{\mathbf{i}}^{2}=0
$$

故有

$$
\underset{..}{\mathbf{i}}^{2}=0 \tag{3.369}
$$

2.单边对偶四元数

定义 $\underset{..}{\mathbf{q}}$ 为位形对偶四元数类别。考虑式(3.154)和式(3.351)，将平动 ${}^{\bar{l}}r_{l}$ 及转动 ${}^{\bar{l}}\underset{.}{\lambda}_{l}$ 组合为式(3.370)所示的单边位形对偶四元数：

$$
\underset{..}{\mathbf{i}}\cdot{}^{\bar{\bar{l}}|\bar{l}}\underset{..}{q}_{l}\triangleq\underset{..}{\mathbf{i}}\cdot{}^{\bar{\bar{l}}}\lambda_{\bar{l}}+\frac{1}{2}\cdot\underset{.}{\mathbf{i}}\cdot{}^{\bar{\bar{l}}}\lambda_{\bar{l}}*{}^{\bar{l}}\underset{.}{p}_{l}\qquad\text{if}\quad\underset{..}{q}\in\underset{..}{\mathbf{q}},{}^{\bar{\bar{l}}}\boldsymbol{k}_{\bar{l}}\in\boldsymbol{R} \tag{3.370}
$$

其中：${}^{\bar{l}}\underset{.}{p}_{l}$ 为位置四元数，定义如式(3.152)所示，且 $d_{l}=0$。位形对偶四元数的伪坐标 ${}^{\bar{\bar{l}}|\bar{l}}\underset{..}{q}_{l}$ 为

$$
{}^{\bar{\bar{l}}|\bar{l}}\underset{..}{q}_l=\begin{bmatrix}{}^{\bar{\bar{l}}}\underset{.}{\lambda}_{\bar{l}}\\ \frac{1}{2}\cdot{}^{\bar{\bar{l}}}\underset{.}{\lambda}_{\bar{l}}*{}^{\bar{l}}\underset{.}{p}_l\end{bmatrix}=\begin{bmatrix}{}^{\bar{\bar{l}}}\underset{.}{\lambda}_{\bar{l}}\\ {}^{\bar{l}|\bar{l}}\underset{.}{q}_l\end{bmatrix}\quad \text{if}\quad \underset{..}{q}\in\underset{..}{\mathbf{q}},{}^{\bar{l}}\boldsymbol{k}_{\bar{l}}\in\boldsymbol{R} \tag{3.371}
$$

由式(3.371)得

$$
{}^{\bar{l}}\underset{..}{q}_l=\begin{bmatrix}{}^{\bar{\bar{l}}}\underset{.}{\lambda}_{\bar{l}}\\ \frac{1}{2}\cdot{}^{\bar{l}}\underset{.}{\lambda}_{\bar{l}}*{}^{\bar{l}}\underset{.}{p}_l\end{bmatrix}=\begin{bmatrix}\underset{.}{1}\\ \frac{1}{2}\cdot{}^{\bar{l}}\underset{.}{p}_l\end{bmatrix}\quad \text{if}\quad \underset{..}{q}\in\underset{..}{\mathbf{q}},{}^{\bar{l}}\boldsymbol{k}_{\bar{l}}\in\boldsymbol{P} \tag{3.372}
$$

显然，${}^{\bar{\bar{l}}|\bar{l}}\underset{..}{q}_l$ 表示先转动后平动的位置四元数，具有由根至叶的正序。

考虑式(3.148)、式(3.152)和式(3.371)得

$$
{}^{\bar{\bar{l}}|\bar{l}}\underset{..}{q}_l=\begin{bmatrix}{}^{\bar{\bar{l}}}\underset{.}{\lambda}_{\bar{l}}\\ \frac{1}{2}\cdot\begin{bmatrix}\mathrm{C}_{\bar{l}}\cdot\mathbf{1}+\mathrm{S}_{\bar{l}}\cdot{}^{\bar{\bar{l}}}\tilde{n}_{\bar{l}} & \mathrm{S}_{\bar{l}}\cdot{}^{\bar{\bar{l}}}n_{\bar{l}}\\ -\mathrm{S}_{\bar{l}}\cdot{}^{\bar{\bar{l}}}n_{\bar{l}}^{\mathrm{T}} & \mathrm{C}_{\bar{l}}\end{bmatrix}\cdot\begin{bmatrix}{}^{\bar{l}}r_l\\ 0\end{bmatrix}\end{bmatrix}\quad \text{if}\quad \begin{matrix}\underset{..}{q}\in\underset{..}{\mathbf{q}}\\ {}^{\bar{l}}\boldsymbol{k}_{\bar{l}}\in\boldsymbol{C}\end{matrix} \tag{3.373}
$$

由式(3.373)可知

$$
{}^{\bar{\bar{l}}|\bar{l}}\underset{.}{q}_l=\frac{1}{2}\cdot\begin{bmatrix}\left(\mathrm{C}_{\bar{l}}\cdot\mathbf{1}+\mathrm{S}_{\bar{l}}\cdot{}^{\bar{\bar{l}}}\tilde{n}_{\bar{l}}\right)\cdot{}^{\bar{l}}_{0}r_l\\ -\mathrm{S}_{\bar{l}}\cdot{}^{\bar{\bar{l}}}n_{\bar{l}}^{\mathrm{T}}\cdot{}^{\bar{l}}_{0}r_l\end{bmatrix}\quad \text{if}\quad \begin{matrix}\underset{..}{q}\in\underset{..}{\mathbf{q}}\\ {}^{\bar{l}}\boldsymbol{k}_{\bar{l}}\in\boldsymbol{R}\end{matrix} \tag{3.374}
$$

由式(3.152)、式(3.356)和式(3.371)得

$$
{}^{\bar{\bar{l}}|\bar{l}}\underset{..}{q}_l^{*}=\begin{bmatrix}{}^{\bar{\bar{l}}}\underset{.}{\lambda}_{\bar{l}}^{*}\\ \frac{1}{2}\cdot\left({}^{\bar{\bar{l}}}\underset{.}{\lambda}_{\bar{l}}*{}^{\bar{l}}\underset{.}{p}_l\right)^{*}\end{bmatrix}=\begin{bmatrix}{}^{\bar{\bar{l}}}\underset{.}{\lambda}_{\bar{l}}^{*}\\ \frac{1}{2}\cdot{}^{\bar{l}}\underset{.}{p}_l^{*}*{}^{\bar{\bar{l}}}\underset{.}{\lambda}_{\bar{l}}^{*}\end{bmatrix}=\begin{bmatrix}{}^{\bar{l}}\underset{.}{\lambda}_{\bar{\bar{l}}}\\ \frac{1}{2}\cdot{}^{l}\underset{.}{p}_{\bar{l}}*{}^{\bar{l}}\underset{.}{\lambda}_{\bar{\bar{l}}}\end{bmatrix}
$$

$$
{}^{\bar{\bar{l}}|\bar{l}}\underset{..}{q}_l^{\circ}=\begin{bmatrix}{}^{\bar{\bar{l}}}\underset{.}{\lambda}_{\bar{l}}^{*}\\ -\frac{1}{2}\cdot\left({}^{\bar{\bar{l}}}\underset{.}{\lambda}_{\bar{l}}*{}^{\bar{l}}\underset{.}{p}_l\right)^{*}\end{bmatrix}=\begin{bmatrix}{}^{\bar{l}}\underset{.}{\lambda}_{\bar{\bar{l}}}\\ -\frac{1}{2}\cdot{}^{l}\underset{.}{p}_{\bar{l}}*{}^{\bar{l}}\underset{.}{\lambda}_{\bar{\bar{l}}}\end{bmatrix}
$$

即有

$$
{}^{\bar{\bar{l}}|\bar{l}}\underset{..}{q}_l^{*}=\begin{bmatrix}{}^{\bar{l}}\underset{.}{\lambda}_{\bar{\bar{l}}}\\ \frac{1}{2}\cdot{}^{l}\underset{.}{p}_{\bar{l}}*{}^{\bar{l}}\underset{.}{\lambda}_{\bar{\bar{l}}}\end{bmatrix},\quad {}^{\bar{\bar{l}}|\bar{l}}\underset{..}{q}_l^{\circ}=\begin{bmatrix}{}^{\bar{l}}\underset{.}{\lambda}_{\bar{\bar{l}}}\\ -\frac{1}{2}\cdot{}^{l}\underset{.}{p}_{\bar{l}}*{}^{\bar{l}}\underset{.}{\lambda}_{\bar{\bar{l}}}\end{bmatrix} \tag{3.375}
$$

显然，${}^{\bar{\bar{l}}|\bar{l}}\underset{..}{q}_l^{*}$ 及 ${}^{\bar{\bar{l}}|\bar{l}}\underset{..}{q}_l^{\circ}$ 表示先平动后转动的位置四元数，具有由叶至根的逆序。

由式(3.362)可知，式(3.371)中单边位形对偶四元数 ${}^{\bar{\bar{l}}|\bar{l}}\underset{..}{q}_l$ 的逆对偶四元数 ${}^{\bar{\bar{l}}|\bar{l}}\underset{..}{q}_l^{-1}$ 为

$$
{}^{\bar{\bar{l}}|\bar{l}}\underset{..}{q}_l^{-1}=\begin{bmatrix}{}^{\bar{\bar{l}}}\underset{.}{\lambda}_{\bar{l}}^{*}\\ \frac{1}{2}\cdot{}^{\bar{l}}\underset{.}{p}_l^{*}*{}^{\bar{\bar{l}}}\underset{.}{\lambda}_{\bar{l}}^{*}\end{bmatrix}=\begin{bmatrix}{}^{\bar{l}}\underset{.}{\lambda}_{\bar{\bar{l}}}\\ \frac{1}{2}\cdot{}^{l}\underset{.}{p}_{\bar{l}}*{}^{\bar{l}}\underset{.}{\lambda}_{\bar{\bar{l}}}\end{bmatrix}\quad \text{if}\quad \underset{..}{q}\in\underset{..}{\mathbf{q}} \tag{3.376}
$$

由式(3.371)和式(3.376)得

$$
{}^{\bar{\bar{l}}|\bar{l}}\underset{..}{q}_l*{}^{\bar{\bar{l}}|\bar{l}}\underset{..}{q}_l^{*}=\begin{bmatrix}{}^{\bar{l}}\underset{.}{\lambda}_l & \frac{1}{2}\cdot{}^{\bar{\bar{l}}}\underset{.}{\lambda}_{\bar{l}}*{}^{\bar{l}}\underset{.}{p}_l\end{bmatrix}^{\mathrm{T}}*\begin{bmatrix}{}^{\bar{l}}\underset{.}{\lambda}_{\bar{\bar{l}}} & -\frac{1}{2}\cdot{}^{\bar{l}}\underset{.}{p}_l*{}^{\bar{l}}\underset{.}{\lambda}_{\bar{\bar{l}}}\end{bmatrix}^{\mathrm{T}}
$$

$$=\begin{bmatrix}\underset{..}{1}\\ \frac{1}{2}\cdot\left({}^{\bar{\bar{l}}}\underset{..}{\lambda}_{\bar{l}} * {}^{\bar{l}}\underset{..}{p}_{l} * {}^{\bar{l}}\underset{..}{\lambda}_{\bar{\bar{l}}} - {}^{\bar{\bar{l}}}\underset{..}{\lambda}_{\bar{l}}\cdot{}^{\bar{l}}\underset{..}{p}_{l} * {}^{\bar{l}}\underset{..}{\lambda}_{\bar{\bar{l}}}\right)\end{bmatrix}=\begin{bmatrix}\underset{..}{1}\\ \underset{..}{0}\end{bmatrix}$$

由式(3.153)及上式得位形对偶四元数的模不变性方程：

$$\begin{cases}{}^{\bar{l}}\underset{..}{\lambda}_{l} * {}^{\bar{l}}\underset{..}{\lambda}_{l}^{*}=\underset{..}{1}\\ {}^{\bar{\bar{l}}|\bar{l}}\underset{..}{q}_{l} * {}^{\bar{\bar{l}}|\bar{l}}\underset{..}{q}_{l}^{*}=\underset{..}{1}\end{cases}\tag{3.377}$$

其中：$\underset{..}{1}$ 为单位对偶四元数，即

$$\underset{..}{1}=\begin{bmatrix}\underset{..}{1} & \underset{..}{0}\end{bmatrix}^{\mathrm{T}}\tag{3.378}$$

3.双边对偶四元数

定义位形双边对偶四元数 ${}^{l}\underset{..}{p}_{lS}$：

$${}^{l}\underset{..}{p}_{lS}\triangleq\begin{bmatrix}\underset{..}{1} & {}^{l}\underset{..}{p}_{lS}\end{bmatrix}^{\mathrm{T}}\tag{3.379}$$

式(3.379)是式(3.371)的特例，又称之为位置对偶四元数。由式(3.152)、式(3.356)和式(3.379)得

$${}^{l}\underset{..}{p}_{lS}^{*}=\begin{bmatrix}\underset{..}{1}\\ {}^{lS}\underset{..}{p}_{l}\end{bmatrix}=\begin{bmatrix}\underset{..}{1}\\ -{}^{l}\underset{..}{p}_{lS}\end{bmatrix},\quad {}^{l}\underset{..}{p}_{lS}^{\circ}=\begin{bmatrix}\underset{..}{1}\\ -{}^{lS}\underset{..}{p}_{l}\end{bmatrix}=\begin{bmatrix}\underset{..}{1}\\ {}^{l}\underset{..}{p}_{lS}\end{bmatrix}\tag{3.380}$$

且有

$$\begin{cases}{}^{\bar{l}|l}\underset{..}{p}_{lS}\triangleq\begin{bmatrix}{}^{\bar{l}}\underset{..}{\lambda}_{l}\\ {}^{\bar{l}}\underset{..}{\lambda}_{l} * {}^{l}\underset{..}{p}_{lS} * {}^{l}\underset{..}{\lambda}_{\bar{l}}\end{bmatrix}\\ {}^{\bar{l}|l}\underset{..}{p}_{lS}^{*}\triangleq\begin{bmatrix}{}^{\bar{l}}\underset{..}{\lambda}_{l}\\ -{}^{\bar{l}}\underset{..}{\lambda}_{l} * {}^{l}\underset{..}{p}_{lS} * {}^{l}\underset{..}{\lambda}_{\bar{l}}\end{bmatrix}\end{cases}\tag{3.381}$$

如图 3-12 所示，因为 ${}^{\bar{l}}r_{l}={}^{\bar{l}}l_{l}+{}^{\bar{l}}n_{l}\cdot r_{l}^{\bar{l}}$，${}^{\bar{l}}\underset{..}{\lambda}_{l}=\begin{bmatrix}{}^{\bar{l}}n_{l}\cdot \mathrm{S}_{l} & \mathrm{C}_{l}\end{bmatrix}^{\mathrm{T}}$，式(3.371)中位形对偶四元数的结构参量正是固定轴不变量 ${}^{\bar{\bar{l}}}\boldsymbol{\mathtt{I}}_{\bar{l}}=\begin{bmatrix}{}^{\bar{\bar{l}}}n_{\bar{l}} & {}^{\bar{l}}l_{l}\end{bmatrix}$，所以轴链 ${}^{\bar{l}}\boldsymbol{\mathtt{1}}_{l}$ 位形对偶四元数 ${}^{\bar{\bar{l}}}\underset{..}{q}_{\bar{l}}$ 描述的是位置矢量 ${}^{\bar{l}}r_{l}$ 绕轴不变量 ${}^{\bar{\bar{l}}}n_{\bar{l}}$ 的螺旋运动（screw motion）。

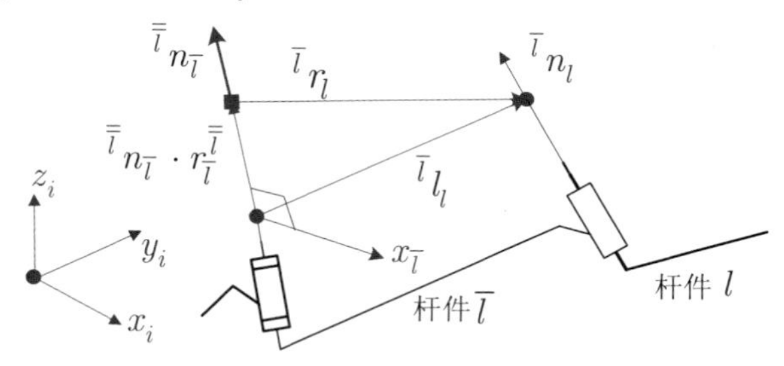

图 3-12　固定轴不变量与位形对偶四元数的关系

4.对偶四元数的链关系

给定轴链 ${}^{\bar{l}}\mathbf{1}_l$ 双边对偶四元数 ${}^{l}\underset{\cdot\cdot}{p}_{lS}$ 及单边对偶四元数 ${}^{\bar{l}}\underset{\cdot\cdot}{q}_l$，则有对偶四元数由叶至根的逆序迭代式：

$$
{}^{\bar{\bar{l}}|\bar{l}}\underset{\cdot\cdot}{q}_l * {}^{\bar{l}|l}\underset{\cdot\cdot}{p}_{lS} * {}^{\bar{\bar{l}}|\bar{l}}\underset{\cdot\cdot}{q}_l^{*} = \begin{bmatrix} {}^{\bar{l}|\bar{l}}\underset{\cdot}{\lambda}_l \\ {}^{\bar{l}|l}\underset{\cdot\cdot}{p}_{lS} \end{bmatrix} = {}^{\bar{l}|l}\underset{\cdot\cdot}{p}_{lS} \quad \text{if} \quad \underset{\cdot\cdot}{q} \in \underset{\cdot\cdot}{\mathbf{q}} \tag{3.382}
$$

$$
{}^{\bar{l}|\bar{l}}\underset{\cdot\cdot}{q}_l * {}^{\bar{l}|l}\underset{\cdot\cdot}{p}_{lS} * {}^{\bar{l}|\bar{l}}\underset{\cdot\cdot}{q}_l^{\circ} = \begin{bmatrix} {}^{\bar{l}|\bar{l}}\underset{\cdot}{\lambda}_l \\ {}^{\bar{l}|\bar{l}}\underset{\cdot}{p}_l + {}^{\bar{l}|l}\underset{\cdot\cdot}{p}_{lS} \end{bmatrix} = {}^{\bar{l}|\bar{l}}\underset{\cdot\cdot}{p}_{lS} \quad \text{if} \quad \underset{\cdot\cdot}{q} \in \underset{\cdot\cdot}{\mathbf{q}} \tag{3.383}
$$

【证明】　由式(3.371)、式(3.376)和式(3.379)得

$$
{}^{\bar{l}|\bar{l}}\underset{\cdot\cdot}{q}_l * {}^{\bar{l}|l}\underset{\cdot\cdot}{p}_{lS} * {}^{\bar{l}|\bar{l}}\underset{\cdot\cdot}{q}_l^{*} = \begin{bmatrix} {}^{\bar{\bar{l}}}\underset{\cdot}{\lambda}_{\bar{l}} \\ \frac{1}{2}\cdot {}^{\bar{\bar{l}}}\underset{\cdot}{\lambda}_{\bar{l}} * {}^{\bar{l}}\underset{\cdot}{p}_l \end{bmatrix} * \begin{bmatrix} {}^{\bar{l}}\underset{\cdot}{\lambda}_l \\ {}^{\bar{l}}\underset{\cdot}{\lambda}_l * {}^{l}\underset{\cdot\cdot}{p}_{lS} * {}^{l}\underset{\cdot}{\lambda}_{\bar{l}} \end{bmatrix} * \begin{bmatrix} {}^{\bar{l}}\underset{\cdot}{\lambda}_{\bar{\bar{l}}} \\ -\frac{1}{2}\cdot {}^{\bar{l}}\underset{\cdot}{p}_l * {}^{\bar{l}}\underset{\cdot}{\lambda}_{\bar{\bar{l}}} \end{bmatrix}
$$

$$
= \begin{bmatrix} {}^{\bar{\bar{l}}}\underset{\cdot}{\lambda}_{\bar{l}} * {}^{\bar{l}}\underset{\cdot}{\lambda}_l \\ {}^{\bar{\bar{l}}}\underset{\cdot}{\lambda}_{\bar{l}} * {}^{\bar{l}}\underset{\cdot}{\lambda}_l * {}^{l}\underset{\cdot\cdot}{p}_{lS} * {}^{l}\underset{\cdot}{\lambda}_{\bar{l}} + \frac{1}{2}\cdot {}^{\bar{\bar{l}}}\underset{\cdot}{\lambda}_{\bar{l}} * {}^{\bar{l}}\underset{\cdot}{p}_l * {}^{\bar{l}}\underset{\cdot}{\lambda}_l \end{bmatrix} * \begin{bmatrix} {}^{\bar{l}}\underset{\cdot}{\lambda}_{\bar{\bar{l}}} \\ -\frac{1}{2}\cdot {}^{\bar{l}}\underset{\cdot}{p}_l * {}^{\bar{l}}\underset{\cdot}{\lambda}_{\bar{\bar{l}}} \end{bmatrix}
$$

$$
= \begin{bmatrix} {}^{\bar{\bar{l}}}\underset{\cdot}{\lambda}_{\bar{l}} * {}^{\bar{l}}\underset{\cdot}{\lambda}_l * {}^{\bar{l}}\underset{\cdot}{\lambda}_{\bar{\bar{l}}} \\ \left({}^{\bar{\bar{l}}}\underset{\cdot}{\lambda}_{\bar{l}} * {}^{\bar{l}}\underset{\cdot}{\lambda}_l * {}^{l}\underset{\cdot\cdot}{p}_{lS} * {}^{l}\underset{\cdot}{\lambda}_{\bar{l}} + \frac{1}{2}\cdot {}^{\bar{\bar{l}}}\underset{\cdot}{\lambda}_{\bar{l}} * {}^{\bar{l}}\underset{\cdot}{p}_l * {}^{\bar{l}}\underset{\cdot}{\lambda}_l\right) * {}^{\bar{l}}\underset{\cdot}{\lambda}_{\bar{\bar{l}}} - \frac{1}{2}\cdot {}^{\bar{l}}\underset{\cdot}{\lambda}_l * {}^{\bar{l}}\underset{\cdot}{p}_l * {}^{\bar{l}}\underset{\cdot}{\lambda}_{\bar{\bar{l}}} \end{bmatrix}
$$

$$
= \begin{bmatrix} {}^{\bar{l}|\bar{l}}\underset{\cdot}{\lambda}_l \\ {}^{\bar{l}}\underset{\cdot}{\lambda}_l * {}^{l}\underset{\cdot\cdot}{p}_{lS} * {}^{l}\underset{\cdot}{\lambda}_{\bar{\bar{l}}} \end{bmatrix} = \begin{bmatrix} {}^{\bar{l}|\bar{l}}\underset{\cdot}{\lambda}_l \\ {}^{\bar{l}|l}\underset{\cdot\cdot}{p}_{lS} \end{bmatrix} = {}^{\bar{l}|l}\underset{\cdot\cdot}{p}_{lS}
$$

故式(3.382)成立。由式(3.371)、式(3.376)和式(3.379)得

$$
{}^{\bar{l}|\bar{l}}\underset{\cdot\cdot}{q}_l * {}^{\bar{l}|l}\underset{\cdot\cdot}{p}_{lS} * {}^{\bar{l}|\bar{l}}\underset{\cdot\cdot}{q}_l^{\circ} = \begin{bmatrix} {}^{\bar{\bar{l}}}\underset{\cdot}{\lambda}_{\bar{l}} \\ \frac{1}{2}\cdot {}^{\bar{\bar{l}}}\underset{\cdot}{\lambda}_{\bar{l}} * {}^{\bar{l}}\underset{\cdot}{p}_l \end{bmatrix} * \begin{bmatrix} {}^{\bar{l}}\underset{\cdot}{\lambda}_l \\ {}^{\bar{l}}\underset{\cdot}{\lambda}_l * {}^{l}\underset{\cdot\cdot}{p}_{lS} * {}^{l}\underset{\cdot}{\lambda}_{\bar{l}} \end{bmatrix} * \begin{bmatrix} {}^{\bar{l}}\underset{\cdot}{\lambda}_{\bar{\bar{l}}} \\ \frac{1}{2}\cdot {}^{\bar{l}}\underset{\cdot}{p}_l * {}^{\bar{l}}\underset{\cdot}{\lambda}_{\bar{\bar{l}}} \end{bmatrix}
$$

$$
= \begin{bmatrix} {}^{\bar{\bar{l}}}\underset{\cdot}{\lambda}_{\bar{l}} * {}^{\bar{l}}\underset{\cdot}{\lambda}_l \\ {}^{\bar{\bar{l}}}\underset{\cdot}{\lambda}_{\bar{l}} * {}^{\bar{l}}\underset{\cdot}{\lambda}_l * {}^{l}\underset{\cdot\cdot}{p}_{lS} * {}^{l}\underset{\cdot}{\lambda}_{\bar{l}} + \frac{1}{2}\cdot {}^{\bar{\bar{l}}}\underset{\cdot}{\lambda}_{\bar{l}} * {}^{\bar{l}}\underset{\cdot}{p}_l * {}^{\bar{l}}\underset{\cdot}{\lambda}_l \end{bmatrix} * \begin{bmatrix} {}^{\bar{l}}\underset{\cdot}{\lambda}_{\bar{\bar{l}}} \\ \frac{1}{2}\cdot {}^{\bar{l}}\underset{\cdot}{p}_l * {}^{\bar{l}}\underset{\cdot}{\lambda}_{\bar{\bar{l}}} \end{bmatrix}
$$

$$
= \begin{bmatrix} {}^{\bar{\bar{l}}}\underset{\cdot}{\lambda}_{\bar{l}} * {}^{\bar{l}}\underset{\cdot}{\lambda}_l * {}^{\bar{l}}\underset{\cdot}{\lambda}_{\bar{\bar{l}}} \\ \left({}^{\bar{\bar{l}}}\underset{\cdot}{\lambda}_{\bar{l}} * {}^{\bar{l}}\underset{\cdot}{\lambda}_l * {}^{l}\underset{\cdot\cdot}{p}_{lS} * {}^{l}\underset{\cdot}{\lambda}_{\bar{l}} + \frac{1}{2}\cdot {}^{\bar{\bar{l}}}\underset{\cdot}{\lambda}_{\bar{l}} * {}^{\bar{l}}\underset{\cdot}{p}_l * {}^{\bar{l}}\underset{\cdot}{\lambda}_l\right) * {}^{\bar{l}}\underset{\cdot}{\lambda}_{\bar{\bar{l}}} + \frac{1}{2}\cdot {}^{\bar{l}}\underset{\cdot}{\lambda}_l * {}^{\bar{l}}\underset{\cdot}{p}_l * {}^{\bar{l}}\underset{\cdot}{\lambda}_{\bar{\bar{l}}} \end{bmatrix}
$$

$$
= \begin{bmatrix} {}^{\bar{l}|\bar{l}}\underset{\cdot}{\lambda}_l \\ {}^{\bar{l}}\underset{\cdot}{\lambda}_l * {}^{l}\underset{\cdot\cdot}{p}_{lS} * {}^{l}\underset{\cdot}{\lambda}_{\bar{\bar{l}}} + {}^{\bar{l}}\underset{\cdot}{\lambda}_l * {}^{\bar{l}}\underset{\cdot}{p}_l * {}^{\bar{l}}\underset{\cdot}{\lambda}_{\bar{\bar{l}}} \end{bmatrix} = \begin{bmatrix} {}^{\bar{l}|\bar{l}}\underset{\cdot}{\lambda}_l \\ {}^{\bar{l}|\bar{l}}\underset{\cdot}{p}_l + {}^{\bar{l}|l}\underset{\cdot\cdot}{p}_{lS} \end{bmatrix} = {}^{\bar{l}|\bar{l}}\underset{\cdot\cdot}{p}_{lS}
$$

故式(3.383)成立。证毕。

给定轴链 ${}^{\bar{l}}\mathbf{1}_l$ 双边对偶四元数 ${}^{lS}\underset{\cdot\cdot}{p}_l$ 及单边对偶四元数 ${}^{\bar{l}|\bar{l}}\underset{\cdot\cdot}{q}_l$，则有对偶四元数由根至叶的正序迭代式：

$$^{\bar{\bar{l}}|\bar{l}}\underset{..}{q}_l * {}^{\bar{l}|lS}\underset{..}{p}_l * {}^{\bar{\bar{l}}|\bar{l}}\underset{..}{q}_l^* = \begin{bmatrix} ^{\bar{\bar{l}}|\bar{l}}\lambda_l \\ ^{\bar{l}|lS}\underset{.}{p}_l \end{bmatrix} = {}^{\bar{l}|lS}\underset{..}{p}_l \quad \text{if} \quad \underset{..}{q} \in \underset{..}{\mathbf{q}} \tag{3.384}$$

$$^{\bar{\bar{l}}|\bar{l}}\underset{..}{q}_l * {}^{\bar{l}|lS}\underset{..}{p}_l * {}^{\bar{\bar{l}}|\bar{l}}\underset{..}{q}_l^\circ = \begin{bmatrix} ^{\bar{\bar{l}}|\bar{l}}\lambda_l \\ ^{\bar{\bar{l}}|\bar{l}}\underset{.}{p}_l + {}^{\bar{l}|lS}\underset{.}{p}_l \end{bmatrix} = {}^{\bar{l}|lS}\underset{..}{p}_l \quad \text{if} \quad \underset{..}{q} \in \underset{..}{\mathbf{q}} \tag{3.385}$$

【证明】 由式(3.371)、式(3.376)和式(3.379)得

$$\begin{aligned}
^{\bar{\bar{l}}|\bar{l}}\underset{..}{q}_l * {}^{\bar{l}|lS}\underset{..}{p}_l * {}^{\bar{\bar{l}}|\bar{l}}\underset{..}{q}_l^* &= \begin{bmatrix} ^{\bar{\bar{l}}}\lambda_{\bar{l}} \\ \frac{1}{2}\cdot {}^{\bar{l}}\lambda_{\bar{l}} * {}^{\bar{l}}\underset{.}{p}_l \end{bmatrix} * \begin{bmatrix} ^{\bar{l}}\lambda_l \\ ^{\bar{l}}\lambda_l * {}^{lS}\underset{.}{p}_l * {}^{l}\lambda_{\bar{l}} \end{bmatrix} * \begin{bmatrix} ^{\bar{l}}\lambda_{\bar{\bar{l}}} \\ -\frac{1}{2}\cdot {}^{\bar{l}}\underset{.}{p}_l * {}^{\bar{l}}\lambda_{\bar{\bar{l}}} \end{bmatrix} \\
&= \begin{bmatrix} ^{\bar{\bar{l}}}\lambda_{\bar{l}} * {}^{\bar{l}}\lambda_l \\ ^{\bar{\bar{l}}}\lambda_{\bar{l}} * {}^{\bar{l}}\lambda_l * {}^{lS}\underset{.}{p}_l * {}^{l}\lambda_{\bar{l}} + \frac{1}{2}\cdot {}^{\bar{\bar{l}}}\lambda_{\bar{l}} * {}^{\bar{l}}\underset{.}{p}_l * {}^{\bar{l}}\lambda_l \end{bmatrix} * \begin{bmatrix} ^{\bar{l}}\lambda_{\bar{\bar{l}}} \\ -\frac{1}{2}\cdot {}^{\bar{l}}\underset{.}{p}_l * {}^{\bar{l}}\lambda_{\bar{\bar{l}}} \end{bmatrix} \\
&= \begin{bmatrix} ^{\bar{\bar{l}}}\lambda_{\bar{l}} * {}^{\bar{l}}\lambda_l * {}^{\bar{l}}\lambda_{\bar{\bar{l}}} \\ \left(^{\bar{\bar{l}}}\lambda_{\bar{l}} * {}^{\bar{l}}\lambda_l * {}^{lS}\underset{.}{p}_l * {}^{l}\lambda_{\bar{l}} + \frac{1}{2}\cdot {}^{\bar{\bar{l}}}\lambda_{\bar{l}} * {}^{\bar{l}}\underset{.}{p}_l * {}^{\bar{l}}\lambda_l\right) * {}^{\bar{l}}\lambda_{\bar{\bar{l}}} - \frac{1}{2}\cdot {}^{\bar{\bar{l}}}\lambda_{\bar{l}} * {}^{\bar{l}}\lambda_l * {}^{\bar{l}}\underset{.}{p}_l * {}^{\bar{l}}\lambda_{\bar{\bar{l}}} \end{bmatrix} \\
&= \begin{bmatrix} ^{\bar{\bar{l}}|\bar{l}}\lambda_l \\ ^{\bar{l}|lS}\underset{.}{p}_l \end{bmatrix} = {}^{\bar{l}|lS}\underset{..}{p}_l
\end{aligned}$$

故式(3.384)成立。由式(3.371)、式(3.376)和式(3.379)得

$$\begin{aligned}
^{\bar{\bar{l}}|\bar{l}}\underset{..}{q}_l * {}^{\bar{l}|lS}\underset{..}{p}_l * {}^{\bar{\bar{l}}|\bar{l}}\underset{..}{q}_l^\circ &= \begin{bmatrix} ^{\bar{\bar{l}}}\lambda_{\bar{l}} \\ \frac{1}{2}\cdot {}^{\bar{l}}\lambda_{\bar{l}} * {}^{\bar{l}}\underset{.}{p}_l \end{bmatrix} * \begin{bmatrix} ^{\bar{l}}\lambda_l \\ ^{\bar{l}}\lambda_l * {}^{lS}\underset{.}{p}_l * {}^{l}\lambda_{\bar{l}} \end{bmatrix} * \begin{bmatrix} ^{\bar{l}}\lambda_{\bar{\bar{l}}} \\ \frac{1}{2}\cdot {}^{\bar{l}}\underset{.}{p}_l * {}^{\bar{l}}\lambda_{\bar{\bar{l}}} \end{bmatrix} \\
&= \begin{bmatrix} ^{\bar{\bar{l}}}\lambda_{\bar{l}} * {}^{\bar{l}}\lambda_l \\ ^{\bar{\bar{l}}}\lambda_{\bar{l}} * {}^{\bar{l}}\lambda_l * {}^{lS}\underset{.}{p}_l * {}^{l}\lambda_{\bar{l}} + \frac{1}{2}\cdot {}^{\bar{\bar{l}}}\lambda_{\bar{l}} * {}^{\bar{l}}\underset{.}{p}_l * {}^{\bar{l}}\lambda_l \end{bmatrix} * \begin{bmatrix} ^{\bar{l}}\lambda_{\bar{\bar{l}}} \\ \frac{1}{2}\cdot {}^{\bar{l}}\underset{.}{p}_l * {}^{\bar{l}}\lambda_{\bar{\bar{l}}} \end{bmatrix} \\
&= \begin{bmatrix} ^{\bar{\bar{l}}}\lambda_{\bar{l}} * {}^{\bar{l}}\lambda_l * {}^{\bar{l}}\lambda_{\bar{\bar{l}}} \\ \left(^{\bar{\bar{l}}}\lambda_{\bar{l}} * {}^{\bar{l}}\lambda_l * {}^{lS}\underset{.}{p}_l * {}^{l}\lambda_{\bar{l}} + \frac{1}{2}\cdot {}^{\bar{\bar{l}}}\lambda_{\bar{l}} * {}^{\bar{l}}\underset{.}{p}_l * {}^{\bar{l}}\lambda_l\right) * {}^{\bar{l}}\lambda_{\bar{\bar{l}}} + \frac{1}{2}\cdot {}^{\bar{\bar{l}}}\lambda_{\bar{l}} * {}^{\bar{l}}\lambda_l * {}^{\bar{l}}\underset{.}{p}_l * {}^{\bar{l}}\lambda_{\bar{\bar{l}}} \end{bmatrix} \\
&= \begin{bmatrix} ^{\bar{\bar{l}}|\bar{l}}\lambda_l \\ ^{\bar{\bar{l}}|\bar{l}}\underset{.}{p}_l + {}^{\bar{l}|lS}\underset{.}{p}_l \end{bmatrix} = {}^{\bar{l}|lS}\underset{..}{p}_l
\end{aligned}$$

故式(3.385)成立。证毕。

当给定轴链 $^{i}\mathbf{1}_n = \left(i, \bar{i}, \cdots, \bar{n}, n\right]$，$l \in {}^{i}\mathbf{1}_n$ 时，由式(3.382)至式(3.385)分别得双边位置对偶四元数 $^{n}\underset{..}{p}_{nS}$、$^{i}\underset{..}{p}_{iS}$ 和单边位形对偶四元数 $^{\bar{l}}\underset{..}{q}_l$ 的迭代式：

$$\left(^{i|\bar{i}}\underset{..}{q}_{\bar{i}} * \cdots * {}^{\bar{\bar{n}}|\bar{n}}\underset{..}{q}_n\right) * {}^{\bar{n}|n}\underset{..}{p}_{nS} * \left(^{i|\bar{i}}\underset{..}{q}_{\bar{i}} * \cdots * {}^{\bar{\bar{n}}|\bar{n}}\underset{..}{q}_n\right)^* = {}^{i|n}\underset{..}{p}_{nS} \quad \text{if} \quad \underset{..}{q} \in \underset{..}{\mathbf{q}} \tag{3.386}$$

$$\left({}^{i|\bar{i}}\underset{..}{q}_{\bar{\bar{i}}} * \cdots * {}^{\bar{\bar{n}}|\bar{n}}\underset{..}{q}_{n}\right) * {}^{\bar{n}|n}\underset{..}{p}_{nS} * \left({}^{i|\bar{i}}\underset{..}{q}_{\bar{\bar{i}}} * \cdots * {}^{\bar{\bar{n}}|\bar{n}}\underset{..}{q}_{n}\right)^{\circ} = {}^{i}\underset{..}{p}_{nS} \quad \text{if} \quad \underset{..}{q} \in \underset{..}{\mathbf{q}} \tag{3.387}$$

$$\left({}^{n|\bar{n}}\underset{..}{q}_{\bar{\bar{n}}} * \cdots * {}^{\bar{\bar{i}}|\bar{i}}\underset{..}{q}_{i}\right) * {}^{\bar{i}|iS}\underset{..}{p}_{i} * \left({}^{n|\bar{n}}\underset{..}{q}_{\bar{\bar{n}}} * \cdots * {}^{\bar{\bar{i}}|\bar{i}}\underset{..}{q}_{i}\right)^{*} = {}^{n|iS}\underset{..}{p}_{i} \quad \text{if} \quad \underset{..}{q} \in \underset{..}{\mathbf{q}} \tag{3.388}$$

$$\left({}^{n|\bar{n}}\underset{..}{q}_{\bar{\bar{n}}} * \cdots * {}^{\bar{\bar{i}}|\bar{i}}\underset{..}{q}_{i}\right) * {}^{\bar{i}|iS}\underset{..}{p}_{i} * \left({}^{n|\bar{n}}\underset{..}{q}_{\bar{\bar{n}}} * \cdots * {}^{\bar{\bar{i}}|\bar{i}}\underset{..}{q}_{i}\right)^{\circ} = {}^{n}\underset{..}{p}_{i} \quad \text{if} \quad \underset{..}{q} \in \underset{..}{\mathbf{q}} \tag{3.389}$$

式(3.387)和式(3.389)不仅进行了位置矢量的坐标变换，而且保证了运动链位置矢量的不变性，分别用于建立轴链 ${}^{i}\mathbf{1}_{nS}$ 和轴链 ${}^{iS}\mathbf{1}_{n}$ 的定位方程；而式(3.386)和式(3.388)是平凡的，无实际用处。在式(3.386)至式(3.389)中，通常 ${}^{n|iS}\underset{..}{p}_{i}$ 或 ${}^{n}\underset{..}{p}_{i}$ 表示期望的位置对偶四元数；${}^{\bar{i}|iS}\underset{..}{p}_{i}$ 或 ${}^{\bar{n}|n}\underset{..}{p}_{nS}$ 表示终端效应器（end-effector）相对其体系的位置对偶四元数。虽然式(3.386)至式(3.389)形式较简单，但当轴数较多时，计算过程很复杂，需要建立有效的迭代过程，在 4.9.3 节将阐述这一问题。

3.9.5 基于轴不变量的螺旋对偶四元数

下面，进一步简化位形对偶四元数的表达形式，以得到由平动和转动统一描述的、更简洁的螺旋对偶四元数。首先，提出由 D-H 参数表征的螺旋径向不变量，然后，提出基于轴不变量的螺旋对偶四元数。

1.螺旋径向不变量

由 3.9.4 节可知：位形对偶四元数本质上表示的是螺旋运动。下面，进一步将式(3.373)表达为更加简洁的形式，以反映螺旋运动的特点。如图 3-12 所示，由 D-H 参数定义得

$$\lambda_{\bar{l}} = \mathrm{C}(\alpha_{\bar{l}}) = {}^{\bar{l}}n_{l}^{\mathrm{T}} \cdot {}^{\bar{\bar{l}}}n_{\bar{l}} \tag{3.390}$$

$$c_{\bar{l}} = r_{\bar{l}}^{\bar{\bar{l}}} = {}^{\bar{\bar{l}}}n_{\bar{l}}^{\mathrm{T}} \cdot {}^{\bar{l}}_{0}r_{l} \tag{3.391}$$

$${}^{\bar{l}}l_{l} = a_{\bar{l}} \cdot {}^{\bar{\bar{l}}}\tilde{n}_{\bar{l}} \cdot {}^{\bar{l}}n_{l} + c_{\bar{l}} \cdot {}^{\bar{\bar{l}}}n_{\bar{l}} \tag{3.392}$$

结合式(3.27)得

$$\left[\mathrm{C}_{l} \cdot {}^{\bar{l}}\tilde{n}_{l} + 2 \cdot \mathrm{S}_{l} \cdot \left({}^{\bar{l}}n_{l} \cdot {}^{\bar{l}}n_{l}^{\mathrm{T}} - \mathbf{1}\right)\right] \cdot {}^{l}r_{\bar{l}} = \left(\mathrm{C}_{l} \cdot {}^{\bar{l}}\tilde{n}_{l} + 2 \cdot \mathrm{S}_{l} \cdot {}^{\bar{l}}\tilde{n}_{l}^{2}\right) \cdot {}^{l}r_{\bar{l}} \tag{3.393}$$

故有

$$\left[\mathrm{C}_{l} \cdot {}^{\bar{l}}\tilde{n}_{l} + 2 \cdot \mathrm{S}_{l} \cdot \left({}^{\bar{l}}n_{l} \cdot {}^{\bar{l}}n_{l}^{\mathrm{T}} - \mathbf{1}\right)\right] \cdot {}^{l}r_{\bar{l}} = -2 \cdot \mathrm{S}_{l} \cdot {}^{\bar{\bar{l}}}u_{\bar{l}} \tag{3.394}$$

记

$${}^{\bar{l}}u_{l} = -\frac{1}{2} \cdot \left(\frac{\mathrm{C}_{l}}{\mathrm{S}_{l}} \cdot \mathbf{1} + 2 \cdot {}^{\bar{l}}\tilde{n}_{l}\right) \cdot {}^{\bar{l}}\tilde{n}_{l} \cdot {}^{l}r_{\bar{l}} \tag{3.395}$$

由式(3.395)得

$${}^{\bar{l}}n_{l}^{\mathrm{T}} \cdot {}^{\bar{l}}u_{l} = -\frac{1}{2} \cdot {}^{\bar{l}}n_{l}^{\mathrm{T}} \cdot \left(\frac{\mathrm{C}_{l}}{\mathrm{S}_{l}} \cdot \mathbf{1} + 2 \cdot {}^{\bar{l}}\tilde{n}_{l}\right) \cdot {}^{\bar{l}}\tilde{n}_{l} \cdot {}^{l}r_{\bar{l}} = 0$$

故有

$$ {}^{\bar{l}}n_l^{\mathrm{T}} \cdot {}^{\bar{l}}u_l = 0 \tag{3.396} $$

由式(3.395)可知，总存在依赖于系统结构参量c_l及关节角$\phi_l^{\bar{l}}$的不变量${}^{\bar{l}}u_l$。因${}^{\bar{l}}u_l$与${}^{\bar{l}}n_l$正交，故称${}^{\bar{l}}u_l$为${}^{\bar{l}}n_l$的螺旋径向不变量。它是螺旋对偶四元数存在的前提条件。下面，阐述螺旋对偶四元数。

2.螺旋对偶四元数

定义$\underset{\cdot}{\boldsymbol{\varPsi}}$为螺旋对偶四元数类别。令任一体的自然坐标原点与其D-H系原点一致，参考系仍为自然坐标系。由式(3.395)得

$$ {}^{\bar{l}}u_l = -\frac{1}{2} \cdot \left(\frac{1}{\tau_l} \cdot \mathbf{1} + 2 \cdot {}^{\bar{l}}\tilde{n}_l \right) \cdot {}^{\bar{l}}\tilde{n}_l \cdot {}^{l}r_{\bar{l}} \quad \text{if} \quad \underset{\cdot}{q} \in \underset{\cdot}{\boldsymbol{\varPsi}} \tag{3.397} $$

当

$$ {}^{l}r_{\bar{l}} = c_l \cdot {}^{\bar{l}}n_l - 2 \cdot {}^{\bar{l}}u_l \quad \text{if} \quad \underset{\cdot}{q} \in \underset{\cdot}{\boldsymbol{\varPsi}} \tag{3.398} $$

时，由式(3.374)得

$$ {}^{\bar{l}}\underset{\cdot}{q}_l = \frac{1}{2} \cdot \begin{bmatrix} \left(\mathrm{C}_l \cdot \mathbf{1} + \mathrm{S}_l \cdot {}^{\bar{l}}\tilde{n}_l \right) \cdot \left(c_l \cdot {}^{\bar{l}}n_l - 2 \cdot {}^{\bar{l}}u_l \right) \\ -c_l \mathrm{S}_l \cdot {}^{\bar{l}}n_l^{\mathrm{T}} \cdot \left({}^{\bar{l}}n_l - 2 \cdot {}^{\bar{l}}u_l \right) \end{bmatrix} \quad \text{if} \quad \underset{\cdot}{q} \in \underset{\cdot}{\boldsymbol{\varPsi}} \tag{3.399} $$

由式(3.396)和式(3.399)得

$$ {}^{\bar{l}}\underset{\cdot}{q}_l = \frac{1}{2} \cdot \begin{bmatrix} c_l \mathrm{C}_l \cdot {}^{\bar{l}}n_l - 2\mathrm{S}_l \cdot {}^{\bar{l}}u_l \\ -\mathrm{S}_l \cdot c_l \end{bmatrix} \quad \text{if} \quad \underset{\cdot}{q} \in \underset{\cdot}{\boldsymbol{\varPsi}} \tag{3.400} $$

当${}^{\bar{l}}r_l = c_l \cdot {}^{\bar{l}}n_l$时，由式(3.374)得单边对偶四元数：

$$ {}^{\bar{l}}\underset{\cdot\cdot}{q}_l = \begin{bmatrix} {}^{\bar{l}}\lambda_l \\ {}^{\bar{l}}\underset{\cdot}{q}_l \end{bmatrix} = \begin{bmatrix} \begin{bmatrix} \mathrm{S}_l \cdot {}^{\bar{l}}n_l \\ \mathrm{C}_l \end{bmatrix} \\ \frac{1}{2} \cdot \begin{bmatrix} c_l \mathrm{C}_l \cdot {}^{\bar{l}}n_l \\ -\mathrm{S}_l \cdot c_l \end{bmatrix} \end{bmatrix} \quad \text{if} \quad \underset{\cdot}{q} \in \underset{\cdot}{\boldsymbol{\varPsi}} \tag{3.401} $$

由式(3.401)可知：${}^{\bar{l}}\underset{\cdot\cdot}{q}_l$是关于$\mathrm{C}_l$、$\mathrm{S}_l$及$c_l$的线性型，将平动与转动以紧凑的形式表达了出来。因式(3.401)所示的螺旋对偶四元数是特定的位形对偶四元数，故式(3.386)至式(3.389)仍成立。

以螺旋径向不变量为基础，建立螺旋对偶四元数的作用在于：应用式(3.396)、式(3.397)可以减少对偶四元数的计算量，易于揭示螺旋对偶四元数的规律，从而简化运动学求解过程。由式(3.396)、式(3.397)可知：螺旋径向不变量${}^{\bar{l}}u_l$与轴不变量${}^{\bar{l}}n_l$及${}^{l}n_{\bar{l}}$正交，如图3-13所示。

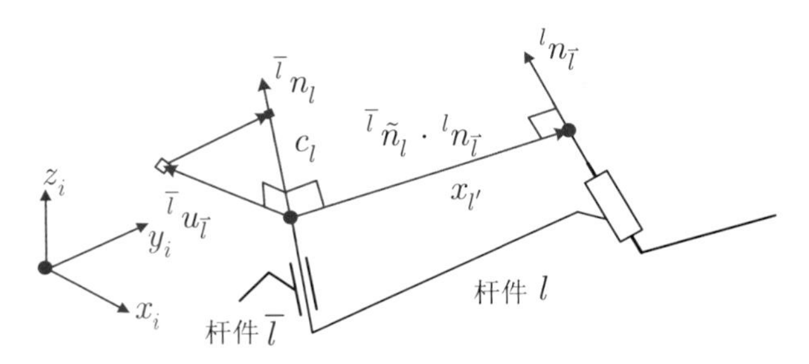

图 3-13　螺旋径向不变量

考虑式(3.374)，当 $^{\bar{\bar{l}}}\boldsymbol{k}_{\bar{l}} \in \boldsymbol{C}$ 时，$^{\bar{l}}r_l = {}^{\bar{\bar{l}}}n_{\bar{l}} \cdot r_{\bar{l}}^{\bar{\bar{l}}} + {}^{\bar{l}}l_l$，得单边螺旋对偶四元数：

$$
^{\bar{l}|l}q_{\bar{l}} = \begin{bmatrix} ^{\bar{l}}\lambda_l \\ \dfrac{1}{2}\cdot\begin{bmatrix} \left(\mathrm{C}_l\cdot\mathbf{1}+\mathrm{S}_l\cdot{}^{\bar{l}}\tilde{n}_l\right)\cdot{}^{l}r_{\bar{l}} \\ -\mathrm{S}_l\cdot{}^{\bar{l}}n_l^{\mathrm{T}}\cdot{}^{l}r_{\bar{l}} \end{bmatrix} \end{bmatrix} = \begin{bmatrix} \begin{bmatrix} \mathrm{S}_l\cdot{}^{\bar{l}}n_l \\ \mathrm{C}_l \end{bmatrix} \\ \dfrac{1}{2}\cdot\begin{bmatrix} c_l\cdot\mathrm{C}_l\cdot{}^{\bar{l}}n_l \\ -c_l\cdot\mathrm{S}_l \end{bmatrix} \end{bmatrix} \quad \text{if} \begin{cases} q\in\mathfrak{q} \\ ^{\bar{l}}\boldsymbol{k}_l\in\boldsymbol{C} \\ ^{\bar{l}}n_l \parallel {}^{l}r_{\bar{l}} \\ c_l := r_l^{\bar{l}} \end{cases} \tag{3.402}
$$

对比式(3.401)与式(3.402)，同样可知：螺旋对偶四元数是特定的位形对偶四元数。因此，位形对偶四元数的性质同样适用于螺旋对偶四元数。当对应用 D-H 参考及螺旋四元数的机械臂进行运动学建模时，不得不通过两个螺旋四元数表达一个关节的运动，其符号演算及数值计算量比应用一个位形四元数的大得多。

3.螺旋对偶四元数的不变性

由于螺旋对偶四元数是位形对偶四元数的特例，可以将之表达得更为紧凑。考虑具有双数基 ε 及双四维复数基 $\mathbf{i}$ 的螺旋对偶四元数，由式(3.73)、式(3.350)、式(3.370)和式(3.401)得螺旋对偶四元数不变量，即伪坐标与基的整体形式：

$$
\begin{aligned}
\boldsymbol{\varepsilon}\cdot\mathrm{Diag}(\mathbf{i})\cdot{}^{\bar{l}}q_l &= \mathrm{C}\left(\frac{\phi_l^{\bar{l}}}{2}\right)+\mathbf{i}\cdot\mathrm{S}\left(\frac{\phi_l^{\bar{l}}}{2}\right)\cdot{}^{\bar{l}}n_l \\
&\quad -\frac{c_l}{2}\cdot\mathrm{S}\left(\frac{\phi_l^{\bar{l}}}{2}\right)\cdot\boldsymbol{\varepsilon}+\mathbf{i}\cdot\left[\frac{c_l}{2}\cdot\mathrm{C}\left(\frac{\phi_l^{\bar{l}}}{2}\right)\cdot{}^{\bar{l}}n_l-\mathrm{S}\left(\frac{\phi_l^{\bar{l}}}{2}\right)\cdot{}^{\bar{l}}u_l\right]\cdot\boldsymbol{\varepsilon} \\
&= \mathrm{C}\left(\frac{\phi_l^{\bar{l}}}{2}\right)-\frac{c_l}{2}\cdot\mathrm{S}\left(\frac{\phi_l^{\bar{l}}}{2}\right)\cdot\boldsymbol{\varepsilon}+\mathbf{i}\cdot\left\{\mathrm{S}\left(\frac{\phi_l^{\bar{l}}}{2}\right)\cdot{}^{\bar{l}}n_l+\left[\frac{c_l}{2}\cdot\mathrm{C}\left(\frac{\phi_l^{\bar{l}}}{2}\right)\cdot{}^{\bar{l}}n_l-\mathrm{S}\left(\frac{\phi_l^{\bar{l}}}{2}\right)\cdot{}^{\bar{l}}u_l\right]\cdot\boldsymbol{\varepsilon}\right\} \\
&= \mathrm{C}\left(\frac{\phi_l^{\bar{l}}}{2}\right)-\frac{c_l}{2}\cdot\mathrm{S}\left(\frac{\phi_l^{\bar{l}}}{2}\right)\cdot\boldsymbol{\varepsilon}+\mathbf{i}\cdot\left[\mathrm{S}\left(\frac{\phi_l^{\bar{l}}}{2}\right)+\frac{c_l}{2}\cdot\mathrm{C}\left(\frac{\phi_l^{\bar{l}}}{2}\right)\cdot\boldsymbol{\varepsilon}\right]\cdot\left({}^{\bar{l}}n_l+{}^{\bar{l}}u_l\cdot\boldsymbol{\varepsilon}\right) \\
&= \mathrm{C}\left(\frac{\phi_l^{\bar{l}}+c_l\cdot\boldsymbol{\varepsilon}}{2}\right)+\mathbf{i}\cdot\mathrm{S}\left(\frac{\phi_l^{\bar{l}}+c_l\cdot\boldsymbol{\varepsilon}}{2}\right)\cdot\left({}^{\bar{l}}n_l+{}^{\bar{l}}u_l\cdot\boldsymbol{\varepsilon}\right)
\end{aligned}
$$

即有

$$
\boldsymbol{\varepsilon}\cdot\mathrm{Diag}(\mathbf{i})\cdot{}^{\bar{l}}q_l = \mathrm{C}\left(\boldsymbol{\varepsilon}\cdot\frac{q_l^{\bar{l}}}{2}\right)+\mathbf{i}\cdot\mathrm{S}\left(\boldsymbol{\varepsilon}\cdot\frac{q_l^{\bar{l}}}{2}\right)\cdot\left(\boldsymbol{\varepsilon}\cdot{}^{\bar{l}}\xi_l\right) \quad \text{if} \quad q\in\boldsymbol{\Psi} \tag{3.403}
$$

其中：

$$c_l \equiv c_l^{\bar{l}} \tag{3.404}$$

$$\underset{..}{\boldsymbol{\varepsilon}} \cdot \underset{..}{q}_l^{\bar{l}} = \phi_l^{\bar{l}} + c_l^{\bar{l}} \cdot \boldsymbol{\varepsilon} \tag{3.405}$$

$$\underset{..}{\boldsymbol{\varepsilon}} \cdot {}^{\bar{l}}\underset{..}{\xi}_l = {}^{\bar{l}}n_l + {}^{\bar{l}}u_l \cdot \boldsymbol{\varepsilon} \tag{3.406}$$

$$\underset{..}{q}_l^{\bar{l}} = \begin{bmatrix} \phi_l^{\bar{l}} \\ c_l^{\bar{l}} \end{bmatrix}, \quad {}^{\bar{l}}\underset{..}{\xi}_l = \begin{bmatrix} {}^{\bar{l}}n_l \\ {}^{\bar{l}}u_l \end{bmatrix} \quad \text{if} \quad \underset{.}{q} \in \underset{.}{\boldsymbol{\Psi}} \tag{3.407}$$

称 ${}^{\bar{l}}\underset{..}{\xi}_l$ 为对偶螺旋轴（dual screw axis），它由螺旋径向矢量 ${}^{\bar{l}}n_l$ 及螺旋径向不变量 ${}^{\bar{l}}u_l$ 构成。

由式(3.359)得

$$ {}^{\bar{l}}\underset{..}{\xi}_l * {}^{\bar{l}}\underset{..}{\xi}_l^* = \begin{bmatrix} {}^{\bar{l}}\underset{.}{n}_l \\ {}^{\bar{l}}\underset{.}{u}_l \end{bmatrix} * \begin{bmatrix} {}^{\bar{l}}\underset{.}{n}_l^* \\ {}^{\bar{l}}\underset{.}{u}_l^* \end{bmatrix} = \begin{bmatrix} {}^{\bar{l}}\underset{.}{n}_l * {}^{\bar{\bar{l}}}\underset{.}{n}_{\bar{l}}^* \\ {}^{\bar{l}}\underset{.}{u}_l * {}^{\bar{l}}\underset{.}{n}_l^* + {}^{\bar{l}}\underset{.}{n}_l * {}^{\bar{l}}\underset{.}{u}_l^* \end{bmatrix} = \begin{bmatrix} {}^{\bar{l}}\underset{.}{n}_l * {}^{\bar{l}}\underset{.}{n}_l^* \\ 0_3 \end{bmatrix} $$

即有

$$ {}^{\bar{l}}\underset{..}{\xi}_l * {}^{\bar{l}}\underset{..}{\xi}_l^* = \begin{bmatrix} \underset{.}{1} & \underset{.}{0} \end{bmatrix}^{\mathrm{T}}, \quad \left\| {}^{\bar{l}}\underset{..}{\xi}_l \right\| = 1 \tag{3.408}$$

式(3.408)表明：对偶螺旋轴 ${}^{\bar{l}}\underset{..}{\xi}_l$ 是单位双 3D 矢量，螺旋对偶四元数是单位四元数。应用式(3.405)至式(3.407)，将式(3.403)重新表示为

$$\underset{..}{\boldsymbol{\varepsilon}} \cdot \mathrm{Diag}\left(\underset{..}{\mathrm{i}}\right) \cdot {}^{\bar{l}}\underset{..}{q}_l = \mathrm{C}\left(\underset{..}{\boldsymbol{\varepsilon}} \cdot \underset{..}{q}_l^{\bar{l}}\right) + \underset{..}{\mathrm{i}} \cdot \mathrm{S}\left(\underset{..}{\boldsymbol{\varepsilon}} \cdot \underset{..}{q}_l^{\bar{l}}\right) \cdot {}^{\bar{l}}\underset{..}{\xi}_l \quad \text{if} \quad \underset{.}{q} \in \underset{.}{\boldsymbol{\Psi}} \tag{3.409}$$

其中：

$$\underset{..}{\boldsymbol{\varepsilon}} \cdot {}^{\bar{l}}\underset{..}{q}_l = \left[\mathrm{S}\left(\underset{..}{\boldsymbol{\varepsilon}} \cdot \underset{..}{q}_l^{\bar{l}}\right) \cdot {}^{\bar{l}}\underset{..}{\xi}_l \quad \mathrm{C}\left(\underset{..}{\boldsymbol{\varepsilon}} \cdot \underset{..}{q}_l^{\bar{l}}\right)\right]^{\mathrm{T}} \quad \text{if} \quad \underset{.}{q} \in \underset{.}{\boldsymbol{\Psi}} \tag{3.410}$$

对比式(3.410)与式(3.131)，二者具有一样的单位轴及正余弦的数学结构。因此，螺旋对偶四元数具有欧拉公式所有的空间操作（spatial operations）。螺旋对偶四元数是平动与转动四元数的对立统一（unity of opposite），式(3.396)和式(3.410)分别表明二者的对立与统一。

将式(3.97)中的 i 及 $\phi_l^{\bar{l}}$ 分别用 $\underset{..}{\mathrm{i}}$ 及 ${}^{\bar{l}}\underset{..}{\xi}_l \cdot \underset{..}{\boldsymbol{\varepsilon}} \cdot \underset{..}{q}_l^{\bar{l}}$ 代换，则有

$$\exp\left(\underset{..}{\mathrm{i}} \cdot {}^{\bar{l}}\underset{..}{\xi}_l \cdot \underset{..}{\boldsymbol{\varepsilon}} \cdot \underset{..}{q}_l^{\bar{l}}\right) = \mathrm{C}\left(\underset{..}{\boldsymbol{\varepsilon}} \cdot \underset{..}{q}_l^{\bar{l}}\right) + \underset{..}{\mathrm{i}} \cdot {}^{\bar{l}}\underset{..}{\xi}_l \cdot \mathrm{S}\left(\underset{..}{\boldsymbol{\varepsilon}} \cdot \underset{..}{q}_l^{\bar{l}}\right) \quad \text{if} \quad \underset{.}{q} \in \underset{.}{\boldsymbol{\Psi}} \tag{3.411}$$

即有螺旋对偶四元数的伪坐标形式：

$$\exp\left({}^{\bar{l}}\underset{..}{\xi}_l \cdot \underset{..}{\boldsymbol{\varepsilon}} \cdot \underset{..}{q}_l^{\bar{l}}\right) = \left[\mathrm{S}\left(\underset{..}{\boldsymbol{\varepsilon}} \cdot \underset{..}{q}_l^{\bar{l}}\right) \quad {}^{\bar{l}}\underset{..}{\xi}_l \cdot \mathrm{C}\left(\underset{..}{\boldsymbol{\varepsilon}} \cdot \underset{..}{q}_l^{\bar{l}}\right)\right] \quad \text{if} \quad \underset{.}{q} \in \underset{.}{\boldsymbol{\Psi}} \tag{3.412}$$

显然，式(3.411)中的指数运算比对偶四元数的复数乘法运算具有更优良的操作性能，为复杂运动学分析提供了有效的技术途径。

考虑式(3.369)，由式(3.411)得

$$\begin{cases} \mathrm{C}\left(\underset{..}{\boldsymbol{\varepsilon}} \cdot \underset{..}{q}_l^{\bar{l}}\right) = \dfrac{1}{2} \cdot \left[\exp\left(-\underset{..}{\mathrm{i}} \cdot {}^{\bar{l}}\underset{..}{\xi}_l \cdot \underset{..}{\boldsymbol{\varepsilon}} \cdot \underset{..}{q}_l^{\bar{l}}\right) + \exp\left(\underset{..}{\mathrm{i}} \cdot {}^{\bar{l}}\underset{..}{\xi}_l \cdot \underset{..}{\boldsymbol{\varepsilon}} \cdot \underset{..}{q}_l^{\bar{l}}\right)\right] \\ \mathrm{S}\left(\underset{..}{\boldsymbol{\varepsilon}} \cdot \underset{..}{q}_l^{\bar{l}}\right) = \dfrac{\underset{..}{\mathrm{i}}}{2} \cdot \left[\exp\left(-\underset{..}{\mathrm{i}} \cdot {}^{\bar{l}}\underset{..}{\xi}_l \cdot \underset{..}{\boldsymbol{\varepsilon}} \cdot \underset{..}{q}_l^{\bar{l}}\right) - \exp\left(\underset{..}{\mathrm{i}} \cdot {}^{\bar{l}}\underset{..}{\xi}_l \cdot \underset{..}{\boldsymbol{\varepsilon}} \cdot \underset{..}{q}_l^{\bar{l}}\right)\right] \end{cases} \quad \text{if} \quad \underset{.}{q} \in \underset{.}{\boldsymbol{\Psi}} \tag{3.413}$$

4.螺旋对偶四元数的幂与微分

由式(3.410)得 ${}^{\bar{l}}\underset{..}{q}_l$ 的 ρ 次幂：

$$
{}^{\bar{l}}\underset{..}{q}_l^{\rho}=\left[\mathrm{S}\left(\frac{\rho \underset{..}{q}_l^{\bar{l}}}{2}\right)\cdot {}^{\bar{l}}\underset{..}{\xi}_l \quad \mathrm{C}\left(\frac{\rho \underset{..}{q}_l^{\bar{l}}}{2}\right)\right]^{\mathrm{T}} \quad \text{if} \quad \underset{.}{q}\in \underset{.}{\boldsymbol{\varPsi}},\ \rho>0 \tag{3.414}
$$

显然，式(3.414)是式(3.410)的插值（interpolation）过程。由式(3.414)和式(3.241)分别得欧拉四元数的插值及微分公式：

$$
{}^{\bar{l}}\dot{\underset{.}{\lambda}}_l^{\rho}=\frac{\rho}{2}\cdot {}^{\bar{l}}\underset{\rightarrow}{\dot{\tilde{\phi}}}_l\cdot {}^{\bar{l}}\underset{.}{\lambda}_l \tag{3.415}
$$

$$
{}^{\bar{l}}\underset{.}{\lambda}_l^{\rho}=\left[\mathrm{S}\left(\frac{\rho\phi_l^{\bar{l}}}{2}\right)\cdot {}^{\bar{l}}n_l \quad \mathrm{C}\left(\frac{\rho\phi_l^{\bar{l}}}{2}\right)\right]^{\mathrm{T}},\quad \rho>0 \tag{3.416}
$$

由式(3.401)得 ${}^{\bar{l}}\underset{..}{q}_l$ 的 ρ 次幂：

$$
{}^{\bar{l}}\underset{..}{q}_l^{\rho}=\left[\begin{bmatrix}\mathrm{S}\left(\frac{\rho\phi_l^{\bar{l}}}{2}\right)\cdot {}^{\bar{l}}n_l\\ \mathrm{C}\left(\frac{\rho\phi_l^{\bar{l}}}{2}\right)\end{bmatrix}\ \begin{bmatrix}\mathrm{C}\left(\frac{\rho\phi_l^{\bar{l}}}{2}\right)\cdot\frac{\rho c_l^{\bar{l}}}{2}\cdot {}^{\bar{l}}n_l-\mathrm{S}\left(\frac{\rho\phi_l^{\bar{l}}}{2}\right)\cdot {}^{\bar{l}}u_l\\ -\mathrm{S}\left(\frac{\rho\phi_l^{\bar{l}}}{2}\right)\cdot\frac{\rho c_l^{\bar{l}}}{2}\end{bmatrix}\right]^{\mathrm{T}} \quad \text{if}\ \begin{matrix}\underset{.}{q}\in\underset{.}{\boldsymbol{\varPsi}}\\ \rho>0\end{matrix} \tag{3.417}
$$

同样，由式(3.410)得 $\underset{..}{\varepsilon}\cdot {}^{\bar{l}}\underset{..}{q}_l$ 的 ρ 次方：

$$
\left(\underset{..}{\varepsilon}\cdot {}^{\bar{l}}\underset{..}{q}_l\right)^{\rho}=\left[\mathrm{S}\left(\underset{..}{\varepsilon}\cdot\rho \underset{..}{q}_l^{\bar{l}}\right)\cdot {}^{\bar{l}}\underset{..}{\xi}_l \quad \mathrm{C}\left(\underset{..}{\varepsilon}\cdot\rho \underset{..}{q}_l^{\bar{l}}\right)\right]^{\mathrm{T}} \quad \text{if} \quad \underset{.}{q}\in\underset{.}{\boldsymbol{\varPsi}},\ \rho>0 \tag{3.418}
$$

将双 3D 转动速度叉乘矩阵 ${}^{\bar{l}}\underset{..}{\dot{\tilde{\phi}}}_l$ 及双 3D 单位矩阵 $\underset{.}{\mathbf{1}}$ 表示为

$$
{}^{\bar{l}}\underset{..}{\dot{\tilde{\phi}}}_l=\begin{bmatrix}{}^{\bar{l}}\dot{\tilde{\phi}}_l & \mathbf{0}\\ \mathbf{0} & {}^{\bar{l}}\dot{\tilde{\phi}}_l\end{bmatrix},\quad \underset{.}{\mathbf{1}}=\begin{bmatrix}\mathbf{1} & \mathbf{0}\\ \mathbf{0} & \mathbf{1}\end{bmatrix} \tag{3.419}
$$

由式(3.338)和式(3.409)得

$$
\begin{aligned}
\underset{..}{\varepsilon}\cdot\underset{.}{\mathbf{i}}\cdot {}^{\bar{l}}\underset{..}{\dot{q}}_l=&-\frac{\rho\dot{\phi}_l^{\bar{l}}}{2}\cdot\mathrm{S}\left(\underset{..}{\varepsilon}\cdot\rho \underset{..}{q}_l^{\bar{l}}\right)-\frac{\rho\dot{c}_l^{\bar{l}}}{2}\cdot\mathrm{S}\left(\frac{\rho\phi_l^{\bar{l}}}{2}\right)\cdot\boldsymbol{\varepsilon}+\left[\mathbf{i}\quad\mathbf{i}\right]\\
&\cdot\left[\mathrm{S}\left(\underset{..}{\varepsilon}\cdot\rho \underset{..}{q}_l^{\bar{l}}\right)\cdot {}^{\bar{l}}\underset{..}{\dot{\tilde{\phi}}}_l\cdot {}^{\bar{l}}\underset{..}{\xi}_l+\frac{\rho\dot{\phi}_l^{\bar{l}}}{2}\cdot\mathrm{C}\left(\underset{..}{\varepsilon}\cdot\rho \underset{..}{q}_l^{\bar{l}}\right)\cdot {}^{\bar{l}}\underset{..}{\xi}_l+\frac{\rho\dot{c}_l^{\bar{l}}}{2}\cdot\mathrm{C}\left(\frac{\rho\phi_l^{\bar{l}}}{2}\right)\cdot {}^{\bar{l}}\underset{..}{\xi}_l\cdot\boldsymbol{\varepsilon}\right]
\end{aligned}
$$

由式(3.337)及上式得

$$
\begin{aligned}
\underset{..}{\varepsilon}\cdot\underset{.}{\mathbf{i}}\cdot {}^{\bar{l}}\underset{..}{\dot{q}}_l=&-\frac{\rho\dot{\phi}_l^{\bar{l}}}{2}\cdot\mathrm{S}\left(\frac{\rho\phi_l^{\bar{l}}}{2}\right)-\left[\frac{\rho^2\cdot c_l^{\bar{l}}\cdot\dot{\phi}_l^{\bar{l}}}{4}\cdot\mathrm{C}\left(\frac{\rho\phi_l^{\bar{l}}}{2}\right)+\frac{\rho\dot{c}_l^{\bar{l}}}{2}\cdot\mathrm{S}\left(\frac{\rho\phi_l^{\bar{l}}}{2}\right)\right]\cdot\boldsymbol{\varepsilon}\\
&+\left[\mathbf{i}\quad\mathbf{i}\right]\cdot\left[\mathrm{S}\left(\frac{\rho\phi_l^{\bar{l}}}{2}\right)\cdot {}^{\bar{l}}\underset{..}{\dot{\tilde{\phi}}}_l+\frac{\rho\dot{\phi}_l^{\bar{l}}}{2}\cdot\mathrm{C}\left(\frac{\rho\phi_l^{\bar{l}}}{2}\right)\cdot\underset{.}{\mathbf{1}}\right]\cdot {}^{\bar{l}}\underset{..}{\xi}_l+\left[\mathbf{i}\quad\mathbf{i}\right]\\
&\cdot\left\{\frac{\rho c_l^{\bar{l}}}{2}\cdot\mathrm{C}\left(\frac{\rho\phi_l^{\bar{l}}}{2}\right)\cdot {}^{\bar{l}}\underset{..}{\dot{\tilde{\phi}}}_l+\left[\frac{\rho\dot{c}_l^{\bar{l}}}{2}\cdot\mathrm{C}\left(\frac{\rho\phi_l^{\bar{l}}}{2}\right)-\frac{\rho^2\cdot c_l^{\bar{l}}\cdot\dot{\phi}_l^{\bar{l}}}{4}\cdot\mathrm{S}\left(\frac{\rho\phi_l^{\bar{l}}}{2}\right)\right]\cdot\underset{.}{\mathbf{1}}\right\}\cdot {}^{\bar{l}}\underset{..}{\xi}_l\cdot\boldsymbol{\varepsilon}
\end{aligned} \tag{3.420}
$$

将(3.420)表示为双四元数的矩阵形式，得

$$
{}^{\bar{l}}\underset{\cdot\cdot}{\dot{q}}_l = \begin{bmatrix} \begin{bmatrix} {}^{\bar{l}}A_l \cdot {}^{\bar{l}}n_l \\ -\dfrac{\rho\dot{\phi}_l^{\bar{l}}}{2} \cdot \mathrm{S}\left(\dfrac{\rho\phi_l^{\bar{l}}}{2}\right) \end{bmatrix} \\ \begin{bmatrix} {}^{\bar{l}}A_l \cdot {}^{\bar{l}}u_l \\ -\dfrac{\rho^2 \cdot c_l^{\bar{l}} \cdot \dot{\phi}_l^{\bar{l}}}{4} \cdot \mathrm{C}\left(\dfrac{\rho\phi_l^{\bar{l}}}{2}\right) - \dfrac{\rho\dot{c}_l^{\bar{l}}}{2} \cdot \mathrm{S}\left(\dfrac{\rho\phi_l^{\bar{l}}}{2}\right) \end{bmatrix} \end{bmatrix} \quad \text{if} \quad \begin{matrix} \underset{\cdot}{q} \in \underset{\cdot}{\boldsymbol{\Psi}} \\ \rho > 0 \end{matrix} \tag{3.421}
$$

其中：

$$
\begin{aligned} {}^{\bar{l}}A_l = & \left[\mathrm{S}\left(\frac{\rho\phi_l^{\bar{l}}}{2}\right) + \frac{\rho c_l^{\bar{l}}}{2} \cdot \mathrm{C}\left(\frac{\rho\phi_l^{\bar{l}}}{2}\right)\right] \cdot {}^{\bar{l}}\dot{\underset{\cdot}{\phi}}_l \\ & + \left[\frac{\rho\dot{c}_l^{\bar{l}} + \rho\dot{\phi}_l^{\bar{l}}}{2} \cdot \mathrm{C}\left(\frac{\rho\phi_l^{\bar{l}}}{2}\right) - \frac{\rho^2 \cdot c_l^{\bar{l}} \cdot \dot{\phi}_l^{\bar{l}}}{4} \cdot \mathrm{S}\left(\frac{\rho\phi_l^{\bar{l}}}{2}\right)\right] \cdot \mathbf{1} \end{aligned} \quad \text{if} \quad \begin{matrix} \underset{\cdot}{q} \in \underset{\cdot}{\boldsymbol{\Psi}} \\ \rho > 0 \end{matrix} \tag{3.422}
$$

由式(3.421)可知：${}^{\bar{l}}\underset{\cdot\cdot}{\dot{q}}_l$ 总是关于 $\rho c_l^{\bar{l}}$、$\rho\dot{c}_l^{\bar{l}}$、$\rho\phi_l^{\bar{l}}$ 及 $\rho\dot{\phi}_l^{\bar{l}}$ 的函数。

3.9.6 基于对偶四元数的迭代式运动学方程

由于建立高自由度的显式规范方程的复杂度极高，难以手工完成，必须借助于 Maple 等符号计算软件完成该运动学建模，但是 Maple 等符号计算软件难以集成于机器人控制系统当中。同时，变结构的机器人需要实时地自动建立规范的运动学显式方程。因此，需要解决建立基于对偶四元数的迭代式运动学方程的问题。

由式(3.342)和式(3.343)可知：

$$
\begin{aligned} \begin{bmatrix} {}^{i|n}\lambda_n \\ {}^{i|\bar{n}}\lambda_n^{[4]} \end{bmatrix} &= \begin{bmatrix} \prod\limits_{l}^{{}^{i}\mathbf{1}_{\bar{n}}} \left(\mathbf{1} + \mathrm{S}_l^{\bar{l}} \cdot {}^{\bar{l}}\tilde{n}_l + \left(1 - \mathrm{C}_l^{\bar{l}}\right) \cdot {}^{\bar{l}}\tilde{n}_l^2\right) * {}^{\bar{n}}\lambda_n \\ {}^{\bar{n}}\lambda_n^{[4]} \end{bmatrix} \\ \begin{bmatrix} {}^{n|\bar{i}}\lambda_i \\ {}^{n|\bar{i}}\lambda_i^{[4]} \end{bmatrix} &= \begin{bmatrix} \prod\limits_{l}^{{}^{n}\mathbf{1}_{\bar{i}}} \left(\mathbf{1} - \mathrm{S}_l^{\bar{l}} \cdot {}^{\bar{l}}\tilde{n}_l + \left(1 - \mathrm{C}_l^{\bar{l}}\right) \cdot {}^{\bar{l}}\tilde{n}_l^2\right) * {}^{\bar{i}}\lambda_i \\ {}^{\bar{i}}\lambda_i^{[4]} \end{bmatrix} \end{aligned} \tag{3.423}
$$

式(3.423)中的 ${}^{i|n}\lambda_n$ 是关于 $\left\{\mathrm{C}_l^{\bar{l}}, \mathrm{S}_l^{\bar{l}} \middle| l \in {}^{i}\mathbf{1}_n\right\}$ 的多重线性型。

式(3.387)和式(3.389)所示的位置四元数可以表示为如下迭代式：

$$
\begin{bmatrix} \sum\limits_{k}^{{}^{i}\mathbf{1}_{nS}} \left(\prod\limits_{l}^{{}^{i}\mathbf{1}_{\bar{k}}} \left(\mathbf{1} + \mathrm{S}_l^{\bar{l}} \cdot {}^{\bar{l}}\tilde{n}_l + \left(1 - \mathrm{C}_l^{\bar{l}}\right) \cdot {}^{\bar{l}}\tilde{n}_l^2\right) \cdot {}^{\bar{k}}p_k\right) \\ \sum\limits_{k}^{{}^{i}\mathbf{1}_{nS}} \left({}^{\bar{k}}\underset{\cdot}{p}_k^{[4]}\right) \end{bmatrix} = {}^{i}\underset{\cdot}{p}_{nS} \tag{3.424}
$$

$$\begin{bmatrix} \sum\limits_{k}^{^n\mathbf{1}_i}\left(\prod\limits_{l}^{^i\mathbf{1}_{\bar{k}}}\left(\mathbf{1}-\mathrm{S}_l^{\bar{l}}\cdot{}^{\bar{l}}\tilde{n}_l+\left(1-\mathrm{C}_l^{\bar{l}}\right)\cdot{}^{\bar{l}}\tilde{n}_l^2\right)\cdot{}^{\bar{k}}p_k\right) \\ \sum\limits_{k}^{^n\mathbf{1}_i}\left({}^{\bar{k}}\underset{.}{p}_k^{[4]}\right) \end{bmatrix} = {}^n\underset{.}{p}_i \tag{3.425}$$

【证明】　由式(3.345)得

$$^{\bar{\bar{l}}|\bar{l}}\underset{.}{\lambda}_l=\begin{bmatrix}\left(\mathbf{1}+\mathrm{S}_{\bar{l}}^{\bar{\bar{l}}}\cdot{}^{\bar{\bar{l}}}\tilde{n}_{\bar{l}}+\left(1-\mathrm{C}_{\bar{l}}^{\bar{\bar{l}}}\right)\cdot{}^{\bar{\bar{l}}}\tilde{n}_{\bar{l}}^2\right)\cdot{}^{\bar{l}}\lambda_l \\ {}^{\bar{l}}\underset{.}{\lambda}_l^{[4]}\end{bmatrix} \tag{3.426}$$

式(3.426)和式(3.349)表明：$^{\bar{\bar{l}}|\bar{l}}\underset{.}{\lambda}_l$ 的矢部是对应矢部 $^{\bar{l}}\lambda_l$ 的投影；$^{\bar{\bar{l}}|\bar{l}}\underset{.}{p}_l$ 的矢部是对应矢部 $^{\bar{l}}p_l$ 的投影。由式(3.383)和式(3.385)分别得

$$^{\bar{\bar{l}}|\bar{l}}\underset{..}{p}_{\bar{l}}={}^{\bar{\bar{l}}|\bar{l}}\underset{..}{q}_l*{}^{\bar{l}|l}\underset{..}{p}_{\bar{l}}*{}^{\bar{\bar{l}}|\bar{l}}\underset{..}{q}_l^{\circ}=\begin{bmatrix}{}^{\bar{\bar{l}}|\bar{l}}\underset{.}{\lambda}_l \\ {}^{\bar{\bar{l}}|\bar{l}}\underset{.}{p}_l+{}^{\bar{\bar{l}}|l}\underset{.}{p}_{lS}\end{bmatrix}\quad \text{if}\quad \underset{.}{q}\in\underset{..}{\mathbf{q}} \tag{3.427}$$

$$^{\bar{l}|\bar{l}}\underset{..}{q}_l*{}^{\bar{l}|lS}\underset{..}{p}_l*{}^{\bar{l}|\bar{l}}\underset{..}{q}_l^{\circ}=\begin{bmatrix}{}^{\bar{l}|\bar{l}}\underset{.}{\lambda}_l \\ {}^{\bar{l}|\bar{l}}\underset{.}{p}_l+{}^{\bar{l}|lS}\underset{.}{p}_l\end{bmatrix}\quad \text{if}\quad \underset{..}{q}\in\underset{..}{\mathbf{q}} \tag{3.428}$$

显然

$$^{i|n}\underset{..}{p}_{nS}=\sum_{k}^{^i\mathbf{1}_{nS}}\left({}^{i|\bar{k}}\underset{..}{p}_k\right),\quad {}^n\underset{..}{p}_i=\sum_{k}^{^n\mathbf{1}_i}\left({}^{n|\bar{k}}\underset{..}{p}_k\right) \tag{3.429}$$

由式(3.387)、式(3.389)、式(3.349)和式(3.426)至式(3.429)得式(3.424)和式(3.425)。证毕。

因螺旋对偶四元数是位形对偶四元数的特例，式(3.424)和式(3.425)同样适用于螺旋对偶四元数，应用式(3.402)可以进一步简化式(3.424)和式(3.425)。

由式(3.423)和式(3.425)可知：它们是关于 $\left\{\mathrm{C}_l^{\bar{l}},\mathrm{S}_l^{\bar{l}}\middle|l\in{}^i\mathbf{1}_n\right\}$ 的一阶多项式方程；式(3.423)中 $^{i|\bar{n}}\lambda_n$ 是关于 $\left\{\mathrm{C}_l^{\bar{l}},\mathrm{S}_l^{\bar{l}}\middle|l\in{}^i\mathbf{1}_n\right\}$ 的多重线性多项式。因此，运动链 $^i\mathbf{1}_n$ 的运动学方程是 Cayley 参数 $\left\{\tau_l^{\bar{l}}\middle|l\in{}^i\mathbf{1}_n\right\}$ 的多项式方程。给定 $^i\underset{..}{p}_{nS}$ 或 $^n\underset{..}{p}_i$ 时计算 $\left\{\tau_l^{\bar{l}}\middle|l\in{}^i\mathbf{1}_n\right\}$ 是逆运动学求解问题。而如何求解关于 $\left\{\tau_l^{\bar{l}}\middle|l\in{}^i\mathbf{1}_n\right\}$ 的多项式方程是逆运动学研究的核心问题。

由式(3.423)和式(3.425)可知：基于对偶四元数得到的机械臂运动学方程是平凡的，它们是基于轴不变量的运动学方程；即使不应用任何对偶四元数的知识，也能得到式(3.423)和式(3.425)。显然，相对四元数而言，对偶四元数概念并没有增加新的信息，难以得到新的结论。

3.9.7 本节贡献

本节应用运动链符号系统和基于轴不变量的 3D 矢量空间操作代数，建立了基于位形对偶四元数的迭代式运动学实时符号演算系统。其特征在于：具有基于轴不变量的迭代式，保证了计算的实时性；实现了坐标系、极性及系统结构参量的完全参数化；具有轴运动对偶位形四元数的统一表达及简洁的结构化层次模型。主要内容包括：

（1）建立了基于轴不变量的位形对偶四元数和螺旋对偶四元数符号演算系统，完成了包含坐标系、极性及系统结构参量的完全参数化及层次化的建模。

（2）通过对双边对偶四元数的符号代换得到单边对偶四元数，单边对偶四元数是双边对偶四元数的特例，从而可通过双边对偶四元数统一表达轴的运动。

（3）直接应用激光跟踪仪精密测量获得基于固定轴不变量的结构参数，保证了位姿逆解的准确性。

（4）建立了基于固定轴不变量的对偶四元数及欧拉四元数迭代式，适用于计算机自动建立符号模型（symbolic model），为基于对偶四元数的迭代式运动学方程的建立奠定了基础。

3.10 轴不变量概念的作用

本章提出了轴不变量的概念，建立了基于轴不变量的多轴系统正运动学。现总结轴不变量概念的作用如下：

（1）轴不变量 ${}^{\bar{l}}n_l$ 是轴 $\bar{l}$ 及轴 l 的公共参考轴，与关节变量一起，通过 Rodrigues 四元数及欧拉四元数实现自然坐标系 $\boldsymbol{F}^{[l]}$ 的参数化及轴 l 极性的参数化；轴不变量 ${}^{\bar{l}}n_l$ 既表示轴 $\bar{l}$ 及 l 的不变的结构参量，又表示轴 $\bar{l}$ 及 l 的不变的链序，通过拓扑操作实现了多轴系统拓扑结构的参数化。

（2）以轴不变量 ${}^{\bar{l}}n_l$ 及关节变量 $\phi_l^{\bar{l}}$ 为基础的欧拉四元数保证了与转动矢量 ${}^{\bar{l}}\phi_l$ 的一一映射，保证了自然参考轴定义的不变性，从而保证了多轴系统运算的可靠性。

（3）轴不变量 ${}^{\bar{l}}n_l$ 及 ${}^{\bar{l}}\tilde{n}_l$ 具有不变性，具有优良的操作性能，衍生的 ${}^{\bar{l}}\tilde{n}_l$ 具有反对称性、${}^{\bar{l}}\tilde{n}_l^2$ 具有对称性，当 $p > 2, p \in \mathcal{N}$ 时，${}^{\bar{l}}\tilde{n}_l^p$ 具有幂零特性。

（4）由式(3.311)可知：轴不变量具有对时间的不变性，轴不变量就是 3D/4D 空间基的坐标矢量。

（5）轴不变量 ${}^{\bar{l}}n_l$ 是 3D 矢量空间操作代数的基元。具有拓扑操作的 3D 矢量空间操作代数不仅物理意义清晰，而且计算简单，可以适应变拓扑系统的应用需求，它既有别于传统的 3D 矢量代数，又有别于 6D 双矢量算子代数。

（6）通过轴不变量 ${}^{\bar{l}}n_l$ 可以将 3D 矢量转化为 6D 矢量、四元数及位形对偶四元数等不同数学空间，并降低相应的计算复杂度，建立结构化的、内在紧凑的多轴运动学系统。

（7）基于轴不变量 ${}^{\bar{l}}n_l$ 的运动学方程是轴不变量 ${}^{\bar{l}}n_l$ 的二阶多变量多项式方程，也是关于轴不变量的迭代式方程，它不仅统一了运动学方程的形式，而且提高了运动学计算的效率与精度。

（8）轴不变量 ${}^{\bar{l}}n_l$ 可以通过激光跟踪仪等光学设备实现精确测量。

（9）通过轴不变量，实现了包含坐标系、极性及系统结构参量的完全参数化建模。

轴不变量是实现坐标系、极性、结构参量及运动学参量完全参数化的关键。在基于轴不变量的多轴系统运动学建模中，可以直接列写任一轴的运动学方程。该方程同样可以表示为轴不变量的迭代式，且广义惯量是 3×3 的矩阵，可以极大地降低正逆运动学计算的复杂度。因此，将轴矢量命名为轴不变量不仅是必要的，而且反映了轴不变量的本征属性。

轴不变量既是多轴系统结构的基元，又是多轴系统运动参考的基元。同时，轴不变量既具有优良的数学操作性能，又具有可通过激光跟踪仪进行精密测量的优点，因此，轴不变量是构建结构化的、内在紧凑的多轴系统理论的基石。

通俗地说，轴不变量对多轴系统建模的作用与二进位制对信息处理的作用一样，它们都是系统的基元，是真实世界的自然描述，具有最简的操作性能。因而，以此构建的系统具有灵活性和高效性。多轴系统运动学具有与自然数同构的链符号系统，它们为多轴系统提供了作用方向和度量基准参考，保证了系统内部作用关系的客观性、紧凑性及层次性。

3.11　本章小结

本章以运动链演算符号系统（简称链符号系统）为基础，建立了基于轴不变量的多轴系统正运动学理论。

首先，以链符号系统为基础，在分析和证明轴不变量的零位、幂零特性、投影变换、镜像变换、定轴转动、Cayley 变换及其逆变换的基础上，建立了基于轴不变量的 3D 矢量空间操作代数，将轴链位姿表述为关于结构矢量及关节变量（标量）的多元二阶矢量多项式方程。通过轴不变量表征了 Rodrigues 四元数、欧拉四元数、对偶四元数、6D 运动旋量与螺旋，统一了相关运动学理论，建立了基于轴不变量的欧拉四元数和对偶四元数的迭代式方程。

接着，以链符号系统为基础，以绝对导数、轴矢量及迹为核心，分析并建立了基于轴不变量的 3D 矢量空间微分操作代数，证明了轴不变量对时间的微分具有不变性。

最后，提出了多轴系统的固定轴不变量结构参数的精密测量原理，提出并证明了树链偏速度计算方法，建立了基于轴不变量的迭代式运动学方程。方程具有简洁（concise）、准确（accurate）、优雅的链指标（elegant chain index）系统和伪代码的功能，清晰地反映了运动链的拓扑关系和链序关系，从而降低了高自由度多轴系统建模及解算的复杂度，适应了计算机自动建模（auto modeling）的需求，保证了多轴系统运动学建模的准确性、可靠性与实时性。

本章参考文献

[1] 洪嘉振. 计算多体系统动力学[M]. 北京：高等教育出版社, 1999.

[2] ANGELESJ. Fundamentals of robotic mechanicalsystems:Theory, methods and algorithms[M]. Berlin: Springer, 2014.

[3] 程国采. 四元数法及其应用[M]. 长沙：国防科技大学出版社, 1991.

[4] 秦永元. 惯性导航[M] . 2 版. 北京：科学出版社, 2014.

[5] ORIN D E, SCHRADER W W. Efficient Jacobian inversion for the control of simple robot manipulators[J]. International Journal of Robotics Research, 1984, 3: 66-75.

[6] BUSS S R. Introduction to inverse kinematics with Jacobian transpose, pseudoinverse and damped least squares methods[J]. IEEE Transactions on Robotics and Automation, 2004, 17(1).

[7] KANE T R, LEVINSON D A. The use of Kane's dynamical equations in robotics[J]. International Journal of Robotics Research, 1983, 2(3): 3-21.

[8] CLIFFORD W K. Preliminary sketch of biquaternions[J]. Proceedings of the London Mathematical Society,1873, 4(1): 381-395.

[9] MASON M T. Mechanics of robotic manipulation[M]. Boston：MIT Press, 2001.

[10] GAN D, LIAO Q, WEI S, et al. Dual quaternion-based inverse kinematics of the general spatial 7R mechanism[J].Proceedings of the Institution of Mechanical Engineers,2008, 222(8): 1593-1598.

[11] QIAO S, LIAO Q, WEI S, et al. Inverse kinematic analysis of the general 6R serial manipulators based on double quaternions[J]. Mechanism and Machine Theory, 2010, 45(2):193-199.

第4章　基于轴不变量的多轴系统逆运动学

4.1 引　言

本章以轴不变量为基础提出居-吉布斯四元数及类 DCM，证明该四元数及类 DCM 的相关性质，从而建立无冗余的关于关节半角正切的矢量多项式方程，以解决逆解建模问题；进而，提出矢量多项式 Dixon 最优消元原理，证明该消元原理具有线性计算复杂度，以解决实时逆解原理问题。接着，提出基于轴不变量的机械臂 D-H 参数计算方法；证明经典的 1R、2R 及 3R 姿态逆解原理；证明经典 D-H 方法的 RBR 机械臂位置逆解原理。最后，以居-吉布斯四元数为基础证明基于轴不变量的三轴姿态逆解原理；进而，分别提出并证明 BBR、半通用及通用机械臂逆解定理，应用矢量多项式 Dixon 最优消元原理获得逆解，解决不同类型机械臂逆解原理的关联性问题，从而建立基于轴不变量的多轴系统逆运动学理论。与经典分析逆运动学相比，基于轴不变量的多轴系统逆运动学不仅具有逆解分析的通用性，而且具有求解的实时性与精确性。

4.2 基础公式

【1】由式(3.90)得规范的姿态方程：

$$\prod_{k}^{{}^{i}\mathbf{1}_{n}}\left(\boldsymbol{\tau}_{k}^{\bar{k}}\right)\cdot{}_{d}^{i}Q_{n}=\prod_{l}^{{}^{i}\mathbf{1}_{n}}\left({}^{\bar{l}}\boldsymbol{Q}_{l}\right) \tag{4.1}$$

其中：

$$\begin{cases}{}^{\bar{l}}\boldsymbol{Q}_{l}=\mathbf{1}+2\cdot\tau_{l}\cdot{}^{\bar{l}}\tilde{n}_{l}+\tau_{l}^{:2}\cdot{}^{\bar{l}}\mathrm{N}_{l}\\ \boldsymbol{\tau}_{k}^{\bar{k}}=1+\tau_{k}^{:2},\quad{}^{\bar{l}}\mathrm{N}_{l}=\mathbf{1}+2\cdot{}^{\bar{l}}\tilde{n}_{l}^{2}\end{cases} \tag{4.2}$$

【2】由式(3.91)得规范的位置方程：

$$\sum_{l}^{{}^{i}\mathbf{1}_{nS}}\left({}^{i|\bar{l}}\boldsymbol{r}_{l}\right)={}_{d}^{i}r_{nS}\cdot\prod_{k}^{{}^{i}\mathbf{1}_{n}}\left(\boldsymbol{\tau}_{k}^{\bar{k}}\right) \tag{4.3}$$

其中：

$${}^{i|\bar{l}}\boldsymbol{r}_{l}=\prod_{k}^{{}^{i}\mathbf{1}_{\bar{l}}}\left({}^{\bar{k}}\boldsymbol{Q}_{k}\right)\cdot{}^{\bar{l}}l_{l}\cdot\prod_{k}^{{}^{\bar{l}}\mathbf{1}_{n}}\left(\boldsymbol{\tau}_{k}^{\bar{k}}\right) \tag{4.4}$$

给定转动链 ${}^{i}\mathbf{1}_{n}$，考虑式(4.1)，若 ${}^{\bar{l}}\mathbf{k}_{l}\in\mathbf{R}$，${}^{i}Q_{n}$ 表示姿态，仅三个独立的自由度，即当 $\mathbf{1}_{n}^{i}=3$ 时，存在3R姿态逆解。给定单位矢量 ${}^{n}u_{nS}$，由式(4.1)得

$$
{}^{i|n}u_{nS}={}^{i}Q_{n}\cdot{}^{n}u_{nS} \tag{4.5}
$$

若 ${}^{\bar{l}}\mathbf{k}_{l}\in\mathbf{R}$，${}^{i|n}u_{nS}$ 表示需要确定的方向，则当 $\mathbf{1}_{n}^{i}=2$ 时，存在2R姿态逆解。给定单位矢量 ${}^{n}u_{nS}$ 及 ${}^{i}u_{iS}$，由式(4.1)得

$$
{}^{i}u_{iS}^{\mathrm{T}}\cdot{}^{i|n}u_{nS}={}^{i}u_{iS}^{\mathrm{T}}\cdot{}^{i}Q_{n}\cdot{}^{n}u_{nS} \tag{4.6}
$$

若 ${}^{\bar{l}}\mathbf{k}_{l}\in\mathbf{R}$，${}^{i}u_{iS}^{\mathrm{T}}\cdot{}^{i|n}u_{nS}$ 表示期望的投影，则当 $\mathbf{1}_{n}^{i}=1$ 时，存在1R姿态逆解。

考虑式(4.3)，若 ${}^{\bar{l}}\mathbf{k}_{l}\in\mathbf{R}$，${}^{i}r_{nS}$ 表示期望确定的位置，则当 $\mathbf{1}_{n}^{i}=3$ 时，存在3R位置逆解，当 $\mathbf{1}_{n}^{i}=6$ 时，存在6R位姿（position and orientation）逆解。

式(4.1)和式(4.3)是关于Cayley参数的 n 维2阶多项式方程，目前，Gröbner基理论是解决多元多项式方程求解问题的一种可能途径，但通常其计算复杂度极高。机器人逆运动学求解困难在于：需要通过复杂的消元过程，获得仅含有Cayley参数的一元高阶多项式方程才能求解。然而，传统的欧拉四元数及DCM难以满足机器人逆解分析的需求。

4.3 居-吉布斯四元数及逆运动学建模

本节首先进一步丰富3D空间操作代数，针对转动链，提出居-吉布斯四元数及类DCM，以建立无冗余的关于关节半角正切的矢量多项式方程，无冗余意即系统方程数与独立变量数或自由度数相等，从而解决机器人逆运动学建模的重要问题；然后，针对矢量多项式系统，提出矢量多项式Dixon最优消元原理，获得实时且精确的逆解，从而解决机器人逆解原理的难题。

4.3.1 居-吉布斯四元数

首先，定义与欧拉四元数同构的居-吉布斯（Ju-Gibbs）四元数：

$$
{}^{\bar{l}}\underset{\cdot}{\tau}_{l}\triangleq\left[\tau_{l}\cdot{}^{\bar{l}}n_{l}\quad{}^{\bar{l}}\underset{\cdot}{\tau}_{l}^{[4]}\right]^{\mathrm{T}}=\left[{}^{\bar{l}}\tau_{l}\quad{}^{\bar{l}}\underset{\cdot}{\tau}_{l}^{[4]}\right]^{\mathrm{T}}\simeq{}^{\bar{l}}\underset{\cdot}{\lambda}_{l},\quad\phi_{l}^{\bar{l}}\in(-\pi,\pi) \tag{4.7}
$$

其中：${}^{\bar{l}}\tau_{l}$ 为Gibbs矢量。将标部为1的Ju-Gibbs四元数称为规范四元数。一般将单关节和运动链的期望姿态以规范的Ju-Gibbs四元数表示。当 $\tau_{l}=1$ 时，有 ${}^{\bar{l}}\underset{\cdot}{\tau}_{l}={}^{\bar{l}}\underset{\cdot}{n}_{l}$。由式(3.124)得Ju-Gibbs共轭四元数：

$$
\begin{aligned}
{}^{\bar{l}}\underset{\cdot}{\tau}_{l}^{*}&=\left[-\tau_{l}\cdot{}^{\bar{l}}n_{l}\quad{}^{\bar{l}}\underset{\cdot}{\tau}_{l}^{[4]}\right]^{\mathrm{T}}\\
{}^{\bar{l}}\underset{\cdot}{\tilde{\tau}}_{l}&={}^{\bar{l}}\underset{\cdot}{\tau}_{l}^{[4]}\cdot\mathbf{1}+\tau_{l}\cdot{}^{\bar{l}}\underset{\to}{\tilde{n}}_{l}
\end{aligned} \tag{4.8}
$$

其中：

$$\tau_l = \tan\left(0.5 \cdot \phi_l^{\bar{l}}\right), \quad {}^{\bar{l}}\tau_l = {}^{\bar{l}}n_l \cdot \tau_l, \quad {}^{\bar{l}}\tilde{\tau}_l = {}^{\bar{l}}\tilde{n}_l \cdot \tau_l, \quad \boldsymbol{\tau}_l^{\bar{l}} \triangleq {}^{\bar{l}}\tau_l^{[4]:2} + \tau_l^{:2} \tag{4.9}$$

显然，$\boldsymbol{\tau}_l^{\bar{l}}$ 为 ${}^{\bar{l}}\tau_l$ 模的平方。由式(3.146)得 Ju-Gibbs 四元数的复数积仍为 Ju-Gibbs 四元数。因 Ju-Gibbs 四元数是特定的四元数，故满足四元数乘法运算：

$$ {}^{i}\tau_k = {}^{i}\tau_j * {}^{j}\tau_k = {}^{i}\tilde{\tau}_j \cdot {}^{j}\tau_k \tag{4.10}$$

则有

$$\begin{aligned} {}^{\bar{\bar{l}}}\tau_l = {}^{\bar{\bar{l}}}\tilde{\tau}_{\bar{l}} \cdot {}^{\bar{l}}\tau_l &= \begin{bmatrix} {}^{\bar{\bar{l}}}\tau_{\bar{l}}^{[4]} \cdot \mathbf{1} + {}^{\bar{\bar{l}}}\tilde{\tau}_{\bar{l}} & {}^{\bar{\bar{l}}}\tau_{\bar{l}} \\ -{}^{\bar{\bar{l}}}\tau_{\bar{l}}^{\mathrm{T}} & {}^{\bar{\bar{l}}}\tau_{\bar{l}}^{[4]} \end{bmatrix} \cdot \begin{bmatrix} {}^{\bar{l}}\tau_l \\ {}^{\bar{l}}\tau_l^{[4]} \end{bmatrix} \\ &= \begin{bmatrix} {}^{\bar{l}}\tau_l^{[4]} \cdot {}^{\bar{\bar{l}}}\tau_{\bar{l}} + {}^{\bar{\bar{l}}}\tau_{\bar{l}}^{[4]} \cdot {}^{\bar{l}}\tau_l + {}^{\bar{\bar{l}}}\tilde{\tau}_{\bar{l}} \cdot {}^{\bar{l}}\tau_l \\ {}^{\bar{\bar{l}}}\tau_{\bar{l}}^{[4]} \cdot {}^{\bar{l}}\tau_l^{[4]} - {}^{\bar{\bar{l}}}\tau_{\bar{l}}^{\mathrm{T}} \cdot {}^{\bar{l}}\tau_l \end{bmatrix} \end{aligned} \tag{4.11}$$

由式(4.11)得

$$ {}^{\bar{\bar{l}}}\tau_l = {}^{\bar{\bar{l}}}\tau_{\bar{l}} * {}^{\bar{l}}\tau_l = \begin{bmatrix} {}^{\bar{l}}\tau_l^{[4]} \cdot \tau_{\bar{l}} \cdot {}^{\bar{\bar{l}}}n_{\bar{l}} + {}^{\bar{\bar{l}}}\tau_{\bar{l}}^{[4]} \cdot \tau_l \cdot {}^{\bar{l}}n_l + \tau_{\bar{l}}\tau_l \cdot {}^{\bar{\bar{l}}}\tilde{n}_{\bar{l}} \cdot {}^{\bar{l}}n_l \\ {}^{\bar{l}}\tau_l^{[4]} \cdot {}^{\bar{\bar{l}}}\tau_{\bar{l}}^{[4]} - \tau_{\bar{l}}\tau_l \cdot {}^{\bar{\bar{l}}}n_{\bar{l}}^{\mathrm{T}} \cdot {}^{\bar{l}}n_l \end{bmatrix} \tag{4.12}$$

规范四元数的积通常是不规范的，即标部不一定为 1。由式(4.12)可知：只有给定轴 l 及 $\bar{l}$ 的规范 Ju-Gibbs 四元数，且两轴正交，${}^{\bar{\bar{l}}}\tau_l$ 才为规范四元数。

定义规范 Ju-Gibbs 四元数的平方模（squared modulus）：

$$\boldsymbol{\tau}_l^{\bar{l}} \triangleq 1 + \tau_l^2, \quad \boldsymbol{\tau}_l^{\bar{\bar{l}}} \triangleq \boldsymbol{\tau}_l^{\bar{\bar{l}}} \cdot \boldsymbol{\tau}_l^{\bar{l}} \tag{4.13}$$

若 ${}^{\bar{l}}n_l \perp {}^{\bar{\bar{l}}}n_{\bar{l}}$，则有解耦的 Ju-Gibbs 四元数平方模：

$$\boldsymbol{\tau}_l^{\bar{\bar{l}}} \triangleq \left\| {}^{\bar{\bar{l}}}\tau_l \right\|^2 = \boldsymbol{\tau}_l^{\bar{\bar{l}}} \cdot \boldsymbol{\tau}_l^{\bar{l}} \tag{4.14}$$

【证明】 由式(4.12)得

$$\begin{aligned} \left\| {}^{\bar{\bar{l}}}\tau_l \right\|^2 &= \left({}^{\bar{l}}\tau_l^{[4]} \cdot {}^{\bar{\bar{l}}}\tau_{\bar{l}}^{[4]} - \tau_{\bar{l}}\tau_l \cdot {}^{\bar{\bar{l}}}n_{\bar{l}}^{\mathrm{T}} \cdot {}^{\bar{l}}n_l \right)^2 \\ &+ \left({}^{\bar{l}}\tau_l^{[4]} \cdot \tau_{\bar{l}} \cdot {}^{\bar{\bar{l}}}n_{\bar{l}}^{\mathrm{T}} + {}^{\bar{\bar{l}}}\tau_{\bar{l}}^{[4]} \cdot \tau_l \cdot {}^{\bar{l}}n_l^{\mathrm{T}} - \tau_{\bar{l}}\tau_l \cdot {}^{\bar{l}}n_l^{\mathrm{T}} \cdot {}^{\bar{\bar{l}}}\tilde{n}_{\bar{l}} \right) \\ &\cdot \left({}^{\bar{l}}\tau_l^{[4]} \cdot \tau_{\bar{l}} \cdot {}^{\bar{\bar{l}}}n_{\bar{l}} + {}^{\bar{\bar{l}}}\tau_{\bar{l}}^{[4]} \cdot \tau_l \cdot {}^{\bar{l}}n_l + \tau_{\bar{l}}\tau_l \cdot {}^{\bar{\bar{l}}}\tilde{n}_{\bar{l}} \cdot {}^{\bar{l}}n_l \right) \\ &= {}^{\bar{\bar{l}}}\tau_{\bar{l}}^{[4]:2} \cdot {}^{\bar{l}}\tau_l^{[4]:2} + \tau_{\bar{l}}^{:2} \cdot {}^{\bar{l}}\tau_l^{[4]:2} + \tau_l^{:2} \cdot {}^{\bar{\bar{l}}}\tau_{\bar{l}}^{[4]:2} + \tau_{\bar{l}}^{:2}\tau_l^{:2} \\ &+ \tau_{\bar{l}}\tau_l \cdot {}^{\bar{\bar{l}}}\tau_{\bar{l}}^{[4]} \cdot {}^{\bar{l}}\tau_l^{[4]} \cdot {}^{\bar{l}}n_l^{\mathrm{T}} \cdot {}^{\bar{\bar{l}}}n_{\bar{l}} = \boldsymbol{\tau}_{\bar{l}}^{\bar{\bar{l}}} \cdot \boldsymbol{\tau}_l^{\bar{l}} \end{aligned}$$

证毕。

记 $\underset{\cdot}{1} = \begin{bmatrix} 0_3 & 1 \end{bmatrix}^{\mathrm{T}}$，由式(4.11)得

$$ {}^{i}\tau_l * \underset{\cdot}{1} = {}^{i}\tau_l \tag{4.15}$$

故 $\underset{\cdot}{1}$ 为单位 Ju-Gibbs 四元数。

由式(4.7)至式(4.9)得

$$ {}^{k}\underset{\cdot}{\tau}_{l}^{*} * {}^{k}\underset{\cdot}{\tau}_{l} = \underset{\cdot}{\boldsymbol{\tau}}_{l}^{k} \cdot \underset{\cdot}{1} \tag{4.16}$$

【证明】 由式(4.12)得

$$ {}^{k}\underset{\cdot}{\tau}_{l}^{*} * {}^{k}\underset{\cdot}{\tau}_{l} = \begin{bmatrix} {}^{k}\underset{\cdot}{\tau}_{l}^{[4]} \cdot {}^{k}\tau_{l} - {}^{k}\underset{\cdot}{\tau}_{l}^{[4]} \cdot {}^{k}\tau_{l} - {}^{k}\tilde{\tau}_{l} \cdot {}^{k}\tau_{l} \\ {}^{k}\underset{\cdot}{\tau}_{l}^{[4]:2} + {}^{k}\tau_{l}^{\mathrm{T}} \cdot {}^{k}\tau_{l} \end{bmatrix} = \underset{\cdot}{\boldsymbol{\tau}}_{l}^{k} \cdot \underset{\cdot}{1} $$

故式(4.16)成立。证毕。

由式(4.9)及式(4.16)得

$$ \underset{\cdot}{\boldsymbol{\tau}}_{k}^{i} \cdot {}^{k}\underset{\cdot}{\tau}_{l} = {}^{i}\underset{\cdot}{\tilde{\tau}}_{k}^{*} \cdot {}^{i}\underset{\cdot}{\tau}_{l} \tag{4.17}$$

4.3.2 类 DCM

由式(4.1)得

$$ \boldsymbol{\tau}_{l}^{\bar{l}} \cdot {}^{\bar{l}}Q_{l} = {}^{\bar{l}}\boldsymbol{Q}_{l} \tag{4.18}$$

$$ \boldsymbol{\tau}_{n}^{i} \cdot {}^{i}Q_{n} = {}^{i}\boldsymbol{Q}_{n}, \quad {}^{i}\boldsymbol{Q}_{n} \cdot {}^{i}\boldsymbol{Q}_{n}^{-1} = {}^{i}\boldsymbol{Q}_{n}^{-1} \cdot {}^{i}\boldsymbol{Q}_{n} = \boldsymbol{\tau}_{n}^{i:2} \cdot \mathbf{1} \tag{4.19}$$

其中：

$$ \begin{cases} {}^{i}\boldsymbol{Q}_{n} = \prod\limits_{l}^{{}^{i}\mathbf{1}_{n}} \left({}^{\bar{l}}\boldsymbol{Q}_{l} \right) \\ {}^{\bar{l}}\boldsymbol{Q}_{l}^{-1} = \mathbf{1} - 2 \cdot \tau_{l} \cdot {}^{\bar{l}}\tilde{n}_{l} + \tau_{l}^{:2} \cdot {}^{\bar{l}}\mathrm{N}_{l} \\ \boldsymbol{\tau}_{n}^{k} = \prod\limits_{l}^{{}^{k}\mathbf{1}_{n}} \left(1 + \tau_{l}^{:2} \right) = \prod\limits_{l}^{{}^{k}\mathbf{1}_{n}} \left(\boldsymbol{\tau}_{l}^{\bar{l}} \right) \end{cases} \tag{4.20}$$

由式(4.19)可知：${}^{i}\boldsymbol{Q}_{n}$ 及 $\boldsymbol{\tau}_{n}^{i}$ 是关于 τ_{k} 的 n 重 2 阶多项式。由式(4.18)可知：${}^{\bar{l}}\boldsymbol{Q}_{l}$ 与 ${}^{\bar{l}}Q_{l}$ 的结构类似，故称之为类 DCM（quasi-DCM）。由式(4.2)得

$$ {}^{\bar{l}}\boldsymbol{Q}_{l} = \mathbf{1} - {}^{\bar{l}}\mathrm{N}_{l} + 2 \cdot \tau_{l} \cdot {}^{\bar{l}}\tilde{n}_{l} + \boldsymbol{\tau}_{l}^{\bar{l}} \cdot {}^{\bar{l}}\mathrm{N}_{l} \tag{4.21}$$

式(4.1)所示的姿态方程及式(4.3)所示的位置方程是关于 Ju-Gibbs 四元数的表达式。若 ${}^{\bar{l}}n_{l} \parallel {}^{l}l_{\bar{l}}$，由式(4.21)得 ${}^{\bar{l}}Q_{l} \cdot {}^{l}l_{\bar{l}} = \boldsymbol{\tau}_{l}^{\bar{l}} \cdot {}^{l}l_{\bar{l}}$。显然，类 DCM 可以通过 Ju-Gibbs 四元数表示，反之亦然。

4.3.3 基于轴不变量的结构矢量

基于已有的对轴不变量和 3D 螺旋轴的认识，下面进一步分析轴不变量的性质，获得由轴不变量与 3D 螺旋轴表达的结构矢量，从而建立基于轴不变量的矢量多项式系统。

1.轴不变量

首先，轴不变量与坐标轴具有本质区别。坐标轴是具有零位和单位刻度的参考方向，

可以描述沿轴向平动的线位置，但不能完整描述绕轴向的角位置，因为坐标轴自身不具有径向参考方向，即不存在表征转动的零位。在实际应用时，需要补充坐标轴的径向参考。坐标轴自身是 1D 的，三个正交的坐标轴构成 3D 的笛卡儿标架。轴不变量是 3D 空间单位参考轴（简称 3D 参考轴），具有径向参考零位。3D 参考轴及其径向参考零位可以确定对应的笛卡儿系。以自然坐标系为基础的轴不变量可以准确地反映运动轴和测量轴的共轴性、极性及零位三个基本属性。

其次，轴不变量与欧拉轴具有本质的区别。DCM 是实矩阵，轴矢量是 DCM 的特征值 1 对应的特征矢量，是不变量。固定轴不变量是 3D 参考轴，不仅具有原点和轴向，也有径向参考零位。在自然坐标系下，轴不变量不依赖于相邻固结的自然坐标系，即在相邻固结的自然坐标系下具有不变的自然坐标。轴不变量具有幂零特性等优良的数学操作性能。在自然坐标系中，通过轴不变量及关节坐标，可以唯一确定 DCM 及参考极性，没有必要为每一个杆件建立各自的体系，可以极大地简化建模的工作量。

同时，以唯一需要定义的笛卡儿直角坐标系为参考，测量轴不变量，可以提高结构参数的测量精度。基于轴不变量的优良操作性能及属性，可以建立包含拓扑结构、坐标系、极性、结构参量的迭代式的运动学与动力学方程。

根据轴不变量的二阶幂零特性，易得

$$\begin{cases} {}^{\bar{l}}\mathrm{N}_l^2 = \left(\mathbf{1} + 2\cdot {}^{\bar{l}}\tilde{n}_l^2\right)\cdot\left(\mathbf{1} + 2\cdot {}^{\bar{l}}\tilde{n}_l^2\right) = \mathbf{1} \\ {}^{\bar{l}}\tilde{n}_l \cdot {}^{\bar{l}}\mathrm{N}_l = {}^{\bar{l}}\mathrm{N}_l \cdot {}^{\bar{l}}\tilde{n}_l = -{}^{\bar{l}}\tilde{n}_l \\ {}^{\bar{l}}\mathrm{N}_l \cdot \left(\mathbf{1} + {}^{\bar{l}}\mathrm{N}_l\right) = {}^{\bar{l}}\mathrm{N}_l + \mathbf{1} \end{cases} \tag{4.22}$$

由式(4.22)得

$$\begin{cases} {}^{\bar{l}}\tilde{n}_l \cdot \left(\mathbf{1} + {}^{\bar{l}}\mathrm{N}_l\right) = \mathbf{0} \\ \left(\mathbf{1} - {}^{\bar{l}}\mathrm{N}_l\right)\cdot {}^{\bar{l}}n_l = 0_3 \\ \mathbf{1} - {}^{\bar{l}}\mathrm{N}_l^2 = \left(\mathbf{1} + {}^{\bar{l}}\mathrm{N}_l\right)\cdot\left(\mathbf{1} - {}^{\bar{l}}\mathrm{N}_l\right) = \mathbf{0} \end{cases} \tag{4.23}$$

2.结构矢量

结构参数 ${}^{l}l_{\bar{l}}$ 及 ${}^{\bar{l}}n_l$ 是杆件 l 的结构参量，在系统零位时，它们可以通过外部测量得到。在第 3 章阐述了零位矢量、径向矢量及轴向矢量，如图 4-1 所示，它们是与转动角无关的不变量。其中，零位矢量是特定的径向矢量。

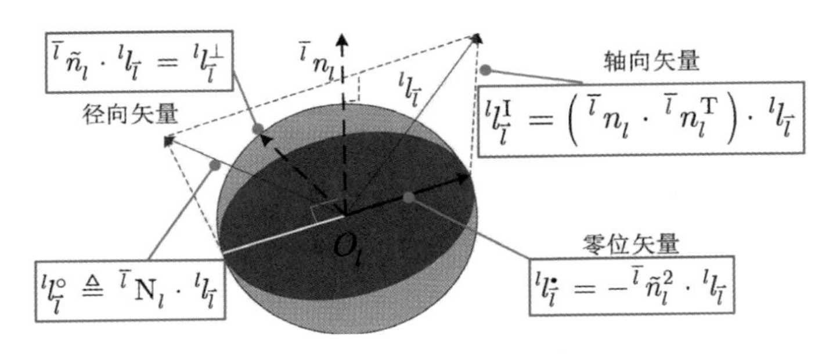

图 4-1　轴不变量的导出不变量

任一个矢量可以分解为零位矢量和轴向矢量，故有

$$^{i|l}l_{\bar{l}} = {}^{i}Q_{\bar{l}} \cdot \left({}^{\bar{l}}n_{l} \cdot {}^{\bar{l}}n_{l}^{\mathrm{T}} - {}^{\bar{l}}\tilde{n}_{l}^{2} \right) \cdot {}^{\bar{l}}Q_{i} \cdot {}^{i}l_{\bar{l}} = {}^{i|l}l_{\bar{l}}^{\mathrm{I}} + {}^{i|l}l_{\bar{l}}^{\bullet} \tag{4.24}$$

其中：

$$^{l}l_{\bar{l}}^{\mathrm{I}} \triangleq {}^{\bar{l}}n_{l}^{\mathrm{T}} \cdot {}^{l}l_{\bar{l}} \cdot {}^{\bar{l}}n_{l},\quad {}^{l}l_{\bar{l}}^{\bullet} \triangleq -{}^{\bar{l}}\tilde{n}_{l}^{2} \cdot {}^{l}l_{\bar{l}},\quad {}^{l}l_{\bar{l}}^{\circ} \triangleq {}^{\bar{l}}\mathrm{N}_{l} \cdot {}^{l}l_{\bar{l}} \tag{4.25}$$

$$^{\bar{l}}n_{l} \cdot {}^{\bar{l}}n_{l}^{\mathrm{T}} - {}^{\bar{l}}\tilde{n}_{l}^{2} = \mathbf{1},\quad {}^{l}l_{\bar{l}} = {}^{l}l_{\bar{l}}^{\mathrm{I}} + {}^{l}l_{\bar{l}}^{\bullet} \tag{4.26}$$

考虑链节${}^{l}\mathbf{1}_{\bar{l}}$，其 D-H 参数有

$$c_{\bar{l}} = {}^{\bar{l}}n_{l}^{\mathrm{T}} \cdot {}^{l}l_{\bar{l}}^{\mathrm{I}},\quad a_{\bar{l}} = {}^{l}l_{\bar{l}}^{\bullet:\mathrm{T}} \cdot {}^{\bar{l}}\tilde{n}_{l} \cdot {}^{l}\tilde{n}_{\bar{l}} \tag{4.27}$$

显然，${}^{l}l_{\bar{l}}^{\bullet}$ 是轴l与$\bar{l}$ 的公垂线或公共径向矢量，${}^{l}l_{\bar{l}}^{\mathrm{I}}$ 是轴l的轴向矢量。由式(4.24)可知：任一个结构参数矢量${}^{l}l_{\bar{l}}$ 可分解为与坐标系无关的零位不变量${}^{l}l_{\bar{l}}^{\bullet}$ 和轴向不变量${}^{l}l_{\bar{l}}^{\mathrm{I}}$，它们的径向矢量记为${}^{l}l_{\bar{l}}^{\perp}$。结构参数矢量${}^{l}l_{\bar{l}}$ 及轴不变量${}^{\bar{l}}n_{l}$ 唯一确定径向坐标系，具有两个独立维度。若两个轴向不变量${}^{i|k}l_{\bar{k}}^{\mathrm{I}}$ 及${}^{i|l}l_{\bar{l}}^{\mathrm{I}}$ 共线，则记为

$$^{i|k}l_{\bar{k}}^{\mathrm{I}} \parallel {}^{i|l}l_{\bar{l}}^{\mathrm{I}} \tag{4.28}$$

由轴不变量导出的零位矢量、径向矢量及轴向矢量具有以下关系：

$$^{\bar{l}}\mathrm{N}_{l} \cdot {}^{l}l_{\bar{l}}^{\bullet} = -{}^{l}l_{\bar{l}}^{\bullet} \tag{4.29}$$

$$^{\bar{l}}\tilde{n}_{l} \cdot {}^{l}l_{\bar{l}}^{\bullet} = {}^{l}l_{\bar{l}}^{\perp},\quad {}^{\bar{l}}\tilde{n}_{l} \cdot {}^{l}l_{\bar{l}}^{\perp} = -{}^{l}l_{\bar{l}}^{\bullet},\quad {}^{\bar{l}}\tilde{n}_{l} \cdot {}^{l}l_{\bar{l}}^{\mathrm{I}} = 0_{3} \tag{4.30}$$

$$^{\bar{l}}\mathrm{N}_{l} \cdot {}^{l}l_{\bar{l}}^{\mathrm{I}} = {}^{l}l_{\bar{l}}^{\mathrm{I}} \tag{4.31}$$

【证明】 由式(4.25)得

$$^{\bar{l}}\mathrm{N}_{l} \cdot {}^{l}l_{\bar{l}}^{\bullet} = -\left(\mathbf{1} + 2 \cdot {}^{\bar{l}}\tilde{n}_{l}^{2}\right) \cdot {}^{\bar{l}}\tilde{n}_{l}^{2} \cdot {}^{l}l_{\bar{l}} = -\left({}^{\bar{l}}\tilde{n}_{l}^{2} + 2 \cdot {}^{\bar{l}}\tilde{n}_{l}^{4}\right) \cdot {}^{l}l_{\bar{l}} = -{}^{l}l_{\bar{l}}^{\bullet}$$

式(4.29)得证。由式(4.25)得

$$^{\bar{l}}\tilde{n}_{l} \cdot {}^{l}l_{\bar{l}}^{\bullet} = -{}^{\bar{l}}\tilde{n}_{l} \cdot {}^{\bar{l}}\tilde{n}_{l}^{2} \cdot {}^{l}l_{\bar{l}} = {}^{\bar{l}}\tilde{n}_{l} \cdot {}^{l}l_{\bar{l}} = {}^{l}l_{\bar{l}}^{\perp}$$

$$^{\bar{l}}\tilde{n}_{l} \cdot {}^{l}l_{\bar{l}}^{\perp} = {}^{\bar{l}}\tilde{n}_{l}^{2} \cdot {}^{l}l_{\bar{l}} = -{}^{l}l_{\bar{l}}^{\bullet},\quad {}^{\bar{l}}\tilde{n}_{l} \cdot {}^{l}l_{\bar{l}}^{\mathrm{I}} = 0_{3}$$

式(4.30)得证。由式(4.25)得

$$^{\bar{l}}\mathrm{N}_{l} \cdot {}^{l}l_{\bar{l}}^{\mathrm{I}} = \left(\mathbf{1} + 2 \cdot {}^{\bar{l}}\tilde{n}_{l}^{2}\right) \cdot {}^{\bar{l}}n_{l} \cdot {}^{\bar{l}}n_{l}^{\mathrm{T}} \cdot {}^{l}l_{\bar{l}} = {}^{\bar{l}}n_{l} \cdot {}^{\bar{l}}n_{l}^{\mathrm{T}} \cdot {}^{l}l_{\bar{l}} = {}^{l}l_{\bar{l}}^{\mathrm{I}}$$

式(4.31)得证。

称式(4.29)为零位矢量的反转公式；称式(4.30)为零位矢量与径向矢量的互换公式；称式(4.31)为径向矢量不变性公式。由式(4.24)、式(4.29)至式(4.31)得

$$^{l}l_{\bar{l}}^{\circ} = {}^{\bar{l}}\mathrm{N}_{l} \cdot {}^{l}l_{\bar{l}} = \left(\mathbf{1} + 2 \cdot {}^{\bar{l}}\tilde{n}_{l}^{2}\right) \cdot \left({}^{l}l_{\bar{l}}^{\mathrm{I}} + {}^{l}l_{\bar{l}}^{\bullet}\right) = {}^{l}l_{\bar{l}}^{\mathrm{I}} - {}^{l}l_{\bar{l}}^{\bullet} \tag{4.32}$$

$$^{\bar{l}}\tilde{n}_{l} \cdot {}^{l}l_{\bar{l}} = {}^{\bar{l}}\tilde{n}_{l} \cdot \left({}^{l}l_{\bar{l}}^{\mathrm{I}} + {}^{l}l_{\bar{l}}^{\bullet}\right) = {}^{\bar{l}}\tilde{n}_{l} \cdot {}^{l}l_{\bar{l}}^{\bullet} = {}^{l}l_{\bar{l}}^{\perp} \tag{4.33}$$

由式(4.32)得

$$-^{\bar{l}}\tilde{n}_l^2 \cdot {}^l l_{\bar{l}} = \left({}^l l_{\bar{l}} - {}^{\bar{l}}\mathrm{N}_l \cdot {}^l l_{\bar{l}}\right)/2 = {}^l l_{\bar{l}}^{\bullet} \tag{4.34}$$

由上可得

$$\mathrm{Rank}\left(\left[\begin{matrix} {}^l l_{\bar{l}} & {}^l l_{\bar{l}}^{\perp} & {}^l l_{\bar{l}}^{\bullet} \end{matrix}\right]\right) \geqslant 2 \quad \text{if} \quad {}^l l_{\bar{l}} \neq 0_3 \tag{4.35}$$

因 ${}^{\bar{l}}\mathrm{N}_l$ 是 ${}^{\bar{l}}Q_l$ 的对称部分的结构常数，称式(4.32)为矢量 ${}^l l_{\bar{l}}$ 的对称分解式。因 ${}^{\bar{l}}\tilde{n}_l$ 是 ${}^{\bar{l}}Q_l$ 的反对称部分的结构常数，故称式(4.33)为矢量 ${}^l l_{\bar{l}}$ 的反对称分解式。

在串链中结构常量间运算得到的矢量称为结构矢量。其中：期望位置和期望姿态是特定的结构常量。

4.3.4 机械臂位姿矢量多项式系统

6R 解耦机械臂逆解问题可以分解为 3R 位置逆解和 3R 姿态逆解两个子问题。因此，6R 解耦机械臂由 3R 机械臂与 3R 解耦机构串接构成。从逆运动学角度看，6R 解耦机械臂本质上是 3R+3R 机械臂。

解耦机构的常见构型如图 4-2 所示，其中 RBR 型最为经典，其后三轴共点；BBR 型及 3R 型俗称偏置型，其后三轴的前两轴及后两轴分别共点。结构上的三轴共点和两轴共点是非常强的约束，需要精密加工及装配得以保证。

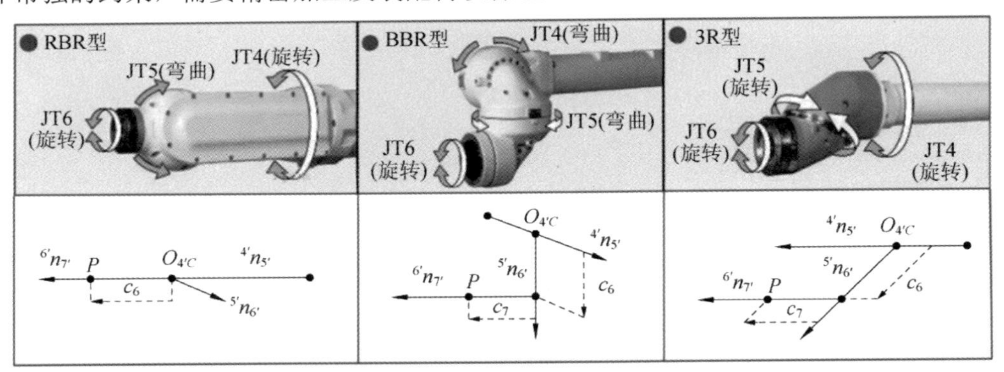

图 4-2 机械臂手腕

将轴 4、轴 5 及轴 6 无共点约束的机械臂称为通用机械臂（general robot-arm）。6R 机械臂控制轴 7 无限旋转，对齐到期望位置和姿态。由式(4.19)和式(4.20)得

$$^{\bar{l}}\boldsymbol{Q}_l \cdot {}^l l_{\bar{l}}/2 = \boldsymbol{\tau}_l^{\bar{l}} \cdot \left({}^{\bar{l}}n_l \cdot {}^l l_{\bar{l}}^{\mathrm{I}} - {}^l l_{\bar{l}}\right) + \tau_l \cdot {}^l l_{\bar{l}}^{\perp} + \left({}^l l_{\bar{l}} - {}^{\bar{l}}n_l \cdot {}^l l_{\bar{l}}^{\mathrm{I}}\right) \tag{4.36}$$

若 ${}^{\bar{l}}n_l^{\mathrm{T}} \cdot {}^l n_{\bar{l}} = 1$，则 ${}^l l_{\bar{l}}^{\perp} = 0_3$，即轴 l 与轴 $\bar{l}$ 正交。

1.BBR 机械臂位置方程

给定转动链 ${}^i\boldsymbol{1}_3$，期望位置矢量 ${}^i_d r_{3\mathrm{P}}$。由式(4.3)得位置方程：

$${}^i r_{3\mathrm{P}} - {}^i_d r_{3\mathrm{P}} = {}^i Q_1 \cdot {}^1 l_2 + {}^i Q_2 \cdot {}^2 l_3 + {}^i Q_3 \cdot {}^3 l_{3\mathrm{P}} - {}^i_d r_{3\mathrm{P}} = 0_3 \tag{4.37}$$

由式(4.37)得

$$\begin{aligned}&\boldsymbol{\tau}_1^i \cdot \boldsymbol{\tau}_3^1 \cdot \left({}^i r_{3\mathrm{P}} - {}^i_d r_{3\mathrm{P}}\right) = \boldsymbol{\tau}_3^1 \cdot {}^i\boldsymbol{Q}_1 \cdot {}^1 l_2 + \boldsymbol{\tau}_3^2 \cdot {}^i\boldsymbol{Q}_2 \cdot {}^2 l_3 \\ &\quad + {}^i\boldsymbol{Q}_3 \cdot {}^3 l_{3\mathrm{P}} - \boldsymbol{\tau}_1^i \cdot \boldsymbol{\tau}_2^1 \cdot \boldsymbol{\tau}_3^2 \cdot {}^i_d r_{3\mathrm{P}} = 0_3\end{aligned} \tag{4.38}$$

由式(4.38)得

$$\begin{aligned}&\boldsymbol{\tau}_1^i \cdot \boldsymbol{\tau}_3^1 \cdot {}^1\boldsymbol{Q}_i \cdot \left({}^i r_{3\mathrm{P}} - {}^i_d r_{3\mathrm{P}}\right) = -\boldsymbol{\tau}_1^i \cdot \boldsymbol{\tau}_3^1 \cdot {}^1\boldsymbol{Q}_i \cdot {}^i_d r_{3\mathrm{P}} \\ &\quad + \boldsymbol{\tau}_1^{i:2} \cdot \left(\boldsymbol{\tau}_3^1 \cdot {}^1 l_2 + \boldsymbol{\tau}_3^2 \cdot {}^1\boldsymbol{Q}_2 \cdot {}^2 l_3 + {}^1\boldsymbol{Q}_3 \cdot {}^3 l_{3\mathrm{P}}\right) = 0_3\end{aligned} \tag{4.39}$$

令

$$\begin{cases} {}^i\boldsymbol{r}_{3\mathrm{P}} = \boldsymbol{\tau}_3^1 \cdot {}^i\boldsymbol{Q}_1 \cdot {}^1 l_2 + \boldsymbol{\tau}_3^2 \cdot {}^i\boldsymbol{Q}_2 \cdot {}^2 l_3 + {}^i\boldsymbol{Q}_3 \cdot {}^3 l_{3\mathrm{P}} \\ {}^{1|i}\boldsymbol{r}_{3\mathrm{P}} = \boldsymbol{\tau}_3^1 \cdot {}^1 l_2 + \boldsymbol{\tau}_3^2 \cdot {}^1\boldsymbol{Q}_2 \cdot {}^2 l_3 + {}^1\boldsymbol{Q}_3 \cdot {}^3 l_{3\mathrm{P}} \end{cases} \tag{4.40}$$

由式(4.19)和式(4.40)得

$${}^{1|i}\boldsymbol{r}_{3\mathrm{P}} = \boldsymbol{\tau}_1^{i:-2} \cdot {}^1\boldsymbol{Q}_i \cdot {}^i\boldsymbol{r}_{3\mathrm{P}} \tag{4.41}$$

由式(4.39)和式(4.40)得

$$\boldsymbol{\tau}_3^1 \cdot {}^1\boldsymbol{Q}_i \cdot \left({}^i r_{3\mathrm{P}} - {}^i_d r_{3\mathrm{P}}\right) = \boldsymbol{\tau}_1^i \cdot {}^{1|i}\boldsymbol{r}_{3\mathrm{P}} - \boldsymbol{\tau}_3^1 \cdot {}^1\boldsymbol{Q}_i \cdot {}^i_d r_{3\mathrm{P}} = 0_3 \tag{4.42}$$

因此，矢量多项式方程表示为

$$\boldsymbol{f}_3 = \boldsymbol{\tau}_1^i \cdot \sum_{l}^{{}^1\mathbf{1}_{3\mathrm{P}}} \left(\boldsymbol{\tau}_3^{\bar{l}} \cdot {}^1\boldsymbol{Q}_{\bar{l}} \cdot {}^{\bar{l}} l_l\right) - \boldsymbol{\tau}_3^1 \cdot {}^1\boldsymbol{Q}_i \cdot {}^i_d r_{3\mathrm{P}} = 0_3 \tag{4.43}$$

显然，式(4.43)为二阶矢量多项式系统。

2.BBR 机械臂姿态方程

给定转动链 ${}^4\mathbf{1}_6$，期望 Ju-Gibbs 四元数 ${}^4_d\tau_6$。由式(4.10)得姿态方程：

$$\boldsymbol{f}_3^{[1:3]} = {}^4\tau_6 - {}^4\tau_6^{[4]} \cdot {}^4_d\tau_6 = 0_3 \tag{4.44}$$

其中：

$${}^4\tau_6 = \prod_{l}^{{}^4\mathbf{1}_5} \left(\begin{bmatrix} \mathbf{1} + {}^{\bar{l}}\tilde{\tau}_l & {}^{\bar{l}}\tau_l \\ -{}^{\bar{l}}\tau_l^{\mathrm{T}} & 1 \end{bmatrix}\right) \cdot \begin{bmatrix} {}^5\tau_6 \\ 1 \end{bmatrix} \tag{4.45}$$

由式(4.16)和式(4.44)得

$$\boldsymbol{f}_3^{[1:3]} = \boldsymbol{\tau}_4^3 \cdot {}^4\tau_6 - {}^3\tau_6^{[4]} \cdot \begin{bmatrix}\mathbf{1} & 0_3\end{bmatrix} \cdot {}^4\tilde{\tau}_3 \cdot {}^4_d\tau_6 = 0_3 \tag{4.46}$$

式(4.44)是关于 τ_5、τ_6 的三重线性多项式方程，而式(4.46)是关于 τ_4 的二阶多项式方程。

3.通用机械臂位姿方程

给定转动链 ${}^i\mathbf{1}_6$，期望 Ju-Gibbs 四元数 ${}^i_d\tau_6$ 及期望位置 ${}^i_d r_{6\mathrm{P}}$。考虑式(4.3)，式(4.19)和式(4.20)，得位姿方程：

$$
\begin{cases}
\boldsymbol{f}_6^{[1:3]} = \boldsymbol{\tau}_1^{i} \cdot \sum\limits_{l}^{{}^{1}\mathbf{1}_{6\mathrm{P}}} \left(\boldsymbol{\tau}_6^{\bar{l}} \cdot {}^{1}\boldsymbol{Q}_{\bar{l}} \cdot {}^{\bar{l}}l_l \right) - \boldsymbol{\tau}_6^{1} \cdot {}^{1}\boldsymbol{Q}_i \cdot {}_d^{i}r_{6\mathrm{P}} = 0_3 \\
\boldsymbol{f}_6^{[4:6]} = {}^{i}\tau_6 - {}^{i}\dot{\tau}_6^{[4]} \cdot {}_d^{i}\tau_6 = 0_3
\end{cases} \tag{4.47}
$$

其中：

$$
\begin{cases}
{}^{i}\dot{\tau}_6 = \prod\limits_{l}^{{}^{i}\mathbf{1}_5} \left(\begin{bmatrix} \mathbf{1} + {}^{\bar{l}}\tilde{\tau}_l & {}^{\bar{l}}\tau_l \\ -{}^{\bar{l}}\tau_l^{\mathrm{T}} & 1 \end{bmatrix} \right) \cdot \begin{bmatrix} {}^{5}\tau_6 \\ 1 \end{bmatrix} \\
{}^{1}\boldsymbol{Q}_l = \prod\limits_{k}^{{}^{1}\mathbf{1}_l} \left({}^{\bar{k}}\boldsymbol{Q}_k \right), \quad \boldsymbol{\tau}_6^{l} = \prod\limits_{k}^{{}^{l}\mathbf{1}_6} \left(\boldsymbol{\tau}_k^{\bar{k}} \right)
\end{cases} \tag{4.48}
$$

显然，前三个二阶子方程表示位置对齐，后三个多重线性子方程表示姿态对齐。姿态方程的任意两个表示方向对齐。式(4.47)称为矢量多项式方程，它是结构常矢量的线性表示。由于运动链具有传递性，前继运动一定会影响后继的运动，考虑 $\boldsymbol{\tau}_n^{i}$ 欧拉 2 范数得

$$
\boldsymbol{\tau}_n^{i} = {}^{i}\dot{\tau}_n^{[4]:2} \cdot \left(1 + {}_d\tau_n^{i:2} \right) = {}^{i}\dot{\tau}_n^{[4]:2} \cdot {}_d\boldsymbol{\tau}_n^{i} \tag{4.49}
$$

与欧拉四元数和对偶四元数对比可知， Ju-Gibbs 四元数不存在冗余方程，为解决六轴机器人逆解问题奠定了基础。因式(4.47)是矢量多项式方程，有必要进一步探讨该类方程的求解问题。

由式(4.1)和式(4.3)可知：多轴系统的姿态及位置方程本质上是多元二阶多项式方程，其逆解本质上归结于多元二阶多项式的消元问题，包括 Dixon 矩阵和 Dixon 行列式计算两个子问题。用式(4.3)表达的机械臂位置方程，是三个“n 元 2 阶”多项式。相似地，可以将六轴机器人位姿方程表示为无冗余的基于轴不变量的矢量多项式方程。

4.3.5　本节贡献

本节首先以轴不变量为基础，提出了与欧拉四元数同构的 Ju-Gibbs 四元数，证明了该四元数的相关性质。接着，基于 Ju-Gibbs 四元数，提出并证明了类 DCM 的数学性质。最后，分析了由轴不变量表达的结构矢量，从而建立了无冗余的位姿矢量多项式系统。

4.4　矢量多项式系统求解原理

4.4.1　单变量多项式方程求解

16 世纪意大利数学家卡当（Candano）及其助手先后给出了一元三次和四次方程的解析解（symbolic / analytic solution），这是单变量高阶多项式方程的特例。法国青年数学家伽罗华（Galois）利用可解群理论证明了一般五次以上的方程不存在解析解。一元二次、三次及四次方程是单变量高阶多项式方程的特定形式。

单变量高阶多项式方程 $p(x) = a_0 + a_1x + \cdots + a_{n-1}x^{n-1} + x^n = 0$ 具有 n 个解。若能

找到一个矩阵 $\boldsymbol{A}$，满足 $\left|\boldsymbol{A}-\lambda_l\cdot\mathbf{1}_n\right|\cdot\boldsymbol{v}_l=0$，其中 $l\in[1:n]$，λ_l 为该矩阵的特征值，$\boldsymbol{v}_l$ 为对应的特征矢量，则 λ_l 即为该单变量高阶多项式方程的解。

矩阵 $\boldsymbol{A}$ 的特征方程为 $\left|\boldsymbol{A}-\lambda_l\cdot\mathbf{1}_n\right|=a_0+a_1\lambda_l+\cdots+a_{n-1}\lambda_l^{n-1}+\lambda_l^n=0$，称该矩阵为多项式 $p(x)$ 的友矩阵（companion matrix，简称友阵）。因此，多项式方程 $p(\lambda_l)=0$ 的解为友阵 $\boldsymbol{A}$ 的特征方程 $\left|\boldsymbol{A}-\lambda_l\cdot\mathbf{1}_n\right|=0$ 的解。

若多项式 $p(x)$ 的友阵为

$$\boldsymbol{A}=\begin{bmatrix}0&1&\cdots&0\\\vdots&\vdots&\ddots&\vdots\\0&0&\cdots&1\\-a_0&-a_1&\cdots&-a_{n-1}\end{bmatrix}\tag{4.50}$$

则由矩阵 $\boldsymbol{A}$ 的特征向量构成的矩阵为范德蒙德（Vandermonde）矩阵，即

$$\boldsymbol{V}(\lambda_1,\ \lambda_2,\ \cdots,\ \lambda_n)=\begin{bmatrix}1&1&\cdots&1\\\vdots&\vdots&\ddots&\vdots\\\lambda_1^{n-2}&\lambda_2^{n-2}&\cdots&\lambda_n^{n-2}\\\lambda_1^{n-1}&\lambda_2^{n-1}&\cdots&\lambda_n^{n-1}\end{bmatrix}\tag{4.51}$$

且有

$$p(\lambda_l)=\left|\boldsymbol{A}-\lambda_l\cdot\mathbf{1}_n\right|=0\tag{4.52}$$

【证明】 记特征值 λ_l 对应的特征向量为 $\boldsymbol{v}_l$，由特征值定义可知 $\boldsymbol{A}\cdot\boldsymbol{v}_l=\lambda_l\cdot\boldsymbol{v}_l$，故有

$$\boldsymbol{A}\cdot\boldsymbol{v}_l=\begin{bmatrix}0&1&\cdots&0\\\vdots&\vdots&\ddots&\vdots\\0&0&\cdots&1\\-a_0&-a_1&\cdots&-a_{n-1}\end{bmatrix}\cdot\begin{bmatrix}1\\\vdots\\\lambda_l^{n-2}\\\lambda_l^{n-1}\end{bmatrix}=\begin{bmatrix}\lambda_l\\\vdots\\\lambda_l^{n-1}\\-\sum\limits_k^{[0:n-1]}\left(a_k\lambda_l^k\right)\end{bmatrix}=\begin{bmatrix}\lambda_l\\\vdots\\\lambda_l^{n-1}\\\lambda_l^n-p(\lambda_l)\end{bmatrix}=\lambda_l\cdot\begin{bmatrix}1\\\vdots\\\lambda_l^{n-2}\\\lambda_l^{n-1}\end{bmatrix}$$

故式(4.51)成立。因 $\boldsymbol{A}\cdot\boldsymbol{v}_l=\lambda_l\cdot\boldsymbol{v}_l$，则有

$$\begin{bmatrix}\lambda_l\\\vdots\\\lambda_l^{n-1}\\-\sum\limits_k^{[0:n-1]}\left(a_k\lambda_l^k\right)\end{bmatrix}-\lambda_l\cdot\begin{bmatrix}1\\\vdots\\\lambda_l^{n-2}\\\lambda_l^{n-1}\end{bmatrix}=\begin{bmatrix}\lambda_l-\lambda_l\\\vdots\\\lambda_l^{n-1}-\lambda_l^{n-1}\\-\sum\limits_k^{[0:n-1]}\left(a_k\lambda_l^k\right)-\lambda_l^n\end{bmatrix}=\begin{bmatrix}0\\\vdots\\0\\-p(\lambda_l)\end{bmatrix}=-p(\lambda_l)\cdot\begin{bmatrix}0\\\vdots\\0\\1\end{bmatrix}=0_n$$

故有

$$\left|\left(\boldsymbol{A}-\lambda_l\cdot\mathbf{1}_n\right)\cdot\boldsymbol{v}_l\right|=\left|\boldsymbol{A}-\lambda_l\cdot\mathbf{1}_n\right|\cdot\left|\boldsymbol{v}_l\right|=\left|p\left(\lambda_l\right)\right|\cdot\left\|\begin{bmatrix}0 & \cdots & 0 & 1\end{bmatrix}^{\mathrm{T}}\right\|=0$$

因 $\boldsymbol{v}_l\neq 0_n$，故式(4.52)成立。证毕。

【示例 4.1】 求解多项式方程 $p(x)=x^3-10x^2+31x-30=0$。

【解】 由式(4.50)和式(4.52)分别得

$$\boldsymbol{A}=\begin{bmatrix}0 & 1 & 0\\0 & 0 & 1\\30 & -31 & 10\end{bmatrix},\quad \left|\boldsymbol{A}-\lambda\cdot\mathbf{1}\right|=\begin{vmatrix}-\lambda & 1 & 0\\0 & -\lambda & 1\\30 & -31 & 10-\lambda\end{vmatrix}=\begin{matrix}-\lambda^3+10\lambda^2\\ \backslash -31\lambda+30\end{matrix}=0$$

通过 QR（正交三角）分解得友阵 $\boldsymbol{A}$ 的全部特征根 $\lambda=\{2,\ 3,\ 5\}$，此即为该多项式方程的解。

【示例 4.2】 求解多项式方程 $p(x)=x^2+1=0$。

【解】 由式(4.50)和式(4.52)分别得

$$\boldsymbol{A}=\begin{bmatrix}0 & 1\\-1 & 0\end{bmatrix},\quad \left|\boldsymbol{A}-\lambda\cdot\mathbf{1}\right|=\begin{vmatrix}-\lambda & 1\\-1 & -\lambda\end{vmatrix}=\lambda^2+1=0$$

通过 QR 分解得友阵 $\boldsymbol{A}$ 的全部特征根 $\pm\mathrm{i}$，即为该多项式方程的解。

基于友阵的单变量多项式方程求解原理具有通用性，避免了针对不同阶次各自进行分析求解的麻烦。其核心是计算友阵的特征值，由于计算机字长有限，随着阶次升高求解精度也会大幅度下降。字长 64 位浮点数值范围由 $2.22507\cdot10^{-308}$ 至 $1.79769\cdot10^{308}$，计算精度为 2^{-53}，即小数精度为 15 至 16 位；字长 128 位浮点数值范围由 $3.36210\cdot10^{-4932}$ 至 $1.18973\cdot10^{4932}$，计算精度可达到 2^{-113}，即小数精度为 33 至 34 位。因此，当阶次高于 12 时，通常需要采用 128 位字长的浮点计算系统。

4.4.2 多重线性多项式方程求解

求解如下二元一阶多项式方程 $\boldsymbol{f}_2\left(x_1,x_2\right)=0_2$：

$$\boldsymbol{f}_2\left(x_1,x_2\right)\triangleq\begin{cases}\boldsymbol{f}_2^{[1]}\left(x_1,x_2\right)=0\\ \boldsymbol{f}_2^{[2]}\left(x_1,x_2\right)=0\end{cases}\tag{4.53}$$

步骤 1　引入辅助变量 y_2 替换第二个原变量 x_2，角标记为 $|2$，则有降阶的多项式矩阵：

$$\boldsymbol{F}_{2|2}\triangleq\begin{bmatrix}\boldsymbol{f}_2\left(x_1,x_2\right) & \dfrac{1}{x_2-y_2}\cdot\boldsymbol{f}_{2|2}\left(x_1,y_2\right)\end{bmatrix}\tag{4.54}$$

称第二列为 $\boldsymbol{f}_2$ 的降阶替换式。记 $\boldsymbol{F}_{2|2}$ 的行列式为 $[\![\boldsymbol{F}_{2|2}]\!]$，称其为 $\boldsymbol{f}_2$ 的 Dixon 多项式。

$$[\![\boldsymbol{F}_{2|2}]\!]=\frac{1}{x_2-y_2}\cdot\left(\boldsymbol{f}_2^{[1]}(x_1,x_2)\cdot\boldsymbol{f}_{2|2}^{[2]}(x_1,y_2)-\boldsymbol{f}_2^{[2]}(x_1,x_2)\cdot\boldsymbol{f}_{2|2}^{[1]}(x_1,y_2)\right)=0 \tag{4.55}$$

显然，对于多项式方程，x_2-y_2 总是可以消去的。式(4.55)是式(4.53)有解的必要条件，这是 Cayley 于 1865 年提出的 Cayley-Bézout 方法。

步骤 2 将该 Dixon 多项式表示为不含 x_2 和 y_2 的 ${}_2\Theta_2$ 矩阵，称其为 Dixon 矩阵。

步骤 3 对 Dixon 矩阵 ${}_2\Theta_2$ 进行阶梯化，记为 $\mathrm{Echelon}({}_2\Theta_2)$，称其主对角各元素的积为 Dixon 结式（resultant)，即关于 x_1 的特征多项式。由 $\mathrm{Res}({}_2\Theta_2)=0$，得 x_1 的可行解。

【示例 4.3】 求解下列多项式方程的解：

$$\boldsymbol{f}_2=\begin{bmatrix}\boldsymbol{f}_2^{[1]}\\ \boldsymbol{f}_2^{[2]}\end{bmatrix},\quad \begin{cases}\boldsymbol{f}_2^{[1]}=1+2\cdot\tau_l+\tau_{\bar{l}}+2\cdot\tau_{\bar{l}}\cdot\tau_l=0\\ \boldsymbol{f}_2^{[2]}=1+\tau_l+\tau_{\bar{l}}+\tau_{\bar{l}}\cdot\tau_l=0\end{cases} \tag{4.56}$$

【解】 这是二重线性多项式系统。将式(4.56)代入式(4.54)和式(4.55)得

$$\boldsymbol{F}_{2|l}=\frac{1}{\tau_l-y_l}\cdot\begin{bmatrix}1+2\cdot\tau_l+\tau_{\bar{l}}+2\cdot\tau_{\bar{l}}\tau_l & 1+2\cdot y_l+\tau_{\bar{l}}+2\cdot\tau_{\bar{l}}y_l\\ 1+\tau_l+\tau_{\bar{l}}+\tau_{\bar{l}}\tau_l & 1+y_l+\tau_{\bar{l}}+\tau_{\bar{l}}y_l\end{bmatrix}$$

$$[\![\boldsymbol{F}_{2|l}]\!]=\begin{bmatrix}1 & y_l\end{bmatrix}\cdot{}_2\Theta_2(\tau_{\bar{l}})\cdot\begin{bmatrix}1 & \tau_l\end{bmatrix}^{\mathrm{T}}$$

其中：

$${}_2\Theta_2(\tau_{\bar{l}})=\begin{bmatrix}-(1+\tau_{\bar{l}})^2 & 0\\ 0 & 0\end{bmatrix}$$

$$\mathrm{Res}({}_2\Theta_2(\tau_{\bar{l}}))=-(1+\tau_{\bar{l}})^2$$

令 $\mathrm{Res}({}_2\Theta_2)=0$ 得 $\tau_{\bar{l}}=-1$。将 $\tau_{\bar{l}}=-1$ 代入式(4.56)中任一个子式得 $\tau_l=0$。故有 $\begin{bmatrix}\tau_{\bar{l}} & \tau_l\end{bmatrix}=\begin{bmatrix}-1 & 0\end{bmatrix}$。

由上可知：Dixon 多项式 $[\![\boldsymbol{F}_{2|l}]\!]$ 有两组基序列 $[1,y_l]$ 和 $[1,\tau_l]$，它们构成了二阶张量。Dixon 矩阵 ${}_2\Theta_2$ 被视为 Dixon 多项式 $[\![\boldsymbol{F}_{2|l}]\!]$ 在这两组基上的投影。

下面，将上述原理推广至多重线性多项式系统。在数学上，一个代数环是指一个满足加法及乘法运算的集合。其中：加法满足交换律、结合律、逆运算及加法单位性；乘法对加法满足左分配律或右分配律、乘法单位性。二进制代数系统和多项式符号系统是典型的代数环系统，它们是互为同构的数学系统。

在数学系统当中，基数（radix）是指一个集合中任一个元素重复的次数。将 n 重线性阶次序列记为 $\boldsymbol{W}_n$，其最高阶次为 1，基数为 2。将多项式变量序列记为 $X_n=(x_1,x_2,\cdots,x_n]$，一阶多项式项的集合记为 $\boldsymbol{X}_n^{\alpha}$，它是变量序列对于“字”的幂积。

$$\boldsymbol{W}_n = \left[\alpha[1]\alpha[2]\cdots\alpha[n] \middle| \alpha[*] \in [0:1]\right] \tag{4.57}$$

$$\boldsymbol{X}_n^{\alpha} = \left[x_1^{\alpha[1]} x_2^{\alpha[2]} \cdots x_n^{\alpha[n]} \middle| \alpha[*] \in [0:1]\right] \tag{4.58}$$

独立变量数 n 称为维度（degree），记为 $\mathrm{Degree}\left(\boldsymbol{X}_n^{\alpha}\right) = n$。$n$ 位二进位字 $\boldsymbol{W}_n$ 共有 2^n 个实例，它与多项式项一一映射。多项式项的系数记为 $\boldsymbol{k}_{\alpha}^{[l]}$，与多项式项 $\boldsymbol{X}_n^{\alpha}$ 一一映射。

$$\begin{cases} \boldsymbol{k}_{\alpha}^{[l]} = \left[k_{\alpha[1]\alpha[2]\cdots\alpha[n]} \middle| \alpha[*] \in [0:1]\right]^{\mathrm{T}} \\ \boldsymbol{f}_n^{[l]}\left(X_n\right) = \boldsymbol{X}_n^{\alpha} \cdot \boldsymbol{k}_{\alpha}^{[l]} \end{cases} \tag{4.59}$$

【示例 4.4】 给定三重线性多项式，则有

$$\begin{cases} \boldsymbol{W}_3 = [000,\ 001,\ 010,\ 011,\ 100,\ 101,\ 110,\ 111] \\ \boldsymbol{X}_3^{\alpha} = [1,\ x_1,\ x_2,\ x_2x_1,\ x_3,\ x_3x_1,\ x_3x_2,\ x_3x_2x_1] \\ \boldsymbol{f}_3^{[l]}\left(X_3\right) = k_{000}^{[l]} + k_{001}^{[l]} \cdot x_1 + k_{010}^{[l]} \cdot x_2 + \cdots + k_{111}^{[l]} \cdot x_3x_2x_1 \end{cases} \tag{4.60}$$

4.4.3 二阶多项式系统

将 n 重线性阶次序列 $\boldsymbol{W}_n$ 和原变量序列 X_n 的二阶形式分别记为 $\boldsymbol{W}_n^2$ 和 $\boldsymbol{X}_n^{\alpha}$，从而获得二次多项式 $\boldsymbol{f}_n\left(X_n^2\right)$。$\boldsymbol{W}_n^2$ 与 $\boldsymbol{X}_n^2$ 具有一一映射的关系。$\boldsymbol{f}_n\left(X_n^2\right)$ 的降阶替换矩阵记为 $\boldsymbol{F}_n\left(X_n^2\right)$。

$$\begin{cases} \boldsymbol{W}_n^2 = \left[\alpha[1]\alpha[2]\cdots\alpha[n] \middle| \alpha[*] \in [0:2]\right] \\ \boldsymbol{X}_n^{\alpha} = \left[x_1^{\alpha[1]} x_2^{\alpha[2]} \cdots x_n^{\alpha[n]} \middle| \alpha[*] \in [0:2]\right] \end{cases} \tag{4.61}$$

$$\begin{cases} \boldsymbol{k}_{\alpha}^{[l]} = \left[k_{\alpha[1]\alpha[2]\cdots\alpha[n]} \middle| \alpha[*] \in [0,2]\right]^{\mathrm{T}} \\ \boldsymbol{f}_n^{[l]}\left(X_n^2\right) = \boldsymbol{X}_n^{\alpha} \cdot \boldsymbol{k}_{\alpha}^{[l]} \end{cases} \tag{4.62}$$

$$\boldsymbol{F}_n\left(X_n^2\right) = \left[\boldsymbol{f}_n^{[1]}\ \boldsymbol{f}_n^{[2]}\ \cdots\ \boldsymbol{f}_n^{[n]}\right]^{\mathrm{T}} = 0_n \tag{4.63}$$

【示例 4.5】 由式(4.61)得

$$\boldsymbol{W}_2^2 = [00, 01, 10, 11, 02, 20, 12, 21, 22]$$

$$\boldsymbol{X}_2^{\alpha} = \left[1, x_1, x_2, x_1x_2, x_1^2, x_2^2, x_1x_2^2, x_1^2x_2, x_1^2x_2^2\right]$$

【示例 4.6】 继示例 4.5 得二阶多项式：

$$\boldsymbol{f}_2^{[l]}\left(X_2^2\right) = \sum_{\alpha}^{\boldsymbol{W}_2^2}\left(k_{\alpha}^{[l]} \cdot X_2^{\alpha}\right),\quad k_{\alpha}^{[l]} \in \boldsymbol{k}_{\alpha}^{[l]},\quad X_2^{\alpha} \in \boldsymbol{X}_2^{\alpha} \tag{4.64}$$

令 $\beta[l]\prec\alpha[l]$，$\boldsymbol{W}_n^2\cdot\boldsymbol{W}_n^2$ 及 $\boldsymbol{X}_n^\alpha\cdot\boldsymbol{Y}_n^\beta$ 计算如下：

$$\boldsymbol{W}_n^2\cdot\boldsymbol{W}_n^2=\left[\alpha[1]\beta[1]\cdot\alpha[2]\beta[2]\cdots\alpha[n]\beta[n]\middle|\alpha[*],\beta[*]\in\left[0:2\right]\right] \tag{4.65}$$

$$\boldsymbol{X}_n^\alpha\cdot\boldsymbol{Y}_n^\beta=\left[x_1^{\alpha[1]}y_1^{\beta[1]}\cdot x_2^{\alpha[2]}y_2^{\beta[2]}\cdots x_n^{\alpha[n]}y_n^{\beta[n]}\middle|\alpha[*],\beta[*]\in\left[0:2\right]\right] \tag{4.66}$$

辅助变量 y_l 的次序比原变量 x_l 的高，故 $x_l\prec y_l$。令 X_n^α 和 Y_n^β 分别为 $\boldsymbol{X}_n^\alpha$ 和 $\boldsymbol{Y}_n^\alpha$ 的实例。复合项 $X_n^\alpha\cdot Y_n^\beta$ 的系数记为 $k_{\alpha\beta}$。$\boldsymbol{X}_n^2$ 的最高阶次满足 $\mathrm{Order}\left(\boldsymbol{X}_n^\alpha\right)=2$。$\boldsymbol{W}_n^2$ 的基数是 3，$\boldsymbol{X}_n^\alpha$ 最多有 3^n 个实例。相似地，可以建立高阶多项式系统。

4.4.4 基于 Dixon 结式的多项式方程求解

1.多项式系统的 Dixon 结式

给定原变量序列 $X_n=\left(x_1:x_n\right]$，引入辅助变量序列 $Y_n=\left(y_1:y_n\right]$，定义 N 阶多项式项如下：

$$\boldsymbol{X}_n^\alpha=\left[x_1^{\alpha[1]},x_2^{\alpha[2]},\cdots,x_n^{\alpha[n]}\middle|\alpha[*]\in\left[0:N\right]\right] \tag{4.67}$$

$$Y_n^\beta\succ X_n^\alpha,\quad \boldsymbol{Y}_n^\beta=\left[y_2^{\beta[2]},y_3^{\beta[3]},\cdots,y_n^{\beta[n]}\middle|\beta[*]\in\left[0:N\right]\right] \tag{4.68}$$

与式(4.55)一样，用辅助变量序列 Y_n 各个变量依次替换原变量序列 $X_n=\left(x_1:x_n\right]$ 的变量。符号“|”表示替换操作。令 $y_1\equiv x_1$，降阶的多项式表示为

$$\left[\!\left[\bar{\boldsymbol{F}}_{n|n}\right]\!\right]=\frac{1}{\prod\limits_{l}^{[2:n]}\left(x_l-y_l\right)}\cdot\left[\!\left[\begin{matrix}\boldsymbol{f}_n^{[1]} & \boldsymbol{f}_{n|2}^{[1]} & \cdots & \boldsymbol{f}_{n|n}^{[1]}\\ \boldsymbol{f}_n^{[2]} & \boldsymbol{f}_{n|2}^{[2]} & \cdots & \boldsymbol{f}_{n|n}^{[2]}\\ \vdots & \vdots & \ddots & \vdots\\ \boldsymbol{f}_n^{[n]} & \boldsymbol{f}_{n|2}^{[n]} & \cdots & \boldsymbol{f}_{n|n}^{[n]}\end{matrix}\right]\!\right] \tag{4.69}$$

同时，可以定义未降阶的 Dixon 多项式为

$$\left[\!\left[\boldsymbol{F}_{n|n}\right]\!\right]=\left[\!\left[\begin{matrix}\boldsymbol{f}_n^{[1]} & \boldsymbol{f}_{n|2}^{[1]} & \cdots & \boldsymbol{f}_{n|n}^{[1]}\\ \boldsymbol{f}_n^{[2]} & \boldsymbol{f}_{n|2}^{[2]} & \cdots & \boldsymbol{f}_{n|n}^{[2]}\\ \vdots & \vdots & \ddots & \vdots\\ \boldsymbol{f}_n^{[n]} & \boldsymbol{f}_{n|2}^{[n]} & \cdots & \boldsymbol{f}_{n|n}^{[n]}\end{matrix}\right]\!\right] \tag{4.70}$$

由式(4.69)及式(4.70)得

$$\left[\!\left[\boldsymbol{F}_{n|n}\right]\!\right]=\prod_{l}^{[2:n]}\left(x_l-y_l\right)\cdot\left[\!\left[\bar{\boldsymbol{F}}_{n|n}\right]\!\right] \tag{4.71}$$

展开的 n 元 N 阶多项式表示为

$$\boldsymbol{f}_{n|m}^{[l]}=\sum_{\alpha}^{\boldsymbol{W}_n^N}\left(k_\alpha^{[l]}\cdot\left(Y_m^\alpha \mid X_m^\alpha\right)\right),\quad l\in[1:n] \tag{4.72}$$

定义如下多项式的降阶替换：

$$\boldsymbol{f}_{n|m}^{[l]}-\boldsymbol{f}_{n|m-1}^{[l]}=\sum_{\alpha}^{\boldsymbol{W}_n^N}\left(k_\alpha^{[l]}\cdot\left(Y_m^\alpha \mid X_m^\alpha\right)-k_\alpha^{[l]}\cdot\left(Y_{m-1}^\alpha \mid X_{m-1}^\alpha\right)\right) \tag{4.73}$$

显然，当$m\rightarrow n$时，$\boldsymbol{f}_{n|m}^{[l]}-\boldsymbol{f}_{n|m-1}^{[l]}$中多项式项数将不断减少。

$$\bar{\boldsymbol{f}}_{n|1}^{[l]}=\boldsymbol{f}_n^{[l]},\quad \bar{\boldsymbol{f}}_{n|m}^{[l]}=\frac{1}{y_m-x_m}\cdot\left(\boldsymbol{f}_{n|m}^{[l]}-\boldsymbol{f}_{n|m-1}^{[l]}\right) \tag{4.74}$$

其中：

$$\bar{\boldsymbol{f}}_{n|m}^{[l]}=\sum_{\alpha}^{\boldsymbol{W}_n^N}\left(k_\alpha^{[l]}\cdot x_1^{\alpha[1]}\cdot x_2^{\alpha[2]}\cdot\cdots\cdot\frac{x_m^{\alpha[m]}-y_m^{\alpha[m]}}{x_m-y_m}\cdot\cdots\cdot x_n^{\alpha[n]}\right)$$
$$x_m^{\alpha[m]}-y_m^{\alpha[m]}=\left(x_m-y_m\right)\cdot\left(x_m^{\alpha[m]-1}+x_m^{\alpha[m]-2}y_m+\cdots+x_m y_m^{\alpha[m]-2}+y_m^{\alpha[m]-1}\right) \tag{4.75}$$

由式(4.69)及式(4.74)得降阶的 Dixon 多项式：

$$\left[\!\left[\bar{\boldsymbol{F}}_{n|n}\right]\!\right]=\left[\!\!\left[\begin{matrix}\boldsymbol{f}_n^{[1]} & \bar{\boldsymbol{f}}_{n|2}^{[1]} & \cdots & \bar{\boldsymbol{f}}_{n|n}^{[1]}\\ \boldsymbol{f}_n^{[2]} & \bar{\boldsymbol{f}}_{n|2}^{[2]} & \cdots & \bar{\boldsymbol{f}}_{n|n}^{[2]}\\ \vdots & \vdots & \ddots & \vdots\\ \boldsymbol{f}_n^{[n]} & \bar{\boldsymbol{f}}_{n|2}^{[n]} & \cdots & \bar{\boldsymbol{f}}_{n|n}^{[n]}\end{matrix}\right]\!\!\right]=\sum_{\beta}^{[1:N'1]}\sum_{\alpha}^{[1:N1]}\left(\boldsymbol{Y}_n^{[\beta]}\cdot\boldsymbol{X}_n^{[\alpha]}\cdot{}_{S'1}^{[\beta]}\Theta_{S1}^{[\alpha]}\left(x_1\right)\right) \tag{4.76}$$

其中：$\boldsymbol{Y}_n^{\beta}$ 是 $\boldsymbol{X}_n^{\alpha}$ 的降阶序列。显然，式(4.76)比式(4.69)具有更低的计算复杂度。由式(4.74)和式(4.76)知，第一列多项式最高阶为N，其他降阶的各列最高阶为$N-1$，得行列式阶次如下：

$$\begin{gathered}\operatorname{Order}\left(\left[\!\left[\bar{\boldsymbol{F}}_{n|n}\right]\!\right];x_1\right)\leqslant n\cdot N\\ N1=\operatorname{Order}\left(\left[\!\left[\bar{\boldsymbol{F}}_{n|n}\right]\!\right];x_l\right)\leqslant N\cdot l-1,\quad l\in[2:n]\\ N'1=\operatorname{Order}\left(\left[\!\left[\bar{\boldsymbol{F}}_{n|n}\right]\!\right];y_l\right)\leqslant(n-l+1)\cdot N-1,\quad l\in[2:n]\end{gathered} \tag{4.77}$$

从而得 Dixon 矩阵的大小：

$$S'1=N^{n-1}\cdot(n-1)!,\quad S1=N^{n-1}\cdot n! \tag{4.78}$$

因此，多项式方程$\boldsymbol{f}_n^{[1:n]}(x_1:x_n)=0_n$的求解变量$x_1$有解的必要条件为

$$\operatorname{Res}\left({}_{S'1}\Theta_{S1}\left(x_1\right)\right)=0 \tag{4.79}$$

显然，上述 Dixon 消元原理对于多重线性多项式方程非常适用。但是对于高阶多项式方程，式(4.77)至式(4.79)表明 Dixon 行列式、Dixon 矩阵及阶梯化过程均存在变量组合爆炸的问题。随着阶次及变量数增加，Dixon 消元过程计算量激增，难以满足机械臂逆解的实时性需求。

将不能在确定多项式时间内可解的问题称为 NP 问题。非确定性算法将问题分解为猜

测与验证两个阶段：算法的猜测阶段具有非确定性，算法的验证阶段具有确定性，通过验证来确定猜测的解是否正确。一般多项式方程求解就属于 NP 问题。矢量多项式系统是一般多项式系统的特定形式，具有非常广泛的应用。

2.Dixon 多项式的行阶梯化

对多项式矩阵进行阶梯化，可以得到上三角形式的阶梯化矩阵，从而获得 Dixon 结式。给定如下 Dixon 矩阵，令 r_k 表示第 k 行，其阶梯化过程如下：

$$
{}_3\Theta_3 = \begin{bmatrix} -1-\tau_1 & 0 & -\tau_1^2 \\ 0 & -\tau_1^2 & \tau_1 \\ 3\tau_1-\tau_1^2 & \tau_1 & 0 \end{bmatrix} \xrightarrow{r_3\cdot(1+\tau_1)-r_1\cdot(3\tau_1-\tau_1^2)\to r_3}
$$

$$
\begin{bmatrix} -1-\tau_1 & 0 & -\tau_1^2 \\ 0 & -\tau_1^2 & \tau_1 \\ 0 & \tau_1\cdot(1+\tau_1) & \tau_1^2\cdot(\tau_1^2-3\tau_1) \end{bmatrix} \xrightarrow{r_2\cdot\tau_1\cdot(1+\tau_1)-r_3\cdot\tau_1^2\to r_3} \tag{4.80}
$$

$$
\begin{bmatrix} -1-\tau_1 & 0 & -\tau_1^2 \\ 0 & -\tau_1^2 & \tau_1 \\ 0 & 0 & -\tau_1^2\cdot(\tau_1^4-3\tau_1^3+\tau_1+1) \end{bmatrix} = \mathrm{Echelon}({}_3\Theta_3)
$$

上述行阶梯化过程仅采用了多项式加减与乘操作，未使用除运算，故该阶梯化过程不会导致奇异性问题。给定 Dixon 矩阵 ${}_n\Theta_n$，若列号序列为 $[0:n-1]$，则阶梯化过程主要步骤如下：

（1）逐行计算先导零个数，并按升序对行排序，得到最小先导零个数 c 的行序列 $[r_k:r_n]$，该最小先导零后继的非零元素所在的列为 c。

（2）处理行序列 $[r_k:r_n]$：取 $r_l\in(r_k:r_n]$，进行行操作 ${}_n^{[l]}\Theta_n^{[c]}\cdot r_c-{}_n^{[k]}\Theta_n^{[c]}\cdot r_l\to r_l$，则有 ${}_n^{[l]}\Theta_n^{[c]}=0$；直到 $(r_k:r_n]$ 中全部 c 列元素为 0。

（3）$k\leftarrow k+1$，转到步骤（1），重复上述过程，直至得到 ${}_n\Theta_n$ 的上三角矩阵。

3.多项式方程的 Dixon 消元示例

【示例 4.7】 对下列多项式系统进行消元：

$$
\boldsymbol{f}_4 = \begin{bmatrix} \boldsymbol{f}^{[1]} \\ \boldsymbol{f}^{[2]} \\ \boldsymbol{f}^{[3]} \\ \boldsymbol{f}^{[4]} \end{bmatrix},\quad \begin{cases} \boldsymbol{f}^{[1]} = 1+\tau_1+\tau_1\tau_2\tau_3\tau_4 = 0 \\ \boldsymbol{f}^{[2]} = 1+\tau_2+\tau_1\tau_2\tau_3\tau_4 = 0 \\ \boldsymbol{f}^{[3]} = 1+\tau_3+\tau_1\tau_2\tau_3\tau_4 = 0 \\ \boldsymbol{f}^{[4]} = 4+\tau_4+\tau_1\tau_2\tau_3\tau_4 = 0 \end{cases} \tag{4.81}
$$

【解】 这是一个多重线性多项式系统，由式(4.76)得

$$
\left[\!\left[\bar{\boldsymbol{F}}_{4|4}\right]\!\right]=\left[\!\left[\begin{matrix}1+\tau_1+\tau_1\tau_2\tau_3\tau_4 & \tau_1\tau_3\tau_4 & \tau_1 y_2\tau_4 & \tau_1 y_2 y_3\\ 1+\tau_2+\tau_1\tau_2\tau_3\tau_4 & 1+\tau_1\tau_3\tau_4 & \tau_1 y_2\tau_4 & \tau_1 y_2 y_3\\ 1+\tau_3+\tau_1\tau_2\tau_3\tau_4 & \tau_1\tau_3\tau_4 & 1+\tau_1 y_2\tau_4 & \tau_1 y_2 y_3\\ 4+\tau_4+\tau_1\tau_2\tau_3\tau_4 & \tau_1\tau_3\tau_4 & \tau_1 y_2\tau_4 & 1+\tau_1 y_2 y_3\end{matrix}\right]\!\right]
$$

$$
=\begin{bmatrix}1 & y_2 & y_2 y_3\end{bmatrix}\cdot\begin{bmatrix}-1-\tau_1 & 0 & -\tau_1^2\\ 0 & -\tau_1^2 & \tau_1\\ 3\tau_1-\tau_1^2 & \tau_1 & 0\end{bmatrix}\cdot\begin{bmatrix}1\\ \tau_4\\ \tau_3\tau_4\end{bmatrix}
$$

且有

$$
\operatorname{Echelon}\left({}_3\Theta_3\right)=\begin{bmatrix}-1-\tau_1 & 0 & -\tau_1^2\\ 0 & -\tau_1^2 & \tau_1\\ 0 & 0 & -\tau_1^2\cdot\left(\tau_1^4-3\tau_1^3+\tau_1+1\right)\end{bmatrix}
$$

从而有

$$
\operatorname{Res}\left({}_3\Theta_3\right)=-\left(\tau_1+1\right)\cdot\tau_1^4\cdot\left(\tau_1^4-3\tau_1^3+\tau_1+1\right)=0 \tag{4.82}
$$

故有 $\tau_1^{[1]}=0,\tau_1^{[2]}=1$ 及其他解。将解 $\tau_1^{[2]}=1$ 代入式(4.81)得

$$
\boldsymbol{f}_3=\begin{bmatrix}\boldsymbol{f}^{[1]}\\ \boldsymbol{f}^{[2]}\\ \boldsymbol{f}^{[3]}\end{bmatrix},\quad\begin{cases}\boldsymbol{f}^{[1]}=2+\tau_2\tau_3\tau_4=0\\ \boldsymbol{f}^{[2]}=1+\tau_2+\tau_2\tau_3\tau_4=0\\ \boldsymbol{f}^{[3]}=1+\tau_3+\tau_2\tau_3\tau_4=0\end{cases}
$$

执行相似消元过程，解得 $\tau_3=1$ 及 $\tau_4=-2$。将 $\tau_1^{[2]}=1$，$\tau_3=1$ 及 $\tau_4=-2$ 代入式(4.81)得 $\tau_2=1$。相似地可以得到其他三组解。

【示例 4.8】 对下列多项式系统进行消元：

$$
\boldsymbol{f}_2=\begin{bmatrix}\boldsymbol{f}_2^{[1]}\\ \boldsymbol{f}_2^{[2]}\end{bmatrix},\quad\begin{cases}\boldsymbol{f}_2^{[1]}=1+2\cdot\tau_l+\tau_{\bar{l}}=0\\ \boldsymbol{f}_2^{[2]}=2+\tau_l+\tau_{\bar{l}}=0\end{cases} \tag{4.83}
$$

【解】 这是一个多重线性多项式系统，由式(4.76)得

$$
\left[\!\left[\bar{\boldsymbol{F}}_{2|2}\right]\!\right]=\left[\!\left[\begin{matrix}1+2\cdot\tau_l+\tau_{\bar{l}} & 2\\ 2+\tau_l+\tau_{\bar{l}} & 1\end{matrix}\right]\!\right]=\begin{bmatrix}1 & y_l\end{bmatrix}\cdot{}_2\Theta_2\left(\tau_{\bar{l}}\right)\cdot\begin{bmatrix}1\\ \tau_l\end{bmatrix}
$$

其中：

$$
\operatorname{Res}\left({}_2\Theta_2\left(\tau_{\bar{l}}\right)\right)=-3-\tau_{\bar{l}}=0 \tag{4.84}
$$

由式(4.79)，得 $\tau_{\bar{l}}=-3$，代入式(4.83)得 $\tau_l=1$。

【示例 4.9】 对下列多项式系统进行消元：

$$\boldsymbol{f}_3=\begin{bmatrix}\boldsymbol{f}_3^{[1]}\\ \boldsymbol{f}_3^{[2]}\\ \boldsymbol{f}_3^{[3]}\end{bmatrix},\quad \begin{cases}\boldsymbol{f}_3^{[1]}=x_1^2+x_2^2-1=0\\ \boldsymbol{f}_3^{[2]}=x_1^2+x_3^2-1=0\\ \boldsymbol{f}_3^{[3]}=x_2^2+x_3^2-1=0\end{cases} \tag{4.85}$$

【解】 这是一个二阶多项式系统，由式(4.76)得

$$\left[\!\left[\bar{\boldsymbol{F}}_{3|3}\right]\!\right]=\left[\!\left[\begin{matrix}x_1^2+x_2^2-1 & x_2+y_2 & 0\\ x_1^2+x_3^2-1 & 0 & x_3+y_3\\ x_2^2+x_3^2-1 & x_2+y_2 & x_3+y_3\end{matrix}\right]\!\right]=\begin{bmatrix}1 & y_2 & y_3 & y_2y_3\end{bmatrix}$$

$$\backslash\cdot\begin{bmatrix}0 & 0 & 0 & 1-2x_1^2\\ 0 & 0 & 1-2x_1^2 & 0\\ 0 & 1-2x_1^2 & 0 & 0\\ 1-2x_1^2 & 0 & 0 & 0\end{bmatrix}\cdot\begin{bmatrix}1\\ x_2\\ x_3\\ x_2x_3\end{bmatrix}$$

进而有

$$\operatorname{Res}\left({}_4\Theta_4\right)=-\left(1-2x_1^2\right)^4=0 \tag{4.86}$$

故得 $x_1=\pm\sqrt{2}/2$。将之代入式(4.85)得 $x_2^{[1:2]}=\pm\sqrt{2}/2$， $x_3^{[1:2]}=\pm\sqrt{2}/2$。

【示例 4.10】 对下列多项式系统进行消元：

$$\boldsymbol{f}_2=\begin{bmatrix}\boldsymbol{f}_2^{[1]}\\ \boldsymbol{f}_2^{[2]}\end{bmatrix},\quad \begin{cases}\boldsymbol{f}_2^{[1]}=\tau_1^2-2\cdot\tau_1+\tau_1\tau_2-3=0\\ \boldsymbol{f}_2^{[2]}=2\cdot\tau_2^2-3\cdot\tau_2+\tau_1\tau_2=0\end{cases} \tag{4.87}$$

【解】 这是一个二阶多项式系统，由式(4.76)得

$$\left[\!\left[\bar{\boldsymbol{F}}_{2|2}\right]\!\right]=\left[\!\left[\begin{matrix}\tau_1^2-2\tau_1+\tau_1\tau_2-3 & \tau_1\\ 2\tau_2^2-3\tau_2+\tau_1\tau_2 & 2\left(\tau_2+y_2\right)+\tau_1-3\end{matrix}\right]\!\right]$$

$$=\begin{bmatrix}1 & y_2\end{bmatrix}\cdot{}_2\Theta_2\left(\tau_1\right)\cdot\begin{bmatrix}1\\ \tau_2\end{bmatrix}$$

其中：

$${}_2\Theta_2\left(\tau_1\right)=\begin{bmatrix}-9-3\tau_1+5\tau_1^2-\tau_1^3 & 6+4\tau_1-2\tau_1^2\\ 6+4\tau_1-2\tau_1^2 & -2\tau_1\end{bmatrix}$$

进而有

$$\operatorname{Res}\left({}_2\Theta_2\right)=\left(\tau_1^3-5\tau_1^2+3\tau_1+9\right)\cdot\left(2\tau_1^4-6\tau_1^3-14\tau_1^2+30\tau_1+36\right)=0 \tag{4.88}$$

由式(4.79)得 $\tau_1=-2$，$\tau_1=-1$及 $\tau_1=3$。将 $\tau_1=3$代入式(4.87)，执行相似过程得

$$\begin{cases}\tau_1 = -2 \\ \tau_2 = 5/2\end{cases}, \quad \begin{cases}\tau_1 = -1 \\ \tau_2 = 0\end{cases}, \quad \begin{cases}\tau_1 = 3 \\ \tau_2 = 0\end{cases}$$

【示例 4.11】 对下列多项式系统进行消元：

$$\boldsymbol{f}_3 = \begin{bmatrix} \boldsymbol{f}_3^{[1]} \\ \boldsymbol{f}_3^{[2]} \\ \boldsymbol{f}_3^{[3]} \end{bmatrix}, \quad \begin{cases} \boldsymbol{f}_3^{[1]} = x_1^2 + x_2^2 - 2 = 0 \\ \boldsymbol{f}_3^{[2]} = (x_1 - 2)^2 + x_3^2 - 2 = 0 \\ \boldsymbol{f}_3^{[3]} = x_2 x_3^2 - 1 = 0 \end{cases} \tag{4.89}$$

【解】 这是一个二阶多项式系统，由式(4.76)得

$$\begin{aligned}\left[\!\left[\bar{\boldsymbol{F}}_{3|3} \right]\!\right] &= \left\|\begin{matrix} x_1^2 + x_2^2 - 2 & x_2 + y_2 & 0 \\ (x_1 - 2)^2 + x_3^2 - 2 & 0 & x_3 + y_3 \\ x_2 x_3^2 - 1 & 0 & y_2 (x_3 + y_3) \end{matrix}\right\| \\ &= \begin{bmatrix} 1 & y_2 & y_3 & y_2 y_3 & y_2^2 & y_2^2 y_3 \end{bmatrix} \cdot {}_6\Theta_{10}(x_1) \cdot \\ &\quad \backslash \begin{bmatrix} 1 & x_2 & x_3 & x_2 x_3 & x_3^2 & x_2 x_3^2 & x_3^3 & x_2 x_3^3 & x_2^2 x_3^2 & x_2^2 x_3^3 \end{bmatrix}^{\mathrm{T}}\end{aligned}$$

其中 $\alpha = x_1^2 - 4x_1 + 2$，$\beta = x_1^2 - 2$，且有

$${}_6\Theta_{10}(x_1) = \begin{bmatrix} 0 & 0 & 0 & 1 & 0 & 0 & \beta & 0 & 0 & 1 \\ 0 & 0 & 1 & \alpha & 0 & 0 & 0 & 1 & 0 & 0 \\ 0 & 1 & 0 & 0 & \beta & 0 & 0 & 0 & 1 & 0 \\ 1 & \alpha & 0 & 0 & 0 & 1 & 0 & 0 & 0 & 0 \\ 0 & 0 & \alpha & 0 & 0 & 0 & 0 & 0 & 0 & 0 \\ \alpha & 0 & 0 & 0 & 1 & 0 & 0 & 0 & 0 & 0 \end{bmatrix}$$

进而有

$$\mathrm{Echelon}\left({}_6\Theta_{10}\right) = \begin{bmatrix} 0 & 0 & 0 & 0 & 0 & 0 & \beta & 0 & 0 & 1 \\ 0 & 0 & 0 & 0 & \beta + \alpha^2 & 0 & 0 & 0 & 1 & 0 \\ 0 & 0 & 0 & \alpha & 0 & 0 & 0 & 1 & 0 & 0 \\ 0 & 0 & \alpha & 0 & 0 & 0 & 0 & 0 & 0 & 0 \\ 0 & \alpha & 0 & 0 & -\alpha & 0 & 0 & 0 & 0 & 0 \\ \alpha & 0 & 0 & 0 & 1 & 0 & 0 & 0 & 0 & 0 \end{bmatrix} \tag{4.90}$$

从而有

$$\mathrm{Res}\left({}_6\Theta_{10}\right) = -\alpha^4 \cdot \left(\beta + \alpha^2\right) \cdot \beta = 0 \tag{4.91}$$

得 $x_1^{[1]} = 1$，$x_1^{[2:3]} = 2 \pm \sqrt{2}$ 及其他解。将 $x_1^{[1]} = 1$ 代入式(4.89)得 $x_2^{[1]} = x_3^{[1]} = 1$。

【示例 4.12】 对下列多项式系统进行消元：

$$\boldsymbol{f}_3=\begin{bmatrix}\boldsymbol{f}_3^{[1]}\\\boldsymbol{f}_3^{[2]}\\\boldsymbol{f}_3^{[3]}\end{bmatrix},\quad\begin{cases}\boldsymbol{f}_3^{[1]}=x_1^2+x_2^2-2=0\\\boldsymbol{f}_3^{[2]}=\left(x_1-2\right)^2+x_3^2+x_2-3=0\\\boldsymbol{f}_3^{[3]}=x_2x_3^2-1=0\end{cases}\tag{4.92}$$

【解】 这是一个二阶多项式系统，由式(4.76)得

$$\left[\!\left[\bar{\boldsymbol{F}}_{3|3}\right]\!\right]=\left[\!\!\left[\begin{matrix}x_1^2+x_2^2-2 & x_2+y_2 & 0\\\left(x_1-2\right)^2+x_3^2+x_2-3 & 1 & x_3+y_3\\x_2x_3^2-1 & x_3^2 & y_2\left(x_3+y_3\right)\end{matrix}\right]\!\!\right]$$

$$=\begin{bmatrix}1 & y_2 & y_3 \backslash\\y_2y_3 & y_2^2 & y_2^2y_3\end{bmatrix}\cdot\begin{bmatrix}0 & 0 & 0 & 1 & 0 & \beta\\0 & 0 & 1-\beta & \alpha & 0 & 0\\0 & 1 & 0 & 0 & \beta & 0\\1-\beta & \alpha & 0 & 0 & 0 & 0\\0 & 0 & \alpha & 1 & 0 & 1\\\alpha & 1 & 0 & 0 & 1 & 0\end{bmatrix}\cdot\begin{bmatrix}1\\x_2\\x_3\\x_2x_3\\x_3^2\\x_3^3\end{bmatrix}\tag{4.93}$$

其中$\alpha=x_1^2-4x_1+1$，$\beta=x_1^2-2$。进而得

$$\operatorname{Echelon}\left({}_6\Theta_6\right)=\left(\alpha^2+\beta-1\right)^4\cdot\begin{bmatrix}0 & 0 & 0 & 0 & 0 & \beta\\0 & 0 & 0 & 0 & \beta & 0\\0 & 0 & 0 & 1 & 0 & 0\\0 & 0 & \alpha & 1 & 0 & 1\\0 & 1 & 0 & 0 & 0 & 0\\\alpha & 1 & 0 & 0 & 1 & 0\end{bmatrix}$$

故有

$$\operatorname{Res}\left({}_6\Theta_6\right)=-\left(\alpha^2+\beta-1\right)^4\cdot\alpha^2\cdot\beta^2\xrightarrow{\beta=1}-\left(\beta-1\right)\cdot\alpha^6\cdot\beta^2=0\tag{4.94}$$

显然，有$x_1^{[1]}=1$，$x_1^{[2:3]}=\pm\sqrt{2}$，$x_1^{[4:5]}=-2\pm\sqrt{3}$及其他解。将$x_1^{[1]}=1$代入式(4.92)，执行相似过程得$x_2^{[1]}=x_3^{[1]}=1$。

4.Dixon 消元示例分析

令$\gamma=1-\beta-\alpha^2$，由式(4.93)得

$$\operatorname{Echelon}\left({}_6\Theta_6\right)=\begin{bmatrix} 0 & 0 & 0 & 1 & 0 & \beta \\ 0 & 0 & 1-\beta & \alpha & 0 & 0 \\ 0 & 0 & 0 & 0 & \gamma\beta+\beta-1 & 0 \\ 1-\beta & \alpha & 0 & 0 & 0 & 0 \\ 0 & 0 & 0 & \gamma & 0 & 1-\beta \\ 0 & \gamma & 0 & 0 & 1-\beta & 0 \end{bmatrix}$$

更多地，可以得到

$$\begin{aligned} &\operatorname{Res}\left({}_6\Theta_6\right)=\left(1-\beta\right)^2\cdot\gamma^2\cdot\left(\gamma\beta+\beta-1\right) \\ &\xrightarrow{\beta=1}-\left(1-\beta\right)^2\cdot\alpha^6\cdot\beta \end{aligned}$$

显然，由于结式为 Dixon 矩阵的行列式，不同的上三角阶梯化过程可以得到相同结式。式(4.94)表明最多有 8 组解，其中 2 组为有效解。因此，Dixon 结式的解为可行解，需后续验证。

式(4.82)、式(4.84)、式(4.86)、式(4.88)、式(4.91)及式(4.94)表明，Dixon 矩阵的行数不少于独立变量数，且上三角矩阵的行数及列数不少于 1。示例 4.7 至示例 4.10 表明 Dixon 矩阵的大小取决于多重线性多项式项数，示例 4.11 和示例 4.12 表明 Dixon 矩阵的大小取决于高阶多项式项数，会导致组合爆炸。示例 4.9 和示例 4.10 表明存在二阶多项式系统的 Dixon 多项式由多重线性多项式项决定。

通过上述示例分析，是否存在一类多项式系统，它的 Dixon 矩阵仅取决于多重线性多项式项呢？无论在理论上还是在工程上这都是一个值得研究的问题。

4.4.5 分块矩阵的高维行列式计算原理

用 $\underline{1:n}$ 表示自然数 $[1:n]$ 的全排列，共有 $n!$ 个实例。给定属于数域的大小为 $n\times n$ 的矩阵 $\boldsymbol{M}$，其 i 行 j 列元素记为 ${}_im_j$，${}_im_j\in\mathcal{R}$，根据行列式定义得

$$\llbracket\boldsymbol{M}\rrbracket=\sum_{i1,\cdots,in}^{\underline{1:n}}\left(\left(-1\right)^{\mathrm{I}\left[i1,\cdots,in\right]}\cdot{}_{i1}m_1\cdot{}_{i2}m_2\cdot\cdots\cdot{}_{in}m_n\right) \tag{4.95}$$

其中：$\mathrm{I}\left[i1,\cdots,in\right]$ 表示排列 $\underline{i1,\cdots,in}$ 的逆序个数。式(4.95)的计算复杂度为 $n!$ 次 n 个数积及 $n!$ 次加法，具有指数计算复杂度，只能适用于维度较小的行列式。对于维度较大的行列式，通常应用 Laplace 公式进行递归运算，记 ${}_i\boldsymbol{A}_j$ 为 ${}_im_j$ 的伴随矩阵，则有

$$\llbracket\boldsymbol{M}\rrbracket=\sum_{i}^{[1:n]}\left(\left(-1\right)^{i+j}\cdot{}_im_j\cdot{}_i\boldsymbol{A}_j\right) \tag{4.96}$$

更简单的算法通常应用高斯消去法或 LU 分解法，先通过初等变换将矩阵变为三角阵或三角阵的乘积，后计算行列式。上述针对数域的行列式计算方法不适用于高维度的多项式矩阵，需要引入分块矩阵的行列式计算方法。计算矢量多项式的行列式是一个特定的分

块矩阵行列式的计算问题，它在矢量层面上表达了矢量与行列式的内在联系。而分块矩阵行列式计算则从矩阵层面上表达分块矩阵与行列式的内在规律。

下面，先陈述分块矩阵的行列式计算定理，然后再予以证明。

定理 4.1 记 $s=n+m$，记大小为 $s\times s$ 的方阵为 $\boldsymbol{M}$，大小为 $n\cdot n$ 的矩阵 ${}_{n}\boldsymbol{M}_{n}^{[cn]}$ 是方阵 $\boldsymbol{M}$ 的前 n 行及任意 n 列元素构成的子矩阵，大小为 $m\cdot m$ 的矩阵 ${}_{m}\boldsymbol{M}_{m}^{[cm]}$ 是方阵 $\boldsymbol{M}$ 后 m 行及剩余 m 列元素构成的子矩阵；由升序排列的矩阵列序号构成的序列 cn 和 cm 是序列 $[1:s]$ 的子集，$[cn,cm]\in\langle 1:s\rangle$，且有 $cm\cup cn=[1:s]$；则方阵 $\boldsymbol{M}$ 的行列式与分块矩阵 ${}_{n}\boldsymbol{M}_{n}^{[cn]}$ 及 ${}_{m}\boldsymbol{M}_{m}^{[cm]}$ 的行列式关系为

$$\llbracket \boldsymbol{M}\rrbracket=\sum_{cn,cm}^{1:s}\left((-1)^{\mathrm{I}[cn,cm]}\cdot\llbracket {}_{n}\boldsymbol{M}_{n}^{[cn]}\rrbracket\cdot\llbracket {}_{m}\boldsymbol{M}_{m}^{[cm]}\rrbracket\right)\tag{4.97}$$

【证明】 因行列式由矩阵元素的全排列确定，故子矩阵 ${}_{n}\boldsymbol{M}_{n}^{[cn]}$ 及 ${}_{m}\boldsymbol{M}_{m}^{[cm]}$ 的全排列与方阵 $\boldsymbol{M}$ 中元素的全排列等价。$[cn,cm]$ 共有 $s!/(n!\times m!)$ 种排列。因方阵 $\boldsymbol{M}$ 由子矩阵 ${}_{n}\boldsymbol{M}_{n}^{[cn]}$ 和 ${}_{m}\boldsymbol{M}_{m}^{[cm]}$ 构成，故方阵 $\boldsymbol{M}$ 中元素的全排列可以被分成 $s!/(n!\times m!)$ 类，其中：${}_{n}\boldsymbol{M}_{n}^{[cn]}$ 的元素排列有 $n!$ 种，${}_{m}\boldsymbol{M}_{m}^{[cm]}$ 的元素排列有 $m!$ 种，每一类包含 $n!m!$ 种排列。因此，方阵 $\boldsymbol{M}$ 的行列式表示为

$$\begin{aligned}\llbracket \boldsymbol{M}\rrbracket&=\sum_{cn,cm}^{1:s}\left((-1)^{\mathrm{I}[cn,cm]}\cdot\sum_{cn}^{1:s}\left((-1)^{\mathrm{I}[cn]}\cdot{}_{n}\boldsymbol{M}_{s}^{[cn]}\right)\cdot\sum_{cm}^{1:s}\left((-1)^{\mathrm{I}[cm]}\cdot{}_{m}\boldsymbol{M}_{s}^{[cm]}\right)\right)\\&=\sum_{cn,cm}^{1:s}\left((-1)^{\mathrm{I}[cn,cm]}\cdot\llbracket {}_{n}\boldsymbol{M}_{n}^{[cn]}\rrbracket\cdot\llbracket {}_{m}\boldsymbol{M}_{m}^{[cm]}\rrbracket\right)\end{aligned}$$

证毕。

式(4.97)等号右侧的每一项需要执行 $n\cdot n!+m\cdot m!+1$ 次积运算与和运算，总运算次数为 $s!(n\cdot n!+m\cdot m!+1)(n!\times m!)$，远比未分块计算时的总运算次数 $s\cdot s!$ 小得多，当 n 和 m 较大时尤其明显。当矩阵较大时，可以采用逐步分块的方法进一步减少计算量。对于 $16\cdot 16$ 的方阵而言，其行列式计算复杂度可以由原先的 $16\cdot 16!$ 降至逐步分块后的 10992267，计算速度可以得到显著提高。

【示例 4.13】 根据 Laplace 公式，计算如下方阵 $\boldsymbol{M}$ 的行列式：

$$\boldsymbol{M}=\begin{bmatrix}2&3&4&5\\1&3&5&7\\9&0&5&4\\3&6&7&9\end{bmatrix}$$

【解】 由行列式计算公式易得 $\mathrm{Det}(\boldsymbol{M})=6$。

选择 $2\cdot 2$ 分块矩阵，即 $n=m=2$。应用式(4.97)，计算过程如下：

$$\mathrm{Det}\left(\boldsymbol{M}\right)=\begin{bmatrix}2&3\\1&3\end{bmatrix}\cdot\begin{bmatrix}5&4\\7&9\end{bmatrix}-\begin{bmatrix}2&4\\1&5\end{bmatrix}\cdot\begin{bmatrix}0&4\\6&9\end{bmatrix}+\begin{bmatrix}2&5\\1&7\end{bmatrix}\cdot\begin{bmatrix}0&5\\6&7\end{bmatrix}$$
$$\backslash+\begin{bmatrix}3&4\\3&5\end{bmatrix}\cdot\begin{bmatrix}9&4\\3&9\end{bmatrix}-\begin{bmatrix}3&5\\3&7\end{bmatrix}\cdot\begin{bmatrix}9&5\\3&7\end{bmatrix}+\begin{bmatrix}4&5\\5&7\end{bmatrix}\cdot\begin{bmatrix}9&0\\3&6\end{bmatrix}=6$$

两种方法的计算结果一致，验证了式(4.97)的正确性。

给定矢量多项式系统 $\boldsymbol{f}_3=\sum_{\alpha}^{\boldsymbol{W}_n^N}\left(l_\alpha\cdot T^\alpha\right)$，$l_\alpha$ 为结构矢量，$T_n=\left[\tau_1:\tau_n\right]$为原变量序列。$Y_n=\left(y_1:y_n\right]$为辅助变量序列。若 $\bar{\boldsymbol{f}}_{3|k}=\sum_{\alpha',\beta'}^{\boldsymbol{W}_n^N}\left(l_{\alpha'}\cdot T^{\alpha'}\cdot Y^{\beta'}\right)$，$\bar{\boldsymbol{f}}_{3|n}=\sum_{\alpha'',\beta''}^{\boldsymbol{W}_n^N}\left(l_{\alpha''}\cdot T^{\alpha''}\cdot Y^{\beta''}\right)$，且 $2\leqslant k<l\leqslant n$，则有

$$\left[\!\left[\boldsymbol{f}_3\quad\bar{\boldsymbol{f}}_{3|k}\quad\bar{\boldsymbol{f}}_{3|n}\right]\!\right]=\sum_{\alpha}^{\boldsymbol{W}_n^N}\sum_{\alpha'}^{\boldsymbol{W}_n^N}\sum_{\alpha''}^{\boldsymbol{W}_n^N}\left(\left[\!\left[l_\alpha,l_{\alpha'},l_{\alpha''}\right]\!\right]\cdot T^{\alpha+\alpha'+\alpha''}\cdot Y^{\beta'+\beta''}\right)\geqslant 0 \tag{4.98}$$

【证明】

$$\left[\!\left[\boldsymbol{f}_3\quad\bar{\boldsymbol{f}}_{3|k}\quad\bar{\boldsymbol{f}}_{3|n}\right]\!\right]=\sum_{\alpha}^{\boldsymbol{W}_n^N}\left(l_\alpha\cdot T^\alpha\right)\times\sum_{\alpha'}^{\boldsymbol{W}_n^N}\left(l_{\alpha'}\cdot T^{\alpha'}\cdot Y^{\beta'}\right)\bullet\sum_{\alpha''}^{\boldsymbol{W}_n^N}\left(l_{\alpha''}\cdot T^{\alpha''}\cdot Y^{\beta''}\right)$$
$$=\sum_{\alpha}^{\boldsymbol{W}_n^N}\sum_{\alpha'}^{\boldsymbol{W}_n^N}\sum_{\alpha''}^{\boldsymbol{W}_n^N}\left(\left[\!\left[l_\alpha,l_{\alpha'},l_{\alpha''}\right]\!\right]\cdot T^{\alpha+\alpha'+\alpha''}\cdot Y^{\beta'+\beta''}\right)$$

由式(4.74)可知 $\alpha\leqslant\alpha'\leqslant\alpha''$，进而得$\left[\!\left[l_\alpha,l_{\alpha'},l_{\alpha''}\right]\!\right]\geqslant 0$。故式(4.98)成立。证毕。

式(4.97)和式(4.98)可以推广至高维空间。式(4.98)有助于从矢量层面分析行列式。由式(4.77)、式(4.78)及式(4.98)知，Dixon 多项式具有组合爆炸的特点，不仅导致计算量极大，同时也会导致计算精度下降。

4.4.6 Ju-Gibbs 四元数替换式

由式(4.2)和式(4.74)得

$$\boldsymbol{\tau}_{k|k}^{\bar{k}}=1+y_k^{:2},\quad\bar{\boldsymbol{\tau}}_{k|k}^{\bar{k}}=y_k+\tau_k \tag{4.99}$$

$$^{\bar{l}}\tau_{l|l}={}^{\bar{l}}n_l\cdot y_l,\quad {}^{\bar{l}}\bar{\underset{\cdot}{\tau}}_{l|l}=\underset{\cdot}{\mathbf{1}} \tag{4.100}$$

$$\begin{cases}{}^{\bar{l}}\boldsymbol{Q}_{l|l}=\mathbf{1}+2\cdot y_l\cdot{}^{\bar{l}}\tilde{n}_l+y_l^{:2}\cdot{}^{\bar{l}}\mathrm{N}_l\\ {}^{\bar{l}}\bar{\boldsymbol{Q}}_{l|l}=2\cdot{}^{\bar{l}}\tilde{n}_l+\left(y_l+\tau_l\right)\cdot{}^{\bar{l}}\mathrm{N}_l\end{cases} \tag{4.101}$$

$$^{\bar{l}}\underset{\cdot}{\tau}_{l|l}=\begin{bmatrix}{}^{\bar{l}}\tilde{n}_l & {}^{\bar{l}}n_l\\ -{}^{\bar{l}}n_l^{\mathrm{T}} & 0\end{bmatrix} \tag{4.102}$$

由式(4.101)及式(4.102)，得

$$\begin{cases} {}^{\bar{l}}\boldsymbol{Q}_l = \mathbf{1} - \tau_l \cdot y_l \cdot {}^{\bar{l}}\mathrm{N}_l + \tau_l \cdot {}^{\bar{l}}\bar{\boldsymbol{Q}}_{l|l} \\ \boldsymbol{\tau}_k^{\bar{k}} = 1 - \tau_k \cdot y_k + \tau_k \cdot \bar{\boldsymbol{\tau}}_{k|k}^{\bar{k}} \end{cases} \tag{4.103}$$

$$\begin{cases} {}^{\bar{l}}\boldsymbol{Q}_{l|l} = \mathbf{1} - \tau_l \cdot y_l \cdot {}^{\bar{l}}\mathrm{N}_l + y_l \cdot {}^{\bar{l}}\bar{\boldsymbol{Q}}_{l|l} \\ \boldsymbol{\tau}_{k|k}^{\bar{k}} = 1 - \tau_k \cdot y_k + y_k \cdot \bar{\boldsymbol{\tau}}_{k|k}^{\bar{k}} \end{cases} \tag{4.104}$$

$$\tau_l \cdot {}^{\bar{l}}\bar{\underset{\cdot}{\tau}}_{l|l} = {}^{\bar{l}}\tilde{\underset{\cdot}{\tau}}_l - \mathbf{1} \tag{4.105}$$

$$\begin{cases} {}^{i}\bar{\boldsymbol{Q}}_{n|l} = {}^{i}\boldsymbol{Q}_{\bar{l}|\bar{l}} \cdot \left(2 \cdot {}^{\bar{l}}\tilde{n}_l + \left(\tau_l + y_l\right) \cdot {}^{\bar{l}}\mathrm{N}_l\right) \cdot {}^{l}\boldsymbol{Q}_n \\ \bar{\boldsymbol{\tau}}_{n|l}^{i} = \boldsymbol{\tau}_{\bar{l}|\bar{l}}^{i} \cdot \left(\tau_l + y_l\right) \cdot \boldsymbol{\tau}_n^{l} \end{cases} \tag{4.106}$$

$${}^{i}\underset{\cdot}{\tau}_{n|\bar{l}} = \prod_{l}^{{}^{i}\mathbf{1}_{\bar{l}}} \left(\begin{bmatrix} \mathbf{1} + {}^{\bar{l}}\tilde{y}_l & {}^{\bar{l}}y_l \\ -{}^{\bar{l}}y_l^{\mathrm{T}} & 1 \end{bmatrix} \right) \cdot \begin{bmatrix} {}^{l}\tau_n \\ 1 \end{bmatrix} \tag{4.107}$$

4.4.7 最优 Dixon 消元的必要条件

在 Dixon 消元过程中，通过对 Dixon 矩阵进行阶梯化得到多项式系统的结式。最为理想的情况是：阶梯化过程仅与原变量及替换变量相关，而与其高阶项无关。因此，定义如下线性约束：

$$\mathrm{Con}\left(\alpha[l]\right) \leqslant 1 \tag{4.108}$$

相应地，引入

$$\tilde{\boldsymbol{W}}_n = \left[\alpha[2]\alpha[3]\cdots\alpha[n] \middle| \mathrm{Con}\left(\alpha[l]\right)\right] \tag{4.109}$$

$$\begin{cases} \tilde{\boldsymbol{T}}_n = \left[\tau_2^{\alpha[2]}\tau_3^{\alpha[3]}\cdots\tau_n^{\alpha[n]} \middle| \mathrm{Con}\left(\alpha[l]\right)\right] \\ \tilde{\boldsymbol{Y}}_n = \left[y_2^{\beta[2]}y_3^{\beta[3]}\cdots y_n^{\beta[n]} \middle| \mathrm{Con}\left(\alpha[l]\right)\right] \end{cases} \tag{4.110}$$

得

$$\mathrm{Degree}\left(\tilde{\boldsymbol{T}}_n\right) = \mathrm{Degree}\left(\tilde{\boldsymbol{Y}}_n\right) = 2^{n-1} \tag{4.111}$$

定义 $\xrightleftharpoons{\tilde{\boldsymbol{W}}_n}$ 为具有线性约束 $\tilde{\boldsymbol{W}}_n$ 的赋值符，表示仅取满足线性约束的多项式项。故有

$$\tilde{\boldsymbol{f}}_n^{[l]} \xrightleftharpoons{\tilde{\boldsymbol{W}}_n} \boldsymbol{f}_n^{[l]}, \quad \tilde{\boldsymbol{f}}_{n|m}^{[l]} \xrightleftharpoons{\tilde{\boldsymbol{W}}_n} \frac{\boldsymbol{f}_{n|m-1}^{[l]} - \boldsymbol{f}_{n|m}^{[l]}}{y_m - \tau_m} \tag{4.112}$$

其中：

$$\tilde{\boldsymbol{f}}_{n|m}^{[l]} \xrightleftharpoons{\tilde{\boldsymbol{W}}_n} \sum_{\alpha}^{\boldsymbol{W}_n^N} \left(k_\alpha^{[l]} \cdot \tau_1^{\alpha[1]} \cdot \cdots \cdot \frac{\tau_m^{\alpha[m]} - y_m^{\alpha[m]}}{\tau_m - y_m} \cdot \cdots \cdot \tau_n^{\alpha[n]} \right) \tag{4.113}$$

具有线性约束 $\tilde{\boldsymbol{W}}_n$ 的 Dixon 多项式及矩阵表示为

$$\left[\!\left[\tilde{\boldsymbol{F}}_{n|n}\right]\!\right]=\left[\!\left[\boldsymbol{f}_n^{[1]}\quad\tilde{\boldsymbol{f}}_{n|2}^{[2]}\quad\cdots\quad\tilde{\boldsymbol{f}}_{n|n}^{[n]}\right]\!\right]\xrightarrow[\longleftarrow]{\tilde{\boldsymbol{W}}_n}\left[\!\left[\boldsymbol{F}_{n|n}\right]\!\right]\tag{4.114}$$

则包含线性约束的 Dixon 矩阵为

$$\left[\!\left[\tilde{\boldsymbol{F}}_{n|n}\right]\!\right]=\left[\!\left[\begin{matrix}\boldsymbol{f}_n^{[1]} & \tilde{\boldsymbol{f}}_{n|2}^{[1]} & \cdots & \tilde{\boldsymbol{f}}_{n|n}^{[1]}\\ \boldsymbol{f}_n^{[2]} & \tilde{\boldsymbol{f}}_{n|2}^{[2]} & \cdots & \tilde{\boldsymbol{f}}_{n|n}^{[2]}\\ \vdots & \vdots & \ddots & \vdots\\ \boldsymbol{f}_n^{[n]} & \tilde{\boldsymbol{f}}_{n|2}^{[n]} & \cdots & \tilde{\boldsymbol{f}}_{n|n}^{[n]}\end{matrix}\right]\!\right]=\tilde{\boldsymbol{Y}}_n\cdot{}_n\tilde{\Theta}_n\left(\tau_1\right)\cdot\tilde{\boldsymbol{T}}_n^{\mathrm{T}}\tag{4.115}$$

由式(4.79)知，若满足如下最优 Dixon 消元的必要条件：

$$\left[\!\left[{}_n\tilde{\Theta}_n\left(\tau_1\right)\right]\!\right]=\left[\!\left[{}_{S1}\Theta_{S'1}\left(\tau_1\right)\right]\!\right]\tag{4.116}$$

则式(4.115)产生的结式与式(4.79)等价。显然，具有线性阶约束的式(4.115)比式(4.76)的计算量要小得多，它不再具有组合爆炸的复杂度。

【示例 4.14】 记 $g=y_2^2\cdot\tau_3+y_2\cdot\tau_3+\tau_3$，则有 $g\xrightarrow[\longleftarrow]{\tilde{W}_3}y_2\cdot\tau_3+\tau_3$。

【示例 4.15】 一方面，由式(4.98)得

$$\left[\!\left[\begin{matrix}1+2\cdot\tau_2 & 2+\tau_2\\ 1 & \tau_2\end{matrix}\right]\!\right]\xrightarrow[\longleftarrow]{\tilde{W}_3}\left[\!\left[\begin{matrix}1 & 2\\ 1 & 0\end{matrix}\right]\!\right]+\left[\!\left[\begin{matrix}1 & 2\\ 0 & 1\end{matrix}\right]\!\right]\cdot\tau_2+\left[\!\left[\begin{matrix}2 & 1\\ 1 & 0\end{matrix}\right]\!\right]\cdot\tau_2=-2$$

另一方面，

$$\left[\!\left[\begin{matrix}1+2\cdot\tau_2 & 2+\tau_2\\ 1 & \tau_2\end{matrix}\right]\!\right]\xrightarrow[\longleftarrow]{\tilde{W}_3}\left(1+2\cdot\tau_1\right)\cdot\tau_1-\left(2+\tau_1\right)=-2$$

上述结果验证了式(4.98)的正确性。

4.4.8 最优 Dixon 消元条件的存在性

下面证明最优 Dixon 矩阵定理。

定理 4.2 给定如下 2×2 分块多项式矩阵：

$${}_{S1}\Theta_{S1}=\begin{bmatrix}{}_n\Theta_n & {}_n\Theta_m\\ {}_m\Theta_n & {}_m\Theta_m\end{bmatrix},\quad m=S1-n\tag{4.117}$$

若其成员满足

$$\begin{cases}{}_{S1}^{[j]}\Theta_{S1}^{[j]}=0, & \forall j\in\left(n,S1\right]\\ \exists{}_{S1}^{[k]}\Theta_{S1}^{[l]}=0, & k\in\left[1:n\right],l\in\left(n,S1\right]\end{cases}\tag{4.118}$$

则称该矩阵为 Ju-Dixon 矩阵，且满足

$$\mathrm{Res}\left({}_{S1}\Theta_{S1}\right)=\mathrm{Res}\left({}_n\Theta_n\right)\tag{4.119}$$

其中：${}_{S1}^{[k]}\Theta_{S1}^{[l]}$ 称为触发性的枢轴。它用于矩阵行操作，不会消去现有 0 项，且产生更多 0 项。

【证明】 由式(4.117)及式(4.118)，用$*$表示任意多项式，则 Dixon 矩阵可表示为

$$
{}_{S1}\Theta_{S1}=\begin{bmatrix}\begin{bmatrix}\cdots\end{bmatrix} & \begin{bmatrix}* & * & *\\ * & * & 0\\ * & * & *\end{bmatrix}\\ \begin{bmatrix}\cdots\end{bmatrix} & \begin{bmatrix}0 & * & *\\ * & 0 & *\\ * & * & 0\end{bmatrix}\end{bmatrix}
$$

第 1 步：由于$\exists {}_{n}^{[k]}\Theta_{m}^{[l]}=0$，且找到触发枢轴${}_{S1}^{[k]}\Theta_{S1}^{[j]}\neq 0$，${}_{n}\Theta_{m}$中$j$列的任意元素为0。由于行操作不会使任意现有的0项消失，则有${}_{S1}^{[n+k]}\Theta_{S1}^{[j]}=0$。${}_{m}\Theta_{m}$中的$n+k$行存在至少2个0项。

$$
\xrightarrow{\text{Step1}}\begin{bmatrix}\begin{bmatrix}\cdots\end{bmatrix} & \begin{bmatrix}* & 0 & *\\ * & * & 0\\ * & 0 & *\end{bmatrix}\\ \begin{bmatrix}\cdots\end{bmatrix} & \begin{bmatrix}0 & * & *\\ * & 0 & *\\ * & 0 & 0\end{bmatrix}\end{bmatrix}
$$

第 2 步：在${}_{m}\Theta_{m}$中找到触发枢轴${}_{S1}^{[k']}\Theta_{S1}^{[l']}\neq 0$中包含最多 0 项的一行，通过行操作将另一行的元素转化为 0，最后抵消${}_{n}\Theta_{m}$列中的所有元素。

$$
\xrightarrow{\text{Step2}}\begin{bmatrix}\begin{bmatrix}\cdots\end{bmatrix} & \begin{bmatrix}0 & 0 & *\\ 0 & * & 0\\ 0 & 0 & *\end{bmatrix}\\ \begin{bmatrix}\cdots\end{bmatrix} & \begin{bmatrix}0 & * & *\\ 0 & 0 & *\\ * & 0 & 0\end{bmatrix}\end{bmatrix}
$$

第 3 步：回到第 1 步，直到每列中只存在一个非 0 项。

$$
\xrightarrow{\text{Finally}}\begin{bmatrix}\cdots\end{bmatrix}\begin{bmatrix}0 & 0 & *\\ 0 & * & 0\\ 0 & 0 & 0\end{bmatrix} \triangleq {}_{S1}\bar{\Theta}_{S1}
$$
$$
\begin{bmatrix}\cdots\end{bmatrix}\begin{bmatrix}0 & 0 & 0\\ 0 & 0 & 0\\ * & 0 & 0\end{bmatrix}
$$

考虑

$$\left[\!\left[{}_{S1}\Theta_{S1} \cdot {}_{S1}\Theta_{S1}^{\mathrm{T}} \right]\!\right] = \left[\!\left[\begin{matrix} {}_n\Theta_n \cdot {}_n\Theta_n^{\mathrm{T}} & {}_n\Theta_m \cdot {}_n\Theta_m^{\mathrm{T}} \\ {}_m\Theta_n \cdot {}_m\Theta_n^{\mathrm{T}} & {}_m\Theta_m \cdot {}_m\Theta_m^{\mathrm{T}} \end{matrix} \right]\!\right]$$
$$= \left[\!\left[{}_{S1}\bar{\Theta}_{S1} \cdot {}_{S1}\bar{\Theta}_{S1}^{\mathrm{T}} \right]\!\right] = \left[\!\left[\begin{matrix} {}_n\bar{\Theta}_n \cdot {}_n\bar{\Theta}_n^{\mathrm{T}} & {}_n\bar{\Theta}_m \cdot {}_n\bar{\Theta}_m^{\mathrm{T}} \\ {}_m\bar{\Theta}_n \cdot {}_m\bar{\Theta}_n^{\mathrm{T}} & {}_m\bar{\Theta}_m \cdot {}_m\bar{\Theta}_m^{\mathrm{T}} \end{matrix} \right]\!\right] \tag{4.120}$$

由代数变换可知

$$\left[\!\left[\begin{matrix} \mathrm{A} & \mathrm{B} \\ \mathrm{C} & \mathrm{D} \end{matrix} \right]\!\right] = \left[\!\left[\mathrm{A} \right]\!\right] \cdot \left[\!\left[\mathrm{D} - \mathrm{C} \cdot \mathrm{A}^{-1} \cdot \mathrm{B} \right]\!\right] = \left[\!\left[\mathrm{A} - \mathrm{B} \cdot \mathrm{D}^{-1} \cdot \mathrm{C} \right]\!\right] \cdot \left[\!\left[\mathrm{D} \right]\!\right] \tag{4.121}$$

由于行操作不会改变行列式，由式(4.120)及式(4.121)得

$$\left[\!\left[{}_{S1}\Theta_{S1} \cdot {}_{S1}\Theta_{S1}^{\mathrm{T}} \right]\!\right] = \left[\!\left[\begin{matrix} {}_n\Theta_n \cdot {}_n\Theta_n^{\mathrm{T}} & {}_n\Theta_m \cdot {}_n\Theta_m^{\mathrm{T}} \\ {}_m\Theta_n \cdot {}_m\Theta_n^{\mathrm{T}} & {}_m\Theta_m \cdot {}_m\Theta_m^{\mathrm{T}} \end{matrix} \right]\!\right] = \left[\!\left[\begin{matrix} {}_n\bar{\Theta}_n \cdot {}_n\bar{\Theta}_n^{\mathrm{T}} & {}_n0_n \\ {}_m0_m & {}_m0_m \end{matrix} \right]\!\right]$$

故

$$\mathrm{Res}\left({}_{S1}\Theta_{S1} \right) = \left[\!\left[{}_n\Theta_n \right]\!\right] = \mathrm{Res}\left({}_n\Theta_n \right)$$

因此，式(4.119)成立。证毕。

现在，证明如下 3R 位置矢量多项式系统定理。

定理 4.3　给定如下矢量多项式系统：

$$\boldsymbol{f}_3 = \boldsymbol{\tau}_1^i \cdot \left(\boldsymbol{\tau}_3^1 \cdot {}^1l_2 + \boldsymbol{\tau}_3^2 \cdot {}^1\boldsymbol{Q}_2 \cdot {}^2l_3 + {}^1\boldsymbol{Q}_3 \cdot {}^3l_{3\mathrm{P}} \right) - \boldsymbol{\tau}_3^1 \cdot {}^1\boldsymbol{Q}_i \cdot {}_d^ir_{3\mathrm{P}} = 0_3 \tag{4.122}$$

此系统满足式(4.116)，则 Dixon 多项式表示为

$$\boldsymbol{\tau}_1^{i-1} \cdot \left[\!\left[\boldsymbol{F}_{3|3} \right]\!\right] = \boldsymbol{Y}_3 \cdot {}_8\Theta_8 \cdot \boldsymbol{T}_3^{\mathrm{T}} \tag{4.123}$$

$$\mathrm{Order}\left({}_3^{[r]}\tilde{\Theta}_3^{[c]}\left(\tau_1 \right) \right) \leqslant 4, \quad r, c \in [1:3] \tag{4.124}$$

$$\mathrm{Order}\left(\mathrm{Res}\left({}_3\tilde{\Theta}_3\left(\tau_1 \right) \right) \right) \leqslant 32 \tag{4.125}$$

【证明】　将替换变量记为 $\boldsymbol{Y}_3^{\beta} = \left[1, y_2, y_3, y_2y_3, y_2^2, y_2^2y_3, y_2^3, y_2^3y_3 \right]$，将原变量记为 $\boldsymbol{T}_3^{\alpha}$。令 $\left| \boldsymbol{T}_3^{\alpha} \right| = \left| \boldsymbol{Y}_3^{\beta} \right|$，以获得 Dixon 方阵。考虑式(4.76)，$\boldsymbol{Y}_3^{[\beta]} \cdot \boldsymbol{T}_3^{[\alpha]}$ 项与 ${}_8^{[\beta]}\Theta_8^{[\alpha]}$ 相对应。若将 $\boldsymbol{Y}_3^{\beta}$ 的非线性项升阶并用 τ_l 替换 y_l，则有原变量序列 $\boldsymbol{T}_3^{\alpha} = \left[1, \tau_2, \tau_3, \tau_2\tau_3^2, \tau_2^2, \tau_2^2\tau_3^2, \tau_2^3, \tau_2^3\tau_3^2 \right]$。由式(4.76)得

$$\left[\!\left[\boldsymbol{F}_{3|3} \right]\!\right] = \left[\!\left[\begin{matrix} \boldsymbol{\tau}_3^i \cdot {}^1l_2 + \boldsymbol{\tau}_1^i \cdot \backslash & \boldsymbol{\tau}_1^i \cdot \boldsymbol{\tau}_3^2 \cdot {}^1\bar{\boldsymbol{Q}}_{2|2} \cdot {}^2l_3 & \bar{\boldsymbol{\tau}}_{3|3}^2 \cdot {}^1\boldsymbol{Q}_{2|2} \cdot {}^2l_3 \\ \boldsymbol{\tau}_3^2 \cdot {}^1\boldsymbol{Q}_2 \cdot {}^2l_3 + & \backslash + \boldsymbol{\tau}_1^i \cdot {}^1\bar{\boldsymbol{Q}}_{2|2} \cdot & \backslash + \boldsymbol{\tau}_1^i \cdot {}^1\boldsymbol{Q}_{2|2} \cdot \\ \backslash \boldsymbol{\tau}_1^i \cdot {}^1\boldsymbol{Q}_3 \cdot {}^3l_{3\mathrm{P}} - & \backslash\ {}^2\boldsymbol{Q}_3 \cdot {}^3l_{3\mathrm{P}} - \bar{\boldsymbol{\tau}}_2^1 \cdot & \backslash\ {}^2\bar{\boldsymbol{Q}}_{3|3} \cdot {}^3l_{3\mathrm{P}} - \boldsymbol{\tau}_{2|2}^1 \cdot \\ \backslash \boldsymbol{\tau}_3^1 \cdot {}^1\boldsymbol{Q}_i \cdot {}_d^ir_{3\mathrm{P}} & \backslash\ \boldsymbol{\tau}_3^2 \cdot {}^1\boldsymbol{Q}_i \cdot {}_d^ir_{3\mathrm{P}} & \backslash\ \bar{\boldsymbol{\tau}}_{3|3}^2 \cdot {}^1\boldsymbol{Q}_i \cdot {}_d^ir_{3\mathrm{P}} \end{matrix} \right]\!\right]$$

进一步得到

$$\frac{\llbracket \boldsymbol{F}_{3|3} \rrbracket}{\boldsymbol{\tau}_1^i} = -\begin{bmatrix} \boldsymbol{\tau}_3^1 \cdot {}^1\boldsymbol{Q}_i & \boldsymbol{\tau}_3^2 \cdot {}^1\bar{\boldsymbol{Q}}_{2|2} \cdot {}^2l_3 + & \bar{\boldsymbol{\tau}}_{3|3}^2 \cdot {}^1\boldsymbol{Q}_{2|2} \cdot {}^2l_3 + \boldsymbol{\tau}_1^i \cdot \\ \backslash \cdot {}_d^i r_{3P} & \backslash\ {}^1\bar{\boldsymbol{Q}}_{2|2} \cdot {}^2\boldsymbol{Q}_3 \cdot {}^3l_{3P} & \backslash\ {}^1\boldsymbol{Q}_{2|2} \cdot {}^2\bar{\boldsymbol{Q}}_{3|3} \cdot {}^3l_{3P} - \\ & & \backslash\ \boldsymbol{\tau}_{2|2}^1 \cdot \bar{\boldsymbol{\tau}}_{3|3}^2 \cdot {}^1\boldsymbol{Q}_i \cdot {}_d^i r_{3P} \end{bmatrix} \backslash$$

$$+\begin{bmatrix} \boldsymbol{\tau}_3^2 \cdot {}^1l_2 + \boldsymbol{\tau}_3^2 & \boldsymbol{\tau}_1^i \cdot \boldsymbol{\tau}_3^2 \cdot {}^1\bar{\boldsymbol{Q}}_{2|2} \cdot {}^2l_3 + & \bar{\boldsymbol{\tau}}_{3|3}^2 \cdot {}^1\boldsymbol{Q}_{2|2} \cdot {}^2l_3 + \boldsymbol{\tau}_1^i \cdot \\ \backslash \cdot {}^1\boldsymbol{Q}_2 \cdot {}^2l_3\ \backslash & \backslash\ \boldsymbol{\tau}_1^i \cdot {}^1\bar{\boldsymbol{Q}}_{2|2} \cdot {}^2\boldsymbol{Q}_3 \cdot {}^3l_{3P} & \backslash\ {}^1\boldsymbol{Q}_{2|2} \cdot {}^2\bar{\boldsymbol{Q}}_{3|3} \cdot {}^3l_{3P} - \\ +{}^1\boldsymbol{Q}_3 \cdot {}^3l_{3P} & \backslash -\bar{\boldsymbol{\tau}}_{2|2}^1 \cdot \boldsymbol{\tau}_3^2 \cdot {}^1\boldsymbol{Q}_i \cdot {}_d^i r_{3P} & \backslash\ \boldsymbol{\tau}_{2|2}^1 \cdot \bar{\boldsymbol{\tau}}_{3|3}^2 \cdot {}^1\boldsymbol{Q}_i \cdot {}_d^i r_{3P} \end{bmatrix} \tag{4.126}$$

由此，Dixon 矩阵的 τ_1 最高阶次为 4，则式(4.124)成立。

由式(4.126)得

$${}_8^{[2]}\Theta_8^{[5]} \xrightleftharpoons{y_2 \cdot \tau_2^{:2}} \begin{bmatrix} {}^i\boldsymbol{Q}_1 \cdot \tau_2^{:2} \cdot {}^1\mathrm{N}_2 \cdot & \boldsymbol{\tau}_3^2 \cdot {}^i\boldsymbol{Q}_1 \cdot y_2 \cdot {}^1\mathrm{N}_2 & \\ \backslash\left({}^2l_3 + {}^3l_{3P}\right) - & \backslash \cdot \left({}^2l_3 + {}^3l_{3P}\right) - & * \\ \backslash \boldsymbol{\tau}_1^i \cdot \tau_2^{:2} \cdot {}_d^i r_{3P} & \backslash\ \boldsymbol{\tau}_1^i \cdot y_2 \cdot {}_d^i r_{3P} & \end{bmatrix} = 0$$

$${}_8^{[5]}\Theta_8^{[5]} \xrightleftharpoons{y_2^2 \cdot \tau_2^{:2}} \begin{bmatrix} \tau_2^{:2} \cdot {}^i\boldsymbol{Q}_1 \cdot {}^1\mathrm{N}_2 \cdot {}^2l_3 & * & y_2^{:2} \cdot {}^i\boldsymbol{Q}_1 \cdot {}^1\mathrm{N}_2 \cdot {}^2l_3 \end{bmatrix} = 0$$

$${}_8^{[4]}\Theta_8^{[4]} \xrightleftharpoons{y_2^{:2} \cdot \tau_2^{:2}} \begin{bmatrix} {}^i\boldsymbol{Q}_1 \cdot \tau_2^{:2} \cdot {}^1\mathrm{N}_2 \cdot & & \boldsymbol{\tau}_3^2 \cdot {}^i\boldsymbol{Q}_1 \cdot y_2^{:2} \cdot {}^1\mathrm{N}_2 \\ \backslash\left({}^2l_3 + {}^3l_{3P}\right) - & * & \backslash \cdot \left({}^2l_3 + {}^3l_{3P}\right) - \\ \backslash \boldsymbol{\tau}_1^i \cdot \tau_2^{:2} \cdot {}_d^i r_{3P} & & \backslash\ \boldsymbol{\tau}_1^i \cdot y_2^{:2} \cdot {}_d^i r_{3P} \end{bmatrix} = 0$$

$${}_8^{[6]}\Theta_8^{[6]} \xrightleftharpoons{y_2^{:2}\tau_2^{:2} \cdot y_3\tau_3^{:2}} \begin{bmatrix} \tau_2^{:2}\tau_3^{:2} \cdot {}^i\boldsymbol{Q}_1 \cdot {}^1\mathrm{N}_2 & * & y_2^{:2}y_3 \cdot {}^i\boldsymbol{Q}_1 \cdot {}^1\mathrm{N}_2 \\ \backslash \cdot {}^2\mathrm{N}_3 \cdot {}^3l_{3P} & & \backslash \cdot {}^2\mathrm{N}_3 \cdot {}^3l_{3P} \end{bmatrix} = 0$$

其中：*表示任意多项式。相似地，得 ${}_8^{[k]}\Theta_8^{[k]} = 0$，$k \in [4:8]$。显然，该 Dixon 矩阵满足式(4.118)。

记*为任意多项式，则 Dixon 矩阵表示为

$${}_8^{[1:6]}\Theta_8^{[1:6]} = \begin{bmatrix} * & * & * & * & * & * \\ * & * & * & * & 0 & * \\ * & * & * & * & * & * \\ * & * & * & 0 & * & * \\ * & * & * & * & 0 & * \\ * & * & * & * & * & 0 \end{bmatrix} \tag{4.127}$$

执行如下行变换，行列式不变：

$$
\begin{array}{l}
\mathrm{r}_1 \cdot {}^{[4]}_{8}\Theta^{[5]}_{8} - \mathrm{r}_4 \cdot {}^{[1]}_{8}\Theta^{[5]}_{8} \to \mathrm{r}_1 \\
\mathrm{r}_2 \cdot {}^{[4]}_{8}\Theta^{[5]}_{8} - \mathrm{r}_4 \cdot {}^{[2]}_{8}\Theta^{[5]}_{8} \to \mathrm{r}_2 \\
\mathrm{r}_3 \cdot {}^{[4]}_{8}\Theta^{[5]}_{8} - \mathrm{r}_4 \cdot {}^{[3]}_{8}\Theta^{[5]}_{8} \to \mathrm{r}_3 \\
\mathrm{r}_6 \cdot {}^{[4]}_{8}\Theta^{[5]}_{8} - \mathrm{r}_4 \cdot {}^{[6]}_{8}\Theta^{[5]}_{8} \to \mathrm{r}_6 \\
\hline
\end{array}
\begin{bmatrix}
* & * & * & * & 0 & * \\
* & * & * & * & 0 & * \\
* & * & * & * & 0 & * \\
* & * & * & 0 & * & * \\
* & * & * & * & 0 & * \\
* & * & * & * & 0 & 0
\end{bmatrix}
$$

$$
\begin{array}{l}
\mathrm{r}_1 \cdot {}^{[5]}_{8}\Theta^{[5]}_{8} - \mathrm{r}_5 \cdot {}^{[1]}_{8}\Theta^{[5]}_{8} \to \mathrm{r}_1 \\
\mathrm{r}_2 \cdot {}^{[5]}_{8}\Theta^{[5]}_{8} - \mathrm{r}_5 \cdot {}^{[2]}_{8}\Theta^{[5]}_{8} \to \mathrm{r}_2 \\
\mathrm{r}_3 \cdot {}^{[5]}_{8}\Theta^{[5]}_{8} - \mathrm{r}_5 \cdot {}^{[3]}_{8}\Theta^{[5]}_{8} \to \mathrm{r}_3 \\
\mathrm{r}_6 \cdot {}^{[5]}_{8}\Theta^{[5]}_{8} - \mathrm{r}_5 \cdot {}^{[6]}_{8}\Theta^{[5]}_{8} \to \mathrm{r}_6 \\
\hline
\end{array}
\begin{bmatrix}
* & * & * & 0 & 0 & * \\
* & * & * & 0 & 0 & * \\
* & * & * & 0 & 0 & * \\
* & * & * & 0 & * & * \\
* & * & * & * & 0 & * \\
* & * & * & 0 & 0 & 0
\end{bmatrix}
$$

$$
\begin{array}{l}
\mathrm{r}_2 \cdot {}^{[1]}_{8}\Theta^{[6]}_{8} - \mathrm{r}_1 \cdot {}^{[2]}_{8}\Theta^{[6]}_{8} \to \mathrm{r}_2 \\
\mathrm{r}_3 \cdot {}^{[1]}_{8}\Theta^{[6]}_{8} - \mathrm{r}_1 \cdot {}^{[3]}_{8}\Theta^{[6]}_{8} \to \mathrm{r}_3 \\
\mathrm{r}_4 \cdot {}^{[1]}_{8}\Theta^{[6]}_{8} - \mathrm{r}_1 \cdot {}^{[4]}_{8}\Theta^{[6]}_{8} \to \mathrm{r}_4 \\
\mathrm{r}_5 \cdot {}^{[1]}_{8}\Theta^{[6]}_{8} - \mathrm{r}_1 \cdot {}^{[5]}_{8}\Theta^{[6]}_{8} \to \mathrm{r}_5 \\
\hline
\end{array}
\begin{bmatrix}
* & * & * & 0 & 0 & * \\
* & * & * & 0 & 0 & 0 \\
* & * & * & 0 & 0 & 0 \\
* & * & * & 0 & * & 0 \\
* & * & * & * & 0 & 0 \\
* & * & * & 0 & 0 & 0
\end{bmatrix}
$$

得

$$
\operatorname{Res}\left({}_{3}\tilde{\Theta}_{3}\left(\tau_{1}\right)\right)=\operatorname{Res}\left({}_{8}\Theta_{8}\left(\tau_{1}\right)\right) \tag{4.128}
$$

因此，此系统满足式(4.116)。

${}_{3}\tilde{\Theta}_{3}$ 的每列均为矢量，且 $\left[\!\left[{}_{3}\tilde{\Theta}_{3} \right]\!\right]$ 表示容积。$\left[\!\left[{}_{3}\tilde{\Theta}_{3} \right]\!\right]=0$ 表明 Dixon 矩阵中只有两列是相互独立的。因此，式(4.125)成立。证毕。

对于式(4.47)所示的矢量多项式系统，应用式(4.76)，得

$$
\left[\!\left[\bar{\boldsymbol{F}}_{6|6} \right]\!\right]=\left[\!\left[\begin{array}{cccccc}
\boldsymbol{f}_{6|1}^{[1:3]} & \bar{\boldsymbol{f}}_{6|2}^{[1:3]} & \bar{\boldsymbol{f}}_{6|3}^{[1:3]} & \bar{\boldsymbol{f}}_{6|4}^{[1:3]} & \bar{\boldsymbol{f}}_{6|5}^{[1:3]} & \bar{\boldsymbol{f}}_{6|6}^{[1:3]} \\
\boldsymbol{f}_{6|1}^{[4:6]} & \bar{\boldsymbol{f}}_{6|2}^{[4:6]} & \bar{\boldsymbol{f}}_{6|3}^{[4:6]} & \bar{\boldsymbol{f}}_{6|4}^{[4:6]} & \bar{\boldsymbol{f}}_{6|5}^{[4:6]} & \bar{\boldsymbol{f}}_{6|6}^{[4:6]}
\end{array}\right]\!\right] \tag{4.129}
$$

考虑式(4.97)，选取 2×2 方块矩阵，即 $n=m=2$，则式(4.129)的矩阵行列式由 3×3 子矩阵的行列式构成。因此，该 Dixon 多项式的任一项至多可拆分为三个子项。

一个矢量多项式系统是一个具有偏序的结构矢量序列与半角正切变量序列代数积的和。在式(4.74)中，轴 l 的降阶替换会导致部分结构矢量的丢失。式(4.76)中第 l 列表示该轴的降阶替换式。其任一结构矢量在第一列中必存在。

对于 $\bar{\boldsymbol{F}}_{6|6}^{[0][l]}$（$l>2$），与 $y_{2}^{:\alpha 2}\cdots y_{\bar{l}}^{:\alpha \bar{l}}\, y_{l}$ 对应的结构矢量和第一列中与 $\tau_{2}^{:\alpha 2}\cdots\tau_{\bar{l}}^{:\alpha \bar{l}}\,\tau_{l}^{:2}$ 对应的结构矢量相同。后继列中的高阶项的结构矢量在其前继列中也必存在。这两个特点将用于

矢量多项式系统最优消去条件的分析。

替换变量记为 $\boldsymbol{Y}_6=\left[1,y_2,y_3,\cdots,y_6,y_2y_3,y_2^2,y_2^2y_3,y_2^3,y_2^3y_3,\cdots\right]$，原变量记为 $\boldsymbol{T}_6$。为获取 Dixon 矩阵，令 $\left|\boldsymbol{T}_6\right|=\left|\boldsymbol{Y}_6\right|$。所有高阶项 $\boldsymbol{Y}_6$ 中的最高位 y_k 替换为 τ_k^2，则得原变量序列 $\boldsymbol{T}_6=\left[1,\tau_2,\tau_3,\cdots,\tau_6,\tau_2\tau_3^2,\tau_2^2,\tau_2^2\tau_3^2,\tau_2^3,\tau_2^3\tau_3^2,\cdots\right]$。

$\boldsymbol{f}_6^{[4:6]}=0_3$ 为位置系统，令 $pk,aj\in[1:6]$，$k,j\in[1:3]$，$lk\neq lj$。$\left[\!\left[\boldsymbol{f}_{6|p1}^{[1:3]}\quad \boldsymbol{f}_{6|p2}^{[1:3]}\quad \boldsymbol{f}_{6|p3}^{[1:3]}\right]\!\right]$ 和 $\left[\!\left[\boldsymbol{f}_{6|a1}^{[4:6]}\quad \boldsymbol{f}_{6|a2}^{[4:6]}\quad \boldsymbol{f}_{6|a3}^{[4:6]}\right]\!\right]$ 分别为关于 $\left[\tau_{p1},\tau_{p2},\tau_{p3}\right]$ 和 $\left[\tau_{a1},\tau_{a2},\tau_{a3}\right]$ 的 3R 位置系统，且满足式(4.118)。因此，$\left[\!\left[\boldsymbol{f}_{6|p1}^{[1:3]}\quad \boldsymbol{f}_{6|p2}^{[1:3]}\quad \boldsymbol{f}_{6|p3}^{[1:3]}\right]\!\right]\cdot\left[\!\left[\boldsymbol{f}_{6|a1}^{[4:6]}\quad \boldsymbol{f}_{6|a2}^{[4:6]}\quad \boldsymbol{f}_{6|a3}^{[4:6]}\right]\!\right]$ 也满足式(4.118)。故此系统满足式(4.116)。

由矢量多项式系统性质及定理 4.2 得如下最优 Dixon 消元条件存在性定理。

定理 4.4 给定如式(4.43)、式(4.47)、式(4.305)或式(4.306)所示的任意矢量多项式系统 $\boldsymbol{f}_n$，均满足最优 Dixon 消元前提条件，则 τ_1 有解的必要条件为满足如下具有线性约束的 Dixon 矩阵：

$$\operatorname{Order}\left(\operatorname{Res}\left({}_n\tilde{\Theta}_n\right),\tau_1\right)\geqslant 1 \tag{4.130}$$

且有如下性质：

$$\operatorname{Order}\left({}_n^{[r]}\tilde{\Theta}_n^{[c]}\left(\tau_1\right)\right)\leqslant 3+n,\quad r,c\in[1:n] \tag{4.131}$$

$$\operatorname{Order}\left(\operatorname{Res}\left({}_n\tilde{\Theta}_n\left(\tau_1\right)\right);\tau_1\right)\leqslant\left(3+n\right)\bullet 2^{2^{n-1}-1} \tag{4.132}$$

式(4.130)至式(4.132)用于矢量多项式系统的逆解计算。

4.4.9 本节贡献

本节提出并证明了用于矢量多项式最优 Dixon 消元的定理，其特征在于：

（1）式(4.115)中 Dixon 多项式与式(4.76)相比仅有线性复杂度；

（2）式(4.130)仅适用于矢量多项式系统的消元;

（3）式(4.130)与式(4.76)相比求解速度更快，且不存在组合爆炸问题。分块行列式计算可以进一步提高 Dixon 矩阵的计算速度，从而保证矢量多项式系统逆解的实时性与精确性。

4.5 轴不变量与 D-H 参数的转换

在应用名义 D-H 系及 D-H 参数计算运动学逆解时，由于存在机加工及装配误差，系统绝对定位和定姿精度远低于系统重复精度。同时，D-H 系的建立及 D-H 参数的确定过程较烦琐，当系统自由度较高时，人工完成这一过程的可靠性低。因此，需要解决由计算机自主确定 D-H 系及 D-H 参数的问题。高精度的 D-H 系及 D-H 参数是机器人进行精确作业的基础，也是示教-再现（teaching and playback）机器人向自主机器人发展的基础。

4.5.1　基于固定轴不变量的 D-H 系确定

如图 4-3 所示，$\mathbf{A}=\left(0,1,\cdots,k\right]$，$\mathbf{F}=\left\{\mathbf{F}^{[l]}\mid l\in\mathbf{A}\right\}$，$\mathbf{I}=\left\{\left[{}^{\overline{l}}n_l,{}^{\overline{l}}l_l\right]\mid l\in\mathbf{A}\right\}$。其中：Frame#$l$ 为自然坐标系，Frame#l' 为 D-H 系，且有 ${}^{\overline{l}}_0Q_l\equiv\mathbf{1}$，$l,\overline{l}\in\mathbf{A}$。

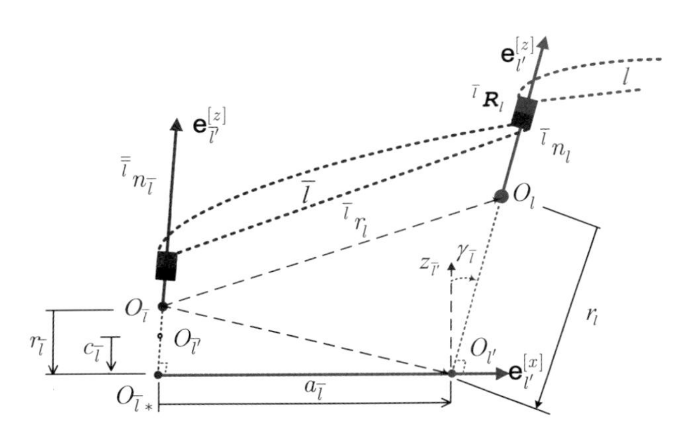

图 4-3　自然坐标系与 D-H 系的关系

首先确定中间点 $O_{\overline{l}*}$ 及 D-H 系原点 $O_{l'}$。

（1）令 $z_{\overline{l}'}$ 和 $z_{l'}$ 分别经过轴不变量 ${}^{\overline{\overline{l}}}n_{\overline{l}}$ 和 ${}^{\overline{l}}n_l$，且 ${}^{\overline{\overline{l}}|}\mathbf{e}_{\overline{l}'}^{[z]}={}^{\overline{\overline{l}}}n_{\overline{l}}$，${}^{\overline{l}|}\mathbf{e}_{l'}^{[z]}={}^{\overline{l}}n_l$。

（2）${}^{\overline{l}|}\mathbf{e}_{l'}^{[x]}$ 定义为 $n_{\overline{l}}$ 到 n_l 的公垂线，包括三种情况。

① 若 $\left|{}^{0|\overline{\overline{l}}}n_{\overline{l}}^{\mathrm{T}}\cdot{}^{0|\overline{l}}n_l\right|\neq1$，则 ${}^0r_{\overline{l}'}$、${}^0r_{l'}$ 可用轴不变量 ${}^{\overline{\overline{l}}}n_{\overline{l}}$ 和 ${}^{\overline{l}}n_l$ 表示。

$$\begin{cases}{}^{0|\overline{l}}r_{\overline{l}*}={}^{0|\overline{\overline{l}}}n_{\overline{l}}\cdot r_{\overline{l}}\\ {}^{0|l}r_{l'}={}^{0|\overline{l}}n_l\cdot r_l\end{cases}\tag{4.133}$$

$${}^{0|\overline{l}*}r_{l'}={}^{0|\overline{l}}r_l+{}^{0|\overline{l}}n_l\cdot r_l-{}^{0|\overline{\overline{l}}}n_{\overline{l}}\cdot r_{\overline{l}}\tag{4.134}$$

因 ${}^{0|\overline{l}*}r_{l'}\perp{}^{0|\overline{\overline{l}}}n_{\overline{l}}$ 且 ${}^{\overline{l}*}r_{l'}\perp{}^{\overline{l}}n_l$，所以

$$\begin{cases}{}^{0|\overline{\overline{l}}}n_{\overline{l}}^{\mathrm{T}}\cdot\left({}^{0|\overline{l}}r_l+{}^{0|\overline{l}}n_l\cdot r_l-{}^{0|\overline{\overline{l}}}n_{\overline{l}}\cdot r_{\overline{l}}\right)=0\\ {}^{0|\overline{l}}n_l^{\mathrm{T}}\cdot\left({}^{0|\overline{l}}r_l+{}^{0|\overline{l}}n_l\cdot r_l-{}^{0|\overline{\overline{l}}}n_{\overline{l}}\cdot r_{\overline{l}}\right)=0\end{cases}\tag{4.135}$$

解式(4.135)得

$$\begin{cases} r_{\bar{l}} = \dfrac{{}^{0|\bar{\bar{l}}}n_{\bar{l}}^{\mathrm{T}} \cdot \left(\mathbf{1} - {}^{0|\bar{l}}n_{l} \cdot {}^{0|\bar{l}}n_{l}^{\mathrm{T}}\right) \cdot {}^{0|\bar{l}}r_{l}}{1 - {}^{0|\bar{\bar{l}}}n_{\bar{l}}^{\mathrm{T}} \cdot {}^{0|\bar{l}}n_{l} \cdot {}^{0|\bar{l}}n_{l}^{\mathrm{T}} \cdot {}^{0|\bar{\bar{l}}}n_{\bar{l}}} \\ r_{l} = \dfrac{{}^{0|\bar{l}}n_{l}^{\mathrm{T}} \cdot \left(\mathbf{1} - {}^{0|\bar{\bar{l}}}n_{\bar{l}} \cdot {}^{0|\bar{\bar{l}}}n_{\bar{l}}^{\mathrm{T}}\right) \cdot {}^{0|\bar{l}}r_{l}}{{}^{0|\bar{l}}n_{l}^{\mathrm{T}} \cdot {}^{0|\bar{\bar{l}}}n_{\bar{l}} \cdot {}^{0|\bar{\bar{l}}}n_{\bar{l}}^{\mathrm{T}} \cdot {}^{0|\bar{l}}n_{l} - 1} \end{cases} \tag{4.136}$$

将式(4.136)代入式(4.133)得

$$\begin{cases} {}^{0|\bar{l}}r_{\bar{l}*} = {}^{0|\bar{\bar{l}}}n_{\bar{l}} \cdot \dfrac{{}^{0|\bar{\bar{l}}}n_{\bar{l}}^{\mathrm{T}} \cdot \left(\mathbf{1} - {}^{0|\bar{l}}n_{l} \cdot {}^{0|\bar{l}}n_{l}^{\mathrm{T}}\right) \cdot {}^{0|\bar{l}}r_{l}}{1 - {}^{0|\bar{\bar{l}}}n_{\bar{l}}^{\mathrm{T}} \cdot {}^{0|\bar{l}}n_{l} \cdot {}^{0|\bar{l}}n_{l}^{\mathrm{T}} \cdot {}^{0|\bar{\bar{l}}}n_{\bar{l}}} \\ {}^{0|l}r_{l'} = {}^{0|\bar{l}}n_{l} \cdot \dfrac{{}^{0|\bar{l}}n_{l}^{\mathrm{T}} \cdot \left(\mathbf{1} - {}^{0|\bar{\bar{l}}}n_{\bar{l}} \cdot {}^{0|\bar{\bar{l}}}n_{\bar{l}}^{\mathrm{T}}\right) \cdot {}^{0|\bar{l}}r_{l}}{1 - {}^{0|\bar{l}}n_{l}^{\mathrm{T}} \cdot {}^{0|\bar{\bar{l}}}n_{\bar{l}} \cdot {}^{0|\bar{\bar{l}}}n_{\bar{l}}^{\mathrm{T}} \cdot {}^{0|\bar{l}}n_{l}} \end{cases} \tag{4.137}$$

$${}^{\bar{l}|\bar{l}*}r_{l'} = {}^{\bar{l}|\bar{\bar{l}}}\tilde{n}_{\bar{l}} \cdot {}^{\bar{l}}n_{l} \cdot \left({}^{\bar{l}|\bar{\bar{l}}}\tilde{n}_{\bar{l}} \cdot {}^{\bar{l}}n_{l}\right)^{\mathrm{T}} \cdot {}^{\bar{l}}r_{l} = -{}^{\bar{l}|\bar{\bar{l}}}\tilde{n}_{\bar{l}} \cdot {}^{\bar{l}}n_{l} \cdot {}^{\bar{l}}n_{l}^{\mathrm{T}} \cdot {}^{\bar{l}|\bar{\bar{l}}}\tilde{n}_{\bar{l}} \cdot {}^{\bar{l}}r_{l} \tag{4.138}$$

对于自然坐标系，有

$${}_{0}^{\bar{l}}Q_{l} = \mathbf{1}, \quad l \in \mathbf{A} \tag{4.139}$$

由式(4.139)，将式(4.137)和式(4.138)改写为

$$\begin{cases} {}^{0}r_{\bar{l}*} = {}^{0}r_{\bar{l}} + {}^{0|\bar{\bar{l}}}n_{\bar{l}} \cdot \dfrac{{}^{0|\bar{\bar{l}}}n_{\bar{l}}^{\mathrm{T}} \cdot \left(\mathbf{1} - {}^{0|\bar{l}}n_{l} \cdot {}^{0|\bar{l}}n_{l}^{\mathrm{T}}\right) \cdot \left({}^{0}r_{l} - {}^{0}r_{\bar{l}}\right)}{1 - {}^{0|\bar{\bar{l}}}n_{\bar{l}}^{\mathrm{T}} \cdot {}^{0|\bar{l}}n_{l} \cdot {}^{0|\bar{l}}n_{l}^{\mathrm{T}} \cdot {}^{0|\bar{\bar{l}}}n_{\bar{l}}} \\ {}^{0}r_{l'} = {}^{0}r_{l} + {}^{0|\bar{l}}n_{l} \cdot \dfrac{{}^{0|\bar{l}}n_{l}^{\mathrm{T}} \cdot \left(\mathbf{1} - {}^{0|\bar{\bar{l}}}n_{\bar{l}} \cdot {}^{0|\bar{\bar{l}}}n_{\bar{l}}^{\mathrm{T}}\right) \cdot \left({}^{0}r_{l} - {}^{0}r_{\bar{l}}\right)}{1 - {}^{0|\bar{l}}n_{l}^{\mathrm{T}} \cdot {}^{0|\bar{\bar{l}}}n_{\bar{l}} \cdot {}^{0|\bar{\bar{l}}}n_{\bar{l}}^{\mathrm{T}} \cdot {}^{0|\bar{l}}n_{l}} \end{cases} \tag{4.140}$$

且

$${}^{\bar{l}|}\mathbf{e}_{l'}^{[x]} = {}^{\bar{l}*}r_{l'} \,/\, \left\|{}^{\bar{l}*}r_{l'}\right\| \tag{4.141}$$

由式(4.139)，式(4.141)可以表示为如下形式：

$${}^{\bar{l}|}\mathbf{e}_{\bar{l}'}^{[z]} = {}^{\bar{l}*}r_{\bar{l}'} \,/\, \left\|{}^{\bar{l}*}r_{\bar{l}'}\right\| \tag{4.142}$$

通常，${}^{\bar{l}}\mathbf{e}_{\bar{l}}^{[x]}$用来表示$\phi_{l}^{\bar{l}}\left(t_0\right)$的零位方向。

② 若$\left|{}^{0|\bar{\bar{l}}}n_{\bar{l}}^{\mathrm{T}} \cdot {}^{0|\bar{l}}n_{l}\right| \neq 1$且${}^{\bar{l}}r_{l}=0_3$，得到${}^{\bar{l}}r_{\bar{l}*}={}^{\bar{l}|l}r_{l'}=0_3$，且

$${}^{\bar{l}|}\mathbf{e}_{l'}^{[x]} = {}^{\bar{l}|\bar{\bar{l}}}\tilde{n}_{\bar{l}} \cdot {}^{\bar{l}}n_{l} = {}^{\bar{\bar{l}}}\tilde{n}_{\bar{l}} \cdot {}^{\bar{l}}n_{l} \tag{4.143}$$

③ 若$\left|{}^{0|\bar{\bar{l}}}n_{\bar{l}}^{\mathrm{T}} \cdot {}^{0|\bar{l}}n_{l}\right| = 1$且${}^{\bar{l}}r_{l} \neq 0_3$，则${}^{\bar{l}}r_{\bar{l}*} = 0_3$，且

$$\begin{cases} {}^{\bar{l}*}r_{l'} = \left(\mathbf{1} - {}^{\bar{l}|\bar{\bar{l}}}n_{\bar{l}} \cdot {}^{\bar{l}|\bar{\bar{l}}}n_{\bar{l}}^{\mathrm{T}}\right) \cdot {}^{\bar{l}}r_{l} \\ {}^{\bar{l}|}\mathbf{e}_{l'}^{[x]} = {}^{\bar{l}*}r_{l'} \,/\, \left\|{}^{\bar{l}*}r_{l'}\right\| \end{cases} \tag{4.144}$$

由式(4.144)和${}^{\bar{l}}r_{\bar{l}*} + {}^{\bar{l}*}r_{l'} = {}^{\bar{l}}r_{l} + {}^{l}r_{l'}$，得

$$^{\bar{l}|l}r_{l'} = {}^{\bar{l}*}r_{l'} - {}^{\bar{l}}r_{l} \tag{4.145}$$

（3）得到 $^{\bar{l}|}\mathbf{e}_{l'}^{[y]}$：

$$^{\bar{l}|}\mathbf{e}_{l'}^{[y]} = {}^{\bar{\bar{l}}}\tilde{n}_{\bar{l}} \cdot {}^{\bar{l}|}\mathbf{e}_{l'}^{[x]} \tag{4.146}$$

（4）得到 $^{\bar{l}}Q_{l'}$：

$$^{\bar{l}}Q_{l'} = \left[{}^{\bar{l}|}\mathbf{e}_{l'}^{[x]} \quad {}^{\bar{l}|}\mathbf{e}_{l'}^{[y]} \quad {}^{\bar{l}|}\mathbf{e}_{l'}^{[z]} \right] \tag{4.147}$$

至此，通过固定轴不变量确定了 D-H 系。

4.5.2　基于固定轴不变量的 D-H 参数确定

如图 4-3 所示，$^{\bar{l}|}\mathbf{e}_{l'}^{[x]}$ 是轴 $\mathbf{e}_{l'}^{[x]}$ 的单位坐标矢量。

$$a_{\bar{l}} = {}^{\bar{l}}r_{l}^{\mathrm{T}} \cdot {}^{\bar{l}|}\mathbf{e}_{l'}^{[x]} \tag{4.148}$$

$$c_{\bar{l}} = {}^{\bar{\bar{l}}}n_{\bar{l}}^{\mathrm{T}} \cdot \left({}^{\bar{l}}r_{\bar{l}*} - {}^{\bar{l}}r_{\bar{l}'} \right) \tag{4.149}$$

令 $^{\bar{l}}_{b}u_{l} = {}^{\bar{l}}n_{l}$，$^{\bar{l}}_{a}u_{l} = {}^{\bar{\bar{l}}}n_{\bar{l}}$，由 2.5.8 节中轴扭角的定义得

$$\alpha_{\bar{l}} = \arccos\left({}^{\bar{\bar{l}}}n_{\bar{l}}^{\mathrm{T}} \cdot {}^{\bar{l}}n_{l} \right) \in [0,\pi) \tag{4.150}$$

令 $^{\bar{l}}_{a}u_{l} = {}^{\bar{\bar{l}}|}\mathbf{e}_{\bar{l}'}^{[x]}$，$^{\bar{l}}_{b}u_{l} = {}^{\bar{l}|}\mathbf{e}_{l'}^{[x]}$，由 2.5.8 节中关节转动角的定义得

$$_{0}\phi_{l}^{\dagger} = \arccos\left({}^{\bar{l}}_{a}u_{l}^{\mathrm{T}} \cdot {}^{\bar{l}}_{b}u_{l} \right) \in [0,\pi) \tag{4.151}$$

其中：$a_{\bar{l}}$ 和 $c_{\bar{l}}$ 分别为轴 $\bar{l}$ 到轴 l 的轴距和偏距，$\alpha_{\bar{l}}$ 为轴 $\bar{l}$ 到轴 l 的扭角，$_{0}\phi_{l}^{\dagger}$ 为轴 $\bar{l}$ 的零位。

综上所述，通过固定轴不变量 $\left[{}^{\bar{\bar{l}}}n_{\bar{l}} \quad {}^{\bar{\bar{l}}}_{0}r_{\bar{l}} \right]$ 和 $\left[{}^{\bar{l}}n_{l} \quad {}^{\bar{l}}_{0}r_{l} \right]$，可以方便地表达 D-H 参数 $\alpha_{\bar{l}}$、$a_{\bar{l}}$ 及 $c_{\bar{l}}$，同时可以表达零位 $_{0}\phi_{l}^{\dagger}$。

基于固定轴不变量的 D-H 系和 D-H 参数确定原理具有如下作用：

（1）解决了 D-H 系和 D-H 参数在工程中难以实现的问题。由于 D-H 系和 D-H 参数的确定过程需要借助于光学特征，但所需的特征通常位于杆件内部及外部，工程上无法精确测量。而固定轴不变量可以借助于激光跟踪仪等光学测量设备间接测量。

（2）保证了 D-H 系和 D-H 参数的精确性。由于 D-H 系和 D-H 参数的确定过程需要满足正交性要求，工程上难以满足。在多轴系统设计时，根据图样确定的 D-H 系和 D-H 参数与工程 D-H 系和 D-H 参数存在较大差异，需要考虑机械加工及系统装配引起的误差。通过工程测量的固定轴不变量在测量设备精度得到保证的前提下，可以得到精确的、以固定轴不变量表征的结构参数，从而保证了 D-H 系和 D-H 参数的精确性。

4.5.3 本节贡献

本节提出并分析了基于固定轴不变量的 D-H 系和 D-H 参数确定原理。CE3 月面巡视器的型号工程应用表明了该原理的正确性。该原理的特征在于：具有简洁的链符号系统及轴不变量的表示，具有伪代码的功能，物理含义准确，保证了工程实现的可靠性；基于轴不变量的结构参数，不需要建立中间坐标系，避免了引入中间坐标系导致的测量误差，保证了 D-H 系和 D-H 参数确定的精确性。该原理对提高机器人绝对定位及定姿精度具有重要的作用。

4.6 经典姿态逆解原理

在工程应用中，自然坐标系不仅简单、方便，而且有助于提高工程测量精度，增强建模的通用性。同时，多轴系统的运动学及动力学建模困难主要是因为存在转动，而转动描述的关键在于转动轴。本节基于自然坐标系，研究 1R、2R 及 3R 的姿态逆解问题，主要目的是为后续阐述基于轴不变量的多轴系统逆运动学奠定基础。

4.6.1 一轴姿态逆解

投影是旋转矢量在线性空间下的度量。给定链节 ${}^{\bar{l}}\mathbf{l}_l$，${}^{\bar{l}}\mathbf{k}_l \in \mathbf{R}$，控制关节变量 $\phi_l^{\bar{l}}$，使固结的单位矢量 ${}^{l}u_S$ 与期望单位矢量 ${}^{\bar{l}}u_S$ 的投影 $\mathrm{C}\left(\varphi_l^{\bar{l}}\right)$ 最优，其中：$\varphi_l^{\bar{l}}$ 为 ${}^{l}u_S$ 与 ${}^{\bar{l}}u_S$ 的夹角。该问题称为投影逆解问题。由式(3.77)及式(4.6)得

$$\mathrm{C}\left(\varphi_l^{\bar{l}}\right) = {}^{\bar{l}}u_S^{\mathrm{T}} \cdot {}^{\bar{l}|l}u_S = \left(1 + \tau_l^{:2}\right)^{-1} \cdot {}^{\bar{l}}u_S^{\mathrm{T}} \cdot \left(\mathbf{1} + 2 \cdot \tau_l \cdot {}^{\bar{l}}\tilde{n}_l + \tau_l^{:2} \cdot \left(\mathbf{1} + 2 \cdot {}^{\bar{l}}\tilde{n}_l^{:2}\right)\right) \cdot {}^{l}u_S$$

即

$$\left(a - \mathrm{C}\left(\varphi_l^{\bar{l}}\right)\right) \cdot \tau_l^{:2} + 2 \cdot \tau_l \cdot b + c - \mathrm{C}\left(\varphi_l^{\bar{l}}\right) = 0 \tag{4.152}$$

其中：

$$\begin{cases} a = {}^{\bar{l}}u_S^{\mathrm{T}} \cdot \left(\mathbf{1} + 2 \cdot {}^{\bar{l}}\tilde{n}_l^{:2}\right) \cdot {}^{l}u_S \\ b = {}^{\bar{l}}u_S^{\mathrm{T}} \cdot {}^{\bar{l}}\tilde{n}_l \cdot {}^{l}u_S \\ c = {}^{\bar{l}}u_S^{\mathrm{T}} \cdot {}^{l}u_S \end{cases} \tag{4.153}$$

若 $a - \mathrm{C}\left(\varphi_l^{\bar{l}}\right) \neq 0$，解式(4.152)得

$$\tau_l = \left(-b \pm \sqrt{b^2 - \left(a - \mathrm{C}\left(\varphi_l^{\bar{l}}\right)\right) \cdot \left(c - \mathrm{C}\left(\varphi_l^{\bar{l}}\right)\right)}\right) / \left(a - \mathrm{C}\left(\varphi_l^{\bar{l}}\right)\right) \tag{4.154}$$

若 $a - \mathrm{C}\left(\varphi_l^{\bar{l}}\right) = 0$，式(4.152)退化为一次式：

$$2 \cdot \tau_l \cdot b + c - \mathrm{C}\left(\varphi_l^{\bar{l}}\right) = 0 \tag{4.155}$$

由式(4.155)得

$$\tau_l = -\left(c - \mathrm{C}\left(\varphi_l^{\bar{l}}\right)\right) / \left(2 \cdot b\right) \tag{4.156}$$

记式(4.154)中根号下的部分为

$$f\left(\varphi_l^{\bar{l}}\right) = b^2 - \left(a - \mathrm{C}\left(\varphi_l^{\bar{l}}\right)\right) \cdot \left(c - \mathrm{C}\left(\varphi_l^{\bar{l}}\right)\right) \tag{4.157}$$

而 τ_l 是关于 $\mathrm{C}\left(\varphi_l^{\bar{l}}\right)$ 的连续函数。因 $\varphi_l^{\bar{l}} \in \left[-\pi / 2, \pi / 2\right]$，故 $\mathrm{C}\left(\varphi_l^{\bar{l}}\right) \geqslant 0$，且式(4.152)是关于 $\mathrm{C}\left(\varphi_l^{\bar{l}}\right)$ 的凸函数。当取边界条件 $f\left(\varphi_l^{\bar{l}}\right) = 0$ 时，由式(4.153)及式(4.157)得

$$\mathrm{C}^2\left(\varphi_l^{\bar{l}}\right) - \mathrm{C}\left(\varphi_l^{\bar{l}}\right) \cdot \left(a + c\right) + a \cdot c - b^2 = 0 \tag{4.158}$$

由式(4.158)得

$$\mathrm{C}\left(\varphi_l^{\bar{l}}\right) = \frac{1}{2} \cdot \left[\left(a + c\right) \pm \sqrt{\left(a + c\right)^2 + 4 \cdot \left(b^2 - a \cdot c\right)}\right] \tag{4.159}$$

此时，满足 $\mathrm{C}\left(\varphi_l^{\bar{l}}\right)$ 最小的解为

$$_{op}\tau_l = -{}^{\bar{l}}u_S^{\mathrm{T}} \cdot {}^{\bar{l}}\tilde{n}_l \cdot {}^{l}u_S / \left({}^{\bar{l}}u_S^{\mathrm{T}} \cdot \left(\mathbf{1} + 2 \cdot {}^{\bar{l}}\tilde{n}_l^{:2}\right) \cdot {}^{l}u_S - \mathrm{C}\left(\varphi_l^{\bar{l}}\right)\right) \tag{4.160}$$

4.6.2 CE3 太阳翼姿态逆解

如图 4-4 所示的 CE3 月面巡视器太阳翼体系 p，O_p 位于转动副 ${}^c\boldsymbol{R}_p$ 轴线中心，x_p 过转动副 ${}^c\boldsymbol{R}_p$ 的轴并指向巡视器前向，y_p 指向巡视器左侧，z_p 由右手规则确定，即指向+Y 光敏元件阵列法向。巡视器体系记为 c。其中：ϕ_p^c 为太阳翼转动角，$\phi_p^c \in [-\pi / 2, \pi / 4]$；$S_f$、$S_r$ 分别是太阳翼前外侧点及后外侧点；${}^c r_p$ 为巡视器体系原点 O_c 至太阳翼体系原点 O_p 的位置矢量在巡视器体系下的坐标；${}^n u_{nS}$ 为巡视器至太阳的单位矢量在导航系 n 下的坐标。

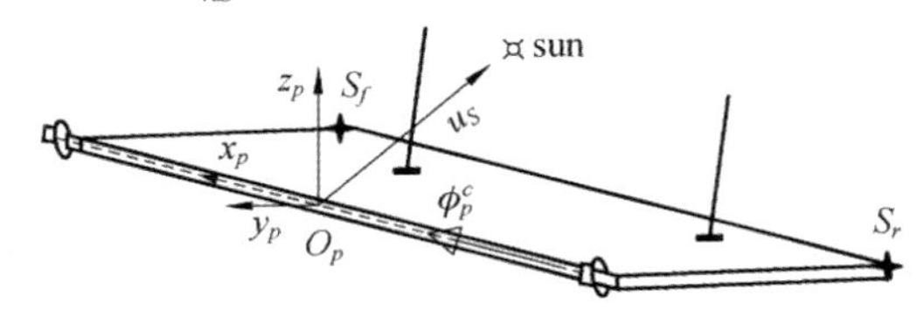

图 4-4　CE3 月面巡视器太阳翼坐标系

由式(3.77)得

$${}^cQ_p = \left(1 + \tau_p^{:2}\right)^{-1} \cdot \left(\mathbf{1} + 2 \cdot \tau_p \cdot {}^c\tilde{n}_p + \tau_p^{:2} \cdot \left(\mathbf{1} + 2 \cdot {}^c\tilde{n}_p^2\right)\right) \tag{4.161}$$

太阳翼上任一点 S 在其体系下的坐标记为 ${}^p r_{pS}$，则有齐次坐标变换：

$${}^c r_{\cdot pS} = \begin{bmatrix} {}^cQ_p & {}^c r_p \\ 0_3^{\mathrm{T}} & 1 \end{bmatrix} \cdot {}^p r_{\cdot pS} \tag{4.162}$$

记巡视器相对导航系的旋转变换阵为${}^{n}Q_{c}$，则有${}^{n}Q_{p} = {}^{n}Q_{c} \cdot {}^{c}Q_{p}$，故有

$$ {}^{c}u_{S} = {}^{c}Q_{n} \cdot {}^{n}u_{S} \tag{4.163} $$

$$ {}^{p}u_{S} = {}^{p}Q_{n} \cdot {}^{n}u_{S} \tag{4.164} $$

记器日矢量相对太阳翼的高度角为ζ_{S}^{p}，其由式(4.164)确定：

$$ \zeta_{S}^{p} = \arcsin\left({}^{p}u_{S}^{[3]} \right) \tag{4.165} $$

将由太阳翼法向至太阳单位矢量的夹角记为$\varphi_{p}^{c} \in \left(-\pi / 2, \pi / 2 \right)$，则有

$$ \cos\left(\varphi_{p}^{c} \right) = {}^{c}u_{S}^{\mathrm{T}} \cdot {}^{c|p}u_{S} \tag{4.166} $$

CE3 月面巡视器的太阳翼控制包括以下两种模式。

（1）太阳翼调节控制。

太阳翼调节控制是指：给定φ_{p}^{c}的最小阈值${}_{\min}\varphi_{p}^{c}$。控制ϕ_{p}^{c}，既要保证太阳翼产生足够的功率，又要保证太阳翼不致因太阳辐射而过热，即$\varphi_{p}^{c} \geqslant {}_{\min}\varphi_{p}^{c}$。由式(4.154)或式(4.156)可解得$\tau_{p}$。显然，$\phi_{p}^{c} = 2 \cdot \arctan\left(\tau_{p} \right)$。

（2）太阳翼最优控制。

太阳翼最优控制是指：控制ϕ_{p}^{c}，保证太阳翼最大的发电量。由式(4.160)可解得τ_{p}，显然，$\phi_{p}^{c} = 2 \cdot \arctan\left(\tau_{p} \right)$。下面通过特例验证式(4.154)、式(4.156)及式(4.160)的正确性。若

$$ {}^{p}u_{S} = \begin{bmatrix} 0 & 0 & 1 \end{bmatrix}^{\mathrm{T}}, \quad {}^{c}n_{p} = \begin{bmatrix} 1 & 0 & 0 \end{bmatrix}^{\mathrm{T}} \tag{4.167} $$

将式(4.167)代入式(4.159)得

$$ \mathrm{C}\left(\varphi_{p}^{c} \right) = \pm\sqrt{ {}^{c}u_{S}^{[2]:2} + {}^{c}u_{S}^{[3]:2} } \tag{4.168} $$

将式(4.167)代入式(4.160)得

$$ \tau_{p} = -{}^{c}u_{S}^{[2]} \Big/ \left({}^{c}u_{S}^{[3]} + \mathrm{C}\left(\varphi_{p}^{c} \right) \right) \tag{4.169} $$

当${}^{c}u_{S}^{[1]} = 0, {}^{c}u_{S}^{[2]} = 1, {}^{c}u_{S}^{[3]} = 0$时，由式(4.168)得$\mathrm{C}\left(\varphi_{p}^{c} \right) = 1$，由式(4.169)得$\phi_{p}^{c} = -0.5\pi$；

当${}^{c}u_{S}^{[1]} = 0, {}^{c}u_{S}^{[2]} = -1, {}^{c}u_{S}^{[3]} = 0$时，由式(4.168)得$\mathrm{C}\left(\varphi_{p}^{c} \right) = 1$，由式(4.169)得$\phi_{p}^{c} = 0.5\pi$；

当${}^{c}u_{S}^{[1]} = 0, {}^{c}u_{S}^{[2]} = 0, {}^{c}u_{S}^{[3]} = 1$时，由式(4.168)得$\mathrm{C}\left(\varphi_{p}^{c} \right) = 1$，由式(4.169)得$\phi_{p}^{c} = 0$。

显然，上述结果与直观的物理含义一致，证明了基于轴不变量的 1R 投影逆解原理的正确性。

由上述太阳翼逆解可知，存在两组最优解。由于太阳翼转动角度受结构约束和太阳翼温度约束，太阳翼与数传天线或全向天线可能存在机械干涉，因此需要对太阳翼工作区间

进行限定。在允许的工作区间内控制太阳翼，保证发电量的最大化。

如图 4-5 所示，因太阳翼距数传天线及全向天线较近，易遮挡电磁波的传输，致使数传通信或全向通信中断或功率衰减，称之为太阳翼与天线的机械干涉。避免机械干涉是巡视器任务规划、桅杆控制、太阳翼控制的基本约束条件。

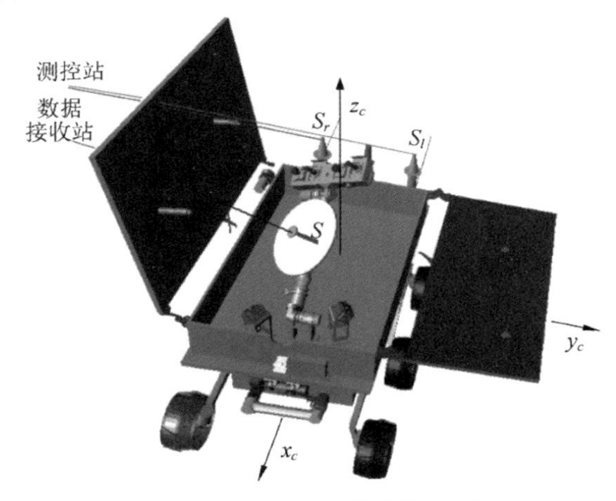

图 4-5　天线与太阳翼的机械干涉

判断巡视器数传天线与太阳翼或全向天线与太阳翼机械干涉的方法如下：记全向发射天线及接收天线顶点分别为 S_l 和 S_r，记数传天线波束轴与发射面交点为 S 。在巡视器体系 c 下，建立 S_l 至测控站的射线方程、S_r 至测控站的射线方程、S 至数据接收站的射线方程，通过全向通信或数传通信射线方程与太阳翼平面方程求解交点。若交点存在且位于太阳翼面内，则视为机械干涉。记射线的起点为 A ，射线单位矢量为 ${}^c n_t$，参数为 t，其对应的点记为 ${}^c r_t$，在巡视器体系 c 下射线参数方程为

$$
{}^c r_t = {}^c r_A + {}^c n_t \cdot t \tag{4.170}
$$

即

$$
\begin{cases}
{}^c r_t^{[1]} = {}^c r_A^{[1]} + {}^c n_t^{[1]} \cdot t \\
{}^c r_t^{[2]} = {}^c r_A^{[2]} + {}^c n_t^{[2]} \cdot t \\
{}^c r_t^{[3]} = {}^c r_A^{[3]} + {}^c n_t^{[3]} \cdot t
\end{cases} \tag{4.171}
$$

记太阳翼前内侧角点为 B ，太阳翼法向为 ${}^c n_p$，射线与太阳翼平面任一交点为 ${}^c r_t$。太阳翼平面方程为

$$
\left({}^c r_t - {}^c r_B \right)^{\mathrm{T}} \cdot {}^c n_p = 0 \tag{4.172}
$$

即

$$
\left({}^c r_t^{[1]} - {}^c r_B^{[1]} \right) \cdot {}^c n_p^{[1]} + \left({}^c r_t^{[2]} - {}^c r_B^{[2]} \right) \cdot {}^c n_p^{[2]} + \left({}^c r_t^{[3]} - {}^c r_B^{[3]} \right) \cdot {}^c n_p^{[3]} = 0 \tag{4.173}
$$

将式(4.172)代入式(4.170)得

$$t=\left({}^{c}r_{B}^{\mathrm{T}}-{}^{c}r_{A}^{\mathrm{T}}\right)\cdot{}^{c}n_{p}\Big/\left({}^{c}n_{t}^{\mathrm{T}}\cdot{}^{c}n_{p}\right) \tag{4.174}$$

式(4.174)中${}^{c}n_{t}^{\mathrm{T}}\cdot{}^{c}n_{p}=0$时，说明射线与太阳翼法向正交，显然不存在干涉，即

$$t=\frac{\left({}^{c}r_{B}^{[1]}-{}^{c}r_{A}^{[1]}\right)\cdot{}^{c}n_{p}^{[1]}+\left({}^{c}r_{B}^{[2]}-{}^{c}r_{A}^{[2]}\right)\cdot{}^{c}n_{p}^{[2]}+\left({}^{c}r_{B}^{[3]}-{}^{c}r_{A}^{[3]}\right)\cdot{}^{c}n_{p}^{[3]}}{{}^{c}n_{t}^{[1]}\cdot{}^{c}n_{p}^{[1]}+{}^{c}n_{t}^{[2]}\cdot{}^{c}n_{p}^{[2]}+{}^{c}n_{t}^{[3]}\cdot{}^{c}n_{p}^{[3]}} \tag{4.175}$$

因${}^{c}n_{p}^{\mathrm{T}}=\left[0\quad-\sin(\phi_{p}^{c})\quad\cos(\phi_{p}^{c})\right]^{\mathrm{T}}$，将式(4.174)代入式(4.170)可得射线与太阳翼平面交点${}^{c}r_{t}$：

$${}^{c}r_{t}={}^{c}r_{A}+{}^{c}n_{t}\cdot\frac{\left({}^{c}r_{B}^{[1]}-{}^{c}r_{A}^{[1]}\right)\cdot{}^{c}n_{p}^{[1]}+\left({}^{c}r_{B}^{[2]}-{}^{c}r_{A}^{[2]}\right)\cdot{}^{c}n_{p}^{[2]}+\left({}^{c}r_{B}^{[3]}-{}^{c}r_{A}^{[3]}\right)\cdot{}^{c}n_{p}^{[3]}}{{}^{c}n_{t}^{[1]}\cdot{}^{c}n_{p}^{[1]}+{}^{c}n_{t}^{[2]}\cdot{}^{c}n_{p}^{[2]}+{}^{c}n_{t}^{[3]}\cdot{}^{c}n_{p}^{[3]}} \tag{4.176}$$

若${}^{p|c}r_{t}^{[1]}\in\left[{}^{p}r_{Sr}^{[1]},{}^{p}r_{Sl}^{[1]}\right]$，${}^{p|c}r_{t}^{[2]}\in\left[{}^{p}r_{Sr}^{[2]},{}^{p}r_{Sl}^{[2]}\right]$，${}^{p|c}r_{t}^{[3]}\in\left[{}^{p}r_{Sr}^{[3]},{}^{p}r_{Sl}^{[3]}\right]$，则检测射线与太阳翼干涉。当然，工程实现时，需要进行更多的射线检测，并考虑干涉阈值。

CE3 月面巡视器太阳翼控制如图 4-6 和图 4-7 所示。它是巡视器任务规划系统、巡视器遥操作控制系统的基本组成部分，于 2013 年 12 月成功应用于 CE3 型号任务。

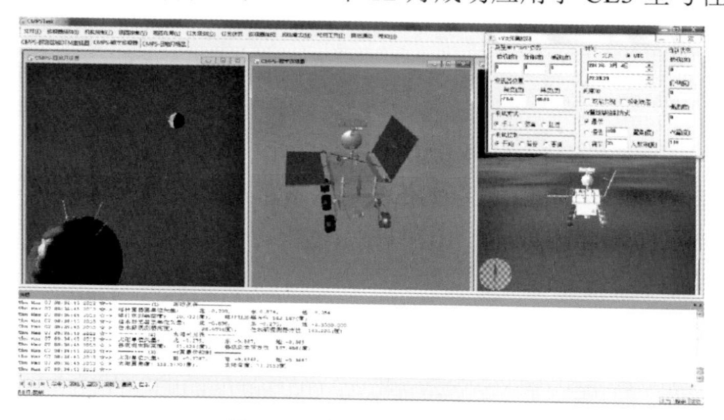

图 4-6　太阳翼最优控制

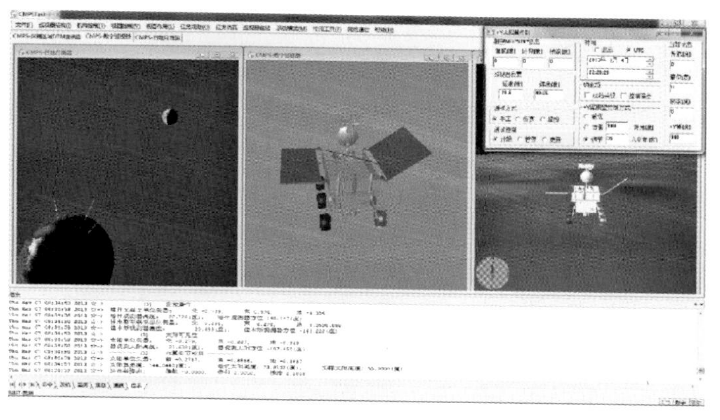

图 4-7　太阳翼过热调节控制

太阳翼的行为控制通过 3D 场景显示，可以直观地反映“日地月”及地面站、巡视器姿态、太阳翼运动状态。不仅使用户能准确地把握巡视器在轨时的情景状态，而且有助于提高软件

的可靠性。在仿真测试时，可以用来分析探测区域、月面地貌、探测时间区间、太阳翼及左太阳翼发电性能等与月面巡视探测任务的适应性，可以优化巡视器电源系统的设计。

4.6.3 二轴及三轴姿态逆解

对于任一个杆件，D-H 参数仅有 3 个结构参数及 1 个关节变量，有利于简化姿态方程的消元。由于 D-H 参数通常是名义的，难以得到准确的工程参数，需要通过固定轴不变量的精确测量，并通过计算获得相应的准确的 D-H 系及 D-H 参数。因此，基于轴不变量的 2R 指向与 3R 姿态问题可以转化为基于 D-H 参数的 2R 指向与 3R 姿态问题。

给定 2R 转动链 ${}^{\bar{l}}\mathbf{1}_l=\left(\bar{\bar{l}},\bar{l},l\right]$，由初始单位矢量 ${}^{l'}u_{lS}$ 指向期望单位矢量 ${}^{\bar{\bar{l}}|l'}u_{lS}$，求 $\phi_{\bar{l}}$ 及 ϕ_l。这是定向逆解问题。若令 D-H 参数指标遵从子指标，因 ${}^{\bar{l}}Q_{l'}\cdot{}^{l'}u_{lS}={}^{\bar{l}}Q_{\bar{\bar{l}}}\cdot{}^{\bar{\bar{l}}|l'}u_{lS}$，故用 D-H 参数表示为

$$\begin{bmatrix}\mathrm{C}(\phi_l) & -\lambda_l\cdot\mathrm{S}(\phi_l) & \mu_l\cdot\mathrm{S}(\phi_l)\\ \mathrm{S}(\phi_l) & \lambda_l\cdot\mathrm{C}(\phi_l) & -\mu_l\cdot\mathrm{C}(\phi_l)\\ 0 & \mu_l & \lambda_l\end{bmatrix}\cdot{}^{l'}u_{lS}=\begin{bmatrix}\mathrm{C}(\phi_{\bar{l}}) & \mathrm{S}(\phi_{\bar{l}}) & 0\\ -\lambda_{\bar{l}}\cdot\mathrm{S}(\phi_{\bar{l}}) & \lambda_{\bar{l}}\cdot\mathrm{C}(\phi_{\bar{l}}) & \mu_{\bar{l}}\\ \mu_{\bar{l}}\cdot\mathrm{S}(\phi_{\bar{l}}) & -\mu_{\bar{l}}\cdot\mathrm{C}(\phi_{\bar{l}}) & \lambda_{\bar{l}}\end{bmatrix}\cdot{}^{\bar{\bar{l}}|l'}u_{lS} \tag{4.177}$$

由式(4.177)最后一行得

$$\mu_l\cdot{}^{l'}u_{lS}^{[2]}+\lambda_l\cdot{}^{l'}u_{lS}^{[3]}=\mu_{\bar{l}}\cdot\mathrm{S}(\phi_{\bar{l}})\cdot{}^{\bar{\bar{l}}|l'}u_{lS}^{[1]}-\mu_{\bar{l}}\cdot\mathrm{C}(\phi_{\bar{l}})\cdot{}^{\bar{\bar{l}}|l'}u_{lS}^{[2]}+\lambda_{\bar{l}}\cdot{}^{\bar{\bar{l}}|l'}u_{lS}^{[3]} \tag{4.178}$$

故有

$$\begin{aligned}&\tau_{\bar{l}}^{:2}\cdot\left(\lambda_{\bar{l}}\cdot{}^{\bar{\bar{l}}|l'}u_{lS}^{[3]}+\mu_{\bar{l}}\cdot{}^{\bar{\bar{l}}|l'}u_{lS}^{[2]}-\mu_l\cdot{}^{l'}u_{lS}^{[2]}-\lambda_l\cdot{}^{l'}u_{lS}^{[3]}\right)+2\cdot\tau_{\bar{l}}\cdot\mu_{\bar{l}}\cdot{}^{\bar{\bar{l}}|l'}u_{lS}^{[1]}\\&-\mu_l\cdot{}^{l'}u_{lS}^{[2]}-\lambda_l\cdot{}^{l'}u_{lS}^{[3]}+\lambda_{\bar{l}}\cdot{}^{\bar{\bar{l}}|l'}u_{lS}^{[3]}-\mu_{\bar{l}}\cdot{}^{\bar{\bar{l}}|l'}u_{lS}^{[2]}=0\end{aligned}$$

即有

$$A\cdot\tau_{\bar{l}}^{:2}+B\cdot\tau_{\bar{l}}+C=0 \tag{4.179}$$

其中：

$$\begin{cases}A=\lambda_{\bar{l}}\cdot{}^{\bar{\bar{l}}|l'}u_{lS}^{[3]}+\mu_{\bar{l}}\cdot{}^{\bar{\bar{l}}|l'}u_{lS}^{[2]}-\mu_l\cdot{}^{l'}u_{lS}^{[2]}-\lambda_l\cdot{}^{l'}u_{lS}^{[3]}\\ B=2\cdot\mu_{\bar{l}}\cdot{}^{\bar{\bar{l}}|l'}u_{lS}^{[1]}\\ C=-\mu_l\cdot{}^{l'}u_{lS}^{[2]}-\lambda_l\cdot{}^{l'}u_{lS}^{[3]}+\lambda_{\bar{l}}\cdot{}^{\bar{\bar{l}}|l'}u_{lS}^{[3]}-\mu_{\bar{l}}\cdot{}^{\bar{\bar{l}}|l'}u_{lS}^{[2]}\end{cases} \tag{4.180}$$

故有

$$\phi_{\bar{l}}=\begin{cases}2\cdot\arctan\left(\dfrac{-B\pm\sqrt{B^2-4AC}}{2A}\right), & \text{if}\quad A\neq0\\ 2\cdot\arctan\left(-C/B\right), & \text{if}\quad A=0,B\neq0\\ \left(-\pi,\pi\right], & \text{if}\quad A=0,B=0,C=0\end{cases} \tag{4.181}$$

由式(4.177)第一行得

$$\mathrm{C}\left(\phi_l\right)\cdot {}^{l'}u_{lS}^{[1]}+\mathrm{S}\left(\phi_l\right)\cdot\left(\mu_l\cdot {}^{l'}u_{lS}^{[3]}-\lambda_l\cdot {}^{l'}u_{lS}^{[2]}\right)=\mathrm{C}\left(\phi_{\overline{l}}\right)\cdot {}^{\overline{l}|l'}u_{lS}^{[1]}+\mathrm{S}\left(\phi_{\overline{l}}\right)\cdot {}^{\overline{l}|l'}u_{lS}^{[2]} \tag{4.182}$$

故有

$$\begin{aligned}\tau_l^{:2}\cdot\left(\mathrm{C}\left(\phi_{\overline{l}}\right)\cdot {}^{\overline{l}|l'}u_{lS}^{[1]}+\mathrm{S}\left(\phi_{\overline{l}}\right)\cdot {}^{\overline{l}|l'}u_{lS}^{[2]}+{}^{l'}u_{lS}^{[1]}\right)-2\cdot\tau_l\cdot\left(\mu_l\cdot {}^{l'}u_{lS}^{[3]}-\lambda_l\cdot {}^{l'}u_{lS}^{[2]}\right)\\+\mathrm{C}\left(\phi_{\overline{l}}\right)\cdot {}^{\overline{l}|l'}u_{lS}^{[1]}+\mathrm{S}\left(\phi_{\overline{l}}\right)\cdot {}^{\overline{l}|l'}u_{lS}^{[2]}-{}^{l'}u_{lS}^{[1]}=0\end{aligned}$$

即

$$A'\cdot\tau_l^{:2}+B'\cdot\tau_l+C'=0 \tag{4.183}$$

其中：

$$\begin{cases}A'=\mathrm{C}\left(\phi_{\overline{l}}\right)\cdot {}^{\overline{l}|l'}u_{lS}^{[1]}+\mathrm{S}\left(\phi_{\overline{l}}\right)\cdot {}^{\overline{l}|l'}u_{lS}^{[2]}+{}^{l'}u_{lS}^{[1]}\\B'=-2\cdot\left(\mu_l\cdot {}^{l'}u_{lS}^{[3]}-\lambda_l\cdot {}^{l'}u_{lS}^{[2]}\right)\\C'=\mathrm{C}\left(\phi_{\overline{l}}\right)\cdot {}^{\overline{l}|l'}u_{lS}^{[1]}+\mathrm{S}\left(\phi_{\overline{l}}\right)\cdot {}^{\overline{l}|l'}u_{lS}^{[2]}-{}^{l'}u_{lS}^{[1]}\end{cases} \tag{4.184}$$

因式(4.179)及式(4.183)不一定满足式(4.177)的第二行，由式(4.179)及式(4.183)获得的 $\phi_{\overline{l}}$ 及 ϕ_l 只是可能解，故需将可能解代入式(4.177)的第二行，若仍成立，才可得到真实解。

给定 3R 转动链 ${}^{\overline{\overline{l}}}\mathbf{1}_k=\left(\overline{\overline{l}},\overline{l},l,k\right]$ 及期望姿态 ${}^{\overline{\overline{l}}}\lambda_k$，轴不变量序列$\left[{}^{\overline{\overline{l}}}n_{\overline{l}},{}^{\overline{l}}n_l,{}^{l}n_k\right]$，求关节变量序列$\left[\phi_{\overline{l}},\phi_l,\phi_k\right]$。这是 3R 姿态逆解问题。

由式(4.179)及式(4.183)得$\left[\phi_{\overline{l}},\phi_l\right]$。由 ${}^{\overline{\overline{l}}}\lambda_k={}^{\overline{\overline{l}}}\tilde{\lambda}_l\cdot{}^{l}\lambda_k$ 得 ${}^{l}\lambda_k$，故有

$$\phi_k=2\cdot\arctan\left(\left\|{}^{l}\lambda_k\right\|,{}^{l}\lambda_k^{[4]}\right) \tag{4.185}$$

至此，解决了第 2 章基于笛卡儿轴链的姿态逆解方法缺乏通用性的问题。由式(4.183)及式(4.185)可知通常存在两组解，如图 4-8 所示。

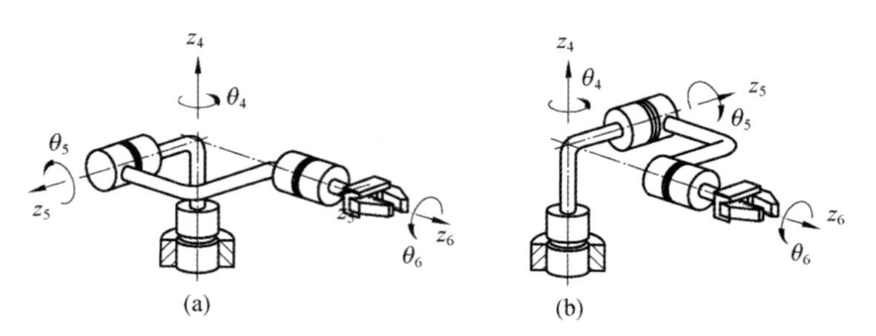

图 4-8 解耦机械臂的两组姿态逆解

4.6.4 基于 D-H 参数的 CE3 数传机构姿态逆解

如图 4-9 所示，CE3 月面巡视器数传机构转动链记为 ${}^{c}\mathbf{1}_m=\left(c,d,m\right]$，轴不变量序列为

$\left[{}^{c}n_{d},{}^{d}n_{m}\right]$。地面数据接收站单位矢量为${}^{c}u_{S}$。求其角度序列$\left[\phi_{d},\phi_{m}\right]$。

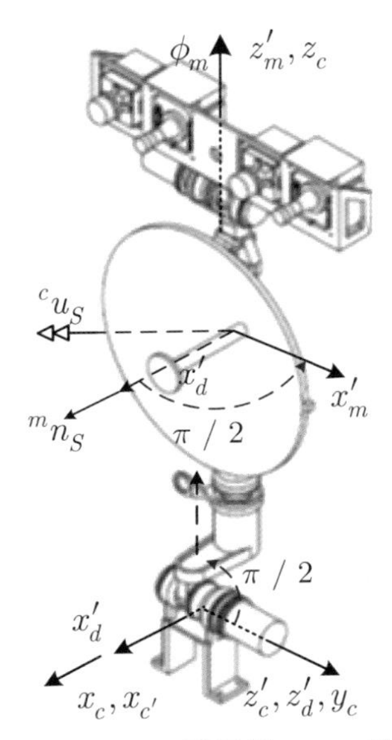

图 4-9　CE3 月面巡视器 2DOF 桅杆

根据 4.6.3 节所述，若经过精测获得轴不变量表达的结构参数为

$$
{}^{\bar{\bar{l}}}n_{\bar{l}}=\begin{bmatrix}0 & 1 & 0\end{bmatrix}^{\mathrm{T}},\quad {}^{\bar{l}}n_{l}=\begin{bmatrix}0 & 0 & 1\end{bmatrix}^{\mathrm{T}},\quad {}^{l}u_{lS}=\begin{bmatrix}1 & 0 & 0\end{bmatrix}^{\mathrm{T}} \tag{4.186}
$$

将式(4.186)代入式(4.150)及式(4.151)得桅杆 D-H 参数，如表 4-1 所示。

表 4-1　桅杆 D-H 参数

序号	$k\in{}^{c}\mathbf{1}_{S}$	α_k /rad	μ_k	λ_k	${}_{0}\phi_{l}^{\triangle}$ /rad	${}_{0}\phi_{k}^{\dagger}+\theta_{k}$ /rad
1	$k=d$	0.5π	1	0	0	θ_{d}
2	$k=m$	0	0	1	0	$0.5\pi+\theta_{m}$

将表 4-1 中的参数分别代入式(4.180)和式(4.184)得

$$
{}^{l'}u_{lS}=\begin{bmatrix}{}^{l}u_{lS}^{[2]} & -{}^{l}u_{lS}^{[1]} & {}^{l}u_{lS}^{[3]}\end{bmatrix}^{\mathrm{T}} \tag{4.187}
$$

$$
{}^{\bar{l}|l'}u_{lS}=\begin{bmatrix}{}^{\bar{l}|l}u_{lS}^{[1]} & -{}^{\bar{l}|l}u_{lS}^{[3]} & {}^{\bar{l}|l}u_{lS}^{[2]}\end{bmatrix}^{\mathrm{T}} \tag{4.188}
$$

$$
\begin{cases}
A={}^{\bar{l}|l'}u_{lS}^{[2]}-{}^{l'}u_{lS}^{[3]}\\
B=2\cdot{}^{\bar{l}|l'}u_{lS}^{[1]}\\
C=-{}^{l'}u_{lS}^{[3]}-{}^{\bar{l}|l'}u_{lS}^{[2]}
\end{cases} \tag{4.189}
$$

$$\begin{cases} A' = \mathrm{C}(\phi_{\overline{l}}) \cdot {}^{\overline{l}|l'}u_{lS}^{[1]} + \mathrm{S}(\phi_{\overline{l}}) \cdot {}^{\overline{l}|l'}u_{lS}^{[2]} + {}^{l'}u_{lS}^{[1]} \\ B' = 2 \cdot {}^{l'}u_{lS}^{[2]} \\ C' = \mathrm{C}(\phi_{\overline{l}}) \cdot {}^{\overline{l}|l'}u_{lS}^{[1]} + \mathrm{S}(\phi_{\overline{l}}) \cdot {}^{\overline{l}|l'}u_{lS}^{[2]} - {}^{l'}u_{lS}^{[1]} \end{cases} \tag{4.190}$$

将式(4.189)代入式(4.181)得两组解

$$\phi_{\overline{l}} = \begin{cases} 2 \cdot \arctan\left(\dfrac{-{}^{\overline{l}|l'}u_{lS}^{[1]} \pm \sqrt{{}^{\overline{l}|l'}u_{lS}^{[1]:2} + {}^{\overline{l}|l'}u_{lS}^{[2]:2} - {}^{l'}u_{lS}^{[3]:2}}}{{}^{\overline{l}|l}u_{lS}^{[2]} + {}^{l'}u_{lS}^{[3]}}\right), & \text{if} \quad A \neq 0 \\ 2 \cdot \arctan\left(\dfrac{{}^{\overline{l}|l'}u_{lS}^{[2]} + {}^{l'}u_{lS}^{[3]}}{2 \cdot {}^{\overline{l}|l'}u_{lS}^{[1]}}\right), & \text{if} \quad A = 0, B \neq 0 \\ (-\pi, \pi], & \text{if} \quad A = 0, B = 0, C = 0 \end{cases} \tag{4.191}$$

将式(4.190)代入式(4.181)得

$$\phi_{l} = \begin{cases} 2\arctan\left(\dfrac{-{}^{l'}u_{lS}^{[2]} \pm \sqrt{{}^{l'}u_{lS}^{[1]:2} + {}^{l'}u_{lS}^{[2]:2} - \left(\mathrm{C}(\phi_{\overline{l}})\,{}^{\overline{l}|l'}u_{lS}^{[1]} + \mathrm{S}(\phi_{\overline{l}})\,{}^{\overline{l}|l'}u_{lS}^{[2]}\right)^2}}{\mathrm{C}(\phi_{\overline{l}}) \cdot {}^{\overline{l}|l'}u_{lS}^{[1]} + \mathrm{S}(\phi_{\overline{l}}) \cdot {}^{\overline{l}|l'}u_{lS}^{[2]} + {}^{l'}u_{lS}^{[1]}}\right), & \text{if } A' \neq 0 \\ 2\arctan\left(-\dfrac{\mathrm{C}(\phi_{\overline{l}}) \cdot {}^{\overline{l}|l'}u_{lS}^{[1]} + \mathrm{S}(\phi_{\overline{l}}) \cdot {}^{\overline{l}|l'}u_{lS}^{[2]} - {}^{l'}u_{lS}^{[1]}}{2 \cdot {}^{l'}u_{lS}^{[2]}}\right), & \text{if} \quad A' = 0, B' \neq 0 \\ (-\pi, \pi], & \text{if} \quad A' = 0, B' = 0, C' = 0 \end{cases} \tag{4.192}$$

因需要代入式(4.177)的第二行检验才能得到真实解，故 ϕ_l 最多存在两组解。

考虑式(4.187)及式(4.188)，通过特例验证式(4.191)及式(4.192)的正确性：

$$\phi_{\overline{l}} = 0, \quad \phi_l = 0; \quad \text{if} \quad {}^{\overline{l}|l}u_{lS} = \begin{bmatrix}1 & 0 & 0\end{bmatrix}^{\mathrm{T}}, {}^{l}u_{lS} = \begin{bmatrix}1 & 0 & 0\end{bmatrix}^{\mathrm{T}}$$

$$\phi_{\overline{l}} = 0, \quad \phi_l = \pi; \quad \text{if} \quad {}^{\overline{l}|l}u_{lS} = \begin{bmatrix}-1 & 0 & 0\end{bmatrix}^{\mathrm{T}}, {}^{l}u_{lS} = \begin{bmatrix}1 & 0 & 0\end{bmatrix}^{\mathrm{T}}$$

$$\phi_{\overline{l}} \in (-\pi, \pi], \quad \phi_l = 0.5\pi; \quad \text{if} \quad {}^{\overline{l}|l}u_{lS} = \begin{bmatrix}0 & 1 & 0\end{bmatrix}^{\mathrm{T}}, {}^{l}u_{lS} = \begin{bmatrix}1 & 0 & 0\end{bmatrix}^{\mathrm{T}}$$

$$\phi_{\overline{l}} \in (-\pi, \pi], \quad \phi_l = -0.5\pi; \quad \text{if} \quad {}^{\overline{l}|l}u_{lS} = \begin{bmatrix}0 & -1 & 0\end{bmatrix}^{\mathrm{T}}, {}^{l}u_{lS} = \begin{bmatrix}1 & 0 & 0\end{bmatrix}^{\mathrm{T}}$$

$$\phi_{\overline{l}} = \begin{cases} 0.5\pi \\ -0.5\pi \end{cases}, \quad \phi_l = \begin{cases} \pi \\ 0 \end{cases}; \quad \text{if} \quad {}^{\overline{l}|l}u_{lS} = \begin{bmatrix}0 & 0 & 1\end{bmatrix}^{\mathrm{T}}, \quad {}^{l}u_{lS} = \begin{bmatrix}1 & 0 & 0\end{bmatrix}^{\mathrm{T}}$$

上式的物理含义间接地表明了 4.6.3 节所述原理的正确性。在数值计算时由于存在数字截断误差，可能导致无解，此时需要将 ${}^{\overline{l}|l'}u_{lS}$ 加上一个微小增量，再重新计算，以保证解的存在性。

CE3 数传机构控制模块仿真结果如图 4-10 所示。调整巡视器偏航后，进行数传天线控制，天线波束轴向始终指向地球方向。主视图中罗盘（compass）指明了场景的北向。巡视器经纬度为[-28.6º,40.06º]，天线波束方向始终指向东南方位。当巡视器经纬度为[28.6º,40.06º]时，天线波束方向始终指向西南方位。在不同的经纬度，数传天线控制结果均正确。该模块于 2013 年 12 月成功应用于型号任务。

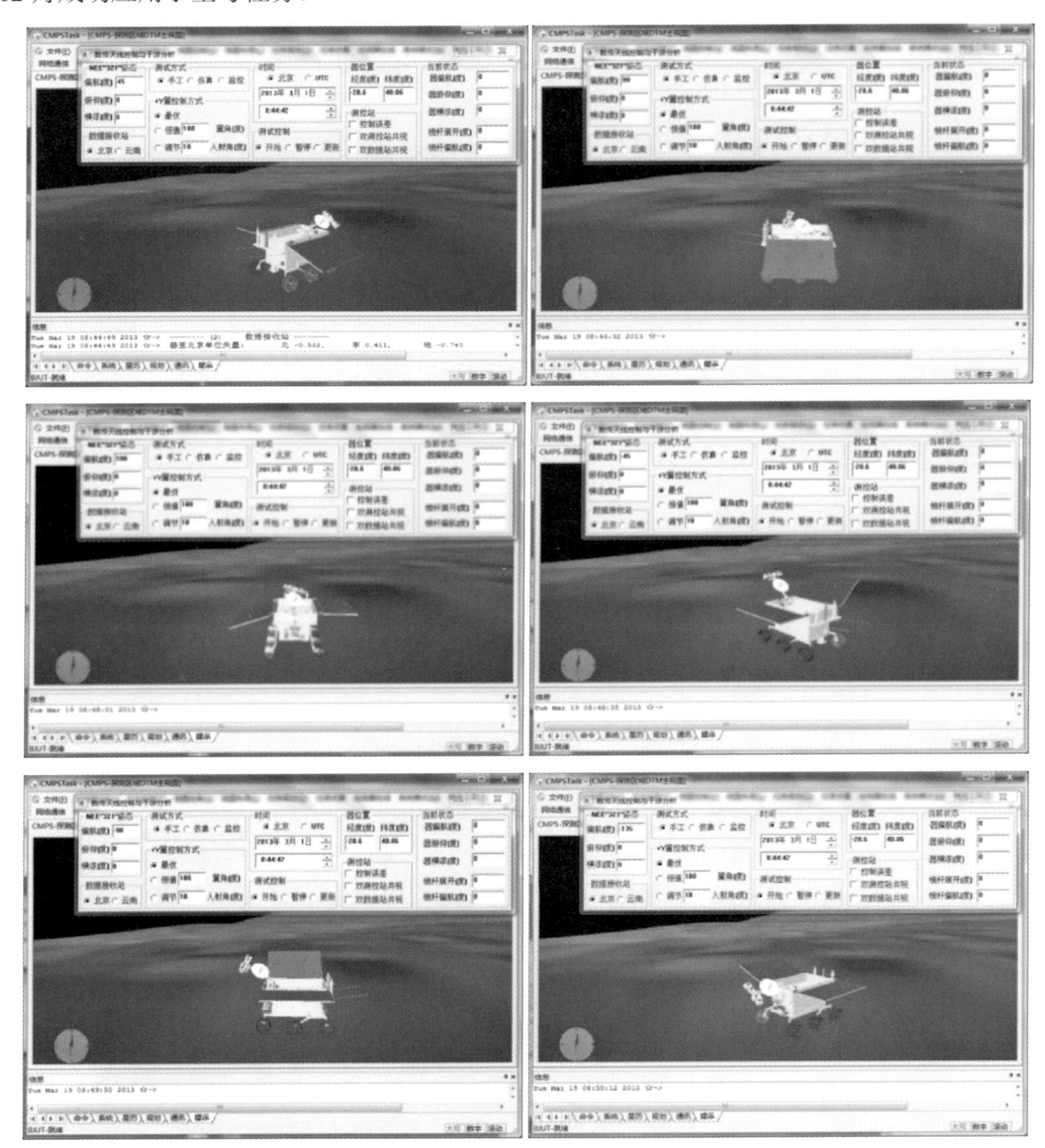

图 4-10　不同姿态下的数传天线控制

注：从左至右、从上至下分别对应偏航角为 45°、90°、180°、−45°、−90°、−135°。

如图 4-11 所示，该模块包括以下功能：桅杆正逆运动学计算、数传行为控制、任务规划系统内部通信、任务支持系统间通信、3D 显示控制、接口调试、输入输出转换等。对桅杆进行控制时，首先检查测控可见性、太阳可见性、是否受太阳遮挡等基本约束条件。

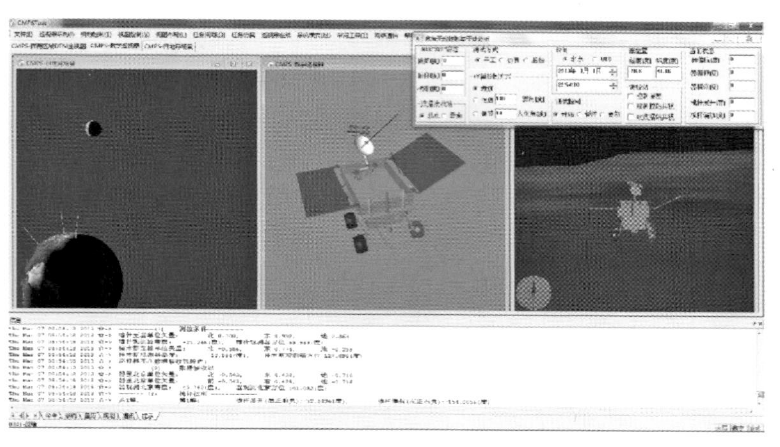

图 4-11　数传天线控制模块

4.6.5　本节贡献

本节以自然坐标系为基础，解决了基于轴不变量的 1R 姿态逆解、基于轴不变量和 D-H 参数的 2R 及 3R 姿态逆解问题，并经 CE3 月面巡视器工程应用证明了上述逆解原理的正确性。其特征在于：具有简洁的链符号系统及轴不变量的表示，具有伪代码的功能，物理含义准确，保证了工程实现的可靠性；基于轴不变量的结构参数，不需要建立中间坐标系，避免了引入中间坐标系导致的测量误差，保证了姿态逆解的精确性；由于实现了坐标系、极性、结构参量的参数化，保证了工程应用的通用性。

4.7　RBR 机械臂经典位置逆解原理

由于 D-H 系是理想的坐标系统，需要作相邻两轴的公垂线，且三个坐标轴需要两两正交。一方面，理想的正交在工程上不存在，公垂点在机械臂结构表面的可能性几乎为零。因缺乏高精度单位方向及公垂点的视觉特征，工程上无法精确确定 D-H 系及 D-H 参数。另一方面，通常根据理论 D-H 参数计算 3R 机械臂的位置逆解，或者以理论 D-H 参数为基础，应用激光跟踪仪的精测结果对 D-H 参数进行优化。由于 D-H 参数与机械臂末端位置具有强非线性的关系，优化的效果十分有限，工业及空间机械臂的绝对定位精度远低于重复定位精度，在精密机械臂应用中，难以实现自主控制功能。

在 4.5 节中，根据精确测量的固定轴不变量可以唯一确定一组 D-H 系及 D-H 参数。由于测量的固定轴不变量既包含了机械加工误差又包含了装配误差，保证了 D-H 系及 D-H 参数的精确性，可以大幅度提升机械臂的绝对定位精度。虽然本章参考文献[7]给出了基于 D-H 参数的 3R 机械臂的位置逆解结果，但并未公布相应的证明过程。下面对之进行补充，以方便读者深入了解该原理。

基于轴不变量和 D-H 参数计算 3R 机械臂位置逆解（inverse position solution）的过程如下：

（1）应用固定轴不变量的精测原理，完成机械臂结构参数的精确测量；

（2）应用基于固定轴不变量的 D-H 系及 D-H 参数确定原理，建立 D-H 系并确定 D-H 参数；

（3）应用基于 D-H 参数的 3R 机械臂位置逆解原理，计算逆解。

将 3R 机械臂轴链记为 $\mathbf{A}=\left(0,1:4\right]$，固结于虚轴 4 的腕心记为 C，转动链记为 ${}^{0'}\mathbf{l}_{4'C}=\left(0',1':4',4'C\right]$，D-H 系序列记为 $\boldsymbol{F}=\left(\boldsymbol{F}^{[0']},\boldsymbol{F}^{[1']},\boldsymbol{F}^{[2']},\boldsymbol{F}^{[3']}\right]$。记拾取点为 C'，腕心期望位置及姿态四元数分别为

$$
{}^{0'}_{d}r^{\mathrm{T}}_{4'C}=\left[x_C \quad y_C \quad z_C\right],\quad {}^{0'}_{d}\lambda^{\mathrm{T}}_{6'}=\left[\mathrm{S}\left(\phi_6^0/2\right)\cdot{}^{0'}n_{6'} \quad \mathrm{C}\left(\phi_6^0/2\right)\right] \tag{4.193}
$$

则有

$$
{}^{0'}_{d}r_{4'C}={}^{0'}_{d}r_{4'C'}-{}^{0'}n_{6'}\cdot\left\|{}^{C}r_{C'}\right\|,\quad {}^{3'}_{d}\lambda_{6'}={}^{0'}\lambda_{3'}^{-1}*{}^{0'}_{d}\lambda_{6'} \tag{4.194}
$$

该机械臂正运动学方程表示为

$$
{}^{0'}_{d}r_{4'C}={}^{0'}r_{1'}+{}^{0|1'}r_{2'}+{}^{0|2'}r_{3'}+{}^{0|3'}r_{4'C} \tag{4.195}
$$

故位置方程为

$$
{}^{1'}Q_{2'}\cdot\left({}^{2'}r_{3'}+{}^{2'|3'}r_{4'C}\right)={}^{1'}Q_0\cdot\left({}^{0'}_{d}r_{4'C}-{}^{0'}r_{1'}\right)-{}^{1'}r_{2'} \tag{4.196}
$$

式(4.195)表示的是三个三元二阶多项式系统。当给定 ${}^{0'}_{d}r_{4'C'}$ 及 ${}^{0}_{d}Q_{6'}$ 时，由式(4.194)得 ${}^{0'}_{d}r_{4'C}$；由式(4.196)解得逆解 $\left\{\phi_l^{\bar{l}}\,\middle|\,l\in[1:3]\right\}$，从而得 ${}^{0'}Q_{3'}$。进而，由式(4.194)得 ${}^{4'}_{d}Q_{6'}$，应用 4.6.3 节的姿态逆解原理可解得 $\left\{\phi_l^{\bar{l}}\,\middle|\,l\in[4:6]\right\}$。

4.7.1　腕心 D-H 参数及基本关系

若最后一个运动轴为 l，将腕关节轴矢量 ${}^{3'}n_{4'}$ 的腕心记为 C。令 D-H 参数指标遵从子指标，由第 2 章所述的 D-H 变换可知：

$$
a_C=0 \tag{4.197}
$$

$$
c_C={}^{3'}r^{[3]}_{4'C}={}^{3'}n^{\mathrm{T}}_{4'}\cdot\left({}^{3'}r_{4'C}-{}^{3'}r_{4'}\right) \tag{4.198}
$$

$$
{}^{\bar{l}'}Q_{l'}=\begin{bmatrix}\mathrm{C}\left(\phi_{\bar{l}}\right) & -\lambda_{\bar{l}}\cdot\mathrm{S}\left(\phi_{\bar{l}}\right) & \mu_{\bar{l}}\cdot\mathrm{S}\left(\phi_{\bar{l}}\right)\\ \mathrm{S}\left(\phi_{\bar{l}}\right) & \lambda_{\bar{l}}\cdot\mathrm{C}\left(\phi_{\bar{l}}\right) & -\mu_{\bar{l}}\cdot\mathrm{C}\left(\phi_{\bar{l}}\right)\\ 0 & \mu_{\bar{l}} & \lambda_{\bar{l}}\end{bmatrix} \tag{4.199}
$$

$$
{}^{\bar{l}'}r_{l'}=\begin{bmatrix}a_{\bar{l}}\cdot\mathrm{C}\left(\phi_{\bar{l}}\right)\\ a_{\bar{l}}\cdot\mathrm{S}\left(\phi_{\bar{l}}\right)\\ c_{\bar{l}}\end{bmatrix},\quad {}^{l'|\bar{l}'}r_{l'}=-{}^{l'}r_{\bar{l}'}=\begin{bmatrix}a_l\\ c_l\cdot\mu_l\\ c_l\cdot\lambda_l\end{bmatrix} \tag{4.200}
$$

故由式(4.199)得

$$
{}^{3'|4'}r_{4'C} = \begin{bmatrix} \mathrm{C}(\phi_3) & -\lambda_3\,\mathrm{S}(\phi_l) & \mu_3\,\mathrm{S}(\phi_3) \\ \mathrm{S}(\phi_3) & \lambda_3\,\mathrm{C}(\phi_l) & -\mu_3\,\mathrm{C}(\phi_3) \\ 0 & \mu_3 & \lambda_3 \end{bmatrix} \cdot \begin{bmatrix} 0 \\ 0 \\ c_C \end{bmatrix} \tag{4.201}
$$

由式(4.200)和式(4.201)得

$$
{}^{3'}r_{4'C} = {}^{3'}r_{4'} + {}^{3'|4'}r_{4'C} = \begin{bmatrix} a_3\,\mathrm{C}(\phi_3) \\ a_3\,\mathrm{S}(\phi_3) \\ c_3 \end{bmatrix} + {}^{3'|4'}r_{4'C} = \begin{bmatrix} a_3\,\mathrm{C}(\phi_3) + c_C\mu_3\,\mathrm{S}(\phi_3) \\ a_3\,\mathrm{S}(\phi_3) - c_C\mu_3\,\mathrm{C}(\phi_3) \\ c_3 + c_C\lambda_3 \end{bmatrix} \tag{4.202}
$$

$$
{}^{2'|1'}_{d}r_{4'C} = \begin{bmatrix} x_C\,\mathrm{C}(\phi_1) + y_C\,\mathrm{S}(\phi_1) \\ y_C\lambda_1\,\mathrm{C}(\phi_1) - x_C\lambda_1\,\mathrm{S}(\phi_1) + z_C\mu_1 \\ x_C\mu_1\,\mathrm{S}(\phi_1) - y_C\mu_1\,\mathrm{C}(\phi_1) + z_C\lambda_1 \end{bmatrix},\ {}^{2'|1'}r_{2'} = \begin{bmatrix} a_1 \\ c_1\mu_1 \\ c_1\lambda_1 \end{bmatrix},\ {}^{3'|2'}r_{3'} = \begin{bmatrix} a_2 \\ c_2\cdot\mu_2 \\ c_2\cdot\lambda_2 \end{bmatrix} \tag{4.203}
$$

4.7.2 基于 D-H 参数的 RBR 机械臂位置逆解

因第四轴为虚轴，故定义 $3'C \equiv 4'C$ 。为简化 RBR 位置逆解计算，令

$$
{}^{0'}r_{1'} = 0_3,\quad {}^{0'}Q_{1'} = \mathbf{1} \tag{4.204}
$$

由式(4.204)，将式(4.196)表示为

$$
{}^{2'}Q_{3'} \cdot \left({}^{3'|2'}r_{3'} + {}^{3'}r_{4'C} \right) = {}^{2'}Q_{1'} \cdot \left({}^{1'}_{d}r_{4'C} - {}^{1'}r_{2'} \right) \tag{4.205}
$$

将式(4.205)称为基于 D-H 系的 3R 机械臂的位置方程。应用式(4.199)、式(4.202)及式(4.203)，将式(4.205)表示为

$$
\begin{aligned}
&\begin{bmatrix} \mathrm{C}(\phi_2) & -\lambda_2\,\mathrm{S}(\phi_2) & \mu_2\,\mathrm{S}(\phi_2) \\ \mathrm{S}(\phi_2) & \lambda_2\,\mathrm{C}(\phi_2) & -\mu_2\,\mathrm{C}(\phi_2) \\ 0 & \mu_2 & \lambda_2 \end{bmatrix} \cdot \begin{bmatrix} a_2 + a_3\,\mathrm{C}(\phi_3) + c_C\mu_3\,\mathrm{S}(\phi_3) \\ c_2\mu_2 + a_3\,\mathrm{S}(\phi_3) - c_C\mu_3\,\mathrm{C}(\phi_3) \\ c_2\lambda_2 + c_3 + c_C\lambda_3 \end{bmatrix} \\
&= \begin{bmatrix} x_C\,\mathrm{C}(\phi_1) + y_C\,\mathrm{S}(\phi_1) - a_1 \\ y_C\lambda_1\,\mathrm{C}(\phi_1) - x_C\lambda_1\,\mathrm{S}(\phi_1) + z_C\mu_1 - c_1\mu_1 \\ x_C\mu_1\,\mathrm{S}(\phi_1) - y_C\mu_1\,\mathrm{C}(\phi_1) + z_C\lambda_1 - c_1\lambda_1 \end{bmatrix}
\end{aligned} \tag{4.206}
$$

式(4.205)和式(4.206)具有以下三个特点。

特点 1 式(4.206)等号左侧包含 ϕ_2 和 ϕ_3 ，且是 $[\mathrm{C}(\phi_2)\ \ \mathrm{S}(\phi_2)]$ 和 $[\mathrm{C}(\phi_3)\ \ \mathrm{S}(\phi_3)]$ 的多重线性型；因 DCM 的欧几里得范数恒为 1，即与 ϕ_2 无关，故等号左侧欧几里得范数可以通过 ϕ_3 表示。因等号右侧不包含 ϕ_2 和 ϕ_3 ，其欧几里得范数可以由 ϕ_1 表示。故欧几里得范数等式可表示为如下形式：

$$
A\mathrm{C}(\phi_1) + B\mathrm{S}(\phi_1) + C\mathrm{C}(\phi_3) + D\mathrm{S}(\phi_3) + E = 0 \tag{4.207}
$$

其中：A、B、C、D、E 由转动链的结构参数确定。式(4.205)等号右侧范数表示为

$$
\begin{aligned}
&\left\| {}^{2'}Q_{1'} \cdot \left({}^{1'}_{d}r_{4'C} - {}^{1'}r_{2'} \right) \right\|^2 = \left[x_C\,\mathrm{C}(\phi_1) + y_C\,\mathrm{S}(\phi_1) - a_1 \right]^2 \\
&\backslash + \left[-x_C\lambda_1\,\mathrm{S}(\phi_1) + y_C\lambda_1\,\mathrm{C}(\phi_1) + z_C\mu_1 - c_1\mu_1 \right]^2 \\
&\backslash + \left[x_C\mu_1\,\mathrm{S}(\phi_1) - y_C\mu_1\,\mathrm{C}(\phi_1) + z_C\lambda_1 - c_1\lambda_1 \right]^2 \\
&= x_C^2\,\mathrm{C}^2(\phi_1) + y_C^2\,\mathrm{S}^2(\phi_1) + a_1^2 + 2x_Cy_C\,\mathrm{C}(\phi_1)\mathrm{S}(\phi_1) - 2a_1x_C\,\mathrm{C}(\phi_1) \\
&\quad \backslash - 2a_1y_C\,\mathrm{S}(\phi_1) + x_C^2\lambda_1^2\,\mathrm{S}^2(\phi_1) + y_C^2\lambda_1^2\,\mathrm{C}^2(\phi_1) + z_C^2\mu_1^2 + c_1^2\mu_1^2 \\
&\quad \backslash - 2x_Cy_C\lambda_1^2\,\mathrm{S}(\phi_1)\mathrm{C}(\phi_1) - 2x_Cz_C\mu_1\lambda_1\,\mathrm{S}(\phi_1) + 2x_Cc_1\mu_1\lambda_1 \cdot \mathrm{S}(\phi_1) \\
&\quad \backslash + 2y_Cz_C\mu_1\lambda_1\,\mathrm{C}(\phi_1) - 2y_Cc_1\mu_1\lambda_1\,\mathrm{C}(\phi_1) - 2z_Cc_1\mu_1^2 + x_C^2\mu_1^2\,\mathrm{S}^2(\phi_1) + y_C^2\mu_1^2\,\mathrm{C}^2(\phi_1) \\
&\quad \backslash + z_C^2\lambda_1^2 + c_1^2\lambda_1^2 - 2x_Cy_C\mu_1^2\,\mathrm{S}(\phi_1)\mathrm{C}(\phi_1) + 2x_Cz_C\lambda_1\mu_1\,\mathrm{S}(\phi_1) - 2x_Cc_1\lambda_1\mu_1\,\mathrm{S}(\phi_1) \\
&\quad \backslash - 2y_Cz_C\lambda_1\mu_1\,\mathrm{C}(\phi_1) + 2y_Cc_1\lambda_1\mu_1\,\mathrm{C}(\phi_1) - 2z_Cc_1\lambda_1^2 \\
&= x_C^2 + y_C^2 + a_1^2 - 2a_1x_C\,\mathrm{C}(\phi_1) - 2a_1y_C\,\mathrm{S}(\phi_1) + z_C^2 + c_1^2 - 2z_Cc_1
\end{aligned}
$$

即

$$
\left\| {}^{2'}Q_{1'} \cdot \left({}^{1'}_{d}r_{4'C} - {}^{1'}r_{2'} \right) \right\|^2 = \begin{array}{l} x_C^2 + y_C^2 + a_1^2 - 2a_1x_C\,\mathrm{C}(\phi_1) - 2a_1y_C\,\mathrm{S}(\phi_1) \\ \qquad \backslash + z_C^2 + c_1^2 - 2z_Cc_1 \end{array} \tag{4.208}
$$

其中：\为续行符。式(4.205)等号左侧的范数为

$$
\begin{aligned}
&\left\| {}^{2'}Q_{3'} \cdot \left({}^{3'|2'}r_{3'} + {}^{3'}r_{4'C} \right) \right\|^2 = \left[a_2 + a_3\,\mathrm{C}(\phi_3) + c_C\mu_3\,\mathrm{S}(\phi_3) \right]^2 \\
&\backslash + \left[c_2\mu_2 + a_3\,\mathrm{S}(\phi_3) - c_C\mu_3\,\mathrm{C}(\phi_3) \right]^2 + \left[c_2\lambda_2 + c_3 + c_C\lambda_3 \right]^2 \\
&= a_2^2 + a_3^2\,\mathrm{C}^2(\phi_3) + c_C^2\mu_3^2\,\mathrm{S}^2(\phi_3) + 2a_2a_3\,\mathrm{C}(\phi_3) + 2a_2c_C\mu_3\,\mathrm{S}(\phi_3) + 2a_3c_C\mu_3\,\mathrm{C}(\phi_3)\mathrm{S}(\phi_3) \\
&\backslash + c_2^2\mu_2^2 + a_3^2\,\mathrm{S}^2(\phi_3) + c_C^2\mu_3^2\,\mathrm{C}^2(\phi_3) + 2c_2a_3\mu_2\,\mathrm{S}(\phi_3) - 2c_2c_C\mu_2\mu_3\,\mathrm{C}(\phi_3) \\
&\backslash - 2a_3c_C\mu_3\,\mathrm{C}(\phi_3)\mathrm{S}(\phi_3) + c_2^2\lambda_2^2 + c_3^2 + c_C^2\lambda_3^2 + 2c_2c_3\lambda_2 + 2c_2c_C\lambda_2\lambda_3 + 2c_3c_C\lambda_3 \\
&= \left(a_3^2 + c_C^2\mu_3^2 \right)\mathrm{C}^2(\phi_3) + \left(a_3^2 + c_C^2\mu_3^2 \right)\mathrm{S}^2(\phi_3) + \left(2a_2a_3 - 2c_2c_C\mu_2\mu_3 \right)\mathrm{C}(\phi_3) \\
&\backslash + \left(2a_2c_C\mu_3\,\mathrm{S}(\phi_3) + 2c_2a_3\mu_2 \right)\mathrm{S}(\phi_3) + a_2^2 + c_2^2\mu_2^2 + c_2^2\lambda_2^2 + c_3^2 + c_C^2\lambda_3^2 \\
&\backslash + 2c_2c_3\lambda_2 + 2c_2c_C\lambda_2\lambda_3 + 2c_3c_C\lambda_3 \\
&= \left(2a_2a_3 - 2c_2c_C\mu_2\mu_3 \right)\mathrm{C}(\phi_3) + \left(2a_2c_C\mu_3 + 2c_2a_3\mu_2 \right)\mathrm{S}(\phi_3) \\
&\backslash + a_2^2 + c_2^2 + c_3^2 + a_3^2 + c_C^2 + 2c_2c_3\lambda_2 + 2c_2c_C\lambda_2\lambda_3 + 2c_3c_C\lambda_3
\end{aligned}
$$

即

$$
\begin{aligned}
&\left\| {}^{2'}Q_{3'} \cdot \left({}^{3'|2'}r_{3'} + {}^{3'}r_{4'C} \right) \right\|^2 = \left(2a_2a_3 - 2c_2c_C\mu_2\mu_3 \right)\mathrm{C}(\phi_3) + \left(2a_2c_C\mu_3 + 2c_2a_3\mu_2 \right) \\
&\quad \backslash\,\mathrm{S}(\phi_3) + a_2^2 + c_2^2 + c_3^2 + a_3^2 + c_C^2 + 2c_2c_3\lambda_2 + 2c_2c_C\lambda_2\lambda_3 + 2c_3c_C\lambda_3
\end{aligned} \tag{4.209}
$$

由式(4.208)和式(4.209)得

$$
\begin{aligned}
&\left(2a_2a_3-2c_2c_C\mu_2\mu_3\right)\mathrm{C}\left(\phi_3\right)+\left(2a_2c_C\mu_3+2c_2a_3\mu_2\right)\mathrm{S}\left(\phi_3\right)\\
&\backslash+a_2^2+c_2^2+c_3^2+a_3^2+c_C^2+2c_2c_3\lambda_2+2c_2c_C\lambda_2\lambda_3+2c_3c_C\lambda_3\\
&=x_C^2+y_C^2+a_1^2-2a_1x_C\,\mathrm{C}\left(\phi_1\right)-2a_1y_C\,\mathrm{S}\left(\phi_1\right)+z_C^2+c_1^2-2z_Cc_1
\end{aligned}
$$

即

$$
\begin{aligned}
&2a_1x_C\,\mathrm{C}\left(\phi_1\right)+2a_1y_C\,\mathrm{S}\left(\phi_1\right)+\left(2a_2a_3-2c_2c_C\mu_2\mu_3\right)\mathrm{C}\left(\phi_3\right)\\
&\backslash+\left(2a_2c_C\mu_3+2c_2a_3\mu_2\right)\mathrm{S}\left(\phi_3\right)+a_2^2+c_2^2+c_3^2+a_3^2+c_C^2+2c_2c_3\lambda_2\\
&\backslash+2c_2c_C\lambda_2\lambda_3+2c_3c_C\lambda_3-x_C^2-y_C^2-z_C^2-a_1^2-c_1^2+2z_Cc_1=0
\end{aligned}
\tag{4.210}
$$

对比式(4.210)和式(4.207)，得到衍生结构参数：

$$
\begin{cases}
A=2a_1x_C,\quad B=2a_1y_C\\
C=2a_2a_3-2c_2c_C\mu_2\mu_3\\
D=2a_3c_2\mu_2+2a_2c_C\mu_3\\
E=a_2^2+a_3^2+c_2^2+c_3^2+c_C^2-a_1^2-x_C^2-y_C^2-(z_C-c_1)^2\\
\backslash+2\left(c_2c_3\lambda_2+c_2c_C\lambda_2\lambda_3+c_3c_C\lambda_3\right)
\end{cases}
\tag{4.211}
$$

特点 2 因式(4.206)的第三行无 ϕ_2，得

$$
\begin{aligned}
&y_C\mu_1\,\mathrm{C}\left(\phi_1\right)-x_C\mu_1\,\mathrm{S}\left(\phi_1\right)-c_C\mu_2\mu_3\,\mathrm{C}\left(\phi_3\right)+a_3\mu_2\,\mathrm{S}\left(\phi_3\right)\\
&\backslash+c_2\mu_2^2+c_2\lambda_2^2+c_3\lambda_2+c_C\lambda_2\lambda_3-z_C\lambda_1+c_1\lambda_1=0
\end{aligned}
\tag{4.212}
$$

将其表示为如下形式：

$$
F\,\mathrm{C}\left(\phi_1\right)+G\,\mathrm{S}\left(\phi_1\right)+H\,\mathrm{C}\left(\phi_3\right)+I\,\mathrm{S}\left(\phi_3\right)+J=0
\tag{4.213}
$$

式(4.213)中的衍生结构参数为

$$
\begin{cases}
F=y_C\mu_1,\quad G=-x_C\mu_1,\quad H=-c_C\mu_2\mu_3,\quad I=a_3\mu_2\\
J=c_2+c_3\lambda_2+c_C\lambda_2\lambda_3-(z_C-c_1)\lambda_1
\end{cases}
\tag{4.214}
$$

特点 3 衍生结构参数间的基本关系如下：

$$
\begin{cases}
AF+BG=-2a_1x_Cy_C\mu_1+2a_1x_Cy_C\mu_1=0\\
A^2+B^2=4a_1^2\left(x_C^2+y_C^2\right),\quad G^2+F^2=\mu_1^2\left(x_C^2+y_C^2\right)\\
AG-FB=-2a_1\mu_1x_C^2-2a_1\mu_1y_C^2=-2a_1\mu_1\left(x_C^2+y_C^2\right)
\end{cases}
\tag{4.215}
$$

联立式(4.207)和式(4.213)得

$$
\begin{cases}
A\,\mathrm{C}\left(\phi_1\right)+B\,\mathrm{S}\left(\phi_1\right)+C\mathrm{C}\left(\phi_3\right)+D\,\mathrm{S}\left(\phi_3\right)+E=0\\
F\,\mathrm{C}\left(\phi_1\right)+G\,\mathrm{S}\left(\phi_1\right)+H\,\mathrm{C}\left(\phi_3\right)+I\,\mathrm{S}\left(\phi_3\right)+J=0
\end{cases}
\tag{4.216}
$$

即

$$\begin{bmatrix} A & B \\ F & G \end{bmatrix} \cdot \begin{bmatrix} \mathrm{C}(\phi_1) \\ \mathrm{S}(\phi_1) \end{bmatrix} = -\begin{bmatrix} C\,\mathrm{C}(\phi_3) + D\,\mathrm{S}(\phi_3) + E \\ H\,\mathrm{C}(\phi_3) + I\,\mathrm{S}(\phi_3) + J \end{bmatrix} \tag{4.217}$$

下面进行各轴角度值的分析求解。

第 1 步　求第三轴显式解

由式(4.217)，得到第三轴的解，即由式(4.215)知

$$\Delta_{11} = AG - FB = -2a_1\mu_1\left(x_C^2 + y_C^2\right) \tag{4.218}$$

若 $\Delta_{11} \neq 0$，即 $a_1\mu_1\left(x_C^2 + y_C^2\right) \neq 0$，则

$$\begin{aligned} \begin{bmatrix} \mathrm{C}(\phi_1) \\ \mathrm{S}(\phi_1) \end{bmatrix} &= -\begin{bmatrix} A & B \\ F & G \end{bmatrix}^{-1} \cdot \begin{bmatrix} C\,\mathrm{C}(\phi_3) + D\,\mathrm{S}(\phi_3) + E \\ H\,\mathrm{C}(\phi_3) + I\,\mathrm{S}(\phi_3) + J \end{bmatrix} \\ &= -\frac{1}{\Delta_{11}}\begin{bmatrix} G & -B \\ -F & A \end{bmatrix} \cdot \begin{bmatrix} C\,\mathrm{C}(\phi_3) + D\,\mathrm{S}(\phi_3) + E \\ H\,\mathrm{C}(\phi_3) + I\,\mathrm{S}(\phi_3) + J \end{bmatrix} \\ &= \frac{1}{\Delta_{11}}\begin{bmatrix} -G\left(C\,\mathrm{C}(\phi_3) + D\,\mathrm{S}(\phi_3) + E\right) + B\left(H\,\mathrm{C}(\phi_3) + I\,\mathrm{S}(\phi_3) + J\right) \\ F\left(C\,\mathrm{C}(\phi_3) + D\,\mathrm{S}(\phi_3) + E\right) - A\left(H\,\mathrm{C}(\phi_3) + I\,\mathrm{S}(\phi_3) + J\right) \end{bmatrix} \end{aligned}$$

即

$$\begin{bmatrix} \mathrm{C}(\phi_1) \\ \mathrm{S}(\phi_1) \end{bmatrix} = \frac{1}{\Delta_{11}}\begin{bmatrix} -G\left(C\,\mathrm{C}(\phi_3) + D\,\mathrm{S}(\phi_3) + E\right) + B\left(H\,\mathrm{C}(\phi_3) + I\,\mathrm{S}(\phi_3) + J\right) \\ F\left(C\,\mathrm{C}(\phi_3) + D\,\mathrm{S}(\phi_3) + E\right) - A\left(H\,\mathrm{C}(\phi_3) + I\,\mathrm{S}(\phi_3) + J\right) \end{bmatrix} \tag{4.219}$$

利用 $\mathrm{C}^2(\phi_1) + \mathrm{S}^2(\phi_1) = 1$ 简化式(4.219)，得到第三轴等式

$$\begin{aligned} &\left[-G\left(C\,\mathrm{C}(\phi_3) + D\,\mathrm{S}(\phi_3) + E\right) + B\left(H\,\mathrm{C}(\phi_3) + I\,\mathrm{S}(\phi_3) + J\right)\right]^2 + \\ &\backslash\left[F\left(C\,\mathrm{C}(\phi_3) + D\,\mathrm{S}(\phi_3) + E\right) - A\left(H\,\mathrm{C}(\phi_3) + I\,\mathrm{S}(\phi_3) + J\right)\right]^2 = \left(AG - FB\right)^2 \end{aligned}$$

即

$$\begin{aligned} &\left[\left(BH - GC\right)^2 + \left(FC - AH\right)^2\right]\mathrm{C}^2(\phi_3) + \left[\left(BI - GD\right)^2 + \left(FD - AI\right)^2\right]\mathrm{S}^2(\phi_3) \\ &\backslash + 2\left[\left(BH - GC\right)\left(BI - GD\right) + \left(FC - AH\right)\left(FD - AI\right)\right]\mathrm{C}(\phi_3)\mathrm{S}(\phi_3) \\ &\backslash + 2\left[\left(BH - GC\right)\left(BJ - GE\right) + \left(FC - AH\right)\left(FE - AJ\right)\right]\mathrm{C}(\phi_3) \\ &\backslash + 2\left[\left(BI - GD\right)\left(BJ - GE\right) + \left(FD - AI\right)\left(FE - AJ\right)\right]\mathrm{S}(\phi_3) \\ &\backslash + \left[\left(BJ - GE\right)^2 + \left(FE - AJ\right)^2 - \left(AG - FB\right)^2\right] = 0 \end{aligned} \tag{4.220}$$

将式(4.220)表示为

$$K\mathrm{C}^2(\phi_3) + L\mathrm{S}^2(\phi_3) + M\mathrm{C}(\phi_3) \cdot \mathrm{S}(\phi_3) + N\mathrm{C}(\phi_3) + P\mathrm{S}(\phi_3) + Q = 0 \tag{4.221}$$

式中衍生参数为

$$\begin{cases} K = (BH - GC)^2 + (FC - AH)^2 \\ L = (BI - GD)^2 + (FD - AI)^2 \\ M = 2[(BH - GC)(BI - GD) + (FC - AH)(FD - AI)] \\ N = 2[(BH - GC)(BJ - GE) + (FC - AH)(FE - AJ)] \\ P = 2[(BI - GD)(BJ - GE) + (FD - AI)(FE - AJ)] \\ Q = (BJ - GE)^2 + (FE - AJ)^2 - (AG - FB)^2 \end{cases} \tag{4.222}$$

利用式(4.215)简化式(4.222)得

$$\begin{aligned} K &= (BH - GC)^2 + (FC - AH)^2 \\ &= (2a_1 y_C H + x_C \mu_1 C)^2 + (y_C \mu_1 C - 2a_1 x_C H)^2 \\ &= 4a_1^2 (x_C^2 + y_C^2) H^2 + \mu_1^2 (x_C^2 + y_C^2) C^2 \\ &= (x_C^2 + y_C^2)(4a_1^2 H^2 + \mu_1^2 C^2) \end{aligned}$$

$$\begin{aligned} L &= (BI - GD)^2 + (FD - AI)^2 \\ &= (2a_1 y_C I + x_C \mu_1 D)^2 + (y_C \mu_1 D - 2a_1 x_C I)^2 \\ &= 4a_1^2 (y_C^2 + x_C^2) I^2 + \mu_1^2 (y_C^2 + x_C^2) D^2 \\ &= (y_C^2 + x_C^2)(4a_1^2 I^2 + \mu_1^2 D^2) \end{aligned}$$

$$\begin{aligned} M &= 2[(BH - GC)(BI - GD) + (FC - AH)(FD - AI)] \\ &= 2[(B^2 + A^2) HI + CD(G^2 + F^2) - (CI + DH)(AF + BG)] \\ &= 2[4a_1^2 (x_C^2 + y_C^2) HI + CD(x_C^2 + y_C^2)\mu_1^2] \\ &= 2(x_C^2 + y_C^2)(4a_1^2 HI + \mu_1^2 CD) \end{aligned}$$

$$\begin{aligned} N &= 2[(BH - GC)(BJ - GE) + (FC - AH)(FE - AJ)] \\ &= 2[(B^2 + A^2) HJ + CE(G^2 + F^2) - BEGH - BCGJ - ACFJ - AEFH] \\ &= 2[4a_1^2 (y_C^2 + x_C^2) HJ + CE\mu_1^2 (y_C^2 + x_C^2) - (AF + BG)(EH + CJ)] \\ &= 2(y_C^2 + x_C^2)(4a_1^2 HJ + \mu_1^2 CE) \end{aligned}$$

$$\begin{aligned} P &= 2[(BI - GD)(BJ - GE) + (FD - AI)(FE - AJ)] \\ &= 2[(B^2 + A^2) IJ + (G^2 + F^2) DE - BEGI - BDJG - AEIF - ADFJ] \\ &= 2[4a_1^2 (y_C^2 + x_C^2) IJ + (y_C^2 + x_C^2)\mu_1^2 DE - (DG + EI)(AF + BG)] \\ &= 2(y_C^2 + x_C^2)(4a_1^2 IJ + \mu_1^2 DE) \end{aligned}$$

$$
\begin{aligned}
Q &= \left(BJ - GE\right)^2 + \left(FE - AJ\right)^2 - \left(AG - FB\right)^2 \\
&= \left(A^2 + B^2\right)J^2 + \left(G^2 + F^2\right)E^2 - 2\cdot\left(AF + BG\right)EJ - \left(AG - FB\right)^2 \\
&= 4a_1^2\left(x_C^2 + y_C^2\right)J^2 + \left(x_C^2 + y_C^2\right)\mu_1^2E^2 - \left(AG - FB\right)^2 \\
&= \left(x_C^2 + y_C^2\right)\left[4a_1^2J^2 + \mu_1^2E^2 - 4a_1^2\mu_1^2\left(x_C^2 + y_C^2\right)\right]
\end{aligned}
$$

进一步，式(4.222)可简化为

$$
\begin{cases}
K = 4a_1^2H^2 + \mu_1^2C^2 \\
L = 4a_1^2I^2 + \mu_1^2D^2 \\
M = 2\left(4a_1^2HI + \mu_1^2CD\right) \\
N = 2\left(4a_1^2HJ + \mu_1^2CE\right) \\
P = 2\left(4a_1^2IJ + \mu_1^2DE\right) \\
Q = 4a_1^2J^2 + \mu_1^2E^2 - 4a_1^2\mu_1^2\left(x_C^2 + y_C^2\right)
\end{cases}
\tag{4.223}
$$

下面对式(4.221)进行求解。首先，将式(4.221)表示为

$$
K\left(\frac{1-\tau_3^{:2}}{1+\tau_3^{:2}}\right)^2 + L\left(\frac{2\tau_3}{1+\tau_3^{:2}}\right)^2 + M\frac{1-\tau_3^{:2}}{1+\tau_3^{:2}}\cdot\frac{2\tau_3}{1+\tau_3^{:2}} + N\frac{1-\tau_3^{:2}}{1+\tau_3^{:2}} + P\frac{2\tau_3}{1+\tau_3^{:2}} + Q = 0 \tag{4.224}
$$

即

$$
\begin{aligned}
&\left(K - N + Q\right)\cdot\tau_3^{:4} + 2\left(P - M\right)\cdot\tau_3^{:3} + 2\left(2L + Q - K\right)\cdot\tau_3^{:2} \\
&\backslash + 2\left(M + P\right)\cdot\tau_3 + \left(K + N + Q\right) = 0
\end{aligned}
\tag{4.225}
$$

将式(4.225)表示为

$$
R\tau_3^{:4} + S\tau_3^{:3} + T\tau_3^{:2} + U\tau_3 + V = 0 \tag{4.226}
$$

其中，衍生参数为

$$
\begin{aligned}
R &= K - N + Q \\
&= 4a_1^2H^2 + \mu_1^2C^2 - 2\left(4a_1^2HJ + \mu_1^2CE\right) + 4a_1^2J^2 + \mu_1^2E^2 - 4a_1^2\mu_1^2\left(x_C^2 + y_C^2\right) \\
&= 4a_1^2\left(J - H\right)^2 + \mu_1^2\left(E - C\right)^2 - 4a_1^2\mu_1^2\left(x_C^2 + y_C^2\right) \\
S &= 2\cdot(P - M) \\
&= 4\left(4a_1^2IJ + \mu_1^2DE - 4a_1^2HI - \mu_1^2CD\right) \\
&= 4\left[4a_1^2I\left(J - H\right) + \mu_1^2D\left(E - C\right)\right] \\
T &= 2\left(2L + Q - K\right) \\
&= 2\left[8a_1^2I^2 + 2\mu_1^2D^2 + 4a_1^2J^2 + \mu_1^2E^2 - 4a_1^2\mu_1^2\left(x_C^2 + y_C^2\right) - 4a_1^2H^2 - \mu_1^2C^2\right] \\
&= 2\left[4a_1^2\left(J^2 - H^2 + 2I^2\right) + \mu_1^2\left(E^2 - C^2 + 2D^2\right) - 4a_1^2\mu_1^2\left(x_C^2 + y_C^2\right)\right]
\end{aligned}
$$

$$
\begin{aligned}
U &= 2(M+P) \\
&= 4\left[4a_1^2 I(H+J)+\mu_1^2 D(C+E)\right] \\
V &= K+N+Q \\
&= 4a_1^2H^2+\mu_1^2C^2+2\left(4a_1^2HJ+\mu_1^2CE\right)+4a_1^2J^2+\mu_1^2E^2-4a_1^2\mu_1^2\left(x_C^2+y_C^2\right) \\
&= 4a_1^2(H+J)^2+\mu_1^2(C+E)^2-4a_1^2\mu_1^2\left(x_C^2+y_C^2\right)
\end{aligned}
$$

即

$$
\begin{cases}
R = 4a_1^2(J-H)^2+\mu_1^2(E-C)^2-4a_1^2\mu_1^2\left(x_C^2+y_C^2\right) \\
S = 4\left[4a_1^2I(J-H)+\mu_1^2D(E-C)\right] \\
T = 2\left[4a_1^2\left(J^2-H^2+2I^2\right)+\mu_1^2\left(E^2-C^2+2D^2\right)-4a_1^2\mu_1^2\left(x_C^2+y_C^2\right)\right] \\
U = 4\left[4a_1^2I(H+J)+\mu_1^2D(C+E)\right] \\
V = 4a_1^2(H+J)^2+\mu_1^2(C+E)^2-4a_1^2\mu_1^2\left(x_C^2+y_C^2\right)
\end{cases}
\tag{4.227}
$$

式(4.226)为τ_3的四阶方程，最多有 4 个解。

第一奇异

若$\Delta_{11}=0$，即$2a_1\mu_1\left(x_C^2+y_C^2\right)=0$，则需考虑三种情况，将它们称作第一奇异。若$x_C^2+y_C^2=0$，表明腕心在第一轴上，$\tau_1$任意。

（1）若$a_1=0$，$\mu_1\neq 0$或$x_C^2+y_C^2=0$，由式(4.211)知，$A=B=0$，则式(4.207)可表示为

$$
C\,\mathrm{C}(\phi_3)+D\,\mathrm{S}(\phi_3)+E=0 \tag{4.228}
$$

① 若$C\neq 0$，即式(4.228)可表示为$(E-C)\tau_3^2+2D\tau_3+E+C=0$，得到

$$
\phi_3 = 2\cdot\arctan\left(\frac{-D\pm\sqrt{C^2+D^2-E^2}}{E-C}\right)\pm k\pi,\quad \text{if}\quad C\neq E,\quad k\in\mathcal{Z} \tag{4.229}
$$

$$
\phi_3 = 2\cdot\arctan\left(-\frac{E+C}{2\cdot D}\right),\quad \text{if}\quad C=E\quad D\neq 0 \tag{4.230}
$$

② 若$C=0$，$D\neq 0$，利用式(4.228)得

$$
\begin{cases}
\phi_3 = -\arcsin(E/D) \\
\phi_3 = \pi+\arcsin(E/D)
\end{cases}
\tag{4.231}
$$

③ 若$C\neq 0, D=0$，则

$$
\phi_3 = \pm\arccos(E/C) \tag{4.232}
$$

（2）若 $a_1 \neq 0, \mu_1 = 0$，由式(4.214)知，$F = G = 0$，则式(4.213)可表示为

$$H\,\mathrm{C}(\phi_3) + I\,\mathrm{S}(\phi_3) + J = 0 \tag{4.233}$$

① 若 $H \neq 0$，则式(4.233)表示为 $(J - H)\tau_3^{:2} + 2I\tau_3 + J + H = 0$，可得

$$\phi_3 = 2 \cdot \arctan\left(\frac{-I \pm \sqrt{H^2 + I^2 - J^2}}{J - H}\right), \quad \text{if} \quad H \neq J \tag{4.234}$$

$$\phi_3 = 2 \cdot \arctan\left(-\frac{H + J}{2 \cdot I}\right), \quad \text{if} \quad I \neq 0, \quad H = J \tag{4.235}$$

② 若 $H = 0, I \neq 0$，则

$$\begin{cases} \phi_3 = -\arcsin(J / I) \\ \phi_3 = \pi - \arcsin(J / I) \end{cases} \tag{4.236}$$

（3）若 $a_1 = 0$ 且 $\mu_1 = 0$，表明机械臂的第一轴与第二轴同轴，因无法计算 ϕ_3，故无法确定 ϕ_1。该结构设计存在问题。

第 2 步　求第一轴显式解

由式(4.207)和式(4.213)得

$$\begin{bmatrix} A & B \\ F & G \end{bmatrix} \cdot \begin{bmatrix} \mathrm{C}(\phi_1) \\ \mathrm{S}(\phi_1) \end{bmatrix} = -\begin{bmatrix} C\,\mathrm{C}(\phi_3) + D\,\mathrm{S}(\phi_3) + E \\ H\,\mathrm{C}(\phi_3) + I\,\mathrm{S}(\phi_3) + J \end{bmatrix} \tag{4.237}$$

（1）若 $\Delta_{11} = AG - BF \neq 0$，解式(4.237)得

$$\begin{bmatrix} \mathrm{C}(\phi_1) \\ \mathrm{S}(\phi_1) \end{bmatrix} = -\begin{bmatrix} A & B \\ F & G \end{bmatrix}^{-1} \cdot \begin{bmatrix} C\,\mathrm{C}(\phi_3) + D\,\mathrm{S}(\phi_3) + E \\ H\,\mathrm{C}(\phi_3) + I\,\mathrm{S}(\phi_3) + J \end{bmatrix} \tag{4.238}$$

因 ϕ_3 最多有 4 个解，由式(4.238)得 $[\mathrm{C}(\phi_1), \mathrm{S}(\phi_1)]$ 有对应 4 组解。

又 $\phi_1 = \arctan(\mathrm{S}(\phi_1), \mathrm{C}(\phi_1))$，故 ϕ_1 最多有 4 个解。

（2）若 $\Delta_{11} = 0$，则将 $\mathrm{C}(\phi_3)$ 和 $\mathrm{S}(\phi_3)$ 代入式(4.207)或式(4.213)求解。以代入式(4.213)为例，得

$$y_C \mu_1 \mathrm{C}(\phi_1) - x_C \mu_1 \mathrm{S}(\phi_1) + \mu_2 Z + W = 0 \tag{4.239}$$

其中：

$$\begin{cases} W = c_2 + \lambda_2 (c_3 + c_C \lambda_3) - (z_C - c_1)\lambda_1 \\ Z = a_3\,\mathrm{S}(\phi_3) - c_C \mu_3\,\mathrm{C}(\phi_3) \end{cases} \tag{4.240}$$

$$\begin{cases} \tau_l = \tan(\phi_l^{\bar{l}} / 2) \\ \mathrm{C}(\phi_l^{\bar{l}}) = \dfrac{1 - \tau_l^{:2}}{1 + \tau_l^{:2}}, \quad \mathrm{S}(\phi_l^{\bar{l}}) = \dfrac{2 \cdot \tau_l}{1 + \tau_l^{:2}} \end{cases} \tag{4.241}$$

由式(4.241)和式(4.239)得

$$\left(W+\mu_2 Z-y_C\mu_1\right)\cdot\tau_1^{:2}-2x_C\mu_1\cdot\tau_1+\left(W+\mu_2 Z+y_C\mu_1\right)=0 \tag{4.242}$$

① 若 $W+\mu_2 Z-y_C\mu_1\neq 0$ 且 $(x_C^2+y_C^2)\cdot\mu_1^2-(W+\mu_2 Z)^2\geqslant 0$，则

$$\phi_1=2\cdot\arctan\left(\frac{x_C\cdot\mu_1\pm\sqrt{(x_C^2+y_C^2)\cdot\mu_1^2-(W+\mu_2\cdot Z)^2}}{W+\mu_2\cdot Z-y_C\cdot\mu_1}\right) \tag{4.243}$$

将式(4.243)所示的两组解代入式(4.207)进行检验，一定仅有一组解满足式(4.207)。

② 若 $W+\mu_2 Z-y_C\mu_1=0$ 且 $x_C\cdot\mu_1\neq 0$，则式(4.242)退化为一次式，则有

$$-2x_C\mu_1\tau_1+\left(W+\mu_2 Z+y_C\mu_1\right)=0$$

解得

$$\phi_1=2\cdot\arctan\left(\frac{W+\mu_2 Z+y_C\mu}{2\cdot x_C\cdot\mu_1}\right) \tag{4.244}$$

③ 若 $W-\mu_2 Z-y_C\mu_1=0$，$x_C\cdot\mu_1=0$ 且 $W+\mu_2 Z+y_C\mu_1=0$，则有

$$\phi_1=\left(-\pi,\pi\right] \tag{4.245}$$

将以上三组解合写为

$$\begin{aligned}
&\phi_1=2\cdot\arctan\left(\frac{x_C\mu_1\pm\sqrt{(x_C^2+y_C^2)\mu_1^2-(W+\mu_2 Z)^2}}{W+\mu_2 Z-y_C\mu_1}\right),\\
&\text{if}\quad W+\mu_2 Z-y_C\mu_1\neq 0\ \wedge\ (x_C^2+y_C^2)\mu_1^2-(W+\mu_2 Z)^2\geqslant 0\\
&\phi_1=2\cdot\arctan\left(\frac{W+\mu_2 Z+y_C\mu_1}{2x_C\mu_1}\right),\ \text{if}\quad W+\mu_2 Z-y_C\mu_1=0\ \wedge\ x_C\mu_1\neq 0\\
&\phi_1=\left(-\pi,\pi\right],\ \text{if}\ \begin{array}{c}W+\mu_2 Z-y_C\mu_1=0\quad\wedge\\ \backslash x_C\mu_1=0\ \wedge\ W+\mu_2 Z+y_C\mu_1=0\end{array}
\end{aligned} \tag{4.246}$$

第 3 步　求第二轴显式解

令

$$\begin{cases}A_{11}\triangleq a_2+a_3\,\mathrm{C}\left(\phi_3\right)+c_C\mu_3\,\mathrm{S}\left(\phi_3\right)\\ A_{12}\triangleq -a_3\lambda_2\,\mathrm{S}\left(\phi_3\right)+c_3\mu_2+c_C\mu_3\lambda_2\,\mathrm{C}\left(\phi_3\right)+c_C\mu_2\lambda_3\end{cases} \tag{4.247}$$

利用式(4.206)的前两个方程得

$$\begin{bmatrix}A_{11} & A_{12}\\ -A_{12} & A_{11}\end{bmatrix}\cdot\begin{bmatrix}\mathrm{C}\left(\phi_2\right)\\ \mathrm{S}\left(\phi_2\right)\end{bmatrix}=\begin{bmatrix}x_C\,\mathrm{C}\left(\phi_1\right)+y_C\,\mathrm{S}\left(\phi_1\right)-a_1\\ -x_C\lambda_1\,\mathrm{S}\left(\phi_1\right)+y_C\lambda_1\,\mathrm{C}\left(\phi_1\right)+\left(z_C-c_1\right)\mu_1\end{bmatrix} \tag{4.248}$$

令

$$\Delta_{22}=A_{11}^2+A_{12}^2 \tag{4.249}$$

若 $\Delta_{22} \neq 0$，则

$$\begin{bmatrix} \mathrm{C}(\phi_2) \\ \mathrm{S}(\phi_2) \end{bmatrix} = \frac{1}{\Delta_{22}} \begin{bmatrix} A_{11} & -A_{12} \\ A_{12} & A_{11} \end{bmatrix} \cdot \begin{bmatrix} x_C \mathrm{C}(\phi_1) + y_C \mathrm{S}(\phi_1) - a_1 \\ -x_C \lambda_1 \mathrm{S}(\phi_1) + y_C \lambda_1 \mathrm{C}(\phi_1) + (z_C - c_1)\mu_1 \end{bmatrix} \tag{4.250}$$

即有

$$\phi_2 = \arctan\left(\mathrm{S}(\phi_2), \mathrm{C}(\phi_2)\right) \tag{4.251}$$

因 ϕ_1 和 ϕ_3 最多有 4 组解，且 ϕ_2 由 ϕ_1 和 ϕ_3 唯一确定，故 ϕ_2 至多有 4 个非奇异解。由式(4.226)、式(4.238)及式(4.251)可知：已获得 $[\phi_1, \phi_2, \phi_3]$ 的 4 组非奇异解，如图 4-12 所示。

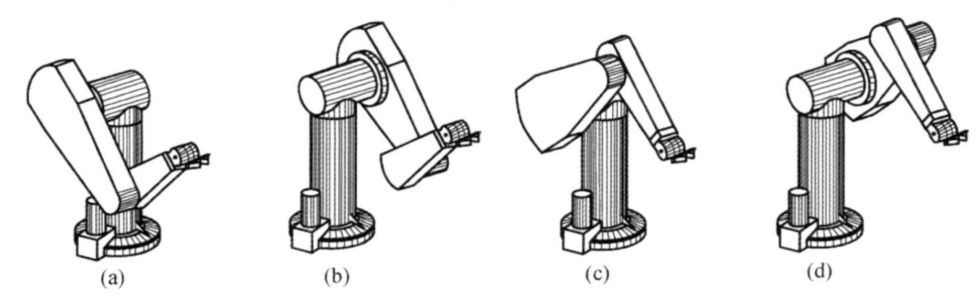

图 4-12　解耦机械臂的 4 个位置逆解

显然，τ_2 还存在其他求解方法。例如，当 ϕ_1 和 ϕ_3 求解后，将式(4.206)中第一式或第二式分别转化为 τ_2 的二次式，可得 1 组不同的可行解，故 $[\phi_1, \phi_2, \phi_3]$ 存在 8 组可行解，但它们需要同时满足式(4.206)中的三个等式。由式(4.248)获得的 4 组解是 8 组局部可行解中同时满足第一式和第二式的非奇异解。故有 3R 位置逆解结论：3R 机械臂位置逆存在 8 组可行解及至多 4 组有效解。

第二奇异

若 $\Delta_{22} = 0$，即 $A_{11} = 0$ 且 $A_{12} = 0$，将该情形称为第二奇异。若 $\lambda_2 \neq 0$，由式(4.247)得

$$\begin{cases} a_3 \mathrm{C}(\phi_3) + c_C \mu_3 \mathrm{S}(\phi_3) = -a_2 \\ c_C \mu_3 \mathrm{C}(\phi_3) - a_3 \mathrm{S}(\phi_3) = -\left(c_C \mu_2 \lambda_3 + c_3 \mu_2\right) / \lambda_2 \end{cases} \tag{4.252}$$

（1）若

$$\begin{vmatrix} a_3 & c_C \mu_3 \\ c_C \mu_3 & -a_3 \end{vmatrix} = -\left(a_3^2 + c_C^2 \mu_3^2\right) = 0 \tag{4.253}$$

即

$$a_3 = c_C \mu_3 = 0 \tag{4.254}$$

此时 ϕ_3 的解存在，由式(4.197)知，$a_C = 0$，$a_3 = \mu_3 = 0$ 且 $c_C = 0$，即腕心在第三轴上。该情况下，第三轴的旋转无法控制机械臂腕心的位置，表示该结构设计错误。

（2）若 $\lambda_2 = 0$，由式(4.247)，得 $A_{12} = 0$，则式(4.248)表示为

$$\begin{bmatrix} A_{11}\,\mathrm{C}(\phi_2) \\ A_{11}\,\mathrm{S}(\phi_2) \end{bmatrix} = \begin{bmatrix} x_C\,\mathrm{C}(\phi_1) + y_C\,\mathrm{S}(\phi_1) - a_1 \\ -x_C\lambda_1\,\mathrm{S}(\phi_1) + y_C\lambda_1\,\mathrm{C}(\phi_1) + (z_C - c_1)\mu_1 \end{bmatrix} \tag{4.255}$$

得

$$\phi_2 = \arctan\left(\frac{-x_C\lambda_1\,\mathrm{S}(\phi_1) + y_C\lambda_1\,\mathrm{C}(\phi_1) + (z_C - c_1)\mu_1}{A_{11}}, \frac{x_C\,\mathrm{C}(\phi_1) + y_C\,\mathrm{S}(\phi_1) - a_1}{A_{11}}\right) \tag{4.256}$$

4.7.3 基于 D-H 参数的 CE3 机械臂位置逆解示例

如图 4-13 所示，CE3 机械臂由底座、肩、臂、腕及 X 光谱仪组成。记该机械臂轴链为 $\mathbf{A} = (b, s, a, w, C]$。该机械臂 D-H 系如图 4-14 所示，图中“/i”表示第 i 个杆件。

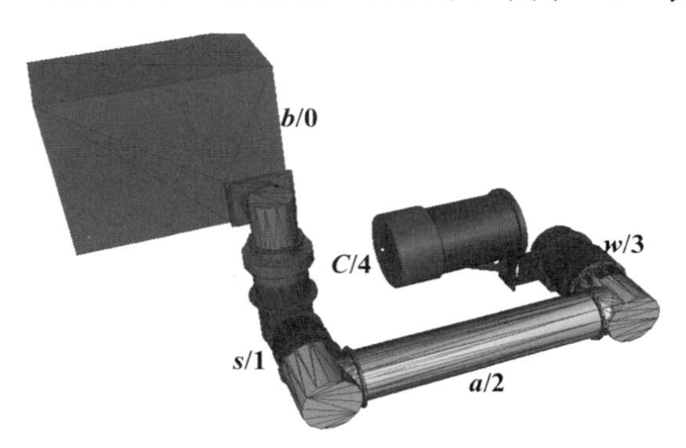

图 4-13　CE3 月面巡视器机械臂

CE3 月面巡视器机械臂的名义 D-H 参数如表 4-2 所示，工程 D-H 参数如表 4-3 所示。

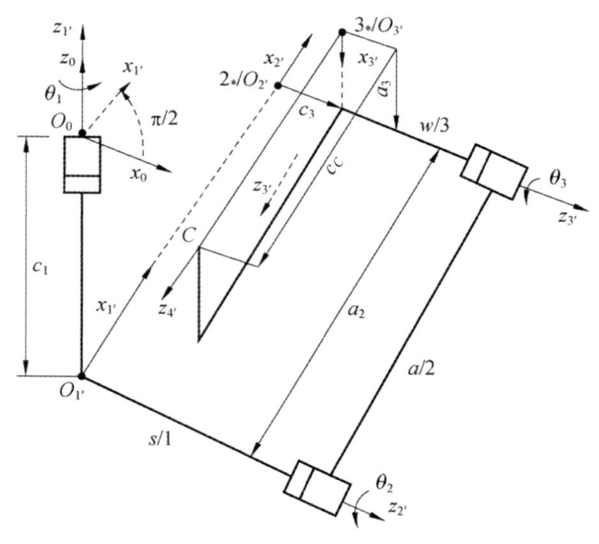

图 4-14　CE3 月面巡视器机械臂 D-H 系

表 4-2　CE3 月面巡视器机械臂的名义 D-H 参数

序号	$l \in {}^{1}\mathbf{1}_C$	a_l /m	c_l /m	α_l /rad	ϕ_l /rad	${}_0\phi_l^{\triangle}$ /rad	${}_0\phi_l^{\dagger} + \theta_l = \phi_l$ /rad
1	$l=1$	0	−0.2270	0.5π	$[0, 0.5\pi)$	0	$\theta_1 + 0.5\pi$
2	$l=2$	0.3120	0	0	$[-0.25\pi, 0.5\pi)$	0	θ_2
3	$l=3$	−0.0650	0.01550	0.5π	$[0, 1.5\pi)$	0	θ_3
4	$l=4$	0	0.2060	—	—	—	—

表 4-3　基于轴不变量的工程 D-H 参数

序号	$l \in {}^{1}\mathbf{1}_C$	a_l /m	c_l /m	α_l /rad	ϕ_l /rad	${}_0\phi_l^{\triangle}$ /rad	${}_0\phi_l^{\dagger} + \theta_l = \phi_l$ /rad
1	$l=1$	0.000610	−0.230783	1.536159	$[0, 0.5\pi)$	0	$\theta_1 + 0.5\pi$
2	$l=2$	0.311884	0.000014	0.016548	$[-0.25\pi, 0.5\pi)$	0	$0.013897 + \theta_2$
3	$l=3$	−0.066495	0.018675	1.578994	$[0, 1.5\pi)$	0	$0.008753 + \theta_3$
4	$l=4$	0	0.205125	—	—	—	—

在 D-H 参数中，结构参数 a_l 、 c_l 及 α_l 与零位时的自然关节坐标 ${}_0\phi_l^{\dagger}$ 相对应。自然关节坐标 $\phi_l - {}_0\phi_l^{\dagger}$ 即为关节坐标 θ_l ，故有

$$\phi_l - {}_0\phi_l^{\dagger} = \theta_l \tag{4.257}$$

该机械臂腕心 C 为 X 光谱仪中心轴与其探测面的交点。通过激光跟踪仪测量得到轴不变量序列，其中：

$${}^{c}n_1 = \begin{bmatrix} 0.01898 & 0.01548 & 0.99970 \end{bmatrix}^{\mathrm{T}}，\ {}^{1}n_2 = \begin{bmatrix} 0.99983 & 0.00998 & 0.01550 \end{bmatrix}^{\mathrm{T}}$$

$${}^{2}n_3 = \begin{bmatrix} 0.99991 & 0.00988 & 0.00908 \end{bmatrix}^{\mathrm{T}}，\ {}^{3}n_C = \begin{bmatrix} 0.01484 & -0.99980 & 0.01341 \end{bmatrix}^{\mathrm{T}}$$

$${}^{c}r_1 = \begin{bmatrix} 0.5330 & 0.0386 & -0.1461 \end{bmatrix}^{\mathrm{T}}(\mathrm{m})，\ {}^{1}r_2 = \begin{bmatrix} 0.4227 & 0.0013 & -0.2241 \end{bmatrix}^{\mathrm{T}}(\mathrm{m})$$

$${}^{2}r_3 = \begin{bmatrix} 0.0001 & 0.3119 & -0.0004 \end{bmatrix}^{\mathrm{T}}(\mathrm{m})，\ {}^{3}r_{3C} = \begin{bmatrix} -0.40925 & -0.2062 & 0.065 \end{bmatrix}^{\mathrm{T}}(\mathrm{m})$$

机械臂正逆运动学计算结果如表 4-4 所示，正逆解互验的精度为千分之一度，即 3.6"，因此，正逆运动学计算误差可以忽略不计。

表 4-4　CE3 月面巡视器机械臂正逆运动学互验

序号	正运动学		逆运动学				误差/(°)
	输入/(°) $\theta_1,\theta_2,\theta_3$	输出/m ${}^{c}r_{3_C}$	输入/m ${}^{c}r_{3_C}$	输出/(°) $\theta_1,\theta_2,\theta_3$	解数	误差/(°) $\delta({}^{c}r_{3_C})$	$\delta\theta_1,\delta\theta_2,\delta\theta_3$
1	0.000 0.000 0.000	0.548500 0.038500 −0.146000	0.548500 0.038500 −0.146000	0.000 0.000 0.000	1	0.0003 0.0006 0.0003	0.000 0.000 0.000
2	5.000 5.000 5.000	0.558832 0.027075 −0.153591	0.558832 0.027075 −0.153591	5.000 5.000 5.000	1	0.0004 0.0007 0.0006	0.000 0.000 0.000
3	10.000 10.000 10.000	0.571866 0.013342 −0.158358	0.571866 0.013342 −0.158358	10.000 10.000 10.000	1	0.0009 0.0005 0.0008	0.000 0.000 0.000
4	20.000 20.000 20.000	0.608158 −0.016675 −0.156497	0.608158 −0.016675 −0.156497	20.000 20.000 20.000	1	0.0008 0.0008 0.0007	0.000 0.000 0.000
5	30.000 30.000 30.000	0.658169 −0.041299 −0.135901	0.658169 −0.041299 −0.135901	30.000 30.000 30.000	1	0.0011 0.0009 0.0008	0.000 0.000 0.000
6	30.000 30.000 60.000	0.714023 −0.138042 −0.131000	0.714023 −0.138042 −0.131000	30.000 30.000 60.000	1	0.0010 0.0011 0.0006	0.000 0.000 0.000
7	30.000 30.000 120.000	0.786974 −0.264396 0.028292	0.786974 −0.264396 0.028292	30.000 30.000 120.000	2	0.0008 0.0012 0.0013	0.000 0.000 0.000
8	30.000 30.000 190.000	0.739535 −0.182230 0.257207	0.739535 −0.182230 0.257207	30.000 30.000 190.000	2	0.0009 0.0013 0.0011	0.000 0.000 0.000
9	40.000 30.000 190.000	0.793134 −0.141402 0.257207	0.793134 −0.141402 0.257207	40.000 30.000 189.999	2	0.0010 0.0012 0.0007	0.000 0.000 −0.001
10	40.000 40.000 190.000	0.751612 −0.091918 0.319136	0.751612 −0.091918 0.319136	40.000 40.000 189.999	2	0.0008 0.0013 0.0012	0.000 0.000 −0.001
11	40.000 70.000 220.000	0.528916 0.173481 0.383530	0.528916 0.173481 0.383530	40.000 70.000 219.999	1	0.0009 0.0013 0.0014	0.000 0.000 −0.001
12	60.000 40.000 180.000	0.848215 −0.019592 0.301757	0.848215 −0.019592 0.301757	60.000 40.000 179.999	2	0.0012 0.0014 0.0016	0.000 0.000 −0.001

CE3 月面巡视器机械臂由地面遥操作控制，由于被探测地面和岩石是非结构化的，机械臂的重复定位精度需要达到 0.2 mm，而绝对定位精度需要达到 0.5 mm。被探测地面和岩石的场景点云数据由巡视器避障立体视觉系统获得，场景的图像传输至地面控制中心进行三维重构，重构的精度约为 2 mm。因 X 光谱仪的敏感面与被探测对象的平均距离要求为 7 mm，故被测对象与 X 光谱仪探测面的最小距度要小于 3.5 mm，以保证 X 光谱仪的有效探测。

如图 4-15 所示，根据环境重构的地形和巡视器各部件的三角面，应用 AABB 碰撞检测技术，实现 CE3 机械臂碰撞检测功能。为了指导操作人员确定可行的探测区域，需要绘制机械臂工作空间与探测空间。如图 4-16 所示，工作空间是指机械臂拾取点可以到达的位置集合，探测空间是工作空间与被探测表面的交集。

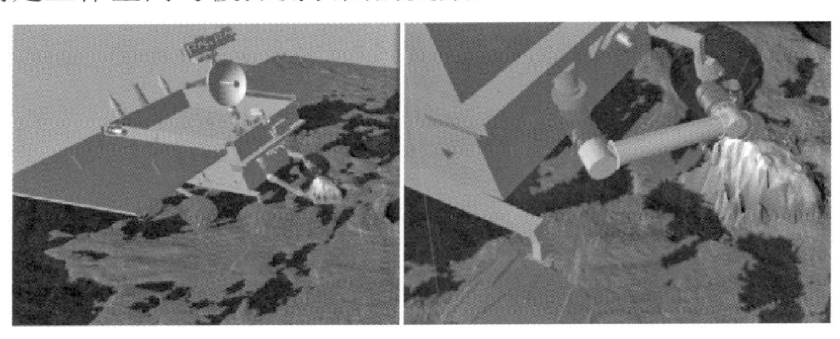

图 4-15　机械臂正运动学及碰撞检测

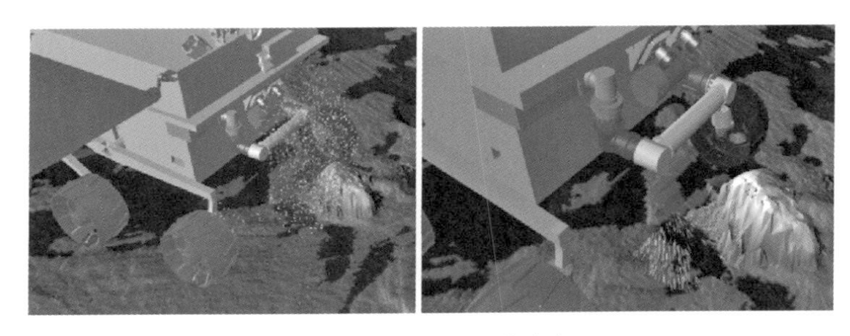

图 4-16　机械臂工作空间

机械臂携带 X 光谱仪进行探测，还需要满足其他条件，例如：光照要适宜、探测区域要平整、同一时刻仅有一个关节工作等。当操作人员在探测空间内点击鼠标时，系统会自动评估该区域是否可以探测，并提示该区域的相关信息。操作人员选择期望的探测区域后，执行机械臂的运动规划模块，获得机械臂的展开运动序列。机械臂展开过程如图 4-17 所示。作者研发的 CE3 机械臂规划系统于 2013 年 12 月成功执行了 X 光谱仪探测任务。

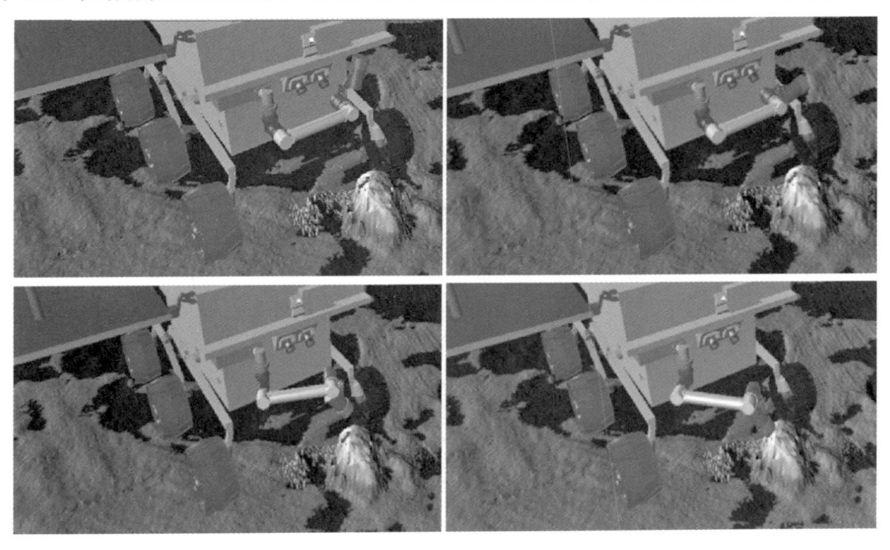

图 4-17　CE3 机械臂展开过程

4.7.4 本节贡献

本节提出并证明了基于轴不变量和 D-H 参数的 3R 机械臂位置逆解原理，并经 CE3 月面巡视器工程应用验证了该原理的正确性。其特征在于：具有简洁的链符号系统及轴不变量的表示，具有伪代码的功能，物理含义准确，保证了工程实现的可靠性。

4.8 基于轴不变量的通用机械臂逆运动学

前面的经典逆解过程表明：消元过程依赖于系统方程的特点及消元技巧，不具有通用性；需要考虑奇异条件，奇异分析过程烦琐；同时，需要考虑方程阶次的退化问题。因此，经典的分析逆解原理不具有通用性，难以满足自主行为机器人研制的要求。

自主行为机器人研究的一个重要方面是解决变拓扑结构机器人的运动学建模问题。多轴系统具有动态的图结构，可以动态地建立基于运动轴的有向 Span 树，为研究可变拓扑结构的机器人建模与控制奠定了基础。为此，需要提出基于轴不变量的通用机械臂逆解原理，既要建立包含坐标系、极性、结构参量、关节变量的完全参数化的正运动学模型，又要实时地计算位姿方程。这样，一方面可以提高机器人的自主性，另一方面可以提高机器人位姿控制的绝对精度。

6R 解耦机械臂在结构上存在共点约束：要么 4 至 6 轴共点，要么 4 轴与 5 轴共点且 5 轴与 6 轴共点。对于高精度的机械臂而言，由于存在机加工及装配误差，该假设不成立。由于通用 6R 机械臂不存在共点约束，其逆解计算十分困难，在工程上不得不屈从于解耦约束。该约束既增加了机械臂加工及装配难度，又降低了机械臂绝对定位精度。只有创建通用 6R 机械臂的逆解原理，才能满足机械臂进行精密作业的需求，自主行为机器人理论才能得到完善。

对于通用 6R 机械臂，需要解决分析逆解的可操作性问题：一方面，通过固定轴不变量表征工程结构参数，保证多轴系统的绝对定位精度；另一方面，需要解决运动方程的降维问题及应用变量消元法进行逆解的可计算性问题。

自然空间的平动轴和转动轴数各有 3 个，其中平动轴可以由转动轴替代。记 6R 运动链中的平动轴和转动轴分别为 $\boldsymbol{P}_n^i = \left\{ {}^{\overline{l}}\boldsymbol{k}_l \middle| l \in {}^i\boldsymbol{1}_n, {}^{\overline{l}}\boldsymbol{k}_l \in \boldsymbol{P} \right\}$，$\boldsymbol{R}_n^i = \left\{ {}^{\overline{l}}\boldsymbol{k}_l \middle| l \in {}^i\boldsymbol{1}_n, {}^{\overline{l}}\boldsymbol{k}_l \in \boldsymbol{R} \right\}$。显然，$1 \leqslant \boldsymbol{P}_n^i + \boldsymbol{R}_n^i \leqslant 6$，$\boldsymbol{R}_n^i \leqslant 6$，$\boldsymbol{P}_n^i \leqslant 3$。可以将该运动链划分为三大类别：纯平动类（3 种）、纯转动类（6 种）以及既有转动又有平动的复合类（12 种），合计 21 种。其中，3 种纯平动链是平凡运动学问题，不需讨论。因此，非平凡轴链运动学逆解的存在条件为

$$\begin{cases} 1 \leqslant \boldsymbol{R}_n^i \leqslant 6, \quad \boldsymbol{P}_n^i \leqslant 3 \\ 1 < \boldsymbol{P}_n^i + \boldsymbol{R}_n^i \leqslant 6 \end{cases} \tag{4.258}$$

当 $\boldsymbol{1}_n^i = 6$ 时，要求 $\boldsymbol{R}_n^i \geqslant 3$，即至少需要 3 个转动副才能满足位姿对齐需求。

人工推导 6R 运动链的运动学方程非常烦琐且易出错，难以保证建模的可靠性。一方面，需要建立迭代式的方程，以满足计算机自动建立多轴系统符号模型的需求；另一方面，

需要应用更少轴数的运动链进行等价。运动学方程存在很多等价的形式，只有特定结构的运动学方程才具有逆解的可行性。既要求正运动学方程具有阶次最小、方程数最少及独立变量数最少，又要求逆解过程不存在数值计算导致的奇异性。

因自然空间的位姿有 6 个维度，故要建立仅含 6 个关节变量的 6 个位姿方程。显然，基于欧拉四元数或对偶四元数的位姿方程不满足方程数最少的要求。尽管式(4.1)和式(4.3)是二阶多项式系统，但是方程仅有 6 个。包含平动及转动的运动矢量本质上是自然螺旋，机械臂的最后一轴总要与期望方向对齐，才能执行所需的操作；在前 5 轴控制第 6 轴与期望的位置及指向对齐之后，再控制第 6 轴满足径向对齐。因此，对于通用 6R 机械臂，只需要建立包含前 5 个关节变量的位姿方程。

考虑转动链 ${}^{i}\mathbf{1}_{n}$，式(4.1)和式(4.3)是关于 Cayley 参数或 Gibbs 矢量的方程。为此，提出 Ju-Gibbs 姿态四元数，目的是：通过前 5 轴完成对齐，以消去第 4 轴和第 5 轴的关节变量，为后续的逆解奠定基础。

4.8.1 基于轴不变量的方向逆解原理

1.分块方阵的逆

若给定可逆方阵 K、B 及 C，且

$$K=\begin{bmatrix}{}_{l}A_{c} & {}_{l}B_{l}\\ {}_{c}C_{c} & {}_{c}D_{l}\end{bmatrix}$$

则有

$$K^{-1}=\begin{bmatrix}-C^{-1}D\cdot\left({}_{l}\mathbf{1}_{l}-B^{-1}AC^{-1}D\right)^{-1}\cdot B^{-1} & \left(C-DB^{-1}A\right)^{-1}\\ \left({}_{l}\mathbf{1}_{l}-B^{-1}AC^{-1}D\right)^{-1}\cdot B^{-1} & -B^{-1}A\cdot\left(C-DB^{-1}A\right)^{-1}\end{bmatrix} \tag{4.259}$$

【证明】 记

$$K^{-1}=\begin{bmatrix}\bar{A} & \bar{B}\\ \bar{C} & \bar{D}\end{bmatrix}$$

则有

$$K\cdot K^{-1}=\begin{bmatrix}{}_{l}A_{c} & {}_{l}B_{l}\\ {}_{c}C_{c} & {}_{c}D_{l}\end{bmatrix}\cdot\begin{bmatrix}{}_{c}\bar{A}_{l} & {}_{c}\bar{B}_{c}\\ {}_{l}\bar{C}_{l} & {}_{l}\bar{D}_{c}\end{bmatrix}=\begin{bmatrix}A\bar{A}+B\bar{C} & A\bar{B}+B\bar{D}\\ C\bar{A}+D\bar{C} & C\bar{B}+D\bar{D}\end{bmatrix}=\begin{bmatrix}{}_{l}\mathbf{1}_{l} & {}_{l}\mathbf{0}_{c}\\ {}_{c}\mathbf{0}_{l} & {}_{c}\mathbf{1}_{c}\end{bmatrix}$$

故有

$$\bar{C}=B^{-1}\cdot\left({}_{l}\mathbf{1}_{l}-A\bar{A}\right),\quad \bar{D}=-B^{-1}A\bar{B},\quad \bar{A}=-C^{-1}D\bar{C},\quad D\bar{D}+C\bar{B}={}_{c}\mathbf{1}_{c}$$

将式 $\bar{A}=-C^{-1}D\bar{C}$ 代入式 $\bar{C}=B^{-1}\cdot\left({}_{l}\mathbf{1}_{l}-A\bar{A}\right)$，得 $\bar{C}=B^{-1}+B^{-1}AC^{-1}D\bar{C}$，故

$$\bar{C}=\left({}_{l}\mathbf{1}_{l}-B^{-1}AC^{-1}D\right)^{-1}\cdot B^{-1}$$

将之代入式 $C\bar{A}+D\bar{C}={}_{c}\mathbf{0}_{l}$，得

$$\bar{A}=-C^{-1}D\cdot\left({}_{l}\mathbf{1}_{l}-B^{-1}AC^{-1}D\right)^{-1}\cdot B^{-1}$$

将式 $\bar{D}=-B^{-1}A\bar{B}$ 代入式 $D\bar{D}+C\bar{B}={}_{c}\mathbf{1}_{c}$，得

$$\bar{B}=\left(C-DB^{-1}A\right)^{-1}$$

将之代入式 $\bar{D}=-B^{-1}A\bar{B}$，得

$$\bar{D}=-B^{-1}A\cdot\left(C-DB^{-1}A\right)^{-1}$$

证毕。

6R 解耦机械臂由 3R 机械臂和 3R 解耦机构组成。6R 解耦机械臂姿态逆解是指：给定 6R 转动链结构参数、期望姿态及前 3 个关节的姿态，计算第 4 轴和第 5 轴的关节变量，先对齐第 5 轴的指向，后对齐第 6 轴的径向，即实现姿态对齐。

下面，证明指向对齐时的 Ju-Gibbs 四元数的存在性。称定理 4.5 为 Ju-Gibbs 四元数指向对齐定理。

2.基于 Ju-Gibbs 四元数的指向对齐原理

定理 4.5 考虑转动链 ${}^{i}\mathbf{1}_{l}$，其中 $\mathbf{R}_{l}^{i}>2$。若使轴矢量 ${}^{\bar{l}}n_{l}$ 与期望轴矢量 ${}^{i|\bar{l}}_{d}n_{l}$ 对齐，则至少存在一个 Ju-Gibbs 方向四元数：

$$ {}^{i}_{d}\tau_{\bar{l}}^{\mathrm{T}}=\left[{}^{i}_{d}n_{\bar{l}}\cdot{}_{d}\tau_{\bar{l}}^{i}\quad 1\right] \tag{4.260}$$

其中：

$$\begin{cases} {}^{i}_{d}n_{\bar{l}}=\pm\dfrac{\left({}^{i|\bar{l}}_{d}\tilde{n}_{l}+{}^{\bar{l}}\tilde{n}_{l}\right)\cdot\left({}^{i|\bar{l}}_{d}n_{l}-{}^{\bar{l}}n_{l}\right)}{\left\|\left({}^{i|\bar{l}}_{d}\tilde{n}_{l}+{}^{\bar{l}}\tilde{n}_{l}\right)\cdot\left({}^{i|\bar{l}}_{d}n_{l}-{}^{\bar{l}}n_{l}\right)\right\|}; \quad \text{if}\quad {}^{i|\bar{l}}_{d}n_{l}\neq\pm{}^{\bar{l}}n_{l} \\ {}_{d}\tau_{\bar{l}}^{i}=\pm\left\|{}^{i|\bar{l}}_{d}n_{l}-{}^{\bar{l}}n_{l}\right\|/\left\|{}^{i|\bar{l}}_{d}n_{l}+{}^{\bar{l}}n_{l}\right\| \end{cases} \tag{4.261}$$

$$ {}^{i}_{d}n_{\bar{l}}={}^{\bar{\bar{l}}}\tilde{n}_{\bar{l}}\cdot{}^{\bar{l}}n_{l},\quad {}_{d}\tau_{\bar{l}}^{i}=0;\quad \text{if}\quad {}^{i|\bar{l}}_{d}n_{l}={}^{\bar{l}}n_{l} \tag{4.262}$$

且有

$$ {}^{i}_{d}n_{\bar{l}}={}^{\bar{\bar{l}}}\tilde{n}_{\bar{l}}\cdot{}^{\bar{l}}n_{l},\quad {}_{d}\tau_{\bar{l}}^{i}=\pm\infty;\quad \text{if}\quad {}^{i|\bar{l}}_{d}n_{l}=-{}^{\bar{l}}n_{l} \tag{4.263}$$

【证明】 由式(3.79)得

$$\left(\mathbf{1}-{}^{i}_{d}\tilde{n}_{\bar{l}}\cdot{}_{d}\tau_{\bar{l}}^{i}\right)^{-1}\cdot\left(\mathbf{1}+{}^{i}_{d}\tilde{n}_{\bar{l}}\cdot{}_{d}\tau_{\bar{l}}^{i}\right)\cdot{}^{\bar{l}}n_{l}={}^{i|\bar{l}}_{d}n_{l} \tag{4.264}$$

由式(4.264)得

$$\left(\mathbf{1}+{}^{i}_{d}\tilde{n}_{\bar{l}}\cdot{}_{d}\tau_{\bar{l}}^{i}\right)\cdot{}^{\bar{l}}n_{l}=\left(\mathbf{1}-{}^{i}_{d}\tilde{n}_{\bar{l}}\cdot{}_{d}\tau_{\bar{l}}^{i}\right)\cdot{}^{i|\bar{l}}_{d}n_{l} \tag{4.265}$$

及

$${}_{d}\tau_{\bar{l}}^{i}\cdot{}^{i}_{d}\tilde{n}_{\bar{l}}\cdot\left({}^{i|\bar{l}}_{d}n_{l}+{}^{\bar{l}}n_{l}\right)={}^{i|\bar{l}}_{d}n_{l}-{}^{\bar{l}}n_{l} \tag{4.266}$$

因 ${}^{i|\overline{l}}_{d}n_l$ 及 ${}^{\overline{l}}n_l$ 为单位矢量，若 ${}^{i|\overline{l}}_{d}n_l + {}^{\overline{l}}n_l \neq 0$ 且 ${}^{i|\overline{l}}_{d}n_l - {}^{\overline{l}}n_l \neq 0$，则有

$$\left({}^{i|\overline{l}}_{d}n_l^{\mathrm{T}} + {}^{\overline{l}}n_l^{\mathrm{T}}\right)\cdot\left({}^{i|\overline{l}}_{d}n_l - {}^{\overline{l}}n_l\right) = 0 \tag{4.267}$$

式(4.267)表明 ${}^{i|\overline{l}}_{d}n_l + {}^{\overline{l}}n_l$ 与 ${}^{i|\overline{l}}_{d}n_l - {}^{\overline{l}}n_l$ 相互正交。由式(4.266)和式(4.267)得最优的轴矢量：

$${}^{i}_{d}n_{\overline{l}} = \pm\frac{\left({}^{i|\overline{l}}_{d}\tilde{n}_l + {}^{\overline{l}}\tilde{n}_l\right)\cdot\left({}^{i|\overline{l}}_{d}n_l - {}^{\overline{l}}n_l\right)}{\left\|\left({}^{i|\overline{l}}_{d}\tilde{n}_l + {}^{\overline{l}}\tilde{n}_l\right)\cdot\left({}^{i|\overline{l}}_{d}n_l - {}^{\overline{l}}n_l\right)\right\|} \tag{4.268}$$

及

$${}_{d}\tau^{i}_{\overline{l}} = \pm\left\|{}^{i|\overline{l}}_{d}n_l - {}^{\overline{l}}n_l\right\| / \left\|{}^{i|\overline{l}}_{d}n_l + {}^{\overline{l}}n_l\right\| \tag{4.269}$$

由式(4.268)和式(4.269)得式(4.261)。

若 ${}^{i|\overline{l}}_{d}n_l + {}^{\overline{l}}n_l = 0$ 或 ${}^{i|\overline{l}}_{d}n_l - {}^{\overline{l}}n_l = 0$，则由式(4.264)得

$$\left(\mathbf{1} - {}^{i}_{d}\tilde{n}_{\overline{l}}\cdot{}_{d}\tau^{i}_{\overline{l}}\right)^{-1}\cdot\left(\mathbf{1} + {}^{i}_{d}\tilde{n}_{\overline{l}}\cdot{}_{d}\tau^{i}_{\overline{l}}\right)\cdot{}^{\overline{l}}n_l = \pm{}^{\overline{l}}n_l \tag{4.270}$$

由式(4.270)得

$$\left(\mathbf{1} + {}^{i}_{d}\tilde{n}_{\overline{l}}\cdot{}_{d}\tau^{i}_{\overline{l}}\right)\cdot{}^{\overline{l}}n_l = \pm\left(\mathbf{1} - {}^{i}_{d}\tilde{n}_{\overline{l}}\cdot{}_{d}\tau^{i}_{\overline{l}}\right)\cdot{}^{\overline{l}}n_l \tag{4.271}$$

因 ${}^{\overline{l}}n_l \neq {}^{\overline{\overline{l}}}n_{\overline{l}}$，故由式(4.271)得

$${}^{i}_{d}n_{\overline{l}} = {}^{\overline{\overline{l}}}\tilde{n}_{\overline{l}}\cdot{}^{\overline{l}}n_l,\quad {}_{d}\tau^{i}_{\overline{l}} = 0;\ \ \text{if}\ \ {}^{i|\overline{l}}_{d}n_l = {}^{\overline{l}}n_l \tag{4.272}$$

及

$${}^{i}_{d}n_{\overline{l}} = {}^{\overline{\overline{l}}}\tilde{n}_{\overline{l}}\cdot{}^{\overline{l}}n_l,\quad {}_{d}\tau^{i}_{\overline{l}} = \pm\infty;\ \ \text{if}\ \ {}^{i|\overline{l}}_{d}n_l = -{}^{\overline{l}}n_l \tag{4.273}$$

证毕。

定理 4.5 表明：至少存在一个期望的 Ju-Gibbs 四元数 ${}^{i}_{d}\tau_{\overline{l}}$，使单位矢量 ${}^{\overline{l}}n_l$ 与期望单位矢量 ${}^{i|\overline{l}}_{d}n_l$ 对齐。

【示例 4.16】 考虑转动链 ${}^{i}\mathbf{1}_6$，由定理 4.5 得

若 ${}^{3|5}_{d}n_6 = \mathbf{1}^{[x]}, {}^{5}n_6 = \mathbf{1}^{[z]}$，则 ${}^{3}_{d}\tau_5 = \mathbf{1}^{[y]}$；

若 ${}^{3|5}_{d}n_6 = \mathbf{1}^{[y]}, {}^{5}n_6 = \mathbf{1}^{[z]}$，则 ${}^{3}_{d}\tau_5 = -\mathbf{1}^{[x]}$；

若 ${}^{3|5}_{d}n_6 = \mathbf{1}^{[y]}, {}^{5}n_6 = \mathbf{1}^{[x]}$，则 ${}^{3}_{d}\tau_5 = \mathbf{1}^{[z]}$；

若 ${}^{3|5}_{d}n_6 = \mathbf{1}^{[z]}, {}^{5}n_6 = \mathbf{1}^{[x]}$，则 ${}^{3}_{d}\tau_5 = -\mathbf{1}^{[y]}$；

若 ${}^{3|5}_{d}n_6^{\mathrm{T}} = \sqrt{3}/3\cdot\begin{bmatrix}1 & 1 & 1\end{bmatrix}, {}^{5}n_6 = \mathbf{1}^{[x]}$，则 ${}^{3}_{d}\tau_5^{\mathrm{T}} = \begin{bmatrix}0 & 0 & -\sqrt{2\sqrt{3}-3}/2\end{bmatrix}$。

3.基于轴不变量的 6R 解耦机械臂指向逆解原理

以 Ju-Gibbs 四元数指向对齐为基础，阐述 6R 解耦机械臂指向逆解定理，再予以证明。

定理 4.6 若给定 6R 转动链 ${}^{i}\mathbf{l}_6 = (i,1:6]$，记第 5 轴关节 Ju-Gibbs 方向四元数期望为 ${}^{i}_{d}\tau_5$ 及第 3 轴关节 Ju-Gibbs 规范四元数为 ${}^{i}\tau_3$，则有指向对齐时的逆解：

$$\tau_4 = \frac{{}^{3}\mathrm{E}_5^{[3][*]} \cdot {}^{3}_{d}\tau_5}{{}^{3}\mathrm{E}_5^{[2][*]} \cdot {}^{3}_{d}\tau_5}, \quad \tau_5 = \frac{{}^{3}\mathrm{E}_5^{[3][*]} \cdot {}^{3}_{d}\tau_5}{{}^{3}\mathrm{E}_5^{[1][*]} \cdot {}^{3}_{d}\tau_5} \tag{4.274}$$

其中：

$${}^{3}\mathrm{E}_5 = \begin{bmatrix} {}^{3}n_4 & {}^{4}n_5 & {}^{3}\tilde{n}_4 \cdot {}^{4}n_5 \end{bmatrix}^{-1} \tag{4.275}$$

【证明】 给定期望 Ju-Gibbs 四元数 ${}^{i}_{d}\tau_5$。

（1）考虑基于欧拉四元数的姿态对齐，由式(3.149)得

$$\begin{bmatrix} \mathrm{S}_4\mathrm{C}_5 \cdot {}^{3}n_4 + (\mathrm{C}_4 \cdot \mathrm{S}_5 \cdot \mathbf{1} + \mathrm{S}_4 \cdot \mathrm{S}_5 \cdot {}^{3}\tilde{n}_4) \cdot {}^{4}n_5 \\ \mathrm{C}_4\mathrm{C}_5 - \mathrm{S}_4\mathrm{S}_5 \cdot {}^{3}n_4^{\mathrm{T}} \cdot {}^{4}n_5 \end{bmatrix} = \begin{bmatrix} \mathrm{S}(\arctan({}_{d}\tau_5^3)) \cdot {}^{3}_{d}n_5 \\ \mathrm{C}(\arctan({}_{d}\tau_5^3)) \end{bmatrix} \tag{4.276}$$

由式(4.276)得

$${}_{4}\mathrm{K}_4 \cdot \begin{bmatrix} \mathrm{C}_4\mathrm{C}_5 & \mathrm{S}_4\mathrm{C}_5 & \mathrm{C}_4\mathrm{S}_5 & \mathrm{S}_4\mathrm{S}_5 \end{bmatrix}^{\mathrm{T}} = \begin{bmatrix} \mathrm{S}(\arctan({}_{d}\tau_5^3)) \cdot {}^{3}_{d}n_5 \\ \mathrm{C}(\arctan({}_{d}\tau_5^3)) \end{bmatrix} \tag{4.277}$$

其中：

$${}_{4}\mathrm{K}_4 = \begin{bmatrix} 0_3 & {}^{3}n_4 & {}^{4}n_5 & {}^{3}\tilde{n}_4 \cdot {}^{4}n_5 \\ 1 & 0 & 0 & -{}^{3}n_4^{\mathrm{T}} \cdot {}^{4}n_5 \end{bmatrix} \tag{4.278}$$

由式(4.259)和式(4.278)得

$${}_{4}\mathrm{K}_4^{-1} = \begin{bmatrix} [0, \; 0, \; {}^{3}n_4^{\mathrm{T}} \cdot {}^{4}n_5] \cdot {}^{3}\mathrm{E}_5 & 1 \\ {}^{3}\mathrm{E}_5 & 0_3 \end{bmatrix} = \begin{bmatrix} {}^{3}n_4^{\mathrm{T}} \cdot {}^{4}n_5 \cdot {}^{3}\mathrm{E}_5^{[3][*]} & 1 \\ {}^{3}\mathrm{E}_5 & 0_3 \end{bmatrix} \tag{4.279}$$

由式(4.277)得

$$\begin{bmatrix} \mathrm{C}_4\mathrm{C}_5 & \mathrm{S}_4\mathrm{C}_5 & \mathrm{C}_4\mathrm{S}_5 & \mathrm{S}_4\mathrm{S}_5 \end{bmatrix}^{\mathrm{T}} = \mathrm{C}(\arctan({}_{d}\tau_5^3)) \cdot {}_{4}\mathrm{K}_4^{-1} \cdot \begin{bmatrix} {}^{3}_{d}\tau_5 \\ 1 \end{bmatrix} \tag{4.280}$$

其中：

$${}^{3}_{d}\tau_5 = {}_{d}\tau_5^3 \cdot {}^{3}_{d}n_5 \tag{4.281}$$

由式(4.279)和式(4.280)得

$$\begin{bmatrix} \mathrm{C}_4\mathrm{C}_5 & \mathrm{S}_4\mathrm{C}_5 & \mathrm{C}_4\mathrm{S}_5 & \mathrm{S}_4\mathrm{S}_5 \end{bmatrix}^{\mathrm{T}} = \mathrm{C}(\arctan({}_{d}\tau_5^3)) \cdot \begin{bmatrix} 1 + {}^{3}n_4^{\mathrm{T}} \cdot {}^{4}n_5 \cdot {}^{3}\mathrm{E}_5^{[3][*]} \cdot {}^{3}_{d}\tau_5 \\ {}^{3}\mathrm{E}_5 \cdot {}^{3}_{d}\tau_5 \end{bmatrix} \tag{4.282}$$

由式(4.282)得

$$\mathrm{C}_4\mathrm{C}_5 = \mathrm{C}(\arctan({}_{d}\tau_5^3)) \cdot (1 + {}^{3}n_4^{\mathrm{T}} \cdot {}^{4}n_5 \cdot {}^{3}\mathrm{E}_5^{[3][*]} \cdot {}^{3}_{d}\tau_5) \tag{4.283}$$

由于 ${}_{d}\phi_5^3 \in \left(-\pi,\pi\right]$，由式(4.282)与式(4.283)得

$$\begin{bmatrix} 1 \\ \tau_4 \\ \tau_5 \\ \tau_4\tau_5 \end{bmatrix} = \frac{1}{1 + {}^3n_4^{\mathrm{T}} \cdot {}^4n_5 \cdot {}^3\mathrm{E}_5^{[3][*]} \cdot {}_{d}^{3}\tau_5} \cdot \begin{bmatrix} 1 + {}^3n_4^{\mathrm{T}} \cdot {}^4n_5 \cdot {}^3\mathrm{E}_5^{[3][*]} \cdot {}_{d}^{3}\tau_5 \\ {}^3\mathrm{E}_5 \cdot {}_{d}^{3}\tau_5 \end{bmatrix} \tag{4.284}$$

（2）考虑 Ju-Gibbs 四元数的指向对齐，得

$$ {}^{i}\tau_3 \cdot {}_{d}^{3}\tau_5 = {}_{d}^{i}\tau_5 $$

及

$$\begin{cases} \boldsymbol{\tau}_3^i \cdot {}_{d}^{3}\tau_5 = {}_{d}^{3}\tilde{\tau}_i \cdot {}_{d}^{i}\tau_5 \\ 2 \cdot \arctan\left({}_{d}\tau_5^3\right) = {}_{d}\phi_5^3 \in \left(-\pi, \pi\right] \end{cases} \tag{4.285}$$

因 ${}_{d}^{i}\tilde{\tau}_3 \cdot {}_{d}^{3}\tau_5 = {}_{d}^{i}\tau_5$，故得式(4.285)。由式(4.17)得

$$ {}^3\tau_5 = {}^3\tau_5^{[4]} \cdot {}_{d}^{3}\tau_5 \tag{4.286}$$

以规范 Ju-Gibbs 四元数表征关节变量，由式(4.12)得

$$ {}^3\tau_5 = \begin{bmatrix} \tau_4 \cdot {}^3n_4 + \tau_5 \cdot {}^4n_5 + \tau_4\tau_5 \cdot {}^3\tilde{n}_4 \cdot {}^4n_5 \\ 1 - \tau_4\tau_5 \cdot {}^3n_4^{\mathrm{T}} \cdot {}^4n_5 \end{bmatrix} = {}_{4}\mathrm{K}_4 \cdot \begin{bmatrix} 1 & \tau_4 & \tau_5 & \tau_4\tau_5 \end{bmatrix}^{\mathrm{T}} \tag{4.287}$$

即

$$ {}_{4}\mathrm{K}_4 \cdot \begin{bmatrix} 1 & \tau_4 & \tau_5 & \tau_4\tau_5 \end{bmatrix}^{\mathrm{T}} = {}^3\tau_5 \tag{4.288}$$

因 ${}^3n_4$ 和 ${}^4n_5$ 相互独立，由式(4.275)可知，${}^3\mathrm{E}_5$ 必存在。显然，${}_{4}\mathrm{K}_4^{-1}$ 由 ${}^3n_4$ 和 ${}^4n_5$ 唯一确定。将式(4.287)和式(4.279)代入式(4.286)得

$$\begin{bmatrix} 1 & \tau_4 & \tau_5 & \tau_4\tau_5 \end{bmatrix}^{\mathrm{T}} = \left(1 - \tau_4\tau_5 \cdot {}^3n_4^{\mathrm{T}} \cdot {}^4n_5\right) \cdot \begin{bmatrix} 1 + {}^3n_4^{\mathrm{T}} \cdot {}^4n_5 \cdot {}^3\mathrm{E}_5^{[3][*]} \cdot {}_{d}^{3}\tau_5 \\ {}^3\mathrm{E}_5 \cdot {}_{d}^{3}\tau_5 \end{bmatrix} \tag{4.289}$$

若$1 + {}^3n_4^{\mathrm{T}} \cdot {}^4n_5 \cdot {}^3\mathrm{E}_5^{[3][*]} \cdot {}_{d}^{3}\tau_5 \neq 0$，由式(4.289)第一行得

$$ \tau_4\tau_5 = \frac{{}^3\mathrm{E}_5^{[3][*]} \cdot {}_{d}^{3}\tau_5}{1 + {}^3n_4^{\mathrm{T}} \cdot {}^4n_5 \cdot {}^3\mathrm{E}_5^{[3][*]} \cdot {}_{d}^{3}\tau_5} \tag{4.290}$$

将式(4.290)代入式(4.289)得

$$\begin{bmatrix} 1 & \tau_4 & \tau_5 & \tau_4\tau_5 \end{bmatrix}^{\mathrm{T}} = \frac{1}{1 + {}^3n_4^{\mathrm{T}} \cdot {}^4n_5 \cdot {}^3\mathrm{E}_5^{[3][*]} \cdot {}_{d}^{3}\tau_5} \cdot \begin{bmatrix} 1 + {}^3n_4^{\mathrm{T}} \cdot {}^4n_5 \cdot {}^3\mathrm{E}_5^{[3][*]} \cdot {}_{d}^{3}\tau_5 \\ {}^3\mathrm{E}_5 \cdot {}_{d}^{3}\tau_5 \end{bmatrix} \tag{4.291}$$

由式(4.284)和式(4.291)可知两种原理等价。由式(4.291)第二、三行得

$$ \tau_4 = \frac{{}^3\mathrm{E}_5^{[1][*]} \cdot {}_{d}^{3}\tau_5}{1 + {}^3n_4^{\mathrm{T}} \cdot {}^4n_5 \cdot {}^3\mathrm{E}_5^{[3][*]} \cdot {}_{d}^{3}\tau_5},\quad \tau_5 = \frac{{}^3\mathrm{E}_5^{[2][*]} \cdot {}_{d}^{3}\tau_5}{1 + {}^3n_4^{\mathrm{T}} \cdot {}^4n_5 \cdot {}^3\mathrm{E}_5^{[3][*]} \cdot {}_{d}^{3}\tau_5} \tag{4.292}$$

由式(4.292)可知式(4.274)成立。证毕。

【示例 4.17】 继示例 4.16，考虑转动链 ${}^{i}\mathbf{1}_{6}$，且有 ${}^{3}n_{4}=\mathbf{1}^{[x]}$，${}^{4}n_{5}=\mathbf{1}^{[y]}$，由式(4.275)得 ${}^{3}\mathrm{E}_{5}=\mathbf{1}$。由式(4.274)得

若 ${}^{3|5}_{d}n_{6}=\mathbf{1}^{[x]},{}^{5}n_{6}=\mathbf{1}^{[z]}$，则 ${}^{3}_{d}\tau_{5}=\mathbf{1}^{[y]},\phi_{4}^{3}=0,\phi_{5}^{4}=0.5\pi$；

若 ${}^{3|5}_{d}n_{6}=\mathbf{1}^{[y]},{}^{5}n_{6}=\mathbf{1}^{[z]}$，则 ${}^{3}_{d}\tau_{5}=-\mathbf{1}^{[x]},\phi_{4}^{3}=-0.5\pi,\phi_{5}^{4}=0$；

若 ${}^{3|5}_{d}n_{6}=\mathbf{1}^{[z]},{}^{5}n_{6}=\mathbf{1}^{[x]}$，则 ${}^{3}_{d}\tau_{5}=-\mathbf{1}^{[y]},\phi_{4}^{3}=0,\phi_{5}^{4}=-0.5\pi$；

若 ${}^{3|5}_{d}n_{6}=\mathbf{1}^{[y]},{}^{5}n_{6}=\mathbf{1}^{[x]}$，则 ${}^{3}_{d}\tau_{5}=\mathbf{1}^{[z]},\phi_{4}^{3}=\pm0.5\pi,\phi_{5}^{4}=\pm0.5\pi$；

若 ${}^{3|5}_{d}n_{6}^{\mathrm{T}}=\sqrt{3}/3\cdot\begin{bmatrix}1&1&1\end{bmatrix},{}^{5}n_{6}=\mathbf{1}^{[x]}$，则 ${}^{3}_{d}\tau_{5}^{\mathrm{T}}=\begin{bmatrix}0&0&-\sqrt{2\sqrt{3}-3}/2\end{bmatrix},\phi_{4}^{3}=0,\phi_{5}^{4}=0$。

定理 4.5 表明 DCM 至少存在一个与之等价的 Ju-Gibbs 四元数；定理 4.6 的证明过程表明 Ju-Gibbs 四元数与欧拉四元数同构；同时，式(4.21)表明以 Ju-Gibbs 四元数表示的类 DCM 与 DCM 同构。因此，应用 Ju-Gibbs 四元数可以完整表达机械臂两连杆的位姿关系。

4.8.2 Ju-Gibbs 四元数计算

首先简记相邻轴矢量间的运算：

$$
{}^{\bar{l}}n_{l}^{\perp}\triangleq{}^{\bar{\bar{l}}}\tilde{n}_{\bar{l}}\cdot{}^{\bar{l}}n_{l},\quad n_{l}^{\bar{l}:\mathrm{I}}\triangleq{}^{\bar{\bar{l}}}n_{\bar{l}}^{\mathrm{T}}\cdot{}^{\bar{l}}n_{l}
\tag{4.293}
$$

由式(4.11)得

$$
{}^{i}\tau_{3}=\begin{bmatrix}\mathbf{1}+\tau_{1}\cdot{}^{i}\tilde{n}_{1}&\tau_{1}\cdot{}^{i}n_{1}\\-\tau_{1}\cdot{}^{i}n_{1}^{\mathrm{T}}&1\end{bmatrix}\cdot\begin{bmatrix}\mathbf{1}+\tau_{2}\cdot{}^{1}\tilde{n}_{2}&\tau_{2}\cdot{}^{1}n_{2}\\-\tau_{2}\cdot{}^{1}n_{2}^{\mathrm{T}}&1\end{bmatrix}\cdot\begin{bmatrix}\tau_{3}\cdot{}^{2}n_{3}\\1\end{bmatrix}=\mathrm{N}\cdot\mathrm{T}
\tag{4.294}
$$

其中：

$$
\mathrm{N}=\begin{bmatrix}0_{3}&{}^{i}n_{1}&{}^{1}n_{2}&{}^{1}n_{2}^{\perp}&{}^{2}n_{3}&{}^{i}\tilde{n}_{1}\cdot{}^{2}n_{3}&{}^{2}n_{3}^{\perp}&{}^{i}\tilde{n}_{1}\cdot{}^{2}n_{3}^{\perp}-n_{3}^{2:\mathrm{I}}\cdot{}^{i}n_{1}\\1&0&0&-n_{2}^{1:\mathrm{I}}&0&-{}^{i}n_{1}^{\mathrm{T}}\cdot{}^{2}n_{3}&-n_{3}^{2:\mathrm{I}}&-{}^{i}n_{1}^{\mathrm{T}}\cdot{}^{2}n_{3}^{\perp}\end{bmatrix}
$$

$$
\boldsymbol{\tau}^{\mathrm{T}}=\begin{bmatrix}1&\tau_{1}&\tau_{2}&\tau_{2}\tau_{1}\end{bmatrix},\quad\mathrm{T}^{\mathrm{T}}=\begin{bmatrix}\boldsymbol{\tau}^{\mathrm{T}}&\tau_{3}\cdot\boldsymbol{\tau}^{\mathrm{T}}\end{bmatrix}
$$

同样，得

$$
\begin{gathered}
{}^{i}\tau_{4}=\mathrm{N}\cdot\mathrm{T}^{\mathrm{T}}+\mathrm{N}_{1}\cdot\mathrm{T}_{1}^{\mathrm{T}}+\mathrm{N}_{2}\cdot\mathrm{T}_{2}^{\mathrm{T}}\\
\mathrm{T}_{1}=\tau_{4}\cdot\boldsymbol{\tau}^{\mathrm{T}},\quad\mathrm{T}_{2}=\tau_{4}\cdot\tau_{3}\cdot\boldsymbol{\tau}^{\mathrm{T}}
\end{gathered}
\tag{4.295}
$$

其中：

$$
\mathrm{N}_{1}=\begin{bmatrix}{}^{3}n_{4}&{}^{i}\tilde{n}_{1}\cdot{}^{3}n_{4}&{}^{1}\tilde{n}_{2}\cdot{}^{3}n_{4}&\left({}^{i}\tilde{n}_{1}\cdot{}^{1}\tilde{n}_{2}-{}^{i}n_{1}\cdot{}^{1}n_{2}^{\mathrm{T}}\right)\cdot{}^{3}n_{4}\\0&-{}^{i}n_{1}^{\mathrm{T}}\cdot{}^{3}n_{4}&-{}^{1}n_{2}^{\mathrm{T}}\cdot{}^{3}n_{4}&-{}^{i}n_{1}^{\mathrm{T}}\cdot{}^{1}\tilde{n}_{2}\cdot{}^{3}n_{4}\end{bmatrix}
$$

$$\mathrm{N}_2 = \begin{bmatrix} {}^3n_4^{\perp} & \begin{matrix} {}^i\tilde{n}_1 \cdot {}^3n_4^{\perp} \\ \backslash - {}^in_1 \cdot n_4^{3:\mathrm{I}} \end{matrix} & \begin{matrix} {}^1\tilde{n}_2 \cdot {}^3n_4^{\perp} \\ \backslash - {}^1n_2 \cdot n_4^{3:\mathrm{I}} \end{matrix} & \begin{matrix} \left({}^i\tilde{n}_1 \cdot {}^1\tilde{n}_2 - {}^in_1 \cdot {}^1n_2^{\mathrm{T}}\right) \\ \backslash \cdot {}^3n_4^{\perp} - {}^1n_2^{\perp} \cdot n_4^{3:\mathrm{I}} \end{matrix} \\ -n_4^{3:\mathrm{I}} & -{}^in_1^{\mathrm{T}} \cdot {}^3n_4^{\perp} & -{}^1n_2^{\mathrm{T}} \cdot {}^3n_4^{\perp} & n_2^{1:\mathrm{I}} \cdot n_4^{3:\mathrm{I}} - {}^in_1^{\mathrm{T}} \cdot {}^1\tilde{n}_2 \cdot {}^3n_4^{\perp} \end{bmatrix}$$

由式(4.115)得

$$\overline{\tau}_{l|l} = 1,\quad \overline{\tau}_{l|l}^{:2} = y_l + \tau_l \tag{4.296}$$

式(4.294)和式(4.295)中的结构参数可提前计算，用于提高后续逆解计算的效率。

4.8.3 基于类 DCM 的 2R 方向逆解

对于 2R 轴链方向对齐，因 Ju-Gibbs 方向四元数不能全部表示，故定理 4.6 不能获得 2R 轴链方向对齐时的全部逆解，需要借助于类 DCM 才能解决这一问题，将其表述为定理 4.7。

定理 4.7　给定 6R 轴链 ${}^i\mathbf{l}_6 = \left(i, 1:6\right]$，轴矢量 ${}^3n_4$ 和 ${}^4n_5$，期望第 5 轴的 DCM 为 ${}^i_dQ_5$，期望第 3 轴的 DCM 为 ${}^i_dQ_3$，方向矢量 ${}^5u_6$ 与期望方向 ${}^{3|5}_{\ d}u_6$ 对齐的逆解需要满足：

$$\begin{aligned} {}_2\Theta_2\left(\tau_4\right) = {}&{}_9\mathrm{B}_2^{\mathrm{T}} \cdot {}_3\mathrm{N}_9^{\mathrm{T}} \cdot {}_3\mathrm{D}_3 \cdot {}_3\mathrm{N}_9 \cdot {}_9\mathrm{A}_3 \cdot \left[0_3 \quad \mathbf{1}^{[x]}\right] \\ &\backslash + {}_9\mathrm{C}_2^{\mathrm{T}} \cdot {}_3\mathrm{N}_9^{\mathrm{T}} \cdot {}_3\mathrm{D}_3 \cdot {}_3\mathrm{N}_9 \cdot {}_9\mathrm{A}_3 \cdot \left[\mathbf{1}^{[x]} \quad \mathbf{1}^{[y]}\right] \end{aligned} \tag{4.297}$$

其中：

$${}_3\mathrm{D}_3 = \begin{cases} \mathbf{1}^{[x]} \cdot \mathbf{1}^{[2]} - \mathbf{1}^{[y]} \cdot \mathbf{1}^{[1]} \\ \mathbf{1}^{[y]} \cdot \mathbf{1}^{[3]} - \mathbf{1}^{[z]} \cdot \mathbf{1}^{[2]} \\ \mathbf{1}^{[z]} \cdot \mathbf{1}^{[1]} - \mathbf{1}^{[x]} \cdot \mathbf{1}^{[3]} \end{cases} = -{}_3\mathrm{D}_3^{\mathrm{T}} \tag{4.298}$$

$${}_9\mathrm{A}_3 = \begin{bmatrix} 1 & 0 & 0 \\ \tau_4 & 0 & 0 \\ 0 & 1 & 0 \\ 0 & \tau_4 & 0 \\ \tau_4^{:2} & 0 & 0 \\ 0 & 0 & 1 \\ 0 & \tau_4^{:2} & 0 \\ 0 & 0 & \tau_4 \\ 0 & 0 & \tau_4^{:2} \end{bmatrix},\quad {}_9\mathrm{B}_2 = \begin{bmatrix} 0 & 0 \\ 0 & 0 \\ 1 & 0 \\ \tau_4 & 0 \\ 0 & 0 \\ 0 & 1 \\ \tau_4^{:2} & 0 \\ 0 & \tau_4 \\ 0 & \tau_4^{:2} \end{bmatrix},\quad {}_9\mathrm{C}_2 = \begin{bmatrix} 0 & 0 \\ 0 & 0 \\ 0 & 0 \\ 0 & 0 \\ 0 & 0 \\ 1 & 0 \\ 0 & 0 \\ \tau_4 & 0 \\ \tau_4^{:2} & 0 \end{bmatrix} \tag{4.299}$$

$${}^{3|5}_{\ d}u_6 = {}^3_dQ_5 \cdot {}^5r_6 = {}^3Q_4 \cdot {}^4Q_5 \cdot {}^5u_6 \tag{4.300}$$

$$
\begin{aligned}
&\bar{\boldsymbol{F}}_{2|2} = {}_3\mathrm{N}_9 \cdot \mathrm{T} = 0_3 \\
&{}_3\mathrm{N}_9 = \begin{bmatrix} {}^5u_6 - {}^{3|5}_{d}u_6 & 2 \cdot {}^3\tilde{n}_4 \cdot {}^5u_6 & 2 \cdot {}^5u_6^{\perp} \\ 4 \cdot {}^3\tilde{n}_4 \cdot {}^5u_6^{\perp} & {}^3\mathrm{N}_4 \cdot {}^5u_6 - {}^{3|5}_{d}u_6 & {}^5u_6^{\circ} - {}^{3|5}_{d}u_6 \\ 2 \cdot {}^3\mathrm{N}_4 \cdot {}^5u_6^{\perp} & 2 \cdot {}^3\tilde{n}_4 \cdot {}^5u_6^{\circ} & {}^3\mathrm{N}_4 \cdot {}^5u_6^{\circ} - {}^{3|5}_{d}u_6 \end{bmatrix} \\
&\mathrm{T}^{\mathrm{T}} = \begin{bmatrix} 1 & \tau_4 & \tau_5 & \tau_4\tau_5 & \tau_4^{:2} & \tau_5^{:2} & \tau_4^{:2}\tau_5 & \tau_4\tau_5^{:2} & \tau_4^{:2}\tau_5^{:2} \end{bmatrix}
\end{aligned}
\tag{4.301}
$$

【证明】 方向矢量 ${}^5u_6$ 需满足式(4.300)，则与期望方向 ${}^{3|5}_{d}u_6$ 对齐。由式(4.18)，得到

$$
\boldsymbol{\tau}_4^3 \cdot \boldsymbol{\tau}_5^4 \cdot {}^{3|5}_{d}u_6 = {}^3\boldsymbol{Q}_4 \cdot {}^4\boldsymbol{Q}_5 \cdot {}^5u_6
$$

由式(4.301)及上式，得

$$
\begin{cases} \mathrm{T}^{\mathrm{T}} = \begin{bmatrix} 1 & \tau_5 & \tau_5^{:2} \end{bmatrix} \cdot {}_9\mathrm{A}_3^{\mathrm{T}} \\ \bar{\mathrm{T}}_{2|2} = \left({}_9\mathrm{B}_2 + \tau_5 \cdot {}_9\mathrm{C}_2 \right) \cdot \begin{bmatrix} 1 & y_5 \end{bmatrix}^{\mathrm{T}} \end{cases}
\tag{4.302}
$$

由式(4.301)及式(4.302)得以下 Dixon 行列式：

$$
\begin{aligned}
\left[\!\left[\bar{\boldsymbol{F}}_{2|2} \right]\!\right] &= \left[\!\left[\begin{matrix} \mathbf{1}^{[1]} \cdot {}_3\mathrm{N}_9 \cdot \mathrm{T} & \mathbf{1}^{[1]} \cdot {}_3\mathrm{N}_9 \cdot \bar{\mathrm{T}}_{2|2} \\ \mathbf{1}^{[2]} \cdot {}_3\mathrm{N}_9 \cdot \mathrm{T} & \mathbf{1}^{[2]} \cdot {}_3\mathrm{N}_9 \cdot \bar{\mathrm{T}}_{2|2} \end{matrix} \right]\!\right] \\
&= \mathrm{T}^{\mathrm{T}} \cdot {}_3\mathrm{N}_9^{\mathrm{T}} \cdot \left(\mathbf{1}^{[x]} \cdot \mathbf{1}^{[2]} - \mathbf{1}^{[y]} \cdot \mathbf{1}^{[1]} \right) \cdot {}_3\mathrm{N}_9 \cdot \bar{\mathrm{T}}_{2|2} \\
&= \begin{bmatrix} 1 & \tau_5 & \tau_5^{:2} \end{bmatrix} \cdot {}_9\mathrm{A}_3^{\mathrm{T}} \cdot {}_3\mathrm{N}_9^{\mathrm{T}} \cdot \left(\mathbf{1}^{[x]} \cdot \mathbf{1}^{[2]} - \mathbf{1}^{[y]} \cdot \mathbf{1}^{[1]} \right) \cdot {}_3\mathrm{N}_9 \cdot {}_9\mathrm{B}_2 \cdot \begin{bmatrix} 1 & y_5 \end{bmatrix}^{\mathrm{T}} \\
&\quad + \begin{bmatrix} \tau_5 & \tau_5^{:2} & \tau_5^{:3} \end{bmatrix} \cdot {}_9\mathrm{A}_3^{\mathrm{T}} \cdot {}_3\mathrm{N}_9^{\mathrm{T}} \cdot \left(\mathbf{1}^{[x]} \cdot \mathbf{1}^{[2]} - \mathbf{1}^{[y]} \cdot \mathbf{1}^{[1]} \right) \cdot {}_3\mathrm{N}_9 \cdot {}_9\mathrm{C}_2 \cdot \begin{bmatrix} 1 & y_5 \end{bmatrix}^{\mathrm{T}} \\
&= \begin{bmatrix} 1 & \tau_5 & \tau_5^{:2} \end{bmatrix} \cdot {}_9\mathrm{A}_3^{\mathrm{T}} \cdot {}_3\mathrm{N}_9^{\mathrm{T}} \cdot \mathrm{D}_{3\times3} \cdot {}_3\mathrm{N}_9 \cdot {}_9\mathrm{B}_2 \cdot \begin{bmatrix} 1 & y_5 \end{bmatrix}^{\mathrm{T}} \\
&\quad + \begin{bmatrix} 1 & \tau_5 & \tau_5^{:2} \end{bmatrix} \cdot {}_9\mathrm{A}_3^{\mathrm{T}} \cdot {}_3\mathrm{N}_9^{\mathrm{T}} \cdot \mathrm{D}_{3\times3} \cdot {}_3\mathrm{N}_9 \cdot {}_9\mathrm{C}_2 \cdot \begin{bmatrix} 1 & y_5 \end{bmatrix}^{\mathrm{T}}
\end{aligned}
$$

由上式得式(4.297)。证毕。

【示例 4. 18】 给定 ${}^3n_4 = \mathbf{1}^{[x]}$，${}^4n_5 = \mathbf{1}^{[y]}$ 及 ${}^5u_6 = \mathbf{1}^{[x]}$，有：

若 $ {}^{3|5}_{d}u_6 = \begin{bmatrix} 0.939693 \\ 0.17101 \\ -0.296198 \end{bmatrix}$，则 $\begin{cases} \tau_4^{[1]} = -3.732051, & \tau_5^{[1]} = -0.176327 \\ \tau_4^{[2]} = 0.267949, & \tau_5^{[2]} = 0.176327 \end{cases}$；

若 $ {}^{3|5}_{d}u_6 = \begin{bmatrix} 0.998536 \\ 0.034689 \\ -0.041492 \end{bmatrix}$，则 $\begin{cases} \tau_4^{[1]} = -2.755174, & \tau_5^{[1]} = -0.027061 \\ \tau_4^{[2]} = -0.362953, & \tau_5^{[2]} = 0.027061 \end{cases}$；

若 ${}^{3|5}_{d}u_6 = \begin{bmatrix} 0.907709 \\ 0.321394 \\ -0.26976 \end{bmatrix}$，则 $\begin{cases} \tau_4^{[1]} = -2.144908,\ \tau_5^{[1]} = -0.21995 \\ \tau_4^{[2]} = 0.46622,\ \tau_5^{[2]} = 0.21995 \end{cases}$。

4.8.4 通用 5R 机械臂逆解

1.通用 5R 机械臂逆运动学建模

给定转动链 ${}^{i}\mathbf{1}_5$，期望规范 Ju-Gibbs 四元数 ${}^{i}_{d}\tau_5$ 和期望位置矢量 ${}^{i}_{d}r_{5P}$。因 ${}^{i}_{d}\tau_5 = {}^{i}\tau_5$，故

$$ {}^{i}_{d}\tau_5 = {}^{i}\tau_5,\quad {}_{d}\boldsymbol{\tau}_5^{i} = \boldsymbol{\tau}_5^{i} \tag{4.303} $$

由上式得

$$ \begin{cases} {}^{i}_{d}\tau_5^{[1]} \cdot {}^{i}\tau_5^{[2]} = {}^{i}\tau_5^{[1]} \cdot {}^{i}_{d}\tau_5^{[2]} \\ {}^{i}_{d}\tau_5^{[2]} \cdot {}^{i}\tau_5^{[3]} = {}^{i}\tau_5^{[2]} \cdot {}^{i}_{d}\tau_5^{[3]} \end{cases} \tag{4.304} $$

矢量多项式系统表示为

$$ \begin{cases} \boldsymbol{f}_5^{[1:3]} = \sum\limits_{l}^{{}^{i}\mathbf{1}_{5P}} \left(\boldsymbol{\tau}_4^{\bar{l}} \cdot {}^{i}\boldsymbol{Q}_{\bar{l}} \cdot {}^{\bar{l}}l_l \right) - {}_{d}\boldsymbol{\tau}_5^{i} \cdot {}^{i}_{d}r_{5P} = 0_3 \\ \boldsymbol{f}_5^{[4]} = {}^{i}_{d}\tau_5^{[1]} \cdot {}^{i}\tau_5^{[2]} - {}^{i}\tau_5^{[1]} \cdot {}^{i}_{d}\tau_5^{[2]} = 0 \\ \boldsymbol{f}_5^{[5]} = {}^{i}_{d}\tau_5^{[2]} \cdot {}^{i}\tau_5^{[3]} - {}^{i}\tau_5^{[2]} \cdot {}^{i}_{d}\tau_5^{[3]} = 0 \end{cases} \tag{4.305} $$

子方程 $\boldsymbol{f}_5^{[4:5]}$ 用于方向对齐，是多重线性方程。位置方程 $\boldsymbol{f}_5^{[1:3]}$ 是二阶多项式方程。

2.半通用 5R 机械臂逆运动学建模

给定转动链 ${}^{i}\mathbf{1}_4$，期望 Ju-Gibbs 四元数 ${}^{i}_{d}\tau_4$ 和期望位置矢量 ${}^{i}_{d}r_{4P}$，矢量多项式方程表示为

$$ \begin{cases} \boldsymbol{f}_4^{[1:3]} = \sum\limits_{l}^{{}^{i}\mathbf{1}_{4P}} \left(\boldsymbol{\tau}_4^{\bar{l}} \cdot {}^{1}\boldsymbol{Q}_{\bar{l}} \cdot {}^{\bar{l}}l_l \right) - {}_{d}\boldsymbol{\tau}_4^{i} \cdot {}^{i}_{d}r_{4P} = 0_3 \\ \boldsymbol{f}_4^{[4]} = {}^{i}\tau_5^{[1]:2} + {}^{i}\tau_5^{[2]:2} + {}^{i}\tau_4^{[3]:2} - {}^{i}\tau_4^{[4]:2} \cdot \left({}_{d}\boldsymbol{\tau}_4^{i} - 1 \right) = 0 \end{cases} \tag{4.306} $$

显然，式(4.305)和式(4.306)为二阶多项式系统。

3.通用 5R 机械臂逆解示例

本书作者应用矢量多项式系统的 Dixon 最优消元原理，开发了矢量多项式系统求解软件。在主频为 2.8 GHz 的便携式计算机上，通用 6R 机械臂逆解需耗时 56 ms。在工程应用时可以通过 CMP、GPU 或 FPGA 加速，以保证计算的实时性。

【示例 4.19】 一款通用 5R 机械臂结构参数如表 4-5 所示。

表 4-5　通用 5R 机械臂结构参数

轴	#1	#2	#3	#4	#5	#6
$^{\bar{l}}n_l$	$\mathbf{1}^{[z]}$	$\mathbf{1}^{[y]}$	$\mathbf{1}^{[y]}$	$\mathbf{1}^{[x]}$	$\mathbf{1}^{[y]}$	$\mathbf{1}^{[x]}$
$^{\bar{l}}l_l$ /m	$\begin{bmatrix}0.0\\0.0\\0.0\end{bmatrix}$	$\begin{bmatrix}0\\0.045\\0.089\end{bmatrix}$	$\begin{bmatrix}0\\-0.045\\0.444\end{bmatrix}$	$\begin{bmatrix}0.518\\-0.050\\0.006\end{bmatrix}$	$\begin{bmatrix}0.035\\0.02\\0.02\end{bmatrix}$	$\begin{bmatrix}0.01\\-0.01\\0.01\end{bmatrix}$

该 5R 机械臂部分逆解示例如表 4-6 所示。

表 4-6　通用 5R 机械臂部分逆解示例

序号	$^{i}_{d}r_6$/m	$^{i}_{d}\lambda_6$	$\left[\phi_1^i,\phi_2^1,\phi_3^2,\phi_4^3,\phi_5^4\right]$/(°)
1	[0.376229, 0.108865, 0.512837]	[0.215355, 0.319277, 0.096235, 0.917836]	[22.0000000000, −22.0000000000, 22.0000000055, 0.0000002182, 32.9999999593]
2	[0.272355, 0.207403, −0.146790]	[−0.182942, 0.826139, −0.052326, 0.530366]	[44.0000000000, 44.0000000000, 44.0000000019, 0.0000000747, 32.9999999861]

4.8.5 通用 5R 机械臂逆解定理

式(4.305)和式(4.306)中变量多且阶次高，导致求解复杂度很高，难以实时应用。本节提出通用机械臂逆解定理，并给出证明。该定理将应用于半通用机械臂与解耦机械臂逆解原理分析。

1.通用机械臂逆解定理预备定理

定理 4.8　给定转动链 $^{i}\mathbf{1}_6$，$^{i}l_1 = 0_3$，期望位置记为 $^{i}_{d}r_6$，期望姿态记为 $^{i}_{d}\tau_5$，则基于轴不变量的位置对齐方程为

$$
\begin{aligned}
\boldsymbol{f}_5^{[1:3]} = {} & \boldsymbol{\tau}_1^i \cdot \left({}^3\boldsymbol{Q}_1 \cdot {}^1l_2 + \boldsymbol{\tau}_2^1 \cdot {}^3\boldsymbol{Q}_2 \cdot {}^2l_3 \right) - {}^3\boldsymbol{Q}_i \cdot {}^i_d r_6 \\
& + \frac{\boldsymbol{\tau}_3^i}{\boldsymbol{\tau}_5^3} \cdot
\begin{pmatrix}
\left({}^3l_4 + {}^4l_5 + {}^5l_6 \right) + 2 \cdot \tau_5 \cdot {}^5l_6^{\perp} \\
+ 2 \cdot \tau_4 \cdot \left({}^4l_5^{\perp} + {}^3\tilde{n}_4 \cdot {}^5l_6 \right) \\
+ 4 \cdot \tau_4 \cdot \tau_5 \cdot {}^3\tilde{n}_4 \cdot {}^5l_6^{\perp} \\
+ 2 \cdot \tau_4^{:2} \cdot \tau_5 \cdot {}^3\mathrm{N}_4 \cdot {}^5l_6^{\perp} \\
+ 2 \cdot \tau_4 \cdot \tau_5^{:2} \cdot \left({}^4l_5^{\perp} + {}^3\tilde{n}_4 \cdot {}^5l_6^{\circ} \right) \\
+ \tau_5^{:2} \cdot \left({}^3l_4 + {}^4l_5 + {}^5l_6^{\circ} \right) \\
+ \tau_4^{:2} \cdot \left({}^3l_4 + {}^4l_5^{\circ} + {}^3\mathrm{N}_4 \cdot {}^5l_6 \right) \\
+ \tau_4^{:2} \cdot \tau_5^{:2} \cdot \left({}^3l_4 + {}^4l_5^{\circ} + {}^3\mathrm{N}_4 \cdot {}^5l_6^{\circ} \right)
\end{pmatrix} = 0_3
\end{aligned}
\tag{4.307}
$$

方向对齐方程表示为

$$\begin{cases} \boldsymbol{f}_5^{[4]} = \left(\tau_4 \cdot \underset{\cdot}{C}_{[1]} - \underset{\cdot}{C}_{[2]}\right) \cdot {}^i\underset{\cdot}{\tau}_3 = 0 \\ \boldsymbol{f}_5^{[5]} = \left(\tau_5 \cdot \underset{\cdot}{C}_{[1]} - \underset{\cdot}{C}_{[3]}\right) \cdot {}^i\underset{\cdot}{\tau}_3 = 0 \end{cases} \tag{4.308}$$

其中：$\underset{\cdot}{C}_{[k]}$ 表示 $\underset{\cdot}{C}$ 的第 k 行。

$$\begin{cases} \alpha_5^4 = {}^3n_4^{\mathrm{T}} \cdot {}^4n_5, \quad {}_d\boldsymbol{\tau}_5^i = 1 + {}_d^i\tau_5^{:2} \\ \boldsymbol{\tau}_1^i = 1 + \tau_1^{:2}, \quad \boldsymbol{\tau}_2^1 = 1 + \tau_2^{:2}, \quad \boldsymbol{\tau}_3^2 = 1 + \tau_3^{:2}, \quad \boldsymbol{\tau}_4^3 = 1 + \tau_4^{:2} \\ \boldsymbol{\tau}_5^4 = 1 + \tau_5^{:2}, \quad \boldsymbol{\tau}_3^i = \boldsymbol{\tau}_1^i \cdot \boldsymbol{\tau}_2^1 \cdot \boldsymbol{\tau}_3^2, \quad \boldsymbol{\tau}_5^3 = \boldsymbol{\tau}_4^3 \cdot \boldsymbol{\tau}_5^4 \end{cases} \tag{4.309}$$

结构参数矩阵表示为

$$\underset{\cdot}{C} = \begin{bmatrix} \alpha_5^4 \cdot \mathbf{1}^{[3]} \cdot {}^3\mathrm{E}_5 & 1 \\ {}^3\mathrm{E}_5 & 0_3 \end{bmatrix} \cdot \begin{bmatrix} {}_d^i\tilde{\tau}_5 - \mathbf{1} & {}_d^i\tau_5 \\ {}_d^i\tau_5^{\mathrm{T}} & 1 \end{bmatrix} \tag{4.310}$$

$$^3\mathrm{E}_5 = \begin{bmatrix} {}^3n_4 & {}^4n_5 & {}^3\tilde{n}_4 \cdot {}^4n_5 \end{bmatrix}^{-1} \tag{4.311}$$

【证明】 令 ${}^i\underset{\cdot}{\tau}_5$ 与期望姿态 ${}_d^i\underset{\cdot}{\tau}_5$ 对齐。由式(4.47)和式(4.17)得姿态对齐方程：

$$^i\underset{\cdot}{\tau}_3 * {}^3\underset{\cdot}{\tau}_5 = {}^i\underset{\cdot}{\tau}_5^{[4]} \cdot {}_d^i\underset{\cdot}{\tau}_5 \tag{4.312}$$

由式(4.13)和式(4.312)得

$$^i\underset{\cdot}{\tau}_5^{[4]:2} = \frac{\boldsymbol{\tau}_3^i \cdot \boldsymbol{\tau}_5^3}{{}_d\boldsymbol{\tau}_5^i} \tag{4.313}$$

且

$$\boldsymbol{\tau}_3^i \cdot {}^3\underset{\cdot}{\tau}_5 = {}^i\underset{\cdot}{\tau}_5^{[4]} \cdot {}^i\underset{\cdot}{\tilde{\tau}}_3^* \cdot {}_d^i\underset{\cdot}{\tau}_5 \tag{4.314}$$

由式(4.11)及式(4.314)得式(4.309)。由式(4.314)得

$$\begin{aligned} \boldsymbol{\tau}_3^i \cdot {}^3\underset{\cdot}{\tau}_5 &= {}^i\underset{\cdot}{\tau}_5^{[4]} \cdot \begin{bmatrix} {}^i\underset{\cdot}{\tau}_3^{[4]} \cdot {}_d^i\tau_5 + \left({}_d^i\tilde{\tau}_5 - \mathbf{1}\right) \cdot {}^i\underset{\cdot}{\tau}_3 \\ {}^i\underset{\cdot}{\tau}_3^{[4]} + {}_d^i\tau_5^{\mathrm{T}} \cdot {}^i\underset{\cdot}{\tau}_3 \end{bmatrix} \\ &= {}^i\underset{\cdot}{\tau}_5^{[4]} \cdot \begin{bmatrix} {}_d^i\tilde{\tau}_5 - \mathbf{1} & {}_d^i\tau_5 \\ {}_d^i\tau_5^{\mathrm{T}} & 1 \end{bmatrix} \cdot {}^i\underset{\cdot}{\tau}_3 \end{aligned} \tag{4.315}$$

考虑式(4.309)的第一个子方程，由式(4.12)得

$$\begin{aligned} {}^3\underset{\cdot}{\tau}_5 &= \begin{bmatrix} \tau_4 \cdot {}^3n_4 + \tau_5 \cdot {}^4n_5 + \tau_4 \cdot \tau_5 \cdot {}^3\tilde{n}_4 \cdot {}^4n_5 \\ 1 - \tau_4 \cdot \tau_5 \cdot \alpha_5^4 \end{bmatrix} \\ &= {}_4\mathrm{K}_4 \cdot \begin{bmatrix} 1 & \tau_4 & \tau_5 & \tau_4 \cdot \tau_5 \end{bmatrix}^{\mathrm{T}} \end{aligned} \tag{4.316}$$

其中：

$$
{}_4\mathrm{K}_4=\begin{bmatrix}0_3 & {}^3n_4 & {}^4n_5 & {}^3\tilde{n}_4\cdot{}^4n_5\\ 1 & 0 & 0 & -\alpha_5^4\end{bmatrix}=\begin{bmatrix}0_3 & {}^3\mathrm{E}_5^{:-1}\\ 1 & -\alpha_5^4\cdot\mathbf{1}^{[3]}\end{bmatrix}\tag{4.317}
$$

由式(4.315)及式(4.316)得

$$
\boldsymbol{\tau}_3^i\cdot\begin{bmatrix}1 & \tau_4 & \tau_5 & \tau_4\cdot\tau_5\end{bmatrix}^{\mathrm{T}}={}^i\underset{\cdot}{\tau}_5^{[4]}\cdot{}_4\mathrm{K}_4^{-1}\cdot\begin{bmatrix}{}_d^i\tilde{\tau}_5-\mathbf{1} & {}_d^i\tau_5\\ {}_d^i\tau_5^{\mathrm{T}} & 1\end{bmatrix}\cdot{}^i\underset{\cdot}{\tau}_3\tag{4.318}
$$

由式(4.259)得

$$
{}_4\mathrm{K}_4^{-1}=\begin{bmatrix}\alpha_5^4\cdot\mathbf{1}^{[3]}\cdot{}^3\mathrm{E}_5 & 1\\ {}^3\mathrm{E}_5 & 0_3\end{bmatrix}\tag{4.319}
$$

由式(4.311)知，存在${}^3\mathrm{E}_5$。若$\alpha_5^4\neq 1$，则$\mathrm{Det}\left({}^3\mathrm{E}_5^{:-1}\right)=1$。若${}^3n_4\perp{}^4n_5$，则${}^3\mathrm{E}_5^{:-1}={}^3\mathrm{E}_5^{\mathrm{T}}$。将式(4.319)代入式(4.315)，得

$$
\boldsymbol{\tau}_3^i\cdot\begin{bmatrix}1 & \tau_4 & \tau_5 & \tau_4\cdot\tau_5\end{bmatrix}^{\mathrm{T}}={}^i\underset{\cdot}{\tau}_5^{[4]}\cdot\underset{\cdot}{\mathrm{C}}\cdot{}^i\underset{\cdot}{\tau}_3\tag{4.320}
$$

其中：

$$
\underset{\cdot}{\mathrm{C}}=\begin{bmatrix}\alpha_5^4\cdot\mathbf{1}^{[3]}\cdot{}^3\mathrm{E}_5 & 1\\ {}^3\mathrm{E}_5 & 0_3\end{bmatrix}\cdot\begin{bmatrix}{}_d^i\tilde{\tau}_5-\mathbf{1} & {}_d^i\tau_5\\ {}_d^i\tau_5^{\mathrm{T}} & 1\end{bmatrix}\tag{4.321}
$$

C 为结构常数矩阵。由式(4.321)知式(4.310)成立。由式(4.310)及式(4.320)得

$$
\underset{\cdot}{\boldsymbol{\tau}}_3^i={}^i\underset{\cdot}{\tau}_5^{[4]}\cdot\underset{\cdot}{\mathrm{C}}_{[1]}\cdot{}^i\underset{\cdot}{\tau}_3\tag{4.322}
$$

且

$$
\begin{cases}\underset{\cdot}{\boldsymbol{\tau}}_3^i\cdot\tau_4={}^i\underset{\cdot}{\tau}_5^{[4]}\cdot\underset{\cdot}{\mathrm{C}}_{[2]}\cdot{}^i\underset{\cdot}{\tau}_3\\ \underset{\cdot}{\boldsymbol{\tau}}_3^i\cdot\tau_5={}^i\underset{\cdot}{\tau}_5^{[4]}\cdot\underset{\cdot}{\mathrm{C}}_{[3]}\cdot{}^i\underset{\cdot}{\tau}_3\\ \underset{\cdot}{\boldsymbol{\tau}}_3^i\cdot\tau_4\cdot\tau_5={}^i\underset{\cdot}{\tau}_5^{[4]}\cdot\underset{\cdot}{\mathrm{C}}_{[4]}\cdot{}^i\underset{\cdot}{\tau}_3\end{cases}\tag{4.323}
$$

由式(4.322)和式(4.323)得式(4.308)。

以下证明位置对齐方程。由于${}^il_1=0_3$，位置对齐方程表示为

$$
{}^1Q_i\cdot{}_d^ir_6-{}^1r_3={}^1Q_3\cdot\sum_l^{[3:6]}\left({}^3Q_{\bar{l}}\cdot{}^{\bar{l}}l_l\right)\tag{4.324}
$$

由式(4.3)及式(4.324)得

$$
\begin{aligned}&\boldsymbol{\tau}_5^3\cdot{}^3\boldsymbol{Q}_1\cdot\left(\boldsymbol{\tau}_1^i\cdot\boldsymbol{\tau}_3^1\cdot{}^1\boldsymbol{Q}_i\cdot{}_d^ir_6-\boldsymbol{\tau}_1^{i:2}\cdot\boldsymbol{\tau}_3^2\cdot\sum_l^{[1:3]}\left(\boldsymbol{\tau}_2^{\bar{l}}\cdot{}^1\boldsymbol{Q}_{\bar{l}}\cdot{}^{\bar{l}}l_l\right)\right)\\&=\boldsymbol{\tau}_1^{i:2}\cdot\boldsymbol{\tau}_3^{1:2}\cdot\sum_l^{[3:6]}\left(\boldsymbol{\tau}_5^{\bar{l}}\cdot{}^3\boldsymbol{Q}_{\bar{l}}\cdot{}^{\bar{l}}l_l\right)\end{aligned}\tag{4.325}
$$

即基于轴不变量的对齐方程表示为

$$\boldsymbol{\tau}_3^i \cdot \boldsymbol{\tau}_5^3 \cdot {}^3\boldsymbol{Q}_1 \cdot \begin{pmatrix} \boldsymbol{\tau}_3^i \cdot {}^1\boldsymbol{Q}_i \cdot {}_d^i r_6 - \boldsymbol{\tau}_1^{i:2} \cdot \backslash \\ \boldsymbol{\tau}_3^2 \cdot \sum_l^{[1:3]} \left(\boldsymbol{\tau}_2^{\bar{l}} \cdot {}^1\boldsymbol{Q}_{\bar{l}} \cdot {}^{\bar{l}} l_l \right) \end{pmatrix} = \boldsymbol{\tau}_3^{i:3} \cdot \sum_l^{[3:6]} \left(\boldsymbol{\tau}_5^{\bar{l}} \cdot {}^3\boldsymbol{Q}_{\bar{l}} \cdot {}^{\bar{l}} l_l \right) \tag{4.326}$$

显然，

$$\begin{aligned} & \boldsymbol{\tau}_1^{i:2} \cdot \boldsymbol{\tau}_3^2 \cdot {}^3\boldsymbol{Q}_1 \cdot \sum_l^{[1:3]} \left(\boldsymbol{\tau}_2^{\bar{l}} \cdot {}^1\boldsymbol{Q}_{\bar{l}} \cdot {}^{\bar{l}} l_l \right) \\ & = \boldsymbol{\tau}_1^i \cdot \left(\boldsymbol{\tau}_1^i \cdot \boldsymbol{\tau}_2^1 \cdot \boldsymbol{\tau}_3^2 \cdot {}^3\boldsymbol{Q}_1 \cdot {}^1 l_2 + \boldsymbol{\tau}_1^i \cdot \boldsymbol{\tau}_2^{1:2} \cdot {}^3\boldsymbol{Q}_2 \cdot \boldsymbol{\tau}_3^2 \cdot {}^2 l_3 \right) \\ & = \boldsymbol{\tau}_1^i \cdot \boldsymbol{\tau}_3^i \cdot \left({}^3\boldsymbol{Q}_1 \cdot {}^1 l_2 + \boldsymbol{\tau}_2^1 \cdot {}^3\boldsymbol{Q}_2 \cdot {}^2 l_3 \right) \end{aligned} \tag{4.327}$$

由式(4.13)及式(4.327)得

$$\begin{aligned} & \boldsymbol{\tau}_5^3 \cdot {}^3\boldsymbol{Q}_1 \cdot \left(\boldsymbol{\tau}_3^i \cdot {}^1\boldsymbol{Q}_i \cdot {}_d^i r_6 - \boldsymbol{\tau}_1^{i:2} \cdot \boldsymbol{\tau}_3^2 \cdot \sum_l^{[1:3]} \left(\boldsymbol{\tau}_2^{\bar{l}} \cdot {}^1\boldsymbol{Q}_{\bar{l}} \cdot {}^{\bar{l}} l_l \right) \right) \\ & = \boldsymbol{\tau}_5^3 \cdot \begin{pmatrix} \boldsymbol{\tau}_3^i \cdot {}^3\boldsymbol{Q}_1 \cdot {}^1\boldsymbol{Q}_i \cdot {}_d^i r_6 - \boldsymbol{\tau}_2^1 \cdot \boldsymbol{\tau}_1^{i:2} \cdot \boldsymbol{\tau}_3^2 \cdot {}^3\boldsymbol{Q}_1 \cdot {}^1 l_2 \\ \backslash - \boldsymbol{\tau}_1^{i:2} \cdot \boldsymbol{\tau}_3^2 \cdot {}^3\boldsymbol{Q}_1 \cdot {}^1\boldsymbol{Q}_2 \cdot {}^2 l_3 \end{pmatrix} \\ & = \boldsymbol{\tau}_5^3 \cdot \begin{pmatrix} \boldsymbol{\tau}_3^i \cdot {}^3\boldsymbol{Q}_1 \cdot {}^1\boldsymbol{Q}_i \cdot {}_d^i r_6 - \boldsymbol{\tau}_1^{i:2} \cdot \boldsymbol{\tau}_2^1 \cdot \boldsymbol{\tau}_3^2 \cdot {}^3\boldsymbol{Q}_1 \cdot {}^1 l_2 \\ \backslash - \boldsymbol{\tau}_1^{i:2} \cdot \boldsymbol{\tau}_2^{1:2} \cdot \boldsymbol{\tau}_3^2 \cdot {}^3\boldsymbol{Q}_2 \cdot {}^2 l_3 \end{pmatrix} \\ & = \boldsymbol{\tau}_3^i \cdot \boldsymbol{\tau}_5^3 \cdot \left({}^3\boldsymbol{Q}_1 \cdot {}^1\boldsymbol{Q}_i \cdot {}_d^i r_6 - \boldsymbol{\tau}_1^i \cdot {}^3\boldsymbol{Q}_1 \cdot {}^1 l_2 - \boldsymbol{\tau}_2^i \cdot {}^3\boldsymbol{Q}_2 \cdot {}^2 l_3 \right) \end{aligned} \tag{4.328}$$

由式(4.13)得

$$\begin{aligned} & \sum_l^{[3:6]} \left(\boldsymbol{\tau}_5^{\bar{l}} \cdot {}^3\boldsymbol{Q}_{\bar{l}} \cdot {}^{\bar{l}} l_l \right) = \boldsymbol{\tau}_5^3 \cdot {}^3 l_4 + \boldsymbol{\tau}_5^4 \cdot {}^3\boldsymbol{Q}_4 \cdot {}^4 l_5 + {}^3\boldsymbol{Q}_5 \cdot {}^5 l_6 \\ & = \left(1 + \tau_4^{:2} + \tau_5^{:2} \cdot \left(1 + \tau_5^{:2} \right) \right) \cdot {}^3 l_4 + \left(1 + \tau_5^{:2} \right) \cdot {}^3\boldsymbol{Q}_4 \cdot {}^4 l_5 + {}^3\boldsymbol{Q}_5 \cdot {}^5 l_6 \\ & = {}^3 l_4 + {}^4 l_5 + {}^5 l_6 + 2 \cdot \tau_5 \cdot {}^5 l_6^{\perp} \\ & \backslash + 2 \cdot \tau_4 \cdot \left({}^4 l_5^{\perp} + {}^3\tilde{n}_4 \cdot {}^5 l_6 \right) + 4 \cdot \tau_4 \cdot \tau_5 \cdot {}^3\tilde{n}_4 \cdot {}^5 l_6^{\perp} \\ & \backslash + 2 \cdot \tau_4^{:2} \cdot \tau_5 \cdot {}^3\mathrm{N}_4 \cdot {}^5 l_6^{\perp} + 2 \cdot \tau_4 \cdot \tau_5^{:2} \cdot \left({}^4 l_5^{\perp} + {}^3\tilde{n}_4 \cdot {}^5 l_6^{\circ} \right) \\ & \backslash + \tau_4^{:2} \cdot \left({}^3 l_4 + {}^4 l_5^{\circ} + {}^3\mathrm{N}_4 \cdot {}^5 l_6 \right) + \tau_5^{:2} \cdot \left({}^3 l_4 + {}^4 l_5 + {}^5 l_6^{\circ} \right) \\ & \backslash + \tau_4^{:2} \cdot \tau_5^{:2} \cdot \left({}^3 l_4 + {}^4 l_5^{\circ} + {}^3\mathrm{N}_4 \cdot {}^5 l_6^{\circ} \right) \end{aligned} \tag{4.329}$$

进一步，由式(4.326)、式(4.328)及式(4.329)，得式(4.307)。应用式(4.308)可以消去式(4.307)中变量$[\tau_4 : \tau_5]$，但必然导致$[\tau_1 : \tau_3]$阶次升高，显然不会降低逆解的计算复杂度。证毕。

2.结构参数矩阵的性质

方便起见，将式(4.307)至式(4.323)中的期望四元数 ${}_d^i\tau_5$ 替换为 ${}_d^i\lambda_5$，以获得相应方程。由于 ${}_d\boldsymbol{\tau}_5^i = 1 + {}_d\tau_5^{i:2}$ 且 ${}_d^i\tau_5 = {}_d\tau_5^i \cdot {}^i n_5$，因此

$$ {}^{i}_{d}\tau_5 = {}^{i}_{d}\lambda_5 \ / \ {}^{i}_{d}\dot{\lambda}_5^{[4]}, \quad {}^{i}_{d}\dot{\lambda}_5^{[4]} = 1 \ / \ {}_{d}\boldsymbol{\tau}_5^{i:1/2} \tag{4.330} $$

由式(4.313)及式(4.330)得 Ju-Gibbs 四元数的模不变性：

$$ \boldsymbol{\tau}_3^i \cdot \boldsymbol{\tau}_5^3 = {}_{d}\boldsymbol{\tau}_5^i \cdot {}^{i}\dot{\tau}_5^{[4]:2} = {}^{i}\dot{\tau}_5^{[4]:2} \ / \ {}^{i}_{d}\dot{\lambda}_5^{[4]:2} \tag{4.331} $$

由式(4.310)及式(4.330)得新的结构参数矩阵 $\underset{\cdot}{\mathrm{D}}$ ：

$$ {}_{d}\boldsymbol{\tau}_5^{i:1/2} \cdot \underset{\cdot}{\mathrm{D}} = {}_{d}\boldsymbol{\tau}_5^{i:1/2} \cdot {}^{i}_{d}\dot{\lambda}_5^{[4]} \cdot \underset{\cdot}{\mathrm{C}} = \underset{\cdot}{\mathrm{C}} \tag{4.332} $$

其中：

$$ \underset{\cdot}{\mathrm{D}} = \begin{bmatrix} \alpha_5^4 \cdot \mathbf{1}^{[3]} \cdot {}^{3}\mathrm{E}_5 & 1 \\ {}^{3}\mathrm{E}_5 & 0_3 \end{bmatrix} \cdot \begin{bmatrix} {}^{i}_{d}\tilde{\lambda}_5 - \mathbf{1} & {}^{i}_{d}\lambda_5 \\ {}^{i}_{d}\lambda_5^{\mathrm{T}} & {}^{i}_{d}\dot{\lambda}_5^{[4]} \end{bmatrix} \tag{4.333} $$

式(4.333)中，欧拉四元数用于数值计算，Ju-Gibbs 四元数用于理论分析。式(4.333)等同于

$$ \underset{\cdot}{\mathrm{D}} = \begin{bmatrix} \alpha_5^4 \cdot \mathbf{1}^{[3]} & \alpha_5^4 \cdot \mathbf{1}^{[3]} \\ \mathbf{1} & \mathbf{1} \end{bmatrix} \cdot \begin{bmatrix} {}^{3}\mathrm{E}_5 & \mathbf{0} \\ \mathbf{0} & {}^{3}\mathrm{E}_5 \end{bmatrix} \cdot \begin{bmatrix} {}^{i}_{d}\tilde{\lambda}_5 - \mathbf{1} \cdot {}^{i}_{d}\dot{\lambda}_5^{[4]} \\ {}^{i}_{d}\lambda_5 \end{bmatrix} + \begin{bmatrix} {}^{i}_{d}\lambda_5^{\mathrm{T}} & {}^{i}_{d}\dot{\lambda}_5^{[4]} \\ \mathbf{0} & 0_3 \end{bmatrix} $$

显然，

$$ \underset{\cdot}{\mathrm{D}} = \begin{bmatrix} 0_3^{\mathrm{T}} & 1 \\ {}^{3}\mathrm{E}_5 & 0_3 \end{bmatrix} \cdot \begin{bmatrix} {}^{i}_{d}\tilde{\lambda}_5 - {}^{i}_{d}\dot{\lambda}_5^{[4]} \cdot \mathbf{1} & {}^{i}_{d}\lambda_5 \\ {}^{i}_{d}\lambda_5^{\mathrm{T}} & {}^{i}_{d}\dot{\lambda}_5^{[4]} \end{bmatrix}, \quad \text{if} \quad \alpha_5^4 = 0 $$

记 $\underset{\cdot}{\mathrm{D}}_{[k]}$ 为 $\underset{\cdot}{\mathrm{D}}$ 的第 k 行，定义如下对称矩阵：

$$ \begin{cases} \underset{\cdot}{\mathrm{D}}_{11} = \underset{\cdot}{\mathrm{D}}_{[1]}^{\mathrm{T}} \cdot \underset{\cdot}{\mathrm{D}}_{[1]}, \quad \underset{\cdot}{\mathrm{D}}_{22} = \underset{\cdot}{\mathrm{D}}_{[2]}^{\mathrm{T}} \cdot \underset{\cdot}{\mathrm{D}}_{[2]} \\ \underset{\cdot}{\mathrm{D}}_{33} = \underset{\cdot}{\mathrm{D}}_{[3]}^{\mathrm{T}} \cdot \underset{\cdot}{\mathrm{D}}_{[3]}, \quad \underset{\cdot}{\mathrm{D}}_{44} = \underset{\cdot}{\mathrm{D}}_{[4]}^{\mathrm{T}} \cdot \underset{\cdot}{\mathrm{D}}_{[4]} \\ \underset{\cdot}{\mathrm{D}}_{12} = \underset{\cdot}{\mathrm{D}}_{[1]}^{\mathrm{T}} \cdot \underset{\cdot}{\mathrm{D}}_{[2]}, \quad \underset{\cdot}{\mathrm{D}}_{13} = \underset{\cdot}{\mathrm{D}}_{[1]}^{\mathrm{T}} \cdot \underset{\cdot}{\mathrm{D}}_{[3]}, \quad \underset{\cdot}{\mathrm{D}}_{14} = \underset{\cdot}{\mathrm{D}}_{[1]}^{\mathrm{T}} \cdot \underset{\cdot}{\mathrm{D}}_{[4]} \\ \underset{\cdot}{\mathrm{D}}_{23} = \underset{\cdot}{\mathrm{D}}_{[2]}^{\mathrm{T}} \cdot \underset{\cdot}{\mathrm{D}}_{[3]}, \quad \underset{\cdot}{\mathrm{D}}_{24} = \underset{\cdot}{\mathrm{D}}_{[2]}^{\mathrm{T}} \cdot \underset{\cdot}{\mathrm{D}}_{[4]}, \quad \underset{\cdot}{\mathrm{D}}_{34} = \underset{\cdot}{\mathrm{D}}_{[3]}^{\mathrm{T}} \cdot \underset{\cdot}{\mathrm{D}}_{[4]} \end{cases} \tag{4.334} $$

考虑式(4.332)及式(4.330)的最后一个子方程，由式(4.322)及式(4.323)得

$$ \begin{cases} \boldsymbol{\tau}_3^i = {}_{d}\boldsymbol{\tau}_5^{i:1/2} \cdot {}^{i}\dot{\tau}_5^{[4]} \cdot \underset{\cdot}{\mathrm{D}}_{[1]} \cdot {}^{i}\tau_3 \\ \boldsymbol{\tau}_3^i \cdot \tau_4 = {}_{d}\boldsymbol{\tau}_5^{i:1/2} \cdot {}^{i}\dot{\tau}_5^{[4]} \cdot \underset{\cdot}{\mathrm{D}}_{[2]} \cdot {}^{i}\tau_3 \end{cases} \tag{4.335} $$

且

$$ \begin{cases} \boldsymbol{\tau}_3^i \cdot \tau_5 = {}_{d}\boldsymbol{\tau}_5^{i:1/2} \cdot {}^{i}\dot{\tau}_5^{[4]} \cdot \underset{\cdot}{\mathrm{D}}_{[3]} \cdot {}^{i}\tau_3 \\ \boldsymbol{\tau}_3^i \cdot \tau_4 \cdot \tau_5 = {}_{d}\boldsymbol{\tau}_5^{i:1/2} \cdot {}^{i}\dot{\tau}_5^{[4]} \cdot \underset{\cdot}{\mathrm{D}}_{[4]} \cdot {}^{i}\tau_3 \end{cases} \tag{4.336} $$

式(4.335)的第一个子方程表示模的不变性，最后一个子方程表明轴#4 的方向对齐。式(4.336)的第一个子方程表明轴#5 的方向对齐，最后一个子方程是冗余的。对于方向对齐，式(4.335)和式(4.336)成立。

对于 6R 解耦机械臂，式(4.335)和式(4.336)可用于位置对齐，轴#5 的位置由 $[\tau_1 : \tau_3]$ 决定，且与 τ_5 和 τ_4 无关。对于半通用或通用解耦机械臂，式(4.335)和式(4.336)的第一个子方

程可用于位置对齐，轴#5 的方程与 τ_4 相关。以下讨论结构参数矩阵的性质，以简化逆运动学分析。

考虑式(4.331)、式(4.335)及式(4.336)得

$$\underset{\cdot}{\boldsymbol{\tau}}_{3}^{i} = \underset{\cdot}{\boldsymbol{\tau}}_{5}^{3} \cdot {}^{i}\underset{\cdot}{\tau}_{3}^{\mathrm{T}} \cdot \underset{\cdot}{\mathrm{D}}_{11} \cdot {}^{i}\underset{\cdot}{\tau}_{3} \tag{4.337}$$

$$\begin{cases} \underset{\cdot}{\boldsymbol{\tau}}_{3}^{i} \cdot \tau_4 = \underset{\cdot}{\boldsymbol{\tau}}_{5}^{3} \cdot {}^{i}\underset{\cdot}{\tau}_{3}^{\mathrm{T}} \cdot \underset{\cdot}{\mathrm{D}}_{12} \cdot {}^{i}\underset{\cdot}{\tau}_{3} \\ \underset{\cdot}{\boldsymbol{\tau}}_{3}^{i} \cdot \tau_5 = \underset{\cdot}{\boldsymbol{\tau}}_{5}^{3} \cdot {}^{i}\underset{\cdot}{\tau}_{3}^{\mathrm{T}} \cdot \underset{\cdot}{\mathrm{D}}_{13} \cdot {}^{i}\underset{\cdot}{\tau}_{3} \end{cases} \tag{4.338}$$

及

$$\begin{aligned} \underset{\cdot}{\boldsymbol{\tau}}_{3}^{i} \cdot \tau_4 \cdot \tau_5 &= \underset{\cdot}{\boldsymbol{\tau}}_{5}^{3} \cdot {}^{i}\underset{\cdot}{\tau}_{3}^{\mathrm{T}} \cdot \underset{\cdot}{\mathrm{D}}_{14} \cdot {}^{i}\underset{\cdot}{\tau}_{3} \\ &= \underset{\cdot}{\boldsymbol{\tau}}_{5}^{3} \cdot {}^{i}\underset{\cdot}{\tau}_{3}^{\mathrm{T}} \cdot \underset{\cdot}{\mathrm{D}}_{23} \cdot {}^{i}\underset{\cdot}{\tau}_{3} \end{aligned} \tag{4.339}$$

因 ${}^{i}\underset{\cdot}{\tau}_{3}^{\mathrm{T}} \cdot \underset{\cdot}{\mathrm{D}}_{14} \cdot {}^{i}\underset{\cdot}{\tau}_{3} \geqslant 0$ 及 ${}^{i}\underset{\cdot}{\tau}_{3}^{\mathrm{T}} \cdot \underset{\cdot}{\mathrm{D}}_{23} \cdot {}^{i}\underset{\cdot}{\tau}_{3} \geqslant 0$，由式(4.339)得

$$\left\| \underset{\cdot}{\mathrm{D}}_{14} - \underset{\cdot}{\mathrm{D}}_{23} \right\| = 0 \tag{4.340}$$

由式(4.337)至式(4.339)得

$$\begin{cases} {}^{i}\underset{\cdot}{\tau}_{3}^{\mathrm{T}} \cdot \left(\underset{\cdot}{\mathrm{D}}_{14} - \underset{\cdot}{\mathrm{D}}_{23} \right) \cdot {}^{i}\underset{\cdot}{\tau}_{3} = 0 \\ {}^{i}\underset{\cdot}{\tau}_{3}^{\mathrm{T}} \cdot \left(\tau_4 \cdot \underset{\cdot}{\mathrm{D}}_{11} - \underset{\cdot}{\mathrm{D}}_{12} \right) \cdot {}^{i}\underset{\cdot}{\tau}_{3} = 0 \\ {}^{i}\underset{\cdot}{\tau}_{3}^{\mathrm{T}} \cdot \left(\tau_4 \cdot \underset{\cdot}{\mathrm{D}}_{13} - \underset{\cdot}{\mathrm{D}}_{14} \right) \cdot {}^{i}\underset{\cdot}{\tau}_{3} = 0 \\ {}^{i}\underset{\cdot}{\tau}_{3}^{\mathrm{T}} \cdot \left(\tau_5 \cdot \underset{\cdot}{\mathrm{D}}_{11} - \underset{\cdot}{\mathrm{D}}_{13} \right) \cdot {}^{i}\underset{\cdot}{\tau}_{3} = 0 \\ {}^{i}\underset{\cdot}{\tau}_{3}^{\mathrm{T}} \cdot \left(\tau_5 \cdot \underset{\cdot}{\mathrm{D}}_{12} - \underset{\cdot}{\mathrm{D}}_{14} \right) \cdot {}^{i}\underset{\cdot}{\tau}_{3} = 0 \end{cases} \tag{4.341}$$

由式(4.336)及式(4.334)得

$$\begin{cases} \underset{\cdot}{\boldsymbol{\tau}}_{3}^{i} \cdot \tau_{4}^{:2} = \underset{\cdot}{\boldsymbol{\tau}}_{5}^{3} \cdot {}^{i}\underset{\cdot}{\tau}_{3}^{\mathrm{T}} \cdot \underset{\cdot}{\mathrm{D}}_{22} \cdot {}^{i}\underset{\cdot}{\tau}_{3} \\ \underset{\cdot}{\boldsymbol{\tau}}_{3}^{i} \cdot \tau_{4}^{:2} \cdot \tau_5 = \underset{\cdot}{\boldsymbol{\tau}}_{5}^{3} \cdot {}^{i}\underset{\cdot}{\tau}_{3}^{\mathrm{T}} \cdot \underset{\cdot}{\mathrm{D}}_{24} \cdot {}^{i}\underset{\cdot}{\tau}_{3} \\ \underset{\cdot}{\boldsymbol{\tau}}_{3}^{i} \cdot \tau_{5}^{:2} = \underset{\cdot}{\boldsymbol{\tau}}_{5}^{3} \cdot {}^{i}\underset{\cdot}{\tau}_{3}^{\mathrm{T}} \cdot \underset{\cdot}{\mathrm{D}}_{33} \cdot {}^{i}\underset{\cdot}{\tau}_{3} \\ \underset{\cdot}{\boldsymbol{\tau}}_{3}^{i} \cdot \tau_4 \cdot \tau_{5}^{:2} = \underset{\cdot}{\boldsymbol{\tau}}_{5}^{3} \cdot {}^{i}\underset{\cdot}{\tau}_{3}^{\mathrm{T}} \cdot \underset{\cdot}{\mathrm{D}}_{34} \cdot {}^{i}\underset{\cdot}{\tau}_{3} \\ \underset{\cdot}{\boldsymbol{\tau}}_{3}^{i} \cdot \tau_{4}^{:2} \cdot \tau_{5}^{:2} = \underset{\cdot}{\boldsymbol{\tau}}_{5}^{3} \cdot {}^{i}\underset{\cdot}{\tau}_{3}^{\mathrm{T}} \cdot \underset{\cdot}{\mathrm{D}}_{44} \cdot {}^{i}\underset{\cdot}{\tau}_{3} \end{cases} \tag{4.342}$$

更多地，由式(4.338)及式(4.342)得其他二阶方程：

$$\begin{cases} \underset{\cdot}{\boldsymbol{\tau}}_{3}^{i} \cdot \tau_4 \cdot \underset{\cdot}{\boldsymbol{\tau}}_{4}^{3:-1} = {}^{i}\underset{\cdot}{\tau}_{3}^{\mathrm{T}} \cdot \left(\underset{\cdot}{\mathrm{D}}_{12} + \underset{\cdot}{\mathrm{D}}_{34} \right) \cdot {}^{i}\underset{\cdot}{\tau}_{3} \\ \qquad = {}^{i}\underset{\cdot}{\tau}_{3}^{\mathrm{T}} \cdot \left(\underset{\cdot}{\mathrm{D}}_{11} \cdot \tau_4 + \underset{\cdot}{\mathrm{D}}_{34} \right) \cdot {}^{i}\underset{\cdot}{\tau}_{3} \\ \underset{\cdot}{\boldsymbol{\tau}}_{3}^{i} \cdot \tau_5 \cdot \underset{\cdot}{\boldsymbol{\tau}}_{5}^{4:-1} = {}^{i}\underset{\cdot}{\tau}_{3}^{\mathrm{T}} \cdot \left(\underset{\cdot}{\mathrm{D}}_{13} + \underset{\cdot}{\mathrm{D}}_{24} \right) \cdot {}^{i}\underset{\cdot}{\tau}_{3} \\ \qquad = {}^{i}\underset{\cdot}{\tau}_{3}^{\mathrm{T}} \cdot \left(\underset{\cdot}{\mathrm{D}}_{11} \cdot \tau_5 + \underset{\cdot}{\mathrm{D}}_{24} \right) \cdot {}^{i}\underset{\cdot}{\tau}_{3} \end{cases} \tag{4.343}$$

$$\begin{cases} \underset{\cdot}{\boldsymbol{\tau}}_{3}^{i} = \underset{\cdot}{\boldsymbol{\tau}}_{4}^{3} \cdot {}^{i}\underset{\cdot}{\tau}_{3}^{\mathrm{T}} \cdot \left(\underset{\cdot}{\mathrm{D}}_{11} + \underset{\cdot}{\mathrm{D}}_{33} \right) \cdot {}^{i}\underset{\cdot}{\tau}_{3} \\ \underset{\cdot}{\boldsymbol{\tau}}_{3}^{i} \cdot \tau_{4}^{:2} = \underset{\cdot}{\boldsymbol{\tau}}_{4}^{3} \cdot {}^{i}\underset{\cdot}{\tau}_{3}^{\mathrm{T}} \cdot \left(\underset{\cdot}{\mathrm{D}}_{22} + \underset{\cdot}{\mathrm{D}}_{44} \right) \cdot {}^{i}\underset{\cdot}{\tau}_{3} \end{cases} \tag{4.344}$$

及

$$\boldsymbol{\tau}_{3}^{i} \cdot \tau_{5}^{:2}=\boldsymbol{\tau}_{5}^{4} \cdot {}^{i}\tau_{3}^{\mathrm{T}} \cdot\left(\mathrm{D}_{33}+\mathrm{D}_{44}\right) \cdot {}^{i}\tau_{3} \tag{4.345}$$

由式(4.344)得

$$\boldsymbol{\tau}_{3}^{i}={}^{i}\tau_{3}^{\mathrm{T}} \cdot\left(\mathrm{D}_{11}+\mathrm{D}_{22}+\mathrm{D}_{33}+\mathrm{D}_{44}\right) \cdot {}^{i}\tau_{3} \tag{4.346}$$

由式(4.308)及式(4.332)得

$$\left\{\begin{array}{l}\boldsymbol{f}_{5}^{[4]}=\left(\tau_{4} \cdot \mathrm{D}_{[1]}-\mathrm{D}_{[2]}\right) \cdot {}^{i}\tau_{3}=0 \\ \boldsymbol{f}_{5}^{[5]}=\left(\tau_{5} \cdot \mathrm{D}_{[1]}-\mathrm{D}_{[3]}\right) \cdot {}^{i}\tau_{3}=0\end{array}\right. \tag{4.347}$$

3.通用解耦机械臂定理

定理 4.9 给定转动链 ${}^{i}\mathbf{1}_{6}$，${}^{i}l_{1}=0_{3}$，期望位置记为 ${}_{d}^{i}r_{6}$，期望姿态记为 ${}_{d}^{i}\tau_{5}$，则基于轴不变量的位置对齐方程为

$$\begin{array}{l}\boldsymbol{f}_{5}^{[1:3]}=\boldsymbol{\tau}_{1}^{i} \cdot\left({}^{3}\boldsymbol{Q}_{1} \cdot {}^{1}l_{2}+\boldsymbol{\tau}_{2}^{1} \cdot {}^{3}\boldsymbol{Q}_{2} \cdot {}^{2}l_{3}\right)+\boldsymbol{\tau}_{3}^{i} \cdot {}^{3}l_{4}-{}^{3}\boldsymbol{Q}_{i} \cdot {}_{d}^{i}r_{6} \\ \quad+\dfrac{\boldsymbol{\tau}_{3}^{i} \cdot \boldsymbol{\tau}_{5}^{3}}{\boldsymbol{\tau}_{5}^{3} \cdot \boldsymbol{\tau}_{3}^{i}} \cdot\left(\begin{array}{l}{}^{i}\tau_{3}^{\mathrm{T}} \cdot \mathrm{D}_{11} \cdot {}^{i}\tau_{3} \cdot\left({}^{4}l_{5}+{}^{5}l_{6}\right) \\ \quad+2 \cdot {}^{i}\tau_{3}^{\mathrm{T}} \cdot \mathrm{D}_{12} \cdot {}^{i}\tau_{3} \cdot\left({}^{4}l_{5}^{\perp}+{}^{3}\tilde{n}_{4} \cdot {}^{5}l_{6}\right) \\ \quad+2 \cdot {}^{i}\tau_{3}^{\mathrm{T}} \cdot \mathrm{D}_{13} \cdot {}^{i}\tau_{3} \cdot {}^{5}l_{6}^{\perp} \\ \quad+4 \cdot {}^{i}\tau_{3}^{\mathrm{T}} \cdot \mathrm{D}_{14} \cdot {}^{i}\tau_{3} \cdot {}^{3}\tilde{n}_{4} \cdot {}^{5}l_{6}^{\perp} \\ \quad+{}^{i}\tau_{3}^{\mathrm{T}} \cdot \mathrm{D}_{22} \cdot {}^{i}\tau_{3} \cdot\left({}^{4}l_{5}^{\circ}+{}^{3}\mathrm{N}_{4} \cdot {}^{5}l_{6}\right) \\ \quad+2 \cdot {}^{i}\tau_{3}^{\mathrm{T}} \cdot \mathrm{D}_{24} \cdot {}^{i}\tau_{3} \cdot {}^{3}\mathrm{N}_{4} \cdot {}^{5}l_{6}^{\perp} \\ \quad+2 \cdot {}^{i}\tau_{3}^{\mathrm{T}} \cdot \mathrm{D}_{34} \cdot {}^{i}\tau_{3} \cdot\left({}^{4}l_{5}^{\perp}+{}^{3}\tilde{n}_{4} \cdot {}^{5}l_{6}^{\circ}\right) \\ \quad+{}^{i}\tau_{3}^{\mathrm{T}} \cdot \mathrm{D}_{33} \cdot {}^{i}\tau_{3} \cdot\left({}^{4}l_{5}+{}^{5}l_{6}^{\circ}\right) \\ \quad+{}^{i}\tau_{3}^{\mathrm{T}} \cdot \mathrm{D}_{44} \cdot {}^{i}\tau_{3} \cdot\left({}^{4}l_{5}^{\circ}+{}^{3}\mathrm{N}_{4} \cdot {}^{5}l_{6}^{\circ}\right)\end{array}\right)=0_{3}\end{array} \tag{4.348}$$

方向对齐方程为

$$\left\{\begin{array}{l}\boldsymbol{f}_{5}^{[4]}=\left(\tau_{4} \cdot \mathrm{D}_{[1]}-\mathrm{D}_{[2]}\right) \cdot {}^{i}\tau_{3}=0 \\ \boldsymbol{f}_{5}^{[5]}=\left(\tau_{5} \cdot \mathrm{D}_{[1]}-\mathrm{D}_{[3]}\right) \cdot {}^{i}\tau_{3}=0\end{array}\right. \tag{4.349}$$

式(4.348)的解耦条件为 $\boldsymbol{\tau}_{3}^{i} \cdot \boldsymbol{\tau}_{5}^{3}=\boldsymbol{\tau}_{5}^{3} \cdot \boldsymbol{\tau}_{3}^{i}$。

【证明】 由式(4.343)得式(4.349)，式(4.349)是关于 $[\tau_{1}: \tau_{5}]$ 的多重线性方程。将式(4.337)、式(4.338)及式(4.342)代入式(4.307)得式(4.348)。当 $\boldsymbol{\tau}_{3}^{i} \cdot \boldsymbol{\tau}_{5}^{3}=\boldsymbol{\tau}_{5}^{3} \cdot \boldsymbol{\tau}_{3}^{i}$ 时，式(4.348)是关于 $[\tau_{1}: \tau_{3}]$ 的二阶方程。证毕。

显然，对式(4.348)及式(4.349)中 $\boldsymbol{f}_{5}=0_{5}$ 的 Dixon 矩阵进行阶梯化，其主对角阶次极高，不能用于逆解。故该定理的作用在于：分析机械臂的解耦条件，降低计算复杂度并提高计

算精度。若轴#4 与轴#5 正交，则由式(4.14)得 $\boldsymbol{\tau}_5^3 = \boldsymbol{\tau}_{\underset{\cdot}{5}}^3$；又 $\boldsymbol{\tau}_{\underset{\cdot}{3}}^i \cdot \boldsymbol{\tau}_{\underset{\cdot}{5}}^3 = {}_d\boldsymbol{\tau}_5^i$，故 $\boldsymbol{\tau}_3^i = \boldsymbol{\tau}_{\underset{\cdot}{3}}^i$。因此，解耦条件 $\boldsymbol{\tau}_3^i \cdot \boldsymbol{\tau}_{\underset{\cdot}{5}}^3 = \boldsymbol{\tau}_5^3 \cdot \boldsymbol{\tau}_{\underset{\cdot}{3}}^i$ 成立。在工程上，正交约束比共点约束更容易满足。

4.8.6　基于轴不变量的半通用机械臂逆解原理

仅有轴#5 和轴#6 共点的机械臂称为半通用机械臂。因半通用机械臂是通用机械臂的特例，故可以应用轴#5 和轴#6 共点约束来简化定理 4.10 中的位置及方向对齐方程。

1.半通用机械臂定理

本节阐述半通用机械臂逆解原理。

定理 4.10　给定转动链 ${}^i\boldsymbol{l}_6 = (i,1:6]$，${}^il_1 = 0_3$，${}^6l_{6S} = 0_3$，${}^4n_5^{\mathrm{T}} \cdot {}^5l_6 = l_6^5$ 且 ${}^3n_4^{\mathrm{T}} \cdot {}^4n_5 \neq 1$，即轴#5 和轴#6 共点，轴#4 和轴#5 相互不平行。期望位置记为 ${}_d^ir_6$，期望方向记为 ${}_d^i\tau_6$，则基于轴不变量的半通用机械臂方程表示为

$$\begin{aligned}\boldsymbol{f}_4^{[1:3]} &= \boldsymbol{\tau}_1^i \cdot \left({}^3\boldsymbol{Q}_1 \cdot {}^1l_2 + \boldsymbol{\tau}_2^1 \cdot {}^3\boldsymbol{Q}_2 \cdot {}^2l_3\right) + \boldsymbol{\tau}_3^i \cdot {}^3l_4 - {}^3\boldsymbol{Q}_i \cdot {}_d^ir_6 \\ &\backslash + \begin{pmatrix} {}^i\underset{\cdot}{\tau}_3^{\mathrm{T}} \cdot \underset{\cdot}{\mathrm{D}}_{11} \cdot {}^i\underset{\cdot}{\tau}_3 \cdot \left({}^4l_5 + {}^5l_6\right) \\ \backslash + 2 \cdot {}^i\underset{\cdot}{\tau}_3^{\mathrm{T}} \cdot \underset{\cdot}{\mathrm{D}}_{12} \cdot {}^i\underset{\cdot}{\tau}_3 \cdot \left({}^4l_5^{\perp} + {}^3\tilde{n}_4 \cdot {}^5l_6\right) \\ \backslash + {}^i\underset{\cdot}{\tau}_3^{\mathrm{T}} \cdot \underset{\cdot}{\mathrm{D}}_{22} \cdot {}^i\underset{\cdot}{\tau}_3 \cdot \left({}^4l_5^{\circ} + {}^3\mathrm{N}_4 \cdot {}^5l_6\right) \end{pmatrix} = 0_3\end{aligned} \tag{4.350}$$

Ju-Gibbs 四元数约束方程为

$$\boldsymbol{f}_4^{[4]} = \left(\tau_4 \cdot \underset{\cdot}{\mathrm{D}}_{[1]} - \underset{\cdot}{\mathrm{D}}_{[2]}\right) \cdot {}^i\underset{\cdot}{\tau}_3 = 0 \tag{4.351}$$

轴#5 的逆解为

$$\tau_5 = \frac{\underset{\cdot}{\mathrm{D}}_{[3]} \cdot {}^i\underset{\cdot}{\tau}_3}{\underset{\cdot}{\mathrm{D}}_{[1]} \cdot {}^i\underset{\cdot}{\tau}_3} \quad \text{或} \quad \tau_5 = \frac{\underset{\cdot}{\mathrm{D}}_{[4]} \cdot {}^i\underset{\cdot}{\tau}_3}{\underset{\cdot}{\mathrm{D}}_{[1]} \cdot {}^i\underset{\cdot}{\tau}_3 \cdot \tau_4} \tag{4.352}$$

【证明】　显然，定理 4.8 适用于半通用机械臂。轴#5 转动会影响轴#6 的位置。姿态方程(4.322)及式(4.323)的两个子方程用于式(4.307)的简化。因 ${}^4n_5^{\mathrm{T}} \cdot {}^5l_6 = l_6^5$，故有

$${}^5l_6^{\perp} = 0_3, \quad {}^5l_6^{\circ} = {}^5l_6 \tag{4.353}$$

将式(4.353)代入式(4.348)，得

$$\begin{aligned}&\boldsymbol{\tau}_5^3 \cdot \left(\boldsymbol{\tau}_1^i \cdot \left({}^3\boldsymbol{Q}_1 \cdot {}^1l_2 + \boldsymbol{\tau}_2^1 \cdot {}^3\boldsymbol{Q}_2 \cdot {}^2l_3\right) + \boldsymbol{\tau}_3^i \cdot {}^3l_4 - {}^3\boldsymbol{Q}_i \cdot {}_d^ir_6\right) \\ &\backslash + \boldsymbol{\tau}_3^i \cdot \boldsymbol{\tau}_5^4 \cdot \begin{pmatrix} \left({}^4l_5 + {}^5l_6\right) \\ \backslash + 2 \cdot \tau_4 \cdot \left({}^4l_5^{\perp} + {}^3\tilde{n}_4 \cdot {}^5l_6\right) \\ \backslash + \tau_4^{:2} \cdot \left({}^4l_5^{\circ} + {}^3\mathrm{N}_4 \cdot {}^5l_6\right) \end{pmatrix} = 0_3\end{aligned} \tag{4.354}$$

式(4.354)表明半通用机械臂的期望位置与 τ_5 无关。由式(4.354)得式(4.352)。至此，存

在 4 个变量与 4 个子方程。求解$[\tau_1:\tau_4]$后，由式(4.352)得τ_5。证毕。

对式(4.350)中的 Dixon 矩阵进行阶梯化，其主对角元素均为单变量多项式，解算过程仍然很耗时，且精度不高。给定τ_1，可得τ_2。给定$[\tau_1,\tau_2]$，类似地可得τ_3。依此可得所有解。

考虑${}^{3}\tilde{n}_4^{\mathrm{T}}\cdot{}^{4}l_5=0_3$，式(4.350)转化为式(4.356)。因此，BBR 或 RBR 型机械臂为半通用机械臂的特例。

2.半通用机械臂逆解示例

【示例 4.20】 一款半通用机械臂结构参数如表 4-7 所示，其部分逆解如表 4-8 所示。

表 4-7　某半通用机械臂结构参数

轴	#1	#2	#3	#4	#5	#6
${}^{\bar{l}}n_l$	$\mathbf{1}^{[z]}$	$\mathbf{1}^{[y]}$	$\mathbf{1}^{[y]}$	$\mathbf{1}^{[x]}$	$\mathbf{1}^{[y]}$	$\mathbf{1}^{[x]}$
${}^{\bar{l}}l_l$ /m	$\begin{bmatrix}0.0\\0.0\\0.1028\end{bmatrix}$	$\begin{bmatrix}0.0\\0.0450\\0.0899\end{bmatrix}$	$\begin{bmatrix}0\\-0.0045\\0.4440\end{bmatrix}$	$\begin{bmatrix}0.2105\\-0.0500\\0.0060\end{bmatrix}$	$\begin{bmatrix}0.3080\\0.0435\\0.0\end{bmatrix}$	$\begin{bmatrix}0.1200\\-0.0350\\0.0\end{bmatrix}$

表 4-8　某半通用机械臂部分逆解示例

序号	${}^{i}_{d}r_6$ /m	${}^{i}_{d}\dot{\lambda}_6$	$\left[\phi_1^i,\phi_2^1,\phi_3^2,\phi_4^3,\phi_5^4\right]$/(°)
1	[0.9216306, 0.3729022, 0.5260361]	[−0.0182882, 0.0940848, 0.1899305, 0.9771080]	[22.0000000000, −11.0000000000, 22.0000000000, 0.0000000000, −0.0000000000, 0.0000000000]; [22.0000000000, 113.5215981034, −156.9415590984, −0.0000000000, 54.4199609949, 0.0000000000]
2	[0.7001126, 0.9264885, 0.0436094]	[0.0348789, 0.7442765, 0.3079680, 0.5916010]	[55.0037040561, 21.9995207380, 22.0008833773, 44.0032339989, 43.9985193572, 0.0000000000]
3	[1.0281286, 0.4128450, −0.0108433]	[0.0160847, 0.3829876, 0.1408558, 0.9128096]	[22.0010287703, 21.9999485542, 22.0001705898, 11.0007146447, −0.0001904014, 0.0000000000]
4	[1.0917657, 0.3957100, 0.0436094]	[0.2448285, 0.7037208, 0.1272620, 0.6547063]	[22.0037040561, 21.9995207380, 22.0008833773, 44.0032339989, 43.9985193572, 0.0000000000]

4.8.7 基于轴不变量的 BBR 型机械臂逆解原理

1.BBR 型机械臂逆解定理

BBR 型机械臂即轴#4 与轴#5、轴#5 与轴#6 分别共点的椭球面解耦机械臂。式(4.322)和式(4.323)也满足式(4.324)所示的位置方程。由于拾取点 P 位于轴#6 上，因此

$$ {}_d^i r_6 = {}_d^i r_{6P} - {}_d^i Q_6 \cdot {}^6 r_{6P} \tag{4.355} $$

给定期望位置 ${}_d^i r_{6P}$，由式(4.355)得 ${}_d^i r_6$。

定理 4.11　给定转动链 ${}^i\mathbf{1}_6 = (i,1:6]$，${}^i l_1 = 0_3$，${}^3 n_4^{\mathrm{T}} \cdot {}^4 n_5 \neq 1$，${}^3 n_4^{\mathrm{T}} \cdot {}^4 l_5 = l_5^4$ 及 ${}^4 n_5^{\mathrm{T}} \cdot {}^5 l_6 = l_6^5$，即世界系原点与轴#1 系原点重合，轴#4 与轴#5、轴#5 与轴#6 分别共点，轴#4 与轴#5 不平行。期望位置记为 ${}_d^i r_6$，期望方向记为 ${}_d^i \tau_5$，则基于轴不变量的 BBR 型机械臂位置对齐方程表示为

$$ \begin{aligned} \boldsymbol{f}_3 = \boldsymbol{\tau}_1^i \cdot \left({}^3\boldsymbol{Q}_1 \cdot {}^1 l_2 + \boldsymbol{\tau}_2^1 \cdot {}^3\boldsymbol{Q}_2 \cdot {}^2 l_3 + \boldsymbol{\tau}_3^2 \cdot \left({}^3 l_4 + {}^4 l_5 \right) \right) \\ \backslash - {}^3\boldsymbol{Q}_1 \cdot {}^1\boldsymbol{Q}_i \cdot {}_d^i r_6 + f_{46} = 0_3 \end{aligned} \tag{4.356} $$

其中：

$$ \begin{aligned} f_{46} &= 2 \cdot {}^i\tau_3^{\mathrm{T}} \cdot \left(\underset{\cdot}{\mathrm{D}}_{12} + \underset{\cdot}{\mathrm{D}}_{34} \right) \cdot {}^i\tau_3 \cdot {}^3\tilde{n}_4 \cdot {}^5 l_6 \\ &\backslash + {}^i\tau_3^{\mathrm{T}} \cdot \left(\underset{\cdot}{\mathrm{D}}_{11} + \underset{\cdot}{\mathrm{D}}_{33} \right) \cdot {}^i\tau_3 \cdot {}^5 l_6 \\ &\backslash + {}^i\tau_3^{\mathrm{T}} \cdot \left(\underset{\cdot}{\mathrm{D}}_{22} + \underset{\cdot}{\mathrm{D}}_{44} \right) \cdot {}^i\tau_3 \cdot {}^3\mathrm{N}_4 \cdot {}^5 l_6 \end{aligned} \tag{4.357} $$

结构参数表示为

$$ {}^3\mathrm{E}_5^{-1} = \left[{}^3 n_4 \quad {}^4 n_5 \quad {}^3\tilde{n}_4 \cdot {}^4 n_5 \right] \tag{4.358} $$

$$ \underset{\cdot}{\mathrm{D}} = \begin{bmatrix} {}^3 n_4^{\mathrm{T}} \cdot {}^4 n_5 \cdot \mathbf{1}^{[3]} \cdot {}^3\mathrm{E}_5 & 1 \\ {}^3\mathrm{E}_5 & 0_3 \end{bmatrix} \cdot \begin{bmatrix} {}_d^i\tilde{\lambda}_5 - \mathbf{1} & {}_d^i\lambda_5 \\ {}_d^i\lambda_5^{\mathrm{T}} & {}_d^i\lambda_5^{[4]} \end{bmatrix} \tag{4.359} $$

轴#4 与轴#5 的解为

$$ \tau_4 = \frac{\underset{\cdot}{\mathrm{D}}_{[2]} \cdot {}^i\tau_3}{\underset{\cdot}{\mathrm{D}}_{[1]} \cdot {}^i\tau_3}, \quad \tau_5 = \frac{\underset{\cdot}{\mathrm{D}}_{[3]} \cdot {}^i\tau_3}{\underset{\cdot}{\mathrm{D}}_{[1]} \cdot {}^i\tau_3} \tag{4.360} $$

【证明】 因 ${}^3 n_4^{\mathrm{T}} \cdot {}^4 l_5 = l_5^4$，故有

$$ {}^4 l_5^{\circ} = {}^4 l_5, \quad {}^4 l_5^{\perp} = 0_3 \tag{4.361} $$

由 ${}^4 n_5^{\mathrm{T}} \cdot {}^5 l_6 = l_6^5$ 得

$$ {}^5 l_6^{\circ} = {}^5 l_6, \quad {}^5 l_6^{\perp} = 0_3 \tag{4.362} $$

将式(4.361)和式(4.362)代入式(4.307)，得

$$\boldsymbol{f}_3 = \boldsymbol{\tau}_1^i \cdot \left({}^3\boldsymbol{Q}_1 \cdot {}^1l_2 + \boldsymbol{\tau}_2^1 \cdot {}^3\boldsymbol{Q}_2 \cdot {}^2l_3 + \boldsymbol{\tau}_3^2 \cdot {}^3l_4 \right) - {}^3\boldsymbol{Q}_i \cdot {}_d^ir_6 \\ + \frac{\boldsymbol{\tau}_3^i}{\boldsymbol{\tau}_4^3} \cdot \begin{pmatrix} \left({}^4l_5 + {}^5l_6 \right) \\ + 2 \cdot \tau_4 \cdot \left({}^4l_5^{\perp} + {}^3\tilde{n}_4 \cdot {}^5l_6 \right) \\ + \tau_4^{:2} \cdot \left({}^4l_5^{\circ} + {}^3\mathrm{N}_4 \cdot {}^5l_6 \right) \end{pmatrix} = 0_3 \tag{4.363}$$

显然，式(4.363)表明轴#5 和轴#6 的位置与τ_5无关，与$\boldsymbol{\tau}_5^4$有关，形成椭球面。因此，将式(4.361)和式(4.362)代入式(4.363)，得

$$\boldsymbol{f}_3 = \boldsymbol{\tau}_1^i \cdot \left({}^3\boldsymbol{Q}_1 \cdot {}^1l_2 + \boldsymbol{\tau}_2^1 \cdot {}^3\boldsymbol{Q}_2 \cdot {}^2l_3 \right) - {}^3\boldsymbol{Q}_i \cdot {}_d^ir_6 + \\ \begin{pmatrix} 2 \cdot {}^i\tau_{:3}^{\mathrm{T}} \cdot \left(\mathrm{D}_{12} + \mathrm{D}_{34} \right) \cdot {}^i\tau_3 \cdot {}^3\tilde{n}_4 \cdot {}^5l_6 \\ + {}^i\tau_{:3}^{\mathrm{T}} \cdot \left(\mathrm{D}_{11} + \mathrm{D}_{33} \right) \cdot {}^i\tau_3 \cdot \left({}^3l_4 + {}^4l_5 + {}^5l_6 \right) \\ + {}^i\tau_{:3}^{\mathrm{T}} \cdot \left(\mathrm{D}_{22} + \mathrm{D}_{44} \right) \cdot {}^i\tau_3 \cdot \left({}^3l_4 + {}^4l_5 + {}^3\mathrm{N}_4 \cdot {}^5l_6 \right) \end{pmatrix} = 0_3 \tag{4.364}$$

由式(4.346)和式(4.364)得式(4.356)和式(4.357)。由式(4.335)和式(4.336)得式(4.360)。这表明轴#4 和轴#5 的姿态取决于关节变量$[\tau_1 : \tau_3]$。此时，$\boldsymbol{\tau}_{:5}^3 = \boldsymbol{\tau}_5^3$，又$\boldsymbol{\tau}_{:3}^i \cdot \boldsymbol{\tau}_{:5}^3 = {}_d\boldsymbol{\tau}_5^i$，故$\boldsymbol{\tau}_{:3}^i = \boldsymbol{\tau}_3^i$。因此，满足解耦条件$\boldsymbol{\tau}_3^i \cdot \boldsymbol{\tau}_{:5}^3 = \boldsymbol{\tau}_5^3 \cdot \boldsymbol{\tau}_{:3}^i$。证毕。

对式(4.356)中$\boldsymbol{f}_3 = 0_3$的 Dixon 矩阵进行阶梯化，其主对角元素中τ_1的阶次不高于 48 阶，故τ_1至多有 48 组解。给定τ_1，类似地可得$[\tau_2 : \tau_4]$。显然，τ_5最多有 1 组解。令${}^4l_5 = 0_3$，${}^5l_6 = 0_3$，${}^3l_{3\mathrm{P}} = {}^3l_4$及${}_d^ir_{3\mathrm{P}} = {}_d^ir_6$，式(4.356)转化为式(4.43)。因此，定理 4.11 适用于 RBR 型机械臂逆解。

2.BBR 型及 RBR 型机械臂逆解示例

基于前述的机械臂逆解定理，应用 C++开发了工程软件。在主频为 2.8 GHz 的便携式计算机上，逆解计算时间约 3.6 ms，位置偏差(单位为μm)小于 0.4%，方向偏差(单位为″)小于 0.05%。逆解数量由机械臂结构上的对称性确定。

【示例 4.21】一款 RBR 型机械臂结构参数如表 4-9 所示，其逆解示例如表 4-10 所示。

表 4-9　某 RBR 型机械臂结构参数

轴	#1	#2	#3	#4	#5	#6
${}^{\bar{l}}n_l$	$\mathbf{1}^{[z]}$	$\mathbf{1}^{[y]}$	$\mathbf{1}^{[y]}$	$\mathbf{1}^{[x]}$	$\mathbf{1}^{[y]}$	$\mathbf{1}^{[x]}$
${}^{\bar{l}}l_l$ /m	$\begin{bmatrix}0.0\\0.0\\0.0\end{bmatrix}$	$\begin{bmatrix}0.0\\0.045\\0.089\end{bmatrix}$	$\begin{bmatrix}0.0\\-0.045\\0.444\end{bmatrix}$	$\begin{bmatrix}0.21\\-0.05\\0.006\end{bmatrix}$	$\begin{bmatrix}0.308\\0.0\\0.0\end{bmatrix}$	$\begin{bmatrix}0.0\\0.0\\0.0\end{bmatrix}$

表 4-10　RBR 型 6R 机械臂逆解示例

序号	${}^{i}_{d}r_6$ /m	${}^{i}_{d}\lambda_6$	$\left[\phi_1^i, \phi_2^1, \phi_3^2, \phi_4^3, \phi_5^4\right]$/(°)
1	[0.344797, 0.085380, 0.506670]	[0.000000, 0.000000, 0.190809, 0.981627]	[22.0000000000, −22.0000000000, 22.0000000000, 0.0000000000, 0.0000000000]; [−174.1838014245, 22.0000000000, 159.3272520805, 85.4368168781, −16.2366847097]; [−174.1838014245, 22.0000000000, 159.3272520805, −94.5631831237, 16.2366847098]; [22.0000000000, 102.1942555296, 159.3272520805, 0.0000000000, 98.4784928205]; [−174.1838014245, −102.1942555296, 22.0000000000, 16.4109158973, −99.4135581561]; [−174.1838014245, −102.1942555296, 22.0000000000, −163.5890841027, 99.4135581575]
2	[0.344797, 0.085380, 0.506670]	[0.215355, 0.319277, 0.254600, 0.887053]	[22.0000000000, −22.0000000000, 22.0000000000, 32.9999999516, 33.0000000484]; [22.0000000000, −22.0000000000, 22.0000000000, −147.0000000500, −33.0000000500]; [−174.1838014245, 22.0000000000, 159.3272520805, −132.3889315711, 44.6033464157]; [−174.1838014245, 22.0000000000, 159.3272520805, 47.6110684283, −44.6033464163]; [22.0000000000, 102.1942555296, 159.3272520805, 21.2659419357, 125.1299488052]; [22.0000000000, 102.1942555296, 159.3272520805, −158.7340580641, −125.1299488059]; [−174.1838014245, −102.1942555296, 22.0000000000, 39.2661229337, −124.9730824666]; [−174.1838014245, −102.1942555296, 22.0000000000, −140.7338770662, 124.9730824668]

【示例 4.22】 一款 BBR 型机械臂结构参数如表 4-11 所示。

表 4-11　某 BBR 型机械臂结构参数

轴	#1	#2	#3	#4	#5	#6
${}^{\bar{l}}n_l$	$\mathbf{1}^{[z]}$	$\mathbf{1}^{[y]}$	$\mathbf{1}^{[y]}$	$\mathbf{1}^{[x]}$	$\left[0.0, \sqrt{2}/2, \sqrt{2}/2\right]$	$\mathbf{1}^{[x]}$
${}^{\bar{l}}l_l$ /m	$\begin{bmatrix}0.0\\0.0\\0.0\end{bmatrix}$	$\begin{bmatrix}0.0\\0.045\\0.089\end{bmatrix}$	$\begin{bmatrix}0.0\\-0.045\\0.444\end{bmatrix}$	$\begin{bmatrix}0.21\\-0.05\\0.006\end{bmatrix}$	$\begin{bmatrix}0.035\\0.0\\0.0\end{bmatrix}$	$\begin{bmatrix}0.0\\-0.35\\-0.35\end{bmatrix}$

该机械臂逆解示例如表 4-12 所示。

表 4-12　BBR 型 6R 机械臂逆解示例

序号	${}^{i}_{d}r_6$ /m	${}^{i}_{d}\lambda_6$	$\left[\phi_1^i,\phi_2^1,\phi_3^2,\phi_4^3,\phi_5^4\right]$/(°)
1	[0.800424, −0.108022, 0.156670]	[0.000000, 0.000000, 0.190809, 0.981627]	[22.0000000000, −22.0000000000, 22.0000000000, 0.0000000000, 0.0000000000]
2	[0.375138, 0.061292, −0.523915]	[0.187403, 0.623616, 0.305544, 0.694713]	[33.0000000000, 33.0000000000, 22.0000000000, 33.0000000000, 33.0000000000]
3	[0.145115, −0.490134, −0.284114]	[−0.270585, 0.878227, 0.275242, 0.282387]	[55.0000000000, 44.9999999996, 66.0000000002, −0.0000000000, 33.0000000001]

【示例 4. 23】 一款 BBR 型机械臂结构参数如表 4-13 所示。

表 4-13　某 BBR 型机械臂结构参数

轴	#1	#2	#3	#4	#5	#6
${}^{\bar{l}}n_l$	$\mathbf{1}^{[z]}$	$\mathbf{1}^{[y]}$	$\mathbf{1}^{[y]}$	$\mathbf{1}^{[x]}$	$\mathbf{1}^{[y]}$	$\mathbf{1}^{[x]}$
${}^{\bar{l}}l_l$ /m	$\begin{bmatrix}0.0\\0.0\\0.0\end{bmatrix}$	$\begin{bmatrix}0.0\\0.045\\0.089\end{bmatrix}$	$\begin{bmatrix}0.0\\-0.045\\0.444\end{bmatrix}$	$\begin{bmatrix}0.21\\-0.05\\0.006\end{bmatrix}$	$\begin{bmatrix}0.035\\0.0\\0.0\end{bmatrix}$	$\begin{bmatrix}0.0\\-0.035\\0.0\end{bmatrix}$

该机械臂逆解示例如表 4-14 所示。

表 4-14　BBR 型 6R 机械臂逆解示例

序号	${}^{i}_{d}r_6$ /m	${}^{i}_{d}\lambda_6$	$\left[\phi_1^i,\phi_2^1,\phi_3^2,\phi_4^3,\phi_5^4\right]$/(°)
1	[0.390360, 0.066040, 0.506670]	[0.000000, 0.000000, 0.190809, 0.981627]	[22.0000000000, −22.0000000000, 22.0000000000, 0.0000000000, 0.0000000000]; [22.0000000000, 107.5864708590, 159.2432555409, −0.0000000000, 93.1702736001]
2	[0.204393, 0.079217, 0.621107]	[−0.071478, 0.176915, 0.367724, 0.910149]	[44.0000000000, −44.0000000000, 22.0000000000, 0.0000000000, 44.0000000000]; [44.0000000000, 85.5864708590, 159.2432555409, 0.0000000000, 137.1702736001]

4.8.8 轴不变量理论与自主行为机器人学

图 4-18 所示为人类手臂及手指的 11/12 个自由度及 5/6 折（fold）的空间结构，若将手腕的两轴分别计入臂与手指，则该运动链是两个通用 6R 臂的串接与解耦的系统，是 5/6R 灵巧手的系统。因此，类人手臂由 7R 半通用机械臂与灵巧手串接构成，实现层级运动控制。第 1 层级的 7R 机械臂与 5/6R 灵巧手具有 11/12R 的轴链，执行大范围的空间运动。第 2 层级的灵巧手具有变拓扑轴链，能够使用工具，实现对受控对象的精密操作。

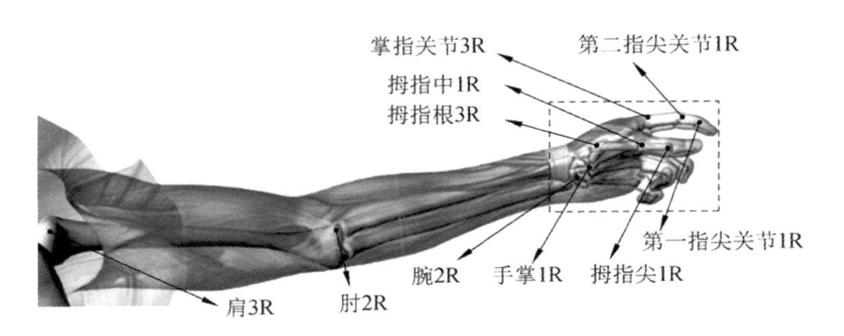

图 4-18　人类手臂

（1）DH0 模式，操作 0DOF 受控对象，比如：握持（hold）。

（2）DH1 模式，操作 1DOF 受控对象，比如：扳拧（wrench）、推动（push）与拉动（pull）。

（3）DH2 模式，操作 2DOF 受控对象，比如：摆动（sway）、旋拧（screw）与拖拉（drawing）。

（4）DH3 模式，操作 3DOF 受控对象，比如：平移（translate）与旋转（rotate）。

（5）DH4 模式，操作 4DOF 受控对象，比如：平衡（balance）、对接（attach）与分离（detach）。

（6）DH5 模式，操作 5DOF 受控对象，比如：穿越（pass）、触碰（touch）与切割（cut）。

（7）DH6 模式，操作 6DOF 受控对象，比如：搅动（stir）、摆放（set）与雕刻（engrave）。

两通用机械臂的分层串接、5C-6R 的变拓扑及多折的结构是类人手臂的三大特征。

通用 6R 机械臂的 6 轴螺旋及 1R/2R/3R 解耦机构是机器人系统的基础部件。轴及轴不变量、对应通用 6R 机械臂的 6 轴螺旋及对应 3R 解耦机构的 3 轴解耦螺旋是机器人理论的基元。通用 5R 轴链逆解不仅是机器人理论的重大突破，而且会带来机器人工程的革命。如图 4-19 和图 4-20 所示，通用 6R 机械臂与 1R/2R/3R 解耦机构串接，可研制高精度的 7R/8R/9R 的类人手臂（humanoid arm）。

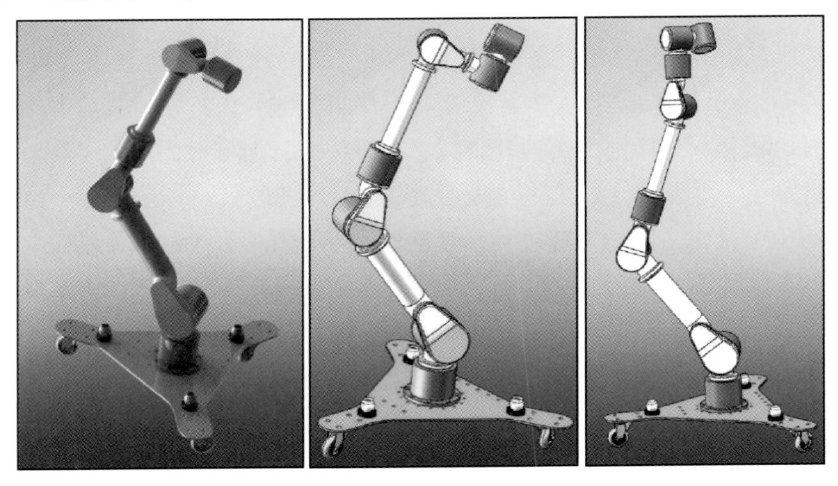

图 4-19　高精度通用机械臂（左 6R，中 7R，右 8R）

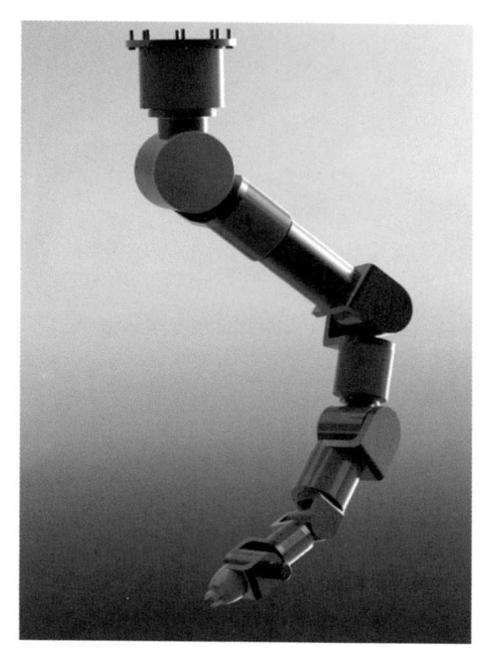

图 4-20　类人 9R 手臂

高精度机械臂的底座是具有激光跟踪球的球座，用以建立精确的机械臂底座坐标系；各轴的结构参数（固定轴不变量）可以精确测量，不存在理想的笛卡儿直角坐标系的测量约束及结构上的解耦约束，可以将机械臂的绝对定位精度提升至重复定位精度的水平。

基于轴不变量的通用 6R 机械臂逆解应用的是第六轴的 3D 螺旋轴与期望 3D 螺旋轴对齐的 5R 轴链逆解原理。该原理系统是人类的手或臂的同构系统，具有仿生学的依据，为研制包含类人手臂在内的行为机器人奠定了理论基础。同时，该原理表明：通过长期劳动，人类手臂已进化为简约的计算（saving calculation）系统，适应了大范围的空间作业和精细操作的需求。5R 轴链逆解原理是轴不变量理论的重要成果之一，同时，也增强了我们对世界的一般认识：自然系统的能量是最省的，计算代价也是最小的。因此，科学研究需要洞察被研究系统的自然不变量，应用自然不变量分析与解决问题才能揭示自然的本质。

如图 4-21 所示，6R4F 类人手臂具有复杂空间操作的优势。因其前五轴突破了解耦约束，故具有更优化、更简洁的结构。研制用于特种加工与作业的类人手臂，实现多机器人协作的柔性加工系统是自主机器人的发展趋势。

本书绪论中指出：同构的链符号系统是自主行为机器人学的基本特征。轴是拓扑空间的基元，轴不变量是度量空间的基元，3D 螺旋是空间运动的基元。由第 3 章可知：通过轴不变量实现了矢量运动学、四维复数、欧拉四元数及对偶四元数理论的统一，这些理论是基于轴不变量的多轴系统正运动学理论的特例。显然，本章阐述的基于 D-H 参数的逆运动学是基于轴不变量的多轴系统逆运动学的特例。多轴系统运动学系统是关于 Ju-Gibbs 四元数的多元二阶多项式系统。第 6 章和第 7 章将阐述的基于轴不变量的多轴系统动力学是牛顿-欧拉、拉格朗日及凯恩动力学理论的统一。多轴系统动力学系统是关于加速度、速度的二阶微分系统。

图 4-21　机器人柔性加工中心（左 6R3F，右 6R4F）

轴不变量理论之所以能将现有的运动学及动力学原理统一起来，根本原因在于：一方面，轴不变量理论是一个在拓扑上以轴为基元、在度量上以 3D 螺旋为基元的多轴系统建模与控制理论；另一方面，多轴系统本质上是自治系统（autonomous system），即由不显含时间的常微分方程表达的系统。自治系统具有行为的确定性。奠基于自治模型的自主机器人，无论在结构上还是在行为上，都具有有序性、精确性、可控性及实时性。而偏微分系统的结构及行为，常常具有分岔及混沌的不确定性。多轴系统的运动学与动力学方程都是 3D 矢量空间操作代数系统。

4.8.9 本节贡献

本节建立了基于轴不变量的逆运动学理论。首先，提出并证明了基于 Ju-Gibbs 四元数的 2R 方向逆解原理与基于类 DCM 的方向逆解原理。其次，提出并证明了 3R 位置逆解原理。最后，提出并证明了通用 6R 机械臂逆解预备定理与通用 6R 机械臂结构定理。至此，解决了 6R 机械臂逆解建模与求解问题。该逆运动学理论的特征在于：

（1）具有简洁、优雅的运动链符号系统，具有伪代码的功能，具有迭代式结构，保证了系统实现的可靠性和机械化演算。

（2）具有基于轴不变量的迭代式，可保证计算的实时性；实现了坐标系、极性及系统结构参量的完全参数化，基于轴不变量的可逆解运动学具有统一的表达和简洁的结构化层次模型，保证了位姿分析逆解的通用性。

（3）直接应用激光跟踪仪精密测量获得的基于固定轴不变量的结构参数，保证了位姿逆解的准确性，从而使系统的绝对定位与定姿精度接近重复精度。

（4）可实时求解 2R 方向逆解、RBR 型机械臂位置逆解及通用 6R 机械臂逆解问题，突破了基于轴不变量的逆运动学问题。

4.9 本章小结

本章以轴不变量为基础提出了 Ju-Gibbs 四元数及类 DCM，证明了该四元数及类 DCM 的相关性质，从而建立了无冗余的关于关节半角正切的矢量多项式方程，解决了逆解建模问题；进而，提出了矢量多项式 Dixon 最优消元原理，证明了该消元原理具有线性计算复杂度，解决了实时逆解原理问题。接着，提出了基于轴不变量的机械臂 D-H 参数计算方法；证明了经典的 1R、2R 及 3R 姿态逆解原理；证明了经典 D-H 方法的 RBR 机械臂位置逆解原理。最后，以 Ju-Gibbs 四元数为基础证明了基于轴不变量的三轴姿态逆解原理；进而，分别提出并证明了 BBR、半通用及通用机械臂逆解定理，应用矢量多项式 Dixon 最优消元原理获得逆解，解决了不同类型机械臂逆解原理的关联性问题，从而建立了基于轴不变量的多轴系统逆运动学理论。与经典分析逆运动学相比，基于轴不变量的多轴系统逆运动学不仅具有逆解分析的通用性，而且具有求解的实时性与精确性，为精密多轴系统逆运动学提供了新的研究范式。

本章参考文献

[1] UCHIDA T, MCPHEE J. Triangularizing kinematic constraint equations using Gröbner bases for real-time dynamic simulation[J].Multibody System Dynamics,2011,25(3): 335-356.

[2] BUCHBERGER B. Gröbner bases and systems theory[J]. Multidimensional Systems and Signal Processing, 2001, 12(3):223-251.

[3] PALÁNCZ B, ZALETNYIK P, AWANGE J L, et al. Dixon resultant's solution of systems of geodetic polynomial equations[J]. Journal of Geodesy, 2008, 82(8): 505-511.

[4] CHTCHERBA A D, KAPUR D, MINIMAIR M. Cayley-Dixon construction of resultants of multi-univariate composed polynomials[J]. Journal of Symbolic Computation, 2009, 44(8): 972-999.

[5] KAPUR D, SAXENA T, YANG L. Algebraic and geometric reasoning using Dixon resultants[C]//International Symposium on Symbolic and Algebraic Computation,1994: 99-107.

[6] NAKOS G, WILLIAMS R. Elimination with the Dixon resultant[J]. Mathematica in Education and Research,1997, 6(3): 11-21.

[7] ANGELES J. Fundamentals of robotic mechanical systems: Theory, methods and algorithms[M]. Berlin: Springer, 2014.

[8] GAN D, LIAO Q, WEI S, et al. Dual quaternion-based inverse kinematics of the general spatial 7R mechanism[J].Proceedings of the Institution of Mechanical Engineers,2008, 222(8): 1593-1598.

[9] QIAO S, LIAO Q, WEI S, et al. Inverse kinematic analysis of the general 6R serial manipulators based on double quaternions[J]. Mechanism and Machine Theory, 2010, 45(2):193-199.

第5章　基于轴不变量的巡视器运动学与行为控制

5.1 引　言

首先，应用基于轴不变量的多轴系统运动学分析 CE3 月面巡视器移动系统的运动学特性，包括巡视器驱动控制运动学和导航运动学两个方面。接着，根据移动系统运动学分析结果，提出基于速度协调的巡视器牵引控制方法，以及基于太阳敏感器、惯性单元及里程计的位姿确定原理；研制微小型激光雷达；提出基于标准可加模糊系统的自主行为控制方法，实现巡视器移动过程的自主行为控制功能。最后，分别通过 BH2 原理样机实验和 CE3 月面巡视器动力学解算系统的在回路闭环测试验证所提出方法的有效性。通过上述应用，验证基于轴不变量的多轴系统运动学的正确性及其对工程应用的指导作用。

5.2 基础公式

【1】给定运动链 ${}^{i}\mathbf{l}_{n}=\left(i,\cdots,\bar{n},n\right]$，则有

$$i\notin {}^{i}\mathbf{l}_{n},\quad n\in {}^{i}\mathbf{l}_{n} \tag{5.1}$$

$${}^{i}\mathbf{l}_{i}\in {}^{i}\mathbf{l}_{n},\quad \mathbf{l}_{i}^{i}=0 \tag{5.2}$$

$${}^{k}\mathbf{l}_{n}=-{}^{n}\mathbf{l}_{k} \tag{5.3}$$

$${}^{i}\mathbf{l}_{n}={}^{i}\mathbf{l}_{l}+{}^{l}\mathbf{l}_{n},\quad {}^{i}\mathbf{l}_{n}={}^{i}\mathbf{l}_{l}\cdot{}^{l}\mathbf{l}_{n} \tag{5.4}$$

【2】自然不变量

$$r_{l}^{\bar{l}}=-r_{\bar{l}}^{l},\quad \phi_{l}^{\bar{l}}=-\phi_{\bar{l}}^{l} \tag{5.5}$$

$$q_{l}^{\bar{l}}=\begin{cases} r_{l}^{\bar{l}} & \text{if}\quad {}^{\bar{l}}\mathbf{k}_{l}\in\mathbf{P}\\ \phi_{l}^{\bar{l}} & \text{if}\quad {}^{\bar{l}}\mathbf{k}_{l}\in\mathbf{R}\end{cases} \tag{5.6}$$

$${}^{\bar{l}}n_{l}={}^{\bar{l}|l}n_{\bar{l}}={}^{l}n_{\bar{l}} \tag{5.7}$$

【3】基于轴不变量的转动

$$\begin{cases} {}^{\bar{l}}\phi_l = {}^{\bar{l}}_0\phi_l + {}^{\bar{l}}n_l \cdot \phi_l^{\bar{l}} & \text{if} \quad {}^{\bar{l}}\boldsymbol{k}_l \in \boldsymbol{C} \\ {}^{\bar{l}}r_l = {}^{\bar{l}}_0 r_l + {}^{\bar{l}}n_l \cdot r_l^{\bar{l}} & \text{if} \quad {}^{\bar{l}}\boldsymbol{k}_l \in \boldsymbol{C} \end{cases} \tag{5.8}$$

$$\begin{cases} {}^{\bar{l}}\dot{\phi}_l = {}^{\bar{l}}n_l \cdot \dot{\phi}_l^{\bar{l}} & \text{if} \quad {}^{\bar{l}}\boldsymbol{k}_l \in \boldsymbol{C} \\ {}^{\bar{l}}\dot{r}_l = {}^{\bar{l}}n_l \cdot \dot{r}_l^{\bar{l}} & \text{if} \quad {}^{\bar{l}}\boldsymbol{k}_l \in \boldsymbol{C} \end{cases} \tag{5.9}$$

$$\begin{cases} {}^{\bar{l}}\ddot{\phi}_l = {}^{\bar{l}}n_l \cdot \ddot{\phi}_l^{\bar{l}} & \text{if} \quad {}^{\bar{l}}\boldsymbol{k}_l \in \boldsymbol{C} \\ {}^{\bar{l}}\ddot{r}_l = {}^{\bar{l}}n_l \cdot \ddot{r}_l^{\bar{l}} & \text{if} \quad {}^{\bar{l}}\boldsymbol{k}_l \in \boldsymbol{C} \end{cases} \tag{5.10}$$

$${}^{\bar{l}}Q_l = \mathbf{1} + \mathrm{S}_l^{\bar{l}} \cdot {}^{\bar{l}}\tilde{n}_l + \left(1 - \mathrm{C}_l^{\bar{l}}\right) \cdot {}^{\bar{l}}\tilde{n}_l^{:2} = \exp\left({}^{\bar{l}}\tilde{n}_l \cdot \phi_l^{\bar{l}}\right) \tag{5.11}$$

其中：

$$\mathrm{C}_l = \mathrm{C}\left(0.5 \cdot \phi_l^{\bar{l}}\right), \quad \mathrm{S}_l = \mathrm{S}\left(0.5 \cdot \phi_l^{\bar{l}}\right), \quad \tau_l = \tau_l^{\bar{l}} = \tan\left(0.5 \cdot \phi_l^{\bar{l}}\right) \\ \mathrm{C}_l^{\bar{l}} = \mathrm{C}\left(\phi_l^{\bar{l}}\right), \quad \mathrm{S}_l^{\bar{l}} = \mathrm{S}\left(\phi_l^{\bar{l}}\right) \tag{5.12}$$

$${}^{\bar{l}}Q_l = \left(2 \cdot {}^{\bar{l}}\lambda_l^{[4]:2} - 1\right) \cdot \mathbf{1} + 2 \cdot {}^{\bar{l}}\lambda_l \cdot {}^{\bar{l}}\lambda_l^{\mathrm{T}} + 2 \cdot {}^{\bar{l}}\lambda_l^{[4]} \cdot {}^{\bar{l}}\tilde{\lambda}_l \tag{5.13}$$

$${}^{\bar{l}}\underset{\cdot}{\lambda}_l = \left[{}^{\bar{l}}\lambda_l \quad {}^{\bar{l}}\lambda_l^{[4]}\right]^{\mathrm{T}} = \left[{}^{\bar{l}}n_l \cdot \mathrm{S}_l \quad \mathrm{C}_l\right]^{\mathrm{T}} \tag{5.14}$$

【4】运动学迭代式

给定轴链${}^{i}\boldsymbol{1}_l = \left(i, \cdots, \bar{k}, k, \cdots, \bar{l}, l\right]$，$\boldsymbol{1}_l^i \geqslant 2$，有以下速度及加速度迭代式：

$${}^{i}Q_l = \prod_{k}^{{}^{i}\boldsymbol{1}_{\bar{l}}}\left({}^{\bar{k}}Q_k\right) \cdot {}^{\bar{l}}Q_l \tag{5.15}$$

$${}^{i}\underset{\cdot}{\lambda}_l = \prod_{k}^{{}^{i}\boldsymbol{1}_{\bar{l}}}\left({}^{\bar{k}}\tilde{\underset{\cdot}{\lambda}}_k\right) \cdot {}^{\bar{l}}\underset{\cdot}{\lambda}_l \tag{5.16}$$

$${}^{i}R_l = \prod_{k}^{{}^{i}\boldsymbol{1}_{\bar{l}}}\left({}^{\bar{k}}R_k\right) \cdot {}^{\bar{l}}R_l \tag{5.17}$$

$${}^{i}r_{lS} = \sum_{k}^{{}^{i}\boldsymbol{1}_{lS}}\left({}^{i|\bar{k}}r_k\right) = \sum_{k}^{{}^{i}\boldsymbol{1}_{lS}}\left({}^{i|\bar{k}}_{0}r_k + {}^{\bar{k}}n_k \cdot r_k^{\bar{k}}\right) \tag{5.18}$$

$${}^{i}\dot{\phi}_n = \sum_{k}^{{}^{i}\boldsymbol{1}_n}\left({}^{i|\bar{k}}\dot{\phi}_k\right) = \sum_{k}^{{}^{i}\boldsymbol{1}_n}\left({}^{i|\bar{k}}n_k \cdot \dot{\phi}_k^{\bar{k}}\right) \tag{5.19}$$

$${}^{i}\dot{r}_{lS} = \sum_{k}^{{}^{i}\boldsymbol{1}_{lS}}\left({}^{i}\dot{\tilde{\phi}}_{\bar{k}} \cdot {}^{i|\bar{k}}r_k + {}^{i|\bar{k}}\dot{r}_k\right) \tag{5.20}$$

$${}^{i}\ddot{\phi}_n = \sum_{k}^{{}^{i}\boldsymbol{1}_n}\left({}^{i|\bar{k}}\ddot{\phi}_k - {}^{i}\dot{\tilde{\phi}}_{\bar{k}} \cdot {}^{i|\bar{k}}\dot{\phi}_k\right) = \sum_{k}^{{}^{i}\boldsymbol{1}_n}\left({}^{i|\bar{k}}n_k \cdot \ddot{\phi}_k^{\bar{k}} - {}^{i}\dot{\tilde{\phi}}_{\bar{k}} \cdot {}^{i|\bar{k}}\dot{\phi}_k\right) \tag{5.21}$$

$$\begin{aligned} {}^{i}\ddot{r}_{lS} &= \sum_{k}^{{}^{i}\boldsymbol{1}_{lS}}\left({}^{i}\ddot{\tilde{\phi}}_{\bar{k}} \cdot {}^{i|\bar{k}}r_k + {}^{i}\dot{\tilde{\phi}}_{\bar{k}}^{:2} \cdot {}^{i|\bar{k}}r_k + 2 \cdot {}^{i}\dot{\tilde{\phi}}_{\bar{k}} \cdot {}^{i|\bar{k}}\dot{r}_k + {}^{i|\bar{k}}\ddot{r}_k\right) \\ &= \sum_{k}^{{}^{i}\boldsymbol{1}_l}\left[{}^{i|\bar{k}}n_k \cdot \ddot{r}_k^{\bar{k}} + {}^{i}\dot{\tilde{\phi}}_{\bar{k}} \cdot \left({}^{i|\bar{k}}\dot{r}_k + {}^{i|\bar{k}}n_k \cdot \dot{r}_k^{\bar{k}}\right)\right] + {}^{i|n}\ddot{r}_{nS} + {}^{i}\dot{\tilde{\phi}}_n \cdot {}^{i|n}\dot{r}_{nS} \end{aligned} \tag{5.22}$$

【5】给定轴链${}^{i}\boldsymbol{1}_n = \left(i, \cdots, \bar{n}, n\right]$，$k \in {}^{i}\boldsymbol{1}_n$，有以下偏速度计算公式：

$$\frac{\partial\, {}^{i}\dot{r}_{nS}}{\partial \dot{\phi}_{k}^{\bar{k}}} = \frac{\partial\, {}^{i}\ddot{r}_{nS}}{\partial \ddot{\phi}_{k}^{\bar{k}}} = {}^{i|\bar{k}}\tilde{n}_{k} \cdot {}^{i|k}r_{nS} \tag{5.23}$$

$$\begin{cases} \dfrac{\partial\, {}^{i}\dot{\phi}_{n}}{\partial \dot{\phi}_{k}^{\bar{k}}} = \dfrac{\partial\, {}^{i}\ddot{\phi}_{n}}{\partial \ddot{\phi}_{k}^{\bar{k}}} = {}^{i|\bar{k}}n_{k} \\ \dfrac{\partial\, {}^{i}r_{nS}}{\partial r_{k}^{\bar{k}}} = \dfrac{\partial\, {}^{i}\dot{r}_{nS}}{\partial \dot{r}_{k}^{\bar{k}}} = \dfrac{\partial\, {}^{i}\ddot{r}_{nS}}{\partial \ddot{r}_{k}^{\bar{k}}} = {}^{i|\bar{k}}n_{k} \end{cases} \tag{5.24}$$

$$\frac{\partial\, {}^{i}\dot{\phi}_{n}}{\partial \dot{r}_{k}^{\bar{k}}} = \frac{\partial\, {}^{i}\ddot{\phi}_{n}}{\partial \ddot{r}_{k}^{\bar{k}}} = 0_{3} \tag{5.25}$$

5.3 CE3 移动系统参考与度量

5.3.1 移动系统参考系与结构参量

巡视器的树链符号系统及拓扑关系参见图 2-27。其中：

$\mathbf{A} = \left(i, c1, c2, c3, c4, c5, c, rr, rb, rrd, rrw, rmw, rfd, rfw, lr, lb, lrd, lrw, lfd, lfw, lmw \right]$

$\bar{\mathbf{A}} = \left(i, i, c1, c2, c3, c4, c5, c, rr, rb, rrd, rb, rr, rfb, c, lr, lb, lrd, lr, lfd, lb \right]$

图 5-1 所示为巡视器移动系统的自然坐标系。Frame #i 根据用户需要确定，通常为“北-东-地”或“东-北-天”坐标系，称之为导航系或世界系。

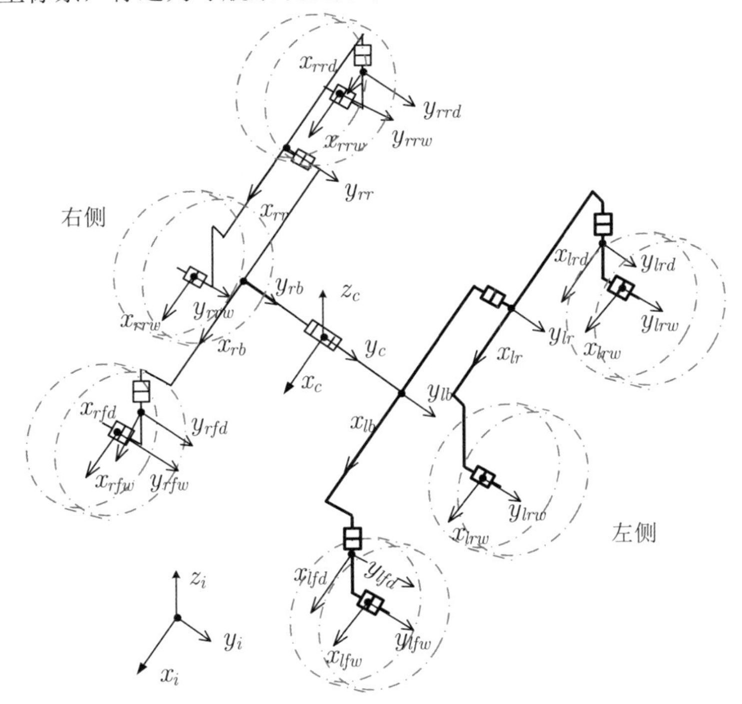

图 5-1　巡视器移动系统自然坐标系定义

在多轴系统理论中，对于有根系统仅需要确定世界系，对于无根系统仅需要确定世界系及动基座的笛卡儿轴链 ${}^{i}\mathbf{F}_{c}$。

巡视器是无根系统，笛卡儿轴链 ${}^{i}\mathbf{1}_{c}$ 的原点 O_c 位于减速器主轴中心。坐标系 x_c 轴、y_c 轴及 z_c 轴分别指向巡视器正前向、正左侧及正上方向。记轴序列为 ${}^{i}\mathbf{A}_{c}=\left(i,c1,c2,c3,c4,c5,c\right]$，父轴序列记为 ${}^{i}\bar{\mathbf{A}}_{c}=\left(i,i,c1,c2,c3,c4,c5\right]$，轴类型序列记为 ${}^{i}\mathbf{K}_{c}=\left(\mathbf{X},\mathbf{R},\mathbf{R},\mathbf{R},\mathbf{P},\mathbf{P},\mathbf{P}\right]$，该运动链记为 ${}^{i}\mathbf{1}_{c}=\left(i,c1,c2,c3,c4,c5,c\right]$；记 $\phi_{(i,c]}=\left[\phi_{c1}^{i}\ \ \phi_{c2}^{c1}\ \ \phi_{c3}^{c2}\right]$，$r_{(i,c]}=\left[r_{c4}^{c3}\ \ r_{c5}^{c4}\ \ r_{c}^{c5}\right]$；且有

$$\begin{cases} {}^{c|i}n_{c1}=\mathbf{1}^{[z]}, & {}^{c|c1}n_{c2}=\mathbf{1}^{[y]}, & {}^{c|c2}n_{c3}=\mathbf{1}^{[x]} \\ {}^{c|c5}n_{c}=\mathbf{1}^{[x]}, & {}^{c|c4}n_{c5}=\mathbf{1}^{[y]}, & {}^{c|c3}n_{c4}=\mathbf{1}^{[z]} \end{cases} \tag{5.26}$$

$${}_{0}^{c|c2}r_{c3}={}_{0}^{c|c3}r_{c4}={}_{0}^{c|c4}r_{c5}={}_{0}^{c|c5}r_{c}=0_{3} \tag{5.27}$$

由式(5.26)可知，三轴转动序列为“3-2-1”，即为“偏航-俯仰-横滚”。

只要给定笛卡儿轴链 ${}^{i}\mathbf{1}_{c}$，杆件 l 的自然坐标系 Frame $\#l$ 与 Frame $\#c$ 平行，O_l 位于轴 $\#l$ 的轴线上，具体位置由结构参数 ${}^{\bar{l}}l_{l}$ 确定。本质上，除根及动基座外不需要定义坐标系，因为它们由轴不变量及关节坐标自然确定。

如图 5-2 所示，系统结构参数由固定轴不变量 $\left\{{}^{\bar{l}}\mathbf{I}_{l}=\left[{}^{\bar{l}}n_{l}\ \ {}^{\bar{l}}l_{l}\right]^{\mathrm{T}}\middle| l\in\mathbf{A}, l\notin{}^{i}\mathbf{1}_{c}\right\}$ 描述。

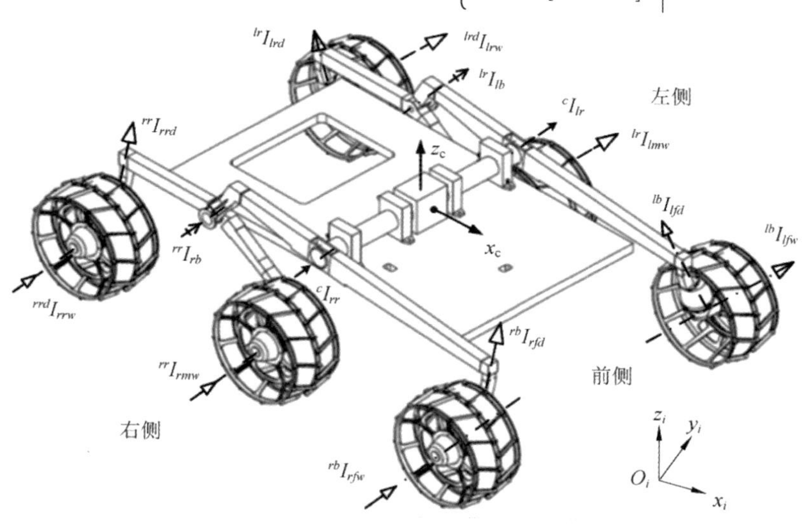

图 5-2　巡视器移动系统结构参数

例如：摇臂系统结构参数为

$${}_{0}^{c}r_{rb}=\begin{bmatrix}0\\-0.32\\0\end{bmatrix}(\mathrm{m}),\quad {}_{0}^{c}r_{lb}=\begin{bmatrix}0\\0.32\\0\end{bmatrix}(\mathrm{m}),\quad {}^{c}n_{rb}=\begin{bmatrix}0\\1\\0\end{bmatrix},\quad {}^{c}n_{lb}=\begin{bmatrix}0\\1\\0\end{bmatrix}$$

除了关节结构参数外，几何体 Ω_l 的结构参数也是多轴系统运动学必要的组成部分。

为方便表述，对轴序列分组表示：

$$\begin{aligned} \mathbf{A}_{rb} &= [rr, rb, lr, lb] \\ \mathbf{A}_{d} &= [lfd, rfd, lrd, rrd] \\ \mathbf{A}_{w} &= [lfw, rfw, lmw, rmw, rrw, lrw] \end{aligned} \tag{5.28}$$

轮地接触关系如图 5-3 所示，$\mathbf{o}$ 表示轮地接触点，${}^{\bar{l}}u_{l\mathbf{o}}$ 为单位矢量。对于薄形轮（thin wheel），轮地接触点 $\mathbf{o}$ 位于舵机轴线 ${}^{\bar{\bar{l}}}n_{\bar{l}}$ 上。由式(5.18)得

$$ {}^{\bar{l}}r_{l\mathbf{o}} = {}^{\bar{l}}r_l + {}^{\bar{l}|l}r_{l\mathbf{o}}, \quad l \in \mathbf{A}_w \tag{5.29}$$

$$ {}^{\bar{l}}r_{l\mathbf{o}} = r_l \cdot {}^{\bar{l}}u_{l\mathbf{o}}, \quad l \in \mathbf{A}_w \tag{5.30}$$

由式(5.20)得

$$ {}^{\bar{l}|l}\dot{r}_{l\mathbf{o}} = r_l \cdot {}^{\bar{l}}\tilde{n}_l \cdot \dot{\phi}_l^{\bar{l}} \cdot {}^{\bar{l}}u_{l\mathbf{o}} = r_l \cdot {}^{\bar{l}}\dot{\tilde{\phi}}_l \cdot {}^{\bar{l}}u_{l\mathbf{o}}, \quad l \in \mathbf{A}_w \tag{5.31}$$

其中：r_l 为轮半径。显然，轮地接触单位矢量 ${}^{\bar{l}}u_{l\mathbf{o}}$ 随地形起伏而发生变化，它是移动系统的状态参量，无相应的传感器对轮地接触单位矢量 ${}^{\bar{l}}u_{l\mathbf{o}}$ 进行直接测量。

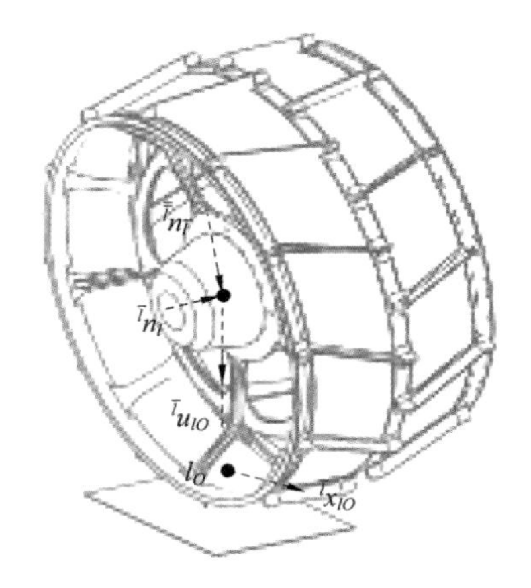

图 5-3　轮地作用方向矢量定义

由图 5-3 可知

$$ {}^{\bar{l}}x_{l\mathbf{o}} = {}^{\bar{l}}\tilde{u}_{l\mathbf{o}} \cdot {}^{\bar{l}}n_l, \quad l \in \mathbf{A}_w \tag{5.32}$$

其中：${}^{\bar{l}}x_{l\mathbf{o}}$ 为轮前进方向单位矢量，与轮地接触面平行。

5.3.2　移动系统运动量、检测量及控制量

巡视器移动系统的运动量、检测量及控制量如图 5-4 所示。

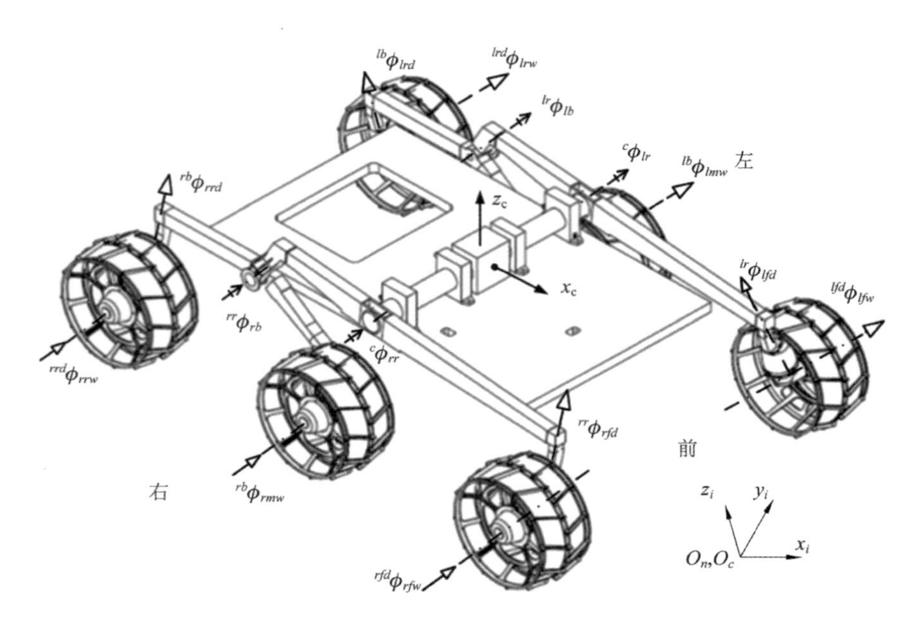

图 5-4　巡视器移动系统的运动量、检测量及控制量

巡视器在移动控制过程中的控制命令即巡视器的平动速度与转动角速度 $\left\{ {}^{c|i}\dot{r}_c, {}^{c|i}\dot{\phi}_c \right\}$。巡视器的位形 $\left\{ {}^{i}r_c, {}^{i}\phi_c \right\}$ 通过航位推算得到，通常 $\left[{}^{i}r_c^{[1]} \quad {}^{i}r_c^{[2]} \right]$ 具有 5%～15%的相对定位误差，巡视器偏航角 ${}^{i}\phi_c^{[3]}$ 误差较小，通常静态误差小于 0.2°、动态误差小于 0.5°。

移动系统采用六轮独立驱动的摇臂式结构，四个角轮配有方向电动机。本体通过差速机构的两个输出轴分别与左右大臂固结，左右大臂通过转动副分别与左右小臂连接。巡视器运动量的极性定义如图 5-2 所示，当系统运动量的极性定义与 CE3 工程规范定义不一致时，仅需根据工程极性定义确定结构参数 $\left\{ {}^{\bar{l}}n_l \middle| l \in \mathbf{A}, l \notin {}^{i}\mathbf{1}_c \right\}$ 即可。

由于左右大臂与本体通过差速机构连接，因此本体至右侧大臂的角度 ϕ_{rb}^{c} 与本体至左侧大臂的角度 ϕ_{lb}^{c} 的关系为

$$\phi_{rb}^{c} = -\phi_{lb}^{c} \tag{5.33}$$

本体总是保持在右侧大臂与左侧大臂的角平分线上。故本体与左右侧大臂仅有 1 个独立的自由度。右侧大臂至右侧小臂的角度 ϕ_{rr}^{c} 及左侧大臂至左侧小臂的角度 ϕ_{lr}^{c} 在一定范围内可自由变化。故摇臂系统有 3 个独立的自由度。摇臂角度 $\left\{ \phi_l^{\bar{l}} \middle| l \in \mathbf{A}_{rb} \right\}$ 由旋转变压器（简称旋变）测量得到。

当巡视器置于自然地形时，由于重力作用，六轮与地面接触。巡视器“3-2-1”姿态角 ϕ_{c1}^{c}、ϕ_{c2}^{c1} 及高度 ${}^{c|i}r_c^{[3]}$ 已确定，仅有 ϕ_{c3}^{c2}、前向位置 ${}^{c|i}r_c^{[1]}$ 及侧向位置 ${}^{c|i}r_c^{[2]}$ 可控。这 3 个自由度对应于摇臂系统的 3 个独立自由度。因此，巡视器移动系统具有 3 个独立自由度。

巡视器通过 4 个独立的舵机角度 $\left\{\phi_l^{\bar{l}} \middle| l \in \mathbf{A}_d\right\}$ 和 6 个独立驱动轮角速度 $\left\{\dot{\phi}_l^{\bar{l}} \middle| l \in \mathbf{A}_w\right\}$ 进行控制。舵机角度通过旋变测量得到，6 个独立驱动轮角速度可以通过相对编码器获得。巡视器驱动轮具有 10 个独立驱动自由度。自由的 6D 空间经自然地形约束具有 3 个独立自由度；6 个驱动轮通过摇臂系统约束也具有 3 个独立的自由度。正是由于巡视器在结构上与自然地形适配，才能保证巡视器在自然地形上具有良好的移动性能。

巡视器的三轴加速度 ${}^i\ddot{r}_c$ 及三轴角速度 ${}^i\dot{\phi}_c$ 由惯性单元测量得到，它们与舵机角度 $\left\{\phi_l^{\bar{l}} \middle| l \in \mathbf{A}_d\right\}$、驱动轮角速度 $\left\{\dot{\phi}_l^{\bar{l}} \middle| l \in \mathbf{A}_w\right\}$ 及太阳敏感器测量的太阳矢量 ${}^c u_s$ 共同确定巡视器相对导航系的位形 $\left[{}^i r_c^{[1]} \ {}^i r_c^{[2]} \ {}^i \phi_{c1}\right]$。由期望的位置 $\left[{}_d^i r_c^{[1]} \ {}_d^i r_c^{[2]} \ {}_d^i \phi_{c1}\right]$、巡视器当前位形 $\left[{}^i r_c^{[1]} \ {}^i r_c^{[2]} \ {}^i \phi_{c1}\right]$ 及巡视器周围环境的数字高程图，确定巡视器的控制命令 $\left[{}^i\dot{r}_c^{[1]} \ {}^i\dot{\phi}_c^{[3]}\right]$。

因此，巡视器移动系统在运动学上具有以下特征：①因通过 10 个独立的驱动自由度控制巡视器 3 个独立的移动自由度，故在结构上存在 7 个自由度的冗余；②摇臂系统具有差速器约束，如式(5.33)所示；③移动系统的运动学行为是操控巡视器的基本依据，需要对巡视器移动系统的运动学行为进行分析。

5.4 CE3 月面巡视器牵引控制运动学

如图 5-4 和图 5-5 所示，巡视器牵引控制是指：给定相对巡视器体系 c 的期望速度 $\left[{}_d^{c|i}\dot{r}_c^{[1]} \ {}_d^{c|i}\dot{r}_c^{[2]} \ {}_d^{c|i}\dot{\phi}_{c1}\right]$，控制驱动轮角速度 $\left\{\dot{\phi}_l^{\bar{l}} \middle| l \in \mathbf{A}_w\right\}$ 及舵机角度 $\left\{\phi_l^{\bar{l}} \middle| l \in \mathbf{A}_d\right\}$，实现巡视器速度 $\left[{}^{c|i}\dot{r}_c^{[1]} \ {}^{c|i}\dot{r}_c^{[2]} \ {}^{c|i}\dot{\phi}_c^{[3]}\right]$ 对期望速度 $\left[{}_d^{c|i}\dot{r}_c^{[1]} \ {}_d^{c|i}\dot{r}_c^{[2]} \ {}_d^{c|i}\dot{\phi}_{c1}\right]$ 的跟踪控制。

在巡视器牵引控制过程中，巡视器的俯仰角 ϕ_{c2}^{c1} 及横滚角 ϕ_{c3}^{c2}、平动速度 ${}^c\dot{r}_i^{[2]}$ 及 ${}^c\dot{r}_i^{[3]}$、摇臂角度 $\left\{\phi_l^{\bar{l}} \middle| l \in \mathbf{A}_{rb}\right\}$ 由地形自然确定。相应地，巡视器的俯仰角速度 $\dot{\phi}_{c2}^{c1}$ 及横滚角速度 $\dot{\phi}_{c3}^{c2}$，摇臂角速度 $\left\{\dot{\phi}_l^{\bar{l}} \middle| l \in \mathbf{A}_{rb}\right\}$ 亦由地形自然确定。

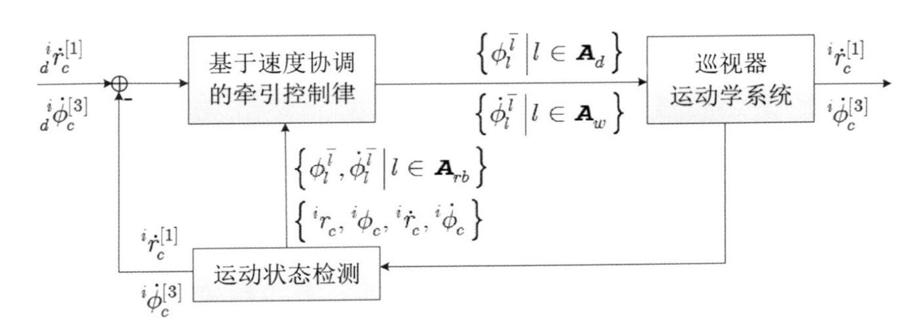

图 5-5　巡视器牵引控制框图

该控制系统的输出量包括驱动轮角速度$\left\{\dot{\phi}_l^{\overline{l}} \middle| l \in \mathbf{A}_w\right\}$和舵机角度$\left\{\phi_l^{\overline{l}} \middle| l \in \mathbf{A}_d\right\}$，它们作为驱动轮电动机控制器和舵机控制器的输入，需要完成电动机的速度环及位置环的控制。由于巡视器的速度$\left[{}^{c|i}\dot{r}_c^{[1]}\ \ {}^{c|i}\dot{r}_c^{[2]}\ \ {}^{c|i}\dot{\phi}_c^{[3]}\right]$较小，不需要考虑巡视器及月壤的动力学过程。

5.4.1 基本链节关系

1.链节基本关系

由式(5.8)中转动轴矢量得转动矢量

$$^{\overline{l}}\phi_l = {}^{\overline{l}}n_l \cdot \phi_l^{\overline{l}},\quad l \in \mathbf{A}, l \notin {}^i\mathbf{1}_c \tag{5.34}$$

由式(5.9)得

$$^{\overline{l}}\dot{\phi}_l = {}^{\overline{l}}n_l \cdot \dot{\phi}_l^{\overline{l}},\quad l \in \mathbf{A}, l \notin {}^i\mathbf{1}_c \tag{5.35}$$

由式(5.11)得

$$^{\overline{l}}Q_l = \mathbf{1} + \mathrm{S}_l^{\overline{l}} \cdot {}^{\overline{l}}\tilde{n}_l + \left(1 - \mathrm{C}_l^{\overline{l}}\right) \cdot {}^{\overline{l}}\tilde{n}_l^{:2},\quad l \in \mathbf{A}, l \notin {}^i\mathbf{1}_c \tag{5.36}$$

2.运动链计算

由式(5.15)及式(5.36)得

$$^{i}Q_l = \prod_k^{^i\mathbf{1}_{\overline{l}}}\left({}^{\overline{k}}Q_k\right) \cdot {}^{\overline{l}}Q_l,\quad l \in \mathbf{A} \tag{5.37}$$

由式(5.19)及式(5.37)得

$$^{i}\dot{\phi}_n = \sum_k^{^i\mathbf{1}_n}\left({}^{i|\overline{k}}\dot{\phi}_k\right),\quad l \in \mathbf{A} \tag{5.38}$$

由式(5.20)及式(5.37)得

$$^{i}\dot{r}_{lO} = \sum_k^{^i\mathbf{1}_l}\left({}^{i}\dot{\tilde{\phi}}_{\overline{k}} \cdot {}^{i|\overline{k}}r_k + {}^{i|\overline{k}}\dot{r}_k\right) + {}^{i}\dot{\tilde{\phi}}_{\overline{l}} \cdot {}^{i|\overline{l}}r_{lO},\quad l \in \mathbf{A}_w \tag{5.39}$$

$$^{i}\dot{r}_{lS} = \sum_k^{^i\mathbf{1}_l}\left({}^{i}\dot{\tilde{\phi}}_{\overline{k}} \cdot {}^{i|\overline{k}}r_k + {}^{i|\overline{k}}\dot{r}_k\right) + {}^{i}\dot{\tilde{\phi}}_{\overline{l}} \cdot {}^{i|\overline{l}}r_{lS},\quad l \in \mathbf{A}_d \tag{5.40}$$

式(5.39)称为驱动轮速度协调方程；式(5.40)称为舵机速度协调方程。

由上可知，应用运动链符号系统表征高自由度系统的运动学方程简洁明了。一方面，因上述公式具有伪代码的功能，易于简化软件实现过程及保障软件的可靠性；另一方面，由于不需要重复表达不同运动链的运动学方程，相关的技术文档易于阅读与交流。

5.4.2 基于速度协调的牵引控制逆运动学

给定相对巡视器体系 c 的期望速度$\left[{}_d^{c|i}\dot{r}_c^{[1]}\ \ {}_d^{c|i}\dot{r}_c^{[2]}\ \ {}_d^{c|i}\dot{\phi}_{c1}\right]$，控制驱动轮角速度$\left\{\dot{\phi}_l^{\overline{l}} \middle| l \in \mathbf{A}_w\right\}$

及舵机角度$\left\{\phi_l^{\bar{l}} \middle| l \in \mathbf{A}_d\right\}$，通过牵引控制，实现巡视器速度$\left[\,{}^{c|i}\dot{r}_c^{[1]} \;\; {}^{c|i}\dot{r}_c^{[2]} \;\; {}^{c|i}\dot{\phi}_c^{[3]}\,\right]$对期望速度$\left[\,{}^{c|i}_{\ d}\dot{r}_c^{[1]} \;\; {}^{c|i}_{\ d}\dot{r}_c^{[2]} \;\; {}^{c|i}_{\ d}\dot{\phi}_{c1}\,\right]$的跟踪控制。

基于速度协调的牵引控制的目的是：轮轴在舵机轴方向${}^{\bar{l}}n_{\bar{l}}$无滑移速度，轮地接触点速度在轮轴方向${}^{\bar{l}}n_l$无相对滑移，即满足

$$ {}^{c|\bar{\bar{l}}}n_{\bar{l}}^{\mathrm{T}} \cdot {}^{c|i}\dot{r}_{lO} = 0, \quad l \in \mathbf{A}_w \tag{5.41} $$

$$ {}^{i|\bar{l}}n_l^{\mathrm{T}} \cdot {}^{i}\dot{r}_l = 0, \quad l \in \mathbf{A}_w \tag{5.42} $$

同时，由于轮地保持接触，接触点速度在接触面法向的分量为 0，故有

$$ {}^{c|\bar{l}}u_{lO}^{\mathrm{T}} \cdot {}^{c|i}\dot{r}_{lO} = 0, \quad l \in \mathbf{A}_w \tag{5.43} $$

1.驱动轮角速度确定

由式(5.42)和式(5.39)得

$$ {}^{i|\bar{\bar{l}}}n_{\bar{l}}^{\mathrm{T}} \cdot {}^{i}\dot{\tilde{\phi}}_{\bar{l}} \cdot {}^{i|\bar{l}}r_l = {}^{i|\bar{\bar{l}}}n_{\bar{l}}^{\mathrm{T}} \cdot \sum_{k}^{{}^{i}\mathbf{1}_l}\left({}^{i}\dot{\tilde{\phi}}_{\bar{k}} \cdot {}^{i|\bar{k}}r_k + {}^{i|\bar{k}}\dot{r}_k \right), \quad l \in \mathbf{A}_w \tag{5.44} $$

由式(5.40)和式(5.41)得

$$ {}^{i|\bar{l}}x_{lO}^{\mathrm{T}} \cdot {}^{i}\dot{\tilde{\phi}}_l \cdot {}^{i|l}r_{lO} = {}^{i|\bar{l}}x_{lO}^{\mathrm{T}} \cdot \sum_{k}^{{}^{i}\mathbf{1}_l}\left({}^{i}\dot{\tilde{\phi}}_{\bar{k}} \cdot {}^{i|\bar{k}}r_k + {}^{i|\bar{k}}\dot{r}_k \right), \quad l \in \mathbf{A}_w \tag{5.45} $$

由式(5.45)得

$$ {}^{i|\bar{l}}x_{lO}^{\mathrm{T}} \cdot \left({}^{i}\dot{\tilde{\phi}}_{\bar{l}} + {}^{i|\bar{l}}\dot{\tilde{\phi}}_l \right) \cdot {}^{i|l}r_{lO} = {}^{i|\bar{l}}x_{lO}^{\mathrm{T}} \cdot \sum_{k}^{{}^{i}\mathbf{1}_l}\left({}^{i}\dot{\tilde{\phi}}_{\bar{k}} \cdot {}^{i|\bar{k}}r_k + {}^{i|\bar{k}}\dot{r}_k \right), \quad l \in \mathbf{A}_w \tag{5.46} $$

因舵机角速度可忽略，即$\dot{\phi}_{\bar{l}}^{\bar{\bar{l}}} \approx 0$，故有

$$ {}^{i|\bar{l}}x_{lO}^{\mathrm{T}} \cdot \left({}^{i}\dot{\tilde{\phi}}_{\bar{l}} + {}^{i|\bar{l}}\tilde{n}_l \cdot \dot{\phi}_l^{\bar{l}} \right) \cdot {}^{i|\bar{l}}r_{lO} = {}^{i|\bar{l}}x_{lO}^{\mathrm{T}} \cdot \sum_{k}^{{}^{i}\mathbf{1}_l}\left({}^{i}\dot{\tilde{\phi}}_{\bar{k}} \cdot {}^{i|\bar{k}}r_k + {}^{i|\bar{k}}\dot{r}_k \right), \quad l \in \mathbf{A}_w \tag{5.47} $$

由式(5.47)得

$$ \dot{\phi}_l^{\bar{l}} \cdot {}^{i|\bar{l}}x_{lO}^{\mathrm{T}} \cdot {}^{i|\bar{l}}\tilde{n}_l \cdot {}^{i|\bar{l}}r_{lO} = {}^{i|\bar{l}}x_{lO}^{\mathrm{T}} \cdot \left[\sum_{k}^{{}^{i}\mathbf{1}_l}\left({}^{i}\dot{\tilde{\phi}}_{\bar{k}} \cdot {}^{i|\bar{k}}r_k + {}^{i|\bar{k}}\dot{r}_k \right) - {}^{i}\dot{\tilde{\phi}}_{\bar{l}} \cdot {}^{i|\bar{l}}r_{lO} \right], \quad l \in \mathbf{A}_w \tag{5.48} $$

又

$$ {}^{i|\bar{l}}x_{lO}^{\mathrm{T}} \cdot {}^{i|\bar{l}}\tilde{n}_l \cdot {}^{i|\bar{l}}r_{lO} = {}^{i|\bar{l}}x_{lO}^{\mathrm{T}} \cdot {}^{i|\bar{l}}\tilde{n}_l \cdot {}^{i|\bar{l}}u_{lO} \cdot r_l = -r_l \tag{5.49} $$

则由式(5.48)及式(5.49)得

$$ \dot{\phi}_l^{\bar{l}} = -\frac{1}{r_l} \cdot {}^{i|\bar{l}}x_{lO}^{\mathrm{T}} \cdot \left[\sum_{k}^{{}^{i}\mathbf{1}_l}\left({}^{i}\dot{\tilde{\phi}}_{\bar{k}} \cdot {}^{i|\bar{k}}r_k + {}^{i|\bar{k}}\dot{r}_k \right) - {}^{i}\dot{\tilde{\phi}}_{\bar{l}} \cdot {}^{i|\bar{l}}r_{lO} \right], \quad l \in \mathbf{A}_w \tag{5.50} $$

2.舵机角度确定

因舵机角速度可忽略，即 $\dot{\phi}_{l}^{\bar{\bar{l}}} \approx 0$，且 ${}^{i|\bar{l}}\dot{r}_{l} = 0_3$，$l \in \mathbf{A}_w$，$\bar{l} \in \mathbf{A}_d$，由式(5.44)得

$$ {}^{i|\bar{\bar{l}}}n_{\bar{l}}^{\mathrm{T}} \cdot {}^{i}\dot{\tilde{\phi}}_{\bar{\bar{l}}} \cdot {}^{i}Q_{\bar{\bar{l}}} \cdot {}^{\bar{\bar{l}}}Q_{\bar{l}} \cdot {}^{\bar{l}}r_{l} = {}^{i|\bar{\bar{l}}}n_{\bar{l}}^{\mathrm{T}} \cdot \left[\sum_{k}^{{}^{i}\mathbf{1}_{\bar{l}}} \left({}^{i}\dot{\tilde{\phi}}_{\bar{k}} \cdot {}^{i|\bar{k}}r_{k} + {}^{i|\bar{k}}\dot{r}_{k} \right) + {}^{i}\dot{\tilde{\phi}}_{\bar{\bar{l}}} \cdot {}^{i|\bar{l}}r_{l} \right] \tag{5.51} $$

记

$$ {}^{i}c_{\bar{l}}^{\mathrm{T}} \triangleq {}^{i|\bar{\bar{l}}}n_{\bar{l}}^{\mathrm{T}} \cdot {}^{i}\dot{\tilde{\phi}}_{\bar{\bar{l}}} \cdot {}^{i}Q_{\bar{\bar{l}}},\quad c_0 \triangleq {}^{i|\bar{\bar{l}}}n_{\bar{l}}^{\mathrm{T}} \cdot \left[\sum_{k}^{{}^{i}\mathbf{1}_{\bar{l}}} \left({}^{i}\dot{\tilde{\phi}}_{\bar{k}} \cdot {}^{i|\bar{k}}r_{k} + {}^{i|\bar{k}}\dot{r}_{k} \right) + {}^{i}\dot{\tilde{\phi}}_{\bar{\bar{l}}} \cdot {}^{i|\bar{l}}r_{l} \right] \tag{5.52} $$

由式(5.51)及式(5.52)得

$$ {}^{i}c_{\bar{l}}^{\mathrm{T}} \cdot {}^{\bar{\bar{l}}}Q_{\bar{l}} \cdot {}^{\bar{l}}r_{l} = c_0,\quad l \in \mathbf{A}_w, \bar{l} \in \mathbf{A}_d \tag{5.53} $$

由式(5.11)及式(5.53)得

$$ {}^{i}c_{\bar{l}}^{\mathrm{T}} \cdot \left[\mathbf{1} + \mathrm{S}_{\bar{l}}^{\bar{\bar{l}}} \cdot {}^{\bar{\bar{l}}}\tilde{n}_{\bar{l}} + \left(1 - \mathrm{C}_{\bar{l}}^{\bar{\bar{l}}}\right) \cdot {}^{\bar{\bar{l}}}\tilde{n}_{\bar{l}}^{:2} \right] \cdot {}^{\bar{l}}r_{l} = c_0,\quad l \in \mathbf{A}_w, \bar{l} \in \mathbf{A}_d \tag{5.54} $$

由式(5.54)得

$$ {}^{i}c_{\bar{l}}^{\mathrm{T}} \cdot {}^{\bar{l}}r_{l} + \mathrm{S}_{\bar{l}}^{\bar{\bar{l}}} \cdot {}^{i}c_{\bar{l}}^{\mathrm{T}} \cdot {}^{\bar{\bar{l}}}\tilde{n}_{\bar{l}} \cdot {}^{\bar{l}}r_{l} + \left(1 - \mathrm{C}_{\bar{l}}^{\bar{\bar{l}}}\right) \cdot {}^{i}c_{\bar{l}}^{\mathrm{T}} \cdot {}^{\bar{\bar{l}}}\tilde{n}_{\bar{l}}^{:2} \cdot {}^{\bar{l}}r_{l} = c_0,\quad l \in \mathbf{A}_w, \bar{l} \in \mathbf{A}_d \tag{5.55} $$

再记

$$ a_1 = {}^{i}c_{\bar{l}}^{\mathrm{T}} \cdot {}^{\bar{l}}r_{l},\quad a_2 = {}^{i}c_{\bar{l}}^{\mathrm{T}} \cdot {}^{\bar{\bar{l}}}\tilde{n}_{\bar{l}} \cdot {}^{\bar{l}}r_{l},\quad a_3 = {}^{i}c_{\bar{l}}^{\mathrm{T}} \cdot {}^{\bar{\bar{l}}}\tilde{n}_{\bar{l}}^{:2} \cdot {}^{\bar{l}}r_{l} \tag{5.56} $$

由式(5.55)及式(5.56)得

$$ a_1 + \mathrm{S}_{\bar{l}}^{\bar{\bar{l}}} \cdot a_2 + \left(1 - \mathrm{C}_{\bar{l}}^{\bar{\bar{l}}}\right) \cdot a_3 = c_0,\quad l \in \mathbf{A}_w, \bar{l} \in \mathbf{A}_d \tag{5.57} $$

考虑式(5.12)及式(5.57)得

$$ a_1 + \frac{2\tau_{\bar{l}}}{1 + \tau_{\bar{l}}^{:2}} \cdot a_2 + \left(1 - \frac{1 - \tau_{\bar{l}}^{:2}}{1 + \tau_{\bar{l}}^{:2}}\right) \cdot a_3 = c_0,\quad l \in \mathbf{A}_w, \bar{l} \in \mathbf{A}_d $$

即

$$ \left(2a_3 + a_1 - c_0\right) \cdot \tau_{\bar{l}}^{:2} + 2a_2 \cdot \tau_{\bar{l}} + a_1 - c_0 = 0,\quad l \in \mathbf{A}_w, \bar{l} \in \mathbf{A}_d \tag{5.58} $$

记

$$ \Delta_{\bar{l}} = a_2^2 - \left(a_1 - c_0\right)\left(2a_3 + a_1 - c_0\right) $$

若 $\Delta_{\bar{l}} \geqslant 0$，解式(5.58)得

$$ \phi_{\bar{l}}^{\bar{\bar{l}}} = 2 \cdot \arctan\left(\frac{-a_2 \pm \sqrt{\Delta_{\bar{l}}}}{2a_3 + a_1 - c_0} \right),\quad l \in \mathbf{A}_w, \bar{l} \in \mathbf{A}_d \tag{5.59} $$

3.轮地接触方向确定

对于薄形轮有 ${}^{\bar{l}}u_{l\mathcal{O}}^{\mathrm{T}} \cdot {}^{\bar{l}}n_{l} = 0_3$，并考虑式(5.43)得

$$ \begin{cases} {}^{\bar{l}}u_{l\mathcal{O}}^{\mathrm{T}} \cdot {}^{\bar{l}}n_{l} = 0 \\ {}^{c|\bar{l}}u_{l\mathcal{O}}^{\mathrm{T}} \cdot {}^{c|i}\dot{r}_{l\mathcal{O}} = 0 \end{cases} \tag{5.60} $$

因 ${}^{\bar{l}}u_{lo}$ 是单位矢量，记 ${}^{\bar{l}}u_{lo}^{\mathrm{T}}=\left[\mathrm{C}(\alpha)\quad \mathrm{S}(\alpha)\mathrm{C}(\beta)\quad \mathrm{S}(\alpha)\mathrm{S}(\beta)\right]$，将之代入式(5.60)得

$$\begin{cases}{}^{\bar{l}}n_l^{[1]}\cdot\mathrm{C}(\alpha)+{}^{\bar{l}}n_l^{[2]}\cdot\mathrm{S}(\alpha)\mathrm{C}(\beta)+{}^{\bar{l}}n_l^{[3]}\cdot\mathrm{S}(\alpha)\mathrm{S}(\beta)=0\\ {}^{c|i}\dot{r}_{lo}^{[1]}\cdot\mathrm{C}(\alpha)+{}^{c|i}\dot{r}_{lo}^{[2]}\cdot\mathrm{S}(\alpha)\mathrm{C}(\beta)+{}^{c|i}\dot{r}_{lo}^{[3]}\cdot\mathrm{S}(\alpha)\mathrm{S}(\beta)=0\end{cases}\tag{5.61}$$

式(5.61)等价于

$$\begin{cases}{}^{c|i}\dot{r}_{lo}^{[1]}\cdot{}^{\bar{l}}n_l^{[1]}\cdot\mathrm{C}(\alpha)+{}^{c|i}\dot{r}_{lo}^{[1]}\cdot{}^{\bar{l}}n_l^{[2]}\cdot\mathrm{S}(\alpha)\mathrm{C}(\beta)+{}^{c|i}\dot{r}_{lo}^{[1]}\cdot{}^{\bar{l}}n_l^{[3]}\cdot\mathrm{S}(\alpha)\mathrm{S}(\beta)=0\\ \left({}^{c|i}\dot{r}_{lo}^{[2]}\cdot{}^{\bar{l}}n_l^{[1]}-{}^{c|i}\dot{r}_{lo}^{[1]}\cdot{}^{\bar{l}}n_l^{[2]}\right)\cdot\mathrm{S}(\alpha)\mathrm{C}(\beta)=\left({}^{c|i}\dot{r}_{lo}^{[1]}\cdot{}^{\bar{l}}n_l^{[3]}-{}^{c|i}\dot{r}_{lo}^{[3]}\cdot{}^{\bar{l}}n_l^{[1]}\right)\cdot\mathrm{S}(\alpha)\mathrm{S}(\beta)\end{cases}$$

故得

$$\beta=\arctan\left(\frac{{}^{c|i}\dot{r}_{lo}^{[2]}\cdot{}^{\bar{l}}n_l^{[1]}-{}^{c|i}\dot{r}_{lo}^{[1]}\cdot{}^{\bar{l}}n_l^{[2]}}{{}^{c|i}\dot{r}_{lo}^{[1]}\cdot{}^{\bar{l}}n_l^{[3]}-{}^{c|i}\dot{r}_{lo}^{[3]}\cdot{}^{\bar{l}}n_l^{[1]}}\right)\tag{5.62}$$

由式(5.62)得 $\mathrm{C}(\beta)$ 及 $\mathrm{S}(\beta)$，代入式(5.61)得

$$\alpha=\arctan\left(-\frac{1}{{}^{\bar{l}}n_l^{[1]}}\cdot\left({}^{\bar{l}}n_l^{[3]}\cdot\mathrm{S}(\beta)+{}^{\bar{l}}n_l^{[2]}\cdot\mathrm{C}(\beta)\right)\right)\tag{5.63}$$

或

$$\alpha=\arctan\left(-\frac{1}{{}^{c|i}\dot{r}_{lo}^{[1]}}\cdot\left({}^{c|i}\dot{r}_{lo}^{[3]}\cdot\mathrm{S}(\beta)+{}^{c|i}\dot{r}_{lo}^{[2]}\cdot\mathrm{C}(\beta)\right)\right)\tag{5.64}$$

5.4.3 基于速度协调的牵引控制实验

应用基于速度协调的牵引控制方法在作者研制的月面巡视器原理样机上进行实验。如图 5-6 所示，该样机可以正确地实现巡视器自主牵引控制，可以完成圆弧运动及直线运动。同样，在满足该巡视器最小转弯半径约束的条件下，可以调节巡视器的平动速度与转动速度，由牵引控制系统自动地解算 6 个方向舵机的方向和 6 个驱动轮的转动速度。

图 5-6　BH2 巡视器原理样机自主牵引控制（左为圆弧运动，右为直线移动）

应用基于速度协调的牵引控制方法在 CE3 月面巡视器动力学系统上进行仿真研究。如图 5-7 所示，巡视器以平动速度 2 cm/s 及转动速度 1（°）/s 做圆弧运动，地形具有一定的起伏。由牵引控制系统自动地解算 4 个方向舵机的方向和 6 个驱动轮的转动速度，能够实

现自主牵引控制。同时，由后续的巡视器运动控制仿真可知，在基于速度协调的牵引控制下，能够实现巡视器的路线跟踪控制及位形控制。

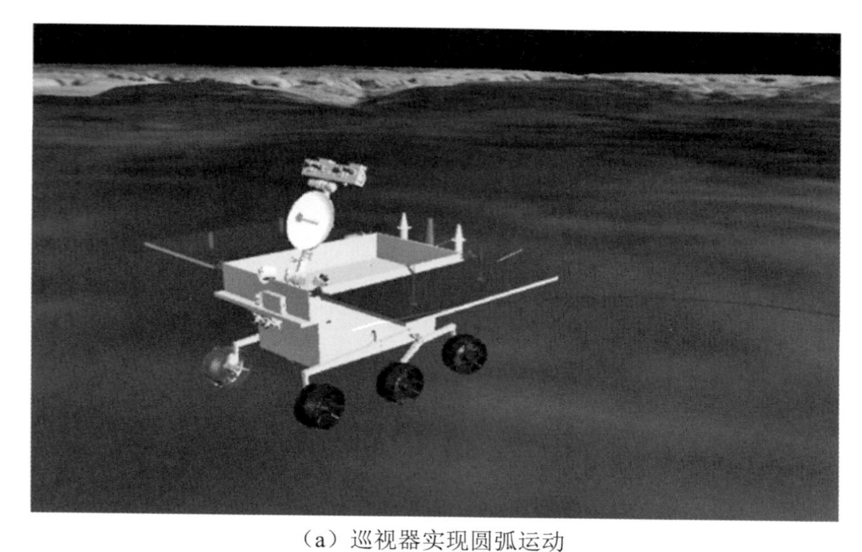

（a）巡视器实现圆弧运动

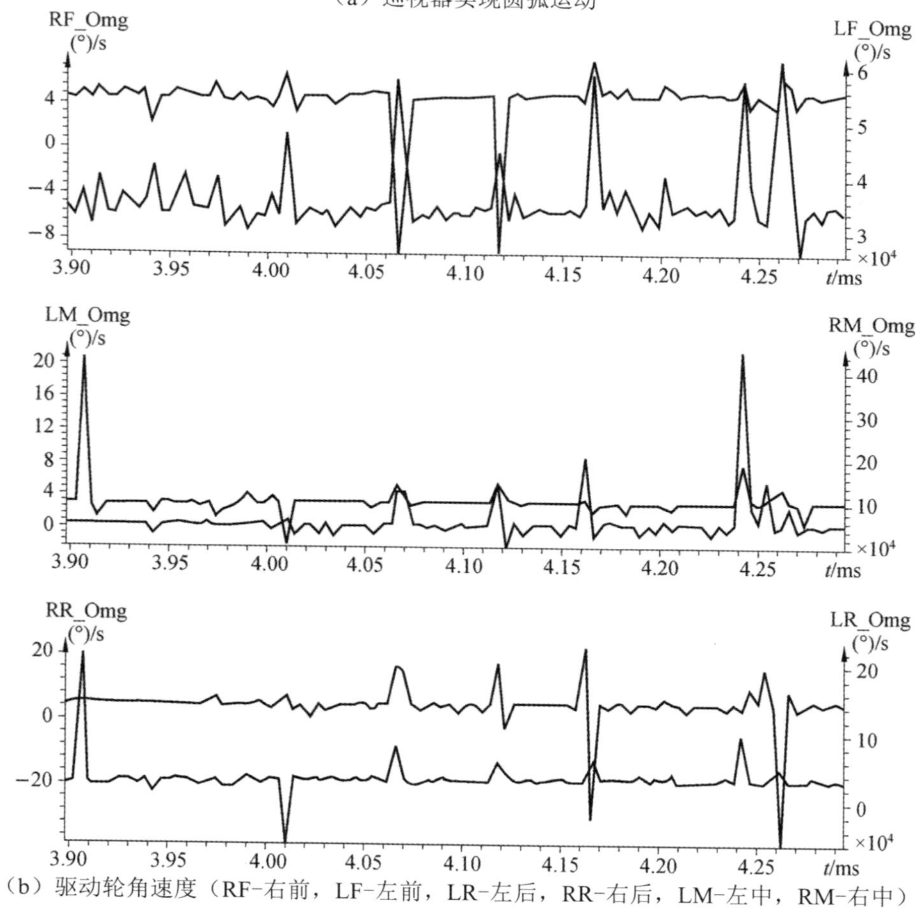

（b）驱动轮角速度（RF-右前，LF-左前，LR-左后，RR-右后，LM-左中，RM-右中）

图 5-7　自主牵引控制仿真结果

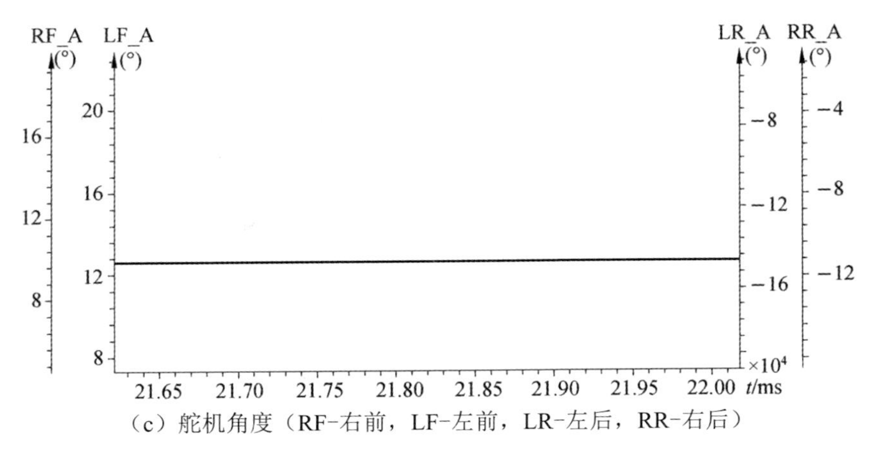

（c）舵机角度（RF-右前，LF-左前，LR-左后，RR-右后）

续图 5-7

5.4.4 巡视器导航运动学

巡视器平动速度 ${}^{i}\dot{r}_{c}$ 需要通过捷联系统（strapdown system）进行航位推算。因为巡视器的加速度很小，所以三轴加速度计检测量中具有较大的测量噪声。同时，当巡视器间歇运动时间过长时，估计的 ${}^{i}\dot{r}_{c}$ 具有较大的测量误差。当捷联系统测量精度较差时，可以通过巡视器驱动轮转速来估计巡视器平动速度 ${}^{i}\dot{r}_{c}$。该方法成立的前提是：驱动轮无滑移或滑移率较小。

由式(5.20)得

$$
{}^{c|i}\dot{r}_{lO} = \sum_{k}^{{}^{i}\mathbf{1}_{l}} \left({}^{c|\bar{k}}\dot{r}_{k} + {}^{c|i}\dot{\tilde{\phi}}_{\bar{k}} \cdot {}^{c|\bar{k}}r_{k} \right) + {}^{c|i}\dot{\tilde{\phi}}_{\bar{l}} \cdot {}^{c|\bar{l}}r_{lO} = 0_{3}, \quad l \in \mathbf{A}_{w} \tag{5.65}
$$

考虑到 ${}^{\bar{k}}\dot{r}_{k} = 0_{3}$，其中 $k \in \mathbf{A}$，$k \notin {}^{i}\mathbf{1}_{c}$，故有

$$
{}^{c|i}\dot{r}_{c} = -\sum_{k}^{{}^{c}\mathbf{1}_{l}} \left({}^{c|i}\dot{\tilde{\phi}}_{\bar{k}} \cdot {}^{c|\bar{k}}r_{k} \right) + {}^{c|i}\dot{\tilde{\phi}}_{\bar{l}} \cdot {}^{c|\bar{l}}r_{lO}, \quad l \in \mathbf{A}_{w} \tag{5.66}
$$

通过编码器可以检测得到 $\left\{ \dot{\phi}_{l}^{\bar{l}} \middle| l \in \mathbf{A}_{w} \right\}$、$\left\{ \phi_{l}^{\bar{l}}, \dot{\phi}_{l}^{\bar{l}} \middle| l \in \mathbf{A}_{d} \right\}$ 及 $\left\{ \phi_{l}^{\bar{l}}, \dot{\phi}_{l}^{\bar{l}} \middle| l \in \mathbf{A}_{rb} \right\}$。

由式(5.65)可知：共有 18 个等式，且仅含 3 个未知分量即 ${}^{c|i}\dot{r}_{c}$。将式(5.65)排列并以矩阵的形式表示为

$$
{}^{c|i}\dot{r}_{c} = A \cdot \left[\dot{\phi}_{l}^{\bar{l}} \middle| l \in \mathbf{A}_{w} \right]^{\mathrm{T}} \tag{5.67}
$$

由式(5.67)解得

$$
{}^{c|i}\dot{r}_{c} = \left(A^{\mathrm{T}} \cdot A \right)^{-1} \cdot A \cdot \left[\dot{\phi}_{l}^{\bar{l}} \middle| l \in \mathbf{A}_{w} \right]^{\mathrm{T}} \tag{5.68}
$$

由式(5.68)可知：根据 $\left\{ \dot{\phi}_{l}^{\bar{l}} \middle| l \in \mathbf{A}_{w} \right\}$ 可以确定巡视器速度 ${}^{c|i}\dot{r}_{c}$。

5.4.5 本节贡献

本节应用基于轴不变量的多轴系统运动学解决了基于速度协调的牵引控制问题、巡视器导航运动学问题。通过工程实验，既验证了基于轴不变量的多轴系统运动学原理的作用，又验证了本节基于速度协调的牵引控制原理及巡视器导航运动学原理的有效性。

5.5 基于太阳敏感器、惯性单元及里程计的位姿确定

基于轴不变量的多轴系统运动学同样适用于导航与控制。下面，研究 CE3 月面巡视器位姿确定问题，分别介绍基于轴不变量的多轴系统运动学在星历计算、捷联平台及巡视器航向确定方面的应用。

5.5.1 星历计算

坐标系的定义一方面需要遵循测量数据的原始参考，以保证数据应用/计算的精度；另一方面需要考虑工程应用的习惯。关于星历计算的基础知识参见本章参考文献[1]。J2000 系、地固系、月固系、站系、器导航系定义如下。

J2000 系定义：指标符 J2k ； z_{J2k} — J2k 地球自转北向； x_{J2k} — $N_{eq} \times N_{ecl}$ ； y_{J2k} — $z_{\mathrm{J2k}} \times x_{\mathrm{J2k}}$ ； O_{J2k} — J2k 时刻地心。

地固系定义：指标符 *e*； z_e —地赤道北； x_e —指向地球 0 经 0 纬； y_e — $z_e \times x_e$ ； O_e —地心。

月固系定义：指标符 *m*； z_m —月平赤道北； x_m —指向月球 0 经 0 纬； y_m — $z_m \times x_m$ ； O_m —月心。目前，存在三种月固系，分别为 MOON_ME、MOON_PA、IAU_MOON，前两个计算时考虑了月球的“颤动”，更精确。称 MOON_PA 为月固惯性主轴系或月固动力学体系。

C-Spice 基础星历计算系统由美国喷气推进实验室（jet propulsion laboratory，JPL）的导航与辅助信息机构（navigation and ancillary information facility，NAIF）开发，它包含太阳系所有的大行星及其主要的卫星、4300 多颗小行星及彗星。给定星历时和目标星，可以得到该目标星相对 J2000 系的位置与姿态。用户能够以之为基础开发应用星历计算软件。星历计算的基本原理如图 5-8 所示，太阳系星历计算系统也是一个树结构的多轴系统，其中 J2k 是该系统的根。

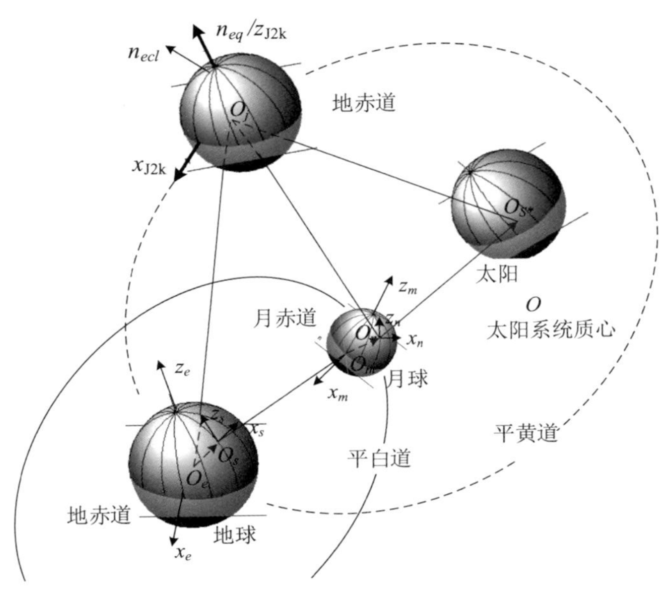

图 5-8　星历矢量关系

C-Spice 系统内部对太阳系内已观测的星体按树链结构进行了正运动学计算。用户通过接口函数输入运动链的起点、终点、参考系，从而输出期望运动链的位姿关系。在巡视器(简称器)星历计算时，需要计算给定星历时 *et* 时目标星的真位置矢量及姿态，该星历时 *et* 是观测设备检测到目标星光照的时刻，该真位置矢量及姿态对应的是地球站（earth station，简称站）位置。

（1）星核使用 earth_assoc_itrf93 及 DE421。当给定星历时 *et* 时，得到基础星历矢量 ${}^{J2k}r_m$、${}^{J2k}r_e$、${}^{J2k}r_{S*}$ 及星体间旋转变换关系 ${}^{J2k}Q_m$、${}^{J2k}Q_e$，其中：C-Spice 系统提供了星历时与 UTC（协调世界时）的相互转换关系。随着地面观测数据的积累，星核中星历常数的精度也在不断提高，需要下载最新版本的星核，以保证星历的计算精度，并且需要进行系统的测试。

（2）可能因为月球内部存在一定的空洞，质量分布不均匀，所以月球存在明显的章动。对于月球星历计算，使用月固惯性主轴系 MOON_PA 会具有更高的计算精度。

（3）需要考虑光行差及星座运动的补偿。

【示例 5.1】　在 C-Spice 中，当给定星历时 *et* 时，获得由月固惯性主轴系 MOON_PA 至地固系 IAU_EARTH 的旋转变换阵 ${}^{m}Q_e$ 的功能调用为

pxform_c ("MOON_PA","IAU_EARTH", *et*, ${}^{m}Q_e$)

【示例 5.2】　在 C-Spice 中，当给定星历时 *et* 及光行差补偿方式 *lt* 时，获得月球 MOON 至地球 EARTH 的位置矢量在地固系 IAU_EARTH 的坐标 ${}^{e}r_m$ 的功能调用为

spkpos_c ("MOON", *et*, "IAU_EARTH","LT+S", "EARTH", ${}^{e}r_m$, &*lt*)

给定站经纬度、地球半长轴及扁率时，可得 ${}^{e}r_{s}$ 及 ${}^{e}Q_{s}$。给定器经纬度、月球半长轴及扁率时，可得 ${}^{m}r_{n}$ 及 ${}^{m}Q_{n}$。因此，站器矢量在站系下的表示、器站矢量在器导航系下的表示及器日矢量在器导航系下的表示分别为

$$ {}^{s}r_{n} = {}^{s}Q_{e}\cdot\left({}^{e}r_{m} + {}^{e|m}r_{n} - {}^{e}r_{s}\right) \tag{5.69} $$

$$ {}^{n}r_{s} = -{}^{n|s}r_{n} \tag{5.70} $$

$$ {}^{n}r_{s*} = {}^{n}Q_{m}\cdot\left({}^{m}r_{s*} - {}^{m}r_{n}\right) \tag{5.71} $$

根据站器矢量在站系下的表示、器站矢量在器导航系下的表示及器日矢量在器导航系下的表示，可以分别计算站观测器的高度角及方位角、器观测站的高度角及方位角、器观测日的高度角及方位角。作者对 C-Spice 与 STK(卫星工具包)进行了对比测试，如表 5-1 所示，二者的计算结果基本一致。可以看出，当巡视器看北京的高度较低时，由于存在大气折射，两个软件在大气补偿方面存在一定差异。

表 5-1　星历计算测试数据摘录

北京站经纬(X,X)，巡视器经纬(−31.5°,44.1°)，地球半径 6378.140 km，月球半径 1737.400 km

其中：带灰底色数据由 STK 计算得到，共测试 10000 组，巡视器简称为器。

UTC 时间（年/月/日/时:分:秒）	器看日高度角/(°)	器看日方位角/(°)	器看日高度角/(°)	器看日方位角/(°)	器看北京高度角/(°)	器看北京方位角/(°)	器看北京高度角/(°)	器看北京方位角/(°)
2013 MAY 20 06:54:35	0.5139	0.9102	0.513	0.909	45.6150	52.8778	45.624	52.847
2013 MAY 20 07:54:35	0.8782	1.2647	0.877	1.264	45.6333	52.9520	45.612	52.886
2013 MAY 20 08:54:35	1.2424	1.6193	1.242	1.618	45.6832	53.0640	45.635	52.966
2013 MAY 20 09:54:35	1.6066	1.9740	1.606	1.973	45.7590	53.2084	45.69	53.083
2013 MAY 20 10:54:35	1.9707	2.3288	1.97	2.328	45.8530	53.3779	45.769	53.232
2013 MAY 20 11:54:35	2.3346	2.6838	2.334	2.683	45.9561	53.5629	45.865	53.404
2013 MAY 20 12:54:35	2.6985	3.0390	2.698	3.038	46.0585	53.7530	45.969	53.591
2013 MAY 20 13:54:35	3.0622	3.3944	3.061	3.393	46.1504	53.9368	46.07	53.781
2013 MAY 20 14:54:35	3.4258	3.7500	3.425	3.749	46.2228	54.1036	46.16	53.963
2013 MAY 20 15:54:35	3.7892	4.1060	3.788	4.105	46.2679	54.2435	46.229	54.127
2013 MAY 20 16:54:35	4.1524	4.4623	4.151	4.461	46.2800	54.3485	46.27	54.263
2013 MAY 20 17:54:35	4.5155	4.8189	4.515	4.818	46.2558	54.4129	46.277	54.362
2013 MAY 20 18:54:35	4.8783	5.1759	4.877	5.175	46.1940	54.4338	46.25	54.418
2013 MAY 21 07:54:35	9.5703	9.8637	9.569	9.863	44.4339	53.1846	44.442	53.174
2013 MAY 21 08:54:35	9.9288	10.2290	9.928	10.228	44.4496	53.2352	44.431	53.193
2013 MAY 21 09:54:35	10.2869	10.5951	10.286	10.594	44.4951	53.3248	44.454	53.253
2013 MAY 21 10:54:35	10.6445	10.9620	10.644	10.961	44.5636	53.4486	44.506	53.351
2013 MAY 21 11:54:35	11.0020	11.3298	11.001	11.329	44.6465	53.5994	44.579	53.481

续表

UTC 时间 （年/月/日/时:分:秒）	器看日高度角/(°)	器看日方位角/(°)	器看日高度角/(°)	器看日方位角/(°)	器看北京高度角/(°)	器看北京方位角/(°)	器看北京高度角/(°)	器看北京方位角/(°)
2013 MAY 21 12:54:35	11.358	11.6986	11.357	11.697	44.7343	53.7682	44.664	53.637
2013 MAY 21 13:54:35	11.7146	12.0682	11.714	12.067	44.8168	53.9444	44.752	53.809
2013 MAY 21 14:54:35	12.0703	12.4388	12.069	12.438	44.8843	54.1167	44.832	53.986
2013 MAY 21 15:54:35	12.4254	12.8104	12.425	12.809	44.9281	54.2738	44.895	54.156
2013 MAY 21 16:54:35	12.7801	13.1831	12.779	13.182	44.9414	54.4055	44.932	54.308
2013 MAY 21 17:54:35	13.1342	13.5568	13.133	13.556	44.9193	54.5034	44.938	54.433
2013 MAY 21 18:54:35	13.4877	13.9316	13.487	13.93	44.8595	54.5611	44.907	54.522
2013 MAY 21 19:54:35	13.8406	14.3076	13.84	14.306	44.7619	54.5751	44.884	54.547
⋮	⋮	⋮	⋮	⋮	⋮	⋮	⋮	⋮
统计结果	器看日误差 （高度角 0.0001°，方位角 0.002°）				器看北京误差 （高度角 0.018°，方位角 0.021°）			

如图 5-9 所示，在 CE3 月面巡视器执行任务期间， C-Spice 的工程应用表明：C-Spice 可以满足 CE3 月面巡视器星历计算的各项性能指标，证实了 C-Spice 的有效性与可靠性。

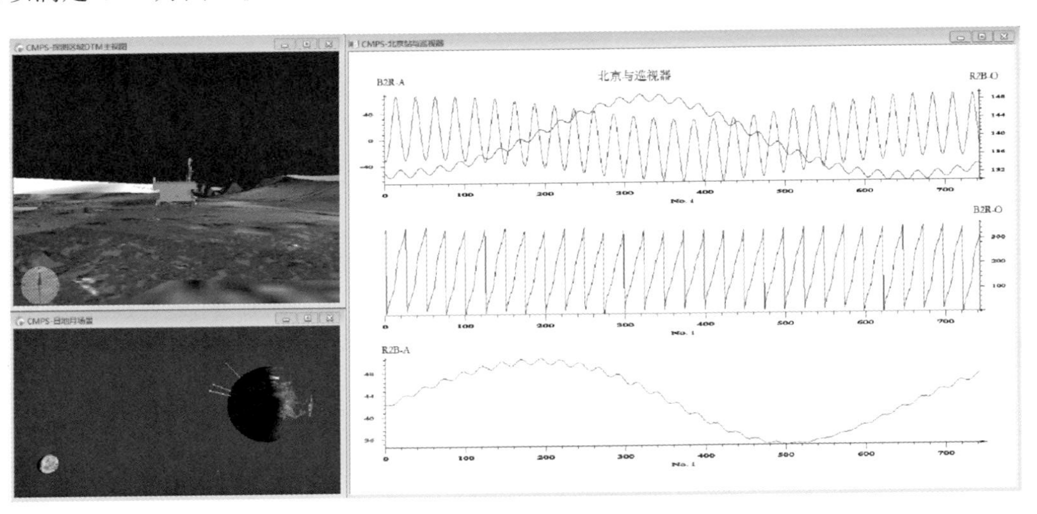

图 5-9　星历曲线绘制

B2R-A — 北京站看巡视器高度角，B2R-O — 北京站看巡视器方位角
R2B-A — 巡视器看北京站高度角，R2B-O — 巡视器看北京站方位角

5.5.2 基于重力矢量自校准的捷联惯性导航

基于重力矢量自校准的捷联惯性导航框图如图5-10所示，记 n' 为导航系统当地位置的

真导航系（真平台），导航系 n 是捷联系统的数字导航系。借鉴本章参考文献[2]提出的基于重力加速度校准角速度的思想，本节提出基于重力矢量自校准的技术原理，并给出相关理论分析与证明。

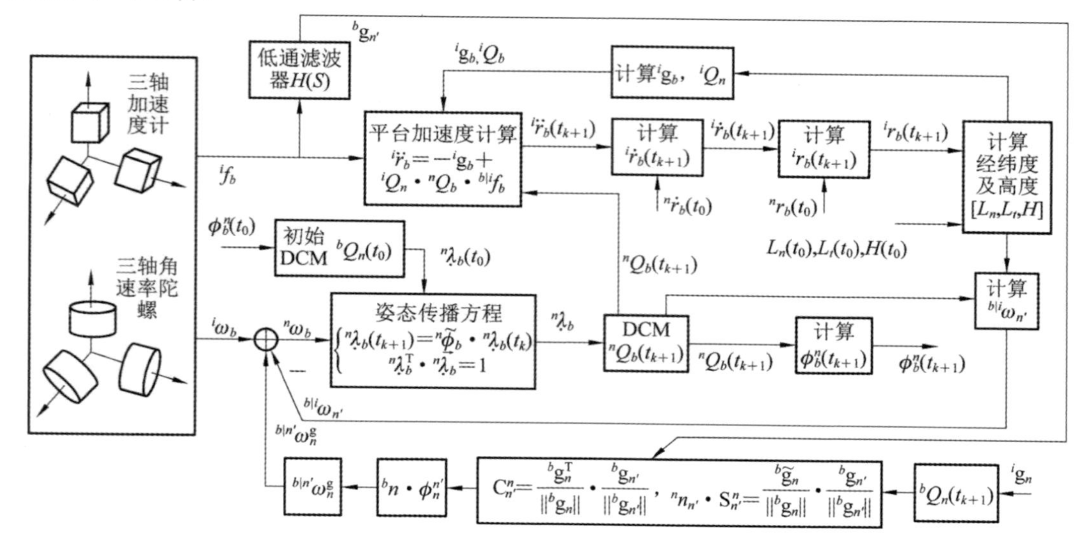

图 5-10　基于重力矢量自校准的捷联平台框图

（1）由三轴加速度计获得的力比 ${}^{b|i}f_b$ 经低通滤波器 $H(S)$ 输出 ${}^{b}\mathrm{g}_{n'}$。${}^{b}\mathrm{g}_{n'}$ 为捷联系统检测的重力加速度，因为捷联系统的运动加速度几乎是高频分量，一般不存在持续且稳定的加速度。捷联系统的这一特点在巡视器、直升机等平台中得到了证实。${}^{b}\mathrm{g}_{n'}$ 包含的测量噪声可以忽略不计，以之作为名义重力矢量。

（2）当捷联系统的经纬度及高度已知时，在导航系 n 下的重力加速度 ${}^{n|i}\mathrm{g}_n$ 是已知量。由捷联系统计算的 ${}^{b}Q_n(t_{k+1})$ 可得 ${}^{b}\mathrm{g}_n$，显然，${}^{b}\mathrm{g}_n$ 包含了导航系的姿态误差。

（3）因矢量 ${}^{b}\mathrm{g}_{n'}$ 与真导航系 n' 固结，矢量 ${}^{b}\mathrm{g}_n$ 与导航系 n 固结，故 ${}^{b}\mathrm{g}_{n'}/\left\|{}^{b}\mathrm{g}_{n'}\right\|$ 及 ${}^{b}\mathrm{g}_n/\left\|{}^{b}\mathrm{g}_n\right\|$ 分别为真导航系 n' 及导航系 n 的单位矢量。由这两个单位矢量可以确定 ${}^{n}Q_{n'}$，这是双矢量定姿问题，由式(3.155)至式(3.157)分别得

$$
\begin{cases}
\mathrm{C}_{n'}^{n}=\dfrac{{}^{b}\mathrm{g}_n^{\mathrm{T}}}{\left\|{}^{b}\mathrm{g}_n\right\|}\cdot\dfrac{{}^{b}\mathrm{g}_{n'}}{\left\|{}^{b}\mathrm{g}_{n'}\right\|},\quad {}^{n}n_{n'}\cdot\mathrm{S}_{n'}^{n}=\dfrac{{}^{b}\tilde{\mathrm{g}}_n}{\left\|{}^{b}\mathrm{g}_n\right\|}\cdot\dfrac{{}^{b}\mathrm{g}_{n'}}{\left\|{}^{b}\mathrm{g}_{n'}\right\|} \\
{}^{n}n_{n'}=\dfrac{{}^{b}\tilde{\mathrm{g}}_n}{\left\|{}^{b}\mathrm{g}_n\right\|}\cdot\dfrac{{}^{b}\mathrm{g}_{n'}}{\left\|{}^{b}\mathrm{g}_{n'}\right\|}\Bigg/\left\|\dfrac{{}^{b}\tilde{\mathrm{g}}_n}{\left\|{}^{b}\mathrm{g}_n\right\|}\cdot\dfrac{{}^{b}\mathrm{g}_{n'}}{\left\|{}^{b}\mathrm{g}_{n'}\right\|}\right\|
\end{cases}
\tag{5.72}
$$

$$
\begin{cases}
{}^{n}\lambda_{n'}^{[4]}=\mathrm{C}_{n'}^{n}=\sqrt{\left|1+\mathrm{C}_{n'}^{n}\right|/2} \\
{}^{n}\lambda_{n'}={}^{n}n_{n'}\cdot\dfrac{\mathrm{S}_{n'}^{n}}{2\cdot\mathrm{C}_{n'}^{n}}=\dfrac{1}{2\cdot{}^{n}\lambda_{n'}^{[4]}}\cdot\dfrac{{}^{b}\tilde{\mathrm{g}}_n}{\left\|{}^{b}\mathrm{g}_n\right\|}\cdot\dfrac{{}^{b}\mathrm{g}_{n'}}{\left\|{}^{b}\mathrm{g}_{n'}\right\|}
\end{cases}
\tag{5.73}
$$

$$
\phi_{n'}^{n}=2\cdot\arctan\left({}^{n}\lambda_{n'}^{\mathrm{T}}\cdot{}^{n}n_{n'},\quad {}^{n}\lambda_{n'}^{[4]}\right)\in\left(-\pi,\pi\right]
\tag{5.74}
$$

（4）通过校准角速度 ${}^{b|n'}\omega_n$ 使包含误差的重力矢量 ${}^{b}\mathrm{g}_n$ 趋向名义重力矢量 ${}^{b}\mathrm{g}_{n'}$，从而修正导航系 n 或数字平台。记 k_{g} 为反馈常数，令

$$ {}^{b|n'}\omega_n^{\mathrm{g}} = {}^{b|n}n_{n'} \cdot \frac{\phi_n^{n'}}{k_{\mathrm{g}} \cdot T} \tag{5.75} $$

其中：T 为更新时间（s）。故通过校准角速度 ${}^{b|n'}\omega_n^{\mathrm{g}}$ 构成了转动矢量 ${}^{n}n_{n'} \cdot \phi_n^{n'}$ 的负反馈。若 k_{g} 增大，则反馈程度降低，将减弱系统修正误差的能力；若 k_{g} 减小，则反馈程度提高，将增强系统修正误差的能力。

基于重力矢量自校准的捷联惯性导航系统与传统捷联系统相比具有以下优点：

（1）基于重力矢量自校准的捷联惯性导航系统中俯仰角与横滚角是收敛的。当系统相对惯性系静止时，由于具有重力矢量校准，数字平台稳定于水平面内。当平台停止运动时，在很短时间内捷联系统的俯仰角与横滚角自动得到修正。

（2）当该系统运动时，尽管名义重力矢量 ${}^{b}\mathrm{g}_{n'}$ 具有一定误差，由于存在重力矢量自校准，系统长期运动时的俯仰角与横滚角也能趋于稳定，不会导致很大误差。

（3）对于运动加速度较小的捷联平台而言，俯仰角与横滚角具有较高的精度。

实测结果如图5-11所示。由于CrossbowVG500及VG700垂直陀螺本身可提供一组横滚角和俯仰角，图5-11中将本节所提出的基于重力矢量自校准的捷联惯性导航结果(BJUT)与CrossbowVG产品的测量结果(Crossbow)进行了比较，结果表明所提出的原理在精度上与CrossbowVG产品的测量精度基本一致，动态精度达到0.5°，静态精度为0.1°。

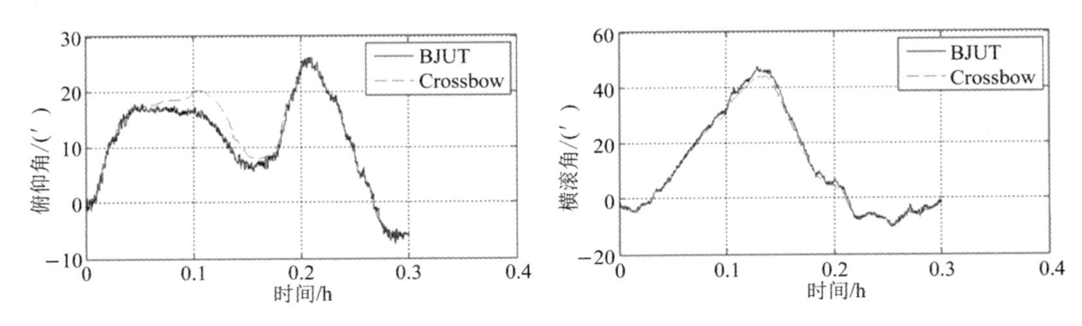

图 5-11　基于加速度自校准的捷联平台测试结果

5.5.3 基于重力矢量和太阳矢量的北向确定

下面阐述应用重力矢量和太阳矢量进行巡视器航向确定的原理。

给定笛卡儿轴链 ${}^{n}\mathbf{l}_b$，其中 ${}^{b|n}n_{b1} = \mathbf{1}^{[z]}$，${}^{b|b1}n_{b2} = \mathbf{1}^{[y]}$，${}^{b|b2}n_{b3} = \mathbf{1}^{[x]}$；${}^{b|b5}n_{b} = \mathbf{1}^{[x]}$，${}^{b|b4}n_{b5} = \mathbf{1}^{[y]}$，${}^{b|b3}n_{b4} = \mathbf{1}^{[z]}$；记初始“3-2-1”姿态 $\phi_{(n,b]} = \left[\phi_{b1}^{n}\ \phi_{b2}^{b1}\ \phi_{b3}^{b2}\right]$，三轴加速度计测量结果 ${}^{b}\mathrm{g}_n = \left[{}^{b}\mathrm{g}_n^{[1]}\ {}^{b}\mathrm{g}_n^{[2]}\ {}^{b}\mathrm{g}_n^{[3]}\right]^{\mathrm{T}}$；由式(2.164)得 ${}^{b}Q_n$ 。记自由导航系为 Frame #n''，当 $\phi_{b1}^{n} = 0$ 时，得

$$
{}^{n''}Q_b=\begin{bmatrix} C_{b2}^{b1} & S_{b2}^{b1}S_{b3}^{b2} & S_{b2}^{b1}C_{b3}^{b2} \\ 0 & C_{b3}^{b2} & -S_{b3}^{b2} \\ -S_{b2}^{b1} & C_{b2}^{b1}S_{b3}^{b2} & C_{b2}^{b1}C_{b3}^{b2} \end{bmatrix} \tag{5.76}
$$

由式(5.76)得

$$
\begin{bmatrix} {}^b g_n^{[1]} \\ {}^b g_n^{[2]} \\ {}^b g_n^{[3]} \end{bmatrix} = {}^bQ_{n''}\cdot{}^{n''}g_n=\begin{bmatrix} C_{b2}^{b1} & 0 & -S_{b2}^{b1} \\ S_{b2}^{b1}S_{b3}^{b2} & C_{b3}^{b2} & C_{b2}^{b1}S_{b3}^{b2} \\ S_{b2}^{b1}C_{b3}^{b2} & -S_{b3}^{b2} & C_{b2}^{b1}C_{b3}^{b2} \end{bmatrix}\cdot{}^{n''}g_n \tag{5.77}
$$

记g为当地重力常数，将之代入式(5.77)可得

$$
\begin{bmatrix} {}^b g_n^{[1]}/g \\ {}^b g_n^{[2]}/g \\ {}^b g_n^{[3]}/g \end{bmatrix}=\begin{bmatrix} -S_{b2}^{b1} \\ C_{b2}^{b1}S_{b3}^{b2} \\ C_{b2}^{b1}C_{b3}^{b2} \end{bmatrix} \tag{5.78}
$$

即

$$
S\left(\phi_{b2}^{b1}\right)=-{}^b g_n^{[1]}\big/g \tag{5.79}
$$

$$
{}^b g_n^{[2]}/g=C_{b2}^{b1}S_{b3}^{b2} \tag{5.80}
$$

$$
{}^b g_n^{[3]}/g=C_{b2}^{b1}C_{b3}^{b2} \tag{5.81}
$$

由式(5.80)及式(5.81)得

$$
\phi_{b3}^{b2}=\arctan\left({}^b g_n^{[2]}/{}^b g_n^{[3]}\right) \tag{5.82}
$$

由式(5.79)得

$$
\phi_{b2}^{b1}=\arcsin\left(-{}^b g_n^{[1]}/g\right) \tag{5.83}
$$

由式(5.83)及 $\phi_{b2}^{b1}\in\left[-\pi/2,\pi/2\right]$ 得

$$
C_{b2}^{b1}=\sqrt{1-{}^b g_n^{[1]:2}\big/g^2} \tag{5.84}
$$

将式(5.84)分别代入式(5.80)及式(5.81)得

$$
S_{b3}^{b2}=\frac{{}^b g_n^{[2]}}{\sqrt{g^2-{}^b g_n^{[1]:2}}}=\frac{{}^b g_n^{[2]}}{\sqrt{{}^b g_n^{[2]:2}+{}^b g_n^{[3]:2}}} \tag{5.85}
$$

$$
C_{b3}^{b2}=\frac{{}^b g_n^{[3]}}{\sqrt{g^2-{}^b g_n^{[1]:2}}}=\frac{{}^b g_n^{[3]}}{\sqrt{{}^b g_n^{[2]:2}+{}^b g_n^{[3]:2}}} \tag{5.86}
$$

将式(5.79)、式(5.84)至式(5.86)代入式(5.76)得

$$
{}^{n''}Q_b = \begin{bmatrix} \frac{\sqrt{{}^b g_n^{[2]:2} + {}^b g_n^{[3]:2}}}{g} & -\frac{{}^b g_n^{[1]} \cdot {}^b g_n^{[2]}}{g \cdot \sqrt{{}^b g_n^{[2]:2} + {}^b g_n^{[3]:2}}} & -\frac{{}^b g_n^{[1]} \cdot {}^b g_n^{[3]}}{g \cdot \sqrt{{}^b g_n^{[2]:2} + {}^b g_n^{[3]:2}}} \\ 0 & \frac{{}^b g_n^{[3]}}{\sqrt{{}^b g_n^{[2]:2} + {}^b g_n^{[3]:2}}} & -\frac{{}^b g_n^{[2]}}{\sqrt{{}^b g_n^{[2]:2} + {}^b g_n^{[3]:2}}} \\ \frac{{}^b g_n^{[1]}}{g} & \frac{{}^b g_n^{[2]}}{g} & \frac{{}^b g_n^{[3]}}{g} \end{bmatrix} \tag{5.87}
$$

式(5.87)表明：通过 ${}^b g_n$ 可以确定 ${}^{n''}Q_b$。

给定时刻 t 及经纬度，通过星历计算由导航系 n 至太阳 S 在导航系 n 下的单位矢量 ${}^n u_S = \left[{}^n u_S^{[1]} \ {}^n u_S^{[2]} \ {}^n u_S^{[3]} \right]^{\mathrm{T}}$；如图 5-12 所示，得到太阳在导航系 n 下的方位角 $\phi_{oS'}^{xn}$ 及高度角 $\phi_{oS}^{oS'}$：

$$
\phi_{oS'}^{xn} = \arctan({}^n u_S^{[2]}, {}^n u_S^{[1]}) \tag{5.88}
$$

$$
\phi_{oS}^{oS'} = \arcsin\left({}^n u_S^{[3]} \right) \tag{5.89}
$$

通过太敏获得导航星在太敏体系 b' 下的单位矢量 ${}^{b'} u_S = \left[{}^{b'} u_S^{[1]} \ {}^{b'} u_S^{[2]} \ {}^{b'} u_S^{[3]} \right]^{\mathrm{T}}$。捷联导航系统体系 b 转至太敏体系 b' 的安装矩阵 ${}^b Q_{b'}$ 是已知量，故得 ${}^b u_S = {}^{b|b'} u_S$。由式(5.87)得

$$
{}^{n''}u_S = \begin{bmatrix} \frac{\sqrt{{}^b g_n^{[2]:2} + {}^b g_n^{[3]:2}}}{g} & -\frac{{}^b g_n^{[1]} \cdot {}^b g_n^{[2]}}{g \cdot \sqrt{{}^b g_n^{[2]:2} + {}^b g_n^{[3]:2}}} & -\frac{{}^b g_n^{[1]} \cdot {}^b g_n^{[3]}}{g \cdot \sqrt{{}^b g_n^{[2]:2} + {}^b g_n^{[3]:2}}} \\ 0 & \frac{{}^b g_n^{[3]}}{\sqrt{{}^b g_n^{[2]:2} + {}^b g_n^{[3]:2}}} & -\frac{{}^b g_n^{[2]}}{\sqrt{{}^b g_n^{[2]:2} + {}^b g_n^{[3]:2}}} \\ \frac{{}^b g_n^{[1]}}{g} & \frac{{}^b g_n^{[2]}}{g} & \frac{{}^b g_n^{[3]}}{g} \end{bmatrix} \cdot \begin{bmatrix} {}^b u_S^{[1]} \\ {}^b u_S^{[2]} \\ {}^b u_S^{[3]} \end{bmatrix}
$$

由上式得太阳矢量在自由导航系 n'' 中的方位角 $\phi_{oS'}^{xn''}$ 为

$$
\phi_{oS'}^{xn''} = \arctan\left({}^b g_n^{[3]} \cdot {}^b u_S^{[2]} - {}^b g_n^{[2]} \cdot {}^b u_S^{[3]}, \frac{{}^b g_n^{[2]:2} + {}^b g_n^{[3]:2} - {}^b g_n^{[1]} \cdot {}^b g_n^{[2]} \cdot {}^b u_S^{[2]} - {}^b g_n^{[1]} \cdot {}^b g_n^{[3]} \cdot {}^b u_S^{[3]}}{g} \right) \tag{5.90}
$$

如图 5-13 所示，由式(5.88)及式(5.90)完成北向确定，即可得捷联平台的航向角 ϕ_{b1}^n。

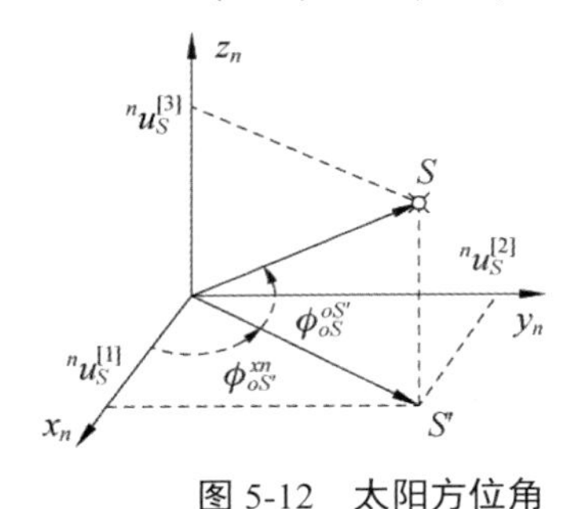

图 5-12　太阳方位角

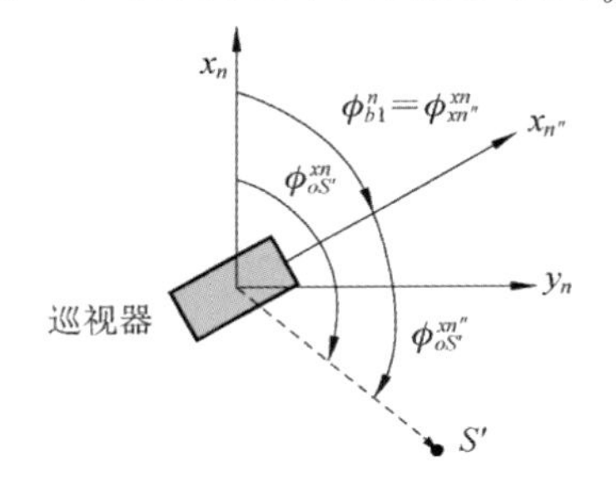

图 5-13　北向确定

$$\phi_{b1}^{n} = \phi_{xn''}^{xn} = \phi_{oS'}^{xn} - \phi_{oS'}^{xn''} = \arctan({}^{n}u_S^{[2]}, {}^{n}u_S^{[1]}) - \arctan\Big({}^{b}\mathrm{g}_n^{[3]} \cdot {}^{b}u_S^{[2]} - {}^{b}\mathrm{g}_n^{[2]} \cdot {}^{b}u_S^{[3]}, \\ \left({}^{b}\mathrm{g}_n^{[2]:2} + {}^{b}\mathrm{g}_n^{[3]:2} - {}^{b}\mathrm{g}_n^{[1]} \cdot {}^{b}\mathrm{g}_n^{[2]} \cdot {}^{b}u_S^{[2]} - {}^{b}\mathrm{g}_n^{[1]} \cdot {}^{b}\mathrm{g}_n^{[3]} \cdot {}^{b}u_S^{[3]}\right) / \mathrm{g}\Big) \tag{5.91}$$

由式(5.82)、式(5.83)及式(5.91)可知：捷联惯性导航系统的姿态角序列$\left[\phi_{b1}^{n},\phi_{b2}^{b1},\phi_{b3}^{b2}\right]$已由三轴加速度计输出的重力矢量${}^{b}\mathrm{g}_n$、系统安装矩阵${}^{b}Q_{b'}$及敏感器矢量${}^{b'}u_S$完全确定，为捷联惯性导航系统提供了航位推算所需的初始姿态。

5.5.4 本节贡献

本节应用基于轴不变量的多轴系统运动学，提出了基于重力矢量自校准的捷联惯性导航原理和基于重力矢量与太阳矢量的北向确定原理。通过工程实验，既验证了基于轴不变量的多轴系统运动学原理的作用，又验证了上述两个原理的有效性。

5.6 环境建模与障碍提取

5.6.1 基于高速激光雷达的环境建模

激光测距仪自身是一维空间测量设备，通过加入两个运动自由度来控制激光扫描的光路，可实现对三维空间的测量，称之为激光雷达。小型高速激光雷达原理样机如图 5-14 所示，其结构如图 5-15 所示。

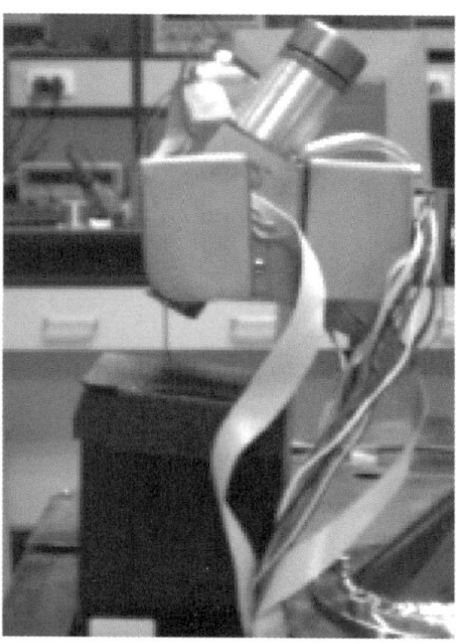

图5-14　小型高速激光雷达原理样机

图 5-15 中，俯仰及偏航电动机采用外转子无刷直流电动机，它们的转速为 60~6000 r/min，俯仰电动机配 19:1 行星减速器，功率为 2 W，电压为 20 V，电动机输出力矩为 3.55 N•m。激光波长为 750 nm，激光测距仪功率为 2.8 W，有效测距达 16.4 m。数据吞吐率为 10 MB/s，二轴绝对编码器分辨率为 2048 线，二轴云台（Pan&Tilt）的质量约为 180 g，系统总质量约为 790 g。

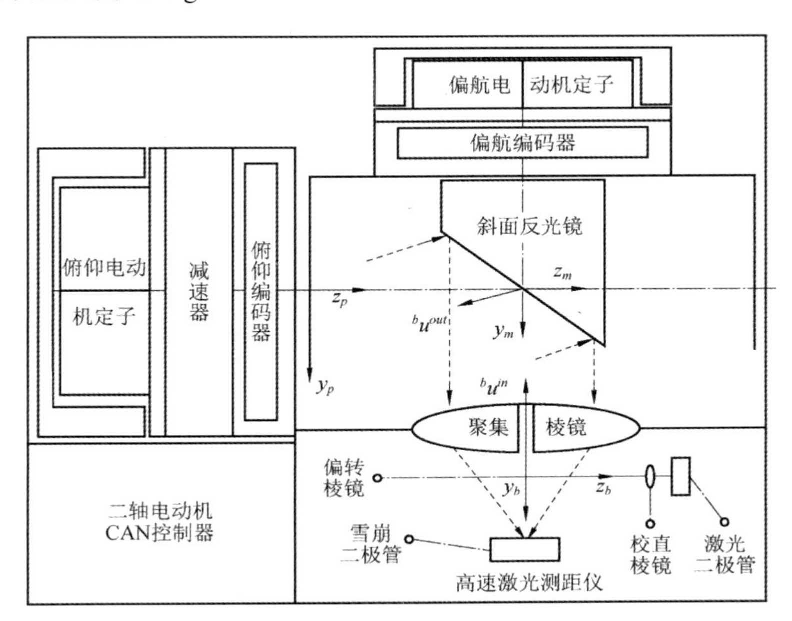

图 5-15　小型高速激光雷达结构

两个控制器接入 CAN 控制器接口板，该接口与激光雷达高速接口及 PC104+叠装在一起。CAN 总线向电动机控制器发送 Can-Open 对象字典中的指令，即可驱动无刷直流电动机工作并查询各个电动机的工作状态，以实现伺服扫描机电系统的基本功能。编码器直接接入激光雷达采集卡的相关端口，采集卡存储的采样数据同时包含激光测距仪距离读数、俯仰角与横滚角。偏航编码器同时接入俯仰电动机的 CAN 控制器相关端口，实现俯仰电动机的位置步进控制。

该激光雷达既可以进行地形测绘，生成一幅完整的 DEM，完成远景立体视觉系统的功能，又可以进行实时地形扫描，完成避障视觉系统的功能。在地形测绘模式下，该激光雷达视场为 Y120°×P70°；在实时感知模式且满足 Y120°×P70°的情况下，可根据需要进行视场设置。

上述激光雷达仅仅是为了验证相关的技术原理而研制的，它有个重要的缺点：仅有 1/3 的偏航角有效，没有充分利用激光测距系统的数据吞吐率。不过，只要将斜面棱镜更换为六棱柱棱镜即可充分利用激光测距系统的数据吞吐率。因为六棱柱棱镜的六个激光反射面具有 60°的几何角度，对于镜面反射的激光，均具有 120°的视场。

采集卡存储的采样数据同时包含激光测距仪距离读数、俯仰角与横滚角。距离读数是由激光发射器至目标点的距离。因为激光雷达的光路通过二自由度云台时发生了改变，需要根据雷达的光路对读取的距离值进行修正。

如图 5-15 所示，激光雷达体系为 b，俯仰转子体系为 p，激光棱镜体系为 m，初始时三个体系方向一致。俯仰电动机绕z_p轴转动角度ϕ_p^b，偏航电动机绕y_m轴转动角度ϕ_m^p。棱镜法向为${}^m n$,在两电动机控制下按“3-2”转序转动。记反射光线矢量为${}^b u^{out}$，入射光线单位矢量${}^b u^{in}=\begin{bmatrix}1 & 0 & 0\end{bmatrix}^{\mathrm{T}}$，则

$$
{}^b u^{out}=\begin{bmatrix}1-2\left(\mathrm{C}_p^b\,\mathrm{C}_m^p\cdot{}^m n^{[1]}-\mathrm{S}_p^b\cdot{}^m n^{[2]}+\mathrm{C}_p^b\,\mathrm{S}_m^p\cdot{}^m n^{[3]}\right)\\ -2\left(\mathrm{S}_p^b\,\mathrm{C}_m^p\cdot{}^m n^{[1]}+\mathrm{C}_p^b\cdot{}^m n^{[2]}+\mathrm{S}_p^b\,\mathrm{S}_m^p\cdot{}^m n^{[3]}\right)\\ -2\cdot\left(-\mathrm{S}_m^p\cdot{}^m n^{[1]}+\mathrm{C}_m^p\cdot{}^m n^{[3]}\right)\end{bmatrix}\cdot\begin{pmatrix}\mathrm{C}_p^b\,\mathrm{C}_m^p\cdot{}^m n^{[1]}-\mathrm{S}_p^b\cdot\\ \backslash\,{}^m n^{[2]}+\mathrm{C}_p^b\,\mathrm{S}_m^p\cdot{}^m n^{[3]}\end{pmatrix}\tag{5.92}
$$

【证明】 由

$$
{}^b Q_p=\begin{bmatrix}\mathrm{C}_p^b & -\mathrm{S}_p^b & 0\\ \mathrm{S}_p^b & \mathrm{C}_p^b & 0\\ 0 & 0 & 1\end{bmatrix},\quad {}^p Q_m=\begin{bmatrix}\mathrm{C}_m^p & 0 & \mathrm{S}_m^p\\ 0 & 1 & 0\\ -\mathrm{S}_m^p & 0 & \mathrm{C}_m^p\end{bmatrix}
$$

得

$$
{}^b Q_m={}^b Q_p\cdot{}^p Q_m=\begin{bmatrix}\mathrm{C}_p^b\,\mathrm{C}_m^p & -\mathrm{S}_p^b & \mathrm{C}_p^b\,\mathrm{S}_m^p\\ \mathrm{S}_p^b\,\mathrm{C}_m^p & \mathrm{C}_p^b & \mathrm{S}_p^b\,\mathrm{S}_m^p\\ -\mathrm{S}_m^p & 0 & \mathrm{C}_m^p\end{bmatrix}
$$

$$
{}^b u^{in}={}^b Q_m\cdot{}^m n=\begin{bmatrix}\mathrm{C}_p^b\,\mathrm{C}_m^p\cdot{}^m n^{[1]}-\mathrm{S}_p^b\cdot{}^m n^{[2]}+\mathrm{C}_p^b\,\mathrm{S}_m^p\cdot{}^m n^{[3]}\\ \mathrm{S}_p^b\,\mathrm{C}_m^p\cdot{}^m n^{[1]}+\mathrm{C}_p^b\cdot{}^m n^{[2]}+\mathrm{S}_p^b\,\mathrm{S}_m^p\cdot{}^m n^{[3]}\\ -\mathrm{S}_m^p\cdot{}^m n^{[1]}+\mathrm{C}_m^p\cdot{}^m n^{[3]}\end{bmatrix}
$$

由式(3.22)可知

$$
\begin{aligned}
{}^b u^{out}&={}^b\mathrm{M}_b\cdot{}^b u^{in}=\left(\mathbf{1}-2\cdot{}^b n\cdot n_b\right)\cdot{}^b u^{in}\\
&=\begin{bmatrix}1-2\cdot\left(\mathrm{C}_p^b\,\mathrm{C}_m^p\cdot{}^m n^{[1]}-\mathrm{S}_p^b\cdot{}^m n^{[2]}+\mathrm{C}_p^b\,\mathrm{S}_m^p\cdot{}^m n^{[3]}\right)\\ -2\cdot\left(\mathrm{S}_p^b\,\mathrm{C}_m^p\cdot{}^m n^{[1]}+\mathrm{C}_p^b\cdot{}^m n^{[2]}+\mathrm{S}_p^b\,\mathrm{S}_m^p\cdot{}^m n^{[3]}\right)\\ -2\cdot\left(-\mathrm{S}_m^p\cdot{}^m n^{[1]}+\mathrm{C}_m^p\cdot{}^m n^{[3]}\right)\end{bmatrix}\cdot\begin{pmatrix}\mathrm{C}_p^b\,\mathrm{C}_m^p\cdot{}^m n^{[1]}-\mathrm{S}_p^b\cdot\\ \backslash\,{}^m n^{[2]}+\mathrm{C}_p^b\,\mathrm{S}_m^p\cdot{}^m n^{[3]}\end{pmatrix}
\end{aligned}
$$

证毕。

通过以下几个特例可以间接地验证式(5.92)的正确性。若${}^m n=\begin{bmatrix}1 & 0 & 0\end{bmatrix}^{\mathrm{T}}$，则有

当$\phi_{z_1}=0$、$\phi_{y_2}=\pi$时，${}^b u^{out}=\begin{bmatrix}-1 & 0 & 0\end{bmatrix}^{\mathrm{T}}$；

当$\phi_{z_1}=\pi$、$\phi_{y_2}=\pi/4$时，${}^b u^{out}=\begin{bmatrix}0 & 0 & 1\end{bmatrix}^{\mathrm{T}}$；

当$\phi_{z_1}=3\pi/4$、$\phi_{y_2}=0$时，${}^b u^{out}=\begin{bmatrix}0 & 1 & 0\end{bmatrix}^{\mathrm{T}}$；

当$\phi_{z_1}=-3\pi/4$、$\phi_{y_2}=0$时，${}^b u^{out}=\begin{bmatrix}0 & -1 & 0\end{bmatrix}^{\mathrm{T}}$。

若激光雷达测量的单向光行差为t s，且有${}^b r_m=[k\ \ 0\ \ 0]^{\mathrm{T}}$（m），光速为$c$，记物点为

S，则物点相对雷达体系的位置 ${}^{b}r_{bS}$ 为

$$
\begin{gathered}
{}^{b}r_{bS}=\begin{bmatrix} k & 0 & 0 \end{bmatrix}^{\mathrm{T}}+(ct-k)\cdot \backslash \\
\begin{bmatrix} 1-2\left(\mathrm{C}_{p}^{b}\,\mathrm{C}_{m}^{p}\cdot{}^{m}n^{[1]}-\mathrm{S}_{p}^{b}\cdot{}^{m}n^{[2]}+\mathrm{C}_{p}^{b}\,\mathrm{S}_{m}^{p}\cdot{}^{m}n^{[3]}\right) \\ -2\left(\mathrm{S}_{p}^{b}\,\mathrm{C}_{m}^{p}\cdot{}^{m}n^{[1]}+\mathrm{C}_{p}^{b}\cdot{}^{m}n^{[2]}+\mathrm{S}_{p}^{b}\,\mathrm{S}_{m}^{p}\cdot{}^{m}n^{[3]}\right) \\ -2\cdot\left(-\mathrm{S}_{m}^{p}\cdot{}^{m}n^{[1]}+\mathrm{C}_{m}^{p}\cdot{}^{m}n^{[3]}\right) \end{bmatrix}\cdot\begin{pmatrix} \mathrm{C}_{p}^{b}\,\mathrm{C}_{m}^{p}\cdot{}^{m}n^{[1]}-\mathrm{S}_{p}^{b}\cdot \\ \backslash\,{}^{m}n^{[2]}+\mathrm{C}_{p}^{b}\,\mathrm{S}_{m}^{p}\cdot{}^{m}n^{[3]} \end{pmatrix}
\end{gathered} \tag{5.93}
$$

其中：ct 为激光测距的光程，即名义距离。

【证明】

$$
\begin{gathered}
{}^{b}r_{bS}={}^{b}r_{m}+(ct-k)\cdot{}^{b}u^{out}=\begin{bmatrix} k & 0 & 0 \end{bmatrix}^{\mathrm{T}}+(ct-k)\cdot \backslash \\
\begin{bmatrix} 1-2\left(\mathrm{C}_{p}^{b}\,\mathrm{C}_{m}^{p}\cdot{}^{m}n^{[1]}-\mathrm{S}_{p}^{b}\cdot{}^{m}n^{[2]}+\mathrm{C}_{p}^{b}\,\mathrm{S}_{m}^{p}\cdot{}^{m}n^{[3]}\right) \\ -2\left(\mathrm{S}_{p}^{b}\,\mathrm{C}_{m}^{p}\cdot{}^{m}n^{[1]}+\mathrm{C}_{p}^{b}\cdot{}^{m}n^{[2]}+\mathrm{S}_{p}^{b}\,\mathrm{S}_{m}^{p}\cdot{}^{m}n^{[3]}\right) \\ -2\cdot\left(-\mathrm{S}_{m}^{p}\cdot{}^{m}n^{[1]}+\mathrm{C}_{m}^{p}\cdot{}^{m}n^{[3]}\right) \end{bmatrix}\cdot\begin{pmatrix} \mathrm{C}_{p}^{b}\,\mathrm{C}_{m}^{p}\cdot{}^{m}n^{[1]}-\mathrm{S}_{p}^{b}\cdot \\ \backslash\,{}^{m}n^{[2]}+\mathrm{C}_{p}^{b}\,\mathrm{S}_{m}^{p}\cdot{}^{m}n^{[3]} \end{pmatrix}
\end{gathered}
$$

证毕。

根据式(5.93)对激光测距仪读取的距离 ct 进行修正，得到被测点 S 在激光雷达体系 b 下的三维坐标 ${}^{b}r_{bS}$。

5.6.2 基于激光雷达的有效性验证

启动激光雷达系统对巡视器前方的室内场景进行扫描，采集距离读数，并对其进行必要的数据处理、坐标变换，最后利用集成 Open Inventor 的三维图形显示库在 VC++环境下进行三维模型重建。实验结果如图 5-16 和图 5-17 所示。在图 5-16 中，在距离巡视器较近的前方位置放置有三个障碍物，通过激光雷达扫描建立环境障碍的三维点云模型。由图 5-16 可知，建立的点云模型能够真实地反映环境障碍，轮廓清晰。关于该雷达的测距精度及光照环境适应性，在此不做赘述。

CE3 月面巡视器远景及避障视觉系统应用了双目立体技术，环境重构的工作由地面遥操作系统完成。其中避障相机使用了激光点阵光源。地面工作人员根据重构的三维场景可以人工判别场景数据的有效性。CE3 月面巡视器在轨（on-orbit）应用表明：在月面贫纹理的环境下，双目立体视觉系统重构的 DEM 的精度不高。对于自主性要求很高的火星巡视器，需要进一步提升视觉系统的质量。

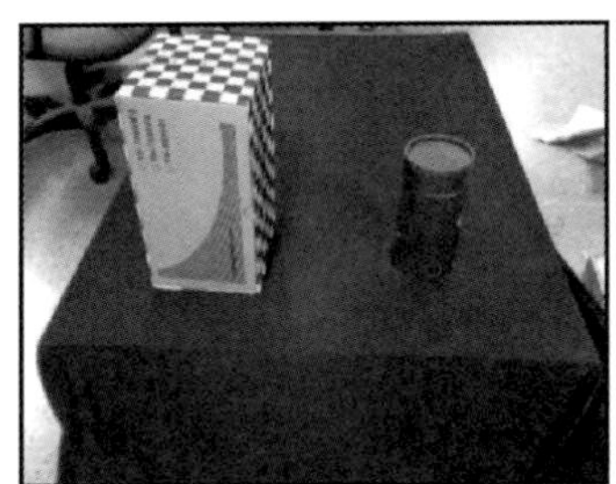

图 5-16　三维场景及测绘的点云

图 5-17　由激光雷达测绘的点云重构的 DEM

激光雷达的测绘实验表明：开发的小型高速激光雷达能够满足室内与室外强光条件的地形测绘需求，具有很高的精度。同时，该雷达具有质量小、功耗低、能进行粉尘自洁、不依赖于地形的纹理、计算量小、生成 DEM 快等优点。以该激光雷达技术原理为基础，按航天电子设备规程进行研制，可以满足月球及火星巡视器视觉系统的技术需求。

5.6.3　基于规范 DEM 的障碍提取

对于规范 DEM，图长与图宽具有固定的像素单位，且行像素与列像素的粒度（分辨率）确定。规范 DEM 也可以应用 Delaunay 三角网插值得到。如图 5-18 所示，除边界像素外的任一像素具有八邻域，δ 为 DEM 粒度。规范 DEM 既可以由轨道器测绘产生，也可以由巡视器远景视觉系统获取的环境点云数据经 Delaunay 三角化及插值获得。规范 DEM 具有 img、tiff 等多种标准格式，读者可以参阅本章参考文献[7]了解 DEM 及图像处理的相关知识。在 CE3 月面巡视器任务中，规范 DEM 主要应用于巡视器的任务规划及路径规划。

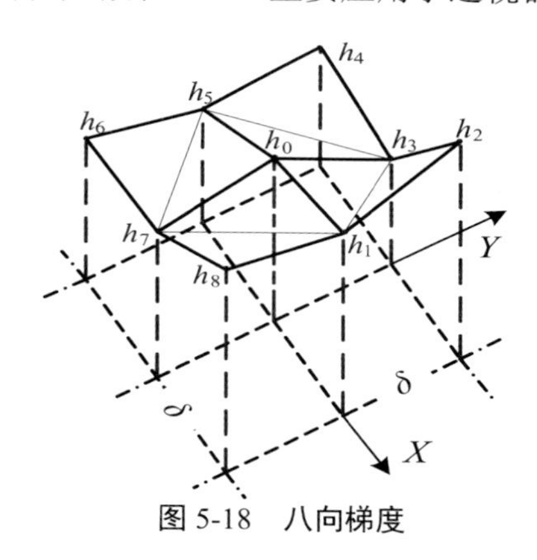

图 5-18　八向梯度

对于二维曲面 $h=H(x, y)$，若 $(x, y) \leftrightarrow h$，则该曲面为二维简单曲面。二维简单曲面的特征在于给定垂直于平面 XY 的直线，该直线与该曲面有且仅有一个交点。

由立体视觉或激光雷达获得的正射 DEM 本质是二维简单曲面。仅应用 DEM 的几何信息提取的障碍，称为几何障碍。由 DEM 进行障碍提取可以应用最大方向梯度法。点 $\left(x_0, y_0\right)$ 的八向梯度为

$$\operatorname{Grad}\left(H_i\left(x_0, y_0\right)\right)=\frac{\left|H\left(x_0, y_0\right)-H\left(x_i, y_i\right)\right|}{\sqrt{\left(x_i-x_0\right)^2+\left(y_i-y_0\right)^2}} \tag{5.94}$$

其中：$H\left(x_0, y_0\right)$ 为点 $\left(x_0, y_0\right)$ 的高度；$H\left(x_i, y_i\right)$ 为八邻域点高度，$i \in [1:8]$。记障碍点梯度阈值为 g_0，若 $\operatorname{Grad}\left(H_i\left(x_0, y_0\right)\right)>g_0$，则称 $\left(x_0, y_0\right)$ 为 δ-g_0 型障碍点。影响障碍提取的因素很多，其中最重要的因素是 DEM 粒度 δ。DEM 粒度 δ 与障碍的依赖关系可以应用分形原理进行研究。

如图 5-19 所示，导入某大峡谷区域的 DEM 与纹理图，并按 100:1 进行缩小，根据巡视器机动性能参数设置障碍提取参数，提取的障碍轮廓与人工判别的结果基本一致，能够正确地提取出河流、土丘及坡面等。应用 CE3 月面巡视器内场测绘数据进行障碍提取，如图 5-20 所示，能够正确识别人工环境的坡面、坑、台等障碍。障碍边缘数据分析及现场测试表明：该障碍提取方法满足巡视器安全性能指标要求。根据 2013 年 12 月 15 日 CE3 月面巡视器着陆后的月面 DEM 进行障碍提取的结果如图 5-21 所示。该结果能够正确识别出着陆器及陨石坑等障碍，并应用于巡视器的任务规划，完成第一个月球日的巡视探测任务。

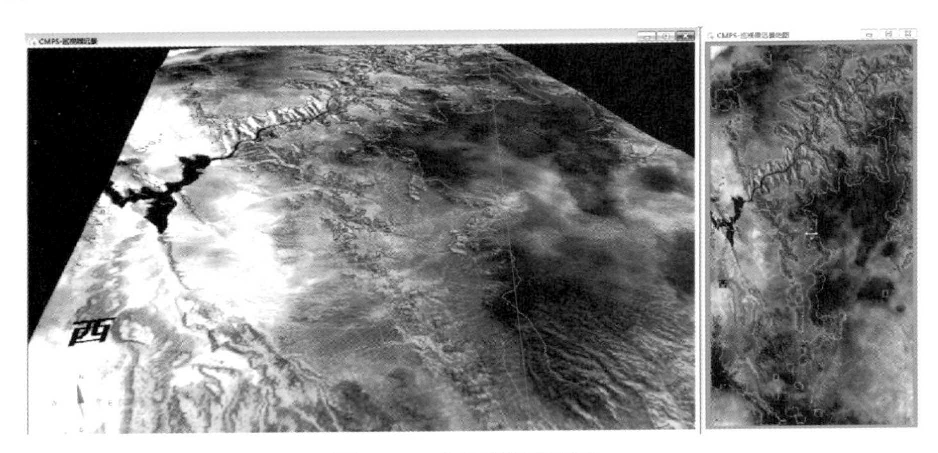

图 5-19　大峡谷障碍提取

图 5-20　CE3 内场障碍提取

图 5-21　2013 年 12 月 CE3 着陆区域障碍提取

5.6.4　本节贡献

本节应用基于轴不变量的多轴系统运动学，解决了基于高速激光雷达的环境建模问题和基于规范 DEM 的障碍提取问题。既验证了基于轴不变量的多轴系统运动学原理的作用，又验证了本节基于高速激光雷达的环境建模原理及基于规范 DEM 的障碍提取原理的有效性。

5.7　CE3 月面巡视器自主行为控制

5.7.1　巡视器自主行为智能体

基于速度协调的巡视器牵引控制可以实现巡视器移动速度和偏航角速度的跟踪控制，它是巡视器移动行为控制的基础。

巡视器自主行为智能体用于完成巡视器的自主移动控制，其根据环境、巡视器状态及目标，决定巡视器的行为。

巡视器移动过程中，若在其关注范围内未检测到障碍，则执行以下基本行为：原地转向、沿直线运动、沿圆弧运动。巡视器运动规划子系统产生行为序列。若在巡视器关注范围内检测到障碍，则需要完成趋向目标的避障行为。巡视器行为控制系统在执行趋向目标的避障行为时，需要实时修改巡视器的行为序列，在保证安全的前提下，最大限度地实现既定的行为序列。巡视器自主行为控制框图如图 5-22 所示。

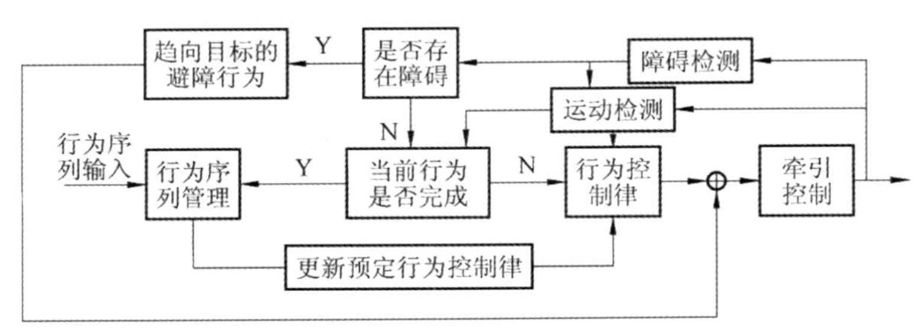

图 5-22　巡视器自主行为控制框图

自主行为智能体具有与运动检测系统、视觉系统通信的功能，可获取巡视器当前的位姿、周围环境的点云数据、巡视器各运动副的运动状态，并能根据点云数据进行障碍提取，生成障碍图。

自主行为智能体具有与其他智能体协作的功能，可请求运动规划智能体完成路径规划，并获得巡视器的移动行为序列。自主行为智能体最大限度地实现移动行为序列的意图，并根据环境状态，在保证巡视器安全的条件下，局部更新或修正移动行为序列。

自主行为智能体具有控制巡视器移动过程的自主性，可自主地提供移动控制服务。自主行为智能体具有规划与决策功能，能够根据巡视器的运动学特性、环境特点，自主地、实时地规划巡视器的运动，并完成巡视器的自主牵引控制。

自主行为智能体的避障空间模型如图 5-23 所示，自主行为智能体的避障空间共划分为 9 个扇形区域，每一扇形区域占 18°，智能体关注从半径 R_1 至半径 R_3 内的 9 个扇形区域是否存在障碍。其中：半径为 R_3 的扇区称为警界区；半径为 R_2 的扇区称为避障区。

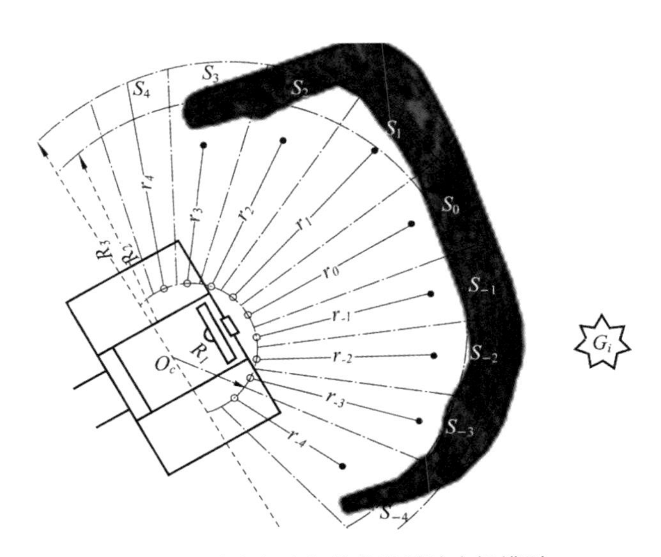

图 5-23　自主行为智能体的避障空间模型

以当前巡视器体系原点的像素坐标为起点，在以巡视器体系的 x_c 轴为参考的 $3k$ 度方向，以射线扫描方式读取障碍图。若存在障碍，则记录对应的角度 $3k$ 和至障碍的距离 r_k，其中$k \in \{-27,-26,\cdots,-1,0,1,\cdots,26,27\}$，从而获得区域$S_i$中距巡视器最近的障碍的深度$r_i$。由于障碍图是根据八向梯度法提取的，是空间障碍在地平面内的投影，因此，自主行为智能体能够感知坑、台及陡坡等障碍，并实时地控制巡视器的移动行为。

自主行为智能体可以根据巡视器驱动轮的位置w访问该区域的高程均值h_w与均方差δh_w，从而确定地形的通行性k_T。

$$k_T = \sum_{l}^{\mathbf{A}_w}\left(\frac{\delta h_l}{d_w}\right) + \sum_{l,j}^{\mathbf{A}_w}\left(\frac{\left|h_l - h_j\right|}{l_j^l}\right) \tag{5.95}$$

其中：d_w为驱动轮宽度；l_j^l为平面状态下轮l至轮j的距离。

由式(5.95)可知：k_T具有坡度属性，当驱动轮下方地形起伏越大，摇臂下方地形起伏越大时，通行性k_T就越大。相应地，要求巡视器平动速度及转动速度越小，相反，则要求巡视器平动速度及转动速度越大。

显然，沿直线运动和沿圆弧运动的行为都是简单行为，通过对基于速度协调的牵引控制输入进行设置，并增加行为激发与退出的条件即可实现。而原地转向行为不能由基于速度协调的牵引控制系统产生，因为该牵引控制过程不能实现原地转向，当原地转向的巡视器平动速度为0时，其方向是不确定的。任一简单行为都可提供该行为执行完毕后的目标位置，需要执行的简单行为由巡视器任务规划系统产生。

当巡视器执行上述简单行为时，若在警界区内检测到障碍，则自主地执行趋向目标的避障行为。趋向目标的避障行为是一个复杂的移动行为，需要根据智能体检测到的障碍距离$[r_{-4},\cdots,r_{-1},r_0,r_1,\cdots,r_4]$及期望到达的位置$\left[{}^{\dot{n}}r_c^{[1]} \quad {}^{\dot{n}}r_c^{[2]}\right]$进行自主控制，其中：$\dot{n}$是当前遥操作开始时的巡视器导航系。

1.沿直线运动

在平整的路面上，巡视器沿直线运动的基本原理如图5-24所示。在自然地形上驱动轮相对于巡视器是不对称的，因为摇臂角度随地形不同而发生变化。

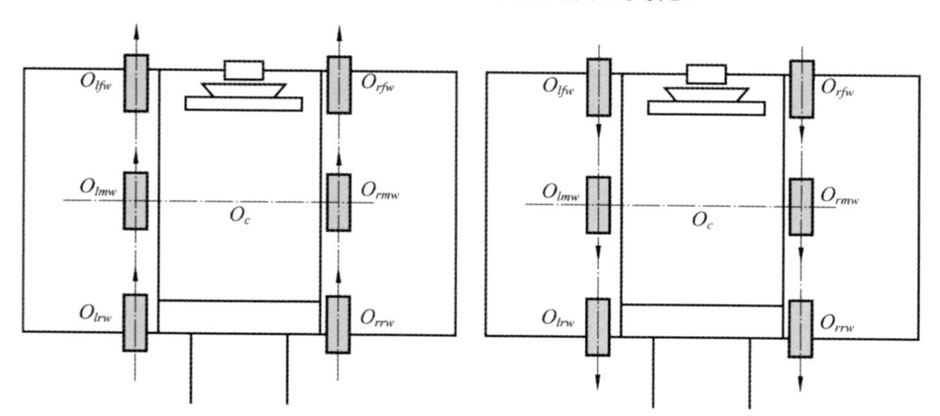

图5-24　相对于地平系的巡视器沿直线运动（左—前进、右—后退）

行为参数：期望移动里程 ${}_{d}S$ 。

激发条件：未检测到障碍、移动里程 $S < {}_{d}S$ 。

退出条件：检测到障碍或沿直线运动里程 $S \geqslant {}_{d}S$ 。

行为过程如下：

$$
\begin{cases}
{}^{c|i}_{d}\dot{r}_{c}^{[1]} = k_{v} \cdot \left({}_{d}S - S \right) \\
{}^{c|i}_{d}\dot{\phi}_{c}^{[3]} = 0
\end{cases}
\tag{5.96}
$$

其中：${}^{c|i}_{d}\dot{r}_{c}^{[1]}$ 、${}^{c|i}_{d}\dot{\phi}_{c}^{[3]}$ 为基于速度协调的牵引控制输入；k_{v} 为平动速度调节系数。

2.沿圆弧运动

巡视器沿圆弧运动的基本原理如图 5-25 所示。

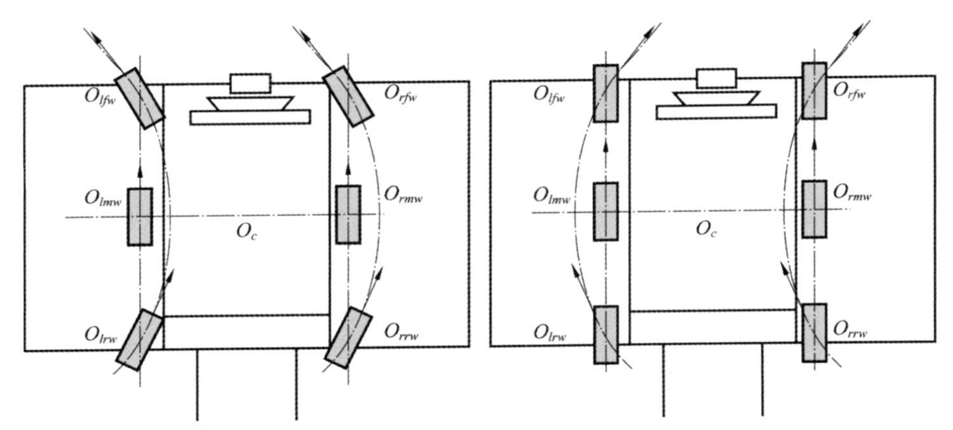

图 5-25　相对于地平系的巡视器沿圆弧运动（左—逆时针、右—顺时针）

行为参数：期望移动里程 ${}_{d}S$ 、转弯半径 ${}_{d}R$ 。

激发条件：未检测到障碍、移动里程 $S < {}_{d}S$ 。

退出条件：检测到障碍或沿圆弧运动里程 $S \geqslant {}_{d}S$ 。

行为过程如下：

$$
\begin{cases}
{}^{c|i}_{d}\dot{r}_{c}^{[1]} = k_{v} \cdot \left({}_{d}S - S \right) \\
{}^{c|i}_{d}\dot{\phi}_{c}^{[3]} = {}^{c|i}_{d}\dot{r}_{c}^{[1]} \ / \ {}_{d}R
\end{cases}
\tag{5.97}
$$

其中：${}^{c|i}_{d}\dot{r}_{c}^{[1]}$ 、${}^{c|i}_{d}\dot{\phi}_{c}^{[3]}$ 为基于速度协调的牵引控制输入；k_{v} 为平动速度调节系数。

3.原地转向

巡视器原地转向的基本原理如图 5-26 所示。

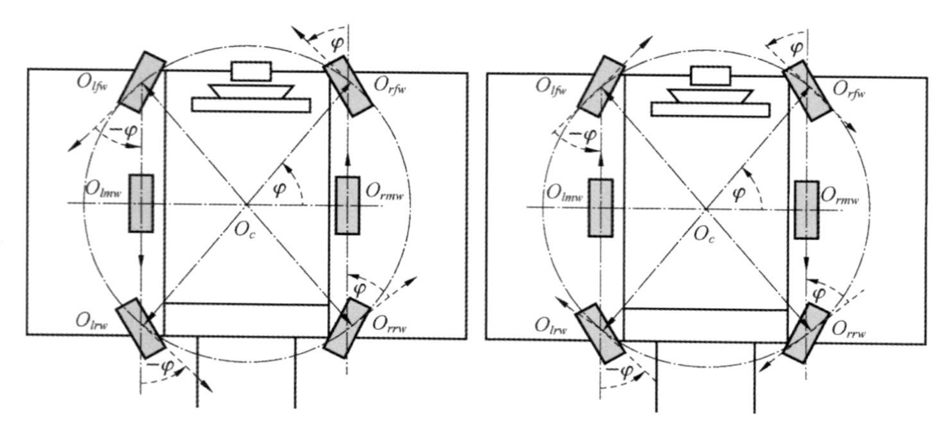

图 5-26　相对于地平系的巡视器原地转向（左—逆时针、右—顺时针）

行为参数：期望航向为 ${}_{d}\theta$ 。

激发条件：未检测到障碍、当前航向 $\phi_c^{[1]}$ 满足 $\left|\phi_c^{[1]} - {}_{d}\theta\right| > \delta$ ，其中 δ 为航向控制精度。

退出条件：检测到障碍或当前航向 $\phi_c^{[1]}$ 满足 $\left|\phi_c^{[1]} - {}_{d}\theta\right| \leqslant \delta$ 。

行为过程如下：

$$\begin{cases} {}_{d}^{c|i}\dot{r}_c^{[1]} = 0 \\ {}_{d}^{c|i}\dot{\phi}_c^{[3]} = k_{\omega} \cdot \left({}_{d}\theta - \phi_c^{[1]}\right) \end{cases} \tag{5.98}$$

其中： ${}_{d}^{c|i}\dot{r}_c^{[1]}$ 、 ${}_{d}^{c|i}\dot{\phi}_c^{[3]}$ 为基于速度协调的牵引控制输入； k_{ω} 为转动角速度调节系数。

基本行为中的平动速度调节系数 k_v 及转动角速度调节系数 k_{ω} 需要根据巡视器的机动性能和地形的通行性确定，且有 $k_v \propto \dfrac{1}{1+k_T}$ ，$k_{\omega} \propto \dfrac{1}{1+k_T}$ ，即若地形通行性 k_T 越差，则 k_v 及 k_{ω} 越小，相应地平动速度 ${}_{d}^{c|i}\dot{r}_c^{[1]}$ 及角速度 ${}_{d}^{c|i}\dot{\phi}_c^{[3]}$ 越小。

自然环境是非结构化的环境，难以用精确的数学模型表达。模型推理系统可以集成专家的知识，将专家的经验以模糊规则的形式集成到模糊系统当中，完成模型推理应用系统的建模，从而设计巡视器的模糊控制行为（fuzzy control based behaviors）。

5.7.2　标准可加模糊控制系统

将具有模糊化、模糊推理机（引擎）、解模糊的系统称为标准模糊系统（简称为模糊系统），它是模糊控制系统的基本形式。将模糊推理机称为纯模糊系统；将具有单点模糊化、乘积推理机、可加归并、重心解模糊的标准模糊系统称为标准可加模糊系统。如图 5-27 所示，输入 $[x_1,\cdots,x_n]$ 的模糊集合为 $[\tilde{x}_1,\cdots,\tilde{x}_n]$ ， w_k 为第 k 条规则的权重， $\tilde{C}_k$ 为第 k 条规则的推理结果， $\left\{\tilde{x}_{i1},\cdots,\tilde{x}_{in_i}\right\} \subset \left\{\tilde{x}_1,\cdots,\tilde{x}_n\right\}$ ，且 $\left\{\tilde{x}_{i1},\cdots,\tilde{x}_{in_i}\right\} \neq \varnothing$ ， $\left\{\tilde{y}_{i1},\cdots,\tilde{y}_{im_i}\right\} \subset \left\{\tilde{y}_1,\cdots,\tilde{y}_m\right\}$ 且 $\left\{\tilde{y}_{i1},\cdots,\tilde{y}_{im_i}\right\} \neq \varnothing$ 。

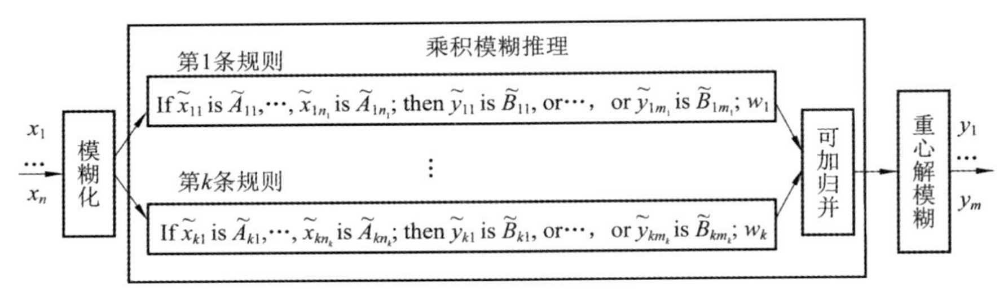

图 5-27　标准可加模糊系统

模糊系统是一个非模型系统，不同于常规的微分方程、传递函数、代数方程等模型，它是一个自然的模糊语言系统。从模糊系统的输入与输出来看，模糊系统是一个“多输入—多输出”非线性映射的函数，只是这一函数关系可以通过自然的模糊规则间接地建立。

下面，先分析标准可加模糊系统的基本性质，再阐述标准可加模糊系统设计的基本方法，为后续标准可加模糊避障行为的原理与设计奠定基础。

1.标准可加模糊系统的推理

图 5-27 给出了标准可加模糊系统模型。标准可加模糊系统 F 储存了 k 条规则，规则的形式如：“If $\tilde{x}_1$ is $\tilde{A}_{k1},\cdots,\tilde{x}_n$ is $\tilde{A}_{kn}$； then $\tilde{y}_1$ is $\tilde{B}_{k1}$,or$\cdots$, or $\tilde{y}_m$ is $\tilde{B}_{km}$； w_k”。w_k 为第 k 条规则的权重，$\tilde{C}_k$ 为第 k 条规则的推理结果。记模糊规则 i 前件的模糊集隶属函数为 $\left[\mathrm{MF}_{i1}^{\mathrm{In}},\cdots,\mathrm{MF}_{in}^{\mathrm{In}}\right]$，规则 i 后件的模糊集隶属函数为 $\left[\mathrm{MF}_{i1}^{\mathrm{Out}},\cdots,\mathrm{MF}_{im}^{\mathrm{Out}}\right]$。

模糊系统推理过程如下：

（1）对输入 $\left[x_1,\cdots,x_n\right]$ 进行模糊化得到模糊集合 $\left[\tilde{x}_1,\cdots,\tilde{x}_n\right]$。若模糊化方法为单点模糊化，则 $\left[\tilde{x}_1,\cdots,\tilde{x}_n\right]$ 中的任一模糊集合为单点模糊集，且 $\left[\tilde{x}_1,\cdots,\tilde{x}_n\right]=\left[x_1,\cdots,x_n\right]$。

（2）输入模糊集 $\left[\tilde{x}_1,\cdots,\tilde{x}_n\right]$ 与任一模糊规则 i 的前件模糊集 $\left[\tilde{A}_{i1},\cdots,\tilde{A}_{in_i}\right]$ 进行匹配，得到匹配后的模糊集 $\left[\tilde{x}_{i1},\cdots,\tilde{x}_{in_i}\right]$ 及相应的匹配度 $\left[m_{i1},\cdots,m_{in_i}\right]$。若 $\left[\tilde{x}_{i1},\cdots,\tilde{x}_{in_i}\right]$ 为单点模糊集，则有

$$\left[m_{i1},\cdots,m_{in_i}\right]=\left[\mathrm{MF}_{i1}^{\mathrm{In}}\left(x_1\right),\cdots,\mathrm{MF}_{in_i}^{\mathrm{In}}\left(x_{n_i}\right)\right] \tag{5.99}$$

（3）计算任一模糊规则 i 的激励强度 a_i。若采用乘积（代数积）推理机，则有

$$a_i = w_i\cdot\prod_{l=1}^{n_i}\left(\mathrm{MF}_{il}^{\mathrm{In}}\left(x_l\right)\right) \tag{5.100}$$

（4）计算任一模糊规则 i 的模糊推理结果 $\left[\tilde{C}_{i1},\cdots,\tilde{C}_{im_i}\right]$。若采用乘积推理机，则有

$$\left[\tilde{C}_{i1},\cdots,\tilde{C}_{im_i}\right]=a_i\cdot\left[\tilde{B}_{i1},\cdots,\tilde{B}_{im_i}\right] \tag{5.101}$$

（5）计算模糊规则集的推理结果 $\left[\tilde{D}_1,\cdots,\tilde{D}_m\right]$。若采用可加归并（代数和），则有

$$\left[\tilde{D}_1,\cdots,\tilde{D}_m\right]=\sum_{i=1}^{k}\left(a_i\cdot\left[\tilde{B}_{i1},\cdots,\tilde{B}_{im_i}\right]\right) \tag{5.102}$$

（6）对$\left[\tilde{D}_1,\cdots,\tilde{D}_m\right]$进行解模糊得模糊系统输出$\left[y_1,\cdots,y_m\right]$。若采用重心解模糊，则有

$$\left[y_1,\cdots,y_m\right]=\mathrm{Centroid}\left(\sum_{i=1}^{k}\left(a_i\cdot\left[\mathrm{MF}_{i1}^{\mathrm{Out}},\cdots,\mathrm{MF}_{im}^{\mathrm{Out}}\right]\right)\right) \tag{5.103}$$

若采用中心解模糊，则有

$$\left[y_1,\cdots,y_m\right]=\mathrm{Center}\left(\sum_{i=1}^{k}\left(a_i\cdot\left[\mathrm{MF}_{i1}^{\mathrm{Out}},\cdots,\mathrm{MF}_{im}^{\mathrm{Out}}\right]\right)\right) \tag{5.104}$$

可见，标准可加模糊系统$F:R^n\to R^m$的映射，相当于一个互相连接的转化器或全局模糊互联存储器（fuzzy associative memory，FAM）。

2.标准可加模糊系统的代数模型

当标准可加模糊系统采用重心解模糊时，由标准可加模糊系统的推理过程可得

$$y_l=\frac{\sum_{i=1}^{k}\left(a_i\cdot S_{il}\cdot c_{il}\right)}{\sum_{i=1}^{k}\left(a_i\cdot S_{il}\right)}=\sum_{i=1}^{k}\left(p_{il}\cdot c_{il}\right) \tag{5.105}$$

其中：$l\in\left\{1,2,\cdots,m\right\}$，且

$$S_{il}=\int\mathrm{MF}_{il}^{\mathrm{Out}}\left(y_l\right)dy_l \tag{5.106}$$

$$c_{il}=\frac{\int\left(y_l\cdot\mathrm{MF}_{il}^{\mathrm{Out}}\left(y_l\right)\right)dy_l}{S_{il}} \tag{5.107}$$

$$p_{il}=\frac{a_i\cdot S_{il}}{\sum_{i=1}^{k}\left(a_i\cdot S_{il}\right)} \tag{5.108}$$

$$\sum_{i=1}^{k}\left(p_{il}\right)=1 \tag{5.109}$$

【证明】

$$y_l=\mathrm{Centroid}\left(\sum_{i=1}^{k}\left(a_i\cdot\mathrm{MF}_{il}^{\mathrm{Out}}\left(y_l\right)\right)\right)=\frac{\int\left(\sum_{i=1}^{k}\left(a_i\cdot y_l\cdot\mathrm{MF}_{il}^{\mathrm{Out}}\left(y_l\right)\right)\right)dy_l}{\int\left(\sum_{i=1}^{k}\left(a_i\cdot\mathrm{MF}_{il}^{\mathrm{Out}}\left(y_l\right)\right)\right)dy_l}$$

$$=\frac{\sum_{i=1}^{k}\left(a_i\cdot S_{il}\cdot\frac{\int\left(y_l\cdot\mathrm{MF}_{il}^{\mathrm{Out}}\left(y_l\right)\right)dy_l}{S_{il}}\right)}{\sum_{i=1}^{k}\left(a_i\cdot S_{il}\right)}=\sum_{i=1}^{k}\left(p_{il}\cdot c_{il}\right)$$

其中：

$$c_{il}=\frac{\int\left(y_l\cdot \mathrm{MF}_{il}^{\mathrm{Out}}\left(y_l\right)\right)dy_l}{S_{il}}$$

显然，式(5.109)成立。证毕。

当标准可加模糊系统采用中心解模糊时，由标准可加模糊系统的推理过程可得

$$y_l=\frac{\sum_{i=1}^{k}\left(a_i\cdot\overline{y}_{il}\right)}{\sum_{i=1}^{k}\left(a_i\right)}=\sum_{i=1}^{k}\left(p_{il}\cdot\overline{y}_{il}\right) \tag{5.110}$$

其中：$\overline{y}_{il}$ 为隶属函数 $\mathrm{MF}_{il}^{\mathrm{Out}}\left(y_l\right)$ 的中心，且

$$p_{il}=\frac{a_i}{\sum_{i=1}^{k}\left(a_i\right)} \tag{5.111}$$

$$\sum_{i=1}^{k}\left(p_{il}\right)=1 \tag{5.112}$$

【证明】

$$y_l=\mathrm{Center}\left(\sum_{i=1}^{k}\left(a_i\cdot \mathrm{MF}_{il}^{\mathrm{Out}}\left(y_l\right)\right)\right)=\frac{\sum_{i=1}^{k}\left(a_i\cdot\overline{y}_{il}\right)}{\sum_{i=1}^{k}\left(a_i\right)}=\sum_{i=1}^{k}\left(p_{il}\cdot\overline{y}_{il}\right)$$

其中：

$$p_{il}=\frac{a_i}{\sum_{i=1}^{k}\left(a_i\right)}$$

显然，式(5.112)成立。证毕。

隶属函数 $\mathrm{MF}_{il}^{\mathrm{Out}}\left(y_l\right)$ 中心解模糊是重心解模糊的特例，其质心为中心 $\overline{y}_{il}$，面积 $S_{il}\equiv 1$。

3.标准可加模糊系统的基本性质

（1）当标准可加模糊系统的规则前件隶属函数连续时，标准可加模糊系统的输出是关于输入的连续函数。

【证明】　标准可加模糊系统的规则前件隶属函数连续即 $\left[\mathrm{MF}_{i1}^{\mathrm{In}},\cdots,\mathrm{MF}_{in}^{\mathrm{In}}\right]$ 是关于输入 $\left[x_1,\cdots,x_n\right]$ 的连续函数，由式(5.100)可知任一规则 i 的激励强度 a_i，且由式(5.108)知 p_{il} 亦连续，则由式(5.105)可知 y_l 是关于输入 $\left[x_1,\cdots,x_n\right]$ 的连续函数。证毕。

（2）当标准可加模糊系统的规则前件隶属函数连续，且输入对时间 t 可导时，标准可加模糊系统的输出对时间 t 亦可导。

【证明】 标准可加模糊系统的输入对时间 t 可导，即 $\frac{d}{dt}\left[x_1,\cdots,x_n\right]$ 存在，由式(5.105)及式(5.108)可知

$$
\begin{aligned}
\frac{d}{dt}\left(y_l\right) &= \frac{d}{dt}\left(\sum_{i=1}^{k}\left(\frac{a_i \cdot S_{il}}{\sum_{i=1}^{k}\left(a_i \cdot S_{il}\right)} \cdot c_{il}\right)\right) = \sum_{i=1}^{k}\left(\frac{\partial}{\partial a_i}\left(\frac{a_i \cdot S_{il}}{\sum_{i=1}^{k}\left(a_i \cdot S_{il}\right)} \cdot c_{il}\right) \cdot \frac{d}{dt}\left(a_i\right)\right) \\
&= \sum_{i=1}^{k}\left(\frac{1}{\sum_{i=1}^{k}\left(a_i \cdot S_{il}\right)} \cdot \frac{d}{dt}\left(a_i\right)\right)
\end{aligned}
\tag{5.113}
$$

将式(5.100)代入式(5.113)得

$$
\begin{aligned}
\frac{d}{dt}\left(y_l\right) &= \sum_{i=1}^{k}\left(\frac{1}{\sum_{i=1}^{k}\left(a_i \cdot S_{il}\right)} \cdot \frac{d}{dt}\left(w_i \cdot \prod_{l=1}^{n_i}\left(\mathrm{MF}_{il}^{\mathrm{In}}\left(x_l\right)\right)\right)\right) \\
&= \sum_{i=1}^{k}\left(\frac{1}{\sum_{i=1}^{k}\left(a_i \cdot S_{il}\right)} \cdot \left(\begin{array}{l} w_i \cdot \prod_{l=2}^{n_i}\left(\mathrm{MF}_{il}^{\mathrm{In}}\left(x_l\right) \cdot \frac{d}{dt}\left(x_1\right)\right) + \cdots \\ \backslash + w_i \cdot \prod_{l=2}^{n_i}\left(\mathrm{MF}_{il}^{\mathrm{In}}\left(x_l\right) \cdot \frac{d}{dt}\left(x_1\right)\right) \end{array}\right)\right)
\end{aligned}
\tag{5.114}
$$

因 $\frac{d}{dt}\left[x_1,\cdots,x_n\right]$ 存在，由式(5.114)知 $\frac{d}{dt}\left(y_l\right)$ 亦存在。证毕。

由标准可加模糊系统的代数模型可知：标准可加模糊系统可以用对应的代数模型代替。与标准可加模糊系统相比，标准可加模糊系统的代数模型在计算空间代价和时间代价方面都具有优势：①不需要储存模糊规则；②不需要进行模糊推理；③解模糊过程可在设计期完成。因此，标准可加模糊系统的代数模型非常适合于计算资源紧缺的应用。

5.7.3 标准可加模糊避障行为

巡视器避障行为与人或生物系统避障行为一样，不存在标准的模式，都需要通过后天的学习才能掌握避障的基本技能。巡视器避障行为需要集成专家的经验。因为自然环境的模型是非结构化的，难以应用常规模型来表示。同时，设计者具有行走、驾车等经验，这些经验可以表述为一组模糊规则。标准可加模糊系统是一个“多输入—多输出”非线性映射的代数系统，并且能够集成专家的经验。因此，巡视器避障行为的设计可以应用标准可加模糊系统。

标准可加模糊系统的设计过程与一般模糊系统设计过程一样，主要步骤包括：

（1）确定论域，包括输入与输出的物理量（属性、量纲与量程）。

（2）确定输入与输出空间的粒度及隶属函数。

（3）确定模糊规则。

（4）确定模糊推理机的基本属性，包括：模糊集合的并、交、补运算方法，模糊推理方法，归并方法，模糊化方法及解模糊方法。对于标准可加模糊系统，模糊化方法为单点模糊化，解模糊方法为重心解模糊或中心解模糊，模糊推理机为乘积推理机。

（5）应用标准模糊系统仿真软件进行仿真分析，选择适合的隶属函数参数，列写模糊规则并判别规则的完备性，通过仿真确定模糊系统的输入与输出关系是否满足工程要求。

根据已实现的标准可加模糊系统，应用式(5.105)至式(5.109)或式(5.110)至式(5.112)列写标准可加模糊系统的代数模型，以替代已验证的标准可加模糊系统。

1.基于行为控制的避障原理

巡视器的避障行为设计要求如下：

（1）简单，其计算的空间代价与时间代价适应于巡视器的计算资源约束。

（2）可靠，避障行为的过程具有确定性与可分析性。由于避障行为是一个复杂的技能，在不同的情景下，需要应用不同的策略，故可分析性从本质上决定避障行为要易于加入避障的经验。

（3）能够自动检测异常状态，并暂停当前行为，以获取地面遥操作系统的支持。

目前，神经网络（neural network）、遗传算法（genetic algorithm）、人工势场（artificial potential field）等方法均具有不确定性，存在陷入局部极小的可能；同时，计算量相对较大。而标准可加模糊避障行为的过程分析相对较为充分，其行为过程具有确定性，同时易于加入专家知识。标准可加模糊避障行为的设计原理包括标准可加模糊系统和避障行为控制两个方面。标准可加模糊系统的理论在 5.7.2 节中已介绍，下面简述避障行为控制的基本思想。

避障行为控制源于人工力场，如图 5-28 所示，将巡视器 C 与障碍 B 视为同名磁极，而将巡视器 C 与目标 G_k 视为异名磁极。当巡视器在其关注区域内检测到障碍时，障碍对巡视器施加反作用力 f_B 与力矩 τ_B，目标对巡视器施加吸引力 f_{G_k} 与力矩 τ_{G_k}。

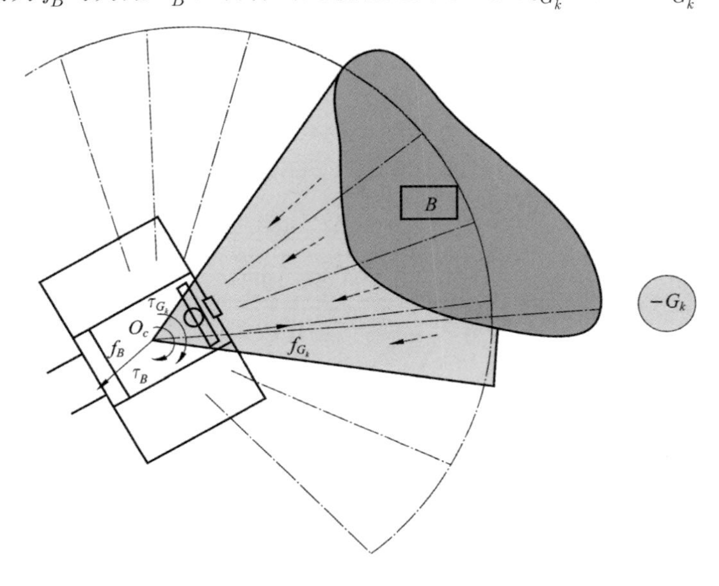

图 5-28　基于力场的避障行为

当巡视器移动到障碍附近时，存在的排斥力 f_B 与力矩 τ_B 使得巡视器离开障碍。避障行为是生物的一种本能行为，也称为应激行为，它是生物的一种简单行为。当巡视器远离障碍时，由于受到目标 G_k 施加的吸引力 f_{G_k} 与力矩 τ_{G_k}，巡视器趋向目标移动。趋向目标行为也是生物的一种应激行为，如生物的趋光行为。

生物的避障行为、趋向目标行为等低级行为是生物的基本技能。生物的高级行为是通过基本行为的协调控制而实现的结果。

尽管低级生物常常不具备对全局环境的认知能力与分析能力，但低级生物依靠其简单的行为或低级行为也能在一定程度上达到适应环境的目的。生物对全局环境的认知能力与分析能力越高，其对环境的适应能力往往越强。避开静止的障碍并且趋向目标是许多低级生物具备的先天性的技能。通过后天的学习，许多生物能避让复杂的运动障碍并且能够顺利地到达目标。

避障行为是运动过程中的行为，它要具有实时性、应激性。避障行为的计算过程应简单，不需要复杂的分析与推理。避障行为仅关注局部障碍，不关心全局的环境，否则，必然需要复杂的规划过程，使得避障行为缺乏实时性。全局环境对避障行为的影响体现于有序的路径站点，避障行为受下一个要到达的路径站点的引导。

2.标准可加模糊避障行为

（1）目标趋向行为。

如图 5-29 所示，目标趋向行为的输入变量为：由巡视器几何中心 O_C 至目标 G_k 的距离 d（单位为 m），由巡视器 x_C 轴至目标 G_k 的方位角 θ（单位为（°））。目标趋向行为的输出变量为：巡视器平动速度 ${}^{c|i}\dot{r}_c^{[1]}$（单位为 m/s）、转动角速度 ${}^{c|i}\dot{\phi}_c^{[3]}$（单位为（°）/s）。目标趋向行为应用标准可加模糊控制系统实现。

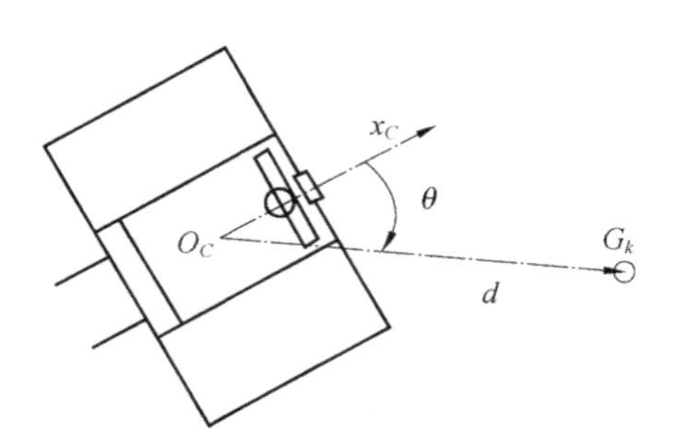

图 5-29　巡视器与目标的关系

目标趋向行为的语言变量及隶属函数图如图 5-30 所示。

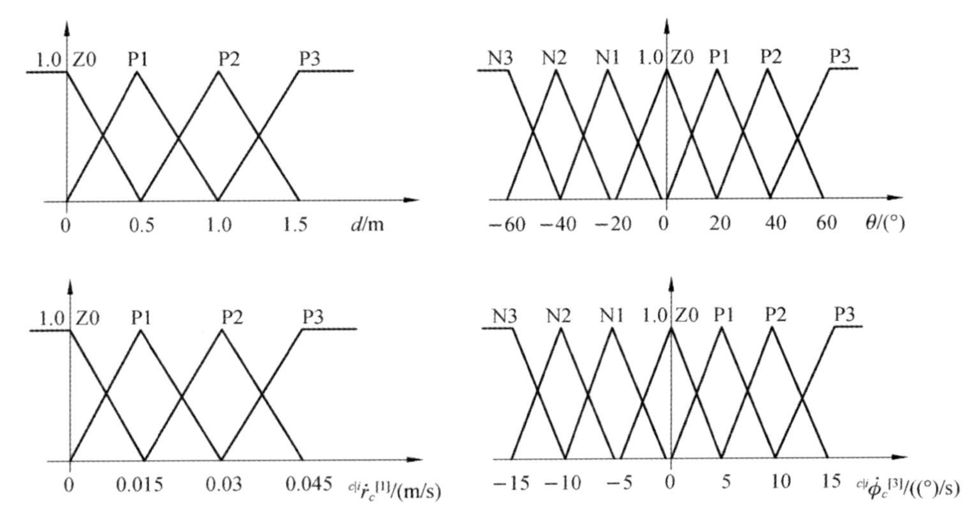

图 5-30　目标趋向行为的隶属函数图

目标趋向行为的模糊规则如下：

如果 d 为 P3，则 ${}^{c|i}\dot{r}_c^{[1]}$ 为 P3；如果 d 为 P2，则 ${}^{c|i}\dot{r}_c^{[1]}$ 为 P2；

如果 d 为 P1，则 ${}^{c|i}\dot{r}_c^{[1]}$ 为 P1；如果 d 为 Z0，则 ${}^{c|i}\dot{r}_c^{[1]}$ 为 Z0；

如果 θ 为 N3，则 ${}^{c|i}\dot{\phi}_c^{[3]}$ 为 N2；如果 θ 为 N2，则 ${}^{c|i}\dot{r}_c^{[1]}$ 为 N2；

如果 θ 为 N1，则 ${}^{c|i}\dot{\phi}_c^{[3]}$ 为 N1；如果 θ 为 Z0，则 ${}^{c|i}\dot{r}_c^{[1]}$ 为 Z0；

如果 θ 为 P1，则 ${}^{c|i}\dot{\phi}_c^{[3]}$ 为 P1；如果 θ 为 P2，则 ${}^{c|i}\dot{r}_c^{[1]}$ 为 P2；

如果 θ 为 P3，则 ${}^{c|i}\dot{\phi}_c^{[3]}$ 为 P2。

在巡视器执行目标趋向行为的过程中，第 1 至第 4 个规则保证巡视器离目标很远时按正常速度行驶，接近目标时开始减速，到达目标时则停止。第 5 至第 11 个规则使巡视器前进方向调整至视线方向。

图 5-30 所示的隶属函数图采用的是三角形中心重叠的隶属函数。由定理可知，该模糊系统的输出不仅连续而且可导，从而可保证巡视器的控制量是平滑的。同时，三角隶属函数在模糊系统计算时计算代价最小，有利于保证系统的实时性。

因为不同工况的地形传送性不同，目标趋向行为的输出可以增加一个比例系数，用以调整巡视器的平动速度与转动速度。

（2）避障行为。

避障行为的输入变量为：障碍入侵巡视器避障区 R_2 的距离 d_i，其中 $i \in \{-4,\cdots,0,\cdots,4\}$，$d_i = R_2 - r_i$。避障行为的输出变量为：巡视器平动速度 ${}^{c|i}\dot{r}_c^{[1]}$（单位为 m/s）、转动角速度 ${}^{c|i}\dot{\phi}_c^{[3]}$（单位为（°）/s）。避障行为由标准可加模糊系统实现。避障行为的语言变量及隶属函数图如图 5-31 所示。

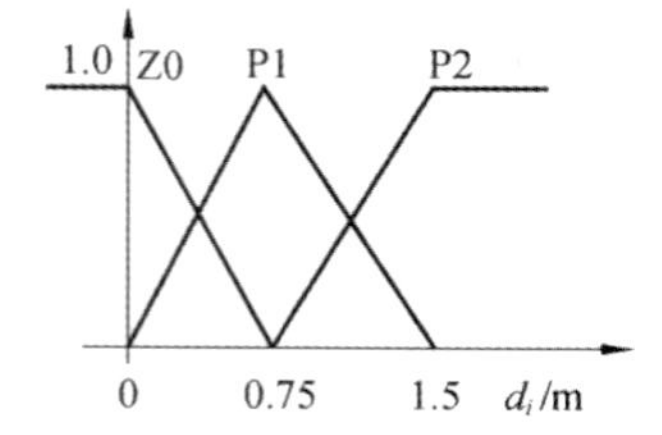

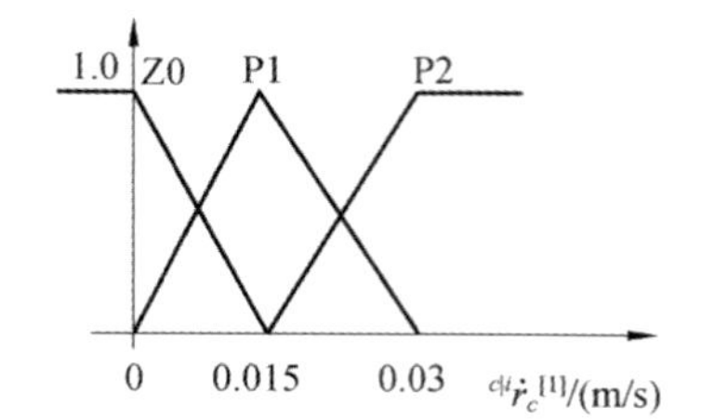

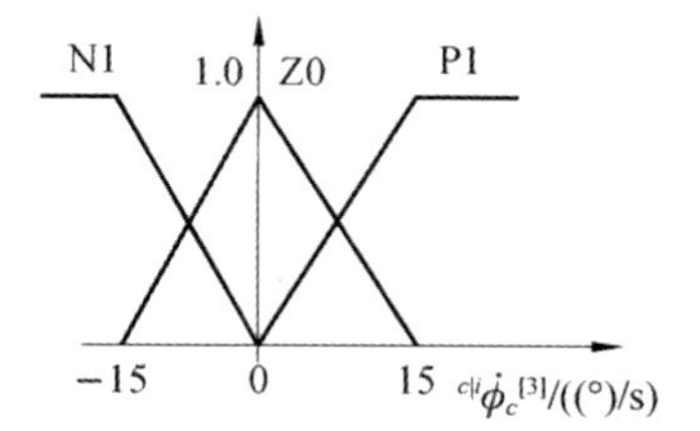

图 5-31　避障行为隶属函数图

避障行为的模糊规则如下：

如果$\left[d_{-4},d_{-3},d_{-2},d_{-1},d_0,d_1,d_2,d_3,d_4\right]$都为Z0，则${}^{c|i}\dot{r}_c^{[1]}$为Z0，${}^{c|i}\dot{\phi}_c^{[3]}$为N1；

如果$\left[d_{-4},d_{-3},d_{-2},d_{-1},d_0,d_1,d_2,d_3,d_4\right]$都为P1，则${}^{c|i}\dot{r}_c^{[1]}$为Z0，${}^{c|i}\dot{\phi}_c^{[3]}$为P1；

如果d_i为P2，则${}^{c|i}\dot{r}_c^{[1]}$为P2，${}^{c|i}\dot{\phi}_c^{[3]}$为P1，其中$i\in\left\{1,2,3,4\right\}$；

如果d_i为P1，则${}^{c|i}\dot{r}_c^{[1]}$为P1，${}^{c|i}\dot{\phi}_c^{[3]}$为P1，其中$i\in\left\{1,2,3,4\right\}$；

如果d_i为Z0，则${}^{c|i}\dot{r}_c^{[1]}$为Z0，${}^{c|i}\dot{\phi}_c^{[3]}$为Z0，其中$i\in\left\{1,2,3,4\right\}$；

如果d_k为P2，则${}^{c|i}\dot{r}_c^{[1]}$为P2，${}^{c|i}\dot{\phi}_c^{[3]}$为N1，其中$k\in\left\{-4,-3,-2,-1\right\}$；

如果d_k为P1，则${}^{c|i}\dot{r}_c^{[1]}$为P1，${}^{c|i}\dot{\phi}_c^{[3]}$为N1，其中$k\in\left\{-4,-3,-2,-1\right\}$；

如果d_k为Z0，则${}^{c|i}\dot{r}_c^{[1]}$为Z0，${}^{c|i}\dot{\phi}_c^{[3]}$为Z0，其中$k\in\left\{-4,-3,-2,-1\right\}$。

在执行避障行为过程中，第 3 至第 8 个规则保证障碍进入关注范围时使巡视器向相反的一侧移动。第 1 和第 2 个规则保证巡视器在正对障碍时仍能以一定的速度转向，并试图分别以正、反向转动离开障碍。

因不同工况的地形传送性不同，避障行为的输出可以增加一个比例系数，用以调整巡视器的平动速度与转动速度。

（3）趋向目标的避障行为与仿真验证。

当巡视器智能体在其警界区内检测到障碍时，正在执行的直线运动、圆弧运动及原地转向的简单行为被取消，并将已取消的简单行为的目标位置作为目标趋向行为的目标，同时激活趋向目标的避障行为，直至其警界区内不再检测到障碍。

趋向目标的避障行为是目标趋向行为与避障行为的突现行为（emergent behavior）：在避障区内存在障碍时，执行避障行为；无障碍时，执行趋向目标的行为。因此，在警界区内存在障碍时，趋向目标的行为与避障行为经常是轮流执行的。

趋向目标的避障行为仿真 1 如图 5-32 所示，巡视器不仅可以自主地避障，而且能够自主地向着目标趋近，直至到达目标。

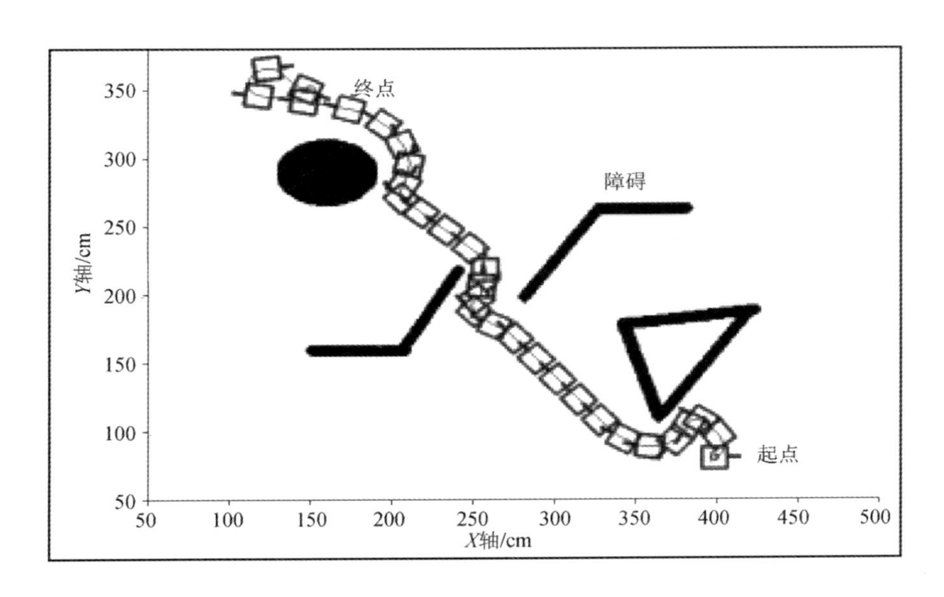

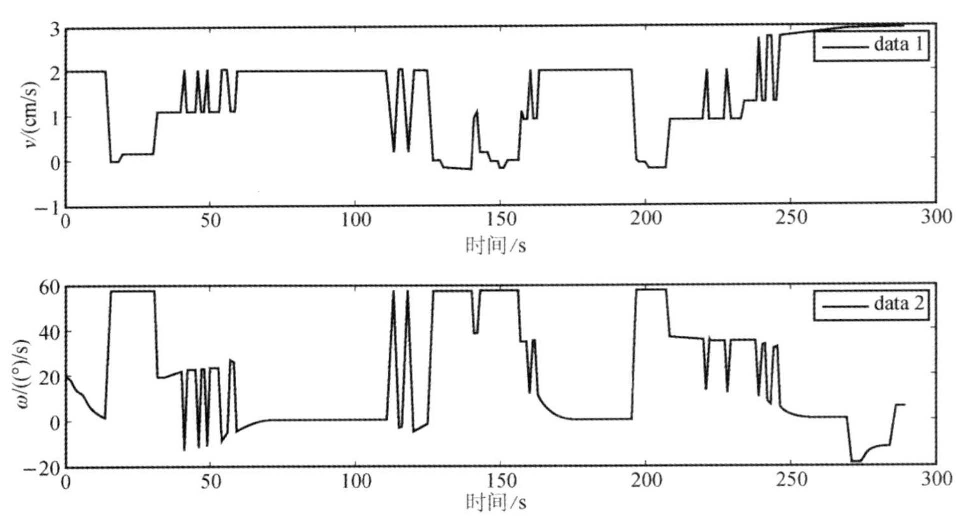

图 5-32　趋向目标的避障行为仿真 1

趋向目标的避障行为仿真 2 如图 5-33 所示，当巡视器周围连续检测到障碍时，趋向目标的避障行为控制着巡视器沿障碍边缘移动，并最终到达目标。

由图 5-32 及图 5-33 所示的仿真结果可知，通过趋向目标的避障行为控制，巡视器的移动路线不是最优的，因为它只根据局部环境信息进行决策。根据巡视器远景视觉获得的环境信息，进行路径规划得到巡视器的站点序列后，应用趋向目标的避障行为可以实现次优的自主移动控制。在完成趋向目标的避障行为模糊控制器设计与仿真验证后，应用式(5.105)列写趋向目标的避障行为的代数方程，进行工程应用开发。

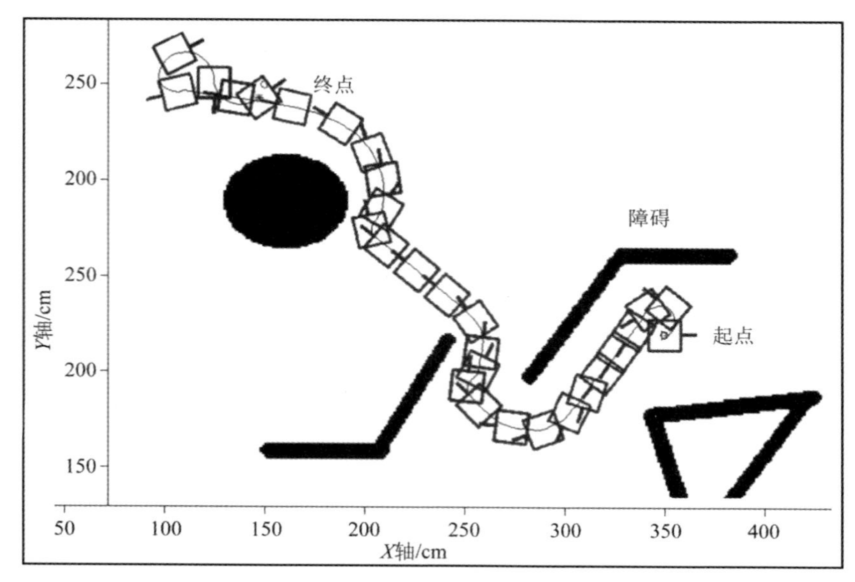

图 5-33　趋向目标的避障行为仿真 2

5.7.4 巡视器自主行为控制实验

如图 5-34 和图 5-35 所示，对巡视器的自主行为控制功能进行实验验证。图 5-34 所示的场景是 CE3 内场月面模拟环境，巡视器初始航向为 0°，完成如表 5-2 所示的行为序列。由图 5-34 可知，巡视器能够正确地完成相应的行为序列，不仅证明了所述基本行为设计原理的正确性，而且证明了基于速度协调的牵引控制的正确性。

表 5-2　巡视器行为序列

序号	行为	曲率	里程/m	航向/(°)
1	原地转向	∞	0	180
2	直线移动	0	2.5	180
3	圆弧运动	1	5.6415	0
4	直线移动	0	8. 7415	0
5	圆弧运动	0.8	13.5412	220
6	圆弧运动	0.6	16.4501	320

图 5-34 中的路径由巡视器路径规划得到，在该路径上完成原地转向、直线移动、圆弧运动等基本行为。巡视器在运动过程中，实时地检测环境中的障碍，当在其警界区内检测到障碍时，巡视器自动执行趋向目标的避障控制。由图 5-35 可知，巡视器能够自动避让障碍，直至安全地到达目标。

本章基于速度协调的牵引控制和行为控制的原理在 CE3 工程中的应用主要有：完成 CE3 月面环境模拟与动力学解算系统的验证；完成 CE3 月面巡视器任务规划结果的仿真验证。

图 5-34　巡视器自主行为控制实验 1

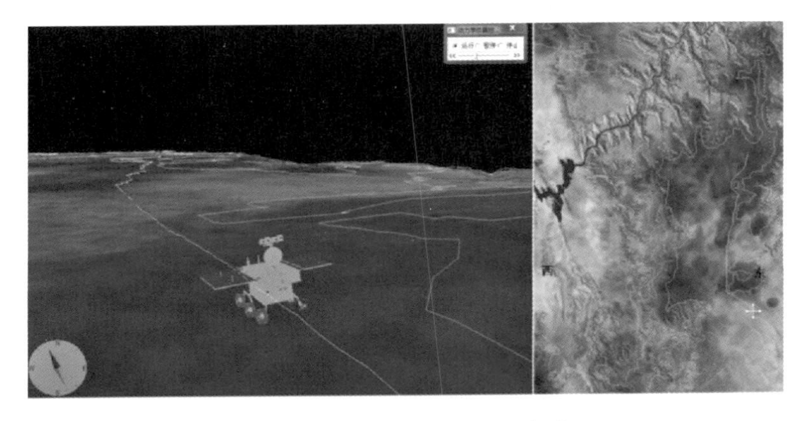

图 5-35　巡视器自主行为控制实验 2

5.7.5　本节贡献

本节应用基于轴不变量的多轴系统运动学及模糊控制原理，解决了巡视器自主行为控制问题。既验证了基于轴不变量的多轴系统运动学原理的作用，又验证了本节自主行为智能体及基于标准可加模糊的巡视器自主行为控制的有效性。

5.8　本章小结

首先，本章应用基于轴不变量的多轴系统运动学分析了 CE3 月面巡视器移动系统运动学特性，包括巡视器驱动控制运动学和导航运动学。接着，根据移动系统运动学分析结果，提出了基于速度协调的巡视器牵引控制方法，以及基于太阳敏感器、惯性单元及里程计的位姿确定原理；研制微小型激光雷达；提出了基于标准可加模糊系统的自主行为控制方法，实现了巡视器移动过程的自主行为控制功能。最后，分别通过 BH2 原理样机实验和 CE3 月面巡视器动力学解算系统的在回路闭环测试验证了所提出方法的有效性。通过上述应用，验证了基于轴不变量的多轴系统运动学的正确性及其对工程应用的指导作用。

本章参考文献

[1] PONGSAK L, OKADA M, SINOHARA T, et al. Attitude estimation by compensating gravity direction [C]//The 21st Annual Conference of the Robotics Society of Japan, 2003.

[2] 居鹤华，裴福俊，李秀智，王亮. 基于全功能太阳罗盘的月球车位姿自主确定方法：中国，101344391 [P]. 2009-01-14.

[3] 马岩，居鹤华，崔平远. Acuity 激光测距仪校准算法研究[J]. 计算机测量与控制,2009,17 (6):1232-1234.

[4] 居鹤华，马岩，王亮.月球车高速三维激光成像雷达系统以及成像方法：中国，101493526A [P]. 2009-07-29.

[5] 居鹤华, 马岩, 王亮.月球车高速三维激光成像雷达系统：中国，201293837Y[P].2009-08-19.

[6] KAATAJAINEN J, KOPPINEN M. Constructing Delaunay triangulations by merging buckets in quadtree order [J]. Fundamenta Informaticae, 1988,11(3): 275-288.

[7] 李民录. GDAL 源码剖析与开发指南[M]. 北京：人民邮电出版社，2014.

[8] HARINATH E , MANN G K I . Design and tuning of standard additive model based fuzzy PID controllers for multi-variable process systems[M].Piscataway: IEEE Press, 2008.

[9] 王立新. 模糊系统与模糊控制教程[M]. 北京：清华大学出版社, 2003.

[10] 居鹤华，崔平远，刘红云. 基于自主行为智能体的月球车运动规划与控制[J]. 自动化学报，2006, 32(5):704-712.

第6章　牛顿-欧拉动力学符号演算系统

6.1 引　言

本章目的是建立基于运动链符号演算的牛顿-欧拉刚体动力学系统，提高传统牛顿-欧拉刚体动力学系统的性能，为后续章节奠定理论基础。

首先，基于链符号系统，建立包含质点转动动量、质点转动惯量、质点欧拉方程等的质点动力学公理化系统，以之为基础，针对变质量、变质心、变惯量的理想体，建立理想体的牛顿-欧拉动力学方程。

其次，建立基于轴不变量的约束轴控制方程，从而建立基于牛顿-欧拉方程的理想体动力学系统。约束轴的位置与方向可以根据实际需要设置，约束方程不需要借助关联矩阵，约束轴次序不受体系坐标轴次序制约，从而提升牛顿-欧拉刚体动力学系统应用的方便性。同时，在分析及证明最速LP求解方法的基础上，提高基于牛顿-欧拉刚体动力学系统的LCP求解的效率，使建立的牛顿-欧拉动力学符号演算系统具有简洁、优雅的链指标，物理内涵清晰，具有严谨的公理化证明过程，从而降低牛顿-欧拉动力学系统工程实现的复杂性。

接着，针对轮式多轴系统的牵引控制需求，在 Bekker 轮土力学的基础上，建立轮土作用力的矢量模型，并提出轮式多轴系统移动维度的判别准则。

最后，研制 CE3 月面巡视器动力学仿真分析系统，证明基于运动链符号演算的牛顿-欧拉动力学系统和轮土作用力矢量模型的正确性。

6.2 基础公式

【1】给定轴链 ${}^{i}\mathbf{1}_{n}=\left(i,\cdots,\overline{n},n\right]$， $\mathbf{1}_{n}^{i}\geqslant 2$，有以下速度及加速度迭代式：

$$
{}^{i}\dot{\phi}_{n}=\sum_{k}^{{}^{i}\mathbf{1}_{n}}\left({}^{i|\overline{k}}\dot{\phi}_{k}\right)=\sum_{k}^{{}^{i}\mathbf{1}_{n}}\left({}^{i|\overline{k}}n_{k}\cdot\dot{\phi}_{k}^{\overline{k}}\right) \tag{6.1}
$$

$$
{}^{i}\ddot{\phi}_{n}=\sum_{k}^{{}^{i}\mathbf{1}_{n}}\left({}^{i|\overline{k}}\ddot{\phi}_{k}+{}^{i}\dot{\tilde{\phi}}_{\overline{k}}\cdot{}^{i|\overline{k}}\dot{\phi}_{k}\right)=\sum_{k}^{{}^{i}\mathbf{1}_{n}}\left({}^{i|\overline{k}}n_{k}\cdot\ddot{\phi}_{k}^{\overline{k}}+{}^{i}\dot{\tilde{\phi}}_{\overline{k}}\cdot{}^{i|\overline{k}}\dot{\phi}_{k}\right) \tag{6.2}
$$

$$
{}^{i}\dot{r}_{nS}=\sum_{k}^{{}^{i}\mathbf{1}_{nS}}\left[{}^{i|\overline{k}}\dot{r}_{k}+{}^{i}\dot{\tilde{\phi}}_{\overline{k}}\cdot{}^{i|\overline{k}}r_{k}\right]=\sum_{k}^{{}^{i}\mathbf{1}_{nS}}\left[{}^{i|\overline{k}}n_{k}\cdot\dot{r}_{k}^{\overline{k}}+{}^{i}\dot{\tilde{\phi}}_{\overline{k}}\cdot\left({}^{i|\overline{k}}l_{k}+{}^{i|\overline{k}}n_{k}\cdot r_{k}^{\overline{k}}\right)\right] \tag{6.3}
$$

$$\begin{aligned}{}^{i}\ddot{r}_{nS} &= \sum_{k}^{{}^{i}\mathbf{1}_{nS}}\left[{}^{i|\bar{k}}\ddot{r}_{k} + 2\cdot{}^{i}\dot{\tilde{\phi}}_{\bar{k}}\cdot{}^{i|\bar{k}}\dot{r}_{k} + \left({}^{i}\ddot{\tilde{\phi}}_{\bar{k}} + {}^{i}\dot{\tilde{\phi}}_{\bar{k}}^{:2}\right)\cdot{}^{i|\bar{k}}r_{k}\right] \\ &= \sum_{k}^{{}^{i}\mathbf{1}_{nS}}\left[{}^{i|\bar{k}}n_{k}\cdot\ddot{r}_{k}^{\bar{k}} + 2\cdot{}^{i}\dot{\tilde{\phi}}_{\bar{k}}\cdot{}^{i|\bar{k}}n_{k}\cdot\dot{r}_{k}^{\bar{k}} + \left({}^{i}\ddot{\tilde{\phi}}_{\bar{k}} + {}^{i}\dot{\tilde{\phi}}_{\bar{k}}^{:2}\right)\cdot\left({}^{i|\bar{k}}l_{k} + {}^{i|\bar{k}}n_{k}\cdot r_{k}^{\bar{k}}\right)\right]\end{aligned} \tag{6.4}$$

【2】给定轴链${}^{i}\mathbf{1}_{n} = \left(i,\cdots,\bar{n},n\right]$，$k\in{}^{i}\mathbf{1}_{n}$，有以下偏速度迭代式：

$$\frac{\partial\,{}^{i}\dot{r}_{nS}}{\partial\dot{\phi}_{k}^{\bar{k}}} = \frac{\partial\,{}^{i}\ddot{r}_{nS}}{\partial\ddot{\phi}_{k}^{\bar{k}}} = {}^{i|\bar{k}}\tilde{n}_{k}\cdot{}^{i|k}r_{nS} \tag{6.5}$$

$$\begin{cases}\dfrac{\partial\,{}^{i}\dot{\phi}_{n}}{\partial\dot{\phi}_{k}^{\bar{k}}} = \dfrac{\partial\,{}^{i}\ddot{\phi}_{n}}{\partial\ddot{\phi}_{k}^{\bar{k}}} = {}^{i|\bar{k}}n_{k} \\ \dfrac{\partial\,{}^{i}r_{nS}}{\partial r_{k}^{\bar{k}}} = \dfrac{\partial\,{}^{i}\dot{r}_{nS}}{\partial\dot{r}_{k}^{\bar{k}}} = \dfrac{\partial\,{}^{i}\ddot{r}_{nS}}{\partial\ddot{r}_{k}^{\bar{k}}} = {}^{i|\bar{k}}n_{k}\end{cases} \tag{6.6}$$

【3】给定轴链${}^{i}\mathbf{1}_{n} = \left(i,\cdots,\bar{n},n\right]$，$k,l\in{}^{i}\mathbf{1}_{n}$，有以下二阶矩公式：

$${}^{k}\tilde{r}_{kS}\cdot{}^{k|l}\tilde{r}_{lS} = {}^{k|l}r_{lS}\cdot{}^{k}r_{kS}^{\mathrm{T}} - {}^{k|l}r_{lS}^{\mathrm{T}}\cdot{}^{k}r_{kS}\cdot\mathbf{1} \tag{6.7}$$

$$\overline{{}^{k}\tilde{r}_{kS}\cdot{}^{k|l}r_{lS}} = {}^{k|l}r_{lS}\cdot{}^{k}r_{kS}^{\mathrm{T}} - {}^{k}r_{kS}\cdot{}^{k|l}r_{lS}^{\mathrm{T}} \tag{6.8}$$

$${}^{k}\tilde{r}_{kS}\cdot{}^{k|l}\tilde{r}_{lS} - {}^{k|l}\tilde{r}_{lS}\cdot{}^{k}\tilde{r}_{kS} = {}^{k|l}r_{lS}\cdot{}^{k}r_{kS}^{\mathrm{T}} - {}^{k}r_{kS}\cdot{}^{k|l}r_{lS}^{\mathrm{T}} = \overline{{}^{k}\tilde{r}_{kS}\cdot{}^{k|l}r_{lS}} \tag{6.9}$$

【4】左序叉乘与其转置存在下列关系：

$${}^{i}\dot{\phi}_{l}^{\mathrm{T}}\cdot{}^{i|l}\tilde{r}_{lS} = -{}^{i|l}r_{lS}^{\mathrm{T}}\cdot{}^{i}\dot{\tilde{\phi}}_{l},\quad\left({}^{i}\dot{\phi}_{l}^{\mathrm{T}}\cdot{}^{i|l}\tilde{r}_{lS}\right)^{\mathrm{T}} = {}^{i}\dot{\tilde{\phi}}_{l}\cdot{}^{i|l}r_{lS} \tag{6.10}$$

6.3 质点动力学符号演算

本节应用运动链符号系统，建立质点动力学符号演算体系，为理想体(理想质点系统)动力学符号演算系统奠定基础。

定义 6.1 质量或体积为无穷小的质量点称为质点。质点的质量和体积与其空间参考无关，即质点的质量和体积具有不变性；质点是运动链中的质点，不存在孤立的质点。

对于质点运动链${}^{k}\mathbf{1}_{lS} = \left(k,\cdots,l,lS\right]$，轴$l$上仅固结质点$m_{l}^{[S]}$。

惯性空间通常记为i，在牛顿力学系统中是指匀速运动或相对静止的空间。本书中，惯性系视为被研究系统的环境空间，绝对匀速或静止的空间是不存在的，它是一个相对的概念。惯性空间的选择与我们认识的空间范围有关，环境空间越大，对被研究系统的环境作用力就越多，建模也就越准确。同时，力与力矩是对偶的概念，它们相互依存，因为力的作用具有力和力矩的双重效应。对于自由的系统，牛顿方程与欧拉方程也是一个不可分割的整体。

6.3.1 力旋量

若将力矩 τ 与力 f 整体表示为对应位形空间的力旋量(wrench)或力螺旋(force screw)，则构成双 3D 空间。力旋量以 $\mathcal{W}$ 表示，环境或惯性空间记为 i ，则将环境 i 作用于点 lS 的力旋量和作用于 k 系原点 O_k 的力旋量分别记为

$$
{}^{i}\mathcal{W}_{lS}=\begin{bmatrix} {}^{i}\tau_{lS} \\ {}^{i}f_{lS} \end{bmatrix},\quad {}^{i}\mathcal{W}_{k}=\begin{bmatrix} {}^{i}\tau_{k} \\ {}^{i}f_{k} \end{bmatrix} \tag{6.11}
$$

其中：${}^{i}f_{lS}$ 是环境 i 作用于点 lS 的力在 i 系下的表示，其方向与 ${}^{i}r_{lS}$ 的不同；对应的力矩表示为 ${}^{i}\tau_{lS}$ ；其他亦然。尽管力矩无作用点，但是需要通过力的作用点区分对应力的作用。

给定运动链 ${}^{i}\mathbf{1}_{lS}=(i,\cdots,k,\cdots l,lS]$，若力旋量转移矩阵 ${}^{i|k}W_{lS}$ 表示为

$$
{}^{i|k}W_{lS}=\begin{bmatrix} \mathbf{1} & {}^{i|k}\tilde{r}_{lS} \\ \mathbf{0} & \mathbf{1} \end{bmatrix} \tag{6.12}
$$

则有

$$
{}^{i}\mathcal{W}_{k}={}^{i|k}W_{lS}\cdot{}^{i}\mathcal{W}_{lS} \tag{6.13}
$$

即

$$
\begin{bmatrix} {}^{i}\tau_{k} \\ {}^{i}f_{k} \end{bmatrix}=\begin{bmatrix} \mathbf{1} & {}^{i|k}\tilde{r}_{lS} \\ \mathbf{0} & \mathbf{1} \end{bmatrix}\cdot\begin{bmatrix} {}^{i}\tau_{lS} \\ {}^{i}f_{lS} \end{bmatrix}=\begin{bmatrix} {}^{i}\tau_{lS}+{}^{i|k}\tilde{r}_{lS}\cdot{}^{i}f_{lS} \\ \mathbf{1}\cdot{}^{i}f_{lS} \end{bmatrix}=\begin{bmatrix} {}^{i}\tau_{lS}-{}^{i|k}\tilde{r}_{lS}\cdot{}^{i|lS}f_{i} \\ {}^{i}f_{lS} \end{bmatrix}
$$

式(6.13)反映了力平移的双重作用，即力作用效应与附加力矩作用的双重效应。其中：${}^{i|k}\tilde{r}_{lS}\cdot{}^{i}f_{lS}=-{}^{i|k}\tilde{r}_{lS}\cdot{}^{i|lS}f_{i}$ 表明 ${}^{k}r_{lS}$ 与 ${}^{lS}f_{i}$ 具有对偶性，链指标关系为 $-{}^{k}\square_{lS}\cdot{}^{lS}\square_{i}=-{}^{k}\square_{i}={}^{i}\square_{k}$ 。

考虑式(6.12)、式(6.13)的特殊情形，${}^{i}\mathcal{W}_{lS}=\begin{bmatrix} {}^{i}\tau_{lS} & {}^{i}f_{lS} \end{bmatrix}^{\mathrm{T}}$，则有

$$
{}^{i|l}W_{lS}\cdot{}^{i}\mathcal{W}_{lS}=\begin{bmatrix} \mathbf{1} & {}^{i|l}\tilde{r}_{lS} \\ \mathbf{0} & \mathbf{1} \end{bmatrix}\cdot\begin{bmatrix} {}^{i}\tau_{lS} \\ {}^{i}f_{lS} \end{bmatrix}=\begin{bmatrix} {}^{i}\tau_{lS}+{}^{i|l}\tilde{r}_{lS}\cdot{}^{i}f_{lS} \\ {}^{i}f_{lS} \end{bmatrix}=\begin{bmatrix} {}^{i}\tau_{l} \\ {}^{i}f_{l} \end{bmatrix}={}^{i}\mathcal{W}_{l} \tag{6.14}
$$

6.3.2 质点惯量

1.质点一阶矩及质心

定义质点 $m_{l}^{[S]}$ 的质量一阶矩 ${}^{l}m_{lS}$ 为

$$
{}^{l}m_{lS}^{[S]}=m_{l}^{[S]}\cdot{}^{l}r_{lS} \tag{6.15}
$$

显然，质点 $m_{l}^{[S]}$ 的质心位置矢量 ${}^{l}r_{lI}={}^{l}r_{lS}$ 。

2.质点二阶矩

定义 6.2　质点 $m_{l}^{[S]}$ 的质量二阶矩，即相对转动惯量 ${}^{k}J_{lS}^{[S]}$ 如下：

$$ {}^{k}J_{lS}^{[S]} \triangleq m_l^{[S]} \cdot {}^{k}\tilde{r}_{lS} \cdot {}^{k|l}\tilde{r}_{lS} = m_l^{[S]} \cdot {}^{k}\tilde{r}_{lS} \cdot {}^{k|lS}\tilde{r}_{l} \tag{6.16} $$

对于运动链 ${}^{k}\mathbf{1}_{lS} = (k,\cdots,l,lS]$，由式 ${}^{k}r_{lS} = {}^{k}r_l + {}^{k|l}r_{lS}$ 及式(6.7)得质点 $m_l^{[S]}$ 的二阶矩：

$$ \begin{aligned} & m_l^{[S]} \cdot {}^{k}\tilde{r}_{lS} \cdot {}^{k|l}\tilde{r}_{lS} = m_l^{[S]} \cdot \left({}^{k|l}r_{lS} \cdot {}^{k}r_{lS}^{\mathrm{T}} - {}^{k|l}r_{lS}^{\mathrm{T}} \cdot {}^{k}r_{lS} \cdot \mathbf{1} \right) \\ & = m_l^{[S]} \cdot \left[{}^{k|l}r_{lS} \cdot \left({}^{k}r_l^{\mathrm{T}} + {}^{k|l}r_{lS}^{\mathrm{T}} \right) - {}^{k|l}r_{lS}^{\mathrm{T}} \cdot \left({}^{k}r_l + {}^{k|l}r_{lS} \right) \cdot \mathbf{1} \right] \\ & = m_l^{[S]} \cdot \left[\left({}^{k|l}r_{lS} \cdot {}^{k}r_l^{\mathrm{T}} - {}^{k|l}r_{lS}^{\mathrm{T}} \cdot {}^{k}r_l \cdot \mathbf{1} \right) + \left({}^{k|l}r_{lS} \cdot {}^{k|l}r_{lS}^{\mathrm{T}} - {}^{k|l}r_{lS}^{\mathrm{T}} \cdot {}^{k|l}r_{lS} \cdot \mathbf{1} \right) \right] \\ & = m_l^{[S]} \cdot \left({}^{k}\tilde{r}_l \cdot {}^{k|l}\tilde{r}_{lS} + {}^{k|l}\tilde{r}_{lS}^{:2} \right) \end{aligned} $$

显然，质点 $m_l^{[S]}$ 的二阶矩是 ${}^{k}\mathbf{1}_{lS}$ 中两个节点 k 及 l 至点 lS 的二阶叉乘，故有

$$ m_l^{[S]} \cdot \left({}^{k}\tilde{r}_{lS} \cdot {}^{k|l}\tilde{r}_{lS} \right) = m_l^{[S]} \cdot \left({}^{k}\tilde{r}_l \cdot {}^{k|l}\tilde{r}_{lS} + {}^{k|l}\tilde{r}_{lS}^{:2} \right) \tag{6.17} $$

3.质点相对转动惯量

由式(6.16)及式(6.17)得

$$ {}^{k}J_{lS}^{[S]} = m_l^{[S]} \cdot {}^{k}\tilde{r}_l \cdot {}^{k|l}\tilde{r}_{lS} + m_l^{[S]} \cdot {}^{k|l}\tilde{r}_{lS}^{:2} \tag{6.18} $$

若 $O_k = O_l$，则由式(6.7)及式(6.16)得

$$ \begin{aligned} {}^{l}J_{lS}^{[S]} &= m_l^{[S]} \cdot \left({}^{l}r_{lS}^{\mathrm{T}} \cdot {}^{l}r_{lS} \cdot \mathbf{1} - {}^{l}r_{lS} \cdot {}^{l}r_{lS}^{\mathrm{T}} \right) \\ &= m_l^{[S]} \cdot \begin{bmatrix} {}^{l}r_{lS}^{[2]:2} + {}^{l}r_{lS}^{[3]:2} & -{}^{l}r_{lS}^{[1]} \cdot {}^{l}r_{lS}^{[2]} & -{}^{l}r_{lS}^{[1]} \cdot {}^{l}r_{lS}^{[3]} \\ -{}^{l}r_{lS}^{[2]} \cdot {}^{l}r_{lS}^{[1]} & {}^{l}r_{lS}^{[3]:2} + {}^{l}r_{lS}^{[1]:2} & -{}^{l}r_{lS}^{[2]} \cdot {}^{l}r_{lS}^{[3]} \\ -{}^{l}r_{lS}^{[3]} \cdot {}^{l}r_{lS}^{[1]} & -{}^{l}r_{lS}^{[3]} \cdot {}^{l}r_{lS}^{[2]} & {}^{l}r_{lS}^{[1]:2} + {}^{l}r_{lS}^{[2]:2} \end{bmatrix} \end{aligned} \tag{6.19} $$

6.3.3 质点动量与能量

定义 6.3 位于 ${}^{l}r_{lS}$ 的质点 $m_l^{[S]}$ 相对惯性空间 i 的线动量 ${}^{i}p_{lS}$ 为

$$ {}^{i}p_{lS}^{[S]} \triangleq m_l^{[S]} \cdot {}^{i}\dot{r}_{lS} = -{}^{i|lS}p_i^{[S]} \tag{6.20} $$

定义 6.4 质点 $m_l^{[S]}$ 相对惯性空间 i 的动量矩（简称角动量）${}^{i}L_l$ 为

$$ {}^{i}L_l^{[S]} \triangleq {}^{i|l}\tilde{r}_{lS} \cdot {}^{i}p_{lS}^{[S]} = -{}^{i|l}\tilde{r}_{lS} \cdot {}^{i|lS}p_i^{[S]} \tag{6.21} $$

式(6.21)表明：角动量是位置矢量 ${}^{l}r_{lS}$ 与线动量 ${}^{i}p_{lS}$ 的一阶矩。由式(6.21)得

$$ \begin{aligned} {}^{i}L_l^{[S]} &= m_l^{[S]} \cdot {}^{i|l}\tilde{r}_{lS} \cdot {}^{i}\dot{r}_{lS} \\ &= m_l^{[S]} \cdot {}^{i|l}\tilde{r}_{lS} \cdot {}^{i}\dot{\tilde{\phi}}_l \cdot {}^{i|l}r_{lS} \\ &= -m_l^{[S]} \cdot {}^{i|l}\tilde{r}_{lS}^{:2} \cdot {}^{i}\dot{\phi}_l \end{aligned} $$

故有

$$ {}^{i}L_l^{[S]} = {}^{i|l}J_{lS} \cdot {}^{i}\dot{\phi}_l = -m_l^{[S]} \cdot {}^{i|l}\tilde{r}_{lS}^{:2} \cdot {}^{i}\dot{\phi}_l \tag{6.22} $$

定义 6.5　将位于 ${}^{i}r_{lS}$ 的质点 $m_l^{[S]}$ 的能量 $\mathscr{E}_{lS}^{i}$ 定义为

$$\mathscr{E}_{lS}^{i[S]} = \frac{1}{2} \cdot m_l^{[S]} \cdot {}^{i}\dot{r}_{lS}^{\mathrm{T}} \cdot {}^{i}\dot{r}_{lS} \tag{6.23}$$

对于运动链 ${}^{k}\mathbf{1}_{lS} = \left(k, \cdots, l, lS\right]$，由式(6.23)得

$$\mathscr{E}_{lS}^{i[S]} = \frac{1}{2} \cdot m_l^{[S]} \cdot {}^{i}\dot{r}_l^{\mathrm{T}} \cdot {}^{i}\dot{r}_l + \frac{1}{2} \cdot {}^{i}\dot{\phi}_l^{\mathrm{T}} \cdot {}^{i|l}J_{lS} \cdot {}^{i}\dot{\phi}_l + m_l^{[S]} \cdot {}^{i}\dot{r}_l^{\mathrm{T}} \cdot {}^{i|l}\dot{r}_{lS} \tag{6.24}$$

【证明】　由式 ${}^{i}\dot{r}_{lS} = {}^{i}\dot{r}_l + {}^{i}\dot{\tilde{\phi}}_l \cdot {}^{i|l}r_{lS}$、式(6.10)及式(6.24)得

$$\begin{aligned}
\mathscr{E}_{lS}^{i[S]} &= \frac{1}{2} \cdot m_l^{[S]} \cdot \left({}^{i}\dot{r}_l + {}^{i}\dot{\tilde{\phi}}_l \cdot {}^{i|l}r_{lS} \right)^{\mathrm{T}} \cdot \left({}^{i}\dot{r}_l + {}^{i}\dot{\tilde{\phi}}_l \cdot {}^{i|l}r_{lS} \right) \\
&= \frac{1}{2} \cdot m_l^{[S]} \cdot \left({}^{i}\dot{r}_l^{\mathrm{T}} + {}^{i}\dot{\phi}_l^{\mathrm{T}} \cdot {}^{i|l}\tilde{r}_{lS} \right) \cdot \left({}^{i}\dot{r}_l - {}^{i|l}\tilde{r}_{lS} \cdot {}^{i}\dot{\phi}_l \right) \\
&= \frac{1}{2} \cdot m_l^{[S]} \cdot \left[{}^{i}\dot{r}_l^{\mathrm{T}} \cdot {}^{i}\dot{r}_l - {}^{i}\dot{\phi}_l^{\mathrm{T}} \cdot {}^{i|l}\tilde{r}_{lS}^{:2} \cdot {}^{i}\dot{\phi}_l - {}^{i}\dot{r}_l^{\mathrm{T}} \cdot {}^{i|l}\tilde{r}_{lS} \cdot {}^{i}\dot{\phi}_l + {}^{i}\dot{\phi}_l^{\mathrm{T}} \cdot {}^{i|l}\tilde{r}_{lS} \cdot {}^{i}\dot{r}_l \right] \\
&= \frac{1}{2} \cdot m_l^{[S]} \cdot {}^{i}\dot{r}_l^{\mathrm{T}} \cdot {}^{i}\dot{r}_l + \frac{1}{2} \cdot {}^{i}\dot{\phi}_l^{\mathrm{T}} \cdot {}^{i|l}J_{lS} \cdot {}^{i}\dot{\phi}_l + m_l^{[S]} \cdot {}^{i}\dot{r}_l^{\mathrm{T}} \cdot {}^{i|l}\dot{r}_{lS}
\end{aligned}$$

证毕。

式(6.24)中等号右侧三项分别为质点的平动动能、转动动能及耦合动能。

6.3.4 质点牛顿-欧拉动力学符号系统

定义 6.6　若记环境 i 作用于点 lS 的力为 ${}^{i}f_{lS}$，则该作用力对体系 l 原点的作用力矩 ${}^{i}\tau_l$ 为

$$ {}^{i}\tau_l = {}^{i|l}\tilde{r}_{lS} \cdot {}^{i}f_{lS} = -{}^{i|l}\tilde{r}_{lS} \cdot {}^{i|lS}f_i \triangleq {}^{i}\tau_{lS} \tag{6.25}$$

其中：$-{}^{i|l}\tilde{r}_{lS} \cdot {}^{i|lS}f_i$ 表明 ${}^{i|l}r_{lS}$ 与 $-{}^{i|lS}f_i$ 具有对偶性，指标运算关系为 $-{}^{i|l}\square_{lS} \cdot {}^{i|lS}\square_i = -{}^{i|l}\square_i = {}^{i}\square_l$。常以 ${}^{i}\tau_{lS}$ 表示 ${}^{i|l}\tilde{r}_{lS} \cdot {}^{i}f_{lS}$，表明 ${}^{i}\tau_{lS}$ 是力 ${}^{i}f_{lS}$ 对 ${}^{i|l}r_{lS}$ 的作用效应。

位于 ${}^{l}r_{lS}$ 的质点 $m_l^{[S]}$ 相对惯性空间 i 的动量微分方程表示为

$$\frac{{}^{i}d}{dt}\left({}^{i}p_{lS}^{[S]} \right) = {}^{i}f_{lS} \tag{6.26}$$

$$\frac{{}^{i}d}{dt}\left({}^{i}L_l^{[S]} \right) = {}^{i}\tau_{lS} \tag{6.27}$$

其中：${}^{i}f_{lS}$ 为作用于质点 $m_l^{[S]}$ 的合力、${}^{i}\tau_{lS}$ 为作用于质点 $m_l^{[S]}$ 的合力矩。式(6.26)及式(6.27)绝对求导后的参考系 i 不发生改变。

变质量质点 $m_l^{[S]}$ 的欧拉方程为

$$ {}^{i|l}J_{lS} \cdot {}^{i}\ddot{\phi}_l + {}^{i|l}\dot{J}_{lS} \cdot {}^{i}\dot{\phi}_l + {}^{i}\dot{\tilde{\phi}}_l \cdot {}^{i|l}J_{lS} \cdot {}^{i}\dot{\phi}_l = {}^{i}\tau_{lS} \tag{6.28}$$

【证明】　考虑式 $\frac{{}^{i}d}{dt}\left({}^{i|l}J_{lS} \right) = {}^{i}\dot{\tilde{\phi}}_l \cdot {}^{i|l}J_{lS} + {}^{i|l}\dot{J}_{lS}$，由式(6.22)及式(6.27)得

$$\frac{{}^{i}d}{dt}\left({}^{i}L_l^{[S]}\right)=\frac{{}^{i}d}{dt}\left({}^{i|l}J_{lS}\cdot{}^{i}\dot{\phi}_l\right)$$
$$={}^{i|l}J_{lS}\cdot{}^{i}\ddot{\phi}_l+{}^{i|l}\dot{J}_{lS}\cdot{}^{i}\dot{\phi}_l+{}^{i}\dot{\tilde{\phi}}_l\cdot{}^{i|l}J_{lS}\cdot{}^{i}\dot{\phi}_l={}^{i}\tau_{lS}$$

故式(6.28)成立。证毕。

变质量质点 $m_l^{[S]}$ 的牛顿方程为

$$\begin{aligned}&m_l^{[S]}\cdot\left[{}^{i}\ddot{r}_l+{}^{i|l}\ddot{r}_{lS}+\left({}^{i}\ddot{\tilde{\phi}}_l+{}^{i}\dot{\tilde{\phi}}_l^{:2}\right)\cdot{}^{i|l}r_{lS}+2\cdot{}^{i}\dot{\tilde{\phi}}_l\cdot{}^{i|l}\dot{r}_{lS}\right]\\&\backslash+\dot{m}_l^{[S]}\cdot\left({}^{i}\dot{r}_l+{}^{i|l}\dot{r}_{lS}+{}^{i}\dot{\tilde{\phi}}_l\cdot{}^{i|l}r_{lS}\right)={}^{i}f_{lS}\end{aligned}\tag{6.29}$$

【证明】 由式(6.20)及式(6.26)得

$${}^{i}p_{lS}^{[S]}=m_l^{[S]}\cdot{}^{i}\dot{r}_{lS}=m_l^{[S]}\cdot\left({}^{i}\dot{r}_l+{}^{i|l}\dot{r}_{lS}+{}^{i}\dot{\tilde{\phi}}_l\cdot{}^{i|l}r_{lS}\right)$$

考虑式 $\frac{{}^{i}d}{dt}\left({}^{i|l}r_{lS}\right)={}^{i}\dot{\tilde{\phi}}_l\cdot{}^{i|l}r_{lS}+{}^{i|l}\dot{r}_{lS}$ 及式 $\frac{{}^{i}d}{dt}\left({}^{i|l}\dot{r}_{lS}\right)={}^{i}\dot{\tilde{\phi}}_l\cdot{}^{i|l}\dot{r}_{lS}+{}^{i|l}\ddot{r}_{lS}$，故有

$$\frac{{}^{i}d}{dt}\left({}^{i}p_{lS}^{[S]}\right)=\frac{{}^{i}d}{dt}\left(m_l^{[S]}\cdot\left({}^{i}\dot{r}_l+{}^{i|l}\dot{r}_{lS}+{}^{i}\dot{\tilde{\phi}}_l\cdot{}^{i|l}r_{lS}\right)\right)$$
$$=m_l^{[S]}\cdot\left({}^{i}\ddot{r}_l+{}^{i|l}\ddot{r}_{lS}+{}^{i}\ddot{\tilde{\phi}}_l\cdot{}^{i|l}r_{lS}+2\cdot{}^{i}\dot{\tilde{\phi}}_l\cdot{}^{i|l}\dot{r}_{lS}+{}^{i}\dot{\tilde{\phi}}_l^{:2}\cdot{}^{i|l}r_{lS}\right)$$
$$\backslash+\dot{m}_l^{[S]}\cdot\left({}^{i}\dot{r}_l+{}^{i|l}\dot{r}_{lS}+{}^{i}\dot{\tilde{\phi}}_l\cdot{}^{i|l}r_{lS}\right)={}^{i}f_{lS}$$

证毕。

因为平动与转动密不可分，故牛顿-欧拉方程应该以不可分割的整体形式表示。由式(6.28)及式(6.29)得如下牛顿-欧拉质点动力学定理。

定理 6.1 给定运动链 ${}^{i}\mathbf{1}_{lS}=\left(i,l,lS\right]$，作用于质点 S 的力旋量为 ${}^{i}\mathcal{W}_{lS}^{\mathrm{I}}$，质点 S 的质量为 $m_l^{[S]}$，其相对转动惯量如式(6.19)所示，则该质点的牛顿-欧拉动力学方程为

$${}^{i|l}\mathbf{M}_{lS}^{[S]}\cdot{}^{i}\ddot{\gamma}_l={}^{i}\mathcal{W}_{lS}+{}^{i}\mathcal{W}_{lS}^{\mathrm{I}}\tag{6.30}$$

其中：

$$\begin{cases}{}^{i|l}\mathbf{M}_{lS}^{[S]}=\begin{bmatrix}{}^{i|l}J_{lS}^{[S]}&\mathbf{0}\\-{}^{i|l}\tilde{r}_{lS}&m_l^{[S]}\cdot\mathbf{1}\end{bmatrix},\quad{}^{i}\ddot{\gamma}_l=\begin{bmatrix}{}^{i}\ddot{\phi}_l\\{}^{i}\ddot{r}_l\end{bmatrix},\quad{}^{i}\mathcal{W}_{lS}^{\mathrm{I}}=\begin{bmatrix}{}^{i}\tau_{lS}\\{}^{i}f_{lS}\end{bmatrix}\\{}^{i}\mathcal{W}_{lS}=\begin{bmatrix}{}^{i}\dot{\tilde{\phi}}_l\cdot{}^{i|l}J_{lS}^{[S]}\cdot{}^{i}\dot{\phi}_l+{}^{i|l}\dot{J}_{lS}^{[S]}\cdot{}^{i}\dot{\phi}_l\\m_l^{[S]}\left[{}^{i|l}\ddot{r}_{lS}+{}^{i}\dot{\tilde{\phi}}_l^{:2}\cdot{}^{i|l}r_{lS}+2\cdot{}^{i}\dot{\tilde{\phi}}_l\cdot{}^{i|l}\dot{r}_{lS}\right]+\dot{m}_l^{[S]}\left({}^{i}\dot{r}_l+{}^{i|l}\dot{r}_{lS}+{}^{i}\dot{\tilde{\phi}}_l\cdot{}^{i|l}r_{lS}\right)\end{bmatrix}\end{cases}\tag{6.31}$$

在式(6.31)中，对体系 l 的原点 O_l 不加约束；平动加速度是体系 l 的原点 O_l 相对惯性空间的加速度 ${}^{i}\ddot{r}_l$；外力 ${}^{i}f_{lS}$ 是环境 i 作用于质点 S 上的力；外作用力矩 ${}^{i}\tau_{lS}$ 是环境 i 作用于质点 S 的力矩。定理 6.1 既直观地反映了质点天体动力学过程，又是理想体动力学的基础。

显然，当质点 $m_l^{[S]}$ 位于体系 l 的原点 O_l，即质点 $m_l^{[S]}$ 的质心与 O_l 重合时，由式(6.28)及式(6.29)得牛顿-欧拉方程：

$$\begin{cases} {}^{i|l}J_{lS}^{[S]} \cdot {}^{i}\ddot{\phi}_l + {}^{i}\dot{\tilde{\phi}}_l \cdot {}^{i|l}J_{lS}^{[S]} \cdot {}^{i}\dot{\phi}_l + {}^{i|l}\dot{J}_{lS}^{[S]} \cdot {}^{i}\dot{\phi}_l = {}^{i}\tau_l \\ m_l^{[S]} \cdot {}^{i}\ddot{r}_l + \dot{m}_l^{[S]} \cdot {}^{i}\dot{r}_{lS} = {}^{i}f_{lS} \end{cases} \tag{6.32}$$

牛顿-欧拉方程的前提条件是：以质心系为参考，即${}^{i}\ddot{r}_{lS}$是质心的加速度，${}^{i}f_{lS}$是作用于质心的外力。

式(6.30)及式(6.31)所示的质点牛顿-欧拉方程特点如下：

（1）投影参考系i不一定是牛顿力学中的惯性参考系，绝对的惯性空间不存在；

（2）投影参考系i表示的是质点及外作用力构成的树链系统的根节点，该节点不一定是惯性空间，因此，称该系统为质点广义牛顿-欧拉系统。

6.3.5　本节贡献

本节主要应用基于轴不变量的多轴系统运动学及质点牛顿力学，建立了质点动力学符号演算子系统。其特征在于：具有简洁的链符号系统、轴不变量的表示及轴不变量的迭代式，且具有参考点不一定位于质心的自然参考系；满足运动链公理及度量公理，具有伪代码的功能，物理含义准确。

（1）以运动链自然坐标系统为基础，提出并证明了基于 3D 操作代数的式(6.16)至式(6.18)所示的质点转动惯量及式(6.21)所示的质点角动量。

（2）基于质点角动量，提出并证明了式(6.28)所示的质点欧拉方程，进而得到式(6.30)及式(6.31)所示的质点广义牛顿-欧拉方程，为构建公理化的牛顿-欧拉理想体动力学奠定了基础。

6.4　牛顿-欧拉理想体动力学符号系统

定义 6.7　由可数个质点构成的系统称为质点系统。质点系统是空间及质量无穷可分的系统，是一个质点序列。

定义 6.8　将具有以下属性的质点系统称为理想质点系统，简称理想体。

（1）质点系统中的任一质点的运动不影响其他质点的质量与能量；

（2）质点的质量、能量及转动惯量具有可加性；

（3）无外作用力时，质点系统的动量与能量保持不变。

刚体是理想体的特例，刚体不存在形变。理想体的质心、惯量及形态均可以改变，但不影响系统内的任一质点的质量、能量及动量。

本节基于质点动力学符号演算系统，证明理想体的广义牛顿-欧拉动力学方程。由质点的质量、转动惯量、动量（线动量、转动动量）、能量可加性，分析证明了理想体的质量、转动惯量、动量、能量演算方法，以惯性系及体系分别表示理想体的广义牛顿-欧拉动力学方程。对于理想体，质点的体积和质量为无穷小，质点和求和符号应分别理解为密度和对体的积分。

给定运动链 ${}^{i}\mathbf{l}_{lS}=\left(i,\cdots,k,\cdots l,lS\right]$，则理想体 $\boldsymbol{B}^{[l]}$ 表示为

$$\boldsymbol{B}^{[l]}=\left\{\left(m_l^{[S]},lS\right)\mid lS\in\Omega_l\right\}\tag{6.33}$$

且质点 $m_l^{[S]}$ 与 ${}^{l}r_{lS}$ 无关，即理想体中任一点的密度是常数。

6.4.1 理想体惯量

1.平动惯量及质心

对于理想体， $m_l^{[S]}$ 与 ${}^{l}r_{lS}$ 不相关,由式(6.15)得理想体一阶矩 $m_l\cdot{}^{l}r_{lI}$ 为

$$\sum_{S}^{\Omega_l}\left({}^{l}m_{lS}^{[S]}\right)=\sum_{S}^{\Omega_l}\left(m_l^{[S]}\cdot{}^{l}r_{lS}\right)=m_l\cdot{}^{l}r_{lI}\tag{6.34}$$

由式(6.34)得

$$m_l\cdot{}^{l}r_{lI}=\sum_{S}^{\Omega_l}\left(m_l^{[S]}\cdot{}^{l}r_{lS}\right)$$

其中： m_l 表示理想体， ${}^{l}r_{lI}$ 为理想体质心坐标矢量，且有

$$m_l=\sum_{S}^{\Omega_l}\left(m_l^{[S]}\right),\quad {}^{l}r_{lI}=\sum_{S}^{\Omega_l}\left(m_l^{[S]}\cdot{}^{l}r_{lS}\right)/\,m_l\tag{6.35}$$

由式(6.35)可知：质心由质点系统各个质点共同确定。因在工程上质心难以精确测量，经常通过理论计算得到近似的质心，故以质心为参考点会导致计算误差。

2.相对转动惯量

由式(6.35)及式(6.16)得理想体 l 的相对转动惯量 ${}^{k}J_{lI}$：

$${}^{k}J_{lI}\triangleq\sum_{S}^{\Omega_l}\left({}^{k}J_{lS}^{[S]}\right)=\sum_{S}^{\Omega_l}\left(-m_l^{[S]}\cdot{}^{k}\tilde{r}_{lS}\cdot{}^{k|l}\tilde{r}_{lS}\right)\tag{6.36}$$

由式(6.35)及式(6.18)得理想体相对转动惯量 ${}^{k}J_{lI}$：

$$\begin{aligned}{}^{k}J_{lI}&\triangleq\sum_{S}^{\Omega_l}\left(-m_l^{[S]}\cdot{}^{k}\tilde{r}_{l}\cdot{}^{k|l}\tilde{r}_{lS}\right)+\sum_{S}^{\Omega_l}\left(-m_l^{[S]}\cdot{}^{k|l}\tilde{r}_{lS}^{:2}\right)\\&=-{}^{k}\tilde{r}_{l}\cdot\sum_{S}^{\Omega_l}\left(m_l^{[S]}\cdot{}^{k|l}\tilde{r}_{lS}\right)-\sum_{S}^{\Omega_l}\left(m_l^{[S]}\cdot{}^{k|l}\tilde{r}_{lS}^{:2}\right)\\&=-m_l\cdot{}^{k}\tilde{r}_{l}\cdot{}^{k|l}\tilde{r}_{lI}-\sum_{S}^{\Omega_l}\left(m_l^{[S]}\cdot{}^{k|l}\tilde{r}_{lS}^{:2}\right)\end{aligned}$$

即有

$${}^{k}J_{lI}=-m_l\cdot{}^{k}\tilde{r}_{l}\cdot{}^{k|l}\tilde{r}_{lI}+\sum_{S}^{\Omega_l}\left(-m_l^{[S]}\cdot{}^{k|l}\tilde{r}_{lS}^{:2}\right)\tag{6.37}$$

3.质心惯量及平行轴定理

由式(6.36)得

$$^{l}J_{lI} = \sum_{S}^{\Omega_l}\left(-m_l^{[S]} \cdot {}^{k|l}\tilde{r}_{lS}^{:2}\right) \tag{6.38}$$

根据式(6.38)得

$$^{lI}J_{lI} = \sum_{S}^{\Omega_l}\left(-m_l^{[S]} \cdot {}^{lI}\tilde{r}_{lS}^{:2}\right) \tag{6.39}$$

根据式(6.38)，将式(6.37)表示如下：

$$^{k}J_{lI} = -m_l \cdot {}^{k}\tilde{r}_l \cdot {}^{k|l}\tilde{r}_{lI} + {}^{k|l}J_{lI} \tag{6.40}$$

称 $^{k}J_{lI}$ 为运动链 $\left(k,l,lI\right]$ 的转动惯量，它具有可加性。

若 $O_k = lI$，$\boldsymbol{F}^{[k]} \parallel \boldsymbol{F}^{[l]}$，由式(6.40)得理想体绝对惯量 $^{lI}J_{lI}$：

$$^{lI}J_{lI} = m_l \cdot {}^{l}\tilde{r}_{lI}^{:2} + {}^{l}J_{lI} \tag{6.41}$$

即得转动惯量的平行轴定理：

$$^{l}J_{lI} = -m_l \cdot {}^{l}\tilde{r}_{lI}^{:2} + {}^{lI}J_{lI} \tag{6.42}$$

由式(6.42)可知：质心惯量是最小转动惯量。由式(6.39)及式(6.7)得

$$^{lI}J_{lI} = \sum_{S}^{\Omega_l}\left(-m_l^{[S]} \cdot {}^{lI}\tilde{r}_{lS}^{:2}\right) = \sum_{S}^{\Omega_l}\left(m_l^{[S]} \cdot \left({}^{lI}r_{lS}^{\mathrm{T}} \cdot {}^{lI}r_{lS} \cdot \mathbf{1} - {}^{lI}r_{lS} \cdot {}^{lI}r_{lS}^{\mathrm{T}}\right)\right) \tag{6.43}$$

由式(6.43)得质心转动惯量 $^{lI}J_{lI}$ 的分量形式：

$$^{lI}J_{lI} = \sum_{S}^{\Omega_l}\left(m_l^{[S]} \cdot \begin{bmatrix} {}^{lI}r_{lS}^{[2]:2} + {}^{lI}r_{lS}^{[3]:2} & -{}^{lI}r_{lS}^{[1]} \cdot {}^{lI}r_{lS}^{[2]} & -{}^{lI}r_{lS}^{[1]} \cdot {}^{lI}r_{lS}^{[3]} \\ -{}^{lI}r_{lS}^{[2]} \cdot {}^{lI}r_{lS}^{[1]} & {}^{lI}r_{lS}^{[3]:2} + {}^{lI}r_{lS}^{[1]:2} & -{}^{lI}r_{l_S}^{[2]} \cdot {}^{lI}r_{lS}^{[3]} \\ -{}^{lI}r_{lS}^{[3]} \cdot {}^{lI}r_{lS}^{[1]} & -{}^{lI}r_{lS}^{[3]} \cdot {}^{lI}r_{lS}^{[2]} & {}^{lI}r_{lS}^{[1]:2} + {}^{lI}r_{lS}^{[2]:2} \end{bmatrix}\right) \tag{6.44}$$

因 $^{lI}J_{lI}$ 、$^{l}J_{lI}$是二阶惯性张量，故有

$$^{k|lI}J_{lI} = {}^{k}Q_l \cdot {}^{lI}J_{lI} \cdot {}^{l}Q_k\text{，}\quad {}^{k|l}J_{lI} = {}^{k}Q_l \cdot {}^{l}J_{lI} \cdot {}^{l}Q_k \tag{6.45}$$

6.4.2 理想体能量

给定运动链 $^{i}\mathbf{1}_l$，则有体 l 动能的表示：

$$\mathscr{E}_l^{i} = \frac{1}{2} \cdot m_l \cdot {}^{i}\dot{r}_l^{\mathrm{T}} \cdot {}^{i}\dot{r}_l + \frac{1}{2} \cdot {}^{i}\dot{\phi}_l^{\mathrm{T}} \cdot {}^{i|l}J_{lI} \cdot {}^{i}\dot{\phi}_l + m_l \cdot {}^{i}\dot{r}_l^{\mathrm{T}} \cdot {}^{i|l}\dot{r}_{lI} \tag{6.46}$$

【证明】　由式(6.24)、式(6.35)及理想体的能量可加性得

$$\mathscr{E}_l = \sum_{S}^{\Omega_l}\left(\mathscr{E}_l^{i[S]}\right) = \sum_{S}^{\Omega_l}\left(\frac{1}{2} \cdot m_l^{[S]} \cdot {}^{i}\dot{r}_l^{\mathrm{T}} \cdot {}^{i}\dot{r}_l + \frac{1}{2} \cdot {}^{i}\dot{\phi}_l^{\mathrm{T}} \cdot {}^{i|l}J_{lS} \cdot {}^{i}\dot{\phi}_l + m_l^{[S]} \cdot {}^{i}\dot{r}_l^{\mathrm{T}} \cdot {}^{i|l}\dot{r}_{lS}\right)$$

$$= \frac{1}{2} \cdot m_l \cdot {}^{i}\dot{r}_l^{\mathrm{T}} \cdot {}^{i}\dot{r}_l + \frac{1}{2} \cdot {}^{i}\dot{\phi}_l^{\mathrm{T}} \cdot {}^{i|l}J_{lI} \cdot {}^{i}\dot{\phi}_l + m_l \cdot {}^{i}\dot{r}_l^{\mathrm{T}} \cdot {}^{i|l}\dot{r}_{lI}$$

证毕。

在式(6.46)中，$\frac{1}{2}\cdot m_l\cdot{}^i\dot{r}_l^{\mathrm{T}}\cdot{}^i\dot{r}_l$ 为平动动能，$\frac{1}{2}\cdot{}^i\dot{\phi}_l^{\mathrm{T}}\cdot{}^{i|l}J_{lI}\cdot{}^i\dot{\phi}_l$ 为转动动能，$m_l\cdot{}^i\dot{r}_l^{\mathrm{T}}\cdot{}^{i|l}\dot{r}_{lI}$ 为耦合动能。

若考虑 l 系原点与惯性中心 lI 重合时的特定情形,则有柯尼希定理(König's theorem):

$$\mathscr{E}_l^i=\frac{1}{2}\cdot m_l\cdot{}^i\dot{r}_{lI}^{\mathrm{T}}\cdot{}^i\dot{r}_{lI}+\frac{1}{2}\cdot{}^i\dot{\phi}_l^{\mathrm{T}}\cdot{}^{i|l}J_{lI}\cdot{}^i\dot{\phi}_l \tag{6.47}$$

由式(6.47)得

$$\mathscr{E}_l^i=\frac{1}{2}\cdot{}^i\dot{\gamma}_{lI}^{\mathrm{T}}\cdot{}^{i|lI}\boldsymbol{M}_{lI}\cdot{}^i\dot{\gamma}_{lI} \tag{6.48}$$

其中：

$${}^{i|lI}\boldsymbol{M}_{lI}=\begin{bmatrix}{}^{i|lI}J_{lI} & \mathbf{0}\\ \mathbf{0} & m_l\cdot\mathbf{1}\end{bmatrix},\quad {}^i\dot{\gamma}_{lI}=\begin{bmatrix}{}^i\dot{\phi}_l\\ {}^i\dot{r}_{lI}\end{bmatrix}$$

6.4.3 理想体线动量与牛顿方程

如图 6-1 所示，给定运动链 ${}^i\mathbf{1}_l$，则体 l 的动量表示为

$${}^ip_{lI}=\sum_S^{\Omega_l}\left({}^ip_{lS}^{[S]}\right)=m_l\cdot{}^i\dot{r}_{lI}={}^{i|lI}p_i \tag{6.49}$$

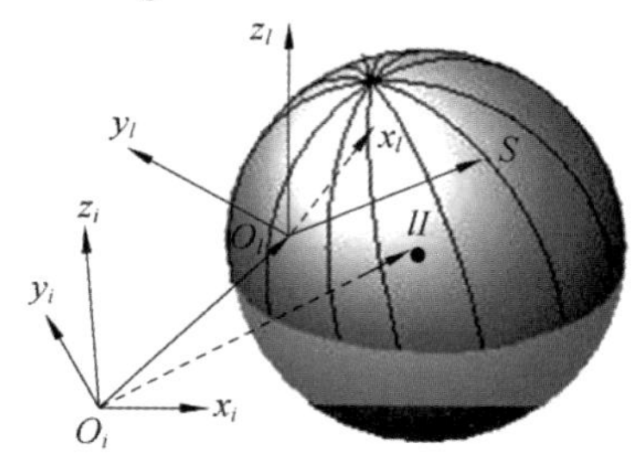

图 6-1　理想体质心与质点关系

【证明】 因为质点系的总动量是所有质点动量之和，记质点 lS 的质量为 $m_l^{[S]}$，位置矢量为 ${}^lr_{lS}$，因此由式(6.20)得

$${}^ip_{lI}=\sum_S^{\Omega_l}\left({}^ip_{lS}^{[S]}\right)=\sum_S^{\Omega_l}\left(m_l^{[S]}\cdot{}^i\dot{r}_{lS}\right)=m_l\cdot{}^i\dot{r}_{lI}$$

故式(6.49)成立。

如图 6-1 所示，给定运动链 ${}^i\mathbf{1}_l$，则有理想体 l 的广义牛顿方程：

$$\begin{aligned}&m_l\cdot\left[{}^i\ddot{r}_{lI}+\left({}^i\ddot{\tilde{\phi}}_l+{}^i\dot{\tilde{\phi}}_l^{:2}\right)\cdot{}^{i|l}r_{lI}+2\cdot{}^i\dot{\tilde{\phi}}_l\cdot{}^{i|l}\dot{r}_{lI}\right]\\ &\backslash+\dot{m}_l\cdot\left({}^i\dot{r}_{lI}+{}^i\dot{\tilde{\phi}}_l\cdot{}^{i|l}r_{lI}\right)={}^if_{lI}\end{aligned} \tag{6.50}$$

【证明】　由式(6.29)得

$$\sum_{S}^{\Omega_l}\begin{pmatrix} m_l^{[S]}\cdot\left[{}^i\ddot{r}_l+{}^{i|l}\ddot{r}_{lS}+\left({}^i\ddot{\tilde{\phi}}_l+{}^i\dot{\tilde{\phi}}_l^{:2}\right)\cdot{}^{i|l}r_{lS}+2\cdot{}^i\dot{\tilde{\phi}}_l\cdot{}^{i|l}\dot{r}_{lS}\right] \\ \backslash +\dot{m}_l^{[S]}\cdot\left({}^i\dot{r}_l+{}^{i|l}\dot{r}_{lS}+{}^i\dot{\tilde{\phi}}_l\cdot{}^{i|l}r_{lS}\right)\end{pmatrix}=\sum_{S}^{\Omega_l}\left({}^if_{lS}\right)$$

其左式$=m_l\cdot\left[{}^i\ddot{r}_l+{}^{i|l}\ddot{r}_{lI}+\left({}^i\ddot{\tilde{\phi}}_l+{}^i\dot{\tilde{\phi}}_l^{:2}\right)\cdot{}^{i|l}r_{lI}+2\cdot{}^i\dot{\tilde{\phi}}_l\cdot{}^{i|l}\dot{r}_{lI}\right]+\dot{m}_l\cdot\left({}^i\dot{r}_l+{}^{i|l}\dot{r}_{lI}+{}^i\dot{\tilde{\phi}}_l\cdot{}^{i|l}r_{lI}\right)$，

因理想体内部合力为零，故其右式$={}^if_{lI}$。因此，式(6.50)成立。

当理想体 l 为刚体时，考虑惯性中心 lI 是体 l 的原点的特定情形，得牛顿方程：

$$m_l\cdot{}^i\ddot{r}_{lI}={}^if_{lI} \tag{6.51}$$

6.4.4　理想体角动量与欧拉方程

给定运动链 ${}^i\mathbf{1}_l$，理想体 l 的角动量 ${}^iL_l$ 为

$$ {}^iL_l={}^{i|l}J_{lI}\cdot{}^i\dot{\phi}_l \tag{6.52}$$

$$ {}^iL_l=-{}^{i|l}L_{lI}+{}^iL_{lI} \tag{6.53}$$

其中：

$$\begin{cases} {}^{i|l}L_{lI}=m_l\cdot{}^{i|l}\tilde{r}_{lI}^{:2}\cdot{}^i\dot{\phi}_l \\ {}^iL_{lI}={}^{i|lI}J_{lI}\cdot{}^i\dot{\phi}_l\end{cases} \tag{6.54}$$

【证明】　由式(6.22)得 ${}^iL_l={}^{i|l}J_{lS}\cdot{}^i\dot{\phi}_l$，考虑理想体的二阶矩及动量具有可加性得

$$ {}^iL_l=\sum_{S}^{\Omega_l}\left({}^iL_{lS}^{[S]}\right)=\sum_{S}^{\Omega_l}\left({}^{i|l}J_{lS}^{[S]}\cdot{}^i\dot{\phi}_l\right)={}^{i|l}J_{lI}\cdot{}^i\dot{\phi}_l$$

故式(6.52)成立。由式(6.42)、式(6.52)及质点系统的二阶矩具有可加性得

$$\begin{aligned} {}^iL_l&={}^{i|l}J_{lI}\cdot{}^i\dot{\phi}_l=\left(-m_l\cdot{}^{i|l}\tilde{r}_{lI}^{:2}+{}^{i|lI}J_{lI}\right)\cdot{}^i\dot{\phi}_l \\ &=-{}^{i|l}L_{lI}+{}^iL_{lI}\end{aligned}$$

称 ${}^{i|l}L_{lI}$ 为相对角动量，称 ${}^iL_{lI}$ 为绝对角动量。证毕。

考虑体 l 的惯性中心 lI 位于原点 O_l 的特定情形，则角动量可表示为

$$ {}^iL_{lI}={}^{i|lI}J_{lI}\cdot{}^i\dot{\phi}_l \tag{6.55}$$

如图 6-1 所示，给定链节 ${}^i\mathbf{k}_l$，则有理想体 l 的欧拉方程：

$$ {}^{i|l}J_{lI}\cdot{}^i\ddot{\phi}_l+{}^{i|l}\dot{J}_{lI}\cdot{}^i\dot{\phi}_l+{}^i\dot{\tilde{\phi}}_l\cdot{}^{i|l}J_{lI}\cdot{}^i\dot{\phi}_l={}^i\tau_l \tag{6.56}$$

【证明】　由式(6.28)得

$$\sum_{S}^{\Omega_l}\left({}^{i|l}J_{lS}\cdot{}^i\ddot{\phi}_l+{}^{i|l}\dot{J}_{lS}\cdot{}^i\dot{\phi}_l+{}^i\dot{\tilde{\phi}}_l\cdot{}^{i|l}J_{lS}\cdot{}^i\dot{\phi}_l\right)=\sum_{S}^{\Omega_l}\left({}^i\tau_{lS}\right)$$

因理想体二阶矩具有可加性，故

$$
\begin{aligned}
\text{左式} &= \sum_{S}^{\Omega_l}\left({}^{i|l}J_{lS} \cdot {}^{i}\ddot{\phi}_l + {}^{i|l}\dot{J}_{lS} \cdot {}^{i}\dot{\phi}_l + {}^{i}\dot{\tilde{\phi}}_l \cdot {}^{i|l}J_{lS} \cdot {}^{i}\dot{\phi}_l \right) \\
&= \sum_{S}^{\Omega_l}\left({}^{i|l}J_{lS} \right) \cdot {}^{i}\ddot{\phi}_l + \sum_{S}^{\Omega_l}\left({}^{i|l}\dot{J}_{lS} \right) \cdot {}^{i}\dot{\phi}_l + {}^{i}\dot{\tilde{\phi}}_l \cdot \sum_{S}^{\Omega_l}\left({}^{i|l}J_{lS} \right) \cdot {}^{i}\dot{\phi}_l \\
&= {}^{i|l}J_{lI} \cdot {}^{i}\ddot{\phi}_l + {}^{i|l}\dot{J}_{lI} \cdot {}^{i}\dot{\phi}_l + {}^{i}\dot{\tilde{\phi}}_l \cdot {}^{i|l}J_{lI} \cdot {}^{i}\dot{\phi}_l
\end{aligned}
$$

因理想体内部合力为零，故右式$= {}^{i}\tau_l$。所以式(6.56)成立。证毕。

由本节的证明结果可知：理想体基本属性量的计算、动力学方程与矢量力学相应的结论在本质上是兼容的。由于加入了运动链符号指标，理想体属性量的表征与动力学系统方程的物理内涵及作用关系更清晰，为计算机自主完成动力学建模提供了严谨的公式化的理论基础。

6.4.5 理想体的牛顿-欧拉方程

本节阐述理想体（变质心、变质量及变惯量）的动力学方程及其求解原理。首先，基于理想体的牛顿方程及欧拉方程得如下理想体牛顿-欧拉动力学定理。

定理 6.2 给定运动链 ${}^{i}\mathbf{1}_{lI} = \left(i,l,lI\right]$，理想体 l 的质量为 m_l，其相对转动惯量如式(6.42)所示，则由式(6.50)及式(6.56)得该理想体牛顿-欧拉动力学方程：

$$
\begin{bmatrix} {}^{i|l}J_{lI} & \mathbf{0} \\ -m_l \cdot {}^{i|l}\tilde{r}_{lI} & m_l \cdot \mathbf{1} \end{bmatrix} \cdot \begin{bmatrix} {}^{i}\ddot{\phi}_l \\ {}^{i}\ddot{r}_l \end{bmatrix} +
\begin{bmatrix} {}^{i}\dot{\tilde{\phi}}_l \cdot {}^{i|l}J_{lI} \cdot {}^{i}\dot{\phi}_l + {}^{i|l}\dot{J}_{lI} \cdot {}^{i}\dot{\phi}_l \\ m_l \cdot \left[{}^{i|l}\ddot{r}_{lI} + {}^{i}\dot{\tilde{\phi}}_l^{:2} \cdot {}^{i|l}r_{lI} + 2 \cdot {}^{i}\dot{\tilde{\phi}}_l \cdot {}^{i|l}\dot{r}_{lI} \right] + \dot{m}_l \cdot \left({}^{i}\dot{r}_{lI} + {}^{i}\dot{\tilde{\phi}}_l \cdot {}^{i|l}r_{lI} \right) \end{bmatrix} = \begin{bmatrix} {}^{i}\tau_{lI} \\ {}^{i}f_{lI} \end{bmatrix} \tag{6.57}
$$

其中：

$$
\begin{bmatrix} {}^{i}\tau_{lI} \\ {}^{i}f_{lI} \end{bmatrix} = \begin{bmatrix} \mathbf{1} & {}^{i|l}\tilde{r}_{lI} \\ \mathbf{0} & \mathbf{1} \end{bmatrix}^{-1} \cdot \begin{bmatrix} {}^{i}\tau_l \\ {}^{i}f_l \end{bmatrix} \tag{6.58}
$$

式(6.57)是以自然状态$\left[{}^{i}\dot{\phi}_l \quad {}^{i}\dot{r}_l \right]$、$\left[{}^{i}\ddot{\phi}_l \quad {}^{i}\ddot{r}_l \right]$描述的理想体动力学方程，应用时非常方便。定理 6.2 既能直观地反映天体动力学过程，又是多体动力学的基础。

对于刚体 l，其质心位置矢量、质量及转动惯量不变，即 ${}^{l}r_{lI} \equiv {}^{l}l_{lI}$，由式(6.57)得

$$
\begin{bmatrix} {}^{i|l}J_{lI} & \mathbf{0} \\ -\mathrm{m}_l \cdot {}^{i|l}\tilde{r}_{lI} & \mathrm{m}_l \cdot \mathbf{1} \end{bmatrix} \cdot \begin{bmatrix} {}^{i}\ddot{\phi}_l \\ {}^{i}\ddot{r}_l \end{bmatrix} + \begin{bmatrix} {}^{i}\dot{\tilde{\phi}}_l \cdot {}^{i|l}J_{lI} \cdot {}^{i}\dot{\phi}_l \\ \mathrm{m}_l \cdot {}^{i}\dot{\tilde{\phi}}_l^{:2} \cdot {}^{i|l}r_{lI} \end{bmatrix} = \begin{bmatrix} {}^{i}\tau_l \\ {}^{i}f_l \end{bmatrix} \tag{6.59}
$$

考虑刚体 l 质心 lI 与原点 O_l 重合的特定情形，${}^{l}r_{lI} \equiv 0_3$，由式(6.59)得牛顿-欧拉方程：

$$
\begin{bmatrix} {}^{i|lI}J_{lI} & \mathbf{0} \\ \mathbf{0} & \mathrm{m}_l \cdot \mathbf{1} \end{bmatrix} \cdot \begin{bmatrix} {}^{i}\ddot{\phi}_l \\ {}^{i}\ddot{r}_l \end{bmatrix} + \begin{bmatrix} {}^{i}\dot{\tilde{\phi}}_l \cdot {}^{i|lI}J_{lI} \cdot {}^{i}\dot{\phi}_l \\ 0_3 \end{bmatrix} = \begin{bmatrix} {}^{i}\tau_l \\ {}^{i}f_{lI} \end{bmatrix} \tag{6.60}
$$

称 ${}^{i}\dot{\tilde{\phi}}_l \cdot {}^{i|lI}J_{lI} \cdot {}^{i}\dot{\phi}_l$ 为科里奥利力。牛顿-欧拉方程的前提是刚体且采用质心参考系。

理想体牛顿-欧拉方程(6.57)是 6 维 2 阶动力学系统。对输入$\left[{}^{i}\tau_{lI} \quad {}^{i}f_{lI}\right]$而言，该系统是 6 维 2 阶仿射性动力学系统。

6.4.6 理想体牛顿-欧拉方程的数值计算

由式(6.60)可知，理想体动力学方程是仿射性方程，不存在解析解，需要应用数值积分进行求解。本节仅阐述积分算法的基本原理，暂不考虑数值计算的鲁棒性等其他问题。由式(6.57)得理想体牛顿-欧拉动力学增量方程：

$$ {}^{i|l}\mathbf{M}_{lI} \cdot {}^{i}\ddot{\gamma}_l = {}^{i}_{\circ}\mathcal{W}_{lI} + {}^{i}\mathcal{W}_{lI} \tag{6.61}$$

其中：

$$ {}^{i|l}\mathbf{M}_{lI} = \begin{bmatrix} {}^{i|l}J_{lI} & \mathbf{0} \\ -m_l \cdot {}^{i|l}\tilde{r}_{lI} & m_l \cdot \mathbf{1} \end{bmatrix} \tag{6.62}$$

$$ {}^{i}\ddot{\gamma}_l = \begin{bmatrix} {}^{i}\ddot{\phi}_l \\ {}^{i}\ddot{r}_l \end{bmatrix}, \quad {}^{i}\mathcal{W}_{lI} = \begin{bmatrix} {}^{i}\tau_{lI} \\ {}^{i}f_{lI} \end{bmatrix} \tag{6.63}$$

$$ {}^{i}_{\circ}\mathcal{W}_{lI} = -\begin{bmatrix} {}^{i}\dot{\tilde{\phi}}_l \cdot {}^{i|l}J_{lI} \cdot {}^{i}\dot{\phi}_l + {}^{i|l}\dot{J}_{lI} \cdot {}^{i}\dot{\phi}_l \\ m_l \cdot \left[{}^{i|l}\ddot{r}_{lI} + {}^{i}\dot{\tilde{\phi}}_l^{:2} \cdot {}^{i|l}r_{lI} + 2 \cdot {}^{i}\dot{\tilde{\phi}}_l \cdot {}^{i|l}\dot{r}_{lI} \right] + \dot{m}_l \cdot \left({}^{i}\dot{r}_{lI} + {}^{i}\dot{\tilde{\phi}}_l \cdot {}^{i|l}r_{lI} \right) \end{bmatrix} \tag{6.64}$$

记积分步长为δt，由式(6.63)得

$$ \begin{bmatrix} \delta\, {}^{i}_{k}\dot{\phi}_l \\ \delta\, {}^{i}_{k}\dot{r}_l \end{bmatrix} = {}^{i}_{k}\ddot{\gamma}_l \cdot \delta t \tag{6.65}$$

由式(3.133)及式(3.147)得四元数增量运动学方程：

$$ \delta\, {}^{\bar{l}}_{k}\lambda_l = \begin{bmatrix} \delta \mathrm{C}_l & -\delta\dot{\phi}_l^{\bar{l}}\delta\mathrm{S}_l \cdot {}^{\bar{l}}n_l^{[3]} & \delta\dot{\phi}_l^{\bar{l}}\delta\mathrm{S}_l \cdot {}^{\bar{l}}n_l^{[2]} & -\delta\dot{\phi}_l^{\bar{l}}\delta\mathrm{S}_l \cdot {}^{\bar{l}}n_l^{[1]} \\ \delta\dot{\phi}_l^{\bar{l}}\delta\mathrm{S}_l \cdot {}^{\bar{l}}n_l^{[3]} & \delta \mathrm{C}_l & -\delta\dot{\phi}_l^{\bar{l}}\delta\mathrm{S}_l \cdot {}^{\bar{l}}n_l^{[1]} & -\delta\dot{\phi}_l^{\bar{l}}\delta\mathrm{S}_l \cdot {}^{\bar{l}}n_l^{[2]} \\ -\delta\dot{\phi}_l^{\bar{l}}\delta\mathrm{S}_l \cdot {}^{\bar{l}}n_l^{[2]} & \delta\dot{\phi}_l^{\bar{l}}\delta\mathrm{S}_l \cdot {}^{\bar{l}}n_l^{[1]} & \delta \mathrm{C}_l & -\delta\dot{\phi}_l^{\bar{l}}\delta\mathrm{S}_l \cdot {}^{\bar{l}}n_l^{[3]} \\ \delta\dot{\phi}_l^{\bar{l}}\delta\mathrm{S}_l \cdot {}^{\bar{l}}n_l^{[1]} & \delta\dot{\phi}_l^{\bar{l}}\delta\mathrm{S}_l \cdot {}^{\bar{l}}n_l^{[2]} & \delta\dot{\phi}_l^{\bar{l}}\delta\mathrm{S}_l \cdot {}^{\bar{l}}n_l^{[3]} & \delta \mathrm{C}_l \end{bmatrix} \cdot {}^{\bar{l}}_{k}\lambda_l \tag{6.66}$$

$$ \begin{cases} {}^{\bar{l}}_{k+1}\lambda_l := {}^{\bar{l}}_{k}\lambda_l + \delta\, {}^{\bar{l}}_{k}\lambda_l \\ {}^{\bar{l}}_{k+1}\lambda_l^{\mathrm{T}} \cdot {}^{\bar{l}}_{k+1}\lambda_l = 1 \end{cases} \tag{6.67}$$

$$ \delta\phi_l^{\bar{l}} = \dot{\phi}_l^{\bar{l}} \cdot \delta t \tag{6.68}$$

$$ {}^{i}Q_l = \left(2 \cdot {}^{i}\lambda_l^{[4]:2} - 1\right) \cdot \mathbf{1} + 2 \cdot {}^{i}\lambda_l \cdot {}^{i}\lambda_l^{\mathrm{T}} + 2 \cdot {}^{i}\lambda_l^{[4]} \cdot {}^{i}\tilde{\lambda}_l \tag{6.69}$$

离散步k的增量更新（积分）公式为

$$ \begin{cases} {}^{i}_{k+1}\dot{r}_l := {}^{i}_{k}\dot{r}_l + \delta\, {}^{i}_{k}\dot{r}_l \\ {}^{i}_{k+1}\dot{\phi}_l := {}^{i}_{k}\dot{\phi}_l + \delta\, {}^{i}_{k}\dot{\phi}_l \\ \delta\, {}^{i}_{k}r_l = \delta\, {}^{i}_{k}\dot{r}_l \cdot \delta t \\ {}^{i}_{k+1}r_l := {}^{i}_{k}r_l + \delta\, {}^{i}_{k}r_l \end{cases} \tag{6.70}$$

其中：初始位矢为 ${}_{0}^{i}r_{l}$(单位m)；初始速度为 ${}_{0}^{i}\dot{r}_{l}$(单位m/ s)；初始姿态为 ${}_{0}^{i}\phi_{l}$(单位rad)；初始角速度为 ${}_{0}^{i}\dot{\phi}_{l}$(单位rad/s)。

6.4.7 本节贡献

本节主要应用基于轴不变量的多轴系统运动学和质点动力学符号演算子系统，建立了牛顿-欧拉理想体动力学符号演算子系统。其特征在于：具有简洁的链符号系统、轴不变量的表示及轴不变量的迭代式，具有参考点不一定位于质心的自然参考系；满足运动链公理及度量公理，具有伪代码的功能，物理含义准确。

（1）牛顿-欧拉理想体动力学系统是广义牛顿-欧拉系统，不依赖于绝对的惯性空间。

（2）提出了理想体概念，给出了式(6.36)和式(6.40)所示的基于 3D 操作代数的相对转动惯量表示。

（3）基于质点转动惯量，证明了式(6.36)所示的理想体惯量；基于质点角动量，证明了式(6.52)所示的理想体角动量。

（4）基于质点广义牛顿-欧拉方程，以运动链自然坐标系统为基础，分析并证明了式(6.57)所示的理想体牛顿-欧拉方程，并给出了理想体牛顿-欧拉方程的数值计算过程；从质点层次增强了牛顿-欧拉方程证明的严谨性，拓展了传统的刚体牛顿-欧拉方程的表达与应用。

6.5 牛顿-欧拉多体动力学符号系统

6.5.1 基于笛卡儿轴链的动力学系统的缺点

将运动副划分为三大类：转动型运动副、平动型运动副、复合型运动副。转动型运动副包括 3 轴球副、2 轴球销副及 1 轴转动副；平动型运动副包括 1 轴棱柱副、2 轴平动副、3 轴平动副；复合型运动副包括 1 轴转动+1 轴平动、1 轴转动+2 轴平动、1 轴转动+3 轴平动、2 轴转动+1 轴平动、2 轴转动+2 轴平动、2 轴转动+3 轴平动、3 轴转动+1 轴平动、3 轴转动+2 轴平动。

记 $\overline{l}'$ 矢量空间为运动副 ${}^{\overline{l}}\boldsymbol{k}_{l}$ 的约束矢量空间，它是 $\overline{l}$ 的子空间。$\overline{l}'$ 矢量空间除维度不同外，与矢量空间 $\overline{l}$ 相似。记 ${}^{\overline{l}'}C_{\overline{l}}$ 为运动副 ${}^{\overline{l}}\boldsymbol{k}_{l}$ 的约束矢量空间 $\overline{l}'$ 与矢量空间 $\overline{l}$ 的关联矩阵。对于不同类型的运动副，仅表现为关联矩阵 ${}^{\overline{l}'}C_{\overline{l}}$ 不同，其行对应于约束轴。

通过建立固结副 ${}^{\overline{l}}\boldsymbol{F}_{l}$ 的约束方程及关联矩阵 ${}^{\overline{l}'}C_{\overline{l}}$，可以得到其他运动副 ${}^{\overline{l}}\boldsymbol{k}_{l}$ 的约束方程，且有

$$
{}^{\overline{l}}\boldsymbol{k}_{l}\in\left\{\boldsymbol{P},\boldsymbol{R},\boldsymbol{C},\boldsymbol{G},\boldsymbol{O},\boldsymbol{H},\boldsymbol{X}\right\} \tag{6.71}
$$

将除接触副外的运动副统称为一般运动副，简称为运动副。

给定自然轴链 ${}^{\overline{l}}\mathbf{1}_{lS}=\left({}^{\overline{l}}\mathbf{1}_{l},{}^{l}\mathbf{1}_{lS}\right]$，转动轴链记为 ${}^{\overline{l}}\mathbf{1}_{l}=\left(\overline{l},xl,yl,zl\right]$，平动轴链记为

${}^{l}\mathbf{1}_{lz} = \left(l, lx, ly, lz\right], l \equiv zl$ 。固定轴矢量序列记为 $\left\{\left[{}^{\bar{k}}n_{k}, {}^{\bar{k}}l_{k}\right] \middle| k \in {}^{\bar{l}}\mathbf{1}_{lz}\right\}$，自然坐标序列记为 $\gamma_{(\bar{l},lz]} = \left(\phi_{(\bar{l},l]}, r_{(l,lz]}\right]$，其中 $\phi_{(\bar{l},l]} = \left[\phi_{k}^{\bar{k}} \middle| k \in {}^{\bar{l}}\mathbf{1}_{zl}\right]$，$r_{(l,lz]} = \left[r_{k}^{\bar{k}} \middle| k \in {}^{l}\mathbf{1}_{lz}\right]$，且有

$$\begin{cases} {}^{\bar{l}}n_{xl} = \mathbf{1}^{[m]}, \quad {}^{\bar{l}|xl}n_{yl} = \mathbf{1}^{[n]}, \quad {}^{\bar{l}|yl}n_{zl} = \mathbf{1}^{[p]} \\ m, n, p \in \left\{x, y, z\right\}, m \neq n, n \neq p \\ {}^{\bar{l}|zl}n_{lx} = \mathbf{1}^{[x]}, \quad {}^{\bar{l}|lx}n_{ly} = \mathbf{1}^{[y]}, \quad {}^{\bar{l}|ly}n_{lz} = \mathbf{1}^{[z]} \end{cases}$$

显然，传统的笛卡儿坐标轴链系统是自然坐标轴链系统的特殊形式。

传统的基于笛卡儿坐标轴链的牛顿-欧拉动力学依赖于关联矩阵，通过关联矩阵将固结副受约束的笛卡儿坐标轴关联到一般运动副的约束轴上。

（1）运动副 ${}^{\bar{l}}\mathbf{k}_{l} \in \mathbf{X}$ 时，平动轴序列 $\left[{}^{zl}n_{lx}, {}^{lx}n_{ly}, {}^{ly}n_{lz}\right]$ 及转动轴序列 $\left[{}^{\bar{l}}n_{xl}, {}^{xl}n_{yl}, {}^{yl}n_{zl}\right]$ 受约束，故有

$${}^{\bar{l}'}C_{\bar{l}} = \begin{bmatrix} 1 & 0 & 0 & 0 & 0 & 0 \\ 0 & 1 & 0 & 0 & 0 & 0 \\ 0 & 0 & 1 & 0 & 0 & 0 \\ 0 & 0 & 0 & 1 & 0 & 0 \\ 0 & 0 & 0 & 0 & 1 & 0 \\ 0 & 0 & 0 & 0 & 0 & 1 \end{bmatrix} \tag{6.72}$$

且有 $\mathrm{Rank}\left({}^{\bar{l}'}C_{\bar{l}}\right) = \left|\bar{l}'\right| = 6$ 。

（2）运动副 ${}^{\bar{l}}\mathbf{k}_{l} \in \mathbf{S}$ 时，平动轴序列 $\left[{}^{zl}n_{lx}, {}^{lx}n_{ly}, {}^{ly}n_{lz}\right]$ 受约束，转动轴序列 $\left[{}^{\bar{l}}n_{xl}, {}^{xl}n_{yl}, {}^{yl}n_{zl}\right]$ 自由运动，故有

$${}^{\bar{l}'}C_{\bar{l}} = \begin{bmatrix} 0 & 0 & 0 & 1 & 0 & 0 \\ 0 & 0 & 0 & 0 & 1 & 0 \\ 0 & 0 & 0 & 0 & 0 & 1 \end{bmatrix} \tag{6.73}$$

且有 $\mathrm{Rank}\left({}^{\bar{l}'}C_{\bar{l}}\right) = \left|\bar{l}'\right| = 3$ 。

（3）运动副 ${}^{\bar{l}}\mathbf{k}_{l} \in \mathbf{G}$ 时，平动轴序列 $\left[{}^{zl}n_{lx}, {}^{lx}n_{ly}, {}^{ly}n_{lz}\right]$ 及转动轴 ${}^{\bar{l}}n_{xl}$ 受约束，转动轴序列 $\left[{}^{xl}n_{yl}, {}^{yl}n_{zl}\right]$ 自由运动，故有

$${}^{\bar{l}'}C_{\bar{l}} = \begin{bmatrix} 1 & 0 & 0 & 0 & 0 & 0 \\ 0 & 0 & 0 & 1 & 0 & 0 \\ 0 & 0 & 0 & 0 & 1 & 0 \\ 0 & 0 & 0 & 0 & 0 & 1 \end{bmatrix} \tag{6.74}$$

且有 $\mathrm{Rank}\left({}^{\bar{l}'}C_{\bar{l}}\right) = \left|\bar{l}'\right| = 4$ 。

（4）运动副 ${}^{\bar{l}}\mathbf{k}_{l} \in \mathbf{R}$ 时，平动轴序列 $\left[{}^{zl}n_{lx}, {}^{lx}n_{ly}, {}^{ly}n_{lz}\right]$ 及转动轴序列 $\left[{}^{\bar{l}}n_{xl}, {}^{xl}n_{yl}\right]$ 受约

束，转动轴 ${}^{yl}n_{zl}$ 自由运动，故有

$$
{}^{\overline{l}'}C_{\overline{l}} = \begin{bmatrix} 1 & 0 & 0 & 0 & 0 & 0 \\ 0 & 1 & 0 & 0 & 0 & 0 \\ 0 & 0 & 1 & 0 & 0 & 0 \\ 0 & 0 & 0 & 1 & 0 & 0 \\ 0 & 0 & 0 & 0 & 1 & 0 \end{bmatrix} \tag{6.75}
$$

且有 $\mathrm{Rank}\left({}^{\overline{l}'}C_{\overline{l}}\right) = \left|\overline{l}'\right| = 5$。

（5）运动副 ${}^{\overline{l}}\boldsymbol{k}_l \in \boldsymbol{P}$ 时，平动轴序列 $\left[{}^{zl}n_{lx}, {}^{lx}n_{ly}\right]$ 及转动轴序列 $\left[{}^{\overline{l}}n_{xl}, {}^{xl}n_{yl}, {}^{yl}n_{zl}\right]$ 受约束，平动轴 ${}^{ly}n_{lz}$ 自由运动，故有

$$
{}^{\overline{l}'}C_{\overline{l}} = \begin{bmatrix} 1 & 0 & 0 & 0 & 0 & 0 \\ 0 & 1 & 0 & 0 & 0 & 0 \\ 0 & 0 & 0 & 1 & 0 & 0 \\ 0 & 0 & 0 & 0 & 1 & 0 \\ 0 & 0 & 0 & 0 & 0 & 1 \end{bmatrix} \tag{6.76}
$$

且有 $\mathrm{Rank}\left({}^{\overline{l}'}C_{\overline{l}}\right) = \left|\overline{l}'\right| = 5$。

（6）运动副 ${}^{\overline{l}}\boldsymbol{k}_l \in \boldsymbol{C}$ 时，平动轴序列 $\left[{}^{zl}n_{lx}, {}^{lx}n_{ly}\right]$ 及转动轴序列 $\left[{}^{\overline{l}}n_{xl}, {}^{xl}n_{yl}\right]$ 受约束，平动轴 ${}^{ly}n_{lz}$ 及转动轴 ${}^{yl}n_{zl}$ 自由运动，故有

$$
{}^{\overline{l}'}C_{\overline{l}} = \begin{bmatrix} 1 & 0 & 0 & 0 & 0 & 0 \\ 0 & 1 & 0 & 0 & 0 & 0 \\ 0 & 0 & 0 & 1 & 0 & 0 \\ 0 & 0 & 0 & 0 & 1 & 0 \end{bmatrix} \tag{6.77}
$$

且有 $\mathrm{Rank}\left({}^{\overline{l}'}C_{\overline{l}}\right) = \left|\overline{l}'\right| = 4$。

（7）运动副 ${}^{\overline{l}}\boldsymbol{k}_l \in \boldsymbol{O}$ 时，平动轴序列 ${}^{zl}n_{lx}$ 受约束，平动轴序列 $\left[{}^{lx}n_{ly}, {}^{ly}n_{lz}\right]$ 及转动轴序列 $\left[{}^{\overline{l}}n_{xl}, {}^{xl}n_{yl}, {}^{yl}n_{zl}\right]$ 自由运动，故有

$$
{}^{\overline{l}'}C_{\overline{l}} = \begin{bmatrix} 1 & 0 & 0 & 0 & 0 & 0 \end{bmatrix} \tag{6.78}
$$

且有 $\mathrm{Rank}\left({}^{\overline{l}'}C_{\overline{l}}\right) = \left|\overline{l}'\right| = 1$。

由上可知：轴矢量 $\left[{}^{\overline{l}}n_{xl}, {}^{xl}n_{yl}, {}^{yl}n_{zl}, {}^{zl}n_{lx}, {}^{lx}n_{ly}, {}^{ly}n_{lz}\right]$、关联矩阵 ${}^{\overline{l}'}C_{\overline{l}}$ 及 ${}^{\overline{l}}_{0}r_l$ 清晰地表征了运动副 ${}^{\overline{l}}\boldsymbol{k}_l$ 的结构参数。

基于笛卡儿坐标轴链的牛顿-欧拉动力学是以体为单位建立牛顿-欧拉动力学方程，以体与体间的偏速度（雅可比）矩阵及关联矩阵建立体与体的约束代数方程，从而通过拉格

朗日乘子对自由体施加约束力。由于关联矩阵是根据坐标轴的次序建立的，故有以下缺点：

（1）关联矩阵必须通过坐标轴建立约束轴，需要定义不同类型运动副的坐标系，在应用时还经常需要重新定义运动副坐标系，这将导致工程系统开发的不便。

（2）正交的坐标轴约束副通常难以满足用户的需求，需要进行正交的坐标轴约束副组合，增加了系统的复杂性。在工程上，正交的约束轴几乎不存在。

（3）动力学系统不能直接应用约束轴的结构参数建立动力学方程，需要借助于运动副坐标系与体系的变换，从而会降低计算效率。

（4）体的位形、速度及加速度是以笛卡儿直角坐标系为参考的，一般不是期望的动力学输出，需要借助于中间坐标变换才能完成。

6.5.2 约束类型

根据运动副 $^{\overline{l}}\boldsymbol{k}_l$ 的约束方程特点，将约束分为三大类。

第一类为完整约束（holonomic constraints），它通过位形约束方程组表示为

$$^{\overline{l}'}C_{\overline{l}}\cdot{}^{\overline{l}}\gamma_{lS}\equiv 0_{\overline{l}'} \tag{6.79}$$

完整约束是指某方向或某组方向的平动或转动被约束。方程组中方程的个数与受约束的自由度数一致。若位形约束方程组与时间 t 相关，则称为时变约束（rheonomic constraints）；否则，称之为时间无关约束（scleronomic constraints）。$^{\overline{l}'}C_{\overline{l}}\cdot{}^{\overline{l}}\dot{\gamma}_{lS}=0_{\overline{l}'}$ 是式(6.79)成立的充分必要条件。

第二类为非完整约束（nonholonomic constraints）或速度约束，其约束方程组显含位形的速度：

$$^{i|\overline{l}'}C_{\overline{l}}\cdot{}^{i}\dot{\gamma}_{lS}\equiv 0_{|\overline{l}'|} \tag{6.80}$$

且该方程组不可积，即位形 $^{\overline{l}}\gamma_{lS}$ 不能由位形速度 $^{\overline{l}}\dot{\gamma}_{lS}$ 完全确定。非完整约束就是指某方向或某些方向的平动速度或转动速度的瞬态约束。因此，非完整约束是软约束，即不直接约束空间位形，仅约束运动瞬态速度。到目前为止，判别微分方程组是否可积是一个非常困难的问题。一般只能给出判别微分方程组可积的必要条件，而无法给出判别微分方程组可积的充分条件。有的微分方程组的可积判别需要借助于其物理含义。$^{i|\overline{l}'}C_{\overline{l}}\cdot{}^{i}\ddot{\gamma}_{lS}=0_{|\overline{l}'|}$ 是式(6.80)成立的充分必要条件。

第三类为单边约束即不等式约束。因接触副只能向某个面的一侧运动，而另一侧被约束，故接触副存在单边约束。

记矢量空间 u'' 为运动副 $^{u''}\boldsymbol{o}_{k''}$ 的约束矢量空间，它是 u 的子空间。矢量空间 u'' 与矢量空间 u 除维度不同外，其他基本一致。因此，可以定义 $^{u''}C_u$。

接触副 $^{u''}\boldsymbol{o}_{k''}$ 的约束要求体 u'' 不能刺入体 k'' 中，故有

$$^{u''}C_u\cdot{}^{u}\ddot{\gamma}_{uS}\geqslant 0 \tag{6.81}$$

同时，接触面法向支撑力 $f_{k''S}^{u''S}$ 非负，即

$$f_{k''S}^{u''S} \geqslant 0 \tag{6.82}$$

记接触面法向支撑力为 ${}^{u''S}f_{k''S}$，接触条件为

$${}^{i|u''S}f_{k''S}^{\mathrm{T}} \cdot {}^{u''}C_{u} \cdot {}^{i|u}\ddot{\gamma}_{uS} = 0 \tag{6.83}$$

式(6.81)至式(6.83)表明接触副约束是不等式方程组。

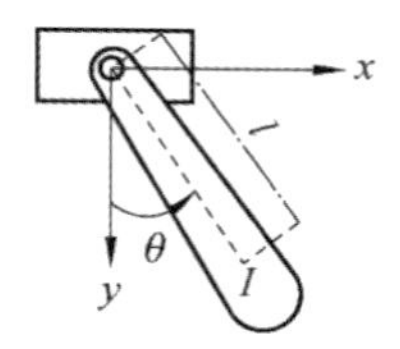

图 6-2　完整约束示例

完整约束是指速度约束方程可积的约束(位形约束)，完整约束系统的独立变量数等于该系统的自由度数。

【示例 6.1】　如图 6-2 所示的一个自由摆，摆半径为 l，惯性中心为 I，摆角为 θ，则惯性中心位置为 $x_I = l \cdot \sin\theta$，$y_I = l \cdot \cos\theta$。取广义坐标为 $\left[x_I, y_I, \theta\right]$，则有约束方程：

$$\begin{cases} \dot{x}_I = \dot{\theta} \cdot l \cdot \cos\theta \\ \dot{y}_I = -\dot{\theta} \cdot l \cdot \sin\theta \end{cases} \tag{6.84}$$

对式(6.84)积分可得

$$x_I^2 + y_I^2 - l^2 = 0 \tag{6.85}$$

因式(6.85)约束了摆的位形，故称之为位形约束。

对式(6.85)求导可得

$$x_I \cdot \dot{x}_I + y_I \cdot \dot{y}_I = 0 \tag{6.86}$$

显然，式(6.84)与式(6.86)等价。速度约束方程(6.86)可积分为式(6.85)所示的位形约束方程。

非完整约束是指速度约束方程不可积的约束（构型约束），非完整约束系统的独立变量数不等于该系统的自由度数。

【示例 6.2】　如图 6-3 所示，一个半径为 r 的车轮于平面上运动，角速度为 $\dot{\phi}$，其平动速度 $V = \dot{\phi} \cdot r$，车轮航向角为 θ。故取自然坐标 $\left[\theta, \phi\right]$。

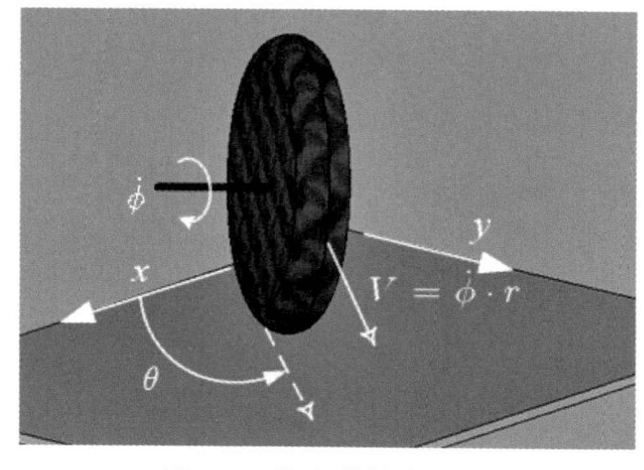

图 6-3　非完整约束示例

轮心位置可表示为

$$\begin{cases} x = \int_0^t \dot{\phi} \cdot r \cdot \cos\theta dt \\ y = \int_0^t \dot{\phi} \cdot r \cdot \sin\theta dt \end{cases} \tag{6.87}$$

显然，有

$$\begin{cases} \dot{x} = \dot{\phi} \cdot r \cdot \cos\theta \\ \dot{y} = \dot{\phi} \cdot r \cdot \sin\theta \end{cases} \tag{6.88}$$

式(6.88)是该系统的速度约束方程。而式(6.87)不可积分，即不存在位形约束方程 $f(\theta,\dot{\theta},\phi,\dot{\phi})=0$。该系统有 3 个独立自由度，而约束方程中独立自然坐标数为 2。

如果约束 $f_j(q_1,q_2\cdots q_n,t)$ 是完整的，且其微分是连续的，则有

$$\frac{\partial^2 f_j}{\partial q_l \partial q_k} = \frac{\partial^2 f_j}{\partial q_k \partial q_l},\quad \frac{\partial^2 f_j}{\partial q_l \partial t} = \frac{\partial^2 f_j}{\partial t \partial q_l} \quad k,l = 1,2,\cdots,n \tag{6.89}$$

若式(6.89)成立，则运动约束是完整的。若式(6.89)不成立，则不能断定该约束是非完整的。若存在积分因子 $g_j(q_1,q_2,\cdots,q_n,t)$ 将上式变成一个非微分约束方程，则有

$$\frac{\partial\left(g_j \cdot a_{jk}\right)}{\partial q_i} = \frac{\partial\left(g_j \cdot a_{ji}\right)}{\partial q_k},\quad \frac{\partial\left(g_j \cdot a_{j0}\right)}{\partial q_i} = \frac{\partial\left(g_j \cdot a_{ji}\right)}{\partial t} \quad k,i \in \left\{1,2,\cdots,n\right\} \tag{6.90}$$

式(6.89)和式(6.90)是微分方程可积的必要条件，但要得到积分因子常常不容易。由式(6.84)得

$$\frac{\partial\left(\dot{\theta}\cdot l\cdot\cos\theta\right)}{\partial t\partial\theta} = \frac{\partial\left(\dot{\theta}\cdot l\cdot\cos\theta\right)}{\partial\theta\partial t},\quad \frac{\partial\left(-\dot{\theta}\cdot l\cdot\sin\theta\right)}{\partial t\partial\theta} = \frac{\partial\left(-\dot{\theta}\cdot l\cdot\sin\theta\right)}{\partial\theta\partial t}$$

故式(6.84)可积。

当 $\dfrac{\partial\left(\dot{\theta}\cdot r\cdot\cos\theta\right)}{\partial t\partial\theta} \neq \dfrac{\partial\left(\dot{\theta}\cdot r\cdot\cos\theta\right)}{\partial\theta\partial t}$ 时，根据式(6.89)不能判断式(6.88)是非完整的。但根据物理知识可知式(6.88)是非完整的。

6.5.3 基于轴不变量的约束轴控制方程

由 6.5.1 节可知，给定运动副 ${}^{u}\boldsymbol{k}_{u'}$ 及 ${}^{k}\boldsymbol{k}_{k'}$，轴 u 与动力学体 u 固结，轴 k 与动力学体 k 固结，${}^{u'}\boldsymbol{C}_{k'}$ 为轴 u' 与轴 k' 间的约束副。体 u 的约束空间记为 u'，$u \neq u'$，且有

$$\begin{aligned} O_{u'} &= O_u,\quad {}^{u|}\square = {}^{u'|}\square,\quad uS = u'S \\ O_{k'} &= O_k,\quad {}^{k|}\square = {}^{k'|}\square,\quad kS = k'S \end{aligned} \tag{6.91}$$

$u'S$ 为轴 u' 上的约束点，$k'S$ 为轴 k' 上的约束点。约束副 ${}^{u'}\boldsymbol{C}_{k'}$ 仅有一个约束度。下面，建立基于轴不变量的约束轴控制方程。

如图 6-4 所示，考虑运动副 ${}^{u}\boldsymbol{k}_{u'}$ 的 u' 轴与运动副 ${}^{k}\boldsymbol{k}_{k'}$ 的 k' 轴被约束副 ${}^{u'}\boldsymbol{C}_{k'}$ 约束或受控的情形。u' 轴上的点 $u'S$ 与 k' 轴上的点 $k'S$ 处于相同的位置；记 u' 轴对 k' 轴施加的广义约束力为 ${}^{i|u'S}\tau_{k'S}$ 或 ${}^{i|u'S}f_{k'S}$，k' 轴对 u' 轴施加的广义约束力为 ${}^{i|k'S}\tau_{u'S}$ 或 ${}^{i|k'S}f_{u'S}$；运动副 ${}^{u'}\boldsymbol{R}_{k'}$ 的期望关节角度及关节角速度分别为 ${}_{d}\phi_{k'}^{u'}$ 及 ${}_{d}\dot{\phi}_{k'}^{u'}$；运动副 ${}^{u'}\boldsymbol{P}_{k'}$ 的期望关节线位置及关节线速度分别为 ${}_{d}r_{k'S}^{u'S}$ 及 ${}_{d}\dot{r}_{k'S}^{u'S}$；${}_{\phi}d_{k'}^{u'}$ 为 ${}_{d}\dot{\phi}_{k'}^{u'} - \dot{\phi}_{k'}^{u'}$ 的负反馈系数，${}_{\phi}p_{k'}^{u'}$ 为 ${}_{d}\phi_{k'}^{u'} - \phi_{k'}^{u'}$ 的负反

馈系数，${}_{r}d_{k'}^{u'}$ 为 ${}_{d}\dot{r}_{k'S}^{u'S}-\dot{r}_{k'S}^{u'S}$ 的负反馈系数，${}_{r}p_{k'}^{u'}$ 为 ${}_{d}r_{k'S}^{u'S}-r_{k'S}^{u'S}$ 的负反馈系数。

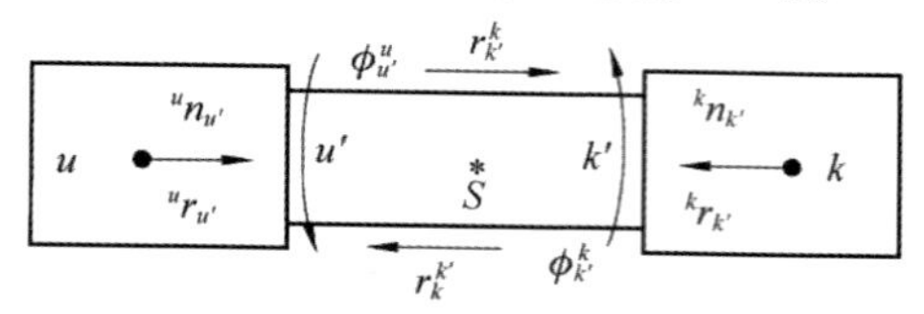

图 6-4　运动副间的约束关系

考虑单位质量及转动惯量，则有

$$\begin{bmatrix} {}^{i|u'}\mathbf{J}_{uS} & {}^{i|k'}\mathbf{J}_{kS} \end{bmatrix}\cdot\begin{bmatrix} {}^{i}\ddot{\gamma}_{u} \\ {}^{i}\ddot{\gamma}_{k} \end{bmatrix} = {}_{c}f_{k'S}^{u'S} \tag{6.92}$$

$$\begin{bmatrix} {}^{i|uS}\mathcal{W}_{k'S} \\ {}^{i|kS}\mathcal{W}_{u'S} \end{bmatrix} = \begin{bmatrix} {}^{i|u'}\mathbf{J}_{uS} & {}^{i|k'}\mathbf{J}_{kS} \end{bmatrix}^{\mathrm{T}}\cdot f_{k'S}^{u'S} \tag{6.93}$$

其中：

$$ {}^{i|u'}\mathbf{J}_{uS} = \begin{bmatrix} {}^{i|u'}_{\boldsymbol{R}}\mathbf{J}_{uS} & {}^{i|u'}_{\boldsymbol{P}}\mathbf{J}_{uS} \end{bmatrix},\quad {}^{i|k'}\mathbf{J}_{kS} = \begin{bmatrix} {}^{i|k'}_{\boldsymbol{R}}\mathbf{J}_{kS} & {}^{i|k'}_{\boldsymbol{P}}\mathbf{J}_{kS} \end{bmatrix} \tag{6.94}$$

$$\begin{cases} {}^{i|u'}_{\boldsymbol{R}}\mathbf{J}_{uS} = -{}^{i|u}n_{u'}^{\mathrm{T}}\cdot{}^{i|u}\tilde{r}_{u'S}, & {}^{i|k'}_{\boldsymbol{R}}\mathbf{J}_{kS} = {}^{i|k}n_{k'}^{\mathrm{T}}\cdot{}^{i|k}\tilde{r}_{k'S} \\ {}^{i|u'}_{\boldsymbol{P}}\mathbf{J}_{uS} = {}^{i|u}n_{u'}^{\mathrm{T}}, & {}^{i|k'}_{\boldsymbol{P}}\mathbf{J}_{kS} = {}^{i|k}n_{k'}^{\mathrm{T}} \end{cases} \tag{6.95}$$

$${}^{i}\ddot{\gamma}_{u} = \begin{bmatrix} {}^{i}\ddot{\phi}_{u} \\ {}^{i}\ddot{r}_{u} \end{bmatrix},\quad {}^{i}\ddot{\gamma}_{k} = \begin{bmatrix} {}^{i}\ddot{\phi}_{k} \\ {}^{i}\ddot{r}_{k} \end{bmatrix} \tag{6.96}$$

$${}^{i|uS}\mathcal{W}_{k'S} = \begin{bmatrix} {}^{i|uS}\tau_{k'S} \\ {}^{i|uS}f_{k'S} \end{bmatrix},\quad {}^{i|kS}\mathcal{W}_{u'S} = \begin{bmatrix} {}^{i|kS}\tau_{u'S} \\ {}^{i|kS}f_{u'S} \end{bmatrix} \tag{6.97}$$

$${}_{c}f_{k'S}^{u'S} = {}_{r}d_{k'}^{u'}\cdot\left({}_{d}\dot{r}_{k'S}^{u'S}-\dot{r}_{k'S}^{u'S}\right) + {}_{r}p_{k'}^{u'}\cdot\left({}_{d}r_{k'S}^{u'S}-r_{k'S}^{u'S}\right) \tag{6.98}$$

【证明】　u' 轴上的点 ${}_{u'}S$ 及 k' 轴上的点 ${}_{k'}S$ 的位置约束方程：

$$r_{k'S}^{u'S} = {}^{i|u}n_{u'}^{\mathrm{T}}\cdot\left({}^{i}r_{u'S}-{}^{i}r_{k'S}\right)\equiv 0 \tag{6.99}$$

成立的充分必要条件是其速度约束方程成立，即

$$\dot{r}_{k'S}^{u'S} = {}^{i|u}n_{u'}^{\mathrm{T}}\cdot\left({}^{i}\dot{r}_{u'S}-{}^{i}\dot{r}_{k'S}\right) = 0 \tag{6.100}$$

因 u' 轴对 k' 轴施加的广义约束力为 ${}^{i|u'S}f_{k'S}$，k' 轴对 u' 轴施加的广义约束力为 ${}^{i|k'S}f_{u'S}$，故它们各自的功率表示为

$$p_{k'S}^{u'S} = {}^{i|u'S}\dot{r}_{k'S}^{\mathrm{T}}\cdot{}^{i|u'S}f_{k'S},\quad p_{u'S}^{k'S} = {}^{i|k'S}\dot{r}_{u'S}^{\mathrm{T}}\cdot{}^{i|k'S}f_{u'S} \tag{6.101}$$

由式(6.100)及式(6.101)得

$$p_{k'S}^{u'S} = p_{u'S}^{k'S} = 0 \tag{6.102}$$

由图 6-4 可知

$${}^{i|u}n_{u'} = -{}^{i|k}n_{k'} \tag{6.103}$$

$${}^{u}n_{u'}^{\mathrm{T}}\cdot{}^{u'}\tilde{r}_{u'S} = 0,\quad {}^{i|k}n_{k'}^{\mathrm{T}}\cdot{}^{i|k'}\tilde{r}_{k'S} = 0,\quad {}^{k'S}\ddot{r}_{u'S} = 0_{3} \tag{6.104}$$

由式(6.100)得

$$\begin{aligned}\ddot{r}_{k'S}^{u'S} &= {}^{i|u}n_{u'}^{\mathrm{T}} \cdot \left[\frac{\partial}{\partial \dot{\phi}_{u'}^{u}}\left({}^{i}\dot{r}_{u'S}\right) \cdot \ddot{\phi}_{u'}^{u} - \frac{\partial}{\partial \dot{\phi}_{k'}^{k}}\left({}^{i}\dot{r}_{k'S}\right) \cdot \ddot{\phi}_{k'}^{k}\right] \\ &+ {}^{i|u}n_{u'}^{\mathrm{T}} \cdot \left[\frac{\partial}{\partial \dot{r}_{u'}^{u}}\left({}^{i}\dot{r}_{u'S}\right) \cdot \ddot{r}_{u'S}^{u} - \frac{\partial}{\partial \dot{r}_{k'}^{k}}\left({}^{i}\dot{r}_{k'S}\right) \cdot \ddot{r}_{k'S}^{k}\right] = 0\end{aligned} \tag{6.105}$$

由式(6.5)、式(6.6)、式(6.103)及式(6.105)得

$$\begin{aligned}\ddot{r}_{k'S}^{u'S} &= {}^{i|u}n_{u'}^{\mathrm{T}} \cdot {}^{i|u'}\tilde{r}_{u'S} \cdot {}^{i}\ddot{\phi}_{u} + {}^{i|k}n_{k'}^{\mathrm{T}} \cdot {}^{i|k'}\tilde{r}_{k'S} \cdot {}^{i}\ddot{\phi}_{k} \\ &-{}^{i|u}n_{u'}^{\mathrm{T}} \cdot {}^{i|u'}\tilde{r}_{u'S} \cdot {}^{i}\ddot{\phi}_{u'} - {}^{i|k}n_{k'}^{\mathrm{T}} \cdot {}^{i|k'}\tilde{r}_{k'S} \cdot {}^{i}\ddot{\phi}_{k'} \\ &-{}^{i|u}n_{u'}^{\mathrm{T}} \cdot {}^{i}\ddot{r}_{u} - {}^{i|k}n_{k'}^{\mathrm{T}} \cdot {}^{i}\ddot{r}_{k} + {}^{i|u}n_{u'}^{\mathrm{T}} \cdot \left({}^{i}\ddot{r}_{u'S} - {}^{i}\ddot{r}_{k'S}\right) = 0\end{aligned} \tag{6.106}$$

由式(6.104)及式(6.106)得

$$\ddot{r}_{k'S}^{u'S} = -{}^{i|u}n_{u'}^{\mathrm{T}} \cdot {}^{i}\ddot{r}_{u} + {}^{i|k}n_{k'}^{\mathrm{T}} \cdot {}^{i}\ddot{r}_{k} = 0 \tag{6.107}$$

当 $\dot{\phi}_{k'}^{u'}$ 受控时，引入负反馈：

$${}_{\phi}\ddot{r}_{k'S}^{u'S} = -{}^{i|u}n_{u'}^{\mathrm{T}} \cdot {}^{i|u'S}\tilde{r}_{k'S} \cdot {}^{i|u}n_{u'} \cdot \left[{}_{\phi}d_{k'}^{u'} \cdot \left({}_{d}\dot{\phi}_{k'}^{u'} - \dot{\phi}_{k'}^{u'}\right) + {}_{\phi}p_{k'}^{u'} \cdot \left({}_{d}\phi_{k'}^{u'} - \phi_{k'}^{u'}\right)\right] \tag{6.108}$$

当 $\dot{r}_{k'S}^{u'S}$ 受控时，引入负反馈：

$${}_{r}\ddot{r}_{k'S}^{u'S} = {}^{i|u}n_{u'}^{\mathrm{T}} \cdot {}^{i|u}n_{u'} \cdot \left[{}_{r}d_{k'}^{u'} \cdot \left({}_{d}\dot{r}_{k'S}^{u'S} - \dot{r}_{k'S}^{u'S}\right) + {}_{r}p_{k'}^{u'} \cdot \left({}_{d}r_{k'S}^{u'S} - r_{k'S}^{u'S}\right)\right] \tag{6.109}$$

由式(6.107)，有

$$-{}^{i|u}n_{u'}^{\mathrm{T}} \cdot {}^{i}\ddot{r}_{u} + {}^{i|k}n_{k'}^{\mathrm{T}} \cdot {}^{i}\ddot{r}_{k} = {}_{c}f_{k'S}^{u'S} \tag{6.110}$$

其中：

$${}_{c}f_{k'S}^{u'S} = {}_{\phi}\ddot{r}_{k'S}^{u'S} + {}_{r}\ddot{r}_{k'S}^{u'S} = {}_{r}d_{k'}^{u'} \cdot \left({}_{d}\dot{r}_{k'S}^{u'S} - \dot{r}_{k'S}^{u'S}\right) + {}_{r}p_{k'}^{u'} \cdot \left({}_{d}r_{k'S}^{u'S} - r_{k'S}^{u'S}\right) \tag{6.111}$$

由式(6.91)、式(6.95)及式(6.110)得式(6.92)。由式(6.10)、式(6.6)、式(6.95)及式(6.101)得

$$\begin{aligned}{}^{i|uS}\tau_{kS} &= -\frac{\partial}{\partial \dot{\phi}_{u'}^{u}}\left(p_{k'S}^{u'S}\right) = -\frac{\partial}{\partial \dot{\phi}_{u'}^{u}}\left({}^{i|u'S}\dot{r}_{k'S}^{\mathrm{T}} \cdot f_{k'S}^{u'S}\right) = -\left({}^{i|u}\tilde{n}_{u'} \cdot {}^{i|u'}r_{u'S}\right)^{\mathrm{T}} \cdot f_{k'S}^{u'S} \\ &= -\left(-{}^{i|u'}\tilde{r}_{u'S} \cdot {}^{i|u}n_{u'}\right)^{\mathrm{T}} \cdot f_{k'S}^{u'S} = {}^{u}n_{u'}^{\mathrm{T}} \cdot {}^{i|u'}\tilde{r}_{u'S} \cdot f_{k'S}^{u'S} = {}^{i|u'}_{\boldsymbol{R}}\mathbf{J}_{uS}^{\mathrm{T}} \cdot f_{k'S}^{u'S}\end{aligned} \tag{6.112}$$

$$\begin{aligned}{}^{i|uS}f_{kS} &= -\frac{\partial}{\partial \dot{r}_{u'}^{\overline{u}}}\left(p_{kS}^{uS}\right) = -\frac{\partial}{\partial \dot{r}_{u'}^{\overline{u}}}\left({}^{i|u'S}\dot{r}_{k'S}^{\mathrm{T}} \cdot f_{k'S}^{u'S}\right) \\ &= {}^{i|u}n_{u'}^{\mathrm{T}} \cdot f_{k'S}^{u'S} = {}^{i|u'}_{\boldsymbol{P}}\mathbf{J}_{uS}^{\mathrm{T}} \cdot f_{k'S}^{u'S}\end{aligned} \tag{6.113}$$

由式(6.112)及式(6.113)，并考虑约束力是矢量，得式(6.93)。因此，所有约束力可以由雅可比矩阵确定。证毕。

由上可知：$f_{k'S}^{u'S}$ 是约束力，它本质上是对应于轴矢量 ${}^{u'}n_{k'}$ 的拉格朗日乘子。${}_{\phi}p_{k'}^{u'}$ 及 ${}_{r}p_{k'}^{u'}$、${}_{\phi}d_{k'}^{u'}$ 及 ${}_{r}d_{k'}^{u'}$ 分别为角度及线位移的比例系数与微分反馈系数，反映约束轴的弹性及黏滞属性。同时，它们也用于保证动力学系统数值计算的稳定性。由于计算误差，约束轴的约束有一定程度的影响，需加以控制。由式(6.98)可知：当 ${}_{d}\dot{r}_{k'S}^{u'S} = \dot{r}_{k'S}^{u'S}$，${}_{d}r_{k'S}^{u'S} = r_{k'S}^{u'S}$，${}_{d}\dot{\phi}_{k'}^{u'} = \dot{\phi}_{k'}^{u'}$，${}_{d}\phi_{k'}^{u'} = \phi_{k'}^{u'}$ 时，${}_{c}f_{k'S}^{u'S} = 0$。式(6.92)及式(6.93)用于关节电动机的控制。

基于轴不变量的约束副控制方程具有以下优点：

（1）约束轴的位置与方向可以根据实际需要设置。

（2）约束方程不需要借助关联矩阵，即约束轴次序不受体系坐标轴次序制约。

（3）约束力 $f_{k'S}^{u'S}$ 即轴矢量 ${}^{u}n_{u'}$ 及 ${}^{k}n_{k'}$ 上的拉格朗日乘子，含义清晰。

（4）若给定约束轴序列 $\left[u_x',u_y',\cdots\right]$ 与 $\left[k_x',k_y',\cdots\right]$，它们存在相应的约束，多个约束轴是并联的关系，则有 ${}^{i|u'}\mathbf{J}_{uS}=\left[{}^{i|u_x'}\mathbf{J}_{uS}\quad {}^{i|u_y'}\mathbf{J}_{uS}\cdots\right]$，${}^{i|k'}\mathbf{J}_{uS}=\left[{}^{i|k_x'}\mathbf{J}_{uS}\quad {}^{i|k_y'}\mathbf{J}_{uS}\cdots\right]$，雅可比矩阵的秩与约束维度相等。

6.5.4 基于轴不变量的接触轴控制方程

考虑接触副 ${}^{u''S}\mathbf{O}_{k''S}$，接触点记为 $u''S$，接触力记为 $f_{u''S}^{u}$，接触点位置记为 ${}^{u}r_{u''S}$。接触副 ${}^{u''S}\mathbf{O}_{k''S}$ 是特殊的运动副 ${}^{u''S}\boldsymbol{k}_{k''S}$，其中一个平动轴受单边约束，转动轴可以受控。故由式(6.92)至式(6.98)得

$$\begin{bmatrix} \ddot{r}_{k''S}^{u''S} \\ \ddot{r}_{u''S}^{k''S} \end{bmatrix}=\left[{}^{i|u''}\mathbf{J}_{uS}\quad {}^{i|k''}\mathbf{J}_{kS}\right]\cdot\begin{bmatrix} {}^{i}\ddot{\gamma}_{u} \\ {}^{i}\ddot{\gamma}_{k} \end{bmatrix}=\begin{bmatrix} {}_{c}\tau_{k'S}^{u'S} \\ {}_{c}f_{k'S}^{u'S} \end{bmatrix} \tag{6.114}$$

$$\begin{bmatrix} {}^{i|u''S}\mathcal{W}_{k''S} \\ {}^{i|k''S}\mathcal{W}_{u''S} \end{bmatrix}=\left[{}^{i|u''}\mathbf{J}_{uS}\quad {}^{i|k''}\mathbf{J}_{kS}\right]^{\mathrm{T}}\cdot\begin{bmatrix} \tau_{k''S}^{u''S} \\ f_{k''S}^{u''S} \end{bmatrix} \tag{6.115}$$

其中：

$$\begin{cases} {}^{i|u''}\mathbf{J}_{uS}=\left[{}^{i|u''}_{\boldsymbol{R}}\mathbf{J}_{uS}\quad {}^{i|u''}_{\boldsymbol{P}}\mathbf{J}_{uS}\right], & {}^{i|k''}\mathbf{J}_{kS}=\left[{}^{i|k''}_{\boldsymbol{R}}\mathbf{J}_{kS}\quad {}^{i|k''}_{\boldsymbol{P}}\mathbf{J}_{kS}\right] \\ {}^{i|u''}_{\boldsymbol{R}}\mathbf{J}_{uS}=-{}^{i|u}n_{u''}^{\mathrm{T}}\cdot{}^{i|u}\tilde{r}_{u''S}, & {}^{i|k''}_{\boldsymbol{R}}\mathbf{J}_{kS}={}^{i|k}n_{k''}^{\mathrm{T}}\cdot{}^{i|k}\tilde{r}_{k''S} \\ {}^{i|u''}_{\boldsymbol{P}}\mathbf{J}_{uS}=-{}^{i|u}n_{u''}^{\mathrm{T}}, & {}^{i|k''}_{\boldsymbol{P}}\mathbf{J}_{kS}={}^{i|k}n_{k''}^{\mathrm{T}} \end{cases} \tag{6.116}$$

$${}^{i|u''S}\mathcal{W}_{k''S}=\begin{bmatrix} {}^{i|u''S}\tau_{k''S} \\ {}^{i|u''S}f_{k''S} \end{bmatrix},\quad {}^{i|k''S}\mathcal{W}_{u''S}=\begin{bmatrix} {}^{i|k''S}\tau_{u''S} \\ {}^{i|k''S}f_{u''S} \end{bmatrix},\quad \mathcal{W}_{k''S}^{u''S}=\begin{bmatrix} \tau_{k''S}^{u''S} \\ f_{k''S}^{u''S} \end{bmatrix} \tag{6.117}$$

由式(6.81)至式(6.83)、式(6.114)至式(6.117)得

$$-\left[{}^{i|u''}\mathbf{J}_{uS}\quad {}^{i|k''}\mathbf{J}_{kS}\right]\cdot\begin{bmatrix} {}^{i}\ddot{\gamma}_{u} \\ {}^{i}\ddot{\gamma}_{k} \end{bmatrix}-{}_{c}f_{k''S}^{u''S}\geqslant 0 \tag{6.118}$$

$$-f_{k''S}^{u''S}\geqslant 0 \tag{6.119}$$

$$f_{k''S}^{u''S}\cdot\left[{}^{i|u''}\mathbf{J}_{uS}\quad {}^{i|k''}\mathbf{J}_{kS}\right]^{\mathrm{T}}\cdot\begin{bmatrix} {}^{i}\ddot{\gamma}_{u} \\ {}^{i}\ddot{\gamma}_{k} \end{bmatrix}=0 \tag{6.120}$$

至此，式(6.118)至式(6.120)建立了接触副 ${}^{u''S}\mathbf{O}_{k''S}$ 的单边约束方程。显然，在式(6.118)至式(6.120)中，存在一个独立的变量 $f_{k''S}^{u''S}$。

6.5.5 牛顿-欧拉多体系统动力学

考虑多轴系统中的体 u 及体 l，若 ${}^{u'}\boldsymbol{k}_{l'}$ 为固结轴，根据式(6.61)、式(6.92)及式(6.98)得

$$K \cdot X = Y \tag{6.121}$$

其中：

$$K = \begin{bmatrix} & \vdots & & \vdots & \\ \cdots\ {}^{i|u}\boldsymbol{M}_{uI} & \cdots & 0_{6\times 6} & \cdots\ {}^{i|u'}\square_{uS}^{\mathrm{T}} & \cdots \\ & \vdots & & \vdots & \\ \cdots\ 0_{6\times 6} & \cdots & {}^{i|l}\boldsymbol{M}_{lI} & \cdots\ {}^{i|l'}\square_{lS}^{\mathrm{T}} & \cdots \\ & \vdots & & \vdots & \\ \cdots\ {}^{i|u'}\square_{uS} & \cdots & {}^{i|l'}\square_{lS} & \cdots\ 0_6^{\mathrm{T}} & \cdots \\ & \vdots & & \vdots & \end{bmatrix},\quad X = \begin{bmatrix} \vdots \\ {}^{i}\ddot{\gamma}_u \\ \vdots \\ {}^{i}\ddot{\gamma}_l \\ \vdots \\ \mathcal{W}_{l'S}^{u'S} \\ \vdots \end{bmatrix},\quad Y = \begin{bmatrix} \vdots \\ {}_{\circ}^{i}\mathcal{W}_u + {}^{i}\mathcal{W}_u \\ \vdots \\ {}_{\circ}^{i}\mathcal{W}_l + {}^{i}\mathcal{W}_l \\ \vdots \\ 0 \\ \vdots \end{bmatrix}$$

由式(6.121)可知：K 和 Y 是已知量，其中 K 为 KKT 矩阵（特定的稀疏矩阵）。故有

$$X = K^{-1} \cdot Y \tag{6.122}$$

当式(6.121)所示系统的约束无矛盾且无冗余时，K^{-1} 存在，X 可以求解。

随着式(6.121)所示系统的体数及约束的增多，K 的维度将相应增大。可以应用 KKT 矩阵的特性，节约计算内存，提高 K^{-1} 的计算效率。

若系统中存在接触副 ${}^{u''}\boldsymbol{k}_{k''}$，则需满足式(6.118)至式(6.120)所示的单边约束。显然，式(6.121)所示系统中既包含了双边约束又包含了单边约束，称其为混合 LCP 问题。首先对仅包含单边约束的方程组求解，然后进行双边约束的求解，即将混合 LCP 问题转化为纯 LCP 问题。纯 LCP 问题求解原理参见 6.6 节。

基于牛顿-欧拉方程的多轴系统动力学主要存在以下缺点：

（1）当系统中质惯量差异较大时，式(6.121)为刚性方程，计算误差较大，甚至可能导致动力学系统的不稳定。

（2）计算速度及计算精度较差。由于需要引入不必要的反馈系数，不仅造成应用不方便，而且导致系统计算精度下降。

（3）难以加入蜗轮蜗杆这类约束。

第 7 章将提出基于轴不变量的居-凯恩动力学原理，该原理不仅可保证计算的实时性，也可保证计算的精确性。故本章对牛顿-欧拉多体系统动力学求解过程不做详细阐述。

6.5.6 本节贡献

本节主要应用基于轴不变量的多轴系统运动学和基于牛顿-欧拉理想体动力学符号演算系统，建立了牛顿-欧拉多体动力学符号系统。其特征在于：具有简洁的链符号系统、轴不变量的表示及轴不变量的迭代式，具有参考点不一定位于质心的自然参考系；满足运动链公理及度量公理，具有伪代码的功能，物理含义准确。

（1）牛顿-欧拉理想体动力学系统是广义牛顿-欧拉系统，不依赖于绝对的惯性空间。

（2）应用基于轴不变量的多轴系统运动学，建立了基于轴不变量的约束轴控制方程，如式(6.92)至式(6.98)所示。

（3）根据约束轴控制方程，建立了基于轴不变量的接触轴控制方程，如式(6.114)至式(6.120)所示。

（4）基于约束轴控制方程、接触轴控制方程及牛顿-欧拉理想体动力学方程，建立了式(6.121)及式(6.122)所示的牛顿-欧拉多轴系统动力学系统。

6.6 单边约束的 LCP 求解

在动力学求解时，需要解决单边约束的求解问题。下面，首先论述枢轴操作线性规划（linear programming，LP）问题，然后提出最速（steepest）规划原理，最后讨论线性互补问题（linear complementarity problem，LCP）的求解方法。

列坐标向量对应右手序坐标系（右手系），行坐标向量对应左手序坐标系（左手系）。

6.6.1 左手序枢轴操作

考虑左手序方程组

$$y^{\mathrm{T}} \cdot a = x^{\mathrm{T}} \tag{6.123}$$

其中：y 为 m 维列向量；x 为 n 维列向量；a 为 $m \times n$ 的常矩阵。式(6.123)确定了自变量 x 与因变量 y 的非齐次线性约束关系，以形态表表示为

$$\begin{array}{c|cccc|c|cccc}
 & x^{[1]} & x^{[2]} & \cdots & x^{[n]} & & \mathrm{I}^{[\bullet][1]} & \mathrm{I}^{[\bullet][2]} & \cdots & \mathrm{I}^{[\bullet][n]} \\
\hline
y^{[1]} & a^{[1][1]} & a^{[1][2]} & \cdots & a^{[1][n]} & b^{[1]} & \mathrm{I}^{[1][\bullet]}\ 1 & 0 & \cdots & 0 \\
y^{[2]} & a^{[2][1]} & a^{[2][2]} & \cdots & a^{[2][n]} & b^{[2]} & \mathrm{I}^{[2][\bullet]}\ 0 & 1 & \cdots & 0 \\
\vdots & \vdots & \vdots & \ddots & \vdots & \vdots & \vdots\quad \vdots & \vdots & \ddots & \vdots \\
y^{[m]} & a^{[m][1]} & a^{[m][2]} & \cdots & a^{[m][n]} & b^{[m]} & \mathrm{I}^{[m][\bullet]}\ 0 & 0 & \cdots & 1 \\
\hline
 & c^{[1]} & \cdots & c^{[j]} \cdots & c^{[n]} & & c^{[n+1]} & c^{[n+2]} & \cdots & c^{[n+m]}
\end{array} \tag{6.124}$$

在形态表(6.124)中，右侧为 m 维列向量 b 及 n 维行向量 $c^{[n+1:n+m]}$ 的单位矩阵 I 。将 $\mathrm{I}^{[\bullet][j]}$ 称为 $c^{[n+j]}$ 的索引矢量，将 $\mathrm{I}^{[i][\bullet]}$ 称为 $b^{[i]}$ 的索引矢量。显然，初始的索引矢量相互正交。

若 $a^{[i][j]} \neq 0$，在保证式(6.123)非齐次线性约束关系不变的前提下，交换 $y^{[i]}$ 与 $x^{[j]}$ 的位置，则由第 i 个方程 $y^{\mathrm{T}} \cdot a^{[\bullet][j]} = x^{[j]}$ 得

$$y^{[i]} \cdot a^{[i][j]} = -y^{[1]} \cdot a^{[1][j]} - \cdots - y^{[i-1]} \cdot a^{[1][j]} + x^{[j]} - y^{[i+1]} \cdot a^{[i+1][j]} - \cdots - y^{[m]} \cdot a^{[m][j]}$$

即有

$$
\begin{aligned}
y^{[i]} &= -y^{[1]} \cdot \frac{a^{[1][j]}}{a^{[i][j]}} - \cdots - y^{[i-1]} \cdot \frac{a^{[1][j]}}{a^{[i][j]}} \\
&\backslash + x^{[j]} \cdot \frac{1}{a^{[i][j]}} - y^{[i+1]} \cdot \frac{a^{[i+1][j]}}{a^{[i][j]}} - \cdots - y^{[m]} \cdot \frac{a^{[m][j]}}{a^{[i][j]}}
\end{aligned}
\tag{6.125}
$$

记 $\bar{x}^{\mathrm{T}} = \left[x^{[1]}, \cdots, y^{[j]}, \cdots, x^{[n]}\right]$，$\bar{y}^{\mathrm{T}} = \left[y^{[1]}, \cdots, x^{[i]}, \cdots, y^{[m]}\right]$。将 $y^{[i]}$ 代入第 k（其中 $k \neq i$）个方程 $y^{\mathrm{T}} \cdot a^{[\cdot][k]} = x^{[k]}$ 得

$$
\begin{aligned}
& y^{[1]} \cdot a^{[1][k]} + \cdots + y^{[i-1]} \cdot a^{[i-1][k]} + y^{[i+1]} \cdot a^{[i+1][k]} + \cdots + y^{[m]} \cdot a^{[m][k]} \\
& \backslash + \frac{a^{[i][k]}}{a^{[i][j]}} \cdot \left(-y^{[1]} \cdot a^{[1][j]} - \cdots - y^{[i-1]} \cdot a^{[1][j]} + x^{[j]} - y^{[i+1]} \cdot a^{[i+1][j]} - \cdots - y^{[m]} \cdot a^{[m][j]}\right) = x^{[k]}
\end{aligned}
$$

即有

$$
\begin{aligned}
& y^{[1]} \cdot \left(a^{[1][k]} - \frac{a^{[i][k]}}{a^{[i][j]}} \cdot a^{[1][j]}\right) + \cdots + y^{[i-1]} \cdot \left(a^{[i-1][k]} - \frac{a^{[i][k]}}{a^{[i][j]}} \cdot a^{[i-1][j]}\right) + \frac{a^{[i][k]}}{a^{[i][j]}} \cdot x^{[j]} \\
& \backslash + y^{[i+1]} \cdot \left(a^{[i+1][k]} - \frac{a^{[i][k]}}{a^{[i][j]}} \cdot a^{[i+1][j]}\right) \cdots + y^{[m]} \cdot \left(a^{[m][k]} - \frac{a^{[i][k]}}{a^{[i][j]}} \cdot a^{[m][j]}\right) = x^{[k]}
\end{aligned}
\tag{6.126}
$$

由式(6.125)及式(6.126)重新表示形态表(6.124)得

$$
\begin{array}{|c|c|c|c|}
\hline
 & x^{[1]} \quad \cdots \quad y^{[j]} \quad \cdots \quad x^{[n]} & & \overline{\mathrm{I}}^{[\cdot][1]} \quad \cdots \quad \overline{\mathrm{I}}^{[\cdot][i]} \quad \cdots \quad \overline{\mathrm{I}}^{[\cdot][m]} \\
\hline
\begin{matrix} y^{[1]} \\ \vdots \\ x^{[i]} \\ \vdots \\ y^{[m]} \end{matrix} &
\begin{matrix} \bar{a}^{[1][1]} & \cdots & \bar{a}^{[1][j]} & \cdots & \bar{a}^{[1][n]} \\ \vdots & \ddots & \vdots & \ddots & \vdots \\ \bar{a}^{[i][1]} & \cdots & \boxed{\bar{a}^{[i][j]}} & \cdots & \bar{a}^{[i][n]} \\ \vdots & \ddots & \vdots & \ddots & \vdots \\ \bar{a}^{[m][1]} & \cdots & \bar{a}^{[m][j]} & \cdots & \bar{a}^{[m][n]} \end{matrix} &
\begin{matrix} \bar{b}^{[1]} \\ \vdots \\ \bar{b}^{[i]} \\ \vdots \\ \bar{b}^{[m]} \end{matrix} &
\begin{matrix} \overline{\mathrm{I}}^{[1][\cdot]} & \overline{\mathrm{I}}^{[1][1]} & \cdots & \overline{\mathrm{I}}^{[1][i]} & \cdots & \overline{\mathrm{I}}^{[1][m]} \\ \vdots & \vdots & \ddots & \vdots & \ddots & \vdots \\ \overline{\mathrm{I}}^{[i][\cdot]} & \overline{\mathrm{I}}^{[i][1]} & \cdots & \overline{\mathrm{I}}^{[i][i]} & \cdots & \overline{\mathrm{I}}^{[i][m]} \\ \vdots & \vdots & \ddots & \vdots & \ddots & \vdots \\ \overline{\mathrm{I}}^{[m][\cdot]} & \overline{\mathrm{I}}^{[m][1]} & \cdots & \overline{\mathrm{I}}^{[m][i]} & \cdots & \overline{\mathrm{I}}^{[m][m]} \end{matrix} \\
\hline
\square & \bar{c}^{[1]} \quad \cdots \quad \bar{c}^{[j]} \quad \cdots \quad \bar{c}^{[n]} & \square & \bar{c}^{[n+1]} \quad \cdots \quad \bar{c}^{[n+i]} \quad \cdots \quad \bar{c}^{[n+m]} \\
\hline
\end{array}
\tag{6.127}
$$

其中：

$$
\bar{a}^{[i][j]} = 1/a^{[i][j]} \quad \text{if} \quad i \in \{1,2,\cdots,m\}, j \in \{1,2,\cdots,n\} \tag{6.128}
$$

$$
\bar{a}^{[h][j]} = -\bar{a}^{[i][j]} \cdot a^{[h][j]} \quad \text{if} \quad h \neq i \tag{6.129}
$$

$$
\bar{a}^{[i][k]} = \bar{a}^{[i][j]} \cdot a^{[i][k]} \quad \text{if} \quad k \neq j \tag{6.130}
$$

$$
\bar{a}^{[h][k]} = a^{[h][k]} - \bar{a}^{[i][j]} \cdot a^{[i][k]} \cdot a^{[h][j]} \quad \text{if} \quad h \neq i, k \neq j \tag{6.131}
$$

称 $\bar{a}^{[i][j]}$ 为枢轴（pivot）支点；称 $\bar{a}^{[h][j]}$ 为枢轴行；称 $\bar{a}^{[i][k]}$ 为枢轴列；称 $\bar{a}^{[h][k]}$ 为枢轴。称式(6.129)为左手序(行序)枢轴行操作；称式(6.130)为左手序(行序)枢轴列操作；称式(6.131)为左手序枢轴支点操作。将式(6.128)至式(6.131)合称为左手序枢轴操作。

由式(6.128)至式(6.131)，即由左手序（行序）枢轴操作得

$$
\bar{a}^{[j]} = \bar{a}^{[i][j]} \cdot c^{[j]} \tag{6.132}
$$

$$
\bar{b}^{[i]} = -\bar{a}^{[i][j]} \cdot b^{[i]} \tag{6.133}
$$

$$
\bar{b}^{[h]} = b^{[h]} - \bar{a}^{[i][j]} \cdot b^{[i]} \cdot a^{[h][j]} \quad \text{if} \quad h \neq i \tag{6.134}
$$

$$\overline{\mathrm{I}}^{[i][\bullet]} = -\overline{a}^{[i][j]} \cdot \mathrm{I}^{[i][\bullet]} \tag{6.135}$$

$$\overline{\mathrm{I}}^{[h][\bullet]} = \mathrm{I}^{[h][\bullet]} - \overline{a}^{[i][j]} \cdot a^{[h][j]} \cdot \mathrm{I}^{[i][\bullet]} \quad \text{if} \quad h \neq i \tag{6.136}$$

因为$\left\{\mathrm{I}^{[i][\bullet]} \mid i = 1,2,\cdots,m\right\}$中矢量线性独立，若$\sum\limits_{i=1}^{m}\left(\alpha_i \cdot \mathrm{I}^{[i][\bullet]}\right) = 0_m$，$\alpha_i \in \mathcal{R}$，则$\alpha_i = 0$。对$\left\{\mathrm{I}^{[i][\bullet]} \mid i = 1,2,\cdots,m\right\}$进行枢轴操作后，得线性独立的$\left\{\mathrm{I}^{[i][\bullet]} \mid i = 1,2,\cdots,m\right\}$。由式(6.135)和式(6.136)得

$$\begin{aligned}\sum_{k=1}^{m}\left(\alpha_k \cdot \overline{\mathrm{I}}^{[k][\bullet]}\right) &= \sum_{k=1,k\neq i}^{m}\left(\alpha_k \cdot \mathrm{I}^{[k][\bullet]}\right) \\ &\quad - \sum_{k=1,k\neq i}^{m}\left(\alpha_k \cdot \overline{a}^{[i][j]} \cdot a^{[k][j]} \cdot \mathrm{I}^{[k][\bullet]}\right) - \alpha_i \cdot \overline{a}^{[i][j]} \cdot \mathrm{I}^{[i][\bullet]}\end{aligned} \tag{6.137}$$

若$\sum\limits_{k=1}^{m}\left(\alpha_k \cdot \overline{\mathrm{I}}^{[k][\bullet]}\right) = 0_m$，则由式(6.137)得$\alpha_k = 0$。

当初始的$\mathrm{I}^{[i][\bullet]} \succ 0_m$时，即$\mathrm{I}^{[i][\bullet]}$为“词法正”时，若$a^{[i][j]} < 0$，$c \geqslant 0_{m+n}$，经左手序（行序）枢轴操作后，$\overline{\mathrm{I}}^{[h][\bullet]} = \mathrm{I}^{[h][\bullet]} - \overline{a}^{[i][j]} \cdot a^{[h][j]} \cdot \mathrm{I}^{[i][\bullet]}$，则$\overline{\mathrm{I}}^{[h][\bullet]} \succ \mathrm{I}^{[h][\bullet]}$。故有

$$\overline{\mathrm{I}}^{[h][\bullet]} \succ \mathrm{I}^{[h][\bullet]} \quad \text{if} \quad a^{[i][j]} < 0 \quad c \geqslant 0_{m+n} \tag{6.138}$$

因此，式(6.128)至式(6.130)的枢轴操作是保证非齐次线性约束关系不变的等价操作。显然，枢轴操作是计算机程式化的操作过程。

【示例 6.3】 由线性代数可知，连续执行上述的枢轴操作可得矩阵a的逆矩阵a^{-1}。

0	$x^{[1]}$	$x^{[2]}$	$x^{[3]}$
$y^{[1]}$	3	1	5
$y^{[2]}$	$\boxed{2}$	-3	1
$y^{[3]}$	0	3	1

→

1	$y^{[2]}$	$x^{[2]}$	$x^{[3]}$
$y^{[1]}$	-3/2	11/2	7/2
$x^{[1]}$	1/2	-3/2	1/2
$y^{[3]}$	0	3	$\boxed{1}$

→

2	$y^{[2]}$	$x^{[2]}$	$y^{[3]}$
$y^{[1]}$	-3/2	$\boxed{-5}$	-7/2
$x^{[1]}$	1/2	-3	-1/2
$x^{[3]}$	0	3	1

→

3	$y^{[2]}$	$y^{[1]}$	$y^{[3]}$
$x^{[2]}$	0.3	-0.2	0.7
$x^{[1]}$	1.4	-0.6	1.6
$x^{[3]}$	-0.9	0.6	-1.1

→

4	$y^{[1]}$	$y^{[2]}$	$y^{[3]}$
$x^{[2]}$	-0.2	0.3	0.7
$x^{[1]}$	-0.6	1.4	1.6
$x^{[3]}$	0.6	-0.9	-1.1

→

5	$y^{[1]}$	$y^{[2]}$	$y^{[3]}$
$x^{[1]}$	-0.6	1.4	1.6
$x^{[2]}$	-0.2	0.3	0.7
$x^{[3]}$	0.6	-0.9	-1.1

其中，最后两个形态表分别执行的是列重排与行重排操作。显然有

$$\begin{bmatrix} 3 & 1 & 5 \\ 2 & -3 & 1 \\ 0 & 3 & 1 \end{bmatrix} \cdot \begin{bmatrix} -0.6 & 1.4 & 1.6 \\ -0.2 & 0.3 & 0.7 \\ 0.6 & -0.9 & -1.1 \end{bmatrix} = \begin{bmatrix} 1 & 0 & 0 \\ 0 & 1 & 0 \\ 0 & 0 & 1 \end{bmatrix}$$

由上可知，枢轴操作是线性方程求解的基本方法，也是线性约束规划问题求解的基础。

6.6.2 右手序枢轴操作

考虑右手序方程组

$$a \cdot x = y \tag{6.139}$$

其中：y 为m 维列向量；x 为n维列向量；a 为$m \times n$ 的常矩阵。式(6.139)确定了自变量x与因变量y 的非齐次线性约束关系，以形态表表示为

$$\begin{array}{|c|c|c|c|c|}\hline & y^{[1]} \quad y^{[2]} \quad \cdots \quad y^{[m]} & & & \mathrm{I}^{[\cdot][1]} \quad \mathrm{I}^{[\cdot][2]} \quad \cdots \quad \mathrm{I}^{[\cdot][m]} \\ \begin{matrix} x^{[1]} \\ x^{[2]} \\ \vdots \\ x^{[n]} \end{matrix} & \begin{matrix} a^{[1][1]} & a^{[2][1]} & \cdots & a^{[n][1]} \\ a^{[1][2]} & a^{[2][2]} & \cdots & a^{[n][2]} \\ \vdots & \vdots & \ddots & \vdots \\ a^{[1][m]} & a^{[2][m]} & \cdots & a^{[n][m]} \end{matrix} & \begin{matrix} c^{[1]} \\ c^{[2]} \\ \vdots \\ c^{[n]} \end{matrix} & \begin{matrix} | \\ | \\ | \\ | \end{matrix} & \begin{matrix} \mathrm{I}^{[1][\cdot]} & 1 & 0 & \cdots & 0 \\ \mathrm{I}^{[2][\cdot]} & 0 & 1 & \cdots & 0 \\ \vdots & \vdots & \vdots & \ddots & \vdots \\ \mathrm{I}^{[n][\cdot]} & 0 & 0 & \cdots & 1 \end{matrix} \\ \square & b^{[1]} \quad \cdots \quad b^{[i]} \quad \cdots \quad b^{[m]} & \square & & b^{[m+1]} \quad b^{[m+2]} \quad \cdots \quad b^{[m+n]} \\ \hline \end{array} \tag{6.140}$$

若$a^{[i][j]} \neq 0$，在保证式(6.139)非齐次线性约束关系不变的前提下，交换$y^{[i]}$与$x^{[j]}$的位置，则由第i 个方程$a^{[i][\cdot]} \cdot x = y^{[i]}$得

$$-a^{[i][1]} \cdot x^{[1]} - \cdots - a^{[i][j-1]} \cdot x^{[j-1]} + y^{[i]} - a^{[i][j+1]} \cdot x^{[i+1]} - \cdots - a^{[i][n]} \cdot x^{[n]} = a^{[i][j]} \cdot x^{[j]}$$

即

$$\begin{aligned} & -\frac{a^{[i][1]}}{a^{[i][j]}} \cdot x^{[1]} - \cdots - \frac{a^{[i][j-1]}}{a^{[i][j]}} \cdot x^{[j-1]} \\ & \backslash + \frac{1}{a^{[i][j]}} \cdot y^{[i]} - \frac{a^{[i][j+1]}}{a^{[i][j]}} \cdot x^{[j+1]} - \cdots - \frac{a^{[i][n]}}{a^{[i][j]}} \cdot x^{[n]} = x^{[j]} \end{aligned} \tag{6.141}$$

记$\bar{x}^{\mathrm{T}} = \left[x^{[1]}, \cdots, y^{[j]}, \cdots, x^{[n]}\right]$，$\bar{y}^{\mathrm{T}} = \left[y^{[1]}, \cdots, x^{[i]}, \cdots, y^{[m]}\right]$。将$x^{[j]}$代入第$k$（其中$k \neq i$）个方程$a^{[k][\cdot]} \cdot x = y^{[k]}$得

$$\begin{aligned} & a^{[k][1]} \cdot x^{[1]} + \cdots + a^{[k][j-1]} \cdot x^{[j-1]} + a^{[k][j+1]} \cdot x^{[j+1]} + \cdots + x^{[n]} \cdot a^{[n][k]} + a^{[k][j]} \cdot \\ & \left(-\frac{a^{[i][1]}}{a^{[i][j]}} \cdot x^{[1]} - \cdots - \frac{a^{[i][j-1]}}{a^{[i][j]}} \cdot x^{[j-1]} + \frac{1}{a^{[i][j]}} \cdot y^{[i]} - \frac{a^{[i][j+1]}}{a^{[i][j]}} \cdot x^{[j+1]} - \cdots - \frac{a^{[i][n]}}{a^{[i][j]}} \cdot x^{[n]}\right) = y^{[k]} \end{aligned}$$

即

$$\begin{aligned} & \left(a^{[k][1]} - \frac{a^{[k][j]}}{a^{[i][j]}} \cdot a^{[i][1]}\right) \cdot x^{[1]} + \cdots + \left(a^{[k][j-1]} - \frac{a^{[k][j]}}{a^{[i][j]}} \cdot a^{[i][j-1]}\right) \cdot x^{[j-1]} + \frac{a^{[k][j]}}{a^{[i][j]}} \cdot y^{[i]} \\ & + \left(a^{[k][j+1]} - \frac{a^{[k][j]}}{a^{[i][j]}} \cdot a^{[i][j+1]}\right) \cdot x^{[j+1]} \cdots + \left(a^{[k][n]} - \frac{a^{[k][j]}}{a^{[i][j]}} \cdot a^{[i][n]}\right) \cdot x^{[n]} = y^{[k]} \end{aligned} \tag{6.142}$$

由式(6.141)及式(6.142)，重新表示形态表(6.124)得形态表(6.140)。其中：

$$\bar{a}^{[i][j]} = 1/a^{[i][j]} \quad \text{if} \quad i \in \{1, 2, \cdots, m\}, j \in \{1, 2, \cdots, n\} \tag{6.143}$$

$$\bar{a}^{[k][j]} = \bar{a}^{[i][j]} \cdot a^{[k][j]} \quad \text{if} \quad k \neq i \tag{6.144}$$

$$\bar{a}^{[i][k]} = -\bar{a}^{[i][j]} \cdot a^{[i][k]} \quad \text{if} \quad k \neq j \tag{6.145}$$

$$\overline{a}^{[k][h]} = a^{[k][h]} - \overline{a}^{[i][j]} \cdot a^{[i][h]} \cdot a^{[k][j]} \quad \text{if} \quad h \neq i, k \neq j \tag{6.146}$$

称 $\overline{a}^{[i][j]}$ 为枢轴支点；称 $\overline{a}^{[k][j]}$ 为枢轴行；称 $\overline{a}^{[i][k]}$ 为枢轴列；称 $\overline{a}^{[k][h]}$ 为枢轴。称式(6.144)为右手序（列序）枢轴行操作；称式(6.145)为右手序（列序）枢轴列操作；称式(6.146)为右手序枢轴支点操作。将式(6.143)至式(6.146)合称为右手序枢轴操作。

由式(6.143)至式(6.146)得

$$\overline{a}^{[j]} = \overline{a}^{[i][j]} \cdot c^{[j]} \tag{6.147}$$

$$\overline{b}^{[i]} = -\overline{a}^{[i][j]} \cdot b^{[i]} \tag{6.148}$$

$$\overline{c}^{[h]} = c^{[h]} - \overline{a}^{[i][j]} \cdot c^{[j]} \cdot a^{[i][h]} \quad \text{if} \quad h \neq j \tag{6.149}$$

$$\overline{\mathrm{I}}^{[\bullet][j]} = \overline{a}^{[i][j]} \cdot \mathrm{I}^{[\bullet][j]} \tag{6.150}$$

$$\overline{\mathrm{I}}^{[\bullet][h]} = \mathrm{I}^{[\bullet][h]} - \overline{a}^{[i][j]} \cdot a^{[i][h]} \cdot \mathrm{I}^{[\bullet][j]} \quad \text{if} \quad h \neq j \tag{6.151}$$

因为 $\left\{\mathrm{I}^{[\bullet][j]} \mid j = 1,2,\cdots,n\right\}$ 中矢量是线性独立的，若 $\sum\limits_{k=1}^{n}\left(\beta_k \cdot \mathrm{I}^{[\bullet][k]}\right) = 0_n$，$\beta_k \in \mathcal{R}$，则 $\beta_k = 0$。对 $\left\{\mathrm{I}^{[\bullet][j]} \mid j = 1,2,\cdots,n\right\}$ 进行枢轴操作后，得线性独立的 $\left\{\overline{\mathrm{I}}^{[\bullet][j]} \mid j = 1,2,\cdots,n\right\}$。由式(6.150)至式(6.151)得

$$\begin{aligned}\sum_{k=1}^{n}\left(\beta_k \cdot \overline{\mathrm{I}}^{[k][\bullet]}\right) = &\sum_{k=1,k\neq i}^{m}\left(\beta_k \cdot \mathrm{I}^{[\bullet][k]}\right) \\ &- \sum_{k=1,k\neq i}^{m}\left(\beta_k \cdot \overline{a}^{[i][j]} \cdot a^{[k][j]} \cdot \mathrm{I}^{[\bullet][k]}\right) - \beta_i \cdot \overline{a}^{[i][j]} \cdot \mathrm{I}^{[\bullet][i]}\end{aligned} \tag{6.152}$$

若 $\sum\limits_{k=1}^{n}\left(\beta_k \cdot \overline{\mathrm{I}}^{[k][\bullet]}\right) = 0_n$，则由式(6.152)得 $\beta_k = 0$。

当初始的 $\mathrm{I}^{[\bullet][j]} \succ 0_n$，即 $\mathrm{I}^{[\bullet][j]}$ 为“词法正”时，若 $\overline{a}^{[i][j]} > 0$，$b > 0_{m+n}$，经右手序（列序）枢轴操作后，$\overline{\mathrm{I}}^{[\bullet][h]} = \mathrm{I}^{[\bullet][h]} - \overline{a}^{[i][j]} \cdot a^{[i][h]} \cdot \mathrm{I}^{[\bullet][j]}$，则 $\overline{\mathrm{I}}^{[\bullet][h]} \succ \mathrm{I}^{[\bullet][h]}$。故有

$$\overline{\mathrm{I}}^{[\bullet][h]} \succ \mathrm{I}^{[\bullet][h]} \quad \text{if} \quad \overline{a}^{[i][j]} > 0 \quad b > 0_{m+n} \tag{6.153}$$

对比式(6.128)至式(6.131)与式(6.143)至式(6.146)，可知：左手序方程组的枢轴操作与右手序方程组的枢轴操作过程是有区别的。造成区别的原因在于：式(6.123)与式(6.139)中的自变量与因变量进行了互换，它们是对偶线性方程组。对偶线性方程组是线性规划的基本形式，具有非常重要的作用。

在理解了枢轴操作的基础上，现在开始探讨标准线性规划问题。

6.6.3 标准线性规划问题

LP 问题 给定 n 维变列向量 x，常列向量 c，m 维变列向量 y，常列向量 b 及 $m \times n$ 常矩阵 a。

（1）LP 标准最大化问题满足：

①线性约束：$a \cdot x \leqslant b$；$x \geqslant 0_n$。

②优化代价函数：$\underset{x=x_*}{\mathrm{Max}}\left(c^{\mathrm{T}}\cdot x\right)$。

（2）LP 标准最小化问题满足：

①线性约束：$y^{\mathrm{T}}\cdot a\geqslant c^{\mathrm{T}}$；$y\geqslant 0_m$。

②优化代价函数：$\underset{y=y_*}{\mathrm{Min}}\left(y^{\mathrm{T}}\cdot b\right)$。

通常称 $a\cdot x\leqslant b$ 及 $y^{\mathrm{T}}\cdot a\geqslant c^{\mathrm{T}}$ 为主约束，称 $x\geqslant 0_n$ 及 $y\geqslant 0_m$ 为非负约束。显然，要求 $a^{[i][\cdot]}$ 的参考系与 $b^{[i]}$、$y^{[i]}$ 的参考系一致，$a^{[\cdot][j]}$ 的参考系与 $c^{[j]}$、$x^{[j]}$ 的参考系一致，其中 $j\in\left\{1,2,\cdots,n\right\}$，$i\in\left\{1,2,\cdots,m\right\}$。

在 LP 标准最大化问题中，主约束的自变量和因变量是列序排列且其优化代价要求最大，故称这为正序问题或正问题。在 LP 标准最小化问题中，主约束的自变量和因变量是行序排列且优化代价要求最小，故称 LP 标准最小化问题为 LP 标准最大化的逆问题。

因为主约束及代价函数是线性的，故将上述问题称为线性规划问题。满足线性约束条件的解称为可行解；满足线性约束条件及代价函数的解称为最优解；可行解的集合称为约束集。若代价函数的值趋向无穷大，则称为无界；代价函数是标量，又称为代价。故线性规划问题也是一个代价优化问题。

显然，$a\cdot x=b$ 是超平面，当 $x\geqslant 0_n$ 时，n 维的向量 x 构成的空间是一个 n 维的棱锥体（广义的象限）。因此，LP 问题是在棱锥体凸空间和超平面构成的约束凸空间中对线性目标函数寻优的问题，最优解是一个约束凸空间的拐点。其中，棱锥体具有 2^n 个，即拐点数最多为 2^n 个，应用“蛮力”求解是不经济的，需要有更高效的求解方法。

标准最大化问题与标准最小化问题是等价的，可以相互转化。若为标准最大化问题，则有 $-a\cdot x\geqslant -b$，$\underset{x=x_*}{\mathrm{Min}}\left(-c^{\mathrm{T}}\cdot x\right)$，这是一个等价的最小化问题。若为标准最小化问题，则有 $-y^{\mathrm{T}}\cdot a\leqslant c^{\mathrm{T}}$，$\underset{y=y_*}{\mathrm{Max}}\left(-y^{\mathrm{T}}\cdot b\right)$。标准最大化问题与标准最小化问题是一对互逆的对偶问题。称 $a\cdot x\leqslant b$ 及 $y^{\mathrm{T}}\cdot a\geqslant c^{\mathrm{T}}$ 为对偶线性不等式方程组。

事实上，所有的线性规划问题都可以转化为标准线性规划问题：

（1）若存在等式约束 $a^{[i][\cdot]}\cdot x=b^{[i]}$，且 $a^{[i][j]}\neq 0$，则可显式表示 $x^{[j]}$，从而去除该等式约束。

（2）若约束变量中存在非负成员 $x^{[j]}$，则可定义 $x^{[j]}=u_j-v_j$，其中 $u_j\geqslant 0$，$v_j\geqslant 0$，从而得到增维后的等价问题。

6.6.4 标准线性规划问题的对偶性

本节内容根据本章参考文献[1]相关内容整理得到。

定理 6.3　给定 n 维变列向量 x 和常列向量 c，m 维变列向量 y 和常列向量 b，若 x 是 LP 标准最大化问题的可行解，且 y 是 LP 标准最小化问题的可行解，则有

$$c^{\mathrm{T}}\cdot x\leqslant y^{\mathrm{T}}\cdot b \tag{6.154}$$

【证明】 因 $x \geqslant 0_n$，且有 $c^{\mathrm{T}} \leqslant y^{\mathrm{T}} \cdot a$，故有

$$c^{\mathrm{T}} \cdot x \leqslant y^{\mathrm{T}} \cdot a \cdot x \tag{6.155}$$

又 $y \geqslant 0_m$，且有 $a \cdot x \leqslant b$，故有

$$y^{\mathrm{T}} \cdot a \cdot x \leqslant y^{\mathrm{T}} \cdot b \tag{6.156}$$

由式(6.155)及式(6.156)得 $c^{\mathrm{T}} \cdot x \leqslant y^{\mathrm{T}} \cdot b$。证毕。

引理 6.1 若 LP 标准最大化问题及 LP 标准最小化问题均有可行解，则它们的代价一定有界。

【证明】 若 y 是 LP 标准最小化问题的可行解，由式(6.154)可知：LP 标准最大化问题的代价 $c^{\mathrm{T}} \cdot x$ 存在上确界 $y^{\mathrm{T}} \cdot b$。若 x 是 LP 标准最大化问题的可行解，由式(6.154)可知：LP 标准最小化问题的代价 $y^{\mathrm{T}} \cdot b$ 存在下确界 $c^{\mathrm{T}} \cdot x$。证毕。

引理 6.2 若 LP 标准最大化问题存在可行解 x_*，LP 标准最小化问题存在可行解 y_*，且有 $c^{\mathrm{T}} \cdot x_* = y_*^{\mathrm{T}} \cdot b$，则 x_* 是 LP 标准最大化问题的最优解，y_* 是 LP 标准最小化问题的最优解。

【证明】 记 x 是 LP 标准最大化问题的任一可行解，则有 $c^{\mathrm{T}} \cdot x \leqslant y_*^{\mathrm{T}} \cdot b = c^{\mathrm{T}} \cdot x_*$，表明 x_* 是 LP 标准最大化问题的最优解。

记 y 是 LP 标准最小化问题的任一可行解，则有 $y^{\mathrm{T}} \cdot b \geqslant y_*^{\mathrm{T}} \cdot b = c^{\mathrm{T}} \cdot x_*$，表明 y_* 是 LP 标准最小化问题的最优解。证毕。

定理 6.4 若标准线性规划问题存在有界可行解，则它的对偶问题同样存在有界可行解，且它们同时存在各自的最优矢量。

【证明】 一个线性规划问题的解存在三种可能：有界可行解；无界可行解；不存在可行解。考虑其对偶问题，则有九种可能结果，如表 6-1 所示，其中：×表示不可能出现，√表示可能出现。由定理 6.3 可知：若 LP 标准最大化问题有界，则 LP 标准最小化问题亦有界；若 LP 标准最大化问题无界，则 LP 标准最小化问题亦无界；若 LP 标准最大化问题无可行解，则 LP 标准最小化问题亦无可行解。

表 6-1 线性规划问题的解

类别	LP 标准最大化问题			
	是否成立	有界可行解	无界可行解	无可行解
LP 标准最小化问题	有界可行解	√	×	×
	无界可行解	×	×	√
	无可行解	×	√	√

若标准线性规划问题存在有界可行解，则它的对偶问题同样存在有界可行解。同时，由引理 6.1 及引理 6.2 可知，当 $c^{\mathrm{T}} \cdot x_* = y_*^{\mathrm{T}} \cdot b$ 时，x_* 及 y_* 分别是标准线性规划问题及其对偶问题的解向量。证毕。

由对偶定理可知，LP 标准最大化问题与最小化问题是同时存在的。因此，LP 问题可

以通过形态表表示为

$$
\begin{array}{|c|ccc|c|}
\hline
 & x^{[1]} \quad x^{[2]} & \cdots & x^{[n]} & \\
\hline
y^{[1]} & a^{[1][1]} \quad a^{[1][2]} & \cdots & a^{[1][n]} & \leqslant b^{[1]} \\
y^{[2]} & a^{[2][1]} \quad a^{[2][2]} & \cdots & a^{[2][n]} & \leqslant b^{[2]} \\
\vdots & \vdots \quad \vdots & \vdots & \vdots & \vdots \\
y^{[m]} & a^{[m][1]} \quad a^{[m][2]} & \cdots & a^{[m][n]} & \leqslant b^{[m]} \\
\hline
 & \geqslant c^{[1]} \quad \geqslant c^{[2]} & \cdots & \geqslant c^{[n]} & \\
\hline
\end{array}
$$

定理 6.5　若 LP 标准最大化问题存在可行解 x_*，LP 标准最小化问题存在可行解 y_*，则 x_* 是 LP 标准最大化问题的最优解且 y_* 是 LP 标准最小化问题的最优解的充分必要条件为

$$
y_*^{[i]} = 0,\quad \forall i \in \left\{ k \mid \sum_{s=1}^{n} \left(a^{[k][s]} \cdot x_*^{[s]} < b^{[k]} \right) \right\} \tag{6.157}
$$

且

$$
x_*^{[j]} = 0,\quad \forall j \in \left\{ k \mid \sum_{t=1}^{m} \left(y_*^{[t]} \cdot a^{[t][k]} > c^{[k]} \right) \right\} \tag{6.158}
$$

【证明】　由对偶定理可知，$c^{\mathrm{T}} \cdot x_*$ 和 $y_*^{\mathrm{T}} \cdot b$ 有界。

（1）充分性证明。

因 LP 标准最大化问题存在可行解 x_*，应满足 $\sum\limits_{s=1}^{n} \left(a^{[k][s]} \cdot x_*^{[s]} \right) \leqslant b^{[k]}$；

又 $\sum\limits_{s=1}^{n} \left(a^{[k][s]} \cdot x_*^{[s]} \right) < b^{[k]}$ 成立，故主约束不等式组中存在等式约束 $\sum\limits_{s=1}^{n} \left(a^{[i][s]} \cdot x_*^{[s]} \right) = b^{[i]}$，则有 $y_*^{[i]} = 0$，其中 $i \neq k$；此时，$y_*^{[t]}$ 与 $a^{[k][s]}$ 无关。

$$
y_*^{\mathrm{T}} \cdot b = \sum_{t=1}^{m} \left(y_*^{[t]} \cdot b^{[t]} \right) = \sum_{t=1}^{m} \left(y_*^{[t]} \right) \cdot \sum_{s=1}^{n} \left(a^{[k][s]} \cdot x_*^{[s]} \right) = \sum_{t=1}^{m} \sum_{s=1}^{n} \left(y_*^{[t]} \cdot a^{[t][s]} \cdot x_*^{[s]} \right)
$$

因 LP 标准最小化问题存在可行解 y_*，应满足 $\sum\limits_{t=1}^{m} \left(y_*^{[t]} \cdot a^{[t][k]} \right) \geqslant c^{[k]}$；

又 $\sum\limits_{t=1}^{m} \left(y_*^{[t]} \cdot a^{[t][k]} \right) > c^{[k]}$ 成立，故主约束不等式组中存在等式约束 $\sum\limits_{t=1}^{m} \left(y_*^{[t]} \cdot a^{[t][j]} \right) = c^{[j]}$，则有 $x_*^{[j]} = 0$，其中 $j \neq t$；此时，$y_*^{[t]}$ 与 $a^{[t][s]}$ 无关。

$$
c^{\mathrm{T}} \cdot x_* = \sum_{s=1}^{n} \left(c^{[s]} \cdot x_*^{[s]} \right) = \sum_{t=1}^{m} \left(y_*^{[t]} \cdot a^{[t][s]} \right) \cdot \sum_{s=1}^{n} \left(x_*^{[s]} \right) = \sum_{t=1}^{m} \left(\sum_{s=1}^{n} \left(y_*^{[t]} \cdot a^{[t][s]} \cdot x_*^{[s]} \right) \right)
$$

故有 $y_*^{\mathrm{T}} \cdot b = c^{\mathrm{T}} \cdot x_*$。由引理 6.2 可知：$x_*$ 是 LP 标准最大化问题的最优解、y_* 是 LP 标准最小化问题的最优解。

（2）必要性证明。

由式(6.155)及式(6.156)得 $\overline{c}\cdot x_*\leqslant\overline{y}\cdot a\cdot x\leqslant\overline{y}\cdot b$，即

$$\sum_{s=1}^{n}\left(c^{[s]}\cdot x_*^{[s]}\right)\leqslant\sum_{t=1}^{m}\left(\sum_{s=1}^{n}\left(y_*^{[t]}\cdot a^{[t][s]}\cdot x_*^{[s]}\right)\right)\leqslant\sum_{t=1}^{m}\left(y_*^{[t]}\cdot b^{[t]}\right)\tag{6.159}$$

因 x_* 是 LP 标准最大化问题的最优解、y_* 是 LP 标准最小化问题的最优解，由对偶定理可知，式(6.159)两边必相等，故

$$\sum_{s=1}^{n}\left(c^{[s]}\cdot x_*^{[s]}\right)=\sum_{t=1}^{m}\left(\sum_{s=1}^{n}\left(y_*^{[t]}\cdot a^{[t][s]}\cdot x_*^{[s]}\right)\right)=\sum_{t=1}^{m}\left(y_*^{[t]}\cdot b^{[t]}\right)$$

即有

$$\sum_{t=1}^{m}\left(c^{[s]}-\sum_{s=1}^{n}\left(y_*^{[t]}\cdot a^{[t][s]}\right)\right)\cdot x_*^{[s]}=0,\quad\sum_{t=1}^{m}\left(\left(b^{[t]}-\sum_{s=1}^{n}\left(a^{[t][s]}\cdot x_*^{[s]}\right)\right)\cdot y_*^{[t]}\right)=0$$

因 $\sum_{t=1}^{m}\left(c^{[s]}-\sum_{s=1}^{n}\left(y_*^{[t]}\cdot a^{[t][s]}\right)\right)>0$、$\sum_{t=1}^{m}\left(b^{[t]}-\sum_{s=1}^{n}\left(a^{[t][s]}\cdot x_*^{[s]}\right)\right)>0$，故 $x_*^{[s]}=0$、$y_*^{[t]}=0$。证毕。

定理 6.5 又称为平衡定理。常称式(6.157)及式(6.158)为互补松弛条件（complementary slackness conditions），因为它们是严格不等式，所以相对主约束条件而言是宽松的。在线性规划问题求解时，若通过启发式算法寻找最优解，则可利用互补松弛条件即式(6.157)和式(6.158)来求解对应的对偶问题的解。由待测试的可行解 x 或 y，可判别它们是否满足主约束严格不等式。若有主约束严格不等式，则可得到对偶问题的主约束等式及对偶问题矢量的 0 分量。

【示例 6.4】 LP 最大化问题形态表如下：

	$x^{[1]}$	$x^{[2]}$	
$y^{[1]}$	1	2	$\leqslant 4$
$y^{[2]}$	4	2	$\leqslant 12$
$y^{[3]}$	−1	1	$\leqslant 1$
	$\geqslant 1$	$\geqslant 1$	

在求解其最大化问题时，若 $x_*^{[1]}>0$，$x_*^{[2]}>0$，主约束满足

$$\sum_{s=1}^{2}\left(a^{[1][s]}\cdot x_*^{[s]}\right)\leqslant b^{[1]},\quad\sum_{s=1}^{2}\left(a^{[2][s]}\cdot x_*^{[s]}\right)\leqslant b^{[2]},\quad\sum_{s=1}^{2}\left(a^{[3][s]}\cdot x_*^{[s]}\right)<b^{[3]}$$

则由互补松弛条件可知 $y_*^{[3]}=0$，且有

$$\sum_{t=1}^{3}\left(y_*^{[t]}\cdot a^{[t][1]}\right)=c^{[1]},\quad\sum_{t=1}^{3}\left(y_*^{[t]}\cdot a^{[t][2]}\right)=c^{[2]}$$

故解得 $y_*^{\mathrm{T}}=\left[1/3\ \ 1/6\right]$。若 $c^{\mathrm{T}}\cdot x^*=y_*^{\mathrm{T}}\cdot b$，则 x_*、y_* 为最优解。

6.6.5 最速枢轴 LP 规划

LP 问题的松弛条件和线性方程的枢轴操作为 LP 问题的求解奠定了基础。因为 LP 标准最小化问题可以转化为对应的 LP 标准最大化问题。下面分析 LP 标准最大化问题的求解方法。

记当前优化过程为第 t 步。当 $t=0$ 时，若 $x=0_n$，则 $v=c^{\mathrm{T}}\cdot x=0$。其形态表为

$$\begin{array}{ccc} & \boxed{x^{[1]}\quad x^{[2]}\quad \cdots \quad x^{[n]}} & \\ \boxed{\begin{matrix} y^{[1]} \\ y^{[2]} \\ \vdots \\ y^{[m]} \end{matrix}} & \boxed{\begin{matrix} a^{[1][1]} & a^{[1][2]} & \cdots & a^{[1][n]} \\ a^{[2][1]} & a^{[2][2]} & \cdots & a^{[2][n]} \\ \vdots & \vdots & \ddots & \vdots \\ a^{[m][1]} & a^{[m][2]} & \cdots & a^{[m][n]} \end{matrix}} & \boxed{\begin{matrix} b^{[1]} \\ b^{[2]} \\ \vdots \\ b^{[m]} \end{matrix}} \\ \boxed{1} & \boxed{c^{[1]}\quad c^{[2]}\quad \cdots \quad c^{[n]}} & \boxed{v} \end{array} \tag{6.160}$$

其中：右下角元素 v 表示初始代价。在形态表(6.160)中，b 按列序排列，c 按行序排列。

分别按以下两种情形分析 LP 标准最大化问题形态表(6.160)：

【1】若 $c\geqslant 0_n$ 且 $b\geqslant 0_m$，显然有 $x=0_n$，$v=c^{\mathrm{T}}\cdot x=0$，求解结束；否则，$\exists b^{[i]}<0$ 或 $\exists c^{[j]}<0$；转至【2】。

【2】$\exists b^{[i]}<0$，$a^{[i][j]}\neq 0$；否则转至【3】。

首先，将主约束因变量进行替换，记 $s=b-a\cdot x$，称其为松弛变量。因有主约束 $a\cdot x\leqslant b$，显然有 $s\geqslant 0$。记 $i\in\left\{1,2,\cdots,m\right\}$，$j\in\left\{1,2,\cdots,n\right\}$。第 t 步的 LP 标准最大化问题为：$s=b-a\cdot x$，$s\geqslant 0_n$，$x\geqslant 0_n$，$v_{\max}=c^{\mathrm{T}}\cdot s$，求解 s 及 x，满足 $\max\left(v\right)$。显然，原问题的主约束不等式转化为 $s=b-a\cdot x$ 的线性方程组。其次，对 $a^{[i][j*]}$ 应用右手序（列序）枢轴操作完成 $b^{[i]}$ 的符号变更，其中 $j*$ 确定过程如下。

记 $\bar{s}^{\mathrm{T}}=\left[s^{[1]}\cdots y^{[j]}\cdots s^{[n]}\right]$，$\bar{y}^{\mathrm{T}}=\left[y^{[1]}\cdots s^{[i]}\cdots y^{[m]}\right]$。记第 $t+1$ 步的形态表为

$$\begin{array}{ccc} & \boxed{s^{[1]}\quad \cdots \quad y^{[j]}\quad \cdots \quad s^{[n]}} & \\ \boxed{\begin{matrix} y^{[1]} \\ \vdots \\ s^{[i]} \\ \vdots \\ y^{[m]} \end{matrix}} & \boxed{\begin{matrix} \bar{a}^{[1][1]} & \cdots & \bar{a}^{[1][j]} & \cdots & \bar{a}^{[1][n]} \\ \vdots & \ddots & \vdots & \ddots & \vdots \\ \bar{a}^{[i][1]} & \cdots & \boxed{\bar{a}^{[i][j]}} & \cdots & \bar{a}^{[i][n]} \\ \vdots & \ddots & \vdots & \ddots & \vdots \\ \bar{a}^{[m][1]} & \cdots & \bar{a}^{[m][j]} & \cdots & \bar{a}^{[m][n]} \end{matrix}} & \boxed{\begin{matrix} \bar{b}^{[1]} \\ \vdots \\ \bar{b}^{[i]} \\ \vdots \\ \bar{b}^{[m]} \end{matrix}} \\ \boxed{1} & \boxed{\bar{c}^{[1]}\quad \cdots \quad \bar{c}^{[j]}\quad \cdots \quad \bar{c}^{[n]}} & \boxed{\hat{v}} \end{array} \tag{6.161}$$

由式(6.147)至式(6.149)，即由右手序（列序）枢轴操作得

$$\overline{c}^{\mathrm{T}} \cdot s = \sum_{s=1}^{n} s^{[s]} \cdot \overline{c}^{[s]} = s^{[1]} \cdot \overline{c}^{[1]} + \cdots + y^{[k]} \cdot \overline{c}^{[k]} + \cdots + s^{[n]} \cdot \overline{c}^{[n]}$$

$$= s^{[1]} \cdot \left(c^{[1]} - \overline{a}^{[i][j]} \cdot c^{[i]} \cdot a^{[i][1]}\right) + \cdots + y^{[j]} \cdot \overline{a}^{[i][j]} \cdot c^{[j]} + \cdots + s^{[n]} \cdot$$

$$\backslash\left(c^{[n]} - \overline{a}^{[i][j]} \cdot c^{[j]} \cdot a^{[i][n]}\right) + s^{[j]} \cdot \left(c^{[j]} - \overline{a}^{[i][j]} \cdot c^{[j]} \cdot a^{[i][j]}\right) - s^{[j]} \cdot \left(c^{[j]} - \overline{a}^{[i][j]} \cdot c^{[j]} \cdot a^{[i][j]}\right)$$

$$= c^{\mathrm{T}} \cdot s - \overline{a}^{[i][j]} \cdot c^{[j]} \cdot a^{[i][\bullet]} \cdot s + y^{[j]} \cdot \overline{a}^{[i][j]} \cdot c^{[j]}$$

$$= c^{\mathrm{T}} \cdot s - \overline{a}^{[i][j]} \cdot c^{[j]} \cdot \left(a^{[i][\bullet]} \cdot s - y^{[j]}\right)$$

$$= c^{\mathrm{T}} \cdot s - \overline{a}^{[i][j]} \cdot c^{[j]} \cdot \left(b^{[i]} - y^{[j]}\right)$$

即

$$\overline{v}_{\max} = v_{\max} - \overline{a}^{[i][j]} \cdot c^{[j]} \cdot \left(b^{[i]} - y^{[j]}\right) \tag{6.162}$$

因 $b^{[i]} < 0$ 且 $y \geqslant 0$，故

$$b^{[i]} - y^{[j]} < 0 \tag{6.163}$$

将式(6.162)称为代价更新方程。由式(6.162)可知：

【2-1】若 $\max\limits_{j=j*}\left(\overline{a}^{[i][j]} \cdot c^{[j]}\right) = \overline{a}^{[i][j*]} \cdot c^{[j*]} > 0$，则 $a^{[i][j*]}$ 为需要进行右手序（列序）枢轴操作的支点，该大于 0 的项将导致代价 $\overline{v}_{\max}$ 严格单调增大。完成右手序（列序）枢轴操作后，若 $\overline{c} \geqslant 0_n$ 且 $\overline{b} \geqslant 0_m$，则已得到最优解，规划结束；若 $\overline{c} > 0_n$ 且 $\forall a^{[i][j]} \geqslant 0$，因 $y \geqslant 0_m$ 且 $y^{\mathrm{T}} a \geqslant \hat{c}$，故无解，规划结束；否则，转至【2-2】。

【2-2】若 $\max\limits_{j=j*}\left(\overline{a}^{[i][j]} \cdot c^{[j]}\right) = \overline{a}^{[i][j*]} \cdot c^{[j*]} \leqslant 0$，则有 $\overline{a}^{[i][\bullet]} \cdot c \leqslant 0$。若 $\exists c^{[j]} < 0$ 且 $\overline{a}^{[i][\bullet]} \cdot c \leqslant 0$，则转至【2-1】；否则，$\max\limits_{j=j*}\left(\overline{a}^{[i][j]}\right) = \overline{a}^{[i][j*]} \leqslant 0$，将 $\overline{a}^{[i][j*]}$ 作为需要进行右手序（列序）枢轴操作的支点，该小于 0 的项将导致代价 $\overline{v}_{\max}$ 严格单调增大。若 $\overline{a}^{[i*][j*]} \geqslant 0$，$c > 0_n$，$b \leqslant 0_m$，则有 $x = 0_n$，已得到最优解，规划结束。

【3】$\exists c^{[j]} < 0$，$a^{[i][j]} \neq 0$。

首先，将主约束因变量进行替换，记 $u^{\mathrm{T}} = y^{\mathrm{T}} \cdot a - c^{\mathrm{T}}$，称其为松弛变量。因有主约束 $y^{\mathrm{T}} \cdot a \geqslant c^{\mathrm{T}}$，显然有 $u \geqslant 0$。第 t 步的 LP 标准最大化问题：$u \geqslant 0$，$s \geqslant 0$，$u^{\mathrm{T}} = y^{\mathrm{T}} \cdot a - c^{\mathrm{T}}$，$v_{\min} = u^{\mathrm{T}} \cdot b$，满足 $\min(v)$。显然，将原问题的主约束不等式转化为了 $u^{\mathrm{T}} = y^{\mathrm{T}} \cdot a - c^{\mathrm{T}}$ 的线性方程组。其次，对 $a^{[i*][j]}$ 应用左手序（行序）枢轴操作完成 $-c^{[j]}$ 的符号变更，其中 $i*$ 确定过程如下。

记 $\overline{x}^{\mathrm{T}} = \left[x^{[1]} \cdots u^{[j]} \cdots x^{[n]}\right]$，$\overline{u}^{\mathrm{T}} = \left[u^{[1]} \cdots x^{[i]} \cdots u^{[m]}\right]$。第 $t+1$ 步的形态表如(6.161)所示。由式(6.147)至式(6.149)得

$$
\begin{aligned}
u^{\mathrm{T}}\cdot\overline{b} &= \sum_{s=1}^{m} u^{[s]}\cdot\overline{b}^{[s]} = u^{[1]}\cdot\overline{b}^{[1]}+\cdots+u^{[k]}\cdot\overline{b}^{[k]}+\cdots+u^{[m]}\cdot\overline{b}^{[m]}\\
&= u^{[1]}\cdot\left(b^{[1]}-\overline{a}^{[i][j]}\cdot b^{[i]}\cdot a^{[1][j]}\right)+\cdots+x^{[i]}\cdot\overline{a}^{[i][j]}\cdot b^{[i]}+\cdots+u^{[m]}\cdot\left(b^{[m]}-\overline{a}^{[i][j]}\cdot b^{[i]}\cdot a^{[m][j]}\right)\\
&\quad +u^{[i]}\cdot\left(b^{[i]}-\overline{a}^{[i][j]}\cdot b^{[i]}\cdot a^{[i][j]}\right)-u^{[i]}\cdot\left(b^{[i]}-\overline{a}^{[i][j]}\cdot b^{[i]}\cdot a^{[i][j]}\right)\\
&= u^{\mathrm{T}}\cdot b-\overline{a}^{[i][j]}\cdot b^{[i]}\cdot u^{\mathrm{T}}\cdot a^{[\bullet][j]}+x^{[i]}\cdot\overline{a}^{[i][j]}\cdot b^{[i]}\\
&= u^{\mathrm{T}}\cdot b-\overline{a}^{[i][j]}\cdot b^{[i]}\cdot\left(u^{\mathrm{T}}\cdot a^{[\bullet][j]}-x^{[i]}\right)\\
&= u^{\mathrm{T}}\cdot b-\overline{a}^{[i][j]}\cdot b^{[i]}\cdot\left(c^{[j]}-x^{[i]}\right)
\end{aligned}
$$

即

$$
\overline{v}_{\min} = v_{\min}-\overline{a}^{[i][j]}\cdot b^{[i]}\cdot\left(c^{[j]}-x^{[i]}\right) \tag{6.164}
$$

因 $c^{[j]}<0$ 且 $x\geqslant 0_n$，故

$$
c^{[j]}-x^{[i]}<0 \tag{6.165}
$$

将式(6.164)称为代价更新方程。由式(6.164)可知：

【3-1】若 $\min\limits_{i=i*}\left(\overline{a}^{[i][j]}\cdot b^{[i]}\right)=b^{[i*]}\cdot\overline{a}^{[i*][j]}<0$，则 $a^{[i][j*]}$ 为需要进行的左手序（行序）枢轴操作的支点，该小于 0 的项将导致代价 $\overline{v}_{\min}$ 严格单调减小。完成左手序（行序）枢轴操作后，若 $\overline{c}\geqslant 0_n$ 且 $\overline{b}\geqslant 0_m$，已得到最优解，规划结束；若 $b<0$ 且 $\forall a^{[i][j]}>0$，因 $x\geqslant 0_n$ 且 $ax\leqslant b$ 无解，规划结束；否则，转至**【3-2】**。

【3-2】若 $\min\limits_{i=i*}\left(\overline{a}^{[i][j]}\cdot b^{[i]}\right)=b^{[i*]}\cdot\overline{a}^{[i*][j]}\geqslant 0$，则 $b\cdot\overline{a}^{[\bullet][j]}\geqslant c^{[j]}>0$。若 $\exists b^{[j]}\leqslant 0$，则转**【3-1】**；否则，$b>0_m$，取 $\min\limits_{i=i*}\left(\overline{a}^{[i][j]}\right)=\overline{a}^{[i*][j]}<0$，则 $a^{[i*][j]}$ 为需要进行的左手序（行序）枢轴操作的支点，该小于 0 的项将导致代价 $\overline{v}_{\min}$ 严格单调减小。若 $b>0_m$，$\overline{a}^{[i][j]}\geqslant 0$，$c<0_n$，则有 $y=0_m$。此时，已得到最优解，规划结束。

由上可知，最速 LP 求解的迭代过程就是具有代价单调趋向最优值的启发式搜索过程，该过程同时伴随着应用枢轴变换求方程组的解的过程。

【示例 6.5】　最速枢轴 LP 规划的形态表如下：

0	$x^{[1]}$	$x^{[2]}$	$x^{[3]}$	
$y^{[1]}$	1	3	−1	6
$y^{[2]}$	0	1	[1]	4
$y^{[3]}$	3	1	0	7
[1]	−5	−2	−1	[0]

→

1	$x^{[1]}$	$x^{[2]}$	$y^{[2]}$	
$y^{[1]}$	1	4	1	10
$x^{[3]}$	0	1	1	4
$y^{[3]}$	[3]	1	0	7
[1]	−5	−1	1	[4]

→

2	$y^{[3]}$	$x^{[2]}$	$y^{[2]}$	
$y^{[1]}$	−1/3	11/3	1	23/3
$x^{[3]}$	0	1	1	4
$x^{[1]}$	1/3	1/3	0	7/3
[1]	5/3	2/3	1	47/3

由形态表得：$v_{\max}=v_{\min}=47/3$；$x^{[1]}=7/3$，$x^{[2]}=2/3$，$x^{[3]}=4$；$y^{[1]}=23/3$，$y^{[2]}=1$，$y^{[3]}=5/3$。解毕。

【示例 6.6】 最速枢轴 LP 规划的形态表如下：

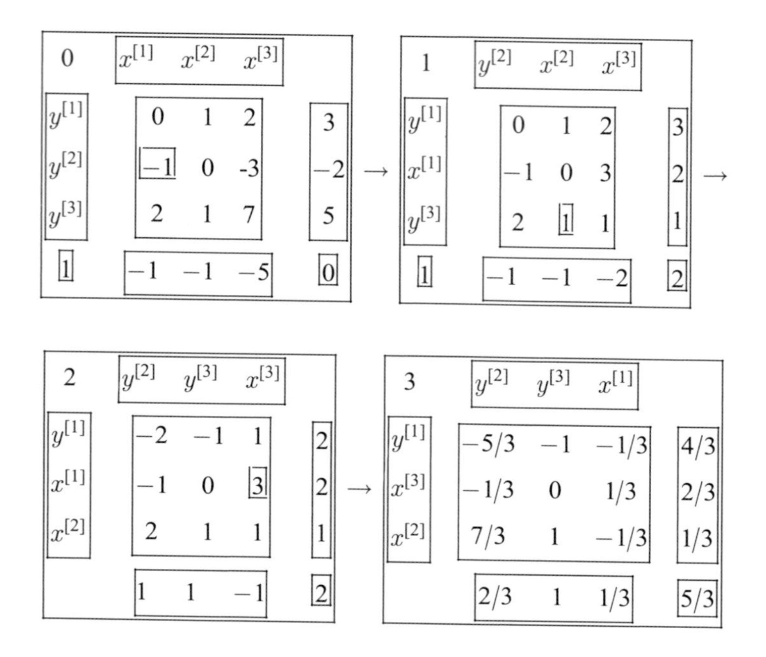

由形态表得：$v_{\max} = v_{\min} = 5/3$；$x^{[1]} = 1/3$，$x^{[2]} = 1/3$，$x^{[3]} = 2/3$；$y^{[1]} = 4/3$，$y^{[2]} = 2/3$，$y^{[3]} = 1$。解毕。

6.6.6 LCP 问题

给定 $w = \left[w^{[1]} \cdots w^{[n]}\right]^{\mathrm{T}}$，$z = \left[z^{[1]} \cdots z^{[n]}\right]^{\mathrm{T}}$，$q = \left[q^{[1]} \cdots q^{[n]}\right]^{\mathrm{T}}$，$M$ 是 $n \times n$ 的方阵，且

$$w - M \cdot z = q \tag{6.166}$$

其中：

$$w \geqslant 0, \quad z \geqslant 0 \tag{6.167}$$

$$w^{[k]} \cdot z^{[k]} = 0 \quad k \in \{1,2,\cdots,n\} \tag{6.168}$$

将式(6.166)称为 $\mathrm{LCP}(q,M)$ 的线性方程，式(6.167)及式(6.168)称为 $\mathrm{LCP}(q,M)$ 的补约束。显然，由式(6.167)及式(6.168)得 $w^{\mathrm{T}} \cdot z = 0$，即 w 与 z 是正交的或互补的。称 $\left\{w^{[k]}, z^{[k]}\right\}$ 为补对（complementary pair），$w^{[k]}$ 与 $z^{[k]}$ 是各自的补变量。

由上可知：由 n 维矢量 w 的棱锥体空间及其 n 维补矢量 z 的棱锥体空间构成 $2n$ 维棱锥体空间 $[w,z] \geqslant 0$。$\mathrm{LCP}(q,M)$ 问题是该空间与 $2n$ 维超平面 $w - M \cdot z = q$ 求正交补解 $[w,z]$ 的问题，即求解超平面与坐标轴交点的问题。其中，棱锥体（广义的象限）具有 2^{2n} 个，即拐点数最多为 2^{2n} 个，应用“蛮力”求解很不经济，需要有更高效的求解方法。由 6.6.3 节可知，LP 问题是在棱锥体凸空间及超平面构成的约束凸空间中对线性目标函数寻优的

问题，存在最速枢轴求解方法。同样，对于 LCP(q,M) 问题，也存在相似的补枢轴算法，又称 Lemke 算法。

在 6.5.4 节中，式(6.118)至式(6.120)是一个典型的 LCP 问题。

6.6.7 LCP 补枢轴算法

首先，讨论 LCP 补枢轴算法的基本特点。将式(6.166)表示为

$$\mathrm{I}\cdot w - M\cdot z = q \tag{6.169}$$

其中：I 为单位矩阵。显然，I 包含n个独立的单位基矢量。

补枢轴算法的第一个特点在于：引入 0 维的人工变量z_0。将式(6.169)改造为

$$\mathrm{I}\cdot w - M\cdot z - z_0\cdot 1_n = q \tag{6.170}$$

即

$$\begin{bmatrix} -1_n & -M & \mathrm{I}\end{bmatrix}\cdot\begin{bmatrix} z_0 \\ z \\ w\end{bmatrix} = q \tag{6.171}$$

其中：1_n 的n个分量均为 1。

引入 0 维的人工变量z_0的目的是：以便得到一个初始的可行解。补枢轴算法通过不断迭代后，若$z_0 = 0$，就不再需要该变量。补枢轴算法迭代时，在$\begin{bmatrix} z_0 & z & w\end{bmatrix}$中仅有$n$个分量非 0，即处于激活（active）状态，记依次组成的n维矢量为基矢量y；另外n个分量为 0，即处于非激活（inactive）状态。在$\begin{bmatrix} -1_n & -M & \mathrm{I}\end{bmatrix}$中，与基矢量$y$对应的$n$个列构成基组，记其为$B$。补枢轴算法迭代过程中，基矢量$y$总保持以下属性：

（1）基矢量y仅包含n个分量。

（2）在基矢量y的所有分量当中，至多包含一个补对，该约束保证迭代算法能处理不满足$w^{[k]}\cdot z^{[k]} = 0$的所有分量。

（3）对应基矢量y的基组B是可行的，即$y = B^{-1}\cdot q \geqslant 0$；设定非激活的分量为 0，由式(6.171)获得非激活变量的非负解；该约束保证迭代算法能处理不满足$w^{[k]}\geqslant 0, z^{[k]}\geqslant 0$的所有分量。

补枢轴算法迭代过程的基本思想是：交换基矢量y中的进入及退出变量，保证上述三个特性得到满足。除最后一次迭代，每次迭代基矢量y均含有人工变量z_0及其他$n-1$个补对；当z_0从基矢量y退出时，基矢量y包含n个补对中的n个变量，此时，$y = B^{-1}\cdot q$即为需要的解。

因此，补枢轴算法求解的迭代过程就是基矢量y包含补对的变量数单调增大的启发式搜索过程，该过程同时伴随着应用枢轴变换求方程组解的过程。LCP 补枢轴算法求解与最速 LP 算法求解在本质上具有相似之处。LCP 的形态表为

	$w^{[1]}$	$w^{[2]}$	$\cdots$	$w^{[n]}$	$z^{[1]}$	$z^{[2]}$	$\cdots$	$z^{[n]}$	
$w^{[1]}$	1	0	$\cdots$	0	$-M^{[1][1]}$	$-M^{[1][2]}$	$\cdots$	$-M^{[1][n]}$	$q^{[1]}$
$w^{[2]}$	0	1	$\cdots$	0	$-M^{[2][1]}$	$-M^{[2][2]}$	$\cdots$	$-M^{[2][n]}$	$q^{[2]}$
$\vdots$	$\vdots$	$\vdots$	$\ddots$	$\vdots$	$\vdots$	$\vdots$	$\ddots$	$\vdots$	$\vdots$
$w^{[n]}$	0	0	$\cdots$	1	$-M^{[n][1]}$	$-M^{[n][2]}$	$\cdots$	$-M^{[n][n]}$	$q^{[n]}$

(6.172)

形态表(6.172)中没有代价行，因为 LCP 中不存在目标函数。

下面根据本章参考文献[1]对 LCP 补枢轴算法进行了整理，阐述 LCP 补枢轴算法。

【1】LCP 的平凡解判别

若式(6.171)中 $q \geqslant 0$，则式(6.171)有平凡解 $w = q$，$z = 0$。故在补枢轴算法迭代时总假定 q 中存在最小元素 $q^{[t]} < 0$；否则，有平凡解。

【2】基矢量的初始化及初始基矢量求解

【2-1】取 q 中最小元素 $q^{[t]}$，$q^{[t]} \leqslant q$；对 z_0 初始化，$z_0 = q^{[t]}$。故 $z_0 \cdot 1_n + q \geqslant 0$。

【2-2】用 z_0 替换 w 中的 $w^{[t]}$，$w^{[t]} = z_0$；以 w 为基矢量，$y = w$。因基矢量所有非激活的变量为 0，故 $z = 0$，由式(6.171)得

$$B \cdot y = \mathrm{I} \cdot w - 1_n \cdot z_0 = \begin{bmatrix} 1 & \ldots & -1 & \ldots & 0 \\ \vdots & \ddots & \vdots & \vdots & \vdots \\ 0 & \ldots & -1 & \ldots & 0 \\ \vdots & \ldots & \vdots & \ddots & \vdots \\ 0 & \ldots & -1 & 0 & 1 \end{bmatrix} \cdot \begin{bmatrix} w^{[1]} \\ \vdots \\ z_0 \\ \vdots \\ w^{[n]} \end{bmatrix} = \begin{bmatrix} q^{[1]} \\ \vdots \\ q^{[t]} \\ \vdots \\ q^{[n]} \end{bmatrix} \tag{6.173}$$

解式(6.173)得初始基矢量 y，且 $q^{[t]} = -z_0$。因 $q^{[t]} < 0$，故 $z_0 > 0$。记 $k \in \{1,2,\cdots,n\}$，且 $k \neq t$，则有 $w^{[k]} = q^{[k]} - q^{[t]}$，又 $q^{[k]} \geqslant q^{[t]}$，故 $w^{[k]} \geqslant 0$。此时，$y^{[t]}$ 为进入变量（entering variable），$\left\{w^{[t]}, z^{[t]}\right\}$ 是唯一的补对。

由式(6.173)得

$$y = B^{-1} \cdot q \tag{6.174}$$

$$B \cdot \left(B^{-1} \cdot q\right) = q \tag{6.175}$$

式(6.175)反映的是初始基矢量的解满足式(6.173)。

【3】补枢轴算法迭代过程

根据基矢量的属性，基矢量 y 所有分量至多包含一个补对。又因为基矢量 y 中仅包含 n 个变量，故任一次迭代时，y 必有一个退出变量（dropping variable）。若退出变量处于非激活状态，则必有进入变量处于激活状态，并且需要保证仍存在一个可行解，才能保证持续的迭代过程。判别基分量中哪一个分量可以作为退出变量是解决问题的关键。

为理解如何选取退出变量，将基矢量 y 增加一维分量，即达到 $n+1$ 维，再分析如何从中选取退出变量。记 B、y 分别为上一迭代步的基组及基矢量，记 x 为进入变量，c 为进入变量 x 在 $\left[-1_n \quad -M \quad \mathrm{I}\right]$ 中对应的列。此时，由式(6.171)得

$$\begin{bmatrix} B & c \end{bmatrix} \cdot \begin{bmatrix} y \\ x \end{bmatrix} = q \tag{6.176}$$

若进入变量 $x \neq 0$，基矢量 y 中各分量未知，为保证式(6.176)存在解，下面由初始基矢量进行连续迭代，以寻找相应的条件。

由初始基矢量的解即式(6.174)，结合式(6.176)得

$$B \cdot \left(B^{-1} \cdot q\right) - c \cdot x + c \cdot x = q \tag{6.177}$$

则式(6.177)中新基矢量 y 为

$$y = \left(B^{-1} \cdot q\right) - \left(B^{-1} \cdot c\right) \cdot x \tag{6.178}$$

将式(6.178)代入式(6.176)得

$$B \cdot \left(\left(B^{-1} \cdot q\right) - \left(B^{-1} \cdot c\right) \cdot x\right) + c \cdot x = q \tag{6.179}$$

式(6.179)即为

$$\begin{bmatrix} B & c \end{bmatrix} \cdot \begin{bmatrix} \left(B^{-1} \cdot q\right) - \left(B^{-1} \cdot c\right) \cdot x \\ x \end{bmatrix} = q \tag{6.180}$$

若初始时 $x = 0$，由上述迭代过程可知，新基矢量 y 的分量可能增大，也可能减小。退出变量是基矢量 y 中最先变为 0 的那个分量，否则基矢量 y 含有 $n+1$ 个非 0 分量，这与基矢量本质属性不符。因此，关键是如何选择 x，使其尽可能小，且保证 $\left(B^{-1} \cdot q\right) - \left(B^{-1} \cdot c\right) \cdot x$ 中的一些元素为 0。记 $k \in \left\{1,2,\cdots,n\right\}$，根据最小率测试（minimum ratio test）原理来找到 k，使得 $\left(B_{[k]}^{-1} \cdot q\right) / \left(B_{[k]}^{-1} \cdot c\right)$ 最小。

当式(6.178)中 $B_{[k]}^{-1} \cdot c \leqslant 0$ 且 x 增大时，新基矢量分量 $y^{[k]} = \left(B_{[k]}^{-1} \cdot q\right) - \left(B_{[k]}^{-1} \cdot c\right) \cdot x$ 是非单调递减的，不能保证 $y^{[k]} \to 0$，即找不到退出变量。若任一 $y^{[k]}$ 均不满足 $y^{[k]} \to 0$，补枢轴迭代将终止，则 LCP 无解。若存在 $y^{[k]} \to 0$，则迭代过程将继续进行，从基矢量 y 中去除退出变量，并调整基组，下一次迭代时的进入变量是上一次迭代时退出变量的补变量。若 z_0 为退出变量，则已求得 LCP 的解。

在进行最小率测试时，可能存在无限循环的死结（tie），为防止该情形的出现，需要遵循词法最小率测试：

【3-1】当 $y^{[k]} = \left(B_{[k]}^{-1} \cdot q\right) - \left(B_{[k]}^{-1} \cdot c\right) \cdot x$ 出现死结时，需在 $\left(B_{[1]}^{-1} \cdot q\right) / \left(B_{[k]}^{-1} \cdot c\right) > 0$ 中找到最小元素。

【3-2】当在 $\left(B_{[1]}^{-1} \cdot q\right) / \left(B_{[k]}^{-1} \cdot c\right) > 0$ 中不存在最小元素时，需在 $\left(B_{[2]}^{-1} \cdot q\right) / \left(B_{[k]}^{-1} \cdot c\right) > 0$ 中找到最小元素。

【3-3】如上反复进行，一定能找到满足最小率要求的基矢量。

补枢轴算法的证明请参考本章参考文献[2]。

6.6.8 本节贡献

本节应用运动链符号系统建立了单边约束的 LCP 求解子系统，用于牛顿-欧拉多轴系

统动力学的解算。

（1）在形式化表征了左手序枢轴操作、右手序枢轴操作及标准线性规划问题的基础上，改进了最速枢轴 LP 规划方法。

（2）以最速枢轴 LP 规划为基础，阐述了 LCP 补枢轴算法及流程。

6.7 轮土力学与轮式系统移动维度

轮式多轴系统的工程应用越来越多，如无人战车和巡视器探测等。本节目的是建立轮土作用力矢量模型，进而阐述轮式多轴系统的移动自由度判别准则，为轮式多轴系统的牵引控制奠定基础。

轮土作用力是轮式多轴系统移动的动因，驱动轮及舵机的控制是产生外部环境作用力的必要条件。应用经典的库仑摩擦力理论建立轮土作用力模型不精确，难以解释轮式多轴系统的本质规律。一方面，库仑摩擦力理论是针对刚性接触面的；另一方面，载荷的变化不改变移动系统的动态过程，与事实严重不符。如图 6-5 所示，由摩擦锥理论可知，当移动系统以无穷小的速度增加载荷 δm 时，传统的移动系统加速度计算为 $a=\mu\cdot g$，加速度 a 由摩擦系数 μ 确定，而与系统质量变化 δm 毫不相关。然而事实上，当载荷变化时，系统加速度与载荷变化量几乎是成比例的。驱动轮的库仑摩擦力不能很好地反映轮土作用力，需要对之进行改进。

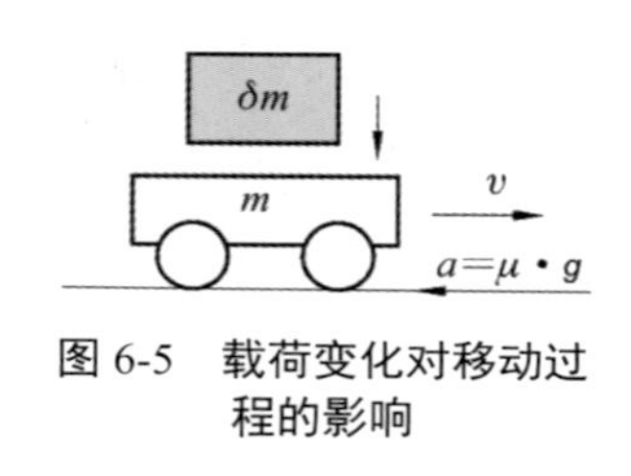

图 6-5　载荷变化对移动过程的影响

轮土作用关系比较复杂，一方面，存在很多力学参数，通常难以通过移动系统的传感器直接检测得到；另一方面，相关的公式主要是基于实验结果的经验公式。因此，轮土作用公式在移动系统的控制及规划当中难以得到真正应用。尽管如此，它们对数值仿真分析及工程设计还是有帮助的。轮土力学模型的结构对轮式系统的牵引控制具有非常重要的作用。

6.7.1 Bekker 轮土力学

Bekker 轮土力学模型是针对弹塑性的土壤及刚性驱动轮的作用力模型。Bekker 轮土力学模型是基于水平地形及重力方向载荷建立的。一方面，轮式多轴系统驱动轮接触的地形通常是起伏变化的；相应地，载荷随地形起伏而变化。另一方面，Bekker 轮土力学模型未给出驱动轮与土壤作用过程中相关物理量的参考系定义。因此，需要以 Bekker 轮土力学模型为基础，增加相应的指标系统，提高轮土力学模型表达的准确性。

1.轮土作用几何关系

如图 6-6 所示，给定轴链 $\left(\bar{\bar{l}},\bar{l},l\right]$，记舵机轴系为 $\bar{\bar{l}}$，轮地接触坐标系记为 l，它与环境

i 固结，O_l 是轮法向力与轮外侧表面的交点。因轮轴无绝对编码器，故定义轮轴系无意义。

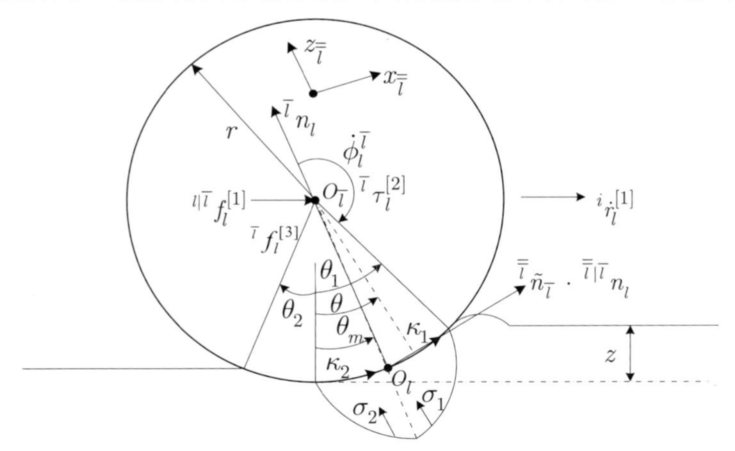

图 6-6　轮土几何关系

图中：θ_m 为最大应力角；θ_1 为泥土进入角；θ_2 为泥土退出角；r 为轮半径；κ_1 为进入剪应力；κ_2 为退出剪应力；z 为轮沉陷量；σ_1 为进入正应力；σ_2 为退出正应力；${}^{\bar{l}}n_l$ 为轴不变量；$\dot{\phi}_l^{\bar{l}}$ 为轮转动速度；${}^{i}\dot{r}_l^{[1]}$ 为轮前向速度；${}^{\bar{l}}\tau_l^{[2]}$ 为轮轴向力矩；${}^{\bar{l}}f_l^{[3]}$ 为轮法向力；${}^{l|\bar{l}}f_l^{[1]}$ 为轮牵引力。显然，有

$$
\begin{aligned}
{}^{l}\mathbf{e}_l^{[x]} &= {}^{l|\bar{\bar{l}}}\tilde{n}_{\bar{l}} \cdot {}^{l|\bar{l}}n_l \\
{}^{l}\mathbf{e}_l^{[z]} &= {}^{l|\bar{l}}n_l
\end{aligned}
\tag{6.181}
$$

$$
{}^{i|\bar{l}}\dot{r}_l = {}^{i|l}\dot{r}_i = -{}^{i}\dot{r}_l \tag{6.182}
$$

轮速 v 表达为

$$
\begin{aligned}
v &= 0 - \left({}^{l|\bar{\bar{l}}}\tilde{n}_{\bar{l}} \cdot {}^{l|\bar{l}}n_l\right)^{\mathrm{T}} \cdot \left({}^{l|i}\dot{r}_l + {}^{l|i}\dot{\tilde{\phi}}_{\bar{l}} \cdot {}^{l|\bar{l}}n_l \cdot r\right) \\
&= {}^{l|\bar{l}}n_l^{\mathrm{T}} \cdot {}^{l|\bar{\bar{l}}}\tilde{n}_{\bar{l}} \cdot \left({}^{l|i}\dot{r}_l + {}^{l|i}\dot{\tilde{\phi}}_{\bar{l}} \cdot {}^{l|\bar{l}}n_l \cdot r\right)
\end{aligned}
\tag{6.183}
$$

轮 $\bar{l}$ 相对接触点（零速点）O_l 的滑移率 s 为

$$
\begin{cases}
s = -\dfrac{{}^{l|\bar{l}}n_l^{\mathrm{T}} \cdot {}^{l|\bar{\bar{l}}}\tilde{n}_{\bar{l}} \cdot \left({}^{l|i}\dot{r}_l + {}^{l|i}\dot{\tilde{\phi}}_{\bar{l}} \cdot {}^{l|\bar{l}}n_l \cdot r\right)}{{}^{l|\bar{l}}n_l^{\mathrm{T}} \cdot {}^{l|\bar{\bar{l}}}\tilde{n}_{\bar{l}} \cdot {}^{l|i}\dot{\tilde{\phi}}_{\bar{l}} \cdot {}^{l|\bar{l}}n_l \cdot r} & \text{if} \quad {}^{i}\dot{\phi}_{\bar{l}} \neq 0_3 \\
s = 0 & \text{if} \quad {}^{i}\dot{\phi}_{\bar{l}} = 0_3
\end{cases}
\tag{6.184}
$$

2.改进的轮土应力模型

图 6-6 所示的正应力 $\sigma(z)$ 及剪应力 $\kappa(z)$ 分别表达为

$$
\sigma(z) = (k_1 + k_2 b)(z/b)^n \tag{6.185}
$$

$$
\kappa(z) = (c + \sigma\tan\phi)\left(1 - \mathrm{e}(-j/k)\right) \tag{6.186}
$$

其中：z 为沉陷量（m）；n 为沉陷指数；k_1 为摩擦参数；k_2 为黏滞参数；b 为轮宽（m）；

j 为剪位移；ϕ 为内摩擦角（rad）；k 为剪变形参数（m）；c 为黏滞力（N）；e 为自然常数。

Karl Iagnemma 应用法向最大应力角 θ_m 、泥土进入角 θ_1 、轮半径 r 、滑移率 s 将式(6.185)和式(6.186)修改为

$$\begin{cases} \sigma_1(\theta) = \left(k_1 + k_2 b\right)\left(\dfrac{r}{b}\right)^n \left(\mathrm{C}(\theta) - \mathrm{C}(\theta_1)\right)^n & \text{if} \quad \theta_m \leqslant \theta < \theta_1 \\ \sigma_2(\theta) = \left(k_1 + k_2 b\right)\left(\dfrac{r}{b}\right)^n \left[\mathrm{C}\left(\theta_1 - \dfrac{\theta}{\theta_m}(\theta_1 - \theta_m)\right) - \mathrm{C}(\theta_1)\right]^n & \text{if} \quad \theta_2 < \theta \leqslant \theta_m \end{cases} \tag{6.187}$$

$$\kappa(\theta) = \left(c + \sigma\tan\phi\right)\left(1 - \mathrm{e}\left(-\frac{r}{k}\left(\theta_1 - \theta - (1-s)\left(\mathrm{S}(\theta_1) - \mathrm{S}(\theta)\right)\right)\right)\right) \tag{6.188}$$

$$\begin{cases} \sigma_1(\theta) = \dfrac{\theta_1 - \theta}{\theta_1 - \theta_m}\sigma_m, \quad \sigma_2(\theta) = \dfrac{\theta}{\theta_m}\sigma_m \\ \kappa_1(\theta) = \dfrac{\theta_1 - \theta}{\theta_1 - \theta_m}\kappa_m, \quad \kappa_2(\theta) = c + \dfrac{\theta}{\theta_m}\left(\kappa_m - c\right) \end{cases} \tag{6.189}$$

$$\theta_m = \left(c_1 + c_2 s\right)\theta_1 \tag{6.190}$$

在给定轮土参数 c_1、c_2 及滑移率后，先由式(6.190)得到 θ_m ，再由式(6.187)及式(6.188)分别得相对应的最大值 σ_m 及 κ_m ，然后由式(6.189)得 $\sigma_1(\theta)$ 、 $\sigma_2(\theta)$ 、 $\kappa_1(\theta)$ 及 $\kappa_2(\theta)$ 。

3.轮地法向力

轮地接触点 O_l 对轮 $\bar{l}$ 的正压力 $N_{\bar{l}}^{l}$ 表达为

$$N_{\bar{l}}^{l} = \frac{rb}{\theta_m\left(\theta_1 - \theta_m\right)} \begin{bmatrix} \sigma_m\left(-\theta_m \mathrm{C}(\theta_1) + \theta_1 \mathrm{C}(\theta_m) - \theta_1 + \theta_m\right) \\ -\kappa_m\left(\theta_m \mathrm{S}(\theta_1) - \theta_1 \mathrm{S}(\theta_m)\right) \\ -c\left(\theta_1 \mathrm{S}(\theta_m) - \theta_m \mathrm{S}(\theta_m) - \theta_m\theta_1 + \theta_m^2\right) \end{bmatrix} \tag{6.191}$$

【证明】 由正应力分量 $\sigma(\theta)\cdot\mathrm{C}(\theta)$ 及剪应力分量 $\kappa(\theta)\cdot\mathrm{S}(\theta)$，结合式(6.187)至式(6.189)得

$$\begin{aligned} N_{\bar{l}}^{l} &= rb\left(\int_{\theta_2}^{\theta_1}\sigma(\theta)\mathrm{C}(\theta)d\theta + \int_{\theta_2}^{\theta_1}\kappa(\theta)\mathrm{S}(\theta)d\theta\right) \\ &= rb\left[\int_{\theta_m}^{\theta_1}\frac{\theta_1 - \theta}{\theta_1 - \theta_m}\sigma_m \mathrm{C}(\theta)d\theta + \int_{\theta_m}^{\theta_1}\frac{\theta_1 - \theta}{\theta_1 - \theta_m}\kappa_m \mathrm{S}(\theta)d\theta\right] \\ &\quad + rb\left[\int_0^{\theta_m}\frac{\theta}{\theta_m}\sigma_m \mathrm{C}(\theta)d\theta + \int_0^{\theta_m}\left(c + \frac{\theta}{\theta_m}\left(\kappa_m - c\right)\right)\mathrm{S}(\theta)d\theta\right] \\ &= rb\left[-\sigma_m \mathrm{S}(\theta_m) - \frac{\sigma_m}{\theta_1 - \theta_m}\left(\mathrm{C}(\theta_1) - \mathrm{C}(\theta_m)\right) + \kappa_m \mathrm{C}(\theta_m) - \frac{\kappa_m}{\theta_1 - \theta_m}\left(\mathrm{S}(\theta_1) - \mathrm{S}(\theta_m)\right)\right] \\ &\quad + rb\left[\sigma_m \mathrm{S}(\theta_m) + \frac{\sigma_m}{\theta_m}\mathrm{C}(\theta_m) - \frac{\sigma_m}{\theta_m} + c - \kappa_m \mathrm{C}(\theta_m) + \frac{\kappa_m - c}{\theta_m}\mathrm{S}(\theta_m)\right] \end{aligned}$$

$$
= rb\left[\sigma_m\left(-\mathrm{S}\left(\theta_m\right)-\frac{\mathrm{C}\left(\theta_1\right)-\mathrm{C}\left(\theta_m\right)}{\theta_1-\theta_m}\right)+\kappa_m\left(\mathrm{C}\left(\theta_m\right)-\frac{\mathrm{S}\left(\theta_1\right)-\mathrm{S}\left(\theta_m\right)}{\theta_1-\theta_m}\right)\right]
$$

$$
+rb\left[+\sigma_m\left(\mathrm{S}\left(\theta_m\right)+\frac{\mathrm{C}\left(\theta_m\right)}{\theta_m}-\frac{1}{\theta_m}\right)-\kappa_m\left(\mathrm{C}\left(\theta_m\right)-\frac{\mathrm{S}\left(\theta_m\right)}{\theta_m}\right)+c\left(1-\frac{\mathrm{S}\left(\theta_m\right)}{\theta_m}\right)\right]
$$

$$
=\frac{rb}{\theta_m\left(\theta_1-\theta_m\right)}\left[\begin{array}{c}\sigma_m\left(-\theta_m\mathrm{C}\left(\theta_1\right)+\theta_1\mathrm{C}\left(\theta_m\right)-\theta_1+\theta_m\right)\\ -\kappa_m\left(\theta_m\mathrm{S}\left(\theta_1\right)-\theta_1\mathrm{S}\left(\theta_m\right)\right)\\ -c\left(\theta_1\mathrm{S}\left(\theta_m\right)-\theta_m\mathrm{S}\left(\theta_m\right)-\theta_m\theta_1+\theta_m^2\right)\end{array}\right]
$$

故式(6.191)成立。证毕。

轮土正压力 N_l^l 是关于进入角 θ_1 的单调函数，即有

$$
\frac{\partial\left(N_l^l\right)}{\partial\theta_1}\geqslant 0 \tag{6.192}
$$

【证明】　式(6.191)中 θ_m 及 θ_1 是独立变量。

当 $\theta_1\geqslant\theta_m$ 时，有

$$
\left(\theta_1-\theta_m\right)\mathrm{S}\left(\theta_1\right)+\left(\mathrm{C}\left(\theta_1\right)-\mathrm{C}\left(\theta_m\right)\right)\geqslant 0 \tag{6.193}
$$

且有

$$
\mathrm{S}\left(\theta_1\right)-\mathrm{S}\left(\theta_m\right)+\left(\theta_m-\theta_1\right)\cdot\mathrm{C}\left(\theta_1\right)\geqslant 0 \tag{6.194}
$$

由式(6.191)得

$$
\frac{\partial\left(N_l^l\right)}{\partial\theta_1}=rb\theta_m\cdot\frac{\begin{array}{c}\sigma_m\theta_m\left[\left(\theta_1-\theta_m\right)\mathrm{S}\left(\theta_1\right)+\left(\mathrm{C}\left(\theta_1\right)-\mathrm{C}\left(\theta_m\right)\right)\right]+\kappa_m\theta_m\cdot\\ \backslash\left[\mathrm{S}\left(\theta_1\right)-\mathrm{S}\left(\theta_m\right)+\left(\theta_m-\theta_1\right)\mathrm{C}\left(\theta_1\right)\right]+c\left(\theta_1-\theta_m\right)\mathrm{S}\left(\theta_m\right)\end{array}}{\theta_m^2\left(\theta_1-\theta_m\right)^2} \tag{6.195}
$$

结合式(6.193)及式(6.194)，得式(6.192)成立。证毕。

4.牵引力及牵引力矩

牵引力 T_l^l 及牵引力矩 τ_l^l 表达为

$$
T_l^l=\frac{rb}{2}\left(\kappa_m\theta_1+c\theta_m\right) \tag{6.196}
$$

$$
\tau_l^l=\frac{r^2b}{2}\left(\kappa_m\theta_1+c\theta_m\right) \tag{6.197}
$$

【证明】　由式(6.189)得

$$\tau_{\bar{l}}^{l}=r^{2}b\int_{\theta_2}^{\theta_1}\kappa(\theta)d\theta$$

$$=r^{2}b\cdot\left[\int_{0}^{\theta_m}\left(c+\frac{\theta}{\theta_m}(\kappa_m-c)\right)d\theta+\int_{\theta_m}^{\theta_1}\frac{\theta_1-\theta}{\theta_1-\theta_m}\kappa_m d\theta\right]$$

$$=r^{2}b\cdot\left(c\theta_m+\frac{\kappa_m-c}{2\theta_m}\theta_m^{2}+\frac{\kappa_m}{2}(\theta_1-\theta_m)\right)$$

$$=\frac{r^{2}b}{2}\cdot(\kappa_m\theta_1+c\theta_m)$$

$$T_{\bar{l}}^{l}=\tau_{\bar{l}}^{l}/r=\frac{rb}{2}\cdot(\kappa_m\theta_1+c\theta_m)$$

证毕。

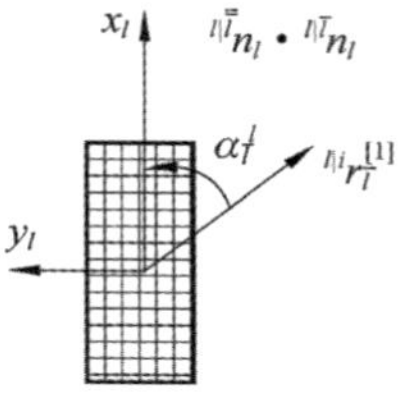

图 6-7 滑移角

5.侧向力

如图 6-7 所示，滑移角 $\alpha_{\bar{l}}^{l}$ 由轮轴速度 ${}^{l|i}\dot{r}_{\bar{l}}^{[1]}$ 及轮地接触系坐标轴 x_l 确定。轮土侧向力 $L_{\bar{l}}^{l}$ 表达为

$$L_{\bar{l}}^{l}=\left(cbA+N_{\bar{l}}^{l}\cdot\tan\phi\right)\cdot\left(1-\mathrm{e}\left(-B\cdot\alpha_{\bar{l}}^{l}\right)\right)\tag{6.198}$$

其中：ϕ 为内摩擦角(rad)；b 为轮宽(m)；c 为黏滞系数（N/m^2）；A 为轮地接触面积（m^2）；$\alpha_{\bar{l}}^{l}$ 为滑移角；B 为常数（1/rad）；$N_{\bar{l}}^{l}$ 为正压力（N）；e 为自然常数。

6.7.2 轮土作用力的矢量模型及维度

轮土作用的前向库仑摩擦力表达为

$$f_{\bar{l}[\mathrm{co}]}^{l}=N_{\bar{l}}^{l}\cdot{}^{l}\mu_{\bar{l}}^{[1]}\cdot\mathrm{sgn}\left({}^{l|i}\dot{r}_{\bar{l}}^{[1]}\right)\tag{6.199}$$

其中：${}^{l}\mu_{\bar{l}}^{[1]}$ 为前向库仑摩擦系数；$N_{\bar{l}}^{l}$ 为轮土正压力。

由式(6.196)及式(6.199)得轮土作用力 ${}^{l}f_{\bar{l}}^{[1]}$：

$${}^{l}f_{\bar{l}}^{[1]}=T_{\bar{l}}^{l}-N_{\bar{l}}^{l}\cdot{}^{l}\mu_{\bar{l}}^{[1]}\cdot\mathrm{sgn}\left({}^{l|i}\dot{r}_{\bar{l}}^{[1]}\right)\tag{6.200}$$

将式(6.196)代入式(6.200)得

$${}^{l}f_{\bar{l}}^{[1]}={}^{l}k_{\bar{l}}^{[1]}+{}^{l}k_{\bar{l}}^{[2]}\cdot s-N_{\bar{l}}^{l}\cdot{}^{l}\mu_{\bar{l}}^{[1]}\cdot\mathrm{sgn}\left({}^{l|i}\dot{r}_{\bar{l}}^{[1]}\right)\tag{6.201}$$

其中：

$${}^{l}k_{\bar{l}}^{[1]}=\frac{rb}{2}(\kappa_m+cc_1)\theta_1,\quad {}^{l}k_{\bar{l}}^{[2]}=\frac{rb}{2}\cdot cc_2\theta_1\tag{6.202}$$

由式(6.201)可知，轮土作用力 ${}^{l}f_{\bar{l}}^{[1]}$ 依赖于两个独立变量 s 及 $N_{\bar{l}}^{l}$。

轮土作用的侧向力 ${}^{l}f_{\bar{l}}^{[2]}$ 是库仑摩擦力，故有

$${}^{l}f_{\bar{l}}^{[2]}=-N_{\bar{l}}^{l}\cdot{}^{l}\mu_{\bar{l}}^{[2]}\cdot\mathrm{sgn}\left({}^{l|\bar{l}}\dot{r}_{\bar{l}}^{[2]}\right)\tag{6.203}$$

其中：${}^{l}\mu_{\bar{l}}^{[2]}$ 为侧向库仑摩擦系数。

由式(6.200)、式(6.203)及 ${}^{l}f_{\bar{l}}^{[3]} = N_{\bar{l}}^{l}$ 得轮土作用的牵引力：

$$
{}^{l}f_{\bar{l}} = \begin{bmatrix} T_{\bar{l}}^{l} - N_{\bar{l}}^{l} \cdot {}^{l}\mu_{\bar{l}}^{[1]} \cdot \operatorname{sgn}\left({}^{l|i}\dot{r}_{\bar{l}}^{[1]} \right) \\ -N_{\bar{l}}^{l} \cdot {}^{l}\mu_{\bar{l}}^{[2]} \cdot \operatorname{sgn}\left({}^{l|\bar{l}}\dot{r}_{\bar{l}}^{[2]} \right) \\ N_{\bar{l}}^{l} \end{bmatrix} = {}^{l}\mathbf{S}_{\bar{l}}^{\mathrm{NS}} \cdot \mathbf{F}_{\bar{l}}^{\mathrm{NS}} \tag{6.204}
$$

其中：

$$
{}^{l}\mathbf{S}_{\bar{l}}^{\mathrm{NS}} = \begin{bmatrix} 1 & -{}^{l}\mu_{\bar{l}}^{[1]} \cdot \operatorname{sgn}\left({}^{l|i}\dot{r}_{\bar{l}}^{[1]} \right) \\ 0 & -{}^{l}\mu_{\bar{l}}^{[2]} \cdot \operatorname{sgn}\left({}^{l|\bar{l}}\dot{r}_{\bar{l}}^{[2]} \right) \\ 0 & 1 \end{bmatrix}, \quad \mathbf{F}_{\bar{l}}^{\mathrm{NS}} = \begin{bmatrix} T_{\bar{l}}^{l} \\ N_{\bar{l}}^{l} \end{bmatrix} \tag{6.205}
$$

若 $T_{\bar{l}}^{l} = 0$，则由式(6.204)得

$$
\left| \frac{{}^{l}f_{\bar{l}}}{N_{\bar{l}}^{l}} \right| = \begin{bmatrix} {}^{l}\mu_{\bar{l}}^{[1]} \\ {}^{l}\mu_{\bar{l}}^{[2]} \\ 1 \end{bmatrix} \tag{6.206}
$$

故式(6.206)遵从摩擦锥原理。

由式(6.204)可知，驱动轮 $\mathrm{W_D}$ 具有两个独立的力维度（FD），即

$$
\mathrm{FD}\left(\mathrm{W_D} \right) = 2 \tag{6.207}
$$

惰轮（idle wheel）$\mathrm{W_I}$ 具有两个独立的力 ${}^{l}f_{\bar{l}}^{[1]}$ 及 ${}^{l}f_{\bar{l}}^{[2]}$，其中 ${}^{l}f_{\bar{l}}^{[1]}$ 受滑移率调节。故惰轮 $\mathrm{W_I}$ 具有两个独立的力维度，即

$$
\mathrm{FD}\left(\mathrm{W_I} \right) = 2 \tag{6.208}
$$

对于舵轮 $\mathrm{W_S}$，其侧向力 ${}^{l}f_{\bar{l}}^{[2]}$ 包含侧向库仑摩擦力及式(6.198)所示的轮土侧向力 $L_{\bar{l}}^{l}$。

$$
{}^{l}f_{\bar{l}}^{[2]} = -N_{\bar{l}}^{l} \cdot {}^{l}\mu_{\bar{l}}^{[2]} \cdot \operatorname{sgn}\left({}^{l|\bar{l}}\dot{r}_{\bar{l}}^{[2]} \right) \tag{6.209}
$$

由式(6.200)、式(6.209)及 ${}^{l}f_{\bar{l}}^{[3]} = N_{\bar{l}}^{l}$ 得舵轮的力模型，故有

$$
{}^{l}f_{\bar{l}} = \begin{bmatrix} T_{\bar{l}}^{l} - N_{\bar{l}}^{l} \cdot {}^{l}\mu_{\bar{l}}^{[1]} \cdot \operatorname{sgn}\left({}^{l|i}\dot{r}_{\bar{l}}^{[1]} \right) \\ L_{\bar{l}}^{l} - N_{\bar{l}}^{l} \cdot {}^{l}\mu_{\bar{l}}^{[2]} \cdot \operatorname{sgn}\left({}^{l|\bar{l}}\dot{r}_{\bar{l}}^{[2]} \right) \\ N_{\bar{l}}^{l} \end{bmatrix} = {}^{l}\mathbf{S}_{\bar{l}}^{\mathrm{S}} \cdot \mathbf{F}_{\bar{l}}^{\mathrm{S}} \tag{6.210}
$$

其中：

$$
{}^{l}\mathbf{S}_{\bar{l}}^{\mathrm{S}} = \begin{bmatrix} 1 & 0 & -{}^{l}\mu_{\bar{l}}^{[1]} \cdot \operatorname{sgn}\left({}^{l|i}\dot{r}_{\bar{l}}^{[1]} \right) \\ 0 & 1 & -{}^{l}\mu_{\bar{l}}^{[2]} \cdot \operatorname{sgn}\left({}^{l|\bar{l}}\dot{r}_{\bar{l}}^{[2]} \right) \\ 0 & 0 & 1 \end{bmatrix}, \quad \mathbf{F}_{\bar{l}}^{\mathrm{S}} = \begin{bmatrix} T_{\bar{l}}^{l} \\ L_{\bar{l}}^{l} \\ N_{\bar{l}}^{l} \end{bmatrix} \tag{6.211}
$$

显然，式(6.210)遵从摩擦锥原理。

若不考虑库仑摩擦力，则式(6.205)中${}^{l}\mathbf{S}_{\bar{l}}^{\mathrm{NS}}$及式(6.211)中${}^{l}\mathbf{S}_{\bar{l}}^{\mathrm{S}}$重新表达为

$$
{}^{l}\mathbf{S}_{\bar{l}}^{\mathrm{NS}}=\begin{bmatrix}1&0\\0&0\\0&1\end{bmatrix},\quad {}^{l}\mathbf{S}_{\bar{l}}^{\mathrm{S}}=\begin{bmatrix}1&0&0\\0&1&0\\0&0&1\end{bmatrix} \tag{6.212}
$$

由式(6.210)知舵轮$\mathrm{W_S}$具有三个独立的力维度，即

$$
\mathrm{FD}\left(\mathrm{W_S}\right)=3 \tag{6.213}
$$

由式(6.207)及式(6.208)知，非舵轮$\mathrm{W_{NS}}$具有两个独立的力维度，即

$$
\mathrm{FD}\left(\mathrm{W_{NS}}\right)=2 \tag{6.214}
$$

6.7.3 轮式多轴系统移动维度的判别

对于非轮式多轴移动系统$\boldsymbol{D}=\left\{\boldsymbol{T},\boldsymbol{A},\boldsymbol{B},\boldsymbol{K},\boldsymbol{F},\boldsymbol{NT}\right\}$，系统自由度可以应用 Chebychev–Grübler–Kutzbach 准则确定。因接触副${}^{\bar{l}}\boldsymbol{O}_l$置于非树集合$\boldsymbol{NT}$中，即${}^{\bar{l}}\boldsymbol{O}_l\in\boldsymbol{NT}$，又轮式多轴系统是无根树系统，轴$l\in\boldsymbol{T}$，${}^{\bar{l}}\boldsymbol{k}_l\in\boldsymbol{R}$或${}^{\bar{l}}\boldsymbol{k}_l\in\boldsymbol{P}$，则

$$
\mathrm{DOF}\left(\boldsymbol{D}\right)=6\cdot\left|\boldsymbol{B}\right|-\left[6\cdot\left|\boldsymbol{A}\right|-\left(\left|\boldsymbol{A}\right|-\left(\left|\boldsymbol{NT}\right|-\left|\boldsymbol{O}\right|\right)\right)\right] \tag{6.215}
$$

考虑到$\left|\boldsymbol{A}\right|+1=\left|\boldsymbol{B}\right|$，由式(6.215)得

$$
\mathrm{DOF}\left(\boldsymbol{D}\right)=6+\left|\boldsymbol{A}\right|-\left|\boldsymbol{NT}\right|+\left|\boldsymbol{O}\right| \tag{6.216}
$$

$\mathrm{DOF}\left(\boldsymbol{D}\right)$表示轮式多轴系统的自由度。轮式多轴系统的移动需要通过轮土作用力才能实现，轮式多轴系统移动维度$\mathrm{DOM}\left(\boldsymbol{D}\right)$表示为

$$
\mathrm{DOM}\left(\boldsymbol{D}\right)=\mathrm{DOF}\left(\boldsymbol{D}\right)-n_{\mathrm{NS}}\cdot\mathrm{FD}\left(\mathrm{W_{NS}}\right)-n_{\mathrm{S}}\cdot\mathrm{FD}\left(\mathrm{W_S}\right) \tag{6.217}
$$

式(6.217)称为轮式多轴系统移动维度判别准则。当$\mathrm{DOM}\left(\boldsymbol{D}\right)>3$时，该系统在自然地形上是静不定的；当$\mathrm{DOM}\left(\boldsymbol{D}\right)=3$时，该系统在自然地形上是静定的；当$\mathrm{DOM}\left(\boldsymbol{D}\right)=2$时，该系统在人工地形上是静定的。表 6-2 是典型的轮式多轴系统移动维度列表，该表印证了式(6.217)的正确性。

表 6-2 典型的轮式多轴系统移动维度

轮式多轴系统	轴数	体数	非树约束数	接触副数	舵轮数	非舵轮数	移动维度 $\mathrm{DOM}\left(\boldsymbol{D}\right)$	自由度 $\mathrm{DOF}\left(\boldsymbol{D}\right)$	是否静定 (Y/N)	是否适应自然路面 (Y/N)
	$\left\|\boldsymbol{A}\right\|$	$\left\|\boldsymbol{B}\right\|$	$\left\|\boldsymbol{NT}\right\|$	$\left\|\boldsymbol{O}\right\|$	n_{S}	n_{NS}				
独轮车	1	2	1	1	1	0	4	7	N	Y
自行车	3	4	2	2	1	1	4	9	N	Y
六轮摇臂系统	14	15	7	6	4	2	3	19	Y	Y
JPL 四轮摇臂系统	10	11	1	4	4	0	7	19	Y	Y

6.7.4　本节贡献

本节主要基于轴不变量的多轴系统运动学，建立了轮土作用力矢量模型及轮式多轴系统移动维度判别准则。

（1）基于现有的 Bekker 轮土力学及改进的轮土动力学原理，结合轴不变量的多轴系统运动学原理，建立了式(6.204)所示的轮土牵引力矢量模型，用于后续轮式多轴系统动力学建模。

（2）根据轮土牵引力矢量模型，提出了式(6.213)所示的舵轮力维度及式(6.214)所示的非舵轮力维度。

（3）根据舵轮力维度及非舵轮力维度，提出了式(6.217)所示的轮式多轴系统移动维度判别准则，用于后续轮式多轴系统的牵引控制。

6.8　基于牛顿-欧拉方程的 CE3 月面巡视器实时动力学系统

6.8.1　CE3 月面巡视器实时动力学系统的组成

CE3 月面巡视器动力学与控制仿真系统具有两个版本：一个是超实时仿真版本；另一个是在回路实时仿真版本。该系统的作用包括：

（1）分析 CE3 月面巡视器任务系统的约束条件：根据巡视器着陆及地面站位置，完成星历计算、地面测控、数传窗口及巡视器能源窗口计算，从而获得巡视探测任务的基本约束条件。

（2）模拟月面环境：模拟月面地形与地貌、重力环境、光照环境、热力环境，分析环境对巡视器移动系统、通信系统、能源系统、温控系统的影响。

（3）模拟巡视器动力学过程：根据巡视器移动系统结构，进行巡视器动力学仿真分析，完成巡视器移动系统的迭代设计。

（4）通过在回路实时仿真，分析与验证巡视器综合电分系统的内在逻辑关系及各分系统解算过程的正确性。

（5）通过在回路实时仿真，完成巡视器综合电分系统的传感器控制数据及光学数据的注入、执行器系统的负荷加载及综合电分系统的高低温加载，进行长期的月面环境模拟测试，验证综合电分系统对月面环境的适应性。

（6）通过巡视器动力学与控制的仿真，完成巡视器任务规划（mission planning），生成巡视器任务控制指令，实施巡视探测任务。

如图 6-8 所示，CE3 月面巡视器实时动力学系统由月面环境模拟与动力学解算控制子系统（上位机）及巡视器动力学解算子系统（下位机）组成。上位机完成月面地形模拟、光照模拟、星历计算及“日-地-月”关系模拟、月面障碍提取与环境表示、基于 D*Lite 的路径规划与基于消息的 TCP/IP 通信等功能。该系统为巡视器动力学解算系统提供初始状态、地形更新服务、人机交互服务及巡视器动力学解算结果的显示。

下位机由嵌入式计算机及运行于 VxWorks 下的巡视器实时动力学软件组成。嵌入式计算机配置：主频为 1.8 G 的 PC104+系统、CAN 卡、网卡、电源模块。该系统通过接收动力学解算控制软件计算的巡视器状态、地形数据及巡视器控制指令，完成刚轮软土动力学计算、巡视器实时动力学解算及自主牵引控制，并将巡视器位姿、速度、加速度、轮土作用力、运动副内力等计算结果发送给 GNC 测试系统、月面环境模拟与动力学解算控制子系统。通过 CAN 卡实现与巡视器 GNC 系统的通信，既可以接收由巡视器 GNC 系统发出的包含舵机方向及驱动轮速度的牵引控制命令，完成巡视器的直接牵引控制；又可以接收由动力学解算控制系统发出的巡视器移动速度及偏航速度，自主地完成牵引控制。通过网络的实时消息通信，完成与月面环境模拟与动力学解算控制子系统的通信。

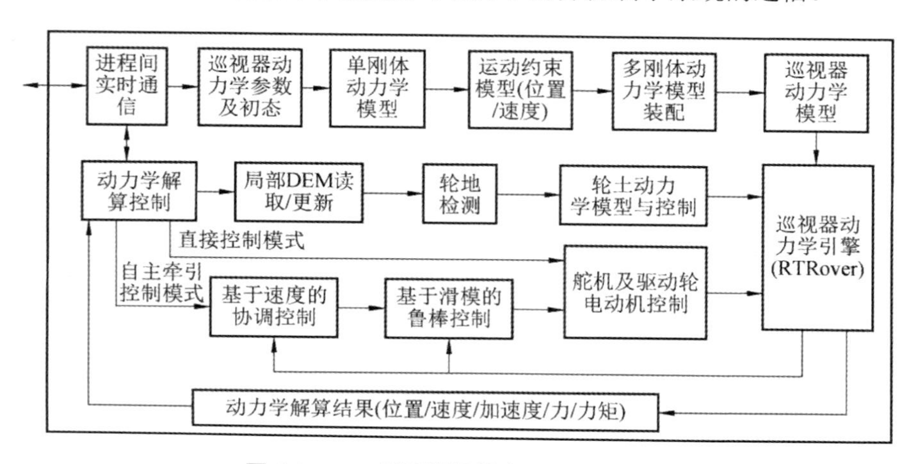

图 6-8　CE3 月面巡视器实时动力学系统

6.8.2　CE3 月面巡视器实时动力学系统的应用

如图 6-9 所示，将巡视器停放于 10°的坡面上，进行动力学解算与自主牵引控制，巡视器姿态、三轴平动速度与转动角速度解算结果正确。其中：理论俯仰角为 10°，解算的俯仰角约为 9.7°。这是由于在弹塑性地形上巡视器前侧驱动轮较后侧驱动轮的沉陷量大，反映了弹塑性地形模拟的真实性。系统输出巡视器任一运动副的运动状态（关节坐标、关节速度与关节加速度）和受力状态，如图 6-10 至图 6-13 所示，其中：横轴的 No.i 为 50 动力学仿真步，每步时间为 20 ms。

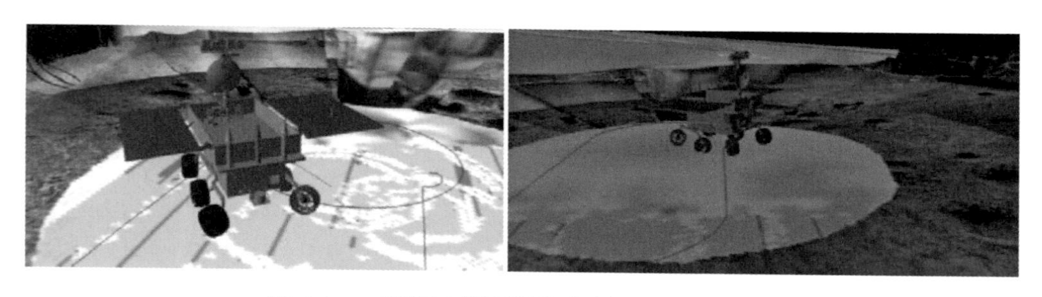

图 6-9　10°坡面上巡视器移动过程动力学仿真

在巡视器综合电分系统构成闭环测试模式下，对本系统的性能进行了测试。将本系统的解算结果与巡视器实际工程测试结果进行了对比，如表 6-3 所示，证明了本系统原理的有效性。

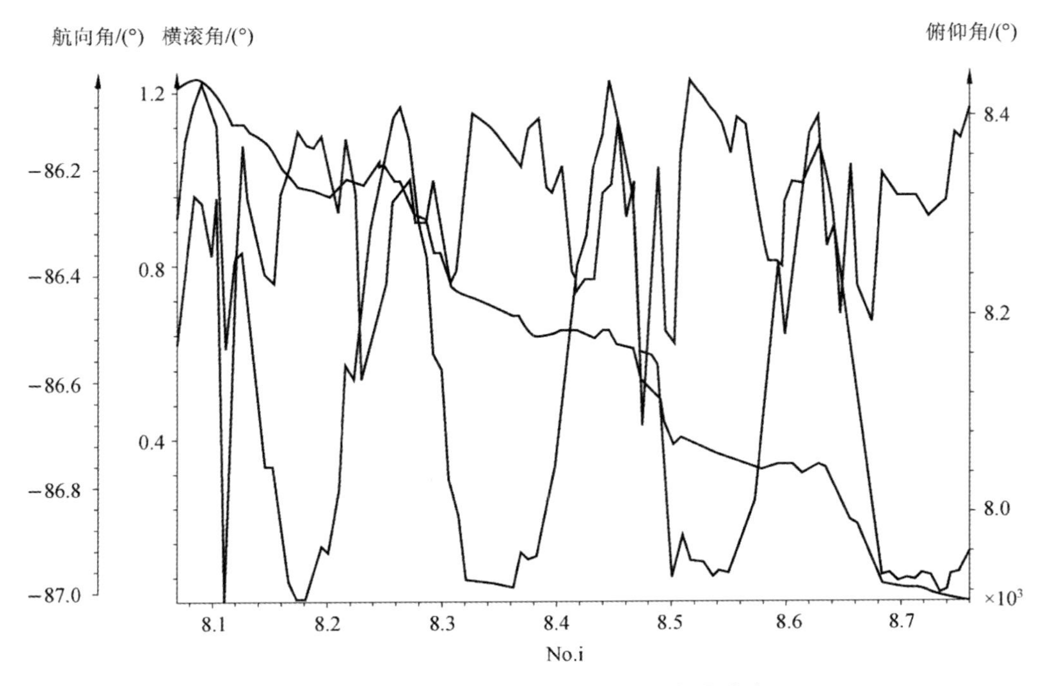

图 6-10　10°坡面上自主牵引控制的巡视器姿态

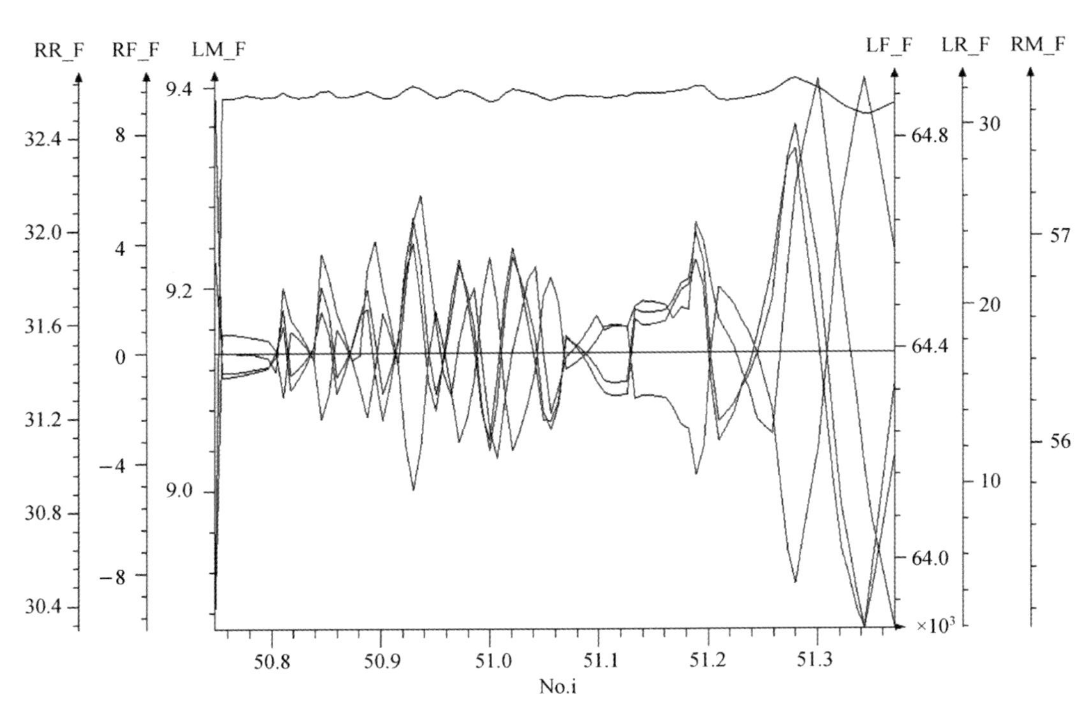

图 6-11　10°坡面上自主牵引控制的地面支撑力

RF-右前轮；RM-右中轮；RR-右后轮；LF-左前轮；LM-左中轮；LR-左后轮

注：图中 RF_F 表示右前轮对应的地面支撑力，单位为 N；其余坐标轴分别表示各轮对应的地面支撑力。

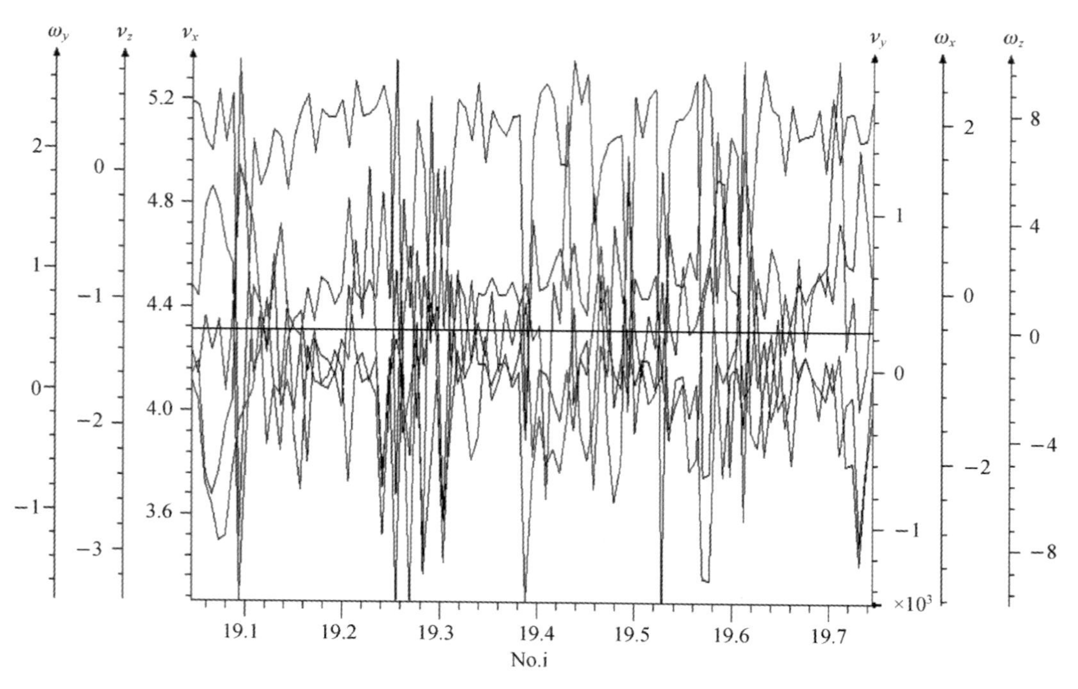

图 6-12　10°坡面上自主牵引控制的三轴平动速度及转动角速度

注：图中 ω 表示角速度，单位为（°）/s；v 表示线速度，单位为 cm/s；下标表示相应的坐标轴。

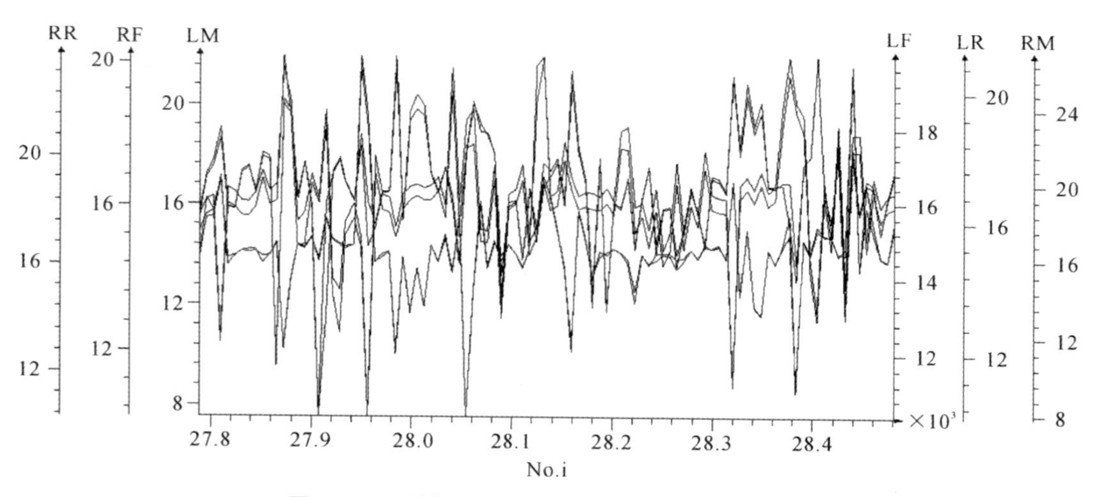

图 6-13　10°坡面上自主牵引控制的驱动轮角速度

RF-右前轮；RM-右中轮；RR-右后轮；LF-左前轮；LM-左中轮；LR-左后轮

注：图中坐标轴 RF 表示右前轮的角速度，其余坐标轴分别表示各轮的角速度。

表 6-3　软件解算结果与实测结果对比

实验序号	坡度/(°)	运动控制方式	位置相对误差	航向相对误差
1	0	直线	0.4%	0.4%
2	0	直线	0.5%	0.3%
3	0	原地转向	1.4%	1.2%
4	0	原地转向	1.3%	1.3%
5	0	圆弧	1.3%	1.3%
6	0	圆弧	1.3%	1.1%
7	10	直线	0.6%	0.4%
8	10	直线	0.5%	0.3%
9	10	原地转向	1.6%	1.8%
10	10	原地转向	1.8%	2.2%
11	10	圆弧	1.6%	2.0%
12	10	圆弧	2.0%	2.1%

如图 6-14 所示，巡视器遇到高度小于 150 mm 的石块时可以平稳地跨过，且运行正常。巡视器遇到高度大于 150 mm 的石块时，通过视觉检测判别该石块为障碍。

当巡视器利用激光点阵检测障碍并进行自主避障时，约每 9 s 利用左右避障相机拍照一次，自主地控制巡视器向目标移动约 0.5 m，如此反复运行，直到巡视器到达指定目标地点。当巡视器利用双目立体视觉进行自主避障时，约每 5 min 利用左右避障相机拍照一次，自主地控制巡视器向目标移动约 0.5 m，如此反复运行，直到巡视器到达指定目标地点，测试结果如图 6-15 所示。

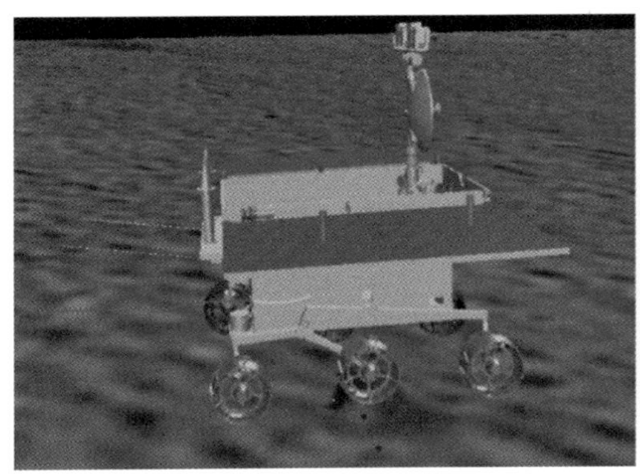

图 6-14　巡视器跨越小石块

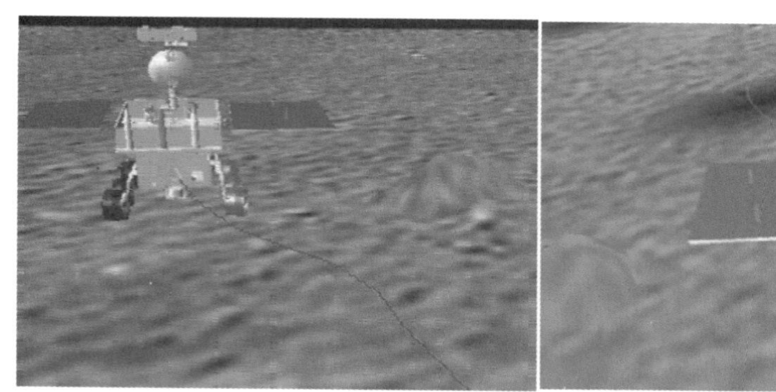

图 6-15　基于双目立体视觉检测的自主避障控制

图 6-16 和图 6-17 所示的是月面环境模拟与动力学解算系统应用于巡视器任务规划结果的验证。

将巡视器立体视觉 3D 重构（3D reconstruction）的 DEM 及任务规划结果导入本系统，进行仿真分析，测试规划结果是否满足任务规划的基本约束，测试规划的行为序列及动作参数是否合理，以评定任务规划结果的有效性。同时，通过对任务规划结果的仿真分析，操作人员可以清晰地了解任务指令执行后的巡视器及地面站的状态。在巡视器执行任务期间，通过对预定任务的仿真分析，可以预报巡视器在执行任务时是否存在全向通信链路遮挡、数传通信链路遮挡等风险。若存在风险，则需要对任务指令进行重新规划，以规避该风险。本系统应用于 CE3 月面巡视器第 1 个月球日的任务支持，圆满地完成了 CE3 月面巡视器在轨支持任务。

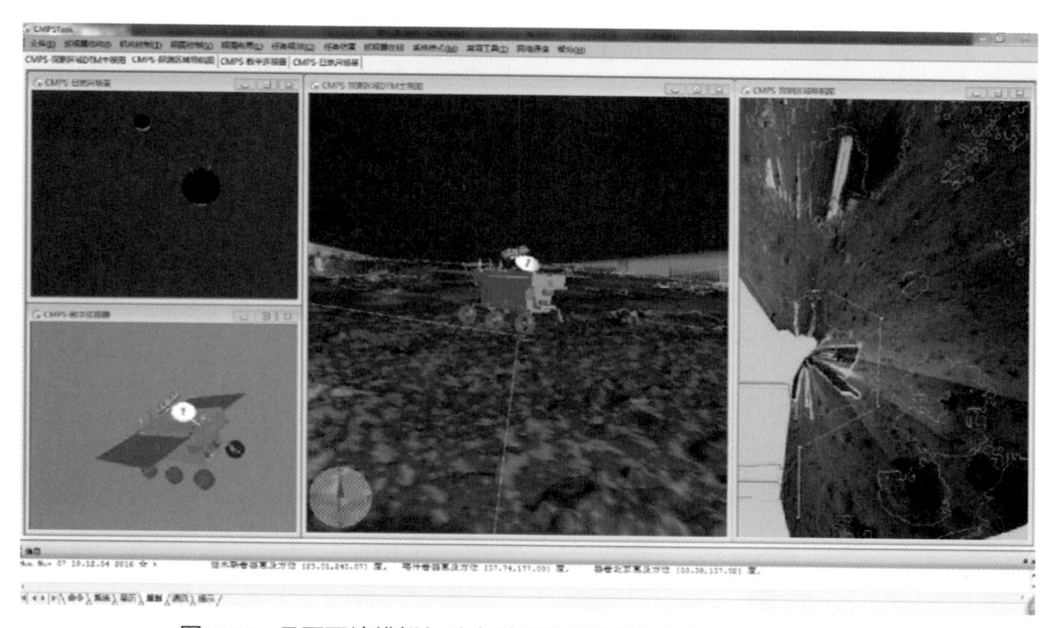

图 6-16　月面环境模拟与动力学解算系统的任务规划验证功能

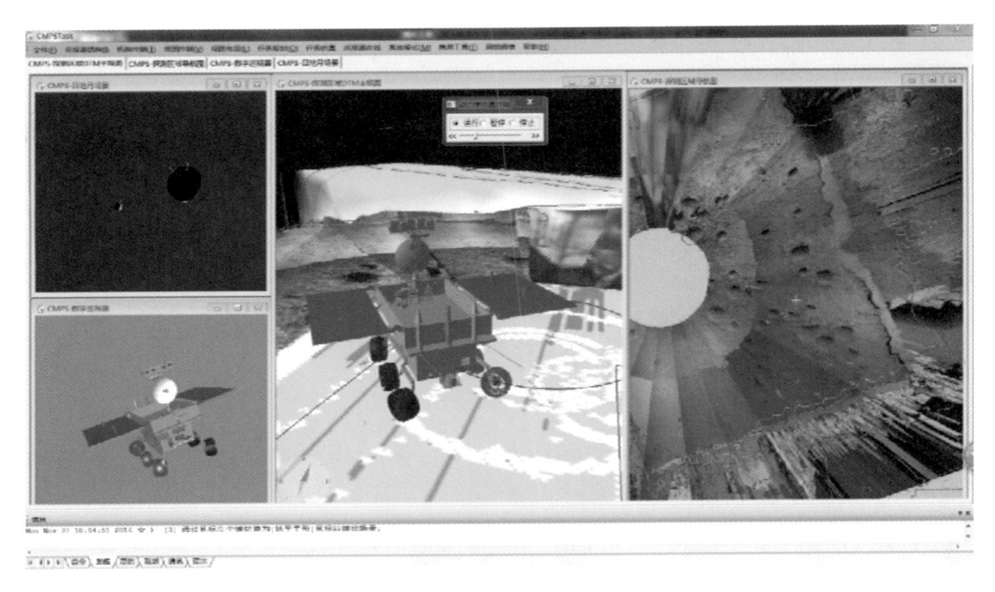

图 6-17　月面环境模拟与动力学解算系统的预测控制功能

6.8.3　本节贡献

本节应用基于轴不变量的多轴系统运动学系统及牛顿-欧拉动力学符号演算系统，研制了 CE3 月面巡视器任务规划系统，通过工程应用验证了这两个系统的有效性，表明：

（1）由于这两个系统具有简洁的链符号系统、轴不变量的表示及伪代码的功能，实现了拓扑结构、坐标系、极性、结构参量及动力学参量的参数化，降低了高自由度多轴系统研制的难度，提升了系统的可靠性。

（2）由于这两个系统具有轴不变量的迭代式，提升了系统计算的效能，满足了多轴系统实时运动学及动力学的工程需求。

6.9　本章小结

本章建立了基于运动链符号演算的牛顿-欧拉刚体动力学系统，提高了传统牛顿-欧拉刚体动力学系统的性能，为后续章节奠定了理论基础。

首先，基于链符号系统，建立了包含质点转动动量、质点转动惯量、质点欧拉方程等的质点动力学公理化系统；以之为基础，针对变质量、变质心、变惯量的理想体，建立了理想体的牛顿-欧拉动力学方程。

其次，分析了基于轴不变量的约束轴控制方程，从而建立了基于牛顿-欧拉方程的理想体动力学系统。约束轴的位置与方向可以根据实际需要设置，约束方程不需要借助关联矩阵，约束轴次序不受体系坐标轴次序制约，从而提升了牛顿-欧拉刚体动力学系统应用的方便性。同时，在分析及证明最速 LP 求解方法的基础上，提高了基于牛顿-欧拉刚体动力学系统的 LCP 求解的效率，使建立的牛顿-欧拉动力学符号演算系统具有简洁、优雅的链指标，物理内涵清晰，具有严谨的公理化证明过程，从而降低了牛顿-欧拉动力学系统工程实现的复杂性。

接着，针对轮式多轴系统的牵引控制需求，在 Bekker 轮土力学的基础上，建立了轮土作用力的矢量模型，并提出了轮式多轴系统移动维度的判别准则。

最后，研制了 CE3 月面巡视器动力学仿真分析系统，证明了基于运动链符号演算的牛顿-欧拉动力学系统及轮土作用力矢量模型的正确性。

本章参考文献

[1] CLINE M B. Rigid body simulation with contact and constraints [D]. Vancouver: University of British Columbia, 2002.

[2] MURTY K G. Linear complementarity, linear and nonlinear programming[M]. Berlin: Heldermann Verlag, 1988.

[3] YOSHIDA K, WATANABE T, MIZUNO N, et al. Terramechanics-based analysis and traction control of a lunar/planetary rover[C]// Field and Service Robotics, Recent Advances in Reserch and Applications, FSR 2003, Lake Yamanaka, Japan, 14-16 July 2003. DBLP, 2006.

[4] CROLLA D A, EI-RAZAZ A S A. A review of the combined lateral and longitudinal force generation of tyres on deformable surfaces[J]. Journal of Terramechanic，1987,24(3):199-225.

第7章　基于轴不变量的多轴系统动力学与控制

7.1 引　言

本章基于牛顿-欧拉动力学符号演算系统，研究基于轴不变量的多轴系统动力学建模与控制问题。

首先，基于牛顿-欧拉动力学符号演算系统，推导多轴系统的拉格朗日方程与凯恩方程，通过实例阐述它们各自的特点。以之为基础，提出并证明多轴系统的 Ju-Kane 动力学预备定理，并通过实例验证该定理的正确性。

接着，在预备定理、基于轴不变量的偏速度方程及力反向迭代的分析与证明的基础上，提出并证明树链刚体系统的 Ju-Kane 动力学定理，并通过实例阐述该定理的正确性及应用优势。

进而，提出并证明运动链的规范型动力学方程和闭子树的规范型动力学方程，从而完成树链刚体系统的 Ju-Kane 动力学方程的规范化，并表述为树链刚体系统的 Ju-Kane 动力学规范型定理，通过实例验证其正确性及技术优势。至此，建立树链刚体系统的“拓扑、坐标系、极性、结构参量、动力学参量、轴驱动力及外部作用力”完全参数化的、迭代式的、通用的显式动力学模型。该模型具有优雅的链符号系统，表达简洁，具有伪代码的功能。继之，分析该建模过程和动力学正逆解的计算复杂度。同时，提出并证明闭链刚体系统的 Ju-Kane 动力学定理、闭链刚体非理想约束系统的 Ju-Kane 动力学定理，以及动基座刚体系统的 Ju-Kane 动力学定理，建立基于轴不变量的多轴系统动力学理论。

最后，在分析基于轴不变量的多轴系统动力学方程特点的基础上，提出并证明基于逆模补偿器的多轴系统力位控制原理，整理并证明基于线性化补偿器的多轴系统跟踪控制原理及基于模糊变结构的多轴系统力位控制原理。

7.2 基础公式

【1】给定运动链 ${}^{i}\mathbf{1}_{n} = \left(i,\cdots,\overline{n},n\right]$，则有

$$i \notin {}^{i}\mathbf{1}_{n},\quad n \in {}^{i}\mathbf{1}_{n} \tag{7.1}$$

$${}^{i}\mathbf{1}_{i} \in {}^{i}\mathbf{1}_{n},\quad \mathbf{1}_{i}^{i} = 0 \tag{7.2}$$

$${}^{k}\mathbf{1}_{n} = -{}^{n}\mathbf{1}_{k} \tag{7.3}$$

$$ {}^{i}\mathbf{1}_{n} = {}^{i}\mathbf{1}_{l} + {}^{l}\mathbf{1}_{n},\quad {}^{i}\mathbf{1}_{n} = {}^{i}\mathbf{1}_{l} \cdot {}^{l}\mathbf{1}_{n} \tag{7.4} $$

【2】自然不变量

$$ r_{l}^{\overline{l}} = -r_{\overline{l}}^{l},\quad \phi_{l}^{\overline{l}} = -\phi_{\overline{l}}^{l} \tag{7.5} $$

$$ q_{l}^{\overline{l}} = \begin{cases} r_{l}^{\overline{l}} & \text{if} \quad {}^{\overline{l}}\boldsymbol{k}_{l} \in \boldsymbol{P} \\ \phi_{l}^{\overline{l}} & \text{if} \quad {}^{\overline{l}}\boldsymbol{k}_{l} \in \boldsymbol{R} \end{cases} \tag{7.6} $$

$$ {}^{\overline{l}}n_{l} = {}^{\overline{l}|l}n_{\overline{l}} = {}^{l}n_{\overline{l}} \tag{7.7} $$

【3】基于轴不变量的转动

$$ {}^{\overline{l}}Q_{l} = \mathbf{1} + \mathrm{S}_{l}^{\overline{l}} \cdot {}^{\overline{l}}\tilde{n}_{l} + \left(1 - \mathrm{C}_{l}^{\overline{l}}\right) \cdot {}^{\overline{l}}\tilde{n}_{l}^{:2} = \exp\left({}^{\overline{l}}\tilde{n}_{l} \cdot \phi_{l}^{\overline{l}}\right) \tag{7.8} $$

$$ {}^{\overline{l}}Q_{l} = \left(2 \cdot {}^{\overline{l}}\lambda_{l}^{[4]:2} - 1\right) \cdot \mathbf{1} + 2 \cdot {}^{\overline{l}}\lambda_{l} \cdot {}^{\overline{l}}\lambda_{l}^{\mathrm{T}} + 2 \cdot {}^{\overline{l}}\lambda_{l}^{[4]} \cdot {}^{\overline{l}}\tilde{\lambda}_{l} \tag{7.9} $$

$$ {}^{\overline{l}}\lambda_{l} = \left[\, {}^{\overline{l}}\lambda_{l} \quad {}^{\overline{l}}\lambda_{l}^{[4]} \,\right]^{\mathrm{T}} = \left[\, {}^{\overline{l}}n_{l} \cdot \mathrm{S}_{l} \quad \mathrm{C}_{l} \,\right]^{\mathrm{T}} \tag{7.10} $$

其中：

$$ \begin{gathered} \mathrm{C}_{l} = \mathrm{C}\left(0.5 \cdot \phi_{l}^{\overline{l}}\right),\quad \mathrm{S}_{l} = \mathrm{S}\left(0.5 \cdot \phi_{l}^{\overline{l}}\right),\quad \tau_{l} = \tau_{l}^{\overline{l}} = \tan\left(0.5 \cdot \phi_{l}^{\overline{l}}\right) \\ \mathrm{C}_{l}^{\overline{l}} = \mathrm{C}\left(\phi_{l}^{\overline{l}}\right),\quad \mathrm{S}_{l}^{\overline{l}} = \mathrm{S}\left(\phi_{l}^{\overline{l}}\right) \end{gathered} \tag{7.11} $$

【4】运动学迭代式

给定轴链 ${}^{i}\mathbf{1}_{l} = \left(i,\cdots,\overline{k},k,\cdots,\overline{l},l\right]$，$\mathbf{1}_{l}^{i} \geqslant 2$，有以下速度及加速度迭代式：

$$ {}^{i}Q_{l} = \prod_{k}^{{}^{i}\mathbf{1}_{\overline{l}}}\left({}^{\overline{k}}Q_{k}\right) \cdot {}^{\overline{l}}Q_{l} \tag{7.12} $$

$$ {}^{i}\lambda_{l} = \prod_{k}^{{}^{i}\mathbf{1}_{\overline{l}}}\left({}^{\overline{k}}\tilde{\lambda}_{k}\right) \cdot {}^{\overline{l}}\lambda_{l} \tag{7.13} $$

$$ {}^{i}R_{l} = \prod_{k}^{{}^{i}\mathbf{1}_{\overline{l}}}\left({}^{\overline{k}}R_{k}\right) \cdot {}^{\overline{l}}R_{l} \tag{7.14} $$

$$ {}^{i}r_{lS} = \sum_{k}^{{}^{i}\mathbf{1}_{lS}}\left({}^{i|\overline{k}}r_{k}\right) = \sum_{k}^{{}^{i}\mathbf{1}_{lS}}\left({}^{i|\overline{k}}l_{k} + {}^{\overline{k}}n_{k} \cdot r_{k}^{\overline{k}}\right) \tag{7.15} $$

$$ {}^{i}\dot{\phi}_{n} = \sum_{k}^{{}^{i}\mathbf{1}_{n}}\left({}^{i|\overline{k}}\dot{\phi}_{k}\right) = \sum_{k}^{{}^{i}\mathbf{1}_{n}}\left({}^{i|\overline{k}}n_{k} \cdot \dot{\phi}_{k}^{\overline{k}}\right) \tag{7.16} $$

$$ {}^{i}\dot{r}_{lS} = \sum_{k}^{{}^{i}\mathbf{1}_{lS}}\left({}^{i}\dot{\tilde{\phi}}_{\overline{k}} \cdot {}^{i|\overline{k}}r_{k} + {}^{i|\overline{k}}\dot{r}_{k}\right) \tag{7.17} $$

$$ {}^{i}\ddot{\phi}_{n} = \sum_{k}^{{}^{i}\mathbf{1}_{n}}\left({}^{i|\overline{k}}\ddot{\phi}_{k} + {}^{i}\dot{\tilde{\phi}}_{\overline{k}} \cdot {}^{i|\overline{k}}\dot{\phi}_{k}\right) = \sum_{k}^{{}^{i}\mathbf{1}_{n}}\left({}^{i|\overline{k}}n_{k} \cdot \ddot{\phi}_{k}^{\overline{k}} + {}^{i}\dot{\tilde{\phi}}_{\overline{k}} \cdot {}^{i|\overline{k}}\dot{\phi}_{k}\right) \tag{7.18} $$

$$
\begin{aligned}
{}^{i}\ddot{r}_{lS} &= \sum_{k}^{{}^{i}\mathbf{1}_{lS}} \left({}^{i}\ddot{\tilde{\phi}}_{\bar{k}} \cdot {}^{i|\bar{k}}r_{k} + {}^{i}\dot{\tilde{\phi}}_{\bar{k}}^{:2} \cdot {}^{i|\bar{k}}r_{k} + 2 \cdot {}^{i}\dot{\tilde{\phi}}_{\bar{k}} \cdot {}^{i|\bar{k}}\dot{r}_{k} + {}^{i|\bar{k}}\ddot{r}_{k} \right) \\
&= \sum_{k}^{{}^{i}\mathbf{1}_{l}} \left[{}^{i|\bar{k}}n_{k} \cdot \ddot{r}_{k}^{\bar{k}} + {}^{i}\dot{\tilde{\phi}}_{\bar{k}} \cdot \left({}^{i|\bar{k}}\dot{r}_{k} + {}^{i|\bar{k}}n_{k} \cdot \dot{r}_{k}^{\bar{k}} \right) \right] + {}^{i|l}\ddot{r}_{lS} + {}^{i}\dot{\tilde{\phi}}_{l} \cdot {}^{i|l}\dot{r}_{lS}
\end{aligned} \tag{7.19}
$$

由式(7.2)得

$$
{}^{i}r_{i} = {}^{i}\dot{r}_{i} = {}^{i}\ddot{r}_{i} = 0_{3}, \quad {}^{i}\phi_{i} = {}^{i}\dot{\phi}_{i} = {}^{i}\ddot{\phi}_{i} = 0_{3} \tag{7.20}
$$

显然，有

$$
\sum_{k}^{{}^{i}\mathbf{1}_{lI}} \left({}^{i}\ddot{\tilde{\phi}}_{\bar{k}} \cdot {}^{i|\bar{k}}r_{k} + {}^{i|\bar{k}}\ddot{r}_{k} \right) = \sum_{k}^{{}^{i}\mathbf{1}_{l}} \left({}^{i}\ddot{\tilde{\phi}}_{\bar{k}} \cdot {}^{i|\bar{k}}r_{k} + {}^{i|\bar{k}}\ddot{r}_{k} \right) + \left({}^{i}\ddot{\tilde{\phi}}_{l} \cdot {}^{i|l}r_{lI} + {}^{i|l}\ddot{r}_{lI} \right) \tag{7.21}
$$

若 l 为刚体，由式(7.21)及式(7.18)得

$$
\sum_{k}^{{}^{i}\mathbf{1}_{lI}} \left({}^{i}\ddot{\tilde{\phi}}_{\bar{k}} \cdot {}^{i|\bar{k}}r_{k} + {}^{i|\bar{k}}\ddot{r}_{k} \right) = \sum_{k}^{{}^{i}\mathbf{1}_{l}} \left({}^{i}\ddot{\tilde{\phi}}_{\bar{k}} \cdot {}^{i|\bar{k}}r_{k} + {}^{i|\bar{k}}\ddot{r}_{k} \right) + {}^{i}\ddot{\tilde{\phi}}_{l} \cdot {}^{i|l}r_{lI} \tag{7.22}
$$

$$
{}^{i}\ddot{\phi}_{l} = \sum_{k}^{{}^{i}\mathbf{1}_{l}} \left({}^{i|\bar{k}}\ddot{\phi}_{k} + {}^{i}\dot{\tilde{\phi}}_{\bar{k}} \cdot {}^{i|\bar{k}}\dot{\phi}_{k} \right) \tag{7.23}
$$

【5】二阶张量投影

$$
{}^{i|kI}J_{kI} = {}^{i}Q_{k} \cdot {}^{kI}J_{kI} \cdot {}^{k}Q_{i} \tag{7.24}
$$

$$
{}^{i|\bar{k}}\tilde{\phi}_{k} = {}^{i}Q_{\bar{k}} \cdot {}^{\bar{k}}\tilde{\phi}_{k} \cdot {}^{\bar{k}}Q_{i} \tag{7.25}
$$

【6】给定运动链 ${}^{k}\mathbf{1}_{lI} = \left(k, \cdots, l, lI \right]$，则有惯性坐标张量：

$$
{}^{l}J_{lI} = \sum_{S}^{\Omega_{l}} \left(-m_{l}^{[S]} \cdot {}^{l}\tilde{r}_{lS} \cdot {}^{l}\tilde{r}_{lS} \right) \tag{7.26}
$$

$$
{}^{k}J_{l} = -m_{l} \cdot {}^{k}\tilde{r}_{l} \cdot {}^{k|l}\tilde{r}_{lI} \tag{7.27}
$$

$$
{}^{lI}J_{lI} = m_{l} \cdot {}^{lI}\tilde{r}_{l} \cdot {}^{l}\tilde{r}_{lI} + {}^{l}J_{lI} = -m_{l} \cdot {}^{l}\tilde{r}_{lI}^{:2} + {}^{l}J_{lI} \tag{7.28}
$$

$$
{}^{l}J_{lI} = m_{l} \cdot {}^{l}\tilde{r}_{lI}^{:2} + {}^{lI}J_{lI} \tag{7.29}
$$

$$
{}^{k}J_{lI} = -m_{l} \cdot {}^{k|l}\tilde{r}_{lI}^{:2} + {}^{k|lI}J_{lI} \tag{7.30}
$$

【7】给定轴链 ${}^{i}\mathbf{1}_{n} = \left(i, \cdots, \bar{n}, n \right]$，$k \in {}^{i}\mathbf{1}_{n}$，有以下偏速度计算公式：

$$
\frac{\partial\, {}^{i}\dot{r}_{nS}}{\partial \dot{\phi}_{k}^{\bar{k}}} = \frac{\partial\, {}^{i}\ddot{r}_{nS}}{\partial \ddot{\phi}_{k}^{\bar{k}}} = {}^{i|\bar{k}}\tilde{n}_{k} \cdot {}^{i|k}r_{nS} = -\, {}^{i|k}\tilde{r}_{nS} \cdot {}^{i|\bar{k}}n_{k} \tag{7.31}
$$

$$
\begin{cases}
\dfrac{\partial\, {}^{i}\dot{\phi}_{n}}{\partial \dot{\phi}_{k}^{\bar{k}}} = \dfrac{\partial\, {}^{i}\ddot{\phi}_{n}}{\partial \ddot{\phi}_{k}^{\bar{k}}} = {}^{i|\bar{k}}n_{k} \\[2ex]
\dfrac{\partial\, {}^{i}r_{nS}}{\partial r_{k}^{\bar{k}}} = \dfrac{\partial\, {}^{i}\dot{r}_{nS}}{\partial \dot{r}_{k}^{\bar{k}}} = \dfrac{\partial\, {}^{i}\ddot{r}_{nS}}{\partial \ddot{r}_{k}^{\bar{k}}} = {}^{i|\bar{k}}n_{k}
\end{cases} \tag{7.32}
$$

$$
\frac{\partial\, {}^{i}\dot{\phi}_{n}}{\partial \dot{r}_{k}^{\bar{k}}} = \frac{\partial\, {}^{i}\ddot{\phi}_{n}}{\partial \ddot{r}_{k}^{\bar{k}}} = 0_{3} \tag{7.33}
$$

【8】给定轴链 ${}^{i}\mathbf{1}_{n} = \left(i,\cdots,\overline{n},n\right]$，$k,l \in {}^{i}\mathbf{1}_{n}$，有以下二阶矩公式：

$$ {}^{k}\tilde{r}_{kS} \cdot {}^{k|l}\tilde{r}_{lS} = {}^{k|l}r_{lS} \cdot {}^{k}r_{kS}^{\mathrm{T}} - {}^{k|l}r_{lS}^{\mathrm{T}} \cdot {}^{k}r_{kS} \cdot \mathbf{1} \tag{7.34} $$

$$ \widetilde{{}^{k}\tilde{r}_{kS} \cdot {}^{k|l}r_{lS}} = {}^{k|l}r_{lS} \cdot {}^{k}r_{kS}^{\mathrm{T}} - {}^{k}r_{kS} \cdot {}^{k|l}r_{lS}^{\mathrm{T}} \tag{7.35} $$

$$ {}^{k}\tilde{r}_{kS} \cdot {}^{k|l}\tilde{r}_{lS} - {}^{k|l}\tilde{r}_{lS} \cdot {}^{k}\tilde{r}_{kS} = {}^{k|l}r_{lS} \cdot {}^{k}r_{kS}^{\mathrm{T}} - {}^{k}r_{kS} \cdot {}^{k|l}r_{lS}^{\mathrm{T}} = \widetilde{{}^{k}\tilde{r}_{kS} \cdot {}^{k|l}r_{lS}} \tag{7.36} $$

【9】左序叉乘与转置的关系

$$ {}^{i}\dot{\phi}_{l}^{\mathrm{T}} \cdot {}^{i|l}\tilde{r}_{lS} = -{}^{i|l}r_{lS}^{\mathrm{T}} \cdot {}^{i}\dot{\tilde{\phi}}_{l},\quad \left({}^{i}\dot{\phi}_{l}^{\mathrm{T}} \cdot {}^{i|l}\tilde{r}_{lS}\right)^{\mathrm{T}} = {}^{i}\dot{\tilde{\phi}}_{l} \cdot {}^{i|l}r_{lS} \tag{7.37} $$

【10】轮土矢量力学及移动维度

$$ {}^{l}\mathbf{S}_{\bar{l}}^{\mathrm{NS}} = \begin{bmatrix} 1 & -{}^{l}\mu_{\bar{l}}^{[1]} \cdot \operatorname{sgn}\left({}^{l|i}\dot{r}_{l}^{[1]}\right) \\ 0 & -{}^{l}\mu_{\bar{l}}^{[2]} \cdot \operatorname{sgn}\left({}^{l|\bar{l}}\dot{r}_{l}^{[2]}\right) \\ 0 & 1 \end{bmatrix},\quad \mathbf{F}_{\bar{l}}^{\mathrm{NS}} = \begin{bmatrix} T_{\bar{l}}^{l} \\ N_{\bar{l}}^{l} \end{bmatrix} \tag{7.38} $$

$$ {}^{l}\mathbf{S}_{\bar{l}}^{\mathrm{S}} = \begin{bmatrix} 1 & 0 & -{}^{l}\mu_{\bar{l}}^{[1]} \cdot \operatorname{sgn}\left({}^{l|i}\dot{r}_{l}^{[1]}\right) \\ 0 & 1 & -{}^{l}\mu_{\bar{l}}^{[2]} \cdot \operatorname{sgn}\left({}^{l|\bar{l}}\dot{r}_{l}^{[2]}\right) \\ 0 & 0 & 1 \end{bmatrix},\quad \mathbf{F}_{\bar{l}}^{\mathrm{S}} = \begin{bmatrix} T_{\bar{l}}^{l} \\ L_{\bar{l}}^{l} \\ N_{\bar{l}}^{l} \end{bmatrix} \tag{7.39} $$

$$ \mathrm{FD}\left(\mathrm{W_S}\right) = 3 \tag{7.40} $$

$$ \mathrm{FD}\left(\mathrm{W_{NS}}\right) = 2 \tag{7.41} $$

$$ \mathrm{DOF}\left(\boldsymbol{D}\right) = 6 + \left|\boldsymbol{A}\right| - \left|\boldsymbol{NT}\right| + \left|\boldsymbol{O}\right| \tag{7.42} $$

$$ \mathrm{DOM}\left(\boldsymbol{D}\right) = \mathrm{DOF}\left(\boldsymbol{D}\right) - n_{\mathrm{NS}} \cdot \mathrm{FD}\left(\mathrm{W_{NS}}\right) - n_{\mathrm{S}} \cdot \mathrm{FD}\left(\mathrm{W_S}\right) \tag{7.43} $$

7.3 多轴系统的拉格朗日方程及凯恩方程

7.3.1 多轴系统的拉格朗日方程推导与应用

1764 年，拉格朗日在研究月球天平动问题时提出了拉格朗日方法。该方法是以广义坐标表达动力学方程的基本方法，同时，也是描述量子场论的基本方法。本节推导拉格朗日方程，并应用链符号系统对之进行重新表述。

下面考虑质点动力学系统 $\boldsymbol{D} = \left\{\boldsymbol{A},\boldsymbol{K},\boldsymbol{T},\boldsymbol{NT},\boldsymbol{F},\boldsymbol{B}\right\}$，首先根据牛顿力学推导自由质点 $m_{l}^{[S]}$ 的拉格朗日方程，然后推广至受约束的质点系统。对于一组受保守力作用的质点，在牛顿惯性空间的笛卡儿直角坐标系下，有

$$ m_{l}^{[S]} \cdot {}^{i}\ddot{r}_{lS} = {}^{i}f_{lS} \tag{7.44} $$

式(7.44)中的保守力 ${}^{i}f_{lS}$ 相对质点惯性力 $m_{l}^{[S]} \cdot {}^{i}\ddot{r}_{lS}$ 具有相同的链序，即 ${}^{i}f_{lS}$ 为正序，质点 $m_{l}^{[S]}$ 的合力为零。质点 $m_{l}^{[S]}$ 的能量记为 $\mathcal{E}_{\boldsymbol{D}}^{i}$，由动能 ${}_{v}\mathcal{E}_{\boldsymbol{D}}^{i}$ 及势能 ${}_{g}\mathcal{E}_{\boldsymbol{D}}^{i}$ 组成，即有

$$\mathcal{E}_{\boldsymbol{D}}^{i}={}_{v}\mathcal{E}_{\boldsymbol{D}}^{i}-{}_{g}\mathcal{E}_{\boldsymbol{D}}^{i}=\sum_{l}^{i\boldsymbol{L}}\left({}_{v}\mathcal{E}_{lS}^{i}\right)-\sum_{l}^{i\boldsymbol{L}}\left({}_{g}\mathcal{E}_{lS}^{i}\right)\tag{7.45}$$

由式(7.45)得

$${}^{i}p_{\boldsymbol{D}}=\sum_{l}^{i\boldsymbol{L}}\left({}^{i}p_{l}\right),\quad {}^{i}p_{l}=\frac{\partial\mathcal{E}_{\boldsymbol{D}}^{i}}{\partial^{i}\dot{r}_{l}}\tag{7.46}$$

由式(7.46)得

$$\frac{{}^{i}d}{dt}\left(\frac{\partial\mathcal{E}_{\boldsymbol{D}}^{i}}{\partial^{i}\dot{r}_{l}^{[k]}}\right)-\frac{\partial\mathcal{E}_{\boldsymbol{D}}^{i}}{\partial^{i}r_{l}^{[k]}}=0,\quad k\in[x,y,z]\tag{7.47}$$

式(7.47)称为笛卡儿矢量空间的拉格朗日方程。

广义坐标序列$\left\{q_{l}^{\overline{l}}\mid l\in\boldsymbol{A}\right\}$与笛卡儿空间的位置矢量序列$\left\{{}^{i}r_{l}\mid l\in\boldsymbol{A}\right\}$的关系记为

$$q_{l}^{\overline{l}}=q_{l}^{\overline{l}}\left(\cdots,{}^{i}r_{l},\cdots;t\right),\quad {}^{i}r_{l}={}^{i}r_{l}\left(\cdots,q_{l}^{\overline{l}},\cdots;t\right)\tag{7.48}$$

由式(7.48)得

$$\dot{q}_{k}^{\overline{k}}=\sum_{j}^{i\boldsymbol{L}}\left(\frac{\partial q_{k}^{\overline{k}}}{\partial^{i}r_{j}^{[w]}}\cdot{}^{i}\dot{r}_{j}^{[w]}\right)+\frac{\partial q_{k}^{\overline{k}}}{\partial t}\tag{7.49}$$

显然，有

$$\frac{\partial q_{k}^{\overline{k}}}{\partial^{i}r_{l}^{[w]}}=\frac{\partial\dot{q}_{k}^{\overline{k}}}{\partial^{i}\dot{r}_{l}^{[w]}}\tag{7.50}$$

由式(7.47)及式(7.48)得

$$\frac{\partial\mathcal{E}_{\boldsymbol{D}}^{i}}{\partial^{i}\dot{r}_{l}^{[w]}}=\sum_{k}^{i\boldsymbol{L}}\left(\frac{\partial\mathcal{E}_{\boldsymbol{D}}^{i}}{\partial\dot{q}_{k}^{\overline{k}}}\cdot\frac{\partial\dot{q}_{k}^{\overline{k}}}{\partial^{i}\dot{r}_{l}^{[w]}}\right)\tag{7.51}$$

由式(7.51)及式(7.50)得

$$\frac{{}^{i}d}{dt}\left(\frac{\partial\mathcal{E}_{\boldsymbol{D}}^{i}}{\partial^{i}\dot{r}_{l}^{[w]}}\right)=\sum_{k}^{i\boldsymbol{L}}\left(\frac{{}^{i}d}{dt}\left(\frac{\partial\mathcal{E}_{\boldsymbol{D}}^{i}}{\partial\dot{q}_{k}^{\overline{k}}}\right)\cdot\frac{\partial q_{k}^{\overline{k}}}{\partial^{i}r_{l}^{[w]}}\right)+\sum_{k}^{i\boldsymbol{L}}\left(\frac{\partial\mathcal{E}_{\boldsymbol{D}}^{i}}{\partial\dot{q}_{k}^{\overline{k}}}\cdot\frac{{}^{i}d}{dt}\left(\frac{\partial q_{k}^{\overline{k}}}{\partial^{i}r_{l}^{[w]}}\right)\right)\tag{7.52}$$

对于任一函数$f\left(\cdots,{}^{i}r_{l},\cdots;t\right)$，其时间微分为

$$\frac{df}{dt}=\sum_{k}^{i\boldsymbol{L}}\left(\frac{\partial f}{\partial^{i}r_{k}^{[w]}}\cdot{}^{i}\dot{r}_{k}^{[w]}\right)+\frac{\partial f}{\partial t}\tag{7.53}$$

由式(7.53)所示的莱布尼兹规则及式(7.52)等号右侧第二项得

$$\frac{{}^{i}d}{dt}\left(\frac{\partial\mathcal{E}_{\boldsymbol{D}}^{i}}{\partial^{i}\dot{r}_{l}^{[w]}}\right)=\sum_{k}^{i\boldsymbol{L}}\left(\frac{d}{dt}\left(\frac{\partial\mathcal{E}_{\boldsymbol{D}}^{i}}{\partial\dot{q}_{k}^{\overline{k}}}\right)\cdot\frac{\partial q_{k}^{\overline{k}}}{\partial^{i}r_{l}^{[w]}}\right)+\sum_{k}^{i\boldsymbol{L}}\left(\frac{\partial\mathcal{E}_{\boldsymbol{D}}^{i}}{\partial\dot{q}_{k}^{\overline{k}}}\cdot\left(\frac{\partial^{2}q_{k}^{\overline{k}}}{\partial^{i}r_{l}^{[w]}\partial^{i}r_{k}^{[w]}}{}^{i}\dot{r}_{k}^{[w]}+\frac{\partial^{2}q_{k}^{\overline{k}}}{\partial^{i}r_{l}^{[w]}\partial t}\right)\right)\tag{7.54}$$

由式(7.49)得

$$\frac{\partial\dot{q}_{k}^{\overline{k}}}{\partial^{i}r_{l}^{[w]}}=\sum_{j}^{i\boldsymbol{L}}\left(\frac{\partial^{2}q_{k}^{\overline{k}}}{\partial^{i}r_{l}^{[w]}\partial^{i}r_{j}^{[w]}}\cdot{}^{i}\dot{r}_{j}^{[w]}\right)+\frac{\partial^{2}q_{k}^{\overline{k}}}{\partial^{i}r_{l}^{[w]}\partial t}\tag{7.55}$$

又由偏导数链规则可知

$$\frac{\partial\mathcal{E}_{\boldsymbol{D}}^{i}}{\partial^{i}r_{l}^{[w]}}=\sum_{k}^{i\boldsymbol{L}}\left(\frac{\partial\mathcal{E}_{\boldsymbol{D}}^{i}}{\partial q_{k}^{\overline{k}}}\cdot\frac{\partial q_{k}^{\overline{k}}}{\partial^{i}r_{l}^{[w]}}\right)+\sum_{k}^{i\boldsymbol{L}}\left(\frac{\partial\mathcal{E}_{\boldsymbol{D}}^{i}}{\partial\dot{q}_{k}^{\overline{k}}}\cdot\frac{\partial\dot{q}_{k}^{\overline{k}}}{\partial^{i}r_{l}^{[w]}}\right)\tag{7.56}$$

由式(7.55)及式(7.56)得

$$\frac{\partial \mathcal{E}_{\boldsymbol{D}}^{i}}{\partial{}^{i}r_{l}^{[w]}}=\sum_{k}^{i\mathbf{L}}\left(\frac{\partial \mathcal{E}_{\boldsymbol{D}}^{i}}{\partial q_{k}^{\bar{k}}}\cdot\frac{\partial q_{k}^{\bar{k}}}{\partial{}^{i}r_{l}^{[w]}}\right)+\sum_{k}^{i\mathbf{L}}\left(\frac{\partial \mathcal{E}_{\boldsymbol{D}}^{i}}{\partial \dot{q}_{k}^{\bar{k}}}\cdot\left(\sum_{j}^{i\mathbf{L}}\left(\frac{\partial^{2} q_{k}^{\bar{k}}}{\partial{}^{i}r_{l}^{[w]}\partial{}^{i}r_{j}^{[w]}}\cdot{}^{i}\dot{r}_{j}^{[w]}\right)+\frac{\partial^{2} q_{k}^{\bar{k}}}{\partial{}^{i}r_{l}^{[w]}\partial t}\right)\right) \tag{7.57}$$

将式(7.54)及式(7.57)代入式(7.47)得

$$\sum_{j}^{i\mathbf{L}}\left(\frac{{}^{i}d}{dt}\left(\frac{\partial \mathcal{E}_{\boldsymbol{D}}^{i}}{\partial \dot{q}_{l}^{\bar{l}}}\right)-\frac{\partial \mathcal{E}_{\boldsymbol{D}}^{i}}{\partial q_{l}^{\bar{l}}}\right)\cdot\frac{\partial q_{j}^{\bar{j}}}{\partial{}^{i}r_{l}^{[w]}}=0 \tag{7.58}$$

若$\partial q_{j}^{\bar{j}}\ /\ \partial{}^{i}r_{l}^{[w]}$非奇异，则$\partial{}^{i}r_{l}^{[w]}\ /\ \partial q_{j}^{\bar{j}}$存在。故得关节空间的拉格朗日方程：

$$\frac{{}^{i}d}{dt}\left(\frac{\partial \mathcal{E}_{\boldsymbol{D}}^{i}}{\partial \dot{q}_{k}^{\bar{k}}}\right)-\frac{\partial \mathcal{E}_{\boldsymbol{D}}^{i}}{\partial q_{k}^{\bar{k}}}=0 \tag{7.59}$$

式(7.59)是应用系统的能量和广义坐标建立的系统方程。关节变量$q_{l}^{\bar{l}}$与坐标矢量${}^{i}r_{l}$的关系如式(7.48)所示，式(7.48)称为关节空间与笛卡儿空间的点变换（point transformation）。

在推导拉格朗日方程时，前提是式(7.45)及式(7.47)成立。保守力与惯性力具有相反的链序。拉格朗日系统内的约束既可以是质点间的固结约束，又可以是质点系统间的运动约束。刚体自身是质点系统$\boldsymbol{B}^{[l]}=\left[\left(m_{l}^{[S]},lS\right)\mid lS\in\Omega_{l}\right]$，质点能量具有可加性。由第6章可知，刚体动能由质心平动动能及转动动能组成。下面，就简单运动副$\boldsymbol{R}/\boldsymbol{P}$分别建立拉格朗日方程，为后续进一步推出新的动力学理论奠定基础。

给定刚体多轴系统$\boldsymbol{D}=\left\{\boldsymbol{A},\boldsymbol{K},\boldsymbol{T},\boldsymbol{NT},\boldsymbol{F},\boldsymbol{B}\right\}$，惯性空间记为$i$，$\forall l\in\boldsymbol{A}$；轴$l$的能量记为$\mathcal{E}_{l}^{i}$，其中平动动能为${}_{v}\mathcal{E}_{l}^{i}$，转动动能为${}_{\omega}\mathcal{E}_{l}^{i}$，引力势能为${}_{g}\mathcal{E}_{l}^{i}$；轴$l$受除引力外的外部合力及合力矩分别为${}^{\boldsymbol{D}}f_{l}$及${}^{\boldsymbol{D}}\tau_{l}$；轴$l$的质量及质心转动惯量分别为$\mathrm{m}_{l}$及${}^{lI}\mathrm{J}_{lI}$；轴$u$的单位轴不变量为${}^{\bar{u}}n_{u}$；环境$i$作用于$lI$的惯性加速度记为${}^{i}\mathrm{g}_{lI}$。惯性加速度${}^{i}\mathrm{g}_{lI}$链序由$i$至$lI$，${}^{i|lI}\mathrm{g}_{i}$链序由$lI$至$i$，且有

$${}^{i}\mathrm{g}_{lI}=-{}^{i|lI}\mathrm{g}_{i} \tag{7.60}$$

1.系统能量

系统$\boldsymbol{D}$的能量$\mathcal{E}_{\boldsymbol{D}}^{i}$表达为

$$\mathcal{E}_{\boldsymbol{D}}^{i}={}_{m}\mathcal{E}_{\boldsymbol{D}}^{i}+{}_{g}\mathcal{E}_{\boldsymbol{D}}^{i} \tag{7.61}$$

其中：

$$\begin{cases}{}_{m}\mathcal{E}_{\boldsymbol{D}}^{i}=\sum\limits_{k}^{i\mathbf{L}}\left({}_{v}\mathcal{E}_{k}^{i}\right)+\sum\limits_{k}^{i\mathbf{L}}\left({}_{\omega}\mathcal{E}_{k}^{i}\right),\quad {}_{g}\mathcal{E}_{\boldsymbol{D}}^{i}=\sum\limits_{k}^{i\mathbf{L}}\left({}_{g}\mathcal{E}_{k}^{i}\right)\\ {}_{v}\mathcal{E}_{l}^{i}=\dfrac{1}{2}\cdot\mathrm{m}_{l}\cdot{}^{i}\dot{r}_{lI}^{\mathrm{T}}\cdot{}^{i}\dot{r}_{lI},\quad {}_{\omega}\mathcal{E}_{l}^{i}=\dfrac{1}{2}\cdot{}^{i}\dot{\phi}_{l}^{\mathrm{T}}\cdot{}^{i|lI}\mathrm{J}_{lI}\cdot{}^{i}\dot{\phi}_{l}\\ {}_{g}\mathcal{E}_{l}^{i}=\mathrm{m}_{l}\cdot{}^{i}r_{lI}^{\mathrm{T}}\cdot{}^{i}\mathrm{g}_{lI}=-\mathrm{m}_{l}\cdot{}^{i}r_{lI}^{\mathrm{T}}\cdot{}^{i|lI}\mathrm{g}_{i}\end{cases} \tag{7.62}$$

2.多轴系统拉格朗日方程

由式(7.59)得多轴系统拉格朗日方程：

$$\begin{cases} \dfrac{{}^{i}d}{dt}\left(\dfrac{\partial\ {}_{m}\mathcal{E}_{\boldsymbol{D}}^{i}}{\partial \dot{r}_{u}^{\overline{u}}}\right)-\dfrac{\partial \mathcal{E}_{\boldsymbol{D}}^{i}}{\partial r_{u}^{\overline{u}}}={}^{i|\overline{u}}n_{u}^{\mathrm{T}}\cdot{}^{i|\boldsymbol{D}}f_{u}, \quad \text{if} \quad {}^{\overline{u}}\boldsymbol{k}_{u}\in\boldsymbol{P} \\ \dfrac{{}^{i}d}{dt}\left(\dfrac{\partial\ {}_{m}\mathcal{E}_{\boldsymbol{D}}^{i}}{\partial \dot{\phi}_{u}^{\overline{u}}}\right)-\dfrac{\partial \mathcal{E}_{\boldsymbol{D}}^{i}}{\partial \phi_{u}^{\overline{u}}}={}^{i|\overline{u}}n_{u}^{\mathrm{T}}\cdot{}^{i|\boldsymbol{D}}\tau_{u}, \quad \text{if} \quad {}^{\overline{u}}\boldsymbol{k}_{u}\in\boldsymbol{R} \end{cases} \tag{7.63}$$

式(7.63)为轴 u 的控制方程，即在轴不变量 ${}^{\overline{u}}n_{u}$ 上的力平衡方程；${}^{i|\overline{u}}n_{u}^{\mathrm{T}}\cdot{}^{i|\boldsymbol{D}}f_{u}$ 是合力 ${}^{i|\boldsymbol{D}}f_{u}$ 在 ${}^{\overline{u}}n_{u}$ 上的分量，${}^{i|\overline{u}}n_{u}^{\mathrm{T}}\cdot{}^{i|\boldsymbol{D}}\tau_{u}$ 是合力矩 ${}^{i|\boldsymbol{D}}\tau_{u}$ 在 ${}^{\overline{u}}n_{u}$ 上的分量。

【示例7.1】 如图 7-1 所示的平面2R 机械臂系统，$\boldsymbol{A}=(i,1,2]$，关节坐标序列 $\phi_{(i,2]}^{\mathrm{T}}=\left[\phi_{1}^{i}\quad\phi_{2}^{1}\right]$，应用自然坐标系统，其中惯性系记为 $\boldsymbol{F}^{[i]}$；质心位置矢量 ${}^{1}r_{1I}^{\mathrm{T}}=\left[l_{1I}\quad 0\quad 0\right]$，${}^{2}r_{2I}^{\mathrm{T}}=\left[l_{2I}\quad 0\quad 0\right]$；重力加速度矢量 ${}^{i}\mathrm{g}_{lI}^{\mathrm{T}}=\left[0\quad 0\quad -\mathrm{g}\right]$；质量序列为 $\left\{\mathrm{m}_{l}\mid l\in\boldsymbol{A}\right\}$，质心转动惯量序列为 $\left\{{}^{lI}\mathrm{J}_{lI}\mid l\in\boldsymbol{A}\right\}$；关节驱动力矩分别为 τ_{1}^{i} 和 τ_{2}^{i}。应用式(7.63)建立该系统的拉格朗日方程。

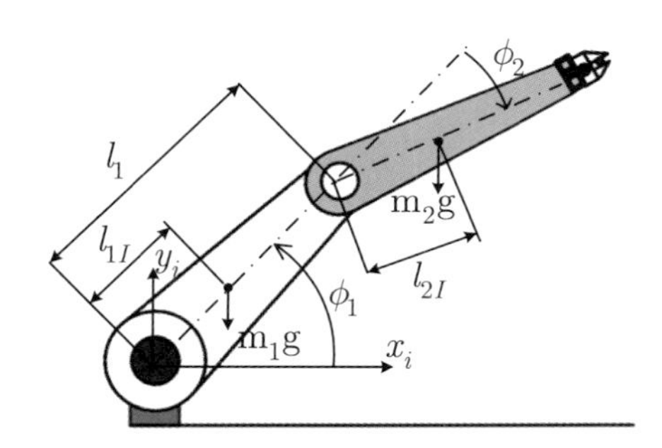

图 7-1　平面 2R 机械臂系统

【解】 记 $\phi_{2}^{i}=\phi_{1}^{i}+\phi_{2}^{1}$，$\dot{\phi}_{2}^{i}=\dot{\phi}_{1}^{i}+\dot{\phi}_{2}^{1}$，$\ddot{\phi}_{2}^{i}=\ddot{\phi}_{1}^{i}+\ddot{\phi}_{2}^{1}$；且记

$${}^{1I}\mathrm{J}_{1I}=\begin{bmatrix} * & * & * \\ * & * & * \\ * & * & \mathrm{J}_{1I} \end{bmatrix},\quad {}^{2I}\mathrm{J}_{2I}=\begin{bmatrix} * & * & * \\ * & * & * \\ * & * & \mathrm{J}_{2I} \end{bmatrix} \tag{7.64}$$

其中 $*$ 表示未知量。应用式(7.11)所示的正余弦简记符。

步骤 1　表达系统的能量。杆件 1 的动能：

$${}_{v}\mathcal{E}_{1}^{i}+{}_{\omega}\mathcal{E}_{1}^{i}=\frac{1}{2}\mathrm{m}_{1}\dot{r}_{1I}^{i:2}+\frac{1}{2}\mathrm{J}_{1I}\dot{\phi}_{1}^{i:2}=\frac{1}{2}\mathrm{m}_{1}l_{1I}^{2}\dot{\phi}_{1}^{i:2}+\frac{1}{2}\mathrm{J}_{1I}\dot{\phi}_{1}^{i:2} \tag{7.65}$$

杆件 1 的重力势能：

$${}_{g}\mathcal{E}_{1}^{i}=\mathrm{m}_{1}\cdot{}^{i}r_{1I}^{\mathrm{T}}\cdot{}^{i}\mathrm{g}_{1I}=-\mathrm{m}_{1}\mathrm{g}l_{1I}\,\mathrm{S}_{1}^{i} \tag{7.66}$$

杆件 2 的动能：

$$
\begin{aligned}
{}_{v}\mathcal{E}_{2}^{i}+{}_{\omega}\mathcal{E}_{2}^{i} &= \frac{1}{2}\cdot \mathrm{m}_{2}\cdot \dot{r}_{2I}^{i:2}+\frac{1}{2}\cdot \mathrm{J}_{2I}\cdot \dot{\phi}_{2}^{i:2} \\
&= \frac{1}{2}\mathrm{m}_{2}\cdot\left[\left(l_{1}\dot{\phi}_{1}^{i}\,\mathrm{C}_{2}^{1}+l_{2I}\dot{\phi}_{2}^{i}\right)^{2}+\left(l_{1}\dot{\phi}_{1}^{i}\,\mathrm{S}_{2}^{1}\right)^{2}\right]+\frac{1}{2}\mathrm{J}_{2I}\dot{\phi}_{2}^{i:2} \\
&= \frac{1}{2}\mathrm{m}_{2}\cdot\left[l_{1}^{2}\dot{\phi}_{1}^{i:2}+2l_{1}l_{2I}\,\mathrm{C}_{2}^{1}\cdot\left(\dot{\phi}_{1}^{i}\dot{\phi}_{2}^{1}+\dot{\phi}_{1}^{i:2}\right)+l_{2I}^{2}\dot{\phi}_{2}^{i:2}\right]+\frac{1}{2}\mathrm{J}_{2I}\dot{\phi}_{2}^{i:2}
\end{aligned}
\tag{7.67}
$$

杆件 2 的重力势能：

$$
{}_{g}\mathcal{E}_{2}^{i}=\mathrm{m}_{2}\cdot {}^{i}r_{2I}^{\mathrm{T}}\cdot {}^{i}\mathrm{g}_{2I}=-\mathrm{m}_{2}\mathrm{g}\left(l_{1}\,\mathrm{S}_{1}^{i}+l_{2I}\,\mathrm{S}_{2}^{i}\right)
\tag{7.68}
$$

系统重力势能：

$$
{}_{g}\mathcal{E}_{\boldsymbol{D}}^{i}={}_{g}\mathcal{E}_{1}^{i}+{}_{g}\mathcal{E}_{2}^{i}
$$

系统能量：

$$
\mathcal{E}_{\boldsymbol{D}}^{i}={}_{v}\mathcal{E}_{1}^{i}+{}_{\omega}\mathcal{E}_{1}^{i}+{}_{v}\mathcal{E}_{2}^{i}+{}_{\omega}\mathcal{E}_{2}^{i}+{}_{g}\mathcal{E}_{\boldsymbol{D}}^{i}
$$

步骤 2 获得系统能量对关节速度的偏导数：

$$
\begin{aligned}
\frac{\partial\mathcal{E}_{\boldsymbol{D}}^{i}}{\partial\dot{\phi}_{1}^{i}} &= \mathrm{m}_{1}l_{1I}^{2}\dot{\phi}_{1}^{i}+\mathrm{J}_{1I}\dot{\phi}_{1}^{i}+\mathrm{m}_{2}l_{1}^{2}\dot{\phi}_{1}^{i}+\mathrm{m}_{2}l_{1}l_{2I}\,\mathrm{C}_{2}^{1}\,\dot{\phi}_{2}^{1}+2\mathrm{m}_{2}l_{1}l_{2I}\,\mathrm{C}_{2}^{1}\,\dot{\phi}_{1}^{i}+\mathrm{m}_{2}l_{2I}^{2}\dot{\phi}_{2}^{i}+\mathrm{J}_{2I}\dot{\phi}_{2}^{i} \\
&= \mathrm{m}_{1}l_{1I}^{2}\dot{\phi}_{1}^{i}+\mathrm{J}_{1I}\dot{\phi}_{1}^{i}+\mathrm{m}_{2}l_{1}^{2}\dot{\phi}_{1}^{i}+2\mathrm{m}_{2}l_{1}l_{2I}\,\mathrm{C}_{2}^{1}\,\dot{\phi}_{1}^{i}+\mathrm{m}_{2}l_{1}l_{2I}\,\mathrm{C}_{2}^{1}\,\dot{\phi}_{2}^{1}+\mathrm{m}_{2}l_{2I}^{2}\dot{\phi}_{2}^{i}+\mathrm{J}_{2I}\dot{\phi}_{2}^{i}
\end{aligned}
$$

$$
\frac{\partial\mathcal{E}_{\boldsymbol{D}}^{i}}{\partial\dot{\phi}_{2}^{1}}=\mathrm{m}_{2}l_{1}l_{2I}\,\mathrm{C}_{2}^{1}\,\dot{\phi}_{1}^{i}+\mathrm{m}_{2}l_{2I}^{2}\dot{\phi}_{2}^{i}+\mathrm{J}_{2I}\dot{\phi}_{2}^{i}
$$

步骤 3 获得系统能量对关节角度的偏导数：

$$
\frac{\partial\mathcal{E}_{\boldsymbol{D}}^{i}}{\partial\phi_{(i,2]}}=\begin{bmatrix}0\\ -\mathrm{m}_{2}l_{1}l_{2I}\mathrm{S}_{2}^{1}\left(\dot{\phi}_{1}^{i}\dot{\phi}_{2}^{1}+\dot{\phi}_{1}^{i:2}\right)\end{bmatrix}-\begin{bmatrix}\mathrm{m}_{1}\mathrm{g}l_{1I}\mathrm{C}_{1}^{i}+\mathrm{m}_{2}\mathrm{g}\left(l_{1}\mathrm{C}_{1}^{i}+l_{2I}\,\mathrm{C}_{2}^{i}\right)\\ \mathrm{m}_{2}\mathrm{g}l_{2I}\mathrm{C}_{2}^{i}\end{bmatrix}
\tag{7.69}
$$

步骤 4 获得偏速度对时间 t 的导数：

$$
\frac{d}{dt}\left(\frac{\partial\mathcal{E}_{\boldsymbol{D}}^{i}}{\partial\dot{\phi}_{(i,2]}}\right)=\frac{d}{dt}\begin{pmatrix}\mathrm{m}_{1}l_{1I}^{2}\dot{\phi}_{1}^{i}+\mathrm{J}_{1I}\dot{\phi}_{1}^{i}+\mathrm{m}_{2}l_{1}^{2}\dot{\phi}_{1}^{i}+\mathrm{m}_{2}l_{1}l_{2I}\,\mathrm{C}_{2}^{1}\,\dot{\phi}_{2}^{1}+2\mathrm{m}_{2}l_{1}l_{2I}\,\mathrm{C}_{2}^{1}\,\dot{\phi}_{1}^{i}+\mathrm{m}_{2}l_{2I}^{2}\dot{\phi}_{2}^{i}+\mathrm{J}_{2I}\dot{\phi}_{2}^{i}\\ \mathrm{m}_{2}l_{1}l_{2I}\,\mathrm{C}_{2}^{1}\,\dot{\phi}_{1}^{i}+\mathrm{m}_{2}l_{2I}^{2}\dot{\phi}_{2}^{i}+\mathrm{J}_{2I}\dot{\phi}_{2}^{i}\end{pmatrix}
$$

$$
=\begin{bmatrix}\left(\mathrm{m}_{1}l_{1I}^{2}+\mathrm{J}_{1I}+\mathrm{m}_{2}\left(l_{1}^{2}+2l_{1}l_{2I}\mathrm{C}_{2}^{1}+l_{2I}^{2}\right)+\mathrm{J}_{2I}\right)\ddot{\phi}_{1}^{i}\\ \left(\mathrm{m}_{2}\left(l_{2I}^{2}+l_{1}l_{2I}\mathrm{C}_{2}^{1}\right)+\mathrm{J}_{2I}\right)\ddot{\phi}_{1}^{i}\end{bmatrix}
$$

$$
\backslash+\begin{bmatrix}\left(\mathrm{m}_{2}\left(l_{2I}^{2}+l_{1}l_{2I}\mathrm{C}_{2}^{1}\right)+\mathrm{J}_{2I}\right)\ddot{\phi}_{2}^{1}\\ (m_{2}l_{2I}^{2}+\mathrm{J}_{2I})\ddot{\phi}_{2}^{1}\end{bmatrix}-\begin{bmatrix}\mathrm{m}_{2}l_{1}l_{2I}\mathrm{S}_{2}^{1}\left(\dot{\phi}_{2}^{1:2}+2\dot{\phi}_{1}^{i}\dot{\phi}_{2}^{1}\right)\\ \mathrm{m}_{2}l_{1}l_{2I}\,\mathrm{S}_{2}^{1}\,\dot{\phi}_{1}^{i}\dot{\phi}_{2}^{1}\end{bmatrix}
$$

$$
=\begin{bmatrix}\mathrm{m}_{1}l_{1I}^{2}+\mathrm{J}_{1I}+\mathrm{m}_{2}\left(l_{1}^{2}+2l_{1}l_{2I}\,\mathrm{C}_{2}^{1}+l_{2I}^{2}\right)+\mathrm{J}_{2I} & \mathrm{m}_{2}\left(l_{2I}^{2}+l_{1}l_{2I}\,\mathrm{C}_{2}^{1}\right)+\mathrm{J}_{2I}\\ \mathrm{m}_{2}\left(l_{2I}^{2}+l_{1}l_{2I}\,\mathrm{C}_{2}^{1}\right)+\mathrm{J}_{2I} & \mathrm{m}_{2}l_{2I}^{2}+\mathrm{J}_{2I}\end{bmatrix}\cdot\begin{bmatrix}\ddot{\phi}_{1}^{i}\\ \ddot{\phi}_{2}^{1}\end{bmatrix}
$$

$$
\backslash-\begin{bmatrix}\mathrm{m}_{2}l_{1}l_{2I}\mathrm{S}_{2}^{1}\left(\dot{\phi}_{2}^{1:2}+2\dot{\phi}_{1}^{i}\dot{\phi}_{2}^{1}\right)\\ \mathrm{m}_{2}l_{1}l_{2I}\,\mathrm{S}_{2}^{1}\,\dot{\phi}_{1}^{i}\dot{\phi}_{2}^{1}\end{bmatrix}
$$

故得

$$\frac{d}{dt}\left(\frac{\partial \mathscr{E}_{\boldsymbol{D}}^{i}}{\partial \dot{\phi}_{(i,2]}}\right)=\begin{bmatrix} \mathrm{m}_1 l_{1I}^2+\mathrm{J}_{1I}+\mathrm{m}_2\left(l_1^2+2l_1 l_{2I}\,\mathrm{C}_2^1+l_{2I}^2\right)+\mathrm{J}_{2I} & \mathrm{m}_2\left(l_{2I}^2+l_1 l_{2I}\,\mathrm{C}_2^1\right)+\mathrm{J}_{2I} \\ \mathrm{m}_2\left(l_{2I}^2+l_1 l_{2I}\,\mathrm{C}_2^1\right)+\mathrm{J}_{2I} & \mathrm{m}_2 l_{2I}^2+\mathrm{J}_{2I} \end{bmatrix} \cdot\begin{bmatrix} \ddot{\phi}_1^i \\ \ddot{\phi}_2^1 \end{bmatrix}+\begin{bmatrix} -\mathrm{m}_2 l_1 l_{2I}\,\mathrm{S}_2^1\left(\dot{\phi}_2^{1:2}+2\dot{\phi}_1^i\dot{\phi}_2^1\right) \\ \mathrm{m}_2 l_1 l_{2I}\,\mathrm{S}_2^1\,\dot{\phi}_1^i\dot{\phi}_2^1 \end{bmatrix} \tag{7.70}$$

步骤 5　由式(7.70)、式(7.69)及式(7.63)得该平面 2R 机械臂系统的拉格朗日方程：

$$\begin{bmatrix} \mathrm{m}_1 l_{1I}^2+\mathrm{J}_{1I}+\mathrm{m}_2\left(l_1^2+2l_1 l_{2I}\,\mathrm{C}_2^1+l_{2I}^2\right)+\mathrm{J}_{2I} & \mathrm{m}_2\left(l_{2I}^2+l_1 l_{2I}\,\mathrm{C}_2^1\right)+\mathrm{J}_{2I} \\ \mathrm{m}_2\left(l_{2I}^2+l_1 l_{2I}\,\mathrm{C}_2^1\right)+\mathrm{J}_{2I} & \mathrm{m}_2 l_{2I}^2+\mathrm{J}_{2I} \end{bmatrix}\cdot\begin{bmatrix} \ddot{\phi}_1^i \\ \ddot{\phi}_2^1 \end{bmatrix} +\begin{bmatrix} -\mathrm{m}_2 l_1 l_{2I}\,\mathrm{S}_2^1\left(\dot{\phi}_2^{1:2}+2\dot{\phi}_1^i\dot{\phi}_2^1\right) \\ \mathrm{m}_2 l_1 l_{2I}\,\mathrm{S}_2^1\,\dot{\phi}_1^{i:2} \end{bmatrix}+\begin{bmatrix} \mathrm{m}_1\mathrm{g} l_{1I}\,\mathrm{C}_1^i+\mathrm{m}_2\mathrm{g}\left(l_1\,\mathrm{C}_1^i+l_{2I}\,\mathrm{C}_2^i\right) \\ \mathrm{m}_2\mathrm{g} l_{2I}\,\mathrm{C}_2^i \end{bmatrix}=\begin{bmatrix} \tau_1^i \\ \tau_2^i \end{bmatrix} \tag{7.71}$$

由示例 7.1 可知：对于 2DOF 的平面机械臂，应用拉格朗日法建立动力学方程的过程已经很烦琐。随着系统自由度 N 的增加，计算复杂度也会剧增。原因在于：

（1）平动速度及转动速度的计算复杂度为 $O(N)$；

（2）通过平动速度及转动速度表达系统能量的计算复杂度为 $O(N^2)$；

（3）由系统能量计算偏速度的复杂度为 $O(N^3)$；

（4）由偏速度对时间求导的复杂度为 $O(N^4)$；

（5）存在与系统方程无关的计算，比如式(7.69)和式(7.70)中的 $\mathrm{m}_2 l_1 l_{2I}\,\mathrm{S}_2^1\,\dot{\phi}_1^i\dot{\phi}_2^1$ 对消。

尽管拉格朗日法依据系统能量的不变性来推导系统的动力学方程具有理论分析上的优势，但是在工程应用中，随着系统自由度的增加方程推导的复杂度剧增，该方法难以得到普遍应用。

7.3.2　多轴系统的凯恩方程推导与应用

本节首先分析由 Thomas R. Kane 提出的凯恩方程，并应用链符号系统对之进行重新表述。

给定多轴系统 $\boldsymbol{D}=\left\{\boldsymbol{A},\boldsymbol{K},\boldsymbol{T},\boldsymbol{NT},\boldsymbol{F},\boldsymbol{B}\right\}$，$\boldsymbol{NT}=\varnothing$；考虑由 $N=\left|\boldsymbol{B}\right|$ 个刚体构成的多轴系统，任一刚体受到外力及关节内力的作用。惯性系记为 $\boldsymbol{F}^{[i]}$，体 k 的质心 kI 所受的合外力及力矩坐标矢量分别记为 ${}^{i}f_{kI}$ 及 ${}^{i}\tau_{kI}$，$k\in\left[1,2,\cdots,N\right]$。关节内力及力矩矢量分别记为 ${}^{i|k}f_{kI}^{c}$ 及 ${}^{i|k}\tau_{kI}^{c}$。应用达朗贝尔原理建立体 k 的力平衡方程：

$${}^{i}f_{kI}^{*}-{}^{i}f_{kI}-{}^{i|k}f_{kI}^{c}=0 \tag{7.72}$$

其中：${}^{i}f_{kI}^{*}$ 为体 k 的惯性力。将惯性力 ${}^{i}f_{kI}^{*}$ 表示为

$${}^{i}f_{kI}^{*}=\mathrm{m}_k\cdot{}^{i}\ddot{r}_{kI} \tag{7.73}$$

记质心 kI 的虚位移为 $\delta\,{}^{i}r_{kI}$，它是时间 $\delta t\to 0$ 的位移增量。根据虚功原理得虚功 δW：

$$\delta W = \delta\,{}^{i}r_{kI}^{\mathrm{T}}\cdot\left({}^{i}f_{kI}^{*}-{}^{i}f_{kI}-{}^{i|k}f_{kI}^{c}\right)=0,\quad k\in\left[1,2,\cdots,N\right]$$

在关节内力不引起功率损失的假设下，有

$$\delta\,{}^{i}r_{kI}^{\mathrm{T}}\cdot{}^{i|k}f_{kI}^{c}=0$$

故有

$$\delta W = \delta\,{}^{i}r_{kI}^{\mathrm{T}}\cdot\left({}^{i}f_{kI}^{*}-{}^{i}f_{kI}\right)=0,\quad k\in\left[1,2,\cdots,N\right] \tag{7.74}$$

由式(7.74)得

$$\delta W = \delta q_{l}^{\bar{l}}\cdot\frac{\partial}{\partial q_{l}^{\bar{l}}}\left({}^{i}r_{kI}^{\mathrm{T}}\right)\cdot\left({}^{i}f_{kI}^{*}-{}^{i}f_{kI}\right)=0,\quad k,l\in\left[1,2,\cdots,N\right] \tag{7.75}$$

因位置矢量 ${}^{i}r_{kI}$ 为

$${}^{i}r_{kI}={}^{i}r_{kI}\left(\cdots,q_{l}^{\bar{l}},\cdots;t\right)$$

故有

$${}^{i}\dot{r}_{kI}=\frac{\partial\,{}^{i}r_{kI}}{\partial q_{l}^{\bar{l}}}\cdot\frac{dq_{l}^{\bar{l}}}{dt}+\frac{\partial\,{}^{i}r_{kI}}{\partial t}=\frac{\partial\,{}^{i}r_{kI}}{\partial q_{l}^{\bar{l}}}\cdot\dot{q}_{l}^{\bar{l}}+\frac{\partial\,{}^{i}r_{kI}}{\partial t}$$

显然，有

$$\frac{\partial}{\partial\dot{q}_{l}^{\bar{l}}}\left({}^{i}\dot{r}_{kI}\right)=\frac{\partial}{\partial q_{l}^{\bar{l}}}\left({}^{i}r_{kI}\right) \tag{7.76}$$

因虚位移 $\delta q_{l}^{\bar{l}}$ 是任意的，故由式(7.75)得

$$\frac{\partial}{\partial\dot{q}_{l}^{\bar{l}}}\left({}^{i}\dot{r}_{kI}^{\mathrm{T}}\right)\cdot\left({}^{i}f_{kI}^{*}-{}^{i}f_{kI}\right)=0,\quad k,l\in\left[1,2,\cdots,N\right] \tag{7.77}$$

由式(7.73)及式(7.77)得

$$\mathrm{m}_{k}\cdot\frac{\partial}{\partial\dot{q}_{l}^{\bar{l}}}\left({}^{i}\dot{r}_{kI}^{\mathrm{T}}\right)\cdot{}^{i}\ddot{r}_{kI}=\frac{\partial}{\partial\dot{q}_{l}^{\bar{l}}}\left({}^{i}\dot{r}_{kI}^{\mathrm{T}}\right)\cdot{}^{i}f_{kI},\quad k,l\in\left[1,2,\cdots,N\right] \tag{7.78}$$

类似地，应用虚功原理得

$$\frac{\partial}{\partial\dot{q}_{l}^{\bar{l}}}\left({}^{i}\dot{r}_{kI}^{\mathrm{T}}\right)\cdot{}^{i}\tau_{kI}+\frac{\partial}{\partial\dot{q}_{l}^{\bar{l}}}\left({}^{i}\dot{r}_{kI}^{\mathrm{T}}\right)\cdot{}^{i}\tau_{kI}^{*}=0,\quad k,l\in\left[1,2,\cdots,N\right] \tag{7.79}$$

其中：${}^{i}\tau_{kI}$ 及 ${}^{i}\tau_{kI}^{*}$ 分别为外力矩及惯性力矩的坐标矢量，且有

$${}^{i|kI}\mathrm{J}_{kI}\cdot{}^{i}\ddot{\phi}_{k}+{}^{i}\dot{\tilde{\phi}}_{k}\cdot{}^{i|kI}\mathrm{J}_{kI}\cdot{}^{i}\dot{\phi}_{k}={}^{i}\tau_{kI} \tag{7.80}$$

其中：${}^{i|kI}\mathrm{J}_{kI}$ 为体 k 的质心转动惯量。由式(7.79)及式(7.80)得

$$\frac{\partial\,{}^{i}\dot{\phi}_{k}^{\mathrm{T}}}{\partial\dot{q}_{l}^{\bar{l}}}\cdot\left({}^{i|kI}\mathrm{J}_{kI}\cdot{}^{i}\ddot{\phi}_{k}+{}^{i}\dot{\tilde{\phi}}_{k}\cdot{}^{i|kI}\mathrm{J}_{kI}\cdot{}^{i}\dot{\phi}_{k}\right)=\frac{\partial\,{}^{i}\dot{\phi}_{k}^{\mathrm{T}}}{\partial\dot{q}_{l}^{\bar{l}}}\cdot{}^{i}\tau_{kI} \tag{7.81}$$

将式(7.78)和式(7.81)组合在一起得多轴系统凯恩方程：

$$\mathrm{m}_{k}\cdot\frac{\partial\,{}^{i}\dot{r}_{kI}^{\mathrm{T}}}{\partial\dot{q}_{l}^{\bar{l}}}\cdot{}^{i}\ddot{r}_{kI}+\frac{\partial\,{}^{i}\dot{\phi}_{k}^{\mathrm{T}}}{\partial\dot{q}_{l}^{\bar{l}}}\cdot\left({}^{i|kI}\mathrm{J}_{kI}\cdot{}^{i}\ddot{\phi}_{k}+{}^{i}\dot{\tilde{\phi}}_{k}\cdot{}^{i|kI}\mathrm{J}_{kI}\cdot{}^{i}\dot{\phi}_{k}\right)=\frac{\partial\,{}^{i}\dot{r}_{kI}^{\mathrm{T}}}{\partial\dot{q}_{l}^{\bar{l}}}\cdot{}^{i}f_{kI}+\frac{\partial\,{}^{i}\dot{\phi}_{k}^{\mathrm{T}}}{\partial\dot{q}_{l}^{\bar{l}}}\cdot{}^{i}\tau_{kI} \tag{7.82}$$

由式(7.82)可知，多轴系统凯恩方程的建立步骤如下：

（1）标识质心、力的作用点等关键点；

（2）选取独立的一组关节坐标($q_l^{\overline{l}}$)，并得到方向余弦矩阵（DCM）；

（3）通过关节坐标及关节速度表达平动速度、平动加速度、转动速度及转动加速度；

（4）如表 7-1 所示，计算偏速度；

表 7-1　偏速度表

关节速度 $\dot{q}_l^{\overline{l}}$	$\partial\, {}^i\dot{r}_{kI}^{\mathrm{T}} / \partial \dot{q}_l^{\overline{l}}$	$\partial\, {}^i\dot{\phi}_k^{\mathrm{T}} / \partial \dot{q}_l^{\overline{l}}$
$l=1$	…	…
…	…	…

（5）将计算出的偏速度、速度及加速度代入式(7.82)得系统的动力学方程；

（6）将动力学方程写成标准形式，即获得规范化动力学方程：

$$[M]\{\ddot{q}\} = \{\mathrm{RHS}(q,\dot{q})\} \tag{7.83}$$

其中：RHS 表示右手侧(right hand side)。

【示例 7.2】图 7-2 所示的是一个理想的弹簧质量摆，应用凯恩方法及拉格朗日方法分别建立该系统的动力学方程。

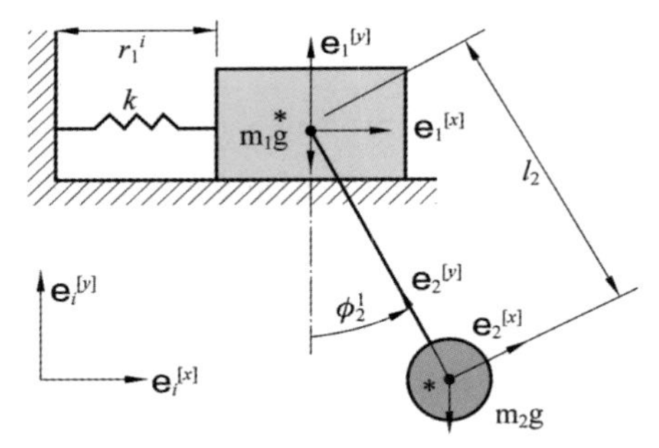

图 7-2　理想的弹簧质量摆

【解法 1】凯恩方法。

（1）如图 7-2 所示，质心位置标识为 * 。

（2）得到 DCM：

${}^iQ_2 = {}^{i\vert}\mathbf{e}_2$	$\mathbf{e}_2^{[x]}$	$\mathbf{e}_2^{[y]}$	$\mathbf{e}_2^{[z]}$
$\mathbf{e}_i^{[x]}$	C_2^1	$-\mathrm{S}_2^1$	**0**
$\mathbf{e}_i^{[y]}$	S_2^1	C_2^1	**0**
$\mathbf{e}_i^{[z]}$	**0**	**0**	**1**

（3）选取关节坐标 $q_1^i = r_1^i$，$q_2^1 = \phi_2^1$；计算转动速度及加速度：${}^i\dot{\phi}_1 = 0_3$，${}^i\dot{\phi}_2 = \mathbf{1}^{[z]} \cdot \dot{\phi}_2^1$，${}^i\ddot{\phi}_1 = 0_3$，${}^i\ddot{\phi}_2 = \mathbf{1}^{[z]} \cdot \ddot{\phi}_2^1$；计算平动速度及加速度，如表 7-2 所示。

表 7-2　平动速度及加速度

平动速度	平动加速度
${}^{i}\dot{r}_{1I} = \mathbf{1}^{[x]} \cdot \dot{q}_{1}^{i}$	${}^{i}\ddot{r}_{1I} = \mathbf{1}^{[x]} \cdot \ddot{q}_{1}^{i}$
${}^{i}\dot{r}_{2I} = \left[\dot{q}_{1}^{i} + l_{2}\dot{q}_{2}^{1}\mathrm{C}_{2}^{1} \quad l_{2}\dot{q}_{2}^{1}\mathrm{S}_{2}^{1} \quad 0\right]^{\mathrm{T}}$	${}^{i}\ddot{r}_{2I} = \left[\ddot{q}_{1}^{i} + l_{2}\ddot{q}_{2}^{1}\mathrm{C}_{2}^{1} - l_{2}\dot{q}_{2}^{1:2}\mathrm{S}_{2}^{1} \quad l_{2}\ddot{q}_{2}^{1}\mathrm{S}_{2}^{1} + l_{2}\dot{q}_{2}^{1:2}\mathrm{C}_{2}^{1} \quad 0\right]^{\mathrm{T}}$

（4）构建偏速度表，如表 7-3 所示。

表 7-3　偏速度

$q_{l}^{\bar{l}}$	$\partial\, {}^{i}\dot{\phi}_{k}^{\mathrm{T}} / \partial\, \dot{q}_{l}^{\bar{l}}$	$\partial\, {}^{i}\dot{r}_{kI}^{\mathrm{T}} / \partial\, \dot{q}_{l}^{\bar{l}}$
$l = 1$	0_{3}^{T}	$\mathbf{1}^{[x]}$
$l = 2$	$\mathbf{1}^{[z]}$	$l_{2} \cdot \left[\mathrm{C}_{2}^{1} \quad \mathrm{S}_{2}^{1} \quad 0\right]$

（5）将计算出的偏速度、速度及加速度代入式(7.82)得系统动力学方程中的各项，如表 7-4 所示。

表 7-4　系统动力学方程中的各项

$\mathrm{m}_{2} \cdot \dfrac{\partial\, {}^{i}\dot{r}_{2I}^{\mathrm{T}}}{\partial \dot{q}_{1}^{i}} \cdot {}^{i}\ddot{r}_{2I} = \mathrm{m}_{2}\ddot{q}_{1}^{i} + \mathrm{m}_{2}l_{2}\mathrm{C}_{2}^{1}\ddot{q}_{2}^{1} - \mathrm{m}_{2}l_{2}\mathrm{S}_{2}^{1}\dot{q}_{2}^{1:2}$	$\dfrac{\partial\, {}^{i}\dot{r}_{2I}^{\mathrm{T}}}{\partial \dot{q}_{1}^{i}} \cdot {}^{i}f_{2I} = 0$
$\mathrm{m}_{1} \cdot \dfrac{\partial\, {}^{i}\dot{r}_{1I}^{\mathrm{T}}}{\partial \dot{q}_{1}^{i}} \cdot {}^{i}\ddot{r}_{1I} = \mathrm{m}_{1}\ddot{q}_{1}^{i}$	$\dfrac{\partial\, {}^{i}\dot{r}_{1I}^{\mathrm{T}}}{\partial \dot{q}_{1}^{i}} \cdot {}^{i}f_{1I} = -kq_{1}^{i}$
$\mathrm{m}_{2} \cdot \dfrac{\partial\, {}^{i}\dot{r}_{2I}^{\mathrm{T}}}{\partial \dot{q}_{2}^{1}} \cdot {}^{i}\ddot{r}_{2I} = \mathrm{m}_{2}l_{2}\mathrm{C}_{2}^{1}\ddot{q}_{1}^{i} + \mathrm{m}_{2}l_{2}^{2}\ddot{q}_{2}^{1}$	$\dfrac{\partial\, {}^{i}\dot{r}_{2I}^{\mathrm{T}}}{\partial \dot{q}_{2}^{1}} \cdot {}^{i}f_{2I} = -l_{2}\mathrm{m}_{2}\mathrm{g}\mathrm{S}_{2}^{1}$
$\mathrm{m}_{1} \cdot \dfrac{\partial\, {}^{i}\dot{r}_{1I}^{\mathrm{T}}}{\partial \dot{q}_{2}^{1}} \cdot {}^{i}\ddot{r}_{1I} = 0$	$\dfrac{\partial\, {}^{i}\dot{r}_{1I}^{\mathrm{T}}}{\partial \dot{q}_{2}^{1}} \cdot {}^{i}f_{1I} = 0$

（6）将动力学方程写成标准形式，即得到规范化动力学方程：

$$\begin{bmatrix} \mathrm{m}_{1} + \mathrm{m}_{2} & \mathrm{m}_{2}l_{2}\mathrm{C}_{2}^{1} \\ \mathrm{m}_{2}l_{2}\mathrm{C}_{2}^{1} & \mathrm{m}_{2}l_{2}^{2} \end{bmatrix} \cdot \begin{bmatrix} \ddot{q}_{1}^{i} \\ \ddot{q}_{2}^{1} \end{bmatrix} = \begin{bmatrix} \mathrm{m}_{2}\dot{q}_{2}^{1:2}l_{2}\mathrm{S}_{2}^{1} - kq_{1}^{i} \\ -\mathrm{m}_{2}l_{2}\mathrm{g}\mathrm{S}_{2}^{1} \end{bmatrix} \tag{7.84}$$

【解法 2】拉格朗日方法。

（1）表达系统的能量。

质点 1 动能：

$${}_{v}\mathcal{E}_{1}^{i} = \frac{1}{2}\mathrm{m}_{1}\dot{r}_{1}^{i:2}$$

选取地面为零势能面，质点 1 势能：

$$_{g}\mathcal{E}_1^i = 0$$

质点 2 动能：

$$_{v}\mathcal{E}_2^i = \frac{1}{2}\mathrm{m}_2\left(\left(\dot{r}_1^i + l_2\mathrm{C}_2^1\dot{\phi}_2^1\right)^2 + \left(l_2\mathrm{S}_2^1\dot{\phi}_2^1\right)^2\right) = \frac{1}{2}\mathrm{m}_2\dot{r}_1^{i:2} + \mathrm{m}_2 l_2\mathrm{C}_2^1\dot{r}_1^i\dot{\phi}_2^1 + \frac{1}{2}\mathrm{m}_2 l_2^2\dot{\phi}_2^{1:2}$$

质点 2 势能：

$$_{g}\mathcal{E}_2^i = \mathrm{m}_2\mathrm{g}l_2\mathrm{C}_2^1$$

系统总能量：

$$\begin{aligned}\mathcal{E}_D^i &= {}_{v}\mathcal{E}_1^i + {}_{v}\mathcal{E}_2^i + {}_{g}\mathcal{E}_1^i + {}_{g}\mathcal{E}_2^i \\ &= \frac{1}{2}\mathrm{m}_1\dot{r}_1^{i:2} + \frac{1}{2}\mathrm{m}_2\dot{r}_1^{i:2} + \mathrm{m}_2 l_2\mathrm{C}_2^1\dot{r}_1^i\dot{\phi}_2^1 + \frac{1}{2}\mathrm{m}_2 l_2^2\dot{\phi}_2^{1:2} + \mathrm{m}_2\mathrm{g}l_2\mathrm{C}_2^1\end{aligned}$$

（2）获取系统能量对速度的偏导数：

$$\frac{\partial\mathcal{E}_D^i}{\partial\dot{r}_1^i} = \mathrm{m}_1\dot{r}_1^i + \mathrm{m}_2\dot{r}_1^i + \mathrm{m}_2 l_2\mathrm{C}_2^1\dot{\phi}_2^1,\quad \frac{\partial\mathcal{E}_D^i}{\partial\dot{\phi}_2^1} = \mathrm{m}_2 l_2\mathrm{C}_2^1\dot{r}_1^i + \mathrm{m}_2 l_2^2\dot{\phi}_2^1$$

（3）获取系统能量对位移、角度的偏导数：

$$\frac{\partial\mathcal{E}_D^i}{\partial r_1^i} = 0,\quad \frac{\partial\mathcal{E}_D^i}{\partial\phi_2^1} = -\mathrm{m}_2 l_2\mathrm{S}_2^1\dot{r}_1^i\dot{\phi}_2^1 - \mathrm{m}_2\mathrm{g}l_2\mathrm{S}_2^1$$

（4）获得偏速度对时间 t 的导数：

$$\frac{d}{dt}\left(\frac{\partial\mathcal{E}_D^i}{\partial\dot{r}_1^i}\right) = \mathrm{m}_1\ddot{r}_1^i + \mathrm{m}_2\ddot{r}_1^i - \mathrm{m}_2 l_2\mathrm{S}_2^1\dot{\phi}_2^{1:2} + \mathrm{m}_2 l_2\mathrm{C}_2^1\ddot{\phi}_2^1$$

$$\frac{d}{dt}\left(\frac{\partial\mathcal{E}_D^i}{\partial\dot{\phi}_2^1}\right) = -\mathrm{m}_2 l_2\mathrm{S}_2^1\dot{r}_1^i\dot{\phi}_2^1 + \mathrm{m}_2 l_2\mathrm{C}_2^1\ddot{r}_1^i + \mathrm{m}_2 l_2^2\ddot{\phi}_2^1$$

（5）将各项代入拉格朗日动力学方程，整理得

$$\begin{bmatrix}\mathrm{m}_1+\mathrm{m}_2 & \mathrm{m}_2 l_2\mathrm{C}_2^1 \\ \mathrm{m}_2 l_2\mathrm{C}_2^1 & \mathrm{m}_2 l_2^2\end{bmatrix}\cdot\begin{bmatrix}\ddot{r}_1^i \\ \ddot{\phi}_2^1\end{bmatrix} = \begin{bmatrix}\mathrm{m}_2 l_2\mathrm{S}_2^1\dot{\phi}_2^{1:2} - kr_1^i \\ -\mathrm{m}_2\mathrm{g}l_2\mathrm{S}_2^1\end{bmatrix}$$

因 $q_1^i = r_1^i$，$q_2^1 = \phi_2^1$，上式与式(7.84)一致。解毕。

由上可知，与拉格朗日方程相比，凯恩方程建立过程是通过系统的偏速度、速度及加速度直接表达动力学方程。对于自由度为 N 的系统，首先计算速度及加速度的复杂度为 $O(N)$，然后计算偏速度的复杂度为 $O(N)$。故凯恩动力学建模的复杂度为 $O(N^2)$。

凯恩方法与拉格朗日方法相比，由于省去了系统能量的表达和对时间的求导过程，极大地降低了系统建模的难度。然而，对于高自由度的系统，凯恩动力学建模方法仍难以适用。因为凯恩动力学建模过程还需解决以下问题：

（1）需要解决建立迭代式运动学方程的问题；

（2）需要解决偏速度求解的问题；

（3）需要解决建立式(7.83)所示的规范化动力学方程的问题。

7.3.3 多体分析动力学研究的局限性

拉格朗日方程和凯恩方程极大地推动了多体动力学的研究，以空间算子代数为基础的动力学由于应用了迭代式的过程，计算速度及精度都有了一定程度的提高。这些动力学方法无论是运动学过程还是动力学过程都需要在体空间、体子空间、系统空间及系统子空间中进行复杂的变换，建模过程及模型表达非常复杂，难以满足高自由度系统建模与控制的需求，主要表现于：

（1）对于高自由度的系统，由于缺乏规范的动力学符号系统，技术交流产生严重障碍。虽然本章参考文献各自有相应的符号，但它们是示意性的，不能准确反映物理量的内涵，未能体现运动链的本质。需要专业人员具有长期的动力学建模经验，否则难以保证建模过程的工程质量及普遍应用。

（2）在系统结构参数、质惯量参数给定时，尽管存在多种动力学分析及计算方法，但由于动力学建模过程复杂，所以不能清晰地表达统一的动力学模型，难以适应动力学控制的需求。同时，无论是拉格朗日动力学方程还是凯恩动力学方程，建模过程都表明 3D 空间的动力学方程可以表达多体动力学过程。

（3）6D 空间（位姿空间）算子代数的物理含义非常抽象，建立的动力学算法缺乏严谨的公理化证明，复杂的计算过程由于缺乏简洁、准确的符号系统，在一定程度上降低了计算速度。虽然本章参考文献[10] 至[12] 各自以数百页篇幅介绍 6D 空间算子代数的多体动力学原理，但几乎没有通过完整的示例来阐述原理的应用过程。即使一个低自由度的系统，建模过程也相当冗长。其根本原因在于该 6D 空间是双 3D 矢量空间，以笛卡儿直角坐标系作为系统的基元。

因此，需要建立动力学模型的简洁表达式，既要保证建模的准确性，又要保证建模的实时性。没有简洁的动力学表达式，就难以保证高自由度系统动力学工程实现的可靠性与准确性。同时，传统的非结构化运动学与动力学符号通过注释约定符号内涵，无法被计算机理解，导致计算机不能自主地建立及分析运动学与动力学模型。

7.3.4 本节贡献

本节应用运动链符号演算系统及基于轴不变量的运动学理论、牛顿-欧拉动力学符号演算系统，形式化地表征并证明了拉格朗日与凯恩分析动力学方法，分析了这两种方法建模的复杂度，分别通过示例阐述了这两种方法的应用，提出了分析动力学方法的研究方向：需要引入运动链符号演算系统来参与动力学分析，反映多轴系统结构对动力学建模的影响，保证建模过程的可靠性与可实现性；建立程序式的动力学建模过程或模型，适应高自由度多轴系统动力学建模的需求；建立迭代式的动力学符号方程，满足动力学控制的实时性需求。

7.4　Ju-Kane 动力学预备定理

3D 笛卡儿空间的基元是自然参考轴即轴不变量。将多体运动学理论与链拓扑论、计算机理论相结合，遵从张量不变性、序不变性及轴不变性的基本原理，建立了运动链符号系统及基于轴不变量的多轴系统运动学与动力学的理论。此理论中的迭代式运动学与动力学方程是通过 3D 自然轴空间代数及拓扑操作建立的。

在 7.3 节，应用链符号系统，将传统的拉格朗日方程及凯恩方程分别表达为式(7.63)及式(7.82)。下面，进一步阐述基于轴不变量的正向与反向迭代式对多轴系统动力学建模的作用。

7.4.1　基于轴不变量的正反向迭代

下面，先阐明运动轴轴向、运动学的前向迭代及动力学的反向迭代三个重要准则，为提出 Ju-Kane 动力学原理奠定基础。如图 7-3 所示，将 ${}^{\overline{l}}\boldsymbol{k}_l$ 的两个轴“切开”，轴 $\overline{l}$ 的运动链为 ${}^{i}\boldsymbol{k}_{\overline{l}}$，轴 l 的闭子树为 $l\boldsymbol{L}$，且令 $\boldsymbol{D}' = l\boldsymbol{L}$。

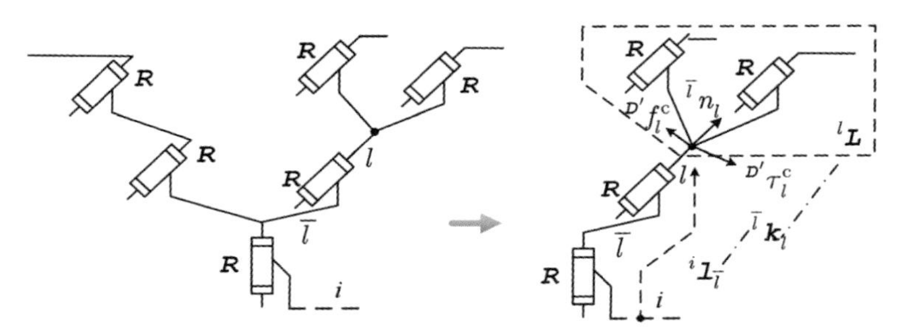

图 7-3　多轴系统的闭子树

（1）运动轴轴向平衡方程：运动轴方向的惯性力与外力平衡的方程。若系统 $\boldsymbol{D}'$ 对轴 l 施加的约束力记为 ${}^{\boldsymbol{D}'}f_l$，约束力矩记为 ${}^{\boldsymbol{D}'}\tau_l$，则有

$$
\begin{cases}
{}^{\overline{l}}n_l^{\mathrm{T}} \cdot {}^{\overline{l}|\boldsymbol{D}'}f_l = 0, & \text{if} \quad {}^{\overline{l}}\boldsymbol{k}_l \in \boldsymbol{P} \\
{}^{\overline{l}}n_l^{\mathrm{T}} \cdot {}^{\overline{l}|\boldsymbol{D}'}\tau_l = 0, & \text{if} \quad {}^{\overline{l}}\boldsymbol{k}_l \in \boldsymbol{R}
\end{cases}
\tag{7.85}
$$

其中：${}^{\boldsymbol{D}'}f_l$ 为系统 $\boldsymbol{D}'$ 作用于轴 l 的合力；${}^{\boldsymbol{D}'}\tau_l$ 为系统 $\boldsymbol{D}'$ 作用于轴 l 的合力矩。

式(7.85)表明，尽管施加的约束力 ${}^{\boldsymbol{D}'}f_l$ 及约束力矩 ${}^{\boldsymbol{D}'}\tau_l$ 未知，但其在运动轴轴向的分量总是零。动力学方程本质上是运动轴轴向力或力矩的平衡方程；轴约束力、力矩与自然运动轴正交，又称自然正交补。

（2）运动学的前向迭代：无论是有根系统还是无根系统，应将根的位形、速度及加速度视为已知量，由根至叶的运动学计算，可以确定任一轴的位形、速度及加速度。这是由式(7.4)所示的系统拓扑的串接性决定的。由第 3 章的分析可知，任一轴的相对惯性空间的位形、速度及加速度都是关于轴不变量的迭代式。

（3）动力学的反向迭代：力的传递是由叶向根反向传递，力的作用具有双重效应，由闭子树 $^{l}\mathbf{L}$ 至轴 l 的作用力 $^{D'}f_l$ 和作用力矩 $^{D'}\tau_l$ 是闭子树成员的惯性力及外力在轴 l 上的等价作用力和力矩。运动学的前向迭代确定了闭子树成员的相对惯性空间的位形、速度及加速度，也同样确定了闭子树成员的惯性力及力矩。

运动轴轴向平衡方程的建立依赖于轴不变量的基本性质；运动学的前向迭代依赖于运动链的拓扑操作和基于轴不变量的迭代式运动学计算；动力学的反向迭代依赖于闭子树的拓扑操作和迭代式的偏速度计算。在第 2 章和第 3 章已对这三个问题进行了系统阐述。下面，通过示例 7.3，应用式(7.8)至式(7.19)所示的运动学迭代过程证明式(7.31)至式(7.33)所示的偏速度迭代过程的正确性。

【示例 7.3】 继示例 7.1，应用式(7.8)至式(7.19)完成运动学迭代计算；通过实例证明式(7.31)至式(7.33)所示的偏速度迭代过程的正确性。

【解】显然，结构参数为

$$^{i}n_1 = \mathbf{1}^{[z]},\quad {}^{1}n_2 = \mathbf{1}^{[z]} \tag{7.86}$$

$$^{i}r_1 = 0_3,\quad {}^{1}r_{1I} = l_{1I}\cdot\mathbf{1}^{[x]},\quad {}^{1}r_2 = l_1\cdot\mathbf{1}^{[x]},\quad {}^{2}r_{2I} = l_{2I}\cdot\mathbf{1}^{[x]} \tag{7.87}$$

引力常数为

$$^{i}\mathrm{g}_{1I} = {}^{i}\mathrm{g}_{2I} = \begin{bmatrix} 0 & -\mathrm{g} & 0 \end{bmatrix}^{\mathrm{T}} \tag{7.88}$$

（1）平动与转动。

①旋转变换阵。

由式(7.8)得

$$^{i}Q_1 = \begin{bmatrix} \mathrm{C}_1^i & -\mathrm{S}_1^i & 0 \\ \mathrm{S}_1^i & \mathrm{C}_1^i & 0 \\ 0 & 0 & 1 \end{bmatrix},\quad {}^{1}Q_2 = \begin{bmatrix} \mathrm{C}_2^1 & -\mathrm{S}_2^1 & 0 \\ \mathrm{S}_2^1 & \mathrm{C}_2^1 & 0 \\ 0 & 0 & 1 \end{bmatrix} \tag{7.89}$$

由式(7.8)及式(7.89)得

$$^{i}Q_2 = \begin{bmatrix} \mathrm{C}_1^i & -\mathrm{S}_1^i & 0 \\ \mathrm{S}_1^i & \mathrm{C}_1^i & 0 \\ 0 & 0 & 1 \end{bmatrix}\cdot\begin{bmatrix} \mathrm{C}_2^1 & -\mathrm{S}_2^1 & 0 \\ \mathrm{S}_2^1 & \mathrm{C}_2^1 & 0 \\ 0 & 0 & 1 \end{bmatrix} = \begin{bmatrix} \mathrm{C}_2^i & -\mathrm{S}_2^i & 0 \\ \mathrm{S}_2^i & \mathrm{C}_2^i & 0 \\ 0 & 0 & 1 \end{bmatrix} \tag{7.90}$$

②转动矢量。

$$^{i}\phi_1 = \mathbf{1}^{[z]}\cdot\phi_1^i,\quad {}^{1}\phi_2 = \mathbf{1}^{[z]}\cdot\phi_2^1 \tag{7.91}$$

③位置矢量。

显然，有

$$^{i}r_1 = 0_3,\quad {}^{1}r_{1I} = \mathbf{1}^{[x]}\cdot l_{1I},\quad {}^{1}r_2 = \mathbf{1}^{[x]}\cdot l_1,\quad {}^{2}r_{2I} = \mathbf{1}^{[x]}\cdot l_{2I} \tag{7.92}$$

由式(7.15)得

$$^{i|2}r_{2I} = {}^{i}Q_2\cdot{}^{2}r_{2I} = \begin{bmatrix} l_{2I}\,\mathrm{C}_2^i & l_{2I}\,\mathrm{S}_2^i & 0 \end{bmatrix}^{\mathrm{T}} \tag{7.93}$$

$$ {}^{i}r_{1I} = {}^{i|1}r_{1I} = {}^{i}Q_{1} \cdot {}^{1}r_{1I} = \begin{bmatrix} C_1^i & -S_1^i & 0 \\ S_1^i & C_1^i & 0 \\ 0 & 0 & 1 \end{bmatrix} \cdot \begin{bmatrix} l_{1I} \\ 0 \\ 0 \end{bmatrix} = \begin{bmatrix} l_{1I}\,C_1^i \\ l_{1I}\,S_1^i \\ 0 \end{bmatrix} \tag{7.94} $$

$$ {}^{i|1}r_{2} = \begin{bmatrix} C_1^i & -S_1^i & 0 \\ S_1^i & C_1^i & 0 \\ 0 & 0 & 1 \end{bmatrix} \cdot \begin{bmatrix} l_{1} \\ 0 \\ 0 \end{bmatrix} = \begin{bmatrix} l_{1}\,C_1^i \\ l_{1}\,S_1^i \\ 0 \end{bmatrix}, \quad {}^{i|2}r_{2I} = \begin{bmatrix} C_1^i & -S_1^i & 0 \\ S_1^i & C_1^i & 0 \\ 0 & 0 & 1 \end{bmatrix} \cdot \begin{bmatrix} l_{2I}\,C_2^1 \\ l_{2I}\,S_2^1 \\ 0 \end{bmatrix} = \begin{bmatrix} l_{2I}\,C_2^i \\ l_{2I}\,S_2^i \\ 0 \end{bmatrix} \tag{7.95} $$

$$ {}^{i}r_{2I} = {}^{i}r_{1} + {}^{i|1}r_{2} + {}^{i|2}r_{2I} = \begin{bmatrix} l_{1}\,C_1^i \\ l_{1}\,S_1^i \\ 0 \end{bmatrix} + \begin{bmatrix} l_{2I}\,C_2^i \\ l_{2I}\,S_2^i \\ 0 \end{bmatrix} = \begin{bmatrix} l_{1}\,C_1^i + l_{2I}\,C_2^i \\ l_{1}\,S_1^i + l_{2I}\,S_2^i \\ 0 \end{bmatrix} \tag{7.96} $$

④转动速度矢量。

显然，有

$$ {}^{i}\dot{\phi}_{1} = \mathbf{1}^{[z]} \cdot \dot{\phi}_1^i, \quad {}^{1}\dot{\phi}_{2} = \mathbf{1}^{[z]} \cdot \dot{\phi}_2^1 \tag{7.97} $$

由式(7.16)得

$$ {}^{i}\dot{\phi}_{2} = {}^{i}\dot{\phi}_{1} + {}^{i}Q_{1} \cdot {}^{1}\dot{\phi}_{2} = \mathbf{1}^{[z]} \cdot \dot{\phi}_1^i + \begin{bmatrix} C_1^i & -S_1^i & 0 \\ S_1^i & C_1^i & 0 \\ 0 & 0 & 1 \end{bmatrix} \cdot \begin{bmatrix} 0 \\ 0 \\ 1 \end{bmatrix} \cdot \dot{\phi}_2^1 = \mathbf{1}^{[z]} \cdot \dot{\phi}_2^i \tag{7.98} $$

⑤平动速度矢量。

显然，有

$$ {}^{i}\dot{r}_{1} = {}^{1}\dot{r}_{1I} = {}^{2}\dot{r}_{2I} = 0_3 \tag{7.99} $$

由式(7.17)得

$$ {}^{i}\dot{r}_{1I} = {}^{i}\dot{\tilde{\phi}}_{1} \cdot {}^{i}r_{1I} = \begin{bmatrix} 0 & -\dot{\phi}_1^i & 0 \\ \dot{\phi}_1^i & 0 & 0 \\ 0 & 0 & 0 \end{bmatrix} \cdot \begin{bmatrix} l_{1I} \cdot C_1^i \\ l_{1I} \cdot S_1^i \\ 0 \end{bmatrix} = \begin{bmatrix} -l_{1I}\,S_1^i\,\dot{\phi}_1^i \\ l_{1I}\,C_1^i\,\dot{\phi}_1^i \\ 0 \end{bmatrix} \tag{7.100} $$

$$ {}^{i}\dot{r}_{2} = {}^{i}\dot{\tilde{\phi}}_{1} \cdot {}^{i|1}r_{2} = \begin{bmatrix} -l_1\,S_1^i\,\dot{\phi}_1^i & l_1\,C_1^i\,\dot{\phi}_1^i & 0 \end{bmatrix}^{\mathrm{T}} \tag{7.101} $$

$$ {}^{i}\dot{\tilde{\phi}}_{2} \cdot {}^{i|2}r_{2I} = \begin{bmatrix} 0 & -\dot{\phi}_2^i & 0 \\ \dot{\phi}_2^i & 0 & 0 \\ 0 & 0 & 0 \end{bmatrix} \cdot \begin{bmatrix} l_{2I} \cdot C_2^i \\ l_{2I} \cdot S_2^i \\ 0 \end{bmatrix} = \begin{bmatrix} -l_{2I}\,S_2^i\,\dot{\phi}_2^i \\ l_{2I}\,C_2^i\,\dot{\phi}_2^i \\ 0 \end{bmatrix} \tag{7.102} $$

由式(7.17)并考虑式(7.102)得

$$ {}^{i}\dot{r}_{2I} = {}^{i}\dot{\tilde{\phi}}_{1} \cdot {}^{i|1}r_{2} + {}^{i}\dot{\tilde{\phi}}_{2} \cdot {}^{i|2}r_{2I} = \begin{bmatrix} -l_1\,S_1^i\,\dot{\phi}_1^i \\ l_1\,C_1^i\,\dot{\phi}_1^i \\ 0 \end{bmatrix} + \begin{bmatrix} -l_{2I}\,S_2^i\,\dot{\phi}_2^i \\ l_{2I}\,C_2^i\,\dot{\phi}_2^i \\ 0 \end{bmatrix} \tag{7.103} $$

⑥转动加速度矢量。

由式(7.18)得

$$
{}^{i}\ddot{\phi}_2 = {}^{i}\ddot{\phi}_1 + {}^{i}Q_1 \cdot {}^{1}\ddot{\phi}_2 + {}^{i}\dot{\tilde{\phi}}_1 \cdot {}^{i|1}\dot{\phi}_2 = \mathbf{1}^{[z]} \cdot \ddot{\phi}_1^i + \begin{bmatrix} C_1^i & -S_1^i & 0 \\ S_1^i & C_1^i & 0 \\ 0 & 0 & 1 \end{bmatrix} \cdot \mathbf{1}^{[z]} \cdot \ddot{\phi}_2^1 \tag{7.104}
$$

$$
= \mathbf{1}^{[z]} \cdot \ddot{\phi}_1^i + \mathbf{1}^{[z]} \cdot \ddot{\phi}_2^1
$$

⑦平动加速度矢量。

由式(7.19)得

$$
{}^{i}\ddot{r}_{1I} = \left({}^{i}\dot{\tilde{\phi}}_1^2 + {}^{i}\ddot{\tilde{\phi}}_1 \right) \cdot {}^{i|1}r_{1I} = \begin{bmatrix} -\dot{\phi}_1^{i:2} & -\ddot{\phi}_1^i & 0 \\ \ddot{\phi}_1^i & -\dot{\phi}_1^{i:2} & 0 \\ 0 & 0 & 0 \end{bmatrix} \cdot \begin{bmatrix} l_{1I}\, C_1^i \\ l_{1I}\, S_1^i \\ 0 \end{bmatrix} = \begin{bmatrix} -l_{1I}\, C_1^i\, \dot{\phi}_1^{i:2} - l_{1I}\, S_1^i\, \ddot{\phi}_1^i \\ l_{1I}\, C_1^i\, \ddot{\phi}_1^i - l_{1I}\, S_1^i\, \dot{\phi}_1^{i:2} \\ 0 \end{bmatrix} \tag{7.105}
$$

由式(7.105)得

$$
{}^{i}\ddot{r}_2 = \left({}^{i}\dot{\tilde{\phi}}_1^{:2} + {}^{i}\ddot{\tilde{\phi}}_1 \right) \cdot {}^{i|1}r_2 = \begin{bmatrix} -l_1 \cdot \left(C_1^i \cdot \dot{\phi}_1^{i:2} + S_1^i \cdot \ddot{\phi}_1^i \right) \\ l_1 \cdot \left(C_1^i \cdot \ddot{\phi}_1^i - S_1^i \cdot \dot{\phi}_1^{i:2} \right) \\ 0 \end{bmatrix} \tag{7.106}
$$

由式(7.19)得

$$
{}^{i|2}\ddot{r}_{2I} = \left({}^{i}\ddot{\tilde{\phi}}_2 + {}^{i}\dot{\tilde{\phi}}_2^{:2} \right) \cdot {}^{i|2}r_{2I} = \begin{bmatrix} -\dot{\phi}_2^{i:2} & -\ddot{\phi}_2^i & 0 \\ \ddot{\phi}_2^i & -\dot{\phi}_2^{i:2} & 0 \\ 0 & 0 & 0 \end{bmatrix} \cdot \begin{bmatrix} l_{2I}\, C_2^i \\ l_{2I}\, S_2^i \\ 0 \end{bmatrix}
$$

即

$$
{}^{i|2}\ddot{r}_{2I} = \begin{bmatrix} -l_{2I} \left(C_2^i\, \dot{\phi}_2^{i:2} + S_2^i\, \ddot{\phi}_2^i \right) \\ l_{2I} \left(C_2^i\, \ddot{\phi}_2^i - S_2^i\, \dot{\phi}_2^{i:2} \right) \\ 0 \end{bmatrix} \tag{7.107}
$$

由式(7.19)得

$$
{}^{i}\ddot{r}_{2I} = {}^{i}\ddot{r}_2 + {}^{i|2}\ddot{r}_{2I} = \begin{bmatrix} -\dot{\phi}_1^{i:2} & -\ddot{\phi}_1^i & 0 \\ \ddot{\phi}_1^i & -\dot{\phi}_1^{i:2} & 0 \\ 0 & 0 & 0 \end{bmatrix} \cdot \begin{bmatrix} l_1\, C_1^i \\ l_1\, S_1^i \\ 0 \end{bmatrix} + \begin{bmatrix} -\dot{\phi}_2^{i:2} & -\ddot{\phi}_2^i & 0 \\ \ddot{\phi}_2^i & -\dot{\phi}_2^{i:2} & 0 \\ 0 & 0 & 0 \end{bmatrix} \cdot \begin{bmatrix} l_{2I}\, C_2^i \\ l_{2I}\, S_2^i \\ 0 \end{bmatrix}
$$

即

$$
{}^{i}\ddot{r}_{2I} = \begin{bmatrix} -l_1 \left(C_1^i\, \dot{\phi}_1^{i:2} + S_1^i\, \ddot{\phi}_1^i \right) \\ l_1 \left(C_1^i\, \ddot{\phi}_1^i - S_1^i\, \dot{\phi}_1^{i:2} \right) \\ 0 \end{bmatrix} + \begin{bmatrix} -l_{2I} \left(C_2^i\, \dot{\phi}_2^{i:2} + S_2^i\, \ddot{\phi}_2^i \right) \\ l_{2I} \left(C_2^i\, \ddot{\phi}_2^i - S_2^i\, \dot{\phi}_2^{i:2} \right) \\ 0 \end{bmatrix} \tag{7.108}
$$

（2）偏速度验证。

由式(7.97)得

$$
\frac{\partial}{\partial \dot{\phi}_1^i} \left({}^{i}\dot{\phi}_1^{\mathrm{T}} \right) = \mathbf{1}^{[z]}, \quad \frac{\partial}{\partial \dot{\phi}_2^1} \left({}^{i}\dot{\phi}_1^{\mathrm{T}} \right) = 0_3^{\mathrm{T}}
$$

故有

$$ {}^{i}\mathsf{J}_1=\frac{\partial\,{}^{i}\dot{\phi}_1^{\mathrm{T}}}{\partial[\dot{\phi}_1^{i}\quad\dot{\phi}_2^{1}]^{\mathrm{T}}}=\begin{bmatrix}\partial\,{}^{i}\dot{\phi}_1\Big/\partial\dot{\phi}_1^{i}\\ \partial\,{}^{i}\dot{\phi}_1\Big/\partial\dot{\phi}_2^{1}\end{bmatrix}=\begin{bmatrix}0&0&1\\0&0&0\end{bmatrix} \tag{7.109}$$

由式(7.98)得

$$\frac{\partial\,{}^{i}\dot{\phi}_2}{\partial\dot{\phi}_1^{i}}=\frac{\partial\,{}^{i}\dot{\phi}_1}{\partial\dot{\phi}_1^{i}}=\mathbf{1}^{[z]},\quad \frac{\partial\,{}^{i}\dot{\phi}_2}{\partial\dot{\phi}_2^{1}}={}^{i}Q_1\cdot\frac{\partial\,{}^{1}\dot{\phi}_2}{\partial\dot{\phi}_2^{1}}=\begin{bmatrix}\mathrm{C}_1^{i}&-\mathrm{S}_1^{i}&0\\ \mathrm{S}_1^{i}&\mathrm{C}_1^{i}&0\\0&0&1\end{bmatrix}\cdot\mathbf{1}^{[z]}=\mathbf{1}^{[z]}$$

故有

$$\frac{\partial\,{}^{i}\dot{\phi}_2^{\mathrm{T}}}{\partial[\dot{\phi}_1^{i}\quad\dot{\phi}_2^{1}]^{\mathrm{T}}}=\begin{bmatrix}\dfrac{\partial\,{}^{i}\dot{\phi}_2^{\mathrm{T}}}{\partial\dot{\phi}_1^{i}}\\ \dfrac{\partial\,{}^{i}\dot{\phi}_2^{\mathrm{T}}}{\partial\dot{\phi}_2^{1}}\end{bmatrix}=\begin{bmatrix}0&0&1\\0&0&1\end{bmatrix} \tag{7.110}$$

由式(7.109)及式(7.110)的特例验证了式(7.32)的正确性。

由式(7.94)得

$$\frac{\partial\,{}^{i}r_{1I}}{\partial\phi_2^{1}}=0_3,\quad \frac{\partial\,{}^{i}r_{1I}}{\partial\phi_1^{i}}=\frac{\partial\,{}^{i}Q_1}{\partial\phi_1^{i}}\cdot{}^{1}r_{1I}=\begin{bmatrix}-\mathrm{S}_1^{i}&-\mathrm{C}_1^{i}&0\\ \mathrm{C}_1^{i}&-\mathrm{S}_1^{i}&0\\0&0&1\end{bmatrix}\cdot\begin{bmatrix}l_{1I}\\0\\0\end{bmatrix}=\begin{bmatrix}-l_{1I}\,\mathrm{S}_1^{i}\\ l_{1I}\,\mathrm{C}_1^{i}\\0\end{bmatrix}$$

故有

$$\frac{\partial\,{}^{i}r_{1I}^{\mathrm{T}}}{\partial[\phi_1^{i}\quad\phi_2^{1}]^{\mathrm{T}}}=\begin{bmatrix}\partial\,{}^{i}r_{1I}^{\mathrm{T}}\Big/\partial\phi_1^{i}\\ \partial\,{}^{i}r_{1I}^{\mathrm{T}}\Big/\partial\phi_2^{1}\end{bmatrix}=\begin{bmatrix}-l_{1I}\mathrm{S}_1^{i}&l_{1I}\,\mathrm{C}_1^{i}&0\\0&0&0\end{bmatrix} \tag{7.111}$$

由式(7.96)得

$$\frac{\partial\,{}^{i}r_{2I}}{\partial\phi_1^{i}}=\frac{\partial}{\partial\phi_1^{i}}\left({}^{i}Q_1\right)\cdot\left({}^{1}r_2+{}^{1|2}r_{2I}\right)=\begin{bmatrix}-\mathrm{S}_1^{i}&-\mathrm{C}_1^{i}&0\\ \mathrm{C}_1^{i}&-\mathrm{S}_1^{i}&0\\0&0&1\end{bmatrix}\cdot\left(\begin{bmatrix}l_1\\0\\0\end{bmatrix}+\begin{bmatrix}l_{2I}\,\mathrm{C}_2^{1}\\ l_{2I}\,\mathrm{S}_2^{1}\\0\end{bmatrix}\right)$$

$$=\begin{bmatrix}-\mathrm{S}_1^{i}\cdot l_1-l_{2I}\cdot\mathrm{S}_1^{i}\cdot\mathrm{C}_2^{1}-l_{2I}\cdot\mathrm{C}_1^{i}\cdot\mathrm{S}_2^{1}\\ \mathrm{C}_1^{i}\cdot l_1+l_{2I}\cdot\mathrm{C}_1^{i}\cdot\mathrm{C}_2^{1}-l_{2I}\cdot\mathrm{S}_1^{i}\cdot\mathrm{S}_2^{1}\\0\end{bmatrix}=\begin{bmatrix}-\mathrm{S}_1^{i}\,l_1-l_{2I}\,\mathrm{S}_2^{i}\\ \mathrm{C}_1^{i}\,l_1+l_{2I}\,\mathrm{C}_2^{i}\\0\end{bmatrix}$$

$$\frac{\partial\,{}^{i}r_{2I}}{\partial\phi_2^{1}}={}^{i}Q_1\cdot\frac{\partial\,{}^{1}Q_2}{\partial\phi_2^{1}}\left({}^{2}r_{2I}\right)=\begin{bmatrix}\mathrm{C}_1^{i}&-\mathrm{S}_1^{i}&0\\ \mathrm{S}_1^{i}&\mathrm{C}_1^{i}&0\\0&0&1\end{bmatrix}\cdot\begin{bmatrix}-\mathrm{S}_2^{1}&-\mathrm{C}_2^{1}&0\\ \mathrm{C}_2^{1}&-\mathrm{S}_2^{1}&0\\0&0&1\end{bmatrix}\cdot\begin{bmatrix}l_{2I}\\0\\0\end{bmatrix}$$

$$=\begin{bmatrix}\mathrm{C}_1^{i}&-\mathrm{S}_1^{i}&0\\ \mathrm{S}_1^{i}&\mathrm{C}_1^{i}&0\\0&0&1\end{bmatrix}\cdot\begin{bmatrix}-l_{2I}\,\mathrm{S}_2^{1}\\ l_{2I}\,\mathrm{C}_2^{1}\\0\end{bmatrix}=\begin{bmatrix}-l_{2I}\cdot\mathrm{C}_1^{i}\cdot\mathrm{S}_2^{1}-l_{2I}\cdot\mathrm{S}_1^{i}\cdot\mathrm{C}_2^{1}\\ -l_{2I}\cdot\mathrm{S}_1^{i}\cdot\mathrm{S}_2^{1}+l_{2I}\cdot\mathrm{C}_1^{i}\cdot\mathrm{C}_2^{1}\\0\end{bmatrix}=\begin{bmatrix}-l_{2I}\,\mathrm{S}_2^{i}\\ l_{2I}\,\mathrm{C}_2^{i}\\0\end{bmatrix}$$

故有

$$\frac{\partial\, {}^{i}r_{2I}^{\mathrm{T}}}{\partial[\phi_1^i \quad \phi_2^1]^{\mathrm{T}}} = \begin{bmatrix} \partial\left({}^{i}r_{2I}^{\mathrm{T}}\right)/\partial\phi_1^i \\ \partial\left({}^{i}r_{2I}^{\mathrm{T}}\right)/\partial\phi_2^1 \end{bmatrix} = \begin{bmatrix} -\mathrm{S}_1^i l_1 - l_{2I}\,\mathrm{S}_2^i & \mathrm{C}_1^i l_1 + l_{2I}\,\mathrm{C}_2^i & 0 \\ -l_{2I}\,\mathrm{S}_2^i & l_{2I}\,\mathrm{C}_2^i & 0 \end{bmatrix} \tag{7.112}$$

式(7.111)及式(7.112)的特例验证了式(7.31)的正确性。由式(7.100)得

$$\frac{\partial\, {}^{i}\dot{r}_{1I}}{\partial\dot{\phi}_2^1} = \frac{\partial}{\partial\dot{\phi}_2^1}\left({}^{i}\dot{\tilde{\phi}}_1 \cdot {}^{i}r_{1I}\right) = 0_3$$

$$\frac{\partial\, {}^{i}\dot{r}_{1I}}{\partial\dot{\phi}_1^i} = \frac{\partial}{\partial\dot{\phi}_1^i}\left({}^{i}\dot{\tilde{\phi}}_1\right)\cdot {}^{i|1}r_{1I} = \tilde{\mathbf{1}}^{[z]}\cdot\begin{bmatrix} \mathrm{C}_1^i & -\mathrm{S}_1^i & 0 \\ \mathrm{S}_1^i & \mathrm{C}_1^i & 0 \\ 0 & 0 & 1 \end{bmatrix}\cdot\begin{bmatrix} l_{1I} \\ 0 \\ 0 \end{bmatrix} = \begin{bmatrix} -l_{1I}\,\mathrm{S}_1^i \\ l_{1I}\,\mathrm{C}_1^i \\ 0 \end{bmatrix}$$

故有

$$\frac{\partial\, {}^{i}\dot{r}_{1I}^{\mathrm{T}}}{\partial[\dot{\phi}_1^i \quad \dot{\phi}_2^1]^{\mathrm{T}}} = \begin{bmatrix} -l_{1I}\,\mathrm{S}_1^i & l_{1I}\,\mathrm{C}_1^i & 0 \\ 0 & 0 & 0 \end{bmatrix} \tag{7.113}$$

由式(7.103)得

$$\frac{\partial\, {}^{i}\dot{r}_{2I}}{\partial\dot{\phi}_1^i} = \tilde{\mathbf{1}}^{[z]}\cdot\begin{bmatrix} \mathrm{C}_1^i & -\mathrm{S}_1^i & 0 \\ \mathrm{S}_1^i & \mathrm{C}_1^i & 0 \\ 0 & 0 & 1 \end{bmatrix}\cdot {}^{1}r_{2I} = \tilde{\mathbf{1}}^{[z]}\cdot\begin{bmatrix} l_1\,\mathrm{C}_1^i + l_{2I}\,\mathrm{C}_2^i \\ l_1\,\mathrm{S}_1^i + l_{2I}\,\mathrm{S}_2^i \\ 0 \end{bmatrix} = \begin{bmatrix} -l_1\,\mathrm{S}_1^i - l_{2I}\,\mathrm{S}_2^i \\ l_1\,\mathrm{C}_1^i + l_{2I}\,\mathrm{C}_2^i \\ 0 \end{bmatrix}$$

$$\frac{\partial\, {}^{i}\dot{r}_{2I}}{\partial\dot{\phi}_2^1} = \begin{bmatrix} \mathrm{C}_1^i & -\mathrm{S}_1^i & 0 \\ \mathrm{S}_1^i & \mathrm{C}_1^i & 0 \\ 0 & 0 & 1 \end{bmatrix}\cdot\tilde{\mathbf{1}}^{[z]}\cdot\begin{bmatrix} l_{2I}\,\mathrm{C}_2^1 \\ l_{2I}\,\mathrm{S}_2^1 \\ 0 \end{bmatrix} = \begin{bmatrix} \mathrm{C}_1^i & -\mathrm{S}_1^i & 0 \\ \mathrm{S}_1^i & \mathrm{C}_1^i & 0 \\ 0 & 0 & 1 \end{bmatrix}\cdot\begin{bmatrix} -l_{2I}\,\mathrm{S}_2^1 \\ l_{2I}\,\mathrm{C}_2^1 \\ 0 \end{bmatrix} = \begin{bmatrix} -l_{2I}\,\mathrm{S}_2^i \\ l_{2I}\,\mathrm{C}_2^i \\ 0 \end{bmatrix}$$

故有

$$\frac{\partial\, {}^{i}\dot{r}_{2I}^{\mathrm{T}}}{\partial[\dot{\phi}_1^i \quad \dot{\phi}_2^1]^{\mathrm{T}}} = \begin{bmatrix} -l_1\,\mathrm{S}_1^i - l_{2I}\,\mathrm{S}_2^i & l_1\,\mathrm{C}_1^i + l_{2I}\,\mathrm{C}_2^i & 0 \\ -l_{2I}\,\mathrm{S}_2^i & l_{2I}\,\mathrm{C}_2^i & 0 \end{bmatrix} \tag{7.114}$$

式(7.113)及式(7.114)的特例验证了式(7.31)的正确性。解毕。

对于链 ${}^{i}\mathbf{1}_k$ 而言，式(7.12)至式(7.19)中运动矢量迭代计算的复杂度为 $O({}^{i}\mathbf{1}_k)$。上述过程表明推导偏速度是非常烦琐的，式(7.31)至式(7.33)的偏速度迭代计算复杂度为 $O(1)$。将式(7.31)至式(7.33)的偏速度迭代式应用于凯恩方程(7.82)，可以将凯恩动力学建模的复杂度降至线性复杂度。

下面，推导 Ju-Kane 动力学预备定理，以之为基础，再解决多轴系统动力学建模与正逆计算等其他问题。

7.4.2 Ju-Kane 动力学预备定理证明

下面基于多轴系统拉格朗日方程(7.63)推导 Ju-Kane 动力学预备定理。先进行拉格朗日方程与凯恩方程的等价性证明，然后计算能量对关节速度及坐标的偏速度，再对时间求导，

最后给出 Ju-Kane 动力学预备定理。

（1）拉格朗日方程与凯恩方程的等价性证明。

$$\begin{gathered}\frac{d}{dt}\left(\frac{\partial}{\partial \dot{q}_u^{\bar{u}}}\left(\frac{1}{2}\cdot \mathrm{m}_k \cdot {}^i\dot{r}_{kI}^{\mathrm{T}} \cdot {}^i\dot{r}_{kI}\right)\right)=\frac{\partial}{\partial q_u^{\bar{u}}}\left({}_v\mathscr{E}_k^i\right)+\mathrm{m}_k \cdot \frac{\partial\, {}^i\dot{r}_{kI}^{\mathrm{T}}}{\partial \dot{q}_u^{\bar{u}}} \cdot {}^i\ddot{r}_{kI} \\ \frac{d}{dt}\left(\frac{\partial}{\partial \dot{q}_u^{\bar{u}}}\left(\frac{1}{2}\cdot {}^i\dot{\phi}_k^{\mathrm{T}} \cdot {}^{i|kI}\mathrm{J}_{kI} \cdot {}^i\dot{\phi}_k\right)\right)=\frac{\partial}{\partial q_u^{\bar{u}}}\left({}_\omega\mathscr{E}_k^i\right)+\frac{\partial\, {}^i\dot{\phi}_k^{\mathrm{T}}}{\partial \dot{q}_u^{\bar{u}}} \cdot \frac{d}{dt}\left({}^{i|kI}\mathrm{J}_{kI} \cdot {}^i\dot{\phi}_k\right)\end{gathered} \tag{7.115}$$

【证明】 考虑刚体 k 平动动能对 $\dot{q}_u^{\bar{u}}$ 的偏速度对时间的导数，得

$$\begin{aligned}\frac{d}{dt}\left(\frac{\partial}{\partial \dot{q}_u^{\bar{u}}}\left({}_v\mathscr{E}_k^i\right)\right)&=\frac{d}{dt}\left(\frac{\partial}{\partial \dot{q}_u^{\bar{u}}}\left(\frac{1}{2}\cdot \mathrm{m}_k \cdot {}^i\dot{r}_{kI}^{\mathrm{T}} \cdot {}^i\dot{r}_{kI}\right)\right)=\frac{d}{dt}\left(\mathrm{m}_k \cdot \frac{\partial\, {}^i\dot{r}_{kI}^{\mathrm{T}}}{\partial \dot{q}_u^{\bar{u}}} \cdot {}^i\dot{r}_{kI}\right) \\ &=\mathrm{m}_k \cdot \frac{d}{dt}\left(\frac{\partial\, {}^i\dot{r}_{kI}^{\mathrm{T}}}{\partial \dot{q}_u^{\bar{u}}}\right) \cdot {}^i\dot{r}_{kI}+\mathrm{m}_k \cdot \frac{\partial\, {}^i\dot{r}_{kI}^{\mathrm{T}}}{\partial \dot{q}_u^{\bar{u}}} \cdot {}^i\ddot{r}_{kI} \\ &=\mathrm{m}_k \cdot \frac{\partial\, {}^i\dot{r}_{kI}^{\mathrm{T}}}{\partial q_u^{\bar{u}}} \cdot {}^i\dot{r}_{kI}+\mathrm{m}_k \cdot \frac{\partial\, {}^i\dot{r}_{kI}^{\mathrm{T}}}{\partial \dot{q}_u^{\bar{u}}} \cdot {}^i\ddot{r}_{kI} \\ &=\frac{\partial}{\partial q_u^{\bar{u}}}\left({}_v\mathscr{E}_k^i\right)+\mathrm{m}_k \cdot \frac{\partial\, {}^i\dot{r}_{kI}^{\mathrm{T}}}{\partial \dot{q}_u^{\bar{u}}} \cdot {}^i\ddot{r}_{kI}\end{aligned}$$

考虑刚体 k 转动动能对 $\dot{q}_u^{\bar{u}}$ 的偏速度对时间的导数，得

$$\frac{d}{dt}\left(\frac{\partial}{\partial \dot{q}_u^{\bar{u}}}\left({}_\omega\mathscr{E}_k^i\right)\right)=\frac{d}{dt}\left(\frac{\partial}{\partial \dot{q}_u^{\bar{u}}}\left(\frac{1}{2}\cdot {}^i\dot{\phi}_k^{\mathrm{T}} \cdot {}^{i|kI}\mathrm{J}_{kI} \cdot {}^i\dot{\phi}_k\right)\right)=\frac{d}{dt}\left(\frac{\partial\, {}^i\dot{\phi}_k^{\mathrm{T}}}{\partial \dot{q}_u^{\bar{u}}} \cdot {}^{i|kI}\mathrm{J}_{kI} \cdot {}^i\dot{\phi}_k\right)$$

$$=\frac{d}{dt}\left(\frac{\partial\, {}^i\dot{\phi}_k^{\mathrm{T}}}{\partial \dot{q}_u^{\bar{u}}}\right) \cdot {}^{i|kI}\mathrm{J}_{kI} \cdot {}^i\dot{\phi}_k+\frac{\partial\, {}^i\dot{\phi}_k^{\mathrm{T}}}{\partial \dot{q}_u^{\bar{u}}} \cdot \left({}^{i|kI}\mathrm{J}_{kI} \cdot {}^i\ddot{\phi}_k+{}^i\dot{\tilde{\phi}}_k \cdot {}^{i|kI}\mathrm{J}_{kI} \cdot {}^i\dot{\phi}_k\right)$$

$$=\frac{\partial\, {}^i\dot{\phi}_k^{\mathrm{T}}}{\partial q_u^{\bar{u}}} \cdot {}^{i|kI}\mathrm{J}_{kI} \cdot {}^i\dot{\phi}_k+\frac{\partial\, {}^i\dot{\phi}_k^{\mathrm{T}}}{\partial \dot{q}_u^{\bar{u}}} \cdot \left({}^{i|kI}\mathrm{J}_{kI} \cdot {}^i\ddot{\phi}_k+{}^i\dot{\tilde{\phi}}_k \cdot {}^{i|kI}\mathrm{J}_{kI} \cdot {}^i\dot{\phi}_k\right)$$

$$=\frac{\partial}{\partial q_u^{\bar{u}}}\left({}_\omega\mathscr{E}_k^i\right)+\frac{\partial\, {}^i\dot{\phi}_k^{\mathrm{T}}}{\partial \dot{q}_u^{\bar{u}}} \cdot \left({}^{i|kI}\mathrm{J}_{kI} \cdot {}^i\ddot{\phi}_k+{}^i\dot{\tilde{\phi}}_k \cdot {}^{i|kI}\mathrm{J}_{kI} \cdot {}^i\dot{\phi}_k\right)$$

证毕。

因 ${}_g\mathscr{E}_k^i$ 与 $\dot{q}_u^{\bar{u}}$ 不相关，由式(7.115)及多轴系统拉格朗日方程(7.63)得

$$\frac{d}{dt}\left(\frac{\partial}{\partial \dot{q}_u^{\bar{u}}}\left({}_v\mathscr{E}_k^i+{}_\omega\mathscr{E}_k^i+{}_g\mathscr{E}_k^i\right)\right)-\frac{\partial}{\partial q_u^{\bar{u}}}\left({}_v\mathscr{E}_k^i+{}_\omega\mathscr{E}_k^i+{}_g\mathscr{E}_k^i\right)$$

$$=\frac{d}{dt}\left(\frac{\partial}{\partial \dot{q}_u^{\bar{u}}}\left({}_v\mathscr{E}_k^i+{}_\omega\mathscr{E}_k^i\right)\right)-\frac{\partial}{\partial q_u^{\bar{u}}}\left({}_v\mathscr{E}_k^i+{}_\omega\mathscr{E}_k^i+{}_g\mathscr{E}_k^i\right)$$

$$=\mathrm{m}_k \cdot \frac{\partial\, {}^i\dot{r}_{kI}^{\mathrm{T}}}{\partial \dot{q}_u^{\bar{u}}} \cdot {}^i\ddot{r}_{kI}+\frac{\partial\, {}^i\dot{\phi}_k^{\mathrm{T}}}{\partial \dot{q}_u^{\bar{u}}} \cdot \frac{d}{dt}\left({}^{i|kI}\mathrm{J}_{kI} \cdot {}^i\dot{\phi}_k\right)-\frac{\partial}{\partial q_u^{\bar{u}}}\left({}_g\mathscr{E}_k^i\right)$$

$$=\mathrm{m}_k \cdot \frac{\partial\, {}^i\dot{r}_{kI}^{\mathrm{T}}}{\partial \dot{q}_u^{\bar{u}}} \cdot {}^i\ddot{r}_{kI}+\frac{\partial\, {}^i\dot{\phi}_k^{\mathrm{T}}}{\partial \dot{q}_u^{\bar{u}}} \cdot \left({}^i\dot{\tilde{\phi}}_k \cdot {}^{i|kI}\mathrm{J}_{kI} \cdot {}^i\dot{\phi}_k+{}^{i|kI}\mathrm{J}_{kI} \cdot {}^i\ddot{\phi}_k\right)-\frac{\partial}{\partial q_u^{\bar{u}}}\left({}_g\mathscr{E}_k^i\right)$$

动力学系统$\boldsymbol{D}$的平动动能及转动动能分别表示为

$$ {}_{v}\mathcal{E}_{\boldsymbol{D}}^{i} = \sum_{k}^{\boldsymbol{iL}} \left({}_{v}\mathcal{E}_{k}^{i} \right), \quad {}_{\omega}\mathcal{E}_{\boldsymbol{D}}^{i} = \sum_{k}^{\boldsymbol{iL}} \left({}_{\omega}\mathcal{E}_{k}^{i} \right) $$

考虑式(7.61)及式(7.62)，即有

$$ \begin{aligned} & \frac{d}{dt}\left(\frac{\partial}{\partial \dot{q}_{u}^{\bar{u}}} \left(\mathcal{E}_{\boldsymbol{D}}^{i} \right) \right) - \frac{\partial}{\partial q_{u}^{\bar{u}}} \left(\mathcal{E}_{\boldsymbol{D}}^{i} \right) = \sum_{k}^{\boldsymbol{iL}} \left(\mathrm{m}_{k} \cdot \frac{\partial\, {}^{i}\dot{r}_{kI}^{\mathrm{T}}}{\partial \dot{q}_{u}^{\bar{u}}} \cdot {}^{i}\ddot{r}_{kI} \right) + \\ & \backslash\sum_{k}^{\boldsymbol{iL}} \left(\frac{\partial\, {}^{i}\dot{\phi}_{k}^{\mathrm{T}}}{\partial \dot{q}_{u}^{\bar{u}}} \cdot \left({}^{i}\dot{\tilde{\phi}}_{k} \cdot {}^{i|kI}\mathrm{J}_{kI} \cdot {}^{i}\dot{\phi}_{k} + {}^{i|kI}\mathrm{J}_{kI} \cdot {}^{i}\ddot{\phi}_{k} \right) \right) - \sum_{k}^{\boldsymbol{iL}} \left(\frac{\partial}{\partial q_{u}^{\bar{u}}} \left({}_{g}\mathcal{E}_{k}^{i} \right) \right) \end{aligned} \tag{7.116} $$

式(7.115)及式(7.116)是 Ju-Kane 动力学预备定理证明的依据，即 Ju-Kane 动力学预备定理本质上与拉格朗日法是等价的。同时，式(7.116)右侧包含了式(7.82)左侧各项，表明拉格朗日法与凯恩法的惯性力计算是一致的，即拉格朗日法与凯恩法也是等价的。

式(7.116)表明：在拉格朗日方程(7.63)中存在$\dfrac{\partial}{\partial q_{u}^{\bar{u}}}\left({}_{v}\mathcal{E}_{k}^{i} + {}_{\omega}\mathcal{E}_{k}^{i} \right)$重复计算的问题。

（2）能量对关节速度及坐标的偏速度。

① 若${}^{\bar{u}}\boldsymbol{k}_{u} \in \boldsymbol{P}$，并考虑$u \in \boldsymbol{uL} \subset \boldsymbol{iL}$，$r_{u}^{\bar{u}}$及$\dot{r}_{u}^{\bar{u}}$仅与闭子树$\boldsymbol{uL}$相关，由式(7.61)及式(7.62)，得

$$ \frac{\partial}{\partial \dot{r}_{u}^{\bar{u}}} \left({}_{v}\mathcal{E}_{\boldsymbol{D}}^{i} \right) = \frac{\partial}{\partial \dot{r}_{u}^{\bar{u}}} \left(\sum_{k}^{\boldsymbol{uL}} \left(\frac{1}{2} \cdot \mathrm{m}_{k} \cdot {}^{i}\dot{r}_{kI}^{\mathrm{T}} \cdot {}^{i}\dot{r}_{kI} \right) \right) = \sum_{k}^{\boldsymbol{uL}} \left(\mathrm{m}_{k} \cdot \frac{\partial\, {}^{i}\dot{r}_{kI}^{\mathrm{T}}}{\partial \dot{r}_{u}^{\bar{u}}} \cdot {}^{i}\dot{r}_{kI} \right) \tag{7.117} $$

$$ \frac{\partial}{\partial \dot{r}_{u}^{\bar{u}}} \left({}_{\omega}\mathcal{E}_{\boldsymbol{D}}^{i} \right) = \frac{\partial}{\partial \dot{r}_{u}^{\bar{u}}} \left(\sum_{k}^{\boldsymbol{uL}} \left(\frac{1}{2}\, {}^{i}\dot{\phi}_{k}^{\mathrm{T}} \cdot {}^{i|kI}\mathrm{J}_{kI} \cdot {}^{i}\dot{\phi}_{k} \right) \right) = \sum_{k}^{\boldsymbol{uL}} \left(\frac{\partial\, {}^{i}\dot{\phi}_{k}^{\mathrm{T}}}{\partial \dot{r}_{u}^{\bar{u}}} \cdot {}^{i|kI}\mathrm{J}_{kI} \cdot {}^{i}\dot{\phi}_{k} \right) \tag{7.118} $$

$$ \frac{\partial}{\partial r_{u}^{\bar{u}}} \left({}_{g}\mathcal{E}_{\boldsymbol{D}}^{i} \right) = \frac{\partial}{\partial r_{u}^{\bar{u}}} \left(\sum_{k}^{\boldsymbol{uL}} \left(\mathrm{m}_{k} \cdot {}^{i}r_{kI}^{\mathrm{T}} \cdot {}^{i}\mathrm{g}_{kI} \right) \right) = \sum_{k}^{\boldsymbol{uL}} \left(\mathrm{m}_{k} \cdot \frac{\partial\, {}^{i}r_{kI}^{\mathrm{T}}}{\partial r_{u}^{\bar{u}}} \cdot {}^{i}\mathrm{g}_{kI} \right) \tag{7.119} $$

② 若${}^{\bar{u}}\boldsymbol{k}_{u} \in \boldsymbol{R}$，并考虑$u \in \boldsymbol{uL} \subset \boldsymbol{iL}$，$\phi_{u}^{\bar{u}}$及$\dot{\phi}_{u}^{\bar{u}}$仅与闭子树$\boldsymbol{uL}$相关，由式(7.61)及式(7.62)，得

$$ \frac{\partial}{\partial \dot{\phi}_{u}^{\bar{u}}} \left({}_{v}\mathcal{E}_{\boldsymbol{D}}^{i} \right) = \frac{\partial}{\partial \dot{\phi}_{u}^{\bar{u}}} \left(\sum_{k}^{\boldsymbol{uL}} \left(\frac{1}{2} \cdot \mathrm{m}_{k} \cdot {}^{i}\dot{r}_{kI}^{\mathrm{T}} \cdot {}^{i}\dot{r}_{kI} \right) \right) = \sum_{k}^{\boldsymbol{uL}} \left(\mathrm{m}_{k} \cdot \frac{\partial\, {}^{i}\dot{r}_{kI}^{\mathrm{T}}}{\partial \dot{\phi}_{u}^{\bar{u}}} \cdot {}^{i}\dot{r}_{kI} \right) \tag{7.120} $$

$$ \frac{\partial}{\partial \dot{\phi}_{u}^{\bar{u}}} \left({}_{\omega}\mathcal{E}_{\boldsymbol{D}}^{i} \right) = \frac{\partial}{\partial \dot{\phi}_{u}^{\bar{u}}} \left(\sum_{k}^{\boldsymbol{uL}} \left(\frac{1}{2}\, {}^{i}\dot{\phi}_{k}^{\mathrm{T}} \cdot {}^{i|kI}\mathrm{J}_{kI} \cdot {}^{i}\dot{\phi}_{k} \right) \right) = \sum_{k}^{\boldsymbol{uL}} \left(\frac{\partial\, {}^{i}\dot{\phi}_{k}^{\mathrm{T}}}{\partial \dot{\phi}_{u}^{\bar{u}}} \cdot {}^{i|kI}\mathrm{J}_{kI} \cdot {}^{i}\dot{\phi}_{k} \right) \tag{7.121} $$

$$ \frac{\partial}{\partial \phi_{u}^{\bar{u}}} \left({}_{g}\mathcal{E}_{\boldsymbol{D}}^{i} \right) = \frac{\partial}{\partial \phi_{u}^{\bar{u}}} \left(\sum_{k}^{\boldsymbol{uL}} \left(\mathrm{m}_{k} \cdot {}^{i}r_{kI}^{\mathrm{T}} \cdot {}^{i}\mathrm{g}_{kI} \right) \right) = \sum_{k}^{\boldsymbol{uL}} \left(\mathrm{m}_{k} \cdot \frac{\partial\, {}^{i}r_{kI}^{\mathrm{T}}}{\partial \phi_{u}^{\bar{u}}} \cdot {}^{i}\mathrm{g}_{kI} \right) \tag{7.122} $$

至此，已完成能量对关节速度及坐标的偏速度计算。

（3）求对时间的导数。

① 若 $^{\overline{u}}\boldsymbol{k}_u \in \boldsymbol{P}$，由式(7.115)、式(7.117)及式(7.118)得

$$
\begin{aligned}
&\frac{^i d}{dt}\left(\frac{\partial}{\partial \dot{r}_u^{\overline{u}}}\left({}_m\mathscr{E}_{\boldsymbol{D}}^i\right)\right)=\frac{d}{dt}\left(\sum_k^{u\boldsymbol{L}}\left(\mathrm{m}_k\cdot\frac{\partial\,{}^i\dot{r}_{kI}^{\mathrm{T}}}{\partial \dot{r}_u^{\overline{u}}}\cdot{}^i\dot{r}_{kI}\right)+\sum_k^{u\boldsymbol{L}}\left(\frac{\partial\,{}^i\dot{\phi}_k^{\mathrm{T}}}{\partial \dot{r}_u^{\overline{u}}}\cdot{}^{i|kI}\mathrm{J}_{kI}\cdot{}^i\dot{\phi}_k\right)\right)\\
&=\frac{\partial}{\partial r_u^{\overline{u}}}\left({}_m\mathscr{E}_{\boldsymbol{D}}^i\right)+\sum_k^{u\boldsymbol{L}}\left(\mathrm{m}_k\cdot\frac{\partial\,{}^i\dot{r}_{kI}^{\mathrm{T}}}{\partial \dot{r}_u^{\overline{u}}}\cdot{}^i\ddot{r}_{kI}+\frac{\partial\,{}^i\dot{\phi}_k^{\mathrm{T}}}{\partial \dot{r}_u^{\overline{u}}}\cdot\left({}^{i|kI}\mathrm{J}_{kI}\cdot{}^i\ddot{\phi}_k+{}^i\dot{\tilde{\phi}}_k\cdot{}^{i|kI}\mathrm{J}_{kI}\cdot{}^i\dot{\phi}_k\right)\right)
\end{aligned}
\tag{7.123}
$$

② 若 $^{\overline{u}}\boldsymbol{k}_u \in \boldsymbol{R}$，由式(7.115)、式(7.120)及式(7.121)得

$$
\begin{aligned}
&\frac{d}{dt}\left(\frac{\partial}{\partial \dot{\phi}_u^{\overline{u}}}\left({}_m\mathscr{E}_{\boldsymbol{D}}^i\right)\right)=\frac{d}{dt}\left(\sum_k^{u\boldsymbol{L}}\left(\mathrm{m}_k\cdot\frac{\partial\,{}^i\dot{r}_{kI}^{\mathrm{T}}}{\partial \dot{\phi}_u^{\overline{u}}}\cdot{}^i\dot{r}_{kI}\right)+\sum_k^{u\boldsymbol{L}}\left(\frac{\partial\,{}^i\dot{\phi}_k^{\mathrm{T}}}{\partial \dot{\phi}_u^{\overline{u}}}\cdot{}^{i|kI}\mathrm{J}_{kI}\cdot{}^i\dot{\phi}_k\right)\right)\\
&=\frac{\partial}{\partial \phi_u^{\overline{u}}}\left({}_m\mathscr{E}_{\boldsymbol{D}}^i\right)+\sum_k^{u\boldsymbol{L}}\left(\mathrm{m}_k\cdot\frac{\partial\,{}^i\dot{r}_{kI}^{\mathrm{T}}}{\partial \dot{\phi}_u^{\overline{u}}}\cdot{}^i\ddot{r}_{kI}+\frac{\partial\,{}^i\dot{\phi}_k^{\mathrm{T}}}{\partial \dot{\phi}_u^{\overline{u}}}\cdot\left({}^{i|kI}\mathrm{J}_{kI}\cdot{}^i\ddot{\phi}_k+{}^i\dot{\tilde{\phi}}_k\cdot{}^{i|kI}\mathrm{J}_{kI}\cdot{}^i\dot{\phi}_k\right)\right)
\end{aligned}
\tag{7.124}
$$

至此，已完成对时间 t 的求导。

（4）Ju-Kane 动力学预备定理。

将式(7.119)、式(7.122)、式(7.123)及式(7.124)代入式(7.116)得定理 7.1，表述如下：

定理 7.1　给定多轴刚体系统 $\boldsymbol{D}=\left\{\boldsymbol{A},\boldsymbol{K},\boldsymbol{T},\boldsymbol{NT},\boldsymbol{F},\boldsymbol{B}\right\}$，惯性系记为 $\boldsymbol{F}^{[i]}$，$\forall k,u\in\boldsymbol{A}$，$\boldsymbol{NT}=\varnothing$；除了重力外，作用于轴 u 的合外力及力矩分别记为 $^{i|\boldsymbol{D}}f_u$ 及 $^{i|\boldsymbol{D}}\tau_u$；轴 k 的质量及质心转动惯量分别记为 m_k 及 $^{kI}\mathrm{J}_{kI}$，轴 k 的重力加速度为 $^i\mathrm{g}_{kI}$；则轴 u 的 Ju-Kane 动力学预备方程为

$$
\begin{cases}
\sum\limits_k^{u\boldsymbol{L}}\left(\mathrm{m}_k\cdot\dfrac{\partial\,{}^i\dot{r}_{kI}^{\mathrm{T}}}{\partial \dot{r}_u^{\overline{u}}}\cdot{}^i\ddot{r}_{kI}-\mathrm{m}_k\cdot\dfrac{\partial\,{}^i r_{kI}^{\mathrm{T}}}{\partial r_k^{\overline{k}}}\cdot{}^i\mathrm{g}_{kI}\right)={}^{i|\overline{u}}n_u^{\mathrm{T}}\cdot{}^{i|\boldsymbol{D}}f_u & \text{if}\quad {}^{\overline{u}}\boldsymbol{k}_u\in\boldsymbol{P}\\
\sum\limits_k^{u\boldsymbol{L}}\left(\mathrm{m}_k\cdot\dfrac{\partial\,{}^i\dot{r}_{kI}^{\mathrm{T}}}{\partial \dot{\phi}_u^{\overline{u}}}\cdot{}^i\ddot{r}_{kI}+\dfrac{\partial\,{}^i\dot{\phi}_k^{\mathrm{T}}}{\partial \dot{\phi}_u^{\overline{u}}}\cdot\left({}^{i|kI}\mathrm{J}_{kI}\cdot{}^i\ddot{\phi}_k+{}^i\dot{\tilde{\phi}}_k\cdot{}^{i|kI}\mathrm{J}_{kI}\cdot{}^i\dot{\phi}_k\right)\right. & \\
\qquad\left.\backslash-\mathrm{m}_k\cdot\dfrac{\partial\,{}^i r_{kI}^{\mathrm{T}}}{\partial \phi_u^{\overline{u}}}\cdot{}^i\mathrm{g}_{kI}\right)={}^{i|\overline{u}}n_u^{\mathrm{T}}\cdot{}^{i|\boldsymbol{D}}\tau_u & \text{if}\quad {}^{\overline{u}}\boldsymbol{k}_u\in\boldsymbol{R}
\end{cases}
\tag{7.125}
$$

尽管式(7.125)是根据多轴系统拉格朗日方程(7.63)推导的，但式(7.125)与凯恩方程(7.82)仍有相似之处。因此，称定理 7.1 为 Ju-Kane 动力学预备定理。虽然式(7.125)形式上是凯恩方程对两种基本运动副的不同表示，但是二者存在本质的不同，原因是式(7.125)具有了树链拓扑结构。

7.4.3 Ju-Kane 动力学预备定理应用

【示例 7.4】 继示例 7.1 及示例 7.3，$\phi_{(i,2]}^{\mathrm{T}}\triangleq\begin{bmatrix}\phi_1^i & \phi_2^1\end{bmatrix}$，应用 Ju-Kane 动力学预备定理建立该机械臂的动力学模型。

【解】 由式(7.109)得

$$\frac{\partial{}^{i}\dot{\phi}_1^{\mathrm{T}}}{\partial\dot{\phi}_{(i,2]}}\cdot{}^{i|1I}\mathrm{J}_{1I}\cdot{}^{i}\ddot{\phi}_1=\begin{bmatrix}0&0&1\\0&0&0\end{bmatrix}\cdot\begin{bmatrix}*&*&*\\*&*&*\\*&*&\mathrm{J}_{1I}\end{bmatrix}\cdot\begin{bmatrix}0\\0\\1\end{bmatrix}\cdot\ddot{\phi}_1^i=\begin{bmatrix}\mathrm{J}_{1I}&0\\0&0\end{bmatrix}\cdot\begin{bmatrix}\ddot{\phi}_1^i\\\ddot{\phi}_2^1\end{bmatrix}\tag{7.126}$$

式(7.126)表示杆 1 惯性力 ${}^{i|1I}\mathrm{J}_{1I}\cdot{}^{i}\ddot{\phi}_1$ 在 $\dot{\phi}_1^i$、$\dot{\phi}_2^1$ 方向的投影。由式(7.110)及式(7.104)得

$$\frac{\partial{}^{i}\dot{\phi}_2^{\mathrm{T}}}{\partial\dot{\phi}_{(i,2]}}\cdot{}^{i|2I}\mathrm{J}_{2I}\cdot{}^{i}\ddot{\phi}_2=\begin{bmatrix}0&0&1\\0&0&1\end{bmatrix}\cdot\begin{bmatrix}*&*&*\\*&*&*\\*&*&\mathrm{J}_{2I}\end{bmatrix}\cdot\begin{bmatrix}0\\0\\1\end{bmatrix}\cdot\left(\ddot{\phi}_1^i+\ddot{\phi}_2^1\right)=\begin{bmatrix}\mathrm{J}_{2I}&\mathrm{J}_{2I}\\\mathrm{J}_{2I}&\mathrm{J}_{2I}\end{bmatrix}\cdot\begin{bmatrix}\ddot{\phi}_1^i\\\ddot{\phi}_2^1\end{bmatrix}\tag{7.127}$$

由式(7.113)及式(7.105)得

$$\frac{\partial{}^{i}\dot{r}_{1I}^{\mathrm{T}}}{\partial\dot{\phi}_{(i,2]}}\cdot{}^{i}\ddot{r}_{1I}=\begin{bmatrix}-l_{1I}\,\mathrm{S}_1^i&l_{1I}\,\mathrm{C}_1^i&0\\0&0&0\end{bmatrix}\cdot\begin{bmatrix}-l_{1I}\,\mathrm{C}_1^i\,\dot{\phi}_1^{i:2}-l_{1I}\,\mathrm{S}_1^i\,\ddot{\phi}_1^i\\l_{1I}\,\mathrm{C}_1^i\,\ddot{\phi}_1^i-l_{1I}\,\mathrm{S}_1^i\,\dot{\phi}_1^{i:2}\\0\end{bmatrix}$$

$$=\begin{bmatrix}l_{1I}^2\,\mathrm{S}_1^i\,\mathrm{C}_1^i\,\dot{\phi}_1^{i:2}+l_{1I}^2\,\mathrm{S}_1^{i:2}\,\ddot{\phi}_1^i+l_{1I}^2\,\mathrm{C}_1^{i:2}\,\ddot{\phi}_1^i-l_{1I}^2\,\mathrm{C}_1^i\,\mathrm{S}_1^i\,\dot{\phi}_1^{i:2}\\0\end{bmatrix}=\begin{bmatrix}l_{1I}^2\ddot{\phi}_1^i\\0\end{bmatrix}$$

即

$$\frac{\partial{}^{i}\dot{r}_{1I}^{\mathrm{T}}}{\partial\dot{\phi}_{(i,2]}}\cdot{}^{i}\ddot{r}_{1I}=\begin{bmatrix}l_{1I}^2\ddot{\phi}_1^i\\0\end{bmatrix}\tag{7.128}$$

由式(7.114)及式(7.106)得

$$\frac{\partial{}^{i}\dot{r}_{2I}^{\mathrm{T}}}{\partial\dot{\phi}_{(i,2]}}\cdot{}^{i}\ddot{r}_2=\begin{bmatrix}-l_1\,\mathrm{S}_1^i-l_{2I}\,\mathrm{S}_2^i&l_1\,\mathrm{C}_1^i+l_{2I}\,\mathrm{C}_2^i&0\\-l_{2I}\,\mathrm{S}_2^i&l_{2I}\,\mathrm{C}_2^i&0\end{bmatrix}\cdot\begin{bmatrix}-l_1\,\mathrm{C}_1^i\,\dot{\phi}_1^{i:2}-l_1\,\mathrm{S}_1^i\,\ddot{\phi}_1^i\\l_1\,\mathrm{C}_1^i\,\ddot{\phi}_1^i-l_1\,\mathrm{S}_1^i\,\dot{\phi}_1^{i:2}\\0\end{bmatrix}$$

$$=\begin{bmatrix}l_1l_{2I}\left(\mathrm{C}_1^i\,\mathrm{S}_2^i\,\dot{\phi}_1^{i:2}+\mathrm{S}_1^i\,\mathrm{S}_2^i\,\ddot{\phi}_1^i\right)+l_1^2\left(\mathrm{C}_1^i\,\mathrm{S}_1^i\cdot\dot{\phi}_1^{i:2}+\mathrm{S}_1^{i:2}\,\ddot{\phi}_1^i\right)\\l_1l_{2I}\,\mathrm{C}_1^i\,\mathrm{S}_2^i\,\dot{\phi}_1^{i:2}+l_1l_{2I}\,\mathrm{S}_1^i\,\mathrm{S}_2^i\,\ddot{\phi}_1^i\end{bmatrix.$$

$$\begin{bmatrix}\backslash+l_1^2\left(\mathrm{C}_1^{i:2}\ddot{\phi}_1^i-\mathrm{S}_1^i\,\mathrm{C}_1^i\,\dot{\phi}_1^{i:2}\right)+l_1l_{2I}\left(\mathrm{C}_1^i\,\mathrm{C}_2^i\,\ddot{\phi}_1^i-\mathrm{S}_1^i\,\mathrm{C}_2^i\,\dot{\phi}_1^{i:2}\right)\\\backslash+l_1l_{2I}\,\mathrm{C}_1^i\cdot\mathrm{C}_2^i\cdot\ddot{\phi}_1^i-l_1l_{2I}\,\mathrm{S}_1^i\,\mathrm{C}_2^i\,\dot{\phi}_1^{i:2}\end{bmatrix}$$

$$=\begin{bmatrix}l_1^2\ddot{\phi}_1^i+l_1l_{2I}\,\mathrm{C}_2^1\,\ddot{\phi}_1^i+l_1l_{2I}\,\mathrm{S}_2^1\,\dot{\phi}_1^{i:2}\\l_1l_{2I}\,\mathrm{C}_2^1\,\ddot{\phi}_1^i+l_1l_{2I}\,\mathrm{S}_2^1\,\dot{\phi}_1^{i:2}\end{bmatrix}$$

即

$$\frac{\partial{}^{i}\dot{r}_{2I}^{\mathrm{T}}}{\partial\dot{\phi}_{(i,2]}}\cdot{}^{i}\ddot{r}_2=\begin{bmatrix}l_1^2\ddot{\phi}_1^i+l_1l_{2I}\,\mathrm{C}_2^1\,\ddot{\phi}_1^i+l_1l_{2I}\,\mathrm{S}_2^1\,\dot{\phi}_1^{i:2}\\l_1l_{2I}\,\mathrm{C}_2^1\,\ddot{\phi}_1^i+l_1l_{2I}\,\mathrm{S}_2^1\,\dot{\phi}_1^{i:2}\end{bmatrix}\tag{7.129}$$

由式(7.114)及式(7.107)得

$$\frac{\partial^{i}\dot{r}_{2I}^{\mathrm{T}}}{\partial\dot{\phi}_{(i,2]}}\cdot{}^{i|2}\ddot{r}_{2I}=\begin{bmatrix}-l_1\,\mathrm{S}_1^i-l_{2I}\,\mathrm{S}_2^i & l_1\,\mathrm{C}_1^i+l_{2I}\,\mathrm{C}_2^i & 0\\ -l_{2I}\,\mathrm{S}_2^i & l_{2I}\,\mathrm{C}_2^i & 0\end{bmatrix}\cdot\begin{bmatrix}-l_{2I}\,\mathrm{C}_2^i\,\dot{\phi}_2^{i:2}-l_{2I}\,\mathrm{S}_2^i\,\ddot{\phi}_2^i\\ l_{2I}\,\mathrm{C}_2^i\cdot\ddot{\phi}_2^i+l_{2I}\,\mathrm{S}_2^i\,\dot{\phi}_2^{i:2}\\ 0\end{bmatrix}$$

$$=\begin{bmatrix}l_1l_{2I}\,\mathrm{S}_1^i\,\mathrm{C}_2^i\,\dot{\phi}_2^{i:2}+l_1l_{2I}\,\mathrm{S}_1^i\,\mathrm{S}_2^i\,\ddot{\phi}_2^i+l_{2I}^2\,\mathrm{S}_2^i\,\mathrm{C}_2^i\,\dot{\phi}_2^{i:2}+l_{2I}^2\,\mathrm{S}_2^{i:2}\,\ddot{\phi}_2^i\\ l_{2I}^2\,\mathrm{S}_2^i\,\mathrm{C}_2^i\,\dot{\phi}_2^{i:2}+l_{2I}^2\,\mathrm{S}_2^{i:2}\,\ddot{\phi}_2^i\\ \backslash+l_{2I}^2\,\mathrm{C}_2^{i:2}\,\ddot{\phi}_2^i+l_{2I}^2\,\mathrm{C}_2^i\,\mathrm{S}_2^i\,\dot{\phi}_2^{i:2}+l_1l_{2I}\,\mathrm{C}_1^i\,\mathrm{C}_2^i\,\ddot{\phi}_2^i+l_1l_{2I}\,\mathrm{C}_1^i\,\mathrm{S}_2^i\,\dot{\phi}_2^{i:2}\\ \backslash+l_{2I}^2\,\mathrm{C}_2^{i:2}\,\ddot{\phi}_2^i+l_{2I}^2\,\mathrm{C}_2^i\,\mathrm{S}_2^i\,\dot{\phi}_2^{i:2}\end{bmatrix}$$

$$=\begin{bmatrix}l_{2I}^2\ddot{\phi}_2^i-l_1l_{2I}\left(\mathrm{S}_2^1\,\dot{\phi}_2^{i:2}-\mathrm{C}_2^1\,\ddot{\phi}_2^i\right)\\ l_{2I}^2\ddot{\phi}_2^i\end{bmatrix}$$

即

$$\frac{\partial^{i}\dot{r}_{2I}^{\mathrm{T}}}{\partial\dot{\phi}_{(i,2]}}\cdot{}^{i|2}\ddot{r}_{2I}=\begin{bmatrix}l_{2I}^2\ddot{\phi}_2^i-l_1l_{2I}\left(\mathrm{S}_2^1\,\dot{\phi}_2^{i:2}-\mathrm{C}_2^1\,\ddot{\phi}_2^i\right)\\ l_{2I}^2\ddot{\phi}_2^i\end{bmatrix}\tag{7.130}$$

由式(7.129)及式(7.130)得

$$\frac{\partial^{i}\dot{r}_{2I}^{\mathrm{T}}}{\partial\dot{\phi}_{(i,2]}}\cdot{}^{i}\ddot{r}_{2I}=\begin{bmatrix}\left(l_1^2+2l_1l_{2I}\,\mathrm{C}_2^1+l_{2I}^2\right)\ddot{\phi}_1^i+\left(l_1l_{2I}\,\mathrm{C}_2^1+l_{2I}^2\right)\ddot{\phi}_2^1-2l_1l_{2I}\,\mathrm{S}_2^1\,\dot{\phi}_1^i\dot{\phi}_2^1-l_1l_{2I}\,\mathrm{S}_2^1\,\dot{\phi}_2^{1:2}\\ \left(l_{2I}^2+l_1l_{2I}\,\mathrm{C}_2^1\right)\ddot{\phi}_1^i+l_{2I}^2\ddot{\phi}_2^1+l_1l_{2I}\,\mathrm{S}_2^1\,\dot{\phi}_1^{i:2}\end{bmatrix}\tag{7.131}$$

式(7.131)表示杆 2 质心加速度 ${}^{i}\ddot{r}_{2I}$ 在自然坐标 ϕ_1^i、ϕ_2^1 方向的投影。由式(7.111)得

$$\frac{\partial^{i}r_{1I}^{\mathrm{T}}}{\partial\phi_{(i,2]}}\cdot{}^{i}g_{1I}=\begin{bmatrix}-l_{1I}\mathrm{S}_1^i & l_{1I}\,\mathrm{C}_1^i & 0\\ 0 & 0 & 0\end{bmatrix}\cdot\begin{bmatrix}0\\ -\mathrm{m}_1\mathrm{g}\\ 0\end{bmatrix}=\begin{bmatrix}-\mathrm{m}_1\mathrm{g}l_{1I}\,\mathrm{C}_1^i\\ 0\end{bmatrix}\tag{7.132}$$

由式(7.114)得

$$\frac{\partial^{i}r_{2I}^{\mathrm{T}}}{\partial\phi_{(i,2]}}\cdot{}^{i}g_{2I}=\begin{bmatrix}-\mathrm{S}_1^i\,l_1-l_{2I}\,\mathrm{S}_2^i & \mathrm{C}_1^i\,l_1+l_{2I}\,\mathrm{C}_2^i & 0\\ -l_{2I}\,\mathrm{S}_2^i & l_{2I}\,\mathrm{C}_2^i & 0\end{bmatrix}\cdot\begin{bmatrix}0\\ -\mathrm{m}_2\mathrm{g}\\ 0\end{bmatrix}=\begin{bmatrix}-l_1\,\mathrm{C}_1^i\,\mathrm{m}_2\mathrm{g}-l_{2I}\,\mathrm{C}_2^i\,\mathrm{m}_2\mathrm{g}\\ -l_{2I}\,\mathrm{C}_2^i\,\mathrm{m}_2\mathrm{g}\end{bmatrix}\tag{7.133}$$

由式(7.132)及式(7.133)得

$$\frac{\partial^{i}r_{1I}^{\mathrm{T}}}{\partial\phi_{(i,2]}}\cdot{}^{i}g_{1I}+\frac{\partial^{i}r_{2I}^{\mathrm{T}}}{\partial\phi_{(i,2]}}\cdot{}^{i}g_{2I}=\begin{bmatrix}-l_{1I}\,\mathrm{C}_1^i\,\mathrm{m}_1\mathrm{g}-\left(l_1\,\mathrm{C}_1^i+l_{2I}\,\mathrm{C}_2^i\right)\mathrm{m}_2\mathrm{g}\\ -l_{2I}\,\mathrm{C}_2^i\,\mathrm{m}_2\mathrm{g}\end{bmatrix}\tag{7.134}$$

式(7.134)表示重力在自然坐标 ϕ_1^i、ϕ_2^1 方向的投影。

将式(7.126)、式(7.127)、式(7.128)、式(7.130)、式(7.131)及式(7.134)代入式(7.125)得

$$\begin{gathered}\begin{bmatrix}\mathrm{m}_1l_{1I}^2+\mathrm{J}_{1I}+\mathrm{m}_2\left(l_1^2+2l_1l_{2I}\,\mathrm{C}_2^1+l_{2I}^2\right)+\mathrm{J}_{2I} & \mathrm{m}_2\left(l_{2I}^2+l_1l_{2I}\,\mathrm{C}_2^1\right)+\mathrm{J}_{2I}\\ \mathrm{m}_2\left(l_{2I}^2+l_1l_{2I}\,\mathrm{C}_2^1\right)+\mathrm{J}_{2I} & \mathrm{m}_2l_{2I}^2+\mathrm{J}_{2I}\end{bmatrix}\cdot\begin{bmatrix}\ddot{\phi}_1^i\\ \ddot{\phi}_2^1\end{bmatrix}\\ +\begin{bmatrix}-\mathrm{m}_2l_1l_{2I}\,\mathrm{S}_2^1\left(\dot{\phi}_2^{1:2}+2\dot{\phi}_1^i\dot{\phi}_2^1\right)\\ \mathrm{m}_2l_1l_{2I}\,\mathrm{S}_2^1\,\dot{\phi}_1^{i:2}\end{bmatrix}+\begin{bmatrix}\mathrm{m}_1\mathrm{g}l_{1I}\,\mathrm{C}_1^i+\mathrm{m}_2\mathrm{g}\left(l_1\,\mathrm{C}_1^i+l_{2I}\,\mathrm{C}_2^i\right)\\ \mathrm{m}_2\mathrm{g}l_{2I}\,\mathrm{C}_2^i\end{bmatrix}=\begin{bmatrix}\tau_1^i\\ \tau_2^i\end{bmatrix}\end{gathered}\tag{7.135}$$

对比式(7.71)与式(7.135)可知，它们完全一致。该例间接证明了 Ju-Kane 动力学预备定理的正确性。解毕。

【示例 7.5】 继示例 7.2，应用 Ju-Kane 动力学预备定理建立该系统的动力学方程。

【解】 考虑质点 1：

$$^{i}\dot{r}_{1I} = \mathbf{1}^{[x]} \cdot \dot{r}_1^i\,,\quad ^{i}\ddot{r}_{1I} = \mathbf{1}^{[x]} \cdot \ddot{r}_1^i$$

故有

$$\frac{\partial\, ^{i}\dot{r}_{1I}^{\mathrm{T}}}{\partial \dot{r}_1^i} = \begin{bmatrix} 1 & 0 & 0 \end{bmatrix},\quad \frac{\partial\, ^{i}r_{1I}^{\mathrm{T}}}{\partial r_1^i} = \begin{bmatrix} 1 & 0 & 0 \end{bmatrix}$$

$$\mathrm{m}_1 \cdot \frac{\partial\, ^{i}\dot{r}_{1I}^{\mathrm{T}}}{\partial \dot{r}_1^i} \cdot {^{i}\ddot{r}_{1I}} = \mathrm{m}_1 \begin{bmatrix} 1 & 0 & 0 \end{bmatrix} \cdot \begin{bmatrix} \ddot{r}_1^i & 0 & 0 \end{bmatrix}^{\mathrm{T}} = \mathrm{m}_1 \ddot{r}_1^i$$

$$\mathrm{m}_1 \cdot \frac{\partial\, ^{i}r_{1I}^{\mathrm{T}}}{\partial r_1^i} \cdot {^{i}g_{1I}} = \mathrm{m}_1 \begin{bmatrix} 1 & 0 & 0 \end{bmatrix} \cdot \begin{bmatrix} 0 & -\mathrm{g} & 0 \end{bmatrix}^{\mathrm{T}} = 0$$

考虑质点 2：

$$\dot{\phi}_2^i = \dot{\phi}_1^i + \dot{\phi}_2^1 = \dot{\phi}_2^1\,,\quad \ddot{\phi}_2^i = \ddot{\phi}_1^i + \ddot{\phi}_2^1 = \ddot{\phi}_2^1$$

$$^{i}r_{2I} = {^{i}r_1} + {^{i|1}r_2} + {^{i|2}r_{2I}} = \begin{bmatrix} r_1^i \\ 0 \\ 0 \end{bmatrix} + \begin{bmatrix} l_2 \mathrm{S}_2^1 \\ -l_2 \mathrm{C}_2^1 \\ 0 \end{bmatrix} = \begin{bmatrix} r_1^i + l_2 \mathrm{S}_2^1 \\ -l_2 \mathrm{C}_2^1 \\ 0 \end{bmatrix}$$

$$^{i}\dot{r}_{2I} = {^{i}\dot{r}_1} + {^{i}\dot{\tilde{\phi}}_1} \cdot {^{i|1}r_2} + {^{i}\dot{\tilde{\phi}}_2} \cdot {^{i|2}r_{2I}} = \mathbf{1}^{[x]} \cdot \dot{r}_1^i + \begin{bmatrix} 0 & -\dot{\phi}_2^i & 0 \\ \dot{\phi}_2^i & 0 & 0 \\ 0 & 0 & 0 \end{bmatrix} \cdot \begin{bmatrix} l_2 \mathrm{S}_2^1 \\ -l_2 \mathrm{C}_2^1 \\ 0 \end{bmatrix} = \begin{bmatrix} \dot{r}_1^i + l_2 \mathrm{C}_2^1 \dot{\phi}_2^1 \\ l_2 \mathrm{S}_2^1 \dot{\phi}_2^1 \\ 0 \end{bmatrix}$$

$$^{i}\ddot{r}_{2I} = {^{i}\ddot{r}_1} + \left({^{i}\ddot{\tilde{\phi}}_2} + {^{i}\dot{\tilde{\phi}}_2^{:2}} \right) \cdot {^{i|2}r_{2I}} = \mathbf{1}^{[x]} \cdot \ddot{r}_1^i + \begin{bmatrix} -\dot{\phi}_2^{i:2} & -\ddot{\phi}_2^i & 0 \\ \ddot{\phi}_2^i & -\dot{\phi}_2^{i:2} & 0 \\ 0 & 0 & 0 \end{bmatrix} \cdot \begin{bmatrix} l_2 \mathrm{S}_2^1 \\ -l_2 \mathrm{C}_2^1 \\ 0 \end{bmatrix} = \begin{bmatrix} \ddot{r}_1^i + l_2 \mathrm{C}_2^1 \ddot{\phi}_2^1 - l_2 \mathrm{S}_2^1 \dot{\phi}_2^{1:2} \\ l_2 \mathrm{S}_2^1 \ddot{\phi}_2^1 + l_2 \mathrm{C}_2^1 \dot{\phi}_2^{1:2} \\ 0 \end{bmatrix}$$

$$\frac{\partial\, ^{i}\dot{r}_{2I}^{\mathrm{T}}}{\partial \dot{r}_1^i} = \begin{bmatrix} 1 & 0 & 0 \end{bmatrix},\quad \frac{\partial\, ^{i}\dot{r}_{2I}}{\partial \dot{\phi}_2^1} = \begin{bmatrix} l_2 \mathrm{C}_2^1 & l_2 \mathrm{S}_2^1 & 0 \end{bmatrix}$$

$$\frac{\partial\, ^{i}r_{2I}^{\mathrm{T}}}{\partial r_1^i} = \begin{bmatrix} 1 & 0 & 0 \end{bmatrix},\quad \frac{\partial\, ^{i}r_{2I}^{\mathrm{T}}}{\partial \phi_2^1} = \begin{bmatrix} l_2 \mathrm{C}_2^1 & l_2 \mathrm{S}_2^1 & 0 \end{bmatrix}$$

故有

$$\mathrm{m}_2 \cdot \frac{\partial\, ^{i}\dot{r}_{2I}^{\mathrm{T}}}{\partial \dot{r}_1^i} \cdot {^{i}\ddot{r}_{2I}} = \mathrm{m}_2 \cdot \begin{bmatrix} 1 & 0 & 0 \end{bmatrix} \cdot \begin{bmatrix} \ddot{r}_1^i + l_2 \mathrm{C}_2^1 \ddot{\phi}_2^1 - l_2 \mathrm{S}_2^1 \dot{\phi}_2^{1:2} \\ l_2 \mathrm{S}_2^1 \ddot{\phi}_2^1 + l_2 \mathrm{C}_2^1 \dot{\phi}_2^{1:2} \\ 0 \end{bmatrix} = \mathrm{m}_2 \ddot{r}_1^i + \mathrm{m}_2 l_2 \mathrm{C}_2^1 \ddot{\phi}_2^1 - \mathrm{m}_2 l_2 \mathrm{S}_2^1 \dot{\phi}_2^{1:2}$$

$$\mathrm{m}_2 \cdot \frac{\partial\, {}^i\dot{r}_{2I}^{\mathrm{T}}}{\partial \dot{\phi}_2^1} \cdot {}^i\ddot{r}_{2I} = \mathrm{m}_2 \cdot \begin{bmatrix} l_2\mathrm{C}_2^1 & l_2\mathrm{S}_2^1 & 0 \end{bmatrix} \cdot \begin{bmatrix} \ddot{r}_1^i + l_2\mathrm{C}_2^1\ddot{\phi}_2^1 - l_2\mathrm{S}_2^1\dot{\phi}_2^{1:2} \\ l_2\mathrm{S}_2^1\ddot{\phi}_2^1 + l_2\mathrm{C}_2^1\dot{\phi}_2^{1:2} \\ 0 \end{bmatrix} = \mathrm{m}_2 l_2\mathrm{C}_2^1\ddot{r}_1^i + \mathrm{m}_2 l_2^2\ddot{\phi}_2^1$$

$$\mathrm{m}_2 \cdot \frac{\partial\, {}^i r_{2I}^{\mathrm{T}}}{\partial r_1^i} \cdot {}^i g_{2I} = \mathrm{m}_2 \cdot \begin{bmatrix} 1 & 0 & 0 \end{bmatrix} \cdot \begin{bmatrix} 0 & -\mathrm{g} & 0 \end{bmatrix}^{\mathrm{T}} = 0$$

$$\mathrm{m}_2 \cdot \frac{\partial\, {}^i r_{2I}^{\mathrm{T}}}{\partial \phi_2^1} \cdot {}^i g_{2I} = \mathrm{m}_2 \cdot \begin{bmatrix} l_2\mathrm{C}_2^1 & l_2\mathrm{S}_2^1 & 0 \end{bmatrix} \cdot \begin{bmatrix} 0 & -\mathrm{g} & 0 \end{bmatrix}^{\mathrm{T}} = -\mathrm{m}_2\mathrm{g}l_2\mathrm{S}_2^1$$

将上述结果代入 Ju-Kane 动力学预备方程(7.125)得

$$\begin{bmatrix} \mathrm{m}_1 + \mathrm{m}_2 & \mathrm{m}_2 l_2\mathrm{C}_2^1 \\ \mathrm{m}_2 l_2\mathrm{C}_2^1 & \mathrm{m}_2 l_2^2 \end{bmatrix} \cdot \begin{bmatrix} \ddot{r}_1^i \\ \ddot{\phi}_2^1 \end{bmatrix} = \begin{bmatrix} \mathrm{m}_2 l_2\mathrm{S}_2^1\dot{\phi}_2^{1:2} - kr_1^i \\ -\mathrm{m}_2\mathrm{g}l_2\mathrm{S}_2^1 \end{bmatrix}$$

显然，上式与式(7.84)一致。解毕。

7.4.4 本节贡献

本节通过实例验证了第 3 章基于轴不变量的运动学迭代式的正确性，提出并证明了 Ju-Kane 动力学预备定理，并通过实例验证了 Ju-Kane 动力学预备定理的有效性。该定理特征在于：

（1）式(7.125)是轴 u 的动力学方程，以自然坐标系统为基础，具有运动链指标系统。

（2）当给定系统 $\boldsymbol{D} = \{\boldsymbol{A}, \boldsymbol{K}, \boldsymbol{T}, \boldsymbol{NT}, \boldsymbol{F}, \boldsymbol{B}\}$ 时，即给定系统拓扑、参考轴极性、结构参量及动力学参量时，代入式(7.125)即可完成动力学建模。

（3）式(7.125)中的自然坐标是关节坐标 $\phi_u^{\overline{u}}$ 或 $r_u^{\overline{u}}$，其中 $\forall u \in \boldsymbol{A}$。

（4）式(7.125)中的参考点是 Frame# k 的原点 O_k，而不是质心 kI，其中 $\forall k \in \boldsymbol{A}$。

（5）式(7.125)中的参考方向是自然参考轴或轴不变量 ${}^{\overline{u}}n_u$，其中 $u \neq i$，$u \in \boldsymbol{A}$。

（6）式(7.125)是基于轴链系统的，仅当轴 u 与动力学体 $\boldsymbol{B}^{[u]}$ 固结时，$\mathrm{m}_u \neq 0$ 且 ${}^{uI}\mathrm{J}_{uI} \neq \mathbf{0}$，其他轴的质量与惯量为零；在软件实现时，跳过零质量的轴。

7.5 树链刚体系统 Ju-Kane 动力学显式模型

下面，针对 Ju-Kane 动力学预备定理，解决式(7.125)右侧 ${}^{D}f_u$ 及 ${}^{D}\tau_u$ 的计算问题，并将式(7.31)至式(7.33)中的偏速度代入式(7.125)中，从而建立树链刚体系统 Ju-Kane 动力学方程。

7.5.1 外力反向迭代

给定由环境 i 中施力点 iS 至轴 l 上点 lS 的双边外力 ${}^{iS}f_{lS}$ 及外力矩 ${}^{i}\tau_l$，它们的瞬时轴功

率 p_{ex} 表示为

$$p_{ex} = \sum_{l}^{i\mathbf{L}} \left({}^{iS}\dot{r}_{lS}^{\mathrm{T}} \cdot {}^{iS}f_{lS} + {}^{i}\dot{\phi}_{l}^{\mathrm{T}} \cdot {}^{i}\tau_{l} \right) \tag{7.136}$$

其中：${}^{iS}f_{lS}$ 和 ${}^{i}\tau_{l}$ 不受 $\dot{\phi}_{k}^{\bar{k}}$ 和 $\dot{r}_{k}^{\bar{k}}$ 控制，即 ${}^{iS}f_{lS}$ 和 ${}^{i}\tau_{l}$ 不依赖于 $\dot{\phi}_{k}^{\bar{k}}$ 和 $\dot{r}_{k}^{\bar{k}}$ 。

定义

$$\delta_{k}^{{}^{i}\mathbf{1}_{l}} = \begin{cases} 1 & k \in {}^{i}\mathbf{1}_{l} \\ 0 & k \notin {}^{i}\mathbf{1}_{l} \end{cases} \tag{7.137}$$

（1）若 $k \in {}^{i}\mathbf{1}_{l}$，则有 $\delta_{k}^{{}^{i}\mathbf{1}_{l}} = 1$；由式(7.31)及式(7.32)得

$$\begin{aligned} \frac{\partial}{\partial \dot{\phi}_{k}^{\bar{k}}}\left(p_{ex}\right) &= \frac{\partial}{\partial \dot{\phi}_{k}^{\bar{k}}}\left(\sum_{l}^{i\mathbf{L}}\left({}^{iS}\dot{r}_{lS}^{\mathrm{T}} \cdot {}^{iS}f_{lS} + {}^{i}\dot{\phi}_{l}^{\mathrm{T}} \cdot {}^{i}\tau_{l} \right)\right) \\ &= \sum_{l}^{i\mathbf{L}}\left(\frac{\partial}{\partial \dot{\phi}_{k}^{\bar{k}}}\left({}^{iS}\dot{r}_{lS}^{\mathrm{T}}\right) \cdot {}^{iS}f_{lS} + \frac{\partial}{\partial \dot{\phi}_{k}^{\bar{k}}}\left({}^{i}\dot{\phi}_{l}^{\mathrm{T}}\right) \cdot {}^{i}\tau_{l} \right) \\ &= \sum_{l}^{k\mathbf{L}}\left({}^{i|\bar{k}}n_{k}^{\mathrm{T}} \cdot {}^{i|k}\tilde{r}_{lS} \cdot {}^{iS}f_{lS} + {}^{i|\bar{k}}n_{k}^{\mathrm{T}} \cdot {}^{i}\tau_{l} \right) \end{aligned}$$

即

$$\frac{\partial}{\partial \dot{\phi}_{k}^{\bar{k}}}\left(p_{ex}\right) = {}^{i|\bar{k}}n_{k}^{\mathrm{T}} \cdot \sum_{l}^{k\mathbf{L}}\left({}^{i|k}\tilde{r}_{lS} \cdot {}^{iS}f_{lS} + {}^{i}\tau_{l} \right) \tag{7.138}$$

式(7.138)中 ${}^{i|k}\tilde{r}_{lS} \cdot {}^{iS}f_{lS}$ 与式(7.19)中 ${}^{i}\dot{\tilde{\phi}}_{\bar{l}} \cdot {}^{i|\bar{l}}r_{l}$ 的链序不同。前者是作用力，后者是运动量，二者是对偶的，具有相反的序。

（2）若 $k \in {}^{i}\mathbf{1}_{l}$，则有 $\delta_{k}^{{}^{i}\mathbf{1}_{l}} = 1$；由式(7.37)及式(7.136)得

$$\begin{aligned} \frac{\partial}{\partial \dot{r}_{k}^{\bar{k}}}\left(p_{ex}\right) &= \frac{\partial}{\partial \dot{r}_{k}^{\bar{k}}}\left(\sum_{l}^{i\mathbf{L}}\left({}^{iS}\dot{r}_{lS}^{\mathrm{T}} \cdot {}^{iS}f_{lS} + {}^{i}\dot{\phi}_{l}^{\mathrm{T}} \cdot {}^{i}\tau_{l} \right)\right) \\ &= \sum_{l}^{i\mathbf{L}}\left(\frac{\partial}{\partial \dot{r}_{k}^{\bar{k}}}\left({}^{iS}\dot{r}_{lS}^{\mathrm{T}}\right) \cdot {}^{iS}f_{lS} + \frac{\partial}{\partial \dot{r}_{k}^{\bar{k}}}\left({}^{i}\dot{\phi}_{l}^{\mathrm{T}}\right) \cdot {}^{i}\tau_{l} \right) = \sum_{l}^{k\mathbf{L}}\left(\delta_{k}^{{}^{i}\mathbf{1}_{l}} \cdot {}^{i|\bar{k}}n_{k}^{\mathrm{T}} \cdot {}^{iS}f_{lS} \right) \end{aligned}$$

即有

$$\frac{\partial}{\partial \dot{r}_{k}^{\bar{k}}}\left(p_{ex}\right) = {}^{i|\bar{k}}n_{k}^{\mathrm{T}} \cdot \sum_{l}^{k\mathbf{L}}\left({}^{iS}f_{lS} \right) \tag{7.139}$$

式(7.138)和式(7.139)表明：环境作用于轴 k 的合外力或力矩等价于闭子树 $k\mathbf{L}$ 对轴 k 的合外力或力矩。将式(7.138)和式(7.139)合写为

$$\begin{cases} \dfrac{\partial}{\partial \dot{r}_{k}^{\bar{k}}}\left(p_{ex}\right) = {}^{i|\bar{k}}n_{k}^{\mathrm{T}} \cdot \sum\limits_{l}^{k\mathbf{L}}\left({}^{iS}f_{lS} \right), & \text{if} \quad {}^{\bar{k}}\mathbf{k}_{k} \in \mathbf{P} \\ \dfrac{\partial}{\partial \dot{\phi}_{k}^{\bar{k}}}\left(p_{ex}\right) = {}^{i|\bar{k}}n_{k}^{\mathrm{T}} \cdot \sum\limits_{l}^{k\mathbf{L}}\left({}^{i|k}\tilde{r}_{lS} \cdot {}^{iS}f_{lS} + {}^{i}\tau_{l} \right), & \text{if} \quad {}^{\bar{k}}\mathbf{k}_{k} \in \mathbf{R} \end{cases} \tag{7.140}$$

至此，解决了外力反向迭代的计算问题。在式(7.140)中，闭子树对轴 k 的广义力具有可加性。力的作用具有双重效应，且是反向迭代的。所谓反向迭代是指：${}^{k}r_{lS}$ 需要通过链节位置矢量迭代；${}^{i|k}\tilde{r}_{lS}$ 、${}^{iS}f_{lS}$ 的序与前向运动学 ${}^{i}\dot{\tilde{\phi}}_{\bar{l}}$ 、${}^{i|\bar{l}}\dot{r}_{l}$ 计算的序相反。

7.5.2　共轴驱动力反向迭代

若轴 l 是驱动轴，轴 l 的驱动力和驱动力矩分别为 ${}^{\bar{l}S}f_{lS}^{c}$ 和 ${}^{\bar{l}}\tau_{l}^{c}$，则驱动力 ${}^{\bar{l}S}f_{lS}^{c}$ 和驱动力矩 ${}^{\bar{l}}\tau_{l}^{c}$ 产生的功率 p_{ac} 表示为

$$
\begin{aligned}
p_{ac} &= \sum_{l}^{i\mathbf{L}}\left({}^{i|\bar{l}S}\dot{r}_{lS}^{\mathrm{T}}\cdot{}^{i|\bar{l}S}f_{lS}^{c}\left(\dot{r}_{l}^{\bar{l}}\right)+{}^{i|\bar{l}}\dot{\phi}_{l}^{\mathrm{T}}\cdot{}^{i|\bar{l}}\tau_{l}^{c}\left(\dot{\phi}_{l}^{\bar{l}}\right)\right)\\
&= \sum_{l}^{i\mathbf{L}}\left(\left({}^{i}\dot{r}_{lS}^{\mathrm{T}}-{}^{i}\dot{r}_{\bar{l}S}^{\mathrm{T}}\right)\cdot{}^{i|\bar{l}S}f_{lS}^{c}\left(\dot{r}_{l}^{\bar{l}}\right)+\left({}^{i}\dot{\phi}_{l}^{\mathrm{T}}-{}^{i}\dot{\phi}_{\bar{l}}^{\mathrm{T}}\right)\cdot{}^{i|\bar{l}}\tau_{l}^{c}\left(\dot{\phi}_{l}^{\bar{l}}\right)\right)
\end{aligned}
\tag{7.141}
$$

（1）由式(7.31)、式(7.32)及式(7.141)得

$$
\begin{aligned}
\frac{\partial}{\partial\dot{\phi}_{k}^{\bar{k}}}\left(p_{ac}\right) &= \frac{\partial}{\partial\dot{\phi}_{k}^{\bar{k}}}\left(\sum_{l}^{i\mathbf{L}}\left(\left({}^{i}\dot{r}_{lS}^{\mathrm{T}}-{}^{i}\dot{r}_{\bar{l}S}^{\mathrm{T}}\right)\cdot{}^{i|\bar{l}S}f_{lS}^{c}+\left({}^{i}\dot{\phi}_{l}^{\mathrm{T}}-{}^{i}\dot{\phi}_{\bar{l}}^{\mathrm{T}}\right)\cdot{}^{i|\bar{l}}\tau_{l}^{c}\right)\right)\\
&= \sum_{l}^{k\mathbf{L}}\left(\frac{\partial}{\partial\dot{\phi}_{k}^{\bar{k}}}\left({}^{i}\dot{r}_{lS}^{\mathrm{T}}-{}^{i}\dot{r}_{\bar{l}S}^{\mathrm{T}}\right)\cdot{}^{i|\bar{l}S}f_{lS}^{c}+\frac{\partial}{\partial\dot{\phi}_{k}^{\bar{k}}}\left({}^{i}\dot{\phi}_{l}^{\mathrm{T}}-{}^{i}\dot{\phi}_{\bar{l}}^{\mathrm{T}}\right)\cdot{}^{i|\bar{l}}\tau_{l}^{c}\right)\\
&\quad+\sum_{l}^{k\mathbf{L}}\left(\left({}^{i}\dot{r}_{lS}^{\mathrm{T}}-{}^{i}\dot{r}_{\bar{l}S}^{\mathrm{T}}\right)\cdot\frac{\partial}{\partial\dot{\phi}_{k}^{\bar{k}}}\left({}^{i|\bar{l}S}f_{lS}^{c}\right)+\left({}^{i}\dot{\phi}_{l}^{\mathrm{T}}-{}^{i}\dot{\phi}_{\bar{l}}^{\mathrm{T}}\right)\cdot\frac{\partial}{\partial\dot{\phi}_{k}^{\bar{k}}}\left({}^{i|\bar{l}}\tau_{l}^{c}\right)\right)\\
&= \sum_{l}^{k\mathbf{L}}\left({}^{i|\bar{k}}n_{k}^{\mathrm{T}}\cdot\left(\delta_{k}^{{}^{i}\mathbf{1}_{l}}\cdot{}^{i|k}\tilde{r}_{lS}-\delta_{k}^{{}^{i}\mathbf{1}_{\bar{l}}}\cdot{}^{i|k}\tilde{r}_{\bar{l}S}\right)\cdot{}^{i|\bar{l}S}f_{lS}^{c}+{}^{i|\bar{k}}n_{k}^{\mathrm{T}}\cdot\left(\delta_{k}^{{}^{i}\mathbf{1}_{l}}-\delta_{k}^{{}^{i}\mathbf{1}_{\bar{l}}}\right)\cdot{}^{i|\bar{l}}\tau_{l}^{c}\right)\\
&\quad+\sum_{l}^{k\mathbf{L}}\left({}^{i|\bar{l}S}\dot{r}_{lS}^{\mathrm{T}}\cdot\frac{\partial}{\partial\dot{\phi}_{k}^{\bar{k}}}\left({}^{i|\bar{l}S}f_{lS}^{c}\right)+{}^{i|\bar{l}}\dot{\phi}_{l}^{\mathrm{T}}\cdot\frac{\partial}{\partial\dot{\phi}_{k}^{\bar{k}}}\left({}^{i|\bar{l}}\tau_{l}^{c}\right)\right)
\end{aligned}
$$

即

$$
\begin{aligned}
\frac{\partial}{\partial\dot{\phi}_{k}^{\bar{k}}}\left(p_{ac}\right) &= {}^{i|\bar{k}}n_{k}^{\mathrm{T}}\cdot\sum_{l}^{k\mathbf{L}}\left(\left(\delta_{k}^{{}^{i}\mathbf{1}_{l}}\cdot{}^{i|k}\tilde{r}_{lS}-\delta_{k}^{{}^{i}\mathbf{1}_{\bar{l}}}\cdot{}^{i|k}\tilde{r}_{\bar{l}S}\right)\cdot{}^{i|\bar{l}S}f_{lS}^{c}+\left(\delta_{k}^{{}^{i}\mathbf{1}_{l}}-\delta_{k}^{{}^{i}\mathbf{1}_{\bar{l}}}\right)\cdot{}^{i|\bar{l}}\tau_{l}^{c}\right)\\
&\quad+\sum_{l}^{k\mathbf{L}}\left({}^{i|\bar{l}S}\dot{r}_{lS}^{\mathrm{T}}\cdot\frac{\partial}{\partial\dot{\phi}_{k}^{\bar{k}}}\left({}^{i|\bar{l}S}f_{lS}^{c}\right)+{}^{i|\bar{l}}\dot{\phi}_{l}^{\mathrm{T}}\cdot\frac{\partial}{\partial\dot{\phi}_{k}^{\bar{k}}}\left({}^{i|\bar{l}}\tau_{l}^{c}\right)\right)
\end{aligned}
\tag{7.142}
$$

若轴 u 与轴 $\bar{u}$ 共轴，则有 ${}^{k}\tilde{r}_{uS}={}^{k}\tilde{r}_{\bar{u}S}$；记 $\tau_{u}^{c}={}^{i|\bar{u}}n_{u}^{\mathrm{T}}\cdot{}^{i|\bar{u}}\tau_{u}^{c}$，$\partial\tau_{u}^{c}/\partial\dot{\phi}_{u}^{\bar{u}}=\mathrm{Grad}\left(\tau_{u}^{c}\right)\triangleq\mathrm{G}\left(\tau_{u}^{c}\right)$，$f_{u}^{c}={}^{i|\bar{u}}n_{u}^{\mathrm{T}}\cdot{}^{i|\bar{u}S}f_{uS}^{c}$；因 ${}^{i|\bar{u}S}f_{uS}^{c}$ 与 $\dot{\phi}_{u}^{\bar{u}}$ 无关，由式(7.142)得

$$\begin{cases} \dfrac{\partial}{\partial \dot{\phi}_u^{\bar{u}}}\left(p_{ac}\right)=0, & \text{if} \quad k \neq u \\ \dfrac{\partial}{\partial \dot{\phi}_u^{\bar{u}}}\left(p_{ac}\right)={}^{i|\bar{u}}n_u^{\mathrm{T}} \cdot {}^{i|\bar{u}}\tilde{r}_{uS} \cdot {}^{i|\bar{u}S}f_{uS}^c+\tau_u^c+\dot{\phi}_u^{\bar{u}} \cdot \mathrm{G}\left(\tau_u^c\right), & \text{if} \quad k=u \end{cases}$$

因 ${}^{i|\bar{u}}r_{uS}$ 与 ${}^{i|\bar{u}S}f_{uS}^c$ 共轴，故有

$$\begin{cases} \dfrac{\partial}{\partial \dot{\phi}_u^{\bar{u}}}\left(p_{ac}\right)=0, & \text{if} \quad k \neq u \\ \dfrac{\partial}{\partial \dot{\phi}_u^{\bar{u}}}\left(p_{ac}\right)=\tau_u^c+\dot{\phi}_u^{\bar{u}} \cdot \mathrm{G}\left(\tau_u^c\right), & \text{if} \quad k=u \end{cases} \tag{7.143}$$

（2）由式(7.31)、式(7.32)及式(7.141)得

$$\begin{aligned} \frac{\partial}{\partial \dot{r}_k^{\bar{k}}}\left(p_{ac}\right) &= \frac{\partial}{\partial \dot{r}_k^{\bar{k}}}\left(\sum_l^{i\boldsymbol{L}}\left(\left({}^i\dot{r}_{lS}^{\mathrm{T}}-{}^i\dot{r}_{\bar{l}S}^{\mathrm{T}}\right) \cdot {}^{i|\bar{l}S}f_{lS}^c+\left({}^i\dot{\phi}_l^{\mathrm{T}}-{}^i\dot{\phi}_{\bar{l}}^{\mathrm{T}}\right) \cdot {}^{i|\bar{l}}\tau_l^c\right)\right) \\ &= \sum_l^{i\boldsymbol{L}}\left(\frac{\partial}{\partial \dot{r}_k^{\bar{k}}}\left({}^i\dot{r}_{lS}^{\mathrm{T}}-{}^i\dot{r}_{\bar{l}S}^{\mathrm{T}}\right) \cdot {}^{i|\bar{l}S}f_{lS}^c+\frac{\partial}{\partial \dot{r}_k^{\bar{k}}}\left({}^i\dot{\phi}_l^{\mathrm{T}}-{}^i\dot{\phi}_{\bar{l}}^{\mathrm{T}}\right) \cdot {}^{i|\bar{l}}\tau_l^c\right) \\ &\backslash+\sum_l^{i\boldsymbol{L}}\left({}^{i|\bar{l}S}\dot{r}_{lS}^{\mathrm{T}} \cdot \frac{\partial}{\partial \dot{r}_k^{\bar{k}}}\left({}^{i|\bar{l}S}f_{lS}^c\right)+{}^{i|\bar{l}}\dot{\phi}_l^{\mathrm{T}} \cdot \frac{\partial}{\partial \dot{r}_k^{\bar{k}}}\left({}^{i|\bar{l}}\tau_l^c\right)\right) \\ &= \sum_l^{k\boldsymbol{L}}\left({}^{i|\bar{k}}n_k^{\mathrm{T}} \cdot\left(\delta_k^{{}^i\boldsymbol{1}_l}-\delta_k^{{}^i\boldsymbol{1}_{\bar{l}}}\right) \cdot {}^{i|\bar{l}S}f_{lS}^c\right)+\dot{r}_k^{\bar{k}} \cdot {}^{i|\bar{k}}n_k^{\mathrm{T}} \cdot \frac{\partial}{\partial \dot{r}_k^{\bar{k}}}\left({}^{i|\bar{k}S}f_{kS}^c\right) \end{aligned}$$

即

$$\frac{\partial}{\partial \dot{r}_k^{\bar{k}}}\left(p_{ac}\right)={}^{i|\bar{k}}n_k^{\mathrm{T}} \cdot \sum_l^{k\boldsymbol{L}}\left(\left(\delta_k^{{}^i\boldsymbol{1}_l}-\delta_k^{{}^i\boldsymbol{1}_{\bar{l}}}\right) \cdot {}^{i|\bar{l}S}f_{lS}^c\right)+\dot{r}_k^{\bar{k}} \cdot {}^{i|\bar{k}}n_k^{\mathrm{T}} \cdot \frac{\partial}{\partial \dot{r}_k^{\bar{k}}}\left({}^{i|\bar{k}S}f_{kS}^c\right) \tag{7.144}$$

若轴 u 与轴 $\bar{u}$ 共轴，则 ${}^k\tilde{r}_{uS}={}^k\tilde{r}_{\bar{u}S}$；记 $f_u^c={}^{i|\bar{u}}n_u^{\mathrm{T}} \cdot {}^{i|\bar{u}S}f_{uS}^c$，$\partial f_u^c / \partial \dot{r}_u^{\bar{u}}=\mathrm{G}\left(f_u^c\right)$；由式(7.144)得

$$\begin{cases} \dfrac{\partial}{\partial \dot{r}_u^{\bar{u}}}\left(p_{ac}\right)=0, & \text{if} \quad k \neq u \\ \dfrac{\partial}{\partial \dot{r}_u^{\bar{u}}}\left(p_{ac}\right)=f_u^c+\dot{r}_u^{\bar{u}} \cdot \mathrm{G}\left(f_u^c\right), & \text{if} \quad k=u \end{cases} \tag{7.145}$$

至此，完成了共轴驱动力反向迭代计算问题。

7.5.3 树链刚体系统 Ju-Kane 动力学显式模型

下面，先陈述树链刚体系统 Ju-Kane 动力学定理，简称 Ju-Kane 定理，然后对之进行证明。

定理 7.2 给定多轴刚体系统 $\boldsymbol{D}=\left\{\boldsymbol{A}, \boldsymbol{K}, \boldsymbol{T}, \boldsymbol{NT}, \boldsymbol{F}, \boldsymbol{B}\right\}$，惯性系记为 $\boldsymbol{F}^{[i]}$，$\forall k, l, u \in \boldsymbol{A}$，$\boldsymbol{NT}=\varnothing$；除了重力外，作用于轴 u 的合外力及力矩在 ${}^{\bar{u}}n_u$ 上的分量分别记为 $f_u^{\boldsymbol{D}}$ 及 $\tau_u^{\boldsymbol{D}}$；轴

k 的质量及质心转动惯量分别记为 m_k 及 ${}^{kI}\mathrm{J}_{kI}$；轴 k 的重力加速度为 ${}^{i}\mathrm{g}_{kI}$；驱动轴 u 的双边驱动力及驱动力矩在 ${}^{\bar{u}}n_u$ 上的分量分别记为 $f_u^c\left(\dot{r}_l^{\bar{l}}\right)$ 及 $\tau_u^c\left(\dot{\phi}_l^{\bar{l}}\right)$；环境 i 对轴 l 的力及力矩分别为 ${}^{iS}f_{lS}$ 及 ${}^{i}\tau_l$；则轴 u 的树链 Ju-Kane 动力学方程为

$$\begin{cases} {}^{i|\bar{u}}n_u^{\mathrm{T}} \cdot M_{\boldsymbol{P}}^{[u][*]} \cdot \ddot{q} + {}^{i|\bar{u}}n_u^{\mathrm{T}} \cdot h_{\boldsymbol{P}}^{[u]} = f_u^{\boldsymbol{D}}, & \text{if} \quad {}^{\bar{u}}\boldsymbol{k}_u \in \boldsymbol{P} \\ {}^{i|\bar{u}}n_u^{\mathrm{T}} \cdot M_{\boldsymbol{R}}^{[u][*]} \cdot \ddot{q} + {}^{i|\bar{u}}n_u^{\mathrm{T}} \cdot h_{\boldsymbol{R}}^{[u]} = \tau_u^{\boldsymbol{D}}, & \text{if} \quad {}^{\bar{u}}\boldsymbol{k}_u \in \boldsymbol{R} \end{cases} \tag{7.146}$$

其中 $M_{\boldsymbol{P}}^{[u][*]}$ 及 $M_{\boldsymbol{R}}^{[u][*]}$ 是 3×3 的分块矩阵，$h_{\boldsymbol{P}}^{[u]}$ 及 $h_{\boldsymbol{R}}^{[u]}$ 是 3D 矢量，且有

$$\ddot{q} \triangleq \left\{ {}^{i|\bar{l}}\ddot{q}_l = {}^{i|\bar{l}}n_l \cdot \ddot{q}_l^{\bar{l}} \middle| \begin{array}{ll} \ddot{q}_l^{\bar{l}} = \ddot{r}_l^{\bar{l}}, & \text{if} \quad {}^{\bar{l}}\boldsymbol{k}_l \in \boldsymbol{P}; \\ \ddot{q}_l^{\bar{l}} = \ddot{\phi}_l^{\bar{l}}, & \text{if} \quad {}^{\bar{l}}\boldsymbol{k}_l \in \boldsymbol{R}; \end{array} \ l \in \boldsymbol{A} \right\} \tag{7.147}$$

$$M_{\boldsymbol{P}}^{[u][*]} \cdot \ddot{q} \triangleq \sum_k^{u\boldsymbol{L}} \left(m_k \cdot \sum_l^{{}^{i}\mathbf{1}_{kI}} \left({}^{i}\ddot{\tilde{\phi}}_{\bar{l}} \cdot {}^{i|\bar{l}}r_l + {}^{i|\bar{l}}\ddot{r}_l \right) \right) \tag{7.148}$$

$$M_{\boldsymbol{R}}^{[u][*]} \cdot \ddot{q} \triangleq \sum_k^{u\boldsymbol{L}} \left({}^{i|kI}\mathrm{J}_{kI} \cdot {}^{i}\ddot{\phi}_k + \mathrm{m}_k \cdot {}^{i|u}\tilde{r}_{kI} \cdot \sum_l^{{}^{i}\mathbf{1}_{kI}} \left({}^{i}\ddot{\tilde{\phi}}_{\bar{l}} \cdot {}^{i|\bar{l}}r_l + {}^{i|\bar{l}}\ddot{r}_l \right) \right) \tag{7.149}$$

$$h_{\boldsymbol{P}}^{[u]} \triangleq \sum_k^{u\boldsymbol{L}} \left(\mathrm{m}_k \cdot \sum_l^{{}^{i}\mathbf{1}_{kI}} \left({}^{i}\dot{\tilde{\phi}}_{\bar{l}}^{:2} \cdot {}^{i|\bar{l}}r_l + 2 \cdot {}^{i}\dot{\tilde{\phi}}_{\bar{l}} \cdot {}^{i|\bar{l}}\dot{r}_l \right) \right) - \sum_k^{u\boldsymbol{L}} \left(\mathrm{m}_k \cdot {}^{i}\mathrm{g}_{kI} \right) \tag{7.150}$$

$$\begin{aligned} h_{\boldsymbol{R}}^{[u]} \triangleq & \sum_k^{u\boldsymbol{L}} \left(\mathrm{m}_k \cdot {}^{i|u}\tilde{r}_{kI} \cdot \sum_l^{{}^{i}\mathbf{1}_{kI}} \left({}^{i}\dot{\tilde{\phi}}_{\bar{l}}^{:2} \cdot {}^{i|\bar{l}}r_l + 2 \cdot {}^{i}\dot{\tilde{\phi}}_{\bar{l}} \cdot {}^{i|\bar{l}}\dot{r}_l \right) \right) \\ & + \sum_k^{u\boldsymbol{L}} \left({}^{i}\dot{\tilde{\phi}}_k \cdot {}^{i|kI}\mathrm{J}_{kI} \cdot {}^{i}\dot{\phi}_k \right) - \sum_k^{u\boldsymbol{L}} \left(\mathrm{m}_k \cdot {}^{i|u}\tilde{r}_{kI} \cdot {}^{i}\mathrm{g}_{kI} \right) \end{aligned} \tag{7.151}$$

$$\begin{cases} f_u^{\boldsymbol{D}} = f_u^c + \dot{r}_u^{\bar{u}} \cdot \mathrm{G}\left(f_u^c\right) + {}^{i|\bar{u}}n_u^{\mathrm{T}} \cdot \sum_l^{u\boldsymbol{L}} \left({}^{iS}f_{lS} \right), & \text{if} \quad {}^{\bar{u}}\boldsymbol{k}_u \in \boldsymbol{P} \\ \tau_u^{\boldsymbol{D}} = \tau_u^c + \dot{\phi}_u^{\bar{u}} \cdot \mathrm{G}\left(\tau_u^c\right) + {}^{i|\bar{u}}n_u^{\mathrm{T}} \cdot \sum_l^{u\boldsymbol{L}} \left({}^{i|u}\tilde{r}_{lS} \cdot {}^{iS}f_{lS} + {}^{i}\tau_l \right), & \text{if} \quad {}^{\bar{u}}\boldsymbol{k}_u \in \boldsymbol{R} \end{cases} \tag{7.152}$$

【证明】 记 $\mathscr{E}_{ex}^{i} = \int_{t_0}^{t_f} \left(p_{ex} + p_{ac} \right) dt$，故有

$$\begin{cases} \dfrac{d}{dt}\left(\dfrac{\partial \mathscr{E}_{ex}^{i}}{\partial \dot{r}_u^{\bar{u}}} \right) = \dfrac{\partial \left(p_{ex} + p_{ac} \right)}{\partial \dot{r}_u^{\bar{u}}} \triangleq f_u^{\boldsymbol{D}} = {}^{i|\bar{u}}n_u^{\mathrm{T}} \cdot {}^{i|\boldsymbol{D}}f_u, & \text{if} \quad {}^{\bar{u}}\boldsymbol{k}_u \in \boldsymbol{P} \\ \dfrac{d}{dt}\left(\dfrac{\partial \mathscr{E}_{ex}^{i}}{\partial \dot{\phi}_u^{\bar{u}}} \right) = \dfrac{\partial \left(p_{ex} + p_{ac} \right)}{\partial \dot{\phi}_u^{\bar{u}}} \triangleq \tau_u^{\boldsymbol{D}} = {}^{i|\bar{u}}n_u^{\mathrm{T}} \cdot {}^{i|\boldsymbol{D}}\tau_u, & \text{if} \quad {}^{\bar{u}}\boldsymbol{k}_u \in \boldsymbol{R} \end{cases} \tag{7.153}$$

由式(7.138)、式(7.139)、式(7.143)、式(7.145)及式(7.153)得式(7.152)。将式(7.31)、式(7.32)及式(7.33)代入 Ju-Kane 动力学预备方程(7.125)得

$$\begin{cases} {}^{i|\bar{u}}n_u^{\mathrm{T}} \cdot \left(\sum\limits_k^{u\mathbf{L}} \left(\mathrm{m}_k \cdot {}^i\ddot{r}_{kI} \right) - \sum\limits_k^{u\mathbf{L}} \left(\mathrm{m}_k \cdot {}^i\mathrm{g}_{kI} \right) \right) = {}^{i|\bar{u}}n_u^{\mathrm{T}} \cdot {}^{i|\mathbf{D}}f_u, & \text{if} \quad {}^{\bar{u}}\boldsymbol{k}_u \in \boldsymbol{P} \\ {}^{i|\bar{u}}n_u^{\mathrm{T}} \cdot \left(\sum\limits_k^{u\mathbf{L}} \left({}^{i|kI}\mathrm{J}_{kI} \cdot {}^i\ddot{\phi}_k + \mathrm{m}_k \cdot {}^{i|u}\tilde{r}_{kI} \cdot {}^i\ddot{r}_{kI} \right) + \sum\limits_k^{u\mathbf{L}} \left({}^i\dot{\tilde{\phi}}_k \cdot {}^{i|kI}\mathrm{J}_{kI} \cdot {}^i\dot{\phi}_k \right) \right) & \\ \quad - {}^{i|\bar{u}}n_u^{\mathrm{T}} \cdot \sum\limits_k^{u\mathbf{L}} \left(\mathrm{m}_k \cdot {}^{i|u}\tilde{r}_{kI} \cdot {}^i\mathrm{g}_{kI} \right) = {}^{i|\bar{u}}n_u^{\mathrm{T}} \cdot {}^{i|\mathbf{D}}\tau_u, & \text{if} \quad {}^{\bar{u}}\boldsymbol{k}_u \in \boldsymbol{R} \end{cases} \tag{7.154}$$

由式(7.19)得

$$ {}^i\ddot{r}_{kI} = \sum_l^{{}^i\mathbf{1}_{kI}} \left({}^i\ddot{\tilde{\phi}}_{\bar{l}} \cdot {}^{i|\bar{l}}r_l + {}^{i|\bar{l}}\ddot{r}_l \right) + \sum_l^{{}^i\mathbf{1}_{kI}} \left({}^i\dot{\tilde{\phi}}_{\bar{l}}^{:2} \cdot {}^{i|\bar{l}}r_l + 2 \cdot {}^i\dot{\tilde{\phi}}_{\bar{l}} \cdot {}^{i|\bar{l}}\dot{r}_l \right) \tag{7.155}$$

考虑式(7.155)，则有

$$\begin{aligned} \sum_k^{u\mathbf{L}} \left(\mathrm{m}_k \cdot {}^i\ddot{r}_{kI} \right) - \sum_k^{u\mathbf{L}} \left(\mathrm{m}_k \cdot {}^i\mathrm{g}_{kI} \right) &= \sum_k^{u\mathbf{L}} \left(\mathrm{m}_k \cdot \sum_l^{{}^i\mathbf{1}_{kI}} \left({}^i\ddot{\tilde{\phi}}_{\bar{l}} \cdot {}^{i|\bar{l}}r_l + {}^{i|\bar{l}}\ddot{r}_l \right) \right) \\ &\quad + \sum_k^{u\mathbf{L}} \left(\mathrm{m}_k \cdot \sum_l^{{}^i\mathbf{1}_{kI}} \left({}^i\dot{\tilde{\phi}}_{\bar{l}}^{:2} \cdot {}^{i|\bar{l}}r_l + 2 \cdot {}^i\dot{\tilde{\phi}}_{\bar{l}} \cdot {}^{i|\bar{l}}\dot{r}_l \right) \right) - \sum_k^{u\mathbf{L}} \left(\mathrm{m}_k \cdot {}^i\mathrm{g}_{kI} \right) \end{aligned} \tag{7.156}$$

同样，考虑式(7.155)，得

$$\begin{aligned} &\sum_k^{u\mathbf{L}} \left({}^{i|kI}\mathrm{J}_{kI} \cdot {}^i\ddot{\phi}_k + \mathrm{m}_k \cdot {}^{i|u}\tilde{r}_{kI} \cdot {}^i\ddot{r}_{kI} \right) + \sum_k^{u\mathbf{L}} \left({}^i\dot{\tilde{\phi}}_k \cdot {}^{i|kI}\mathrm{J}_{kI} \cdot {}^i\dot{\phi}_k - \mathrm{m}_k \cdot {}^{i|u}\tilde{r}_{kI} \cdot {}^i\mathrm{g}_{kI} \right) \\ &= \sum_k^{u\mathbf{L}} \left({}^{i|kI}\mathrm{J}_{kI} \cdot {}^i\ddot{\phi}_k + \mathrm{m}_k \cdot {}^{i|u}\tilde{r}_{kI} \cdot \sum_l^{{}^i\mathbf{1}_{kI}} \left({}^i\ddot{\tilde{\phi}}_{\bar{l}} \cdot {}^{i|\bar{l}}r_l + {}^{i|\bar{l}}\ddot{r}_l \right) \right) + \sum_k^{u\mathbf{L}} \left({}^i\dot{\tilde{\phi}}_k \cdot {}^{i|kI}\mathrm{J}_{kI} \cdot {}^i\dot{\phi}_k \right) \\ &\quad + \sum_k^{u\mathbf{L}} \left(\mathrm{m}_k \cdot {}^{i|u}\tilde{r}_{kI} \cdot \sum_l^{{}^i\mathbf{1}_{kI}} \left({}^i\dot{\tilde{\phi}}_{\bar{l}}^{:2} \cdot {}^{i|\bar{l}}r_l + 2 \cdot {}^i\dot{\tilde{\phi}}_{\bar{l}} \cdot {}^{i|\bar{l}}\dot{r}_l \right) - \mathrm{m}_k \cdot {}^{i|u}\tilde{r}_{kI} \cdot {}^i\mathrm{g}_{kI} \right) \end{aligned} \tag{7.157}$$

将式(7.155)至式(7.157)代入式(7.154)得式(7.146)至式(7.152)。证毕。

对于纯转动轴系统，由式(7.18)及式(7.151)得

$$\begin{aligned} &\sum_k^{u\mathbf{L}} \left({}^i\dot{\phi}_k^{\mathrm{T}} \cdot \left(\begin{matrix} {}^i\dot{\tilde{\phi}}_k \cdot {}^{i|kI}\mathrm{J}_{kI} \cdot {}^i\dot{\phi}_k - \\ {}^{i|kI}\mathrm{J}_{kI} \cdot {}^i\dot{\tilde{\phi}}_{\bar{k}} \cdot {}^{i|\bar{k}}\dot{\phi}_k \end{matrix} \right) \right) = \sum_k^{u\mathbf{L}} \left({}^i\dot{\phi}_k^{\mathrm{T}} \cdot \left({}^i\dot{\tilde{\phi}}_{\bar{k}} \cdot {}^{i|kI}\mathrm{J}_{kI} \cdot {}^{i|\bar{k}}\dot{\phi}_k \right) \right) = \\ &\sum_k^{u\mathbf{L}} \left({}^{i|\bar{k}}\dot{\phi}_k^{\mathrm{T}} \cdot \left({}^i\dot{\tilde{\phi}}_{\bar{k}} \cdot {}^{i|kI}\mathrm{J}_{kI} \cdot {}^{i|\bar{k}}\dot{\phi}_k \right) \right) = -\sum_k^{u\mathbf{L}} \left({}^i\dot{\phi}_k^{\mathrm{T}} \cdot \left({}^{i|\bar{k}}\dot{\tilde{\phi}}_{\bar{k}} \cdot {}^{i|kI}\mathrm{J}_{kI} \cdot {}^{i|\bar{k}}\dot{\phi}_k \right) \right) \end{aligned} \tag{7.158}$$

由式(7.158)可知：对于纯转动轴系统，相对转动能量可以转换为陀螺力矩。

7.5.4 树链刚体系统 Ju-Kane 动力学建模示例

【示例 7.6】 给定如图 7-4 所示的通用 3R 机械臂，$\mathbf{A} = (i,1:3]$，应用树链 Ju-Kane 动力学定理建立其动力学方程，并得到广义惯性矩阵。

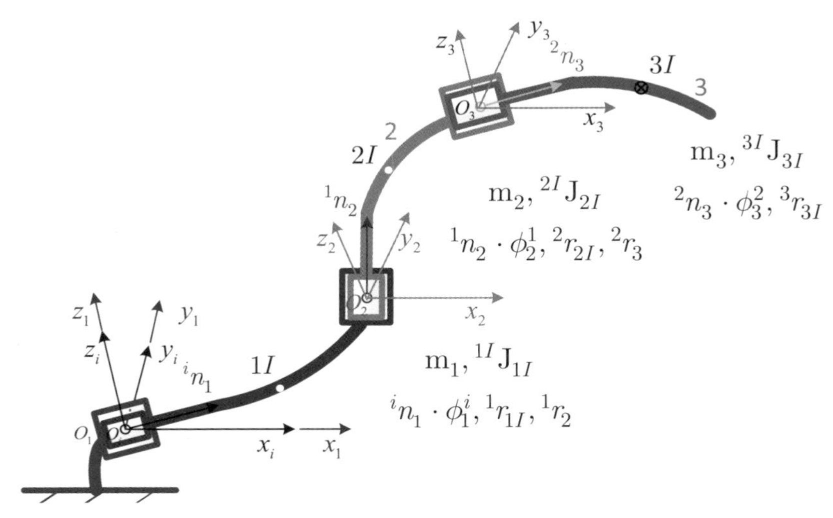

图 7-4　通用 3R 机械臂

【解】　**步骤 1**　建立基于轴不变量的迭代式运动方程。

由式(7.8)得

$$
{}^{\bar{l}}Q_l = \mathbf{1} + \mathrm{S}_l^{\bar{l}} \cdot {}^{\bar{l}}\tilde{n}_l + \left(1 - \mathrm{C}_l^{\bar{l}}\right) \cdot {}^{\bar{l}}\tilde{n}_l^{:2}, \quad l \in [1:3] \tag{7.159}
$$

由式(7.12)及式(7.159)得

$$
{}^iQ_l = \prod_k^{{}^i\mathbf{1}_{\bar{l}}} \left({}^{\bar{k}}Q_k\right) \cdot {}^{\bar{l}}Q_l, \quad l \in [2,3] \tag{7.160}
$$

由式(7.15)、式(7.159)及式(7.160)得

$$
\begin{cases}
{}^ir_l = \sum\limits_k^{{}^i\mathbf{1}_l} \left({}^{i|\bar{k}}r_k\right), & l \in [2,3] \\
{}^ir_{lI} = {}^ir_l + {}^{i|l}r_{lI}, & l \in [1:3]
\end{cases} \tag{7.161}
$$

由式(7.16)及式(7.160)得

$$
{}^i\dot{\phi}_l = \sum_k^{{}^i\mathbf{1}_l} \left({}^{i|\bar{k}}\dot{\phi}_k\right), \quad l \in [2,3] \tag{7.162}
$$

由式(7.17)、式(7.160)及式(7.162)得

$$
\begin{cases}
{}^i\dot{r}_l = \sum\limits_k^{{}^i\mathbf{1}_l} \left({}^i\dot{\tilde{\phi}}_{\bar{k}} \cdot {}^{i|\bar{k}}r_k + {}^{i|\bar{k}}\dot{r}_k\right), & l \in [2,3] \\
{}^i\dot{r}_{lI} = {}^i\dot{r}_l + {}^{i|l}\dot{r}_{lI}, & l \in [1:3]
\end{cases} \tag{7.163}
$$

由式(7.18)及式(7.160)得

$$
{}^i\ddot{\phi}_l = \sum_k^{{}^i\mathbf{1}_l} \left({}^{i|\bar{k}}\ddot{\phi}_k + {}^i\dot{\tilde{\phi}}_{\bar{k}} \cdot {}^{i|\bar{k}}\dot{\phi}_k\right), \quad l \in [2,3] \tag{7.164}
$$

由式(7.24)及式(7.160)得

$$
{}^{i|lI}\mathrm{J}_{lI} = {}^iQ_l \cdot {}^{lI}\mathrm{J}_{lI} \cdot {}^lQ_i, \quad l \in [1:3] \tag{7.165}
$$

步骤 2　建立动力学方程。先建立第 1 轴的动力学方程。由式(7.149)得

$$
\begin{aligned}
&{}^{i}n_1^{\mathrm{T}} \cdot M_{\boldsymbol{R}}^{[1][*]} \cdot \ddot{q} = {}^{i}n_1^{\mathrm{T}} \cdot \left({}^{i|1I}\mathrm{J}_{1I} - \mathrm{m}_1 \cdot {}^{i|1}\tilde{r}_{1I}^{:2} + {}^{i|2I}\mathrm{J}_{2I} - \mathrm{m}_2 \cdot {}^{i|1}\tilde{r}_{2I}^{:2} + {}^{i|3I}\mathrm{J}_{3I} - \mathrm{m}_3 \cdot {}^{i|1}\tilde{r}_{3I}^{:2} \right) \\
&\quad \cdot {}^{i}n_1 \cdot \ddot{\phi}_1^{i} + {}^{i}n_1^{\mathrm{T}} \cdot \left({}^{i|2I}\mathrm{J}_{2I} - \mathrm{m}_2 \cdot {}^{i|1}\tilde{r}_{2I} \cdot {}^{i|2}\tilde{r}_{2I} + {}^{i|3I}\mathrm{J}_{3I} - \mathrm{m}_3 \cdot {}^{i|1}\tilde{r}_{3I} \cdot {}^{i|2}\tilde{r}_{3I} \right) \cdot {}^{i|1}n_2 \cdot \ddot{\phi}_2^{1} \\
&\quad + {}^{i}n_1^{\mathrm{T}} \cdot \left({}^{i|3I}\mathrm{J}_{3I} - \mathrm{m}_3 \cdot {}^{i|1}\tilde{r}_{3I} \cdot {}^{i|3}\tilde{r}_{3I} \right) \cdot {}^{i|2}n_3 \cdot \ddot{\phi}_3^{2}
\end{aligned}
\tag{7.166}
$$

由式(7.151)得

$$
\begin{aligned}
&{}^{i}n_1^{\mathrm{T}} \cdot h_{\boldsymbol{R}}^{[1]} = {}^{i}n_1^{\mathrm{T}} \cdot \mathrm{m}_1 \cdot {}^{i|1}\tilde{r}_{1I} \cdot {}^{i}\dot{\tilde{\phi}}_1^{:2} \cdot {}^{i|1}r_{1I} + {}^{i}n_1^{\mathrm{T}} \cdot \mathrm{m}_2 \cdot {}^{i|1}\tilde{r}_{2I} \cdot \left({}^{i}\dot{\tilde{\phi}}_1^{:2} \cdot {}^{i|1}r_2 + {}^{i}\dot{\tilde{\phi}}_2^{:2} \cdot {}^{i|2}r_{2I} \right) \\
&\quad + {}^{i}n_1^{\mathrm{T}} \cdot \mathrm{m}_3 \cdot {}^{i|1}\tilde{r}_{3I} \cdot \left({}^{i}\dot{\tilde{\phi}}_1^{:2} \cdot {}^{i|1}r_2 + {}^{i}\dot{\tilde{\phi}}_2^{:2} \cdot {}^{i|2}r_3 + {}^{i}\dot{\tilde{\phi}}_3^{:2} \cdot {}^{i|3}r_{3I} \right) \\
&\quad + {}^{i}n_1^{\mathrm{T}} \cdot \left({}^{i}\dot{\tilde{\phi}}_1 \cdot {}^{i|1I}\mathrm{J}_{1I} \cdot {}^{i}\dot{\phi}_1 + {}^{i}\dot{\tilde{\phi}}_2 \cdot {}^{i|2I}\mathrm{J}_{2I} \cdot {}^{i}\dot{\phi}_2 + {}^{i}\dot{\tilde{\phi}}_3 \cdot {}^{i|3I}\mathrm{J}_{3I} \cdot {}^{i}\dot{\phi}_3 \right) \\
&\quad - {}^{i}n_1^{\mathrm{T}} \cdot \left(\mathrm{m}_1 \cdot {}^{i|1}\tilde{r}_{1I} \cdot {}^{i}\mathrm{g}_1 + \mathrm{m}_2 \cdot {}^{i|1}\tilde{r}_{2I} \cdot {}^{i}\mathrm{g}_2 + \mathrm{m}_3 \cdot {}^{i|1}\tilde{r}_{3I} \cdot {}^{i}\mathrm{g}_3 \right) \\
&\quad + {}^{i}n_1^{\mathrm{T}} \cdot \left({}^{i|2I}\mathrm{J}_{2I} - \mathrm{m}_2 \cdot {}^{i|1}\tilde{r}_{2I} \cdot {}^{i|2}\tilde{r}_{2I} + {}^{i|3I}\mathrm{J}_{3I} - \mathrm{m}_3 \cdot {}^{i|1}\tilde{r}_{3I} \cdot {}^{i|2}\tilde{r}_{3I} \right) \cdot {}^{i}\dot{\tilde{\phi}}_1 \cdot {}^{i|1}n_2 \cdot \dot{\phi}_2^{1} \\
&\quad + {}^{i}n_1^{\mathrm{T}} \cdot \left({}^{i|3I}\mathrm{J}_{3I} - \mathrm{m}_3 \cdot {}^{i|1}\tilde{r}_{3I} \cdot {}^{i|3}\tilde{r}_{3I} \right) \cdot {}^{i}\dot{\tilde{\phi}}_2 \cdot {}^{i|2}n_3 \cdot \dot{\phi}_3^{2}
\end{aligned}
\tag{7.167}
$$

由式(7.166)及式(7.167)得第 1 轴的动力学方程：

$$
{}^{i}n_1^{\mathrm{T}} \cdot M_{\boldsymbol{R}}^{[1][*]} \cdot \ddot{q} + {}^{i}n_1^{\mathrm{T}} \cdot h_{\boldsymbol{R}}^{[1]} = {}^{1|i}n_1^{\mathrm{T}} \cdot {}^{i|\boldsymbol{D}}\tau_1
\tag{7.168}
$$

然后，建立第 2 轴的动力学方程。由式(7.149)得

$$
\begin{aligned}
&{}^{i|1}n_2^{\mathrm{T}} \cdot M_{\boldsymbol{R}}^{[2][*]} \cdot \ddot{q} = {}^{i|1}n_2^{\mathrm{T}} \cdot \left({}^{i|2I}\mathrm{J}_{2I} - \mathrm{m}_2 \cdot {}^{i|2}\tilde{r}_{2I} \cdot {}^{i|1}\tilde{r}_{2I} + {}^{i|3I}\mathrm{J}_{3I} - \mathrm{m}_3 \cdot {}^{i|2}\tilde{r}_{3I} \cdot {}^{i|1}\tilde{r}_{3I} \right) \cdot {}^{i}n_1 \cdot \ddot{\phi}_1^{i} \\
&\quad + {}^{i|1}n_2^{\mathrm{T}} \cdot \left({}^{i|2I}\mathrm{J}_{2I} - \mathrm{m}_2 \cdot {}^{i|2}\tilde{r}_{2I}^{:2} + {}^{i|3I}\mathrm{J}_{3I} - \mathrm{m}_3 \cdot {}^{i|2}\tilde{r}_{3I}^{:2} \right) \cdot {}^{i|1}n_2 \cdot \ddot{\phi}_2^{1} \\
&\quad + {}^{i|1}n_2^{\mathrm{T}} \cdot \left({}^{i|3I}\mathrm{J}_{3I} - \mathrm{m}_3 \cdot {}^{i|2}\tilde{r}_{3I} \cdot {}^{i|3}\tilde{r}_{3I} \right) \cdot {}^{i|2}n_3 \cdot \ddot{\phi}_3^{2}
\end{aligned}
\tag{7.169}
$$

由式(7.151)得

$$
\begin{aligned}
&{}^{i|1}n_2^{\mathrm{T}} \cdot h_{\boldsymbol{R}}^{[2]} = {}^{i|1}n_2^{\mathrm{T}} \cdot \mathrm{m}_2 \cdot {}^{i|2}\tilde{r}_{2I} \cdot \left({}^{i}\dot{\tilde{\phi}}_1^{:2} \cdot {}^{i|1}r_2 + {}^{i}\dot{\tilde{\phi}}_2^{:2} \cdot {}^{i|2}r_{2I} \right) \\
&\quad + {}^{i|1}n_2^{\mathrm{T}} \cdot \mathrm{m}_3 \cdot {}^{i|2}\tilde{r}_{3I} \cdot \left({}^{i}\dot{\tilde{\phi}}_1^{:2} \cdot {}^{i|1}r_2 + {}^{i}\dot{\tilde{\phi}}_2^{:2} \cdot {}^{i|2}r_3 + {}^{i}\dot{\tilde{\phi}}_3^{:2} \cdot {}^{i|3}r_{3I} \right) \\
&\quad + {}^{i|1}n_2^{\mathrm{T}} \cdot \left({}^{i|2I}\mathrm{J}_{2I} - \mathrm{m}_2 \cdot {}^{i|2}\tilde{r}_{2I}^{:2} + {}^{i|3I}\mathrm{J}_{3I} - \mathrm{m}_3 \cdot {}^{i|2}\tilde{r}_{3I}^{:2} \right) \cdot {}^{i}\dot{\tilde{\phi}}_1 \cdot {}^{i|1}n_2 \cdot \dot{\phi}_2^{1} \\
&\quad + {}^{i|1}n_2^{\mathrm{T}} \cdot \left({}^{i|3I}\mathrm{J}_{3I} - \mathrm{m}_3 \cdot {}^{i|2}\tilde{r}_{3I} \cdot {}^{i|3}\tilde{r}_{3I} \right) \cdot {}^{i}\dot{\tilde{\phi}}_2 \cdot {}^{i|2}n_3 \cdot \dot{\phi}_3^{2} \\
&\quad + {}^{i|1}n_2^{\mathrm{T}} \cdot \left({}^{i}\dot{\tilde{\phi}}_2 \cdot {}^{i|2I}\mathrm{J}_{2I} \cdot {}^{i}\dot{\phi}_2 + {}^{i}\dot{\tilde{\phi}}_3 \cdot {}^{i|3I}\mathrm{J}_{3I} \cdot {}^{i}\dot{\phi}_3 \right) \\
&\quad - {}^{i|1}n_2^{\mathrm{T}} \cdot \left(\mathrm{m}_2 \cdot {}^{i|2}\tilde{r}_{2I} \cdot {}^{i}\mathrm{g}_2 + \mathrm{m}_3 \cdot {}^{i|2}\tilde{r}_{3I} \cdot {}^{i}\mathrm{g}_3 \right)
\end{aligned}
\tag{7.170}
$$

由式(7.169)及式(7.170)得第 2 轴的动力学方程：

$$
{}^{2|1}n_2^{\mathrm{T}} \cdot M_{\boldsymbol{R}}^{[2][*]} \cdot \ddot{q} + {}^{2|1}n_2^{\mathrm{T}} \cdot h_{\boldsymbol{R}}^{[2]} = {}^{2|1}n_2^{\mathrm{T}} \cdot {}^{i|\boldsymbol{D}}\tau_2
\tag{7.171}
$$

最后，建立第 3 轴的动力学方程。由式(7.149)得

$$
\begin{aligned}
{}^{i|2}n_3^{\mathrm{T}} \cdot M_{\boldsymbol{R}}^{[3][*]} \cdot \ddot{q} = {}^{i|2}n_3^{\mathrm{T}} \cdot \left({}^{i|3I}\mathrm{J}_{3I} - \mathrm{m}_3 \cdot {}^{i|3}\tilde{r}_{3I} \cdot {}^{i|1}\tilde{r}_{3I} \right) \cdot {}^{i}n_1 \cdot \ddot{\phi}_1^i \\
\backslash + {}^{i|2}n_3^{\mathrm{T}} \cdot \left({}^{i|3I}\mathrm{J}_{3I} - \mathrm{m}_3 \cdot {}^{i|3}\tilde{r}_{3I} \cdot {}^{i|2}\tilde{r}_{3I} \right) \cdot {}^{i|1}n_2 \cdot \ddot{\phi}_2^1 \\
\backslash + {}^{i|2}n_3^{\mathrm{T}} \cdot \left({}^{i|3I}\mathrm{J}_{3I} - \mathrm{m}_3 \cdot {}^{i|3}\tilde{r}_{3I}^2 \right) \cdot {}^{i|2}n_3 \cdot \ddot{\phi}_3^2
\end{aligned} \tag{7.172}
$$

由式(7.151)得

$$
\begin{aligned}
{}^{i|2}n_3^{\mathrm{T}} \cdot h_{\boldsymbol{R}}^{[3]} = {}^{i|2}n_3^{\mathrm{T}} \cdot \mathrm{m}_3 \cdot {}^{i|3}\tilde{r}_{3I} \cdot \left({}^{i}\dot{\tilde{\phi}}_1^{:2} \cdot {}^{i|1}r_2 + {}^{i}\dot{\tilde{\phi}}_2^{:2} \cdot {}^{i|2}r_3 + {}^{i}\dot{\tilde{\phi}}_3^{:2} \cdot {}^{i|3}r_{3I} \right) \\
\backslash + {}^{i|2}n_3^{\mathrm{T}} \cdot {}^{i}\dot{\tilde{\phi}}_3 \cdot {}^{i|3I}\mathrm{J}_{3I} \cdot {}^{i}\dot{\phi}_3 - {}^{i|2}n_3^{\mathrm{T}} \cdot \mathrm{m}_3 \cdot {}^{i|3}\tilde{r}_{3I} \cdot {}^{i}\mathrm{g}_3 \\
\backslash + {}^{i|2}n_3^{\mathrm{T}} \cdot \left({}^{i|3I}\mathrm{J}_{3I} - \mathrm{m}_3 \cdot {}^{i|3}\tilde{r}_{3I} \cdot {}^{i|2}\tilde{r}_{3I} \right) \cdot {}^{i}\dot{\tilde{\phi}}_1 \cdot {}^{i|1}n_2 \cdot \dot{\phi}_2^1 \\
\backslash + {}^{i|2}n_3^{\mathrm{T}} \cdot \left({}^{i|3I}\mathrm{J}_{3I} - \mathrm{m}_3 \cdot {}^{i|3}\tilde{r}_{3I}^2 \right) \cdot {}^{i}\dot{\tilde{\phi}}_2 \cdot {}^{i|2}n_3 \cdot \dot{\phi}_3^2
\end{aligned} \tag{7.173}
$$

由式(7.172)及式(7.173)得第 3 轴的动力学方程：

$$
{}^{3|2}n_3^{\mathrm{T}} \cdot M_{\boldsymbol{R}}^{[3][*]} \cdot \ddot{q} + {}^{3|2}n_3^{\mathrm{T}} \cdot h_{\boldsymbol{R}}^{[3]} = {}^{3|2}n_3^{\mathrm{T}} \cdot {}^{i|\boldsymbol{D}}\tau_3 \tag{7.174}
$$

由式(7.166)、式(7.169)及式(7.172)得广义惯性矩阵：

$$
\begin{aligned}
M_{[1][1]} &= {}^{i}n_1^{\mathrm{T}} \cdot \left({}^{i|1I}\mathrm{J}_{1I} - \mathrm{m}_1 \cdot {}^{i|1}\tilde{r}_{1I}^{:2} + {}^{i|2I}\mathrm{J}_{2I} - m_2 \cdot {}^{i|1}\tilde{r}_{2I}^{:2} + {}^{i|3I}\mathrm{J}_{3I} - \mathrm{m}_3 \cdot {}^{i|1}\tilde{r}_{3I}^{:2} \right) \cdot {}^{i}n_1 \\
M_{[1][2]} &= {}^{i}n_1^{\mathrm{T}} \cdot \left({}^{i|2I}\mathrm{J}_{2I} - \mathrm{m}_2 \cdot {}^{i|1}\tilde{r}_{2I} \cdot {}^{i|2}\tilde{r}_{2I} + {}^{i|3I}\mathrm{J}_{3I} - \mathrm{m}_3 \cdot {}^{i|1}\tilde{r}_{3I} \cdot {}^{i|2}\tilde{r}_{3I} \right) \cdot {}^{i|1}n_2 \\
M_{[1][3]} &= {}^{i}n_1^{\mathrm{T}} \cdot \left({}^{i|3I}\mathrm{J}_{3I} - \mathrm{m}_3 \cdot {}^{i|1}\tilde{r}_{3I} \cdot {}^{i|3}\tilde{r}_{3I} \right) \cdot {}^{i|2}n_3 \\
M_{[2][1]} &= {}^{i|1}n_2^{\mathrm{T}} \cdot \left({}^{i|2I}\mathrm{J}_{2I} - \mathrm{m}_2 \cdot {}^{i|2}\tilde{r}_{2I} \cdot {}^{i|1}\tilde{r}_{2I} + {}^{i|3I}\mathrm{J}_{3I} - \mathrm{m}_3 \cdot {}^{i|2}\tilde{r}_{3I} \cdot {}^{i|1}\tilde{r}_{3I} \right) \cdot {}^{i}n_1 \\
M_{[2][2]} &= {}^{i|1}n_2^{\mathrm{T}} \cdot \left({}^{i|2I}\mathrm{J}_{2I} - \mathrm{m}_2 \cdot {}^{i|2}\tilde{r}_{2I}^{:2} + {}^{i|3I}\mathrm{J}_{3I} - \mathrm{m}_3 \cdot {}^{i|2}\tilde{r}_{3I}^{:2} \right) \cdot {}^{i|1}n_2 \\
M_{[2][3]} &= {}^{i|1}n_2^{\mathrm{T}} \cdot \left({}^{i|3I}\mathrm{J}_{3I} - \mathrm{m}_3 \cdot {}^{i|2}\tilde{r}_{3I} \cdot {}^{i|3}\tilde{r}_{3I} \right) \cdot {}^{i|2}n_3 \\
M_{[3][1]} &= {}^{i|2}n_3^{\mathrm{T}} \cdot \left({}^{i|3I}\mathrm{J}_{3I} - \mathrm{m}_3 \cdot {}^{i|3}\tilde{r}_{3I} \cdot {}^{i|1}\tilde{r}_{3I} \right) \cdot {}^{i}n_1 \\
M_{[3][2]} &= {}^{i|2}n_3^{\mathrm{T}} \cdot \left({}^{i|3I}\mathrm{J}_{3I} - \mathrm{m}_3 \cdot {}^{i|3}\tilde{r}_{3I} \cdot {}^{i|2}\tilde{r}_{3I} \right) \cdot {}^{i|1}n_2 \\
M_{[3][3]} &= {}^{i|2}n_3^{\mathrm{T}} \cdot \left({}^{i|3I}\mathrm{J}_{3I} - \mathrm{m}_3 \cdot {}^{i|3}\tilde{r}_{3I}^{:2} \right) \cdot {}^{i|2}n_3
\end{aligned} \tag{7.175}
$$

解毕。

由示例 7.6 可知，只要程式化地将系统的拓扑、结构参数、质惯量等参数代入式(7.148)至式(7.152)就可以完成动力学建模，通过编程很容易得到 Ju-Kane 动力学方程。因后续的树链 Ju-Kane 规范方程是以 Ju-Kane 动力学方程推导的，树链 Ju-Kane 动力学方程的有效性可由 Ju-Kane 规范型实例证明。

7.5.5 本节贡献

本节提出并证明了 Ju-Kane 定理，该定理既适用于树链及闭链多轴系统动力学数值计算，又适用于多轴系统的动力学控制。其特征在于：

（1）具有简洁、优雅的运动链符号系统，具有伪代码的功能，具有迭代式结构，保证了系统实现的可靠性及程式化演算。

（2）通过轴不变量构建了内在结构紧凑的动力学系统，具有基于轴不变量的迭代式及 3D 广义惯量，具有内在的紧凑层次，避免了系统接口与用户接口的转换，保证了动力学正逆计算的实时性；与基于 6D 空间操作代数的迭代式动力学方法相比，计算速度具有数量级的提升。

（3）实现系统拓扑、坐标系、极性及系统结构参量的完全参数化，保证了动力学建模的通用性。

（4）直接应用激光跟踪仪精密测量获得的基于固定轴不变量的结构参数，具有显式的动力学方程，保证了建模及正逆动力学计算的准确性。

（5）与凯恩动力学方程(7.82)有本质的不同：一方面，Ju-Kane 动力学方程(7.154)根据所建方程轴的类型分为两大类，方程更简洁；另一方面，不需要分析建模过程，直接获得系统动力学方程。同时，Ju-Kane 动力学方程中的闭子树确定了与该方程相关的拓扑结构，计算复杂度正比于系统轴数，故该方程的建立过程具有线性复杂度。

7.6 树链刚体系统 Ju-Kane 动力学规范方程

在建立系统动力学方程后，紧接着就是方程求解的问题。显然，动力学方程的逆问题在上一节已得到解决。在动力学系统仿真时，通常给定环境作用的广义力及驱动轴的广义驱动力，需要求解动力学系统的加速度，这是动力学方程求解的正问题。在求解前，首先需要得到式(7.83)所示的规范方程。显然，规范化过程就是将所有关节加速度项进行合并的过程，从而得到关节加速度的系数。将该问题分解为运动链的规范方程及闭子树的规范方程两个子问题。

7.6.1 运动链的规范方程

将式(7.148)及式(7.149)中关节加速度项的前向迭代过程转化为反向求和过程，以便后续应用。显然，其中含有 6 种不同类型的加速度项，分别予以处理。

（1）给定运动链 ${}^{i}\mathbf{1}_{nI}=\left(i,\cdots,n,nI\right]$，则有

$$\sum_{k}^{{}^{i}\mathbf{1}_{nI}}\left({}^{i}\ddot{\tilde{\phi}}_{\overline{k}}\cdot{}^{i|\overline{k}}r_{k}\right)=\sum_{k}^{{}^{i}\mathbf{1}_{n}}\left(\left({}^{i|\overline{k}}\ddot{\tilde{\phi}}_{k}+\overline{{}^{i}\dot{\tilde{\phi}}_{\overline{k}}\cdot{}^{i|\overline{k}}\dot{\phi}_{k}}\right)\cdot{}^{i|k}r_{nI}\right)\tag{7.176}$$

【证明】

$$\sum_{k}^{{}^{i}\mathbf{1}_{nI}}\left({}^{i}\ddot{\tilde{\phi}}_{\overline{k}}\cdot{}^{i|\overline{k}}r_{k}\right)=\sum_{k}^{{}^{i}\mathbf{1}_{nI}}\left(\sum_{k'}^{{}^{i}\mathbf{1}_{\overline{k}}}\left({}^{i|\overline{k}'}\ddot{\tilde{\phi}}_{k'}+\overline{{}^{i}\dot{\tilde{\phi}}_{\overline{k}'}\cdot{}^{i|\overline{k}'}\dot{\phi}_{k'}}\right)\cdot{}^{i|\overline{k}}r_{k}\right)$$

$$={}^{i}\ddot{\tilde{\phi}}_{\overline{i}}\cdot{}^{i|\overline{i}}r_{\overline{\overline{i}}}+\cdots+\left({}^{i}\ddot{\tilde{\phi}}_{\overline{i}}+\cdots+{}^{i|\overline{\overline{k}}}\ddot{\tilde{\phi}}_{\overline{k}}\right)\cdot{}^{i|\overline{k}}r_{k}+\cdots+\left({}^{i}\ddot{\tilde{\phi}}_{\overline{i}}+\cdots+{}^{i|\overline{n}}\ddot{\tilde{\phi}}_{n}\right)\cdot{}^{i|n}r_{nI}$$

$$\backslash+\sum_{k}^{{}^{i}\mathbf{1}_{nI}}\left(\sum_{k'}^{{}^{i}\mathbf{1}_{\overline{k}}}\left(\overline{{}^{i}\dot{\tilde{\phi}}_{\overline{k}'}\cdot{}^{i|\overline{k}'}\dot{\phi}_{k'}}\right)\cdot{}^{i|\overline{k}}r_{k}\right)$$

$$=\sum_{k}^{{}^{i}\mathbf{1}_{n}}\left({}^{i|\overline{k}}\ddot{\tilde{\phi}}_{k}\cdot{}^{i|k}r_{nI}+\overline{{}^{i}\dot{\tilde{\phi}}_{\overline{k}}\cdot{}^{i|\overline{k}}\dot{\phi}_{k}\cdot{}^{i|k}r_{nI}}\right)$$

$$=\sum_{k}^{{}^{i}\mathbf{1}_{n}}\left(\left({}^{i|\overline{k}}\ddot{\tilde{\phi}}_{k}+\overline{{}^{i}\dot{\tilde{\phi}}_{\overline{k}}\cdot{}^{i|\overline{k}}\dot{\phi}_{k}}\right)\cdot{}^{i|k}r_{nI}\right)$$

证毕。

（2）给定运动链 ${}^{i}\mathbf{1}_{n}=\left(i,\cdots,\overline{n},n\right]$，则有

$$\sum_{k}^{{}^{\overline{l}}\mathbf{1}_{n}}\left({}^{i|kI}\mathrm{J}_{kI}\cdot\sum_{k'}^{{}^{i}\mathbf{1}_{k}}\left({}^{i|\overline{k}'}\ddot{\phi}_{k'}+{}^{i}\dot{\tilde{\phi}}_{\overline{k}'}\cdot{}^{i|\overline{k}'}\dot{\phi}_{k'}\right)\right)=\sum_{k}^{{}^{i}\mathbf{1}_{\overline{l}}}\left(\sum_{k'}^{{}^{\overline{l}}\mathbf{1}_{n}}\left({}^{i|k'I}\mathrm{J}_{k'I}\right)\cdot\left({}^{i|\overline{k}}\ddot{\phi}_{k}+{}^{i}\dot{\tilde{\phi}}_{\overline{k}}\cdot{}^{i|\overline{k}}\dot{\phi}_{k}\right)\right)$$
$$\backslash+\sum_{k}^{{}^{\overline{l}}\mathbf{1}_{n}}\left(\sum_{k'}^{{}^{\overline{k}}\mathbf{1}_{n}}\left({}^{i|k'I}\mathrm{J}_{k'I}\right)\cdot\left({}^{i|\overline{k}}\ddot{\phi}_{k}+{}^{i}\dot{\tilde{\phi}}_{\overline{k}}\cdot{}^{i|\overline{k}}\dot{\phi}_{k}\right)\right)\tag{7.177}$$

【证明】 因 ${}^{i}\mathbf{1}_{n}={}^{i}\mathbf{1}_{\overline{l}}+{}^{\overline{l}}\mathbf{1}_{n}$，故得

$$\sum_{k}^{{}^{\overline{l}}\mathbf{1}_{n}}\left({}^{i|kI}\mathrm{J}_{kI}\cdot\sum_{k'}^{{}^{i}\mathbf{1}_{k}}\left({}^{i|\overline{k}'}\ddot{\phi}_{k'}+{}^{i}\dot{\tilde{\phi}}_{\overline{k}'}\cdot{}^{i|\overline{k}'}\dot{\phi}_{k'}\right)\right)$$

$$={}^{i|lI}\mathrm{J}_{lI}\cdot\left({}^{i}\ddot{\phi}_{\overline{i}}+\cdots+{}^{i|\overline{l}}\ddot{\phi}_{l}\right)+\cdots+{}^{i|kI}\mathrm{J}_{kI}\cdot\left({}^{i}\ddot{\phi}_{\overline{i}}+\cdots+{}^{i|\overline{l}}\ddot{\phi}_{l}+\cdots+{}^{i|\overline{k}}\ddot{\phi}_{k}\right)+\cdots$$

$$\backslash+{}^{i|nI}\mathrm{J}_{nI}\cdot\left({}^{i}\ddot{\phi}_{\overline{i}}+\cdots+{}^{i|\overline{l}}\ddot{\phi}_{l}+\cdots+{}^{i|\overline{k}}\ddot{\phi}_{k}+\cdots+{}^{i|\overline{n}}\ddot{\phi}_{n}\right)$$

$$\backslash+\sum_{k}^{{}^{\overline{l}}\mathbf{1}_{n}}\left({}^{i|kI}\mathrm{J}_{kI}\cdot\sum_{k'}^{{}^{i}\mathbf{1}_{k}}\left({}^{i}\dot{\tilde{\phi}}_{\overline{k}'}\cdot{}^{i|\overline{k}'}\dot{\phi}_{k'}\right)\right)$$

$$=\sum_{k}^{{}^{i}\mathbf{1}_{\overline{l}}}\left(\sum_{k'}^{{}^{\overline{l}}\mathbf{1}_{n}}\left({}^{i|k'I}\mathrm{J}_{k'I}\right)\cdot\left({}^{i|\overline{k}}\ddot{\phi}_{k}+{}^{i}\dot{\tilde{\phi}}_{\overline{k}}\cdot{}^{i|\overline{k}}\dot{\phi}_{k}\right)\right)+\sum_{k}^{{}^{\overline{l}}\mathbf{1}_{n}}\left(\sum_{k'}^{{}^{\overline{k}}\mathbf{1}_{n}}\left({}^{i|k'I}\mathrm{J}_{k'I}\right)\cdot\left({}^{i|\overline{k}}\ddot{\phi}_{k}+{}^{i}\dot{\tilde{\phi}}_{\overline{k}}\cdot{}^{i|\overline{k}}\dot{\phi}_{k}\right)\right)$$

证毕。

（3）给定运动链 ${}^{i}\mathbf{1}_{n}=\left(i,\cdots,\overline{n},n\right]$，则有

$$\sum_{k}^{{}^{\overline{l}}\mathbf{1}_{n}}\left(\mathrm{m}_{k}\cdot\sum_{k'}^{{}^{i}\mathbf{1}_{kI}}\left({}^{i|\overline{k}'}\ddot{r}_{k'}\right)\right)=\sum_{k'}^{{}^{\overline{l}}\mathbf{1}_{n}}\left(\mathrm{m}_{k'}\right)\cdot\sum_{k}^{{}^{i}\mathbf{1}_{\overline{l}}}\left({}^{i|\overline{k}}\ddot{r}_{k}\right)+\sum_{k}^{{}^{\overline{l}}\mathbf{1}_{n}}\left(\sum_{k'}^{{}^{\overline{k}}\mathbf{1}_{n}}\left(\mathrm{m}_{k'}\right)\cdot{}^{i|\overline{k}}\ddot{r}_{k}\right)$$
$$\backslash+\sum_{k}^{{}^{\overline{l}}\mathbf{1}_{n}}\left(\mathrm{m}_{k}\cdot{}^{i|k}\ddot{r}_{kI}\right)\tag{7.178}$$

【证明】 因 ${}^{i}\mathbf{1}_{n} = {}^{i}\mathbf{1}_{\bar{l}} + {}^{\bar{l}}\mathbf{1}_{n}$，故有

$$\begin{aligned}
&\sum_{k}^{{}^{\bar{l}}\mathbf{1}_{n}}\left(\mathrm{m}_{k}\cdot\sum_{k'}^{{}^{i}\mathbf{1}_{kI}}\left({}^{i|\bar{k}'}\ddot{r}_{k'}\right)\right)=\sum_{k}^{{}^{\bar{l}}\mathbf{1}_{n}}\left(\mathrm{m}_{k}\cdot{}^{i}\ddot{r}_{kI}\right)\\
&=\mathrm{m}_{l}\cdot\left({}^{i}\ddot{r}_{\bar{i}}+\cdots+{}^{i|\bar{l}}\ddot{r}_{l}+{}^{i|l}\ddot{r}_{lI}\right)+\cdots\\
&\quad+\mathrm{m}_{k}\cdot\left({}^{i}\ddot{r}_{\bar{i}}+\cdots{}^{i|\bar{l}}\ddot{r}_{l}+\cdots+{}^{i|\bar{k}}\ddot{r}_{k}+{}^{i|k}\ddot{r}_{kI}\right)+\cdots\\
&\quad+\mathrm{m}_{n}\cdot\left({}^{i}\ddot{r}_{\bar{i}}+\cdots{}^{i|\bar{l}}\ddot{r}_{l}+\cdots+{}^{i|\bar{k}}\ddot{r}_{k}+\cdots+{}^{i|\bar{n}}\ddot{r}_{n}+{}^{i|n}\ddot{r}_{nI}\right)\\
&=\sum_{k'}^{{}^{\bar{l}}\mathbf{1}_{n}}\left(\mathrm{m}_{k'}\right)\cdot\sum_{k}^{{}^{i}\mathbf{1}_{\bar{l}}}\left({}^{i|\bar{k}}\ddot{r}_{k}\right)+\sum_{k}^{{}^{\bar{l}}\mathbf{1}_{n}}\left(\sum_{k'}^{{}^{\bar{k}}\mathbf{1}_{n}}\left(\mathrm{m}_{k'}\right)\cdot{}^{i|\bar{k}}\ddot{r}_{k}\right)+\sum_{k}^{{}^{\bar{l}}\mathbf{1}_{n}}\left(\mathrm{m}_{k}\cdot{}^{i|k}\ddot{r}_{kI}\right)
\end{aligned}$$

证毕。

（4）给定运动链 ${}^{i}\mathbf{1}_{n}=\left(i,\cdots,\bar{n},n\right]$，则有

$$\begin{aligned}
&\sum_{k}^{{}^{\bar{l}}\mathbf{1}_{n}}\left(\mathrm{m}_{k}\cdot\sum_{j}^{{}^{i}\mathbf{1}_{kI}}\left(\sum_{k'}^{{}^{i}\mathbf{1}_{j}}\left({}^{i|\bar{k}'}\ddot{\tilde{\phi}}_{\bar{k}}+\overline{{}^{i}\dot{\tilde{\phi}}_{\bar{k}}\cdot{}^{i|\bar{k}}\dot{\phi}_{k}}\right)\cdot{}^{i|\bar{j}}r_{j}\right)\right)\\
&=-\sum_{k}^{{}^{i}\mathbf{1}_{\bar{l}}}\left(\sum_{k'}^{{}^{\bar{l}}\mathbf{1}_{n}}\left(\mathrm{m}_{k'}\cdot{}^{i|k}\tilde{r}_{k'I}\right)\cdot\left({}^{i|\bar{k}}\ddot{\phi}_{k}+{}^{i}\dot{\tilde{\phi}}_{\bar{k}}\cdot{}^{i|\bar{k}}\dot{\phi}_{k}\right)\right)\\
&\quad-\sum_{k}^{{}^{\bar{l}}\mathbf{1}_{n}}\left(\sum_{k'}^{{}^{\bar{k}}\mathbf{1}_{n}}\left(\mathrm{m}_{k'}\cdot{}^{i|k}\tilde{r}_{k'I}\right)\cdot\left({}^{i|\bar{k}}\ddot{\phi}_{k}+{}^{i}\dot{\tilde{\phi}}_{\bar{k}}\cdot{}^{i|\bar{k}}\dot{\phi}_{k}\right)\right)
\end{aligned}\tag{7.179}$$

【证明】 考虑 ${}^{i}\mathbf{1}_{n} = {}^{i}\mathbf{1}_{\bar{l}} + {}^{\bar{l}}\mathbf{1}_{n}$，将式(7.176)代入式(7.179)等号左侧得

$$\begin{aligned}
&\sum_{k}^{{}^{\bar{l}}\mathbf{1}_{n}}\left(\mathrm{m}_{k}\cdot\sum_{j}^{{}^{i}\mathbf{1}_{kI}}\left(\sum_{k'}^{{}^{i}\mathbf{1}_{j}}\left({}^{i|\bar{k}'}\ddot{\tilde{\phi}}_{\bar{k}'}+\overline{{}^{i}\dot{\tilde{\phi}}_{\bar{k}}\cdot{}^{i|\bar{k}}\dot{\phi}_{k}}\right)\cdot{}^{i|\bar{j}}r_{j}\right)\right)\\
&=\sum_{k}^{{}^{\bar{l}}\mathbf{1}_{n}}\left(\mathrm{m}_{k}\cdot\sum_{j}^{{}^{i}\mathbf{1}_{kI}}\left({}^{i}\ddot{\tilde{\phi}}_{\bar{j}}\cdot{}^{i|\bar{j}}r_{j}\right)\right)\\
&=\sum_{k}^{{}^{\bar{l}}\mathbf{1}_{n}}\left(\mathrm{m}_{k}\cdot\sum_{j}^{{}^{i}\mathbf{1}_{k}}\left(\left({}^{i|\bar{j}}\ddot{\tilde{\phi}}_{j}+\overline{{}^{i}\dot{\tilde{\phi}}_{\bar{j}}\cdot{}^{i|\bar{j}}\dot{\phi}_{j}}\right)\cdot{}^{i|j}r_{kI}\right)\right)\\
&=\mathrm{m}_{l}\cdot\left({}^{i}\ddot{\tilde{\phi}}_{\bar{i}}\cdot{}^{i|\bar{i}}r_{lI}+\cdots+{}^{i|\bar{\bar{l}}}\ddot{\tilde{\phi}}_{\bar{l}}\cdot{}^{i|\bar{l}}r_{lI}+{}^{i|\bar{l}}\ddot{\tilde{\phi}}_{l}\cdot{}^{i|l}r_{lI}\right)+\cdots\\
&\quad+\mathrm{m}_{k}\cdot\left({}^{i}\ddot{\tilde{\phi}}_{\bar{i}}\cdot{}^{i|\bar{i}}r_{kI}+\cdots+{}^{i|\bar{\bar{l}}}\ddot{\tilde{\phi}}_{\bar{l}}\cdot{}^{i|\bar{l}}r_{kI}+{}^{i|\bar{l}}\ddot{\tilde{\phi}}_{l}\cdot{}^{i|l}r_{kI}+\cdots+{}^{i|\bar{k}}\ddot{\tilde{\phi}}_{k}\cdot{}^{i|k}r_{kI}\right)+\cdots\\
&\quad+\mathrm{m}_{n}\cdot\left({}^{i}\ddot{\tilde{\phi}}_{\bar{i}}\cdot{}^{i|\bar{i}}r_{nI}+\cdots+{}^{i|\bar{\bar{l}}}\ddot{\tilde{\phi}}_{\bar{l}}\cdot{}^{i|\bar{l}}r_{nI}+{}^{i|\bar{l}}\ddot{\tilde{\phi}}_{l}\cdot{}^{i|l}r_{nI}+\cdots+{}^{i|\bar{k}}\ddot{\tilde{\phi}}_{k}\cdot{}^{i|k}r_{kI}+\cdots+{}^{i|\bar{n}}\ddot{\tilde{\phi}}_{n}\cdot{}^{i|n}r_{nI}\right)\\
&\quad+\sum_{k}^{{}^{\bar{l}}\mathbf{1}_{n}}\left(\mathrm{m}_{k}\cdot\sum_{j}^{{}^{i}\mathbf{1}_{k}}\left({}^{i}\dot{\tilde{\phi}}_{\bar{j}}\cdot{}^{i|\bar{j}}\dot{\phi}_{j}\cdot{}^{i|j}r_{kI}\right)\right)\\
&=-\sum_{k}^{{}^{i}\mathbf{1}_{\bar{l}}}\left(\sum_{k'}^{{}^{\bar{l}}\mathbf{1}_{n}}\left(\mathrm{m}_{k'}\cdot{}^{i|k}\tilde{r}_{k'I}\right)\cdot\left({}^{i|\bar{k}}\ddot{\phi}_{k}+{}^{i}\dot{\tilde{\phi}}_{\bar{k}}\cdot{}^{i|\bar{k}}\dot{\phi}_{k}\right)\right)-\sum_{k}^{{}^{\bar{l}}\mathbf{1}_{n}}\left(\sum_{k'}^{{}^{\bar{k}}\mathbf{1}_{n}}\left(\mathrm{m}_{k'}\cdot{}^{i|k}\tilde{r}_{k'I}\right)\cdot\left({}^{i|\bar{k}}\ddot{\phi}_{k}+{}^{i}\dot{\tilde{\phi}}_{\bar{k}}\cdot{}^{i|\bar{k}}\dot{\phi}_{k}\right)\right)
\end{aligned}$$

证毕。

（5）给定运动链 ${}^{i}\mathbf{l}_{n}=\left(i,\cdots,\bar{n},n\right]$，则有

$$
\begin{aligned}
&\sum_{k}^{\bar{l}\mathbf{l}_{n}}\left(\mathrm{m}_{k}\cdot{}^{i|l}\tilde{r}_{kI}\cdot\sum_{k}^{i\mathbf{l}_{kI}}\left(\sum_{j}^{i\mathbf{l}_{k}}\left({}^{i|\bar{\bar{j}}}\ddot{\tilde{\phi}}_{\bar{j}}+\overline{{}^{i}\dot{\tilde{\phi}}_{\bar{j}}\cdot{}^{i|\bar{j}}\dot{\phi}_{j}}\right)\cdot{}^{i|\bar{k}}r_{k}\right)\right)\\
&=-\sum_{k}^{i\mathbf{l}_{\bar{l}}}\left(\sum_{k'}^{\bar{l}\mathbf{l}_{n}}\left(\mathrm{m}_{k'}\cdot{}^{i|l}\tilde{r}_{k'I}\cdot{}^{i|k}\tilde{r}_{k'I}\right)\cdot\left({}^{i|\bar{k}}\ddot{\phi}_{k}+{}^{i}\dot{\tilde{\phi}}_{\bar{k}}\cdot{}^{i|\bar{k}}\dot{\phi}_{k}\right)\right)\\
&\quad-\sum_{k}^{\bar{l}\mathbf{l}_{n}}\left(\sum_{k'}^{k\mathbf{l}_{n}}\left(\mathrm{m}_{k'}\cdot{}^{i|l}\tilde{r}_{k'I}\cdot{}^{i|k}\tilde{r}_{k'I}\right)\cdot\left({}^{i|\bar{k}}\ddot{\phi}_{k}+{}^{i}\dot{\tilde{\phi}}_{\bar{k}}\cdot{}^{i|\bar{k}}\dot{\phi}_{k}\right)\right)
\end{aligned}
\tag{7.180}
$$

【证明】 考虑 ${}^{i}\mathbf{l}_{n}={}^{i}\mathbf{l}_{\bar{l}}+{}^{\bar{l}}\mathbf{l}_{n}$，将式(7.176)代入式(7.180)等号左侧得

$$
\begin{aligned}
&\sum_{k}^{\bar{l}\mathbf{l}_{n}}\left(\mathrm{m}_{k}\cdot{}^{i|l}\tilde{r}_{kI}\cdot\sum_{j}^{i\mathbf{l}_{kI}}\left(\sum_{k'}^{i\mathbf{l}_{j}}\left({}^{i|\bar{k}'}\ddot{\tilde{\phi}}_{\bar{k}'}+\overline{{}^{i}\dot{\tilde{\phi}}_{\bar{k}'}\cdot{}^{i|\bar{k}'}\dot{\phi}_{\bar{k}'}}\right)\cdot{}^{i|\bar{j}}r_{j}\right)\right)\\
&=\sum_{k}^{\bar{l}\mathbf{l}_{n}}\left(\mathrm{m}_{k}\cdot{}^{i|l}\tilde{r}_{kI}\cdot\sum_{j}^{i\mathbf{l}_{k}}\left(\left({}^{i|\bar{j}}\ddot{\tilde{\phi}}_{j}+\overline{{}^{i}\dot{\tilde{\phi}}_{\bar{j}}\cdot{}^{i|\bar{j}}\dot{\phi}_{j}}\right)\cdot{}^{i|j}r_{kI}\right)\right)\\
&=\mathrm{m}_{l}\cdot{}^{i|l}\tilde{r}_{lI}\cdot\left({}^{i}\ddot{\tilde{\phi}}_{\bar{i}}\cdot{}^{i|\bar{i}}r_{lI}+\cdots+{}^{i|\bar{l}}\ddot{\tilde{\phi}}_{l}\cdot{}^{i|l}r_{lI}\right)+\cdots\\
&\quad+\mathrm{m}_{k}\cdot{}^{i|l}\tilde{r}_{kI}\cdot\left({}^{i}\ddot{\tilde{\phi}}_{\bar{i}}\cdot{}^{i|\bar{i}}r_{kI}+\cdots+{}^{i|\bar{l}}\ddot{\tilde{\phi}}_{l}\cdot{}^{i|l}r_{kI}+\cdots+{}^{i|\bar{k}}\ddot{\tilde{\phi}}_{k}\cdot{}^{i|k}\ddot{r}_{kI}\right)+\cdots\\
&\quad+\mathrm{m}_{n}\cdot{}^{i|l}\tilde{r}_{nI}\cdot\left({}^{i}\ddot{\tilde{\phi}}_{\bar{i}}\cdot{}^{i|\bar{i}}r_{nI}+\cdots+{}^{i|\bar{l}}\ddot{\tilde{\phi}}_{l}\cdot{}^{i|l}r_{nI}+\cdots+{}^{i|\bar{k}}\ddot{\tilde{\phi}}_{k}\cdot{}^{i|k}\ddot{r}_{nI}+\cdots+{}^{i|\bar{n}}\ddot{\tilde{\phi}}_{n}\cdot{}^{i|n}\ddot{r}_{nI}\right)\\
&\quad+\sum_{k}^{\bar{l}\mathbf{l}_{n}}\left(\mathrm{m}_{k}\cdot{}^{i|l}\tilde{r}_{kI}\cdot\sum_{j}^{i\mathbf{l}_{k}}\left(\overline{{}^{i}\dot{\tilde{\phi}}_{\bar{j}}\cdot{}^{i|\bar{j}}\dot{\phi}_{j}}\cdot{}^{i|j}r_{kI}\right)\right)\\
&=-\sum_{k}^{i\mathbf{l}_{\bar{l}}}\left(\sum_{k'}^{\bar{l}\mathbf{l}_{n}}\left(\mathrm{m}_{k'}\cdot{}^{i|l}\tilde{r}_{k'I}\cdot{}^{i|k}\tilde{r}_{k'I}\right)\cdot\left({}^{i|\bar{k}}\ddot{\phi}_{k}+{}^{i}\dot{\tilde{\phi}}_{\bar{k}}\cdot{}^{i|\bar{k}}\dot{\phi}_{k}\right)\right)\\
&\quad-\sum_{k}^{\bar{l}\mathbf{l}_{n}}\left(\sum_{k'}^{k\mathbf{l}_{n}}\left(\mathrm{m}_{k'}\cdot{}^{i|l}\tilde{r}_{k'I}\cdot{}^{i|k}\tilde{r}_{k'I}\right)\cdot\left({}^{i|\bar{k}}\ddot{\phi}_{k}+{}^{i}\dot{\tilde{\phi}}_{\bar{k}}\cdot{}^{i|\bar{k}}\dot{\phi}_{k}\right)\right)
\end{aligned}
$$

证毕。

（6）给定运动链 ${}^{i}\mathbf{l}_{n}=\left(i,\cdots,\bar{n},n\right]$，则有

$$
\begin{aligned}
&\sum_{k}^{\bar{l}\mathbf{l}_{n}}\left(\mathrm{m}_{k}\cdot{}^{i|l}\tilde{r}_{kI}\cdot\sum_{k'}^{i\mathbf{l}_{kI}}\left({}^{i|\bar{k}'}\ddot{r}_{k'}\right)\right)=\sum_{k}^{\bar{l}\mathbf{l}_{n}}\left(\mathrm{m}_{k}\cdot{}^{i|l}\tilde{r}_{kI}\right)\cdot\sum_{k'}^{i\mathbf{l}_{\bar{l}}}\left({}^{i|\bar{k}'}\ddot{r}_{k'}\right)\\
&\quad+\sum_{k}^{\bar{l}\mathbf{l}_{n}}\left(\sum_{k'}^{\bar{k}\mathbf{l}_{n}}\left(\mathrm{m}_{k'}\cdot{}^{i|l}\tilde{r}_{k'I}\right)\cdot{}^{i|\bar{k}}\ddot{r}_{k}\right)+\sum_{k}^{\bar{l}\mathbf{l}_{n}}\left(\mathrm{m}_{k}\cdot{}^{i|k}\tilde{r}_{kI}\cdot{}^{i|k}\ddot{r}_{kI}\right)
\end{aligned}
\tag{7.181}
$$

【证明】 因 ${}^{i}\mathbf{l}_{n}={}^{i}\mathbf{l}_{\bar{l}}+{}^{\bar{l}}\mathbf{l}_{n}$，故有

$$\sum_{k}^{\bar{l}\mathbf{1}_n}\left(\mathrm{m}_k\cdot{}^{i|l}\tilde{r}_{kI}\cdot\sum_{k}^{i\mathbf{1}_{kI}}\left({}^{i|\bar{k}}\ddot{r}_k\right)\right)=\sum_{k}^{\bar{l}\mathbf{1}_n}\left(\mathrm{m}_k\cdot{}^{i|l}\tilde{r}_{kI}\cdot{}^{i}\ddot{r}_{kI}\right)$$
$$=\mathrm{m}_l\cdot{}^{i|l}\tilde{r}_{lI}\cdot\left({}^{i}\ddot{r}_{\bar{i}}+\cdots+{}^{i|\bar{l}}\ddot{r}_l+{}^{i|l}\ddot{r}_{lI}\right)+\cdots$$
$$\backslash+\mathrm{m}_k\cdot{}^{i|l}\tilde{r}_{kI}\cdot\left({}^{i}\ddot{r}_{\bar{i}}+\cdots+{}^{i|\bar{l}}\ddot{r}_l+\cdots+{}^{i|\bar{k}}\ddot{r}_k+{}^{i|k}\ddot{r}_{kI}\right)+\cdots$$
$$\backslash+\mathrm{m}_n\cdot{}^{i|l}\tilde{r}_{nI}\cdot\left({}^{i}\ddot{r}_{\bar{i}}+\cdots+{}^{i|\bar{l}}\ddot{r}_l+\cdots+{}^{i|\bar{k}}\ddot{r}_k+\cdots+{}^{i|\bar{n}}\ddot{r}_n+{}^{i|n}\ddot{r}_{nI}\right)$$
$$=\sum_{k}^{\bar{l}\mathbf{1}_n}\left(\mathrm{m}_k\cdot{}^{i|l}\tilde{r}_{kI}\right)\cdot\sum_{k'}^{i\mathbf{1}_{\bar{l}}}\left({}^{i|k'}\ddot{r}_{k'}\right)+\sum_{k}^{\bar{l}\mathbf{1}_n}\left[\sum_{k'}^{\bar{k}\mathbf{1}_n}\left(\mathrm{m}_{k'}\cdot{}^{i|l}\tilde{r}_{k'I}\right)\cdot{}^{i|\bar{k}}\ddot{r}_k\right]+\sum_{k}^{\bar{l}\mathbf{1}_n}\left(\mathrm{m}_k\cdot{}^{i|k}\tilde{r}_{kI}\cdot{}^{i|k}\ddot{r}_{kI}\right)$$

证毕。

7.6.2 闭子树的规范方程

因闭子树 $u\mathbf{L}$ 中的广义力具有可加性，所以闭子树的节点有唯一一条至根的轴链，式(7.177)至式(7.181)的运动链 ${}^{i}\mathbf{1}_n$ 可以被 $u\mathbf{L}$ 替换。由式(7.177)得

$$\sum_{k}^{u\mathbf{L}}\left({}^{i|kI}\mathrm{J}_{kI}\cdot\sum_{l}^{i\mathbf{1}_k}\left({}^{i|\bar{l}}\ddot{\phi}_l+{}^{i}\dot{\tilde{\phi}}_{\bar{l}}\cdot{}^{i|\bar{l}}\dot{\phi}_l\right)\right)$$
$$=\sum_{k}^{i\mathbf{1}_{\bar{u}}}\left[\sum_{j}^{u\mathbf{L}}\left({}^{i|jI}\mathrm{J}_{jI}\right)\cdot\left({}^{i|\bar{k}}\ddot{\phi}_k+{}^{i}\dot{\tilde{\phi}}_{\bar{k}}\cdot{}^{i|\bar{k}}\dot{\phi}_k\right)\right]\tag{7.182}$$
$$\backslash+\sum_{k}^{u\mathbf{L}}\left[\sum_{j}^{k\mathbf{L}}\left({}^{i|jI}\mathrm{J}_{jI}\right)\cdot\left({}^{i|\bar{k}}\ddot{\phi}_k+{}^{i}\dot{\tilde{\phi}}_{\bar{k}}\cdot{}^{i|\bar{k}}\dot{\phi}_k\right)\right]$$

由式(7.178)得

$$\sum_{k}^{u\mathbf{L}}\left(\mathrm{m}_k\cdot\sum_{l}^{i\mathbf{1}_{kI}}\left({}^{i|\bar{l}}\ddot{r}_l\right)\right)=\sum_{k}^{u\mathbf{L}}\left(\mathrm{m}_k\right)\cdot\sum_{l}^{i\mathbf{1}_{\bar{u}}}\left({}^{i|\bar{l}}\ddot{r}_l\right)$$
$$\backslash+\sum_{k}^{u\mathbf{L}}\left[\sum_{j}^{k\mathbf{L}}\left(\mathrm{m}_j\right)\cdot{}^{i|\bar{k}}\ddot{r}_k\right]+\sum_{k}^{u\mathbf{L}}\left(\mathrm{m}_k\cdot{}^{i|k}\ddot{r}_{kI}\right)\tag{7.183}$$

由式(7.179)得

$$-\sum_{k}^{u\mathbf{L}}\left(\mathrm{m}_k\cdot\sum_{l}^{i\mathbf{1}_{kI}}\left[\sum_{j}^{i\mathbf{1}_l}\left({}^{i|\bar{j}}\ddot{\tilde{\phi}}_j+\overline{{}^{i}\dot{\tilde{\phi}}_{\bar{j}}\cdot{}^{i|\bar{j}}\dot{\phi}_j}\right)\cdot{}^{i|\bar{l}}r_l\right]\right)$$
$$=\sum_{l}^{i\mathbf{1}_{\bar{u}}}\left[\sum_{k}^{u\mathbf{L}}\left(\mathrm{m}_k\cdot{}^{i|l}\tilde{r}_{kI}\right)\cdot\left({}^{i|\bar{l}}\ddot{\phi}_l+{}^{i}\dot{\tilde{\phi}}_{\bar{l}}\cdot{}^{i|\bar{l}}\dot{\phi}_l\right)\right]\tag{7.184}$$
$$\backslash+\sum_{k}^{u\mathbf{L}}\left[\sum_{j}^{k\mathbf{L}}\left(\mathrm{m}_j\cdot{}^{i|k}\tilde{r}_{jI}\right)\cdot\left({}^{i|\bar{k}}\ddot{\phi}_k+{}^{i}\dot{\tilde{\phi}}_{\bar{k}}\cdot{}^{i|\bar{k}}\dot{\phi}_k\right)\right]$$

由式(7.180)得

$$\sum_{k}^{u\mathbf{L}}\left(\mathrm{m}_k\cdot{}^{i|u}\tilde{r}_{kI}\cdot\sum_{l}^{i\mathbf{1}_{kI}}\left(\sum_{j}^{i\mathbf{1}_l}\left({}^{i|\bar{\bar{j}}}\ddot{\tilde{\phi}}_{\bar{j}}+\overline{{}^{i}\dot{\tilde{\phi}}_{\bar{j}}\cdot{}^{i|\bar{j}}\dot{\phi}_j}\right)\cdot{}^{i|\bar{l}}r_l\right)\right)$$

$$=-\sum_{l}^{i\mathbf{1}_{\bar{u}}}\left(\sum_{k}^{u\mathbf{L}}\left(\mathrm{m}_k\cdot{}^{i|u}\tilde{r}_{kI}\cdot{}^{i|l}\tilde{r}_{kI}\right)\cdot\left({}^{i|\bar{l}}\ddot{\phi}_l+{}^{i}\dot{\tilde{\phi}}_{\bar{l}}\cdot{}^{i|\bar{l}}\dot{\phi}_l\right)\right) \tag{7.185}$$

$$\backslash-\sum_{k}^{u\mathbf{L}}\left(\sum_{j}^{k\mathbf{L}}\left(\mathrm{m}_j\cdot{}^{i|u}\tilde{r}_{jI}\cdot{}^{i|k}\tilde{r}_{jI}\right)\cdot\left({}^{i|\bar{k}}\ddot{\phi}_k+{}^{i}\dot{\tilde{\phi}}_{\bar{k}}\cdot{}^{i|\bar{k}}\dot{\phi}_k\right)\right)$$

由式(7.181)得

$$\sum_{k}^{u\mathbf{L}}\left(\mathrm{m}_k\cdot{}^{i|u}\tilde{r}_{kI}\cdot\sum_{l}^{i\mathbf{1}_{kI}}\left({}^{i|\bar{l}}\ddot{r}_l\right)\right)=\sum_{k}^{u\mathbf{L}}\left(\mathrm{m}_k\cdot{}^{i|u}\tilde{r}_{kI}\right)\cdot\sum_{l}^{i\mathbf{1}_{\bar{u}}}\left({}^{i|\bar{l}}\ddot{r}_l\right)$$
$$\backslash+\sum_{k}^{u\mathbf{L}}\left(\sum_{j}^{k\mathbf{L}}\left(\mathrm{m}_j\cdot{}^{i|u}\tilde{r}_{jI}\right)\cdot{}^{i|\bar{k}}\ddot{r}_k\right)+\sum_{k}^{u\mathbf{L}}\left(\mathrm{m}_k\cdot{}^{i|k}\tilde{r}_{kI}\cdot{}^{i|k}\ddot{r}_{kI}\right) \tag{7.186}$$

至此，已具备建立规范方程的前提条件。

7.6.3　树链刚体系统 Ju-Kane 动力学规范方程

下面，应用 7.6.1 节及 7.6.2 节的结论，建立树结构刚体系统的 Ju-Kane 规范化动力学方程。为表达方便，首先定义

$$\begin{matrix}a\\b\end{matrix}\left\|\cdot{}^{\bar{k}}n_k\cdot\ddot{q}_k^{\bar{k}}\triangleq\begin{cases}a\cdot{}^{\bar{k}}n_k\cdot\ddot{\phi}_k^{\bar{k}} & \text{if}\quad {}^{\bar{k}}\boldsymbol{k}_k\in\boldsymbol{R}\\ b\cdot{}^{\bar{k}}n_k\cdot\ddot{r}_k^{\bar{k}} & \text{if}\quad {}^{\bar{k}}\boldsymbol{k}_k\in\boldsymbol{P}\end{cases}\right. \tag{7.187}$$

然后应用式(7.182)至式(7.186)，将式(7.148)及式(7.149)表达为规范型。

（1）式(7.148)的规范型为

$$M_{\boldsymbol{P}}^{[u][*]}\cdot\ddot{q}=\sum_{l}^{i\mathbf{1}_{\bar{u}}}\left(\begin{matrix}-\sum\limits_{k}^{u\mathbf{L}}\left(\mathrm{m}_k\cdot{}^{i|l}\tilde{r}_{kI}\right)\\ \sum\limits_{k}^{u\mathbf{L}}\left(\mathrm{m}_k\right)\cdot\mathbf{1}\end{matrix}\right\|\cdot{}^{i|\bar{l}}n_l\cdot\ddot{q}_l^{\bar{l}}\Bigg)+\sum_{k}^{u\mathbf{L}}\left(\begin{matrix}-\sum\limits_{j}^{k\mathbf{L}}\left(\mathrm{m}_j\cdot{}^{i|k}\tilde{r}_{jI}\right)\\ \sum\limits_{j}^{k\mathbf{L}}\left(\mathrm{m}_j\right)\cdot\mathbf{1}\end{matrix}\right\|\cdot{}^{i|\bar{k}}n_k\cdot\ddot{q}_k^{\bar{k}}\Bigg) \tag{7.188}$$

$$h_{\boldsymbol{P}}^{\prime[u]}=-\sum_{l}^{i\mathbf{1}_{\bar{u}}}\left(\sum_{k}^{u\mathbf{L}}\left(\mathrm{m}_k\cdot{}^{i|l}\tilde{r}_{kI}\right)\cdot{}^{i}\dot{\tilde{\phi}}_{\bar{l}}\cdot{}^{i|\bar{l}}\dot{\phi}_l\right)-\sum_{k}^{u\mathbf{L}}\left(\sum_{j}^{k\mathbf{L}}\left(\mathrm{m}_j\cdot{}^{i|k}\tilde{r}_{jI}\right)\cdot{}^{i}\dot{\tilde{\phi}}_{\bar{k}}\cdot{}^{i|\bar{k}}\dot{\phi}_k\right)$$

【证明】　由式(7.21)及式(7.148)得

$$M_{\boldsymbol{P}}^{[u][*]}\cdot\ddot{q}=\sum_{k}^{u\mathbf{L}}\left(m_k\cdot\sum_{l}^{i\mathbf{1}_{kI}}\left({}^{i}\ddot{\tilde{\phi}}_{\bar{l}}\cdot{}^{i|\bar{l}}r_l+{}^{i|\bar{l}}\ddot{r}_l\right)\right) \tag{7.189}$$

由式(7.18)及式(7.189)得

$$M_{\boldsymbol{P}}^{[u][*]}\cdot\ddot{q}=\sum_{k}^{u\mathbf{L}}\left(\sum_{l}^{i\mathbf{1}_{kI}}\left(\mathrm{m}_k\cdot\sum_{j}^{i\mathbf{1}_l}\left({}^{i|\bar{\bar{j}}}\ddot{\tilde{\phi}}_{\bar{j}}+{}^{i}\dot{\tilde{\phi}}_{\bar{\bar{j}}}\cdot{}^{i|\bar{\bar{j}}}\dot{\phi}_{\bar{j}}\right)\cdot{}^{i|\bar{l}}r_l\right)\right)+\sum_{k}^{u\mathbf{L}}\left(\mathrm{m}_k\cdot\sum_{l}^{i\mathbf{1}_{kI}}\left({}^{i|\bar{l}}\ddot{r}_l\right)\right) \tag{7.190}$$

将式(7.184)代入式(7.190)等号右侧前一项得

$$\sum_{k}^{u\mathbf{L}}\left(\sum_{l}^{i\mathbf{1}_{kI}}\left(\mathrm{m}_k\cdot\sum_{j}^{i\mathbf{1}_l}\left({}^{i|\bar{\bar{j}}}\ddot{\tilde{\phi}}_{\bar{j}}+{}^{i}\ddot{\tilde{\phi}}_{\bar{\bar{j}}}\cdot{}^{i|\bar{\bar{j}}}\dot{\phi}_{\bar{j}}\right)\cdot{}^{i|\bar{l}}r_l\right)\right)=-\sum_{l}^{i\mathbf{1}_{\bar{u}}}\left(\sum_{k}^{u\mathbf{L}}\left(\mathrm{m}_k\cdot{}^{i|l}\tilde{r}_{kI}\right)\cdot\left({}^{i|\bar{l}}\ddot{\phi}_l+{}^{i}\dot{\tilde{\phi}}_{\bar{l}}\cdot{}^{i|\bar{l}}\dot{\phi}_l\right)\right)$$
$$-\sum_{k}^{u\mathbf{L}}\left(\sum_{j}^{k\mathbf{L}}\left(\mathrm{m}_j\cdot{}^{i|k}\tilde{r}_{jI}\right)\cdot\left({}^{i|\bar{k}}\ddot{\phi}_k+{}^{i}\dot{\tilde{\phi}}_{\bar{k}}\cdot{}^{i|\bar{k}}\dot{\phi}_k\right)\right)\tag{7.191}$$

将式(7.183)代入式(7.190)等号右侧后一项得

$$\sum_{k}^{u\mathbf{L}}\left(\mathrm{m}_k\cdot\sum_{l}^{i\mathbf{1}_{kI}}\left({}^{i|\bar{l}}\ddot{r}_l\right)\right)=\sum_{k}^{u\mathbf{L}}\left(\mathrm{m}_k\right)\cdot\sum_{l}^{i\mathbf{1}_{\bar{u}}}\left({}^{i|\bar{l}}\ddot{r}_l\right)+\sum_{k}^{u\mathbf{L}}\left(\sum_{j}^{k\mathbf{L}}\left(\mathrm{m}_j\right)\cdot{}^{i|\bar{k}}\ddot{r}_k\right)$$
$$+\sum_{k}^{u\mathbf{L}}\left(\mathrm{m}_k\cdot{}^{i|k}\ddot{r}_{kI}\right)\tag{7.192}$$

将式(7.191)及式(7.192)代入式(7.190)及式(7.150)得

$$M_{\boldsymbol{P}}^{[u][*]}\cdot\ddot{q}=\sum_{l}^{i\mathbf{1}_{\bar{u}}}\left(-\sum_{k}^{u\mathbf{L}}\left(\mathrm{m}_k\cdot{}^{i|l}\tilde{r}_{kI}\right)\cdot{}^{i|\bar{l}}\ddot{\phi}_l+\sum_{k}^{u\mathbf{L}}\left(\mathrm{m}_k\right)\cdot{}^{i|\bar{l}}\ddot{r}_l\right)+$$
$$\sum_{k}^{u\mathbf{L}}\left(-\sum_{j}^{k\mathbf{L}}\left(\mathrm{m}_j\cdot{}^{i|k}\tilde{r}_{jI}\right)\cdot{}^{i|\bar{k}}\ddot{\phi}_k+\sum_{j}^{k\mathbf{L}}\left(\mathrm{m}_j\right)\cdot{}^{i|\bar{k}}\ddot{r}_k\right)+\sum_{k}^{u\mathbf{L}}\left(\mathrm{m}_k\cdot{}^{i|k}\ddot{r}_{kI}\right)\tag{7.193}$$
$$h_{\boldsymbol{P}}^{\prime[u]}=-\sum_{l}^{i\mathbf{1}_{\bar{u}}}\left(\sum_{k}^{u\mathbf{L}}\left(\mathrm{m}_k\cdot{}^{i|l}\tilde{r}_{kI}\right)\cdot{}^{i}\dot{\tilde{\phi}}_{\bar{l}}\cdot{}^{i|\bar{l}}\dot{\phi}_l\right)-\sum_{k}^{u\mathbf{L}}\left(\sum_{j}^{k\mathbf{L}}\left(\mathrm{m}_j\cdot{}^{i|k}\tilde{r}_{jI}\right)\cdot{}^{i}\dot{\tilde{\phi}}_{\bar{k}}\cdot{}^{i|\bar{k}}\dot{\phi}_k\right)$$

对于刚体k，有${}^{k}\ddot{r}_{kI}=0_3$，由式(7.147)、式(7.187)及式(7.193)得式(7.188)。显然，对于平面多轴系统，$h_{\boldsymbol{P}}^{\prime[u]}$及$h_{\boldsymbol{R}}^{\prime[u]}$为零矢量。证毕。

（2）式(7.149)的规范型为

$$M_{\boldsymbol{R}}^{[u][*]}\cdot\ddot{q}=\sum_{l}^{i\mathbf{1}_{\bar{u}}}\left(\left\|\begin{matrix}\sum_{k}^{u\mathbf{L}}\left({}^{i|kI}\mathrm{J}_{kI}-\mathrm{m}_k\cdot{}^{i|u}\tilde{r}_{kI}\cdot{}^{i|l}\tilde{r}_{kI}\right)\\\sum_{k}^{u\mathbf{L}}\left(\mathrm{m}_k\cdot{}^{i|u}\tilde{r}_{kI}\right)\end{matrix}\right\|\cdot{}^{i|\bar{l}}n_l\cdot\ddot{q}_l^{\bar{l}}\right)$$
$$+\sum_{k}^{u\mathbf{L}}\left(\left\|\begin{matrix}\sum_{j}^{k\mathbf{L}}\left({}^{i|jI}\mathrm{J}_{jI}-\mathrm{m}_j\cdot{}^{i|u}\tilde{r}_{jI}\cdot{}^{i|k}\tilde{r}_{jI}\right)\\\sum_{j}^{k\mathbf{L}}\left(\mathrm{m}_j\cdot{}^{i|u}\tilde{r}_{jI}\right)\end{matrix}\right\|\cdot{}^{i|\bar{k}}n_k\cdot\ddot{q}_k^{\bar{k}}\right)\tag{7.194}$$

$$h_{\boldsymbol{R}}^{\prime[u]}=\sum_{l}^{i\mathbf{1}_{\bar{u}}}\left(\left(\sum_{k}^{u\mathbf{L}}\left({}^{i|kI}\mathrm{J}_{kI}-\mathrm{m}_k\cdot{}^{i|u}\tilde{r}_{kI}\cdot{}^{i|l}\tilde{r}_{kI}\right)\right)\cdot{}^{i}\dot{\tilde{\phi}}_{\bar{l}}\cdot{}^{i|\bar{l}}\dot{\phi}_l\right)$$
$$+\sum_{k}^{u\mathbf{L}}\left(\left(\sum_{j}^{k\mathbf{L}}\left({}^{i|jI}\mathrm{J}_{jI}-\mathrm{m}_j\cdot{}^{i|u}\tilde{r}_{jI}\cdot{}^{i|k}\tilde{r}_{jI}\right)\right)\cdot{}^{i}\dot{\tilde{\phi}}_{\bar{k}}\cdot{}^{i|\bar{k}}\dot{\phi}_k\right)\tag{7.195}$$

【证明】 由式(7.149)得

$$
\begin{aligned}
M_{\boldsymbol{R}}^{[u][*]} \cdot \ddot{q} = & \sum_{k}^{u\mathbf{L}} \left({}^{i|kI}\mathrm{J}_{kI} \cdot \sum_{l}^{{}^{i}\mathbf{1}_{kI}} \left({}^{i|\bar{l}}\ddot{\phi}_l + {}^{i}\dot{\tilde{\phi}}_{\bar{l}} \cdot {}^{i|\bar{l}}\dot{\phi}_l \right) \right) + \sum_{k}^{u\mathbf{L}} \left(\mathrm{m}_k \cdot {}^{i|u}\tilde{r}_{kI} \cdot \sum_{l}^{{}^{i}\mathbf{1}_{kI}} \left({}^{i|\bar{l}}\ddot{r}_l \right) \right) \\
& \backslash + \sum_{k}^{u\mathbf{L}} \left(\mathrm{m}_k \cdot {}^{i|u}\tilde{r}_{kI} \cdot \sum_{l}^{{}^{i}\mathbf{1}_{kI}} \left(\sum_{j}^{{}^{i}\mathbf{1}_{\bar{l}}} \left({}^{i|\bar{j}}\ddot{\phi}_j + {}^{i}\dot{\tilde{\phi}}_{\bar{j}} \cdot {}^{i|\bar{j}}\dot{\phi}_j \right) \cdot {}^{i|\bar{l}}r_l \right) \right)
\end{aligned} \tag{7.196}
$$

将式(7.182)代入式(7.196)等号右侧第一项得

$$
\begin{aligned}
& \sum_{k}^{u\mathbf{L}} \left({}^{i|kI}\mathrm{J}_{kI} \cdot \sum_{l}^{{}^{i}\mathbf{1}_{kI}} \left({}^{i|\bar{l}}\ddot{\phi}_l + {}^{i}\dot{\tilde{\phi}}_{\bar{l}} \cdot {}^{i|\bar{l}}\dot{\phi}_l \right) \right) = \sum_{k}^{u\mathbf{L}} \left({}^{i|kI}\mathrm{J}_{kI} \right) \cdot \sum_{l}^{{}^{i}\mathbf{1}_{\bar{u}}} \left({}^{i|\bar{l}}\ddot{\phi}_l + {}^{i}\dot{\tilde{\phi}}_{\bar{l}} \cdot {}^{i|\bar{l}}\dot{\phi}_l \right) \\
& \backslash + \sum_{k}^{u\mathbf{L}} \left(\sum_{j}^{k\mathbf{L}} \left({}^{i|jI}\mathrm{J}_{jI} \right) \cdot \left({}^{i|\bar{k}}\ddot{\phi}_k + {}^{i}\dot{\tilde{\phi}}_{\bar{k}} \cdot {}^{i|\bar{k}}\dot{\phi}_k \right) \right)
\end{aligned} \tag{7.197}
$$

将式(7.185)代入式(7.196)等号右侧最后一项得

$$
\begin{aligned}
& \sum_{k}^{u\mathbf{L}} \left(\mathrm{m}_k \cdot {}^{i|u}\tilde{r}_{kI} \cdot \sum_{l}^{{}^{i}\mathbf{1}_{kI}} \left(\sum_{j}^{{}^{i}\mathbf{1}_{\bar{l}}} \left({}^{i|\bar{j}}\ddot{\phi}_j + {}^{i}\dot{\tilde{\phi}}_{\bar{j}} \cdot {}^{i|\bar{j}}\dot{\phi}_j \right) \cdot {}^{i|\bar{l}}r_l \right) \right) = \\
& \backslash - \sum_{l}^{{}^{i}\mathbf{1}_{\bar{u}}} \left(\sum_{k}^{u\mathbf{L}} \left(\mathrm{m}_k \cdot {}^{i|u}\tilde{r}_{kI} \cdot {}^{i|l}\tilde{r}_{kI} \right) \cdot \left({}^{i|\bar{l}}\ddot{\phi}_l + {}^{i}\dot{\tilde{\phi}}_{\bar{l}} \cdot {}^{i|\bar{l}}\dot{\phi}_l \right) \right) \\
& \backslash - \sum_{k}^{u\mathbf{L}} \left(\sum_{j}^{k\mathbf{L}} \left(\mathrm{m}_j \cdot {}^{i|u}\tilde{r}_{jI} \cdot {}^{i|k}\tilde{r}_{jI} \right) \cdot \left({}^{i|\bar{k}}\ddot{\phi}_k + {}^{i}\dot{\tilde{\phi}}_{\bar{k}} \cdot {}^{i|\bar{k}}\dot{\phi}_k \right) \right)
\end{aligned} \tag{7.198}
$$

将式(7.186)代入式(7.196)等号右侧中间一项得

$$
\begin{aligned}
& \sum_{k}^{u\mathbf{L}} \left(\mathrm{m}_k \cdot {}^{i|u}\tilde{r}_{kI} \cdot \sum_{l}^{{}^{i}\mathbf{1}_{kI}} \left({}^{i|\bar{l}}\ddot{r}_l \right) \right) = \sum_{k}^{u\mathbf{L}} \left(\mathrm{m}_k \cdot {}^{i|u}\tilde{r}_{kI} \right) \cdot \sum_{l}^{{}^{i}\mathbf{1}_{\bar{u}}} \left({}^{i|\bar{l}}\ddot{r}_l \right) \\
& \backslash + \sum_{k}^{u\mathbf{L}} \left(\sum_{j}^{k\mathbf{L}} \left(\mathrm{m}_j \cdot {}^{i|u}\tilde{r}_{jI} \right) \cdot {}^{i|\bar{k}}\ddot{r}_k \right) + \sum_{k}^{u\mathbf{L}} \left(\mathrm{m}_k \cdot {}^{i|k}\tilde{r}_{kI} \cdot {}^{i|k}\ddot{r}_{kI} \right)
\end{aligned} \tag{7.199}
$$

将式(7.197)、式(7.198)及式(7.199)代入式(7.196)及式(7.151)得

$$
\begin{aligned}
M_{\boldsymbol{R}}^{[u][*]} \cdot \ddot{q} = & \sum_{l}^{{}^{i}\mathbf{1}_{\bar{u}}} \left(\begin{array}{l} \left(\sum_{k}^{u\mathbf{L}} \left({}^{i|kI}\mathrm{J}_{kI} - \mathrm{m}_k \cdot {}^{i|u}\tilde{r}_{kI} \cdot {}^{i|l}\tilde{r}_{kI} \right) \right) \backslash \\ \cdot {}^{i|\bar{l}}\ddot{\phi}_l + \sum_{k}^{u\mathbf{L}} \left(\mathrm{m}_k \cdot {}^{i|u}\tilde{r}_{kI} \right) \cdot {}^{i|\bar{l}}\ddot{r}_l \end{array} \right) + \\
& \backslash \sum_{k}^{u\mathbf{L}} \left(\begin{array}{l} \left(\sum_{j}^{k\mathbf{L}} \left({}^{i|jI}\mathrm{J}_{jI} - \mathrm{m}_j \cdot {}^{i|u}\tilde{r}_{jI} \cdot {}^{i|k}\tilde{r}_{jI} \right) \right) \cdot {}^{i|\bar{k}}\ddot{\phi}_k \\ \backslash + \sum_{j}^{k\mathbf{L}} \left(\mathrm{m}_j \cdot {}^{i|u}\tilde{r}_{jI} \right) \cdot {}^{i|\bar{k}}\ddot{r}_k \end{array} \right) + \sum_{k}^{u\mathbf{L}} \left(\mathrm{m}_k \cdot {}^{i|k}\tilde{r}_{kI} \cdot {}^{i|k}\ddot{r}_{kI} \right)
\end{aligned} \tag{7.200}
$$

$$
\begin{aligned}
h_{\boldsymbol{R}}^{\prime[u]} = & \sum_{l}^{{}^{i}\mathbf{1}_{\bar{u}}}\left(\left(\sum_{k}^{u\mathbf{L}}\left({}^{i|kI}\mathrm{J}_{kI} - \mathrm{m}_{k}\cdot{}^{i|u}\tilde{r}_{kI}\cdot{}^{i|l}\tilde{r}_{kI}\right)\right)\cdot{}^{i}\dot{\tilde{\phi}}_{\bar{l}}\cdot{}^{i|\bar{l}}\dot{\phi}_{l}\right) \\
& + \sum_{k}^{u\mathbf{L}}\left(\left(\sum_{j}^{k\mathbf{L}}\left({}^{i|jI}\mathrm{J}_{jI} - \mathrm{m}_{j}\cdot{}^{i|u}\tilde{r}_{jI}\cdot{}^{i|k}\tilde{r}_{jI}\right)\right)\cdot{}^{i}\dot{\tilde{\phi}}_{\bar{k}}\cdot{}^{i|\bar{k}}\dot{\phi}_{k}\right)
\end{aligned}
\tag{7.201}
$$

对于刚体k，有${}^{k}\ddot{r}_{kI} = 0_{3}$，由式(7.147)、式(7.187)及式(7.200)得式(7.194)。证毕。

（3）应用式(7.188)及式(7.194)，将 Ju-Kane 定理重新表述为如下树链 Ju-Kane 规范型定理。

定理 7.3 给定多轴刚体系统$\boldsymbol{D} = \left\{\boldsymbol{A},\boldsymbol{K},\boldsymbol{T},\boldsymbol{NT},\boldsymbol{F},\boldsymbol{B}\right\}$，惯性系记为$\boldsymbol{F}^{[i]}$，$\forall k,l,u \in \boldsymbol{A}$，$\boldsymbol{NT} = \varnothing$；除了重力外，作用于轴$u$的合外力及力矩在${}^{\bar{u}}n_{u}$上的分量分别记为$f_{u}^{\boldsymbol{D}}$及$\tau_{u}^{\boldsymbol{D}}$；轴$k$的质量及质心转动惯量分别记为$\mathrm{m}_{k}$及${}^{kI}\mathrm{J}_{kI}$；轴$k$的重力加速度为${}^{i}\mathrm{g}_{kI}$；驱动轴$u$的双边驱动力及驱动力矩在${}^{\bar{u}}n_{u}$上的分量分别记为$f_{u}^{c}\left(\dot{r}_{l}^{\bar{l}}\right)$及$\tau_{u}^{c}\left(\dot{\phi}_{l}^{\bar{l}}\right)$；环境$i$对轴$l$的作用力及力矩分别为${}^{iS}f_{lS}$及${}^{i}\tau_{l}$；则轴$u$的树链 Ju-Kane 动力学规范方程为

$$
\begin{cases}
{}^{i|\bar{u}}n_{u}^{\mathrm{T}}\cdot M_{\boldsymbol{P}}^{[u][*]}\cdot\ddot{q} + {}^{i|\bar{u}}n_{u}^{\mathrm{T}}\cdot h_{\boldsymbol{P}}^{[u]} = f_{u}^{\boldsymbol{D}}, & \text{if} \quad {}^{\bar{u}}\boldsymbol{k}_{u} \in \boldsymbol{P} \\
{}^{i|\bar{u}}n_{u}^{\mathrm{T}}\cdot M_{\boldsymbol{R}}^{[u][*]}\cdot\ddot{q} + {}^{i|\bar{u}}n_{u}^{\mathrm{T}}\cdot h_{\boldsymbol{R}}^{[u]} = \tau_{u}^{\boldsymbol{D}}, & \text{if} \quad {}^{\bar{u}}\boldsymbol{k}_{u} \in \boldsymbol{R}
\end{cases}
\tag{7.202}
$$

其中$M_{\boldsymbol{P}}^{[u][*]}$及$M_{\boldsymbol{R}}^{[u][*]}$是 3×3 的分块矩阵，$h_{\boldsymbol{P}}^{[u]}$及$h_{\boldsymbol{R}}^{[u]}$是 3D 矢量，并且

$$
\ddot{q} = \left\{ {}^{i|\bar{l}}\ddot{q}_{l} = {}^{i|\bar{l}}n_{l}\cdot\ddot{q}_{l}^{\bar{l}} \left| \begin{matrix} \ddot{q}_{l}^{\bar{l}} = \ddot{r}_{l}^{\bar{l}}, & \text{if} \quad {}^{\bar{l}}\boldsymbol{k}_{l} \in \boldsymbol{P}; \\ \ddot{q}_{l}^{\bar{l}} = \ddot{\phi}_{l}^{\bar{l}}, & \text{if} \quad {}^{\bar{l}}\boldsymbol{k}_{l} \in \boldsymbol{R}; \end{matrix} \right. \quad l \in \boldsymbol{A} \right\}
\tag{7.203}
$$

$$
M_{\boldsymbol{P}}^{[u][*]}\cdot\ddot{q} = \sum_{l}^{{}^{i}\mathbf{1}_{\bar{u}}}\left(\left\|\begin{matrix} -\sum_{j}^{u\mathbf{L}}\left(\mathrm{m}_{j}\cdot{}^{i|l}\tilde{r}_{jI}\right) \\ \sum_{j}^{u\mathbf{L}}\left(\mathrm{m}_{j}\right)\cdot\mathbf{1} \end{matrix}\right\|\cdot{}^{i|\bar{l}}n_{l}\cdot\ddot{q}_{l}^{\bar{l}}\right) + \sum_{k}^{u\mathbf{L}}\left(\left\|\begin{matrix} -\sum_{j}^{k\mathbf{L}}\left(\mathrm{m}_{j}\cdot{}^{i|k}\tilde{r}_{jI}\right) \\ \sum_{j}^{k\mathbf{L}}\left(\mathrm{m}_{j}\right)\cdot\mathbf{1} \end{matrix}\right\|\cdot{}^{i|\bar{k}}n_{k}\cdot\ddot{q}_{k}^{\bar{k}}\right)
\tag{7.204}
$$

$$
\begin{aligned}
h_{\boldsymbol{P}}^{[u]} = & -\sum_{l}^{{}^{i}\mathbf{1}_{\bar{u}}}\left(\sum_{k}^{u\mathbf{L}}\left(\mathrm{m}_{k}\cdot{}^{i|l}\tilde{r}_{kI}\right)\cdot{}^{i}\dot{\tilde{\phi}}_{\bar{l}}\cdot{}^{i|\bar{l}}\dot{\phi}_{l}\right) - \sum_{k}^{u\mathbf{L}}\left(\sum_{j}^{k\mathbf{L}}\left(\mathrm{m}_{j}\cdot{}^{i|k}\tilde{r}_{jI}\right)\cdot{}^{i}\dot{\tilde{\phi}}_{\bar{k}}\cdot{}^{i|\bar{k}}\dot{\phi}_{k}\right) \\
& + \sum_{k}^{u\mathbf{L}}\left(\mathrm{m}_{k}\cdot\sum_{l}^{{}^{i}\mathbf{1}_{kI}}\left({}^{i}\dot{\tilde{\phi}}_{\bar{l}}^{2}\cdot{}^{i|\bar{l}}r_{l} + 2\cdot{}^{i}\dot{\tilde{\phi}}_{\bar{l}}\cdot{}^{i|\bar{l}}\dot{r}_{l}\right)\right) - \sum_{k}^{u\mathbf{L}}\left(\mathrm{m}_{k}\cdot{}^{i}\mathrm{g}_{kI}\right)
\end{aligned}
\tag{7.205}
$$

$$M_{\boldsymbol{R}}^{[u][*]} \cdot \ddot{q} = \sum_{l}^{{}^{i}\mathbf{1}_{\overline{u}}} \left(\begin{array}{c} \sum_{j}^{u\mathbf{L}} \left({}^{i|jI}\mathrm{J}_{jI} - \mathrm{m}_{j} \cdot {}^{i|u}\tilde{r}_{jI} \cdot {}^{i|l}\tilde{r}_{jI} \right) \\ \sum_{j}^{u\mathbf{L}} \left(\mathrm{m}_{j} \cdot {}^{i|u}\tilde{r}_{jI} \right) \end{array} \right\| \cdot {}^{i|\overline{l}}n_{l} \cdot \ddot{q}_{l}^{\overline{l}} \right)$$
$$\backslash + \sum_{k}^{u\mathbf{L}} \left(\begin{array}{c} \sum_{j}^{k\mathbf{L}} \left({}^{i|jI}\mathrm{J}_{jI} - \mathrm{m}_{j} \cdot {}^{i|u}\tilde{r}_{jI} \cdot {}^{i|k}\tilde{r}_{jI} \right) \\ \sum_{j}^{k\mathbf{L}} \left(\mathrm{m}_{j} \cdot {}^{i|u}\tilde{r}_{jI} \right) \end{array} \right\| \cdot {}^{i|\overline{k}}n_{k} \cdot \ddot{q}_{k}^{\overline{k}} \right) \tag{7.206}$$

$$h_{\boldsymbol{R}}^{[u]} = \sum_{l}^{{}^{i}\mathbf{1}_{\overline{u}}} \left(\left(\sum_{k}^{u\mathbf{L}} \left({}^{i|kI}\mathrm{J}_{kI} - \mathrm{m}_{k} \cdot {}^{i|u}\tilde{r}_{kI} \cdot {}^{i|l}\tilde{r}_{kI} \right) \right) \cdot {}^{i}\dot{\tilde{\phi}}_{\overline{l}} \cdot {}^{i|\overline{l}}\dot{\phi}_{l} \right)$$
$$\backslash + \sum_{k}^{u\mathbf{L}} \left(\left(\sum_{j}^{k\mathbf{L}} \left({}^{i|jI}\mathrm{J}_{jI} - \mathrm{m}_{j} \cdot {}^{i|u}\tilde{r}_{jI} \cdot {}^{i|k}\tilde{r}_{jI} \right) \right) \cdot {}^{i}\dot{\tilde{\phi}}_{\overline{k}} \cdot {}^{i|\overline{k}}\dot{\phi}_{k} \right)$$
$$\backslash + \sum_{k}^{u\mathbf{L}} \left(\mathrm{m}_{k} \cdot {}^{i|u}\tilde{r}_{kI} \cdot \sum_{l}^{{}^{i}\mathbf{1}_{kI}} \left({}^{i}\dot{\tilde{\phi}}_{\overline{l}}^{2} \cdot {}^{i|\overline{l}}r_{l} + 2 \cdot {}^{i}\dot{\tilde{\phi}}_{\overline{l}} \cdot {}^{i|\overline{l}}\dot{r}_{l} \right) \right) \tag{7.207}$$
$$\backslash + \sum_{k}^{u\mathbf{L}} \left({}^{i}\dot{\tilde{\phi}}_{k} \cdot {}^{i|kI}\mathrm{J}_{kI} \cdot {}^{i}\dot{\phi}_{k} \right) - \sum_{k}^{u\mathbf{L}} \left(\mathrm{m}_{k} \cdot {}^{i|u}\tilde{r}_{kI} \cdot {}^{i}\mathrm{g}_{kI} \right)$$

$$\begin{cases} f_{u}^{\boldsymbol{D}} = f_{u}^{c} + \dot{r}_{u}^{\overline{u}} \cdot \mathrm{G}\left(f_{u}^{c}\right) + {}^{i|\overline{u}}n_{u}^{\mathrm{T}} \cdot \sum_{l}^{u\mathbf{L}} \left({}^{iS}f_{lS} \right), & \text{if} \quad {}^{\overline{u}}\boldsymbol{k}_{u} \in \boldsymbol{P} \\ \tau_{u}^{\boldsymbol{D}} = \tau_{u}^{c} + \dot{\phi}_{u}^{\overline{u}} \cdot \mathrm{G}\left(\tau_{u}^{c}\right) + {}^{i|\overline{u}}n_{u}^{\mathrm{T}} \cdot \sum_{l}^{u\mathbf{L}} \left({}^{i|u}\tilde{r}_{lS} \cdot {}^{iS}f_{lS} + {}^{i}\tau_{l} \right), & \text{if} \quad {}^{\overline{u}}\boldsymbol{k}_{u} \in \boldsymbol{R} \end{cases} \tag{7.208}$$

若多轴刚体系统$\boldsymbol{D} = \left\{\boldsymbol{A}, \boldsymbol{K}, \boldsymbol{T}, \boldsymbol{NT}, \boldsymbol{F}, \boldsymbol{B}\right\}$仅包含转动轴，$\boldsymbol{NT} = \varnothing$，则式(7.206)可简化为

$$M_{\boldsymbol{R}}^{[u][*]} \cdot \ddot{q} = \sum_{l}^{{}^{i}\mathbf{1}_{\overline{u}}} \left(\sum_{j}^{u\mathbf{L}} \left({}^{i|jI}\mathrm{J}_{jI} - \mathrm{m}_{j} \cdot {}^{i|u}\tilde{r}_{jI} \cdot {}^{i|l}\tilde{r}_{jI} \right) \cdot {}^{i|\overline{l}}n_{l} \cdot \ddot{\phi}_{l}^{\overline{l}} \right)$$
$$\backslash + \sum_{k}^{u\mathbf{L}} \left(\sum_{j}^{k\mathbf{L}} \left({}^{i|jI}\mathrm{J}_{jI} - \mathrm{m}_{j} \cdot {}^{i|u}\tilde{r}_{jI} \cdot {}^{i|k}\tilde{r}_{jI} \right) \cdot {}^{i|\overline{k}}n_{k} \cdot \ddot{\phi}_{k}^{\overline{k}} \right) \tag{7.209}$$

7.6.4 树链刚体系统 Ju-Kane 动力学规范方程应用

【示例 7.7】　应用 Ju-Kane 规范型定理建立示例 7.1 中的平面 2R 机械臂的动力学方程，并证明两种方程的等价性。

【解】　**步骤 1**　建立基于轴不变量的迭代式动力学方程。分别建立轴不变量、DCM、位置、平动速度及转动速度表达式，参见式(7.86)至式(7.103)。

步骤 2　由式(7.64)、式(7.86)至式(7.103)及式(7.209)得

$$
\begin{aligned}
{}^{1|i}n_1^{\mathrm{T}} \cdot M_{\boldsymbol{R}}^{[1][*]} \cdot \ddot{q} &= {}^{1|i}n_1^{\mathrm{T}} \cdot \left({}^{1I}\mathrm{J}_{1I} - \mathrm{m}_1 \cdot {}^{1}\tilde{r}_{1I}^{:2} + {}^{1|2I}\mathrm{J}_{2I} - \mathrm{m}_2 \cdot {}^{1}\tilde{r}_{2I}^{:2} \right) \cdot {}^{1|i}n_1 \cdot \ddot{\phi}_1^i \\
&\quad + {}^{1|i}n_1^{\mathrm{T}} \cdot \left({}^{1|2I}\mathrm{J}_{2I} - \mathrm{m}_2 \cdot {}^{1}\tilde{r}_{2I} \cdot {}^{2}\tilde{r}_{2I} \right) \cdot {}^{1}n_2 \cdot \ddot{\phi}_2^1 \\
&= \left(m_1 l_{1I}^2 + \mathrm{J}_{1I} + \mathrm{m}_2 \left(l_1^2 + 2 l_1 l_{2I}\, \mathrm{C}_2^1 + l_{2I}^2 \right) + \mathrm{J}_{2I} \right) \cdot \ddot{\phi}_1^i \\
&\quad + \left(\mathrm{m}_2 \left(l_{2I}^2 + l_1 l_{2I}\, \mathrm{C}_2^1 \right) + \mathrm{J}_{2I} \right) \cdot \ddot{\phi}_2^1
\end{aligned}
\tag{7.210}
$$

$$
\begin{aligned}
{}^{2|1}n_2^{\mathrm{T}} \cdot M_{\boldsymbol{R}}^{[2][*]} \cdot \ddot{q} &= {}^{2|1}n_2^{\mathrm{T}} \cdot \left[\left({}^{2I}\mathrm{J}_{2I} - \mathrm{m}_2 \cdot {}^{2}\tilde{r}_{2I} \cdot {}^{2|1}\tilde{r}_{2I} \right) \cdot {}^{2|1}n_2 \cdot \ddot{\phi}_1^i \right. \\
&\quad \left. + \left({}^{2I}\mathrm{J}_{2I} - \mathrm{m}_2 \cdot {}^{2}\tilde{r}_{2I}^{:2} \right) \cdot {}^{2|1}n_2 \cdot \ddot{\phi}_2^1 \right] \\
&= \left(\mathrm{m}_2 l_{2I}^2 + \mathrm{m}_2 l_1 l_{2I} \mathrm{C}_2^1 \right) \cdot \ddot{\phi}_1^i + \left(\mathrm{m}_2 l_{2I}^2 + \mathrm{J}_{2I} \right) \cdot \ddot{\phi}_2^1
\end{aligned}
\tag{7.211}
$$

由式(7.210)及式(7.211)得

$$
\begin{aligned}
\begin{bmatrix} {}^{1|i}n_1^{\mathrm{T}} \\ {}^{2|1}n_2^{\mathrm{T}} \end{bmatrix} M_{\boldsymbol{R}} \ddot{q} &= \begin{bmatrix} \mathrm{m}_1 l_{1I}^2 + \mathrm{J}_{1I} + \mathrm{m}_2 \left(l_1^2 + 2 l_1 l_{2I}\, \mathrm{C}_2^1 + l_{2I}^2 \right) + \mathrm{J}_{2I} & \mathrm{m}_2 l_{2I} \left(l_1\, \mathrm{C}_2^1 + l_{2I} \right) + \mathrm{J}_{2I} \\ \mathrm{m}_2 \left(l_{2I}^2 + l_1 l_{2I}\, \mathrm{C}_2^1 \right) + \mathrm{J}_{2I} & \mathrm{m}_2 l_{2I}^2 + \mathrm{J}_{2I} \end{bmatrix} \\
&\quad \cdot \begin{bmatrix} \ddot{\phi}_1^i \\ \ddot{\phi}_2^1 \end{bmatrix}
\end{aligned}
\tag{7.212}
$$

由式(7.207)得

$$
\begin{aligned}
h_{\boldsymbol{R}}^{[1]} &= \mathrm{m}_1 \cdot {}^{i|1}\tilde{r}_{1I} \cdot {}^{i}\dot{\tilde{\phi}}_1^{:2} \cdot {}^{i|1}r_{1I} + \mathrm{m}_2 \cdot {}^{i|1}\tilde{r}_{2I} \cdot \left({}^{i}\dot{\tilde{\phi}}_1^{:2} \cdot {}^{i|1}r_2 + {}^{i}\dot{\tilde{\phi}}_2^{:2} \cdot {}^{i|2}r_{2I} \right) \\
&\quad + {}^{i}\dot{\tilde{\phi}}_1 \cdot {}^{i|1I}\mathrm{J}_{1I} \cdot {}^{i}\dot{\phi}_1 + {}^{i}\dot{\tilde{\phi}}_2 \cdot {}^{i|2I}\mathrm{J}_{2I} \cdot {}^{i}\dot{\phi}_2 - \mathrm{m}_1 \cdot {}^{i|1}\tilde{r}_{1I} \cdot {}^{i}\mathrm{g}_{1I} - \mathrm{m}_2 \cdot {}^{i|1}\tilde{r}_{2I} \cdot {}^{i}\mathrm{g}_{2I}
\end{aligned}
\tag{7.213}
$$

$$
\begin{aligned}
h_{\boldsymbol{R}}^{[2]} &= \mathrm{m}_2 \cdot {}^{i|2}\tilde{r}_{2I} \cdot {}^{i}\dot{\tilde{\phi}}_2^{:2} \cdot {}^{i|2}r_{2I} + \mathrm{m}_2 \cdot {}^{i|2}\tilde{r}_{2I} \cdot {}^{i}\dot{\tilde{\phi}}_1^{:2} \cdot {}^{i|1}r_2 + {}^{2|i}\dot{\tilde{\phi}}_2 \cdot {}^{i|2I}\mathrm{J}_{2I} \cdot {}^{i}\dot{\phi}_2 \\
&\quad - \mathrm{m}_2 \cdot {}^{i|2}\tilde{r}_{2I} \cdot {}^{i}\mathrm{g}_{2I}
\end{aligned}
\tag{7.214}
$$

解毕。

下面证明两种方程的等价性。

【证明】 由式(7.86)、式(7.94)及式(7.97)得

$$
\begin{aligned}
&{}^{i}n_1^{\mathrm{T}} \cdot \mathrm{m}_1 \cdot {}^{i|1}\tilde{r}_{1I} \cdot {}^{i}\dot{\tilde{\phi}}_1^{:2} \cdot {}^{i|1}r_{1I} = \mathrm{m}_1 \cdot \mathbf{1}^{[z]} \cdot \\
&\quad \begin{bmatrix} 0 & 0 & l_{1I}\, \mathrm{S}_1^i \\ 0 & 0 & -l_{1I}\, \mathrm{C}_1^i \\ -l_{1I}\, \mathrm{S}_1^i & l_{1I}\, \mathrm{C}_1^i & 0 \end{bmatrix} \cdot \begin{bmatrix} 0 & -1 & 0 \\ 1 & 0 & 0 \\ 0 & 0 & 0 \end{bmatrix}^2 \cdot \begin{bmatrix} l_{1I}\, \mathrm{C}_1^i \\ l_{1I}\, \mathrm{S}_1^i \\ 0 \end{bmatrix} \cdot \dot{\phi}_1^{i:2} = 0
\end{aligned}
\tag{7.215}
$$

由式(7.64)、式(7.86)、式(7.97)及式(7.98)得

$$
{}^{i}n_1^{\mathrm{T}} \cdot {}^{i}\dot{\tilde{\phi}}_1 \cdot {}^{i|1I}\mathrm{J}_{1I} \cdot {}^{i}\dot{\phi}_1 = \mathbf{1}^{[3]} \cdot \begin{bmatrix} 0 & -1 & 0 \\ 1 & 0 & 0 \\ 0 & 0 & 0 \end{bmatrix} \cdot \begin{bmatrix} * & * & * \\ * & * & * \\ * & * & \mathrm{J}_{1I} \end{bmatrix} \cdot \begin{bmatrix} 0 \\ 0 \\ 1 \end{bmatrix} \cdot \dot{\phi}_1^{i:2} = 0
\tag{7.216}
$$

$$
{}^{i|1}n_1^{\mathrm{T}} \cdot {}^{i}\dot{\tilde{\phi}}_2 \cdot {}^{i|2I}\mathrm{J}_{2I} \cdot {}^{i}\dot{\phi}_2 = \mathbf{1}^{[3]} \cdot \begin{bmatrix} 0 & -1 & 0 \\ 1 & 0 & 0 \\ 0 & 0 & 0 \end{bmatrix} \cdot {}^{i}Q_2 \cdot \begin{bmatrix} * & * & * \\ * & * & * \\ * & * & \mathrm{J}_{2I} \end{bmatrix} \cdot {}^{2}Q_i \cdot \begin{bmatrix} 0 \\ 0 \\ 1 \end{bmatrix} \tag{7.217}
$$

$$
\backslash \cdot \left(\dot{\phi}_1^i + \dot{\phi}_2^1\right)^2 = 0
$$

由式(7.86)、式(7.97)、式(7.99)至式(7.103)得

$$
{}^{i}n_1^{\mathrm{T}} \cdot \mathrm{m}_2 \cdot {}^{i|1}\tilde{r}_{2I} \cdot {}^{i}\dot{\tilde{\phi}}_1^{:2} \cdot {}^{i|1}r_2 = \mathrm{m}_2 \cdot \mathbf{1}^{[3]} \cdot \begin{bmatrix} 0 & 0 & l_1\,\mathrm{S}_1^i + l_{2I}\,\mathrm{S}_2^i \\ 0 & 0 & -l_1\,\mathrm{C}_1^i - l_{2I}\,\mathrm{C}_2^i \\ -l_1\,\mathrm{S}_1^i - l_{2I}\,\mathrm{S}_2^i & l_1\,\mathrm{C}_1^i + l_{2I}\,\mathrm{C}_2^i & 0 \end{bmatrix}
$$

$$
\backslash \cdot \begin{bmatrix} 0 & -1 & 0 \\ 1 & 0 & 0 \\ 0 & 0 & 0 \end{bmatrix}^2 \cdot \begin{bmatrix} l_1\,\mathrm{C}_1^i \\ l_1\,\mathrm{S}_1^i \\ 0 \end{bmatrix} \cdot \dot{\phi}_1^{i:2} = \mathrm{m}_2\left(l_1 l_{2I}\,\mathrm{C}_1^i\,\mathrm{S}_2^i - l_1 l_{2I}\,\mathrm{S}_1^i\,\mathrm{C}_2^i\right) \cdot \dot{\phi}_1^{i:2} = \mathrm{m}_2 l_1 l_{2I}\,\mathrm{S}_2^1\,\dot{\phi}_1^{i:2} \tag{7.218}
$$

$$
{}^{i}n_1^{\mathrm{T}} \cdot \mathrm{m}_2 \cdot {}^{i|1}\tilde{r}_{2I} \cdot {}^{i}\dot{\tilde{\phi}}_2^{:2} \cdot {}^{i|2}r_{2I} = \mathrm{m}_2 \cdot \mathbf{1}^{[3]} \cdot \begin{bmatrix} 0 & 0 & l_1\,\mathrm{S}_1^i + l_{2I}\,\mathrm{S}_2^i \\ 0 & 0 & -l_1\,\mathrm{C}_1^i - l_{2I}\,\mathrm{C}_2^i \\ -l_1\,\mathrm{S}_1^i - l_{2I}\,\mathrm{S}_2^i & l_1\,\mathrm{C}_1^i + l_{2I}\,\mathrm{C}_2^i & 0 \end{bmatrix}
$$

$$
\backslash \cdot \begin{bmatrix} 0 & -1 & 0 \\ 1 & 0 & 0 \\ 0 & 0 & 0 \end{bmatrix}^2 \cdot \begin{bmatrix} l_{2I}\,\mathrm{C}_2^i \\ l_{2I}\,\mathrm{S}_2^i \\ 0 \end{bmatrix} \cdot \dot{\phi}_2^{i:2} = \mathrm{m}_2\left(l_1 l_{2I}\,\mathrm{S}_1^i\,\mathrm{C}_2^i - l_1 l_{2I}\,\mathrm{C}_1^i\,\mathrm{S}_2^i\right) \cdot \dot{\phi}_2^{i:2} - \mathrm{m}_2 l_1 l_{2I}\,\mathrm{S}_2^1\,\dot{\phi}_2^{i:2} \tag{7.219}
$$

由式(7.86)、式(7.96)及式(7.88)得

$$
{}^{i}n_1^{\mathrm{T}} \cdot \mathrm{m}_2 \cdot {}^{i}\tilde{r}_{2I} \cdot {}^{i}\mathrm{g}_{2I} = \mathbf{1}^{[3]} \cdot \begin{bmatrix} 0 & 0 & l_1\,\mathrm{S}_1^i + l_{2I}\,\mathrm{S}_2^i \\ 0 & 0 & -l_1\,\mathrm{C}_1^i - l_{2I}\,\mathrm{C}_2^i \\ -l_1\,\mathrm{S}_1^i - l_{2I}\,\mathrm{S}_2^i & l_1\,\mathrm{C}_1^i + l_{2I}\,\mathrm{C}_2^i & 0 \end{bmatrix} \cdot \begin{bmatrix} 0 \\ -\mathrm{m}_2\mathrm{g} \\ 0 \end{bmatrix} \tag{7.220}
$$

$$
= -\mathrm{m}_2\mathrm{g}l_1\,\mathrm{C}_1^i - \mathrm{m}_2\mathrm{g}l_{2I}\,\mathrm{C}_2^i
$$

由式(7.86)、式(7.94)及式(7.88)得

$$
{}^{i}n_1^{\mathrm{T}} \cdot \mathrm{m}_1 \cdot {}^{i}\tilde{r}_{1I} \cdot {}^{i}\mathrm{g}_{1I} = \mathbf{1}^{[3]} \cdot \begin{bmatrix} 0 & 0 & l_{1I}\,\mathrm{S}_1^i \\ 0 & 0 & -l_{1I}\,\mathrm{C}_1^i \\ -l_{1I}\,\mathrm{S}_1^i & l_{1I}\,\mathrm{C}_1^i & 0 \end{bmatrix} \cdot \begin{bmatrix} 0 \\ -\mathrm{m}_1\mathrm{g} \\ 0 \end{bmatrix} = -\mathrm{m}_1\mathrm{g}l_{1I}\,\mathrm{C}_1^i \tag{7.221}
$$

将式(7.215)至式(7.221)代入式(7.213)得

$$
\begin{aligned}
{}^{i}n_1^{\mathrm{T}} \cdot h_{\boldsymbol{R}}^{[1]} &= \mathrm{m}_2 l_1 l_{2I}\,\mathrm{S}_2^1\,\dot{\phi}_1^{i:2} - \mathrm{m}_2 l_1 l_{2I}\,\mathrm{S}_2^1\,\dot{\phi}_2^{i:2} + \mathrm{m}_1\mathrm{g}l_{1I}\,\mathrm{C}_1^i + \mathrm{m}_2\mathrm{g}l_1\,\mathrm{C}_1^i + \mathrm{m}_2\mathrm{g}l_{2I}\,\mathrm{C}_2^i \\
&= -\mathrm{m}_2 l_1 l_{2I}\,\mathrm{S}_2^1\left(\dot{\phi}_2^{1:2} + 2\dot{\phi}_1^i\dot{\phi}_2^1\right) + \left(\mathrm{m}_1\mathrm{g}l_{1I}\,\mathrm{C}_1^i + \mathrm{m}_2\mathrm{g}\left(l_1\,\mathrm{C}_1^i + l_{2I}\,\mathrm{C}_2^i\right)\right)
\end{aligned} \tag{7.222}
$$

由式(7.86)、式(7.93)、式(7.99)至式(7.103)得

$$
{}^{i|1}n_2^{\mathrm{T}} \cdot \mathrm{m}_2 \cdot {}^{i|2}\tilde{r}_{2I} \cdot \left({}^{i}\dot{\tilde{\phi}}_2^{2} \cdot {}^{i|2}r_{2I} \right) = \mathrm{m}_2 \cdot \dot{\phi}_2^{i:2} \cdot \mathbf{1}^{[3]} \cdot
$$

$$
\backslash \begin{bmatrix} 0 & 0 & l_{2I}\,\mathrm{S}_2^i \\ 0 & 0 & -l_{2I}\,\mathrm{C}_2^i \\ -l_{2I}\,\mathrm{S}_2^i & l_{2I}\,\mathrm{C}_2^i & 0 \end{bmatrix} \cdot \begin{bmatrix} 0 & -1 & 0 \\ 1 & 0 & 0 \\ 0 & 0 & 0 \end{bmatrix}^2 \cdot \begin{bmatrix} l_{2I}\,\mathrm{C}_2^i \\ l_{2I}\,\mathrm{S}_2^i \\ 0 \end{bmatrix} = 0 \tag{7.223}
$$

由式(7.86)、式(7.93)、式(7.95)、式(7.99)至式(7.103)得

$$
\begin{aligned}
&{}^{i|1}n_2^{\mathrm{T}} \cdot \mathrm{m}_2 \cdot {}^{i|2}\tilde{r}_{2I} \cdot {}^{i}\dot{\tilde{\phi}}_1^{:2} \cdot {}^{i|1}r_2 = \mathrm{m}_2 \cdot \dot{\phi}_1^{i:2} \cdot \mathbf{1}^{[3]} \\
&\backslash \cdot \begin{bmatrix} 0 & 0 & l_{2I}\,\mathrm{S}_2^i \\ 0 & 0 & -l_{2I}\,\mathrm{C}_2^i \\ -l_{2I}\,\mathrm{S}_2^i & l_{2I}\,\mathrm{C}_2^i & 0 \end{bmatrix} \cdot \begin{bmatrix} 0 & -1 & 0 \\ 1 & 0 & 0 \\ 0 & 0 & 0 \end{bmatrix}^2 \cdot \begin{bmatrix} l_1\,\mathrm{C}_1^i \\ l_1\,\mathrm{S}_1^i \\ 0 \end{bmatrix} \\
&= \mathrm{m}_2 \left(l_1 l_{2I}\,\mathrm{C}_1^i\,\mathrm{S}_2^i - l_1 l_{2I}\,\mathrm{S}_1^i\,\mathrm{C}_2^i \right) \dot{\phi}_1^{i:2} = \mathrm{m}_2 l_1 l_{2I}\,\mathrm{S}_2^1\,\dot{\phi}_1^{i:2}
\end{aligned} \tag{7.224}
$$

由式(7.86)、式(7.64)、式(7.98)得

$$
{}^{i|1}n_2^{\mathrm{T}} \cdot {}^{2|i}\dot{\tilde{\phi}}_2 \cdot {}^{i|2I}\mathrm{J}_{2I} \cdot {}^{i}\dot{\phi}_2 = \dot{\phi}_2^{i:2} \cdot \mathbf{1}^{[3]} \cdot
$$

$$
\backslash \begin{bmatrix} 0 & -1 & 0 \\ 1 & 0 & 0 \\ 0 & 0 & 0 \end{bmatrix} \cdot \begin{bmatrix} \mathrm{C}_2^i & -\mathrm{S}_2^i & 0 \\ \mathrm{S}_2^i & \mathrm{C}_2^i & 0 \\ 0 & 0 & 1 \end{bmatrix} \cdot \begin{bmatrix} * & * & * \\ * & * & * \\ * & * & \mathrm{J}_{2I} \end{bmatrix} \cdot \begin{bmatrix} \mathrm{C}_2^i & \mathrm{S}_2^i & 0 \\ -\mathrm{S}_2^i & \mathrm{C}_2^i & 0 \\ 0 & 0 & 1 \end{bmatrix} \cdot \begin{bmatrix} 0 \\ 0 \\ 1 \end{bmatrix} = 0 \tag{7.225}
$$

由式(7.86)、式(7.88)、式(7.93)得

$$
{}^{i|1}n_2^{\mathrm{T}} \cdot \mathrm{m}_2 \cdot {}^{i|2}\tilde{r}_{2I} \cdot {}^{i}\mathrm{g}_{2I} = \mathbf{1}^{[3]} \cdot \begin{bmatrix} 0 & 0 & l_{2I}\,\mathrm{S}_2^i \\ 0 & 0 & -l_{2I}\,\mathrm{C}_2^i \\ -l_{2I}\,\mathrm{S}_2^i & l_{2I}\,\mathrm{C}_2^i & 0 \end{bmatrix} \cdot \begin{bmatrix} 0 \\ -\mathrm{m}_2\mathrm{g} \\ 0 \end{bmatrix} = -\mathrm{m}_2\mathrm{g} \cdot l_{2I}\,\mathrm{C}_2^i \tag{7.226}
$$

将式(7.223)至式(7.226)代入式(7.214)得

$$
\begin{aligned}
{}^{i|1}n_2^{\mathrm{T}} \cdot h_{\mathbf{R}}^{[2]} &= \mathrm{m}_2 \left(l_1 l_{2I}\,\mathrm{C}_1^i\,\mathrm{S}_2^i - l_1 l_{2I}\,\mathrm{S}_1^i\,\mathrm{C}_2^i \right) \dot{\phi}_1^{i:2} + \mathrm{m}_2\mathrm{g} \cdot l_{2I}\,\mathrm{C}_2^i \\
&= \mathrm{m}_2 l_1 l_{2I}\,\mathrm{S}_2^i\,\dot{\phi}_1^{i:2} + \mathrm{m}_2\mathrm{g} l_{2I}\,\mathrm{C}_2^i
\end{aligned} \tag{7.227}
$$

由式(7.202)、式(7.212)、式(7.222)及式(7.227)得该系统动力学方程：

$$
\begin{aligned}
&\begin{bmatrix} \mathrm{m}_1 l_{1I}^2 + \mathrm{J}_{1I} + \mathrm{m}_2\left(l_1^2 + 2l_1 l_{2I}\,\mathrm{C}_2^1 + l_{2I}^2\right) + \mathrm{J}_{2I} & \mathrm{m}_2\left(l_{2I}^2 + l_1 l_{2I}\,\mathrm{C}_2^1\right) + \mathrm{J}_{2I} \\ \mathrm{m}_2 \cdot \left(l_{2I}^2 + l_1 l_{2I}\,\mathrm{C}_2^1\right) + \mathrm{J}_{2I} & \mathrm{m}_2 l_{2I}^2 + \mathrm{J}_{2I} \end{bmatrix} \cdot \begin{bmatrix} \ddot{\phi}_1^i \\ \ddot{\phi}_2^1 \end{bmatrix} \\
&\backslash + \begin{bmatrix} -\mathrm{m}_2 l_1 l_{2I}\,\mathrm{S}_2^1\left(\dot{\phi}_2^{1:2} + 2\dot{\phi}_1^i\dot{\phi}_2^1\right) \\ \mathrm{m}_2 l_1 l_{2I}\,\mathrm{S}_2^1\,\dot{\phi}_1^{i:2} \end{bmatrix} + \begin{bmatrix} \mathrm{m}_1\mathrm{g} l_{1I}\,\mathrm{C}_1^i + \mathrm{m}_2\mathrm{g}\left(l_1\,\mathrm{C}_1^i + l_{2I}\,\mathrm{C}_2^i\right) \\ \mathrm{m}_2\mathrm{g} l_{2I}\,\mathrm{C}_2^i \end{bmatrix} = \begin{bmatrix} \tau_1^i \\ \tau_2^1 \end{bmatrix}
\end{aligned} \tag{7.228}
$$

对比式(7.71)与式(7.228)，两组方程一样。显然，证明过程冗长，原因在于该 2R 机械臂具有特定的结构参数，而 Ju-Kane 动力学规范方程是针对通用的构型与结构参数的。证毕。

【示例 7.8】 应用 Ju-Kane 规范型定理建立示例 7.2 中系统的动力学模型，并证明两种方程的等价性。

【解】 步骤 1 建立基于轴不变量的迭代式动力学方程 DCM，位置、平动速度及转动速度表达式，参见示例 7.2。

步骤 2 由式(7.203)至式(7.207)可得

$$
{}^{i}n_1^{\mathrm{T}} \cdot M_{\boldsymbol{P}}^{[1][*]} \cdot \ddot{q} = {}^{i}n_1^{\mathrm{T}} \cdot \left(\mathrm{m}_1 \cdot \mathbf{1} + \mathrm{m}_2 \cdot \mathbf{1}\right) \cdot {}^{i}n_1 \cdot \ddot{q}_1^{i} + {}^{i}n_1^{\mathrm{T}} \cdot \left(-\mathrm{m}_2 \cdot {}^{i|2}\tilde{r}_{2I}\right) \cdot {}^{i|1}n_2 \cdot \ddot{q}_2^{1}
$$

$$
= \mathbf{1}^{[1]} \cdot \left(\mathrm{m}_1 + \mathrm{m}_2\right) \cdot \begin{bmatrix} 1 & 0 & 0 \\ 0 & 1 & 0 \\ 0 & 0 & 1 \end{bmatrix} \cdot \begin{bmatrix} 1 \\ 0 \\ 0 \end{bmatrix} \cdot \ddot{q}_1^{i} + \mathbf{1}^{[1]} \cdot \left(-\mathrm{m}_2 \cdot \begin{bmatrix} 0 & 0 & -l_2\mathrm{C}_2^1 \\ 0 & 0 & -l_2\mathrm{S}_2^1 \\ l_2\mathrm{C}_2^1 & l_2\mathrm{S}_2^1 & 0 \end{bmatrix}\right) \cdot \begin{bmatrix} 0 \\ 0 \\ 1 \end{bmatrix} \cdot \ddot{q}_2^{1}
$$

$$
= \left(\mathrm{m}_1 + \mathrm{m}_2\right)\ddot{q}_1^{i} + \mathrm{m}_2 l_2 \mathrm{C}_2^1 \ddot{q}_2^{1}
$$

$$
{}^{i|1}n_2^{\mathrm{T}} \cdot M_{\boldsymbol{R}}^{[2][*]} \cdot \ddot{q} = {}^{i|1}n_2^{\mathrm{T}} \cdot \left(\mathrm{m}_2 \cdot {}^{i|2}\tilde{r}_{2I}\right) \cdot {}^{i}n_1 \cdot \ddot{q}_1^{i} + {}^{i|1}n_2^{\mathrm{T}} \cdot \left({}^{i|2I}\mathrm{J}_{2I} - \mathrm{m}_2 \cdot {}^{i|2}\tilde{r}_{2I}^{:2}\right) \cdot {}^{i|1}n_2 \cdot \ddot{q}_2^{1}
$$

$$
= \mathbf{1}^{[3]} \cdot \left(\mathrm{m}_2 \cdot \begin{bmatrix} 0 & 0 & -l_2\mathrm{C}_2^1 \\ 0 & 0 & -l_2\mathrm{S}_2^1 \\ l_2\mathrm{C}_2^1 & l_2\mathrm{S}_2^1 & 0 \end{bmatrix}\right) \cdot \begin{bmatrix} 1 \\ 0 \\ 0 \end{bmatrix} \cdot \ddot{q}_1^{i} + \mathbf{1}^{[3]} \cdot
$$

$$
\backslash \left(0 - \mathrm{m}_2 \cdot \begin{bmatrix} 0 & 0 & -l_2\mathrm{C}_2^1 \\ 0 & 0 & -l_2\mathrm{S}_2^1 \\ l_2\mathrm{C}_2^1 & l_2\mathrm{S}_2^1 & 0 \end{bmatrix} \cdot \begin{bmatrix} 0 & 0 & -l_2\mathrm{C}_2^1 \\ 0 & 0 & -l_2\mathrm{S}_2^1 \\ l_2\mathrm{C}_2^1 & l_2\mathrm{S}_2^1 & 0 \end{bmatrix}\right) \cdot \mathbf{1}^{[z]} \cdot \ddot{q}_2^{1} = \mathrm{m}_2 l_2 \mathrm{C}_2^1 \ddot{q}_1^{i} + \mathrm{m}_2 l_2^2 \ddot{q}_2^{1}
$$

$$
{}^{i}n_1^{\mathrm{T}} \cdot h_{\boldsymbol{P}}^{[1]} = {}^{i}n_1^{\mathrm{T}} \cdot \left(\mathrm{m}_2 \cdot \left({}^{i}\dot{\tilde{\phi}}_2^{:2} \cdot {}^{i|2}r_{2I} + 2 \cdot {}^{i}\dot{\tilde{\phi}}_2 \cdot {}^{i|2}\dot{r}_{2I}\right) - \mathrm{m}_1 \cdot {}^{i}\mathrm{g}_{2I} - \mathrm{m}_2 \cdot {}^{i}\mathrm{g}_{2I}\right)
$$

$$
= \mathbf{1}^{[1]} \cdot \left(\mathrm{m}_2 \cdot \begin{bmatrix} 0 & -\dot{\phi}_2^1 & 0 \\ \dot{\phi}_2^1 & 0 & 0 \\ 0 & 0 & 0 \end{bmatrix}^2 \cdot \begin{bmatrix} l_2\mathrm{S}_2^1 \\ -l_2\mathrm{C}_2^1 \\ 0 \end{bmatrix} - \left(\mathrm{m}_1 + \mathrm{m}_2\right) \cdot \begin{bmatrix} 0 \\ -\mathrm{g} \\ 0 \end{bmatrix}\right) = -\mathrm{m}_2 l_2 \mathrm{S}_2^1 \dot{\phi}_2^{1:2} = -\mathrm{m}_2 l_2 \mathrm{S}_2^1 \dot{q}_2^{1:2}
$$

$$
{}^{i|1}n_2^{\mathrm{T}} \cdot h_{\boldsymbol{R}}^{[2]} = {}^{i|1}n_2^{\mathrm{T}} \cdot \begin{pmatrix} \mathrm{m}_2 \cdot {}^{i|2}\tilde{r}_{2I} \cdot \left({}^{i}\dot{\tilde{\phi}}_2^{2} \cdot {}^{i|2}r_{2I} + 2 \cdot {}^{i}\dot{\tilde{\phi}}_2 \cdot {}^{i|2}\dot{r}_{2I}\right) \\ \backslash + {}^{i}\dot{\tilde{\phi}}_2 \cdot {}^{i|2I}\mathrm{J}_{2I} \cdot {}^{i}\dot{\phi}_2 - \mathrm{m}_2 \cdot {}^{i|2}\tilde{r}_{2I} \cdot {}^{i}\mathrm{g}_{2I} \end{pmatrix}
$$

$$
= \mathbf{1}^{[3]} \cdot \left(\mathrm{m}_2 \cdot \begin{bmatrix} 0 & 0 & -l_2\mathrm{C}_2^1 \\ 0 & 0 & -l_2\mathrm{S}_2^1 \\ l_2\mathrm{C}_2^1 & l_2\mathrm{S}_2^1 & 0 \end{bmatrix} \cdot \begin{bmatrix} 0 & -\dot{\phi}_2^1 & 0 \\ \dot{\phi}_2^1 & 0 & 0 \\ 0 & 0 & 0 \end{bmatrix}^2 \cdot \begin{bmatrix} l_2\mathrm{S}_2^1 \\ -l_2\mathrm{C}_2^1 \\ 0 \end{bmatrix} - \mathrm{m}_2 \cdot \begin{bmatrix} 0 & 0 & -l_2\mathrm{C}_2^1 \\ 0 & 0 & -l_2\mathrm{S}_2^1 \\ l_2\mathrm{C}_2^1 & l_2\mathrm{S}_2^1 & 0 \end{bmatrix} \cdot \begin{bmatrix} 0 \\ -\mathrm{g} \\ 0 \end{bmatrix}\right)
$$

$$
= \mathrm{m}_2 l_2 \mathrm{S}_2^1 \mathrm{g}
$$

步骤 3 由式(7.208)求合外力及合外力矩：

$$
f_1^{\boldsymbol{D}} = f_u^{c} + \dot{r}_u^{\bar{u}} \cdot \mathrm{G}\left(f_u^{c}\right) + {}^{i|\bar{u}}n_u^{\mathrm{T}} \cdot \sum_{l}^{u\boldsymbol{L}}\left({}^{iS}f_{lS}\right) = -kr_1^{i} \cdot \mathbf{1}^{[1]} \cdot \mathbf{1}^{[x]} = -kr_1^{i}
$$

$$
\tau_2^{\boldsymbol{D}} = 0
$$

步骤 4 由式(7.202)整理可得

$$\begin{bmatrix} \mathrm{m}_1+\mathrm{m}_2 & \mathrm{m}_2 l_2 \mathrm{C}_2^1 \\ \mathrm{m}_2 l_2 \mathrm{C}_2^1 & \mathrm{m}_2 l_2^2 \end{bmatrix} \cdot \begin{bmatrix} \ddot{r}_1^i \\ \ddot{\phi}_2^1 \end{bmatrix} = \begin{bmatrix} \mathrm{m}_2 l_2 \mathrm{S}_2^1 \dot{\phi}_2^{1:2} - k r_1^i \\ -\mathrm{m}_2 \mathrm{g} l_2 \mathrm{S}_2^1 \end{bmatrix}$$

显然，上式与式(7.84)一致。解毕。

【示例 7.9】 继示例 7.6，应用 Ju-Kane 动力学规范方程得该系统的广义惯性矩阵，并判别是否与应用 Ju-Kane 定理得到的广义惯性矩阵一样。

【解】 由式(7.209)得

$$\begin{aligned} {}^{i}n_1^{\mathrm{T}} \cdot M_{\boldsymbol{R}}^{[1][*]} \cdot \ddot{q} = {}^{i}n_1^{\mathrm{T}} \left({}^{i|1I}\mathrm{J}_{1I} - \mathrm{m}_1 \cdot {}^{i|1}\tilde{r}_{1I}^{:2} + {}^{i|2I}\mathrm{J}_{2I} - \mathrm{m}_2 \cdot {}^{i|1}\tilde{r}_{2I}^{:2} + {}^{i|3I}\mathrm{J}_{3I} - \mathrm{m}_3 \cdot {}^{i|1}\tilde{r}_{3I}^{:2} \right) \\ \cdot {}^{i}n_1 \cdot \ddot{\phi}_1^i + {}^{i}n_1^{\mathrm{T}} \cdot \left({}^{i|2I}\mathrm{J}_{2I} - \mathrm{m}_2 \cdot {}^{i|1}\tilde{r}_{2I} \cdot {}^{i|2}\tilde{r}_{2I} + {}^{i|3I}\mathrm{J}_{3I} - \mathrm{m}_3 \cdot {}^{i|1}\tilde{r}_{3I} \cdot {}^{i|2}\tilde{r}_{3I} \right) \cdot {}^{i|1}n_2 \cdot \ddot{\phi}_2^1 \\ + {}^{i}n_1^{\mathrm{T}} \cdot \left({}^{i|3I}\mathrm{J}_{3I} - \mathrm{m}_3 \cdot {}^{i|1}\tilde{r}_{3I} \cdot {}^{i|3}\tilde{r}_{3I} \right) \cdot {}^{i|2}n_3 \cdot \ddot{\phi}_3^2 \end{aligned} \tag{7.229}$$

$$\begin{aligned} {}^{i|1}n_2^{\mathrm{T}} \cdot M_{\boldsymbol{R}}^{[2][*]} \cdot \ddot{q} = {}^{i|1}n_2^{\mathrm{T}} \cdot \left({}^{i|2I}\mathrm{J}_{2I} - \mathrm{m}_2 \cdot {}^{i|2}\tilde{r}_{2I}^{:2} + {}^{i|3I}\mathrm{J}_{3I} - \mathrm{m}_3 \cdot {}^{i|2}\tilde{r}_{3I}^{:2} \right) \cdot {}^{i}n_1 \cdot \ddot{\phi}_1^i \\ + {}^{i|1}n_2^{\mathrm{T}} \cdot \left({}^{i|2I}\mathrm{J}_{2I} - \mathrm{m}_2 \cdot {}^{i|2}\tilde{r}_{2I}^{:2} + {}^{i|3I}\mathrm{J}_{3I} - \mathrm{m}_3 \cdot {}^{i|2}\tilde{r}_{3I}^{:2} \right) \cdot {}^{i|1}n_2 \cdot \ddot{\phi}_2^1 \\ + {}^{i|1}n_2^{\mathrm{T}} \cdot \left({}^{i|3I}\mathrm{J}_{3I} - \mathrm{m}_3 \cdot {}^{i|2}\tilde{r}_{3I} \cdot {}^{i|3}\tilde{r}_{3I} \right) \cdot {}^{i|2}n_3 \cdot \ddot{\phi}_3^2 \end{aligned} \tag{7.230}$$

$$\begin{aligned} {}^{i|2}n_3^{\mathrm{T}} \cdot M_{\boldsymbol{R}}^{[3][*]} \cdot \ddot{q} = {}^{i|2}n_3^{\mathrm{T}} \cdot \left({}^{i|3I}\mathrm{J}_{3I} - \mathrm{m}_3 \cdot {}^{i|3}\tilde{r}_{3I}^{:2} \right) \cdot {}^{i}n_1 \cdot \ddot{\phi}_1^i \\ + {}^{i|2}n_3^{\mathrm{T}} \cdot \left({}^{i|3I}\mathrm{J}_{3I} - \mathrm{m}_3 \cdot {}^{i|3}\tilde{r}_{3I}^{:2} \right) \cdot {}^{i|1}n_2 \cdot \ddot{\phi}_2^1 + {}^{i|2}n_3^{\mathrm{T}} \cdot \left({}^{i|3I}\mathrm{J}_{3I} - \mathrm{m}_3 \cdot {}^{i|3}\tilde{r}_{3I}^{:2} \right) \cdot {}^{i|2}n_3 \cdot \ddot{\phi}_3^2 \end{aligned} \tag{7.231}$$

由式(7.229)、式(7.230)及式(7.231)得式(7.175)。间接证明了 Ju-Kane 规范型定理的正确性。解毕。

【示例 7.10】 给定 6R 机械臂系统 $\boldsymbol{D} = \left\{ \boldsymbol{A}, \boldsymbol{K}, \boldsymbol{T}, \boldsymbol{NT}, \boldsymbol{F}, \boldsymbol{B} \right\}$，其中 $\boldsymbol{A} = \left(i, 1:6\right]$，$\boldsymbol{K} = \left\{ {}^{\bar{l}}\boldsymbol{k}_l \middle| l \in \boldsymbol{A},\ {}^{\bar{l}}\boldsymbol{k}_l \in \boldsymbol{R} \right\}$，$\boldsymbol{NT} = \varnothing$；不可检测的环境作用力记为 ${}^{iS}f_{6S}$，各轴驱动力力矩为 $\left\{ \tau_u^d \middle| u \in \boldsymbol{A} \right\}$；应用式(7.208)计算各轴的外部作用力矩 $\left\{ \tau_u^{\boldsymbol{D}} \middle| u \in \boldsymbol{A} \right\}$。

【解】 因 ${}^{iS}f_{6S}$ 不可检测，在力位控制中，需要通过驱动轴的力控制予以抵消，故期望通过动力学方程进行解算得到驱动轴的总控制力矩。由式(7.208)得

$$\tau_u^c = \tau_u^d + {}^{i|\bar{u}}n_u^{\mathrm{T}} \cdot {}^{i|u}\tilde{r}_{6S} \cdot {}^{iS}f_{6S} \tag{7.232}$$

其中：τ_u^c 为 u 轴合力矩，τ_u^d 为驱动轴的驱动力矩。解毕。

7.6.5 本节贡献

本节提出并证明了 Ju-Kane 规范方程。其特征在于：

（1）具有简洁、优雅的链符号系统，具有树链拓扑操作，是轴不变量的迭代式。

（2）在迭代式动力学计算时，不需要列写加速度表达式，其本身是关节加速度的表达式。

（3）广义惯性矩阵可直接列写，是 3×3 的分块矩阵。

（4）通过具有链序的操作代数表达系统动力学方程，物理内涵明晰、准确。

（5）自身具有伪代码的功能，易于工程实现，保证了多轴系统建模的可靠性。

（6）轴的极性可以根据工程需要进行设置，与现有动力学原理相比，减少了为保证系统参考与工程应用参考的一致性而引入的不必要的预处理与后处理。

（7）实现了系统拓扑、坐标系、极性、结构参量及动力学参量的参数化，不必应用分析动力学方法进行推导即可完成复杂刚体系统的动力学建模。

7.7　树链刚体系统 Ju-Kane 动力学规范方程求解

7.7.1　轴链刚体广义惯性矩阵

将根据运动轴类型及 3D 自然坐标系表达的刚体运动链广义惯性矩阵称为轴链刚体广义惯性矩阵，简称为轴链惯性矩阵（AGIM）。由下节中的式(7.245)及式(7.248)得

$$M_{\boldsymbol{P}}^{[u][l]}=\left.\begin{array}{c}\sum\limits_{j}^{u\boldsymbol{L}}\left(\mathbf{0}-\mathrm{m}_{j}\cdot\mathbf{1}\cdot{}^{i|l}\tilde{r}_{jI}\right)\\ \sum\limits_{j}^{u\boldsymbol{L}}\left(\mathrm{m}_{j}\cdot\mathbf{1}\right)\end{array}\right\|,\quad M_{\boldsymbol{P}}^{[u][k]}=\left.\begin{array}{c}\sum\limits_{j}^{k\boldsymbol{L}}\left(\mathbf{0}-\mathrm{m}_{j}\cdot\mathbf{1}\cdot{}^{i|k}\tilde{r}_{jI}\right)\\ \sum\limits_{j}^{k\boldsymbol{L}}\left(\mathrm{m}_{j}\cdot\mathbf{1}\right)\end{array}\right\| \tag{7.233}$$

$$M_{\boldsymbol{R}}^{[u][l]}=\left.\begin{array}{c}\sum\limits_{j}^{u\boldsymbol{L}}\left({}^{i|jI}\mathrm{J}_{jI}-\mathrm{m}_{j}\cdot{}^{i|u}\tilde{r}_{jI}\cdot{}^{i|l}\tilde{r}_{jI}\right)\\ \sum\limits_{j}^{u\boldsymbol{L}}\left(\mathrm{m}_{j}\cdot{}^{i|u}\tilde{r}_{jI}\cdot\mathbf{1}\right)\end{array}\right\|,\quad M_{\boldsymbol{R}}^{[u][k]}=\left.\begin{array}{c}\sum\limits_{j}^{k\boldsymbol{L}}\left({}^{i|jI}\mathrm{J}_{jI}-\mathrm{m}_{j}\cdot{}^{i|u}\tilde{r}_{jI}\cdot{}^{i|k}\tilde{r}_{jI}\right)\\ \sum\limits_{j}^{k\boldsymbol{L}}\left(\mathrm{m}_{j}\cdot{}^{i|u}\tilde{r}_{jI}\cdot\mathbf{1}\right)\end{array}\right\| \tag{7.234}$$

由式(7.233)及式(7.234)可知，上述轴链惯性矩阵是 3×3 的矩阵，其大小减小至传统的 6×6 广义惯性矩阵的 1/4，相应地，求逆的复杂度也降至传统的惯性矩阵的 1/4。

闭子树 $u\boldsymbol{L}$ 的能量 $\mathscr{E}_{u\boldsymbol{L}}^{i}$ 表达为

$$\mathscr{E}_{u\boldsymbol{L}}^{i}=\frac{1}{2}\cdot\sum_{j}^{u\boldsymbol{L}}\left({}^{i}\dot{\phi}_{j}^{\mathrm{T}}\cdot{}^{i|jI}\mathrm{J}_{jI}\cdot{}^{i}\dot{\phi}_{j}\right)+\frac{1}{2}\cdot\sum_{j}^{u\boldsymbol{L}}\left[{}^{i}\dot{r}_{jI}^{\mathrm{T}}\cdot\left(\mathrm{m}_{j}\cdot\mathbf{1}\right)\cdot{}^{i}\dot{r}_{jI}\right] \tag{7.235}$$

若 ${}^{\overline{u}}\boldsymbol{k}_{u}\in\boldsymbol{P}$，$k\in{}^{i}\boldsymbol{1}_{\overline{u}}$，$l\in u\boldsymbol{L}$，则由式(7.31)至式(7.33)及式(7.235)得

$${}^{i|\overline{u}}n_{u}^{\mathrm{T}}\cdot M_{\boldsymbol{P}}^{[u][l]}\cdot{}^{i|\overline{l}}n_{l}=\left.\begin{array}{c}\dfrac{\partial^{2}}{\partial\dot{r}_{u}^{\overline{u}}\partial\dot{\phi}_{l}^{\overline{l}}}\left(\mathscr{E}_{u\boldsymbol{L}}^{i}\right)\\ \dfrac{\partial^{2}}{\partial\dot{r}_{u}^{\overline{u}}\partial\dot{r}_{l}^{\overline{l}}}\left(\mathscr{E}_{u\boldsymbol{L}}^{i}\right)\end{array}\right\|=\left.\begin{array}{c}{}^{i|\overline{u}}n_{u}^{\mathrm{T}}\cdot\sum\limits_{j}^{l\boldsymbol{L}}\left(-\mathrm{m}_{j}\cdot\mathbf{1}\cdot{}^{i|l}\tilde{r}_{jI}\right)\cdot{}^{i|\overline{l}}n_{l}\\ {}^{i|\overline{u}}n_{u}^{\mathrm{T}}\cdot\sum\limits_{j}^{l\boldsymbol{L}}\left(\mathrm{m}_{j}\cdot\mathbf{1}\right)\cdot{}^{i|\overline{l}}n_{l}\end{array}\right\| \tag{7.236}$$

$${}^{i|\overline{u}}n_{u}^{\mathrm{T}}\cdot M_{\boldsymbol{P}}^{[u][k]}\cdot{}^{i|\overline{k}}n_{k}=\left.\begin{array}{c}\dfrac{\partial^{2}}{\partial\dot{r}_{u}^{\overline{u}}\partial\dot{\phi}_{k}^{\overline{k}}}\left(\mathscr{E}_{u\boldsymbol{L}}^{i}\right)\\ \dfrac{\partial^{2}}{\partial\dot{r}_{u}^{\overline{u}}\partial\dot{r}_{k}^{\overline{k}}}\left(\mathscr{E}_{u\boldsymbol{L}}^{i}\right)\end{array}\right\|=\left.\begin{array}{c}{}^{i|\overline{u}}n_{u}^{\mathrm{T}}\cdot\sum\limits_{j}^{u\boldsymbol{L}}\left(-\mathrm{m}_{j}\cdot\mathbf{1}\cdot{}^{i|k}\tilde{r}_{jI}\right)\cdot{}^{i|\overline{k}}n_{k}\\ {}^{i|\overline{u}}n_{u}^{\mathrm{T}}\cdot\sum\limits_{j}^{u\boldsymbol{L}}\left(\mathrm{m}_{j}\cdot\mathbf{1}\right)\cdot{}^{i|\overline{k}}n_{k}\end{array}\right\| \tag{7.237}$$

若 ${}^{\overline{u}}\boldsymbol{k}_u \in \boldsymbol{R}$， $k \in {}^{i}\boldsymbol{1}_{\overline{u}}$， $l \in u\boldsymbol{L}$ ，则由式(7.31)至式(7.33)及式(7.235)得

$$
{}^{i|\overline{u}}n_u^{\mathrm{T}} \cdot M_{\boldsymbol{R}}^{[u][l]} \cdot {}^{i|\overline{l}}n_l = \left\| \begin{matrix} \dfrac{\partial^2}{\partial \dot{\phi}_u^{\overline{u}} \partial \dot{\phi}_l^{\overline{l}}} \left(\mathscr{E}_{u\boldsymbol{L}}^{i} \right) \\ \dfrac{\partial^2}{\partial \dot{\phi}_u^{\overline{u}} \partial \dot{r}_l^{\overline{l}}} \left(\mathscr{E}_{u\boldsymbol{L}}^{i} \right) \end{matrix} \right\| = \left\| \begin{matrix} {}^{i|\overline{u}}n_u^{\mathrm{T}} \cdot \sum\limits_{j}^{l\boldsymbol{L}} \left({}^{i|jI}\mathrm{J}_{jI} - \mathrm{m}_j \cdot {}^{i|u}\tilde{r}_{jI} \cdot {}^{i|l}\tilde{r}_{jI} \right) \cdot {}^{i|\overline{l}}n_l \\ {}^{i|\overline{u}}n_u^{\mathrm{T}} \cdot \sum\limits_{j}^{l\boldsymbol{L}} \left(\mathrm{m}_j \cdot {}^{i|u}\tilde{r}_{jI} \cdot \mathbf{1} \right) \cdot {}^{i|\overline{l}}n_l \end{matrix} \right\| \tag{7.238}
$$

$$
{}^{i|\overline{u}}n_u^{\mathrm{T}} \cdot M_{\boldsymbol{R}}^{[u][k]} \cdot {}^{i|\overline{k}}n_k = \left\| \begin{matrix} \dfrac{\partial^2}{\partial \dot{\phi}_u^{\overline{u}} \partial \dot{\phi}_k^{\overline{k}}} \left(\mathscr{E}_{u\boldsymbol{L}}^{i} \right) \\ \dfrac{\partial^2}{\partial \dot{\phi}_u^{\overline{u}} \partial \dot{r}_k^{\overline{k}}} \left(\mathscr{E}_{u\boldsymbol{L}}^{i} \right) \end{matrix} \right\| = \left\| \begin{matrix} {}^{i|\overline{u}}n_u^{\mathrm{T}} \cdot \sum\limits_{j}^{u\boldsymbol{L}} \left({}^{i|jI}\mathrm{J}_{jI} - \mathrm{m}_j \cdot {}^{i|u}\tilde{r}_{jI} \cdot {}^{i|k}\tilde{r}_{jI} \right) \cdot {}^{i|\overline{k}}n_k \\ {}^{i|\overline{u}}n_u^{\mathrm{T}} \cdot \sum\limits_{j}^{u\boldsymbol{L}} \left(\mathrm{m}_j \cdot {}^{i|u}\tilde{r}_{jI} \cdot \mathbf{1} \right) \cdot {}^{i|\overline{k}}n_k \end{matrix} \right\| \tag{7.239}
$$

令

$$
{}^{u}_{\uparrow}\tilde{r}_{jI} = \begin{cases} {}^{u}\tilde{r}_{jI} & \text{if} \quad {}^{\overline{u}}\boldsymbol{k}_u \in \boldsymbol{R} \\ \mathbf{1} & \text{if} \quad {}^{\overline{u}}\boldsymbol{k}_u \in \boldsymbol{P} \end{cases} \tag{7.240}
$$

$$
\delta_u = \begin{cases} -1 & \text{if} \quad {}^{\overline{u}}\boldsymbol{k}_u \in \boldsymbol{R} \\ 1 & \text{if} \quad {}^{\overline{u}}\boldsymbol{k}_u \in \boldsymbol{P} \end{cases} \tag{7.241}
$$

且有

$$
{}^{jI}_{\uparrow}\mathrm{J}_{jI} = -\sum_{S}^{\Omega_j} \left(m_j^{[S]} \cdot {}^{i|jI}_{\uparrow}\tilde{r}_{jS} \cdot {}^{i|jI}_{\uparrow}\tilde{r}_{jS} \right) = \begin{cases} {}^{jI}\mathrm{J}_{jI} & \text{if} \quad {}^{\overline{j}}\boldsymbol{k}_j \in \boldsymbol{R} \\ \mathbf{0} & \text{if} \quad {}^{\overline{j}}\boldsymbol{k}_j \in \boldsymbol{P} \end{cases} \tag{7.242}
$$

因此， $M^{[u][k]}$ 可记为

$$
M^{[u][k]} = \sum_{j}^{u\boldsymbol{L}} \left({}^{i|jI}_{\uparrow}\mathrm{J}_{jI} + \delta_k \cdot \mathrm{m}_j \cdot {}^{i|u}_{\uparrow}\tilde{r}_{jI} \cdot {}^{i|k}_{\uparrow}\tilde{r}_{jI} \right) \tag{7.243}
$$

式(7.243)中 $M^{[u][k]}$ 是 3×3 的轴链惯性矩阵， δ_k 称为运动轴属性符。

7.7.2 轴链刚体广义惯性矩阵特点

给定多轴刚体系统 $\boldsymbol{D} = \left\{ \boldsymbol{A}, \boldsymbol{K}, \boldsymbol{T}, \boldsymbol{NT}, \boldsymbol{F}, \boldsymbol{B} \right\}$， $\boldsymbol{NT} = \varnothing$； ${}^{i}\boldsymbol{1}_n = \left(i, \cdots, l, \cdots, u, \cdots, n \right]$， $k \in u\boldsymbol{L}$；该系统的轴链刚体惯性矩阵在所有运动副类型相同的情况下具有对称性，即有

$$
M^{[u][l]} = M^{[l][u]^{\mathrm{T}}}, \quad M^{[u][k]} = M^{[k][u]^{\mathrm{T}}} \tag{7.244}
$$

【证明】 显然，有 $l \in {}^{i}\boldsymbol{1}_{\overline{u}}$。若 ${}^{\overline{u}}\boldsymbol{k}_u \in \boldsymbol{P}$，由式(7.204)得

$$
M_{\boldsymbol{P}}^{[u][l]} = \left\| \begin{matrix} -\sum\limits_{j}^{u\boldsymbol{L}} \left(\mathrm{m}_j \cdot {}^{i|l}\tilde{r}_{jI} \right) \\ \sum\limits_{j}^{u\boldsymbol{L}} \left(\mathrm{m}_j \right) \cdot \mathbf{1} \end{matrix} \right\|, \quad M_{\boldsymbol{P}}^{[u][k]} = \left\| \begin{matrix} -\sum\limits_{j}^{k\boldsymbol{L}} \left(\mathrm{m}_j \cdot {}^{i|k}\tilde{r}_{jI} \right) \\ \sum\limits_{j}^{k\boldsymbol{L}} \left(\mathrm{m}_j \right) \cdot \mathbf{1} \end{matrix} \right\| \tag{7.245}
$$

$$M_{\boldsymbol{P}}^{[l][u]}=\left.\begin{matrix}-\sum\limits_{j}^{u\mathbf{L}}\left(\mathrm{m}_{j}\cdot{}^{i|u}\tilde{r}_{jI}\right)\\ \sum\limits_{j}^{u\mathbf{L}}\left(\mathrm{m}_{j}\right)\cdot\mathbf{1}\end{matrix}\right\|,\quad M_{\boldsymbol{P}}^{[k][u]}=\left.\begin{matrix}-\sum\limits_{j}^{k\mathbf{L}}\left(\mathrm{m}_{j}\cdot{}^{i|u}\tilde{r}_{jI}\right)\\ \sum\limits_{j}^{k\mathbf{L}}\left(\mathrm{m}_{j}\right)\cdot\mathbf{1}\end{matrix}\right\| \tag{7.246}$$

由式(7.245)及式(7.246)知，若 $^{\bar{l}}\boldsymbol{k}_{l}\in\boldsymbol{P}$， $^{\bar{k}}\boldsymbol{k}_{k}\in\boldsymbol{P}$， 则

$$M_{\boldsymbol{P}}^{[u][l]}=M_{\boldsymbol{P}}^{[l][u]\mathrm{T}},\quad M_{\boldsymbol{P}}^{[u][k]}=M_{\boldsymbol{P}}^{[k][u]\mathrm{T}} \tag{7.247}$$

若 $^{\bar{u}}\boldsymbol{k}_{u}\in\boldsymbol{R}$， 由式(7.206)得

$$M_{\boldsymbol{R}}^{[u][l]}=\left.\begin{matrix}\sum\limits_{j}^{u\mathbf{L}}\left({}^{i|jI}\mathrm{J}_{jI}-\mathrm{m}_{j}\cdot{}^{i|u}\tilde{r}_{jI}\cdot{}^{i|l}\tilde{r}_{jI}\right)\\ \sum\limits_{j}^{u\mathbf{L}}\left(\mathrm{m}_{j}\cdot{}^{i|u}\tilde{r}_{jI}\right)\end{matrix}\right\|,\quad M_{\boldsymbol{R}}^{[u][k]}=\left.\begin{matrix}\sum\limits_{j}^{k\mathbf{L}}\left({}^{i|jI}\mathrm{J}_{jI}-\mathrm{m}_{j}\cdot{}^{i|u}\tilde{r}_{jI}\cdot{}^{i|k}\tilde{r}_{jI}\right)\\ \sum\limits_{j}^{k\mathbf{L}}\left(\mathrm{m}_{j}\cdot{}^{i|u}\tilde{r}_{jI}\right)\end{matrix}\right\| \tag{7.248}$$

$$M_{\boldsymbol{R}}^{[l][u]}=\left.\begin{matrix}\sum\limits_{j}^{u\mathbf{L}}\left({}^{i|jI}\mathrm{J}_{jI}-\mathrm{m}_{j}\cdot{}^{i|l}\tilde{r}_{jI}\cdot{}^{i|u}\tilde{r}_{jI}\right)\\ \sum\limits_{j}^{u\mathbf{L}}\left(\mathrm{m}_{j}\cdot{}^{i|l}\tilde{r}_{jI}\right)\end{matrix}\right\|,\quad M_{\boldsymbol{R}}^{[k][u]}=\left.\begin{matrix}\sum\limits_{j}^{k\mathbf{L}}\left({}^{i|jI}\mathrm{J}_{jI}-\mathrm{m}_{j}\cdot{}^{i|k}\tilde{r}_{jI}\cdot{}^{i|u}\tilde{r}_{jI}\right)\\ \sum\limits_{j}^{u\mathbf{L}}\left(\mathrm{m}_{j}\cdot{}^{i|u}\tilde{r}_{jI}\right)\end{matrix}\right\| \tag{7.249}$$

由式(7.248)、式(7.249)及 ${}^{i|l}\tilde{r}_{jI}\cdot{}^{i|u}\tilde{r}_{jI}=\left({}^{i|u}\tilde{r}_{jI}\cdot{}^{i|l}\tilde{r}_{jI}\right)^{\mathrm{T}}$ 知，若 $^{\bar{l}}\boldsymbol{k}_{l}\in\boldsymbol{R}$， $^{\bar{k}}\boldsymbol{k}_{k}\in\boldsymbol{R}$， 则

$$M_{\boldsymbol{R}}^{[u][l]}=M_{\boldsymbol{R}}^{[l][u]\mathrm{T}},\quad M_{\boldsymbol{R}}^{[u][k]}=M_{\boldsymbol{R}}^{[k][u]\mathrm{T}} \tag{7.250}$$

证毕。

记 $\left|\boldsymbol{A}\right|=a$， 将轴数为 a 的系统广义惯性矩阵记为 $M_{3a\times 3a}$。由式(7.244)得

$$M_{3a\times 3a}=M_{3a\times 3a}^{\mathrm{T}} \tag{7.251}$$

式(7.251)中轴链刚体惯性矩阵 $M_{3a\times 3a}$ 具有对称性，其元素即轴链惯性矩阵是 3×3 的矩阵。

给定多轴刚体系统 $\boldsymbol{D}=\left\{\boldsymbol{A},\boldsymbol{K},\boldsymbol{T},\boldsymbol{NT},\boldsymbol{F},\boldsymbol{B}\right\}$， $\boldsymbol{NT}=\varnothing$， 则轴链刚体惯性矩阵元素具有以下特点：

（1）若 $^{\bar{u}}\boldsymbol{k}_{u}\in\boldsymbol{P}$， $^{\bar{l}}\boldsymbol{k}_{l}\in\boldsymbol{P}$， $^{\bar{k}}\boldsymbol{k}_{k}\in\boldsymbol{P}$， 由式(7.204)可知 $M_{\boldsymbol{P}}^{[u][l]}$ 和 $M_{\boldsymbol{P}}^{[u][k]}$ 是对称矩阵；

（2）若 $^{\bar{u}}\boldsymbol{k}_{u}\in\boldsymbol{R}$， $^{\bar{l}}\boldsymbol{k}_{l}\in\boldsymbol{R}$， $^{\bar{k}}\boldsymbol{k}_{k}\in\boldsymbol{R}$， 由式(7.206)可知 $M_{\boldsymbol{R}}^{[u][l]}$ 和 $M_{\boldsymbol{R}}^{[u][k]}$ 是对称矩阵；

（3）若 $^{\bar{u}}\boldsymbol{k}_{u}\in\boldsymbol{R}$， $^{\bar{l}}\boldsymbol{k}_{l}\in\boldsymbol{P}$， $^{\bar{k}}\boldsymbol{k}_{k}\in\boldsymbol{P}$ 或 $^{\bar{u}}\boldsymbol{k}_{u}\in\boldsymbol{P}$， $^{\bar{l}}\boldsymbol{k}_{l}\in\boldsymbol{R}$， $^{\bar{k}}\boldsymbol{k}_{k}\in\boldsymbol{R}$， 由式(7.204)及式(7.206)可知 $M_{\boldsymbol{R}}^{[u][l]}$ 无对称性。

由上可知，轴链惯性矩阵的元素不一定具有对称性。

给定运动链 $^{\bar{u}}\boldsymbol{1}_{u}=\left(\bar{u},u1,u2,u3,u4,u5,u\right]$，笛卡儿坐标轴序列记为 $\mathbf{e}_{u}=\left[\mathbf{e}_{u}^{[1]}\quad\mathbf{e}_{u}^{[2]}\quad\mathbf{e}_{u}^{[3]}\quad\mathbf{e}_{u}^{[4]}\quad\mathbf{e}_{u}^{[5]}\quad\mathbf{e}_{u}^{[6]}\right]$，其中 $\left[\mathbf{e}_{u}^{[1]}\quad\mathbf{e}_{u}^{[2]}\quad\mathbf{e}_{u}^{[3]}\right]$ 为转动轴序列， $\left[\mathbf{e}_{u}^{[4]}\quad\mathbf{e}_{u}^{[5]}\quad\mathbf{e}_{u}^{[6]}\right]$ 为平动轴序列，且有 ${}^{u|}\mathbf{e}_{u}^{[1]}={}^{u|}\mathbf{e}_{u}^{[4]}=\mathbf{1}^{[x]}$， ${}^{u|}\mathbf{e}_{u}^{[2]}={}^{u|}\mathbf{e}_{u}^{[5]}=\mathbf{1}^{[y]}$， ${}^{u|}\mathbf{e}_{u}^{[3]}={}^{u|}\mathbf{e}_{u}^{[6]}=\mathbf{1}^{[z]}$。自然坐标序列为

$q_{(\overline{u},u]}=\left[\phi_{1}^{\overline{u}},\phi_{2}^{1},\phi_{3}^{2},r_{4}^{3},r_{5}^{4},r_{u}^{5}\right]^{\mathrm{T}}$。由式(7.204)得

$$M^{[u][*]}\cdot\ddot{q}=\sum_{l}^{i\mathbf{1}_u}\left(\begin{bmatrix}\sum_{j}^{u\mathbf{L}}\left({}^{i|jI}\mathrm{J}_{jI}-\mathrm{m}_j\cdot{}^{i|u}\tilde{r}_{jI}\cdot{}^{i|l}\tilde{r}_{jI}\right) & \sum_{j}^{u\mathbf{L}}\left(\mathrm{m}_j\cdot{}^{i|u}\tilde{r}_{jI}\right)\\ -\sum_{j}^{u\mathbf{L}}\left(\mathrm{m}_j\cdot{}^{i|l}\tilde{r}_{jI}\right) & \sum_{j}^{u\mathbf{L}}\left(\mathrm{m}_j\right)\cdot\mathbf{1}\end{bmatrix}\cdot\begin{bmatrix}{}^{i|\overline{l}}\ddot{\phi}_l\\ {}^{i|\overline{l}}\ddot{r}_l\end{bmatrix}\right)$$

$$+\sum_{k}^{u\mathbf{L}}\left(\begin{bmatrix}\sum_{j}^{k\mathbf{L}}\left({}^{i|jI}\mathrm{J}_{jI}-\mathrm{m}_j\cdot{}^{i|u}\tilde{r}_{jI}\cdot{}^{i|k}\tilde{r}_{jI}\right) & \sum_{j}^{k\mathbf{L}}\left(\mathrm{m}_j\cdot{}^{i|u}\tilde{r}_{jI}\right)\\ -\sum_{j}^{k\mathbf{L}}\left(\mathrm{m}_j\cdot{}^{i|k}\tilde{r}_{jI}\right) & \sum_{j}^{k\mathbf{L}}\left(m_j\right)\cdot\mathbf{1}\end{bmatrix}\cdot\begin{bmatrix}{}^{i|\overline{k}}\ddot{\phi}_k\\ {}^{i|\overline{k}}\ddot{r}_k\end{bmatrix}\right)$$

显然，有$u=u\mathbf{L}$，$\mathrm{m}_l=0,{}^{lI}\mathrm{J}_{lI}=\mathbf{0}$，由上式得

$$M^{[u][u]}=\begin{bmatrix}{}^{i|u}\mathrm{J}_{uI} & \mathbf{0}\\ -\mathrm{m}_u\cdot{}^{i|u}\tilde{r}_{uI} & \mathrm{m}_u\cdot\mathbf{1}\end{bmatrix}\tag{7.252}$$

显然，刚体坐标轴惯性矩阵与6D惯性矩阵不同，但二者等价。

7.7.3 轴链刚体系统广义惯性矩阵

将根据运动轴类型及自然参考轴表达的刚体运动链广义惯性矩阵称为轴链刚体系统广义惯性矩阵，简称轴链广义惯性矩阵。

定义正交补矩阵$\mathcal{A}_{3a\times a}$及对应的叉乘矩阵$\tilde{\mathcal{A}}_{3a\times 3a}$：

$$\mathcal{A}_{3a\times a}\triangleq\mathrm{Diag}\left[{}^{i}n_1\cdots{}^{i|\overline{k}}n_k\cdots{}^{i|\overline{a}}n_a\right]\tag{7.253}$$

$$\tilde{\mathcal{A}}_{3a\times 3a}\triangleq\mathrm{Diag}\left[{}^{i}\tilde{n}_1\cdots{}^{i|\overline{k}}\tilde{n}_k\cdots{}^{i|\overline{a}}\tilde{n}_a\right]\tag{7.254}$$

由式(7.253)得

$$\mathcal{A}_{3a\times a}^{\mathrm{T}}\cdot\mathcal{A}_{3a\times a}=\mathbf{1}_{a\times a}\tag{7.255}$$

$$\mathcal{A}_{3a\times a}\cdot\mathcal{A}_{3a\times a}^{\mathrm{T}}=\mathrm{Diag}\left[{}^{i}n_1\cdots{}^{i|\overline{k}}n_k\cdots{}^{i|\overline{a}}n_a\right]\cdot\mathrm{Diag}\left[{}^{i}n_1^{\mathrm{T}}\cdots{}^{i|\overline{k}}n_k^{\mathrm{T}}\cdots{}^{i|\overline{a}}n_a^{\mathrm{T}}\right]\tag{7.256}$$

考虑由式(7.34)得到的${}^{\overline{l}}\tilde{n}_l^2={}^{\overline{l}}n_l\cdot{}^{\overline{l}}n_l^{\mathrm{T}}-\mathbf{1}$及式(7.256)得

$$\mathcal{A}_{3a\times a}\cdot\mathcal{A}_{3a\times a}^{\mathrm{T}}=\mathrm{Diag}\left[\mathbf{1}+{}^{i}\tilde{n}_1^2\cdots\mathbf{1}+{}^{i|\overline{k}}\tilde{n}_k^2\cdots\mathbf{1}+{}^{i|\overline{a}}n_a^2\right]=\mathbf{1}_{3a\times 3a}+\tilde{\mathcal{A}}_{3a\times 3a}^2\tag{7.257}$$

显然，$\mathcal{A}_{3a\times a}\cdot\mathcal{A}_{3a\times a}^{\mathrm{T}}$是对称矩阵。

由式(7.251)得

$$\begin{aligned}\mathcal{M}_{a\times a}^{\mathrm{T}}&=\left(\mathcal{A}_{3a\times a}^{\mathrm{T}}\cdot M_{3a\times 3a}\cdot\mathcal{A}_{3a\times a}\right)^{\mathrm{T}}=\mathcal{A}_{3a\times a}^{\mathrm{T}}\cdot M_{3a\times 3a}^{\mathrm{T}}\cdot\mathcal{A}_{3a\times a}\\&=\mathcal{A}_{3a\times a}^{\mathrm{T}}\cdot M_{3a\times 3a}\cdot\mathcal{A}_{3a\times a}=\mathcal{M}_{a\times a}\end{aligned}\tag{7.258}$$

式(7.258)表明$\mathcal{M}_{a\times a}$具有对称性，称之为轴链广义惯性矩阵。

由式(7.245)及式(7.246)、式(7.248)及式(7.249)，知$\mathcal{M}_{a\times a}^{[u][k]}$的计算复杂度与闭子树$k\mathbf{L}$的轴数成正比。故有

$$O\left(\mathcal{M}_{a\times a}^{[u][k]}\right) \propto O\left(\left|k\mathbf{L}\right|\right) < O\left(a\right) \tag{7.259}$$

对于轴链广义惯性矩阵，由式(7.259)及式(7.251)可得如下结论：

（1）若由单颗 CPU 计算 $\mathcal{M}_{a\times a}$，则有 $O\left(\mathcal{M}_{a\times a}\right) \leqslant O\left(a^2\right)$；

（2）若由 a 颗 CPU 或 GPU 并行计算 $\mathcal{M}_{a\times a}$，则有 $O\left(\mathcal{M}_{a\times a}\right) \leqslant O\left(a\right)$。

7.7.4 树链刚体系统 Ju-Kane 动力学方程正解

现在探讨如何得到树链刚体系统 Ju-Kane 动力学方程正解。动力学方程的正解是指给定驱动力时根据动力学方程求解关节加速度或惯性加速度。

给定多轴刚体系统 $\boldsymbol{D} = \left\{\boldsymbol{A},\boldsymbol{K},\boldsymbol{T},\boldsymbol{NT},\boldsymbol{F},\boldsymbol{B}\right\}$，$\boldsymbol{NT} = \varnothing$，将系统中各轴动力学方程(7.202)按行排列；将重排后的轴驱动广义力及不可测的环境作用力记为 $f^{\boldsymbol{C}}$，可测的环境广义作用力记为 $f^{\boldsymbol{i}}$；将系统对应的关节加速度序列记为 $\left\{\ddot{q}\right\}$；将重排后的 $h_{\boldsymbol{P}}^{[u]}$ 记为 h；考虑式(7.253)，则该系统的动力学方程为

$$\mathcal{A}_{3a\times a}^{\mathrm{T}} \cdot \left[M_{3a\times 3a} \cdot \mathcal{A}_{3a\times a} \cdot \left\{\ddot{q}\right\} + h\right] - \mathcal{A}_{3a\times a}^{\mathrm{T}} \cdot f^{\boldsymbol{i}} = f^{\boldsymbol{C}} \tag{7.260}$$

由式(7.260)得

$$\mathcal{M}_{a\times a} \cdot \left\{\ddot{q}\right\} + \mathcal{A}_{3a\times a}^{\mathrm{T}} \cdot h - \mathcal{A}_{3a\times a}^{\mathrm{T}} \cdot f^{\boldsymbol{i}} = f^{\boldsymbol{C}} \tag{7.261}$$

其中：

$$\mathcal{M}_{a\times a} = \mathcal{A}_{3a\times a}^{\mathrm{T}} \cdot M_{3a\times 3a} \cdot \mathcal{A}_{3a\times a} \tag{7.262}$$

由式(7.261)得

$$\left\{\ddot{q}\right\} = \mathcal{M}_{a\times a}^{-1} \cdot \left(f^{\boldsymbol{C}} + \mathcal{A}_{3a\times a}^{\mathrm{T}} \cdot f^{\boldsymbol{i}} - \mathcal{A}_{3a\times a}^{\mathrm{T}} \cdot h\right) \tag{7.263}$$

关键是如何计算式(7.263)中的轴链广义惯性矩阵的逆，即 $\mathcal{M}_{a\times a}^{-1}$。若应用枢轴方法蛮力计算 $\mathcal{M}_{a\times a}^{-1}$，则 $O\left(\mathcal{M}_{a\times a}^{-1}\right) \propto a^3$。显然，即使对于轴数不是很多的多轴系统，计算代价也极大。故该方法不宜使用。

由式(7.258)知轴链广义惯性矩阵 $\mathcal{M}_{a\times a}$ 是对称矩阵，且因系统能量 $\left\{\ddot{q}\right\}^{\mathrm{T}} \cdot \mathcal{M}_{a\times a} \cdot \left\{\ddot{q}\right\}$ 大于零，故其是正定矩阵。有效的 $\mathcal{M}_{a\times a}^{-1}$ 计算过程如下：

首先，对 $\mathcal{M}_{a\times a}$ 进行 LDL^{T} 分解：

$$\mathcal{M}_{a\times a} = \left(\mathbf{1}_{a\times a} + \mathcal{L}_{a\times a}\right) \cdot D_{a\times a} \cdot \left(\mathbf{1}_{a\times a} + \mathcal{L}_{a\times a}^{\mathrm{T}}\right) \tag{7.264}$$

其中，$\mathcal{L}_{a\times a}$ 是唯一存在的下三角矩阵，$D_{a\times a}$ 是对角矩阵。

（1）若由单颗 CPU 进行 LDL^{T} 分解，则分解复杂度为 $O\left(a^2\right)$；

（2）若由 a 颗 CPU 或 GPU 并行分解 $\mathcal{M}_{a\times a}$，则分解复杂度为 $O\left(a\right)$。

然后，应用式(7.265)计算 $\mathcal{M}_{a\times a}^{-1}$：

$$\mathcal{M}_{a\times a}^{-1}=\left(\mathbf{1}_{a\times a}+\mathcal{L}_{a\times a}^{\mathrm{T}}\right)^{-1}\cdot D_{a\times a}^{-1}\cdot\left(\mathbf{1}_{a\times a}+\mathcal{L}_{a\times a}\right)^{-1} \tag{7.265}$$

将式(7.265)代入式(7.263)得

$$\{\ddot{q}\}=\left(\mathbf{1}_{a\times a}+\mathcal{L}_{a\times a}^{\mathrm{T}}\right)^{-1}\cdot D_{a\times a}^{-1}\cdot\left(\mathbf{1}_{a\times a}+\mathcal{L}_{a\times a}\right)^{-1}\cdot\left(f^{\boldsymbol{C}}+\mathcal{A}_{3a\times a}^{\mathrm{T}}\cdot\left(f^{\boldsymbol{i}}-h\right)\right) \tag{7.266}$$

至此，得到树链刚体系统 Ju-Kane 动力学方程正解。它具有以下特点：

（1）基于 Ju-Kane 规范方程的式(7.264)中轴链广义惯性矩阵 $\mathcal{M}_{a\times a}$ 的大小仅是 6D 双矢量空间的广义惯性矩阵的 1/4，$\mathcal{M}_{a\times a}$ 的 $\mathrm{LDL^T}$ 分解使得求逆速度得到大幅度提升。同时，式(7.266)中 $f^{\boldsymbol{C}}$、$f^{\boldsymbol{i}}$ 及 h 都是关于轴不变量的迭代式，可以保证 $\ddot{q}$ 求解的实时性与精确性。Ju-Kane 规范方程具有公理化的理论基础，物理内涵清晰。而基于 6D 空间操作算子的多体系统动力学以整体式的关联矩阵为基础，无论是建模过程还是正解过程都较 Ju-Kane 规范型系统建模与求解过程抽象。特别是借鉴卡尔曼滤波及平滑理论建立的动力学迭代方法，缺乏严谨的公理化分析证明。

（2）式(7.264)中的轴链广义惯性矩阵 $\mathcal{M}_{a\times a}$，式(7.266)中 $f^{\boldsymbol{C}}$、$f^{\boldsymbol{i}}$ 及 h 都可以根据系统结构动态更新，可以保证工程应用的灵活性。

（3）式(7.264)中的轴链广义惯性矩阵 $\mathcal{M}_{a\times a}$ 和式(7.266)中的 $f^{\boldsymbol{C}}$、$f^{\boldsymbol{i}}$ 及 h 具有简洁、优雅的链指标系统，同时具有软件实现的伪代码功能，可以保证工程实现的质量。

（4）因坐标系与轴的极性可以根据工程需要设置，动力学仿真分析的输出结果不必做中间转换，提高了应用方便性与后处理的效率。

7.7.5 树链刚体系统 Ju-Kane 动力学方程逆解

动力学方程的逆解是指已知动力学运动状态、结构参数及质惯性，求解驱动力或驱动力矩。考虑式(7.202)及式(7.208)得

$$\begin{cases} f_u^{\boldsymbol{D}}-{}^{i|\bar{u}}n_u^{\mathrm{T}}\cdot\sum\limits_{l}^{u\boldsymbol{L}}\left({}^{iS}f_{lS}\right)-\dot{r}_u^{\bar{u}}\cdot\mathrm{G}\left(f_u^c\right)=f_u^c, & \text{if}\quad {}^{\bar{u}}\boldsymbol{k}_u\in\boldsymbol{P} \\ \tau_u^{\boldsymbol{D}}-{}^{i|\bar{u}}n_u^{\mathrm{T}}\cdot\sum\limits_{l}^{u\boldsymbol{L}}\left({}^{i|u}\tilde{r}_{lS}\cdot{}^{iS}f_{lS}+{}^{i}\tau_l\right)-\dot{\phi}_u^{\bar{u}}\cdot\mathrm{G}\left(\tau_u^c\right)=\tau_u^c, & \text{if}\quad {}^{\bar{u}}\boldsymbol{k}_u\in\boldsymbol{R} \end{cases} \tag{7.267}$$

当已知关节位形、速度及加速度时，由式(7.146)得 ${}^{i|\boldsymbol{D}}f_u$ 及 ${}^{i|\boldsymbol{D}}\tau_u$。进一步，若外力及外力矩已知，则由式(7.267)求解驱动力 f_u^c 及驱动力矩 τ_u^c。显然，动力学方程的逆解计算复杂度正比于系统轴数 $|\boldsymbol{A}|$。

尽管动力学逆解计算很简单，但它对多轴系统实时力控制具有非常重要的作用。当多轴系统自由度较高时，实时动力学计算常常是一个重要瓶颈，因为力控制的动态响应通常要求比运动控制的动态响应的频率高 5～10 倍。一方面，由于轴链惯性矩阵 $M_{3a\times 3a}$ 不仅对称，而且大小仅是传统的体链惯性矩阵 $M_{6a\times 6a}$ 的 1/4，由式(7.262)计算轴链广义惯性矩阵

$\mathcal{M}_{a\times a}$ 时计算量要小很多。另一方面，由式(7.261)计算运动轴轴向惯性力 $\mathcal{M}_{a\times a}\cdot\ddot{q}$ 的计算量仅是牛顿-欧拉法的 1/36。

7.7.6　本节贡献

本节系统分析了轴链刚体广义惯性矩阵、轴链刚体系统广义惯性矩阵的特点。给出了多轴系统动力学正解的原理与过程，应用 GPU 计算时，具有线性复杂度，在应用单颗 CPU 计算时，具有平方复杂度。给出了多轴系统动力学逆解的原理与过程，具有线性复杂度。由于系统惯性矩阵小，多轴系统动力学计算复杂度远低于现有已知的动力学系统。提出的多轴系统动力学的特征在于：

（1）式(7.243)所示的 3D 广义惯性矩阵空间更加紧凑，是 6D 惯性矩阵大小的 1/4；

（2）可以通过迭代式方程直接列写系统广义惯性矩阵的显式表达式；

（3）正逆动力学计算具有线性复杂度；

（4）具备 Ju-Kane 规范方程的基本特征。

7.8　闭链刚体系统的 Ju-Kane 动力学符号模型

前面的章节讨论了刚体系统的动力学建模问题，它们是以理想约束副及树链拓扑为前提的。

闭链刚体系统也具有非常广泛的应用，比如 CE3 月面巡视器的摇臂移动系统是具有差速器的闭链，重载机械臂通常是具有四连杆的闭链系统。同时，实际的运动轴通常包含内摩擦力及黏滞力。本节首先研究闭链刚体系统的 Ju-Kane 动力学；然后，解决运动轴约束力求解问题，再讨论运动轴内摩擦力及黏滞力问题；最后，建立闭链刚体非理想约束系统的 Ju-Kane 动力学方程。

7.8.1　闭链刚体系统的 Ju-Kane 动力学方程

下面，先陈述闭链刚体系统的 Ju-Kane 动力学定理，然后予以证明。

定理 7.4　给定多轴刚体系统 $\boldsymbol{D}=\left\{\boldsymbol{A},\boldsymbol{K},\boldsymbol{T},\boldsymbol{NT},\boldsymbol{F},\boldsymbol{B}\right\}$，惯性系记为 $\boldsymbol{F}^{[i]}$，$\forall u,u',k,l\in\boldsymbol{A}$，${}^{uS}\boldsymbol{k}_{u'S}\in\boldsymbol{NT}$；除了重力外，作用于轴 u 的合外力及力矩在 ${}^{\bar{u}}n_u$ 上的分量分别记为 $f_u^{\boldsymbol{D}}$ 及 $\tau_u^{\boldsymbol{D}}$；轴 k 的质量及质心转动惯量分别记为 m_k 及 ${}^{kI}\mathrm{J}_{kI}$；轴 k 的重力加速度为 ${}^{i}\mathrm{g}_{kI}$；驱动轴 u 的双边驱动力及驱动力矩在 ${}^{\bar{u}}n_u$ 上的分量分别记为 $f_u^c\left(\dot{r}_l^{\bar{l}}\right)$ 及 $\tau_u^c\left(\dot{\phi}_l^{\bar{l}}\right)$；环境 i 对轴 l 的作用力及作用力矩分别为 ${}^{iS}f_{lS}$ 及 ${}^{i}\tau_l$；轴 u 对轴 u' 的广义约束力记为 ${}^{i|uS}l_{u'S}$；则有闭链刚体系统的 Ju-Kane 动力学方程：

【1】轴 u 及轴 u' 的 Ju-Kane 动力学规范方程分别为

$$\begin{cases} {}^{i|\bar{u}}n_u^{\mathrm{T}} \cdot M_{\boldsymbol{P}}^{[u][*]} \cdot \ddot{q} + {}^{i|\bar{u}}n_u^{\mathrm{T}} \cdot h_{\boldsymbol{P}}^{[u]} + {}^{i|\bar{u}}n_u^{\mathrm{T}} \cdot {}^{i|\boldsymbol{NT}}l_u = f_u^{\boldsymbol{D}}, & \text{if} \quad {}^{\bar{u}}\boldsymbol{k}_u \in \boldsymbol{P} \\ {}^{i|\bar{u}}n_u^{\mathrm{T}} \cdot M_{\boldsymbol{R}}^{[u][*]} \cdot \ddot{q} + {}^{i|\bar{u}}n_u^{\mathrm{T}} \cdot h_{\boldsymbol{R}}^{[u]} + {}^{i|\bar{u}}n_u^{\mathrm{T}} \cdot {}^{i|\boldsymbol{NT}}l_u = \tau_u^{\boldsymbol{D}}, & \text{if} \quad {}^{\bar{u}}\boldsymbol{k}_u \in \boldsymbol{R} \end{cases} \tag{7.268}$$

$$\begin{cases} {}^{i|\bar{u}'}n_{u'}^{\mathrm{T}} \cdot M_{\boldsymbol{P}}^{[u'][*]} \cdot \ddot{q} + {}^{i|\bar{u}'}n_{u'}^{\mathrm{T}} \cdot h_{\boldsymbol{P}}^{[u']} + {}^{i|\bar{u}'}n_{u'}^{\mathrm{T}} \cdot {}^{i|\boldsymbol{NT}}l_{u'} = f_{u'}^{\boldsymbol{D}}, & \text{if} \quad {}^{\bar{u}'}\boldsymbol{k}_{u'} \in \boldsymbol{P} \\ {}^{i|\bar{u}'}n_{u'}^{\mathrm{T}} \cdot M_{\boldsymbol{R}}^{[u'][*]} \cdot \ddot{q} + {}^{i|\bar{u}'}n_{u'}^{\mathrm{T}} \cdot h_{\boldsymbol{R}}^{[u']} + {}^{i|\bar{u}'}n_{u'}^{\mathrm{T}} \cdot {}^{i|\boldsymbol{NT}}l_{u'} = \tau_{u'}^{\boldsymbol{D}}, & \text{if} \quad {}^{\bar{u}'}\boldsymbol{k}_{u'} \in \boldsymbol{R} \end{cases} \tag{7.269}$$

【2】非树约束副 ${}^{u}\boldsymbol{k}_{u'}$ 的约束代数方程为

$${}^{i|u}\mathsf{J}_{uS} \cdot {}^{i|\bar{u}}n_u \cdot \ddot{\phi}_u^{\bar{u}} + {}^{i|u'}\mathsf{J}_{u'S} \cdot {}^{i|\bar{u}'}n_{u'} \cdot \ddot{\phi}_{u'}^{\bar{u}'} = 0, \quad \text{if} \quad {}^{\bar{u}}\boldsymbol{k}_u \in \boldsymbol{R}, \quad {}^{\bar{u}'}\boldsymbol{k}_{u'} \in \boldsymbol{R} \tag{7.270}$$

$${}^{i|u}\mathsf{J}_{uS} \cdot {}^{i|\bar{u}}n_u \cdot \ddot{r}_u^{\bar{u}} + {}^{i|u'}\mathsf{J}_{u'S} \cdot {}^{i|\bar{u}'}n_{u'} \cdot \ddot{r}_{u'}^{\bar{u}'} = 0, \quad \text{if} \quad {}^{\bar{u}}\boldsymbol{k}_u \in \boldsymbol{P}, \quad {}^{\bar{u}'}\boldsymbol{k}_{u'} \in \boldsymbol{P} \tag{7.271}$$

$${}^{i|u}\mathsf{J}_{uS} \cdot {}^{i|\bar{u}}n_u \cdot \ddot{\phi}_u^{\bar{u}} + {}^{i|u'}\mathsf{J}_{u'S} \cdot {}^{i|\bar{u}'}n_{u'} \cdot \ddot{r}_{u'}^{\bar{u}'} = 0, \quad \text{if} \quad {}^{\bar{u}}\boldsymbol{k}_u \in \boldsymbol{R}, \quad {}^{\bar{u}'}\boldsymbol{k}_{u'} \in \boldsymbol{P} \tag{7.272}$$

$${}^{i|u}\mathsf{J}_{uS} \cdot {}^{i|\bar{u}}n_u \cdot \ddot{r}_u^{\bar{u}} + {}^{i|u'}\mathsf{J}_{u'S} \cdot {}^{i|\bar{u}'}n_{u'} \cdot \ddot{\phi}_{u'}^{\bar{u}'} = 0, \quad \text{if} \quad {}^{\bar{u}}\boldsymbol{k}_u \in \boldsymbol{P}, \quad {}^{\bar{u}'}\boldsymbol{k}_{u'} \in \boldsymbol{R} \tag{7.273}$$

其中：

$${}^{i|\boldsymbol{NT}}l_u = \sum_{u}^{\boldsymbol{NT}}\left({}^{i|u}\mathsf{J}_{uS}^{\mathrm{T}} \cdot {}^{i|uS}l_{u'S} \right), \quad {}^{i|\boldsymbol{NT}}l_{u'} = \sum_{u'}^{\boldsymbol{NT}}\left({}^{i|u'}\mathsf{J}_{u'S}^{\mathrm{T}} \cdot {}^{i|uS}l_{u'S} \right) \tag{7.274}$$

$${}^{i|u}\mathsf{J}_{uS} = {}^{i|u}\tilde{r}_{uS}, \quad {}^{i|u'}\mathsf{J}_{u'S} = -{}^{i|u'}\tilde{r}_{u'S}, \quad \text{if} \quad {}^{\bar{u}}\boldsymbol{k}_u \in \boldsymbol{R}, \quad {}^{\bar{u}'}\boldsymbol{k}_{u'} \in \boldsymbol{R} \tag{7.275}$$

$${}^{i|u}\mathsf{J}_{uS} = -\mathbf{1}, \quad {}^{i|u'}\mathsf{J}_{u'S} = \mathbf{1}, \quad \text{if} \quad {}^{\bar{u}}\boldsymbol{k}_u \in \boldsymbol{P}, \quad {}^{\bar{u}'}\boldsymbol{k}_{u'} \in \boldsymbol{P} \tag{7.276}$$

$${}^{i|u}\mathsf{J}_{uS} = {}^{i|u}\tilde{r}_{uS}, \quad {}^{i|u'}\mathsf{J}_{u'S} = \mathbf{1}, \quad \text{if} \quad {}^{\bar{u}}\boldsymbol{k}_u \in \boldsymbol{R}, \quad {}^{\bar{u}'}\boldsymbol{k}_{u'} \in \boldsymbol{P} \tag{7.277}$$

$${}^{i|u}\mathsf{J}_{uS} = -\mathbf{1}, \quad {}^{i|u'}\mathsf{J}_{u'S} = -{}^{i|u'}\tilde{r}_{u'S}, \quad \text{if} \quad {}^{\bar{u}}\boldsymbol{k}_u \in \boldsymbol{P}, \quad {}^{\bar{u}'}\boldsymbol{k}_{u'} \in \boldsymbol{R} \tag{7.278}$$

其他的参见式(7.203)至式(7.208)。

【证明】 非树约束副 ${}^{uS}\boldsymbol{k}_{u'S}$ 保持约束点 uS 和 $u'S$ 一致，故有

$${}^{i|uS}r_{u'S} = {}^{i}r_{u'S} - {}^{i}r_{uS} \equiv 0 \tag{7.279}$$

由式(7.279)得

$${}^{i|uS}\dot{r}_{u'S} = {}^{i}\dot{r}_{u'S} - {}^{i}\dot{r}_{uS} = 0 \tag{7.280}$$

轴 u 对轴 u' 在约束轴方向上的广义约束力 $l_{u'S}^{uS}$ 及轴 u' 对轴 u 在约束轴方向上的广义约束力 $l_{uS}^{u'S}$ 的功率分别为

$$p_{con}^{u} = {}^{i|uS}\dot{r}_{u'S}^{\mathrm{T}} \cdot {}^{i|uS}l_{u'S}, \quad p_{con}^{u'} = {}^{i|u'S}\dot{r}_{uS}^{\mathrm{T}} \cdot {}^{i|u'S}l_{uS} \tag{7.281}$$

由式(7.280)及式(7.281)得

$$p_{con}^{u} = p_{con}^{u'}, \quad p_{con}^{u} + p_{con}^{u'} = 0 \tag{7.282}$$

由式(7.280)得

$$\frac{\partial}{\partial \dot{\phi}_u^{\bar{u}}}\left({}^{i}\dot{r}_{u'S} - {}^{i}\dot{r}_{uS} \right) \cdot \delta\dot{\phi}_u^{\bar{u}} + \frac{\partial}{\partial \dot{\phi}_{u'}^{\bar{u}'}}\left({}^{i}\dot{r}_{u'S} - {}^{i}\dot{r}_{uS} \right) \cdot \delta\dot{\phi}_{u'}^{\bar{u}'} = 0, \quad \text{if} \quad {}^{\bar{u}}\boldsymbol{k}_u \in \boldsymbol{R}, \quad {}^{\bar{u}'}\boldsymbol{k}_{u'} \in \boldsymbol{R} \tag{7.283}$$

$$\frac{\partial}{\partial \dot{r}_u^{\overline{u}}}\left({}^i\dot{r}_{u'S} - {}^i\dot{r}_{uS}\right)\cdot \delta\dot{r}_u^{\overline{u}} + \frac{\partial}{\partial \dot{r}_{u'}^{\overline{u}'}}\left({}^i\dot{r}_{u'S} - {}^i\dot{r}_{uS}\right)\cdot \delta\dot{r}_{u'}^{\overline{u}'} = 0,\quad \text{if}\quad {}^{\overline{u}}\boldsymbol{k}_u \in \boldsymbol{P},\quad {}^{\overline{u}'}\boldsymbol{k}_{u'} \in \boldsymbol{P} \tag{7.284}$$

$$\frac{\partial}{\partial \dot{\phi}_u^{\overline{u}}}\left({}^i\dot{r}_{u'S} - {}^i\dot{r}_{uS}\right)\cdot \delta\dot{\phi}_u^{\overline{u}} + \frac{\partial}{\partial \dot{r}_{u'}^{\overline{u}'}}\left({}^i\dot{r}_{u'S} - {}^i\dot{r}_{uS}\right)\cdot \delta\dot{r}_{u'}^{\overline{u}'} = 0,\quad \text{if}\quad {}^{\overline{u}}\boldsymbol{k}_u \in \boldsymbol{R},\quad {}^{\overline{u}'}\boldsymbol{k}_{u'} \in \boldsymbol{P} \tag{7.285}$$

$$\frac{\partial}{\partial \dot{r}_u^{\overline{u}}}\left({}^i\dot{r}_{u'S} - {}^i\dot{r}_{uS}\right)\cdot \delta\dot{r}_u^{\overline{u}} + \frac{\partial}{\partial \dot{\phi}_{u'}^{\overline{u}'}}\left({}^i\dot{r}_{u'S} - {}^i\dot{r}_{uS}\right)\cdot \delta\dot{\phi}_{u'}^{\overline{u}'} = 0,\quad \text{if}\quad {}^{\overline{u}}\boldsymbol{k}_u \in \boldsymbol{P},\quad {}^{\overline{u}'}\boldsymbol{k}_{u'} \in \boldsymbol{R} \tag{7.286}$$

由式(7.31)及式(7.283)得

$$-{}^{i|\overline{u}}\tilde{n}_u \cdot {}^{i|u}r_{uS}\cdot \ddot{\phi}_u^{\overline{u}} + {}^{i|\overline{u}'}\tilde{n}_{u'}\cdot {}^{i|u'}r_{u'S}\cdot \ddot{\phi}_{u'}^{\overline{u}'} = 0$$

故有

$${}^{i|u}\tilde{r}_{uS}\cdot {}^{i|\overline{u}}n_u \cdot \ddot{\phi}_u^{\overline{u}} - {}^{i|u'}\tilde{r}_{u'S}\cdot {}^{i|\overline{u}'}n_{u'}\cdot \ddot{\phi}_{u'}^{\overline{u}'} = 0 \tag{7.287}$$

由式(7.275)及式(7.287)得式(7.270)。

由式(7.32)及式(7.284)得

$$-{}^{i|\overline{u}}n_u \cdot \ddot{r}_u^{\overline{u}} + {}^{i|\overline{u}'}n_{u'}\cdot \ddot{r}_{u'}^{\overline{u}'} = 0 \tag{7.288}$$

由式(7.276)及式(7.288)得式(7.271)。

由式(7.32)及式(7.285)得

$${}^{i|u}\tilde{r}_{uS}\cdot {}^{i|\overline{u}}n_u \cdot \ddot{\phi}_u^{\overline{u}} + {}^{i|\overline{u}'}n_{u'}\cdot \ddot{r}_{u'}^{\overline{u}'} = 0 \tag{7.289}$$

由式(7.277)及式(7.289)得式(7.272)。

由式(7.32)及式(7.286)得

$$-{}^{i|\overline{u}}n_u \cdot \ddot{r}_u^{\overline{u}} - {}^{i|u'}\tilde{r}_{u'S}\cdot {}^{i|\overline{u}'}n_{u'}\cdot \ddot{\phi}_{u'}^{\overline{u}'} = 0 \tag{7.290}$$

由式(7.278)及式(7.290)得式(7.273)。

由式(7.31)、式(7.281)及式(7.275)得

$$\begin{aligned}
{}^{i|\overline{u}}n_u^{\mathrm{T}}\cdot {}^{i|uS}\tau_{u'S} &= \frac{\partial}{\partial \dot{\phi}_u^{\overline{u}}}\left(p_{con}^{u}\right) = \frac{\partial}{\partial \dot{\phi}_u^{\overline{u}}}\left(\left({}^i\dot{r}_{uS}^{\mathrm{T}} - {}^i\dot{r}_{u'S}^{\mathrm{T}}\right)\cdot {}^{i|uS}l_{u'S}\right)\\
&= \left({}^{i|\overline{u}}\tilde{n}_u \cdot {}^{i|u}r_{uS}\right)^{\mathrm{T}}\cdot {}^{i|uS}l_{u'S} = \left(-{}^{i|u}\tilde{r}_{uS}\cdot {}^{i|\overline{u}}n_u\right)^{\mathrm{T}}\cdot {}^{i|uS}l_{u'S}\\
&= {}^{i|\overline{u}}n_u^{\mathrm{T}}\cdot {}^{i|u}\tilde{r}_{uS}\cdot {}^{i|uS}l_{u'S} = {}^{i|\overline{u}}n_u^{\mathrm{T}}\cdot {}^{i|u}\mathbf{J}_{uS}\cdot {}^{i|uS}l_{u'S}
\end{aligned} \tag{7.291}$$

$$\begin{aligned}
-{}^{i|\overline{u}'}n_{u'}^{\mathrm{T}}\cdot {}^{i|uS}\tau_{u'S} &= -\frac{\partial}{\partial \dot{\phi}_{u'}^{\overline{u}'}}\left(p_{con}^{u'}\right) = -\frac{\partial}{\partial \dot{\phi}_{u'}^{\overline{u}'}}\left(\left({}^i\dot{r}_{u'S}^{\mathrm{T}} - {}^i\dot{r}_{uS}^{\mathrm{T}}\right)\cdot {}^{i|u'S}l_{uS}\right)\\
&= -\left({}^{i|\overline{u}'}\tilde{n}_{u'}\cdot {}^{i|u'}r_{u'S}\right)^{\mathrm{T}}\cdot {}^{i|uS}l_{u'S} = -\left(-{}^{i|u'}\tilde{r}_{u'S}\cdot {}^{i|\overline{u}'}n_{u'}\right)^{\mathrm{T}}\cdot {}^{i|uS}l_{u'S}\\
&= -{}^{i|\overline{u}'}n_{u'}^{\mathrm{T}}\cdot {}^{i|u'}\tilde{r}_{u'S}\cdot {}^{i|uS}l_{u'S} = {}^{i|\overline{u}'}n_{u'}^{\mathrm{T}}\cdot {}^{i|u'}\mathbf{J}_{u'S}\cdot {}^{i|uS}l_{u'S}
\end{aligned} \tag{7.292}$$

因为广义约束力 ${}^{i|uS}l_{u'S}$ 和 ${}^{i|u'S}l_{uS}$ 是矢量，故由式(7.291)及式(7.292)得式(7.274)。由此可知，偏速度主要应用于力的反向迭代。广义约束力 ${}^{i|uS}l_{u'S}$ 和 ${}^{i|u'S}l_{uS}$ 视为外力，由定理 7.3 得式(7.268)及式(7.269)。

以关节空间自然轴链为基础的 Ju-Kane 闭链刚体动力学克服了笛卡儿坐标轴链空间的局限：

（1）由 6.5.3 节及 6.5.4 节可知，在基于笛卡儿坐标轴链的牛顿-欧拉动力学中，非树约束副 ${}^{u}\boldsymbol{k}_{u'} \in \boldsymbol{P}$ 不能表达 ${}^{\bar{u}}\boldsymbol{k}_{u} \in \boldsymbol{P}$、${}^{\bar{u}'}\boldsymbol{k}_{u'} \in \boldsymbol{R}$ 或 ${}^{\bar{u}}\boldsymbol{k}_{u} \in \boldsymbol{R}$、${}^{\bar{u}'}\boldsymbol{k}_{u'} \in \boldsymbol{P}$ 的情形，即不能表达齿条与齿轮、蜗轮与蜗杆等约束。而式(7.270)至式(7.273)可表达任一种约束类型，并且物理内涵清晰。

（2）在基于笛卡儿坐标轴链的牛顿-欧拉动力学当中，非树运动副代数约束方程是 6D 的，而式(7.270)至式(7.273)表示的是 3D 非树运动副代数约束方程，降低了系统方程求解的复杂度。

（3）在基于笛卡儿坐标轴链的牛顿-欧拉动力学当中，非树运动副代数约束方程是关于 6D 矢量空间绝对加速度的，是关于关节坐标、关节速度的迭代式，具有累积误差，而式(7.270)至式(7.273)是关于关节加速度的，保证了约束方程的准确性。

7.8.2 基于轴不变量的约束力求解

对于无功率损耗的运动轴 u，记其约束力及约束力矩矢量分别为 ${}^{\bar{u}}f_{\boldsymbol{C}}^{[u]}$、${}^{\bar{u}}\tau_{\boldsymbol{C}}^{[u]}$，显然，有

$$
{}^{\bar{u}}n_{u}^{\mathrm{T}} \cdot {}^{\bar{u}}f_{\boldsymbol{C}}^{[u]} = 0, \quad {}^{\bar{u}}n_{u}^{\mathrm{T}} \cdot {}^{\bar{u}}\tau_{\boldsymbol{C}}^{[u]} = 0 \tag{7.293}
$$

式(7.293)表示运动轴矢量与运动轴约束力具有自然正交补的关系。

若 $\underset{.}{u}$ 及 $\underset{..}{u}$ 为运动副 ${}^{\bar{u}}\boldsymbol{k}_{u}$ 的两个正交约束轴，且约束轴与运动轴正交，即

$$
{}^{\bar{u}}n_{u}^{\mathrm{T}} \cdot {}^{\bar{u}}n_{\underset{.}{u}} = 0, \quad {}^{\bar{u}}n_{u}^{\mathrm{T}} \cdot {}^{\bar{u}}n_{\underset{..}{u}} = 0, \quad {}^{\bar{u}}n_{\underset{..}{u}} = {}^{\bar{u}}\tilde{n}_{u}^{\mathrm{T}} \cdot {}^{\bar{u}}n_{\underset{.}{u}} \tag{7.294}
$$

记 ${}^{\bar{u}}n_{u'}$ 为约束轴轴矢量，用 ${}^{\bar{u}}n_{u'}$ 替换式(7.202)中的 ${}^{\bar{u}}n_{u}$，重新计算得

$$
\begin{cases}
f_{u'}^{\boldsymbol{C}} = f_{u}^{\boldsymbol{D}} - {}^{\bar{u}}n_{u'}^{\mathrm{T}} \cdot \left(M_{\boldsymbol{P}}^{[u][*]} \cdot \ddot{q} + h_{\boldsymbol{P}}^{[u]}\right), & \text{if} \quad {}^{\bar{u}}\boldsymbol{k}_{u'} \in \boldsymbol{P} \\
\tau_{u'}^{\boldsymbol{C}} = \tau_{u}^{\boldsymbol{D}} - {}^{\bar{u}}n_{u'}^{\mathrm{T}} \cdot \left(M_{\boldsymbol{R}}^{[u][*]} \cdot \ddot{q} + h_{\boldsymbol{R}}^{[u]}\right), & \text{if} \quad {}^{\bar{u}}\boldsymbol{k}_{u'} \in \boldsymbol{R}
\end{cases} \tag{7.295}
$$

其中：

$$
\begin{cases}
{}^{\bar{u}}n_{u'}^{\mathrm{T}} \cdot {}^{\bar{u}}f_{\boldsymbol{C}}^{[u']} = f_{u'}^{\boldsymbol{C}}, & \text{if} \quad {}^{\bar{u}}\boldsymbol{k}_{u'} \in \boldsymbol{P} \\
{}^{\bar{u}}n_{u'}^{\mathrm{T}} \cdot {}^{\bar{u}}\tau_{\boldsymbol{C}}^{[u']} = \tau_{u'}^{\boldsymbol{C}}, & \text{if} \quad {}^{\bar{u}}\boldsymbol{k}_{u'} \in \boldsymbol{R}
\end{cases} \tag{7.296}
$$

$$
\begin{cases}
{}^{\bar{u}}f_{\boldsymbol{C}}^{[u']} = {}^{\bar{u}}n_{u'} \cdot f_{u'}^{\boldsymbol{C}}, & \text{if} \quad {}^{\bar{u}}\boldsymbol{k}_{u'} \in \boldsymbol{P} \\
{}^{\bar{u}}\tau_{\boldsymbol{C}}^{[u']} = {}^{\bar{u}}n_{u'} \cdot \tau_{u'}^{\boldsymbol{C}}, & \text{if} \quad {}^{\bar{u}}\boldsymbol{k}_{u'} \in \boldsymbol{R}
\end{cases} \tag{7.297}
$$

在完成前向动力学正解后，根据式(7.202)和式(7.263)计算关节加速度 $\ddot{q}$，再由式(7.295)可以得到关节约束力大小 $f_{u'}^{\boldsymbol{C}}$、约束力矩大小 $\tau_{u'}^{\boldsymbol{C}}$。当 ${}^{\bar{u}}n_{u'} = {}^{\bar{u}}n_{u}$ 时，由式(7.295)得 $f_{u}^{\boldsymbol{C}} = 0$ 且 $\tau_{u}^{\boldsymbol{C}} = 0$。式(7.295)中同一时刻具有相同的运动状态及内外力，仅在运动轴轴向上出现力及力矩的平衡；而在约束轴轴向，动力学方程不满足，即力与力矩不一定平衡。

由式(7.295)可以得到关节约束力大小 $f_{\underset{.}{u}}^{\boldsymbol{C}}$ 及 $f_{\underset{..}{u}}^{\boldsymbol{C}}$、约束力矩大小 $\tau_{\underset{.}{u}}^{\boldsymbol{C}}$ 及 $\tau_{\underset{..}{u}}^{\boldsymbol{C}}$。若记运动轴径向力矢量为 ${}^{\bar{u}}f_{u}^{\perp}$、径向力矩矢量为 ${}^{\bar{u}}\tau_{u}^{\perp}$，则有

$$
\begin{cases}
{}^{\bar{u}}f_{u}^{\perp} = {}^{\bar{u}}n_{\underset{.}{u}} \cdot f_{\underset{.}{u}}^{\boldsymbol{C}} + {}^{\bar{u}}n_{\underset{..}{u}} \cdot f_{\underset{..}{u}}^{\boldsymbol{C}}, & \text{if} \quad {}^{\bar{u}}\boldsymbol{k}_{u'} \in \boldsymbol{R} \\
{}^{\bar{u}}\tau_{u}^{\perp} = {}^{\bar{u}}n_{\underset{.}{u}} \cdot \tau_{\underset{.}{u}}^{\boldsymbol{C}} + {}^{\bar{u}}n_{\underset{..}{u}} \cdot \tau_{\underset{..}{u}}^{\boldsymbol{C}}, & \text{if} \quad {}^{\bar{u}}\boldsymbol{k}_{u'} \in \boldsymbol{P}
\end{cases} \tag{7.298}
$$

若记运动轴径向力大小为 $f_u^{\perp}$ 、径向力矩大小为 $\tau_u^{\perp}$ ，由式(7.298)得

$$\begin{cases} f_u^{\perp} = \sqrt{f_{\underset{.}{u}}^{\mathbf{C}:2} + f_{\underset{..}{u}}^{\mathbf{C}:2}}, & \text{if} \quad {}^{\bar{u}}\boldsymbol{k}_{u'} \in \boldsymbol{R} \\ \tau_u^{\perp} = \sqrt{\tau_{\underset{.}{u}}^{\mathbf{C}:2} + \tau_{\underset{..}{u}}^{\mathbf{C}:2}}, & \text{if} \quad {}^{\bar{u}}\boldsymbol{k}_{u'} \in \boldsymbol{P} \end{cases} \tag{7.299}$$

至此，完成了轴径向约束广义力的计算。

7.8.3　广义内摩擦力及黏滞力计算

在完成轴径向约束广义力的计算后，得到运动轴 u 的径向约束力大小 $f_u^{\perp}$ 及约束力矩大小 $\tau_u^{\perp}$ 。如图 7-5 所示，记运动轴 u 的内摩擦力大小及内摩擦力矩大小分别为 ${}_sf_u^{\bar{u}}$ 及 ${}_s\tau_u^{\bar{u}}$ ，运动轴 u 的黏滞力及黏滞力矩大小分别为 ${}_cf_u^{\bar{u}}$ 及 ${}_c\tau_u^{\bar{u}}$ 。故有

$$\begin{cases} {}_sf_u^{\bar{u}} = {}_sk^{[u]} \cdot f_u^{\perp} \cdot \operatorname{sgn}\left(\dot{r}_u^{\bar{u}}\right), & \text{if} \quad {}^{\bar{u}}\boldsymbol{k}_u \in \boldsymbol{P} \\ {}_s\tau_u^{\bar{u}} = {}_sk^{[u]} \cdot \tau_u^{\perp} \cdot \operatorname{sgn}\left(\dot{\phi}_u^{\bar{u}}\right), & \text{if} \quad {}^{\bar{u}}\boldsymbol{k}_u \in \boldsymbol{R} \end{cases} \tag{7.300}$$

$$\begin{cases} {}_cf_u^{\bar{u}} = {}_ck^{[u]} \cdot \dot{r}_u^{\bar{u}}, & \text{if} \quad {}^{\bar{u}}\boldsymbol{k}_u \in \boldsymbol{P} \\ {}_c\tau_u^{\bar{u}} = {}_ck^{[u]} \cdot \dot{\phi}_u^{\bar{u}}, & \text{if} \quad {}^{\bar{u}}\boldsymbol{k}_u \in \boldsymbol{R} \end{cases} \tag{7.301}$$

其中： ${}_sk^{[u]}$ 为运动轴 u 的内摩擦系数； ${}_ck^{[u]}$ 为运动轴 u 的黏滞系数。

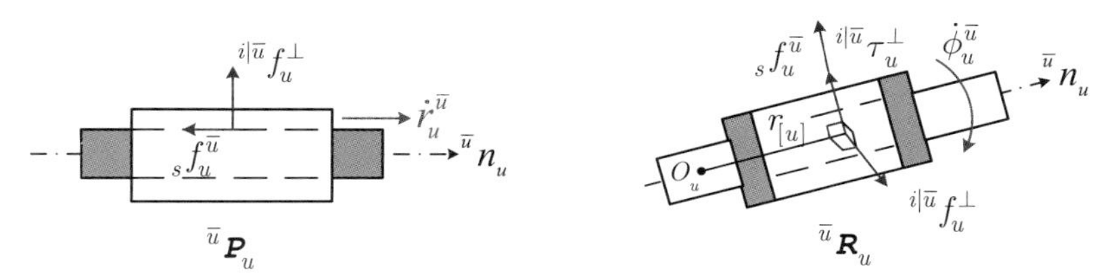

图 7-5　内摩擦力及黏滞力

记广义内摩擦力及黏滞力的合力及合力矩分别为 ${}_af_u^{\bar{u}}$ 、 ${}_a\tau_u^{\bar{u}}$ ，由式(7.300)及式(7.301)得

$$\begin{cases} {}_af_u^{\bar{u}} = {}_sk^{[u]} \cdot f_u^{\perp} \cdot \operatorname{sgn}\left(\dot{r}_u^{\bar{u}}\right) + {}_ck^{[u]} \cdot \dot{r}_u^{\bar{u}}, & \text{if} \quad {}^{\bar{u}}\boldsymbol{k}_u \in \boldsymbol{P} \\ {}_a\tau_u^{\bar{u}} = {}_sk^{[u]} \cdot \tau_u^{\perp} \cdot \operatorname{sgn}\left(\dot{\phi}_u^{\bar{u}}\right) + {}_ck^{[u]} \cdot \dot{\phi}_u^{\bar{u}}, & \text{if} \quad {}^{\bar{u}}\boldsymbol{k}_u \in \boldsymbol{R} \end{cases} \tag{7.302}$$

运动轴的广义内摩擦力及黏滞力是运动轴的内力，它们仅存在于运动轴轴向上，与轴径向约束力总是正交的。当运动轴轴向动态作用力平衡时，无论广义内摩擦力及黏滞力是否存在或大小如何，都不影响动力学系统的运动状态，故而不影响运动轴的径向约束力。因此，由式(7.295)至式(7.299)计算运动轴 u 的径向约束力大小 $f_u^{\perp}$ 及约束力矩大小 $\tau_u^{\perp}$ 时，可以不考虑运动轴的广义内摩擦力及黏滞力。

7.8.4　闭链刚体非理想约束系统的 Ju-Kane 动力学显式模型

定理 7.5　给定多轴刚体系统 $\boldsymbol{D} = \left\{\boldsymbol{A}, \boldsymbol{K}, \boldsymbol{T}, \boldsymbol{NT}, \boldsymbol{F}, \boldsymbol{B}\right\}$ ，惯性系记为 $\boldsymbol{F}^{[i]}$ ，$\forall u, u', k, l \in \boldsymbol{A}$ ，${}^{uS}\boldsymbol{k}_{u'S} \in \boldsymbol{NT}$ ；除了重力外，作用于轴 u 的合外力及力矩在 ${}^{\bar{u}}n_u$ 上的分量分别记为 $f_u^{\boldsymbol{D}}$ 及 $\tau_u^{\boldsymbol{D}}$ ；

轴 k 的质量及质心转动惯量分别记为 m_k 及 ${}^{kI}\mathrm{J}_{kI}$；轴 k 的重力加速度为 ${}^{i}\mathrm{g}_{kI}$；驱动轴 u 的双边驱动力及驱动力矩在 ${}^{\bar{u}}n_u$ 上的分量分别记为 $f_u^c\left(\dot{r}_l^{\bar{l}}\right)$ 及 $\tau_u^c\left(\dot{\phi}_l^{\bar{l}}\right)$；环境 i 对轴 l 的作用力及作用力矩分别为 ${}^{iS}f_{lS}$ 及 ${}^{i}\tau_l$；轴 u 对轴 u' 的广义约束力记为 ${}^{i|uS}l_{u'S}$；运动轴 u 的广义内摩擦力和黏滞力的合力及合力矩分别为 ${}_af_u^{\bar{u}}$、${}_a\tau_u^{\bar{u}}$；则有

【1】闭链刚体系统的 Ju-Kane 动力学方程，参见式(7.268)至式(7.278)、式(7.203)至式(7.208)。

【1-1】应用式(7.263)至式(7.266)计算关节加速度 $\ddot{q}$；

【1-2】应用式(7.294)至式(7.299)计算径向约束力大小 $f_u^{\perp}$ 及 $f_{u'}^{\perp}$、约束力矩大小 $\tau_u^{\perp}$ 及 $\tau_{u'}^{\perp}$。

【2】闭链刚体非理想约束系统的 Ju-Kane 动力学方程：

【2-1】轴 u 及轴 u' 的 Ju-Kane 动力学规范方程分别为

$$\begin{cases} {}^{i|\bar{u}}n_u^{\mathrm{T}}\cdot M_{\boldsymbol{P}}^{[u][*]}\cdot\ddot{q}+{}^{i|\bar{u}}n_u^{\mathrm{T}}\cdot h_{\boldsymbol{P}}^{[u]}+{}^{i|\bar{u}}n_u^{\mathrm{T}}\cdot{}^{i|\boldsymbol{NT}}l_u=f_u^{\boldsymbol{D}}-{}_af_u^{\bar{u}}, & \text{if}\quad {}^{\bar{u}}\boldsymbol{k}_u\in\boldsymbol{P} \\ {}^{i|\bar{u}}n_u^{\mathrm{T}}\cdot M_{\boldsymbol{R}}^{[u][*]}\cdot\ddot{q}+{}^{i|\bar{u}}n_u^{\mathrm{T}}\cdot h_{\boldsymbol{R}}^{[u]}+{}^{i|\bar{u}}n_u^{\mathrm{T}}\cdot{}^{i|\boldsymbol{NT}}l_u=\tau_u^{\boldsymbol{D}}-{}_a\tau_u^{\bar{u}}, & \text{if}\quad {}^{\bar{u}}\boldsymbol{k}_u\in\boldsymbol{R} \end{cases} \tag{7.303}$$

$$\begin{cases} {}^{i|\bar{u}'}n_{u'}^{\mathrm{T}}\cdot M_{\boldsymbol{P}}^{[u'][*]}\cdot\ddot{q}+{}^{i|\bar{u}'}n_{u'}^{\mathrm{T}}\cdot h_{\boldsymbol{P}}^{[u']}+{}^{i|\bar{u}'}n_{u'}^{\mathrm{T}}\cdot{}^{i|\boldsymbol{NT}}l_{u'}=f_{u'}^{\boldsymbol{D}}-{}_af_{u'}^{\bar{u}'}, & \text{if}\quad {}^{\bar{u}'}\boldsymbol{k}_{u'}\in\boldsymbol{P} \\ {}^{i|\bar{u}'}n_{u'}^{\mathrm{T}}\cdot M_{\boldsymbol{R}}^{[u'][*]}\cdot\ddot{q}+{}^{i|\bar{u}'}n_{u'}^{\mathrm{T}}\cdot h_{\boldsymbol{P}}^{[u']}+{}^{i|\bar{u}'}n_{u'}^{\mathrm{T}}\cdot{}^{i|\boldsymbol{NT}}l_{u'}=\tau_{u'}^{\boldsymbol{D}}-{}_a\tau_{u'}^{\bar{u}'}, & \text{if}\quad {}^{\bar{u}'}\boldsymbol{k}_{u'}\in\boldsymbol{R} \end{cases} \tag{7.304}$$

【2-2】非树约束副 ${}^{u}\boldsymbol{k}_{u'}$ 的约束代数方程为

$${}^{i|u}\mathsf{J}_{uS}\cdot{}^{i|\bar{u}}n_u\cdot\ddot{\phi}_u^{\bar{u}}+{}^{i|u'}\mathsf{J}_{u'S}\cdot{}^{i|\bar{u}'}n_{u'}\cdot\ddot{\phi}_{u'}^{\bar{u}'}=0,\quad \text{if}\quad {}^{\bar{u}}\boldsymbol{k}_u\in\boldsymbol{R},\quad {}^{\bar{u}'}\boldsymbol{k}_{u'}\in\boldsymbol{R} \tag{7.305}$$

$${}^{i|u}\mathsf{J}_{uS}\cdot{}^{i|\bar{u}}n_u\cdot\ddot{r}_u^{\bar{u}}+{}^{i|u'}\mathsf{J}_{u'S}\cdot{}^{i|\bar{u}'}n_{u'}\cdot\ddot{r}_{u'}^{\bar{u}'}=0,\quad \text{if}\quad {}^{\bar{u}}\boldsymbol{k}_u\in\boldsymbol{P},\quad {}^{\bar{u}'}\boldsymbol{k}_{u'}\in\boldsymbol{P} \tag{7.306}$$

$${}^{i|u}\mathsf{J}_{uS}\cdot{}^{i|\bar{u}}n_u\cdot\ddot{\phi}_u^{\bar{u}}+{}^{i|u'}\mathsf{J}_{u'S}\cdot{}^{i|\bar{u}'}n_{u'}\cdot\ddot{r}_{u'}^{\bar{u}'}=0,\quad \text{if}\quad {}^{\bar{u}}\boldsymbol{k}_u\in\boldsymbol{R},\quad {}^{\bar{u}'}\boldsymbol{k}_{u'}\in\boldsymbol{P} \tag{7.307}$$

$${}^{i|u}\mathsf{J}_{uS}\cdot{}^{i|\bar{u}}n_u\cdot\ddot{r}_u^{\bar{u}}+{}^{i|u'}\mathsf{J}_{u'S}\cdot{}^{i|\bar{u}'}n_{u'}\cdot\ddot{\phi}_{u'}^{\bar{u}'}=0,\quad \text{if}\quad {}^{\bar{u}}\boldsymbol{k}_u\in\boldsymbol{P},\quad {}^{\bar{u}'}\boldsymbol{k}_{u'}\in\boldsymbol{R} \tag{7.308}$$

其他的参见式(7.268)至式(7.278)、式(7.203)至式(7.208)。

【证明】 运动轴 u 的内摩擦力和黏滞力的合力 ${}_af_u^{\bar{u}}$ 与合力矩 ${}_a\tau_u^{\bar{u}}$，是运动轴 u 的外力，故有式(7.303)；运动轴 u' 的内摩擦力和黏滞力的合力 ${}_af_{u'}^{\bar{u}'}$ 与合力矩 ${}_a\tau_{u'}^{\bar{u}'}$，是运动轴 u' 的外力，故有式(7.304)。其他证明过程与定理 7.4 的证明相似。证毕。

7.8.5 本节贡献

本节分析证明了闭链刚体系统的 Ju-Kane 动力学方程、基于轴不变量的约束力求解原理、广义内摩擦力及黏滞力计算原理、闭链刚体非理想约束系统的 Ju-Kane 动力学显式模型。其特征在于：

（1）具有运动链符号系统，通过固定轴不变量表征系统的结构参数；

（2）具有基于轴不变量的迭代式过程，具有伪代码的功能；

（3）具备 Ju-Kane 规范方程的基本特征。

7.9　动基座刚体系统的 Ju-Kane 动力学规范方程

动基座刚体系统的应用领域越来越广泛，包括空间机械臂、星表巡视器、双足机器人等。下面，先陈述动基座刚体系统的 Ju-Kane 动力学定理，然后予以证明，最后给出三轮移动系统及 CE3 月面巡视器动力学建模示例。

7.9.1　动基座刚体系统的 Ju-Kane 动力学方程

定理 7.6　给定多轴刚体移动系统 $\boldsymbol{D}=\left\{\boldsymbol{A},\boldsymbol{K},\boldsymbol{T},\boldsymbol{NT},\boldsymbol{F},\boldsymbol{B}\right\}$，惯性系记为 $\boldsymbol{F}^{[i]}$，对于 $\forall u,u',k,l\in\boldsymbol{A}$，${}^{uS}\boldsymbol{k}_{u'S}\in\boldsymbol{NT}$；$\overline{c}=i$，轴序列为 ${}^{i}\boldsymbol{A}_{c}=\left(i,c1,c2,c3,c4,c5,c\right]$，轴类型序列为 ${}^{i}\boldsymbol{K}_{c}=\left(\boldsymbol{X},\boldsymbol{R},\boldsymbol{R},\boldsymbol{R},\boldsymbol{P},\boldsymbol{P},\boldsymbol{P}\right]$，该运动链为 ${}^{i}\boldsymbol{1}_{c}=\left(i,c1,c2,c3,c4,c5,c\right]$；除了重力外，作用于轴 u 的合外力及力矩在 ${}^{\overline{u}}n_{u}$ 上的分量分别为 $f_{u}^{\boldsymbol{D}}$ 及 $\tau_{u}^{\boldsymbol{D}}$；轴 k 的质量及质心转动惯量分别为 m_{k} 及 ${}^{kI}\mathrm{J}_{kI}$；轴 k 的重力加速度为 ${}^{i}\mathrm{g}_{kI}$；驱动轴 u 的双边驱动力及驱动力矩在 ${}^{\overline{u}}n_{u}$ 上的分量分别为 $f_{u}^{c}\left(\dot{r}_{l}^{\overline{l}}\right)$ 及 $\tau_{u}^{c}\left(\dot{\phi}_{l}^{\overline{l}}\right)$；环境 i 对轴 l 的作用力及作用力矩分别为 ${}^{iS}f_{lS}$ 及 ${}^{i}\tau_{l}$；作用于体 c 上的合力及合力矩分别为 ${}^{i|\boldsymbol{D}}f_{c}$ 及 ${}^{i|\boldsymbol{D}}\tau_{c}$，记 $\phi_{(i,c]}=\left[\phi_{c1}^{i},\phi_{c2}^{c1},\phi_{c3}^{c2}\right]$，$r_{(i,c]}=\left[r_{c4}^{c3},r_{c5}^{c4},r_{c}^{c5}\right]$；且有

$$\begin{cases} {}^{c|i}n_{c1}=\mathbf{1}^{[m]},\quad {}^{c|c1}n_{c2}=\mathbf{1}^{[n]},\quad {}^{c|c2}n_{c3}=\mathbf{1}^{[p]} \\ \qquad m,n,p\in\left\{x,y,z\right\},m\neq n,n\neq p \\ {}^{c|c5}n_{c}=\mathbf{1}^{[x]},\quad {}^{c|c4}n_{c5}=\mathbf{1}^{[y]},\quad {}^{c|c3}n_{c4}=\mathbf{1}^{[z]} \end{cases} \tag{7.309}$$

$${}^{c|c2}_{\ \ 0}r_{c3}={}^{c|c3}_{\ \ 0}r_{c4}={}^{c|c4}_{\ \ 0}r_{c5}={}^{c|c5}_{\ \ 0}r_{c}=0_{3} \tag{7.310}$$

则有

$$\begin{cases} M_{\boldsymbol{P}}^{[c][*]}\cdot\ddot{q}+h_{\boldsymbol{P}}^{[c]}={}^{c}Q_{i}\cdot{}^{i|\boldsymbol{D}}f_{c} \\ M_{\boldsymbol{R}}^{[c][*]}\cdot\ddot{q}+h_{\boldsymbol{R}}^{[c]}={}^{c}\Theta_{i}\cdot{}^{i|\boldsymbol{D}}\tau_{c} \end{cases} \tag{7.311}$$

且

$${}^{i}\Theta_{c}=\partial\,{}^{i}\dot{\phi}_{c}\,/\,\partial\dot{\phi}_{(i,c]} \tag{7.312}$$

$$\ddot{q}=\left\{{}^{i|\overline{l}}\ddot{q}_{l}={}^{i|\overline{l}}n_{l}\cdot\ddot{q}_{l}^{\overline{l}}\left|\begin{matrix}\ddot{q}_{l}^{\overline{l}}=\ddot{r}_{l}^{\overline{l}}, & \text{if} & {}^{\overline{l}}\boldsymbol{k}_{l}\in\boldsymbol{P}; \\ \ddot{q}_{l}^{\overline{l}}=\ddot{\phi}_{l}^{\overline{l}}, & \text{if} & {}^{\overline{l}}\boldsymbol{k}_{l}\in\boldsymbol{R};\end{matrix}\right. \quad l\in\boldsymbol{A}\right\} \tag{7.313}$$

$$M_{\boldsymbol{P}}^{[c][*]}\cdot\ddot{q}={}^{c}Q_{i}\cdot\left(\begin{matrix}\sum\limits_{k}^{c\boldsymbol{L}}\left(\mathrm{m}_{k}\right)\cdot{}^{i}Q_{c}\cdot\ddot{r}_{(i,c]}^{\mathrm{T}}-\backslash \\ \sum\limits_{k}^{c\boldsymbol{L}}\left(\mathrm{m}_{k}\cdot{}^{i|c}\tilde{r}_{kI}\right)\cdot{}^{i}\Theta_{c}\cdot\ddot{\phi}_{(i,c]}^{\mathrm{T}}\end{matrix}\right)+{}^{c}Q_{i}\cdot\sum_{k}^{c\boldsymbol{L}}\left(\left\|\begin{matrix}\sum\limits_{j}^{k\boldsymbol{L}}\left(\mathrm{m}_{j}\right) \\ -\sum\limits_{j}^{k\boldsymbol{L}}\left(\mathrm{m}_{j}\cdot{}^{i|k}\tilde{r}_{jI}\right)\end{matrix}\right\|\cdot{}^{i|\overline{l}}n_{l}\cdot\ddot{q}_{k}^{\overline{k}}\right) \tag{7.314}$$

$$M_{\boldsymbol{R}}^{[c][*]} \cdot \ddot{q} = {}^{c}\Theta_{i} \cdot \left(\sum_{k}^{c\boldsymbol{L}} \left({}^{i|kI}\mathrm{J}_{kI} - \mathrm{m}_{k} \cdot {}^{i|c}\tilde{r}_{kI}^{:2} \right) \cdot {}^{i}\Theta_{c} \cdot \ddot{\phi}_{(i,c]}^{\mathrm{T}} + \sum_{k}^{c\boldsymbol{L}} \left(\mathrm{m}_{k} \cdot {}^{i|c}\tilde{r}_{kI} \right) \cdot {}^{i}Q_{c} \cdot \ddot{r}_{(i,c]}^{\mathrm{T}} \right)$$
$$\backslash + {}^{c}\Theta_{i} \cdot \sum_{k}^{\underline{c}\boldsymbol{L}} \left(\begin{matrix} \sum_{j}^{k\boldsymbol{L}} \left(\mathrm{m}_{j} \cdot {}^{i|c}\tilde{r}_{jI} \right) \\ \sum_{j}^{k\boldsymbol{L}} \left({}^{i|jI}\mathrm{J}_{jI} - \mathrm{m}_{j} \cdot {}^{i|c}\tilde{r}_{jI} \cdot {}^{i|k}\tilde{r}_{jI} \right) \end{matrix} \right\| \cdot {}^{i|\bar{k}}n_{k} \cdot \ddot{q}_{k}^{\bar{k}} \right) \tag{7.315}$$

其中：$\underline{c}\boldsymbol{L}$ 表示 c 的开子树，$c\boldsymbol{L} - c = \underline{c}\boldsymbol{L}$。其他的参见式(7.205)至式(7.208)。

【证明】显然，有

$$\mathrm{m}_{k} = 0,\quad {}^{kI}\mathrm{J}_{kI} = \mathbf{0},\quad k \in \left[c1, c2, c3, c4, c5 \right] \tag{7.316}$$

由式(7.309)及式(7.310)可知，它们确定了轴 c 的笛卡儿直角坐标系，但三个转动轴序列存在 12 种。

由式(7.32)得

$$^{i}\Theta_{c} = \frac{\partial\, {}^{i}\dot{\phi}_{c}}{\partial \dot{\phi}_{(i,c]}} = \left[{}^{i}n_{c1} \quad {}^{i|c1}n_{c2} \quad {}^{i|c2}n_{c3} \right] \tag{7.317}$$

由式(7.317)得

$$^{i}\dot{\phi}_{c} = {}^{i}\Theta_{c} \cdot \dot{\phi}_{(i,c]} \tag{7.318}$$

由式(7.318)得

$$\dot{\phi}_{(i,c]} = {}^{c}\Theta_{i} \cdot {}^{i}\dot{\phi}_{c} = {}^{i}\Theta_{c}^{-1} \cdot {}^{i}\dot{\phi}_{c} \tag{7.319}$$

故有

$$\begin{aligned} & \sum_{k}^{c3\boldsymbol{1}_{i}} \left(\mathrm{m}_{k} \right) \cdot {}^{i}Q_{c} \cdot \ddot{r}_{(i,c]}^{\mathrm{T}} + \sum_{k}^{i\boldsymbol{1}_{c3}} \left(-\mathrm{m}_{k} \cdot {}^{i|c}\tilde{r}_{kI} \right) \cdot {}^{i}\Theta_{c} \cdot \ddot{\phi}_{(i,c]}^{\mathrm{T}} \\ & = \mathrm{m}_{c} \cdot {}^{i}Q_{c} \cdot \ddot{r}_{(i,c]}^{\mathrm{T}} - \mathrm{m}_{c} \cdot {}^{i|c}\tilde{r}_{cI} \cdot {}^{i}\Theta_{c} \cdot \ddot{\phi}_{(i,c]}^{\mathrm{T}} \end{aligned} \tag{7.320}$$

$$\begin{aligned} & \sum_{k}^{i\boldsymbol{1}_{c3}} \left({}^{i|kI}\mathrm{J}_{kI} - \mathrm{m}_{k} \cdot {}^{i|c}\tilde{r}_{kI}^{:2} \right) \cdot {}^{i}\Theta_{c} \cdot \ddot{\phi}_{(i,c]}^{\mathrm{T}} + \sum_{k}^{c3\boldsymbol{1}_{c}} \left(\mathrm{m}_{k} \cdot {}^{i|c}\tilde{r}_{kI} \right) \cdot {}^{i}Q_{c} \cdot \ddot{r}_{(i,c]}^{\mathrm{T}} \\ & = \left({}^{i|cI}\mathrm{J}_{cI} - \mathrm{m}_{c} \cdot {}^{i|c}\tilde{r}_{cI}^{:2} \right) \cdot {}^{i}\Theta_{c} \cdot \ddot{\phi}_{(i,c]}^{\mathrm{T}} + \mathrm{m}_{c} \cdot {}^{i|c}\tilde{r}_{cI} \cdot {}^{i}Q_{c} \cdot \ddot{r}_{(i,c]}^{\mathrm{T}} \end{aligned} \tag{7.321}$$

由式(7.204)及式(7.319)得

$$M_{\boldsymbol{P}}^{[c][*]} \cdot \ddot{q} = {}^{c}Q_{i} \cdot \left(\begin{matrix} \sum_{k}^{c\boldsymbol{L}} \left(\mathrm{m}_{k} \right) \cdot {}^{i}Q_{c} \cdot \ddot{r}_{(i,c]}^{\mathrm{T}} - \backslash \\ \sum_{k}^{c\boldsymbol{L}} \left(\mathrm{m}_{k} \cdot {}^{i|c}\tilde{r}_{kI} \right) \cdot {}^{i}\Theta_{c} \cdot \ddot{\phi}_{(i,c]}^{\mathrm{T}} \end{matrix} \right) + {}^{c}Q_{i} \cdot \sum_{k}^{\underline{c}\boldsymbol{L}} \left(\begin{matrix} \sum_{j}^{k\boldsymbol{L}} \left(\mathrm{m}_{j} \right) \\ -\sum_{j}^{k\boldsymbol{L}} \left(\mathrm{m}_{j} \cdot {}^{i|k}\tilde{r}_{jI} \right) \end{matrix} \right\| \cdot {}^{i|\bar{l}}n_{l} \cdot \ddot{q}_{k}^{\bar{k}} \right) \tag{7.322}$$

式(7.322)即式(7.314)。由式(7.206)及式(7.319)得

$$M_{\boldsymbol{R}}^{[c][*]} \cdot \ddot{q} = {}^{c}\Theta_{i} \cdot \left(\sum_{k}^{c\boldsymbol{L}} \left({}^{i|kI}\mathrm{J}_{kI} - \mathrm{m}_{k} \cdot {}^{i|c}\tilde{r}_{kI}^{:2} \right) \cdot {}^{i}\Theta_{c} \cdot \ddot{\phi}_{(i,c]}^{\mathrm{T}} + \sum_{k}^{c\boldsymbol{L}} \left(\mathrm{m}_{k} \cdot {}^{i|c}\tilde{r}_{kI} \right) \cdot {}^{i}Q_{c} \cdot \ddot{r}_{(i,c]}^{\mathrm{T}} \right)$$

$$\backslash + {}^{c}\Theta_{i} \cdot \sum_{k}^{c\boldsymbol{L}} \left(\begin{array}{c} \sum_{j}^{k\boldsymbol{L}} \left(\mathrm{m}_{j} \cdot {}^{i|c}\tilde{r}_{jI} \right) \\ \sum_{j}^{k\boldsymbol{L}} \left({}^{i|jI}\mathrm{J}_{jI} - \mathrm{m}_{j} \cdot {}^{i|c}\tilde{r}_{jI} \cdot {}^{i|k}\tilde{r}_{jI} \right) \end{array} \right\| \cdot {}^{i|\bar{k}}n_{k} \cdot \ddot{q}_{k}^{\bar{k}} \right) \tag{7.323}$$

式(7.323)即式(7.315)。证毕。

由定理 7.6 可知，可以根据需要由式(7.309)确定本体 c 的笛卡儿体系 $\boldsymbol{F}^{[c]}$ 的三个转动轴的序列，在建立动力学方程后，通过积分完成动力学仿真，直接可以得到所期望的姿态。同时，对于除本体的其他轴，定理 7.4、定理 7.5 同样适应。

7.9.2 基于 Ju-Kane 动力学方程的 10 轴三轮移动系统动力学建模及逆解

本节阐述基于 Ju-Kane 动力学方程的三轮移动系统动力学建模及逆解问题。

【示例 7.11】 给定三轮移动系统 $\boldsymbol{D} = \left\{ \boldsymbol{A}, \boldsymbol{K}, \boldsymbol{T}, \boldsymbol{NT}, \boldsymbol{F}, \boldsymbol{B} \right\}$，如图 7-6 所示，轴 1、轴 2 及轴 3 驱动车轮，轴 3 驱动舵机；轴序列为 $\boldsymbol{A} = \left(i, c1, c2, c3, c4, c5, c, 1:4 \right]$，父轴序列为 $\bar{\boldsymbol{A}} = \left(i, i, c1, c2, c3, c4, c5, c, c, c, 3 \right]$。轴 l 的质量及质心转动惯量分别为 m_{l} 及 ${}^{lI}\mathrm{J}_{lI}$，$l \in \left[c, 1:4 \right]$。应用定理 7.6 建立各轴的动力学方程。

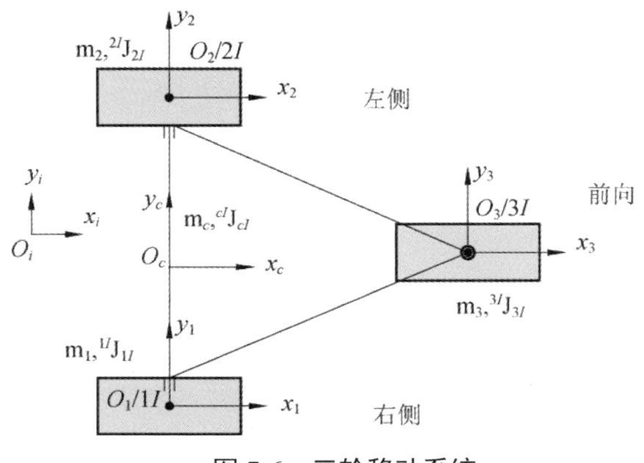

图 7-6　三轮移动系统

【解】 步骤 1 显然，$\left|\boldsymbol{A}\right| = 4$，$\left|\boldsymbol{B}\right| = 5$，$\left|\boldsymbol{NT}\right| = \left|\boldsymbol{O}\right| = 3$，代入式(7.42)，得 $\mathrm{DOF}\left(\boldsymbol{D}\right) = 10$。由式(7.40)、式(7.41)及式(7.43)得 $\mathrm{DOM}\left(\boldsymbol{D}\right) = 10 - 2 \cdot \mathrm{FD}\left(\mathrm{W}_{\mathrm{NS}}\right) - 1 \cdot \mathrm{FD}\left(\mathrm{W}_{\mathrm{S}}\right) = 3$。故该系统 $\boldsymbol{D}$ 在自然路面上静定。

步骤 2 基于轴不变量的正向运动学计算。

由式(7.8)得

$$^{\bar{l}}Q_l = \mathbf{1} + \mathrm{S}_l^{\bar{l}} \cdot {}^{\bar{l}}\tilde{n}_l + \left(1 - \mathrm{C}_l^{\bar{l}}\right) \cdot {}^{\bar{l}}\tilde{n}_l^{:2}, \quad l \in \boldsymbol{A} \tag{7.324}$$

由式(7.12)及式(7.8)计算

$$^{i}Q_l = \prod_{k}^{^i\mathbf{1}_{\bar{l}}} \left({}^{\bar{k}}Q_k \right) \cdot {}^{\bar{l}}Q_l, \quad l \in \boldsymbol{A} \tag{7.325}$$

由式(7.15)计算

$$\begin{gathered} ^{i}r_l = \sum_{k}^{^i\mathbf{1}_l} \left({}^{i|\bar{k}}r_k \right), \quad l \in \boldsymbol{A} \\ ^{i}r_{lI} = {}^{i}r_l + {}^{i|l}r_{lI}, \quad l \in \boldsymbol{A} \end{gathered} \tag{7.326}$$

由式(7.16)计算

$$^{i}\dot{\phi}_l = \sum_{k}^{^i\mathbf{1}_l} \left({}^{i|\bar{k}}\dot{\phi}_k \right), \quad l \in \boldsymbol{A} \tag{7.327}$$

考虑$^{\bar{l}}\dot{r}_l = 0_3$及$^{l}\dot{r}_{lI} = 0_3$，其中$l \in [c,1:4]$；由式(7.161)计算

$$\begin{gathered} ^{i}\dot{r}_l = {}^{i}\dot{r}_c + \sum_{k}^{^c\mathbf{1}_l} \left({}^{i}\dot{\tilde{\phi}}_{\bar{k}} \cdot {}^{i|\bar{k}}r_k \right), \quad l \in \boldsymbol{A} \\ ^{i}\dot{r}_{lI} = {}^{i}\dot{r}_l + {}^{i|l}\dot{r}_{lI}, \quad l \in \boldsymbol{A} \end{gathered} \tag{7.328}$$

由式(7.24)计算

$$^{i|lI}\mathrm{J}_{lI} = {}^{i}Q_l \cdot {}^{lI}\mathrm{J}_{lI} \cdot {}^{l}Q_i, \quad l \in \boldsymbol{A} \tag{7.329}$$

步骤 3 建立 Ju-Kane 动力学规范方程。

由式(7.314)及式(7.315)分别计算$M_{\boldsymbol{P}}^{[c][\bullet]} \cdot \ddot{q}$、$M_{\boldsymbol{R}}^{[c][\bullet]} \cdot \ddot{q}$；由式(7.205)及式(7.207)分别计算$h_{\boldsymbol{P}}^{[c]}$及$h_{\boldsymbol{R}}^{[c]}$。计算可得

$$\begin{cases} M_{\boldsymbol{P}}^{[c][*]} \cdot \ddot{q} + h_{\boldsymbol{P}}^{[c]} = {}^{c}Q_i \cdot {}^{i|\boldsymbol{D}}f_c \\ M_{\boldsymbol{R}}^{[c][*]} \cdot \ddot{q} + h_{\boldsymbol{R}}^{[c]} = {}^{c}\Theta_i \cdot {}^{i|\boldsymbol{D}}\tau_c \end{cases} \tag{7.330}$$

由式(7.209)、式(7.207)及式(7.202)得

$$M_{\boldsymbol{R}}^{[u][*]} \cdot \ddot{q} + h_{\boldsymbol{R}}^{[u]} = \tau_u^{\boldsymbol{D}}, \quad u \in [1:4] \tag{7.331}$$

至此，获得全部 10 个轴的动力学方程。

步骤 4 进行力反向迭代。

由式(7.38)、式(7.39)及式(7.208)得

$$^{i|\boldsymbol{D}}f_c = {}^{i}\mathbf{S}_1^{\mathrm{NS}} \cdot \mathbf{F}_1^{\mathrm{NS}} + {}^{i}\mathbf{S}_2^{\mathrm{NS}} \cdot \mathbf{F}_2^{\mathrm{NS}} + {}^{i}\mathbf{S}_4^{\mathrm{S}} \cdot \mathbf{F}_4^{\mathrm{S}} \tag{7.332}$$

$$^{i|\boldsymbol{D}}\tau_c = {}^{i|c}\tilde{r}_{1I} \cdot {}^{i}\mathbf{S}_1^{\mathrm{NS}} \cdot \mathbf{F}_1^{\mathrm{NS}} + {}^{i|c}\tilde{r}_{2I} \cdot {}^{i}\mathbf{S}_2^{\mathrm{NS}} \cdot \mathbf{F}_2^{\mathrm{NS}} + {}^{i|c}\tilde{r}_{4I} \cdot {}^{i}\mathbf{S}_4^{\mathrm{S}} \cdot \mathbf{F}_4^{\mathrm{S}} \tag{7.333}$$

若仅考虑轮土作用力及主动轴驱动力，则由式(7.208)得

$$
\begin{aligned}
{}^{i|\boldsymbol{D}}\tau_1 &= {}^{i|1}\tilde{r}_{1I} \cdot {}^{i}\mathbf{S}_1^{\mathrm{NS}} \cdot \mathbf{F}_1^{\mathrm{NS}} + \tau_1^c \\
{}^{i|\boldsymbol{D}}\tau_2 &= {}^{i|2}\tilde{r}_{2I} \cdot {}^{i}\mathbf{S}_2^{\mathrm{NS}} \cdot \mathbf{F}_2^{\mathrm{NS}} + \tau_2^c \\
{}^{i|\boldsymbol{D}}\tau_3 &= {}^{i|3}\tilde{r}_{4I} \cdot {}^{i}\mathbf{S}_4^{\mathrm{S}} \cdot \mathbf{F}_4^{\mathrm{S}} \\
{}^{i|\boldsymbol{D}}\tau_4 &= {}^{i|4}\tilde{r}_{4I} \cdot {}^{i}\mathbf{S}_4^{\mathrm{S}} \cdot \mathbf{F}_4^{\mathrm{S}} + \tau_4^c
\end{aligned}
\tag{7.334}
$$

步骤 5　计算动力学方程逆解。

将式(7.332)至式(7.334)写为整体形式：

$$
f_{10\times1} = B_{10\times10} \cdot u_{10\times1} \tag{7.335}
$$

其中：

$$
f = \begin{bmatrix} {}^{i|\boldsymbol{D}}f_c \\ {}^{i|\boldsymbol{D}}\tau_c \\ \tau_1^{\boldsymbol{D}} \\ \tau_2^{\boldsymbol{D}} \\ \tau_3^{\boldsymbol{D}} \\ \tau_4^{\boldsymbol{D}} \end{bmatrix}, u = \begin{bmatrix} \tau_1^c \\ \tau_2^c \\ \tau_4^c \\ \mathbf{F}_1^{\mathrm{NS}} \\ \mathbf{F}_2^{\mathrm{NS}} \\ \mathbf{F}_4^{\mathrm{S}} \end{bmatrix}, B = \begin{bmatrix} 0_3 & 0_3 & 0_3 & {}^{i}\mathbf{S}_1^{\mathrm{NS}} & {}^{i}\mathbf{S}_2^{\mathrm{NS}} & {}^{i}\mathbf{S}_4^{\mathrm{S}} \\ 0_3 & 0_3 & 0_3 & {}^{i|c}\tilde{r}_{1I} \cdot {}^{i}\mathbf{S}_1^{\mathrm{NS}} & {}^{i|c}\tilde{r}_{2I} \cdot {}^{i}\mathbf{S}_2^{\mathrm{NS}} & {}^{i|c}\tilde{r}_{4I} \cdot {}^{i}\mathbf{S}_4^{\mathrm{S}} \\ 1 & 0 & 0 & {}^{i|c}n_1^{\mathrm{T}} \cdot {}^{i|1}\tilde{r}_{i1} \cdot {}^{i}\mathbf{S}_1^{\mathrm{NS}} & 0_2^{\mathrm{T}} & 0_3^{\mathrm{T}} \\ 0 & 1 & 0 & 0_2^{\mathrm{T}} & {}^{i|c}n_2^{\mathrm{T}} \cdot {}^{i|c}\tilde{r}_{2I} \cdot {}^{i}\mathbf{S}_2^{\mathrm{NS}} & 0_3^{\mathrm{T}} \\ 0 & 0 & 0 & 0_2^{\mathrm{T}} & 0_2^{\mathrm{T}} & {}^{i|c}n_3^{\mathrm{T}} \cdot {}^{i|3}\tilde{r}_{4I} \cdot {}^{i}\mathbf{S}_4^{\mathrm{S}} \\ 0 & 0 & 1 & 0_2^{\mathrm{T}} & 0_2^{\mathrm{T}} & {}^{i|c}n_4^{\mathrm{T}} \cdot {}^{i|4}\tilde{r}_{4I} \cdot {}^{i}\mathbf{S}_4^{\mathrm{S}} \end{bmatrix}
\tag{7.336}
$$

给定$\left\{\ddot{q}_l^{\bar{l}}, \dot{q}_l^{\bar{l}}, q_l^{\bar{l}} \middle| l \in \boldsymbol{A}\right\}$，由式(7.330)及式(7.331)计算 f 。若 B^{-1} 存在，由式(7.335)得

$$
u = B^{-1} \cdot f \tag{7.337}
$$

由式(7.336)及式(7.337)可知：

（1）控制力矩 τ_1^c 、τ_2^c 及 τ_4^c 与轮土作用力 $\mathbf{F}_1^{\mathrm{NS}}$ 、$\mathbf{F}_2^{\mathrm{NS}}$ 及 $\mathbf{F}_4^{\mathrm{S}}$ 存在耦合；

（2）完成动力学逆解计算后，不仅得到驱动轴控制力矩 τ_1^c 、τ_2^c 及 τ_4^c ，而且可以得到轮土作用力 $\mathbf{F}_1^{\mathrm{NS}}$ 、$\mathbf{F}_2^{\mathrm{NS}}$ 及 $\mathbf{F}_4^{\mathrm{S}}$ 。该逆解作用在于：一方面，计算驱动轴期望控制力矩 τ_1^c 、τ_2^c 及 τ_4^c ；另一方面，通过运动状态（位姿、速度及加速度）实现轮土作用力 $\mathbf{F}_1^{\mathrm{NS}}$ 、$\mathbf{F}_2^{\mathrm{NS}}$ 及 $\mathbf{F}_4^{\mathrm{S}}$ 的间接测量。

7.9.3 基于 Ju-Kane 动力学方程的 20 轴巡视器移动系统动力学建模及逆解

本节阐述基于 Ju-Kane 动力学方程的 CE3 月面巡视器移动系统动力学建模及逆解问题。

【示例 7.12】　给定图 7-7 所示的 CE3 月面巡视器移动系统 $\boldsymbol{D} = \left\{\boldsymbol{A}, \boldsymbol{K}, \boldsymbol{T}, \boldsymbol{NT}, \boldsymbol{F}, \boldsymbol{B}\right\}$，该系统的 Span 树和结构参数如图 2-29 所示，标识符和缩略符参见 2.2.7 节，试建立该系统的动力学方程。

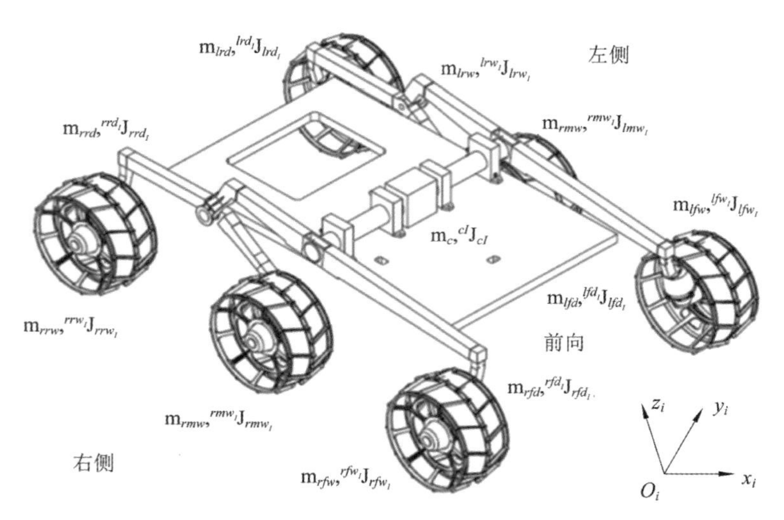

图 7-7　CE3 月面巡视器移动系统

【解】　**步骤 1**　显然，$\left|\boldsymbol{A}\right|=14$，$\left|\boldsymbol{NT}\right|=7$，$\left|\boldsymbol{O}\right|=6$；由式(7.40)、式(7.41)及式(7.43)得 $\mathrm{DOM}\left(\boldsymbol{D}\right)=19-2\cdot\mathrm{FD}\left(\mathrm{W_{NS}}\right)-4\cdot\mathrm{FD}\left(\mathrm{W_{S}}\right)=3$。故多轴系统 $\boldsymbol{D}$ 能适应自然路面。轴链 $\boldsymbol{A}$、父轴链 $\overline{\boldsymbol{A}}$ 及非树集合 $\boldsymbol{NT}$ 分别为

$$\boldsymbol{A}=\left(i,c1,c2,c3,c4,c5,c,rr,rb,rrd,rrw,rmw,rfd,rfw,lr,lb,lrd,lrw,lfd,lfw,lmw\right]$$

$$\overline{\boldsymbol{A}}=\left(i,i,c1,c2,c3,c4,c5,c,rr,rb,rrd,rb,rr,rfb,c,lr,lb,lrd,lr,lfd,lb\right]$$

$$\boldsymbol{NT}=\left\{{}^{lr}\boldsymbol{R}_{rr},{}^{i}\boldsymbol{O}_{i_{lfw}},{}^{i}\boldsymbol{O}_{i_{lmw}},{}^{i}\boldsymbol{O}_{i_{lrw}},{}^{i}\boldsymbol{O}_{i_{rfw}},{}^{i}\boldsymbol{O}_{i_{rmw}},{}^{i}\boldsymbol{O}_{i_{rrw}}\right\}$$

步骤 2　基于轴不变量的多轴系统正运动学计算。

由式(7.8)得

$$^{\bar{l}}Q_{l}=\mathbf{1}+\mathrm{S}_{l}^{\bar{l}}\cdot{}^{\bar{l}}\tilde{n}_{l}+\left(1-\mathrm{C}_{l}^{\bar{l}}\right)\cdot{}^{\bar{l}}\tilde{n}_{l}^{:2},\quad l\in\boldsymbol{A}\tag{7.338}$$

由式(7.12)及式(7.338)计算

$$^{i}Q_{l}=\prod_{k}^{^{i}\mathbf{1}_{\bar{l}}}\left({}^{\bar{k}}Q_{k}\right)\cdot{}^{\bar{l}}Q_{l},\quad l\in\boldsymbol{A}\tag{7.339}$$

由式(7.15)及式(7.339)计算

$$\begin{aligned}{}^{i}r_{l}&=\sum_{k}^{^{i}\mathbf{1}_{l}}\left({}^{i|\bar{k}}r_{k}\right),\quad l\in\boldsymbol{A}\\{}^{i}r_{lI}&={}^{i}r_{l}+{}^{i|l}r_{lI},\quad l\in\boldsymbol{A}\end{aligned}\tag{7.340}$$

由式(7.16)计算

$$^{i}\dot{\phi}_{l}=\sum_{k}^{^{i}\mathbf{1}_{l}}\left({}^{i|\bar{k}}\dot{\phi}_{k}\right),\quad l\in\boldsymbol{A}\tag{7.341}$$

记 $l\in\left(c,rb,rr,rfd,rfw,rmw,rrd,rrw,lb,lr,lfd,lfw,lmw,lrd,lrw\right]$,因是刚体系统，故有 $^{\bar{l}}\dot{r}_{l}=0_{3}$ 和 $^{l}\dot{r}_{lI}=0_{3}$。由式(7.17)、式(7.339)及式(7.341)计算

$$
\begin{aligned}
{}^{i}\dot{r}_{l} &= {}^{i}\dot{r}_{c} + \sum_{k}^{{}^{c}\mathbf{1}_{l}} \left({}^{i}\dot{\tilde{\phi}}_{\overline{k}} \cdot {}^{i|\overline{k}}r_{k} \right), \quad l \in \boldsymbol{A} \\
{}^{i}\dot{r}_{lI} &= {}^{i}\dot{r}_{l} + {}^{i}\dot{\tilde{\phi}}_{l} \cdot {}^{i|l}r_{lI} + {}^{i|l}\dot{r}_{lI}, \quad l \in \boldsymbol{A}
\end{aligned} \tag{7.342}
$$

由式(7.24)计算

$$
{}^{i|lI}\mathrm{J}_{lI} = {}^{i}Q_{l} \cdot {}^{lI}\mathrm{J}_{lI} \cdot {}^{l}Q_{i}, \quad l \in \boldsymbol{A} \tag{7.343}
$$

步骤 3　建立动力学方程。

由式(7.314)及式(7.315)分别计算 $M_{\boldsymbol{P}}^{[c][*]} \cdot \ddot{q}$、$M_{\boldsymbol{R}}^{[c][*]} \cdot \ddot{q}$；由式(7.205)及式(7.207)分别计算 $h_{\boldsymbol{P}}^{[c]}$ 及 $h_{\boldsymbol{R}}^{[c]}$。计算可得

$$
\begin{cases}
M_{\boldsymbol{P}}^{[c][*]} \cdot \ddot{q} + h_{\boldsymbol{P}}^{[c]} = {}^{c}Q_{i} \cdot {}^{i|\boldsymbol{D}}f_{c} \\
M_{\boldsymbol{R}}^{[c][*]} \cdot \ddot{q} + h_{\boldsymbol{R}}^{[c]} = {}^{c}\Theta_{i} \cdot {}^{i|\boldsymbol{D}}\tau_{c}
\end{cases} \tag{7.344}
$$

由式(7.209)、式(7.207)及式(7.202)得

$$
M_{\boldsymbol{R}}^{[u][*]} \cdot \ddot{q} + h_{\boldsymbol{R}}^{[u]} = \tau_{u}^{\boldsymbol{D}} \tag{7.345}
$$

其中：$u \in \left[rfd, rfw, rmw, rrd, rrw, lfd, lfw, lmw, lrd, lrw \right]$。

由式(7.270)、式(7.207)、式(7.268)及式(7.274)得

$$
M_{\boldsymbol{R}}^{[lr][*]} \cdot \ddot{q} + h_{\boldsymbol{R}}^{[lr]} - {}^{i|c}n_{lr}^{\mathrm{T}} \cdot {}^{i|lr}\tilde{r}_{lrS}^{\mathrm{T}} \cdot {}^{i|lrS}l_{rrS} = \tau_{lr}^{\boldsymbol{D}} \tag{7.346}
$$

$$
M_{\boldsymbol{R}}^{[rr][*]} \cdot \ddot{q} + h_{\boldsymbol{R}}^{[rr]} - {}^{i|c}n_{rr}^{\mathrm{T}} \cdot {}^{i|rr}\tilde{r}_{rrS}^{\mathrm{T}} \cdot {}^{i|lrS}l_{rrS} = \tau_{rr}^{\boldsymbol{D}} \tag{7.347}
$$

由式(7.275)及式(7.270)得

$$
-{}^{i|lr}\tilde{r}_{lrS} \cdot {}^{i|c}n_{lr} \cdot \ddot{\phi}_{lr}^{c} - {}^{i|rr}\tilde{r}_{rrS} \cdot {}^{i|c}n_{rr} \cdot \ddot{\phi}_{rr}^{c} = 0_{3} \tag{7.348}
$$

其中，差速轴初始角度为

$$
\begin{cases}
{}_{0}\dot{q}_{lr}^{c} = -{}_{0}\dot{q}_{rr}^{c} \\
{}_{0}q_{lr}^{c} = -{}_{0}q_{rr}^{c}
\end{cases} \tag{7.349}
$$

由式(7.209)、式(7.207)及式(7.202)得

$$
\begin{cases}
M_{\boldsymbol{R}}^{[lb][*]} \cdot \ddot{q} + h_{\boldsymbol{R}}^{[lb]} = \tau_{lb}^{\boldsymbol{D}} \\
M_{\boldsymbol{R}}^{[rb][*]} \cdot \ddot{q} + h_{\boldsymbol{R}}^{[rb]} = \tau_{rb}^{\boldsymbol{D}}
\end{cases} \tag{7.350}
$$

至此，获得 19 轴动力学方程及 1 个非树约束副 3D 代数方程。其中，包含 19 轴外力矩标量及 1 轴约束力矩矢量。

步骤 4　进行力反向迭代。

由式(7.152)得

$$
\begin{aligned}
{}^{i|\boldsymbol{D}}f_{c} &= {}^{i}\mathbf{S}_{lmw}^{\mathrm{NS}} \cdot \mathbf{F}_{lmw}^{\mathrm{NS}} + {}^{i}\mathbf{S}_{rmw}^{\mathrm{NS}} \cdot \mathbf{F}_{rmw}^{\mathrm{NS}} + {}^{i}\mathbf{S}_{lfw}^{\mathrm{S}} \cdot \mathbf{F}_{lfw}^{\mathrm{S}} \\
&\quad \backslash + {}^{i}\mathbf{S}_{rfw}^{\mathrm{S}} \cdot \mathbf{F}_{rfw}^{\mathrm{S}} + {}^{i}\mathbf{S}_{lrw}^{\mathrm{S}} \cdot \mathbf{F}_{lrw}^{\mathrm{S}} + {}^{i}\mathbf{S}_{rrw}^{\mathrm{S}} \cdot \mathbf{F}_{rrw}^{\mathrm{S}}
\end{aligned} \tag{7.351}
$$

$$
\begin{aligned}
{}^{i|\boldsymbol{D}}\tau_{c} &= {}^{i|c}\tilde{r}_{i_{lmw}} \cdot {}^{i}\mathbf{S}_{lmw}^{\mathrm{NS}} \cdot \mathbf{F}_{lmw}^{\mathrm{NS}} + {}^{i|c}\tilde{r}_{i_{rmw}} \cdot {}^{i}\mathbf{S}_{rmw}^{\mathrm{NS}} \cdot \mathbf{F}_{rmw}^{\mathrm{NS}} + {}^{i|c}\tilde{r}_{i_{lfw}} \cdot {}^{i}\mathbf{S}_{lfw}^{\mathrm{S}} \cdot \mathbf{F}_{lfw}^{\mathrm{S}} \\
&\quad \backslash + {}^{i|c}\tilde{r}_{i_{rfw}} \cdot {}^{i}\mathbf{S}_{rfw}^{\mathrm{S}} \cdot \mathbf{F}_{rfw}^{\mathrm{S}} + {}^{i|c}\tilde{r}_{i_{lrw}} \cdot {}^{i}\mathbf{S}_{lrw}^{\mathrm{S}} \cdot \mathbf{F}_{lrw}^{\mathrm{S}} + {}^{i|c}\tilde{r}_{i_{rrw}} \cdot {}^{i}\mathbf{S}_{rrw}^{\mathrm{S}} \cdot \mathbf{F}_{rrw}^{\mathrm{S}}
\end{aligned} \tag{7.352}
$$

$$
{}^{i|\boldsymbol{D}}\tau_{lb} = {}^{i|lb}\tilde{r}_{i_{lmw}} \cdot {}^{i}\mathbf{S}^{\mathrm{NS}}_{lmw} \cdot \mathbf{F}^{\mathrm{NS}}_{lmw} + {}^{i|lb}\tilde{r}_{i_{lfw}} \cdot {}^{i}\mathbf{S}^{\mathrm{S}}_{lfw} \cdot \mathbf{F}^{\mathrm{S}}_{lfw} + {}^{i|lb}\tilde{r}_{i_{lrw}} \cdot {}^{i}\mathbf{S}^{\mathrm{S}}_{lrw} \cdot \mathbf{F}^{\mathrm{S}}_{lrw} + l^{lb}_{rb} \tag{7.353}
$$

$$
{}^{i|\boldsymbol{D}}\tau_{rb} = {}^{i|rb}\tilde{r}_{i_{rmw}} \cdot {}^{i}\mathbf{S}^{\mathrm{NS}}_{rmw} \cdot \mathbf{F}^{\mathrm{NS}}_{rmw} + {}^{i|rb}\tilde{r}_{i_{rfw}} \cdot {}^{i}\mathbf{S}^{\mathrm{S}}_{rfw} \cdot \mathbf{F}^{\mathrm{S}}_{rfw} + {}^{i|rb}\tilde{r}_{i_{rrw}} \cdot {}^{i}\mathbf{S}^{\mathrm{S}}_{rrw} \cdot \mathbf{F}^{\mathrm{S}}_{rrw} - l^{lb}_{rb} \tag{7.354}
$$

$$
\begin{cases}
{}^{i|\boldsymbol{D}}\tau_{lr} = {}^{i|lr}\tilde{r}_{i_{lmw}} \cdot {}^{i}\mathbf{S}^{\mathrm{NS}}_{lmw} \cdot \mathbf{F}^{\mathrm{NS}}_{lmw} + {}^{i|lr}\tilde{r}_{i_{lrw}} \cdot {}^{i}\mathbf{S}^{\mathrm{S}}_{lrw} \cdot \mathbf{F}^{\mathrm{S}}_{lrw} \\
{}^{i|\boldsymbol{D}}\tau_{rr} = {}^{i|rr}\tilde{r}_{i_{rmw}} \cdot {}^{i}\mathbf{S}^{\mathrm{NS}}_{rmw} \cdot \mathbf{F}^{\mathrm{NS}}_{rmw} + {}^{i|rr}\tilde{r}_{i_{rrw}} \cdot {}^{i}\mathbf{S}^{\mathrm{S}}_{rrw} \cdot \mathbf{F}^{\mathrm{S}}_{rrw}
\end{cases} \tag{7.355}
$$

$$
\begin{cases}
{}^{i|\boldsymbol{D}}\tau_{lfd} = {}^{i|lfd}\tilde{r}_{i_{lfw}} \cdot {}^{i}\mathbf{S}^{\mathrm{S}}_{lfw} \cdot \mathbf{F}^{\mathrm{S}}_{lfw} + \tau^{lb}_{lfd} \\
{}^{i|\boldsymbol{D}}\tau_{rfd} = {}^{i|rfd}\tilde{r}_{i_{rfw}} \cdot {}^{i}\mathbf{S}^{\mathrm{S}}_{rfw} \cdot \mathbf{F}^{\mathrm{S}}_{rfw} + \tau^{rb}_{rfd} \\
{}^{i|\boldsymbol{D}}\tau_{lrd} = {}^{i|lrd}\tilde{r}_{i_{lrw}} \cdot {}^{i}\mathbf{S}^{\mathrm{S}}_{lrw} \cdot \mathbf{F}^{\mathrm{S}}_{lrw} + \tau^{lr}_{lrd} \\
{}^{i|\boldsymbol{D}}\tau_{rrd} = {}^{i|rrd}\tilde{r}_{i_{rrw}} \cdot {}^{i}\mathbf{S}^{\mathrm{S}}_{rrw} \cdot \mathbf{F}^{\mathrm{S}}_{rrw} + \tau^{rr}_{rrd}
\end{cases} \tag{7.356}
$$

$$
\begin{cases}
{}^{i|\boldsymbol{D}}\tau_{lfw} = {}^{i|lfw}\tilde{r}_{i_{lfw}} \cdot {}^{i}\mathbf{S}^{\mathrm{S}}_{lfw} \cdot \mathbf{F}^{\mathrm{S}}_{lfw} + \tau^{lfd}_{lfw} \\
{}^{i|\boldsymbol{D}}\tau_{rfw} = {}^{i|rfw}\tilde{r}_{i_{rfw}} \cdot {}^{i}\mathbf{S}^{\mathrm{S}}_{rfw} \cdot \mathbf{F}^{\mathrm{S}}_{rfw} + \tau^{rfd}_{rfw} \\
{}^{i|\boldsymbol{D}}\tau_{lrw} = {}^{i|lrw}\tilde{r}_{i_{lrw}} \cdot {}^{i}\mathbf{S}^{\mathrm{S}}_{lrw} \cdot \mathbf{F}^{\mathrm{S}}_{lrw} + \tau^{lrd}_{lrw} \\
{}^{i|\boldsymbol{D}}\tau_{rrw} = {}^{i|rrw}\tilde{r}_{i_{rrw}} \cdot {}^{i}\mathbf{S}^{\mathrm{S}}_{rrw} \cdot \mathbf{F}^{\mathrm{S}}_{rrw} + \tau^{rrd}_{rrw}
\end{cases} \tag{7.357}
$$

$$
\begin{cases}
{}^{i|\boldsymbol{D}}\tau_{lmw} = {}^{i|lmw}\tilde{r}_{i_{lmw}} \cdot {}^{i}\mathbf{S}^{\mathrm{NS}}_{lmw} \cdot \mathbf{F}^{\mathrm{NS}}_{lmw} + \tau^{lr}_{lmw} \\
{}^{i|\boldsymbol{D}}\tau_{rmw} = {}^{i|rmw}\tilde{r}_{i_{rmw}} \cdot {}^{i}\mathbf{S}^{\mathrm{NS}}_{rmw} \cdot \mathbf{F}^{\mathrm{NS}}_{rmw} + \tau^{rr}_{rmw}
\end{cases} \tag{7.358}
$$

步骤 5 计算动力学方程逆解。

增加 4 个舵机驱动力矩约束：

$$
\begin{cases}
\tau^{lb}_{lfd} = \tau^{rb}_{rfd} = \tau_{d} \\
\tau^{lr}_{lrd} = \tau^{rr}_{rrd} = -\tau_{d}
\end{cases} \tag{7.359}
$$

增加驱动轮力矩约束：

$$
\begin{cases}
\tau^{lfd}_{lfw} = \tau^{lrd}_{lrw} = \tau^{lr}_{lmw} = \tau_{l} \\
\tau^{rfd}_{rfw} = \tau^{rrd}_{rrw} = \tau^{rr}_{rmw} = \tau_{r}
\end{cases} \tag{7.360}
$$

记

$$
u_{20\times1} = \begin{bmatrix} l^{lb}_{rb} & \tau_{d} & \tau_{l} & \tau_{r} & \mathbf{F}^{\mathrm{S}}_{lfw} & \mathbf{F}^{\mathrm{S}}_{lrw} & \mathbf{F}^{\mathrm{S}}_{rfw} & \mathbf{F}^{\mathrm{S}}_{rrw} & \mathbf{F}^{\mathrm{NS}}_{lmw} & \mathbf{F}^{\mathrm{NS}}_{rmw} \end{bmatrix}^{\mathrm{T}} \tag{7.361}
$$

将式(7.351)至式(7.358)写为整体形式：

$$
f_{20\times1} = B_{20\times20} \cdot u_{20\times1} \tag{7.362}
$$

其中：

$$
f_{20\times1} = \begin{bmatrix} {}^{i|\boldsymbol{D}}f_{c} & {}^{i|\boldsymbol{D}}\tau_{c} & \tau^{\boldsymbol{D}}_{rb} & \tau^{\boldsymbol{D}}_{lb} & \tau^{\boldsymbol{D}}_{rr} & \tau^{\boldsymbol{D}}_{lr} & \tau^{\boldsymbol{D}}_{rfd} & \tau^{\boldsymbol{D}}_{rrd} & \tau^{\boldsymbol{D}}_{lfd} & \tau^{\boldsymbol{D}}_{lrd} & \tau^{\boldsymbol{D}}_{rfw} & \tau^{\boldsymbol{D}}_{lfw} & \tau^{\boldsymbol{D}}_{rrw} & \tau^{\boldsymbol{D}}_{lrw} & \tau^{\boldsymbol{D}}_{lmw} & \tau^{\boldsymbol{D}}_{lmw} \end{bmatrix}^{\mathrm{T}} \tag{7.363}
$$

$$
B_{[1:6][1:4]} = 0_{6\times4} \tag{7.364}
$$

$$B_{[1:6][5:20]} =$$

$$\begin{bmatrix} {}^{i}\mathbf{S}_{lfw}^{\mathrm{S}} & {}^{i}\mathbf{S}_{lrw}^{\mathrm{S}} & {}^{i}\mathbf{S}_{rfw}^{\mathrm{S}} & {}^{i}\mathbf{S}_{rrw}^{\mathrm{S}} & {}^{i}\mathbf{S}_{lmw}^{\mathrm{NS}} & {}^{i}\mathbf{S}_{rmw}^{\mathrm{NS}} \\ {}^{i|c}\tilde{r}_{i_{lfw}} \cdot {}^{i}\mathbf{S}_{lfw}^{\mathrm{S}} & {}^{i|c}\tilde{r}_{i_{lrw}} \cdot {}^{i}\mathbf{S}_{lrw}^{\mathrm{S}} & {}^{i|c}\tilde{r}_{i_{rfw}} \cdot {}^{i}\mathbf{S}_{rfw}^{\mathrm{S}} & {}^{i|c}\tilde{r}_{i_{rrw}} \cdot {}^{i}\mathbf{S}_{rrw}^{\mathrm{S}} & {}^{i|c}\tilde{r}_{i_{lmw}} \cdot {}^{i}\mathbf{S}_{lmw}^{\mathrm{NS}} & {}^{i|c}\tilde{r}_{i_{rmw}} \cdot {}^{i}\mathbf{S}_{rmw}^{\mathrm{NS}} \end{bmatrix} \tag{7.365}$$

$$B_{[7:8][1:4]} = \begin{bmatrix} 1 & 0 & 0 & 0 \\ -1 & 0 & 0 & 0 \end{bmatrix} \tag{7.366}$$

$$\begin{cases} B_{[7][5:20]} = {}^{i|c}n_{rb}^{\mathrm{T}} \cdot \begin{bmatrix} 0_3^{\mathrm{T}} & 0_3^{\mathrm{T}} & {}^{i|rb}\tilde{r}_{i_{rfw}} \cdot {}^{i}\mathbf{S}_{rfw}^{\mathrm{S}} & {}^{i|rb}\tilde{r}_{i_{rrw}} \cdot {}^{i}\mathbf{S}_{rrw}^{\mathrm{S}} & 0_{1\times2} & {}^{i|rb}\tilde{r}_{i_{rmw}} \cdot {}^{i}\mathbf{S}_{rmw}^{\mathrm{NS}} \end{bmatrix} \\ B_{[8][5:20]} = {}^{i|c}n_{lb}^{\mathrm{T}} \cdot \begin{bmatrix} {}^{i|lb}\tilde{r}_{i_{lfw}} \cdot {}^{i}\mathbf{S}_{lfw}^{\mathrm{S}} & {}^{i|lb}\tilde{r}_{i_{lrw}} \cdot {}^{i}\mathbf{S}_{lrw}^{\mathrm{S}} & 0_3^{\mathrm{T}} & 0_3^{\mathrm{T}} & {}^{i|lb}\tilde{r}_{i_{lmw}} \cdot {}^{i}\mathbf{S}_{lmw}^{\mathrm{NS}} & 0_{1\times2} \end{bmatrix} \end{cases} \tag{7.367}$$

$$B_{[9:20][1:4]} = \begin{bmatrix} 0 & 0 & 0 & 0 \\ 0 & 0 & 0 & 0 \end{bmatrix} \tag{7.368}$$

$$\begin{cases} B_{[9][5:20]} = {}^{i|rb}n_{rr}^{\mathrm{T}} \cdot \begin{bmatrix} 0_3^{\mathrm{T}} & 0_3^{\mathrm{T}} & 0_3^{\mathrm{T}} & {}^{i|rr}\tilde{r}_{i_{rrw}} \cdot {}^{i}\mathbf{S}_{rrw}^{\mathrm{S}} & 0_{1\times2} & {}^{i|rr}\tilde{r}_{i_{rmw}} \cdot {}^{i}\mathbf{S}_{rmw}^{\mathrm{NS}} \end{bmatrix} \\ B_{[10][5:20]} = {}^{i|lb}n_{lr}^{\mathrm{T}} \cdot \begin{bmatrix} 0_3^{\mathrm{T}} & {}^{i|lr}\tilde{r}_{i_{lrw}} \cdot {}^{i}\mathbf{S}_{lrw}^{\mathrm{S}} & 0_3^{\mathrm{T}} & 0_3^{\mathrm{T}} & {}^{i|lr}\tilde{r}_{i_{lmw}} \cdot {}^{i}\mathbf{S}_{lmw}^{\mathrm{NS}} & 0_{1\times2} \end{bmatrix} \\ B_{[11][5:20]} = {}^{i|rb}n_{rfd}^{\mathrm{T}} \cdot \begin{bmatrix} 0_3^{\mathrm{T}} & 0_3^{\mathrm{T}} & {}^{i|rfd}\tilde{r}_{i_{rfw}} \cdot {}^{i}\mathbf{S}_{rfw}^{\mathrm{S}} & 0_3^{\mathrm{T}} & 0_{1\times2} & 0_{1\times2} \end{bmatrix} \\ B_{[12][5:20]} = {}^{i|rr}n_{rrd}^{\mathrm{T}} \cdot \begin{bmatrix} 0_3^{\mathrm{T}} & 0_3^{\mathrm{T}} & 0_3^{\mathrm{T}} & {}^{i|rrd}\tilde{r}_{i_{rrw}} \cdot {}^{i}\mathbf{S}_{rrw}^{\mathrm{S}} & 0_{1\times2} & 0_{1\times2} \end{bmatrix} \end{cases} \tag{7.369}$$

$$\begin{cases} B_{[13][5:20]} = {}^{i|lb}n_{lfd}^{\mathrm{T}} \cdot \begin{bmatrix} {}^{i|lfd}\tilde{r}_{i_{lfw}} \cdot {}^{i}\mathbf{S}_{lfw}^{\mathrm{S}} & 0_3^{\mathrm{T}} & 0_3^{\mathrm{T}} & 0_3^{\mathrm{T}} & 0_{1\times2} & 0_{1\times2} \end{bmatrix} \\ B_{[14][5:20]} = {}^{i|lr}n_{lrd}^{\mathrm{T}} \cdot \begin{bmatrix} 0_3^{\mathrm{T}} & {}^{i|lrd}\tilde{r}_{i_{lrw}} \cdot {}^{i}\mathbf{S}_{lrw}^{\mathrm{S}} & 0_3^{\mathrm{T}} & 0_3^{\mathrm{T}} & 0_{1\times2} & 0_{1\times2} \end{bmatrix} \end{cases} \tag{7.370}$$

$$\begin{cases} \mathrm{B}_{[15][5:20]} = {}^{i|rfd}n_{rfw}^{\mathrm{T}} \cdot \begin{bmatrix} 0_3^{\mathrm{T}} & 0_3^{\mathrm{T}} & {}^{i|rfw}\tilde{r}_{i_{rfw}} \cdot {}^{i}\mathbf{S}_{rfw}^{\mathrm{S}} & 0_3^{\mathrm{T}} & 0_{1\times2} & 0_{1\times2} \end{bmatrix} \\ \mathrm{B}_{[16][5:20]} = {}^{i|rfd}n_{lfw}^{\mathrm{T}} \cdot \begin{bmatrix} {}^{i|lfw}\tilde{r}_{i_{lfw}} \cdot {}^{i}\mathbf{S}_{lfw}^{\mathrm{S}} & 0_3^{\mathrm{T}} & 0_3^{\mathrm{T}} & 0_3^{\mathrm{T}} & 0_{1\times2} & 0_{1\times2} \end{bmatrix} \\ \mathrm{B}_{[17][5:20]} = {}^{i|rrd}n_{rrw}^{\mathrm{T}} \cdot \begin{bmatrix} 0_3^{\mathrm{T}} & 0_3^{\mathrm{T}} & 0_3^{\mathrm{T}} & {}^{i|rrw}\tilde{r}_{i_{rrw}} \cdot {}^{i}\mathbf{S}_{rrw}^{\mathrm{S}} & 0_{1\times2} & 0_{1\times2} \end{bmatrix} \end{cases} \tag{7.371}$$

$$\begin{cases} B_{[18][5:20]} = {}^{i|lrd}n_{rrw}^{\mathrm{T}} \cdot \begin{bmatrix} 0_3^{\mathrm{T}} & {}^{i|lrw}\tilde{r}_{i_{lrw}} \cdot {}^{i}\mathbf{S}_{lrw}^{\mathrm{S}} & 0_3^{\mathrm{T}} & 0_3^{\mathrm{T}} & 0_{1\times2} & 0_{1\times2} \end{bmatrix} \\ B_{[19][5:20]} = {}^{i|lr}n_{lmw}^{\mathrm{T}} \cdot \begin{bmatrix} 0_3^{\mathrm{T}} & 0_3^{\mathrm{T}} & 0_3^{\mathrm{T}} & 0_3^{\mathrm{T}} & {}^{i|lmw}\tilde{r}_{i_{lmw}} \cdot {}^{i}\mathbf{S}_{lmw}^{\mathrm{NS}} & 0_{1\times2} \end{bmatrix} \\ B_{[20][5:20]} = {}^{i|rr}n_{rmd}^{\mathrm{T}} \cdot \begin{bmatrix} 0_3^{\mathrm{T}} & 0_3^{\mathrm{T}} & 0_3^{\mathrm{T}} & 0_3^{\mathrm{T}} & 0_3^{\mathrm{T}} & {}^{i|rmw}\tilde{r}_{i_{rmw}} \cdot {}^{i}\mathbf{S}_{rmw}^{\mathrm{NS}} \end{bmatrix} \end{cases} \tag{7.372}$$

记 $k \in \left[rb, rr, rfd, rfw, rmw, rrd, rrw, lb, lr, lfd, lfw, lmw, lrd, lrw\right]$，由式(7.344)至式(7.349)求逆解得 ${}^{i|\boldsymbol{D}}f_c$、${}^{i|\boldsymbol{D}}\tau_c$、$\tau_k^{\boldsymbol{D}}$ 及 ${}^{i|lbS}l_{rbS}$，共计 21 个标量，从而由式(7.362)得 u 。

由以上求解过程可知：

（1）由于该系统存在 6 个驱动轴及 4 个舵机轴，而该移动系统的移动自由度为 3，故存在 7 个冗余的控制轴。通过式(7.359)及式(7.360)人为地加入 7 个约束，保证了逆解存在的唯一性。

（2）通过动力学计算，不仅可以计算该系统的控制力矩，也唯一确定了 6 个轮土作用力；通过该移动系统运动状态的检测，应用动力学逆解，实现了轮土作用力的间接测量。

7.9.4 本节贡献

本节提出并证明了动基座刚体系统的 Ju-Kane 动力学方程，给出了基于 Ju-Kane 动力学方程的 20 轴巡视器移动系统动力学建模及逆解、基于 Ju-Kane 动力学方程的 10 轴三轮移动系统动力学建模及逆解的示例。示例表明：应用 Ju-Kane 动力学原理建立多轴系统动力学显式模型简洁、方便、高效，适合高自由度的多轴系统动力学显式建模与数值建模；运用显式动力学建模与计算，可以通过多轴系统的运动检测及视觉检测，计算系统与环境的接触作用力，为多轴系统力位控制及环境感知提供了新的技术途径。

7.10 基于轴不变量的多轴系统力位控制

本节讨论多轴系统的力位控制伺服问题。首先，讨论力位控制的需求及必要条件，再探讨多轴力位控制的原理。

【1】力位控制需求

力位控制在多轴系统特别是机器人系统、精密加工中心当中具有非常重要的作用。

【1-1】提高作业节拍。在生产线特别是装配、机加工等作业过程中，要求提高机器人及加工中心的作业节拍，从而提高生产效率、降低生产成本。在提高多轴系统作业节拍的同时，需要考虑多轴系统动力学过程的影响。

【1-2】防止多轴系统结构的损坏，实现柔顺控制。在机器人装配、机加工过程中，拾取机构、切削机构等末端效应器（end effector）与作业对象发生硬撞击，易导致末端执行器及多轴系统的损伤，需要实现柔顺控制，即当受到过载的作用力时，系统能够具有一定的柔性，不至于产生硬撞击。因此，要求驱动轴的控制力可以根据环境的作用力实时及柔性地调节。示例 7.10 中的式(7.232)考虑不可测的环境作用力，目的是为动力学系统的力位柔顺控制奠定基础。

【1-3】提高人机协作的安全性。机器人与人合理分工，完成各自的作业劳动，需要保障人机协作的安全性。在高节拍的机器人生产线上，每年都会产生多例机器人伤人事件。一方面，需要减少人机交互的场景；另一方面，需要提升机器人根据环境对象实现柔性力位跟踪控制的能力。例如，从技术上实现机械臂自主控制，不再需要人对机器的示教过程，从而减少人机交互的必要性。或者通过视觉检测，识别人机接触的位置，并通过力传感器检测人机交互的作用力，柔性地调整机器人各轴控制力。但是，目前的力传感器质量及体积过大，成本很高，系统应用复杂，故需要通过动力学建模与控制实现机器人的力位柔顺控制。

【2】基于多轴系统动力学模型的力位控制前提条件

【2-1】实现环境作用力间接测量。由示例 7.11 及示例 7.12 可知，应用多轴系统动力学逆解不仅可以计算驱动器的期望控制力矩或控制力，而且可以间接测量多轴系统与环境的作用力，为多轴系统力位控制提供了原理支撑。

【2-2】紧凑型力控关节。力控过程的动态响应通常要比位置伺服控制的响应速度高 5～10 倍，要求关节驱动器具有更高的通信速率与可靠性。EtherCAT 通信可以满足力控的

通信需求。另外需要电动机及减速器具有良好的力特性，通过电动机驱动电流检测计计算关节驱动力矩，既要求电动机负载与电流的模型准确，又要求减速器力特性达到一定的精度。力矩电动机及 RV 减速器更适应力控的要求。

【2-3】机器人控制器需要实现多轴系统运动学及动力学的实时解算，频率通常达到 300～500 Hz 以上，即当机器人与环境作用的运动速度为 300～500 mm/s 时，位置控制精度可以达到毫米量级，为保证人身安全奠定了技术基础。

7.10.1　多轴刚体系统动力学方程的结构

给定系统 $\boldsymbol{D}=\left\{\boldsymbol{A},\boldsymbol{K},\boldsymbol{T},\boldsymbol{NT},\boldsymbol{F},\boldsymbol{B}\right\}$， $\left|\boldsymbol{NT}\right|=c$， $\left|\boldsymbol{A}\right|=a$，不可测的环境作用力独立维度记为 e，驱动轴维度记为 d，则未知作用力维度为 $w=d+e$，系统方程数为 $n=a+3c$。

将式(7.270)至式(7.273)所示的非树约束副代数方程写成整体形式：

$$C_{3c\times a}\left(q_a,\dot{q}_a\right)\cdot\ddot{q}_a=0_{3c} \tag{7.373}$$

而驱动轴广义控制力及不可测环境作用力记为 u_n；将 $\ddot{q}$ 及非树约束力合写为 $\ddot{q}_n$；将式(7.261)所示的动力学方程及非树约束副代数方程(7.373)写成整体形式：

$$M_{n\times n}\cdot\ddot{q}_n+h_n=u_n \tag{7.374}$$

其中：u_n 为驱动轴轴向广义控制力分量及未知环境作用力。记 $B_{n\times n}$ 为驱动轴广义控制力及未知环境作用力的反向传递矩阵。通常 $B_{n\times n}$ 可逆，将式(7.374)表达为

$$M'\left(q\right)\cdot\ddot{q}+h'\left(q,\dot{q}\right)=u \tag{7.375}$$

其中：

$$M'\left(q\right)=B_{n\times n}^{-1}\cdot M_{n\times n},\quad h'\left(q,\dot{q}\right)=B_{n\times n}^{-1}\cdot h_n,\quad u_n=u \tag{7.376}$$

由于在多轴系统动力学建模时存在不准确的结构参数及质惯量参数，故将式(7.375)称为多轴动力学系统的名义模型或理论模型。而对应的系统工程模型或实际模型记为

$$M\left(q\right)\cdot\ddot{q}+h\left(q,\dot{q}\right)=u \tag{7.377}$$

因 $M\left(q,\dot{q};t\right)\cdot\ddot{q}$ 是轴向惯性力，在系统方程中是主项，故常常需要考虑 $M'\left(q,\dot{q};t\right)$ 的上下界，记为

$$\underline{m}\cdot\mathrm{I}\leqslant M'\left(q\right)\leqslant\bar{m}\cdot\mathrm{I} \tag{7.378}$$

其中：$\underline{m}$ 是下界常数，$\bar{m}$ 是上界常数，I 是单位矩阵。

将式(7.375)及式(7.377)称为多轴刚体系统动力学控制方程，它们属于仿射性方程，在结构上具有以下特点：

（1）控制输入 u 既包含轴驱动广义力又可能包含环境作用力，这与传统的系统控制模型不同；

（2）它是关于控制输入 u 的线性方程；

（3）它是关于系统状态 q 及 $\dot{q}$ 的非线性方程；

（4）关节加速度 $\ddot{q}$ 及控制输入 u 具有相同的维度。

在了解多轴系统控制方程结构特点的基础上，开展针对性的控制律设计，以达到多轴

系统力位控制的目标。

7.10.2 基于线性化补偿器的多轴系统跟踪控制

给定仿射性系统：

$$M(q) \cdot \ddot{q} + h(q,\dot{q}) = u \tag{7.379}$$

如图 7-8 所示，构造全局线性化补偿器：

$$u = M'(q) \cdot u_c + h'(q,\dot{q}) \tag{7.380}$$

及稳定的伺服反馈控制器：

$$k_1\delta\dot{q} + k_0\delta q = u_c - \ddot{q}_d \tag{7.381}$$

若伺服反馈控制器(7.381)稳定，则系统(7.379)可实现状态$\left[\ddot{q},\dot{q},q\right]$对期望状态$\left[\ddot{q}_d,\dot{q}_d,q_d\right]$的跟踪控制。其中：$q,u \in \mathcal{R}^n$，$M'(q)$ 及 $h'(q,\dot{q})$ 分别是 $M(q)$ 及 $h(q,\dot{q})$ 的名义模型，$\delta\dot{q} = \dot{q}_d - \dot{q}$，$\delta q = q_d - q$。

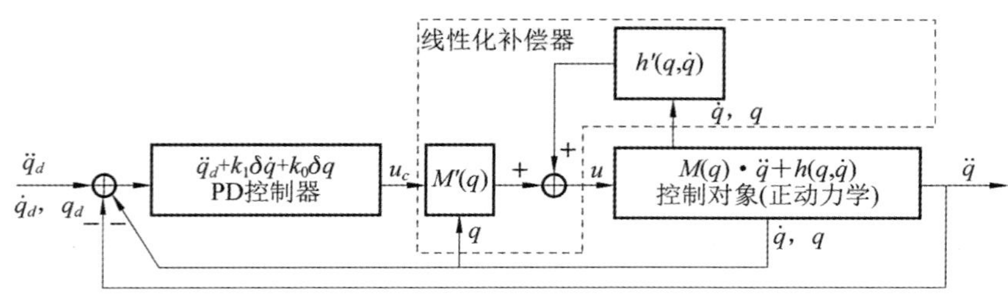

图 7-8 基于线性化补偿器的多轴系统跟踪控制

【证明】 如图 7-8 所示，控制对象自身完成的是正动力学计算，线性化补偿器完成的是逆动力学计算。

（1）通过线性化补偿器实现全局线性化。

将式(7.379)代入式(7.380)得

$$M(q) \cdot \ddot{q} + h(q,\dot{q}) = M'(q) \cdot u_c + h'(q,\dot{q}) \tag{7.382}$$

因 $M'(q)$ 及 $h'(q,\dot{q})$ 分别是 $M(q)$ 及 $h(q,\dot{q})$ 的名义模型，故有 $M'(q) \mapsto M(q)$、$h'(q,\dot{q}) \mapsto h(q,\dot{q})$，将之代入式(7.382)得

$$u_c \mapsto \ddot{q} \tag{7.383}$$

式(7.383)表明：控制对象被全局线性化。

（2）通过 PD 伺服反馈控制消除模型不确定性带来的扰动。

实际上名义模型并不无限逼近系统模型，故 $u_c \approx \mathrm{I}_{n\times n} \cdot \ddot{q}$。由式(7.381)及式(7.383)知

$$u_c = \ddot{q}_d + k_1\delta\dot{q} + k_0\delta q \to \ddot{q} \tag{7.384}$$

式(7.384)是一个二阶 n 维线性系统。调节 PD 控制器参数 k_0 及 k_1，可使该系统渐近稳定，即 $\ddot{q} \to \ddot{q}_d$。证毕。

由式(7.381)可知，该方法不能直接对 $\delta\ddot{q} = \ddot{q}_d - \ddot{q}$ 进行控制，故不能实现力位跟踪控制。

7.10.3 基于逆模补偿器的多轴系统力位控制

阻抗控制是为消除环境作用阻力对系统产生的影响而进行的控制。环境阻抗可分为可检测的与不可检测的两大类。

记阻抗 ${}^{i}f_{lS}$ 作用的位置矢量为 ${}^{i}r_{lS}$，由式(7.31)得

$$\dot{r} = \mathsf{J}(q) \cdot \dot{q} \tag{7.385}$$

其中：

$$\mathsf{J}(q) = \partial\, {}^{i}\dot{r}_{lS} \,/\, \partial \dot{q}^{\mathrm{T}}$$

由虚功原理“在任意时刻，阻抗 ${}^{i}f_{lS}$ 作用的功率与其作用于运动副的等效广义力 $u^{\mathbf{i}}$ 所产生的功率是相等的”可知

$${}^{i}\dot{r}_{lS}^{\mathrm{T}} \cdot {}^{i}f_{lS} = \dot{q}^{\mathrm{T}} \cdot u^{\mathbf{i}} \tag{7.386}$$

将式(7.385)代入式(7.386)得

$$\dot{q}^{\mathrm{T}} \cdot \mathsf{J}^{\mathrm{T}}(q) \cdot {}^{i}f_{lS} = \dot{q}^{\mathrm{T}} \cdot u^{\mathbf{i}} \tag{7.387}$$

因 $\dot{q}^{\mathrm{T}}$ 是任意的，故由式(7.387)得

$$u^{\mathbf{i}} = \mathsf{J}^{\mathrm{T}}(q) \cdot {}^{i}f_{lS} \tag{7.388}$$

$u^{\mathbf{i}}$ 是系统(7.379)外部阻抗 ${}^{i}f_{lS}$ 作用于运动轴方向的等效广义力。

如图 7-9 所示，给定仿射性系统：

$$M(q) \cdot \ddot{q} + h(q, \dot{q}) = u + u^{\mathbf{i}} \tag{7.389}$$

构造逆模补偿器：

$$u' + u'^{\mathbf{i}} = M'(q) \cdot \ddot{q} + h'(q, \dot{q}) \tag{7.390}$$

及稳定的伺服反馈控制器：

$$k_2 \delta\ddot{q} + k_1 \delta\dot{q} + k_0 \delta q = u_c \tag{7.391}$$

若伺服反馈控制器(7.391)稳定，则系统(7.389)可实现状态 $[\ddot{q}, \dot{q}, q]$ 对期望状态 $[\ddot{q}_d, \dot{q}_d, q_d]$ 的跟踪控制。

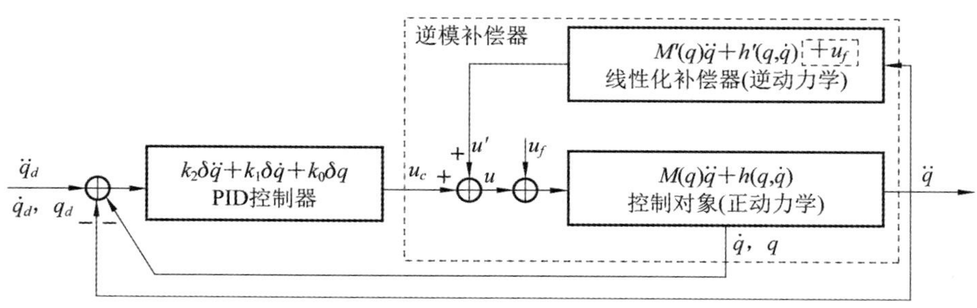

图 7-9　基于逆模补偿器的多轴系统力位控制

其中：$q,u\in\mathcal{R}^n$，$M'(q)$ 及 $h'(q,\dot{q})$ 分别是 $M(q)$ 及 $h(q,\dot{q})$ 的名义模型，$\delta\ddot{q}=\ddot{q}_d-\ddot{q}$，$\delta\dot{q}=\dot{q}_d-\dot{q}$，$\delta q=q_d-q$。

【证明】 将式(7.389)代入式(7.390)得

$$M(q)\cdot\ddot{q}+h(q,\dot{q})+u^{\mathbf{i}}=M'(q)\cdot\ddot{q}+h'(q,\dot{q})+u_c+u'^{\mathbf{i}} \tag{7.392}$$

因 $M'(q)$ 及 $h'(q,\dot{q})$ 分别是 $M(q)$ 及 $h(q,\dot{q})$ 的名义模型，$u'^{\mathbf{i}}$ 是 $u^{\mathbf{i}}$ 的名义模型，故有 $M'(q)\mapsto M(q)$、$h'(q,\dot{q})\mapsto h(q,\dot{q})$ 及 $u'^{\mathbf{i}}\mapsto u^{\mathbf{i}}$，由式(7.392)得

$$M_0\ddot{q}+h_0q+h_1\dot{q}+u_c=0_n \tag{7.393}$$

其中：$\delta M(q)=M'(q)-M(q)=M_0$，$\delta h(q,\dot{q})=h'(q,\dot{q})-h(q,\dot{q})=h_0q+h_1\dot{q}$。

将式(7.391)代入式(7.393)得

$$M_0\ddot{q}+h_0q+h_1\dot{q}+\left(k_2\delta\ddot{q}+k_1\delta\dot{q}+k_0\delta q\right)\equiv 0_n \tag{7.394}$$

由式(7.394)得

$$\left(k_2\mathrm{I}_{n\times n}-M_0\right)\ddot{q}+\left(k_1\mathrm{I}_n-h_1\right)\dot{q}+\left(k_0\mathrm{I}_n-h_0\right)q=k_2\ddot{q}_d+k_1\dot{q}_d+k_0q_d \tag{7.395}$$

若二阶 n 维线性系统(7.395)稳定，且 $k_2\mathrm{I}_{n\times n}\gg M_0$，$k_1\mathrm{I}_n\gg h_1$，$k_0\mathrm{I}_n\gg h_0$，则由式(7.395)得 $\left[\ddot{q},\dot{q},q\right]\mapsto\left[\ddot{q}_d,\dot{q}_d,q_d\right]$，可实现跟踪控制。同时，因 $\left[\ddot{q},\dot{q},q\right]\mapsto\left[\ddot{q}_d,\dot{q}_d,q_d\right]$，故基于逆模补偿器的多轴系统是一个全局线性化的系统。其中：$\gg$ 表示远大于。

因系统(7.395)稳定，故 $\delta\ddot{q}$ 受系统(7.391)的结构参数控制，由式(7.389)得到的 δu 同样受系统(7.391)的结构参数控制。因此，实现了外力增量 δu 的伺服控制。

当 $u^{\mathbf{i}}$ 的名义模型 $u'^{\mathbf{i}}$ 已知时，直接通过逆模补偿器消除扰动 u_f；当 $u'^{\mathbf{i}}$ 未知，但 ${}^{i}r_{lS}$ 已知时，可以通过动力学逆解计算出外作用力 $u'^{\mathbf{i}}$；当 $u'^{\mathbf{i}}$ 未知，且 ${}^{i}r_{lS}$ 亦未知时，如图 7-9 所示，扰动力 $u^{\mathbf{i}}$ 引起系统关节加速度 $\ddot{q}$ 变更，PID 控制器自动调节以减小该扰动力对系统的影响。证毕。

7.10.4 基于模糊变结构的多轴系统力位控制

基于全局线性化补偿器的 PD 阻抗控制适用于较精确的被控对象的模型及可以检测的环境作用阻抗。当被控对象的模型不精确或环境作用阻抗不可检测时，为保证系统的控制性能，需要设计鲁棒控制器。下面，先给出预备知识，再陈述基于滑模的模糊变结构控制定理，最后予以证明。

1.预备知识

定义 7.1 给定一个 $n\times n$ 实对称矩阵 $B\in\mathcal{R}^{n\times n}$ 及任一个实向量 $x\in\mathcal{R}^n$ 且 $x\neq 0$，如果 $x^{\mathrm{T}}Bx>0$，那么 B 是正定矩阵。如果上面的严格不等式被弱化为 $x^{\mathrm{T}}\cdot B\cdot x\geqslant 0$，那么 B 称为半正定矩阵。

定义 7.2 对于所有的 $x\in\mathcal{R}$，使标量函数 $f(x):\mathcal{R}\to\mathcal{R}$ 正定的条件是：

（1）$f(0)=0$；（2）$f(x)>0$；（3）$f(x)$ 连续；（4）$\partial f/\partial x$ 连续。

如果上面的条件（2）被弱化为$f(x)\geqslant 0$，那么$f(x)$是半正定的。

定义 7.3　假设$A,B\in\mathcal{R}^{n\times n}$是实对称矩阵，那么当且仅当$A-B$是正定矩阵时，$A>B$；类似地，当$A-B$是半正定矩阵时，$A\geqslant B$。

定义 7.4　当存在一个正数$\alpha>0$时，如果$\forall t\geqslant 0$，$B(t)\geqslant\alpha\cdot\mathrm{I}$，那么时变矩阵$B(t)\in\mathcal{R}^{n\times n}$是一致正定的。

推论 7.1　当且仅当特征值是正数（或非负）时，实对称矩阵$B\in\mathcal{R}^{n\times n}$是正定的（或半正定的）。

推论 7.2　当且仅当逆矩阵B^{-1}是正定的时，非奇异矩阵$B\in\mathcal{R}^{n\times n}$是正定的。

推论 7.3　如果$A,B\in\mathcal{R}^{n\times n}$均为实对称矩阵并且$A\geqslant B$，那么对于任意向量$x\in\mathcal{R}^n$均有

$$x^{\mathrm{T}}\cdot A\cdot x\geqslant x^{\mathrm{T}}\cdot B\cdot x \tag{7.396}$$

定理 7.7　如果矩阵$A\in\mathcal{R}^{n\times n}$非奇异并具有独立特征值，那么就存在一个相似变换$A=V^{-1}\cdot\delta(A)\cdot V$，$\delta(A)$是由$A$的特征值构成的对角矩阵，而$V$是由特征向量组成的非奇异矩阵。

定理 7.8　如果$A,B\in\mathcal{R}^{n\times n}$是$n\times n$的具有独立特征值的非奇异矩阵，且$A$和$B$可以互换，即$AB=BA$，那么它们有相同的特征向量满足$A=V^{-1}\cdot\delta(A)\cdot V$和$B=V^{-1}\cdot\delta(B)\cdot V$。其中$\delta(A)$和$\delta(B)$分别是$A$和$B$关于特征向量$V$的对角矩阵。

定理 7.9　有一个$n\times n$的正定矩阵$B\in\mathcal{R}^{n\times n}$和两个任意向量$x,y\in\mathcal{R}^n$，则有下面的普遍 Cauchy-Schwarz 不等式：

$$x^{\mathrm{T}}\cdot B\cdot y\leqslant\sqrt{x^{\mathrm{T}}\cdot B\cdot x}\cdot\sqrt{y^{\mathrm{T}}\cdot B\cdot y} \tag{7.397}$$

根据上面的定理，有下面结论：

推论 7.4　如果$A,B\in\mathcal{R}^{n\times n}$是正定的或半正定的，且$A$和$B$可互换，即$A\cdot B=B\cdot A$，那么矩阵$A\cdot B$也是正定的或半正定的。

【证明】 如果A和B可互换，根据定理 7.8，有$A\cdot B=V^{-1}\cdot\delta(A)\cdot V\cdot V^{-1}\cdot\delta(B)\cdot V=V^{-1}\cdot\delta(A\cdot B)\cdot V$，其中$\delta(A\cdot B)=\delta(A)\cdot\delta(B)$，$A$和$B$乘积的特征值是$A$和$B$的特征值的乘积。根据推论 7.1，如果$A$和$B$是正定（或半正定）的，那么它们的特征值均为正数（或非负），因而它们的乘积也是正数（或非负）。由此，证明了$A\cdot B$是正定的或半正定的。证毕。

定理 7.10　假设有一个$n\times n$的正定矩阵$B\in\mathcal{R}^{n\times n}$且存在一个正实数$b>0$使得$b\cdot\mathrm{I}>B$，$\mathrm{I}$是$n\times n$的单位矩阵。假设任一向量$y\in\mathcal{R}^n$且$\|y\|\leqslant\rho$，那么对于任意向量$x\in\mathcal{R}^n$有下面的不等式：

$$x^{\mathrm{T}}\cdot B\cdot y\leqslant b\cdot\rho\cdot\|x\| \tag{7.398}$$

【证明】 因为$b\cdot\mathrm{I}-B$是半正定的，所以对于任意向量$x,y\in\mathcal{R}^n$有：

$$x^{\mathrm{T}}\cdot\left(b\cdot\mathrm{I}-B\right)\cdot x\geqslant 0$$

$$y^{\mathrm{T}} \cdot (b \cdot \mathrm{I} - B) \cdot y \geqslant 0$$

故有

$$x^{\mathrm{T}} \cdot B \cdot x \leqslant b \cdot \|x\|^2$$

$$y^{\mathrm{T}} \cdot B \cdot y \leqslant b \cdot \|y\|^2$$

由$\|y\| \leqslant \rho$和式(7.396)，得

$$y^{\mathrm{T}} \cdot B \cdot y \leqslant b \cdot \rho^2 \tag{7.399}$$

根据定理 7.9，对有界向量y和任意向量x，有：

$$x^{\mathrm{T}} \cdot B \cdot y \leqslant \sqrt{x^{\mathrm{T}} \cdot B \cdot x} \cdot \sqrt{y^{\mathrm{T}} \cdot B \cdot y} \tag{7.400}$$

由式(7.400)及式(7.399)得

$$x^{\mathrm{T}} \cdot B \cdot y \leqslant \sqrt{b \cdot \|x\|^2} \cdot \sqrt{b \cdot \rho^2}$$

因而$x^{\mathrm{T}} \cdot B \cdot y \leqslant b \cdot \rho \cdot \|x\|$。证毕。

定理 7.11 考虑$M \in \mathcal{R}^{n \times n}$是$n \times n$正定矩阵且$K \in \mathcal{R}^{n \times n}$是$n \times n$对角正定矩阵。如果存在一个正实数$m>0$且$m \cdot \mathrm{I} \geqslant M$，那么对于任意向量$x \in \mathcal{R}^n$有：

$$m \cdot x^{\mathrm{T}} \cdot M^{-1} \cdot K \cdot x \geqslant x^{\mathrm{T}} \cdot K \cdot x \tag{7.401}$$

【证明】 $m \cdot \mathrm{I} \geqslant M$意味着$m \cdot \mathrm{I} - M$是半正定的。根据推论 7.2，如果$M$是正定的，那么$M^{-1}$也是正定的。又$K$是对角型，那么$M^{-1}$和$K$可以互换，根据推论 7.4，$M^{-1} \cdot K$也是正定的。因而有

$$\left(m \cdot \mathrm{I} - M\right) \cdot M^{-1} \cdot K = M^{-1} \cdot K \cdot \left(m \cdot \mathrm{I} - M\right)$$

又由$m \cdot \mathrm{I} \geqslant M$，得

$$M^{-1} \cdot K \geqslant \frac{1}{m} \cdot K \cdot \mathrm{I}$$

根据推论 7.3，对于任意向量$x \in \mathcal{R}^n$有：

$$x^{\mathrm{T}} \cdot M^{-1} \cdot K \cdot x \geqslant \frac{1}{m} \cdot x^{\mathrm{T}} \cdot K \cdot x$$

即

$$m \cdot x^{\mathrm{T}} \cdot M^{-1} \cdot K \cdot x \geqslant x^{\mathrm{T}} \cdot K \cdot x$$

证毕。

2.模糊变结构控制

定理 7.12 考虑输入为$u = \left[u_{[1]}, \cdots, u_{[i]}, \cdots, u_{[n]}\right]^{\mathrm{T}}$、状态为$q = \left[q_{[1]}, \cdots, q_{[i]}, \cdots, q_{[n]}\right]^{\mathrm{T}}$的仿射性动力学系统，如图 7-10 所示：

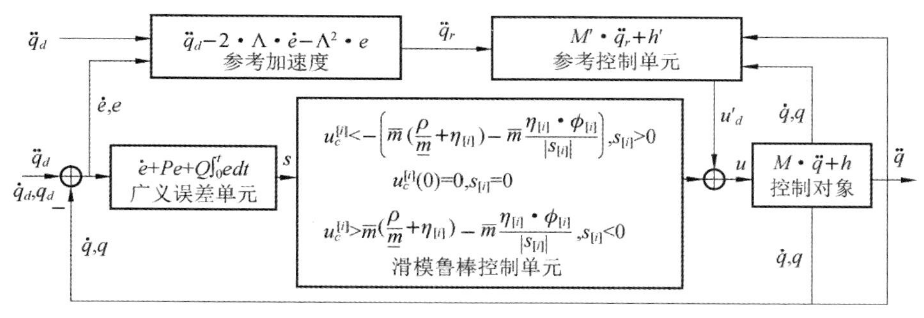

图 7-10　模糊变结构控制框图

【1】系统结构与参数

【1-1】仿射性系统模型记为

$$u=M\left(q,\dot{q};t\right)\cdot\ddot{q}+h\left(q,\dot{q};t\right)=f\left(q,\dot{q},\ddot{q};t\right) \tag{7.402}$$

【1-2】名义仿射性系统模型记为

$$u'=M'\left(q,\dot{q};t\right)\cdot\ddot{q}+h'\left(q,\dot{q};t\right)=f'\left(q,\dot{q},\ddot{q};t\right) \tag{7.403}$$

$$\underline{m}(q,\dot{q};t)\cdot \mathrm{I}_n\leqslant M'(q,\dot{q};t)\leqslant\overline{m}(q,\dot{q};t)\cdot \mathrm{I}_n \tag{7.404}$$

其中：$q\in\mathcal{R}^n$，$\overline{m}$ 及 $\underline{m}$ 分别表示 M' 的上确界与下确界且为正定函数，$M'\in\mathcal{R}^{n\times n}$，$h'\in\mathcal{R}^{n\times n}$，$u'\in\mathcal{R}^n$。

【1-3】令两系统模型误差满足：

$$\left\|\Delta f\left(q,\dot{q},\ddot{q}_r;t\right)\right\|=\left\|f'\left(q,\dot{q},\ddot{q};t\right)-f\left(q,\dot{q},\ddot{q};t\right)\right\|\leqslant\rho\left(q,\dot{q},\ddot{q}_r;t\right)<\infty \tag{7.405}$$

【1-4】系统偏差记为

$$e=q-q_d \tag{7.406}$$

其中：q_d 为系统控制目标。

【1-5】广义误差记为

$$s=\dot{e}+P\cdot e+Q\cdot\int_0^t edt \tag{7.407}$$

滑模超平面为

$$\dot{s}=\ddot{e}+P\cdot\dot{e}+Q\cdot e=0 \tag{7.408}$$

其中：

$$P=2\Lambda,\quad Q=\Lambda^2 \tag{7.409}$$

Λ 为 $n\times n$ 正定对角阵，$\lambda_{[i]}$ 为 Λ 的对角元素，且 $\lambda_{[i]}>0$。

【1-6】参考加速度记为

$$\ddot{q}_r=\ddot{q}_d-2\cdot\Lambda\cdot\dot{e}-\Lambda^2\cdot e \tag{7.410}$$

【1-7】滑模边界厚度记为 $\phi_{[i]}$，$\phi_{[i]}$ 表示广义误差控制边界，且 $\phi_{[i]}>0$。广义误差控制边界内的状态 $q_{[i]}$ 的集合为

$$N_{[i]}\left(s_{[i]},\phi_{[i]}\right)=\left\{q_{[i]}\in\mathcal{R}:|s_{[i]}|\leqslant\phi_{[i]}\right\} \tag{7.411}$$

称 $N_{[i]}\left(s_{[i]},\phi_{[i]}\right)$ 为滑模面的邻域。

【2】控制目标与控制律

若期望该闭环控制系统由初态 $q(0)$ 到滑模面的控制过程满足 Lyapunov-like 稳定，即

$$\frac{1}{2}\cdot\frac{d}{dt}\left(s^{\mathrm{T}}\cdot s\right)\leqslant-\sum_{i=1}^{n}\left(\eta_{[i]}\cdot\left(\left|s_{[i]}\right|-\phi_{[i]}\right)\right) \tag{7.412}$$

其中 $\eta_{[i]}>0,\phi_{[i]}>0$，则该系统的模糊滑模控制律（见图 7-11）为

$$\begin{cases}u=u_d'+u_c\\ u_d'=M'(q,\dot{q};t)\cdot\ddot{q}_r+h'(q,\dot{q};t)\end{cases} \tag{7.413}$$

且第 i 个控制输入 $u_c^{[i]}$ 满足：

【2-1】当 $s_{[i]}>0$ 时，

$$u_c^{[i]}<-\left(\bar{m}\cdot\left(\frac{\rho}{\underline{m}}+\eta_{[i]}\right)-\bar{m}\cdot\frac{\eta_{[i]}\cdot\phi_{[i]}}{\left|s_{[i]}\right|}\right) \tag{7.414}$$

【2-2】当 $s_{[i]}<0$ 时，

$$u_c^{[i]}>\bar{m}\cdot\left(\frac{\rho}{\underline{m}}+\eta_{[i]}\right)-\bar{m}\cdot\frac{\eta_{[i]}\cdot\phi_{[i]}}{\left|s_{[i]}\right|} \tag{7.415}$$

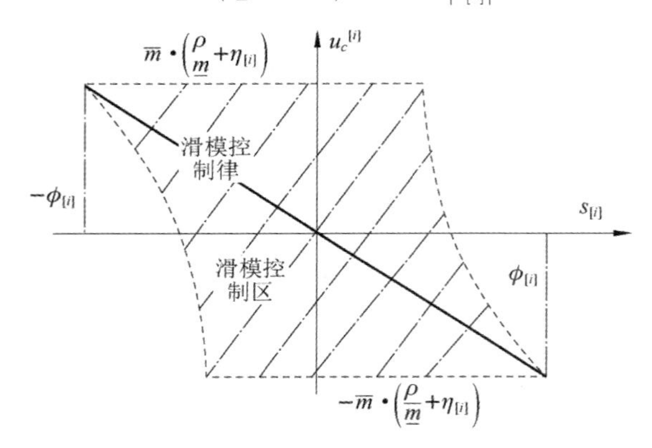

图 7-11 模糊变结构控制的控制律

【2-3】$u_c^{[i]}$ 连续单调，当 $s_{[i]}=0$ 时

$$u_c^{[i]}(0)=0 \tag{7.416}$$

【证明】 由式(7.408)及式(7.409)知：滑模面 $\dot{s}=\ddot{e}+P\cdot\dot{e}+Q\cdot e=0$ 的特征根为 $-\lambda_{[i]}$，又 $\lambda_{[i]}>0$，故 $\dot{s}$ 按指数趋向稳定。因此任意非零初始状态 $q(0)$ 能够到达滑模面。

由式(7.412)可知，在式(7.411)表示的滑模面邻域 $N_{[i]}\left(s_{[i]},\phi_{[i]}\right)$ 之外状态的广义误差满足渐近稳定，从而避免了在滑模控制中出现抖颤效应。

由式(7.406)及式(7.408)得

$$\dot{s}=\ddot{e}+2\cdot\Lambda\cdot\dot{e}+\Lambda^2\cdot e=\ddot{q}-\left(\ddot{q}_d-2\cdot\Lambda\cdot\dot{e}-\Lambda^2\cdot e\right) \tag{7.417}$$

由式(7.375)得

$$\ddot{q} = M^{-1}\left(q,\dot{q};t\right)\cdot\left(u - h\left(q,\dot{q};t\right)\right) \tag{7.418}$$

将式(7.418)代入式(7.417)得

$$\dot{s} = M^{-1}\left(q,\dot{q};t\right)\cdot\left(u - \left(M\left(q,\dot{q};t\right)\cdot\left(\ddot{q}_d - 2\cdot\Lambda\cdot\dot{e} - \Lambda^2\cdot e\right) + h\left(q,\dot{q};t\right)\right)\right) \tag{7.419}$$

将式(7.410)代入式(7.419)式得

$$\dot{s} = M^{-1}\left(q,\dot{q};t\right)\cdot\left(u - \left(M\left(q,\dot{q};t\right)\cdot\ddot{q}_r + h\left(q,\dot{q};t\right)\right)\right) \tag{7.420}$$

将式(7.413)代入式(7.420)得

$$\dot{s} = M^{-1}\left(q,\dot{q};t\right)\cdot\left(M'\left(q,\dot{q};t\right)\cdot\ddot{q}_r + h'\left(q,\dot{q};t\right) + u_c - \left(M\left(q,\dot{q};t\right)\cdot\ddot{q}_r + h\left(q,\dot{q};t\right)\right)\right) \tag{7.421}$$

由式(7.405)及式(7.421)得

$$\begin{aligned}\dot{s} &= M^{-1}\left(q,\dot{q};t\right)\cdot\left(u_c + \left(f'\left(q,\dot{q},\ddot{q}_r;t\right) - f\left(q,\dot{q},\ddot{q}_r;t\right)\right)\right)\\ &= M^{-1}\left(q,\dot{q};t\right)\cdot u_c + M^{-1}\left(q,\dot{q};t\right)\cdot\Delta f\left(q,\dot{q},\ddot{q}_r;t\right)\end{aligned} \tag{7.422}$$

其中：$\Delta f\left(q,\dot{q},\ddot{q}_r;t\right)$为系统不确定向量，控制量$u_c$是针对系统不稳定性的补偿输入。

由式(7.422)知

$$s^{\mathrm{T}}\cdot\dot{s} = s^{\mathrm{T}}\cdot M^{-1}\left(q,\dot{q};t\right)\cdot u_c + s^{\mathrm{T}}\cdot M^{-1}\left(q,\dot{q};t\right)\cdot\Delta f\left(q,\dot{q},\ddot{q}_r;t\right) \tag{7.423}$$

由式(7.405)、式(7.423)、式(7.378)及定理 7.10 可知

$$s^{\mathrm{T}}\cdot M^{-1}\left(q,\dot{q};t\right)\cdot\Delta f\left(q,\dot{q},\ddot{q}_r;t\right)\leqslant\frac{1}{\underline{m}}\rho\left(q,\dot{q},\ddot{q}_r;t\right)\cdot\left\|s\right\| \tag{7.424}$$

因

$$\left\|s\right\|\leqslant\sum_{i=1}^{n}\left|s_i\right| \tag{7.425}$$

结合式(7.423)得

$$s^{\mathrm{T}}\cdot\dot{s}\leqslant\frac{1}{\underline{m}}\cdot\rho\left(q,\dot{q},\ddot{q}_r;t\right)\cdot\sum_{i=1}^{n}\left|s_i\right| + s^{\mathrm{T}}\cdot M^{-1}\left(q,\dot{q};t\right)\cdot u_c \tag{7.426}$$

由式(7.426)，选择u_c满足如下条件：

$$\frac{1}{\underline{m}}\cdot\rho\left(q,\dot{q},\ddot{q}_r;t\right)\cdot\sum_{i=1}^{n}\left|s_i\right| + s^{\mathrm{T}}\cdot M^{-1}\left(q,\dot{q};t\right)\cdot u_c\leqslant-\sum_{i=1}^{n}\left(\eta_i\cdot\mid s_i\mid-\eta_i\cdot\phi_i\right)<0 \tag{7.427}$$

以保证$s^{\mathrm{T}}\cdot\dot{s}<0$，即保证系统广义误差$s_{[i]}\to 0$。式(7.427)即为

$$s^{\mathrm{T}}\cdot M^{-1}\left(q,\dot{q};t\right)\cdot u_c\leqslant-\sum_{i=1}^{n}\left[\left(\frac{\rho\left(q,\dot{q},\ddot{q}_r;t\right)}{\underline{m}}+\eta_i\right)\cdot\left|s_i\right|-\eta_i\cdot\phi_i\right] \tag{7.428}$$

选择$u_c^{[i]}$作为s_i的函数，$u_c^{[i]}(s_i)$满足以下条件：

（1）$u_c^{[i]}(s_i)$是连续函数；（2）当$0<\mid s_i\mid<\phi_i$时，$u_c^{[i]}(s_i)$是单调递减的；（3）$u_c^{[i]}(0)=0$。

因为：当$u_c^{[i]}(0)=0$时，式(7.428)成立；当$0<\mid s_i\mid<\phi_i$时，$u_c^{[i]}(s_i)$单调递减，式(7.428)必成立。所以，取$u_c^{[i]}(s_i)$为

$$u_c = -G(s_i)\cdot\Omega(s_i)\cdot s \tag{7.429}$$

其中：G 是一个 $n\times n$ 的正定对角矩阵，$g_i(s_i)$ 是 G 的对角元素，是正定函数；Ω 也是 $n\times n$ 的正定对角矩阵，$1/|s_i|$ 是其对角元素。

当 $s_i=0$ 时，$G(s_i)\cdot\Omega(s_i)$ 的对角元素为0。显然，式(7.429)能保证式(7.428)成立。

定义

$$\operatorname{dsgn}(s_i)=\begin{cases}-1 & \text{if} \quad s_i<0\\ 0 & \text{if} \quad s_i=0\\ +1 & \text{if} \quad s_i>0\end{cases} \tag{7.430}$$

将式(7.429)代入式(7.428)得

$$\bar{m}\cdot s^{\mathrm{T}}\cdot M^{-1}\left(q,\dot{q};t\right)\cdot G(s_i)\cdot\Omega(s_i)\cdot s\geqslant\bar{m}\cdot\sum_{i=1}^{n}\left[\left(\frac{\rho\left(q,\dot{q},\ddot{q}_r;t\right)}{\underline{m}}+\eta_i\right)\cdot|s_i|-\eta_i\cdot\phi_i\right] \tag{7.431}$$

因为 $G(s_i)\cdot\Omega(s_i)$ 至少是半正定的，根据定理 7.11 得

$$\bar{m}\cdot s^{\mathrm{T}}\cdot M^{-1}\left(q,\dot{q};t\right)\cdot G(s_i)\cdot\Omega(s_i)\cdot s\geqslant s^{\mathrm{T}}\cdot G(s_i)\cdot\Omega(s_i)\cdot s=\sum_{i=1}^{n}\left(g_i(s_i)\cdot s_i\cdot\operatorname{dsgn}(s_i)\right)\geqslant 0 \tag{7.432}$$

考虑式(7.432)及式(7.431)，若令

$$\sum_{i=1}^{n}\left(g_i(s_i)\cdot s_i\cdot\operatorname{dsgn}(s_i)\right)\geqslant\bar{m}\cdot\sum_{i=1}^{n}\left[\left(\frac{\rho\left(q,\dot{q},\ddot{q}_r;t\right)}{\underline{m}}+\eta_i\right)\cdot\left|s_i\right|-\eta_i\cdot\phi_i\right] \tag{7.433}$$

成立，又因 $s_i\cdot\operatorname{dsgn}(s_i)=\left|s_i\right|$，则需

$$g_i(s_i)>\bar{m}\cdot\left(\frac{\rho\left(q,\dot{q},\ddot{q}_r;t\right)}{\underline{m}}+\eta_i\right)-\frac{\bar{m}\cdot\eta_i\cdot\phi_i}{|s_i|} \tag{7.434}$$

成立。式(7.434)是式(7.429)中控制输入 u_c 的约束条件。

式(7.429)等价为

$$u_c^{[i]}=-g_i(s_i)\cdot\frac{1}{\left|s_i\right|}\cdot s_i=-g_i(s_i)\cdot\operatorname{dsgn}(s_i) \tag{7.435}$$

即当 $s_i>0$ 时，

$$u_c^{[i]}=-g_i(s_i) \tag{7.436}$$

当 $s_i<0$ 时，

$$u_c^{[i]}=g_i(s_i) \tag{7.437}$$

由式(7.436)及式(7.437)分别得式(7.414)、式(7.415)成立。证毕。

基于滑模的鲁棒控制较传统滑模控制具有以下优点：

（1）对不精确的动力学模型具有鲁棒控制能力；

（2）滑模控制律使用了软切换，较传统滑模控制的硬切换，可以大大降低震颤，减小了对系统的硬冲击。

基于滑模的鲁棒控制仅适用于系统输入与系统独立状态数一致的系统，对系统输入与系统独立状态数不一致的欠控制系统或冗余控制系统不适用。欠控制系统或冗余控制系统不能通过简单的控制完成，它们本质上是具有在线规划功能的控制问题。

7.10.5　多轴系统力位控制示例

将示例 7.12 中的 CE3 月面巡视器动力学方程作为巡视器名义模型，应用 7.10.4 节基于模糊变结构的多轴系统力位控制，以 7.8.1 节的巡视器动力学仿真环境作为巡视器系统模型，进行仿真验证。

巡视器各轴坐标为 $q=\left[{}^{c|i}r_c,{}^{c|i}\phi_c,\phi_{rb}^{c},\phi_{lb}^{c},\phi_{rr}^{rb},\phi_{lr}^{lb},\phi_{rfd}^{rb},\phi_{rrd}^{rr},\phi_{lfd}^{lb},\phi_{lrd}^{lr},\phi_{rfw}^{rfd},\phi_{lfw}^{lfd},\phi_{rrw}^{rrd},\phi_{lrw}^{lrd},\phi_{rmw}^{rr},\phi_{lmw}^{lr}\right]^{\mathrm{T}}$。期望控制为 $q_d=\left[{}^{c|i}r_c^{[1]},{}^{c|i}\phi_c^{[3]}\right]^{\mathrm{T}}$，$\dot{q}_d=\left[{}^{c|i}\dot{r}_c^{[1]},{}^{c|i}\dot{\phi}_c^{[3]}\right]^{\mathrm{T}}$，$\ddot{q}_d=\left[{}^{c|i}\ddot{r}_c^{[1]},{}^{c|i}\ddot{\phi}_c^{[3]}\right]^{\mathrm{T}}$，${}^{c|i}\dot{r}_c^{[2]}\equiv 0$。以图 7-12 所示的航天城月面模拟环境为场景进行可视化仿真分析。巡视器可以根据期望的移动路线、速度及加速度移动，巡视器本体三轴平动速度及角速度曲线如图 7-13 所示，各驱动轮控制力矩如图 7-14 所示，舵机（方向轮）驱动力矩如图 7-15 所示。在仿真分析过程中，基于牛顿-欧拉方法的巡视器动力学仿真与基于 Ju-Kane 方法的巡视器动力学计算分别占用一个 CPU。仿真表明：

（1）基于 Ju-Kane 方法的巡视器动力学计算耗时仅为牛顿-欧拉方法动力学的 1/16～1/20；

（2）基于模糊变结构的多轴控制原理正确，可满足巡视器控制工程需求；

（3）基于 Ju-Kane 方法的巡视器动力学不仅可以应用于实时控制，也可以实时计算巡视器与环境的作用力。

图 7-12　月面模拟环境场景

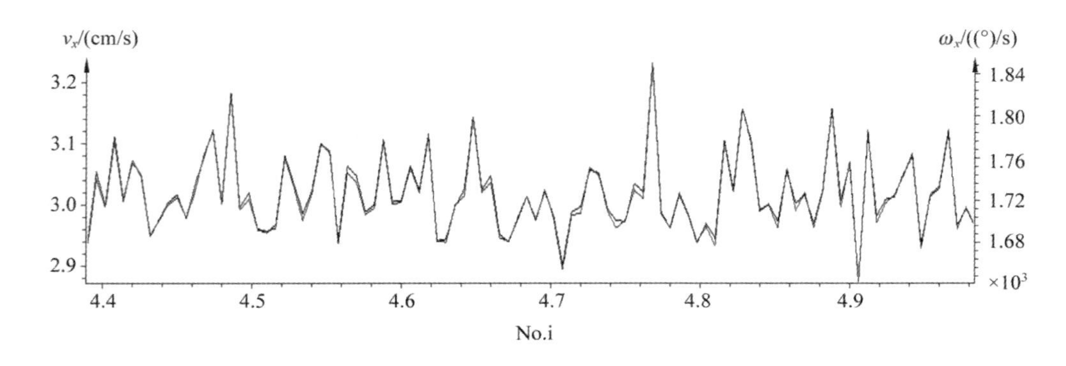

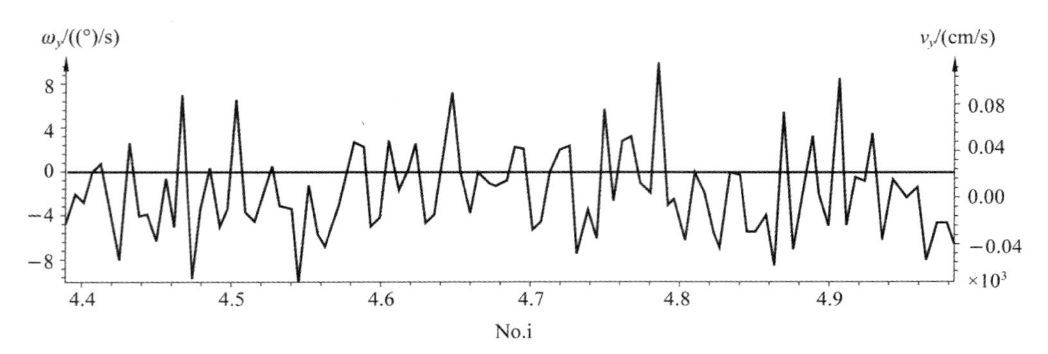

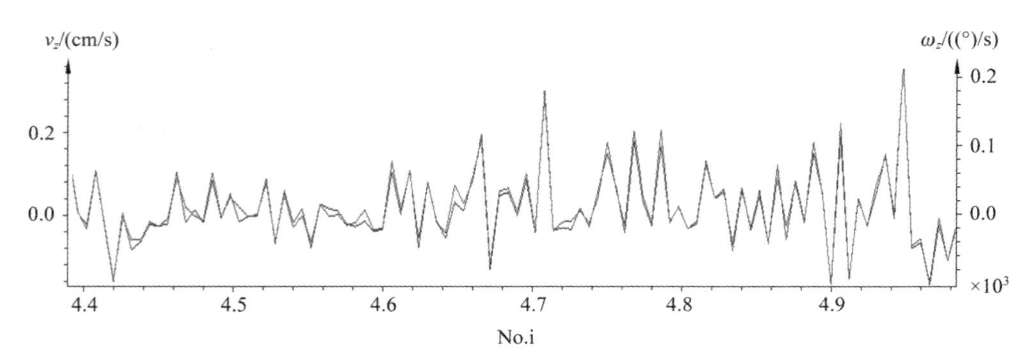

图 7-13　CE3 月面巡视器速度曲线

v-平动速度；ω-角速度；x、y、z-坐标轴

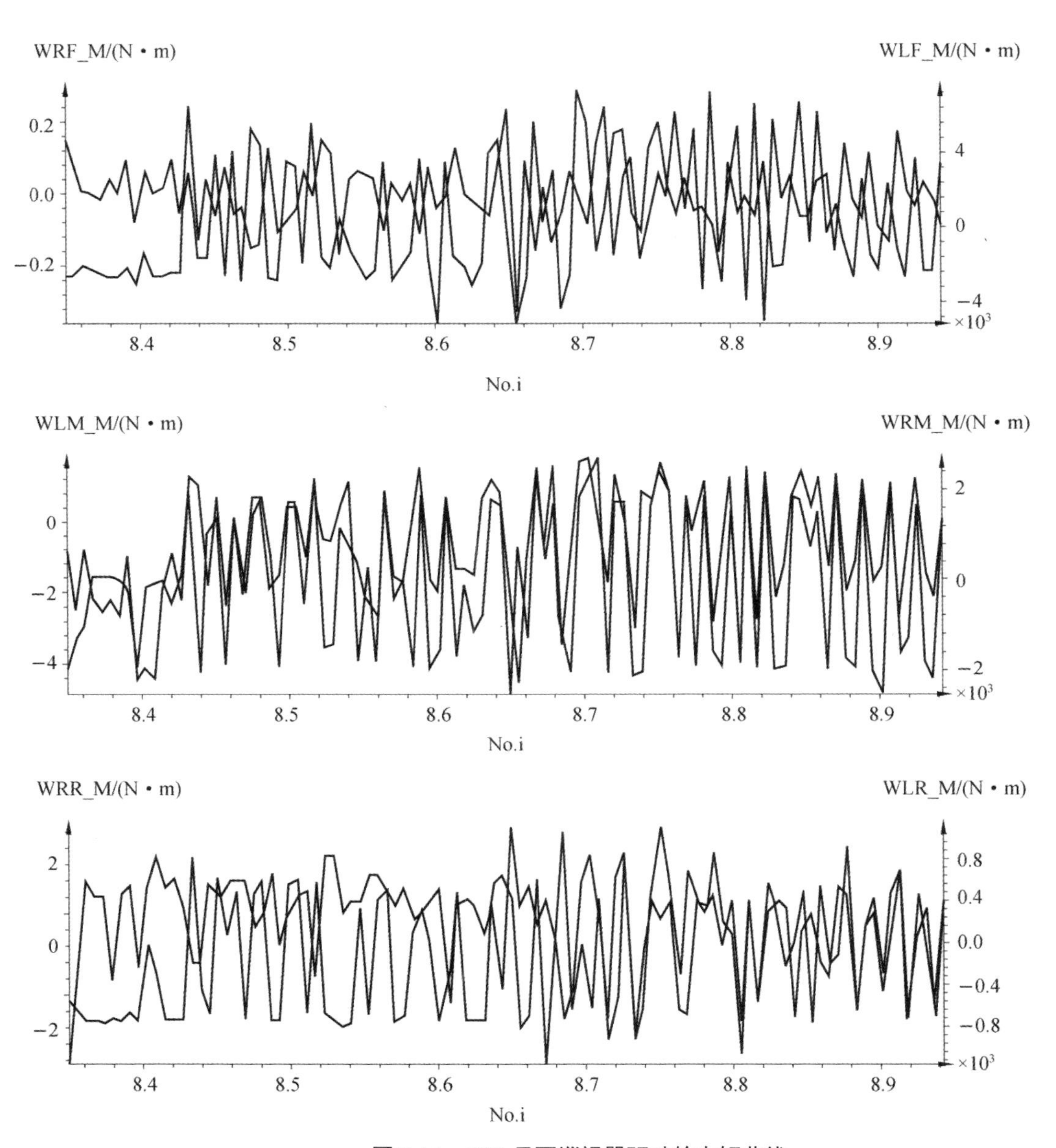

图 7-14　CE3 月面巡视器驱动轮力矩曲线

WRF-右前轮；WRM-右中轮；WRR-右后轮；WLF-左前轮；WLM-左中轮；WLR-左后轮

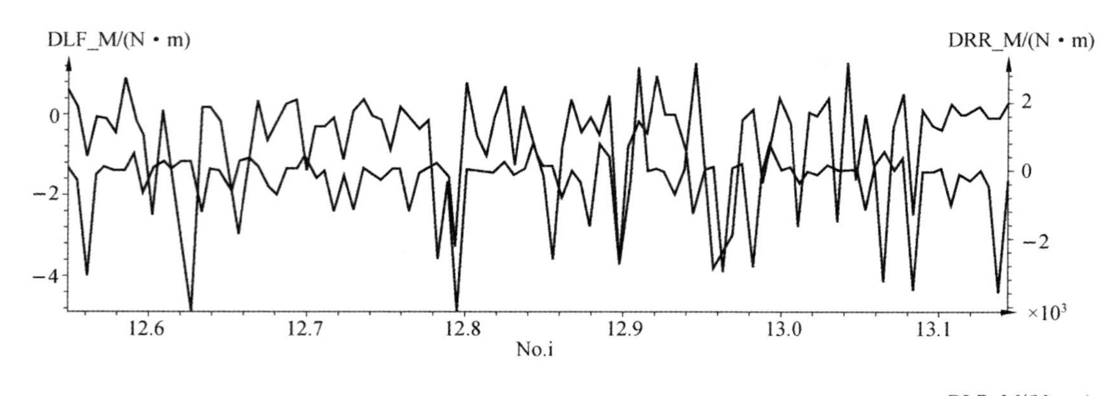

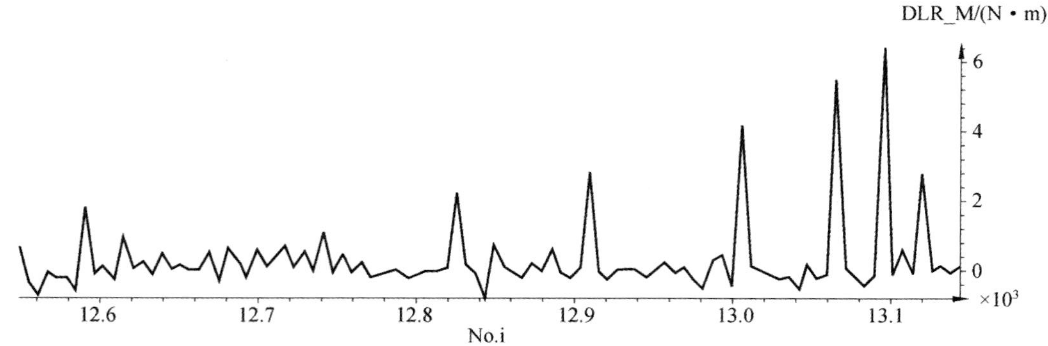

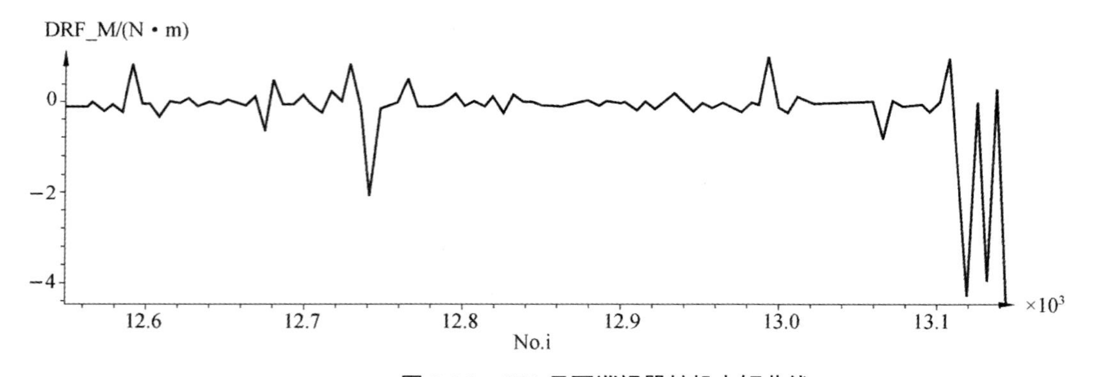

图 7-15　CE3 月面巡视器舵机力矩曲线

DLF-左前方向轮；DRF-右前方向轮；DLR-左后方向轮；DRR-右后方向轮

7.10.6 本节贡献

本节在分析多轴刚体系统动力学方程的结构的基础上，提出了基于逆模补偿器的多轴系统力位控制原理，详细分析了基于线性化补偿器的多轴系统跟踪控制原理及基于模糊变结构的多轴系统力位控制原理。CE3 月面巡视器动力学系统的应用，证明了本章提出的 Ju-Kane 动力学原理与基于模糊变结构的多轴系统力位控制原理的正确性。工程应用验证了这两个原理的有效性，表明：

（1）由于这两个原理具有简洁的链符号系统、轴不变量的表示及伪代码的功能，实现了拓扑结构、坐标系、极性、结构参量及动力学参量的参数化，降低了高自由度多轴系统研制的难度，提升了系统的可靠性。

（2）由于 Ju-Kane 动力学原理具有轴不变量的迭代式，比迭代式的牛顿-欧拉动力学具有更高的效能，满足了多轴系统实时动力学及力控制的需求。

7.11 本章小结

本章基于牛顿-欧拉动力学符号演算系统，研究了基于轴不变量的多轴系统动力学建模与控制问题。

首先，基于牛顿-欧拉动力学符号演算系统，推导了多轴系统的拉格朗日方程与凯恩方程，通过实例阐述了它们各自的特点。以之为基础，提出并证明了多轴系统的 Ju-Kane 动力学预备定理，并通过实例验证了该定理的正确性。

接着，在预备定理、基于轴不变量的偏速度方程及力反向迭代的分析与证明的基础上，提出并证明了树链刚体系统的 Ju-Kane 动力学定理，并通过实例阐述了该定理的正确性及应用优势。

进而，提出并证明了运动链的规范型动力学方程及闭子树的规范型动力学方程，完成了树链刚体系统的 Ju-Kane 动力学方程的规范化，并表述为树链刚体系统的 Ju-Kane 动力学规范型定理，通过实例验证了该定理的正确性及技术优势。至此，建立了树链刚体系统的“拓扑、坐标系、极性、结构参量、动力学参量、轴驱动力及外部作用力”完全参数化的、迭代式的、通用的显式动力学模型。该模型具有优雅的链符号系统，表达简洁，具有伪代码的功能。分析表明该建模过程及动力学正逆解均具有平方的计算复杂度，在并行计算的前提下具有线性的计算复杂度。同时，提出并证明了闭链刚体系统的 Ju-Kane 动力学定理、闭链刚体非理想约束系统的 Ju-Kane 动力学定理，以及动基座刚体系统的 Ju-Kane 动力学定理，建立了基于轴不变量的多轴系统动力学理论。

最后，在分析基于轴不变量的多轴系统动力学方程特点的基础上，提出并证明了基于逆模补偿器的多轴系统力位控制原理，整理并证明了基于线性化补偿器的多轴系统跟踪控制原理以及基于模糊变结构的多轴系统力位控制原理。

本章参考文献

[1] ASHCRAFT C, GRIMES R G, LEWIS J G. Accurate symmetric indefinite linear equation solvers [J]. SIAM Journal on Matrix Analysis & Applications,1998,20(2): 513-561.

[2] RODRIGUEZ G. Kalman filtering, smoothing, and recursive robot arm forward and inverse dynamics [J]. IEEE Journal of Robotics and Automation, 1987, RA-3(6): 624-639.

[3] RODRIGUEZ G, KREUTZ K. An operator approach to open- and closed-chain multibody dynamics [J]. Jet Propulsion Laboratory, 1988.

[4] FEATHERSTONE R. A beginner’s guide to 6-D vectors (Part2) [J]. IEEE Robotics & Automation Magazine, 2010, 17(4): 88-99.

[5] FEATHERSTONE R. A beginner’s guide to 6-D vectors (Part1) [J]. IEEE Robotics &

Automation Magazine, 2010, 17(3): 83-94.

[6] FEATHERSTONE R. A divide-and-conquer articulated-body algorithm for parallel O(log(n)) calculation of rigid-body dynamics. Part 1: Basic algorithm[J]. International Journal of Robotics Research, 1999, 18(9): 867-875.

[7] FEATHERSTONE R. A divide-and-conquer articulated-body algorithm for parallel O(log(n)) calculation of rigid-body dynamics. Part 2: Trees, loops, and accuracy [J]. International Journal of Robotics Research, 1999, 18(9): 876-892.

[8] FEATHERSTONE R. An empirical study of the joint space inertia matrix [J]. International Journal of Robotics Research, 2004, 23(9): 859-871.

[9] FEATHERSTONE R. Efficient factorization of the joint space inertia matrix for branched kinematic trees [J]. International Journal of Robotics Research, 2005, 24(6): 487-500.

[10] FEATHERSTONE R. Rigid body dynamics algorithms[M].New York: Springer US, 2008.

[11] KANE T R, LEVINSON D A. Dynamics theory and applications [M]. New York: Internet-First University Press, 2005.

[12] JAIN A. Robot and multibody dynamics, analysis and algorithms [M]. New York:Springer US, 2012.

[13] JAIN A. Graph theoretic foundations of multibody dynamics. Part I: Structural properties [J]. Multibody System Dynamics, 2011, 26(3): 307-333.

[14] JAIN A. Graph theoretic foundations of multibody dynamics. Part II: Analysis and algorithms [J].Multibody System Dynamics, 2011, 26(3): 335-365.

[15] JAIN A. Multibody graph transformations and analysis. Part I: Tree topology systems [J]. Nonlinear Dynamics, 2012, 67(4):2779-2797.

[16] JAIN A. Multibody graph transformations and analysis. Part II: Closed chain constraint embedding [J]. Nonlinear Dynamics, 2012, 67(3): 2153-2170.

[17] UCHIDA T K, MECHANISM C. Real-time dynamic simulation of constrained multibody systems using symbolic computation [J]. VDM Verlag Dr. Müller, 2011.